Jochen Schulte am Esch, Eberhard Kochs und Hanswerner Bause
Anästhesie und Intensivmedizin

Die überdurchschnittliche Ausstattung dieses Buches wurde
durch die großzügige Unterstützung eines Unternehmens ermöglicht,
das sich seit langem als Partner der Mediziner versteht.

Wir danken der
MLP Marschollek, Lautenschläger & Partner AG

Nähere Informationen hierzu siehe am Ende des Buches.

Duale Reihe

Anästhesie und Intensivmedizin

Herausgeber:
Jochen Schulte am Esch
Eberhard Kochs
Hanswerner Bause

unter Mitarbeit von:
Jens Scholz und Thomas Standl

mit Beiträgen von:
Bernd Affeldt
Hanswerner Bause
Petra Bischoff
Gerold Drüge
Eberhard Kochs
Michael Rau
Jens Scholz
Jochen Schulte am Esch
Thomas Standl
Holger Thiel
Christian Werner

Reihenherausgeber Alexander und Konstantin Bob

2., korrigierte Auflage

250 Abbildungen, 145 Tabellen

Georg Thieme Verlag Stuttgart

Bibliografische Information Der Deutschen Bibliothek
Die Deutsche Bibliothek verzeichnet diese Publikation in der Deutschen Nationalbibliographie; detaillierte bibliografische Daten sind im Internet über http://dnb.ddb.de abrufbar

Für die Verfasser:

Prof. Dr. Jochen Schulte am Esch
Universitätskrankenhaus Eppendorf
Martinistr. 52
20246 Hamburg

Grafiker:

K. Dalkowski, Buckenhof
J. Hormann, Stuttgart
G. Kohnle, Bad Liebenzell

Umschlaggestaltung: Thieme Verlagsgruppe
Umschlagfoto: Ulf Sommerwerck, Kiel

Wichtiger Hinweis

Wie jede Wissenschaft ist die Medizin ständigen Entwicklungen unterworfen. Forschung und klinische Erfahrung erweitern unsere Erkenntnisse, insbesondere was Behandlung und medikamentöse Therapie anbelangt. Soweit in diesem Werk eine Dosierung oder eine Applikation erwähnt wird, darf der Leser zwar darauf vertrauen, daß Autoren, Herausgeber und Verlag große Sorgfalt darauf verwandt haben, daß diese Angabe dem Wissensstand bei Fertigstellung des Werkes entspricht.

Für Angaben über Dosierungsanweisungen und Applikationsformen kann vom Verlag jedoch keine Gewähr übernommen werden. Jeder Benutzer ist angehalten, durch sorgfältige Prüfung der Beipackzettel der verwendeten Präparate und gegebenenfalls nach Konsultation eines Spezialisten festzustellen, ob die dort gegebene Empfehlung für Dosierungen oder die Beachtung von Kontraindikationen gegenüber der Angabe in diesem Buch abweicht. Eine solche Prüfung ist besonders wichtig bei selten verwendeten Präparaten oder solchen, die neu auf den Markt gebracht worden sind. Jede Dosierung oder Applikation erfolgt auf eigene Gefahr des Benutzers. Autoren und Verlag appellieren an jeden Benutzer, ihm etwa auffallende Ungenauigkeiten dem Verlag mitzuteilen.

Geschützte Warennamen (Warenzeichen) werden nicht besonders kenntlich gemacht. Aus dem Fehlen eines solchen Hinweises kann also nicht geschlossen werden, daß es sich um einen freien Warennamen handelt.

ISBN 3-13-119082-5

Printed in Germany
Satz: Hofacker DDV GmbH, 73614 Schorndorf
Druck: Kohlhammer, 70329 Stuttgart

Inhalt

Verzeichnis der Autoren

Dr. Bernd Affeldt, Hamburg

Prof. Dr. Hanswerner Bause
Abteilung für Anästhesie und operative Intensivmedizin
Allgemeines Krankenhaus Altona
Hamburg

Dr. Petra Bischoff
Klinik für Anästhesiologie
Universitäts-Krankenhaus Eppendorf
Hamburg

Dr. Gerold Drüge
Institut für Anästhesiologie
Bayerische Julius-Maximilians-Universität
Würzburg

Prof. Dr. Eberhard Kochs
Institut für Anästhesiologie
Klinikum rechts der Isar
Technische Universität
München

Dr. Michael Rau
Abteilung für Anästhesiologie
CardioClinic
Hamburg

Prof. Dr. Jens Scholz
Klinik für Anästhesiologie
Universitäts-Krankenhaus Eppendorf
Hamburg

Prof. Dr. Jochen Schulte am Esch
Klinik für Anästhesiologie
Universitäts-Krankenhaus Eppendorf
Hamburg

Prof. Dr. Thomas Standl
Klinik für Anästhesiologie
Universitäts-Krankenhaus Eppendorf
Hamburg

Dr. Holger Thiel
Institut für Anästhesiologie
Bayerische Julius-Maximilians-Universität
Würzburg

Prof. Dr. Christian Werner
Institut für Anästhesiologie
Klinikum rechts der Isar
Technische Universität
München

Vorwort der Reihenherausgeber

Ein Lehrbuch der Anästhesiologie enthielt vor 20 Jahren ca. 40 – 50% weniger relevante Einzelinformationen als heute. Die Anästhesiologie ist heute ein Fachgebiet, zu dem auch die Teilgebiete Notfallmedizin, Intensivmedizin und Schmerztherapie gehören. Das bedeutet einen hohen zeitlichen Aufwand, um sich die immense Fülle an Fakten, die für die Ausübung des Berufes bekannt sein müssen, anzueignen.

Als Anästhesist, Notfallmediziner, Intensivmediziner und Schmerztherapeut ist man häufig – häufiger als in den meisten anderen medizinischen Fachgebieten – im unmittelbaren Umgang mit den Patienten in medizinischen Ausnahmesituationen, häufig zwischen Leben und Tod. Erfreulicherweise bilden sich Studenten und Mediziner in diesem Fachgebiet im Schnitt auch umfangreicher und intensiver fort als andere Fachgruppen. Beleg hierfür ist die sehr intensive Nutzung der Medline und anderer Internetquellen zur Recherche aktueller medizinischer Informationen.

Was bedeutet diese Erkenntnis für die Printausgabe eines Lehrbuches mit Repetitorium in der Dualen Reihe?
In erster Linie die Verpflichtung von Verlag und Herausgebern, durch eine übersichtliche Struktur des Textes, eine überdurchschnittliche Ausstattung mit Tabellen, Synopsen und Bildmaterial, das Nachschlagen und Erlernen von Informationen so angenehm und einfach wie möglich zu machen. Durch einen erfolgreichen Kampf gegen »Bleiwüsten« ist es im vorliegenden Lehrbuch mit integriertem Repetitorium gelungen, das Basiswissen übersichtlich und interessant anzubieten. Wir hoffen, daß sowohl Studenten im klinischen Abschnitt als auch junge Mediziner in der Anästhesiologie mit diesem Buch Spaß am Lernen haben. Das Repetitorium am Rand dient der Wiederholung des Textes und der raschen Aneignung von Fakten, z. B. für Prüfungen.

An dieser Stelle sei ein kurzer Ausblick in die Zukunft erlaubt. Für die erste Aneignung von Wissen in einem Fachgebiet ist sicher ein gut strukturiertes Buch auch heute noch das beste Medium. Andererseits entsteht durch die Zeit zwischen zwei Ausgaben eine Aktualitätslücke. Langfristig wird dieses Manko sicher durch die fortlaufende Aktualisierung solcher Inhalte im Internet behoben werden können.

Dank dem finanziellen Engagement der Fa. MLP war es auch beim vorliegenden Band möglich, den Verkaufspreis attraktiv zu gestalten. Erst die Kooperation mit MLP ermöglicht eine ungeschmälerte Realisation der Lehrbücher des Dualen-Reihe-Konzepts.

Den Autoren um Herrn Prof. Schulte am Esch möchten die Reihenherausgeber für die hervorragende Realisation des Fachgebietes danken.

Dem Verleger, Herrn Albrecht Hauff, gilt der Dank für seinen Weitblick, der es ermöglichte, ein inhaltlich wie optisch rundes Werk entstehen zu lassen.

Frau Dr. Bettina Hansen gebührt der Dank dafür, daß sie nach Übernahme des Lehrbuches in ihr Ressort durch ihr dynamisch-kompetentes Engagement das Lehrbuch zügig realisiert hat.

Eine enge Zusammenarbeit mit den Lesern ist uns sehr wichtig, wir bitten Sie herzlich regen Gebrauch von der Möglichkeit zu machen, uns Ihre Erfahrungen mit diesem Buch und dem Konzept mitzuteilen.

Mit den besten Wünschen für Ihre Medizinerlaufbahn

Weinheim, im April 2000

Dr. med. Alexander Bob
Dr. med. Konstantin Bob

Vorwort der Bandherausgeber zur 1. Auflage

Zahlreiche Patienten werden im Krankenhaus von Anästhesisten betreut – anästhesiologisch, intensivmedizinisch, notfallmedizinisch und schmerztherapeutisch. Das Fach Anästhesie bietet interdisziplinär und integrativ als klinisches Querschnittsfach zusammen mit anderen Spezialitäten ein breites Leistungsspektrum an.

Das für Studierende entwickelte Konzept der Dualen Reihe wurde auch für diesen Band »Grundlagen der Anästhesiologie und Intensivmedizin« umgesetzt, um den angehenden Medizinern die Bedeutung und den Stellenwert dieser wachsenden Disziplin nahezubringen. Die Grundlagen der Anästhesie sollen in prä-, intra- und postoperative Wissensinhalte einführen und bei den jungen Kollegen über essentielle Prüfungsinhalte hinaus Interesse am Fach Anästhesiologie wecken und dem angehenden praktischen Arzt notwendiges Wissen für die kompetente Beratung bzw. Aufklärung seiner zukünftigen Patienten vermitteln. Auch das Verständnis der Grundlagen der Intensivmedizin ist aus den gleichen Gesichtspunkten für jeden Arzt notwendig. Die Kenntnisse über intensivmedizinische Zusammenhänge erleichtern das interdisziplinäre Verständnis und ermöglichen die Kommunikation mit zukünftigen Patienten bzw. mit deren Umfeld.

Zunächst wurde das ursprüngliche Konzept der Reihenherausgeber in dieser Auflage umgesetzt. Es wurde vorrangig die allgemeine Anästhesie abgehandelt und dabei nicht mehr als 15% des Inhaltes der speziellen Anästhesie gewidmet. Auch in dem allgemeinen intensivmedizinischen Teil wurden lediglich einige spezielle intensivmedizinische Krankheitsbilder dargestellt. Darüber hinaus wird aus dem Gebiet der Notfallmedizin das Kapitel »Wiederbelebung« abgehandelt.
In der Schmerztherapie wurde in einem kompakten Abschnitt der Schwerpunkt auf die akute (postoperative) Schmerztherapie gelegt. In die speziellen Verfahren der chronischen Schmerzbehandlung wurde lediglich in einem kurzen Überblick eingeführt. Mit dem in diesem Band vorgelegten Konzept werden die Prüfungsinhalte für die Studierenden z. T. komfortabel abgedeckt, darüber hinaus wird dem jungen, in der Anästhesie tätigen Arzt ein fundierter Informationseinstieg ermöglicht.

Es ist das Ziel der Reihen- und Bandherausgeber ebenso wie des Verlages, in weiteren Auflagen neben der allgemeinen die spezielle Anästhesie breiter abzuhandeln, weitere spezielle intensivmedizinische Krankheitsbilder darzustellen sowie Notfallmedizin und Schmerztherapie profunder einzubinden. Diese Absicht wird von dem handhabbaren Umfang eines solchen Buches begrenzt sein und somit den bisher üblichen Rahmen dieser Reihe nicht sprengen.

Die Bandherausgeber danken allen beteiligten Mitarbeitern bzw. Autoren sehr herzlich für ihr stetes Engagement und dem Verlag für die großzügige Realisierung dieses Bandes. Für die redaktionelle Mithilfe sei Frau Birgitt Witt, Herrn Dr. Stefan Wilhelm, Frau Dr. Karine Freudenblum sowie den Mitarbeitern und Studenten, die hilfreich Korrektur gelesen haben, sehr herzlich gedankt. Alle Leser bzw. alle Lernenden möchten wir um Verbesserungs- bzw. Ergänzungsvorschläge bitten.

Hamburg, im April 2000

J. Schulte am Esch (Hamburg)
E. Kochs (München)
H. Bause (Hamburg)

1 Einführung

Die Anästhesiologie ist heute ein etabliertes klinisches Fach, das sich in Deutschland auf vier Schwerpunkte in der folgenden Reihung stützt:
- Anästhesie
- Intensivmedizin
- Notfallmedizin
- Schmerztherapie.

Nachdem erst 1953 die Deutsche Gesellschaft für Anästhesie gegründet und der Facharzt für Anästhesiologie geschaffen worden war, kam es zu lebhaften Strukturentwicklungen in der Anästhesiologie. Heute wird das Fach von der Deutschen Gesellschaft für Anästhesiologie und Intensivmedizin (DGAI) national und international wissenschaftlich und vom Berufsverband Deutscher Anästhesisten (BDA) berufspolitisch vertreten. Die Narkosetechniken entwickelten sich rasch auf den heute möglichen und üblichen Standard. Dies schließt neben der präoperativen Vorbereitung und der Durchführung der Narkose auch die Betreuung der Patienten im Aufwachraum mit ein. Als Folge hat sich die Tätigkeit des Anästhesisten auch auf die Intensivbehandlungsstationen ausgedehnt.

Auf diesen Stationen werden lebenswichtige Funktionen des menschlichen Organismus unter erforderlichenfalls temporärem apparativem Ersatz mit modernen therapeutischen Möglichkeiten erhalten bzw. wiederhergestellt. Neben der künstlichen Beatmung mit aufwendigen Respiratoren werden auch extrakorporale Verfahren, z. B. die Hämofiltration als Nierenersatztherapie oder auch das Verfahren der extrakorporalen Membranoxygenierung und Eliminierung von Kohlensäure bei schwersten Lungenfunktionseinschränkungen, angewendet.

Die Anästhesisten sammelten Erfahrungen mit bewußtlosen, vital bedrohten Patienten, Kenntnisse über die Schockbehandlung, Langzeitbeatmung und Infusionstherapie ebenso wie über die verschiedensten Narkoseverfahren und -techniken, so daß Anästhesisten auch zu den Pionieren der **modernen Reanimationstechniken** wurden. Zwanglos führten die Entwicklungen der modernen Anästhesiologie zu zusätzlichen Ausbildungsinhalten. Die Ausschaltung akuter Schmerzen während der Operation und unmittelbar postoperativ führte neben der Entwicklung anästhesiologischer Techniken auch zur **Therapie chronischer Schmerzen**. Pionierarbeit leistete hier *J. J. Bonica* in den 50er und 60er Jahren beim Aufbau interdisziplinärer Schmerzkliniken. Die Schmerzbehandlung wurde von ihm als interdisziplinäre Aufgabe unter Leitung des Anästhesisten aufgefaßt, an der auch Spezialisten, z. B. aus Neurologie, Psychologie, Innerer Medizin und Neurochirurgie, mitarbeiten.

Die gegenwärtige Stellung und Qualität der Anästhesiologie kann nicht ohne Kenntnisse der Vergangenheit verstanden werden. Gerade heutzutage entwickelt sich international ein starkes Bewußtsein für die geschichtlichen Wurzeln der Anästhesiologie und ihrer Teilbereiche. Ohne Kenntnis der historischen Vorgänge neigt der heute im Krankenhaus tätige Mediziner dazu, die aktuelle Praxis und den Standard der Anästhesie so zu akzeptieren, als sei das, was er heute kennenlernt, immer schon so gewesen. Dabei wird jedoch die Leistung derjenigen nicht bedacht, die alles, was heute bekannt ist, entdeckten und unter großem persönlichen Einsatz in die Entwicklung des Faches Anästhesiologie bis zu dessen heutigem hohen Niveau einbrachten.

1.1 Entwicklung der Anästhesiologie

Es kann an dieser Stelle nicht differenziert und detailliert auf die geschichtliche Entwicklung eingegangen werden, sondern lediglich auf einige bestimmende Ereignisse und Entdeckungen, die den Weg zum heutigen Stand des Faches Anästhesiologie geebnet haben. Einige wichtige

1 Einführung

Die Anästhesiologie ist heute ein etabliertes klinisches Fach, das sich in Deutschland auf vier Schwerpunkte in der folgenden Reihung stützt:
- Anästhesie
- Intensivmedizin
- Notfallmedizin
- Schmerztherapie.

Nachdem erst 1953 die Deutsche Gesellschaft für Anästhesie gegründet und der Facharzt für Anästhesiologie geschaffen worden war, kam es zu lebhaften Strukturentwicklungen in der Anästhesiologie. Heute wird das Fach von der Deutschen Gesellschaft für Anästhesiologie und Intensivmedizin (DGAI) national und international wissenschaftlich und vom Berufsverband Deutscher Anästhesisten (BDA) berufspolitisch vertreten.

Anästhesisten wurden zu den Pionieren der **modernen Reanimationstechniken** und der **Therapie chronischer Schmerzen**.

Die gegenwärtige Stellung und Qualität der Anästhesiologie kann nicht ohne Kenntnisse der Vergangenheit verstanden werden. Gerade heutzutage entwickelt sich international ein starkes Bewußtsein für die geschichtlichen Wurzeln der Anästhesiologie und ihrer Teilbereiche.

1.1 Entwicklung der Anästhesiologie

Einige wichtige Daten zur **Geschichte der Anästhesiologie** sind in ▤ **1.1** zusammengestellt.

Daten zur **Geschichte der Anästhesiologie** sind in ▦ 1.1 zusammengestellt.

Mit der Entdeckung von **Sauerstoff** 1771 und der schmerzlindernden Wirkung von **Lachgas** 1772 begann die Entwicklung der modernen Inhalationsnarkose.

Zu den **Grundlagen der modernen Inhalationsnarkose** gehört die Entdeckung von **Sauerstoff und Lachgas** durch den englischen Lehrer und Experimentator *Joseph Priestley* 1771/1772. Lachgas wurde, zum Teil in Selbstversuchen, als schmerzlindernd erkannt, z. B. durch den Hartforder Zahnarzt *Horace Wells* 1844, und – trotz seiner erfolgreichen Anwendung im Bereich der Zahnmedizin – im Rahmen von Volksbelustigungen auf Jahrmärkten mißbraucht. Bei der öffentlichen Demonstration einer Lachgasnarkose in Boston 1845 gelang eine Zahnextraktion nicht schmerzfrei, so daß Wells verlacht wurde.

Die erste Anwendung der **Äther-Narkose** 1846 leitete weltweit eine neue Ära der Chirurgie ein.

Es war dann *William Thomas Green Morton* vorbehalten, 1846 der Inhalationsnarkose mittels **Äther** zum Durchbruch zu verhelfen und damit eine neue Ära der Chirurgie einzuleiten. Der Bostoner Chirurg *John C. Warren* konnte am Massachusetts General Hospital einen Speicheldrüsentumor bei einem jungen Mann, der durch *Morton* mit Äther narkotisiert worden war, schmerzfrei entfernen. Dieses Ereignis führte weltweit zum Einsatz der Äther-Narkose bei chirurgischen Eingriffen. Schon drei Monate später wurde von dem Chirurgen *Johann Heyfelder* in Erlangen die erste Äther-Narkose in Deutschland erfolgreich durchgeführt.

Auch **Chloroform**, das dritte, 1831 entdeckte Inhalationsanästhetikum, wurde wenige Jahre später bereits praktisch eingesetzt.

Auch das neben Lachgas und Äther dritte Inhalationsanästhetikum, das 1831 von *Justus von Liebig* entdeckte **Chloroform**, kam bald danach zur Anwendung. 1847 wurde es erstmals von dem Edinburgher *James Simpson* in dessen geburtshilflicher Praxis eingesetzt, und der erste Berufs-Anästhesist, *John Snow* in London, machte von sich reden, als er mit Chloroform die »Anesthésie à la reine« 1853 bei der Geburt des 8. Kindes der Königin Victoria anwendete. Der Siegeszug der Narkose zur Schmerzausschaltung hatte seinen ersten Höhepunkt erreicht. Seither kam es zu einer Fülle von Entdeckungen neuer Pharmaka sowie zu Verbesserungen der Narkosetechnik.

Die **lokalanästhetischen Effekte des Kokains** wurden 1884 erstmals demonstriert. Bereits 1885 wurde die analgetische Wirkung des Kokains im Periduralraum bei einem Versuch von Injektionen im Rückenbereich entdeckt.

Die Wurzeln der **Lokalanästhesie** in unserem heutigen Sinne reichen nicht so weit zurück, weil es an Mitteln und Methoden fehlte. *Carl Koller*, ein Augenarzt in Wien und Freund von *Sigmund Freud*, demonstrierte 1884 in tierexperimentellen Untersuchungen die schon früher beobachteten lokalanästhetischen Effekte des **Kokains** und setzte die von ihm standardisierten Lösungen bei Operationen am Auge erfolgreich ein. Bei Experimenten von *Corning* 1885 wurde im Zusammenhang mit Injektionen im Rückenbereich vermutlich die erste **Periduralanästhesie** eher zufällig durch Einbringen von Kokain in den Periduralraum erreicht.

Die erste **Spinalanästhesie** wurde 1898 erstmals durchgeführt. Mit der Zugabe von **Adrenalin** wurde der Effekt der Kokainlösung verlängert und deren schnelle Resorption verzögert, ohne gleichzeitig die problematische toxische Wirkung zu erhöhen.
Die **Synthese von Novocain** brachte für die Lokalanästhesie den Durchbruch aufgrund der wesentlich geringeren toxischen und lokalanästhetisch potenteren Wirkweise.

1892 wurde von *Carl Ludwig Schleich* erstmalig über die **Infiltrationsanästhesie** mit Kokain berichtet und in der vielfach aufgelegten, damals weitverbreiteten Publikation »Schmerzlose Operationen« niedergelegt. *August Bier*, Chirurg aus Kiel, und zwei Mitarbeiter aus Greifswald führten 1898 die ersten **Spinalanästhesien** in heroischen Selbstversuchen durch. Die toxischen Nebenwirkungen des Kokains durch dessen rasche systemische Resorption wurden nach Vorschlag von *Heinrich Braun*, 1902, durch Zugabe von Adrenalin verzögert.
Die Synthese von **Novocain** durch den deutschen Chemiker *Alfred Einhorn*, 1904, brachte für die Lokalanästhesie den Durchbruch aufgrund der wesentlich weniger toxischen und lokalanästhetisch potenteren Wirkung der Substanz. Die Zukunft der Lokalanästhesie wurde im weiteren überwiegend von der Synthetisierung geeigneter Lokalanästhetika sowie der Modifikation von Techniken und technischer Ausrüstung bestimmt.

Die **enterale Applikation** von anästhetischen Substanzen zur Schmerzlinderung konnte sich nicht durchsetzen, obwohl bedeutende Ansätze bekannterweise praktiziert wurden.

Die **enterale Applikation** von anästhetischen Substanzen zur Schmerzlinderung hat sich nicht durchsetzen können, obwohl bedeutende Ansätze bekannt sind. Zum Beispiel hat der in Japan verehrte Chirurg und Anästhesist *Seishu Hanaoka* schon 1807, 50 Jahre vor der ersten Äther-Narkose, durch orale Verabreichung einer Mischung von Alkaloiden (»tsu-sensan«), die im wesentlichen Scopolamin und Atropin enthielt, erfolgreich eine Patientin anästhesiert und ihr in dieser Narkose einen Brusttumor ent-

fernt. Diese orale Narkose konnte Hanaoka vielhundertfach erfolgreich für die verschiedensten operativen Maßnahmen wiederholen.
Die Versuche, eine erfolgreiche **Rektalnarkose** einzuführen, wie sie z. B. 1847 der russische Chirurg *Nikolai Ivanovitsch Pirogoff* mit Äther oder 1926 *Otto Butzengeiger* mittels Avertin, einem schwer steuerbaren Tribromäthylalkohol, unternahmen, konnten sich nicht durchsetzen.
Die verschiedensten Bemühungen über die Jahrhunderte, schmerzlindernde Mittel **intravenös** zu verabreichen, entwickelten sich relativ spät aufgrund des Mangels pharmakokinetisch geeigneter und ausreichend gereinigter Substanzen. Grundlagen hierzu wurden durch *Friedrich Sertürner*, einem Apotheker aus Paderborn, gelegt, der 1806 **Morphium** aus Opium extrahierte. Aber auch die Synthese des **Veronal** durch *Emil Fischer* und *Joseph von Mering* 1903 konnte der intravenösen Narkose noch nicht zum Durchbruch verhelfen. Erst nach der Einführung des pharmakokinetisch aufgrund einer kurzen Einschlafzeit und begrenzten Wirkdauer sehr geeigneten **Evipan**, 1932 von *Kropp* synthetisiert und von *Hellmut Weese* pharmakologisch und klinisch getestet, konnte von einer intravenösen Narkose gesprochen werden. Dieses war im Bereich der intravenösen Narkose der Beginn der Suche nach pharmakokinetisch geeigneten Substanzen, die auch heute noch nicht abgeschlossen ist.

Bemühungen, schmerzlindernde Mittel **intravenös** zu verabreichen, entwickelten sich nur langsam aufgrund des Mangels an pharmakokinetisch geeigneten Substanzen. Obwohl **Morphium** bereits 1806 und **Veronal** 1903 zur intravenösen Applikation zur Verfügung standen, konnte erst mit der Synthetisierung von **Evipan (1932)** von einer intravenösen Narkose gesprochen werden.

Die Entwicklung der modernen Anästhesie wäre auch nicht möglich gewesen, wenn es nicht gleichzeitig mit der Einführung von geeigneten Pharmaka eine Entwicklung im technischen Bereich gegeben hätte, die die Voraussetzung geschaffen hat, die jeweiligen Pharmaka sicher und kontrolliert anwenden zu können. Abgesehen von komplizierten Inhalatoren für die Inhalationsanästhetika oder von dem lange angewendeten offenen System (z. B. von *Kurt Schimmelbusch* eingeführte Gazemaske für die Äthernarkose), wurden seit Ende des 19. Jahrhunderts verschiedene **Narkoseapparate** mit einer brauchbaren Gasdosierung konstruiert. Neben einigen englischen und US-amerikanischen Herstellern wurden auch in Deutschland kommerziell Narkosegeräte, hier von der Firma Dräger in Lübeck, gefertigt.
Die Zusammenarbeit zwischen an der Narkose interessierten Ärzten und den Narkosegeräteherstellern führte zur Entwicklung des Narkosekreissystems, in dem durch Druckreduzierventile die anzuwendenden Gase, überwiegend Lachgas und Sauerstoff, in das ventilgesteuerte Kreissystem eingespeist werden konnten und die jeweiligen dampfförmigen Inhalationsanästhetika durch Verdunster zuführbar waren.

Dies erforderte technische Vorrichtungen, um Substanzen sicher und kontrolliert anwenden zu können. Von den frühen **Inhalatoren** für die Inhalationsanästhetika, dem **offenen System** (z. B. **Gazemaske**) und verschiedenen **Narkoseapparaten** mit Gasdosierung führte diese Entwicklung zu einem **Narkosekreissystem**.

Eine entscheidende Voraussetzung für die Entwicklung der modernen Kombinationsnarkose war die **Sicherung der Atemwege** und die **Möglichkeit zur künstlichen Beatmung.** Der Weg zu diesem Ziel ist gekennzeichnet durch zahlreiche Beobachtungen, Entdeckungen und Einzelversuche, die alle jedoch zu ihrer jeweiligen Zeit nicht allgemein beachtet oder wieder vergessen wurden. Schon um 1543 beschrieb *Andreas Vesalius* die **endotracheale Intubation** mit Schilfrohrtuben und Beatmung mittels Blasebalg als lebenserhaltende Maßnahme beim Versuchstier. Verschiedene Beobachter führten über die Jahrhunderte ähnliche Versuche durch, und bereits im späten 18. und frühen 19. Jahrhundert wurde wiederholt über die Einführung von Schläuchen in die Trachea als Wiederbelebungsmaßnahme nach Ertrinken und Ersticken berichtet. Es dauerte immerhin noch bis 1871, als der deutsche Chirurg *Friedrich Trendelenburg*, in diesem Falle nach primärer Tracheotomie, einen Gummitubus in die Trachea einführte, um die Blutaspiration in die Lunge zu vermeiden.
1880 konnte der Glasgower Chirurg *William Macewen* am Menschen eine endotracheale Intubation unter Nutzung gekrümmter Metallrohre peroral durchführen. Der bedeutendste Pionier der endotrachealen Intubation ist sicherlich der Kasseler Chirurg *Franz Kuhn*, der 1901 über seine »Tubage« berichtete. 1902 bereits erschien eine Arbeit über die pernasale »Tubage« und 1911 die bekannte und weit verbreitete Monographie »Die perorale Intubation«. Aber auch die Bemühungen Kuhns gerieten in Vergessenheit. Statt dessen kam die teurere, kompliziertere und letztlich ungeeignetere

Eine entscheidende Voraussetzung für moderne Kombinationsnarkosen war die **Sicherung der Atemwege** und die **Möglichkeit zur künstlichen Beatmung**. Sehr frühe Versuche mit Schilfrohrtubi, Einführen von Schläuchen in die Trachea als Wiederbelebungsmaßnahme im letzten Jahrhundert, das erste Einführen eines Gummitubus nach primärer Tracheotomie 1871, die pernasale »Tubage« 1901 und andere angewandte orale und nasotracheale Intubationstechniken beschreiben den Weg und das Spektrum der endotrachealen Intubation bis zur Entwicklung geeigneter Tubusmaterialien und Beatmungsgeräte in den 60er Jahren.

Methode der Unterdruckkammer zur Anwendung, die vehement von dem berühmten Chirurgen *Ferdinand Sauerbruch* propagiert wurde, der bedauerlicherweise die zahlreichen Publikationen zur endotrachealen Intubation und zur Überdruckbeatmung z. T. nicht kannte oder nicht zur Kenntnis nehmen wollte.
Wenn auch das Werk *Franz Kuhns* seinerzeit in Deutschland vergessen wurde, wurden in England schon zur Zeit des 1. Weltkrieges durch *Ivan Magill* orale und nasotracheale Intubationstechniken in der uns heute bekannten Weise eingesetzt. Voraussetzung für die weitere Entwicklung war, daß diese Methoden vermehrt von Ärzten angewendet wurden. Anhand der dabei gewonnenen Erfahrungen wurden die Laryngoskope und das Tubusmaterial verbessert.
Obwohl anhand der genannten Versuche von *Vesalius* die Beatmung von Tieren bekannt war, in **»Kite's Pocket Case of Instrumental Recovery of the Apparently Dead«** 1788 ein ganzes Spektrum von Wiederbelebungsinstrumenten einschließlich Tubusmaterial und Beatmungsblasen vorgestellt worden ist und aus dem Jahre 1878 Publikationen von *Böhm* existieren, in denen experimentell Atmung und extrathorakale Kompression zur **kardiopulmonalen Wiederbelebung** veröffentlicht wurden, wurde lange Zeit keine Standard-Beatmungsmethode entwickelt. Es bedurfte der Polioepidemien in den frühen 50er Jahren dieses Jahrhunderts, während derer die Anästhesisten die Technik einer manuellen Beatmung mittels Beutel aus den benachbarten Operationssälen einbrachten und Hundertschaften von Studenten und Jungärzten rund um die Uhr die Kranken von Hand über Wochen beatmeten, um den Anstoß zu geben, geeignete Beatmungsgeräte zu entwickeln, die dann seit den 60er Jahren auch für Narkosezwecke genutzt wurden.

1912 wurde **Curare** als erstes **Muskelrelaxans** eingesetzt.

Für die moderne Kombinationsnarkose bedurfte es noch einer weiteren fundamentalen Entwicklung, nämlich der von klinisch brauchbaren **Muskelrelaxanzien.** Schon *Alexander von Humboldt* beschrieb 1807 die Wirkung des südamerikanischen indianischen Pfeilgiftes **Curare**, und *Claude Bernard* wies 1857 nach, daß es den neuromuskulären Übergang blockiert. Der erste Bericht über eine erfolgreiche Anwendung von Curare beim Menschen zur Muskelrelaxation erfolgte durch den deutschen Chirurgen *Arthur Läwen* 1912 und wurde – ähnlich wie die Intubationstechnik *Kuhns* – in Deutschland wieder vergessen.
Das nun inzwischen rein hergestellte Alkaloid d-Tubocurarin wurde 1942 erstmals von *Harold R. Griffith* im Rahmen von Allgemeinanästhesien zu chirurgischen Eingriffen eingesetzt. Auch im Bereich der Muskelrelaxation beschränkten sich die weiteren Entdeckungen vorwiegend auf neuere, pharmakokinetisch und bezüglich des Nebenwirkungsprofils geeignetere Muskelrelaxanzien, von denen eine ganze Reihe in den vergangenen Jahrzehnten entwickelt worden ist.

Im Gegensatz zur **Mononarkose** erlaubt die moderne **Kombinationsnarkose** die gezielte Dosierung der eingesetzten Substanzen außerhalb des toxischen Bereichs.

Im Bereich der Allgemeinanästhesie waren nach dem Geschilderten alle Voraussetzungen vorhanden, moderne **Kombinationsnarkosen** durchzuführen. Zu Beginn der Entwicklung der Allgemeinanästhesie standen lediglich Substanzen zur Verfügung, mit denen **Mononarkosen** durchgeführt werden konnten, d. h., mit denen sämtliche Qualitäten erreicht werden mußten. Das bedeutete, daß hohe Dosierungen der jeweiligen Monosubstanz erforderlich waren, die in dichter Nachbarschaft zum toxischen Bereich lagen. Dagegen können durch Ausnutzung der verschiedenen Pharmakagruppen sämtliche Einzelqualitäten einer Narkose wie Hypnose, Analgesie, Anästhesie, Amnesie und Muskelrelaxation durch Kombination von Hypnotika, Analgetika, Inhalationsanästhetika und Muskelrelaxanzien erreicht werden. Eine Grundvoraussetzung für die Anwendung von aufwendigen Kombinationsnarkosen mit Ausschaltung der Funktion der quergestreiften Muskulatur durch Blockierung des neuromuskulären Übergangs mit Muskelrelaxanzien war die **Ausbildung von Anästhesieärzten.**
Es gab einzelne Ärzte, die die Bedeutung der Narkose als Spezialdisziplin frühzeitig erkannten und dieses auch veröffentlichten. Als Beispiel sei nur ein Zitat aus der schon genannten Monographie von *Carl Ludwig Schleich* *»Schmerzlose Operation«* von 1906 erwähnt, in der er auf die Bedeutung des

Unterrichts in Anästhesiemethoden hinwies: »Möchte doch einer der Machthaber unserer Kunst sich diese ... dringlichen Forderungen zu eigen machen und seinen Einfluß an den maßgebenden Stellen ... einsetzen, um ... dies eine Ziel zu verwirklichen: **Die Narkose und die Lokalanästhesie – ein obligatorischer Unterrichtsgegenstand an deutschen Hochschulen!** Jener Fürsprecher würde der leidenden Menschheit einen ganz unsterblichen Dienst erweisen«.
Auch *Ernst von der Porten*, der Mitbegründer der Zeitschrift *»Der Schmerz, zugleich Zentralorgan für Narkose und Anästhesie«*, im Jahre 1928, erhob auf der Sitzung des Ärztlichen Vereins in Hamburg 1924 nicht nur die Forderung nach einem Unterricht in Narkose für Studenten, sondern auch nach einer Anerkennung der Narkose als wissenschaftliches Spezialfach. Dennoch gelang 1928 die Gründung einer deutschen Narkosegesellschaft anläßlich eines Naturforscherkongresses in Hamburg nicht.
Erst in der Zeit nach dem 2. Weltkrieg entwickelte sich das Fach Anästhesiologie auch in der Bundesrepublik Deutschland unter großen Bemühungen einzelner Pioniere. An Narkose interessierte Ärzte der Chirurgie, bei Gastaufenthalten im Ausland fortgebildet, erkämpften Positionen für die Anästhesiologie. 1953 kam es zur Gründung von Fachgesellschaft und Fachzeitschrift, Mitte der 60er Jahre wurden die ersten Lehrstühle für Anästhesiologie an deutschen Universitäten geschaffen – durch *Karl Horatz* in Hamburg und *Rudolf Frey* in Mainz.

Bereits 1924 wurde die Forderung nach obligatorischem Unterricht in Anästhesie erhoben, jedoch wurden erst Mitte der 60er Jahre in Deutschland die ersten Lehrstühle geschaffen.

1.1: Interessante und wichtige Daten zur Geschichte der Anästhesiologie

1543	▷ Andreas Vesalius (1514–1564) publiziert sein revolutionäres Anatomiebuch *De Humani Corporis Fabrica.*
1628	▷ William Harvey (1578–1657), London (Schüler des Galileo, Padua, und des englischen Philosophen Francis Bacon und von Descartes), beschreibt die Zirkulation des Blutes: *De Montu Cordis.*
1665	▷ Erste intravenöse Injektion einer Droge (Opium-Tinktur) im Tierversuch (Hund) durch Sir Christopher Wren (1633–1723).
1771	▷ Entdeckung des Sauerstoffes und
1772	▷ des Stickoxyduls durch Joseph Priestley (1733–1804).
1788	▷ Chas Kite aus Gravesend benutzte erstmalig einen Trachealtubus zur Wiederbelebung Ertrunkener: *Kite's pocket case of instrumental recovery.*
1800	▷ Entdeckung analgetischer Eigenschaften des Stickoxyduls durch Humphrey Davy, der es als »Lachgas« bezeichnet.
1806	▷ Isolierung des Morphiums aus Opium durch den Apotheker F. W. A. Sertürner (1783–1841) aus Paderborn.
1807	▷ Seishu Hanaoka (1760-1835) aus Hirayama, Japan, verabreicht erstmalig eine Mischung aus Alkaloiden (»tsu-sensan«), hauptsächlich bestehend aus Scopolamin und Atropin, zur Schmerzlinderung bei der Entfernung eines Brusttumors bei einer 60jährigen Patientin.
1831	▷ Entdeckung des Chloroforms durch Justus von Liebig (1830-1873), Darmstadt
1845	▷ Horace Wells (1815–1848), Zahnarzt aus Hartford, Connecticut, demonstriert erfolglos eine Anästhesie durch Lachgasinhalation für eine Zahnextraktion.
1846	▷ William Thomas Green Morton (1819–1868), Zahnarzt aus Boston, führt am 16. Oktober erfolgreich die Äthernarkose öffentlich am Massachusetts General Hospital, Boston, durch.
1847	▷ Die Ärzte H. E. Weickert und C. F. E. Obenaus führten 1847 die erste erfolgreiche Äthernarkose in Leipzig durch.
1853	▷ John Snow, Physiker und Anästhesist aus London, verabreicht der Königin Victoria zur Schmerzlinderung während der Entbindung des Prinzen Leopold Chloroform (»Anesthésie à la reine«).
1857	▷ Claude Bernard (1813–1878), Physiologe aus Paris, zeigt, daß Curare den neuromuskulären Übergang blockiert.
1869	▷ Joseph Thomas Clover (1825–1882), Anästhesist aus London, setzt nasal Lachgasinhalatoren ein.
1871	▷ Friedrich Trendelenburg (1844–1924), Chirurg aus Rostock, verabreicht Anästhetika über ein Tracheostoma und benutzt einen pertrachealen Tubus mit Manschette.
1880	▷ William Macewen (1848–1924), Chirurg aus Glasgow, stellt die orale endotracheale Intubation vor.
1884	▷ Carl Koller (1857–1944), Augenarzt aus Wien, demonstriert die lokalanästhetischen Eigenschaften des Kokains an der Hornhaut des Auges.

... es geht noch weiter! ▶

1.1: Fortsetzung

1885	▷ James Leonhard Corning (1855–1923), New Yorker Neurologe, erzeugt durch zufällige epidurale Injektion von Kokain Analgesie.
1892	▷ Carl Ludwig Schleich (1859–1922), Berlin, stellt die Infiltrationsanalgesie vor.
1893	▷ Gründung der »Society of Anaesthetists« in London.
1898	▷ August Bier (1861–1949), Chirurg aus Kiel, führt erstmalig erfolgreich klinisch die Spinalanästhesie durch.
1901	▷ Franz Kuhn aus Kassel veröffentlicht seine Arbeit über die tracheale Intubation. Heinrich und Bernhard Dräger entwickeln als erste in Deutschland einen Narkoseapparat für Sauerstoff und Chloroform.
1902	▷ Heinrich Braun (1862-1934), Chirurg aus Leipzig, setzt der Kokainlösung Adrenalin zu, um deren Effekt zu verlängern und deren Resorption zu verzögern.
1903	▷ Emil Fischer (1852–1919), Chemiker und Nobel-Preisträger (1902) aus Berlin, und Joseph von Mering (1849–1908) aus München, synthetisieren Veronal. Dieses ist das erste Barbiturat.
1904	▷ Alfred Einhorn (1856–1917), Chemiker aus München, synthetisiert Procain.
1912	▷ Arthur Läwen (1876–1958), Chirurg aus Königsberg, verwendet Curare zur Muskelrelaxation.
1922	▷ Im August erscheint »Current Researches« in »Anesthesia and Analgesia«.
1924	▷ Paul Sudeck (1866–1945) und Helmut Schmidt (1895–1979) führen die Lachgas-Sauerstoff-Narkose in der Universitätsklinik Hamburg-Eppendorf ein. Gleichzeitig wird zusammen mit der Firma Dräger ein Kreisatmungssystem mit Kohlensäureabsorption entwickelt. Es handelt sich um den Narkoseapparat nach Sudeck-Schmidt.
1926	▷ John Silas Lundy (1894–1972) stellt das Konzept der »balanced anesthesia« vor. Otto Butzengeiger (1885–1968) in Deutschland wendet als erster Avertin (Tribromäthylalkohol) zur rektalen Anästhesie für klinische Zwecke an. Es zeigt sich aber, daß die Narkose mit diesem Mittel mit erheblichen Gefahren verbunden ist.
1932	▷ Hellmut Weese (1897–1954), Scharpff und Rheinoff wenden als erste das Evipan (Hexobarbital) an, das von Kropp und Taub synthetisiert wurde.
1937	▷ Robert R. Macintosh (1897–1989) wird zum »Nuffield Professor of Anaesthesia« an der Universität von Oxford ernannt – als erster Lehrstuhlinhaber für Anästhesie in Europa.
1940	▷ Die Zeitschrift »Anesthesiology« wird erstmalig publiziert.
1942	▷ Harold Randall Griffith (1894–1985) und George Enid Johnson (1909–1979) aus Montreal wenden Curare in der Anästhesie an.
1943	▷ Robert R. Macintosh aus Oxford beschreibt sein gebogenes Laryngoskop.
1953	▷ Gründung der »Deutschen Gesellschaft für Anästhesie«.
1956	▷ Michael Johnstone aus dem Manchester Royal Infirmatory wendet Halothan klinisch an.
1959	▷ Einführung der Neuroleptanalgesie durch DeCastro und Paul Mundeleer.
1966	▷ Einführung der Ketamin-Analgesie durch G. Corssen und Domino in den USA.
1971	▷ Erste Isofluran-Anwendung.

1.2 Entwicklung der Intensivmedizin

Die Intensivmedizin fand gegen Ende der 50er Jahre ihren Ursprung in Europa und den USA. Die Konzeption und die Grundlagen für dieses Gebiet wurden jedoch schon Anfang der 30er Jahre dieses Jahrhunderts durch die deutschen Chirurgen *Kirschner* und *Sauerbruch* gelegt. Von ihnen wurden sogenannte **Wachstationen** für kontinuierliche Überwachung und Pflege der Frischoperierten geschaffen, um eine »Zentralisierung der Problempatienten« zu erreichen.

1.2 Entwicklung der Intensivmedizin

Die Intensivmedizin fand gegen Ende der 50er Jahre ihren Ursprung in Europa und den USA. Die Konzeption und die Grundlagen für dieses Gebiet wurden jedoch schon Anfang der 30er Jahre dieses Jahrhunderts durch die deutschen Chirurgen *Kirschner* und *Sauerbruch* gelegt. Von ihnen wurden sogenannte **Wachstationen** für die kontinuierliche Überwachung und Pflege der Frischoperierten geschaffen, um eine »Zentralisierung der Problempatienten« zu erreichen.

Ausgehend von der ersten Polioepidemie in Skandinavien im Jahre 1952 sah man sich gezwungen, die ersten Intensivstationen zu schaffen. Um der damaligen großen Zahl von ateminsuffizienten Patienten helfen zu können, wurden Betteneinheiten zusammengefaßt, auf denen dann über 1400 Ärzte, Medizinstudenten und Schwestern über Wochen durch Handbeatmung mit einem einfachen Atembeutel Atemhilfe leisteten, da es noch keine maschinellen Respiratoren gab. Auf der Höhe der Epidemie erkrank-

ten täglich 50 – 75 Patienten neu. Es ließ sich durch den gewaltigen Einsatz der Studenten die Mortalität von zunächst 80 % auf 25 % senken.
In Hamburg waren es 1953 die Internisten *Aschenbrenner* und *Dönhardt*, in Dänemark war es *Poulsen*, in Schweden *Holmdahl* und in Frankreich *Mollaret*, die künstliche Beatmungen zunächst mit der »Eisernen Lunge« durchführten. In dieser Zeit wurde die Basis für die künftige Respiratortherapie geschaffen. Das »Lungenversagen« wurde durch Sicherung der Atemwege behandelt (über ein Tracheostoma wurde ein geblockter Tubus in die Trachea eingelegt), die Beatmung wurde als Überdruckbeatmung durchgeführt, und die Lungen der Patienten wurden von Sekret freigesaugt. Die in Kopenhagen gesammelten Erfahrungen galten bald als »goldener Standard« in der Behandlung des Lungenversagens, nicht nur in Europa, sondern weltweit.

Intensivstationen im heutigen Sinne wurden jedoch erst ab 1961 durch die Anästhesisten *Peter Safar* in Pittsburgh und *Henning Poulsen* geschaffen. Anästhesisten in aller Welt waren von diesem Zeitpunkt an führend an der Entwicklung von Intensivstationen beteiligt. So wurde es nicht nur in Deutschland selbstverständlich, daß diese Spezialstationen unter die organisatorische Verantwortung von Anästhesisten gestellt wurden. Sie wurden in Deutschland Intensivstationen genannt und hatten und haben das Ziel, die gesamte Akut- und Notfallmedizin abzudecken. Von 1970 an waren nahezu in jedem Kreiskrankenhaus Intensivstationen eingerichtet. Im anglo-amerikanischen Raum wurden diese Einheiten als »Intensive Care Units (ICU)« und im französischen Raum als »Soins intensifs« bezeichnet.
Seit Ende der 70er Jahre gibt es an allen deutschen Universitäten Lehrstühle für Anästhesiologie und an den Krankenhäusern leistungsfähige Anästhesieabteilungen. Hier werden sichere und nahezu nebenwirkungsfreie Narkosen für operative Eingriffe organisiert durchgeführt und Intensivstationen für postoperative und posttraumatische Patienten auf hohem Standard interdisziplinär betrieben. Darüber hinaus werden die Notfallmedizin mit erd- oder luftgebundenen Rettungsmitteln praktiziert und Schmerzambulanzen bzw. -kliniken betrieben. Die moderne Anästhesiologie hat entscheidend dazu beigetragen, die Möglichkeiten der Chirurgie in ihrer Spezialisierung bis zu den heutigen chirurgischen Grenzen auszuweiten.

> **Intensivstationen** im heutigen Sinne wurden jedoch erst ab 1961 durch die Anästhesisten *P. Safar* in Pittsburgh und *H. Poulsen* in Dänemark geschaffen. Anästhesisten in aller Welt waren von diesem Zeitpunkt an führend an der Entwicklung von Intensivstationen beteiligt.

> Seit Ende der 70er Jahre gibt es an allen deutschen Universitäten Lehrstühle für Anästhesiologie und an den Krankenhäusern leistungsfähige Anästhesieabteilungen und Intensivstationen für die postoperative und posttraumatische Patientenversorgung. Darüber hinaus werden die Notfallmedizin mit erd- oder luftgebundenen Rettungsmitteln praktiziert und Schmerzambulanzen bzw. -kliniken betrieben.

1.3 Ausbildung zum Anästhesisten

Die Weiterbildung in der Anästhesiologie ist in **Weiterbildungsordnungen** geregelt. Während dieser Weiterbildung müssen Kenntnisse, Erfahrungen und Fertigkeiten in der **Durchführung von Narkosen,** in der **Wiederbelebung,** in der **Intensivmedizin** und auch in der **Schmerztherapie** erworben und nachgewiesen werden. Die Kenntnisse müssen durch regelmäßige Teilnahme an Weiterbildungsveranstaltungen und Kongressen belegt und die technischen Fertigkeiten durch Vorlage von Narkosekatalogen unter Berücksichtigung bestimmter Mindestanzahlen von Narkosen in bestimmten Bereichen nachgewiesen werden. Ebenso sind Leistungsnachweise für regionalanästhesiologische Verfahren vorzulegen. Eine Weiterbildung auf einer mit entsprechenden Qualitätsmerkmalen ausgestatteten Intensivstation und die Beherrschung notfallmedizinischer Verfahren müssen theoretisch und praktisch erworben worden sein.

Zur Anerkennung als **Facharzt** für Anästhesiologie muß sich der Arzt einer **Prüfung** vor einem Ausschuß der jeweiligen Landesärztekammer unterziehen.
Darüber hinaus können in der Anästhesiologie durch Ableistung einer weiteren, speziellen intensivmedizinischen Weiterbildung (fakultative Weiterbildung) Voraussetzungen erworben werden, mit denen sich der Anästhesist nach einer Zusatzprüfung für spezielle anästhesiologische Intensivmedizin qualifizieren kann.

> **1.3 Ausbildung zum Anästhesisten**
>
> Die Weiterbildung in der Anästhesiologie ist in **Weiterbildungsordnungen** geregelt. Während dieser Weiterbildung müssen Kenntnisse, Erfahrungen und Fertigkeiten in der **Durchführung von Narkosen,** in der **Wiederbelebung,** in der **Intensivmedizin** und auch in der **Schmerztherapie** erworben und nachgewiesen werden.

> Zur Anerkennung als Facharzt für Anästhesiologie muß sich der Arzt einer **Facharztprüfung** vor einem Prüfungsausschuß der jeweiligen Landesärztekammer unterziehen.

Um sich einen Einblick in das vielschichtige Spektrum der Kenntnisse und Fertigkeiten in der Anästhesiologie machen zu können, sind im **Anhang Auszüge aus der neuesten Weiterbildungsordnung** festgehalten.

Um sich einen Einblick in das vielschichtige Spektrum der Kenntnisse und Fertigkeiten in der Anästhesiologie machen zu können, sind im **Anhang Auszüge aus der neuesten Weiterbildungsordnung** festgehalten, die als Musterweiterbildungsordnung der Bundesärztekammer auf der Grundlage von Beschlüssen des 95. Deutschen Ärztetages 1992 in Köln Gültigkeit hat. Das Fach Anästhesiologie ist somit eine Disziplin, die ein breit gefächertes Tätigkeitsfeld klinisch abdecken muß. Dies basiert auf eingehenden pathophysiologischen und pharmakologischen Grundlagen, vergesellschaftet mit eingehender Kenntnis spezifischer Besonderheiten der verschiedenen operativen und interventionell tätigen, nichtoperativen medizinischen Fachdisziplinen.

2 Vorbereitung des Patienten zur Anästhesie

2 Vorbereitung des Patienten zur Anästhesie

Vor jedem anästhesiologischen Verfahren müssen bei dem Patienten eine Reihe von Voruntersuchungen erfolgen. Diese Voruntersuchungen werden nach einem klinikublichen Schema so durchgeführt, daß die Ergebnisse in der Regel zur anästhesiologischen Visite, die spätestens am Tag vor der Operation stattfindet, vorliegen. Bei langfristig planbaren Eingriffen erfolgt in einigen Kliniken die präoperative Visite in einer anästhesiologischen Ambulanz, in die die Patienten einbestellt werden.

Vor jedem anästhesiologischen Verfahren müssen bei dem Patienten eine Reihe von Voruntersuchungen erfolgen.

Die **Prämedikationsvisite** dient im einzelnen der:
- Erhebung der anästhesierelevanten Anamnese
- Einschätzung des körperlichen und psychischen Zustandes
  - klinische Untersuchung
  - Befundung bereits vorliegender Untersuchungen
- Festlegung ggf. zusätzlicher diagnostischer und therapeutischer Maßnahmen
- Festlegung des Anästhesierisikos
- Auswahl des Anästhesieverfahrens
- Aufklärung des Patienten und dessen Einwilligung
- Verordnung der Prämedikation.

Während des Gesprächs ist es wichtig, daß ein Vertrauensverhältnis zwischen dem Anästhesisten und dem Patienten zustande kommt, um dessen Ängste und Aufregung zu vermindern. Demselben Ziel dient die Verordnung einer geeigneten Prämedikation, die in der Regel am Vorabend und am Tag der Operation verabreicht wird. Die Prämedikationsvisite sollte nach Möglichkeit durch den Anästhesisten erfolgen, der auch die Anästhesie durchführt.

Die **Prämedikationsvisite** dient im einzelnen der:
- Erhebung der anästhesierelevanten Anamnese
- Einschätzung des Zustandes
- Festlegung ggf. zusätzlicher Maßnahmen
- Festlegung des Anästhesierisikos
- Auswahl des Anästhesieverfahrens
- Aufklärung und Einwilligung des Patienten
- Verordnung der Prämedikation.

Während des Gesprächs ist es wichtig, daß ein Vertrauensverhältnis zwischen dem Anästhesisten und dem Patienten zustande kommt, um dessen Ängste und Aufregung zu vermindern.

2.1 Anamnese und klinische Untersuchung

2.1 Anamnese und klinische Untersuchung

Am Anfang der Visite steht die **Anamneseerhebung**.

Am Anfang der Visite steht die **Anamneseerhebung**.

> ***Merke.*** In den Vordergrund treten dabei die anästhesierelevanten Fragen nach früheren Operationen, Art der Anästhesieverfahren, Komplikationen während und nach der Operation, Transfusionen, Besonderheiten bei der Durchführung von Narkosen bei Blutsverwandten, Ursache und Dauer einer evtl. postoperativ durchgeführten Intensivtherapie, chronischen Erkrankungen, Medikamenteneinnahme, Allergien und der letzten Aufnahme von Nahrung und Flüssigkeiten.

◄ **Merke**

Weiterer Schwerpunkt der Anamneseerhebung sind Fragen nach Herz-Kreislauf-Erkrankungen (siehe 2.**1**) und Erkrankungen der Atmungsorgane (siehe 2.**2**), da während jeder Anästhesie die Vitalfunktionen im Vordergrund stehen.

Weiterer Schwerpunkt der Anamneseerhebung sind Fragen nach Herz-Kreislauf-Erkrankungen (2.**1**) und Erkrankungen der Atmungsorgane (2.**2**).

2.1: Anästhesierelevante Herz-Kreislauf-Erkrankungen
▷ koronare Herzkrankheit (KHK)
▷ Myokardinfarkt
▷ Herzinsuffizienz
▷ Herzrhythmusstörungen
▷ Herzklappenfehler
▷ Myokarditis
▷ Hypertonie/Hypotonie

2.2: Anästhesierelevante respiratorische Erkrankungen

- chronische Bronchitis
- Asthma bronchiale
- Lungenemphysem
- Lungenfibrose
- rezidivierende bronchopulmonale Infekte
- Tumoren

Gezielte Fragen zur Vorgeschichte des Patienten sind im folgenden – nach Organsystemen gegliedert – aufgeführt:

Kardiovaskuläre Vorgeschichte
Belastungsdyspnoe?
Beinödeme?
Bluthochdruck?
Schmerzen in der Brust?
Durchgemachter Herzinfarkt?

Pulmonale Vorgeschichte
Rauchen?
Husten?
Auswurf?
Chronische Bronchitis, Asthma usw.?
Durchgemachte Lungenentzündung?

Niere und Leber
Nierenerkrankungen?
Nierensteine/Koliken?
Blut im Urin?
Gelbsucht/Leberentzündung?
Alkoholkonsum?

Zentrales und peripheres Nervensystem
Krämpfe?
Lähmungen, Gefühlsstörungen?
Doppelbilder?

Allgemeine Fragen
Neigung zu Nasenbluten/blauen Flecken?
Allergien?
Frühere Narkosen/Operationen?
Komplikationen?
Bestehende Schwangerschaft?
Medikamente/Drogen?
Diabetes mellitus?
Schilddrüsenstörungen?

Im **Anhang** (S. 477) findet sich ein speziell für die anästhesiologische Visite benutzter Anamnesebogen, den der Patient schon vor Eintreffen des Anästhesisten ausfüllen kann.

Gezielte Fragen zur Vorgeschichte des Patienten sind im folgenden – nach Organsystemen gegliedert – aufgeführt:

Kardiovaskuläre Vorgeschichte

Wieviele Treppen können Sie steigen, ohne stehenbleiben zu müssen?
Schlafen Sie mit flachem oder erhöhtem Oberkörper?
Sind Ihre Beine abends geschwollen?
Haben Sie zu hohen Blutdruck? Seit wann? Nehmen Sie regelmäßig Medikamente ein?
Haben Sie schon einmal Schmerzen in der Brust gehabt? In Abhängigkeit von Belastungen?
Haben Sie schon einmal einen Herzinfarkt gehabt?

Pulmonale Vorgeschichte

Rauchen Sie? Wieviel? Seit wann?
Haben Sie Husten? Seit wann?
Haben Sie Auswurf? Wie oft? Wie ist er gefärbt?
Leiden Sie unter chronischer Bronchitis, Asthma, Lungenüberblähung?
Haben Sie schon einmal eine Lungenentzündung gehabt?

Niere und Leber

Sind oder waren Sie nierenkrank?
Haben Sie schon einmal Nierensteine/Koliken gehabt?
Haben Sie schon einmal Blut im Urin gehabt?
Haben Sie schon einmal Gelbsucht/Leberentzündung gehabt?
Trinken Sie Alkohol? Wieviel?

Zentrales und peripheres Nervensystem

Haben Sie jemals Krämpfe gehabt?
Bestehen bei Ihnen Lähmungen oder Gefühlsstörungen in Armen oder Beinen?
Haben Sie jemals Doppelbilder gesehen?

Allgemeine Fragen

Bekommen Sie leicht Nasenbluten oder blaue Flecken?
Sind Sie gegen irgend etwas allergisch?
Haben Sie schon Narkosen und/oder Operationen gehabt?
Gab es dabei Komplikationen? Gab es Narkosekomplikationen in Ihrer Verwandtschaft?
Besteht eine Schwangerschaft oder könnte eine bestehen?
Nehmen Sie irgendwelche Medikamente oder Drogen ein?
Sind Sie zuckerkrank?
Bestehen bei Ihnen Störungen im Bereich der Schilddrüse (Struma, Über- und Unterfunktion)?

Im **Anhang** (S. 477) findet sich ein speziell für die anästhesiologische Visite benutzter Anamnesebogen (Perimed-Verlag), den der Patient schon vor Eintreffen des Anästhesisten ausfüllen kann.

An die Anamnese schließt sich die **klinische Untersuchung** an. Bei jedem Patienten muß unabhängig vom Gesundheitszustand, von der Größe und Art der Operation eine körperliche Untersuchung begrenzten Ausmaßes durchgeführt werden. Diese umfaßt:
- Auskultation des Herzens
- Perkussion und Auskultation der Lungen
- Messung des Blutdruckes und der Herzfrequenz
- Inspektion des peripheren Venenstatus
- Palpation peripherer Arterien
- Inspektion des Mund- und Rachenraumes sowie der Kiefergelenke
- bei geplanter Regionalanästhesie: Inspektion und ggf. Palpation der entsprechenden Region
- Messung von Körpergröße, -gewicht und -temperatur (vor der Visite durch das Pflegepersonal).

Hat bereits die Anamnese Hinweise auf **präexistente Störungen** gegeben, versucht man diese während der körperlichen Untersuchung zu objektivieren und ihr Ausmaß und mögliche Konsequenzen für Operation und Narkoseverfahren zu bestimmen sowie eventuell weitere apparative und/oder laborchemische Untersuchungen festzulegen. Auch hier liegt es nahe, den Untersuchungsgang nach Organsystemen gegliedert durchzuführen:
- Herz-Kreislauf-System
- respiratorisches System
- Niere und Leber
- zentrales und peripheres Nervensystem
- endokrines System
- Kopf-Hals-Region.

An die Anamnese schließt sich die **klinische Untersuchung** an. Diese umfaßt:
- Auskultation von Herz und Lunge
- Perkussion der Lunge
- Messung von Blutdruck und Herzfrequenz
- Inspektion des peripheren Venenstatus
- Palpation peripherer Arterien
- Inspektion von Mund und Rachen sowie Kiefergelenken
- bei Regionalanästhesie: Inspektion und ggf. Palpation der entsprechenden Region
- Messung von Körpergröße, -gewicht, -temperatur.

Präexistente Störungen sollen während der körperlichen Untersuchung objektiviert und ihr Ausmaß und mögliche Konsequenzen für Operation und Narkoseverfahren bestimmt werden. Evtl. werden weitere apparative und/oder laborchemische Untersuchungen erforderlich.

2.1.1 Herz-Kreislauf-System

Die Auskultation des Herzens und die gleichzeitige Palpation der peripheren Pulse gibt Auskunft über das Vorliegen rhythmischer Herzaktionen bzw. bei Vorliegen von Arrhythmien über das Ausmaß des Pulsdefizites. Darüber hinaus können Strömungsgeräusche und veränderte und/oder zusätzliche Herztöne verifiziert werden.
Zur bettseitigen Diagnostik einer **Rechtsherzinsuffizienz** dient die Untersuchung des **hepato-jugulären Refluxes** (**2.1**): Der Patient wird mit ca. 45° erhöhtem Oberkörper gelagert. Die Jugularvenen sind in dieser Lage normalerweise nicht gefüllt, da die Blutsäule bei normalem Druck im rechten Vorhof (5 – 6 mmHg) nur bis zu Klavikula reicht. Sind die Jugularvenen in dieser Lage noch gefüllt, kann eine **manifeste** Rechtsherzinsuffizienz vorliegen (DD: Hypervolämie; Steigerung des intrathorakalen Druckes, z. B. Pneumothorax).
Um eine **latente** Rechtsherzinsuffizienz festzustellen, wird mit der Handfläche kurzzeitig (30 – 60 Sekunden) Druck auf das Abdomen ausgeübt (rechter oberer Quadrant). Dadurch kommt es zu einem vermehrten venösen Rückstrom zum rechten Herzen. Ein suffizient arbeitendes Myokard beseitigt innerhalb von 5 Sekunden die durch das Volumenüberangebot entstehende Stauung im Bereich der Jugularvenen. Der Test gilt als positiv und damit pathologisch, wenn die Halsvenen ständig – auch inspiratorisch – sichtbar bleiben. Ursache hierfür ist oftmals eine latente Rechtsherzinsuffizienz.

2.1.1 Herz-Kreislauf-System

Die Auskultation des Herzens und die gleichzeitige Palpation der peripheren Pulse gibt Auskunft über das Vorliegen rhythmischer Herzaktionen bzw. bei Vorliegen von Arrhythmien über das Ausmaß des Pulsdefizites.
Zur bettseitigen Diagnostik einer **Rechtsherzinsuffizienz** dient die Untersuchung des **hepato-jugulären Refluxes** (2.1).

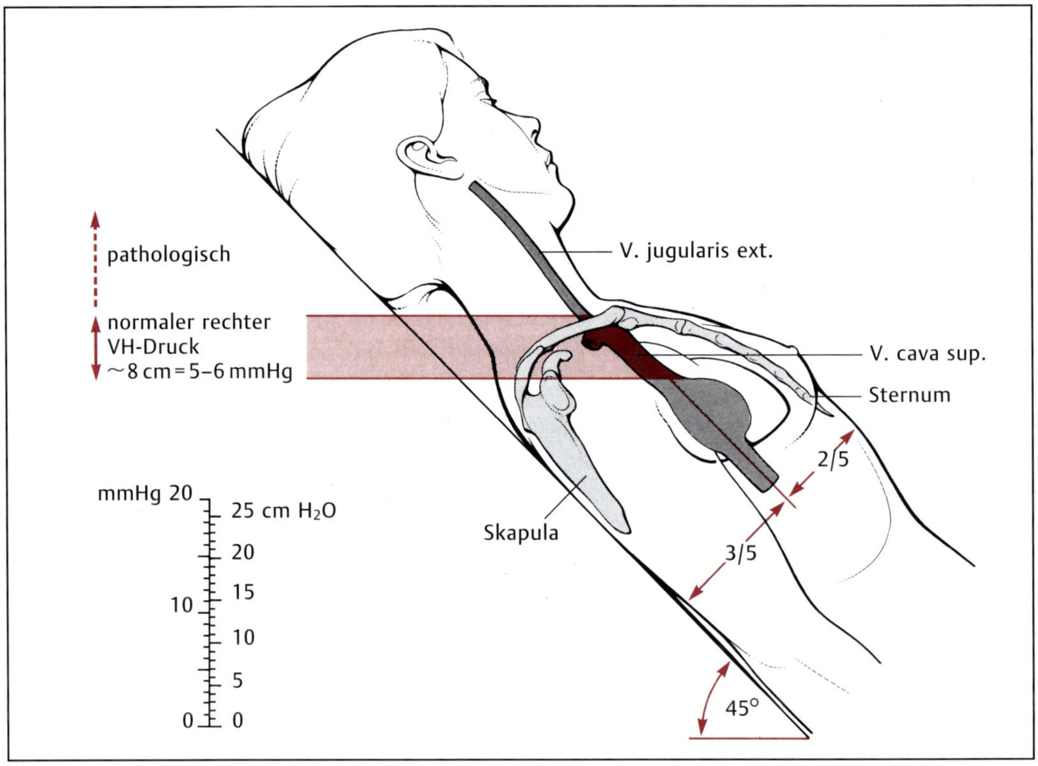

2.1: **Hepato-jugulärer Reflux.** Bei 45°-Oberkörperhochlagerung sind die Jugularvenen normalerweise nicht gefüllt. Pathologischer Befund: gefüllte Jugularvenen (erhöhter rechter Vorhofdruck).

Die Beurteilung des myokardialen Status sollte entsprechend der **NYHA-Klassifikation** erfolgen (2.3).

Die Beurteilung des myokardialen Status sollte entspechend der **NYHA-Klassifikation** auf dem präoperativen Erhebungsbogen vermerkt werden (2.3).

2.3: Klassifikation der Herzinsuffizienz nach NYHA (New York Heart Association)

▷ NYHA I	keine Beschwerden bei großen Belastungen (außergewöhnlich anstrengende körperliche Belastungen können zu Beschwerden führen)
▷ NYHA II	Beschwerden bei höheren Belastungen; bei leichten Belastungen beschwerdefrei
▷ NYHA III	Beschwerden schon bei leichteren Belastungen; in Ruhe beschwerdefrei
▷ NYHA IV	Beschwerden in Ruhe; keine Belastungen möglich

Die **Koronarreserve** (maximal mögliche Steigerung der Koronardurchblutung) eines Patienten ist mit klinischen Mitteln nicht zu erfassen. Hier lassen nur Fragen nach vorausgegangenem Myokardinfarkt und Angina pectoris sowie die Feststellung eines generalisierten arteriosklerotischen Gefäßleidens Schlüsse auf den Zustand der Koronargefäße zu. Die Auskultation der Karotiden kann bei vorhandenen Strömungsgeräuschen einen wichtigen Hinweis auf hämodynamisch wirksame Karotisstenosen liefern und legt den Verdacht auf eine ebenfalls vorhandene koronare Herzkrankheit (KHK) nahe. Zur Objektivierung einer KHK können EKG, Belastungs-EKG, Echokardiographie, Koronarangiographie und Thallium-Szintigraphie bei entsprechender Indikation eingesetzt werden.

Die Inspektion und Palpation des **peripheren Gefäßsystems** sollte unter 2 Gesichtspunkten stattfinden:
- geeignete Zugangswege für venöse und arterielle Kanülen
- Gefäßanomalien.

Die Inspektion und Palpation des **peripheren Gefäßsystems** sollte unter 2 Gesichtspunkten stattfinden:
- um geeignete Zugangswege für venöse und arterielle Kanülen festzulegen
- um Gefäßanomalien (z. B. Varizen, Z. n. Thrombose, postthrombotisches Syndrom) aufzudecken (bei dialysepflichtigen Patienten: Inspektion und Palpation des Shunts).

2.1.2 Respiratorisches System

Erkrankungen der Atmungsorgane beeinflussen neben kardiovaskulären Erkrankungen in entscheidendem Maße das perioperative Risiko. Perkussion und Auskultation können wichtige Hinweise auf Lungenerkrankungen geben. Typische Befunde eines **Asthma bronchiale** sind verlängertes Exspirium sowie Giemen, Brummen oder Pfeifen in der Exspirationsphase. Die **chronische Bronchitis** dokumentiert sich anhand von giemenden und brummenden Nebengeräuschen. Ein **Lungenemphysem** zeigt einen hypersonoren Klopfschall und leises bzw. abgeschwächtes Atemgeräusch. Feuchte Rasselgeräusche weisen auf eine **Pneumonie** oder linksherzbedingte Stauung hin. Auch hier gilt, daß der Schweregrad einer Störung durch zusätzliche Untersuchungen wie Röntgen-Thorax- und Schichtaufnahmen, CT, Lungenfunktions- und Blutgasanalysen objektiviert werden muß.

2.1.2 Respiratorisches System

Erkrankungen der Atmungsorgane beeinflussen neben kardiovaskulären Erkrankungen in entscheidendem Maße das perioperative Risiko. Perkussion und Auskultation können wichtige Hinweise auf Lungenerkrankungen geben.
Auch hier gilt, daß der Schweregrad einer Störung durch zusätzliche Untersuchungen wie Röntgen-Thorax- und Schichtaufnahmen, CT, Lungenfunktions- und Blutgasanalysen objektiviert werden muß.

2.1.3 Niere und Leber

Bei Erkrankungen von Nieren oder Leber kann die klinische Untersuchung nur wenig leisten. Die Nieren lassen sich nur auf Klopfschmerzhaftigkeit untersuchen; bei der Leber beschränkt sich die Untersuchung auf die Größe und Konsistenz des Organes und ebenfalls auf Druckschmerzhaftigkeit. Größere Aussagekraft haben hier Laboruntersuchungen und/oder Sonographie bzw. in besonderen Fällen Funktionstests (z. B. Kreatininclearance).

2.1.3 Niere und Leber

Bei Erkrankungen von Nieren oder Leber kann die klinische Untersuchung nur wenig leisten.
Größere Aussagekraft haben hier Laboruntersuchungen und/oder Sonographie bzw. in besonderen Fällen Funktionstests (z. B. Kreatininclearance).

2.1.4 Zentrales und peripheres Nervensystem

Die Untersuchung des **zentralen Nervensystems** konzentriert sich auf die Bewußtseinslage des Patienten. Dazu gehört bei traumatischen Patienten auch die Frage nach vorübergehender Bewußtlosigkeit im Zusammenhang mit dem Unfall. Bei nicht ausreichend geklärter Bewußtseinslage sollten Fragen zur Person, zur zeitlichen und örtlichen Orientierung gestellt werden. Bei Patienten mit unklarer oder gestörter Bewußtseinslage ist immer eine Untersuchung der Pupillen auf Größe, Seitendifferenz und Lichtreaktion erforderlich.
Die Untersuchung des **peripheren Nervensystems** richtet sich nach den in der Anamnese gegebenen Antworten. Sind motorische oder sensible Störungen genannt worden, gilt es, diese zu objektivieren und ihr Ausmaß zu bestimmen. Dies ist besonders dann wichtig, wenn ein regionalanästhesiologisches Verfahren geplant ist, damit möglicherweise hierdurch entstehende Schäden von früheren Veränderungen abgegrenzt werden können. Bei Untersuchungen, die das übliche Maß (Bewußtseinslage, Hirnnervenfunktion, Reflexstatus) überschreiten, sollte ein fachneurologisches Konsil eingeholt werden.

2.1.4 Zentrales und peripheres Nervensystem

Die Untersuchung des **zentralen Nervensystems** konzentriert sich auf die Bewußtseinslage des Patienten.

Die Untersuchung des **peripheren Nervensystems** richtet sich nach den in der Anamnese gegebenen Antworten. Sind motorische oder sensible Störungen genannt worden, gilt es, diese zu objektivieren und ihr Ausmaß zu bestimmen. Dies ist besonders wichtig, wenn ein regionalanästhesiologisches Verfahren geplant ist. Ggf. muß ein fachneurologisches Konsil eingeholt werden.

2.1.5 Endokrines System

Störungen des endokrinen Systems spielen sich im »inneren Milieu« des Körpers ab, haben aber z. T. Auswirkungen, die mit klinischen Untersuchungsmethoden erfaßt werden können.
Bei länger bestehendem **Diabetes mellitus** lassen sich oft eine **Polyneuropathie** ebenso wie **Gefäßveränderungen**, die zu Gangrän führen können, diagnostizieren.
Störungen der **Schilddrüsenfunktion** werden als **Hyper-** oder **Hypothyreose** manifest. Die klinischen Zeichen der Hyperthyreose und der Hypothyreose sind in ▤ 2.**18**, Kapitel 2.4.4 aufgeführt. Zusätzlich ist neben der Funktionsdiagnostik auch eine Inspektion der Halsregion erforderlich, um mögliche strumabedingte **Intubationsschwierigkeiten** zu erkennen (s. u.).
Der **Akromegalie** liegt eine gesteigerte Sekretion des Wachstumshormons STH zugrunde. Nicht selten treten **Herzrhythmusstörungen** auf (siehe Kap. 2.4.4). Die präoperative Untersuchung zielt in erster Linie auf das Erkennen von Intubationsschwierigkeiten ab, die sich durch die **akrome-**

2.1.5 Endokrines System

Störungen des endokrinen Systems spielen sich im »inneren Milieu« des Körpers ab, haben aber z. T. Auswirkungen, die mit klinischen Untersuchungsmethoden erfaßt werden können, wie z. B. **Polyneuropathie** und **Gefäßveränderungen** beim **Diabetes mellitus**, Störungen der **Schilddrüsenfunktion** (▤ 2.**18**) oder **akromegale Veränderungen** (◙ 2.**2**).

galen Veränderungen (großer Unterkiefer, Makroglossie **2.2**) ergeben und eine fiberoptische Intubation erforderlich machen können (siehe Kap. 3.1.2).

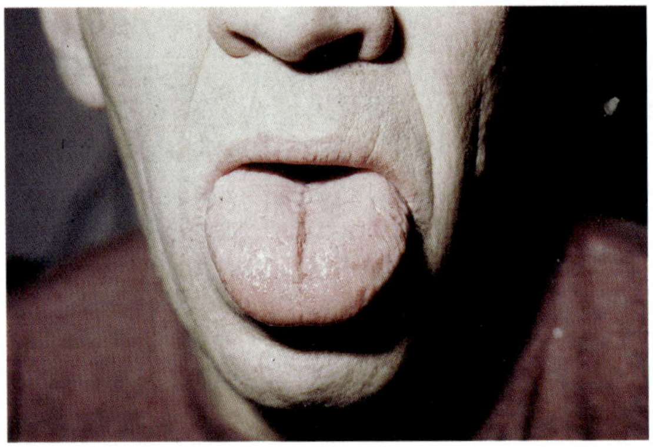

2.2: Makroglossie, z. B. bei Akromegalie.

2.1.6 Kopf-Hals-Region

Die Untersuchung der Kopf-Hals-Region soll die **Intubationsverhältnisse** klären und die Frage beantworten, ob eine **Maskenbeatmung** durchgeführt werden kann. Des weiteren sollen die **Punktionsmöglichkeiten** für die Anlage zentralvenöser Katheter im Bereich der Jugularvenen eruiert werden. Die Untersuchung beginnt mit der Inspektion, wobei in einigen Fällen (z. B. Kieferchirurgie oder HNO) bereits prima vista aufgrund von Malformationen oder Tumoren die Unmöglichkeit einer konventionellen Intubation und Maskenbeatmung festgestellt werden kann. Gleiches gilt für Patienten mit einer Akromegalie.
Darüber hinaus sind Intubationsschwierigkeiten bei Patienten mit kleinem Unterkiefer und fliehendem Kinn zu erwarten (**2.3**). Weiterhin gilt die Aufmerksamkeit der Beweglichkeit des Kehlkopfes sowie einer möglicherweise vorhandenen Struma. Jede Struma kann sowohl zu einer Verdrängung als auch zu einer Kompression der Trachea mit Lumeneinengung führen. Deshalb sind bei diesbezüglichem Verdacht weitere Untersuchungen (z. B. Tracheazielaufnahmen) durchzuführen (siehe Kap. 2.2.1). Bei sehr adipösen Patienten oder Vollbartträgern kann eine Beatmung mit der Gesichtsmaske stark erschwert oder unmöglich sein.

2.1.6 Kopf-Hals-Region

Die Untersuchung der Kopf-Hals-Region soll die **Intubationsverhältnisse** klären und die Frage beantworten, ob eine **Maskenbeatmung** möglich ist. Des weiteren sollen die **Punktionsmöglichkeiten** für die Anlage zentralvenöser Katheter im Bereich der Jugularvenen eruiert werden.

Intubationsschwierigkeiten sind bei Patienten mit kleinem Unterkiefer und fliehendem Kinn zu erwarten (**2.3**) sowie bei jeder Struma mit halsstrukturverdrängendem Wachstum.

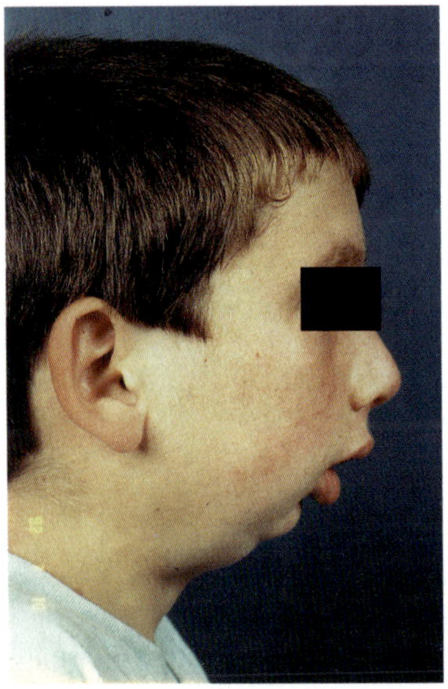

2.3: Kleiner Unterkiefer, fliehendes Kinn z. B. bei Pierre-Robin-Syndrom.

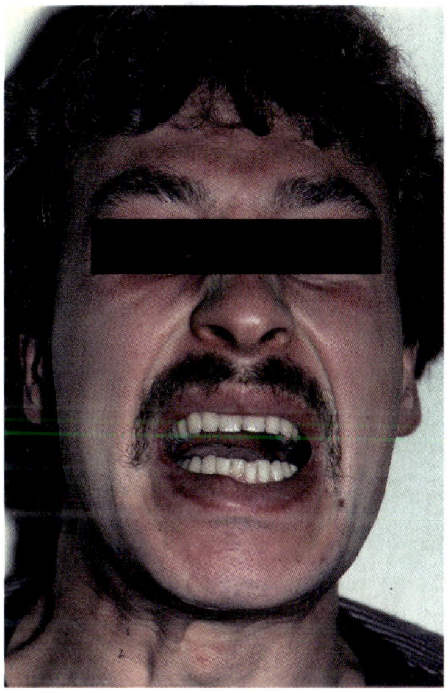

2.4: **Eingeschränkte Mundöffnung** bei Ankylose im Kiefergelenk oder Abszessen im Mundbereich.

Nach der äußerlichen Inspektion erfolgt die Untersuchung des Mund- und Rachenraumes. Hierbei richtet sich das Augenmerk auf die Mundöffnung (eingeschränkt z. B. bei Ankylose im Kiefergelenk oder bei Abszessen im Mundbereich, 2.**4**), auf den Zahnstatus (Prothesen, lockere Zähne), auf die Größe und Beweglichkeit der Zunge sowie auf den hinteren Rachenraum. Zur präoperativen Einschätzung von Intubationsschwierigkeiten hat sich die Klassifikation nach **Mallampati** bewährt (S 2.**1**).

Nach der äußerlichen Inspektion erfolgt die Untersuchung des Mund- und Rachenraumes (eingeschränkte Mundöffnung, 2.**4**).
Zur präoperativen Einschätzung von Intubationsschwierigkeiten hat sich die Klassifikation nach **Mallampati** bewährt (S 2.**1**).

S Synopsis 2.**1**: **Klassifikation nach Mallampati**

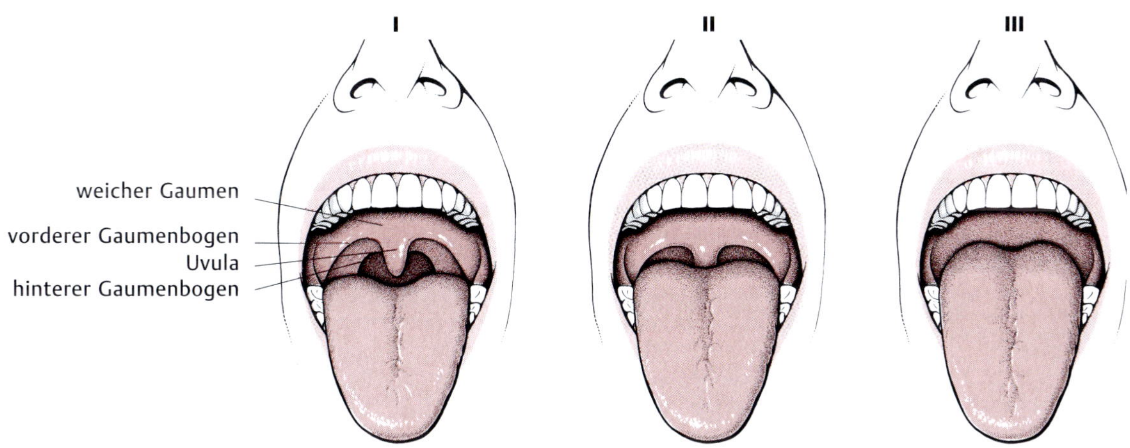

I	II	III
Uvula, vorderer u. hinterer Gaumenbogen, weicher Gaumen voll erkennbar	nur vorderer Gaumenbogen, weicher Gaumen und Basis der Uvula erkennbar	nur weicher Gaumen erkennbar

2.2 Präoperative Untersuchungen

Der Umfang des präoperativen Untersuchungsprogramms richtet sich nach dem Gesundheitszustand des Patienten sowie nach der Größe und Dringlichkeit des Eingriffes.

- Bei gesunden Kindern sind für kleine Eingriffe Anamnese und körperliche Untersuchung ausreichend.
- Bei Erwachsenen mit unauffälliger Anamnese und ohne pathologischen klinischen Untersuchungsbefund wird ab 40 Jahren ein EKG und ab 60 Jahren eine Röntgenthoraxaufnahme durchgeführt.
- Bei anamnestischen und/oder klinischen Hinweisen auf Vorerkrankungen werden weiterführende Untersuchungen zur differenzierten Abklärung durchgeführt.
- Bei geplanter rückenmarknaher Regionalanästhesie sollte ein Gerinnungsstatus durchgeführt werden.

2.2.1 Radiologische Untersuchung

Die häufigste präoperativ durchgeführte radiologische Untersuchung ist die **Röntgenaufnahme des Thorax**. Die **Standardtechnik** ist eine **p.-a. Aufnahme im Stehen in maximaler Inspiration**.

Im folgenden werden einige Indikationen zur Anfertigung einer Röntgenthoraxaufnahme aufgeführt:
Patienten, die sich einer **Strumektomie** unterziehen (2.5, 2.6).

2.2 Präoperative Untersuchungen

Da die Bedeutung von Ergebnissen präoperativer Untersuchungen bzw. Befunderhebung für die Diagnosestellung präexistenter, bislang unerkannter Erkrankungen als minimal zu veranschlagen ist, kann bei anamnestisch Gesunden auf routinemäßige Voruntersuchungen verzichtet werden. Der Umfang des präoperativen Untersuchungsprogramms richtet sich vielmehr nach dem Gesundheitszustand des Patienten sowie nach der Größe und Dringlichkeit des Eingriffes. Die wichtigsten Untersuchungen werden in den folgenden Abschnitten im einzelnen erläutert. Sie dienen dazu, anamnestisch oder klinisch entdeckte Störungen, die für Operation und Anästhesie von Bedeutung sein können, genauer abzuklären.
Folgendes praktisches Vorgehen kann empfohlen werden:

- Bei gesunden Kindern sind für kleine Eingriffe Anamnese und körperliche Untersuchung ausreichend.
- Bei Erwachsenen mit unauffälliger Anamnese und ohne pathologischen klinischen Untersuchungsbefund wird ab 40 Jahren ein EKG und ab 60 Jahren eine Röntgenthoraxaufnahme durchgeführt.
- Bei anamnestischen und/oder klinischen Hinweisen auf Vorerkrankungen werden weiterführende Untersuchungen zur differenzierten Abklärung durchgeführt.
- Bei geplanter rückenmarknaher Regionalanästhesie sollte ein Gerinnungsstatus durchgeführt werden.

2.2.1 Radiologische Untersuchung

Die häufigste präoperativ durchgeführte radiologische Untersuchung ist die **Röntgenaufnahme des Thorax.** Sie zielt darauf ab, bisher nicht erkannte kardiopulmonale Erkrankungen aufzudecken. Verschiedene Studien haben jedoch gezeigt, daß Patienten, die keine anamnestischen und klinischen Hinweise auf Erkrankungen der Thoraxorgane bieten, im Röntgenthorax selten pathologische Befunde aufweisen, die eine Änderung des operativen oder anästhesiologischen Konzeptes zur Folge haben würden. Daher liegt der Schluß nahe, daß auf das Röntgenthoraxbild zum präoperativen »Screening« weitgehend verzichtet werden kann. Bei entsprechenden anamnestischen und/oder klinischen Hinweisen auf ein pathologisches Geschehen sollte diese Untersuchung jedoch durchgeführt werden.
Nach Möglichkeit sollte zur besseren Beurteilbarkeit der bronchopulmonalen und kardiovaskulären Strukturen ein Röntgenbild des Thorax **im Stehen in maximaler Inspiration** angefertigt werden.
Im folgenden werden einige Indikationen zur Anfertigung einer Röntgenthoraxaufnahme und pathologische Veränderungen aufgeführt:
Bei Patienten, die sich einer **Strumektomie** unterziehen, sollte präoperativ ein Röntgenbild im posterior-anterioren (p.-a.) und seitlichen Strahlengang angefertigt werden, um Verdrängungen und Lumeneinengungen der Trachea erkennen zu können (2.**5**). Sollte das konventionelle Bild noch keinen ausreichenden Aufschluß geben, ist die Durchführung einer Tracheazielaufnahme (2.**6**) erforderlich.

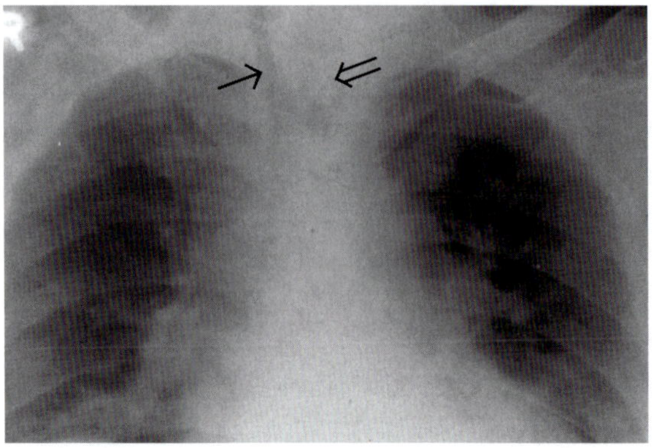

2.5: Struma mit Trachealdeviation (Übersichtsaufnahme →: nach rechts verlagerte Trachea; ⇒: Struma).

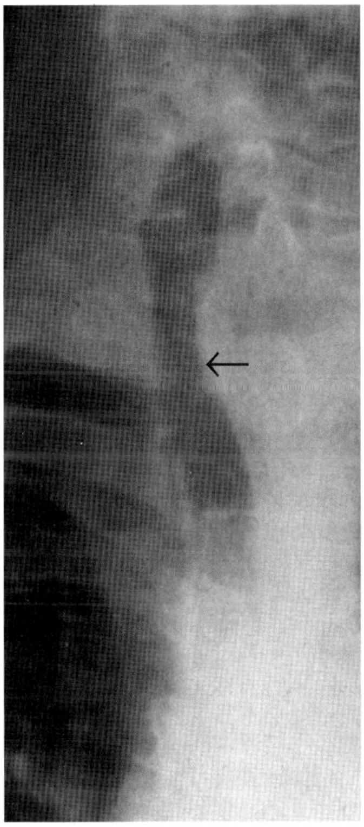

2.6: Tracheazielaufnahme: Intrathorakale (retrosternale) Struma mit Verlagerung der Trachea nach rechts und suprasternaler Einengung (←).

Vor **thoraxchirurgischen Eingriffen** ist eine präoperative Röntgenaufnahme der Lunge erforderlich, da es intraoperativ durch anästhesiologische (z. B. Ein-Lungen-Ventilation) oder operative Maßnahmen (z. B. Atelektasen durch Kompression oder Einblutungen) zu Veränderungen kommen kann, die von präexistenten Veränderungen abgegrenzt werden müssen.

Patienten mit bekannten **Lungentumoren** oder **-metastasen** sollten präoperativ ebenfalls geröntgt werden. Finden sich klinische Hinweise auf eine **pulmonale Stauung** (2.7) oder **höhergradige Herzinsuffizienz** (NYHA III oder IV), sollte gleichermaßen ein Röntgenbild angefertigt werden, um das Ausmaß der Stauung abzuschätzen und evtl. weitere diagnostische und/oder therapeutische Schritte zu veranlassen.

Vor **thoraxchirurgischen Eingriffen** ist eine präoperative Röntgenaufnahme der Lunge erforderlich sowie bei Patienten mit bekannten **Lungentumoren** oder **-metastasen** und bei Hinweisen auf **pulmonale Stauung** (**2.7**) oder **höhergradige Herzinsuffizienz** (NYHA III oder IV).

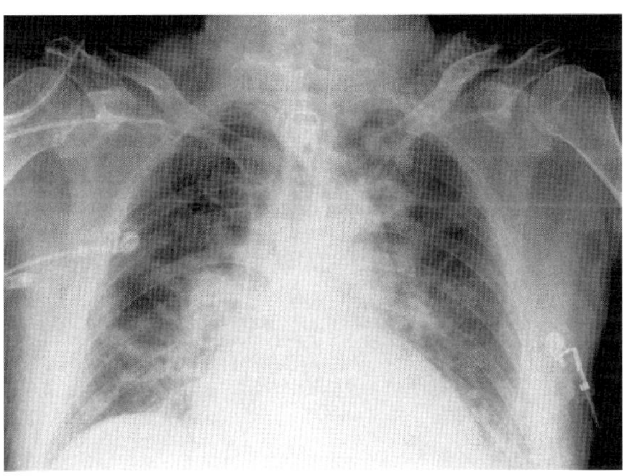

2.7: Herzverbreiterung mit pulmonaler Stauung: dichte gestaute Hilusgefäße, vermehrte Lungengefäßzeichnung, alveoläres Lungenödem (basal >apikal).

2.2.2 EKG

Auch bezüglich präoperativer EKG-Untersuchungen herrscht keine einheitliche Meinung darüber, ab welchem Alter ein EKG zum Suchtest nach bisher nicht bekannten Krankheiten eingesetzt werden sollte. Hier haben retrospektive Analysen ebenfalls gezeigt, daß die Häufigkeit von pathologischen EKG-Befunden, die eine Veränderung des anästhesiologischen Konzeptes nach sich ziehen, bei klinisch gesunden Patienten <40 Jahren so gering ist, daß das EKG für diese Altersgruppe nicht routinemäßig notwendig erscheint. Bei **kardialen Risikopatienten** ist die Durchführung eines EKGs allerdings immer indiziert. Bei ihnen dient es zur Aufdeckung behandlungsbedürftiger Veränderungen und zur Abschätzung der Notwendigkeit weiterer Diagnostik (z. B. Echokardiographie, Koronarangiographie).

2.2.2 EKG

Hier haben retrospektive Analysen gezeigt, daß die Häufigkeit von pathologischen EKG-Befunden, die eine Veränderung des anästhesiologischen Konzeptes nach sich ziehen, bei klinisch gesunden Patienten <40 Jahren so gering ist, daß das EKG für diese Altersgruppe nicht routinemäßig notwendig erscheint. Bei **kardialen Risikopatienten** ist die Durchführung eines EKGs allerdings immer indiziert.

EKG-Veränderungen, die von anästhesiologischem Interesse sind:
- absolute Arrhythmie bei Vorhofflimmern
- Vorhofflattern
- Rechtsherz- oder Linksherzhypertrophie
- AV-Blockierung verschiedener Grade
- Schenkelblockbilder
- Extrasystolen (supraventrikulär und ventrikulär)
- Präexzitationssyndrome
- ST-Streckenveränderungen
- Zeichen des durchgemachten Myokardinfarktes.

Folgende **EKG-Veränderungen** sind von anästhesiologischem Interesse:
- absolute Arrhythmie bei Vorhofflimmern
- Vorhofflattern
- Rechtsherz- oder Linksherzhypertrophie
- AV-Blockierung verschiedener Grade
- Schenkelblockbilder
- Extrasystolen (supraventrikulär und ventrikulär)
- Präexzitationssyndrome
- ST-Streckenveränderungen
- Zeichen des durchgemachten Myokardinfarktes.

Absolute Arrhythmie bei Vorhofflimmern

Die häufigsten Ursachen des Vorhofflimmerns (2.8) sind Herzklappenfehler mit chronischer Überdehnung der Vorhöfe, koronare Herzkrankheit, Kardiomyopathien und Myokarditis. Es besteht die Gefahr der **Herzinsuffizienz** und der Bildung von **Vorhofthromben**.

Therapeutisches Ziel muß es zumindest sein, eine Normalisierung der Kammerfrequenz, z. B. durch **Digitalis** oder **Verapamil**, und ein für den Patienten adäquates Herzminutenvolumen zu erreichen.

Bei drohendem kardiogenem Schock ist eine **elektrische Kardioversion** angezeigt.

Absolute Arrhythmie bei Vorhofflimmern

Die Flimmerwellen, die eine Frequenz von 350 – 600 Aktionen/min haben, werden unregelmäßig auf die Kammern übergeleitet (absolute Arrhythmie). In Abhängigkeit von der Überleitungsrate werden **Brady-, Tachy-** und **normfrequente Arrhythmie** unterschieden. Die häufigsten Ursachen des Vorhofflimmerns (2.8) sind Herzklappenfehler mit chronischer Überdehnung der Vorhöfe, koronare Herzkrankheit, Kardiomyopathien und Myokarditis. Bei kritischem Absinken des Herzminutenvolumens infolge asynchroner Vorhof- und Kammererregung kann es zur akuten **Herzinsuffizienz** kommen. Eine weitere Gefahr besteht in der Bildung von **Vorhofthromben,** die sich als arterielle Embolien im großen Kreislauf manifestieren können (z. B. Herz-, Hirn- oder Mesenterialinfarkt).
Therapeutisches Ziel muß es zumindest sein, eine Normalisierung der Kammerfrequenz, z. B. durch **Digitalis** oder **Verapamil** (Isoptin®), und ein für den Patienten adäquates Herzminutenvolumen zu erreichen. Bei noch nicht lange bestehender absoluter Arrhythmie (<3 Monate) sollte versucht werden, möglichst umgehend wieder einen Sinusrhythmus herbeizuführen. Nach Ablauf dieser Zeitspanne darf dieses nur unter begleitender Antikoagulation geschehen, um die durch Entflimmerung ausgelöste Absprengung frischer Thromben zu vermeiden. Bei drohendem kardiogenem Schock ist eine **elektrische Kardioversion** angezeigt. Vorher sollte der Serumkaliumspiegel in hochnormale Bereiche gebracht werden (5,0 – 5,5 mmol/l).

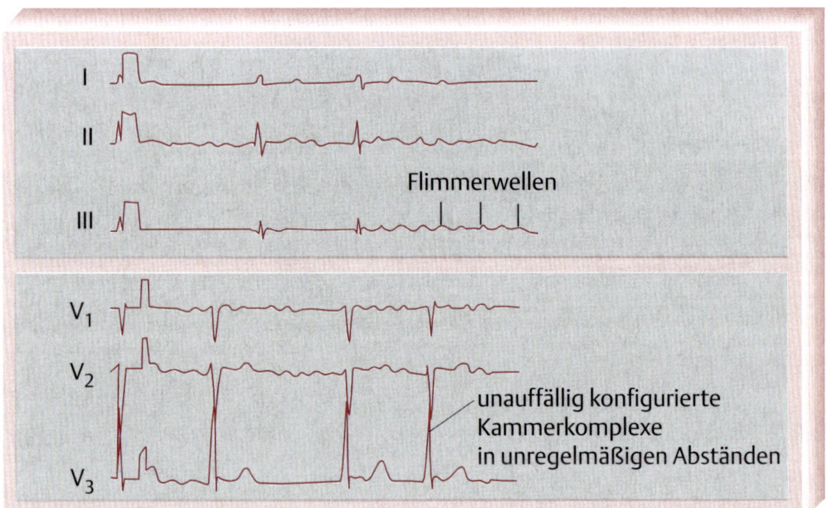

2.8: Grobes Vorhofflimmern mit absoluter Arrhythmie.

Vorhofflattern (2.9)

Vorhofflattern (2.9)

Die Vorhoffrequenz beträgt 200 – 350 Impulse/min. In der Regel liegt keine 1 : 1-Überleitung der Flatterwellen auf die Kammern vor, da gleichzeitig eine AV-Blockierung besteht (2 : 1-, 3 : 1-Überleitung etc.). Bei inkonstantem Blockierungsverhältnis ist die Kammerfrequenz unregelmäßig (2.10).

Die Ursachen entsprechen denen des Vorhofflimmerns. Eine hohe Kammerfrequenz muß umgehend durch Einsatz von **Digitalis, Verapamil** oder **beta-Rezeptorenblockern** gesenkt werden.

Eine hohe Kammerfrequenz muß umgehend durch Einsatz von **Digitalis, Verapamil** oder **beta-Rezeptorenblockern** gesenkt werden.

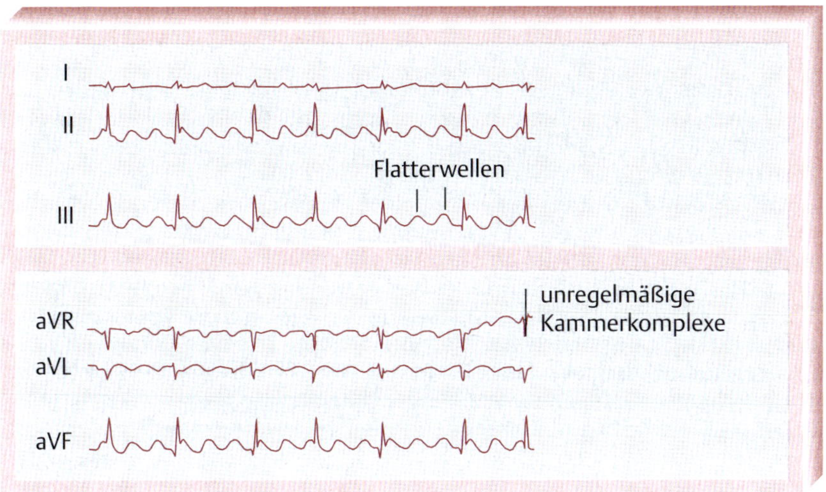

2.9: Vorhofflattern mit absoluter Arrhythmie.

Rechts- und Linksherzhypertrophie (2.10a, b)

Die Zeichen der Hypertrophie bedürfen weiterer Untersuchungen bezüglich der zugrundeliegenden Ursache und des Ausmaßes der Hypertrophie. Dabei sind Anamnese, Röntgen-Thorax-Aufnahme und Echokardiographie hilfreich.

Rechts- und Linksherzhypertrophie (2.10a, b)

Die Zeichen der Hypertrophie bedürfen weiterer Untersuchungen. Dabei sind Anamnese, Röntgen-Thorax-Aufnahme und Echokardiographie hilfreich.

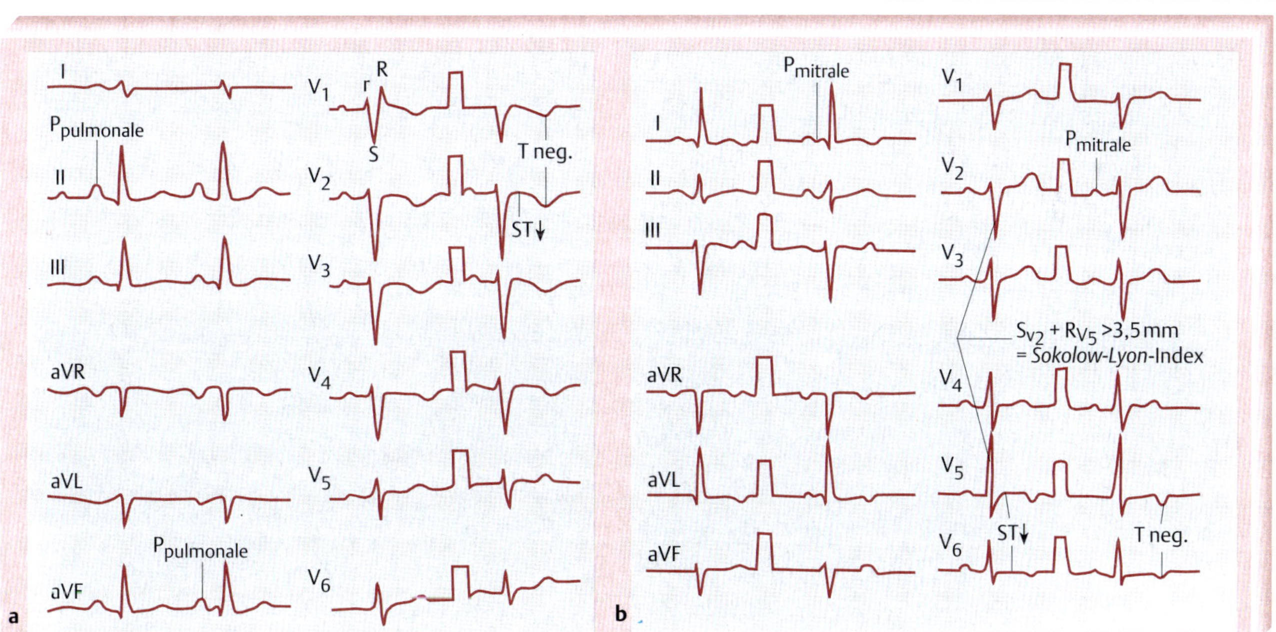

2.10: Herzhypertrophie. a rechtsventrikuläre Hypertrophie, **b linksventrikuläre** Hypertrophie.

AV-Blockierungen

Der **AV-Block I. Grades** ist eine EKG-Diagnose ohne klinische Symptome (2.**11a**). Die PQ-Zeit ist länger als 0,20 Sekunden. Ursachen sind erhöhter Vagotonus oder Medikamenteneinflüsse (z. B. Digitalisüberdosierung).

AV-Blockierungen

Der **AV-Block I. Grades** ist eine EKG-Diagnose ohne klinische Symptome (2.**11a**).

Der **AV-Block II. Grades** imponiert als intermittierende Leitungsunterbrechung (2.**11b**).

Der **AV-Block III. Grades** besteht in einer totalen Dissoziation von Vorhof- und Kammeraktionen (2.**11c**).

Beim AV-Block II. Grades Typ B und beim AV-Block III. Grades muß zumindest perioperativ ein **Herzschrittmacher** gelegt werden.

Der **AV-Block II. Grades** imponiert als intermittierende Leitungsunterbrechung: Beim Typ A (*Wenckebach-* oder *Mobitz*-I-Periodik) wird die PQ-Zeit mit jeder Herzaktion länger, bis eine Überleitung und damit eine Herzaktion ganz ausfällt. Ursache kann eine Digitalisüberdosierung sein (2.**11b**).

Beim Typ B *(Mobitz II)*, dem stets eine organische Herzerkrankung zugrunde liegt, besteht ein fixiertes Blockierungsverhältnis. Wenn von 2 Sinusknotenerregungen eine übergeleitet wird, spricht man vom 2 : 1-Block; ein 3 : 1-Block besteht, wenn von 3 Erregungen lediglich 1 übergeleitet wird. Beim Mobitz-II-Block besteht die Gefahr des Überganges zum AV-Block III. Grades mit Adams-Stokes-Anfällen.

Der **AV-Block III. Grades** besteht in einer totalen Dissoziation von Vorhof- und Kammeraktionen (2.**11c**). Zwischen einem normfrequenten Vorhofrhythmus werden QRS-Komplexe eingestreut, die schenkelblockartig deformiert sein können und in keiner Beziehung zur P-Welle stehen. Die Gefahren bestehen im Herzstillstand (Asystolie) mit Bewußtseinsverlust und Atemstillstand und bei starker Bradykardie in einer Herzinsuffizienz. Deswegen muß beim AV-Block II. Grades Typ B und beim AV-Block III. Grades zumindest perioperativ ein **Herzschrittmacher** gelegt werden. In der Regel muß ein permanenter Schrittmacher implantiert werden.

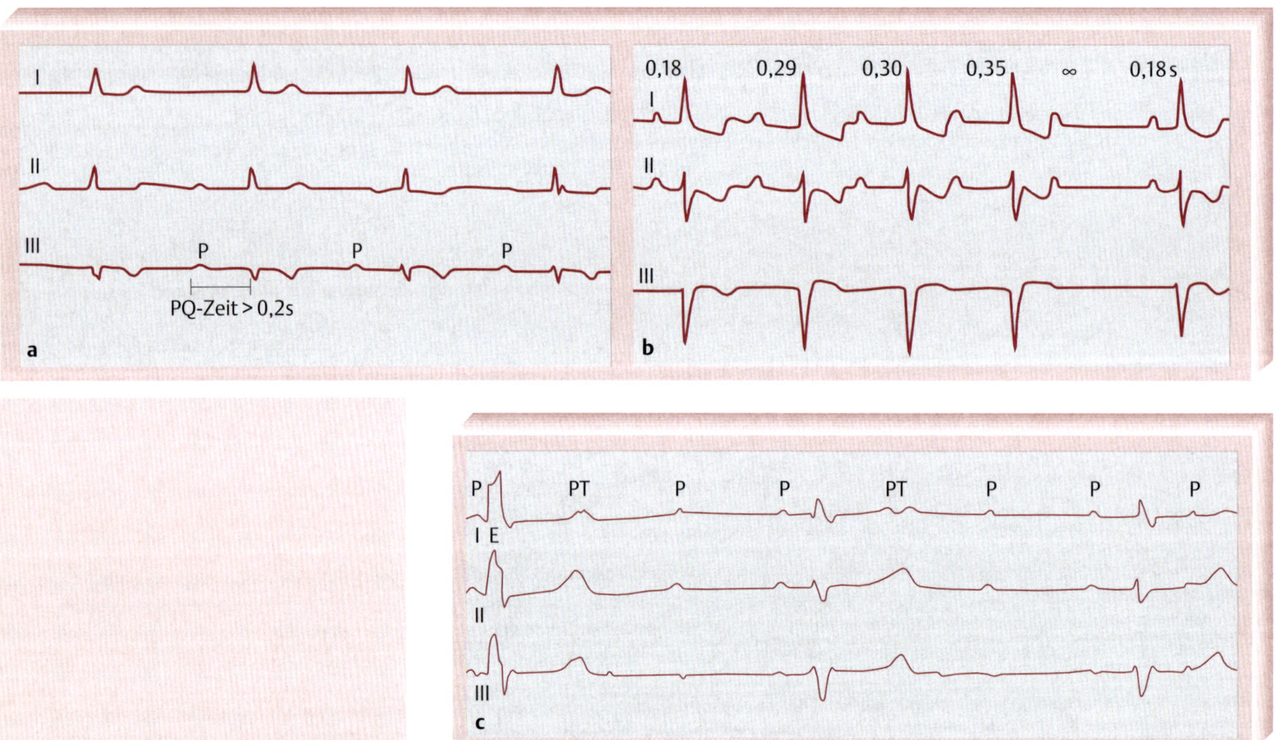

2.**11: AV-Blockierungen. a** AV-Block I. Grades, **b** AV-Block II. Grades (Wenckebach), **c** AV-Block III. Grades.

Schenkelblockbilder

Entsprechend den intraventrikulären Reizleitungsstrukturen unterscheidet man **unifaszikuläre, bifaszikuläre** und **trifaszikuläre** (totale) Blockbilder. Ursachen sind koronare Herzkrankheit, Herzinfarkt, Myokarditis und Kardiomyopathien.

1. **kompletter Rechtsschenkelblock** (2.**12a**): QRS-Zeit > 0,11 Sekunden mit verspätetem Beginn der endgültigen Negativitätsbewegung; S-Zacke in I, M-förmig aufgesplitterter Kammerkomplex
2. **linksanteriorer Hemiblock:** überdrehter Linkstyp

Schenkelblockbilder

Entsprechend den intraventrikulären Reizleitungsstrukturen unterscheidet man **unifaszikuläre, bifaszikuläre** und **trifaszikuläre** (totale) Blockbilder.
1. **kompletter Rechtsschenkelblock** (2.**12a**)

2. **linksanteriorer Hemiblock**

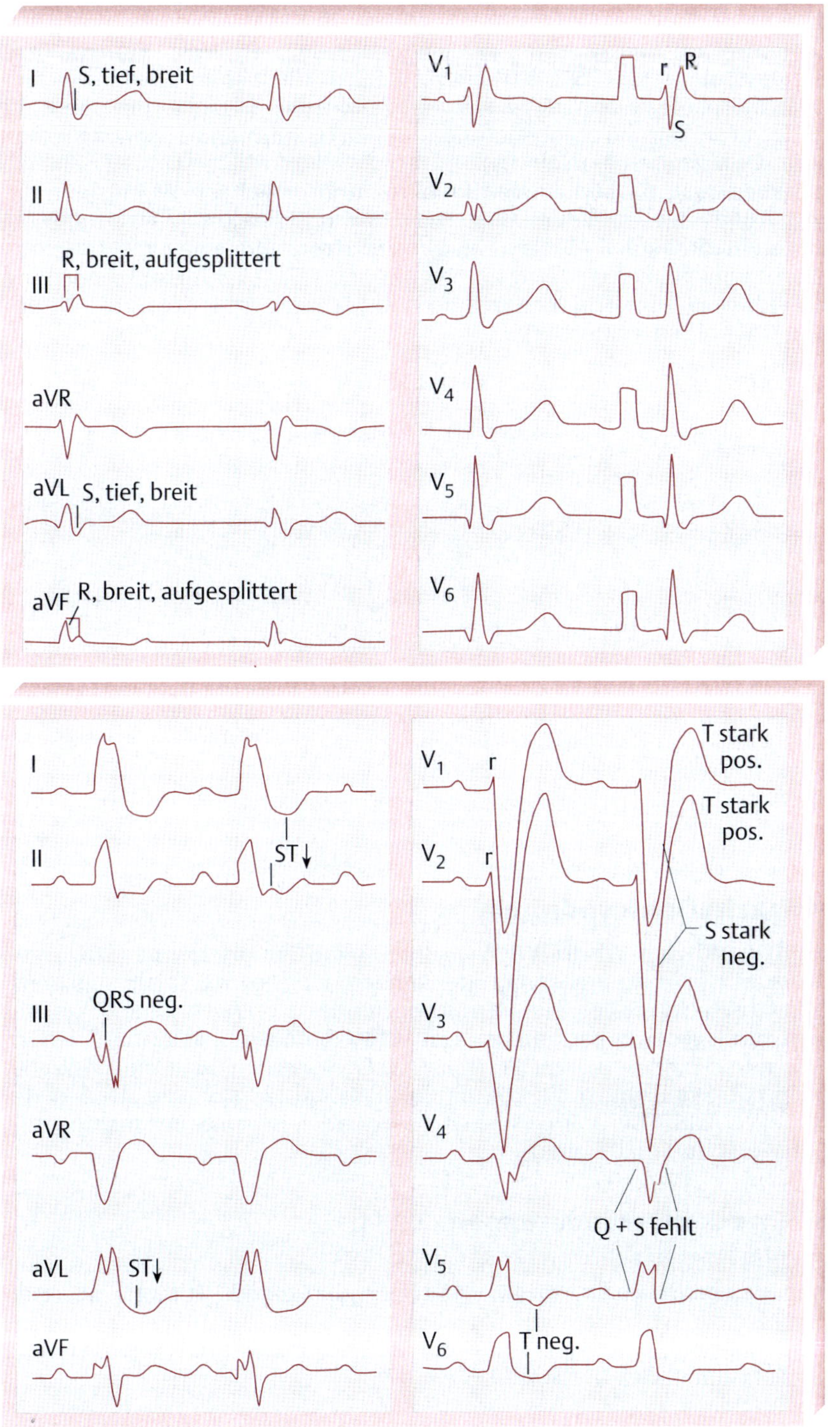

2.**12: Schenkelblockbilder. a** kompletter Rechtsschenkelblock, **b** kompletter Linksschenkelblock.

3. **linksposteriorer Hemiblock**
4. **kompletter Linksschenkelblock** (2.**12b**).

3. **linksposteriorer Hemiblock:** Steilstellung bzw. Rechtsverlagerung der Herzachse ohne Rechtsherzbelastung
4. **kompletter Linksschenkelblock** (2.**12b**) QRS-Zeit >0,11 Sekunden; breite und tiefe S-Zacke in V_1 und V_2

Bei bifaszikulärem Block (z. B. Rechtsschenkelblock + linksanteriorer Hemiblock) und zusätzlicher AV-Überleitungsverzögerung (inkompletter trifaszikulärer Block) besteht wegen der Gefahr einer kompletten Blockierung zumindest für die perioperative Phase eine Schrittmacherindikation.

Extrasystolen

Supraventrikuläre Extrasystolen (SVES, 2.**13a**) kommen auch bei Gesunden vor und bedürfen in der Regel keiner Therapie. **Ventrikuläre Extrasystolen** (VES, 2.**13b**) müssen hinsichtlich ihrer Häufigkeit und ihrer Morphologie betrachtet werden.

Extrasystolen

Supraventrikuläre Extrasystolen (SVES, 2.**13a**) kommen auch bei Gesunden vor und bedürfen in der Regel keiner Therapie. **Ventrikuläre Extrasystolen** (VES, 2.**13b**) müssen hinsichtlich ihrer Häufigkeit und ihrer Morphologie betrachtet werden. Vereinzelte, monomorphe VES sind in der Regel harmlos; polymorphe und häufig auftretende VES, insbesondere bei organisch kranken Patienten (z. B. Myokardinfarkt), sind behandlungsbedürftig, da sie Kammerflimmern auslösen können, wenn sie in die sog. »vulnerable Phase« einfallen. Die VES werden nach Häufigkeit und Art eingeteilt (Stadium 0 – V nach *Lown*). Nach Überprüfung und ggf. Korrektur des Serumkaliumwertes (angestrebter Bereich: 5,0 – 5,5 mmol/l) kann eine Therapie mit Antiarrhythmika eingeleitet werden (z. B. Lidocain – Xylocain®, Mexiletin – Mexitil®).

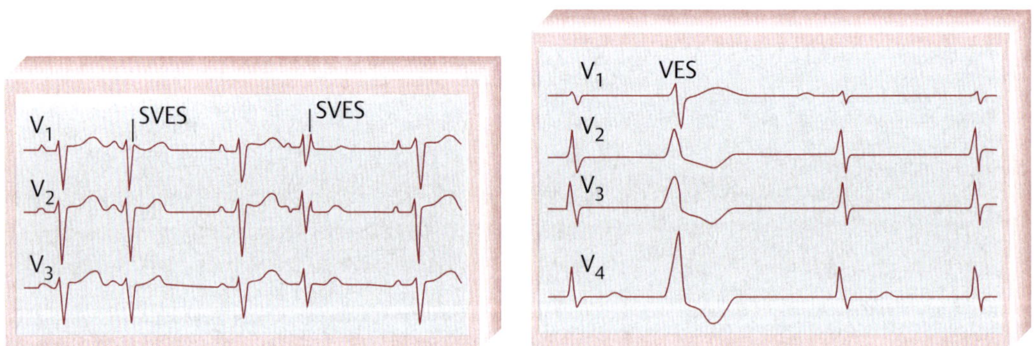

2.**13: Extrasystolen: a** supraventrikuläre Extrasystolen (SVES), **b** ventrikuläre Extrasystolen (VES) mit kompensatorischer Pause.

Präexzitationssyndrome

Die Präexzitationssyndrome können durch paroxysmale supraventrikuläre Tachykardien zur Verminderung des Herzzeitvolumens bis hin zum kardiogenen Schock führen.

Präexzitationssyndrome

Wolff-Parkinson-White-(WPW-) und **Lown-Ganong-Levine-(LGL-)Syndrom**. Die Präexzitationssyndrome können durch paroxysmale supraventrikuläre Tachykardien zur Verminderung des Herzzeitvolumens bis hin zum kardiogenen Schock führen. Das **WPW-Syndrom** manifestiert sich im EKG durch eine verkürzte PQ-Zeit (<0,12 Sekunden) und eine δ-Welle. Beim **LGL-Syndrom** ist die PQ-Zeit ebenfalls <0,12 Sekunden, die δ-Welle hingegen fehlt. Bei paroxysmaler Tachykardie ist eine Behandlung mit Ajmalin (Gilurytmal®) indiziert.

ST-Streckenveränderungen (2.14)

ST-Streckensenkungen oder -hebungen von > 0,1 mV in Ruhe sind auf einen pathologischen Prozeß verdächtig. Sie können Hinweis auf eine myokardiale Ischämie sein.

ST-Streckenveränderungen (2.14)

ST-Streckensenkungen oder -hebungen von >0,1 mV in Ruhe sind auf einen pathologischen Prozeß verdächtig. Sie können Hinweis auf eine myokardiale Ischämie sein. Bei klinischem Verdacht auf eine koronare Herzkrankheit ohne Ruhe-EKG-Veränderungen kann zur Objektivierung ein Belastungs-EKG durchgeführt werden.

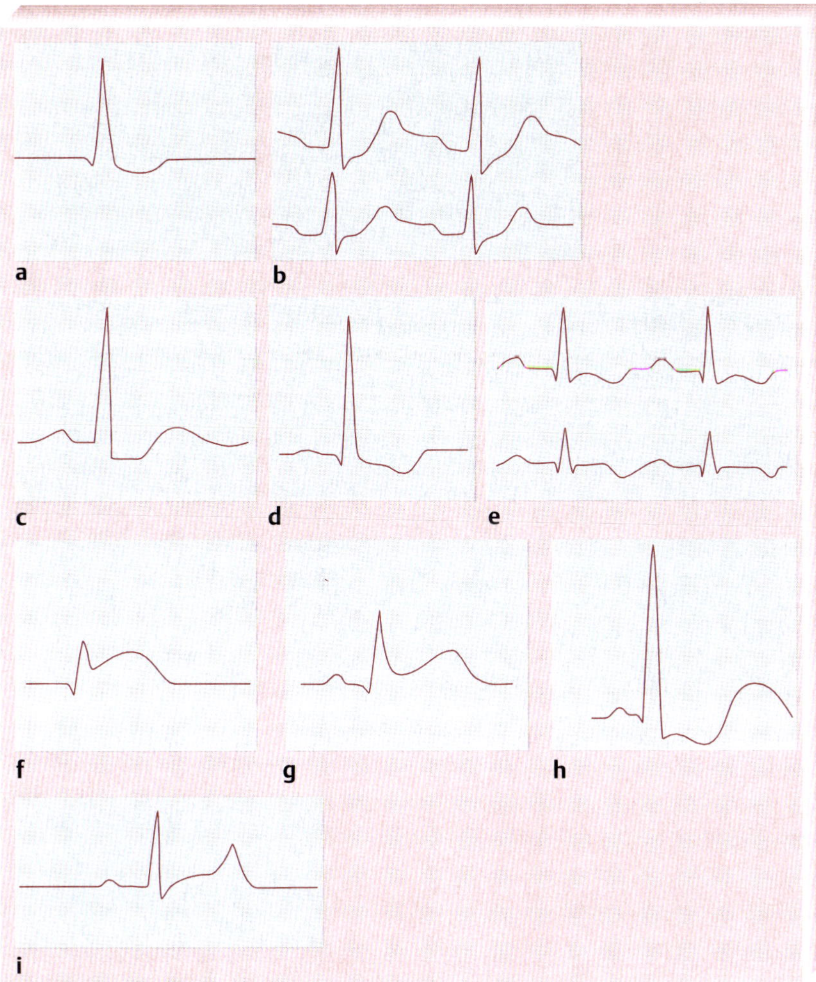

2.14: **ST-Streckenveränderungen.**
a muldenförmige ST-Streckenveränderung, z. B. bei Digitaliseinnahme
b gesenkte, aszendierende ST-Strecke, z. B. bei Tachykardie, Hyperthyreose, Sympathikotonie
c ST-Streckensenkung, z. B. bei Angina-pectoris-Anfall
d deszendierende ST-Streckensenkung bei Ischämie
e Teilschichtinfarkt
f ST-Streckenhebung, z. B. akute Ischämie bei Prinzmetal-Angina, Präinfarkt
g ST-Streckenhebung mit spitzer T-Welle, z. B. bei Perikarditis
h ST-Streckensenkung mit TU-Verschmelzung, z. B. bei Hypokaliämie oder Ischämie
i Hyperkaliämie mit zeltförmig positiver T-Welle.

Zeichen eines Myokardinfarktes

Je nach Infarktstadium sind folgende EKG-Veränderungen zu unterscheiden (Schema 2.**15 a**):

1. **frischer Infarkt:** T-Überhöhung (sog. Erstickungs-T) und ST-Hebung (2.**15b**)
2. **Zwischenstadium:** R-Verlust mit QS-Komplex, terminal negatives T (2.**15c**)
3. **alter Infarkt:** T-Normalisierung, kleine R-Zacke, tiefe Q-Zacke (2.**15d**).

Um abschätzen zu können, wie groß der Anteil des nicht mehr funktionsfähigen Myokards nach einem Infarkt ist, empfiehlt sich die Durchführung einer Echokardiographie.

Zeichen eines Myokardinfarktes

Je nach Infarktstadium sind folgende EKG-Veränderungen zu unterscheiden (Schema 2.**15a**):

1. **frischer Infarkt** (T-Überhöhung und ST-Hebung, 2.**15b**)
2. **Zwischenstadium** (R-Verlust, terminal negatives T, 2.**15c**)
3. **alter Infarkt** (T-Normalisierung, kleine R-Zacke, tiefe Q-Zacke, 2.**15d**).

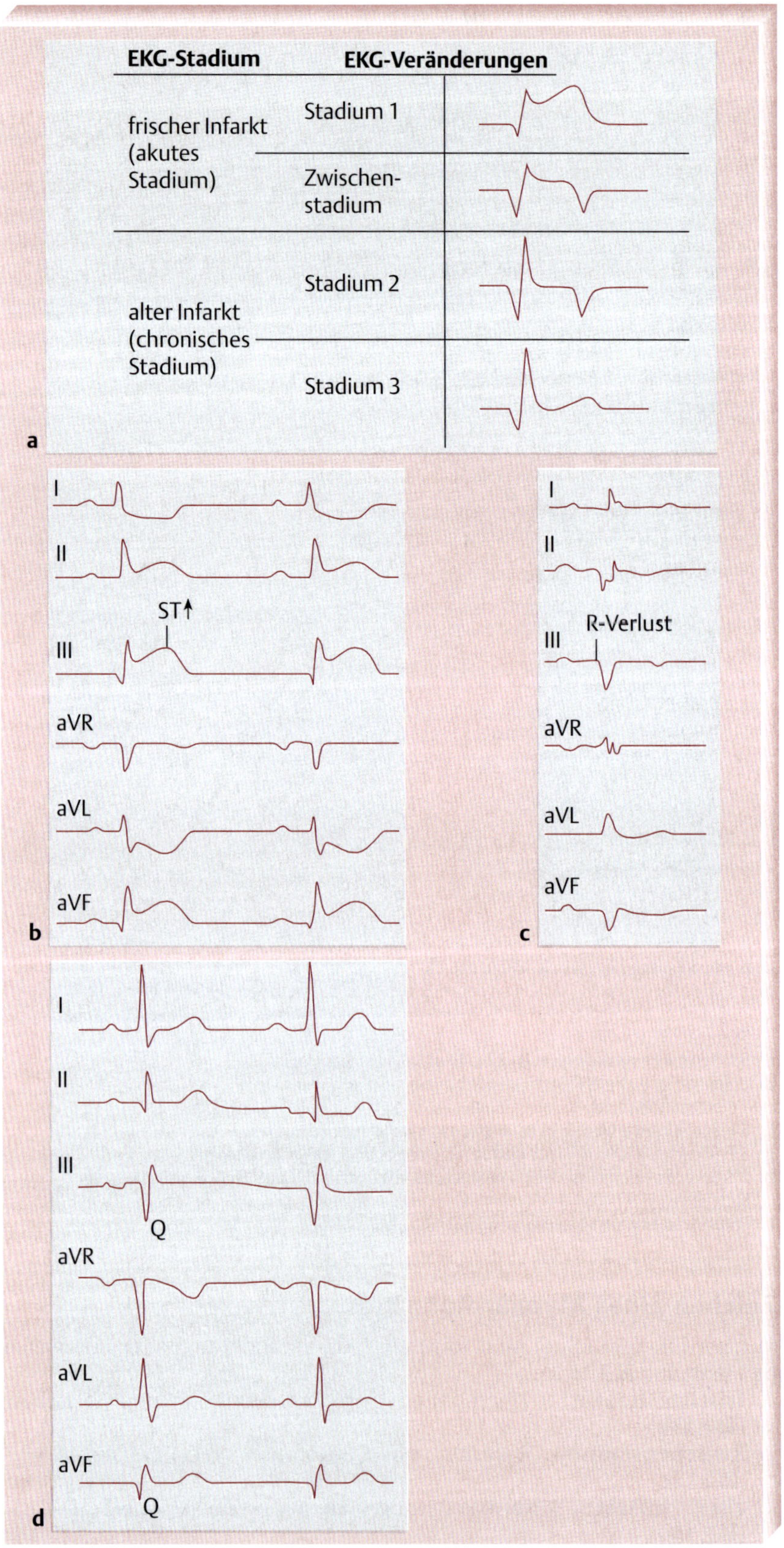

2.15: **Myokardinfarkt.** **a** Schema eines Infarktes, **b** akuter Hinterwandinfarkt, **c** subakuter Hinterwandinfarkt (Zwischenstadium), **d** alter Hinterwandinfarkt.

2.2.3 Laboruntersuchungen

Der klinische Nutzen routinemäßiger Laboruntersuchungen zur Aufdekkung bisher unbekannter Erkrankungen oder Störungen ist ebenfalls gering. Aus diesem Grund ist bei Patienten mit »leerer« Anamnese vor kleinen Eingriffen allenfalls die **Hämoglobin- oder Hämatokritbestimmung** völlig ausreichend. In Abhängigkeit vom klinischen Befund, Anamnese sowie Art und Umfang der geplanten Operation werden zusätzliche laborchemische Parameter wie Natrium und Kalium, Glukose, Kreatinin und Harnstoff, Gesamteiweiß, GPT und γ-GT im Serum untersucht. Bei Störungen der Blutgerinnung, bei größeren Eingriffen und bei geplanten Regionalanästhesien sollte ein Gerinnungsstatus vorliegen. Bei pulmonalen Erkrankungen sollte neben der arteriellen Blutgasanalyse (PaO_2, $PaCO_2$) am besten unter Belastung eine weitergehende Lungenfunktionsdiagnostik (Spirometrie: z. B. Vitalkapazität, forciertes Exspirationsvolumen, siehe Kap. 9.2.3) durchgeführt werden.

2.2.3 Laboruntersuchungen

Der klinische Nutzen routinemäßiger Laboruntersuchungen zur Aufdeckung bisher unbekannter Erkrankungen oder Störungen ist ebenfalls gering. Aus diesem Grund ist bei Patienten mit »leerer« Anamnese vor kleinen Eingriffen allenfalls die **Hämoglobin- oder Hämatokritbestimmung** völlig ausreichend. In Abhängigkeit vom klinischen Befund, Anamnese sowie Art und Umfang der geplanten Operation werden zusätzliche laborchemische Parameter untersucht.

2.2.4 Spezielle präoperative Untersuchungen

Je nach Ausmaß des operativen Eingriffes und Gesundheitszustand des Patienten können spezielle präoperative Untersuchungen notwendig werden. Anhand eines klinischen Beispiels soll dies verdeutlicht werden.

2.2.4 Spezielle präoperative Untersuchungen

Je nach Eingriff und Gesundheitszustand können spezielle präoperative Untersuchungen notwendig werden.

Klinischer Fall

Ein 59jähriger Mann mit Ösophaguskarzinom soll sich einer abdomino-thorakalen Ösophagusresektion mit Magenhochzug unterziehen. Intraoperativ ist eine Ein-Lungen-Ventilation geplant. Die Anamnese des Patienten ergibt einen seit 10 Jahren bestehenden, mit β-Rezeptorenblockern eingestellten arteriellen Hypertonus, eine belastungsabhängige Dyspnoe, morgendlichen Husten mit gelblichem Auswurf, abendliche Unterschenkelödeme, 2 – 3malige Nykturie, einen Nikotinabusus von 40 Zigaretten pro Tag sowie einen Alkoholabusus von 3 l Bier pro Tag. Bis auf den erhöhten Blutdruck sei der Patient immer gesund gewesen.

Die klinische Untersuchung konzentriert sich auf die Herz-Kreislauf- und Lungenfunktion. Es finden sich regelmäßige Herzaktionen, der Blutdruck wird mit 170/110 mmHg gemessen. Die Untersuchung des hepatojugulären Refluxes ergibt einen positiven Befund. Über beiden Lungenfeldern läßt sich ein hypersonorer Klopfschall perkutieren. Das Atemgeräusch ist leise, es lassen sich feinblasige Rasselgeräusche auskultieren. Die übrige körperliche Untersuchung ist bis auf beidseitige Knöchelödeme unauffällig. An pathologischen Laborparametern finden sich eine Erhöhung der γ-GT auf 47 U/l und des Blutzuckers auf 163 mg/dl. Das EKG zeigt eine Linksherzbelastung sowie ST-Streckensenkung in V1 – V3. Im Röntgenthorax sieht man ein verbreitertes Herz, einen gestauten Gefäßhilus sowie ein Lungenemphysem.

Aufgrund der Anamnese, der bisher erhobenen Befunde und des geplanten intrathorakalen Eingriffes werden vom Anästhesisten zusätzlich eine arterielle Blutgasanalyse, eine Spirometrie, ein Belastungs-EKG und eine echokardiographische Untersuchung angefordert. Die Blutgasanalyse ergibt eine Partialinsuffizienz (PaO_2 unter Außenluft 68 mmHg); die Spirometrie zeigt außer einer mäßigen Überblähung keinen pathologischen Befund. Das Belastungs-EKG muß bei 100 Watt wegen Erschöpfung und deutlicher ST-Streckenveränderungen abgebrochen werden. Echokardiographisch findet sich ein erweiterter linker Ventrikel mit allerdings guter Kontraktilität. Diese Befunde sprechen insgesamt für eine eingeschränkte kardiopulmonale Funktionsreserve, weshalb eine präoperative Optimierung insbesondere der kardialen Situation (z. B. Einstellung des Hypertonus), ein erweitertes intraoperatives Monitoring (invasive Kreislaufüberwachung) sowie eine intensive postoperative Nachbehandlung geboten erscheint.

Fazit: Bei intrathorakalen Eingriffen ergeben sich durch anästhesiologische Maßnahmen einerseits (Ein-Lungen-Ventilation) und chirurgische Manipulation andererseits (Kompression von Lunge, Gefäßen und Herz) vielfache pathophysiologische Veränderungen, die zu Komplikationen Anlaß bieten können. Um das perioperative Risiko des Patienten besser abschätzen und ggf. vermindern zu können, muß daher eine differenzierte präoperative Untersuchung der Herz-Kreislauf- und Lungenfunktion erfolgen.

2.3 Anästhesierisiko und Risikoeinschätzung

Die Beurteilung des Patienten erfolgt anhand der in 2.4 aufgelisteten **präoperativen Informationen.**

2.3 Anästhesierisiko und Risikoeinschätzung

Zur Vorbereitung auf Anästhesie und Operation sollte die anästhesiologische Visite möglichst frühzeitig erfolgen. Dies ermöglicht eine umfassende Beurteilung des Patienten (2.**4**).

2.4: Präoperative Informationen

- klinische Untersuchung
- laborchemische Untersuchungen
- anästhesiebezogene Anamnese
- kardiovaskuläre Leistungsfähigkeit
- respiratorische Störungen
- Hypovolämie
- Stoffwechsel- und andere Organstörungen
- Dauermedikation
- Konsultation Chirurg/Internist/Neurologe usw.
- Indikationszeitpunkt

Anhand der erhobenen Befunde wird das Anästhesierisiko für den Patienten festgelegt, das maßgeblich durch die Art des operativen Eingriffes und bestehende Begleiterkrankungen bestimmt wird.

Anhand der erhobenen Befunde wird das Anästhesierisiko für den Patienten festgelegt, das maßgeblich durch die Art des operativen Eingriffes und bestehende Begleiterkrankungen bestimmt wird. Dadurch können die auf den Einzelfall abgestimmten vorbereitenden Maßnahmen (weitere Diagnostik, Anästhesiemonitoring) getroffen werden.

2.3.1 Anästhesierisiko

Orientierungshilfe zur Risikoeinstufung

Am häufigsten wird das Schema der **American Society of Anesthesiologists** (ASA) verwendet (2.5).

2.3.1 Anästhesierisiko

Orientierungshilfe zur Risikoeinstufung

Hierfür stehen verschiedene **Klassifizierungssysteme** zur Verfügung. Vielfältige modifizierte Checklisten legen dabei Schwerpunkte auf Funktionseinschränkungen einzelner Organsysteme, auf die in diesem Rahmen nicht weiter eingegangen werden soll. Am häufigsten wird das Schema der **American Society of Anesthesiologists** (ASA) verwendet (2.**5**).

2.5: ASA-Risikogruppen

ASA I	keine organische Erkrankung oder Störung des Allgemeinbefindens; ansonsten gesunder Patient
ASA II	leichte Allgemeinerkrankung ohne Leistungseinschränkung
ASA III	schwere Allgemeinerkrankung mit Leistungsminderung
ASA IV	lebensbedrohliche Allgemeinerkrankung
ASA V	moribunder Patient, der mit oder ohne Operation 24 Stunden voraussichtlich nicht überleben wird

Bei **Notoperationen** wird der ASA-Klasse ein E (»emergency«) hinzugefügt.

In verschiedenen Untersuchungen konnte gezeigt werden, daß die ASA-Einstufung der Patienten entsprechend ihres körperlichen Zustandes gut mit der perioperativen Letalität korreliert (2.**6**).

In verschiedenen Untersuchungen konnte gezeigt werden, daß die ASA-Einstufung der Patienten gut mit der perioperativen Letalität korreliert (2.**6**).

2.6: ASA-Risikogruppe und perioperative Letalität (nach Marx)

ASA-Gruppe	**perioperative Letalität** (bis 7 postop.)
▷ I	0,06 %
▷ II	0,47 %
▷ III	4,39 %
▷ IV	23,48 %
▷ V	50,77 %

Die folgenden Faktoren und Begleiterkrankungen haben großen Einfluß auf die perioperative Morbidität und Letalität und bedürfen deshalb besonderer Beachtung:

- **Herz-Kreislauf-Erkrankungen**
  (Hypertonie, koronare Herzkrankheit, Herzinsuffizienz)
- **präexistente Lungenerkrankungen**
  (siehe Kap. 2.4.1)
- **Dauer der Operation**
  Im Verlauf längerer Operationen wird es zunehmend schwieriger, Störungen der Thermoregulation (Hypothermie), entstehende Flüssigkeitsdefizite und Blutverluste adäquat auszugleichen.
- **Art und Umfang des chirurgischen Eingriffs**
  Das perioperative Risiko steigt mit dem Ausmaß des chirurgischen Traumas deutlich an (Zweihöhlen-, Thorax-, Oberbauch-, Notfalleingriff).
- **Alter des Patienten**
  Die mit zunehmendem Lebensalter vermehrt auftretenden Begleiterkrankungen erhöhen das perioperative Risiko.

Die folgenden Faktoren und Begleiterkrankungen haben großen Einfluß auf das perioperative Risiko und bedürfen einer besonderen Beachtung:

- **Herz-Kreislauf-Erkrankungen**
- **präexistente Lungenerkrankungen**
- **OP-Dauer**
- **Art und Umfang des chirurgischen Eingriffs**
- **Alter des Patienten.**

2.3.2 Operative Dringlichkeitsstufen

Die präoperative Vorbereitungszeit des Patienten wird von unterschiedlicher operativer Dringlichkeit bestimmt (2.**7**). Es können folgende Dringlichkeitsstufen unterschieden werden:

2.3.2 Operative Dringlichkeitsstufen

Es können folgende Dringlichkeitsstufen (2.**7**) unterschieden werden.

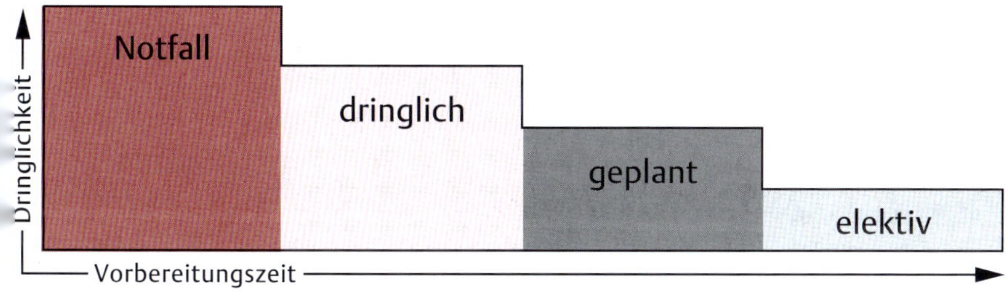

2.7: Übersicht der operativen Dringlichkeitsstufen mit Beispielen und Vorbereitungszeit

- **Notfalleingriffe - Soforteingriffe**
  z. B. epidurales Hämatom, perforiertes Bauchaortenaneurysma, Milzruptur
  Vorbereitungszeit: Minuten
- **dringliche Eingriffe**
  z. B. Ileus, offene Frakturen, penetrierende Verletzungen ohne akute Blutung
  Vorbereitungszeit: wenige Stunden
- **geplante (bedingt dringliche) Eingriffe**
  z. B. Malignome, diagnostische Eingriffe, Probeexzisionen
  Vorbereitungszeit: Tage
- **elektive (nicht dringliche) Eingriffe**
  z. B. kosmetische Operationen, Cholezystolithiasis ohne Verschlußsymptomatik, Hernien ohne Inkarzeration usw.
  Vorbereitungszeit: Wochen/Monate

2.3.3 Kriterien für die Festlegung des Operationstermins

Mit Ausnahme von Notfalleingriffen ist wegen möglicher pulmonaler Komplikationen (Regurgitation und Aspiration bei der Narkoseeinleitung) eine **präoperative Nahrungskarenz** (mindestens 6 Std.) einzuhalten.

Liegt eine **Herzinfarktanamnese** vor, so sollten aufschiebbare operative Eingriffe erst 6 Monate nach dem Infarktereignis vorgenommen werden. Um das perioperative Gesamtrisiko für den Patienten möglichst gering zu halten, sollte jede Operation sorgfältig vorbereitet werden. Besondere Beachtung gebührt dabei operationsspezifischen Risiken und Begleiterkrankungen!

2.3.3 Kriterien für die Festlegung des Operationstermins

Mit Ausnahme von Notfalleingriffen rechtfertigen mögliche pulmonale Komplikationen durch Regurgitation und bronchopulmonale Aspiration bei der Narkoseeinleitung die Forderung nach einer **präoperativen Nahrungskarenz** (Mindestzeitdauer 6 Stunden). Bei Säuglingen < 6 Monaten genügt eine Karenz von 2 Stunden für klare Flüssigkeiten (Tee, Fruchtsaft, keine Milch!) und 4 Stunden für feste Nahrung (Milch, Brei, Stillen). Bei Kleinkindern wird eine Karenz von 3 Stunden für klare Flüssigkeiten und 6 Stunden für feste Nahrung empfohlen.

Liegt eine **Herzinfarktanamnese** vor, so sollten aufschiebbare operative Eingriffe erst 6 Monate nach dem Infarktereignis vorgenommen werden, da die Reinfarktrate innerhalb dieser Frist bis zu 50 % betragen kann. Die Reinfarktletalität ist ausgesprochen hoch und wird mit ca. 70 % angegeben (siehe Kap. 2.4.1)!

Zusammenfassend muß gefordert werden, daß jede Operation sorgfältig vorzubereiten ist, um das perioperative Gesamtrisiko für den Patienten so gering wie möglich zu halten. Besondere Beachtung gebührt dabei operationsspezifischen Risiken (z. B. Bereitstellung von Blutkonserven bei zu erwartenden Blutverlusten) und Begleiterkrankungen! Bei Nicht-Notfalleingriffen müssen reversible funktionelle Störungen (z. B. Störungen des Wasser- und Elektrolythaushaltes bei Niereninsuffizienz) vor der Narkoseeinleitung abgeklärt und ausreichend therapiert werden.

2.4 Bedeutung von Begleiterkrankungen

Begleiterkrankungen erhöhen je nach Ausprägung bzw. Schweregrad das perioperative Risiko für den Patienten und bedürfen einer sorgfältigen präoperativen Diagnostik ebenso wie gezielter therapeutischer Maßnahmen.

2.4.1 Kardiopulmonale Erkrankungen

Wegen der großen Bedeutung kardiopulmonaler Erkrankungen für die perioperative Phase müssen alle Patienten gezielt auf pathologische Befunde der Herz-Kreislauf- und Lungenfunktion untersucht werden (siehe Kap. 2.2).

Erkrankungen des Herz-Kreislauf-Systems

Herzinsuffizienz

Definition. Bei der Herzinsuffizienz liegt eine Leistungsabnahme des Herzens als Pumporgan vor, die durch die Unfähigkeit gekennzeichnet ist, den Organismus seinen Bedürfnissen entsprechend mit Blut zu versorgen.

Unter dem Einfluß von Operation und Anästhesie können kompensierte Zustände akut dekompensieren. Patienten mit Herzinsuffizienz zeigen eine deutlich geringere Kompensationsbreite gegenüber den negativ inotropen Wirkungen von Anästhetika, Blutdruckschwankungen, Hyper- oder Hypovolämie und Hypoxämie.
Symptome der Herzinsuffizienz zeigt 2.**8**.

2.8: Symptome der Herzinsuffizienz

▷ Rechtsinsuffizienz	▷ Linksinsuffizienz	▷ Globalinsuffizienz
Halsvenenstauung	Dyspnoe	zusätzlich:
Hepatosplenomegalie	Tachypnoe	Pleuraergüsse
Aszites	Orthopnoe	
periphere Ödeme	Lungenödem	
Nykturie		
Rhythmusstörungen, Verwirrtheitszustände		

Die Herzinsuffizienz kann nach **Schweregraden** entsprechend der **Klassifikation der New York Heart Association (NYHA)** eingeteilt werden (siehe Kap. 2.1, 2.**3**).

Reversible kardiale Funktionsstörungen müssen präoperativ behandelt werden. Das Ziel liegt in der Beseitigung von pulmonaler und peripherer Stauung und in der Erhöhung des linksventrikulären Schlagvolumens.
Dazu gibt es 3 pharmakologische Ansatzpunkte (siehe auch Kap. 9.3.1):

1. **Steigerung der Myokardkontraktilität:** Klassische Substanzen für eine Dauertherapie zur Kontraktilitätssteigerung sind die **Herzglykoside**. Durch die zunehmende Bedeutung der Vasodilatanzien in der Therapie der Herzinsuffizienz ist ihre Verwendung jedoch derzeit deutlich rückläufig.
2. **Nachlastsenkung: Vasodilatanzien** bewirken über die Abnahme des peripheren Widerstandes eine Nachlastsenkung mit nachfolgender Zunahme des Schlagvolumens.
3. **Vorlastsenkung: Nitrate** führen durch eine Erweiterung der Kapazitätsgefäße zur Reduzierung der Vorlast und können bei erhöhten ventrikulären Füllungsdrücken das Schlagvolumen steigern.

2.4 Bedeutung von Begleiterkrankungen

2.4.1 Kardiopulmonale Erkrankungen

Wegen der großen Bedeutung kardiopulmonaler Erkrankungen für die perioperative Phase müssen alle Patienten gezielt auf pathologische Befunde der Herz-Kreislauf- und Lungenfunktion untersucht werden (siehe Kap. 2.2).

Erkrankungen des Herz-Kreislauf-Systems
Herzinsuffizienz

◀ **Definition**

Unter dem Einfluß von Operation und Anästhesie können kompensierte Zustände akut dekompensieren.

Symptome der Herzinsuffizienz zeigt 2.**8**.

Die Herzinsuffizienz kann nach **Schweregraden** entsprechend der **Klassifikation der New York Heart Association (NYHA)** eingeteilt werden (siehe Kap. 2.1, 2.**3**).
Reversible kardiale Funktionsstörungen müssen präoperativ behandelt werden. Das Ziel liegt in der Beseitigung der Stauung und in der Erhöhung des linksventrikulären Schlagvolumens, z. B. durch:

1. **Steigerung der Myokardkontraktilität** durch **Herzglykoside**
2. **Nachlastsenkung** durch **Vasodilatanzien**
3. **Vorlastsenkung** durch **Nitrate**.

Ferner werden Substanzen mit kombiniertem Wirkungsansatz eingesetzt wie **ACE-Hemmer** und **Phosphodiesterasehemmer**.

Diuretika dienen zur Reduktion des Blutvolumens, **Schleifendiuretika** zur zusätzlichen Tonusminderung der Kapazitätsgefäße.

Ferner werden Substanzen mit kombiniertem Wirkungsansatz eingesetzt. **Angiotensin-converting-enzyme-(= ACE-)Hemmer** vermindern sowohl die Nach- als auch die Vorlast und werden mittlerweile bereits in frühen Stadien der Herzinsuffizienz verwendet.
Phosphodiesterasehemmer erhöhen die Kontraktilität des Herzens bei gleichzeitiger Nachlastsenkung. **Diuretika** dienen in erster Linie der Reduzierung des Blutvolumens, um die Stauungssymptomatik zu beseitigen; **Schleifendiuretika** vermindern zusätzlich den Tonus der Kapazitätsgefäße.

Arterielle Hypertonie

Die Prävalenz der arteriellen Hypertonie ist mit 15 – 20 % in der Bevölkerung überaus hoch!

Arterielle Hypertonie

Die Prävalenz der arteriellen Hypertonie ist mit 15 – 20 % in der Bevölkerung überaus hoch!

Definition ►

Definition. Jeder nicht reaktiv bedingte Blutdruckwert von > 160 mmHg systolisch und > 95 mmHg diastolisch wird nach der WHO-Definition als Hypertonus eingestuft.

Merke ►

Merke.

Normotonie (mmHg)	Grenzwerthypertonie* (mmHg)	Hypertonie (mmHg)
< 140/90	140/90 bis 160/95	> 160/95

* (»borderline hypertension«)

Neben der meßbaren Blutdruckerhöhung treten bei länger bestehender Hypertonie sekundär Veränderungen des arteriellen Gefäßsystems (**Arterio-/Arteriolosklerose**) auf, die sich vorwiegend an Herz, Niere, Gehirn und Augenhintergrund manifestieren (▤ 2.**9**).

Hämodynamisch liegt bei der arteriellen Hypertonie primär ein erhöhtes Herzzeitvolumen, ein erhöhter Gefäßwiderstand oder eine Kombination beider Faktoren vor. Neben der meßbaren Blutdruckerhöhung treten bei länger bestehender Hypertonie sekundär Veränderungen des arteriellen Gefäßsystems (**Arterio-/Arteriolosklerose**) auf, die sich vorwiegend an Herz, Niere, Gehirn und Augenhintergrund manifestieren (▤ 2.**9**).

▤ 2.9: Hypertoniebedingte Organveränderungen

	Hypertoniefolge (Arterio-/Arteriolosklerose)
▷ **Herz**	Linksherzhypertrophie, Linksherzinsuffizenz, koronare Herzkrankheit
▷ **Niere**	Nephrosklerose (Niereninsuffizienz, Urämie)
▷ **ZNS**	Hirnarteriosklerose (Enzephalopathie, TIA [transitorisch-ischämische Attacke], Hirninfarkt, Hirnmassenblutung)
▷ **Auge**	Papillenödem, Retinopathie, Stauungspapille
▷ **periphere Gefäße**	generalisierte AVK (Claudicatio intermittens, Gangrän), Aneurysma

Der unbehandelte Hypertoniker ist perioperativ stärkeren Blutdruckschwankungen ausgesetzt als der gut medikamentös eingestellte Patient. Eine präoperativ bestehende antihypertensive Therapie sollte fortgeführt werden, um überschießende Blutdruckentgleisungen perioperativ zu verhindern.

Der unbehandelte Hypertoniker ist perioperativ zweifellos stärkeren Blutdruckschwankungen ausgesetzt als der gut medikamentös eingestellte. Ob durch eine präoperative antihypertensive Behandlung allerdings die perioperative Morbidität und Letalität gesenkt wird, ist statistisch nicht einwandfrei abgesichert. Eine präoperativ bestehende antihypertensive Therapie sollte jedoch auf jeden Fall fortgeführt werden, um überschießende Blutdruckentgleisungen perioperativ zu verhindern.

Einteilung der Hypertonieformen

Man unterscheidet die **essentielle Hypertonie** (primär, idiopathisch; 95 % aller Hypertonien) von den **sekundären Hypertonien** (▤ 2.**10**; 5 % aller Hypertonien).

Einteilung der Hypertonieformen

Man unterscheidet die **essentielle Hypertonie** (primär, idiopathisch; 95 % aller Hypertonien), bei der es sich womöglich um eine multifaktorielle Störung der Blutdruckregulation handelt, von den **sekundären Hypertonien** (▤ 2.**10**; 5 % aller Hypertonien) mit bekannter Ätiologie.

2.10: Sekundäre Hypertonien

▷ **renale Hypertonien**	glomeruläre Erkrankungen renovaskuläre Erkrankungen diabetische Glomerulosklerose
▷ **endokrine Hypertonien**	Phäochromozytom (siehe Kap. 2.4) Hyperthyreose (siehe Kap. 2.4) Cushing-Syndrom (siehe Kap. 2.4) Conn-Syndrom (siehe Kap. 2.4) adrenogenitales Syndrom EPH-Gestose
▷ **kardiovaskuläre Hypertonien** (bis auf Isthmusstenose nur systolische Hypertonie)	Arteriosklerose der großen Gefäße arteriovenöse Fistel Aortenklappeninsuffizienz hyperkinetisches Herzsyndrom AV-Block III. Grades Aortenisthmusstenose (RR-Erhöhung nur in der oberen Körperhälfte)
▷ **medikamentöse Hypertonien**	Ovulationshemmer Monoaminoxydasehemmer
▷ **neurogene Hypertonie**	Störungen der zentralen Kreislaufregulation (z. B. bei Hirndrucksteigerung)

Hypertensive Krise

Hypertensive Krise

◄ **Definition**

Definition. Hypertensive Krisen sind anfallsweise auftretende erhebliche Steigerungen des arteriellen Druckes (systolisch >220 mmHg und diastolisch >120 mmHg).

Sie sind als lebensbedrohliche Komplikation zu bewerten, die einer umgehenden medikamentösen Therapie (Nitroglycerin – Nitrolingual®, Nifedipin – Adalat®, Urapidil – Ebrantil®, Dihydralazin – Nepresol®, Clonidin – Catapresan®) bedürfen. In Abhängigkeit vom Schweregrad hypertoniebedingter Folgeerkrankungen besteht die akute Gefährdung folgender Organe:

- **Herz:** Koronarinsuffizienz (Infarkt!), Herzinsuffizienz, Lungenödem
- **Gefäße:** Aortendissektion
- **Gehirn:** Enzephalopathie (Hirnödem) mit fokalen Ausfällen, Somnolenz, Krämpfen, Koma, ischämische oder hämorrhagische Ereignisse
- **Niere:** Oligurie und Nierenversagen, Azotämie
- **Retina:** Papillenödem und Blutungen

In Abhängigkeit vom Schweregrad hypertoniebedingter Folgeerkrankungen besteht die akute Gefährdung folgender Organe:
- **Herz:** z. B. Herzinfarkt
- **Gefäße:** z. B. Aortendissektion
- **Gehirn:** z. B. Enzephalopathie
- **Niere:** z. B. Nierenversagen
- **Retina:** z. B. Blutungen

Koronare Herzkrankheit (KHK)

Patienten mit koronarer Herzkrankheit sind in der perioperativen Phase besonders gefährdet, **Myokardischämien** und **Myokardinfarkte** zu erleiden. Kardiovaskuläre Reaktionen wie **Blutdruckanstieg** und **Tachykardie** können diesbezüglich über eine Beeinträchtigung des myokardialen Sauerstoffgleichgewichtes (Verhältnis von Sauerstoffbedarf zu Sauerstoffzufuhr) als Auslöser fungieren. Aus diesem Grund ist eine ausreichende Prämedikation erforderlich, um Ängste und Aufregung zu nehmen. Die antianginöse Dauertherapie darf perioperativ nicht unterbrochen werden. Die negativ inotropen Eigenschaften von Anästhetika können zur Reduktion des myokardialen Sauerstoffverbrauches intraoperativ genutzt werden.

Koronare Herzkrankheit (KHK)

Die Hauptrisiken für Patienten mit koronarer Herzkrankheit bestehen aufgrund von Wandveränderungen der Koronararterien in der **Myokardischämie** und dem **Myokardinfarkt.**

Myokardinfarkt

Beim Myokardinfarkt handelt es sich um die schwerwiegendste Komplikation der KHK. **Wahleingriffe sollten wegen der hohen Reinfarktrate innerhalb der ersten 6 Wochen nach dem Infarktereignis nicht durchgeführt werden** (siehe auch Kap. 2.3.3). Lebenswichtige Eingriffe sollten

Myokardinfarkt

Beim Myokardinfarkt handelt es sich um die schwerwiegendste Komplikation der KHK. **Wahleingriffe sollten wegen der hohen Reinfarktrate**

innerhalb der ersten 6 Wochen nach dem Infarktereignis nicht durchgeführt werden (siehe auch Kap. 2.3.3). Lebenswichtige Eingriffe sollten nur unter hämodynamischem Monitoring erfolgen.

nur unter invasivem hämodynamischem Monitoring erfolgen (arterielle Druckmessung zentraler Venen – oder ggf. Pulmonalarterienkatheter; postoperative Intensivüberwachung). Die Häufigkeit perioperativer Reinfarktereignisse soll bei Operationen innerhalb der ersten 3 Monate nach Infarkt bis 37 %, zwischen 3–6 Monaten 2–26 % und nach >6 Monaten 2–6 % betragen.

Erkrankung der Atmungsorgane

Präexistente Lungenerkrankungen erhöhen abhängig vom Schweregrad das perioperative Risiko. Das gilt für **restriktive** und **obstruktive Lungenerkrankungen,** vor allem bei begleitender **pulmonaler Hypertonie** mit Rechtsherzbelastung oder -insuffizienz.

Patienten mit chronischen Lungenerkrankungen sind in stärkerem Maße gefährdet, postoperativ eine **respiratorische Insuffizienz** zu erleiden.

Diagnostische Methoden siehe ▤ 2.**11** und ◘ 2.**16**. Risikofaktoren siehe ▤ 2.**12**.

Erkrankung der Atmungsorgane

Präexistente Lungenerkrankungen erhöhen abhängig vom Schweregrad das perioperative Risiko. Das gilt für **restriktive** und **obstruktive Lungenerkrankungen**, vor allem bei begleitender **pulmonaler Hypertonie** mit Rechtsherzbelastung oder -insuffizienz. Präoperative Streßsituationen (z. B. bei Asthma bronchiale), maschinelle Beatmung (Abnahme der funktionellen Residualkapazität [FRC] und Compliance) und postoperative Störungen der Atmungsmechanik (z. B. Schmerzen, Atemdepression durch Anästhetika und Analgetika) begünstigen das Auftreten einer **respiratorischen Insuffizienz** bei vorgeschädigter Lunge.
Ferner ist zu berücksichtigen, daß die Häufigkeit postoperativer pulmonaler Komplikationen (z. B. Atelektasen, Pneumonie) auch bei Lungengesunden ganz wesentlich von der Lokalisation des operativen Eingriffes bestimmt ist: nichtabdominelle Eingriffe (2 %); Unterbaucheingriffe (10–20 %); Oberbaucheingriffe (20–40 %); Thoraxeingriffe (40–90 %).
Methoden der präoperativen Diagnostik von chronischen Lungenerkrankungen zeigen ▤ 2.**11** und ◘ 2.**16**. Respiratorische Risikofaktoren sind in ▤ 2.**12** dargestellt.

▤ 2.11: Präoperative Diagnostik zur Beurteilung chronisch-obstruktiver Lungenerkrankungen (COPD, »chronic obstructive pulmonary disease«)

Atemfunktion	Herz-Kreislauffunktion	EKG (Rechtsherz-belastung)	Röntgenologische Zeichen
Befund – Anamnese Husten abnorme Sekret-produktion **Befund – Inspektion** Atemfrequenz Atemmechanik Dyspnoe (Ruhe, Belastung) verlängerte Exspiration Atemhilfsmuskulatur Orthopnoe Zyanose (Lippen, Akren) **Befund – Perkussion** hypersonorer KS (Emphysem) **Befund – Auskultation** trockene Rasselgeräusche Bronchospasmus	**Rechtsherzinsuffizienz** obere Einflußstauung (Jugularvenen) Hepatosplenomegalie Aszites periphere Ödeme	pulmonale Rechtsherzverlagerung der Herzachse Rechtsventrikuläre Hypertrophie Rechtsschenkelblock ST-Streckenveränderungen Rhythmusstörungen	erhöhte Strahlentransparenz Gefäßrarefizierung Bullae (Emphysem) vermehrte Gefäßzeichnung basal (Peribronchitis) Pleuraerguß (Herzinsuffizenz)

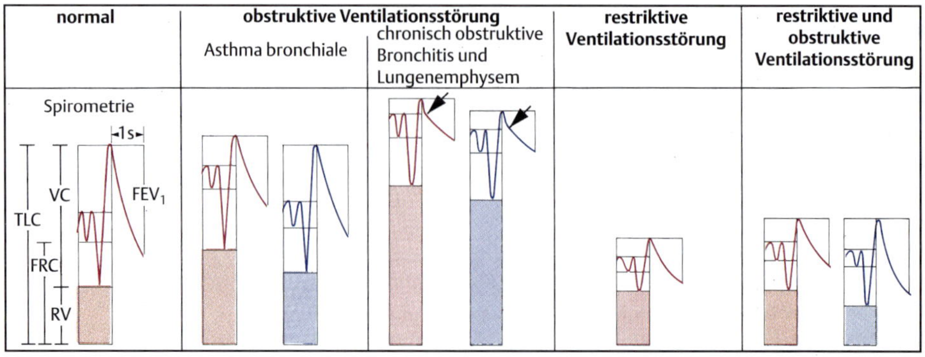

◘ 2.16: Lungenfunktionstest.

2.12: Respiratorische Risikofaktoren und ihre präoperative Behandlung

▷ Risikofaktoren	▷ Präoperative Maßnahmen
Infektion (obere Luftwege) akuter und chronischer Nikotinabusus Adipositas per magna	Behandlung von Infektionen Aufschub der Operation Ausschaltung von Noxen physikalische Therapie (Atemgymnastik)
chronische unspezifische Lungenerkrankungen chronische Bronchitis Asthma bronchiale Emphysem	**Pharmakotherapie** Bronchodilatatoren Sekretolyse
spezifische Lungenerkrankungen Lungenfibrose	bei Herzinsuffizienz: Diuretikatherapie Digitalisierung
Rechtsherzinsuffizienz	
Lokalisation des Eingriffes	**ohne Einfluß** präoperative Blutgasanalyse Lungenfunktionsprüfung zur Beurteilung des Ausgangsverhaltens

Asthma bronchiale

Das Asthma bronchiale ist durch eine **Hyperreaktivität des Bronchialsystems** gekennzeichnet. Durch verschiedenartige Stimuli kommt es anfallsweise zu reversiblen, generalisierten Obstruktionen der Atemwege, die durch Spasmen der Bronchialmuskulatur, vermehrte Produktion von zähem Bronchialsekret und ödematöser Schleimhautschwellung charakterisiert sind.
Im Extremfall resultiert ein **Status asthmaticus** mit z. T. über Tage persistierender schwerster Obstruktion und respiratorischer Globalinsuffizienz. Mit zunehmender Krankheitsdauer können sich irreversible Lungenschäden (**Emphysem**) manifestieren.

Im Rahmen der Anästhesie ist zu beachten:

Besonderheiten der präoperativen Vorbereitung

Die gewohnte Medikation sollte bis zur Operation weiter verabreicht werden (Bronchodilatatoren: Terbutalin – Bricanyl® Dosier-Aerosol, Theophyllin – Euphyllin®; Glukokortikoide müssen bei chronischer Anwendung perioperativ höher dosiert werden). Präoperativ ist besonders bei Asthmatikern eine gute Streßabschirmung erforderlich, wobei allerdings zu beachten ist, daß Patienten mit bereits in Ruhe vorhandener Störung des Gasaustausches keine atemdepressiv wirkenden Substanzen zur Prämedikation erhalten dürfen.

Anästhesieverfahren

Regionale Anästhesieverfahren sind zu bevorzugen. Bei der Medikamentenwahl für Allgemeinanästhesien sind Histaminliberatoren (z. B. Barbiturate, Succinylcholin – Pantolax®) zu vermeiden. Die Intubation muß in **tiefer Narkose** erfolgen, ebenso wenn möglich die Extubation. Bei der kontrollierten Beatmung müssen hohe Spitzendrücke (Gefahr des Barotraumas) und eine Behinderung der Exspiration vermieden werden: Beatmung mit niedrigem Flow, niedriger Atemfrequenz und in der Regel ohne PEEP; Atemzeitverhältnis von 1 : 2 oder 1 : 3.

Asthma bronchiale

Das Asthma bronchiale ist durch eine **Hyperreaktivität des Bronchialsystems** gekennzeichnet und führt zu reversiblen, generalisierten Obstruktionen der Atemwege.
Im Extremfall resultiert ein **Status asthmaticus** mit z. T. über Tage persistierender schwerster Obstruktion und respiratorischer Globalinsuffizienz.
Mit zunehmender Krankheitsdauer können sich irreversible Lungenschäden (**Emphysem**) manifestieren.

Im Rahmen von Anästhesieverfahren ist zu beachten:

Besonderheiten der präoperativen Vorbereitung

Die gewohnte Medikation sollte bis zur Operation weiter verabreicht werden.

Präoperativ ist eine gute Streßabschirmung erforderlich.

Anästhesieverfahren

Regionale Anästhesieverfahren sind zu bevorzugen.
Die Intubation muß **in tiefer Narkose** erfolgen, ebenso, wenn möglich, die Extubation.
Bei der kontrollierten Beatmung müssen hohe Spitzendrücke (Gefahr des Barotraumas) und eine Behinderung der Exspiration vermieden werden.

Therapie der akuten broncho-pulmonalen Obstruktion
Es muß sofort eine Umstellung auf manuelle Beatmung mit 100 % Sauerstoff, Vertiefung der Narkose und anschließende Relaxierung erfolgen; danach: Terbutalin-Aerosol in den Tubus, Aminophyllin **langsam** i. v., Glukokortikoide i. v., ggf. Ketamin (Ketanest®).

2.4.2 Nierenerkrankungen

(Siehe Kap. 9.6)

Chronische Niereninsuffizienz

Wahleingriffe sollten grundsätzlich erst nach optimaler Vorbereitung, d. h. nach Beseitigung von **Hypervolämie, Hyperkaliämie** und **metabolischer Azidose** durch präoperative Dialyse, durchgeführt werden.

Stadien der chronischen Niereninsuffizienz (2.13)

Die chronische Niereninsuffizienz geht mit einer progressiven **Abnahme des Glomerulumfiltrates** (GFR) durch fortschreitenden Untergang der Nephrone einher.

Organmanifestationen der chronischen Niereninsuffizienz und perioperatives Risiko
Kardiopulmonale Störungen

Dem häufig zu beobachtenden **Hypertonus** liegt initial eine vermehrte Wasser- und Natriumretention (Hypervolämie) zugrunde.

Eine **Herzinsuffizienz** begünstigt das Auftreten eines Lungenödems (»fluid lung«) mit nachfolgender respiratorischer Insuffizienz.
Nicht selten findet man bei chronisch niereninsuffizienten Patienten eine **KHK.**
Durch eine begleitende autonome Neuropathie treten bei urämischen Patienten leicht **Blutdruckabfälle** auf.

Therapie der akuten bronchopulmonalen Obstruktion

Eine intraoperative akute bronchiale Obstruktion bedarf einer schnellen Handlung durch den Anästhesisten: Umstellung auf manuelle Beatmung mit 100% Sauerstoff, Vertiefung der Narkose und anschließende Relaxierung; Pharmakotherapie: Terbutalin-Aerosol in den Tubus, Aminophyllin **langsam** i. v., Glukokortikoide i. v., ggf. Ketamin (Ketanest®).

2.4.2 Nierenerkrankungen

(Siehe Kap. 9.6)

Chronische Niereninsuffizienz

Die chronische Niereninsuffizienz erhöht infolge vielfältiger Organveränderungen bzw. -auswirkungen das Risiko perioperativer Komplikationen. Wahleingriffe sollten grundsätzlich erst nach optimaler Vorbereitung, d. h. nach Beseitigung aller reversiblen Funktionsstörungen, durchgeführt werden. Dazu gehören die **Hypervolämie, Hyperkaliämie** und **metabolische Azidose**, die den Patienten akut gefährden können und durch präoperative Dialyse behandelbar sind.

Stadien der chronischen Niereninsuffizienz (2.13)

Die chronische Niereninsuffizienz geht mit einer progressiven **Abnahme des Glomerulumfiltrates** (GFR) durch fortschreitenden Untergang der Nephrone einher. Ein meßbarer Anstieg der Retentionswerte (Harnstoff, Kreatinin) im Serum besteht erst bei Untergang von >50 % des funktionstüchtigen Nierengewebes (GFR <60 ml/min).

2.13: Stadien der chronischen Niereninsuffizienz

- **Latenzstadium**
  Einschränkung der Kreatininclearance* bei normalen Retentionswerten
- **Stadium der kompensierten Retention**
  Erhöhung der Retentionswerte ohne Urämiesymptome
- **Stadium der teilkompensierten Retention**
  beginnende urämische Symptomatik
- **Terminalstadium (Urämie)**

*Kreatininclearance gibt approximativ die GFR an

Organmanifestationen der chronischen Niereninsuffizienz und perioperatives Risiko

Kardiopulmonale Störungen

Dem häufig zu beobachtenden **Hypertonus** liegt initial eine vermehrte Wasser- und Natriumretention (Hypervolämie) zugrunde, die durch eine verminderte exkretorische Funktion der Niere und Aktivierung des Renin-Angiotensin-Aldosteron-Mechanismus hervorgerufen wird. In der Folge kommt es über sklerotische Gefäßwandveränderungen zur Fixation des Hypertonus mit chronischer Linksherzbelastung und -hypertrophie. Eine sich daraus entwickelnde **Herzinsuffizienz** begünstigt das Auftreten eines Lungenödems (»fluid lung«) mit nachfolgender respiratorischer Insuffizienz. Nicht selten findet man bei chronisch niereninsuffizienten Patienten eine **KHK**. Affektionen der Herzklappen, Perikarditis und Pleuritis gehören ebenfalls zum urämischen Formenkreis. Eine begleitende autonome Neuropathie führt zu eingeschränkten Kompensationsmechanismen seitens des sympathischen Nervensystems, so daß urämische Patienten leicht **Blutdruckabfälle** (schon bei geringen Volumenverlusten) entwickeln können.

Hämatologische Manifestation

Hauptursache der fast regelhaft vorliegenden normochromen **Anämie** ist eine verminderte Bildung des renalen erythropoetischen Faktors (REF). Die Patienten sind meist an Hämoglobinwerte von 6–8 g/dl adaptiert und bedürfen außer bei zusätzlichen intraoperativen Blutverlusten keiner Bluttransfusion. Das bedeutet aber auch, daß die kardiovaskuläre Kompensationsbreite eingeschränkt ist, so daß Abfälle des kompensatorisch gesteigerten Herzminutenvolumens, z.B. durch die negativ inotrope Wirkung von Anästhetika, in der Regel nicht gut toleriert werden und deshalb vermieden werden müssen (Dosisanpassung!). Die Mehrzahl der niereninsuffizienten Patienten weist heutzutage allerdings aufgrund der Behandlung mit Erythropoetin eine Hämoglobinkonzentration von 9 – 10 g/dl auf.

Hämatologische Manifestation

Hauptursache der fast regelhaft vorliegenden **Anämie** (normochrom) ist die verminderte Bildung des renalen erythropoetischen Faktors (REF). Die Patienten sind meist an Hämoglobinwerte von 6–8 g/dl adaptiert und bedürfen außer bei zusätzlichen intraoperativen Blutverlusten keiner Bluttransfusion. Die kardiovaskuläre Kompensationsbreite ist eingeschränkt, so daß die negativ inotrope Wirkung von Anästhetika vermieden werden muß.

Störung des Elektrolyt- und Säure-Basen-Haushaltes

Die chronische Niereninsuffizienz verursacht eine **metabolische Azidose**, die in schweren Fällen eine kompensatorische Steigerung der Atmung (Kußmaul-Atmung) bewirkt. Eine azidotische Stoffwechsellage und die fehlende Elimination von Kalium bei fortschreitender Niereninsuffizienz begünstigt das Auftreten einer **Hyperkaliämie** mit der Gefahr bedrohlicher Herzrhythmusstörungen (siehe Kap. 5.2). Die Kaliumwerte müssen dementsprechend in der perioperativen Phase engmaschig kontrolliert werden.

Störungen des Elektrolyt- und Säure-Basen-Haushaltes

Die chronische Niereninsuffizienz verursacht eine **metabolische Azidose.** Eine azidotische Stoffwechsellage und die fehlende Elimination von Kalium bei fortschreitender Niereninsuffizienz begünstigen das Auftreten einer **Hyperkaliämie** mit der Gefahr bedrohlicher Herzrythmusstörungen (siehe Kap. 5.2).

> ▶ ***Merke.*** Serumkaliumwerte von 5,5 bis max. 6,0 mmol/l sind als obere Grenzwerte für die Durchführung elektiver Eingriffe zu betrachten!

◀ **Merke**

Störungen des Gastrointestinaltraktes

Bei progredienter chronischer Niereninsuffizienz finden sich vermehrt gastrointestinale Symptome: Ulzera, Inappetenz, Übelkeit und Erbrechen sowie Durchfälle und intestinale Blutungen. Die **verzögerte Magenentleerung** (Aspirationsgefahr bei Narkoseeinleitung) wird durch eine Gastroparese infolge autonomer Neuropathie erklärt.

Störungen des Gastrointestinaltraktes

Die **verzögerte Magenentleerung** bedeutet Aspirationsgefahr bei Narkoseeinleitung.

Störungen der Blutgerinnung

Im Vordergrund stehen **Störungen der Thrombozytenfunktion** (verlängerte Blutungszeit bei sonst normalen Gerinnungsparametern), die chirurgische Blutungen verstärken können. Hieraus ergeben sich Einschränkungen für rückenmarknahe Regionalanästhesieverfahren.

Störungen der Blutgerinnung

Im Vordergrund stehen **Störungen der Thrombozytenfunktion.**

Störungen des endokrinen Systems

Die **renale Osteopathie** (Osteomalazie und Fibroosteoklasie) entsteht infolge verminderter renaler Bildung von stoffwechselaktivem Vitamin-D (sekundärer Vitamin-D-Mangel). Es resultiert eine verminderte Kalziumresorption (Darm) mit Hypokalzämie und sekundärem Hyperparathyreoidismus, was mit der Gefahr von Spontanfrakturen einhergeht.

Störungen des endokrinen Systems

Die **renale Osteopathie** ist Folge eines sekundären Vitamin-D-Mangels durch verminderte Bildung von stoffwechselaktivem Vitamin D in der Niere.

Störungen des Nervensystems

Die Ausprägung ist abhängig vom Schweregrad der Niereninsuffizienz und reicht von peripheren Neuropathien (inkl. autonomer Neuropathie, s. o.) über zerebrale Leistungsminderung bis hin zur Enzephalopathie und zum urämischen Koma. Komatöse Zustände können Ausdruck eines toxischen oder hypertensiven Geschehens sein, wobei eine Hyponatriämie mit Hypoosmolarität die Gefahr eines Hirnödems verstärkt.

Störungen des Nervensystems

Vom Schweregrad der Niereninsuffizienz abhängig kommt es zu peripheren Neuropathien, zerebraler Leistungsminderung sowie zur Enzephalopathie und zum urämischen Koma.

2.4.3 Lebererkrankungen

Kompensierte Zustände einer eingeschränkten Syntheseleistung der Leber können unter der Anästhesie und Operation dekompensieren (**akutes Leberversagen**).

2.4.3 Lebererkrankungen

Lebererkrankungen sind je nach Schweregrad mit einem erhöhten perioperativen Risiko behaftet und bedürfen einer präoperativen Abklärung. Kompensierte Zustände einer eingeschränkten Syntheseleistung der Leber können unter der Anästhesie und Operation dekompensieren (**akutes Leberversagen**). Therapeutisch verbleiben dann kaum Möglichkeiten, die Funktion einer schwer geschädigten Leber apparativ oder medikamentös in dem Maße zu stützen, wie dies bei Nieren-, Lungen- und Herzversagen möglich ist (siehe Kap. 9.6).

Die **präoperative Diagnostik** umfaßt die Erkennung und Einschätzung von: Lebersyntheseleistung, Hyperbilirubinämie, Leberschädigung, florider Hepatitis, Leberzirrhose.

Die **präoperative Diagnostik** umfaßt:
- Einschätzung der Lebersyntheseleistung
- Abklärung von Hyperbilirubinämien
- Abklärung einer Leberschädigung
- Ausschluß oder Diagnose von floriden Hepatitiden
- Erkennen einer Leberzirrhose.

Lebersyntheseleistung

Informationen über die Lebersyntheseleistung können anhand von Bestimmungen globaler **Gerinnungsparameter**, der Aktivität der **Serumcholinesterase** (SCHE) sowie der **Serumalbumin**konzentration gewonnen werden.

Lebersyntheseleistung

Informationen über die Lebersyntheseleistung können anhand von Bestimmungen globaler Gerinnungsparameter (partielle Thromboplastinzeit [PTT], Thromboplastinzeit nach *Quick*), der Aktivität der Serumcholinesterase (SCHE) sowie der Serumalbuminkonzentration gewonnen werden.

Gerinnungsparameter. Gerinnungsfaktoren, die Vitamin-K-unabhängig produziert werden, z. B. Faktor V (Halbwertzeit 12 – 15 Stunden), sind gute Indikatoren zur Beurteilung der aktuellen Syntheseleistung der Leber.

Serumcholinesterase (SCHE) und -albumin. Die Synthese der SCHE und des Albumins erfolgt in der Leberzelle, so daß eine Erniedrigung beider Werte als Indikator einer eingeschänkten Leberfunktion zu werten ist. Aufgrund der langen Halbwertzeiten der SCHE (ca. 10 Tage) und des Albumins (ca. 21 Tage) sind diese Parameter nicht geeignet, um akute Funktionseinschränkungen anzuzeigen und dienen daher als Größe zur Verlaufsbeurteilung chronischer Lebererkrankungen (z. B. bei Leberzirrhose).

Hyperbilirubinämie

Eine Hyperbilirubinämie macht sich klinisch als Ikterus bemerkbar, wenn der Wert des **Gesamtbilirubins** (Norm: bis 1,1 mg/dl) >3 mg/dl ansteigt. Sie kann Ausdruck einer eingeschränkten exkretorischen Leberfunktion sein (▤ 2.**14**).

Hyperbilirubinämie

Eine Hyperbilirubinämie macht sich klinisch als Ikterus bemerkbar, wenn der Wert des **Gesamtbilirubins** (Norm: bis 1,1 mg/dl) >3 mg/dl ansteigt. Sie kann Ausdruck einer eingeschränkten exkretorischen Leberfunktion sein (▤ 2.**14**). **Direktes Bilirubin** wird als konjugierte Form (Konjugation ist eine Stoffwechselleistung der Leber) über die Gallenwege ausgeschieden. **Indirektes Bilirubin** (nichtkonjugierte Form) berechnet sich aus der Differenz des Gesamtbilirubins und des direkten Bilirubins.

2.14: Differentialdiagnose der Hyperbilirubinämie

▷ prähepatischer Ikterus	▷ intrahepatischer Ikterus	▷ posthepatischer Ikterus
Hämolyse hämolytische Anämie Transfusionsreaktion Verbrennung Hämatomresorption Infektionen	Leberparenchymschaden infektiös/toxisch Virushepatitis Lebermetastasen Bilirubinstoffwechsel-störungen	mechanischer Verschluß der Gallenwege (Steinokklusion, Pankreaskopftumor)
++	+	(+): indirektes Bilirubin
–	+	++: direktes Bilirubin

+: Serumkonzentration erhöht
–: Serumkonzentration erniedrigt

Leberschädigung

Zur Abklärung einer Leberschädigung dienen Aktivitätsbestimmungen bestimmter im Serum vorkommender Enzyme.

Die **GPT** (Norm bis 23 U/l; HWZ ca. 47 Stunden) ist im Zytosol der Hepatozyten gelöst; ein erhöhter Serumwert ist Indikator für eine gestörte Zellmembranpermeabilität.
Die **GOT** (Norm bis 18 U/l; HWZ ca. 17 Stunden) ist sowohl im Zytosol als auch in den Mitochondrien vorhanden und kann Leberparenchymschädigungen unterschiedlichen Ausmaßes anzeigen.
Die **GLDH** (Norm bis 4 U/l; HWZ ca. 17 Stunden) ist ein leberspezifisches mitochondriales Enzym und damit ein Indikator für Parenchymzellnekrosen.
Die **γ-GT** (Norm bis 28 U/l; HWZ 3 – 4 Tage) kommt vor allem in den intrahepatischen Gallengangsepithelien vor; erhöhte Serumwerte zeigen unabhängig von der Ursache eine Cholestase an.

Leberschädigung

Zur Abklärung einer Leberschädigung dienen Aktivitätsbestimmungen bestimmter im Serum vorkommender Enzyme **(GPT, GOT, GLDH, γ-GT)**.

Floride Hepatitiden

Elektive Eingriffe sollten bis zur kompletten Remission verschoben werden bei:
- akuter Virushepatitis (A, B, C, CMV, Herpes simplex etc.)
- akuter alkoholtoxischer Hepatitis
- akutem Schub einer chronischen Hepatitis.

Floride Hepatitiden

Elektive Eingriffe sollten bis zur kompletten Remission verschoben werden bei akuten Virushepatitiden (A, B, C, CMV, Herpes simplex), akuter alkoholtoxischer Hepatitis und akutem Schub einer chronischen Hepatitis.

Leberzirrhose

Eine Leberzirrhose bedeutet eine erhebliche Erhöhung des perioperativen Risikos. Die chronische intrahepatische Flußbehinderung führt über eine **portale Hypertension** zur Ausbildung von **Ösophagus-** und **Kardiavarizen,** die ein hohes Blutungsrisiko in sich tragen. Ferner tritt neben der Beeinträchtigung der plasmatischen Gerinnung (durch Mangel an Vitamin-K-abhängigen Gerinnungsfaktoren) eine **Splenomegalie** mit Störung der Thrombozytenfunktion und Verminderung der Thrombozytenzahl auf. Die portale Hypertension und die Hypalbuminämie fördern die Bildung von **Aszites**, der über anhaltende Wasser- und Natriumretention (**sekundärer Hyperaldosteronismus**, u. a. infolge verminderter Aldosteroninaktivierung) unterhalten wird. Es resultieren Wasser- und Elektrolytstörungen, denen oftmals auch eine Niereninsuffizienz nachfolgt (sog. hepato-renales Syndrom).

Leberzirrhose
Sie bedeutet eine erhebliche Erhöhung des perioperativen Risikos. Die chronische intrahepatische Flußbehinderung führt über eine **portale Hypertension** zur Ausbildung von **Ösophagus-** und **Kardiavarizen** mit hohem Blutungsrisiko. Ferner tritt neben der Beeinträchtigung der plasmatischen Gerinnung eine **Splenomegalie** mit Störung der Thrombozytenfunktion und Verminderung der Thrombozytenzahl auf. Die portale Hypertension und die Hypalbuminämie fördern die Bildung von **Aszites,** der über einen **sekundären Hyperaldosteronismus** unterhalten wird.

2.4.4 Erkrankungen des Endokriniums

Diabetes mellitus

Entscheidend für die diabetogene Stoffwechselstörung ist eine **mangelhafte Insulinwirkung,** die durch verminderte Insulinsekretion, verminderte Rezeptoransprechbarkeit oder Überwiegen kontrainsulinärer Hormone verursacht sein kann.
Die Einteilung des Diabetes mellitus zeigt ▦ 2.**15**.

2.4.4 Erkrankungen des Endokriniums
Diabetes mellitus

Entscheidend für die diabetogene Stoffwechselstörung ist eine **mangelhafte Insulinwirkung.**

Die Einteilung des Diabetes mellitus zeigt ▦ 2.**15**.

2.15: Einteilung des Diabetes mellitus

▷ **Idiopathischer Diabetes mellitus (WHO-Klassifikation)**
insulinabhängiger **Typ I** (juveniler Diabetes)
nichtinsulinabhängiger **Typ II** (Altersdiabetes)
a) mit Übergewicht
b) ohne Übergewicht

▷ **Sekundäre Diabetesformen**
Diabetes bei Pankreaserkrankungen
(chronische Pankreatitis, Z. n. Pankreatektomie)
Diabetes bei endokrinen Erkrankungen
(Cushing-Syndrom, Akromegalie)
iatrogener Diabetes ⟶ diabetogene Medikamente
(Glukokortikoide, Thiaziddiuretika, Östrogene)

Leitbefunde und Risiken beim Diabetes mellitus

- **Hyperglykämie**
- **osmotische Diurese**
- **hypertone Dehydratation** (siehe auch Kap. 9.5.1) mit **Hypovolämie**
- **zerebrale Symptome** bis hin zum Koma
- **metabolische Azidose** (siehe auch Kap. 9.5.2).

Leitbefunde und Risiken beim Diabetes mellitus

Die **Hyperglykämie** resultiert aus der Verwertungsstörung von Glukose bzw. dem ausbleibenden Transport von Glukose in die Zellen insulinabhängiger Gewebe. Übersteigt die Glukosekonzentration im Plasma die Nierenschwelle (180 mg/dl) und damit die Kapazität des tubulären Rücktransportmechanismus (prox. Tubulus: Na-abhängiges Carriersystem), resultiert eine **osmotische Diurese** mit Glukosurie. Hieraus folgen unter dem Bild der **hypertonen Dehydratation** (siehe auch Kap. 9.5.1) schwerwiegende Wasser- und Elektrolytverluste mit **Hypovolämie.** Die erhöhte Serumosmolalität bewirkt Flüssigkeitsverschiebungen vom IZR in den EZR. Die intrazelluläre Dehydratation kann auch **zerebrale Symptome** bis hin zum Koma verursachen.

Fehlende Energiegewinnung aus dem Glukosestoffwechsel aktiviert kompensatorisch die Proteolyse und Lipolyse. Es kommt u. a. zur Anhäufung saurer Stoffwechselprodukte (Ketosäuren), die über den Verbrauch von Bikarbonat eine **metabolische Azidose** bewirken (siehe auch Kap. 9.5.2).

Beim **Diabetes mellitus** handelt es sich um eine Systemerkrankung mit sekundären Organveränderungen (⊞ 2.**16**).

Beim **Diabetes mellitus** handelt es sich um eine Systemerkrankung. In Abhängigkeit von den sekundären Organveränderungen (⊞ 2.**16**) steigt das perioperative Risiko z. T. deutlich an.

2.16: Organmanifestationen bei Diabetes mellitus

diabetische Angiopathie	**Arterio-/Arteriolosklerose** ▷ kardiopulmonale Erkrankungen koronare Herzkrankheit (KHK) Herzinsuffizienz ▷ Hypertonie, AVK ▷ Nephropathie, Polyneuropathie, Retinopathie

Anästhesieverfahren bei Diabetes mellitus

Grundsätzlich können beim Diabetespatienten Allgemein- oder Regionalanästhesien durchgeführt werden. Insgesamt zeigen die modernen Anästhesieverfahren selbst keinen spezifischen Einfluß auf den Glukosestoffwechsel.

Anästhesieverfahren bei Diabetes mellitus

Grundsätzlich können beim Diabetespatienten Allgemein- oder Regionalanästhesien durchgeführt werden. Insgesamt zeigen die modernen Anästhesieverfahren selbst keinen spezifischen Einfluß auf den Glukosestoffwechsel. Begleitumstände wie Operation oder Trauma, Angstzustände, Streß, Nahrungskarenz, Schmerz oder Begleitmedikation (z. B. Glukokortikoide) sind dagegen häufig Ursache für eine Entgleistung eines latenten oder therapeutisch gut eingestellten Diabetes mellitus. Regionalanästhesien sollen dabei den Vorteil haben, daß die intraoperative Streßantwort des Organismus und die damit verbundenen katabolen Reaktionen im Vergleich zur Allgemeinanästhesie geringer ausfallen. Zudem bleibt die Vigilanz des Patienten erhalten, so daß bei Verzicht auf eine stärkere Sedierung hyper- und vor allem hypoglykämische Warnzeichen überprüfbar bleiben.

Perioperatives Management

Die **präoperative Befunderhebung** dient der Einschätzung der Diabeteseinstellung und ggf. bereits bestehender Folgeerkrankungen. Ziel ist es, akute Stoffwechselentgleisungen (Hyperglykämie → Hyperosmolalität, diabetische Ketoazidose; Hypoglykämie) perioperativ zu verhindern.

Perioperatives Management

Die **präoperative Befunderhebung** dient der Einschätzung der Diabeteseinstellung und ggf. bereits bestehender Folgeerkrankungen. Ziel ist es, akute Stoffwechselentgleisungen (Hyperglykämie → Hyperosmolalität, diabetische Ketoazidose; Hypoglykämie) perioperativ zu verhindern. Aus diesem Grund werden engmaschige Blutzuckerkontrollen und ggf. weitere Laboranalysen (z. B. Serumelektrolyte, Säure-Basen-Status) durchgeführt. Insbesondere der insulinpflichtige Diabetiker sollte morgens als erster auf dem Operationsplan stehen, um Hypoglykämien durch langdauerndes Fasten oder einer reaktiven Hyperglykämie durch Absetzen der gewohnten Insulindosierung zu vermeiden.

Die perioperative Betreuung des Diabetikers muß den Diabetestyp und die vorbestehende Therapie berücksichtigen.

Die perioperative Betreuung des Diabetikers muß den Diabetestyp und die vorbestehende Therapie berücksichtigen. Bei einer guten Stoffwechseleinstellung soll am Vortag der Operation keine Änderung der bisherigen Therapie (Diät, Antidiabetika- bzw. Insulintherapie) vorgenommen werden.

Folgendes Konzept hat sich bewährt:
- Unter engmaschigen Blutzuckerkontrollen müssen auch Diabetiker präoperativ eine Nahrungskarenz von 6 Stunden einhalten.
- Wegen der Gefahr einer Laktatazidose sollten Sulfonylharnstoffe 2 Tage vor der Operation abgesetzt und erst 2 Tage danach wieder angesetzt werden.
- Bei insulinpflichtigen Diabetikern empfiehlt sich die Gabe von $^1/_3 - ^1/_2$ der üblichen Dosis s. c. bei gleichzeitiger Infusion einer 5%igen Glukoselösung (ca. 100 ml/h).
- Bei großen Operationen wird der **perioperative Insulinbedarf** durch kontinuierlich intravenöse Insulinzufuhr gedeckt.
- Abweichungen der Blutzuckerspiegel (angestrebt werden 100 – 150 mg/dl) erfordern die Angleichung der Insulindosis.

Folgendes Konzept hat sich bewährt:
- präoperative Nahrungskarenz von 6 h
- wegen Gefahr einer Laktatazidose sollten Sulfonylharnstoffe 2 Tage vor der Operation abgesetzt und erst 2 Tage danach wieder angesetzt werden
- Gabe von $^1/_3 - ^1/_2$ der üblichen Insulindosis s. c., gleichzeitig 5%ige Glukoseinfusion (100 ml/h)
- Bei großer OP **perioperative Insulinzufuhr** entsprechend Blutzuckerspiegel durch kontinuierliche i.v.-Gabe.

Perioperativer Insulinbedarf:

basaler Insulinbedarf (Mittel: 0,4 E/kg KG/24 h)
+
prandialer Insulinbedarf, abhängig von der perioperativ zugeführten Glukosemenge (Mittel: 0,2 E pro g Glukose)

Perioperativer Insulinbedarf:

basaler Insulinbedarf (Mittel: 0,4 E/kg KG/24 h)
+
prandialer Insulinbedarf, abhängig von der perioperativ zugeführten Glukosemenge (Mittel: 0,2 E pro g Glukose).

Insulinsubstitution anhand der Blutzuckerspiegel:

BZ <300 mg/dl	→ Bolus s.c. (s.o.)	2 – 4 E/h Perfusor i.v.
BZ 301 – 400 mg/dl	→ 8 E Bolus i.v.	4 – 6 E/h Perfusor i.v.
BZ 401 – 500 mg/dl	→ 8 – 12 E Bolus i.v.	4 – 6 E/h Perfusor i.v.
BZ >500 mg/dl	→ 12 – 20 E Bolus i.v.	4 – 6 E/h Perfusor i.v.

Die Insulinsubstitution erfolgt anhand der Blutzuckerspiegel.

Perioperativ sind unbedingt engmaschige Kontrollen der Blutzuckerspiegel (intraoperativ: stündlich; postoperativ: 2 – 4stündlich) durchzuführen.

Perioperativ sind unbedingt engmaschige Kontrollen der Blutzuckerspiegel (intraoperativ: stündlich; postoperativ: 2 – 4stündlich) durchzuführen.

Kontraindikationen für einen Wahleingriff:
- präoperative Blutzuckerwerte von <60 mg/dl und >300 mg/dl
- bestehende Glukosurie und Ketonurie.

Kontraindikationen für einen Wahleingriff sind **präoperative Blutzuckerwerte** von < 60 mg/dl und > 300 mg/dl sowie **Glukosurie** bzw. **Ketonurie**.

Notoperationen bei schlecht eingestelltem Diabetes mellitus

Notoperationen bei schlecht eingestelltem Diabetes mellitus

> ***Merke.*** In Akutsituationen sind bei entgleistem Kohlenhydratstoffwechsel vorrangig die Blutglukosespiegel auf <300 mg/dl durch intravenöse Insulingaben (s. o.) zu senken. Möglichst vor Narkosebeginn muß damit begonnen werden, bestehende Flüssigkeits- und Elektrolytverluste (Kalium!) auszugleichen und eine metabolische Azidose zu korrigieren (siehe auch Kap. 9.5).

◀ **Merke**

Phäochromozytom

Phäochromozytome sind Tumoren der chromaffinen Zellen des peripheren sympathischen Nervensystems. Diese hormonproduzierenden Tumoren setzen exzessiv Katecholamine (überwiegend **Noradrenalin,** seltener Adrenalin) frei. Die Inzidenz beträgt 1 – 2 pro 100000. In 10% liegt eine maligne Entartung vor. Zu 90% sind Phäochromozytome im Nebennierenmark lokalisiert; der Rest verteilt sich auf sympathische Paraganglien.

Phäochromozytom

Phäochromozytome sind Tumoren der chromaffinen Zellen des peripheren sympathischen Nervensystems. Diese hormonproduzierenden Tumoren setzen exzessiv Katecholamine (überwiegend **Noradrenalin,** seltener Adrenalin) frei.

Klinische Symptome (▤ 2.17). Die Katecholaminfreisetzung führt in erster Linie zu Symptomen von seiten des Herz-Kreislauf-Systems (Hypertonie, Tachykardie) und des ZNS (Übererregbarkeit). Sie treten anfallsweise auf (bis zu 25× am Tag) und halten unterschiedlich lange (Minuten, Stunden bis Tage) an. Ihr Auftreten erfolgt spontan oder durch endo- oder exogene Einflüsse provoziert.

Klinische Symptome (▤ 2.17) Die Katecholaminfreisetzung führt in erster Linie zu Symptomen von seiten des Herz-Kreislauf-Systems (Hypertonie, Tachykardie) und des ZNS (Übererregbarkeit).

2.17: Symptome bei Phäochromozytom

	Symptome	Risikofaktoren
▷ **Herz-Kreislauf**	paroxysmale Hypertonie Tachykardie, Extrasystolie Angina pectoris	Herzinsuffizienz Lungenödem Myokardinfarkt Orthostasesyndrom
▷ **ZNS**	Nervosität, Kopfschmerzen Sehstörungen, Schwindel	intrakranielle Blutung Hirninfarkt
▷ **Abdomen**	Übelkeit, Erbrechen, Durchfälle	ischämische Enterokolitis
▷ **Niere**	Polyurie	Hypovolämie
▷ **allgemein**	Gewichtsverlust, Schweißausbrüche	
▷ **Stoffwechsel**	erhöht: Blutzucker, freie Fettsäuren	

Diagnose In der Praxis wird der Katecholaminmetabolit **Vanillinmandelsäure** im **24-Stunden-Urin** bestimmt, da damit die Diagnose unabhängig vom akuten Anfall gestellt werden kann.

Diagnose. Beweisend sind die im Anfall erhöhten Konzentrationen von **Noradrenalin** im **Blut und Urin.** In der Praxis wird der Katecholaminmetabolit **Vanillinmandelsäure** im **24-Stunden-Urin** bestimmt, da damit die Diagnose unabhängig vom akuten Anfall gestellt werden kann.

Therapie Die kurative Therapie besteht in der operativen Entfernung des Tumors. Um intraoperativ krisenhafte Blutdrucksteigerungen zu vermeiden, müssen die Patienten ausreichend vorbehandelt werden. Im Vordergrund steht hierbei die **α-Rezeptorenblockade** mit dem langwirksamen **Phenoxybenzamin** (Dibenzyran®), das in steigenden Dosen für ca. 10 – 14 Tage präoperativ zugeführt wird.

Therapie. Die kurative Therapie besteht in der operativen Entfernung des Tumors. Um intraoperativ krisenhafte Blutdrucksteigerungen zu vermeiden, müssen die Patienten ausreichend vorbehandelt werden. Im Vordergrund steht hierbei die **α-Rezeptorenblockade** mit dem langwirksamen **Phenoxybenzamin** (Dibenzyran®), das in steigenden Dosen für ca. 10 – 14 Tage präoperativ zugeführt wird (Anfangsdosis: 20 mg/d; tägliche Steigerung um 10 – 20 mg/d bis zum Erreichen normotoner Blutdruckwerte). Durch die Senkung des arteriellen Gefäßtonus kommt es kompensatorisch zu zunehmender Natrium- und Wasserretention (Gewichtszunahme) mit Ansteigen des intravasalen Volumens und damit zur nachhaltigen Zunahme des Gefäßquerschnittes. Hierdurch wird eine Verringerung der Gefäßreagibilität auf Noradrenalin und Adrenalin erreicht, was sich im Hinblick auf die intraoperative Manipulation am Tumor mit Freisetzung der entsprechenden Katecholamine als notwendige Voraussetzung erweist. Im Rahmen dieser Therapie können orthostatische Regulationsstörungen auftreten.

Bei tachykarden Rhythmusstörungen empfiehlt sich eine zusätzliche **β-Rezeptorenblockade**.

Bei tachykarden Rhythmusstörungen empfiehlt sich eine zusätzliche **β-Rezeptorenblockade,** da die frequenzsteigernde Wirkung endogener Katecholamine am Herzen unter der α-Rezeptorenblockade erhalten bleibt.

Erkrankungen der Schilddrüse (2.**18**)

Bei Erkrankungen der Schilddrüse müssen präoperativ die **Stoffwechselfunktion** (Eu-, Hyper- oder Hypothyreose) und evtl. vorhandene mechanische Atemwegshindernisse infolge einer **Struma** abgeklärt werden (2.5 und 2.**6**, Kap. 2.2.1). Für elektive Eingriffe ist grundsätzlich ein euthyreoter Stoffwechsel zu fordern.

Erkrankungen der Schilddrüse (2.18)

Bei Erkrankungen der Schilddrüse muß präoperativ die **Stoffwechselfunktion** (Eu-, Hyper- oder Hypothyreose) untersucht werden. Für elektive Eingriffe ist grundsätzlich ein euthyreoter Stoffwechsel zu fordern. Des weiteren muß abgeklärt werden, ob bei einer **Schilddrüsenvergrößerung** (Struma) eine Verdrängung und Kompression von Larynx und Trachea vorliegen, wodurch die Intubation erschwert werden kann (**2.5** und 2.**6**, Kap. 2.2.1). Auch an eine Tracheomalazie sollte im Hinblick auf die Narkoseeinleitungsphase gedacht werden.

2.18: Störungen der Schilddrüsenfunktion

Hyperthyreose	Hypothyreose
Symptome	
Gewichtsverlust Diarrhö → Dehydratation Muskelschwäche Hitzeintoleranz warme, feuchte Haut Haarausfall Nervosität Tremor Schlaflosigkeit Tachyarrhythmien Mitralklappenprolaps Herzinsuffizienz Hyperventilation	Gewichtszunahme Retention von freiem Wasser → Hyperhydratation Kälteempfindlichkeit trockene, kühle, teigige Haut trockenes, brüchiges Haar Leistungsminderung Antriebsarmut Müdigkeit Bradykardie Herzinsuffizienz Hypoventilation (Hypoxie, Hyperkapnie)
Risikofaktoren	
Thyreotoxische Krise Tachyarrhythmien Hypertonie Herzinsuffizienz Diarrhö → Dehydratation Elektrolytstörungen	 Struma, große Zunge (Intubationshindernis) Bradykardie Herzinsuffizienz Retention von freiem Wasser → Hyperhydratation Elektrolytstörungen

S 2.2 gibt einen Überblick über die Schilddrüsenhormonsynthese und -funktionstests.

S 2.2 gibt einen Überblick über die Schilddrüsenhormonsynthese und -funktionstests.

Synopsis 2.2: Schilddrüsenhormonsynthese/Funktionstests

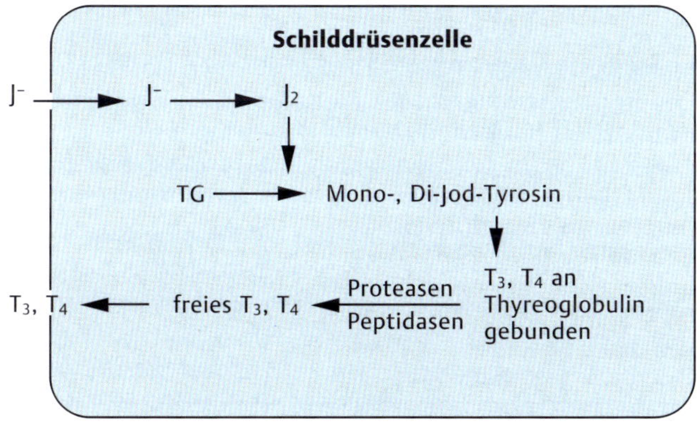

Hormonsynthese

Die Jod-Resorption und Reduktion zu Jodid erfolgt im Gastrointestinaltrakt. Anreicherung von Jodid in der Schilddrüse, wo Jodid zu Jod oxygeniert (Peroxidase) und an den Tyrosinrest (TGB) gebunden wird. Es ensteht Monojodotyrosin (MJT) oder Dijodotyrosin (DJT). Die enzymatische Kopplung dieser Verbindung ergibt T_3 oder T_4.

- **T_4** (Thyroxin) (Plasma: 4 – 11 µg/dl) überwiegend **TBG-** (thyroxinbindendes Globulin) gebunden (hohe Affinität). Nur fT_4 (freies T_4; 0.03 % von Gesamt-T_4) ist stoffwechselaktiv. T_4 wird dejodiert zu T_3
- **T_3** (Trijodthyronin) (Plasma: 0,1 – 0,2 µg/dl) T_3 vermittelt die Hormonwirkung (niedrigere Affinität an TBG)
- **TSH** (thyreoideastimulierendes Hormon) Norm: 0,25 – 3,1 mU/l)
- **TRH** (Thyreotropin-Releasing-Hormon) Die Sekretion von TSH (Hypophyse) und TRH (Hypothalamus) wird unter physiologischen Bedingungen über einen Negativ-Feedback durch die Plasmakonzentrationen von T_3 und T_4 reguliert.
- **TRH-Test:**
  → 1. Basal-TSH-Analyse
  → 2. TRH-Stimulation
  → 3. erneut TSH-Analyse

Euthyreose	TSH-Anstieg von 2,5 – 20 mU/l
Hyperthyreose	TSH-Anstieg < 2,5 mU/l
primäre Hypothyreose	TSH-Anstieg < 20 mU/l
sekundäre Hypothyreose	TSH-Anstieg < 2,5 mU/l

Hyperthyreose

Vorkommen Autonome Schilddrüsenadenome, Morbus Basedow, jodinduzierte Hyperthyreose, Gravidität, post partum

Merke ►

Präoperative Therapie Die antihyperthyreote Medikation muß spätestens 2 – 3 Wochen vor dem Operationstermin begonnen werden. Die schwefelhaltigen **Thyreostatika** hemmen die Schilddrüsenhormonsynthese und die extrathyreoidale Umwandlung von T_4 zu T_3.
Ist eine Operation vor Erreichen der euthyreoten Funktion zwingend erforderlich oder gerät die Schilddrüsenfunktion außer Kontrolle, so wird eine zusätzliche **β-Rezeptorenblockade** (z. B. hochdosiert Propranolol – Dociton®) zur Verminderung der kardiovaskulären Reaktionen durchgeführt. Zur Streßabschirmung sollten die Patienten präoperativ sediert werden.

Thyreotoxische Krise

Symptome Tachykardie, Tachyarrhythmie, O_2-Verbrauch ↑, Hypertonie, Herzinsuffizienz, Exsikkose, Somnolenz, Koma.

Akute Therapie
- Thyreostatika
- β-Rezeptorenblocker
- Jodgabe
- Lithiumchlorid
- Glukokortikoide
- Sedierung
- Digitalisierung
- Volumen- und Elektrolytsubstitution
- Temperatursenkung.

Merke ►

Hypothyreose

Eine Hypothyreose entsteht primär (durch pathologische Prozesse) oder sekundär (z. B. bei HVL-Insuffizienz).

Hypothyreote Patienten können extrem empfindlich auf Anästhetika reagieren und sind perioperativ durch die Entwicklung eines **Myxödem-Komas** gefährdet. Aus diesem Grund muß vor chirurgischen Eingriffen eine Substitution erfolgen.

Hyperthyreose

Vorkommen. Autonome Schilddrüsenadenome, Morbus Basedow, jodinduzierte Hyperthyreose, Gravidität, post partum.

> **Merke.** Bei Verdacht auf das Vorliegen einer Hyperthyreose muß zur Verhinderung einer perioperativ drohenden **thyreotoxischen Krise** (lebensbedrohliche Komplikation!, s. u.) eine präoperative Abklärung und ggf. ausreichende Therapie erfolgen.

Präoperative Therapie. Die antihyperthyreote Medikation muß spätestens 2 – 3 Wochen vor dem Operationstermin begonnen werden. Die schwefelhaltigen **Thyreostatika** hemmen die Schilddrüsenhormonsynthese und die extrathyreoidale Umwandlung von T_4 zu T_3:
Propylthiouracil (Propycil®): 300 mg/d,
Methimazol (Favistan®): initial 30 mg/d; Erhaltung: 5 – 10 mg/d.
Ist eine Operation vor Erreichen der euthyreoten Funktion zwingend erforderlich oder gerät die Schilddrüsenfunktion außer Kontrolle, so wird eine zusätzliche **β-Rezeptorenblockade** (z. B. hochdosiert Propranolol – Dociton®) zur Verminderung der kardiovaskulären Reaktionen durchgeführt. Die Patienten sollten präoperativ zur Streßabschirmung ausreichend sediert werden, z. B. mit Benzodiazepinen. Ein Flüssigkeits- und Elektrolytdefizit muß konsequent ausgeglichen werden.

Thyreotoxische Krise

Symptome. Tachykardie, Tachyarrhythmie, Hypertonie, Zunahme des O_2-Verbrauchs und der CO_2-Produktion, hohes HZV → Herzinsuffizienz, Temperaturanstieg, starkes Schwitzen → Exsikkose, Muskelschwäche, Somnolenz und Koma.

Akute Therapie.
- Thyreostatika (Thiamazol: initial 80 mg i.v. → 240 mg/24 Stunden per inf.)
- β-Rezeptorenblocker (Propranolol 1 – 10 mg i.v.; cave: Herzinsuffizienz!)
- Jodgabe: hochdosiertes Jod hemmt die Freisetzung von Schilddrüsenhormonen (kontraindiziert bei jodinduzierter Hyperthyreose!)
- Lithiumchlorid (1500 mg/d i.v.): Hemmung der Hormonfreisetzung
- Glukokortikoide (Hydrocortison 200 mg/2 h): Verhinderung einer sekundären Nebennierenrindeninsuffizienz
- Sedierung (Benzodiazepine, z. B. Midazolam – Dormicum®)
- Digitalisierung
- Ausgleich von Volumen- und Elektrolytdefiziten
- Temperatursenkung.

> **Merke.** Bei der thyreotoxischen Krise besteht die Gefahr der nicht beherrschbaren Herz-Kreislauf-Insuffizienz!

Hypothyreose

Eine Verminderung der Schilddrüsenfunktion tritt entweder sekundär im Gefolge einer Hypophysenvorderlappeninsuffizienz auf oder wird primär durch pathologische Prozesse innerhalb der Schilddrüse oder durch inadäquate Hormonsubstitution nach Thyreoidektomien ausgelöst. **Hypothyreote Patienten können extrem empfindlich auf Anästhetika reagieren** und sind perioperativ durch die Entwicklung eines **Myxödem-Komas** gefährdet. Aus diesem Grund muß vor chirurgischen Eingriffen eine ausreichende Hormonsubstitution erfolgen. Vor Notfalloperationen können die Hormone intravenös zugeführt werden.

Struma

Eine Struma ist am häufigsten Ausdruck eines endemischen Jodmangels (kompensatorische Hyperplasie), wobei die Funktion zumeist euthyreot ist. Im Rahmen von **Strumektomien** muß prinzipiell mit Intubationsschwierigkeiten gerechnet werden (s. o.)! Bei Verdacht auf intraoperative Schädigung des N. recurrens (am häufigsten vorkommend bei Thyreoidektomien infolge Schilddrüsenkarzinoms) empfiehlt es sich, die Extubation unter direkter Laryngoskopie zur Beurteilung der Funktion der Stimmbänder vorzunehmen. Eine einseitige **Rekurrensparese** verursacht einen inspiratorischen Stridor, eine beidseitige führt zur kompletten Stimmbandlähmung mit Verschluß der Glottisspalte. In dieser Situation ist die umgehende Reintubation und anschließende Tracheotomie erforderlich.

Struma

Eine Struma ist am häufigsten Ausdruck eines endemischen Jodmangels (kompensatorische Hyperplasie), wobei die Funktion zumeist euthyreot ist. Im Rahmen von **Strumektomien** muß prinzipiell mit Intubationsschwierigkeiten gerechnet werden (s. o.)! Eine einseitige **Rekurrensparese** verursacht einen inspiratorischen Stridor, eine beidseitige führt zur kompletten Stimmbandlähmung mit Verschluß der Glottisspalte.

Cushing-Syndrom (▤ 2.19)

Das Cushing-Syndrom wird durch eine **Überproduktion von Glukokortikoiden** vermittelt. Als Hauptursachen gelten hormonaktive Tumoren der Nebennierenrinde und ACTH-bildende Hypophysenadenome (Morbus Cushing). Iatrogen kann das Syndrom im Rahmen einer hochdosierten chronischen Kortikoidtherapie (»Cushing-Schwelle« > 30 mg Hydrocortisonäquivalent) ausgelöst werden (z. B. bei Asthma bronchiale).

Cushing-Syndrom (▤ 2.19)

Das Cushing-Syndrom wird durch eine **Überproduktion von Glukokortikoiden** vermittelt.

▤ 2.19: Cushing-Syndrom

▷ Leistungsabnahme	▷ Striae rubrae	▷ Hyperglykämie
▷ Adynamie	▷ Osteoporose	▷ Herzinsuffizienz
▷ Vollmondgesicht	▷ Hypervolämie	▷ metabolische Alkalose
▷ Stirnglatze	▷ Hypertonie	▷ Eiweißkatabolie
▷ Stammfettsucht	▷ Hypernatriämie	▷ Magen-/Darmulzera
▷ Myopathien	▷ Hypokaliämie	▷ hypertensive Krise

Perioperative Maßnahmen. Abklärung von Folgeerkrankungen (Arteriosklerose, KHK); Behandlung der Hypertonie, Blutzuckereinstellung, Normalisierung des Wasser- und Elektrolythaushaltes. Nach Beseitigung des Hyperkortisolismus (Tumorentfernung) oder bei chronischer Kortikoidmedikation (Suppression der NNR) muß eine ausreichende Kortikoidsubstitution erfolgen.

Perioperative Maßnahmen Nach Beseitigung des Hyperkortisolismus (Tumorentfernung) oder bei chronischer Kortikoidmedikation (Suppression der NNR) muß eine ausreichende Kortikoidsubstitution erfolgen.

Morbus Addison (primäre NNR-Insuffizienz, ▤ 2.20)

Die Ursache für einen Morbus Addison ist ein relativer oder absoluter **Mangel an Gluko- und Mineralokortikoiden** infolge einer Zerstörung der NNR durch autoimmunologische, entzündliche oder tumoröse Prozesse. Im Rahmen einer Sepsis kann es durch disseminierte intravasale Gerinnung zur hämorrhagischen NNR-Infarzierung kommen (Waterhouse-Friderichsen-Syndrom). Eine Hypophysenvorderlappeninsuffizienz führt durch verminderte ACTH-Sekretion ebenso wie ein abruptes Absetzen einer chronischen Glukokortikoidmedikation (NNR-Suppression) nur zum isolierten Ausfall der Glukokortikoide und wird im engeren Sinne nicht als Morbus Addison verstanden.

Morbus Addison (primäre NNR-Insuffizienz, ▤ 2.20)

Die Ursache für einen Morbus Addison ist ein relativer oder absoluter **Mangel an Gluko- und Mineralokortikoiden**.

▤ 2.20: Morbus Addison

▷ Leistungsabnahme	▷ Myopathie	▷ Hyperkaliämie
▷ Adynamie	▷ Hypovolämie	▷ metabolische Azidose
▷ Gewichtsverlust	▷ Hypotonie	▷ Herzinsuffizienz
▷ Hyperpigmentation	▷ Hyponatriämie	▷ Addison-Krise
		▷ Herz-Kreislauf-Versagen

Perioperative Maßnahmen Beseitigung der Störungen im Wasser- und Elektrolythaushalt, Substitutionstherapie mit Glukokortikoiden.

Akute NNR-Dekompensation (Addison-Krise)
Lebensbedrohliches Kreislauf- und Stoffwechselversagen durch absoluten oder streßbedingten (Operation, Trauma, Infektion) relativen Kortisol- und Aldosteronmangel. Zusätzlich zu den o. g. therapeutischen Maßnahmen ist eine Korrektur der metabolischen Azidose und der Einsatz adrenerger Substanzen zur Kreislaufstabilisierung sowie ggf. die Substitution von Mineralokortikoiden erforderlich.

Conn-Syndrom (primärer Hyperaldosteronismus, ▤ 2.**21**)

Das Krankheitsbild wird durch **exzessive Sekretion von Aldosteron** geprägt.
Perioperativ muß der Wasser- und Elektrolythaushalt mit Aldosteronantagonisten korrigiert werden.

Akromegalie (siehe Kap. 2.1)

Der Akromegalie liegt eine **Überproduktion von Wachstumshormon** (STH) durch Hypophysenadenome zugrunde. Bei diesen Patienten ist grundsätzlich mit einer **erschwerten bis unmöglichen konventionellen Intubation und Maskenbeatmung** aufgrund anatomischer Veränderungen (Makroglossie und veränderte Gesichtsproportionen) zu rechnen.

2.4.5 Erkrankungen des zentralen Nervensystems
Zerebrales Anfallsleiden (Epilepsie)

Für die Anästhesie sind vor allem die **»Grand-mal«-Epilepsien** von Bedeutung.

Die Serumspiegel der antikonvulsiven Pharmaka sollten im therapeutischen Bereich liegen.

Zur Prämedikation eignen sich aufgrund ihrer antikonvulsiven Eigenschaften besonders die Benzodiazepine, die ausreichend hoch dosiert werden sollten.

Perioperative Maßnahmen. Beseitigung der Störungen im Wasser- und Elektrolythaushalt (s. o.) und einer evtl. Hypoglykämie; Substitutionstherapie mit Glukokortikoiden (Hydrocortison: 200 – 300 mg/d).

Akute NNR-Dekompensation (Addison-Krise)

Hierbei handelt es sich um ein lebensbedrohliches Kreislauf- und Stoffwechselversagen durch absoluten oder streßbedingten (Operation, Trauma, Infektion) relativen Kortisol- und Aldosteronmangel. Zusätzlich zu den o. g. therapeutischen Maßnahmen ist eine Korrektur der metabolischen Azidose und der Einsatz adrenerger Substanzen zur Kreislaufstabilisierung sowie ggf. die Substitution von Mineralokortikoiden erforderlich.

Conn-Syndrom (primärer Hyperaldosteronismus, ▤ 2.**21**)

Das Krankheitsbild wird durch **exzessive Sekretion von Aldosteron,** am häufigsten durch NNR-Adenome, geprägt und bedarf im Rahmen der operativen Vorbereitung neben der Korrektur des Wasser- und Elektrolythaushaltes (ausgeprägte Hypokaliämie) der symptomatischen Therapie mit Aldosteronantagonisten (Spironolacton – Aldactone®). Zu beachten ist, daß die volle medikamentöse Wirkung erst einige Tage nach Therapiebeginn erreicht wird.

▤ 2.21: Conn-Syndrom

▷ Gewichtszunahme	▷ Hypertonie	▷ metabolische Alkalose
▷ Myopathie	▷ Hypernatriämie	▷ Hyperglykämie
▷ Hypervolämie	▷ Hypokaliämie	▷ Herzinsuffizienz
▷ Polyurie	▷ Tetanie	▷ hypertensive Krise

Akromegalie (siehe Kap. 2.1)

Der Akromegalie liegt eine **Überproduktion von Wachstumshormon** (STH) durch Hypophysenadenome zugrunde. Bei diesen Patienten ist grundsätzlich mit einer **erschwerten bis unmöglichen konventionellen Intubation und Maskenbeatmung** aufgrund anatomischer Veränderungen (Makroglossie und veränderte Gesichtsproportionen) zu rechnen. Hier empfiehlt sich primär die fiberoptische Vorgehensweise (siehe Kap. 3.1.2). Daneben finden sich oftmals folgende anästhesierelevante Störungen: Hyperglykämie, Hypernatriämie, Hypokaliämie sowie Arteriosklerose, Hypertonie, Herzrhythmusstörungen und Myokardinsuffizienz.

2.4.5 Erkrankungen des zentralen Nervensystems

Zerebrales Anfallsleiden (Epilepsie)

Für die Anästhesie sind vor allem die **»Grand-mal«-Epilepsien** von Bedeutung. Da beim narkotisierten und relaxierten Patienten ein Krampfanfall klinisch stumm verläuft, es aber aufgrund des dabei deutlich erhöhten Hirnstoffwechsels mit gesteigertem Sauerstoffbedarf zu zerebraler Hypoxie kommen kann, gilt es, durch geeignete Anästhesieverfahren und prophylaktische Maßnahmen den Anfällen entgegenzuwirken. Die antikonvulsiven Pharmaka, deren Serumspiegel im therapeutischen Bereich liegen sollten, werden deshalb bis zum Morgen der Operation weiter verabreicht. Zur Prämedikation eignen sich aufgrund ihrer antikonvulsiven Eigenschaften besonders die Benzodiazepine, die ausreichend hoch dosiert werden sollten. Bei Durchführung einer Allgemeinanästhesie sollte auf die Anwendung von Enfluran verzichtet und keine Hyperventilation vorgenommen werden. Außerdem kann als Monitoring das EEG (siehe Kap. 3.1.4) eingesetzt werden. Regionalanästhesien haben den Vorteil, daß das Bewußtsein überprüfbar bleibt und intraoperative Anfälle sofort erkannt und therapiert werden können.

Morbus Parkinson

Es liegen degenerative Veränderungen im Bereich der Basalganglien mit **Reduktion dopaminerger Neurone** vor, was zum Überwiegen zentraler cholinerger Aktivität führt (extrapyramidal-motorisches Syndrom: Akinese, Rigor und Tremor). Die motorischen Funktionsstörungen können die Atemmechanik beeinträchtigen und postoperativ zu respiratorischen Komplikationen Anlaß geben. Ferner bestehen oft autonome Dysregulationen (Magen, Darm- und Harnblasenatonie, Orthostasephänomene).
Die **medikamentöse Therapie** sollte perioperativ unbedingt beibehalten werden. Sie beinhaltet:

- Anticholinergika, z.B. Biperiden – Akineton® (Hemmung cholinerger Neurone)
- Amantadin – PK-Merz® (Steigerung der Synthese und Sekretion von Dopamin)
- L-Dopa – Levodopa® (Vorstufe und damit Substitution des Dopamins)
- Bromocriptin – Pravidel® (dopaminagonistische Wirkung).

Multiple Sklerose

Die multiple Sklerose ist eine häufige Nervenerkrankung unbekannter Ätiologie, bei der es zu einer **Demyelinisierung** zentraler und peripherer Nerven kommt. Klinische Zeichen sind Sehstörungen mit Doppelbildern, Gehschwäche, Gleichgewichtsstörungen und Taubheitsgefühl. Bei MS-Kranken ist vor allem eine postoperative **Temperaturerhöhung zu vermeiden** und im Falle von Fieber eine aggressive Temperatursenkung einzuleiten, da durch Hyperthermie MS-Schübe ausgelöst werden können. Bei Patienten mit fortgeschrittener MS und starker muskulärer Beeinträchtigung (Dystrophie, Spastik, Parese) **darf kein depolarisierendes Muskelrelaxans** wegen der Gefahr einer akuten Hyperkaliämie eingesetzt werden. Bei der Auswahl des Anästhesieverfahrens gilt es zu bedenken, daß eine relative Kontraindikation für rückenmarknahe Blockadetechniken besteht, da postoperative neurologische Verschlechterungen der Grunderkrankung der Regionalanästhesie angelastet werden können. Nach neueren Erkenntnissen, insbesondere aus der rückenmarknahen geburtshilflichen Regionalanästhesie, haben diese Methoden keinen ungünstigen Einfluß auf den weiteren Verlauf der MS. Eine Epiduralanästhesie sollte subarachnoidalen Verfahren allerdings vorgezogen werden. Eine oftmals bestehende Kortikoidmedikation ist perioperativ mit erhöhten Dosen weiterzuführen.

2.4.6 Myasthenia gravis

Die Myasthenie wird den Autoimmunerkrankungen zugeordnet. Es lassen sich zirkulierende **Autoantikörper** (Typ IgG) nachweisen, die gegen die postsynaptischen Acetylcholinrezeptoren der neuromuskulären Endplatte gerichtet sind und einerseits zur Zerstörung sowie andererseits auch zur funktionellen Blockade dieser Rezeptoren führen.
Leitsymptom ist eine im Tagesverlauf zunehmende **Schwäche der Skelettmuskulatur.** Zunächst ist nur die durch die Hirnnerven innervierte Muskulatur betroffen (Facies myasthenica, Ptosis); im weiteren Verlauf dehnt sich die Erkrankung auch auf andere Muskelgruppen wie die Atemmuskulatur (muskuläre Ateminsuffizienz) aus.
Zu den wichtigsten **Behandlungsverfahren** gehören: die Thymektomie und Immunsuppression mit Glukokortikoiden (Hemmung der Autoantikörperbildung), die medikamentöse Therapie mit Cholinesterasehemmern (Pyridostigmin – Mestinon®) sowie Plasmapherese. Eine Überdosierung der Cholinesterasehemmer kann zur cholinergen Krise führen, die differentialdiagnostisch wegen unterschiedlichen therapeutischen Vorgehens von der myasthenischen Krise abgegrenzt werden muß (▤ 2.**22**).

Morbus Parkinson

Es liegen degenerative Veränderungen im Bereich der Basalganglien mit **Reduktion dopaminerger Neurone** vor. Die motorischen Funktionsstörungen können die Atemmechanik beeinträchtigen und postoperativ zu respiratorischen Komplikationen führen.
Die **medikamentöse Therapie** sollte perioperativ unbedingt beibehalten werden. Sie beinhaltet:

- Anticholinergika
- Amantadin
- L-Dopa
- Bromocriptin.

Multiple Sklerose

Bei multipler Sklerose kommt es zur **Demyelinisierung** zentraler und peripherer Nerven. Es besteht eine relative Kontraindikation für rückenmarksnahe Regionalanästhesieverfahren.
Bei MS-Kranken ist vor allem eine postoperative **Temperaturerhöhung zu vermeiden** und im Falle von Fieber eine aggressive Temperatursenkung einzuleiten, da durch Hyperthermie MS-Schübe ausgelöst werden können.
Bei Patienten mit fortgeschrittener MS und starker muskulärer Beeinträchtigung (Dystrophie, Spastik, Parese) **darf kein depolarisierendes Muskelrelaxans** wegen der Gefahr einer akuten Hyperkaliämie eingesetzt werden. Bei der Auswahl des Anästhesieverfahrens gilt es zu bedenken, daß eine relative Kontraindikation für rückenmarknahe Blockadetechniken besteht, da postoperative neurologische Verschlechterungen der Grunderkrankung der Regionalanästhesie angelastet werden können.

2.4.6 Myasthenia gravis

Die Myasthenie wird den Autoimmunerkrankungen zugeordnet.
Es lassen sich zirkulierende **Autoantikörper** (Typ IgG) nachweisen, die gegen die postsynaptischen Acetylcholinrezeptoren der neuromuskulären Endplatte gerichtet sind.
Leitsymptom ist eine im Tagesverlauf zunehmende **Schwäche der Skelettmuskulatur**.

Zu den wichtigsten **Behandlungsverfahren** gehören: die Thymektomie und Immunsuppression mit Glukokortikoiden (Hemmung der Autoantikörperbildung), die medikamentöse Therapie mit Cholinesterasehemmern (Pyridostigmin – Mestinon®) sowie die Plasmapherese.

2.22: Komplikationen der Therapie mit Cholinesterasehemmern

bei Unterdosierung	▷ **myasthenische Krise** Symptome der Myasthenia gravis (muskuläre Ateminsuffizienz)
bei Überdosierung	▷ **cholinerge Krise** (vgl. Kap. 3.4.3) ausgeprägte Hemmung des Acetylcholinabbaus ▷ anhaltende Depolarisation der neuromuskulären Endplatte (nikotinartige Wirkung: kein Antidot!) Symptome: Muskelschwäche (muskuläre Ateminsuffizienz) ▷ muskarinartige Wirkung (Antidot: Atropin!) Symptome: Bradykardie, Hypotonie, Nausea, Erbrechen, Hypersalivation, Miosis

Anästhesiologisches Vorgehen bei Myasthenia gravis:
Nichtdepolarisierende Muskelrelaxanzien sollten (nach Möglichkeit) nicht eingesetzt werden, da ansonsten erhebliche Verlängerungen der neuromuskulären Blockade zu erwarten sind.
Zur Prämedikation dürfen wegen der muskelrelaxierenden Nebenwirkung keine Benzodiazepine eingesetzt werden.
Es empfiehlt sich, die Intubation in tiefer Inhalationsnarkose unter Verzicht auf sämtliche Relaxanzien vorzunehmen. Postoperativ ist eine Nachbeatmungsmöglichkeit auf einer Intensivstation Voraussetzung.

Für das anästhesiologische Vorgehen bei Myasthenia gravis gilt es zu **beachten:**
Nichtdepolarisierende Muskelrelaxanzien sollten (nach Möglichkeit) nicht eingesetzt werden, da ansonsten erhebliche Verlängerungen der neuromuskulären Blockade zu erwarten sind. Zur Prämedikation dürfen wegen der muskelrelaxierenden Nebenwirkung keine Benzodiazepine eingesetzt werden.
Es empfiehlt sich, die Intubation in tiefer Inhalationsnarkose unter Verzicht auf sämtliche Relaxanzien vorzunehmen. Zu beachten ist ferner, daß zahlreiche Pharmaka eine neuromuskuläre Blockade verstärken und verlängern können (z. B. Aminoglykosidantibiotika, Lokalanästhetika; siehe Kap. 3.4.2). Postoperativ ist eine Nachbeatmungsmöglichkeit auf einer Intensivstation Voraussetzung.

2.4.7 Ernährungsstörungen

Adipositas

Eine Adipositas liegt vor, wenn das Körpergewicht das Idealgewicht um 30 % überschreitet. Adipöse Patienten haben ein erhöhtes Risiko, perioperative Komplikationen zu erleiden. Im Vordergrund stehen dabei **Störungen des Herz-Kreislauf-Systems** und der **Lungenfunktion.**
Eine Maskennarkose verbietet sich wegen erhöhter **Aspirationsgefahr** und ist generell erschwert und manchmal technisch gar nicht durchführbar.
Wenn möglich, sollten regionale Anästhesieverfahren bevorzugt werden.

2.4.7 Ernährungsstörungen

Adipositas

Eine Adipositas liegt vor, wenn das Körpergewicht das Idealgewicht (Normalgewicht: Körpergröße in cm – 100 ergibt Normalgewicht in kg; Idealgewicht: Frauen = Normalgewicht – 15 %, Männer = Normalgewicht – 10 %) um 30 % überschreitet. Adipöse Patienten haben ein erhöhtes Risiko, perioperative Komplikationen zu erleiden. Im Vordergrund stehen dabei **Störungen des Herz-Kreislauf-Systems** (Hypertonie, KHK, Linksherzinsuffizienz) und der **Lungenfunktion** (u. a. Verminderung der funktionellen Residualkapazität aufgrund hochstehender Zwerchfelle). Postoperativ kann sich eine respiratorische Insuffizienz entwickeln. Der erhöhte intraabdominelle Druck führt zur verzögerten Magenentleerung und zum Absinken des Verschlußdruckes des unteren ösophagealen Sphinkters, was die **Gefahr der Regurgitation mit nachfolgender tracheobronchialer Aspiration** erhöht. Aus diesem Grund verbietet sich eine bei Adipösen zudem erschwerte und manchmal unmögliche Maskennarkose. Wenn möglich, sollten regionale Anästhesieverfahren bevorzugt werden.

Anorexie und Kachexie

Die Anorexia nervosa (Gewichtsverlust oft bis zu 40 % des ursprünglichen Körpergewichtes) geht mit einer **schweren Beeinträchtigung der Körperfunktionen** einher.
Wahleingriffe sollten erst nach Besserung des Ernährungs- und Allgemeinzustandes durchgeführt werden. Notfallpatienten bedürfen einer intensiven perioperativen Betreuung.

Anorexie und Kachexie

Die Anorexia nervosa (Gewichtsverlust oft bis zu 40 % des ursprünglichen Körpergewichtes) geht mit einer **schweren Beeinträchtigung der Körperfunktionen** einher. So sind Störungen des Wasser-, Elektrolyt- und Säure-Basenhaushaltes (Hypokaliämie, -kalzämie, -magnesiämie, metabolische Azidose), des Stoffwechsels (Hypoglykämie), des Herz-Kreislauf-Systems (Bradykardie, Hypotonie, Kardiomyopathie) und der Thermoregulation (Hypothermie) zu erwarten. Wahleingriffe sollten erst nach Besserung des Ernährungs- und Allgemeinzustandes durchgeführt werden. Notfallpatienten bedürfen einer intensiven perioperativen Betreuung.

2.4.8 Einfluß präoperativer Dauermedikation

S. ▤ 2.**23**.

2.4.8 Einfluß präoperativer Dauermedikation

Siehe ▤ 2.**23**.

Merke.
- **Antihypertensiva** und **Antikonvulsiva** präoperativ nicht absetzen!
- Bei Langzeittherapie mit **Glukokortikoiden** oberhalb der »Cushing-Schwelle« (>30 mg Hydrocortisonäquivalent) innerhalb der vergangenen 6–9 Monate ist eine erhöhte perioperative Substitution erforderlich, da ansonsten die Gefahr der Nebennierenrindeninsuffizienz besteht.
- Nichtselektive irreversible **MAO-Inhibitoren** sind aufgrund schwerer Nebenwirkungen (krisenhafte Blutdruckanstiege) 2 Wochen vor elektiven Eingriffen abzusetzen.

2.23: Interaktionen zwischen präoperativer Dauermedikation und Anästhetika

	Interaktion mit	Mechanismus	Risiken
▷ **Antibiotika** Aminoglykoside	Muskelrelaxanzien (depol. u. nicht-depol.)	Hemmung der ACh-Freisetzung	neuromuskuläre Blockierung
▷ **Diuretika** Furosemid	Muskelrelaxanzien		neuromuskuläre Blockierung
Thiazide	(nicht-depol.)	Hypokaliämie	Rhythmusstörungen
▷ **Digitalis** Digitoxin	Cumarinderivate	Verdrängung aus der EW-Bindung	Rhythmusstörungen (Bradykardie, AV-Block)
Digoxin	Hypokaliämie	Änderung, Reizbildung, Reizleitung	
▷ **Antikoagulanzien** Cumarine	Barbiturate, Benzodiazepine	Verdrängung aus der EW-Bindung	Gerinnungsstörungen
▷ **Thrombozyten-aggregationshemmer** Acetylsalicylsäure			Gerinnungsstörungen
▷ **Psychopharmaka** trizyklische Antidepressiva	Narkotika		kardiovaskuläre Instabilität Hypotonie, AV-Block
Amitriptylin			negativ inotrop
Imipramin			hypertensive Reaktionen nach Katecholaminen
Monoaminooxydase-Inhibitoren (MAOI)			kardiovaskuläre Instabilität Hyperpyrexie, Agitiertheit, Delir bis Koma

2.5 Auswahl des Anästhesieverfahrens

Nach Einschätzung des Narkoserisikos wird in Abhängigkeit vom Zustand des Patienten und von eingriffsspezifischen Faktoren wie Art, Lokalisation und Dauer der Operation das Anästhesieverfahren ausgewählt. Prinzipiell wird dasjenige Verfahren mit der **größtmöglichen Sicherheit für den Patienten** angewandt. Wünsche des Patienten sollten hierbei, wenn möglich, Berücksichtigung finden. Betrachtet man Untersuchungen zur perioperativen Morbidität und Letalität nach Allgemein- und rückenmarknahen Anästhesien in Abhängigkeit von Begleiterkrankungen, muß festgehalten werden, daß es statistisch keinen Unterschied zwischen diesen Verfahren gibt. Dies läßt naturgemäß keine Vorhersage für den Einzelfall zu und deshalb die Schwierigkeit erkennen, eine Methode unter dem Aspekt der möglichen Vorteile individuell auszuwählen. Es kann folgendermaßen vorgegangen werden:

- Thorax-, Oberbauch- und 2-Höhlen-Eingriffe sowie langdauernde Operationen werden in **Intubationsnarkose** mit kontrollierter Beatmung

2.5 Auswahl des Anästhesieverfahrens

Nach Einschätzung des Narkoserisikos wird in Abhängigkeit vom Zustand des Patienten und von eingriffsspezifischen Faktoren wie Art, Lokalisation und Dauer der Operation das Anästhesieverfahren ausgewählt. Prinzipiell wird dasjenige Verfahren mit der **größtmöglichen Sicherheit für den Patienten** angewandt.

Es kann folgendermaßen vorgegangen werden:

- Thorax-, Oberbauch-, 2-Höhlen-Eingriffe und Eingriffe in Bauchlage

sollten in **Intubationsnarkose** mit kontrollierter Beatmung durchgeführt werden.
- Kurzdauernde Eingriffe (< 30 min) können in **Gesichts-Maskennarkose** durchgeführt werden.
- Die Regionalanästhesie empfiehlt sich für Eingriffe an den oberen Extremitäten.
- Für Patienten mit kardiopulmonalen Vorerkrankungen ist eine **rückenmarknahe Regionalanästhesie** von Vorteil.
- Bei **bestehender Antikoagulanzientherapie** keine rückenmarknahe Blockadetechnik.
- Keine Regionalanästhesie bei unkooperativen, verwirrten oder bewußtseinsgetrübten Patienten.
- **Notfalloperationen** können in Intubationsnarkose oder, wenn möglich, in Regionalanästhesie erfolgen.
- Bei **Kindern** zieht man zumeist eine Allgemeinanästhesie vor.

durchgeführt. Bei ausgedehnten Operationen sollte vor Narkoseeinleitung ein thorakaler oder lumbaler Periduralkatheter plaziert werden (Kombinationsanästhesie), um insbesondere postoperativ eine suffiziente Schmerztherapie zu ermöglichen.
- Eingriffe in Bauchlage sollten ebenfalls bevorzugt in Allgemeinanästhesie unter endotrachealer Intubation vorgenommen werden.
- Kurzdauernde Eingriffe (< 30 min) können in **Gesichts-Maskennarkose,** längerdauernde auch unter Einsatz der **Kehlkopfmaske** (Larynxmaske) durchgeführt werden. Hierbei sind jeweils die Kontraindikationen zu beachten (Nichtnüchternheit, Adipositas, Bauchlage, Laparotomie, Thorakotomie).
- Für Eingriffe an den oberen Extremitäten empfiehlt sich die Regionalanästhesie (z. B. Plexusblockaden).
- Für Patienten mit kardiopulmonalen Vorerkrankungen ist eine **rückenmarknahe Regionalanästhesie** in der Regel vorteilhaft. Insbesondere durch Einsatz von Katheterverfahren können zu hohe Anästhesieniveaus und damit eine ausgeprägte Sympathikolyse mit Beeinträchtigung der Atemmuskeln vermieden werden.
- Bei **bestehender Antikoagulanzientherapie** dürfen keine rückenmarknahen Blockadetechniken angewandt werden (Ausnahme: »Low-dose«-Heparinisierung).
- Unkooperative, verwirrte oder bewußtseinsgetrübte Patienten sollten generell keine Regionalanästhesie erhalten.
- **Notfalloperationen** bei nicht nüchternen Patienten können entweder in Intubationsnarkose (»Ileuseinleitung«) oder, wenn vom Eingriff her möglich, auch in Regionalanästhesie erfolgen.
- Bei **Kindern** wird zumeist eine Allgemeinanästhesie vorgezogen.

2.6 Aufklärungsgespräch und Einwilligungserklärung

2.6 Aufklärungsgespräch und Einwilligungserklärung

Da invasive medizinische Maßnahmen den strafrechtlichen Tatbestand einer Körperverletzung erfüllen, ist vor deren Durchführung die **Einwilligung** des Patienten zwingend erforderlich.

Das **anästhesiologische Aufklärungsgespräch** umfaßt im einzelnen:
- Darstellung des Anästhesieverfahrens
- Erläuterung alternativer Verfahren
- Auswahl des geeigneten Verfahrens
- Erklärung der **typischen Risiken**
- Weitere Informationen zum Ablauf und Verhaltensmaßregeln

Da invasive medizinische Maßnahmen den strafrechtlichen Tatbestand einer Körperverletzung erfüllen, ist vor deren Durchführung die **Einwilligung** des Patienten zwingend erforderlich. Diese Einwilligung hat nur dann rechtswirksamen Charakter, wenn der Patient zuvor hinreichend über Art und Inhalt dieser Maßnahmen informiert wurde und deren Wesen, Bedeutung und Tragweite in ihren Grundzügen erkennen konnte. Dieses setzt eine Aufklärung über methodentypische Risiken sowie Vor- und Nachteile alternativ in Betracht kommender Verfahren voraus.

Das **anästhesiologische Aufklärungsgespräch** umfaßt im einzelnen:
- Darstellung des Ablaufes des für den Eingriff in Frage kommenden Anästhesieverfahrens
- Erläuterung alternativer Verfahren, falls solche in Betracht kommen, und deren Vor- und Nachteile
- Auswahl des geeigneten Verfahrens unter Beachtung von etwaigen Kontraindikationen und größtmöglicher Berücksichtigung der Patientenwünsche
- Erklärung der **typischen Risiken** des ausgewählten Verfahrens unabhängig von deren Komplikationsrate (atypische Risiken müssen nur dann erläutert werden, wenn sie nach einem BGH-Urteil entsprechenden Statistiken zufolge in einer Häufigkeit von > 1 : 1000 zu erwarten sind)
- Weitere Informationen zum Ablauf und Verhaltensmaßregeln:
  - Beginn der präoperativen Nahrungskarenz (Erwachsene mindestens 6 Stunden vor geplanten Eingriffen)
  - Einstellen des Rauchens, da Nikotin die Magensäureproduktion stimuliert
  - ungefährer Zeitpunkt der Operation
  - Prämedikation: wozu, wann und Applikationsweg
  - Maßnahmen im Einleitungsraum
  - Besonderheiten der Lagerung im OP (Nervenschäden)
  - postoperative Maßnahmen im Aufwachraum, im besonderen die Schmerztherapie, ggf. Nachbeatmung und Intensivbehandlung
  - Transfusion von Blutprodukten.

Art und Umfang der Aufklärung müssen unbedingt **dokumentiert**, vom Patienten mit seiner Unterschrift bestätigt und vom aufklärenden Arzt gegengezeichnet werden. Am besten benutzt man den dafür speziell vorgesehenen und vom BDA empfohlenen **Anamnese-** und **Aufklärungsbogen** (siehe Anhang, S. 477). Mangelhafte Aufklärung über Komplikationen, die aus einer Anästhesie erwachsen sind, können hinterher zivil- bzw. haftungsrechtliche Folgen nach sich ziehen. Im schlimmsten Fall kann sich im nachhinein die Einwilligung des Patienten bei ungenügender Aufklärung als rechtsunwirksam erweisen, was dann zusätzlich noch strafrechtliche Konsequenzen haben kann.
Die höchsten Anforderungen an Qualität und Quantität der ärztlichen Aufklärung werden verständlicherweise bei Wahleingriffen gestellt. Es gilt generell der Grundsatz, daß die Aufklärung über Risiken medizinischer Verfahren um so umfassender sein muß, je weniger dringlich die Maßnahmen geboten erscheinen und je geringer das damit verknüpfte Risiko ist. Art und Umfang der Aufklärung hängen weiterhin vom Bildungs- und Wissensstand des Patienten ab. Der Patient kann ausdrücklich auf Aufklärung verzichten. Dieses muß dann unbedingt schriftlich niedergelegt werden.
Es ergeben sich **Besonderheiten:**

- Wenn der Patient **nicht geschäftsfähig** ist:
  - Bei **Bewußtlosigkeit** oder **Bewußtseinstrübung** handelt der betreuende Arzt bei Erfordernis einer notfallmedizinischen Versorgung grundsätzlich immer unter dem Aspekt der »Geschäftsführung ohne Auftrag«, d. h., er wird seine Hilfeleistung nach dem mutmaßlichen Willen des Patienten zu dessen Bestem ausführen.
  - Besteht eine **Geisteskrankheit** oder **Unmündigkeit**, so muß die Einwilligung des gesetzlichen Vertreters eingeholt werden.
  - Bei neu aufgetretener, akut zur Geschäftsunfähigkeit führender **geistiger Verwirrung** oder **Bewußtseinseinschränkung** (z. B. Analgosedierung auf Intensivstation) muß eine amtsrichterliche Verfügung (Betreuung) erwirkt werden.
- Wenn es sich um **Minderjährige** handelt:
  - Bei Kindern < 14 Jahren sollten **beide** Eltern einem geplanten Eingriff zustimmen; für dringliche Eingriffe genügt die Einwilligung eines Elternteiles.
  - Bei Verweigerung der elterlichen Zustimmung in einen **lebensrettenden Eingriff** liegt nach allgemeiner Auffassung ein Sorgerechtsmißbrauch vor. Zur Umgehung der elterlichen Verfügungsgewalt kann dann umgehend eine richterliche Genehmigung eingeholt werden. Wenn dazu keine Zeit verbleibt, handelt der Arzt wiederum unter dem Gesichtspunkt der »Geschäftsführung ohne Auftrag« (s. o.).
  - Jugendliche ab dem vollendeten 14. Lebensjahr können **selbst** rechtswirksam in einen Eingriff einwilligen, wenn sie dessen Bedeutung und Tragweite als Voraussetzung für ihre Willensbildung erfassen können.

Psychologisches Geschick und menschliches Einfühlungsvermögen des Anästhesisten tragen während des Aufklärungsgespräches am ehesten zur Reduzierung von Aufregung und Ängsten des Patienten, die mit Anästhesie und Operation zusammenhängen, bei. Das bedeutet gleichermaßen, daß das Aufklärungsgespräch niemals streng schematisch ablaufen kann, sondern immer an den speziellen Erfordernissen des einzelnen Patienten orientiert werden muß. Eine anxiolytische Prämedikation kann und darf dieses Vorgehen nicht ersetzen, sondern nimmt nur unterstützenden Chrarakter ein. Zusätzliche Beunruhigung und Verängstigung des Patienten durch das Aufklärungsgespräch müssen unbedingt vermieden werden!

2.7 Prämedikation

Für die Prämedikation stehen eine Reihe von Pharmaka mit z. T. unterschiedlichen Wirkeigenschaften zur Verfügung. Vorrangiges Prämedikationsziel ist die **Anxiolyse**, d. h., Angst und Aufregung sollen dem Patienten genommen werden. Hierdurch können ansonsten während der Anästhesieeinleitung häufiger beobachtbare Kreislaufdysregulationen (tachykarde Rhythmusstörungen, Blut-

Art und Umfang der Aufklärung müssen unbedingt **dokumentiert**, vom Patienten mit seiner Unterschrift bestätigt und vom aufklärenden Arzt gegengezeichnet werden. Am besten benutzt man den dafür speziell vorgesehenen und vom BDA empfohlenen **Anamnese- und Aufklärungsbogen** (siehe Anhang, S. 477).

Es gilt generell der Grundsatz, daß die Aufklärung über Risiken medizinischer Verfahren um so umfassender sein muß, je weniger dringlich die Maßnahmen geboten erscheinen und je geringer das damit verknüpfte Risiko ist.

Es ergeben sich **Besonderheiten:**

- Wenn der Patient **nicht geschäftsfähig** ist:
  - »Geschäftsführung ohne Auftrag« bei **Bewußtseinsbeeinträchtigung** im Notfall.
  - Bei **Geisteskrankheit** oder **Unmündigkeit** muß die Einwilligung des gesetzlichen Vertreters eingeholt werden.
  - bei **geistiger Verwirrung** oder **Bewußtseinseinschränkung** muß eine amtsrichterliche Verfügung (Betreuung) erwirkt werden.
- Bei **Minderjährigen** gilt:
  - Bei Kindern < 14 J. sollten **beide** Eltern einwilligen, bei dringlichen Eingriffen genügt die Einwilligung eines Elternteils.
  - Bei Verweigerung der elterlichen Zustimmung in einen **lebensrettenden Eingriff** kann eine richterliche Genehmigung eingeholt werden.
  - Jugendliche ab 14 Jahren können **selbst** rechtswirksam einwilligen.

Psychologisches Geschick und menschliches Einfühlungsvermögen des Anästhesisten tragen während des Aufklärungsgespräches am ehesten zur Reduzierung von Aufregung und Ängsten des Patienten, die mit Anästhesie und Operation zusammenhängen, bei.

2.7 Prämedikation

Für die Prämedikation stehen eine Reihe von Pharmaka mit z. T. unterschiedlichen Wirkeigenschaften zur Verfügung. Vorrangiges Prämedikationsziel ist die **Anxiolyse,** d. h., Angst

und Aufregung sollen dem Patienten genommen werden.
Folgende Substanzen stehen für die Prämedikation zur Verfügung:
- Benzodiazepine
- Barbiturate
- Neuroleptika
- Opioide
- Parasympathikolytika
- Antihistaminika.

2.**24** gibt einen Überblick über die Ziele der Prämedikation und die hierfür verwendbaren Substanzen.

druckanstiege, vasovagale Synkopen) deutlich reduziert werden. Eine Sedierung ist nicht in jedem Fall erforderlich, aber oftmals nicht zu vermeiden. Die Kooperation, wie sie vor allem für die Durchführung von Regionalanästhesien erwünscht ist, soll dabei aber erhalten bleiben. Folgende Substanzen stehen für die Prämedikation zur Verfügung:

- Benzodiazepine
- Barbiturate
- Neuroleptika
- Opioide
- Parasympathikolytika
- Antihistaminika.

2.**24** gibt einen Überblick über die verschiedenen Ziele der Prämedikation und die einzelnen hierfür verwendbaren Substanzen. Sollen mehrere dieser Ziele gleichzeitig erreicht werden, ist oftmals die Kombination mehrerer Pharmaka notwendig, da das gesamte Wirkungsspektrum nicht allein von einer Substanz abgedeckt wird. Evtl. vorhandene Erfahrungen des Patienten mit bereits erhaltenen Prämedikationen für frühere Operationen sollten dabei berücksichtigt werden.

2.24: Prämedikationsziele und Pharmaka

Anxiolyse	▷ Benzodiazepine
Sedierung	▷ Benzodiazepine, Barbiturate, Neuroleptika
Amnesie	▷ Benzodiazepine
Analgesie	▷ Opioide
Antikonvulsion	▷ Benzodiazepine, Barbiturate
Antipsychose	▷ Neuroleptika
Antiemese	▷ Neuroleptika, H_1-Blocker, Serotoninantagonisten
Histaminhemmung	▷ H_1- und H_2-Antagonisten, Phenothiazine
Antisalivation	▷ Parasympathikolytika
Reflexdämpfung	▷ Parasympathikolytika

Es kann bei bestimmten Patienten auch einmal sinnvoll sein, auf eine Prämedikation vollständig zu verzichten. Dieses sind Neugeborene und Säuglinge sowie komatöse, »schockierte« oder ambulante Patienten, aber auch Greise und Patienten mit Schädel-Hirn-Trauma, intrakraniellen Raumforderungen und eingeschränkter Atmung.

Es kann bei bestimmten Patienten auch einmal sinnvoll sein, auf eine Prämedikation vollständig zu verzichten. Dieses sind Neugeborene und Säuglinge sowie komatöse, »schockierte« oder ambulante Patienten, aber auch Greise und Patienten mit Schädel-Hirn-Trauma, intrakraniellen Raumforderungen und eingeschränkter Atmung. Bei Schwangeren, die sich z. B. einer Kaiserschnittentbindung unterziehen müssen, wird zugunsten des Neugeborenen auf sedierende Medikamente zur Prämedikation gänzlich verzichtet. Die Patientinnen erhalten lediglich einen H_2-Blocker, um Produktion und Azidität des Magensaftes zu reduzieren.

2.7.1 Pharmaka

Benzodiazepine

Benzodiazepine werden wegen ihrer anxiolytischen Wirkung sehr häufig zur Prämedikation eingesetzt. Die zur Zeit angewandten Präparate sind in 2.**25** entsprechend ihrer Wirkungsdauer und Eliminationshalbwertzeit (HWZ) aufgelistet.

2.7.1 Pharmaka

Benzodiazepine

Benzodiazepine werden wegen ihrer anxiolytischen Wirkung sehr häufig zur Prämedikation eingesetzt. Die zur Zeit angewandten Präparate sind in 2.**25** entsprechend ihrer Wirkungsdauer und Eliminationshalbwertzeit (HWZ) aufgelistet. Während Barbiturate eine »schlaferzwingende« Wirkung haben, haben die meisten Benzodiazepine nur eine »schlafanstoßende« Wirkung. Abends eingenommen verbleiben allerdings z. T. auch bei den kurzwirksamen Substanzen noch Spätwirkungen am folgenden Tage (Kater, vermindertes Reaktions- und Leistungsvermögen). Benzodiazepine mit mittlerer, langer und ultralanger Halbwertzeit sind mit einem unerwünschten »hang-over« belastet.

Nahezu alle Benzodiazepine wirken qualitativ gleich, d. h. anxiolytisch, sedierend, amnestisch, antikonvulsiv und muskelrelaxierend.

Nahezu alle Benzodiazepine wirken qualitativ gleich, d. h. anxiolytisch, sedierend, amnestisch, antikonvulsiv und zentral muskelrelaxierend (Hemmung polysynaptischer Reflexe auf Rückenmarksebene). Benzodiazepine vermitteln ihre Effekte über spezifische Rezeptoren, die in räumlicher und funktioneller Beziehung zu den Gammaaminobuttersäure-(GABA-) Rezeptoren stehen. Sie verstärken die Wirkungen von GABA als inhibitorischem Neurotransmitter (siehe auch Kap. 3.2.2).

2.25: Einteilung der Benzodiazepine nach Wirkdauer

Generikum	Handelsname
▷ **kurzwirksame Beonzodiazepine (HWZ 1 – 4 Std.)**	
• Midazolam	Dormicum®
• Triazolam	Halcion®
▷ **mittellangwirksame Benzodiazepine (HWZ 10 – 18 Std.)**	
• Lorazepam	Tavor®
• Lormetazepam	Noctamid®
• Temazepam	Planum®
▷ **langwirksame Benzodiazepine (HWZ 20 – 40 Std.)**	
• Bromazepam	Lexotanil®
• Flunitrazepam	Rohypnol®
• Nitrazepam	Mogadan®
• Oxazepam	Adumbran®
▷ **ultralangwirksame Benzodiazepine (HWZ 40 – 100 Std.)**	
• Chlordiazepoxid	Librium®
• Diazepam	Valium®
• Dikaliumclorazepat	Tranxilium®
• Flurazepam	Dalmadorm®

Benzodiazepine zeichnen sich durch gute Kreislaufstabilität aus. Die Atmung wird nach therapeutischen Dosen in der Regel nicht beeinträchtigt. Bei älteren Patienten kann es jedoch nach schneller intravenöser Gabe zu Störungen des zentralen Atemmusters kommen. **Es sollte bei gleichzeitiger Opioidapplikation bedacht werden, daß Benzodiazepine die opioidinduzierte Atemdepression verstärken.** Lebererkrankungen verzögern den Abbau, so daß mit einer verlängerten Wirkung zu rechnen ist. Bei älteren Patienten und Kindern können paradoxe Erregungszustände (Agitiertheit, Verwirrtheit) auftreten.

Bei **Myasthenia gravis** (siehe auch Kap. 2.4.6) sind Benzodiazepine wegen ihres zentral muskelrelaxierenden Effektes **grundsätzlich kontraindiziert**.

Benzodiazepine zeichnen sich durch gute Kreislaufstabilität aus. Die Atmung wird nach therapeutischen Dosen i. d. R. nicht beeinträchtigt. **Es sollte bei gleichzeitiger Opioidapplikation bedacht werden, daß Benzodiazepine die opioidinduzierte Atemdepression verstärken.**

Bei **Myasthenia gravis** sind Benzodiazepine wegen ihres zentral muskelrelaxierenden Effektes **grundsätzlich kontraindiziert**.

Barbiturate

Alle klinisch verwendeten Barbiturate wirken prinzipiell gleichartig. Die Wirkmechanismen und einzelnen Wirkungen sind ausführlich in Kap. 3.2.2 dargestellt. Es gibt Barbiturate mit kurzer, mittlerer und langer Wirkdauer. Barbiturate wirken im Gegensatz zu den meisten Benzodiazepinen dosisabhängig »schlaferzwingend«. In niedriger Dosierung können sie allerdings Schmerzempfindungen verstärken, was bei ihrer Verwendung zur Prämedikation beachtet werden sollte. Wie bei den Benzodiazepinen können nach Barbiturateinnahme vor allem bei älteren Patienten paradoxe Erregungszustände auftreten. Bei **akuter intermittierender Porphyrie** sind Barbiturate **absolut kontraindiziert** (siehe Kap. 3.2.2).

Auch wenn die klinische Wirksamkeit ausreichend belegt ist, sprechen gegen eine Prämedikation mit Barbituraten die pharmakokinetischen Daten (lange Eliminationshalbwertzeit, Metabolite mit z. T. unbekannter Wirkungsdauer), die Hemmung des Atemzentrums bei Überdosierung und die negativ inotrope Wirkung. Wegen dieser nicht unerheblichen Risiken, die den möglichen Nutzen deutlich übersteigen, sollte auf Barbiturate für die Prämedikation routinemäßig nicht mehr zurückgegriffen werden.

Barbiturate

Alle klinisch verwendeten Barbiturate wirken prinzipiell gleichartig. Die Wirkmechanismen und einzelnen Wirkungen sind ausführlich in Kap. 3.2.2 dargestellt. Es gibt Barbiturate mit kurzer, mittlerer und langer Wirkdauer.

Bei **akuter intermittierender Porphyrie** sind Barbiturate **absolut kontraindiziert** (siehe Kap. 3.2.2).

Gegen eine Prämedikation mit Barbituraten sprechen die pharmakokinetischen Daten (lange Eliminationshalbwertzeit, Metabolite mit z. T. unbekannter Wirkungsdauer), die Hemmung des Atemzentrums bei Überdosierung und die negativ inotrope Wirkung.

Neuroleptika

Neuroleptika führen häufig zu einer »psychomotorischen Entkopplung«, d. h., die Patienten wirken äußerlich ruhig bzw. teilnahmslos, verspüren aber tatsächlich eine hochgradige innere Unruhe. Der Einsatz von Substanzen wie Levomepromazin (Neurocil®), Triflupromazin (Psyquil®), Chlorprothixen (Truxal®) und Droperidol (Dehydrobenzperidol®) als »Sedativa« für

Neuroleptika

Der Einsatz von Stubstanzen wie Levomepromazin (Neurocil®), Triflupromazin (Psyquil®), Chlorprothixen (Truxal®) und Droperidol (Dehydrobenzperidol®) als »Sedativa« für die

Prämedikation gilt heutzutage als überholt bzw. ist nur bei speziellen Indikationen zur Ausnutzung ihres antiemetischen Effektes sinnvoll. Neuroleptika zur Dauertherapie von Psychosen sollten jedoch weiter verordnet werden.
Neuroleptika sind kontraindiziert bei **Morbus Parkinson**. Phenothiazine sollten nicht bei **Epileptikern** verwendet werden.

die Prämedikation gilt aus diesem Grunde heutzutage als überholt bzw. ist nur bei speziellen Indikationen zur Ausnutzung des antiemetischen Effektes – möglichst in Kombination mit Benzodiazepinen zur Unterdrückung negativer psychischer Effekte – sinnvoll. Neuroleptika allerdings, die zur Dauertherapie von **Psychosen** eingenommen werden, sollten am Operationstag weiter verordnet werden.
Neuroleptika sind kontraindiziert bei **Morbus Parkinson**, da selbst nach einmaliger Applikation ein medikamentöser Parkinsonismus mit Akinese, Rigor und Tremor auftreten kann. Phenothiazine senken die Krampfschwelle und sollten deshalb nicht bei **Epileptikern** verwendet werden.

Opioide

Zur Prämedikation werden hauptsächlich rein agonistische Substanzen mit längerer Wirkungsdauer wie Morphin, Pethidin (Dolantin®) und Piritramid (Dipidolor®) verwendet.

Opioide sind in der Routineprämedikation nicht indiziert, mit Ausnahme von Patienten mit präoperativen Schmerzzuständen.

Opioide

Wirkungsmechanismus, Haupt- und Nebenwirkungen sowie Kontraindikationen der Opioide sind ausführlich in den Kap. 3.2.2 und 7.1.1 beschrieben. Zur Prämedikation werden hauptsächlich rein agonistische Substanzen mit längerer Wirkungsdauer wie Morphin, Pethidin (Dolantin®) und Piritramid (Dipidolor®) verwendet. Wegen des atemdepressorischen Effektes spielen Opioide jedoch für die routinemäßige Prämedikation keine Rolle mehr. Eine Ausnahme bilden Koronarkranke, bei denen ein schmerzbedingt erhöhter Sympathikotonus deletäre Folgen haben kann. Bei traumatischen oder durch die Grundkrankheit bedingten therapiebedürftigen Schmerzen kann ebenso wie vor schmerzhaften Lagerungsmaßnahmen vor der Narkoseeinleitung auf Opioide zurückgegriffen werden.

Parasympathikolytika (Anticholinergika)

Parasympathikolytika wie Atropin, Scopolamin und Glycopyrrolat (Robinul®) **vermindern die Speichel- und Schleimsekretion.**
Sie sind indiziert bei Operationen im Mund- und Rachenbereich, bei fiberoptischen Intubationen und Bronchoskopien sowie bei Kindernarkosen.

Die üblicherweise gewählte Atropindosis von 0,01 mg/kg KG i. m. schützt nicht genügend vor reflektorischen Bradykardien. Es sind Dosen von 0,03 mg/kg KG erforderlich.

Eine bereits auf der Station durchgeführte Atropingabe ist nicht zu empfehlen. Besser ist die gezielte intravenöse Verabreichung unmittelbar vor Einleitungsbeginn. Die Wirkung setzt dann innerhalb von 1 Min. ein und hält etwa 30 – 60 Min. an.

Relative Kontraindikationen:
- Tachykardie
- Vorhofflattern bzw. -flimmern
- Mitralstenose
- chronisch-obstruktive Lungenerkrankung
- Fieber
- Hyperthyreose
- Nichtnüchternheit.

Parasympathikolytika (Anticholinergika)

Parasympathikolytika wie Atropin, Scopolamin und Glycopyrrolat (Robinul®) hemmen durch Konkurrenz mit dem Neurotransmitter Acetylcholin die parasympathische Erregungsübertragung an muskarinartigen Rezeptoren. Die hiermit verbundene **reduzierte Speichel- und Schleimsekretion** kann bei Operationen im Mund- und Rachenbereich sowie bei fiberoptischen Intubationen und Bronchoskopien ausgenutzt werden. Auch Kinder, bei denen durch eine vermehrte Speichelsekretion die Gefahr eines Laryngospasmus erhöht wird, sollten deshalb mit Parasympathikolytika prämediziert werden.
Die früher überlicherweise gewählte Atropindosis von 0,01 mg/kg KG i. m. schützt nicht genügend vor reflektorischen Bradykardien. Hierzu sind Dosen von mindestens 0,03 mg/kg KG erforderlich. Die kardialen Effekte von Scopolamin und Glycopyrrolat sind im Vergleich zu Atropin geringer ausgeprägt. Zusätzlich kann Scopolamin, insbesondere bei älteren Patienten, zu paradoxen Erregungszuständen führen.
Eine bereits auf der Station durchgeführte Atropingabe ist nicht zu empfehlen, da die zeitgerechte maximale Wirkung nach oraler oder intramuskulärer Applikation nicht immer zur Narkoseeinleitung zur Verfügung steht. Darüber hinaus wird die einsetzende Mundtrockenheit von den Patienten in der Regel als unangenehm empfunden. Besser ist deshalb die gezielte intravenöse Verabreichung unmittelbar vor Einleitungsbeginn. Die Wirkung setzt dann innerhalb von 1 Minute ein und hält etwa 30 – 60 Minuten an.
Bei Patienten mit **Glaukom** ist die übliche Atropindosis nicht kontraindiziert, da nach systemischer Gabe keine lokal wirksamen Konzentrationen am Auge erreicht werden. **Tachykardien** sowie **Vorhofflattern** bzw. **-flimmern** und eine **Mitralstenose** gelten wegen der möglichen Herzfrequenzsteigerung als **relative Kontraindikationen** für den Einsatz von Atropin. Hier mag die Gabe von Glycopyrrolat wegen geringerer kardialer Nebenwirkungen von Vorteil sein. Um eine Bronchialsekreteindickung zu verhindern, sollten Parasympathikolytika bei Patienten mit **chronisch-obstruktiven Lungenerkrankungen** nur mit Zurückhaltung zugeführt werden. Kontraindikationen bestehen bei **Fieber** (Temperatursteigerung) und **Hyperthyreose** (Herzfrequenzsteigerung). Da bei **Patienten mit vollem Magen** der Tonus des unteren ösophagealen Sphinkters gesenkt wird und so

Regurgitation und Aspiration begünstigt werden, sollte eine vorherige Applikation von Parasympathikolytika in dieser Situation wenn möglich ebenfalls vermieden werden.

Antihistaminika

Histamin ist entscheidend an der Vermittlung anaphylaktoider Reaktionen beteiligt und darüber hinaus ein wesentlicher Mediator der Magensäuresekretion. Viele anästhesiologisch eingesetzten Medikamente sind in der Lage, unspezifisch Histamin freizusetzen, das u.a. zu kardiovaskulären (Tachykardie, Eytrasystolie, AV-Blockierung, Blutdruckabfall) und bronchialen Nebenwirkungen (Bronchospasmus) führen kann. Prädisponierte Patienten (z.B. Atopiker, Patienten mit kardiozirkulatorischen und pulmonalen Vorerkrankungen, Karzinom- und Bestrahlungspatienten) sind hiervon möglicherweise besonders betroffen. Hier bietet sich eine vorherige Gabe einer Kombination von **H_1-** (z.B. Dimetinden – Fenistil®) und **H_2-Antagonisten** (z.B. Cimetidin – Tagamet®) zur Mitigierung dieser Erscheinungen an. Durch Blockade von H_2-Rezeptoren in der Magenmukosa können darüber hinaus das Magensaftvolumen und der Säuregehalt vermindert werden, so daß die Gefahr der Aspiration abnimmt bzw. deren Auswirkungen gemildert wird. Zusätzliche Eigenschaften einer solchen Prämedikation bestehen in einer Sedierung und nach neueren Untersuchungen deutlichen Reduktion postoperativer Übelkeit.

Antihistaminika

Die prophylaktische Gabe einer Kombination von **H_1-** (z.B. Dimetinden – Fenistil®) **und H_2-Antagonisten** (z.B. Cimetidin – Tagamet®) dient der Abschwächung histaminvermittelter anaphylaktoider Reaktionen.
Zusätzlich werden das Magensaftvolumen und der Säuregehalt des Magensekretes vermindert, so daß die Aspirationsgefahr abnimmt bzw. in ihren Auswirkungen gemildert wird.
Weitere Wirkungen bestehen in einer Sedierung und deutlichen Reduktion postoperativer Übelkeit.

2.7.2 Applikation und Verordnung

Die früher regelhaft **intramuskulär** durchgeführte Prämedikation ist einerseits für den Patienten schmerzhaft und andererseits mit Risiken wie Infektion, Hämatombildung (cave: Gerinnungsstörungen!) und Nervenläsionen verbunden. Aus diesem Grund ist sie mittlerweile zugunsten der **peroralen Applikation** verlassen worden. Die Einnahme von bis zu 100 ml Wasser erhöht dabei nachgewiesenermaßen nicht das Aspirationsrisiko und widerspricht demgemäß nicht dem Nüchternheitsgebot. Auf diese Weise kann neben der Zufuhr der spezifischen Prämedikationssubstanzen auch die weitere Einnahme der Dauermedikation gewährleistet werden.
Die **intramuskuläre** Prämedikation beschränkt sich heutzutage nur noch auf die Fälle, in denen eine orale Gabe nicht sinnvoll erscheint bzw. kontraindiziert ist: Dysphagie; Verletzungen, Infektionen und Stenosen im oberen Gastrointestinaltrakt sowie mangelnde Vigilanz oder Kooperation der Patienten. Bei Notfall- oder Intensivpatienten sollten Pharmaka generell **intravenös** – dies garantiert einen schnellen und sicheren Wirkungseintritt – verabreicht werden.
Die Prämedikationsverordnung erfolgt schriftlich und setzt immer eine persönliche und nicht etwa telefonische Visite durch den Anästhesisten voraus. Es werden genaue Angaben über Zeitpunkt, Dosis und Applikationsform des oder der ausgewählten Medikamente gemacht. Es muß sichergestellt sein, daß ein Patient nach Einnahme sedierender Medikamente adäquat überwacht wird.
Am **Vorabend der Operation** benötigen die Patienten zur Minderung von Angst, Aufregung und Schlaflosigkeit ein **Anxiolytikum bzw. Sedativum**. In der Regel wird daher ein (mittel-)lang wirksames Benzodiazepin per os verordnet. Nur wenn Schmerzen bestehen, sollte zusätzlich ein Analgetikum verabreicht werden. Eine evtl. Dauermedikation bei Begleiterkrankungen sollte bis auf Ausnahmen (z.B. orale Antikoagulanzien) unverändert fortgesetzt werden. Sinn der abendlichen Prämedikation ist es, für einen ausreichenden Schlaf zu sorgen und zu verhindern, daß ein Patient sich in Erwartung der Operation in einen zunehmenden Angst- und Unruhezustand hineinsteigert. Dieses wäre eine ungünstige Ausgangsposition für einen störungsfreien Anästhesieablauf. Auch äußerlich gefaßte und ruhig wirkende Patienten überschätzen sich häufig während des Prämedikationsgespräches. Es sollte daher auch bei diesen Patienten auf eine abendliche Prämedikation nicht verzichtet werden.

2.7.2 Applikation und Verordnung

Die früher regelhaft **intramuskulär** durchgeführte Prämedikation ist einerseits für den Patienten schmerzhaft und andererseits mit Risiken wie Infektion, Hämatombildung (cave: Gerinnungsstörungen!) und Nervenläsionen verbunden. Aus diesem Grund ist sie mittlerweile zugunsten der **peroralen Applikation** verlassen worden. Die Einnahme von bis zu 100 ml Wasser erhöht dabei nachgewiesenermaßen nicht das Aspirationsrisiko und widerspricht demgemäß nicht dem Nüchternheitsgebot.

Die Prämedikationsverordnung erfolgt schriftlich und beinhaltet immer eine persönliche und nicht etwa telefonische Visite durch den Anästhesisten.
Es werden genaue Angaben über Zeitpunkt, Dosis und Applikationsform des oder der gewählten Medikamente gemacht.
Am **Vorabend der Operation** benötigen die Patienten zur Minderung von Angst, Aufregung und Schlaflosigkeit ein **Anxiolytikum bzw. Sedativum**.

Die Prämedikation **am Operationstag** erfolgt in aller Regel **peroral**. Hierbei sollte die Einnahme 45 – 90 Min. vor Anästhesiebeginn erfolgen, um zu gewährleisten, daß zu diesem Zeitpunkt maximal wirksame Plasmaspiegel vorhanden sind.

Die Prämedikation **am Operationstag** erfolgt, wie bereits erwähnt, in aller Regel ebenfalls **peroral**. Hierbei sollte die Einnahme 45 – 90 Minuten vor Anästhesiebeginn erfolgen, um zu gewährleisten, daß zu diesem Zeitpunkt maximal wirksame Plasmaspiegel vorhanden sind. Üblicherweise werden kurzwirksame Benzodiazepine, z. B. Midazolam (Dormicum®), eingesetzt, wodurch erreicht werden soll, daß der Patient entspannt und angstfrei, manchmal sediert, aber erweckbar und kooperativ zur Anästhesieeinleitung kommt.

3 Allgemeinanästhesie

3 Allgemeinanästhesie

Definition ►

► ***Definition.*** Allgemeinanästhesie ist eine durch Medikamente hervorgerufene reversible Funktionsveränderung des zentralen Nervensystems. Sie führt zu einem Bewußtseinsverlust mit kompletter Erinnerungslosigkeit (anterograde Amnesie) für den Zeitraum der Narkose. Weitere Komponenten der Allgemeinanästhesie sind Analgesie, die vegetative Schmerzreaktionen ausschließt, sowie – wenn notwendig – die Relaxation der Skelettmuskulatur.

Heute wird die kombinierte Gabe von intravenösen und inhalativen Anästhetika, ergänzt durch Muskelrelaxanzien, bevorzugt.

Die Mechanismen, die den Zustand **»Narkose«** im ZNS verursachen, sind bislang ungeklärt.
Offenbar wird die synaptische Übertragung im zentralen Nervensystem beeinflußt.

Während dieser Zustand in den historischen Anfängen der Allgemeinanästhesie jeweils mit einer einzigen Substanz, z. B. Ether, Chloroform oder Lachgas, erreicht werden mußte, wird heute die **kombinierte** Gabe von intravenösen und inhalativen Anästhetika verschiedenster Substanzgruppen, ergänzt durch Muskelrelaxanzien, bevorzugt.
Die Mechanismen, die den Zustand **»Narkose«** im ZNS verursachen, konnten bislang nicht eindeutig aufgeklärt werden. Dennoch sind Wirkungen von intravenösen Pharmaka auf Proteinrezeptoren der Ganglienzellen und von Inhalationsanästhetika auf Membranlipide und -proteine beschrieben. Hierdurch werden offenbar die synaptische Übertragung im zentralen Nervensystem beeinflußt und funktionell reversible neurologische Zustandsveränderungen hervorgerufen.
Für das Verständnis des perioperativen Ablaufs einer Allgemeinanästhesie und deren möglicher Komplikationen müssen neben der Kenntnis von Pharmakokinetik und Pharmakodynamik der Injektions- und Inhalationsanästhetika sowie der Muskelrelaxanzien einige allgemeine Voraussetzungen zur Durchführung einer Narkose bekannt sein.

3.1 Allgemeine Voraussetzungen

3.1.1 Gefäßzugänge

Ein sicherer venöser Zugang ist eine Voraussetzung für die Durchführung einer Allgemeinanästhesie. Der Zugangsort richtet sich nach der Zugänglichkeit des Punktionsortes, nach der Art und Venenverträglichkeit der Medikamente und deren Anwendungsdauer.

3.1 Allgemeine Voraussetzungen

3.1.1 Gefäßzugänge

Voraussetzung für die Durchführung einer Allgemeinanästhesie ebenso wie bei Regionalanästhesien, ist die Schaffung eines sicheren venösen Zuganges. Die Auswahl des Zugangsortes zur Einleitung und Durchführung einer Allgemeinnarkose richtet sich nach den vorhandenen Venenverhältnissen, der Zugänglichkeit des Punktionsortes (möglichst große Entfernung zum Operationsgebiet), nach der Art und Venenverträglichkeit der verwendeten Medikamente, (z. B. deren pH-Wert und Osmolarität) sowie schließlich deren Anwendungsdauer.

Periphervenöser Zugang

Die Einleitung der Allgemeinnarkose erfolgt in der Regel über einen periphervenösen Zugang. Lösungen mit hoher Osmolarität (> 600 mosmol/l) und unphysiologischem pH können zu Venenreizungen und Thrombophlebitiden führen.

Periphervenöser Zugang

Allgemeinnarkosen werden in der Mehrzahl der Fälle über einen peripheren venösen Zugang eingeleitet, der intraoperativ zur Flüssigkeitstherapie mit bedarfsweiser rascher Infusion großer Flüssigkeitsmengen dient. Um Venenreizungen und Thrombophlebitiden zu vermeiden, sollte die Osmolarität der verwendeten Lösungen 600 mosmol/l nicht überschreiten.

Merke. Ebenso ist wegen des unzureichenden Verdünnungseffektes die Injektion von Medikamenten mit unphysiologischen pH-Werten in kleinlumig periphere Gefäße zu vermeiden.

◀ **Merke**

Venen des Handrückens und des Unterarms (3.1) werden zur Schaffung eines primären venösen Zugangs zur Einleitung der Narkose bevorzugt, da hieraus keine Bewegungseinschränkung in den Armgelenken resultiert und die Kanülen sicher fixiert werden können.

Venen des Handrückens und des Unterarms (**3.1**) werden zur Schaffung eines primären Zugangs bevorzugt.

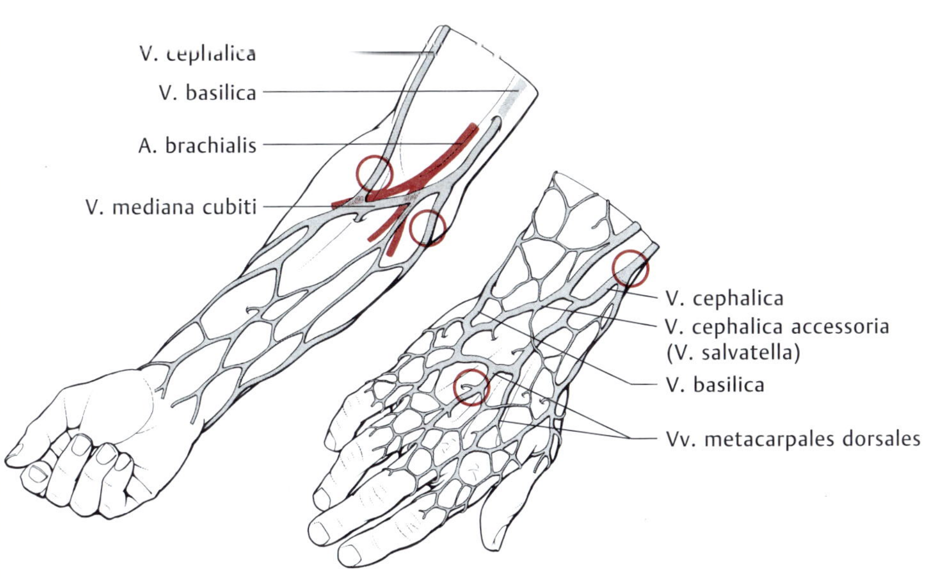

3.1: Schematische Darstellung des Handrückens und des Unterarmes mit den oberflächlich verlaufenden Venen.

Unter den Techniken, die immer unter **sterilen Kautelen**, d. h. nach gründlicher Desinfektion des Punktionsortes und mit sterilem Instrumentarium zu erfolgen haben, ist der **indirekten Punktion** der Vorzug zu geben. Hierbei erfolgt die Einführung der Kanüle transkutan ca. 2 cm parallel zur Vene. Bei diesem Vorgehen wird die subkutane Gewebsschicht 2 cm zwischen Punktionsort und Vene als **Keimbarriere** wirksam. Bei der direkten Punktion dagegen wird nach dem Durchstechen der Haut die darunterliegende Vene direkt punktiert. Das Risiko des Durchstechens der Gefäße ist größer als bei der indirekten Punktion.

Bei der Punktion sind **sterile Kautelen**, d. h. gründliche Desinfektion des Punktionsortes und steriles Instrumentarium, erforderlich. Der **indirekten Punktion** ist der Vorzug zu geben. Durch die transkutane ca. 2 cm parallel zur Vene durchgeführte Einführung dient die Gewebsschicht als **Keimbarriere**. Bei der direkten Punktion wird nach Durchstechen der Haut die Vene direkt punktiert.

Zentralvenöser Katheter

Indikationen zur Anlage eines zentralvenösen Zuganges bestehen, wenn langfristig Infusionstherapie oder parenterale Ernährung sowie die Verabreichung von venenreizenden Medikamenten während und nach großen operativen Eingriffen notwendig werden (3.1).

Zentralvenöser Katheter

Indikationen zur zentralvenösen Kanülierung gibt die **3.1** wieder.

3.1: Indikationen zur zentralvenösen Kanülierung

1. **Messung des Fülldruckes (= ZVD, zentralvenöser Druck) und Entnahme von Blutgasanalysen**
2. **Medikamentenverabreichung**
   ▷ sichere Applikation vasoaktiver Substanzen
   ▷ langfristige Anwendung von Medikamenten
      - Chemotherapie
      - Antibiotikatherapie
3. **parenterale Ernährung**
4. **langfristige Flüssigkeitstherapie**

Punktionsorte für V.-cava-Katheter sind die V. jugularis interna und externa, die V. subclavia und peripher die V. basilica und die V. mediana cubiti (3.**1**, 3.**2**).
Auch beim Anlegen von zentralvenösen Kathetern sind strenge aseptische Voraussetzungen einzuhalten.

Punktionsorte für die Anlage zentralvenöser Zugänge sind die V. jugularis interna oder externa, die V. subclavia und, als peripherer Punktionsort, die V. basilica und die V. mediana cubiti in der Ellenbeuge (3.**1** und 3.**2**). Die Punktionen dieser Gefäße und das Einführen des Katheters müssen unter strengen sterilen Voraussetzungen erfolgen, um eine frühzeitige Infektion des Punktionsortes und eine Keimverschleppung mit dem Katheter in die Blutbahn zu verhindern. Neben einer gründlichen Hautdesinfektion und sterilem Abdecken des jeweiligen Punktionsortes sind sterile Handschuhe zu verwenden.

Merke ▶

Merke. Ist eine Liegedauer des V.-cava-Katheters zu erwarten, welche über den direkten perioperativen Zeitraum hinausgeht, ist der Punktion der V. jugularis interna bzw. der V. subclavia vor den Punktionsorten im Bereich der peripheren Venen der Vorzug zu geben, da dort die Gefahr der Entstehung von Thrombophlebitiden und Thrombosen aufgrund der geringeren Gefäßquerschnitte und der längeren intravasalen Katheterstrecke wesentlich höher ist.

Vor der Punktion des Gefäßes, über das der Katheter in die V. cava superior eingebracht werden soll, sollte der Patient in die sog. **Trendelenburg-Position**, d. h. Tieflagerung des Oberkörpers um ca. 20°, gebracht werden, wenn dies seitens der Herzfunktion möglich ist, um durch die orthostatische Druckerhöhung im Bereich der oberen Hohlvene das Luftembolierisiko zu senken und die Venenfüllung zu steigern.

Vor der Punktion des Gefäßes, über das der Katheter in die V. cava superior eingebracht werden soll, sollte der Patient in die sog. **Trendelenburg-Position**, d. h. Tieflagerung des Oberkörpers um ca. 20°, gebracht werden, wenn dies seitens der Herzfunktion möglich ist, um durch die orthostatische Druckerhöhung im Bereich der oberen Hohlvene das Luftembolierisiko zu senken und die Venenfüllung zu steigern.

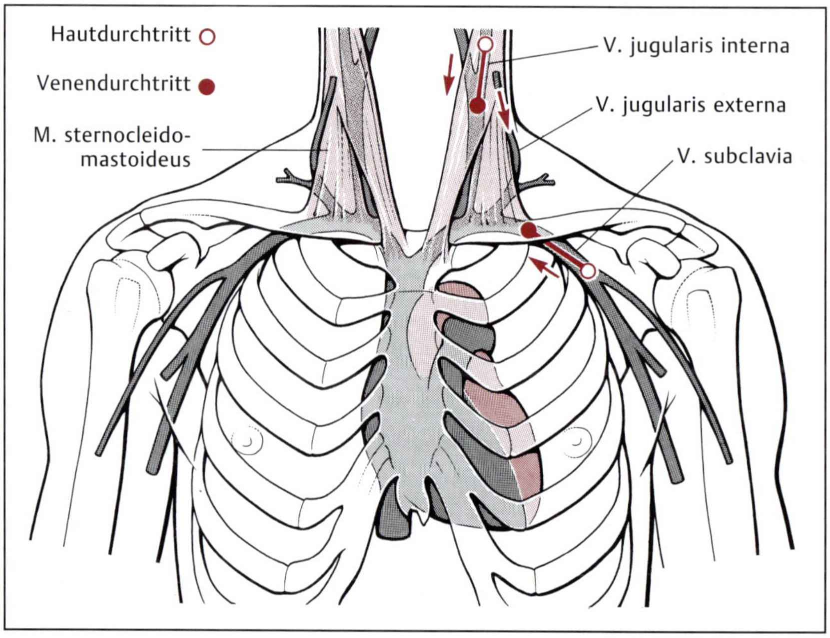

3.**2**: **Punktionsorte zum Einführen von zentralvenösen Kathetern.**

Für die Punktion der V. jugularis interna gibt es am Hals unterschiedliche Punktionsorte (3.**2**). Es ist in jedem Fall zu bedenken, daß diese Vene anterior und lateral zur A. carotis verläuft und der M. sternocleidomastoideus als Bezugspunkt dient.

Das Einbringen eines Katheters in die V. cava superior über die V. subclavia erfolgt vorzugsweise infraklavikulär in der Medioklavikularlinie zwischen Klavikula und der 1. Rippe von lateral kaudal nach medial kranial in Projektion auf das Sternoklavikulargelenk unter kontinuierlichem Kontakt zum Periost der Klavikula. Durch diese relativ flache Punktionstechnik wird das Risiko einer Pleuraverletzung sowie der Punktion der A. subclavia und des Plexus brachialis vermindert.

Nach Punktion des jeweils gewählten Gefäßes wird die eingebrachte Plastikkanüle als Schleuse für den Katheter benutzt. Hat man den Katheter in die gewünschte Position gebracht, wird er mit verschiedensten Techniken fixiert, am sichersten durch eine Naht, und anschließend steril abgedeckt. Bei der obligaten röntgenologischen Lagekontrolle des Katheters sollte dieser mit seiner Spitze in der V. cava superior 2 – 3 cm oberhalb des rechten Vorhofs liegen, wobei sich die **Katheterspitze auf die Bifurkation der Trachea bzw. auf den 3. ICR im Thorax-Röntgenbild projizieren sollte**. Der Abstand der Katheterspitze zum Vorhof sollte deshalb eingehalten werden, weil die Katheterspitze, abhängig von Bewegungen in der Schulter-Hals-Region, in den Vorhof dislozieren und hier Irritationen bis hin zu Perforationen auslösen kann (z. B. Rhythmusstörungen, Klappenläsionen).

Die Katheter werden jeweils über die mit der Punktion in die Vene eingebrachte Plastikkanüle eingeführt und in die gewünschte Position gebracht. Die **korrekte Position der Katheterspitze 2 – 3 cm oberhalb des rechten Vorhofes** entspricht der Projektion auf die Bifurcatio tracheae bzw. auf den 3. ICR. Nach Fixation und sterilem Verband erfolgt **obligat eine a.-p. Röntgenaufnahme** des Thorax zur Lagekontrolle des Katheters.

Die Katheterpflege ist täglich durchzuführen, indem die Punktionsstelle desinfiziert und der Verband täglich erneuert wird. Beim Auftreten entzündlicher Zeichen an der Punktionsstelle, insbesondere in Verbindung mit unklaren Temperaturanstiegen, muß der Katheter unverzüglich entfernt und die Katheterspitze mikrobiologisch untersucht werden.

Die **Katheterpflege** ist täglich durchzuführen.

Komplikationsmöglichkeiten (3.**2**) sind beim V.-jugularis-interna-Katheter in erster Linie die Punktion der A. carotis communis, selten der A. vertebralis sowie Irritation des Ganglion stellatum mit Auftreten eines Horner-Syndroms, beim V.-subclavia-Katheter vorwiegend A.-subclavia-Punktion sowie Hämato- und Pneumothorax neben Infektionen. Therapiemaßnahmen bei Komplikationen zeigt 3.**3**.

Mögliche **Komplikationen** von zentralen Venenkathetern im Bereich der V. jugularis und der V. subclavia sind in der 3.**2** zusammengestellt, entsprechende Therapiemaßnahmen in 3.**3**.

3.2: Komplikationsmöglichkeiten zentraler Venenkatheter

- Luftembolie
- Arterienpunktion
  - A. carotis
  - A. subclavia
  - A. vertebralis
- Punktion von Nerven
  - Horner-Syndrom
  - Plexus brachialis
  - N. phrenicus
- Pneumothorax
- Hämatothorax
- Chylothorax (links)
- Thrombosen
- Infektionen
  - lokal
  - Sepsis

3.3: Therapiemaßnahmen bei Venenkatheter-Komplikationen

- Beendigung jeder Infusion über den Katheter
- Katheterentfernung
- Kompression des Punktionsareales bei Hämatom
- Röntgen-Thorax-Kontrolle
- bei Bedarf (Pneu-/Hämatothorax) Bülau-Drainage
- Heparinisierung, ggf. Lysetherapie bei Thrombose
- antibiotische Therapie bei Infektionen, bei Sepsis Blutkulturen und differenzierte Therapie nach Antibiogramm

Pulmonalarterienkatheter

Pulmonalarterienkatheter (nach *Swan* und *Ganz*) werden durch den rechten Vorhof und rechten Ventrikel in die A. pulmonalis eingebracht (3.**3**). Im Rahmen des **Kreislaufmonitorings** sind folgende hämodynamische Informationen mit diesem Kathetertyp möglich: Messungen des rechten und indirekt des linken Vorhofdruckes und der Drücke in der Pulmonalarterie, Bestimmung des Herzzeitvolumens mittels der Thermodilutionsmethode sowie Gewinnung gemischtvenösen Blutes für die Blutgasanalyse (BGA).

Pulmonalarterienkatheter

Über den zentralvenösen Zugangsweg kann auch ein Pulmonalarterienkatheter, der von *Swan* und *Ganz* entwickelt worden ist, durch den rechten Vorhof und den rechten Ventrikel in die A. pulmonalis eingeschwemmt werden (3.**3**). Der Pulmonalis-Katheter ermöglicht auch eine Infusion von Flüssigkeit, wird aber vorrangig zum **Monitoring von Kreislaufparametern** gelegt.
Grundsätzlich sind 3 hämodynamische Informationen mit diesem Kathetertyp möglich: Messungen des rechten und indirekt des linken Vorhofdruckes und der Drücke in der Pulmonalarterie, Bestimmung des Herzzeitvolumens mittels der Thermodilutionsmethode sowie Gewinnung gemischtvenösen Blutes für die Blutgasanalyse (BGA). Der Katheter ist folgendermaßen aufgebaut (3.**3**):

Lage und Aufbau des Katheters sind in 3.**3** angegeben.

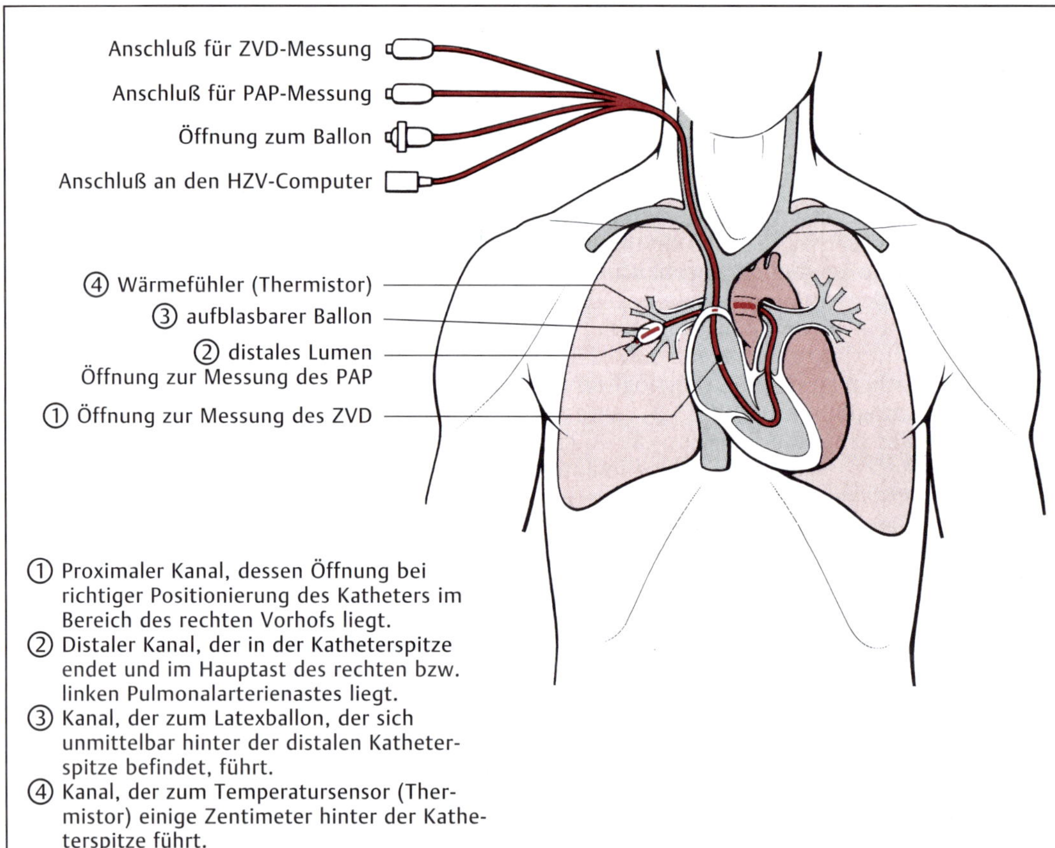

3.3: Weg des Pulmonaliskatheters. Spitze bei geblocktem Ballon in »Wedge«-Position.

Indikationen für diesen Katheter werden durch den Allgemeinzustand des Patienten, die kardiale Leistungsbreite und den Umfang der chirurgischen Maßnahmen bestimmt (dekompensierte Herzinsuffizienz, Zustand nach Herzinfarkt oder Lungenembolie, stark reduzierter Allgemeinzustand).

Die Indikationen für das Einschwemmen eines Pulmonalis-Katheters werden hauptsächlich durch den Allgemeinzustand des Patienten und insbesondere durch seine kardiale Leistungsbreite und den Umfang der geplanten chirurgischen Maßnahmen mit ggf. zu erwartenden größeren Blut- und Flüssigkeitsverlusten bestimmt. Dementsprechend sollten Patienten mit dekompensierter Herzinsuffizienz, Zustand nach Herzinfarkt oder Lungenembolie sowie solche in stark reduziertem Allgemeinzustand vor ausgedehnten operativen Eingriffen mit einem Pulmonaliskatheter versorgt werden.

Die richtige Positionierung des Pulmonalis-Katheters erfolgt durch Orientierung an der kontinuierlich überwachten Druckkurve (distaler Kanal) (3.**4**).

Die richtige Positionierung des Pulmonalis-Katheters erfolgt durch Orientierung an der kontinuierlich überwachten Druckkurve (distaler Kanal) (3.**4**).

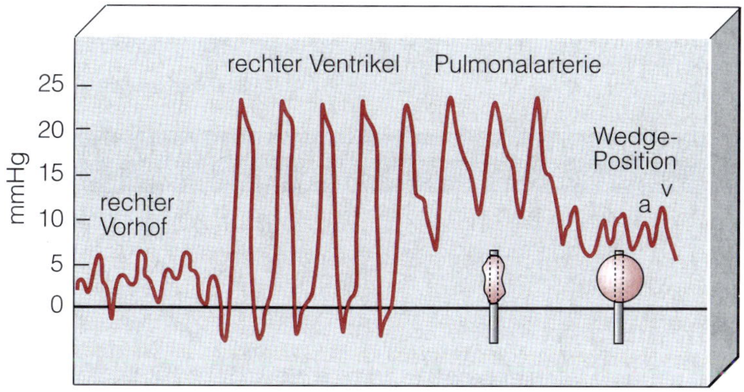

3.4: **Druckkurvendarstellung eines Pulmonalis-Katheters während der Katheterpassage.**

Nach Erreichen des rechten Vorhofeinganges und Aufblasen des Ballons an der Katheterspitze wird diese durch die Trikuspidalklappe über den rechten Ventrikel in die Ausflußbahn geschwemmt und erreicht durch die Pulmonalklappe den Pulmonalarterienhauptstamm. Der Katheter wird nun so weit vorgeschoben, bis der noch gefüllte Ballon das Lumen des Gefäßes verschließt, was als **»Wedge«-Position** bezeichnet wird und sich zugleich als Kurve des Pulmonalarterienverschlußdruckes (PCWP) darstellt. Nach Ablassen des Ballons muß bei korrekter Katheterlage das typische pulmonalarterielle Druckkurvenbild erscheinen.
In 3.**4** sind die Entfernungen von den verschiedenen Punktionsstellen zum rechten Vorhof, zum rechten Ventrikel und zur Pulmonalarterie zusammengestellt.

Zur Orientierung gibt 3.**4** die Distanz von den verschiedenen Punktionsorten zum rechten Vorhof, rechten Ventrikel und der Pulmonalarterie wieder.

3.4: Abstand (cm) des Punktionsortes zum rechten Vorhof, rechten Ventrikel und zur Pulmonalarterie

		rechter Vorhof	**rechter Ventrikel**	**Pulmonal-arterie**
▷ V. jugularis int.	re.	20	30	45
	li.	25	35	50
▷ V. mediana cubiti	re.	50	65	80
	li.	55	70	85
▷ V. femoralis		40	50	65
▷ V. subclavia		10	25	40

◀ **Merke**

Merke. Mit Hilfe des Pulmonalis-Katheters kann neben den rechtsatrialen und rechtsventrikulären Drücken sowie dem pulmonalarteriellen Druck und Verschlußdruck, welcher unter physiologischen Bedingungen den Druckverhältnissen im linken Ventrikel entspricht, unter Anwendung der **Kältedilutionstechnik** das Herzminutenvolumen bestimmt werden.

Die **Herzzeitvolumenbestimmung** erfolgt mit der Indikatorverdünnungsmethode, in diesem Falle einer gekühlten Elektrolytlösung. Dieser Kältebolus von bekannter Menge und Temperatur wird in den rechten Vorhof injiziert (proximale Katheteröffnung) und verteilt sich in dem vorbeiströmenden Blut. Die Temperaturänderung des Blutes kann über den im Pulmonalarterienast liegenden Thermistor kontinuierlich aufgenommen und registriert werden (S **3.1**). Aus der Fläche der als Kurve aufgenommenen Temperaturänderung wird dann das Herzzeitvolumen bestimmt. Es verhält sich umgekehrt proportional zur Fläche unter der Temperaturkurve und proportional zur injizierten Kältebolusmenge. Dies bedeutet: Je höher das Herzzeitvolumen ist, desto flacher verläuft mit zunehmender Passagege-

Herzzeitvolumina (HZV) werden mit der **Kältedilutionstechnik** entsprechend der Indikatorverdünnungsmethode nach Verabreichung eines Kältebolus bestimmt. Die Temperaturänderung des Blutes wird kontinuierlich registriert (S **3.1**).

Das HZV verhält sich umgekehrt proportional zum Flächenintegral unter der Temperaturkurve und proportional zur Menge des injizierten Kältebolus.

Die Berechnungen des HZV werden von einem Mikroprozessor übernommen.

schwindigkeit die Temperaturkurve und um so kleiner wird die Fläche darunter. Die Kalkulation der Fläche unter der Kurve wird von einem Computer übernommen, der das Herzzeitvolumen (HZV; »cardiac output«, CO) in l/min berechnet.

S Synopsis 3.1: **Herzzeitvolumenbestimmung mittels Kältedilutionstechnik**

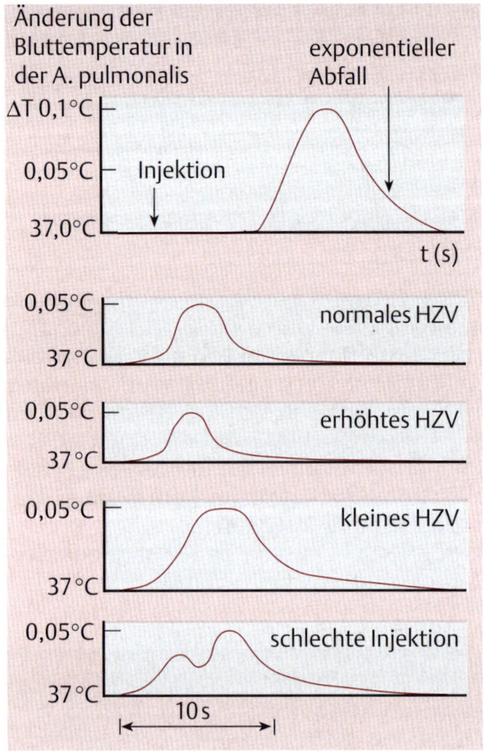

3.5 gibt einige **hämodynamische Kalkulationen** wieder, die anhand der gemessenen Drücke und des HZV errechnet werden.

3.5 gibt die **hämodynamischen Kalkulationen** wieder, die mit Hilfe der gemessenen Drücke und des »Cardiac output« unter Einbeziehung des mittleren arteriellen Druckes errechenbar sind. Die Widerstände im großen und kleinen Kreislauf sowie die Herzarbeit für den kleinen und großen Kreislauf unter besonderen Belastungen des Patienten im Operationssaal und auf der Intensivstation erlangen zur Einschätzung der hämodynamischen Leistungsbreite und für den Therapieansatz an Bedeutung.

3.5: Formeln für Kreislaufwerte

▷ **Formel**	▷ **Normbereich**
$SV = \frac{CO}{HR} \times 1000$	60 – 100 ml
$SI = \frac{SV}{BSA}$	40 – 60 ml/m²
$LVSWI = 1{,}36 \times \frac{(MAP - PCWP) \times SI}{100}$	45 – 60 g-m/m²
$RVSWI = 1{,}36 \times \frac{(PAP - CVP) \times SI}{100}$	5 – 10 g-m/m²
$SVR = \frac{(MAP - CVP) \times 80}{CO}$	900 – 1,500 dyn·s·cm^{-5}
$PVR = \frac{(PAP - PCWP) \times 80}{CO}$	50 – 150 dyn·s·cm^{-5}

Abkürzungen: SV = Schlagvolumen, CO = »Cardiac output«, HR = Herzfrequenz, BSA = Körperoberfläche, LVSWI = linksventrikulärer Schlagindex, MAP = arterieller Mitteldruck, PCWP = pulmonalkapillärer Verschlußdruck, RVSWI = rechtsventrikulärer Schlagindex, PAP = mittlerer Pulmonalarteriendruck, SI = Schlagvolumen-Index, SVR = Systemische Gefäßwiderstand, PVR = Pulmonale Gefäßwiderstand, CVP = Zentraler Venendruck

Therapiebedürftig sind insbesondere ein »Cardiac index« <2,2 l/min · m² (»Cardiac index« [CI] = Herzzeitvolumen bezogen auf die Körperoberfläche, normal: 2,8 – 3,2 l/min · m²) und eine Zunahme des »Wedge«-Druckes >18 mmHg.

Therapiebedürftig sind insbesondere ein CI (CO/Körperoberfläche) > 2,2 l/min · m² und/oder eine Zunahme des »Wedge«-Druckes (pulmonalarterieller Verschlußdruck) >18 mmHg.

Komplikationen bei Pulmonalarterienkathetern entstehen zum einen im Ablauf der Katheterisierung und zum anderen durch Schädigung in situ (Endokardläsionen, Trikuspidal- und Pulmonalklappenschädigung, Ruptur eines Astes der A. pulmonaris, Lungeninfarkt, Herzrhythmusstörungen). Da die letztgenannten Komplikationen mit der Liegedauer des Katheters zunehmen, sollte dieser nur so kurz wie nötig in situ verbleiben.
Vor dem Hintergrund der nicht unbedeutenden Risiken von Komplikationen und der relativ hohen Kosten des Katheters sollte die Indikation für den Pulmonalis-Katheter im Einzelfall streng gestellt werden.

Komplikationen beruhen auf den beim V.-cava-Katheter besprochenen Ursachen, ergänzt durch Schäden bei der Katheterpassage und Endokardläsionen, Trikuspidal- und Pulmonalklappenschädigung, Ruptur eines Astes der A. pulmonaris, Lungeninfarkt und Herzrhythmusstörungen.

Arterienkanülierung

Die Indikationsstellung für die Kanülierung von Arterien ergibt sich aus der Notwendigkeit einer kontinuierlichen blutigen Druckmessung bei großen operativen Eingriffen zur differenzierten intra- und postoperativen Kreislaufüberwachung sowie zur intermittierenden Probenentnahme (z. B. arterielle Blutgasanalysen) im Operationssaal und auf der Intensivstation.
Die Punktion und Kanülierung kann über die A. radialis, A. dorsalis pedis, A. temporalis oder A. femoralis erfolgen. Vor Anlage der Arterienkanüle muß sichergestellt sein, daß das distal der Punktionsstelle liegende Versorgungsareal durch Kollateralgefäße potentiell ausreichend perfundiert wird. Z. B. läßt sich dies bei der geplanten Punktion der A. radialis testen, indem für 1 Minute die A. radialis und ulnaris gleichzeitig abgedrückt werden und nach Freigabe der A. ulnaris die wiedereintretende Durchblutung der Hand allein über die A. ulnaris beobachtet wird (**Allen-Test**), (**S** 3.**2**).

Arterienkanülierung

Indikationen sind bei der Notwendigkeit zur direkten Druckmessung und zur intermittierenden Blutentnahme, z. B. BGA, gegeben.

Punktionsorte sind A. radialis, A. dorsalis pedis, A. temporalis oder A. femoralis.
Die Durchblutung von distal der Punktionsstelle liegenden Versorgungsbereichen als Voraussetzung für eine jederzeit ausreichende Perfusion sollte vor der Punktion geprüft werden, z. B. für die A. radialis mit dem **Allen-Test** (**S** 3.**2**).

S Synopsis 3.**2**: **Funktionstest der Unterarmarterien**

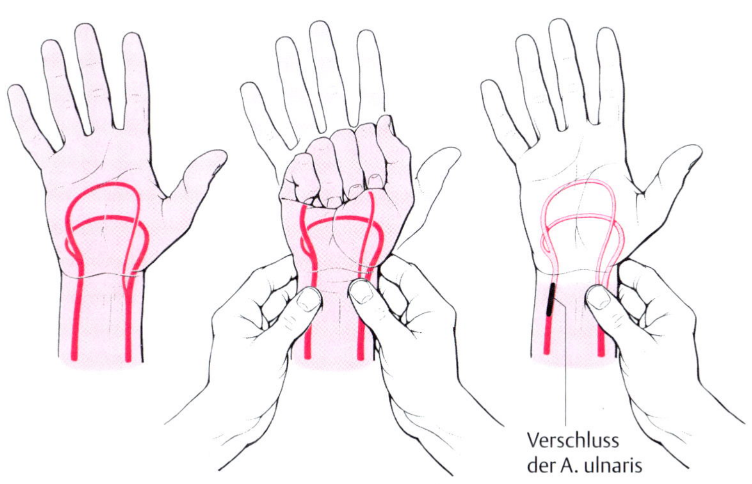

Allen-Test
Durchführung: zehn Faustschlußübungen bei gleichzeitiger Kompression der A. radialis und A. ulnaris, danach Freigabe der A. ulnaris.
Normal: keine Abblassung der Hand.
Pathologisch: Abblassung der Hand bei Gefäßverschluß der nicht komprimierten Arterie.

Im Zusammenhang mit der Punktion der A. dorsalis pedis kann ein vergleichbares Verfahren angewandt werden, in dem die Kollateralisierung über die A. tibialis posterior überprüft wird. Wegen der reichlichen arteriellen Kollateralisierung der Temporalregion gibt es bei der Punktion der A. temporalis superficialis nur selten Perfusionsstörungen. Die A. femoralis sollte nur in Ausnahmefällen wegen der hier fehlenden Kollateralisierung des Beines und des hohen Infektrisikos im Leistenbereich kanüliert werden.

Punktionen erfolgen meistens direkt oder mit der **Seldinger-Technik**, selten operativ als Arteriae sectio.

Mit Ausnahme der A. temporalis superficialis, die üblicherweise durch Arteriae sectio freigelegt werden muß, können die übrigen genannten Gefäße normalerweise perkutan punktiert werden, z. B. mit 20G-Teflonkanülen bzw. dünnen Kathetern nach der **Seldinger-Technik**. Hierbei wird durch die zur Punktion benutzte Stahlkanüle ein Führungsdraht eingelegt. Nach Entfernen der Kanüle wird über den im Gefäß liegenden Führungsdraht der Teflonkatheter in das Gefäß eingebracht und anschließend der Führungsdraht entfernt.

Komplikationen der arteriellen Kanülierung sind Gangrän, Infektionen, Hämatome, arteriovenöse Fisteln, Gefäßspasmen, Fehlinjektionen sowie Aneurysmen.

Die **Komplikationen** der arteriellen Kanülierung sind Folge der fehlenden Kollateralisierung bei einer Okklusion an der Punktionsstelle (Gangrän) sowie Infektion, Hämatome, arteriovenöse Fisteln, Gefäßspasmen, Fehlinjektionen sowie Aneurysmabildung.

3.1.2 Endotracheale Intubation

3.1.2 Endotracheale Intubation

Definition ►

Definition. Unter endotrachealer Intubation versteht man das Einbringen eines Tubus in die Trachea. Dies kann durch den Mund (orotracheal) oder die Nase (nasotracheal) sowie durch Tracheotomie (pertracheal) erfolgen.

Indikationen zur oro- oder nasotrachealen Intubation ergeben sich bei einer großen Zahl von Eingriffen im Bereich von Kopf, Thorax und Abdomen. In der Intensivmedizin ist die Beatmung über Endotrachealtubus bei Ateminsuffizienz unterschiedlichster Ursachen eine Standardmaßnahme.

Eine **Indikation** zur endotrachealen Intubation (oral oder nasal) und apparativen Beatmung ergibt sich für die Anästhesie bei nahezu allen Eingriffen im Bereich des Kopfes, Thorax und Oberbauches sowie bei der überwiegenden Zahl der Operationen im Hals-Nasen-Ohren- und kieferchirurgischen Bereich, in der Neurochirurgie sowie in der Abdominalchirurgie. In der Intensivmedizin ist die Beatmung über einen Endotrachealtubus von Patienten mit respiratorischer Insuffizienz verschiedenster Ursachen, nach Trauma oder Operation eine vorrangige Therapie zur Wiederherstellung bzw. Erhaltung der Vitalfunktionen.

Die endotracheale Intubation schafft kontrolliert freie Atemwege zur Beatmung, Narkosegaszuführung und Bronchialtoilette.

Durch verbesserte Tubusmaterialien und Beatmungstechniken ist die Indikationsstellung zur endotrachealen Intubation und Beatmung erweitert worden. Die Intubation der Atemwege ist die sicherste Methode, diese freizuhalten und unter kontrollierten Bedingungen die jeweils gewünschte Sauerstoff- und Narkosegaskonzentration dem Patienten zuzuführen und dabei das Risiko tracheobronchialer Aspirationen zu minimieren.

Technische Ausrüstung

Unabhängig vom angewendeten Intubationsverfahren gehören zum Instrumentarium:
- Beatmungsmaske, Pharyngealtuben
- Laryngoskop
- Endotrachealtuben, Führungsstab, Magill-Zange.

Technische Ausrüstung

Unabhängig vom gewählten Verfahren zur oro- oder nasotrachealen Intubation sollte eine einheitliche instrumentelle Grundausstattung vorhanden sein, damit eine Intubation unter kontrollierten Bedingungen und unter Berücksichtigung der bekannten Komplikationsmöglichkeiten gegeben ist. Zum Instrumentarium gehören:
- Beatmungsmaske, Pharyngealtuben
- Laryngoskop
- Endotrachealtuben, Führungsstab und Magill-Zange.

Beatmungsmaske, Pharyngealtuben Bei Verlegung der Atemwege durch die in Narkose zurückfallende Zunge kann durch Hilfsmittel diese Situation z. B. durch einen Oro- oder Nasopharyngealtubus **(Guedel- bzw.**

Beatmungsmaske, Pharyngealtuben. Nach Narkoseeinleitung wird oftmals die Rachenhinterwand durch die zurückfallende Zunge verlegt.
Durch Überstrecken des Kopfes und den Esmarch-Handgriff (Vorziehen des Unterkiefers) wird der Mundboden angespannt und der Zungengrund angehoben. Dieser Vorgang kann durch Hilfsmittel verbessert werden, indem ein Oropharyngealtubus, z. B. nach **Guedel** (**B** **3.3a**), oder ein Naso-

pharyngealtubus nach **Wendl** eingelegt wird (S 3.**3b**). Der Guedel-Tubus wird mit der zur Zunge konvexen Seite in den Mund eingebracht und durch 180° Drehung zwischen Zungengrund und Rachenhinterwand plaziert. Der Guedel-Tubus sollte wegen Auslösens des Rachenreflexes nur beim anästhesierten oder komatösen Patienten verwendet werden. Hierdurch wird ein freier Atemweg ermöglicht. Mit einem Beatmungssystem über eine **Atemmaske** (S 3.**3c**), die in verschiedenen Größen zur Verfügung steht, ist nun jederzeit eine Beatmung möglich.

Wendl-Tubus) verbessert werden (S 3.**3a, b**). Über passende **Atemmasken** (S 3.**3c**) ist mit einem Beatmungssystem eine Beatmung des Patienten möglich.

Synopsis 3.**3: Hilfsmittel zum Freihalten der Atemwege**

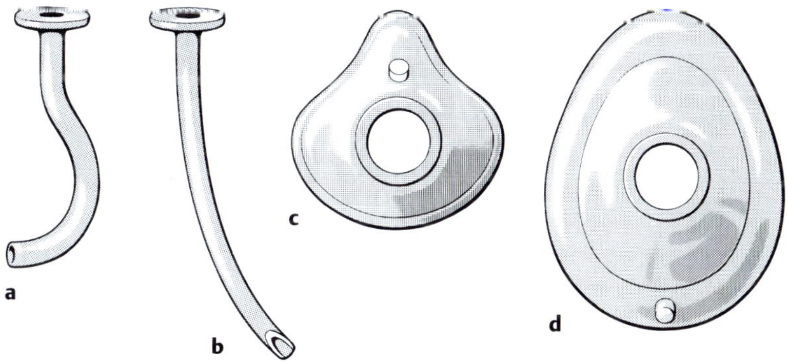

a Oropharyngealtubus nach Guedel
b Nasopharyngealtubus nach Wendl
c Rendell-Baker-Maske für Kinder (minimaler Totraum)
d aufblasbare Beatmungsmaske für Erwachsene.

Dabei wird mit dem 3. – 5. Finger der linken Hand der Unterkiefer angehoben, die Maske mit dem 1. und 2. Finger umfaßt und dicht auf das Gesicht aufgesetzt. Die Dichtigkeit der aufgesetzten Beatmungsmaske, die z. B. an ein gasgefülltes Kreissystem angeschlossen ist, zeigt sich an der Füllung des Atembeutels. Eine suffiziente Maskenbeatmung liegt vor, wenn ein ausreichendes Atemzugvolumen bei niedrigem Atemwegsdruck ventiliert werden kann.

Die Beatmung mittels Maske sollte ausschließlich manuell über einen Atembeutel erfolgen, da so die Widerstände innerhalb der zuführenden Luftwege und der Lunge durch die Hand am Beutel spürbar werden. Der Atemwegsdruck ist durch den manuellen Druck am Beutel abschätzbar und sollte wegen der Gefahr der Insufflation von Luft in den Magen 20 – 25 cm H_2O (Verschlußdruck des unteren ösophagealen Sphinkters) nicht übersteigen. Das Atemzugvolumen läßt sich durch Beobachtung der Thoraxexkursionen abschätzen oder bei Verwendung eines Kreisteils über ein Volumeter ablesen. Ein **zu hoher Atemwegsdruck** oder ein **zu niedriges Atemzugvolumen** können folgende Gründe haben:

Der Atemwegsdruck bei Maskenbeatmung sollte wegen der Gefahr der Insufflation von Luft in den Magen 20 – 25 cm H_2O (Verschlußdruck des unteren ösophagealen Sphinkters) nicht übersteigen.

- die Maske ist zu groß oder zu klein gewählt, es entsteht Nebenluft
- der Patient ist nicht ausreichend anästhesiert und wehrt sich gegen die Beatmung (erhöhter Muskeltonus)
- der Kopf ist nicht ausreichend rekliniert oder der Unterkiefer ist nicht ausreichend kinnwärts gezogen (Obstruktion)
- Verletzungen des Gesichtsschädels, Rachens und Kehlkopfes, Laryngo- und Bronchospasmus.

Laryngoskop Das Laryngoskop besteht aus dem Handgriff, der Batterien oder Akkus für die Lichtquelle enthält, und dem beleuchteten Spatel. Es werden 2 Grundtypen unterschieden:

- der **gebogene Macintosh-Spatel** (3.**5a**) und
- der **gerade Miller-Foregger-Spatel** (3.**5b**).

Laryngoskop. Das Laryngoskop besteht aus dem Handgriff, der Batterien oder Akkus für die Lichtquelle enthält, und dem beleuchteten Spatel. Hierbei müssen 2 verschiedene Grundtypen unterschieden werden: Der in Deutschland am häufigsten benutzte **gebogene Spatel nach Macintosh** (3.**5a**) der **gerade Spatel nach Miller/Foregger** (3.**5b**), der überwiegend zur Intubation von Säuglingen und Kleinkindern eingesetzt wird.

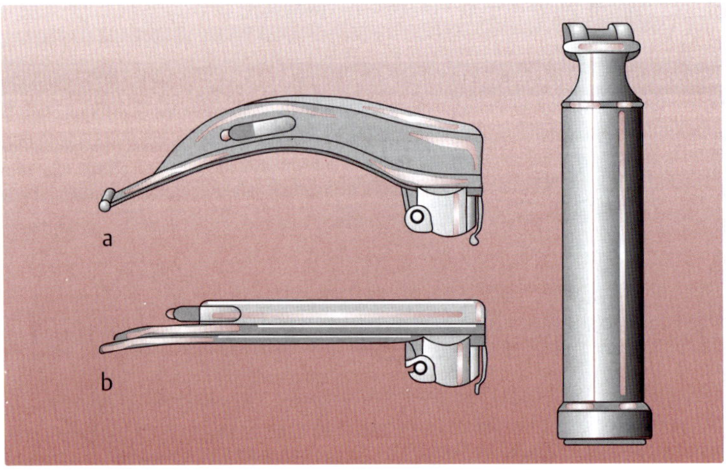

3.**5: Laryngoskoptypen. a** Spatel nach Macintosh, **b** Spatel nach Miller/Foregger

Endotrachealtuben werden in verschiedenen Größen und Durchmessern (3.**6**) aus thermoplastischem gewebefreundlichem Material hergestellt.

Endotrachealtuben. Endotrachealtuben werden in verschiedensten Größen und Durchmessern angeboten. Der kleinste Tubus von 1,5 mm Innendurchmesser, fortschreitend in 0,5 mm-Schritten bis 10 mm Innendurchmesser (3.**6**) angeboten.

3.6: Durchmesser von Endotrachealtuben

Alter	Innendurchmesser (mm)	Außendurchmesser (mm) (variiert, je nach Hersteller)	Einheiten Charriere bzw. French	Abstand Lippe – Tubusspitze in der Trachea (cm)*
Frühgeborene	2,5	3,3	10	10
Neugeborene	3,0	4,0–4,2	12	11
1–6 Monate	3,5	4,7–4,8	14	11
6–12 Monate	4,0	5,3–5,6	16	12
2 Jahre	4,5	6,0–6,3	18	13
4 Jahre	5,0	6,7–7,0	20	14
6 Jahre	5,5	7,3–7,6	22	15–16
8 Jahre	6,0	8,0–8,2	24	16–17
10 Jahre	6,5	8,7–9,3	26	17–18
12 Jahre	7,0	9,3–10	28–30	18–20
14 Jahre	7,0 (Frauen)	9,3–10	28–30	20–22
und älter	8,0 (Männer)	10,7–11,3	32–34	

*zuzüglich 2–3 cm für nasotracheale Tuben

Die Tubusmaterialien bestehen aus gewebefreundlichem Weichplastik, das sich an die Atemwege anpaßt. Dabei müssen die Tuben eine gewisse Knickfestigkeit aufweisen. Endotrachealtuben haben einen runden Querschnitt und überwiegend eine abgeschrägte Spitze. Im Bereich der Tubusspitze befindet sich bei einigen Tuben eine kreisrunde Aussparung, das

sog. Murphy-Auge, das eine Verlegung des Tubus nach Anlegen der Schrägung an die Trachealwand verhindert. Am proximalen Ende befindet sich ein genormtes Ansatzstück aus hartem Plastik, das der Verbindung zum Beatmungsgerät dient.
Die blockbaren Tuben haben eine aufblasbare Manschette (Cuff), die eine weitgehende Abdichtung gegenüber der Trachea erlaubt. In der Regel wird über einen Pilotschlauch 5 – 10 ml Luft in den **Cuff** gefüllt, wobei der Druck in der Manschette 15 mmHg nicht überschreiten sollte, um Minderdurchblutung in der Trachealschleimhaut zu vermeiden.

Die blockbaren Tuben haben aufblasbare Manschetten (**Cuffs**), die über einen Pilotschlauch von außen mit Luft gefüllt werden und somit den Tubus gegenüber der Trachea abdichten können (s. S 3.**4**).

Merke. Intraoperativ muß beachtet werden, daß durch **Lachgasdiffusion** das Volumen im Cuff und im zuführenden Schlauchsystem deutlich zunimmt und zu einer Drucksteigerung führt. Dies wird insbesondere durch die großvolumigen »High-volume/Low-pressure«-Cuffs begünstigt, die wegen ihrer großen Kontaktfläche zur Trachealwand nur geringe Innendrücke zur Abdichtung benötigen, aber über die große Oberfläche viel Lachgas aufnehmen. Der Cuff-Druck muß intermittierend kontrolliert und ggf. korrigiert werden.

◄ **Merke**

In S 3.4 sind verschiedene Tubusarten dargestellt. Häufig verwendete Endotrachealtuben sind der Magill-Tubus und der Oxford-non-kinking-Tubus. Der kreissegmentförmige **Magill-Tubus** kann zur orotrachealen und nasotrachealen Intubation verwendet werden. Ein zu tiefes Einführen in die Atemwege (einseitige endobronchiale Intubation) ist mit diesem Tubus leicht möglich (sorgfältige Auskultation zur Überprüfung der seitengleichen Ventilation!). Der **Oxford-non-kinking-Tubus** besitzt eine rechtwinklig gebogene Form und besteht aus relativ festem Kunststoff, so daß er nicht abknickt. Er ist nur für die orotracheale Intubation geeignet. Das Einführen erfolgt mit Hilfe eines speziellen Führungsstabes. Aufgrund seiner Form ist ein zu tiefes Einführen praktisch nicht möglich.

In S 3.**4** sind verschiedene Tubusarten dargestellt. Häufig verwendete Endotrachealtuben sind der **Magill-Tubus** und der **Oxford-non-kinking-Tubus**.

Der **Woodbridge-Tubus** besteht aus Latex mit eingearbeiteter Metallspiralfeder, so daß eine große Flexibilität bei geringer Gefahr des Abknickens oder einer Kompression gegeben ist. Aus diesem Grund wird der Woodbridge-Tubus vor allem bei operativen Eingriffen im Bereich des Kopfes (Mund-Kiefer-Gesichtschirurgie, Neurochirurgie, HNO) sowie bei speziellen Lagerungsformen (z. B. Bauchlagerung) eingesetzt.

Für besondere Indikationen (z. B. Eingriffe im Kopf-Hals-Bereich) stehen Spezialtuben wie der **Woodbridge-Spiraltubus** und der **Doppellumentubus** zur Verfügung.

In S 3.**4** ist darüber hinaus ein Doppellumentubus (siehe auch Kap. 9.2.6) zur getrenntseitigen Belüftung beider Lungen abgebildet. Grundsätzlich wird das distale Ende des Doppellumentubus in den Hauptbronchus der nicht beeinträchtigten Lunge eingeführt. Bei der Postitionierung muß beachtet werden, daß der Oberlappenbronchus links 4 – 5 cm und rechts 1,5 cm distal von der Carina aus dem Hauptbronchus abgeht. Hieraus ergibt sich, daß der linksläufige Endobronchaltubus mit Blockermanschette sicherer angewendet werden kann als ein rechtsläufiger für Eingriffe an der linken Lunge. Bei einem rechtsläufigen Tubus kann ein aufgeblasener (»geblockter«) Cuff den Oberlappenbronchus verlegen und damit eine Atelektasenbildung begünstigen. Zur korrekten Positionierung und Lagekontrolle sollte nach Möglichkeit ein **Fiberendoskop** verwendet werden. Die Indikationen für den Einsatz des Doppelumentubus umfassen Operationen und pathologische Prozesse im Bereich nur einer Lunge (z. B. Pneumektomie; Infektionen, massive Blutungen, bronchopleurale Fisteln).

Synopsis 3.4: Endotrachealtuben

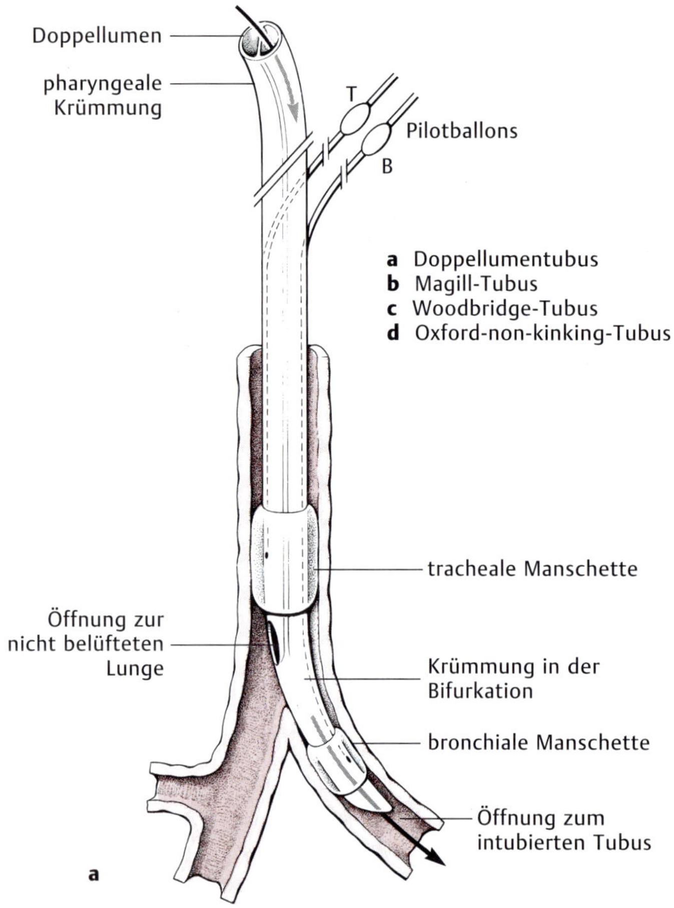

a Doppellumentubus
b Magill-Tubus
c Woodbridge-Tubus
d Oxford-non-kinking-Tubus

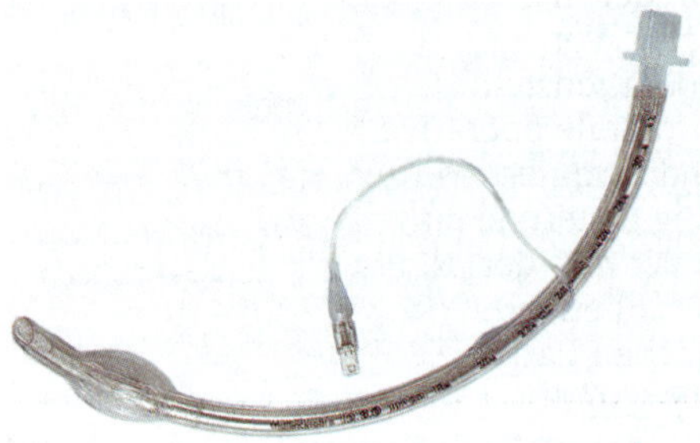

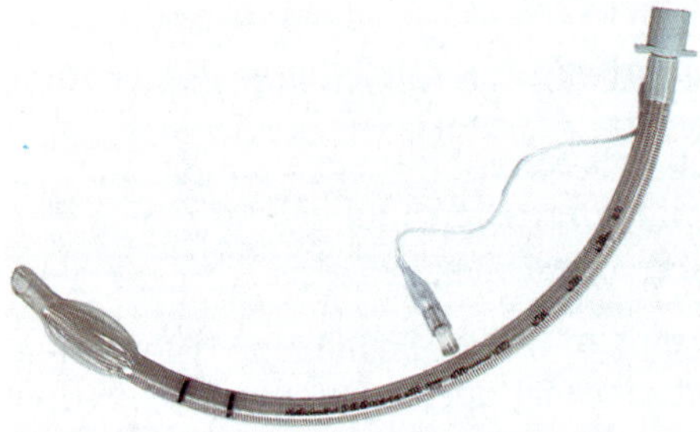

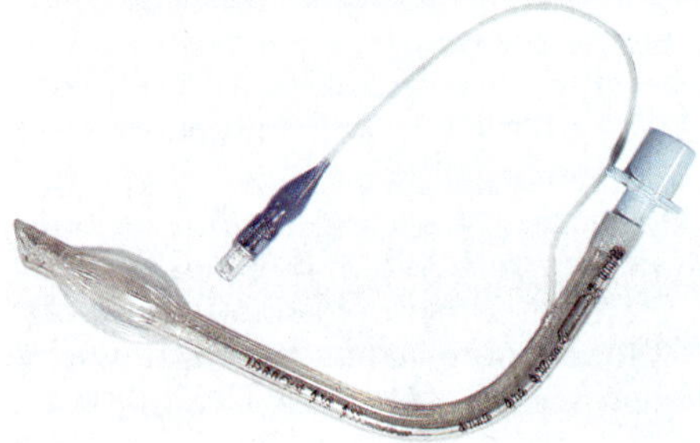

Führungsstab Intubationsschwierigkeiten vielerlei Ursachen (s. 3.7) machen den Einsatz von Plastikführungsstäben im Tubus notwendig.

Führungsstab. Bei Intubationsschwierigkeiten (siehe 3.7), bedingt durch die Unmöglichkeit, den Tubus bei seiner vorgeformten Krümmung in den Trachealeingang einzubringen, kann die Tubuskrümmung durch verformbare Plastikführungsstäbe vor der Intubation nach Einführen des Stabes in das Tubuslumen den anatomischen Gegebenheiten des Patienten besser angepaßt werden.

Magill-Zange Mit der Magill-Zange kann der nasotracheale Tubus nach Einführen in den Nasopharynx gefaßt und in den Kehlkopfeingang eingeführt werden.

Zur Intubation werden darüber hinaus bereitgelegt:
- Einmalsaugkatheter
- Gleitmittel
- Schutzhandschuhe.

Magill-Zange. Eine armierte Magill-Zange, mit der das distale Tubusende nach Einsetzen des Laryngoskops unter Sicht direkt in den Kehlkopfeingang eingeführt wird, kann die Intubation bei der nasotrachealen Technik erleichtern.

Zur Intubation werden weiterhin bereitgehalten:
- Einmalsaugkatheter
- Gleitmittel
- saubere Handschuhe zum Schutz des Anästhesisten vor Infektionen.

Merke ►

Merke. Grundsätzlich muß über ein Narkosebeatmungsgerät hinaus ein Handbeatmungsgerät vorhanden sein. Sämtliche Medikamente zur Narkoseeinleitung, aber auch für evtl. Notfälle müssen ebenso wie kristalloide und kolloidale Infusionslösungen griffbereit sein. Das Instrumentarium und besonders das Beatmungsgerät müssen **vorher** auf Funktionsfähigkeit überprüft worden sein.

Technik der endotrachealen Intubation

Ob der nasotracheale oder orotracheale Intubationsweg gewählt wird, hängt von den anatomischen Gegebenheiten des Patienten sowie dem Operationsfeld ab. Indikationen für das erstgenannte Verfahren sind intraorale operative Maßnahmen, bei denen der orotracheale Tubus stören und torquiert werden könnte. Die nasotracheale Intubation bietet sich für lang dauernde Eingriffe und zu erwartende protrahierte postoperative Verläufe mit der Notwendigkeit zur Langzeitbeatmung bzw. für eine sich anschließende Intensivbehandlung an. Ein nasotrachealer Tubus wird von wachen Patienten leichter toleriert als ein orotrachealer.
Kontraindiziert ist der nasotracheale Weg bei intranasalen Hindernissen wie extremen Septumdeviationen, Mittelgesichtsfrakturen, ausgedehnten Oberkieferbrüchen und Gerinnungsstörungen.

Technik der endotrachealen Intubation
Indikationen für die **nasotracheale Intubation** sind intraorale Operationen, langdauernde Eingriffe und mögliche längere postoperative Beatmung bzw. Intensivbehandlung.

Kontraindiziert ist der nasotracheale Weg bei intranasalen Hindernissen und Gerinnungsstörungen.

Lagerung. Zur Intubation muß der Patient so gelagert werden, daß die direkte Laryngoskopie des Kehlkopfeingangs durch die Position der Schulter-Hals-Kopf-Achse möglichst erleichtert wird (**S** 3.**5**).

Lagerung Eine optimale Lagerung ist für den Intubationserfolg wichtig (**S 3.5**).

S Synopsis 3.5: **Lagerung des Kopfes zur endotrachealen Intubation**

Der Erfolg der direkten Laryngoskopie und damit der endotrachealen Intubation hängt von einer optimalen Einstellung der orolaryngealen Achse ab.

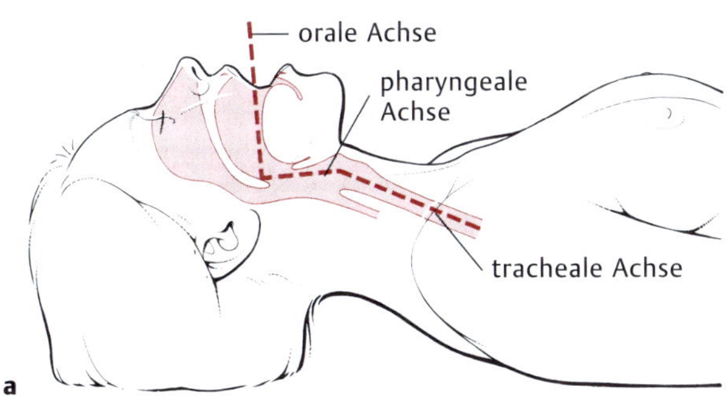

a

a Ungünstige Achsenstellung von Mundhöhle, Pharynx und Trachea in Rückenlage.

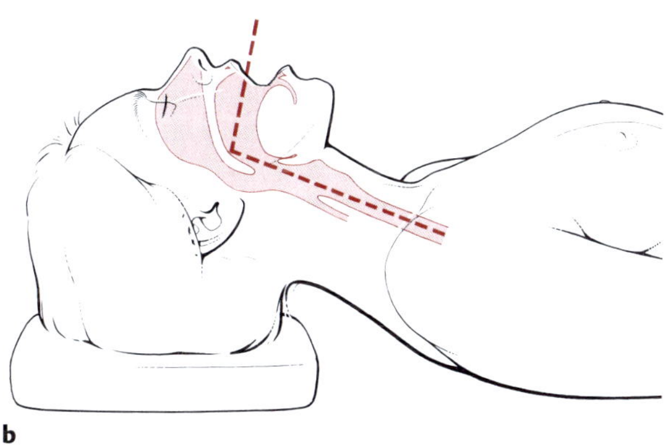

b

b In verbesserter Jackson-Position mit Hochlagerung des Kopfes um 10 cm kommt es zu einer Annäherung der Achsen von Pharynx und Trachea.

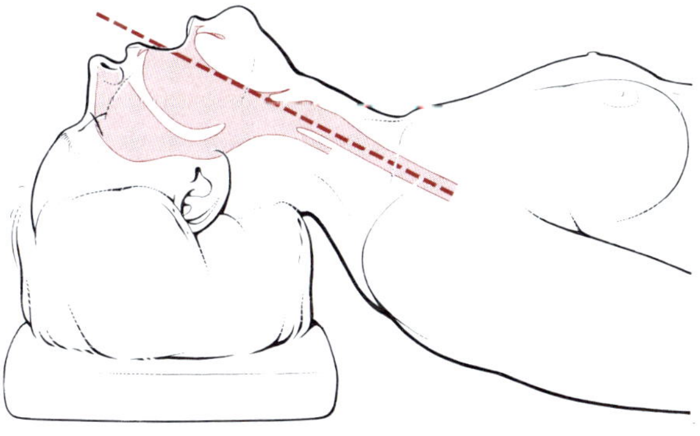

c

c Schnüffelposition: Kopfhochlagerung mit Streckung des Atlantookzipitalgelenkes erzeugt die kürzeste Entfernung zwischen Zahnreihe und Larynx mit Übereinstimmung der Achsenlinien.

In der **Schnüffelposition** ist der Abstand zwischen Zahnreihe und Kehlkopfeingang am kürzesten.

Hierbei kann die Halswirbelsäule durch eine Nackenrolle leicht anteflektiert und der Kopf im Atlantookzipitalgelenk nach dorsal geneigt werden. In dieser Lagerung, die als **Schnüffelposition** (»sniffing position«) bezeichnet wird, ist der Abstand zwischen Zahnreihe und Kehlkopfeingang am kürzesten. In diesem Zusammenhang muß bei der Intubation beachtet werden, daß beim Erwachsenen der Abstand Zahnreihe-Stimmritze ca. 11 – 16 cm beträgt, die Tracheallänge 10 – 11 cm.

Schon bei Besichtigung des oropharyngealen Bereiches bei weitgeöffnetem Mund lassen sich die zu erwartenden Intubationsverhältnisse abschätzen.

Beim wachen Patienten, der den Mund maximal weit öffnet und die Zunge herausstreckt, sollten nach **Mallampati** der weiche Gaumen und die Uvula sichtbar sein (s. Kapitel 2.1., **S** **2.1**). Stellen sich in dieser Situation die genannten Strukturen in Abstufung nicht mehr dar – bis zu dem in **S** **2.1**, Kap. 2.1 gezeigten Befund, wo keine der genannten Strukturen sichtbar ist, muß mit Schwierigkeiten bei der direkten Laryngoskopie insofern gerechnet werden, als sich möglicherweise die Epiglottis nicht darstellen bzw. aufrichten läßt.

Technik der orotrachealen Intubation Nach Narkoseeinleitung und Relaxation sowie Präoxygenierung des Patienten über Maske mit reinem Sauerstoff wird der **gekrümmte Spatel** (Macintosh) in die Plica glossoepiglottica vorgeschoben und durch Zug nach oben (**S** 3.**6a**) der Kehlkopfeingang dargestellt.

Technik der orotrachealen Intubation. Nachdem die Narkose (per inhalationem oder durch ein i. v.-Hypnotikum) eingeleitet und der Patient mit reinem Sauerstoff über Maske präoxygeniert ist, wird nach Muskelrelaxation das Laryngoskop mit der linken Hand in den Mund des Patienten eingeführt. Dabei wird die Zunge mit dem Laryngoskopblatt nach links gedrängt und der **gebogene Macintosh-Spatel** weiter in der Medianlinie in die Plica glossoepiglottica vorgeschoben (**S** 3.**6a**).

S Synopsis 3.**6: Direkte Laryngoskopie**

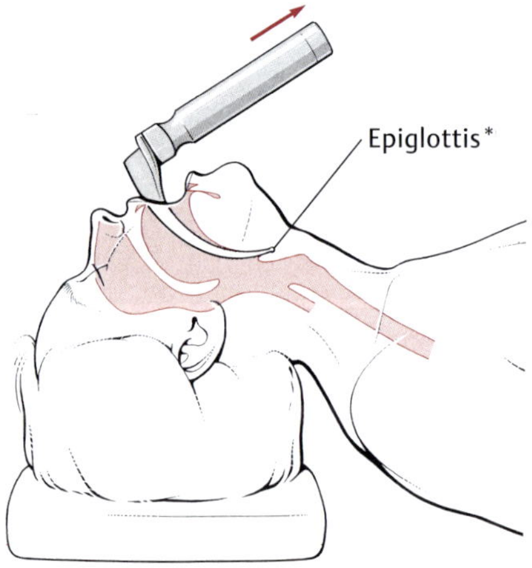

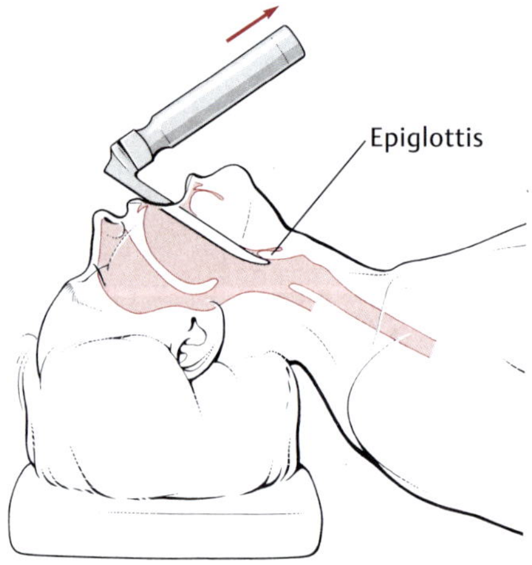

a Laryngoskopie mit gebogenem Spatel nach Macintosh: die Spatelspitze wird in die Plica glossoepiglottica, d. h. vor die Epiglottis geführt, so daß diese sichtbar bleibt (siehe **c**).

b Laryngoskopie mit geradem Spatel nach Miller/Foregger: die Epiglottis wird vom geraden Spatel aufgeladen.

* Die Epiglottis ist bei der Laryngoskopie mit Macintosh-Spatel sichtbar!

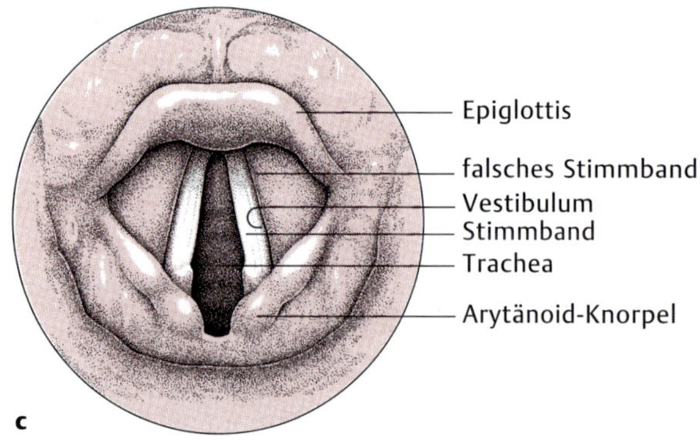

c Laryngoskopischer Blick auf die Stimmritze.

Durch Zug in Richtung des Mundbodens **ohne Hebeln** an den Oberkieferzähnen des Patienten wird die Epiglottis aufgestellt und gibt den dahinterliegenden Kehlkopfeingang frei, der im Idealfall einschließlich der auf dem Laryngoskopspatel anliegenden Epiglottis einsehbar wird (S **3.6**). Bei Einführen eines geraden **Miller-Foregger-Spatels** (S 3.**6b**) wird bei sonst vergleichbarem Vorgehen die Epiglottis mit der Spatelspitze aufgeladen. Der orotracheale Tubus wird anschließend von seitlich rechts unter Sicht durch die Stimmritze in die Trachea eingeführt.

Mit dem **geraden Spatel** (z. B. Miller/Foregger) wird bei gleichem Vorgehen die Epiglottis aufgeladen (S 3.**6b**). Der Tubus wird nun unter direkter Sicht durch den Kehlkopfeingang in die Trachea geschoben.

> ***Merke.*** Zur Überprüfung der korrekten Tubuslage sollten folgende Kontrollen erfolgen:
> - Auskultation des Epigastriums zur Überprüfung, ob Luft in den Magen gelangt. **Ein negativer Auskultationsbefund ist jedoch keine 100%-ige Sicherheit für eine korrekte Tubuslage.**
> - Auskultation der Lungen zur Bestätigung der seitengleichen Ventilation
> - Überprüfung des endexspiratorischen CO_2 mittels Kapnometrie.

◄ **Merke**

Nach korrekter Plazierung des Tubus muß dieser fixiert werden, um eine spätere Dislokation in den Bronchus oder eine ungewollte Extubation im weiteren Verlauf zu vermeiden. Nach Einführen eines Beißschutzes (Guedel-Tubus oder Mullbinde) erfolgt die Fixation des Endotrachealtubus mit Nackenband oder sorgfältig geklebten Pflasterstreifen.

Abschließend wird der Tubus nach Einführen eines Beißschutzes fixiert.

Technik der nasotrachealen Intubation. Bei operativen Eingriffen im Mund-Kiefer-Rachenbereich sowie anatomischen Veränderungen wie Prognathien und Kiefergelenkdystrophien mit behinderter Mundöffnung bietet sich der nasotracheale Intubationsweg an. In **3.7** ist noch eine Reihe von erworbenen Veränderungen, die die Intubation, sei es oral oder nasal, erschweren können, aufgelistet.

Technik der nasotrachealen Intubation Bei angeborenen oder erworbenen Intubationshindernissen (**3.7**) bietet sich manchmal der nasotracheale Intubationsweg an.

3.7: Intubation bei pathologischen Veränderungen

▷ **Infektionen**
- Abszesse (submandibular, retropharyngeal)
- Tetanus

▷ **Traumata**
- Fremdkörperaspiration
- HWS-Verletzungen
- Ober-/Unterkieferfrakturen

▷ **Tumoren**
- der oberen Luftwege (Pharynx/Larynx)
- der unteren Luftwege (Bronchialtumoren)
- Akromegalie

▷ **entzündliche Veränderungen**
- rheumatoide Arthritis
- Spondylitis ankylosans
- Sklerodermie

Dabei wird unter laryngoskopischer Darstellung der nasopharyngeal eingeführte Tubus vom Oropharynx aus mit Hilfe einer mit der rechten Hand geführten Magill-Zange durch den Larynx in die Trachea vorgeschoben. Bei Schwierigkeiten einer direkten Laryngoskopie, z. B. durch Ankylose im Kiefergelenk und Unmöglichkeit, eine Mundöffnung zu erreichen, kann vom Erfahrenen eine nasotracheale Intubation ohne direkte Sicht in der Weise durchgeführt werden, daß die Tubusspitze anhand des Atemgeräusches vor der Epiglottis plaziert und der Tubus in Inspiration in die Trachea vorgeschoben wird (blinde nasotracheale Intubation). Voraussetzung hierfür ist eine erhaltene Spontanatmung.

Unter laryngoskopischer Einstellung wird der nasopharyngeal eingeführte Tubus vom Oropharynx aus mit Hilfe einer Magill-Zange durch den Larynx in die Trachea vorgeschoben.

S Synopsis 3.7: Nasotracheale Intubation

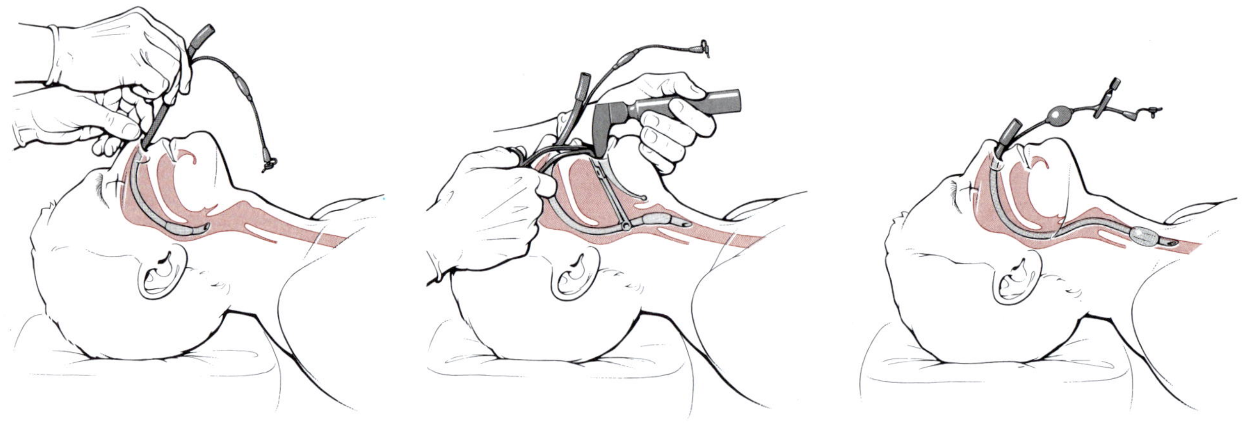

a Einführen des Tubus in den unteren Nasengang und sanftes Vorschieben bis in den Hypopharynx.

b Laryngoskopische Darstellung der Glottis, Fassen des Tubus mit der Magill-Zange und transglottisches Einführen (cave: Beschädigung des Tubuscuffs durch die Magill-Zange!).

c Korrekt plazierter nasotrachealer Tubus.

Fiberoptische Intubation Die in ▦ 3.7 zusammengestellten Intubationshindernisse können den Einsatz des Fiberbronchoskops notwendig machen.

Eine weitere Methode, die Intubation oro- oder nasotracheal bei Patienten durchzuführen, bei denen eine direkte Laryngoskopie unmöglich ist, ist die fiberoptische Technik.
Nach Schleimhautanästhesie kann mit Hilfe der Fiberoptik der Kehlkopf eingesehen und ein über die Optik geschobener Tubus unter Sicht in die Trachea geleitet werden.

Fiberoptische Intubation. Zahlreiche infektionsbedingte, traumatische, neoplastische, entzündliche, aber auch endokrine Ursachen behindern oftmals die Schaffung eines freien Atemwegs durch endotracheale Intubation. Eine Auswahl ist in ▦ **3.7** zusammengestellt.

Eine weitere Methode, die Intubation der Patienten, bei denen eine direkte Laryngoskopie unmöglich ist, oro- oder nasotracheal durchzuführen, ist die fiberoptische Technik. Voraussetzung hierzu sollte eine ausreichende Spontanatmung sein. Nach oberflächlicher Schleimhautanästhesie sollte der erwachsene Patient z. B. mit Midazolam (Dormicum®) in einer Dosierung von fraktioniert 2,5 – 5 mg i. v. und/oder »low-dose«-Ketamin (Ketanest® – 0,25 – 0,5 mg/kg KG) sediert werden, jedoch erweckbar bleiben. Nach ausreichender Präoxygenierung wird dann die flexible Fiberoptik mit dem darübergestreiften Trachealtubus oro- oder nasotracheal eingeführt. Nach Aufsuchen des Kehlkopfeinganges mittels der Fiberoptik und Einführen des Endoskops in die Trachea wird der Tubus über das Endoskop in die Luftröhre geschoben und fiberoptisch kontrolliert oberhalb der Carina tracheae plaziert. Nach Entfernen des Endoskops und Blockung des Tubuscuffs wird die Narkose eingeleitet und der Patient, wenn operationsbedingt notwendig, nach Muskelrelaxation kontrolliert beatmet.

Besonderheiten der endotrachealen Intubation bei Kindern Im Vergleich zu Erwachsenen steht bei Säuglingen und Kleinkindern der Larynx höher. Die Epiglottis ist U-förmig, der Ringknorpel stellt die engste Stelle für die Tubuspassage dar und die Achsen für die Intubation sind kurz.
Faustregel für den Tubusdurchmesser: in mm = (16 + Alter)/4.

Besonderheiten der endotrachealen Intubation bei Kindern. Bei Neugeborenen und Kleinkindern bestehen im Vergleich zu älteren Kindern und Erwachsenen große anatomische Unterschiede und einige Besonderheiten: Der Larynx steht höher als beim Erwachsenen, die Epiglottis ist U-förmig, der Ringknorpel ist die engste Stelle für die Tubuspassage, Kopf und Zunge sind beim Neugeborenen im Verhältnis zum Körper größer als beim Erwachsenen, der Hals und die Achsen für die Intubation sind kurz. Die Auswahl der passenden Tubusgröße, die sich nach der engsten Stelle des Kehlkopfes, dem Ringknorpel, richtet, erfolgt nach der Faustregel: innerer Tubusdurchmesser (ID) in mm = (16 + Alter)/4.

Komplikationen der endotrachealen Intubation

Nicht mögliche oder erschwerte Intubation In dieser Situation erfolgt die Ausleitung der Narkose unter kontinuierlicher Maskenbeatmung.

Komplikationen der endotrachealen Intubation

Nicht mögliche oder erschwerte Intubation. Ist eine endotracheale Intubation aufgrund der genannten Hindernisse nicht möglich, hat grundsätzlich eine Ausleitung der Narkose zu erfolgen (evtl. Antagonisierung von Opiaten und Relaxanzien) unter kontinuierlicher Maskenbeatmung bis zum Erwachen des Patienten und Eintreten einer suffizienten Spontanatmung. Ist auch die Maskenbeatmung insuffizient, bleibt als letzte Möglichkeit die notfallmäßige Konio- oder Tracheotomie.

Intubationstraumen. Hierbei zu nennen sind Beschädigungen von Lippen und Zähnen durch das Laryngoskop sowie Verletzungen der Nasen- und Rachenschleimhaut, der Stimmbänder und der subglottischen Region, speziell bei Kindern, durch den Tubus, besonders bei Verwendung eines zu weit vorgeschobenen Führungsstabes.

Intubationstraumen Im Vordergrund stehen die Beschädigung von Lippen und Zähnen durch das Laryngoskop, Verletzungen der Nasen- und Rachenschleimhaut, der Stimmbänder und speziell bei Kindern der subglottischen Region durch den Tubus.

Auslösung von Reflexen während der Intubation. Während der Intubation und nach der Extubation kann es vor allem bei zu flacher Narkose durch mechanische Irritation der Larynx- und Trachealschleimhaut zur Auslösung eines **Laryngo-** und **Bronchospasmus** kommen. Erstgenannter kann durch Gabe von Muskelrelaxanzien beherrscht werden. Einem Bronchospasmus, leicht auslösbar bei Asthmatikern, kann vorgebeugt werden durch ausreichende Schleimhautanästhesie vor der Intubation (z. B. mittels Lidocain-Spray), rasche Narkosevertiefung sowie die Gabe von Bronchodilatanzien.
Bei der Intubation können durch vagale Stimulation **kardiovaskuläre Reaktionen** ausgelöst werden, die sich in Form von Bradyarrhythmien und Blutdruckabfällen äußern und selten, besonders bei gleichzeitiger Verwendung von Succinylcholin, zum Herzstillstand führen können. Daher sollten für den notfallmäßigen Einsatz Atropin und Orciprenalin (Alupent®) immer griffbereit sein. Bei zu flacher Narkose treten unter der Intubation infolge sympathikotoner Stimulierung häufiger tachykarde Rhythmusstörungen und Blutdruckanstiege auf.

Auslösung von Reflexen während der Intubation Durch den Intubationsvorgang können **Laryngo-** und **Bronchospasmus** ausgelöst werden. Ein **Laryngospasmus** kann durch Muskelrelaxanzien beherrscht werden, einem **Bronchospasmus** kann vorgebeugt werden durch Schleimhautanästhesie vor der Intubation, rasche Narkosetiefe, Bronchodilatanzien.

Bei der Intubation können durch vagale Stimulation **kardiovaskuläre Reaktionen** ausgelöst werden (Bradyarrhythmien und Blutdruckabfälle). Diese können – vor allem bei gleichzeitiger Verwendung von Succinylcholin – zum Herzstillstand führen.
Bei zu flacher Narkose treten unter der Intubation infolge sympathikotoner Stimulierung häufiger tachykarde Rhythmusstörungen und Blutdruckanstiege auf.

Störungen der Ventilation. Hierbei sind Komplikationen zu nennen, welche die Beatmung des Patienten nach erfolgter Intubation verhindern. Dies kann verursacht werden durch Abknickung des Tubus oder Verlegung des Tubuslumens durch angesammeltes Sekret, evtl. auch eine defekte Tubusmanschette (sog. »Blocker-Hernie«), die das Lumen aufgrund von Materialermüdung bei Mehrfachverwendung verlegt. Zu tiefes Einführen des Tubus mit der Folge der einseitigen, vor allem **rechts**endobronchialen Intubation kann mit zunehmender Beatmungsdauer zu bedrohlichen **Hypoxien** führen sowie zu **Resorptionsatelektasenbildung** mit nachfolgenden Infektionen im Bereich der nicht ventilierten Lunge.

Störungen der Ventilation Durch Abknicken des Tubus oder Obstruktion kann es zu Störungen der Ventilation nach der Intubation kommen.

Hypoxien und **Resorptionsatelektasen** können durch endobronchiale Intubation bei zu tief eingeführtem Tubus auftreten.

Spätschäden. Zu den Spätschäden sind Ödeme, Ulzerationen und Nekrosen im Bereich der Stimmbänder, des Larynx und der Trachea zu zählen. Diese Schäden sind selten und nehmen mit der Dauer der durchgeführten Beatmung zu. Häufiger dagegen treten nach Extubation leichtere Pharyngitiden und Laryngitiden auf, die sich in einer passageren Heiserkeit äußern können.

Spätschäden Seltene Spätschäden durch Intubation sind Glottisödem, Ulzera im Verlauf des Tubusweges und Stimmbandgranulome. Heiserkeit ist meistens ein passageres Symptom.

3.1.3 Larynxmaske

Eine Alternative zur klassischen Gesichtsmaskennarkose und in vielen Fällen ein Ersatz für den endotrachealen Tubus ist die seit Mitte der 80er Jahre auf dem Markt befindliche Kehlkopfmaske (▣ 3.**6**). Die Maske wird »blind«, ohne Zuhilfenahme eines Laryngoskops und ohne Relaxierung des narkotisierten Patienten in den Hypopharynx vorgeschoben. (Die Anatomie des Kehlkopfes zeigt ▣ 3.**7**, 3.**8**).

3.1.3 Larynxmaske

Eine Alternative zur klassischen Gesichtsmaskennarkose und in vielen Fällen ein Ersatz für den endotrachealen Tubus ist die Kehlkopfmaske (▣ 3.**6**). Die Maske wird »blind«, ohne Zuhilfenahme eines Laryngoskops und ohne Relaxierung des Patienten in den Hypopharynx vorgeschoben. (Die Anatomie des Kehlkopfes zeigt ▣ 3.**7**, 3.**8**).

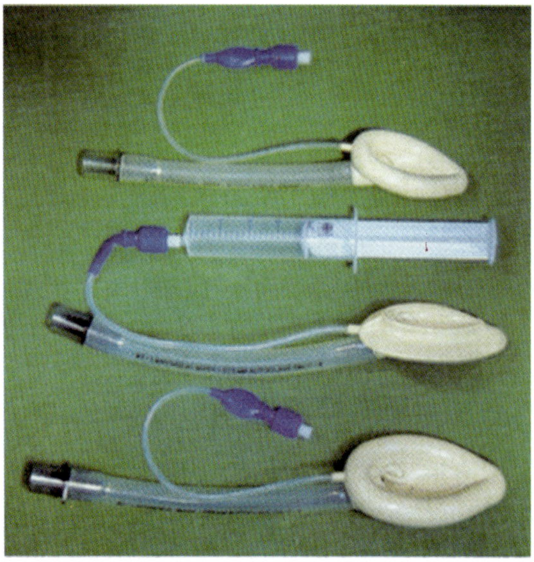

3.6: **Larynxmasken in verschiedenen Größen.**

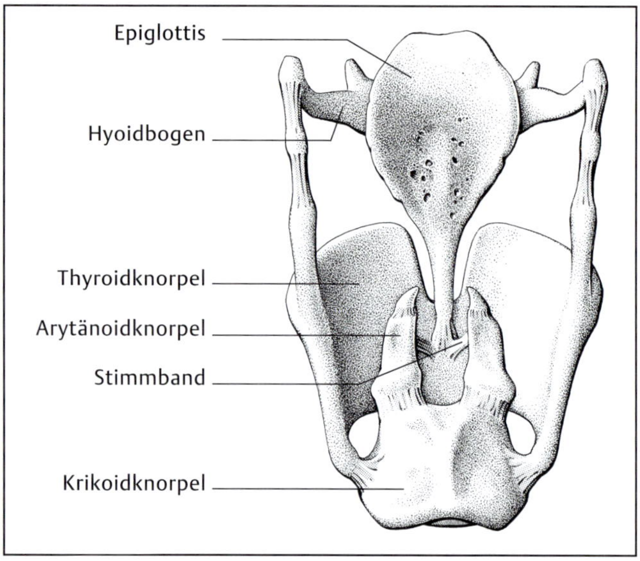

3.7: **Anatomie des Kehlkopfes.**

S Synopsis 3.8: **Plazierung der Larynxmaske**

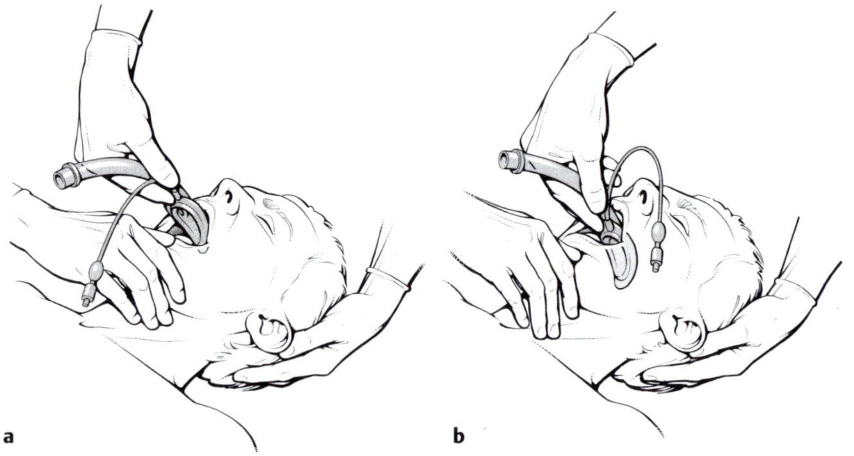

a Unter Beobachtung der Maskenspitze wird die Kehlkopfmaske mit der dominanten Hand flach entlang des harten Gaumens vorgeschoben. Mit Hilfe des Zeigefingers wird Druck nach kranial ausgeübt, so daß die Spitze der Kehlkopfmaske nicht knickt und nicht mit der Zunge kollidiert.

b Bei flektiertem Hals und überstrecktem Kopf wird die Maske unter Führung des Zeigefingers am hinteren Pharynx entlang geschoben.

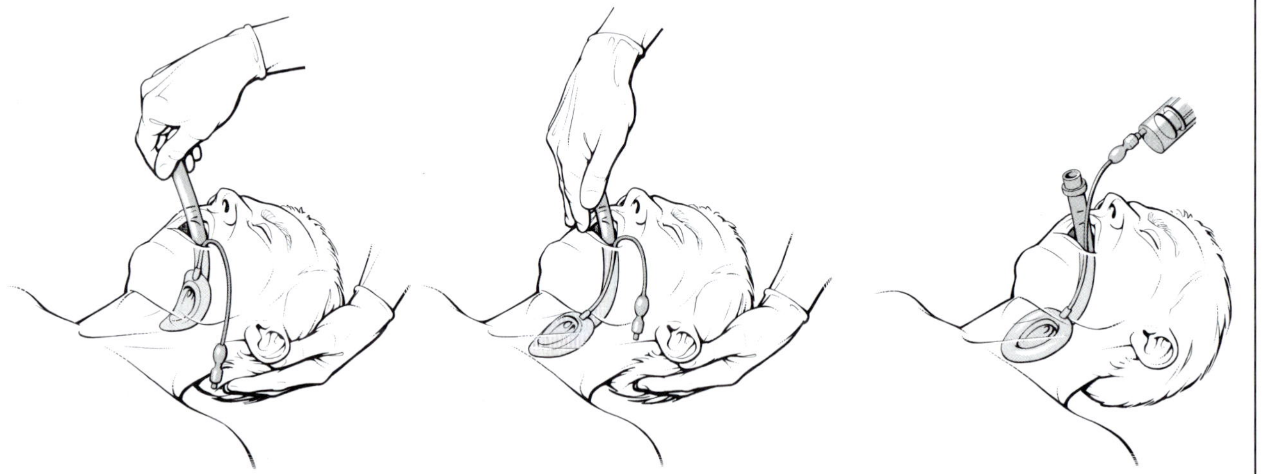

c Nun wird die Maske mit der anderen Hand festgehalten, der Zeigefinger aus dem Rachen entfernt und die Larynxmaske mit einer raschen Bewegung sanft heruntergedrückt, bis ein Widerstand spürbar ist.

d Der Widerstand zeigt an, daß die Maskenspitze im dreieckigen Hypopharynxgrund plaziert ist. In dieser Position wird die Larynxmaske belassen.

e Auffüllen des Cuffs mit dem korrekten Luftvolumen; dabei hebt sich die Maske normalerweise leicht aus dem Rachenraum an. Während des Auffüllens sollte die Larynxmaske zur Vermeidung einer Dislokation nicht berührt werden.

Die Larynxmaske sitzt dem Kehlkopf von dorsal auf, die Ventilation ist über eine der Trachea zugewandte großlumige Öffnung möglich. Bedingt durch die anatomischen Verhältnisse im Kehlkopfbereich, an die sich die Form der Maske anpaßt, wird in >90% der Fälle eine optimale Ventilation bereits nach dem ersten Einführen erreicht. Die Abdichtung zum Mund-Rachenbereich erfolgt über eine Gummimanschette, die der Maske bei korrektem Sitz eine gute Dichtung verleiht (3.8).

Die Larynxmaske liegt dem Kehlkopf von dorsal auf, die Ventilation ist über eine der Trachea zugewandte großlumige Öffnung möglich.
Die Abdichtung zum Mund-Rachenbereich erfolgt über eine Gummimanschette, die der Maske bei korrektem Sitz eine gute Dichtigkeit verleiht.

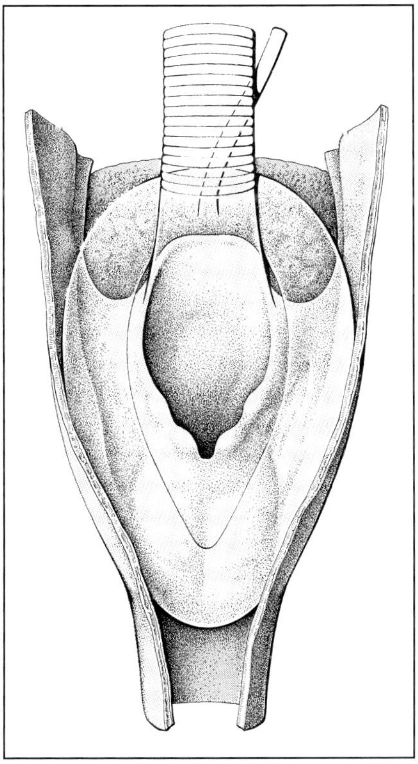

3.8: **Korrekt plazierte Larynxmaske.** Die Form der Larynxmaske ist an das unflexible Kehlkopfgerüst adaptiert (Ansicht von dorsal).

Unter Vermeidung hoher Druckniveaus (Ziel: ≦20–25 mmHg), die mit einer Luftinsufflation in den Magen einhergehen können, läßt sich so neben der Spontanatmung und der assisitierten Beatmung auch eine positive Druckbeatmung inklusive geringer PEEP-Werte (≦5 mbar) durchführen. Neben der **leichten Handhabung** und der Möglichkeit, die Kehlkopfmaske mit einer **hohen Erfolgsrate auch bei Patienten mit Intubationsproblemen** anzuwenden, ist die gute Verträglichkeit und **fehlende Irritation von Stimmbändern und Trachealschleimhaut** hervorzuheben. Zweifellos schützt die Kehlkopfmaske den Patienten vor dem Risiko einer Aspiration deutlich besser als die Anwendung einer Gesichtsmaske. Nichtnüchternheit des Patienten ist jedoch eine klare Kontraindikation! Somit wird die Kehlkopfmaske auch in Zukunft kein Ersatz für einen sicher plazierten und geblockten endotrachealen Tubus sein.

Neben der **leichten Handhabung** und der Möglichkeit, die Kehlkopfmaske mit einer **hohen Erfolgsrate auch bei Patienten mit Intubationsproblemen** anzuwenden, ist die **gute Verträglichkeit** und **fehlende Irritation von Stimmbändern und Trachealschleimhaut hervorzuheben**.

Nichtnüchternheit des Patienten ist jedoch eine **klare Kontraindikation** für die Anwendung einer Larynxmaske.

3.1.4 Narkosesysteme, Narkosebeatmung

Narkosesysteme bestehen aus verschiedenen, aufeinander abgestimmten Bausteinen, die z. B. während einer Inhalationsnarkose untereinander und mit dem Patienten in Verbindung stehen. Sie bestehen aus dem Atemsystem, der Gasdosierung, den Narkosemittelverdampfern, dem Narkosebeatmungsgerät und Monitorkomponenten. Das richtige Verständnis für das Narkosesystem und der sachgereche Umgang mit diesen Einzelkomponenten sind Voraussetzung für die Sicherheit der Narkose.
Sicherheitstechnische Voraussetzungen von Narkosesystemen sind in der Deutschen Industrienorm (DIN 13252) und der Medizinischen Geräteverordnung (MedGV) bzw. Medizin-Produkte-Betreiberverordnung (MP BetreibV) festgelegt.

3.1.4 Narkosesysteme, Narkosebeatmung

Narkosesysteme bestehen aus dem Atemsystem, der Gasdosierung, den Narkosemittelverdampfern, dem Narkosebeatmungsgerät und Monitorkomponenten.

Sicherheitstechnische Voraussetzungen von Narkosesystemen sind in der Deutschen Industrienorm (DIN 13252) und der Medizinischen Geräteverordnung (MedGV) festgelegt.

Einzelne Narkosesysteme

Narkosesysteme lassen sich in **offene, halboffene, halbgeschlossene** sowie **geschlossene** Systeme einteilen.

Die beiden letztgenannten sind als Kreissysteme mit Rückatmung und CO_2-Absorption konstruiert. Die genannten Systeme sind in 3.8 nach Eigenschaftsmerkmalen zusammengestellt.

Einzelne Narkosesysteme

Die Narkosesysteme lassen sich entsprechend den baubedingten Strömungsverhältnissen der Atem- bzw. Narkosegase und den jeweiligen Rückatmunganteil in 4 Systeme einteilen:

- **offene** Systeme,
- **halboffene,**
- **halbgeschlossene** und
- **geschlossene** Systeme.

Die beiden letztgenannten sind als Kreissysteme mit Rückatmung und Kohlendioxidabsorption konstruiert. In 3.8 sind die Narkosesysteme nach Eigenschaftsmerkmalen wie Reserveatembeutel, Rückatemanteil im Ausatemgas, CO_2-Absorber, unidirektionale Ventile und Frischgaszufluß pro Minute zusammengestellt.

3.8: Klassifikation von Narkosesystemen

System	Reservoir-Beutel	Rückatmung	CO_2-Absorber	Nichtrückatemventil	Frischgasfluß
▷ **offen**					
Insufflation	–	–	–	–	unbekannt
Schimmelbuschmaske	–	–	–	–	unbekannt
▷ **halboffen**					
Mapleson A, B, C, D	+	–*	–	+	hoch
Bain	+	–*	–	+	hoch
Mapleson E	–	–*	–	–	hoch
Jackson-Rees	+	–*	–	–	hoch
Nichtrückatemsystem	+	–	–	+	hoch
▷ **halbgeschlossene Kreissysteme**	+	partiell	+	+	moderat
▷ **geschlossene Systeme**	+	total	+	+	niedrig

* keine Rückatmung, wenn Frischgasflußrate entweder gleich oder größer als der Bedarf des jeweiligen Systems ist

Offene Narkosesysteme

Offene Systeme wie die Äthertropfmaske mit freiem Luftzutritt aus und freiem Atemgasabstrom in die Umgebungsluft werden in der heutigen Anästhesie wegen ihrer Nachteile nicht mehr verwendet.

Offene Narkosesysteme

Offene Systeme wie die Äthertropfmaske nach Schimmelbusch mit freiem Zutritt der Umgebungsluft und Abströmen der Ausatemgase ohne Schlauchsysteme, Reservoir und Ventile finden in der heutigen Anästhesie wegen ihrer Nachteile (nicht gerichteter Gasstrom, Austreten großer Narkosemittelmengen in die Umgebungsluft, Feuchtigkeitsverlust, unkontrollierte Ventilation) keine Verwendung mehr.

Halboffene Narkosesysteme

Halboffene Systeme sind entweder ohne Ventile oder lediglich mit einem exspiratorischen Entlastungsventil konstruiert, oder sie haben Nichtrückatemventile.

Halboffene Systeme ohne Nichtrückatemventil In Deutschland war das Kuhn-System, bei dem überschüssiges Atemgas über die Öffnung im Atembeutel entweichen kann, früher für Kindernarkosen verbreitet.

Halboffene Narkosesysteme

Halboffene Systeme haben entweder keine Ventile zwischen Frischgasflow und dem Patienten bzw. lediglich ein exspiratorisches Entlastungs- oder »Pop-off«-Ventil, oder sie haben ein Nichtrückatmungsventil.

Halboffene Systeme ohne Nichtrückatemvenil. Zu dieser Gruppe gehören die Mapleson-Systeme A – E, das Bain-System und das Jackson-Rees-System. Reservoirbeutel, Frischgaszuleitungen und Exspirationsfaltenschläuche sind unterschiedlich konstruiert und zueinander angeordnet. Einige Systeme erlauben nicht nur Spontanatmung, sondern es sind auch kontrollierte manuelle Beatmungstechniken möglich.

In Deutschland war das Kuhn-System, bei dem überschüssiges Atemgas über ein Loch im Atembeutel entweichen kann und bei der kontrollierten Beatmung dieses Loch intermittierend durch den Anästhesisten verschlossen werden kann, früher v. a. für Kindernarkosen verbreitet. Soll Rückatmung von Exspirationsluft in derartigen Systemen vermieden werden, so ist dies dann gewährleistet, wenn der inspiratorische Flow ausreichend hoch ist. Dies bedeutet beim Kuhn-System, daß der Frischgasflow 2 – 3fach höher sein muß als das Atemminutenvolumen.

Vorteile halboffener Systeme ohne Nichtrückatemventil sind:
- einfache Handhabung und leichte Transportierbarkeit
- geringe Atemwegswiderstände
- geringe Totraumvolumina
- konstante inspiratorische Gaszusammensetzung
- geringe Hyperkapniegefahr.

Nachteile sind:
- hoher inspiratorischer Frischgasflow
- hierdurch ungenügende Erwärmung und Befeuchtung der Atemgase (beim Bain-System soll eine Erwärmung des Inspirationsgasgemisches durch Führung des Faltenschlauches bewirkt werden)
- übermäßiger Verbrauch von teuren Inhalationsanästhetika
- hierdurch Belastung des Anästhesie- und OP-Personals mit Narkosegasen
- Gefahr eines Barotraumas bei Funktionsverlust des »Pop-off«-Ventils.

Die genannten Vor- und Nachteile der halboffenen Systeme ohne Nichtrückatemventil bringen es mit sich, daß diese seltener angewendet werden. Auch in der Kinderanästhesie werden heutzutage spezielle Kreissysteme verwendet, deren Atemschläuche die speziellen Atemwegswiderstands- und Totraumbedingungen insbesondere bei Kleinkindern, Säuglingen und Frühgeborenen berücksichtigen.

Halboffene Systeme mit Nichtrückatmungsventil. Diese Systeme lassen Frischgas in Richtung des Patienten fließen und ausgeatmetes Narkosegas offen aus dem System ausströmen. Dies hat zur Folge, daß ein geringerer Frischgasflow benötigt wird, der minimal dem Atemminutenvolumen des Patienten entspricht. Weitere **Vorteile** sind die schnelle Veränderbarkeit des inspiratorischen Gasgemisches; der vorhandene Reservoirbeutel ermöglicht assistierte und kontrollierte Beatmung.
Dem steht jedoch eine Reihe von **Nachteilen** gegenüber, die insbesondere auf den Eigenschaften des Nichtrückatemventils beruhen. Das Nichtrückatemventil muß unmittelbar am Patienten lokalisiert werden und ist häufig intraoperativ nicht zugänglich. Ferner erhöhen die Ventile den Atemwegswiderstand, so daß der Einsatz derartiger Systeme bei Kindern nicht empfehlenswert erscheint. Funktionsstörungen des Ventils sind z. B. Obstruktionen bei Überschreiten des Frischgasflows durch das Atemminutenvolumen oder Feststellen des Ventils in der inspiratorischen Stellung bei hohen Frischgasflows.
Aus den genannten Gründen werden Nichtrückatemsysteme, z. B. mit **Ambu-Ventil**, ausschließlich in Handbeatmungsgeräten wie dem Ambu-Beutel für Notfall- und Wiederbelebungsmaßnahmen eingesetzt (☒ 3.**9**).

Vorteile sind:
- einfache Handhabung und leichte Transportierbarkeit
- geringe Atemwegswiderstände
- geringe Totraumvolumina
- konstante inspiratorische Gaszusammensetzung
- geringe Hyperkapniegefahr.

Nachteile sind:
- hoher inspiratorischer Frischgasflow
- hierdurch ungenügende Erwärmung und Befeuchtung der Atemgase
- übermäßiger Verbrauch von teuren Inhalationsanästhetika
- hierdurch Belastung des Anästhesie- und OP-Personals mit Narkosegasen
- Gefahr eines Barotraumas bei Funktionsverlust des »Pop-off«-Ventils.

Halboffene Systeme mit Nichtrückatmungsventil Diese Systeme können wegen der Trennung der Ein- und Ausatemgasströme mit geringerem Frischgasflow betrieben werden und eignen sich auch für eine kontrollierte Beatmung.
Weitere **Vorteile** sind die schnelle Veränderbarkeit des inspiratorischen Gasgemisches und die durch den vorhandenen Reservoirbeutel ermöglichte assistierte und kontrollierte Beatmung.
Das Ventil selbst beinhaltet **Nachteile** wie Erhöhung des Atemwegswiderstandes und Gefahr konstruktionsbedingter Obstruktionen. Daher werden diese Systeme, z. B. mit einem **Ambu-Ventil** (☒ 3.**9**), ausschließlich in Handbeatmungsgeräten für Notfall- und Wiederbelebungsmaßnahmen eingesetzt.

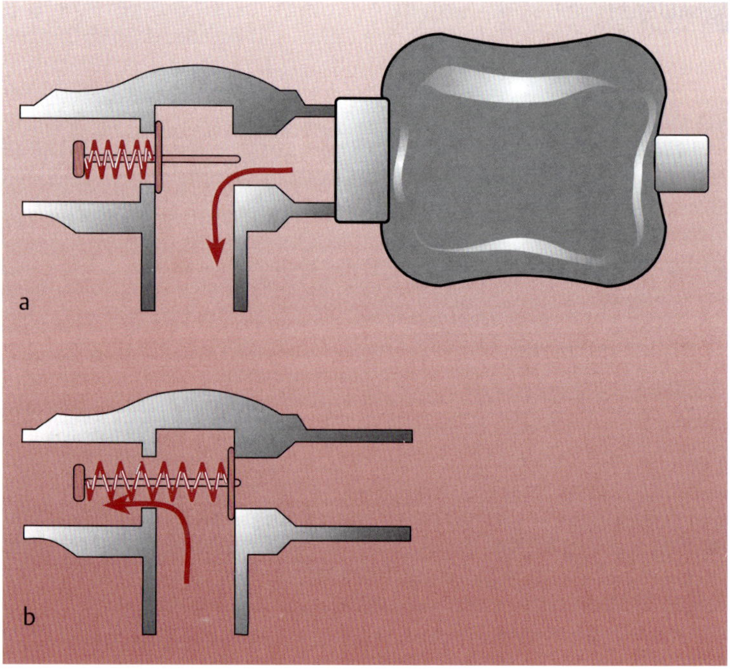

3.9: **Ambu-Ventil für die kontrollierte Beatmung.**
a Inspiration, **b** Exspiration.

Kreissysteme

Kreissysteme

Definition ►

Definition. In Kreissystemen erfolgt eine Rückatmung des vom Patienten exspirierten Gases, das im Kreisteil einen CO_2-Absorber passieren muß.

Kreissysteme werden entweder **halbgeschlossen** oder **geschlossen** betrieben.

Zum Kreissystem gehören die folgenden Bestandteile (3.**9**):
- Frischgasquelle und Dosierungseinrichtung
- In- und Exspirationsventile, die den Gasflow in eine Richtung leiten
- in- und exspiratorische Atemschläuche
- Y-Verbindungsstück zum Patienten
- Überdruckventil
- Reservoirbeutel
- CO_2-Absorber.

Kreissysteme sind definitionsgemäß entweder **halbgeschlossene** oder **geschlossene** Systeme. Dies hängt von dem Anteil des Exspirationsgasgemisches im System bzw. von der Höhe des Frischgasflows ab. In einem Kreissystem muß neben der Steuerung und Einstellung des Frischgases und der Elimination des entstandenen Kohlendioxids (CO_2) die Fortleitung des Gasstromes in eine Richtung gewährleistet sein, um eine Steigerung der Totraumventilation zu vermeiden. Ein Kreissystem besitzt folgende **Bestandteile** (3.**9**):
- Frischgasquelle und Dosierungseinrichtung (siehe S. 91 und 92)
- In- und Exspirationsventile, die den Gasflow in eine Richtung leiten
- in- und exspiratorische Atemschläuche
- Y-Verbindungsstück zum Patienten
- Überdruckventil
- Reservoirbeutel
- CO_2-Absorber.

Synopsis 3.9: Bestandteile des Narkosekreissystems

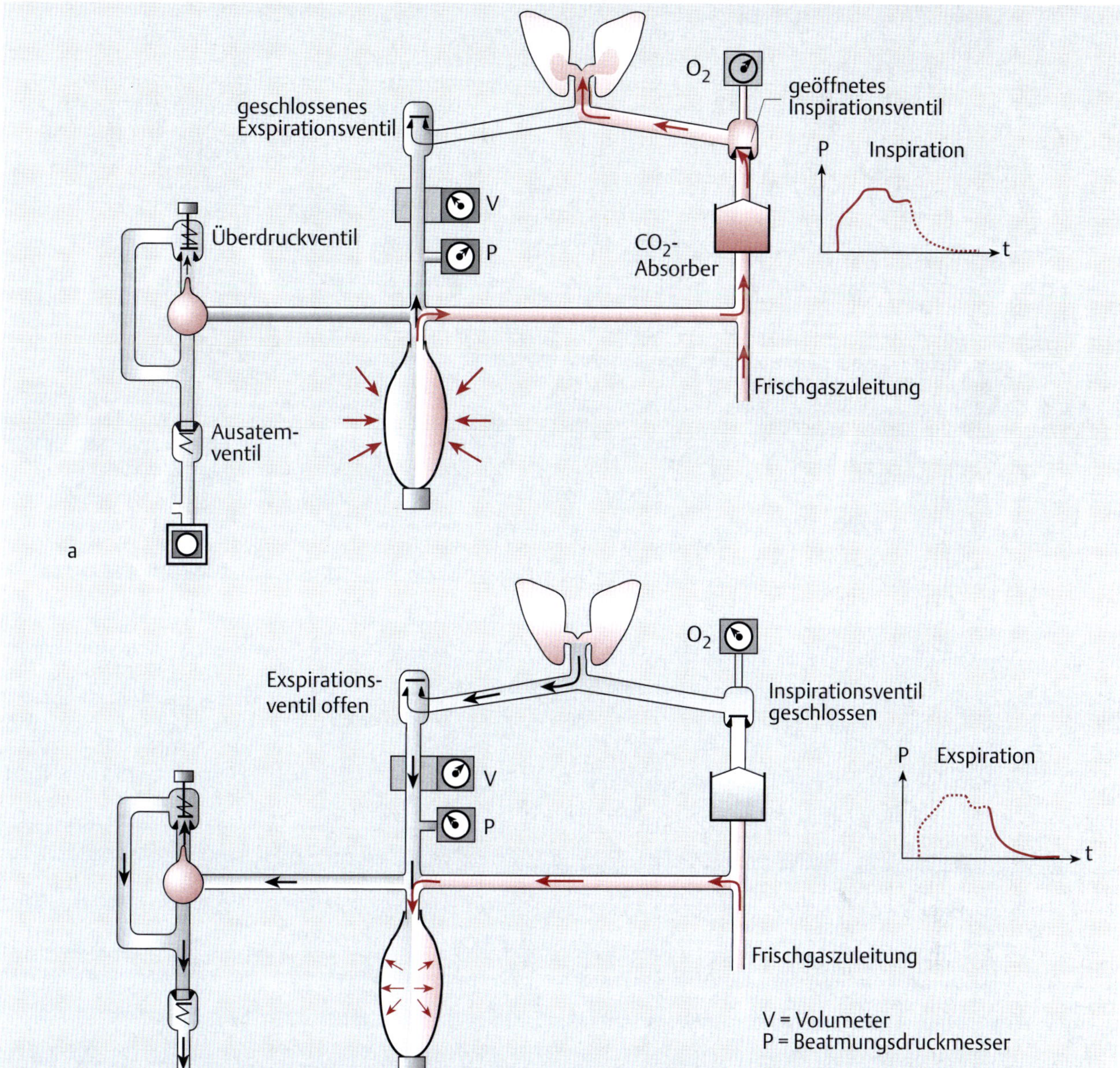

Funktionsweise des halbgeschlossenen Systems unter Beatmung (Überdruckventil eingeschaltet, gewünschter Öffnungsdruck eingestellt).

a Inspiration: Bei Kompression des Beutels verläßt ein Teil des Gasgemisches das Kreissystem am Überdruckventil, das restliche Gas strömt in den Inspirationsschenkel und gelangt nach CO_2-Absorption und Passage des geöffneten Inspirationsventils zum Patienten.

b Exspiration: Die Exspirationsluft des Patienten passiert im Exspirationsschenkel das nun geöffnete Exspirationsventil und strömt in den Atembeutel. Dort erfolgt die Mischung der Exspirationsluft mit Frischgas, der Atembeutel dehnt sich wieder aus.

Um eine Rückatmung von CO_2 im Kreissystem zu verhindern, müssen bei allen Varianten der **Positionierung** der aufgeführten Bausteine im Kreissystem 3 Forderungen erfüllt sein:

- die Ventile müssen sich zwischen dem Patienten und dem Reservoirbeutel befinden und bilden mit den durch das Y-Stück verbundenen In- und Exspirationsschläuchen das Kreissystem
- der Frischgasstrom darf nicht zwischen dem Patienten und dem Exspirationsventil in das Kreissystem eingespeist werden

Um eine CO_2-Rückatmung im Kreissystem zu vermeiden, ist eine wichtige Forderung an ein solches System, daß sich die Ventile zwischen dem Patienten und dem Reservoirbeutel befinden.

Vorteile des Kreissystems sind:
- die Inspirationsgase werden angewärmt
- sie werden relativ gut befeuchtet
- bei geschlossenen Systemen resultiert eine Minimierung der Narkosegasbelastung in der Umgebung.

- das Überdruckventil darf sich nicht zwischen dem Inspirationsventil und dem Patienten befinden.

Die **Vorteile** des Kreissystems lassen sich zusammenfassen:
- die Inspirationsgase werden angewärmt
- sie werden relativ gut befeuchtet
- bei geschlossenen Systemen resultiert eine Minimierung der Narkosegasbelastung in der Umgebung. Bei halbgeschlossenen Systemen muß der überschüssige Gasflow über das Überdruckventil in ein Narkosegasabsaugsystem eingespeist werden
- werden Low-flow- (1 l/min: 0,5 O_2 + 0,5 l N_2O) bzw. Minimal-flow-Narkosen (0,5 l/min: 0,3 l O_2 + 0,2 l N_2O) durchgeführt, können Sauerstoffverbrauch und CO_2-Aufnahme durch entsprechende Meßinstrumente kontinuierlich abgestimmt werden. Diese Narkosetechniken mit niedrigem Frischgasfluß werden mit modernen Narkosegeräten durchgeführt, die eine hohe Genauigkeit der Gasdosierung und Dichtigkeit des Systems gewährleisten.

Die Kenntnis der Dosierung der Gase im Narkosekreissystem, der Dosierung und Zumischung der verdampfbaren Anästhetika sowie der Elimination des exspirierten CO_2 über Absorber sind für das Verständnis von Narkosekreissystemen unerläßlich.

Rotameter sind Meßröhren, die aus einem konisch geformten Rohr und dem »Schwimmer« (3.10) bestehen. Über ein Feindosierventil kann ein gewünschter Flow, ablesbar auf der Flowdosierungsskala, eingestellt werden, z. B. für O_2 und N_2O.
Jedes Gerät hat einen O_2-Bypass für Notfallsituationen, der unter Umgehung der O_2-Meßröhre und des Vapors einen hohen Flow ermöglicht.

Rotameter. Zur exakten Einstellung des Frischgaszuflusses (Sauerstoff und Lachgas) in das System dienen Rotameter, d. h. Meßröhren, welche aus einem konisch geformten Rohr und einem Schwebekörper (»Schwimmer«) bestehen (3.**10**). Die Einstellung der Strömungsvolumina im Meßrohr geschieht über ein Feindosierventil. Die Rotameter sind für jedes Gas entsprechend dessen unterschiedlicher Viskosität und Dichte spezifisch geeicht. Um dem Kreissystem kurzfristig hohe Sauerstoffflows, z. B. in Notfallsituationen, zuführen zu können, befindet sich an jedem Narkosegerät ein O_2-Bypass-Ventil, dessen Betätigung den geschilderten raschen Zustrom ins Kreissystem unter Umgehung des Rotameters und Vapors ermöglicht.

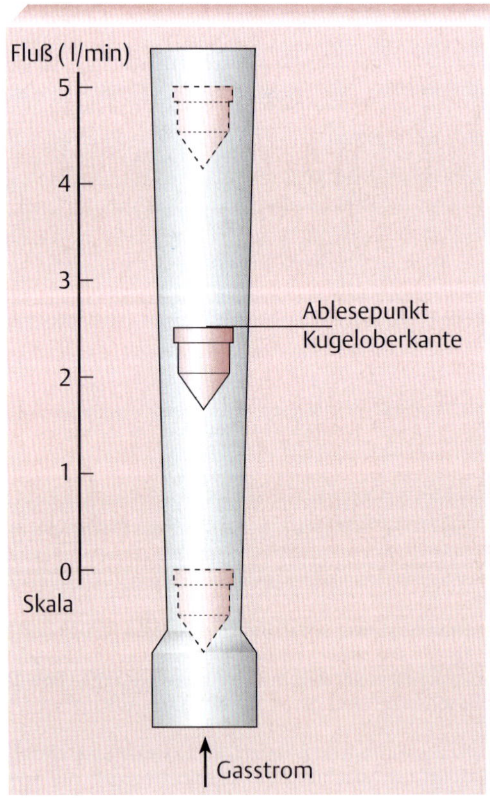

3.10: Aufbau und Ablesung von Rotameterröhren für Sauerstoff und Lachgas.

Verdampfersysteme (Vaporen)
Narkosemittelverdampfer speisen bestimmte Konzentrationen volatiler Anästhetika in das Frischgas ein; sie sind üblicherweise im Verlauf der Frischgasleitung angebracht.

Verdampfersysteme (Vaporen). Volatile Anästhetika wie Halothan, Enfluran, Isofluran, Desfluran und Sevofluran (siehe Kap. 3.3) liegen bei Raumtemperatur und unter isobaren Druckverhältnissen als Flüssigkeiten vor. Sie werden unmittelbar vor der Inhalation in den dampfförmigen Zustand versetzt. Narkosemittelverdampfer, die zuverlässig unter wechselnden Umgebungsbedingungen die Einspeisung einer bestimmten Konzentration eines volatilen Anästhetikums in das Beatmungssystem ermöglichen sollen, befinden sich üblicherweise im Verlauf der Frischgasleitung vor der Einspeisung des Narkosegasgemisches in das Kreisteil des Narkosesystems. Verschiedene Funktionsprinzipien sind im Laufe der Zeit angewendet worden. Es soll hier auf die allgemein gebräuchlichen Systeme, die das Prinzip der Oberflächenverdunstung nutzen, eingegangen werden. Für Desfluran (siehe Kap. 3.3), das einen Siedepunkt von 23,5 °C aufweist, wurde eine besondere Vaportechnologie entwickelt. Der TEC-6-Verdampfer (Ohmeda) wird im Gegensatz zu den konventionellen Verdampfern elektronisch gesteuert.

Prinzipiell wird bei dem Verdampfersystem der Frischgasflow nach Eintritt in den Vapor geteilt, wobei ein Teil des Frischgases einen Bypass-Kanal durchströmt, der andere dagegen eine Verdunsterkammer passiert, in der er Narkosemittel aus der Dampfphase des dort befindlichen Anästhetikums aufnimmt. Die Narkosemittelkonzentration im Frischgasschlauch ergibt sich aus der Zusammenführung der beiden genannten Gasflows in einer Mischkammer vor dem Verlassen des Vapors. S 3.**10** gibt das Funktionsprinzip von Verdampfersystemen wieder. Durch den Einbau von Drosselungsventilen und Metallausdehnungskörpern werden die verschiedenen Einflüsse, denen die Anästhesiegasverdunstung unterliegt, wie Veränderungen von Flow, Druck und Temperatur kompensiert, und es wird somit unter wechselnden Umgebungsbedingungen eine weitgehende konstante Konzentration der gewählten Anästhetika erreicht.

Es sind überwiegend Verdampfersysteme gebräuchlich, die konstante Konzentrationen auch bei wechselnden Umgebungsbedingungen gewährleisten.

S 3.**10** gibt das Funktionsprinzip von Verdampfersystemen wieder.

S Synopsis 3.**10: Funktionsprinzip von Verdampfersystemen**

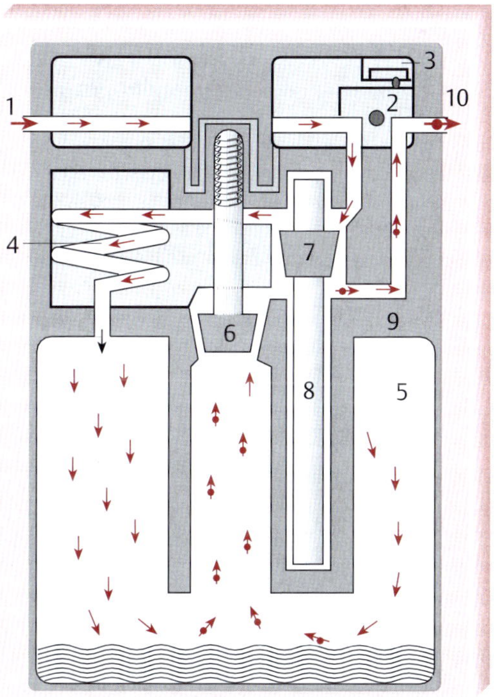

1 Frischgaseinlaß
2 Ein/Aus-Schalter (durch Handrad betätigt)
3 Handrad
4 Druckkompensation
5 Verdunsterkammer
6 Steuerkonus
7 Bypass-Konus
8 Metallausdehnungskörper
9 Mischkammer
10 Frischgasauslaß

Funktionsprinzip am Beispiel des Flow-Verdampfers **Vapor 19.n** (Dräger) für Halothan, Enfluran oder Isofluran:
Durch Drehen des Handrades (3) wird der Ein/Aus-Schalter (2) betätigt, so daß das Frischgas über den Frischgaseinlaß (1) in die Verdunsterkammer (5) strömen kann. Der Steuerkonus (6) wird durch Drehen des Handrades bewegt. Er verändert entsprechend der Einstellung des Handrades die Größe des Kapillarspaltes am Auslaß der Verdunsterkammer und damit die Menge des in die Verdunsterkammer einströmenden Frischgases. Der Bypass-Konus (7) regelt die Menge des Frischgases, das über den Bypass strömt. Temperaturänderungen werden durch den Metallausdehnungskörper (8) im Bypass-Strom kompensiert. Bei ausgeschaltetem Verdampfer strömt das Frischgas vom Frischgaseinlaß (1) über einen Bypass direkt zur Frischgasauslaßöffnung (10).

Um irrtümlich hohe Anästhetikakonzentrationen zu verhindern, müssen entsprechend der Vorschrift in der Medizinischen Geräteverordnung die vom Dosiersystem abgegebenen Anästhetikakonzentrationen hinter dem Vapor registriert und durch eine Alarmgrenze gesichert werden.

Da der Dampfdruck der Anästhesiegase in den Vaporen um ein Vielfaches höher liegt, als es für einen Patienten im Gasgemisch zu tolerieren wäre und somit Gerätedefekte oder irrtümlich hoch gewählte Anästhesiegaskonzentrationen zu Schädigungen des Patienten führen können, muß die abgegebene Anästhetikakonzentration unmittelbar hinter dem Vapor oder noch besser am Y-Stück des Beatmungssystems entsprechend den Vorschriften der Medizinischen Geräteverordnung registriert und durch Alarmgrenzen gesichert werden.

Merke ►

Merke. Jeder Vapor ist für ein bestimmtes Inhalationsanästhetikum geeicht. Verwechslungen können zu gefährlichen Intoxikationen führen.

CO_2-Absorber CO_2-Kalk- oder Bariumabsorber sollen im Atemgasgemisch effizient die CO_2-Absorption gewährleisten, dabei keine toxischen chemischen Reaktionen mit den Narkosegasen eingehen und die Atemwegswiderstände nicht erhöhen. Eine grenzwertige Absorptionskapazität wird durch einen **Farbindikator** angezeigt.

CO_2-Absorber. CO_2-Kalk- oder Bariumabsorber sollen eine effiziente CO_2-Absorption im Atemgasgemisch gewährleisten, dabei keine toxischen chemischen Reaktionen mit den Narkosegasen eingehen, die Atemwegswiderstände nicht erhöhen und zugleich kostengünstig und unkompliziert in der Anwendung sein.
Der Atemkalk besteht zu 94 % aus Kalziumhydroxid $Ca(OH)_2$, 5 % aus Natriumhydroxyd, Na(OH) und einem **Farbindikator**, der sich violett verfärbt, wenn die Absorptionskapazität des Kalkes erschöpft ist.
Der Atemkalk sollte eine möglichst hohe Oberfläche (d. h. Granula mit relativ geringem Durchmesser) und eine möglichst geringe Beeinflussung des Atemwegwiderstandes besitzen. Die chemische Reaktion bei der CO_2-Resorption läuft in 3 Schritten ab:

- CO_2 verbindet sich mit Wasser zu H_2CO_3: $CO_2 + H_2O = H_2CO_3$
- Dieses verbindet sich mit Natriumhydroxid zu Natriumkarbonat. Hierbei entstehen Wasser und Wärme: $H_2CO_3 + 2Na(OH) = Na_2CO_3 + 2H_2O$
- Kalziumhydroxid geht mit dem Natriumkarbonat eine Verbindung ein, aus der Kalziumkarbonat und erneut Natriumhydroxid entstehen: $Ca(OH)_2 + Na_2CO_3 = CaCO_3 + 2Na(OH)$.

Ähnliche Reaktionsabläufe werden mit Bariumkalk erreicht.

Narkosebeatmung

Die Durchführung einer kontrollierten oder assistierten Beatmung über einen Endotrachealtubus bei verschiedenen Narkoseverfahren bewirkt eine Vielzahl von z. T. sich gegenseitig bedingenden Veränderungen der Lungenfunktion, der Hämodynamik und der Funktionen der übrigen lebenswichtigen Organe (siehe S. 356).
Unter Beatmung werden die Ventilationsgrößen so eingestellt, daß ein PaO_2 von 80 – 100 mmHg und ein $PaCO_2$ von 36 – 45 mmHg erreicht werden.

Narkosebeatmung

Die Durchführung einer kontrollierten oder assistierten Beatmung über einen Endotrachealtubus bei verschiedenen Narkoseverfahren bewirkt eine Vielzahl von z. T. sich gegenseitig bedingenden Veränderungen der Lungenfunktion, der Hämodynamik und der Funktion der übrigen lebenswichtigen Organe (siehe S. 356). Ziel der Narkosebeatmung ist es, unter Kenntnis dieser Veränderungen beim anästhesierten Patienten einen optimalen Gasaustausch und stabile Kreislaufverhältnisse, d. h. eine Homöostase aller wichtigen Organfunktionen, sicherzustellen und bestmögliche Operationsbedingungen zu gewährleisten.
Nach Herstellung einer ausreichend tiefen Hypnose, Reflexdämpfung, Analgesie und Muskelrelaxation ist die Spontanatmungsaktivität ausgeschaltet, und es erfolgt die kontrollierte Beatmung.
Unter Beatmung sind die Ventilationsgrößen am Respirator so einzustellen, daß ein arterieller Sauerstoffdruck (PaO_2) von 80 – 100 mmHg und ein arterieller Kohlendioxiddruck ($PaCO_2$) von 36 – 45 mmHg erreicht werden.
Um die funktionelle Residualkapazität der Lunge unter Sicherstellung einer hohen alveolären Ventilation aufrechtzuerhalten, sollte die **Grundeinstellung des Narkosebeatmungsgeräts** folgendermaßen vorgenommen werden (Anhaltswerte für Erwachsene):

- **Atemzugvolumen** ca. 10 – 15 ml/kg KG
- **Beatmungsfrequenz** 10 – 12/min
- **Inspirations-/Exspirationsverhältnis** 1 : 1,5 – 1 : 2
- **inspiratorische Sauerstoffkonzentration** (FiO_2) 30 – 100 % (0,3 – 1,0) unter Zielsetzung des obengenannten PaO_2 und $PaCO_2$.

Die **Grundeinstellung des Narkosebeatmungsgerätes** wird folgendermaßen gewählt:

- **Atemzugvolumen** ca. 10 – 15 ml/kg KG
- **Beatmungsfrequenz** 10 – 12/min
- **Inspirations-/Exspirationsverhältnis** 1 : 1,5 – 1 : 2
- **inspiratorische Sauerstoffkonzentration** (FiO_2) 30 – 100 % (0,3 – 1,0) unter Zielsetzung des o. g. PaO_2 und $PaCO_2$.

Kontrolliert bzw. korrigiert werden können die eingestellten Respiratorparameter anhand eines kapnographischen und pulsoxymetrischen Monitorings sowie orientierender Blutgasanalysen.
Bei veränderten Stoffwechselbedingungen unter Narkose, in der z. B. Sauerstoffverbrauch und CO_2-Produktion in Abhängigkeit von zunehmender Narkosetiefe sinken bzw. bei Muskelzittern, bedingt durch flache Narkose, ansteigen, müssen die Beatmungsparameter jeweils überprüft und neu eingestellt werden.

Beatmungsparameter müssen Veränderungen während Narkose und Operation angepaßt werden.

Bei Allgemeinanästhesien mit erhaltener Spontanatmung kann es mit zunehmender Narkosedauer durch den Einfluß atemdepressiv wirkender Inhalationsanästhetika zur **Hyperkapnie** infolge Hypoventilation und Steigerung der Totraumventilation kommen. Hyperkapnie äußert sich u. a. durch Puls- und Blutdruckanstieg.

Hyperkapnie äußert sich u. a. durch Puls- und Blutdruckanstieg.

Allgemeinanästhesien für operative Eingriffe werden überwiegend unter kontrollierter Beatmung durchgeführt, wobei das Beatmungsmuster an die unterschiedlichen respiratorischen Bedingungen der jeweiligen Patienten angepaßt wird. Die gebräuchlichen Respiratoren werden nach folgenden **Steuerprinzipien** eingeteilt (siehe Kap. 9).
- **Volumensteuerung:** Umschaltung auf die Exspiration nach Abgabe des eingestellten Volumens
- **Drucksteuerung:** Einleitung der Exspiration nach Erreichen eines zuvor gewählten oberen Druckwertes
- **Zeitsteuerung:** zeitliche Festlegung der Dauer von In- und Exspiration
- **Flowsteuerung:** bei Unterschreiten einer bestimmten inspiratorischen Gasströmungsgeschwindigkeit (Flow) wird auf die Exspiration umgeschaltet.

Diese Steuerprinzipien sind z. T. in den heute zur Verfügung stehenden Narkosearbeitsgeräten miteinander kombiniert und ermöglichen bei entsprechender Einstellung spezielle individuelle Beatmungsmuster.

Die gebräuchlichen Respiratoren werden nach folgenden **Steuerprinzipien** eingeteilt (Kap. 9):
- **Volumensteuerung:** Umschaltung auf die Exspiration nach Abgabe des eingestellten Volumens
- **Drucksteuerung:** Einleitung der Exspiration nach Erreichen eines zuvor gewählten oberen Druckwertes
- **Zeitsteuerung:** zeitliche Festlegung der Dauer von In- und Exspiration
- **Flowsteuerung:** bei Unterschreiten einer bestimmten inspiratorischen Gasströmungsgeschwindigkeit (Flow) wird auf die Exspiration umgeschaltet.

Wirkungen der Beatmung auf die Lungenfunktion

Bei Allgemeinanästhesien kommt es unabhängig von den Eigenwirkungen der angewendeten Anästhesietechniken zu folgenden Veränderungen der Lungenfunktion:
- Abnahme der funktionellen Residualkapazität
- Verschiebung des Ventilations-/Perfusionsverhältnisses mit der Folge einer Neigung zur Atelektasenbildung (»airway-closure«)
- Anstieg des intrapulmonalen Rechts-links-Shunts
- Zunahme der Totraumventilation
- Anstieg des alveoloarteriellen Druckgradienten mit Absinken des arteriellen PO_2.

Wirkungen der Beatmung auf die Lungenfunktion

Bei Allgemeinanästhesien kommt es zu folgenden Veränderungen der Lungenfunktion:
- Abnahme der funktionellen Residualkapazität
- Verschiebung des Ventilations-/Perfusionsverhältnisses aufgrund einer Neigung zur Atelektasenbildung (»airway-closure«)
- Anstieg des intrapulmonalen Rechts-links-Shunts
- Zunahme der Totraumventilation
- Anstieg des alveolo-arteriellen Druckgradienten mit Absinken des arteriellen PO_2.

Bei der Einleitung bzw. Durchführung einer Narkose kommt es durch Verlagerung des Zwerchfells nach kranial, speziell bei adipösen Patienten, bei Horizontallagen zu einer **Verminderung der funktionellen Residualkapazität (FRC)** und der thorakalen Compliance. Hierdurch können sich Atelektasen in den abhängigen, also unteren Lungenabschnitten durch Verschluß der terminalen Luftwege (»airway closure«) ausbilden. Das kritische Lungenvolumen, bei dessen Unterschreiten Teile der Luftwege kollabieren, wird als »Closing volume« bezeichnet. Bei Absinken der FRC während der Anästhesie unter dieses kritische Volumen ist die Bildung von Mikroatelektasen vorgegeben. Zu den Auswirkungen dieser Atelektasen auf den pulmonalen Gasaustausch addieren sich die Ventilations-/Perfusionsverschiebungen, die bei Horizontallagerung gravitationsbedingt wirksam werden.

Ursache der **FRC-Verminderung** unter Narkose ist u. a. eine kraniale Verlagerung des Zwerchfells. Hierdurch können sich Atelektasen in den abhängigen, also unteren Lungenabschnitten durch Verschluß der terminalen Luftwege (»airway closure«) ausbilden. Das kritische Lungenvolumen, bei dessen Unterschreiten Teile der Luftwege kollabieren, wird als »Closing volume« bezeichnet.

Durch volatile Anästhetika wird zudem die Umleitung des pulmonalen Blutflusses durch hypoxiegesteuerte Vasokonstriktion von schlecht zu besser ventilierten Bezirken vermindert. So liegen bei narkotisierten Patienten die **alveoloarteriellen Druckgradienten ($AaDO_2$)** generell über der Norm. Der intrapulmonale Shuntanteil, d. h. der Anteil des Blutes, der bei der Lungenpassage nicht oxygeniert wird, steigt durchschnittlich von 5 % auf 10 – 15 % an. Durch kontinuierliche Überdruckbeatmung, d. h. Beatmung mit positivem endexspiratorischem Druck (PEEP), werden dagegen die

Bei narkotisierten Patienten liegen die **alveoloarteriellen Druckgradienten ($AaDO_2$)** generell über der Norm. Der intrapulmonale Shuntanteil, d. h. der Anteil des Blutes, der bei der Lungenpassage nicht oxygeniert wird, steigt durchschnittlich von 5 % auf 10 – 15 % an. Durch kontinuierliche Überdruckbeatmung, d. h. Beatmung mit positivem endexspiratorischem Druck (PEEP), wird dagegen die funktionelle Residualkapazität erhöht, das Lungenvolumen vergrößert, die Ventilations-/Perfusionsverhältnisse durch Öffnung der terminalen Luftwege verbessert mit der Folge einer Erhöhung des arteriellen PO_2.

funktionelle Residualkapazität erhöht, das Lungenvolumen vergrößert, die Ventilations-/Perfusionsverhältnisse durch Öffnung der terminalen Luftwege verbessert mit der Folge einer Erhöhung des arteriellen PO_2. Nachteilig wirkt sich dagegen aus, daß bei steigendem kontinuierlichem Druckniveau die nichtabhängigen (oben liegenden) Alveolarbezirke überbläht werden können, was dann den Ventilations-/Perfusionsgradienten wieder verschlechtert.
Um unter Allgemeinanästhesie arterielle Hypoxien zu vermeiden, sollte aus den genannten Gründen die inspiratorische Sauerstoffraktion nicht $<0{,}3$ liegen.

Auswirkungen auf die Hämodynamik

Das **Absinken des Herzzeitvolumens** unter Überdruckbeatmung ist bei Beatmung mit PEEP bzw. großen Atemzugvolumina bekannt. Die Hauptursache hierfür ist in der Verminderung des venösen Rückflusses durch Erhöhung des intrathorakalen Drucks zu sehen.

Auswirkungen auf die Hämodynamik

Das **Absinken des Herzzeitvolumens unter Überdruckbeatmung** ist bei Beatmung mit PEEP bzw. großen Atemzugvolumina bekannt. Die Hauptursache hierfür ist in der Verminderung des venösen Rückflusses durch Erhöhung des intrathorakalen Drucks zu sehen. Mit dieser Drucksteigerung und Vergrößerung der funktionellen Residualkapazität steigt auch der pulmonalvaskuläre Widerstand durch Kompression der perialveolären Gefäße. Hierdurch kommt es zu einer Rechtsherzbelastung. Infolge der Erhöhung des rechtsventrikulären »afterload« mit Vergrößerung des rechten Ventrikels tritt eine Septumverschiebung in den linken Ventrikel auf, die ein Absinken der linksventrikulären Compliance zur Folge hat. Zudem kann eine Volumenzunahme der Lunge unter PEEP die Dehnungsfähigkeit des linken Ventrikels behindern.
Die hämodynamische Reaktion auf diese Veränderungen, also der Abfall des Schlagvolumens und arteriellen Blutdrucks, hängt vom intravasalen Flüssigkeitsvolumen des Patienten ab. Autoregulative Vorgänge bewirken eine Venokonstriktion, die zu einer Steigerung des venösen Rückflusses in Richtung des Herzens führt, sowie eine Steigerung des kardialen Sympathikotonus.

Volatile Anästhetika sowie auch eine Reihe intravenöser Pharmaka erniedrigen den peripheren Gesamtwiderstand und führen zu einem Blutdruckabfall, der durch den depressiven Effekt auf Herzfrequenz und Myokardkontraktilität verstärkt wird. Therapeutische Konsequenz: Volumengabe, evtl. Gabe von Vasopressoren, Reduktion des Narkosegases.

Volatile Anästhetika sowie auch eine Reihe intravenöser Pharmaka erniedrigen den peripheren Gesamtwiderstand und führen zu einem Blutdruckabfall. Dieser wird verstärkt durch den depressiven Effekt der Inhalationsanästhetika auf Herzfrequenz und Myokardkontraktilität. Bei Kombinationsanästhesien wirken sich die negativ inotropen Effekte, die den meisten intravenösen Anästhetika zueigen sind, additiv aus. Therapeutische Konsequenzen hieraus sind eine situationsangepaßte Volumensubstitution, evtl. die Gabe von Vasopressoren und die Reduktion der Narkosegaskonzentration.

Auswirkungen auf die Nierenfunktion

Kontrollierte Überdruckbeatmung führt zu einer **Reduktion der Urinproduktion**. Die Hauptursache hierfür liegt in einem verminderten venösen Rückfluß und konsekutivem Absinken des HZV mit hierdurch reduziertem renalen Blutfluß.

Auswirkungen auf die Nierenfunktion

Kontrollierte Überdruckbeatmung führt zu einer **Reduktion der Urinproduktion**. Die Ursache hierfür wurde lange Zeit in einer Steigerung der antidiuretischen Hormon-(ADH-)Sekretion und einer vermehrten Freisetzung von Renin durch Stimulation des Sympathikotonus gesehen. Diese Mechanismen dienen jedoch eher der Erhöhung des intravasalen Volumens, so daß die Hauptursache für die reduzierte Urinproduktion in einem verminderten venösen Rückfluß und konsekutivem Absinken des Herzzeitvolumens (HZV) mit hierdurch reduziertem renalen Blutfluß liegt. Innerhalb der Nieren kommt es dabei zu einer Umverteilung des Blutes von den kortikalen zu den juxtaglomerulären Nephronen.

Bei der Beatmung mit Inhalationsanästhetika ist noch ein Eigeneffekt der Inhalationsanästhetika auf die Niere durch nephrotoxische Fluoridionen als den Produkten des Metabolismus von fluorierten Inhalationsanästhetika zu berücksichtigen.

Bei der Beatmung und gleichzeitiger Verwendung von Inhalationsanästhetika ist noch ein Eigeneffekt einiger Inhalationsanästhetika auf die Niere zu berücksichtigen. Da Fluoridionen als Produkte des Metabolismus von fluorierten Inhalationsanästhetika renal eliminiert werden müssen und dies im alkalischen Milieu besser möglich ist, kann eine medikamentöse Veränderung des Urin-pH in den sauren Bereich zu erhöhten, u. U. nephrotoxischen Fluorid-Plasmaspiegeln führen. Dies wird durch die Nierenfunktionseinschränkung bei Beatmung und eine vorbestehende Niereninsuffizienz akzentuiert.

Auswirkungen auf die Leber

Der erhöhte intraabdominelle Druck bei Überdruckbeatmung durch Tiefertreten des Zwerchfells bewirkt einen Anstieg des Pfortaderdruckes. Experimentelle Untersuchungen haben gezeigt, daß Lachgas und volatile Anästhetika die Pfortaderduchblutung reduzieren und ebenso in unterschiedlichem Ausmaß die arterielle **Leberdurchblutung** durch variierenden Widerstand der arteriellen Gefäße in der Leber **vermindern**.

Auswirkungen auf die Leber

Der erhöhte intraabdominelle Druck bei Überdruckbeatmung durch Tiefertreten des Zwerchfells bewirkt eine **Minderdurchblutung der Leber**.

Zerebrale Auswirkungen

Durch positive Druckbeatmung mit Anstieg des intrathorakalen Druckes und durch Druckerhöhung in der V. cava superior wird der **venöse Abfluß aus dem Gehirn behindert**. Bei Patienten mit verminderter intrakranieller Compliance, z. B. bei Schädel-Hirn-Trauma, kann dies über eine Zunahme des zerebralen Blutvolumens zu **intrakraniellen Druckanstiegen** >15 mmHg bis in kritische Bereiche hinein führen. Besonders nachteilig kann sich dabei zusätzlich das Absinken des arteriellen Mitteldruckes durch den verminderten venösen Rückfluß zum Herzen und damit vermindertem Herzzeitvolumen (s. o.) auswirken, da der zerebrale Perfusionsdruck (CPP) abfällt. Der CPP ist die Differenz aus mittlerem arteriellem Blutdruck (MAP) und intrakraniellem Druck (ICP) (CPP = MAP – ICP).

Durch **Hyperventilation** erzeugte Hypokapnie mit $PaCO_2$-Werten um 32 mmHg kann dagegen den zerebralen Blutfluß effektiv innerhalb der physiologischen Grenzen senken. Hierdurch wird eine Abnahme des intrakraniellen Blutvolumens und nachfolgend des ICP erreicht, d. h., die Wirkungen von PEEP auf den ICP können kompensiert werden. Bei Werten <25 mmHg $PaCO_2$ erfolgt dagegen die Durchblutungssenkung nicht mehr linear. Es kann hierbei zu kritischen Bedingungen für die zerebrale Oxygenierung in Form einer zerebralen Hypoxie kommen.

Der Effekt der Hypokapnie mit Engstellung der zerebralen Gefäße wird durch Veränderung des perivaskulären pH-Wertes erzeugt. Es wird nicht einheitlich diskutiert, inwieweit eine perivaskuläre pH-Steigerung über längere Zeit vasokonstriktiv wirksam bleiben kann.

Da alle volatilen Anästhetika eine intrakranielle Drucksteigerung durch zerebrale Durchblutungssteigerung bewirken können, sind sie für Narkosen bei Patienten mit eingeschränkter intrakranieller Compliance nicht die Narkosemittel der ersten Wahl.

Zerebrale Auswirkungen

Durch positive Druckbeatmung mit **Anstieg der intrathorakalen Drücke** und durch Druckerhöhung in der V. cava superior wird der **venöse Abfluß aus dem Gehirn behindert**.

Durch **Hyperventilation** erzeugte Hypokapnie mit $PaCO_2$-Werten um 32 mmHg kann dagegen den zerebralen Blutfluß effektiv innerhalb der physiologischen Grenzen senken.

Es wird nicht einheitlich diskutiert, inwieweit eine perivaskuläre pH-Steigerung über längere Zeit vasokonstriktiv wirksam bleiben kann.

Klinischer Fall

Eine 40jährige Patientin (160 cm, 90 kg) mit chronischem Gallensteinleiden steht zur geplanten Cholezystektomie an. Man entschließt sich, den Eingriff laparoskopisch vorzunehmen, d. h., die Gallenblase wird unter endoskopischer Sicht mit Mikroinstrumentarium entfernt. Die Patientin weist außer ihrer erheblichen Adipositas keine weiteren Risikofaktoren auf und wird der Narkoserisikoklasse ASA II zugeordnet. Als Anästhesieverfahren wird eine Intubationsnarkose gewählt. Nach Narkoseeinleitung und endotrachealer Intubation wird die Patientin unter kompletter Muskelrelaxation kontrolliert beatmet (FiO_2 0,3) und die Narkose als totale intravenöse Anästhesie fortgeführt. Im »Steady state« werden die Ausgangswerte respiratorischer und hämodynamischer Monitoringparameter registriert:

- Beatmungsspitzendruck 22 mbar
- endexspiratorischer Druck 5 mbar
- AMV (12 × 550 ml) 6,6 l
- $petCO_2$ 38 mmHg
- SaO_2 99 %
- Herzfrequenz 75/min
- MAP (oszillometrisch) 80 mmHg (125/65)

Für die Operation wird durch einen speziellen Trokar CO_2 in die Bauchhöhle insuffliert (sog. Kapnoperitoneum), wodurch sich die Eingeweide von den Bauchdecken abheben und die Übersicht über das Operationsgebiet hergestellt wird. Die Bauchhöhle wird bis zu einem Druck von ca. 15 mmHg »aufgeblasen«. Hiernach werden folgende, z.T. deutliche veränderte Werte aufgezeichnet:

- Beatmungsspitzendruck 35 mbar
- endexspiratorischer Druck 5 mbar
- AMV (12 × 550 ml) 6,6 l
- $petCO_2$ 47 mm Hg
- SaO_2 97 %
- Herzfrequenz 100/min
- MAP (oszillometrisch) 120 mmHg (150/100)

Die meisten dieser Veränderungen lassen sich durch die infolge des Kapnoperitoneums auftretende intraabdominelle Druckerhöhung erklären. Mit Steigerung des intraabdominellen Druckes (IAP) nimmt gleichfalls der intrathorakale Druck (ITP) zu, wodurch die thorakale Compliance abgesenkt wird und folglich der Beatmungsdruck ansteigt. Die verminderte funktionelle Residualkapazität kann durch die Zunahme des intrapulmonalen Rechts-links-Shunts eine Verschlechterung der Oxygenierung bewirken. Ob die geringfügige Abnahme der pulsoxymetrisch ermittelten Sauerstoffsättigung (SaO_2) darauf oder auf eine Meßungenauigkeit im Rahmen der Methode zurückzuführen ist, läßt sich ohne arterielle Blutgasanalyse hier nicht entscheiden. Da CO_2 über das Peritoneum systemisch resorbiert und vermehrt pulmonal eliminiert wird, kommt es – bei unverändertem Atemminutenvolumen (AMV) – zur Erhöhung des endexspiratorischen CO_2-Partialdruckes ($petCO_2$).
Unterstellt man eine konstante Narkosetiefe, müssen auch die hämodynamischen Veränderungen als Folge der Anlage des Kapnoperitoneums verstanden werden. Die Steigerung von IAP und ITP kann zur Abnahme des venösen Rückstromes und infolgedessen zur Verminderung der ventrikulären Füllung führen (Abnahme der Vorlast). Des weiteren bewirkt sie über eine Kompression von arteriellen Gefäßen im Abdomen und Thorax eine Zunahme des peripheren und damit des Auswurfwiderstandes des linken Ventrikels (Zunahme der Nachlast). Vorlastabnahme und Nachlastzunahme haben einen Abfall des Herzminutenvolumens zur Folge. Um dem entgegenzuwirken, kommt es zur reflektorischen Steigerung der sympathischen Aktivität mit konsekutiver Erhöhung der Herzfrequenz und des Gefäßwiderstandes. Die Steigerung des arteriellen Blutdruckes muß allerdings in erster Linie als direkte Folge der Kompression arterieller Gefäße gesehen werden. Man beachte die ausgeprägte Zunahme des diastolischen Blutdruckes als Ausdruck der Widerstandserhöhung im Verein mit einer Abnahme der Blutdruckamplitude, die den Abfall des Schlagvolumens reflektiert.

3.1.5 Narkoseüberwachung

Die Überwachung der Vitalfunktionen des Patienten, Überwachung der Parameter von Narkosegerät und sonstiger apparativer Ausstattung sowie die eigentliche Überwachung der Narkose sind eine zentrale Aufgabe anästhesiologischer Tätigkeit.

Darüber hinaus bestehen Verpflichtungen zur Dokumentation und Qualitätssicherung.

3.1.5 Narkoseüberwachung

Während Narkose und Operation unterliegt der Patient einer Vielzahl von gefährdenden Einflüssen. Die Überwachung der Vitalfunktionen des Patienten, Überwachung der Parameter von Narkosegerät und sonstiger apparativer Ausstattung sowie die eigentliche Überwachung der Narkose sind eine zentrale Aufgabe anästhesiologischer Tätigkeit und erfordern eine ausreichende theoretische und praktische Qualifikation des Anästhesisten. Seine Erfahrung, pathophysiologische Veränderungen beim Patienten perioperativ sicher einschätzen zu können, ist Voraussetzung für die frühzeitige Erfassung von Homöostasestörungen verschiedenster Organsysteme und für eine zuverlässige und konsequente korrigierende Therapie.
Durch die rasche Entwicklung medizintechnologischer Möglichkeiten stehen eine Vielzahl von Überwachungs- und Warnsystemen zur Verfügung. Darüber hinaus bestehen Verpflichtungen zur Dokumentation und Qualitätssicherung, die im Rahmen von EDV-unterstützten Narkoseprotokollen zu verwirklichen sind.

Die prä-, intra- und postoperative **klinische Überwachung** wird ergänzt durch das **apparative Monitoring**. Weiterhin wird die Information durch Datenerhebung vor der Operation, also durch **exploratives Datenmanagement**, sowie durch ein **resümierendes Datenmanagement** ergänzt. Hierbei werden die intraoperativen Daten selektiv nach Wertigkeit protokollartig zusammengefaßt. Damit kann eine Kontinuität von Überwachung und Behandlung in der postoperativen Phase im Aufwachraum bzw. auf der Intensivstation gewährleistet werden (3.**9**).

Die prä-, intra- und postoperative **klinische Überwachung** wird ergänzt durch das **apparative Monitoring** (3.**9**).

3.9: Perioperative anästhesiologische Datenerfassung

Klinik	Überwachungsdaten Management
Prämedikationsvisite	Datensammlung, Information, Narkoseplanung, Dokumentation
↓	↓
Narkoseeinleitung	»On-line«
↓	überwachen
Narkosedurchführung	steuern
↓	dokumentieren
Narkoseausleitung	↓
↓	Informationstransfer
Aufwachraum	Selektion
↓	Transfer
Übergabe an Station / ICU	Dokumentation

Klinische Überwachung

Ungeachtet der Entwicklung einer Vielzahl von apparativen Hilfsmitteln zur Narkoseüberwachung sind die mit Hilfe der Sinne erhobenen Befunde die Grundlage einer jeglichen Zustandseinschätzung des Patienten. Die klinische Überwachung umfaßt:
- Inspektion
- Palpation
- Perkussion
- Auskultation.

Die Ergebnisse apparativer Methoden ergänzen die Befunderhebung als Voraussetzung für die Einschätzung von Narkosequalität, Operationsbelastung, Narkoseführung und homöostasekorrigierender Maßnahmen.

Klinische Überwachung

Die klinische Überwachung umfaßt:
- Inspektion
- Palpation
- Perkussion
- Auskultation.

Die Ergebnisse apparativer Methoden ergänzen die Befunderhebung als Voraussetzung für die Einschätzung von Narkosequalität, Operationsbelastung, Narkoseführung und homöostasekorrigierender Maßnahmen.

Inspektion

Im Rahmen der intraoperativen Narkoseüberwachung durch Inspektion stehen verschiedene, häufig relativ kleine Hautregionen für die Überwachung zur Verfügung (3.**10**).

Inspektion

In 3.**10** sind Inspektionsmöglichkeiten während der Narkose aufgelistet.

3.10 Inspektion während Narkose

- ▷ **Haut** (Fingernägel), Schleimhaut
- ▷ **Augen** (Pupillen, Konjunktiven, Tränenfluß)
- ▷ **Skelettmuskulatur** (Abdomen, Thorax, Extremitäten)
- ▷ **Operationsfeldkontrolle** (Blutung, Anämie, Feuchte, Muskelrelaxation)
- ▷ **Lagerungskontrolle**

Haut und Schleimhäute sind bezüglich ihrer Färbung und ihres Aussehens geeignet, um Rückschlüsse auf ihre Durchblutung zu ziehen (Nageldruckversuch).

Hämatome, punktförmig oder flächig, sowie **Blutungen** aus Punktionsstellen geben Hinweise auf Blutstillungs- und Gerinnungsstörungen.

Pupillenweite und -reagibilität weisen auf den Zustand des ZNS hin. Weite Pupillen sind Ausdruck der Exzitation bei unzureichender Narkosetiefe oder einer zu tiefen Narkose mit Paralysierung der Okulomotoriuskerne.

Bei inkompletter Muskelrelaxation sind **Skelettmuskelbewegungen** Ausdruck unzureichender Narkosetiefe bzw. unzureichender Muskelrelaxation.

Thoraxbewegungen müssen vor allem nach Intubation bei Beatmung unter Relaxation umgehend kontrolliert werden, um Hinweise auf seitengleiche Ventilation zu bekommen.

Die **Operationsfeldkontrolle** gibt Hinweise auf Perfusionsverminderung, Anämie, Relaxationsabnahme oder aktuellen Blutverlust.
Einsehbare Körperpartien müssen im Hinblick auf eine korrekte **Lagerung** (siehe Kap. 3.1.6) intermittierend kontrolliert werden, um intraoperative Lagerungsschäden zu vermeiden.

Palpation

Wesentliche Palpationsmaßnahmen während der Narkose sind in ▤3.**11** zusammengestellt.

Haut und Schleimhäute sind bezüglich ihrer Färbung und ihres Aussehens geeignet, um Rückschlüsse auf ihre Durchblutung zu ziehen. Hierbei kommt insbesondere auch den Fingernägeln eine Bedeutung zu, da hier durch Inspektion in Kombination mit einem **Nageldruckversuch** Rückschlüsse auf die Reperfusion des Nagelbettes nach druckbedingter Perfusionsunterbrechung gezogen werden können. Zyanosen sind erst bei Werten des reduzierten Hämoglobins >5 g/dl als Ausdruck eines Sättigungsdefizites erkennbar. Eine Blässe der Haut kann erst in Zusammenhang mit anderen Informationen als Anämie gedeutet werden, z. B. wenn im Operationsfeld blasse Gewebsoberflächen auffallen.
Ödeme der Haut geben Hinweise auf Extravasationen von Flüssigkeit. **Hämatome**, punktförmig oder flächig, sowie **Blutungen** aus Punktionsstellen geben Hinweise auf Blutstillungs- und Gerinnungsstörungen.
Die Augeninspektion ermöglicht eine Reihe von Informationen. **Pupillenweite und -reagibilität** weisen auf den Zustand des ZNS hin. Weite Pupillen sind Ausdruck der Exzitation bei unzureichender Narkosetiefe oder einer zu tiefen Narkose mit Paralysierung der Okulomotoriuskerne. Zur Differenzierung kann die Reagibilität der Pupillen auf Licht herangezogen werden. Tränenfluß und Gefäßinjektion der Konjunktiven weisen auf eine zu flache Narkose hin. Stecknadelkopfenge Pupillen sind Hinweis auf die Gabe von Opioiden, die klinisch eine Miosis hervorrufen.
Aktive **Bewegungen der Skelettmuskulatur** können intraoperativ bei kompletter Unterbrechung der neuromuskulären Übertragung durch Muskelrelaxanzien nicht erwartet werden. Bei inkompletter Muskelrelaxation hingegen sind Skelettmuskelbewegungen Ausdruck unzureichender Narkosetiefe bzw. unzureichender Muskelrelaxation. Einsetzende Bauchpresse bei eröffnetem Abdomen wird durch das Hervortreten von Bestandteilen des Abdomens vor die Bauchwand augenscheinlich. **Thoraxbewegungen** müssen vor allem nach Intubation bei Beatmung unter Relaxation umgehend kontrolliert werden, um Hinweise auf seitengleiche Ventilation zu bekommen. Dies ist insbesondere an der gleichartigen Bewegung der oberen Thoraxquadranten beiderseits erkennbar. Eingeschränkte Atembeweglichkeit der linken Thoraxhälfte ist in der Regel die Folge einer zu tiefen endotrachealen Intubation mit Einführung der Tubusspitze in den rechten Hauptbronchus, was zur Belüftung der rechten und Minderbelüftung der linken Lunge führt.
Die **Operationsfeldkontrolle** gibt im intraoperativen Ablauf eine Reihe von wichtigen Hinweisen. Abgesehen von der Kontrolle des Operationsfortschritts wird das Auftreten akuter Blutungen erkennbar. Neben dem aktuellen Blutverlust sind Perfusionsverminderung, Anämie oder Relaxationsabnahme intraoperativ sofort abschätzbar.
Mit den genannten, nur unvollständig auflistbaren Überwachungsqualitäten durch Inspektion sei als letztes die Notwendigkeit erwähnt, einsehbare Körperpartien des Patienten bezüglich der **Lagerung** (siehe Kap. 3.1.6) intermittierend zu kontrollieren, um intraoperative Lagerungsschäden zu minimieren.

Palpation

Bei der **Palpation** steht während der Narkose wiederum die Haut im Vordergrund. Aus der palpatorischen Untersuchung der Haut (▤3.**11**) lassen sich folgende Schlüsse ziehen:

▤ 3.11: Palpation während der Narkose

- ▷ **Haut** (Temperatur, Feuchtigkeit, Turgor)
- ▷ **Arterien** (Pulsfrequenz, -rhythmus, -qualität)
- ▷ **Atmung** (Thorax, Atembeutel)
- ▷ **Augen** (Bulbusdruck)

Erwärmung der **Haut** im Rahmen eines septischen Schubes weist auf periphere Vasodilatation hin. Zentralisation der Hautgefäße kann Folge eines

intravasalen Volumenmangels, Ausdruck zu flacher Narkose, unzureichender Analgesie oder einer Hypothermie sein.
Die **Haut** ist bei ausreichend tiefer Narkose und stabilen Kreislaufverhältnissen trocken und warm. Der Turgor der Haut gibt vor allem initial Hinweise auf eine ausreichende Flüssigkeitssubstitution, eine Exsikkose oder auf eine Ödembildung.
Die Palpation **peripherer Arterien** läßt Rückschlüsse auf den arteriellen Blutdruck zu und gibt Auskunft über die Pulsfreqenz, den Pulsrhythmus und die Pulsqualität (z. B. Pulsus celer, Pulsus altus, Pulsus frequens, Pulsus regularis).
Die Beatmung des Patienten oder seine Spontanatmung können auch palpatorisch durch Auflegen der Hände auf den **Thorax** grob erfaßt werden. Bei der Palpation sind Vibrationen im Thoraxbereich Ausdruck von Sekretansammlungen im Bronchialbereich, die ebenfalls als Vibrationen im Narkoseschlauchsystem und im Atembeutel palpiert werden können.
Bei der Palpation der **Augen** können anhand des Bulbusdruckes (Über- oder Unterdruck) grobe Rückschlüsse auf den Hydratationszustand des Patienten gezogen werden.

Die **Haut** ist bei ausreichend tiefer Narkose und stabilen Kreislaufverhältnissen trocken und warm.

Die Palpation **peripherer Arterien** läßt Rückschlüsse auf den arteriellen Blutdruck zu und gibt Auskunft über die Pulsfrequenz, den Pulsrhythmus und die Pulsqualität.
Bei der Palpation des **Thorax** sind Vibrationen Ausdruck von Sekretansammlungen im Bronchialbereich.

Bei der Palpation der **Augen** können grobe Rückschlüsse auf den Hydratationszustand des Patienten gezogen werden.

Perkussion

Die Perkussion von Thorax und Abdomen ist für die Narkose prinzipiell sehr bedeutsam (3.**12**), läßt sich aber unter Operationsbedingungen oftmals nur unzureichend durchführen.

Perkussion

Die Perkussion von Thorax und Abdomen ist für die Narkose prinzipiell sehr bedeutsam, läßt sich aber unter Operationsbedingungen oftmals nur unzureichend durchführen (3.**12**).

3.12: Perkussion während Narkose

- **Thorax** (Lungenausdehnung, Pneumothorax, Hämatothorax)
- **Abdomen** (Gasgehalt des Intestinums, Pneumoperitoneum, Aszites)

Mit der Thoraxperkussion kann die atem- oder beatmungsabhängige Lungenausdehnung festgestellt bzw. können Symptome von Pneumothorax- und/oder Hämatothoraxbildung erfaßt werden. Abdominell werden Hinweise auf einen erhöhten Gasgehalt des Intestinums, auf ein Pneumoperitoneum oder Aszites gewonnen. Diese Ansammlungen von Luft oder Flüssigkeit in Abdomen führen zum Zwerchfellhochstand mit nachfolgender Beeinträchtigung der Ventilation.

Auskultation

Die **Auskultation** mittels Stethoskop ist perioperativ eine unverzichtbare Maßnahme (3.**13**). Die Auskultation von Atmung und Herzaktion erfolgt transthorakal oder transösophageal.

Auskultation

Die **Auskultation** mittels Stethoskop ist perioperativ eine unverzichtbare Maßnahme (3.**13**).

3.13 Auskultation während Narkose

- **Atemgeräusch** (Tubuspositionierung)
- **Herzaktion** (Töne, Frequenz, Rhythmus, Geräusche)
- **Abdomen** (Peristaltik, Positionierung einer Magensonde)

Eine Standardüberprüfung des Atemgeräusches ist vor und nach endotrachealer Intubation notwendig, um eine korrekte Tubuspositionierung (seitengleiches Beatmungsgeräusch) zu kontrollieren. Die Herzaktion kann bezüglich Tönen, Frequenz, Rhythmus und Geräuschen transthorakal nur schlecht beurteilbar sein; bei Verwendung eines Ösophagusstethoskopes ist ein positionsbedingter akustischer Qualitätszuwachs zu erwarten.
Durch abdominelle Auskultation kann die gastrointestinale Peristaltik eingeschätzt werden. Hyperaktivitäten vor Stenosen oder Aktivitätsverluste im Zusammenhang mit Ileus- und Subileussymptomatik können auf diese

Die Überprüfung des Atemgeräusches ist vor und nach endotrachealer Intubation standardmäßig notwendig, um die korrekte Tubuspositionierung (seitengleiches Beatmungsgeräusch) zu kontrollieren.

Durch abdominelle Auskultation kann die gastrointestinale Peristaltik eingeschätzt werden. Es kann weiterhin auskultatorisch durch Luftinjektion in die Magensonde dessen korrekte Positionierung überprüft werden.

Insbesondere bei schwieriger Zugänglichkeit des Patienten dient ein **Ösophagusstethoskop** (3.**11**) zur Überwachung von Atmung und Herzaktion.

Weise festgestellt werden. Weiterhin kann auskultatorisch durch Luftinjektion in die Magensonde deren korrekte Positionierung überprüft werden.
Insgesamt ist die Auskultation ein Bestandteil des intraoperativen Monitorings, hier schwerpunktmäßig während Kinderanästhesien, aber auch bei Narkosen im Erwachsenenalter mit schwieriger Zugänglichkeit des Patienten (z.B. bei Strumektomien). Hier dient ein **Ösophagusstethoskop** (3.**11**) zur Überwachung von Atmung und Herzaktion.

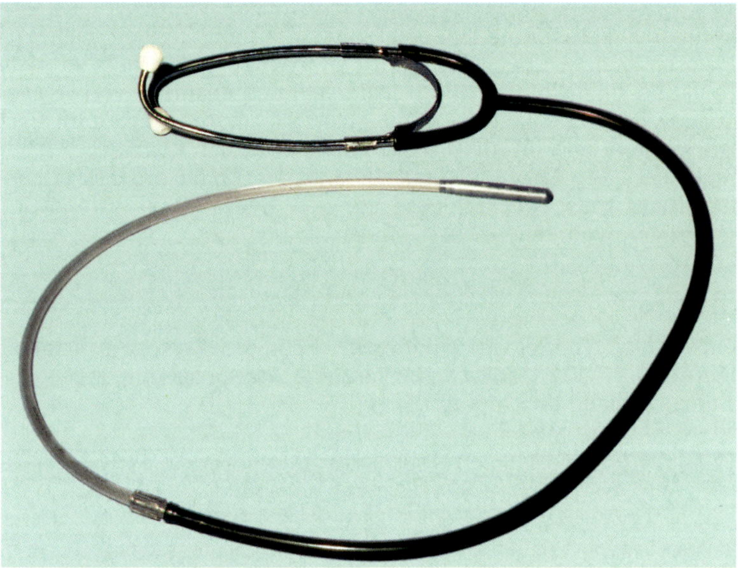

3.11: Ösophagusstethoskop.

Apparative Überwachung

(Siehe auch Kap. 9) In der apparativen Patientenüberwachung stehen anwenderfreundliche, insbesondere auch nichtinvasive technische Überwachungsverfahren zur Verfügung.

Es muß zwischen einem Basis- oder Minimalmonitoring sowie einem speziellen oder erweiterten Monitoring unterschieden werden, das darüber hinaus noch um differenzierte Monitorkomponenten ergänzt werden kann. Zum **Basismonitoring** gehören das **EKG**, die nichtinvasive **Blutdruckmessung** und die **Pulsoxymetrie**.

Die **Invasivitätsstufen** der perioperativen Patientenüberwachung sind in der 3.**14** zusammengestellt.

Apparative Überwachung

(Siehe auch Kap. 9) In der apparativen Patientenüberwachung ist heute durch die Entwicklung von Mikroprozessoren sowie von zuverlässigen und leistungsfähigen Signalaufnehmern ein technisch begründeter Wandel vollzogen. Es stehen anwenderfreundliche, insbesondere auch nichtinvasive technische Überwachungsverfahren zur Verfügung. **Jeder Patient muß während der Narkose hinreichend und sorgfältig überwacht werden**, jedoch muß das Ausmaß der Überwachung aus medizinischen, organisatorischen und ökonomischen Gründen nicht für jede Maßnahme und jeden Patienten gleich groß sein. Es muß zwischen einem Basis- oder Minimalmonitoring sowie einem speziellen oder erweiterten Monitoring unterschieden werden, das darüber hinaus noch um differenzierte Monitorkomponenten ergänzt werden kann. Im Zusammenhang mit der Verpflichtung zur Überwachung ist das **Basismonitoring** relativ gut bestimmbar. Hierzu gehören das **EKG**, die nichtinvasive **Blutdruckmessung** und die **Pulsoxymetrie**. Alle darüber hinausgehenden Maßnahmen können nicht grundsätzlich festgelegt werden, da dies vor dem Hintergrund der sich ständig im Fluß befindlichen Entwicklungen und der Individualität eines jeden zu versorgenden Einzelfalles problematisch ist.
Bei Einsatz des apparativen Monitorings muß man sich auch über dessen Invasivität im Zusammenhang mit der individuellen Indikationsstellung klar werden (Nutzen-Risiko-Abwägung). Die **Invasivitätsstufen** der perioperativen Patientenüberwachung sind in der 3.**14** zusammengestellt.

3.14: Invasivitätsstufen der perioperativen Patientenüberwachung

Stufe	Bedingung	Beispiel
▷ **nichtinvasiv**	Meßwertaufnehmer auf der Haut	EKG-Elektroden Pulsoxymetersensor Blutdruckmanschette EEG-, EP-Elektroden TCD-Sonde
▷ **minimalinvasiv**	lokale Penetration oder Behandlung der Haut	periphere i.-v. Kanüle Rasieren und Erwärmen der Haut für O_2-/CO_2-Elektroden O_2-Histographie
▷ **intraluminal-nichtgefäß-invasiv**	Einführen von Sonden und Meßfühlern in Körperöffnungen	TEE Blasenkatheter
▷ **invasiv**	Gefäßkatheter Einführen von Meßfühlern	arterielle und zentralvenöse Katheter Pulmonalis-Katheter Hirndrucksonde

Hier ist als erste Stufe das **nichtinvasive** Monitoring aufgeführt, bei dem sich Meßwertaufnehmer auf der Haut befinden, wie z. B. EKG-Elektroden, Pulsoxymetersensor, Blutdruckmanschette, EEG-Elektroden und die temporal extern aufgesetzte transkranielle Doppler-Sonde (TCD).

Hier ist als erste Stufe das **nichtinvasive** Monitoring aufgeführt, bei dem sich Meßwertaufnehmer auf der Haut befinden.

Als **minimalinvasiv** sind Maßnahmen zu bezeichnen, bei denen die lokale Penetration vorgenommen oder die Haut vorbehandelt wird wie beim Legen einer peripheren intravenösen Kanüle, beim Rasieren und Erwärmen der Haut für O_2- und CO_2-Elektroden oder bei dem Einstich mit dünnster Nadel, z. B. für Sauerstoffmessungen im Gewebe.

Als **minimalinvasiv** sind Maßnahmen zu bezeichnen, bei denen die lokale Penetration vorgenommen oder die Haut vorbehandelt wird.

In der Reihe der zunehmenden Invasivität soll zunächst noch die Stufe des **intraluminären/nichtgefäßinvasiven** Monitorings benannt werden. Hiermit werden Verfahren bezeichnet, bei denen Sonden und Meßfühler in Körperöffnungen eingeführt werden, wie z. B. bei der transösophagealen Echokardiographie (TEE) bzw. bei der Bilanzierung der Flüssigkeit über einen Blasenkatheter.

Bei **intraluminär/nichtgefäßinvasiven** Maßnahmen werden Sonden und Meßfühler in Körperöffnungen eingeführt.

Der Begriff **»invasiv«** ist für verbleibende Maßnahmen reserviert wie alle Gefäßkatheter sowie das Einführen von Meßfühlern **in die Nähe zu überwachender Organsysteme**, wie z. B. arterieller und zentralvenöser Katheter, der Pulmonalis-Katheter als Rechtsherzkatheter oder auch eine Hirndrucksonde, die epidural, intraparenchymatös oder intraventrikulär plaziert werden kann.

Der Begriff **»invasiv«** ist für verbleibende Maßnahmen reserviert wie alle Gefäßkatheter sowie das Einführen von Meßfühlern.

Im folgenden soll auf die Schwerpunkte apparativer Überwachung eingegangen werden.

Kreislaufüberwachung

In 3.**15** sind die wesentlichen Parameter der Kreislaufüberwachung aufgelistet.

Kreislaufüberwachung

In 3.**15** sind die wesentlichen Parameter der Kreislaufüberwachung aufgelistet.

Als Standardmaßnahme steht die **EKG**-Ableitung II zur Verfügung, darüber hinaus die Ableitung V_5, mit denen Arrhythmien sowie Störungen der Erregungsleitung und -rückbildung erfaßt werden können (siehe auch Kap. 2.2.2). 3.**16** zeigt, welche Informationen aus dem kontinuierlichen EKG-Monitoring gewonnen werden können. In 3.**17** sind die Indikationen zur perioperativen Anwendung des EKG dargestellt.

3.15: Kreislaufmonitoring

- EKG
- Pulsoxymetrie
- systemischer Blutdruck
  - invasiv-kontinuierlich (intraarteriell)
  - nichtinvasiv-diskontinuierlich (Oszillometrie, Servomanometrie)
- ZVD
- Drücke im kleinen Kreislauf (PAP, pulmonal-kapillärer Verschluß- (»Wedge-«)Druck
- zentral-(gemischt-)venöse O_2-Sättigung
- transösophageale Doppler-Echokardiographie (TEE)
- HZV-Messung (Kältedilution, TEE, einfacher Doppler, Bioimpedanz)

3.16: EKG-Monitoring

Herzfrequenz	normal, Bradykardie, Tachykardie
Herzrhythmus	Sinusrhythmus, supraventrikuläre/ventrikuläre Rhythmusstörungen, künstlicher Schrittmacher
Reizleitung	normale Überleitung, AV-Block, Schenkelblock
Repolarisation	normale Rückbildung, ST-Veränderungen, Myokardischämie, -infarkt, Elektrolytentgleisungen
Kreislaufstillstand	Asystolie, Kammerflimmern/-flattern, elektromechanische Dissoziation

3.17: Indikationen zur perioperativen Anwendung des EKG

- **präoperative Diagnostik**
  - Herzfrequenz und -rhythmus (Bradykardie, Tachykardie, supraventrikuläre und ventrikuläre Rhythmusstörungen)
  - ischämische Herzerkrankung (Veränderungen des QRS-Komplexes und des ST-Segments)
  - Herzvergrößerung (atriale und ventrikuläre Hypertrophie aus dem präoperativen EKG)
  - Blockbilder (sinusatrialer und atrioventrikulärer Überleitungsblock, Blockbilder I°, II°, III°, Hemiblock)
  - Elektrolyte und/oder Pharmakaeffekte (z. B. Hypokaliämie, Digitalis)
  - Perikarderkrankungen (Perikarditis, Perikarderguß aus dem präoperativen EKG)
  - Langzeit-EKG (24 – 72 h) (Suche nach ischämisch bedingten ST-Segmentveränderungen)
- **intraoperatives Monitoring**
  - Arrhythmie und Ischämie
  - Elektrolytveränderungen
  - Überwachung der Schrittmacherfunktion
- **postoperativer Einsatz**
  - Arrhythmiedetektion (in Zusammenhang mit Blutgas- und/oder Elektrolytveränderungen im Blut)
  - myokardiale Ischämie- bzw. Infarktdiagnostik

Während der kontinuierlichen EKG-Überwachung werden indirekt wichtige Informationen über die Herzfunktion geliefert.

Während der kontinuierlichen EKG-Überwachung werden indirekt wichtige Informationen über die Herzfunktion geliefert wie Arrhythmie, Elektrolytverschiebungen, Ischämie und abnorme Schrittmacherfunktionen, die erste Beeinträchtigungen der Ventrikelfunktion bewirken können. Weiterhin sind beispielsweise ST-Streckenalterationen und Arrhythmien häufig Zeichen von Myokardischämien. Tachykardie bzw. Tachyarrhythmien können Frühzeichen einer beginnenden Malignen-Hyperthermie-Krise sein. Von besonderer Bedeutung ist die EKG-Information bei Kreislaufstillstand (siehe Kap. 8), da sofort feststeht, ob es sich um eine Asystolie, ein Kammerflimmern oder eine elektromechanische Dissoziation, d. h. vorhandene EKG-Komplexe bei fehlendem kardialen Auswurf, handelt.

Die Überwachung des **arteriellen Blutdruckes** gehört zum Standardmonitoring einer Narkose und wird im Regelfall **nichtinvasiv** gemessen. Die nichtinvasive arterielle Blutdruckmessung kann auf der Basis verschiedener Meßtechniken durchgeführt werden:

Nichtinvasive arterielle Blutdruckmessung kann auf der Basis verschiedener Meßtechniken durchgeführt werden:
- **Oszillometrie**

Bei der **Oszillometrie** wird das Maximum von blutdrucksynchronen Oszillationen an der aufgepumpten Blutdruckmanschette elektronisch registriert und als Mitteldruck angegeben. Der ermittelte systolische Druckwert entspricht dem Beginn der Oszillationen, der diastolische dem Sistieren. Diese Methode steht in automatischen Blutdruckmeßgeräten mit in der Routine zufriedenstellender elektronischer Fehlerelimination zur Verfügung.

- klassische Auskultationsmethode der **Korotkoff**-Töne

Die klassische Auskultation der **Korotkoff**-Töne ist immer noch klinischer Standard bei nicht vorhandener apparativer Ausstattung und kann mit Hilfe der Blutdruckmanschette und des Stethoskops durchgeführt werden.

- **Ultraschallregistrierungen** der Arterienwandbewegungen
- **Servomanometrie.**

Weitere Möglichkeiten sind **Ultraschallregistrierungen** der Arterienwandbewegungen mittels Doppler-Verfahren oder ein neues kontinuierliches nichtinvasives Verfahren, die **Servomanometrie**, bei der ein in eine pneumatische Fingermanschette eingebauter Photodetektor die sich mit den arteriellen Volumenpulsationen ändernde Durchlässigkeit für photoelektrische Impulse mißt. Hiermit können auch abrupte Druckänderungen erfaßt werden. Vergleichende Blutdruckmessungen mit invasiven und nichtinvasiven Methoden zeigen eine sehr gute Korrelation, insbesondere auch in speziellen Lebensaltern, vor allem bei kleinen Kindern und Neugeborenen.

Die Überwachung des Blutdruckes bei kardiozirkulatorischen Risikopatienten im Zusammenhang mit langdauernden, belastenden Operationen erfolgt in der Regel als **invasive Blutdruckmessung**.

Die Überwachung des Blutdruckes bei kardiozirkulatorischen Risikopatienten im Zusammenhang mit langdauernden, kreislaufbelastenden Operationen erfolgt in der Regel als **invasive Blutdruckmessung**, die auch regelmäßige arterielle Blutgasanalysen erlaubt. Nach Kanülierung einer Systemarterie, z. B. der A. radialis (siehe Kap. 3.1.1), wird der Druckpuls über ein mit Elektrolytlösung gefülltes Schlauchsystem auf einen elektromechanischen Druckwandler übertragen, in elektrische Energie umgewandelt und als kontinuierliche Kurve auf dem Monitor bzw. der Registriereinheit dargestellt. Bei dieser Meßtechnik wird aus systolischem und diastolischem Blutdruck elektronisch der Mitteldruck bestimmt, der in peripheren Arterien näherungsweise aus dem Quotienten (Systole + 2 × Diastole)/3 errechnet werden kann.

Der **zentrale Venendruck** entspricht dem Druck an der Einmündung der V. cava in den rechten Vorhof. Der zentrale Venendruck informiert über den Füllungszustand des intrathorakalen Venensystems und des rechten Vorhofes sowie über das intravasale Volumen.

Über zentralvenöse Katheter (siehe Kap. 3.1.1) kann der **zentrale Venendruck** gemessen werden, der dem Druck an der Einmündung der V. cava in den rechten Vorhof entspricht. Der zentrale Venendruck informiert über den Füllungszustand des intrathorakalen Venensystems und des rechten Vorhofs sowie über das intravasale Volumen. Intrathorakale Druckschwankungen durch Atmung oder Beatmung nehmen Einfluß auf den zentralen Venendruck. Bei intravasalem Volumenmangel kommt es zu einer Erniedrigung, bei Rechtsherzversagen zum Anstieg des ZVD.

Für spezifische Überwachungsaufgaben im Rahmen aufwendiger und langdauernder Operationsmaßnahmen bzw. bei belastenden kardiovaskulären Begleiterkrankungen des Patienten steht der **Pulmonalis-Katheter** zur Überwachung des kleinen Kreislaufs und des linken Herzens zur Verfügung (siehe Kap. 3.1.1). Der Pulmonalarterienkatheter vermittelt 3 grundsätzliche hämodynamische Informationen: rechts- und linksseitige intrakardiale Drücke, Herzzeitvolumen und gemischtvenöse Sauerstoffsättigung.

Für spezifische Überwachungsaufgaben im Rahmen aufwendiger invasiver und langdauernder Operationsmaßnahmen bzw. belastender kardiovaskulärer Begleiterkrankungen des Patienten steht der **Pulmonalis-Katheter** zur Überwachung des kleinen Kreislaufs und des linken Herzens zur Verfügung (siehe Kap. 3.1.1). Der Pulmonalarterienkatheter vermittelt 3 grundsätzliche hämodynamische Informationen: rechts- und linksseitige intrakardiale Drücke, Herzzeitvolumen (HZV) durch Thermodilutionstechnik und gemischtvenöse Sauerstoffsättigung. ▤ 3.**18** zeigt die hämodynamischen Normalwerte. Der **pulmonalarterielle Druck** kann bei bestimmten Lungenerkrankungen chronisch erhöht sein oder akut ansteigen, z. B. bei Lungenembolie. Die Bestimmung des **Herzzeitvolumens** mittels Thermodilution stellt die Standardmethode dar. Die HZV-Messung ist auch mit Impedanzkardiographiegeräten möglich, welche durch Schlagvolumenberechnung aus der thorakalen, elektrischen Impedanz unter Einsatz neuer Algorithmen und verbesserter Mikroprozessorentechnik das HZV kalkulieren. Die Ergebnisse sind unter Operationssaalbedingungen aber nicht sicher genug und nur bedingt reproduzierbar.

3.18: Normalwerte Hämodynamik

	Normbereich (mmHg)	Durchschnittswert (mmHg)
▷ **rechter Vorhofdruck**		
Mitteldruck (RAP)	4	0–8
▷ **rechter Ventrikeldruck (RVP)**		
systolisch	15–28	24
enddiastolisch	0–8	4
▷ **Pulmonalarteriendruck (PAP)**		
systolisch	15–28	24
enddiastolisch	5–16	10
Mitteldruck	10–22	16
▷ **pulmonalkapillärer Verschlußdruck** (»Wedge«-Druck) (PCWP)		
Mitteldruck	6–15	9
▷ **linker Vorhofdruck**		
Mitteldruck (LAP)	4–12	7
▷ **linker Ventrikeldruck (LVP)**		
systolisch	90–140	130
enddiastolisch	4–12	7
▷ **arterieller Systemdruck (AP)**		
systolisch	90–140	130
enddiastolisch	60–90	70
Mitteldruck	70–105	85
▷ **zentralvenöser Druck (ZVD)**	2–8	4–5

Ein neues Verfahren ermöglicht unter Verwendung eines speziellen Pulmonaliskatheters die quasi-kontinuierliche Registrierung des Herzzeitvolumens. Im Gegensatz zur herkömmlichen Kälteverdünnungsmethode wird hierbei von einem in den Katheter integrierten Thermofilament alle 30–60 Sekunden Wärme in das Blut abgegeben und über den Thermistor die Bluttemperaturänderung in der Pulmonalarterie gemessen. Daraus kann analog zur Kälteverdünnungsmethode das HZV kalkuliert werden. Der angegebene Wert reflektiert das mittlere HZV der vergangenen 3–6 Minuten. Die Anwendung dieser Methode verspricht z. B. Vorteile bei Operationen, bei denen sich die hämodynamischen Verhältnisse abrupt und gravierend ändern können (z. B. Lebertransplantation).

Eine sehr effektive, aber auch recht aufwendige Methode der Kreislaufüberwachung bietet sich mittels **transösophagealer Echokardiographie** (TEE) an.
Die enge räumliche Beziehung zwischen Ösophagus und Herz (S **3.11**) erlaubt eine bessere räumliche Auflösung kardialer Strukturen als bei der herkömmlichen transthorakalen Echokardiographie.

Eine sehr effektive, aber auch recht spezielle und aufwendige Methode der Kreislaufüberwachung bietet sich mittels **transösophagealer Echokardiographie** (TEE) an. Es handelt sich hierbei um eine nichtgefäßinvasive hämodynamische Überwachungsmethode mittels eines an der Spitze eines Endoskops fixierten Schallkopfes. Hierbei erlaubt die enge räumliche Beziehung zwischen Ösophagus und Herz (S **3.11**) eine bessere räumliche Auflösung kardialer Strukturen als bei der herkömmlichen transthorakalen Echokardiographie.

S Synopsis 3.11: **Transösophageale Echokardiographie (TEE)**

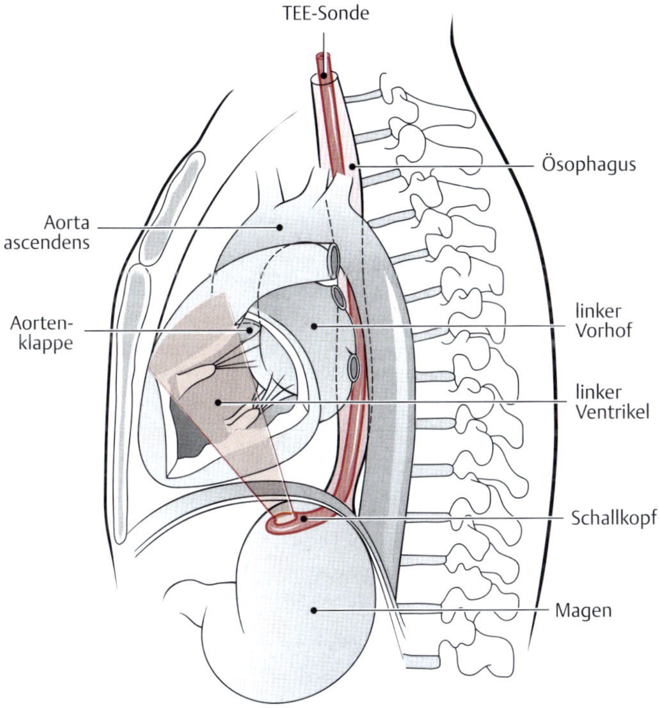

a Schematische Darstellung der transgastrischen Anschallung des Herzens in der transversalen (Querachsenschnitt) und longitudinalen (Lächsachsenschnitt) Ebene mit bipolarer oder omnipolarer Schallsonde

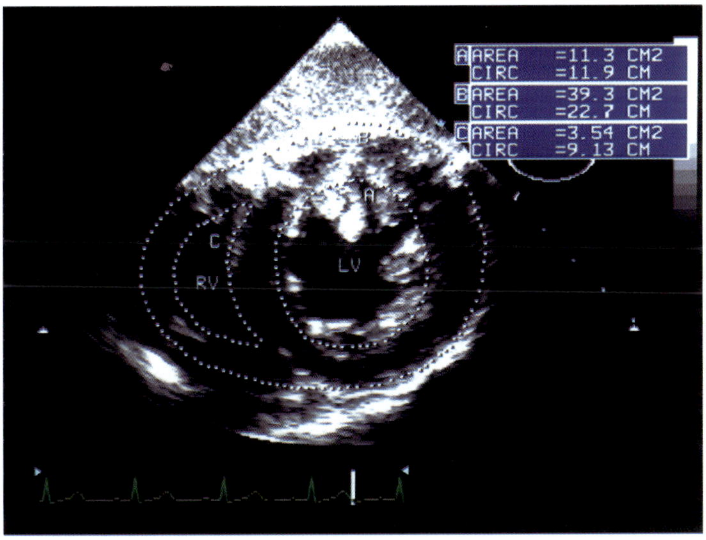

b Transgastrischer Querachsenschnitt mit Darstellung des linken Ventrikels (LV) und des rechten Ventrikels (RV).
Schallkopfnah am Bildoberrand in dieser Einstellung typischerweise sichtbares Lebergewebe.

Im 2-D-Mode werden hier »On-line«-Informationen über Herzklappenfunktion, Füllungsvolumina, Ejektionsfraktion, Kontraktionsablauf, Kontraktilität und Herzwandmotilität möglich. Darüber hinaus ist eine Emboliedetektion im Rahmen einer intraoperativen kardialen Dauerüberwachung mittels TEE möglich (siehe Klinischer Fall, S. 110). Die Möglichkeit, mit der transösophagealen Doppler-Echokardiographie Schlagvolumina zu bestimmen, hat zu Entwicklungen geführt, bei denen die Strömungsgeschwindigkeit mit dem »Continuous-wave«-Verfahren in der Aorta descendens unter Verzicht auf eine Durchmesserbestimmung mittels Echokardiographie ermittelt wird. Die Korrelationen zwischen Thermodilution und derartigen Kalkulationen waren bislang nicht zufriedenstellend, so daß derzeit unter Berücksichtigung wirtschaftlicher, apparativer und personel-

Die TEE liefert »On-line«-Informationen über Herzklappenfunktion, Füllungsvolumina, Ejektionsfraktion, Kontraktionsablauf, die Kontraktilität und die Herzwandmotilität. Darüber hinaus ist eine Emboliedetektion im Rahmen einer intraoperativen kardialen Dauerüberwachung mittels TEE möglich (siehe Klinischer Fall, S. 110).

ler Gesichtspunkte die HZV-Bestimmung per Thermodilutionsmethode weiterhin als Standardverfahren anzusehen ist.

Überwachung der Atmung

Ventilation und **Gasaustausch** (3.**19**) müssen während jeder Narkose sichergestellt werden.

Überwachung der Atmung

Ventilation und **Gasaustausch** (3.**19**) müssen während jeder Narkose sichergestellt werden. Deshalb gehört die Überwachung der Atmung zum Basismonitoring.

3.19: Respiratorisches Monitoring: Ventilation und Gasaustausch

- Atemzugvolumen
- Atemminutenvolumen
- Atemwegsdrücke
- Compliance
- Blutgasanalyse
- Kapnometrie ($petCO_2$)
- Pulsoxymetrie (SaO_2)
- transkutane Sauerstoffpartialdruckmessung ($PtcO_2$)
- O_2-Verbrauch (VO_2)

Beim muskelrelaxierten, künstlich beatmeten Patienten können **Hypoxie** und **Hyperkapnie** durch Störungen im Bereich der Atemwege, Funktionsmängel des Narkosebeatmungsgerätes und pulmonal bedingte Gasaustauschstörungen auftreten.
Meßparameter: **Beatmungsdrücke, inspiratorischer Spitzendruck, Plateau-** und **endexspiratorischer Druck.** Von Bedeutung sind dabei **Stenose-** und **Diskonnektionsalarm**.

Die Spontanatmung wird anästhetikabedingt beeinträchtigt. Beim muskelrelaxierten, künstlich beatmeten Patienten können **Hypoxie** und **Hyperkapnie** durch Störungen im Bereich der Atemwege, Funktionsmängel des Narkosebeatmungsgerätes und pulmonal bedingte Gasaustauschstörungen auftreten. Um die Ventilation kontinuierlich registrieren, steuern und den aktuellen Bedürfnissen anpassen zu können, sind verschiedene Monitore bzw. Meßeinrichtungen am Narkosegerät bzw. am Patienten erforderlich. **Beatmungsdrücke, inspiratorischer Spitzendruck, Plateaudruck** und der **endexspiratorische Druck** können elektronisch oder mechanisch gemessen und digital oder analog als Kurve dargestellt werden. Hierbei sind der **Stenosealarm**, der durch das Überschreiten bestimmter vorgegebener Druckwerte ausgelöst wird, und der **Diskonnektionsalarm**, der auf ein Leck im Beatmungssystem hinweist, von besonderer Bedeutung.
Die **Atemfrequenz** wird aus den Beatmungsdruckzyklen pro Minute über die entsprechenden Druckmesser kalkuliert. **Atemzug-** und **Atemminutenvolumen** werden grundsätzlich im **Exspirationsschenkel** des Narkosegerätes mit Gasuhren oder elektronischen Durchflußwandlern bestimmt. Das Atemminutenvolumen wird aus Frequenz und Zugvolumen kalkuliert oder direkt mit elektronischen Meßgeräten bestimmt und digital angezeigt. Beim beatmeten Patienten kann als Maß für die Lungendehnbarkeit der Quotient aus Atemzugvolumen und Differenz zwischen endinspiratorischem und endexspiratorischem Druck bestimmt werden. Dieser Wert ist die dynamische **Compliance**. Die Abnahme dieses Parameters kann bedingt sein durch Atemwegsobstruktionen, intrathorakale Volumenveränderungen oder Sekretverlegungen der Atemwege.

Beim beatmeten Patienten kann als Maß für die Lungendehnbarkeit der Quotient aus Atemzugvolumen und Differenz zwischen endinspiratorischem und endexspiratorischem Druck bestimmt weren. Dieser Wert ist die dynamische **Compliance**.

Um evtl. Beeinträchtigungen des Gasaustausches zu objektivieren, werden Bestimmungen von arteriellem Sauerstoffpartialdruck, arteriellem Kohlensäurepartialdruck und der arteriellen Sauerstoffsättigung herangezogen. Zusätzlich können die arteriovenöse und die alveoloarterielle Sauerstoffdifferenz kalkuliert werden. Die apparative Messung der Sauerstoff- und Kohlensäurekonzentration (3.**20**), zum einen im Atemgas, zum anderen transkutan und zum dritten intravasal, geben »On-line«-Information über die Effektivität von Oxygenierung und Ventilation.

Die apparative Messung der Sauerstoff- und Kohlensäurekonzentration (3.**20**), zum einen in den Atemgasen, zum anderen transkutan und zum dritten intravasal, geben »On-line«-Informationen über die Effektivität von Oxygenierung und Ventilation.

3.20: Techniken zur Messung von Sauerstoff (O_2) und Kohlendioxid (CO_2)

▷ **Techniken zur Messung von Sauerstoff (O_2)**

• in der Gasphase:	O_2-Konzentrationsmessung im Inspirationsschenkel und exspiratorisch Brennstoffzelle – paramagnetisch beide Meßwerte zusammen mit Atemminutenvolumen ermöglichen die Bestimmung des O_2-Verbrauchs
• transkutan:	arterielle O_2-Sättigungsmessung (SaO_2) mit Pulsoxymeter durch Lichtabsorption Sauerstoffpartialdruck ($PtcO_2$) polarographische Messung Meßgenauigkeit durch wechselnde Temperatur-/Perfusionsbedingungen beeinflußt Trendmonitoring möglich, vor allem in der Neonatologie eingesetzt
• intravasal:	Bestimmung des arteriellen und venösen PO_2, SaO_2
• Kalkulationen $AaDO_2$:	aus endexspiratorischem (= alveolärem) PO_2 und arteriellem PO_2
• $avDO_2$:	aus arteriellem und venösem O_2-Gehalt

▷ **Techniken zur Messung von Kohlendioxid (CO_2)**

• in der Gasphase:	endexspiratorische CO_2-Bestimmung tubusnah durch Infrarotabsorption = CO_2-Konzentration in der Alveolarluft
• transkutan:	polarographische Messungen des PCO_2, Meßschwankungen wie bei PO_2-Bestimmung, Trendmonitoring
• intravasal:	PCO_2-Bestimmungen arteriell und venös

Die **inspiratorische Sauerstoffkonzentration (FiO_2)** kann endexspiratorisch, paramagnetisch oder polarographisch bestimmt werden.
Die **endexspiratorische Kohlendioxidbestimmung** erfolgt durch Infrarotabsorptionstechnik (Kapnometrie), entweder am Tubus direkt (Hauptstrom) oder nach Entnahme einer Gasprobe in Tubusnähe im Nebenstrom. Aus gemischt-endexspiratorischem CO_2-Partialdruck und arteriellem PCO_2 kann nach der Formel $V_D/V_T = (PaCO_2 - petCO_2)/PaCO_2$ die **Totraumventilation** kalkuliert werden. Für die Abschätzung der Oxygenierung sind die **transkutane Sauerstoffpartialdruckmessung** und die **Pulsoxymetrie** klinisch eingesetzte Verfahren, wobei die Pulsoxymetrie als nichtinvasives Verfahren eine sehr effektive Überwachung zuläßt.
Die Pulsoxymetrie ist als ein großer Zugewinn an Monitorinformationen in den vergangenen 10 Jahren anzusehen und ist neben EKG und nichtinvasivem Blutdruck Bestandteil des Basismonitorings. Die Pulsoxymetrie beruht auf einer Kombination von spektrophotometrischer Oxymetrie und Plethysmographie, wobei die Extinktionskoeffizienten für Oxyhämoglobin und Desoxyhämoglobin bei 2 verschiedenen Wellenlängen (660 und 940 nm) den von der arteriellen Position abhängigen Lichtintensitätsschwankungen unterworfen sind. Die Signalaufnahme erfolgt über Pulsoxymetersensoren (S 3.12), die an zugänglichen Akren (meist Finger oder Ohrläppchen) angebracht werden.

Die **inspiratorische Sauerstoffkonzentration (FiO_2)** kann endexspiratorisch paramagnetisch oder polarographisch bestimmt werden. Die **endexspiratorische Kohlendioxidbestimmung** erfolgt durch Infrarotabsorptionstechniken.

Für die Abschätzung der Oxygenierung sind die **transkutane Sauerstoffpartialdruckmessung** und die **Pulsoxymetrie** klinisch eingesetzte Verfahren.

Die Pulsoxymetrie beruht auf einer Kombination von spektrophotometrischer Oxymetrie und Plethysmographie (S **3.12**).

> ▶ ***Merke.*** Periphere Durchblutungsstörungen (Zentralisation), Dyshämoglobinämien (MetHb, CoHb), Nagellack (besonders schwarz, blau und grün) sowie extreme Anämie (<5 g%) beeinträchtigen die Meßgenauigkeit der Pulsoxymetrie.

◀ **Merke**

Synopsis 3.12: Pulsoxymetrie

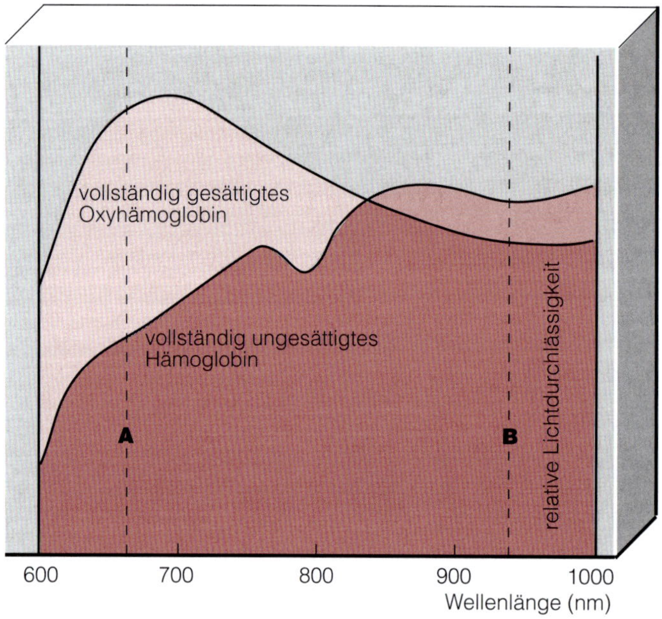

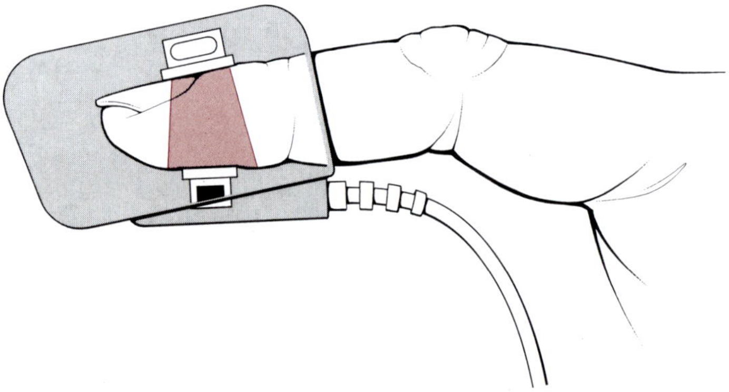

a Extinktionskoeffizienten für Oxyhämoglobin und Desoxyhämoglobin, gezeigt für die Wellenlängen 660 nm (A) und 940 nm (B).

b Pulsoxymetersensor in Form eines häufig verwendeten Fingerclip. Der Sensor besitzt 2 lichtemittierende Dioden (rot: 660 nm, infrarot: 940 nm), die das Gewebe durchstrahlen. Das nach der Absorption noch austretende Licht wird mittels Photodetektoren gemessen. Je nach Art und Hersteller des Geräts werden die Pulssignale während 3 – 15 Sekunden ermittelt. Der resultierende Wert für die arterielle O_2-Sättigung wird digital und/oder zusammen mit der plethysmographischen Pulskurve auf einem Bildschirm dargestellt.

Die **transkutane O_2- und CO_2-Partialdruckmessung** haben überwiegend im Bereich der Neonatologie ihren Stellenwert. Die Meßwerte sind sehr stark vom Blutdruck und peripheren Perfusionszustand abhängig und geben bei Zentralisation und Hypothermie keinen verläßlichen Aufschluß über die arterielle Oxygenierung und die CO_2-Eliminierung.

Die **transkutane O_2- und CO_2-Partialdruckmessung** haben überwiegend im Bereich der Neonatologie ihren Stellenwert. Die Meßwerte sind sehr stark vom Blutdruck und peripheren Perfusionszustand abhängig und geben bei Zentralisation und Hypothermie keinen verläßlichen Aufschluß über die arterielle Oxygenierung und die CO_2-Eliminierung. Beide Verfahren sind relativ aufwendig. Die transkutane CO_2-Messung ist der Kapnographie intraoperativ wegen des höheren Aufwandes, der Störanfälligkeit, der langsamen Ansprechzeiten und des Eichaufwandes unterlegen.

Klinischer Fall

Bei einer 68jährigen Patientin, die in Intubationsnarkose eine Totalendoprothesenoperation der Hüfte erhielt, wurde die 2dimensionale Darstellung des rechten Herzens mittels der transösophagealen Echokardiographie zur **Emboliedetektion** verwendet. Die echokardiograpisch festgestellten Emboliereignisse wurden zu den **Veränderungen nichtinvasiver**, routinemäßig eingesetzter **Überwachungsverfahren** in Beziehung gesetzt. Nach Einbringen der Gelenkpfanne und des Prothesenschaftes mit Knochenzement (Palakos®) traten echokardiographisch beobachtbar embolische Ereignisse mäßigen Ausmaßes und ein embolisches Ereignis ausgeprägteren Umfanges auf (S 3.13).

S Synopsis 3.**13: TEE-Schnittbilder** in Höhe der Vorhöfe bei einer Patientin, die sich nach transzervikaler Femurfraktur einer Totalendoprothesen-(TEP-)Implantation unterziehen mußte

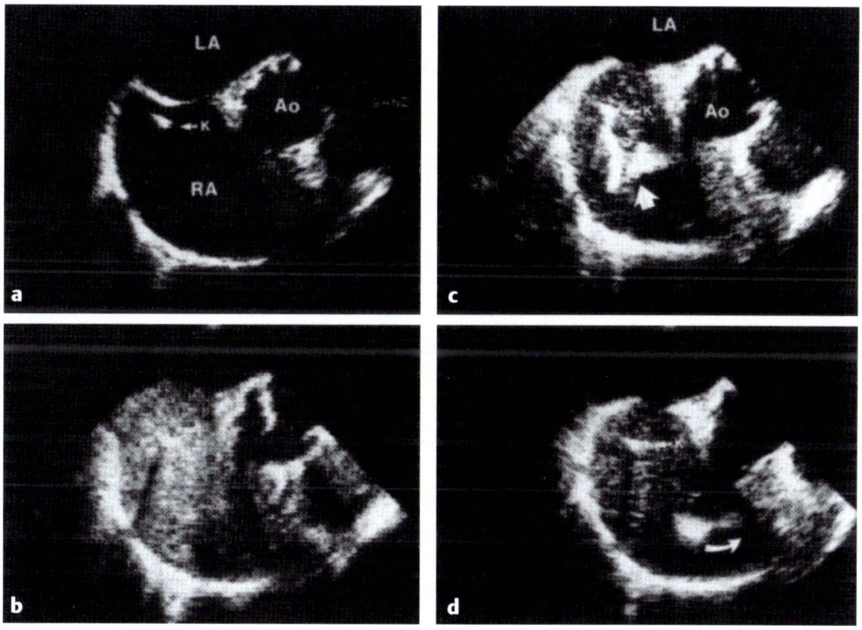

a Sektorbild ohne Kontrast im rechten Vorhof (RA) vor Prothesenimplantation (LA = linker Vorhof, K = Pulmonalis-Katheter, Ao = Aorta).
b Deutliche Kontrastintensität (»Schneegestöber«) unmittelbar nach Schaftimplantation. Die während dieses embolischen Ereignisses auftretende massive Druckerhöhung im Pulmonalkreislauf (mittlerer Pulmonalarteriendruck 48 mmHg) manifestierte sich echokardiographisch in einer deutlichen Vorwölbung des interatrialen Septums in den linken Vorhof.
c Bei Abnahme der Kontrastintensität wurde ein etwa 6 cm langer Embolus sichtbar, der sich am PA-Katheter festgehakt hatte und im rechten Vorhof flottierte.
d Nach 10 Minuten löste sich dieser Embolus und wurde über den rechten Ventrikel (Pfeil) in die Lungenstrombahn weitertransportiert.

Die Herzfrequenz änderte sich nicht charakteristisch. Der hier nichtinvasiv gemessene Blutdruck fiel vor allem bei dem ausgeprägteren embolischen Ereignis signifikant ab. Auch die endexspiratorisch gemessene Kohlendioxidkonzentration zeigte einen Abfall. Die Pulsoxymetrie zeigte mit wenigen Minuten Latenz Sättigungsdefizite in der Abhängigkeit von der Schwere des Embolieereignisses.

Zerebrale Überwachung (siehe auch Kap. 9.1.4 und 9.8.2)

Das Gehirn als Zielorgan für Anästhetika direkt zu überwachen, ist mit Ausnahme der **Inspektion** der Pupillen und deren Reaktion auf Licht während der Narkose beim muskelrelaxierten Patienten bislang keine Routine. Es existieren jedoch – auch in der störsignalreichen Umgebung eines Operationssaales – zuverlässige Methoden, **Funktionsdiagnostik am Gehirn** durchzuführen und einen Anhalt für dessen Perfusionszustand zu erhalten. Im Ablauf von Kombinationsanästhesien lassen sich klassische Narkosestadien selten erkennen, so daß sich die Narkoseführung an indirekten Überwachungsgrößen wie Blutdruck, Herzfrequenz und weiteren vegetativen Zeichen orientieren muß.

Zerebrale Überwachung

Es existieren – auch in der störsignalreichen Umgebung eines Operationssaales – zuverlässige Methoden, **Funktionsdiagnostik am Gehirn** durchzuführen und einen Anhalt für dessen Perfusionszustand zu erhalten.

Um die Energieversorgung des Gehirns perioperativ sicherzustellen, ist es notwendig – und eine Voraussetzung für die Narkose –, indirekte Parameter zu stabilisieren. Dies sind systemische Hämodynamik, pulmonaler Gasaustausch und Flüssigkeits-, Elektrolyt- und Säure-Basen-Haushalt. Unter derartigen Voraussetzungen kann das Gehirn, wenn es nicht direkten

Indirekte Parameter zur Sicherstellung der Energieversorgung des Gehirns während Narkose sind systemische Hämodynamik, pulmonaler Gasaustausch und Flüssigkeits-, Elektrolyt- und Säure-Basen-Haushalt.

Schädigungsmechanismen ausgesetzt wird, intraoperativ keinen Schaden nehmen.

3.21 gibt Methoden wieder, die Aussagen zur **Funktion**, zum **Stoffwechsel** und zur **Perfusion des Gehirns** erlauben.

3.21 gibt Methoden wieder, die Aussagen zur **Funktion**, zum **Stoffwechsel** und zur **Perfusion des Gehirns** erlauben.

3.21: Zerebrales Monitoring

▷ **Funktion**
- hirnelektrische Aktivität (EEG, evozierte Potentiale)

▷ **Stoffwechsel**
- zerebrale O_2- und Glukoseaufnahme, zerebrale Laktat- und Pyruvatproduktion
- zerebrovenöse O_2-Sättigung

▷ **Perfusion**
- zerebrale Durchblutung (CBF)
- transkranielle Doppler-Sonographie (TCD)
- zerebrovenöse O_2-Sättigung (SvO_2 im Bulbus venae jugularis)
- zerebraler Perfusionsdruck (CPP) (Kalkulation aus MAP-ICP)
- intrakranieller Druck (ICP)

Für die Funktion bedeutende Aussagen sind heute mit EEG-Ableitungen und der computerunterstützten **Analyse des EEG-Signals** möglich.

Für die Hirnfunktion bedeutsame Aussagen sind heute mittels EEG und computerunterstützter **Analyse des EEG-Signals** möglich. Die Spektralanalyse (Fourier-Transformation) oder die Angabe von Frequenz- und Amplitudenspektren als Medianfrequenz bzw. »Spectral edge« sind gebräuchliche Parameter. Konkrete Aussagen über Pharmakawirkungen bzw. Folgen hypoxisch-ischämischer Ereignisse am Gehirn lassen sich mit den genannten hirnelektrischen Parametern allein, ohne Kombination mit Systemparametern, nicht erstellen.

Auch **somatosensorisch** und **akustisch evozierte Potentiale** werden zur Einschätzung der Anästhesietiefe bzw. Analgesie anhand charakteristischer Änderungen von **Latenz** und **Amplituden** der Potentialgipfel eingesetzt.

Auch **somatosensorisch** und **akustisch evozierte Potentiale** werden zur Einschätzung der Anästhesietiefe bzw. Analgesie anhand charakteristischer Änderungen von **Latenz** und **Amplituden** der Potentialgipfel eingesetzt. Mit Hilfe der genannten Funktionsparamter sind sehr konkrete Aussagen über das Niveau der Anästhesie, den Zustand der **Analgesie** oder der **Vigilanz** möglich. Dennoch wird in der täglichen Routine die Anästhesie anhand der genannten vegetativen Parameter wie Blutdruck, Herzfrequenz sowie Schwitzen, Tränen- und Speichelfluß, Beobachtung der Hautdurchblutung und der Lichtreaktion der Pupillen gesteuert.

Bezüglich des Gehirnstoffwechsels sind punktuelle Messungen bzw. Kalkulationen der Sauerstoff- und Glukoseaufnahme sowie der Laktat- und Pyruvatproduktion möglich, aber relativ aufwendig. Die korrekte Messung des zerebralen Blutflusses (CBF) ist nur an speziellen Untersuchungsplätzen möglich. Neuerdings können über fiberoptische Katheter im Bulbus venae jugularis durch kontinuierliche computerunterstützte Messung der **zerebrovenösen O_2-Sättigung** Veränderungen der zerebralen Perfusion indirekt abgeschätzt werden. Nach Installation von Druckaufnehmern zur ICP-Messung und der Messung des arteriellen Systemdruckes kann der globale **zerebrale Perfusionsdruck** kalkuliert werden, der zur Aufrechterhaltung der Hirndurchblutung bei normaler intrakranieller Compliance $>$50 mmHg betragen sollte.

Möglich sind weiterhin die Messung der **zerebrovenösen O_2-Sättigung** und die Kalkulation des globalen **zerebralen Perfusionsdruckes**.

Ein Verfahren, das auch intraoperativ Fortschritte für die Anästhesie verspricht, ist die **transkranielle Doppler-Sonographie** (TCD). Bei diesem nichtinvasiven Verfahren, bei dem von der Temporalschuppe aus üblicherweise die A. cerebri media angeschallt wird, die sich in ca. 5 cm Tiefe befindet, kann die zerebrale Blutflußgeschwindigkeit »On-line« bestimmt werden. In zahlreichen Untersuchungen wurde eine zufriedenstellende Korrelation zwischen Änderungen der Blutflußgeschwindigkeit und Änderungen der zerebralen Durchblutung festgestellt, wobei vor allem bei sich anbahnenden zerebralen Ischämien die TCD-Signale eindeutige Aussagen zu dem Fortschreiten dieser Situation zulassen.

Die Blutflußgeschwindigkeit in den basalen Hirnarterien kann mittels **der transkraniellen Doppler-Sonographie** (TCD) nichtinvasiv gemessen werden.

In zahlreichen Untersuchungen wurde eine zufriedenstellende Korrelation zwischen Änderungen der Blutflußgeschwindigkeit und Änderungen der zerebralen Durchblutung festgestellt.

Temperaturmessung

Während operativer Eingriffe **fällt** in Abhängigkeit von deren Art und Dauer und der Umgebungstemperatur die **Körperkerntemperatur** normalerweise eher **ab.**
Differentialdiagnostisch können **intraoperative Temperatursteigerungen** – vor allem bei Kindern – die Folge einer **wärmestauungsbedingten Hyperthermie, zentralnervöser Störungen, endokriner Ursachen** wie Thyreotoxikose oder Phäochromozytom sein oder **exogen** durch Pharmaka (Atropin), pyrogenhaltige Infusionslösungen oder Dehydratation verursacht werden. Immer muß bei intraoperativen, nichterklärlichen Temperatursteigerungen in Zusammenhang mit einigen anderen Frühsymptomen wie Tachykardie und Tachyarrhythmie an die Manifestation einer **malignen Hyperthermie** (siehe Kapitel 3.8.1) gedacht werden.
Die Temperaturmessung erfolgt üblicherweise **rektal** oder mittels **Ösophagussonde.** Hier folgt die Temperaturänderung rasch der Bluttemperaturänderung. Die Temperatur wird mit Thermistorsonden oder Thermoelementen gemessen.
Nach Einschwemmung eines Pulmonalis-Katheters wird mittels des darin eingegossenen Thermistordrahtes für die Kältedilutionsbestimmung kontinuierlich die **Blutstromtemperatur** in der A. pulmonalis gemessen. **Hauttemperaturmessungen** liegen deutlich unter den Werten der rektalen und ösophagealen Bestimmung und sind nicht für die Kerntemperatur repräsentativ. Eine sichere Temperaturmeßmöglichkeit ist auch über Blasenkatheter mit einem eingegossenen Temperaturdraht oder das Trommelfell (Tympanontemperatur) gegeben.
Die gleichzeitige Temperaturmessung an mehreren Meßorten ist dann von Nutzen, wenn **Temperaturgradienten** von der Kerntemperatur zur Peripherie aufgedeckt werden sollen. Die hat z. B. eine Bedeutung für die Steuerung einer Oberflächenhypothermie, bei der der Gesamtkörper über derartige Temperaturgradienten zunächst abgekühlt und später wieder aufgewärmt wird.

Temperaturmessung

Normalerweise **fällt** die **Körperkerntemperatur** während Operationen eher **ab**.

Differentialdiagnostisch können **intraoperative Temperatursteigerungen** – vor allem bei Kindern – die Folge einer **wärmestauungsbedingten Hyperthermie, zentralnervöser Störungen, endokriner** oder **exogener Ursachen** sein.
Immer muß bei intraoperativen, nichterklärlichen Temperatursteigerungen in Zusammenhang mit einigen anderen Frühsymptomen wie Tachykardie und Tachyarrhythmie an die Manifestation einer **malignen Hyperthermie** (siehe Kap. 3.8.1) gedacht werden.
Die Temperaturmessung erfolgt **rektal** oder mittels **Ösophagussonde.** Mit Hilfe eines Pulmonalis-Katheters wird die **Blutstromtemperatur** in der A. pulmonalis gemessen.

Die gleichzeitige Temperaturmessung an mehreren Meßorten ist dann von Nutzen, wenn **Temperaturgradienten** von der Kerntemperatur zur Peripherie aufgedeckt werden sollen.

Laborüberwachung

Zu den perioperativen Überwachungsverfahren gehört die gesamte Palette der Labormeßmethoden einschließlich spezieller Untersuchungen sowie Überwachung der Blutgerinnung bei entsprechender Notwendigkeit. Neben den routinemäßigen, intermittierend abgeforderten Laborbefunden, die Leber-, Nieren-, Gerinnungs- und endokrine Funktion betreffen, ist es Voraussetzung für Akutsituationen, daß in Nachbarschaft zu Operationssälen Laborgeräte zur Verfügung stehen. Hier können sofort Hämoglobin und Hämatokrit, Blutgase, Serumelektrolyte und -glukose sowie das spezifische Gewicht und die Osmolarität von Flüssigkeiten bestimmt werden. Das in diesem **Akut-Labor** für die Notfallsituation eingesetzte Personal muß die Handhabung der zur Verfügung gestellten Analysegeräte sicher beherrschen. Bezüglich einzelner, für verschiedene Organbelastungen repräsentative Laborparameter sei auf die Kapitel 2.2.3, 5.1, 5.2 und 5.4 verwiesen.

Laborüberwachung

Die routinemäßigen, intermittierend abgeforderten Laborbefunde betreffen die Leber-, Nieren-, Gerinnungs- und endokrine Funktion.

Im **Akut-Labor** können sofort Hämoglobin und Hämatokrit, Blutgase, Serumelektrolyte und -glukose sowie das spezifische Gewicht und die Osmolarität von Flüssigkeiten bestimmt werden.

Sicherheitstechnische Überwachung am Narkosebeatmungsgerät

Aufgrund des komplexen Aufbaus eines Narkosebeatmungsgerätes sind im Zusammenwirken mit dem Patienten viele Störmöglichkeiten vorhanden, wie Diskonnektion, Stenosen, Leckagen im Kreissystem, in der Gaszufuhr und in den Dosiersystemen. In ▤ 3.22 sind die Narkosegeräteparameter zusammengestellt, die fast ausnahmslos durch entsprechende akustische und optische Alarme den Anästhesisten auf Fehler am Gerät und Gefahren, die sich auf den Patienten auswirken können, aufmerksam machen.

Sicherheitstechnische Überwachung am Narkosebeatmungsgerät

In ▤ **3.22** sind die Narkosegeräteparameter zusammengestellt, die fast ausnahmslos durch entsprechende akustische und optische Alarme den Anästhesisten auf Fehler am Gerät und Gefahren, die sich auf den Patienten auswirken können, aufmerksam machen.

3.22: Sicherheitstechnische Überwachung (Narkosebeatmungsgerät)

- Lachgassperre
- O_2-Konzentration
- Inhalationsanästhetikakonzentration
- Beatmungsdruck
- Diskonnektionsalarm
- Stenosealarm
- Atem-(Beatmungs-)Volumen
- Alternative Ventilationsparameter (z. B. CO_2-Konzentration)

Die **Lachgassperre** unterbricht automatisch den Lachgasstrom bei Ausfall der Sauerstoffzufuhr, verbunden mit dem Auftreten eines für den Anästhesisten erkennbaren lauten Signaltons.

DIN-Vorschriften sind:
- **Sauerstoffkonzentrationsmessung** im Inspirationsschenkel
- **Beatmungsdruckmesser**
- **Einrichtungen** zur Überwachung des **Atemzug-** und **Atemminutenvolumens**

Hinzu kommen **alternative Ventilationsparameter**.

In diesem Zusammenhang muß auf die **Medizin-Geräte-Verordnung** (MedGV) hingewiesen werden, die die Bauartzulassung, sicherheitstechnische Ausstattung und Wartung, Einweisung des Betreibers und die Funktionsprüfung der Narkosegeräte regelt.

Die **Dokumentation** von Überwachungs- und Therapiedaten wird zukünftig zunehmend mit elektronischen Systemen erfolgen, um über die Leistungserfassung und Dokumentation hinaus interne und externe **Qualitätssicherung** in der Anästhesiologie durchführen zu können. Wichtige zukünftige Entwicklungen müssen darauf abzielen, eine ergonomische Gestaltung des Narkosearbeitsplatzes und die Integration aller Einzelkomponenten zu gewährleisten (**3.12**).

Die **Lachgassperre** unterbricht automatisch den Lachgasstrom bei Ausfall der Sauerstoffzufuhr, verbunden mit dem Auftreten eines für den Anästhesisten erkennbaren lauten Signaltons. Auf diese Weise wird verhindert, daß dem Patienten ein hypoxisches Gasgemisch zugeführt wird. Die **Sauerstoffkonzentrationsmessung** im Inspirationsschenkel des Narkosekreissystems ist eine DIN-(Deutsche-Industrie-Norm-)Vorschrift. Hiermit wird die inspiratorische Sauerstoffkonzentration kontinuierlich überwacht und bei einem hypoxischen Gasgemisch sofort gewarnt. Die Alarmgrenzen müssen zuvor eingestellt werden. Der untere Grenzwert kann nicht tiefer als 19 % Sauerstoff eingestellt werden.
Beatmungsdruckmesser sind ebenfalls nach DIN vorgeschrieben und dienen dazu, nach Einstellung vorwählbarer Druckgrenzen einen Diskonnektionsalarm bei auftretenden Leckagen am System und einem Stenosealarm bei Überschreiten der oberen Druckgrenze auszulösen.
Auch **Einrichtungen** zur Überwachung des **Atemzug-** und **Atemminutenvolumens** müssen nach den DIN-Vorschriften im Narkosegerät eingebaut sein und haben ebenfalls einstellbare Alarmgrenzen. Bei Unter- oder Überschreiten eines vorgewählten Atemminutenvolumens und/oder -zugvolumens wird ein entsprechender akustischer Alarm ausgelöst.
Auch **alternative Ventilationsparameter** wie die Kapnometrie sind üblicherweise Bestandteil des Narkosearbeitsplatzes und erlauben, ventilatorische und zirkulatorische Veränderungen frühzeitig festzustellen.
In diesem Zusammenhang muß auf die **Medizin-Geräte-Verordnung** (MedGV) – neuerdings: Medizinprodukte-Betreiberverordnung – hingewiesen werden, die die Bauartzulassung, sicherheitstechnische Ausstattung und Wartung, Einweisung des Betreibers und die Funktionsprüfung der Narkosegeräte regelt. Es ist hier festgelegt, daß medizinische Geräte wie Narkoseapparate in Konstruktion und Aufbau allgemein anerkannten Regeln der Technik entsprechen müssen. Die sicherheitstechnischen Anforderungen an Narkosegeräte sind in der DIN 13252 festgelegt. Die vorgeschriebenen sicherheitstechnischen Einrichtungen wurden bereits beschrieben. Für Narkosegeräte muß der Betreiber in sachgerechte Handhabung eingewiesen sein. Diese Einweisungen sind im Gerätebuch zu dokumentieren. Wartung und Reparaturen sind in bestimmten Zeitabständen vorgeschrieben und derartige Maßnahmen schriftlich festzuhalten. Bei jeder erneuten Inbetriebnahme hat eine Funktionsprüfung des Gerätes zu erfolgen.
Bei dem bislang besprochenen Monitoring, das auf eine Erfassung des aktuellen Zustandes des Patienten ausgerichtet ist, wird die **Dokumentation** von Überwachungs- und Therapiedaten zukünftig zunehmend mit elektronischen Systemen erfolgen, um über die Leistungserfassung und Dokumentation hinaus interne und externe **Qualitätssicherung** in der Anästhesiologie durchführen zu können. Wichtige zukünftige Entwicklungen müssen darauf abzielen, eine ergonomische Gestaltung des Narkosearbeitsplatzes und die Integration aller Einzelkomponenten zu gewährleisten (**3.12**), dieses wird in Kombination mit anwenderfreundlichen EDV-Systemen entwickelt, die eine Dokumentation und Weiterverarbeitung von arbeitsplatz- und patientenorientierten Daten für ganze Operationseinheiten und Intensivstationen, schließlich für komplette Klinikbereiche ermöglichen werden.

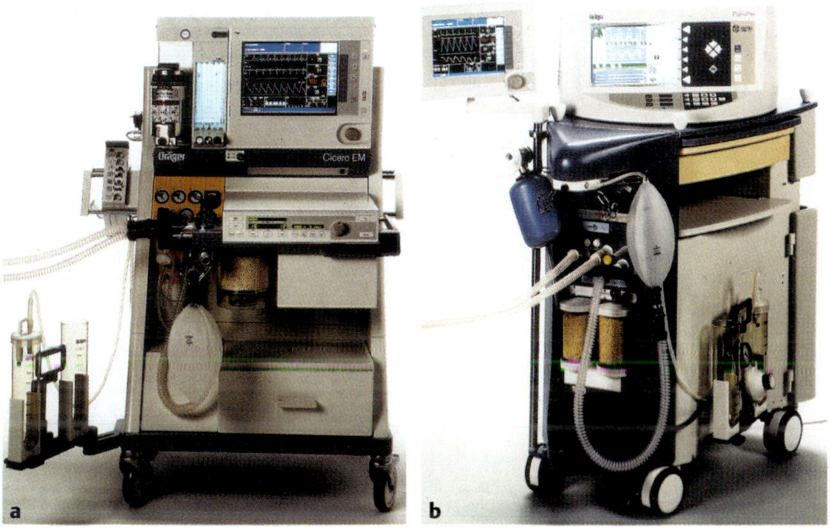

3.**12: Narkosearbeitsplatz. a** Cicero EM (Dräger), **b** PhysioFlex (Dräger).

3.1.6 Lagerung

Überblick

Die Einleitung jeder Allgemeinanästhesie erfolgt – von ganz wenigen Ausnahmen abgesehen – in Rückenlage des Patienten; für regionalanästhesiologische Verfahren sind z. T. spezielle Lagerungen erforderlich.
Durch die Art und Weise, wie der Patient auf dem Operationstisch gelagert wird, sollen der operative Zugang erleichtert und die zu operierenden Strukturen besser dargestellt werden. Für die meisten abdominellen Operationen ist die **Rückenlage** Standard; für viele Eingriffe (z. B. in Gynäkologie, Neurochirurgie, Orthopädie, Urologie) sind jedoch andere Lagerungen erforderlich. Zu den häufiger durchgeführten besonderen Lagerungen zählen die **Steinschnittlagerung** in Gynäkologie und Urologie sowie die **Bauchlagerung** in Orthopädie und Neurochirurgie, zu den seltenen Lagerungen gehören die **Flankenlagerung** in der Urologie und die **sitzende Position** in der Neurochirurgie. Durch die Lagerungsmaßnahmen können, da die Patienten unter Narkose keine Schutzreflexe mehr besitzen, zum einen anatomische Strukturen geschädigt werden; zum anderen ergeben sich durch die Lagerung häufig physiologische Veränderungen, die vor allem die Herz-Kreislauf- und Lungenfunktion betreffen.

Lagerungsformen

Im folgenden werden die wichtigsten Lagerungen mit ihren anatomischen und physiologischen Besonderheiten dargestellt.

Rückenlagerung

Die Rückenlagerung ist die Standardlagerung für die meisten operativen Eingriffe. Die häufigsten Lagerungsschäden betreffen den **Plexus brachialis** (Anatomie siehe 4.6, Kap. 4.9).

Eine Abduktion > 90° und eine Außenrotation führen zum Bild der **Plexusdehnung** (3.**13b**).
Zum **Schutz des Plexus brachialis** muß daher bei der Auslagerung des Armes stets darauf geachtet werden, daß dieser im Schultergelenk ≦ 90° abduziert, nach innen rotiert und in Thoraxhöhe gelagert wird (3.**13a**). Auch bei normaler Abduktion des Armes, jedoch Drehung des Kopfes zur kontralateralen Seite kann es zu einer Plexusdehnung kommen (3.**13c**).

3.1.6 Lagerung

Überblick

Durch die Art und Weise, wie der Patient auf dem Operationstisch gelagert wird, sollen der operative Zugang erleichtert und die zu operierenden Strukturen besser dargestellt werden. Für die meisten abdominellen Operationen ist die **Rückenlage** Standard; für viele Eingriffe (z. B. in Gynäkologie, Neurochirurgie, Orthopädie, Urologie) sind jedoch andere Lagerungen erforderlich.
Durch die Lagerungsmaßnahmen können, da die Patienten unter Narkose keine Schutzreflexe mehr besitzen, zum einen anatomische Strukturen geschädigt werden; zum anderen ergeben sich durch die Lagerung häufig physiologische Veränderungen, die vor allem die Herz-Kreislauf- und Lungenfunktion betreffen.

Lagerungsformen

Im folgenden werden die wichtigsten Lagerungen mit ihren anatomischen und physiologischen Besonderheiten dargestellt.

Rückenlagerung

Die Rückenlagerung ist die Standardlagerung für die meisten operativen Eingriffe. Die häufigsten Lagerungsschäden betreffen den **Plexus brachialis** (Anatomie siehe 4.6, Kap. 4.9).
Eine Abduktion > 90° und eine Außenrotation führen zum Bild der **Plexusdehnung** (3.**13b**).

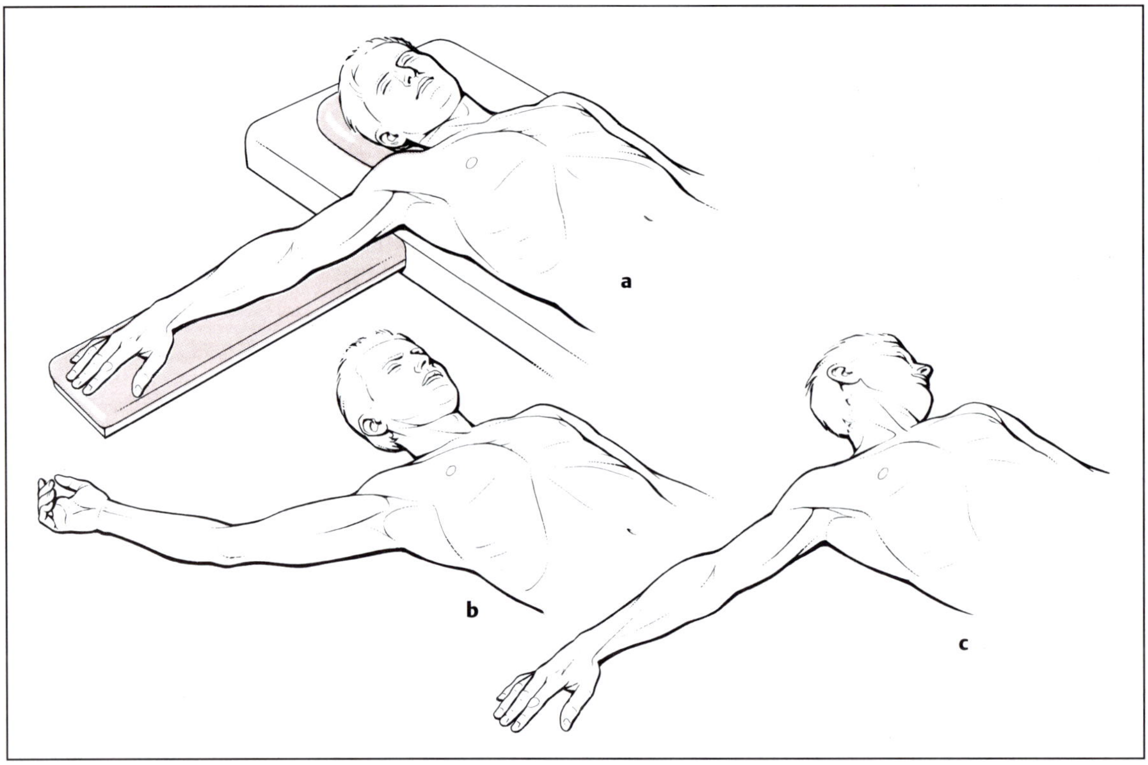

3.13: Schutz des Plexus brachialis bei Auslagerung des Armes.
a Richtige Lagerung: der Arm ist im Schultergelenk ≦90° abduziert, nach innen rotiert und liegt in Thoraxhöhe.
b Falsche Lagerung: Plexusdehnung durch Überstreckung im Schultergelenk.
c Falsche Lagerung: Plexusdehnung durch Drehung des Kopfes zur kontralateralen Seite.

Für den **N. ulnaris** bestehen Gefahren, wenn der Arm seitlich angelagert wird. Bei ungenügender Fixierung des angelagerten Armes (z. B. nur im Handgelenk) kann es zur **Schädigung** des N. ulnaris im Bereich des Ellenbogens kommen (3.**14b**). Zum **Schutz des N. ulnaris** muß der Arm mit einem über den Ellenbogen hinausreichenden Tuch (oder Manschette) dicht am Körper angelagert und fixiert werden (3.**14a**).

Für den **N. ulnaris** bestehen Gefahren, wenn der Arm seitlich angelagert wird. Bei ungenügender Fixierung des angelagerten Armes (z. B. nur im Handgelenk) kann es zur **Schädigung** des N. ulnaris im Bereich des Ellenbogens kommen (3.**14b**). Zum **Schutz des N. ulnaris** muß der Arm mit einem über den Ellenbogen hinausreichenden Tuch (oder Manschette) dicht am Körper angelagert und fixiert werden (3.**14a**).

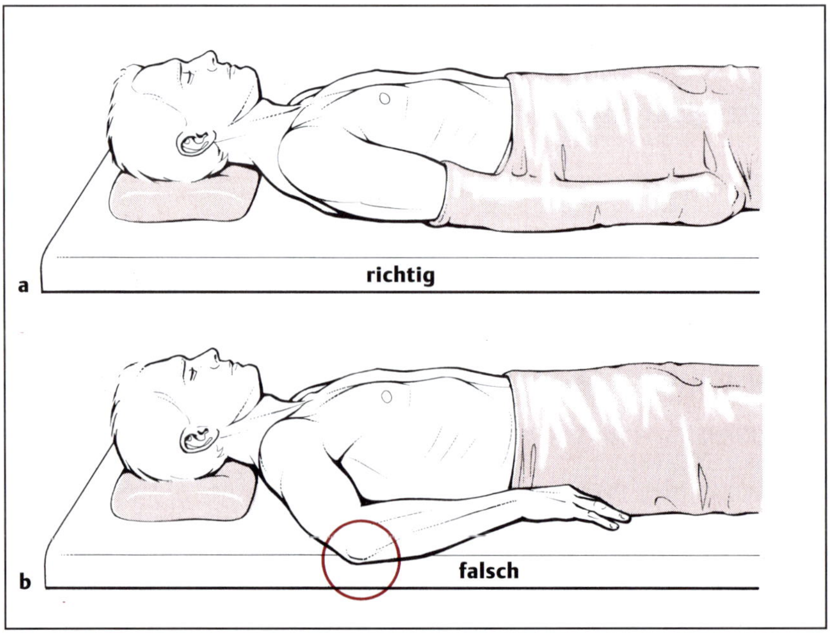

3.14: Schutz des N. ulnaris bei Anlagerung des Armes.
a Richtige Lagerung: der Arm ist mittels eines bis über den Ellenbogen reichenden Tuches dicht an den Körper angelagert und fixiert.
b Falsche Lagerung: Gefahr der Druckschädigung des N. ulnaris im Bereich des Ellenbogens durch Kompression an der Kante des OP-Tisches.

Seitenlagerung

Die Seitenlagerung wird häufig für Eingriffe im Thorax- und Nierenbereich angewandt; hierbei drohen eine Reihe von Gefahren: Druckschäden der unteren Extremitäten müssen verhindert werden, die Wirbelsäule wird in ihrem gesamten Verlauf torquiert und gebeugt, Abknickungen im HWS-Bereich verschlechtern die zerebrale Hämodynamik (◘ 3.**15c**). Der unten liegende Plexus brachialis kann geschädigt werden, wenn der Körper auf die unten liegende Achsel drückt. Der Plexus brachialis des oberen Armes, der meistens aufgehängt wird, kann durch Zug und Kompression geschädigt werden.

Seitenlagerung

Die Seitenlagerung wird häufig für Eingriffe im Thorax- und Nierenbereich angewandt; hierbei drohen eine Reihe von Gefahren: Druckschäden der unteren Extremitäten, Abknickungen im HWS-Bereich (◘ 3.**15c**), Schädigung des Plexus brachialis.

Zum Schutz der gefährdeten Körperpartien wird die Seitenlagerung folgendermaßen durchgeführt (◘ 3.**15a, b**):
- Kissen zwischen beiden Knien und Ellenbogen verhindern Druckschäden der unten liegenden Extremitäten
- ein unter die unten liegende Thoraxseite gelegtes zusammengerolltes Tuch verhindert eine Druckschädigung des Plexus brachialis
- ein unter den Kopf gelegtes, ausreichend hohes Kissen verhindert Abknicken der HWS.

Bei der Seitenlagerung werden Kissen zwischen Knie und Ellenbogen sowie unter den Kopf gelegt (◘ 3.**15a**).

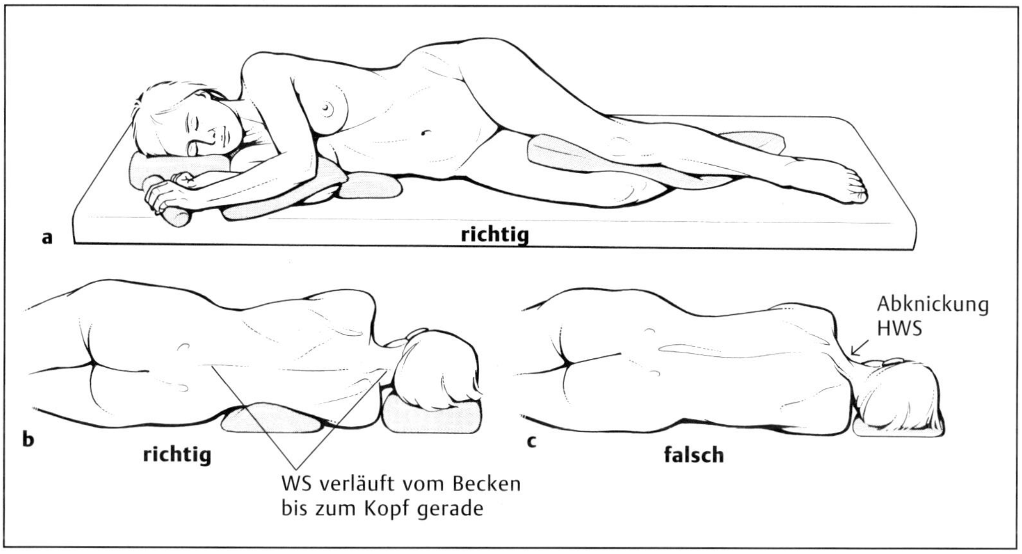

◘ 3.**15: Seitenlagerung.**
a Richtige Lagerung: zur Verhinderung von Druckschäden der unten liegenden Extremitäten werden Kissen zwischen beide Knie und Ellenbogen gelegt.
b Richtige Lagerung: der Kopf wird auf einem Kissen erhöht gelagert.
c Falsche Lagerung: Anknicken im HWS-Bereich bei Lagerung des Kopfes auf einem zu flachen Kissen.

Eine spezielle Form der Seitenlagerung ist die **Flankenlagerung** bzw. **seitliche Taschenmesserlagerung**, die bei Eingriffen an der Niere angewandt wird. Zunächst wird der Patient auf die Seite gelagert, dann Kopf- und Fußende des Tisches so weit abgesenkt, daß die Flanke des Patienten der höchste Punkt auf dem OP-Tisch ist (◘ 3.**16**).

Eine spezielle Form der Seitenlagerung ist die **Flankenlagerung** bzw. **seitliche Taschenmesserlagerung,** die bei Eingriffen an der Niere angewandt wird (◘ 3.**16**).

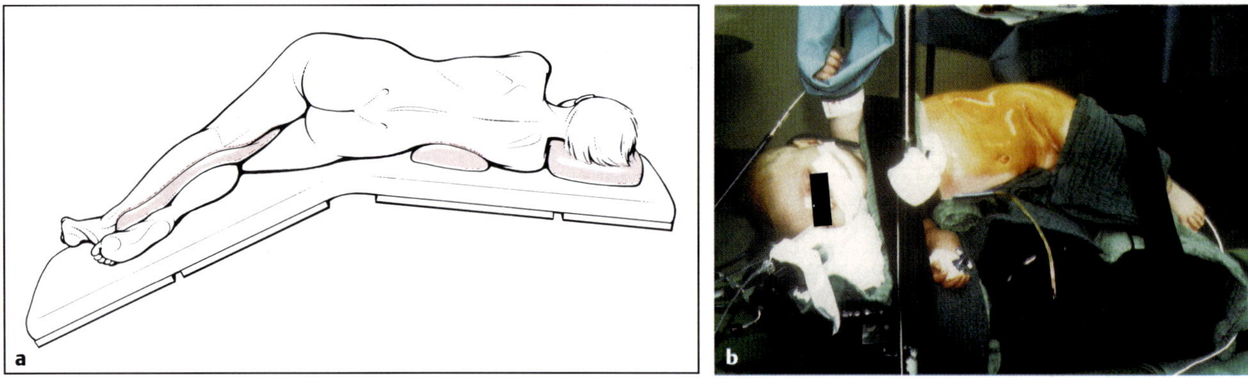

3.16: Flankenlagerung.
a Schematische Darstellung: Ansicht von hinten.
b Klinische Darstellung: Ansicht von vorn.

Bauchlagerung

Die Bauchlagerung ist besonders bei Eingriffen im Bereich der Wirbelsäule erforderlich. Neben dem **Schutz des Plexus brachialis** gilt hier dem **Kopf** des Patienten und vor allem den Augen, besonderes Augenmerk. Diese sollten mit Augensalbe versehen und zugeklebt werden.

Von besonderer Bedeutung ist eine **freie Lagerung des Kehlkopfes und des Abdomens**, letzteres um einerseits den venösen Rückfluß nicht zu behindern und andererseits eine freie Zwerchfellexkursion zu gewährleisten (3.**17**).

Bauchlagerung

Die Bauchlagerung ist besonders bei Eingriffen im Bereich der Wirbelsäule erforderlich. Neben dem **Schutz des Plexus brachialis** gilt hier dem **Kopf** des Patienten besonderes Augenmerk: die Augen sollten – wie allgemein üblich – mit Augensalbe versehen und darüber hinaus zugeklebt werden; auf ausreichende Polsterung ist zu achten. Wird primär eine nasale Intubation durchgeführt, muß durch eine Fixierung mit einem Guedel-Tubus oder mit einer Mullbinde verhindert werden, daß die Zunge aus dem Mund austritt; andernfalls kommt es hydrostatisch bedingt zu einer Größenzunahme der Zunge, wodurch nach Extubation eine erhebliche Atmungsbehinderung verursacht werden kann. Von besonderer Bedeutung ist eine **freie Lagerung des Kehlkopfes und des Abdomens**, letzteres um einerseits den venösen Rückfluß nicht zu behindern und andererseits eine freie Zwerchfellexkursion zu gewährleisten (3.**17**).

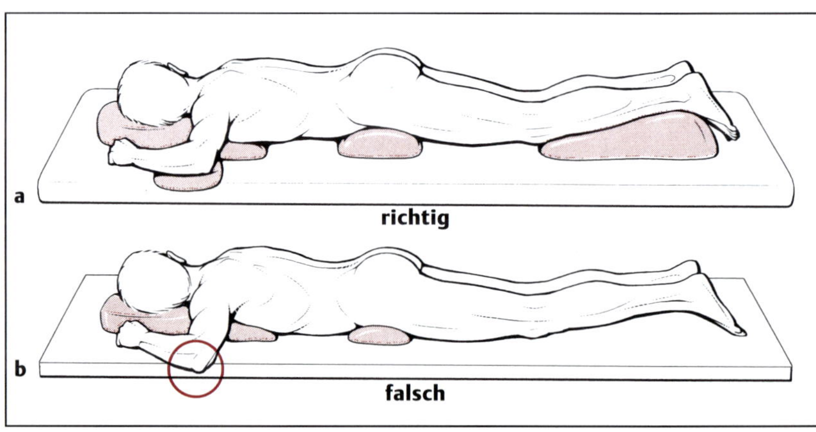

3.17: Bauchlagerung.
a Richtige Lagerung: zum Schutz des Plexus brachialis und des N. ulnaris liegen die Arme unter Vermeidung von Überstreckung und Druckstellen neben dem Kopf; durch korrekte Unterpolsterung von Thorax und Becken ist die Bauchwand frei beweglich.
b Falsche Lagerung: Gefahr der Plexusdehnung sowie der Druckschädigung des N. ulnaris durch Armlagerung; eingeschränkte Beweglichkeit der Bauchwand.

Sitzende Position

Die sitzende Position (**3.18**) ist in der Neurochirurgie für bestimmte intrakranielle Operationen erforderlich. Neben der Schädigung des N. ischiadicus ist diese Position vor allem durch 2 Faktoren risikoreich:

1. **Blutdruckabfall** durch Verminderung des venösen Rückstroms,
2. **Luftembolie**, da das Operationsgebiet deutlich über dem Herzniveau liegt und damit der Druck in den Venen und Durasinus negativ wird.

Bei akzidenteller Eröffnung dieser Gefäße kann es dann zur Ansaugung von Luft kommen. Die Beine sollten mit elastischen Binden gewickelt werden, um das venöse »Pooling« zu verringern und um die Gefahr von Thrombosen zu reduzieren. Sie sollten so hoch wie möglich gelagert werden, um den venösen Rückfluß soweit als möglich zu erhalten. Die intraoperative Überwachung umfaßt außer den Standardmaßnahmen die invasive arterielle Blutdruckmessung, die Messung des endexspiratorischen CO_2-Partialdruckes und des zentralen Venendruckes sowie die präkordiale Doppler-Sonographie, mit deren Hilfe auch kleinste Luftmengen erkannt werden können.

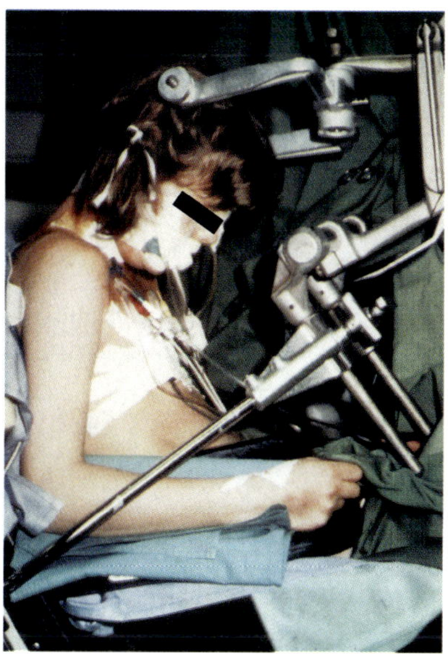

3.18: Sitzende Position.

Sitzende Position

Die sitzende Position (**3.18**) ist in der Neurochirurgie für bestimmte intrakranielle Operationen erforderlich. Diese Position ist vor allem durch 2 Faktoren risikoreich: 1. **Blutdruckabfall**, 2. **Luftembolie**.

Gegenmaßnahmen sind:

- Verringerung des venösen »Pooling«
- erweiterte Überwachung durch invasive arterielle Blutdruckmessung, Messung des endexspiratorischen CO_2-Partialdruckes, des ZVD und präkordiale Doppler-Sonographie.

Steinschnittlagerung

Die Steinschnittlagerung (3.19) kommt hauptsächlich in Gynäkologie, Urologie und Proktologie zur Anwendung. Hier ist besonders auf den **N. peronaeus** zu achten, der im Bereich des Fibulaköpfchens Gefahr läuft, komprimiert zu werden.

Steinschnittlagerung

Die Steinschnittlagerung (3.**19**) kommt hauptsächlich in Gynäkologie, Urologie und Proktologie zur Anwendung. Neben den Kautelen, die für die Rückenlage gelten, ist hier besonders auf den **N. peronaeus** zu achten, der im Bereich des Fibulaköpfchens komprimiert werden kann.

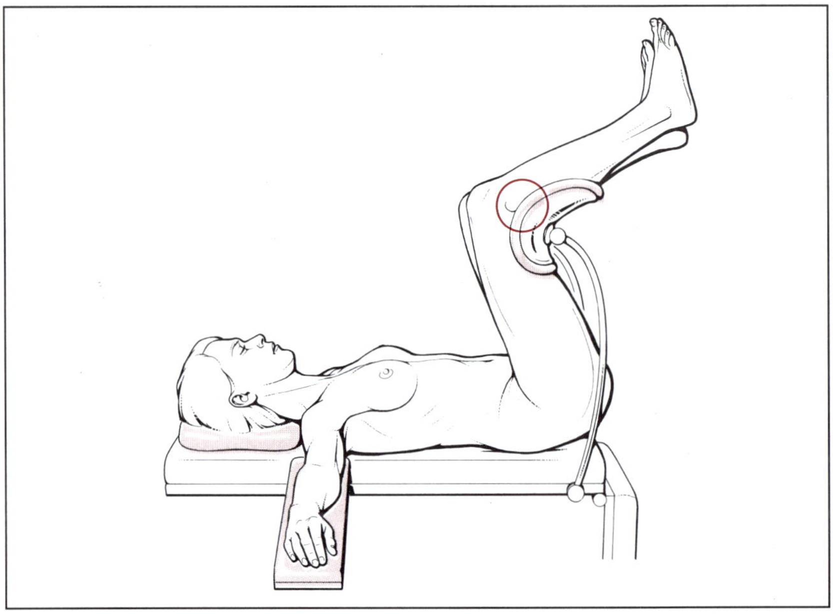

3.**19: Steinschnittlagerung.** Wichtig ist der Schutz des N. peronaeus (Kreis) im Bereich des Fibulaköpfchens.

Physiologische Veränderungen

Physiologische Veränderungen, die durch Lagerungsmaßnahmen ausgelöst werden, betreffen vornehmlich das **Herz-Kreislauf-System** sowie die **Lunge**.
Im kardiozirkulatorischen Bereich sind es vor allem die **Veränderungen des venösen Rückstromes** z. B. durch Flankenlagerung, sitzende Position. Das Risiko perioperativer Thromboseentstehung kann durch präoperative Anlage von **Thrombosestrümpfen** minimiert werden.

Je nach Körperlage **verringert sich die funktionelle Residualkapazität**. Die ungünstigste Position ist hierbei die Kopftieflagerung.
Weitere lagerungsbedingte pulmonale Veränderungen betreffen das **Ventilations-/Perfusionsverhältnis**. In 3.**14** ist die Ventilation in Abhängigkeit von verschiedenen Körperpositionen dargestellt. Das 3-Zonen-Modell nach *West* beschreibt unterschiedliche Perfusionsverhältnisse innerhalb der Lunge (3.**15**).

Physiologische Veränderungen

Physiologische Veränderungen, die durch Lagerungsmaßnahmen ausgelöst werden, betreffen vornehmlich das **Herz-Kreislauf-System** sowie die **Lunge.** Im kardiozirkulatorischen Bereich sind es vor allem die **Veränderungen des venösen Rückstromes**. Beim Absenken der Beine unter Herzniveau (z. B. Flankenlagerung, sitzende Position) kommt es zu einer Verminderung des venösen Rückstromes, die mit einer Reduzierung des Herzminutenvolumens und einem Abfall des arteriellen Blutdruckes einhergehen kann. Werden die Beine über Herzniveau angehoben (z. B. Steinschnittlagerung, Kopftieflagerung), wird der venöse Rückfluß erheblich gesteigert; dies kann bei herzinsuffizierten Patienten zu einer myokardialen Volumenüberlastung führen. Das venöse »Pooling« und damit das Risiko perioperativer Thromboseentstehung kann durch **präoperative Anlage von Thrombosestrümpfen** minimiert werden.

Je nach Körperlage **verringert sich die funktionelle Residualkapazität**. Die ungünstigste Position ist hierbei die Kopftieflagerung. Kommen weitere Faktoren hinzu – wie etwa Adipositas oder laparoskopische Eingriffe mit Kapnoperitoneum, die zu einer Zunahme des intraabdominellen Drukkes und zusätzlicher Abnahme der funktionellen Residualkapazität führen – kann es zur Hypoxie und Hyperkapnie auch stärkeren Außmaßes kommen. Kompensiert werden können diese Störungen durch die Anwendung großer Atemzugvolumina, durch langsame inspiratorische Gasflüsse sowie durch Einsatz von PEEP. Weitere pulmonale Veränderungen, die es bei den Lagerungsmaßnahmen zu bedenken gibt, betreffen das **Ventilations-/Perfusionsverhältnis**. In **3.14** ist die Ventilation in Abhängigkeit von verschiedenen Körperpositionen dargestellt. Das 3-Zonen-Modell nach *West* beschreibt unterschiedliche Perfusionsverhältnisse innerhalb der Lunge (**3.15**).

Synopsis 3.14: Ventilation in Abhängigkeit von verschiedenen Körperpositionen

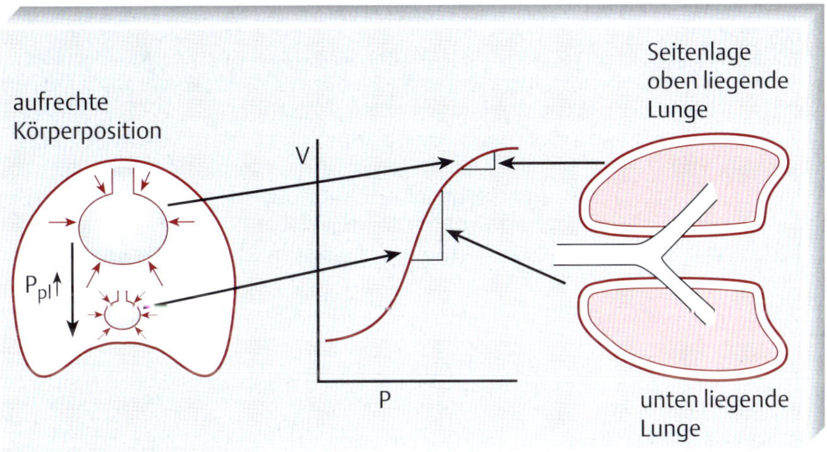

Durch die Einwirkung der Schwerkraft nimmt der intrapleurale Druck (P_{pl}) beim **aufrecht stehenden** Menschen (linke Seite der Schemazeichnung) von apikal nach basal zu. Durch den niedrigen (am meisten negativen) intrapleuralen Druck im Bereich der Lungenspitze haben die Alveolen hier das größte Volumen. In den abhängigen basalen Lungenabschnitten mit hohem (bis in den positiven Bereich gehenden) intrapleuralen Druck sind die Alveolen komprimiert, d. h. gering luftgefüllt.
Werden diese regionalen Unterschiede des Alveolarvolumens in einer transpulmonalen alveolären Druck-(P-)Volumen-(V-) Kurve aufgetragen, befinden sich die gering entfalteten Alveolen der basalen Lungenbezirke auf dem steilen Abschnitt der Kurve, während sich die gut entfalteten Alveolen der Lungenspitze im flachen Kurvenabschnitt darstellen. In diesem Diagramm entspricht die regionale Steilheit der Kurve der regionalen Compliance.
Entsprechend erhalten die abhängigen (basalen) Lungenbezirke einen größeren Anteil des Atemzugvolumens als die nicht abhängigen (apikalen) Lungenbezirke, die teilweise überbläht sind.
In **Seitenlage** (rechte Seite der Schemazeichnung) werden durch die Schwerkraft entsprechende intrapleurale Druckgradienten verursacht, so daß gleiche Effekte auf die Verteilung der Ventilation resultieren. Während die abhängige (unten liegende) Lunge auf dem steilen Abschnitt der Kurve zu finden ist, stellt sich die oben liegende Lunge auf dem flachen Kurvenabschnitt dar. Entsprechend erhält in Seitenlage die abhängige Lunge eine bessere Perfusion der Ventilation, die obere Lungenhälfte wird adäquat ventiliert aber schlecht perfundiert.

Synopsis 3.15: Lungenperfusion: 3-Zonen-Modell nach West

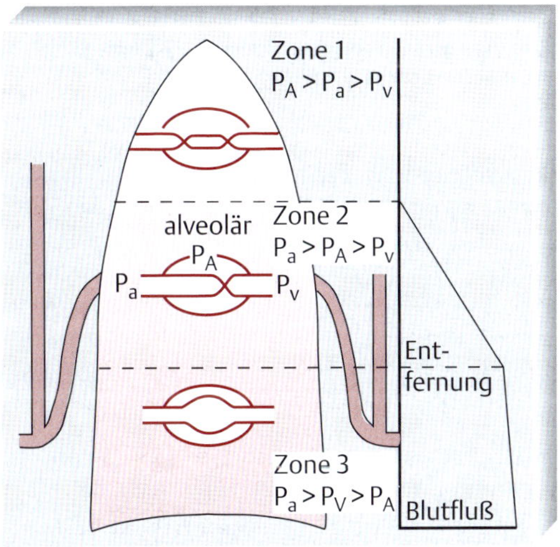

Nach *West* lassen sich 3 charakteristische Zonen der Lungendurchblutung unterscheiden (hier beim aufrecht stehenden Menschen):

Zone I: In der apikalen Zone ist der pulmonalarterielle Druck (P_a) kleiner als der alveoläre Druck (P_A). Die Gefäße sind komprimiert (Totraum, kein Blutfluß).
Zone II: In der mittleren Zone ist der pulmonalarterielle Druck größer als der Alveolardruck, dieser jedoch wiederum größer als der pulmonalvenöse Druck (P_v). Der Ausfluß aus den pulmonalen Kapillaren wird daher behindert, so daß diese partiell kollabiert sind. Die Lungenperfusion wird in dieser Zone von der Differenz zwischen Pulmonalarteriendruck und Alveolardruck ($P_a - P_A$) bestimmt. Nach basal nimmt der pulmonalarterielle Druck kontinuierlich zu.
Zone III: In der basalen Zone, der größten Zone, wird auch der pulmonalvenöse Druck größer als der alveoläre Druck, so daß die Gefäße nicht kollabiert sind. Die Lungenperfusion wird hier von der arteriovenösen Druckdifferenz ($P_a - P_v$) bestimmt.

Lagerungsschäden

Die häufigsten Lagerungsschäden sind **Läsionen nervaler Strukturen**, insbesondere des Plexus brachialis. Die Schädigung der Nerven entsteht durch eine **Ischämie der Vasa nervorum**.

Lagerungsschäden

Die häufigsten Lagerungsschäden sind **Läsionen nervaler Strukturen**, insbesondere des Plexus brachialis. Die Schädigung der Nerven entsteht durch eine **Ischämie der Vasa nervorum**, die durch Dehnung oder Kompression der Nerven oder durch eine Kombination beider Faktoren verursacht wird. Besteht die Ischämie über einen längeren Zeitraum, kommt es zu Nekrosen der betroffenen Nerven; zusätzlich können durch Nervendehnung Rupturen kleinerer Nervengefäße mit anschließender Hämatombildung entstehen. Durch Kompression kann dieses Hämatom schließlich zu weiteren Nervenschäden führen.

Schmerzausschaltung und Muskelrelaxation begünstigen Nervenschäden.

Bei allen Methoden der Schmerzausschaltung – sowohl bei allgemein- als auch bei regionalanästhesiologischen Verfahren – können Patienten für sie unangenehme und schmerzhafte Positionen einzelner Körperpartien nicht mehr wahrnehmen. Durch Einsatz von Muselrelaxanzien wird zusätzlich der Muskeltonus reduziert, was die Toleranz unphysiologischer Positionen noch erhöht. Bei nicht anästhesierten Patienten kommt es bereits nach wenigen Minuten zu schmerzhaften Sensationen, wenn der Arm beispielsweise > 90° abduziert ist; bei mehr als 80 % dieser Patienten verschwindet nach wenigen Minuten der Radialispuls. Bereits 30 – 40 Minuten in einer für den Patienten nicht komfortablen Position reichen aus, um zu einer Nervenschädigung zu führen. Unter den Faktoren, die eine Nervenschädigung begünstigen, finden sich angeborene Anomalien sowie erworbene Erkrankungen.

Angeborene Anomalien und **erworbene Erkrankungen** erhöhen das Risiko für Nervenschädigungen.

- **angeborene Anomalien:** Hypertrophie des M. scalenus anterior und des M. scalenus medius; Existenz einer Halsrippe; anomaler Ursprung des Plexus brachialis
- **erworbene Erkrankungen:** dieses sind vor allen Dingen Erkrankungen, die mit einer Störung der Mikrozirkulation (z. B. Diabetes mellitus) oder der Gerinnung einhergehen; weitere Ursachen einer Mangeldurchblutung sind Hypotension und Hypothermie, die beide zu einer Reduktion des Blutflusses in den Vasa nervorum führen können.

Der **Schweregrad peripherer Nervenverletzungen** wird nach *Seddon* entsprechend eingeteilt:
Neurapraxie: passagere Funktionsstörung eines peripheren Nervs im Sinne einer Commotio nervi ohne Kontinuitätsunterbrechung.

Der **Schweregrad peripherer Nervenverletzungen** wird nach *Seddon* entsprechend der folgenden Klassifikation eingeteilt:
Neurapraxie: Passagere Funktionsstörung eines peripheren Nervs im Sinne einer Commotio nervi ohne Kontinuitätsunterbrechung. Klinisch resultiert eine höchstens wenige Tage andauernde Parese mit leichten Sensibilitätsstörungen. Das Elektromyogramm (EMG) zeigt keine Denervierungspotentiale, nur die Nervenleitgeschwindigkeit (NLG) kann vorübergehend abnehmen oder blockiert sein.

Axonotmesis: lokale Zerstörung der Axone und Markscheiden bei erhaltenen bindegewebigen Strukturen (Epi-, Peri-, Endoneurium).
Klinisch besteht bei einer Axonotmesis eine voll ausgeprägte Lähmung mit nachfolgender Muskelatrophie.

Axonotmesis: Lokale Zerstörung der Axone und Markscheiden bei erhaltenen bindegewebigen Strukturen (Epi-, Peri-, Endoneurium). Die äußere Struktur der Nerven, insbesondere auch die Kontinuität der Faszikel, ist also nicht verletzt. Nach einer Axonotmesis tritt zwar eine Degeneration der Nervenfaser im distalen Abschnitt auf, doch wird die Regeneration kaum durch bindegewebige Proliferation beeinträchtigt. Klinisch besteht bei einer Axonotmesis eine voll ausgeprägte Lähmung mit nachfolgender Muskelatrophie. Im EMG treten nach 1 – 2 Wochen typische Denervierungspotentiale auf. Die Therapie ist in der Regel konservativ.

Neurotmesis: totale oder subtotale Durchtrennung eines peripheren Nervs, d. h. sowohl der Nervenfasern als auch der Nervenhüllstrukturen.
Therapie der Wahl ist die neurochirurgische Intervention mit Reanastomosierung durch Sekundärnaht.

Neurotmesis: totale oder subtotale Durchtrennung eines peripheren Nervs, d. h. sowohl der Nervenfasern als auch der Nevenhüllstrukturen. Die Regenerationsvorgänge sind erheblich behindert, da die bindegewebige Leitschiene zum distalen Abschnitt fehlt. Therapie der Wahl ist die neurochirurgische Intervention mit Reanastomosierung durch Sekundärnaht.

Generell sollten zur Förderung der Regeneration eines peripheren Nervs gezielte krankengymnastische Übungen eingesetzt werden. Eine Reizstromtherapie kann bei kompletten Lähmungen Muskelatrophien verhindern. Alle anderen therapeutischen Maßnahmen müssen darauf ausgerichtet sein, Gelenkversteifungen und Muskelkontrakturen zu verhindern sowie evtl. orthopädische Hilfen anzubieten. Bei kompletter Kontinuitätsunterbrechung ist eine Nervennaht anzustreben.

3.2 Intravenöse Pharmaka

3.2.1 Pharmakologische Grundlagen

Die Anästhesiologie erfordert Grundkenntnisse in der **Pharmakokinetik** und **Pharmakodynamik** als Voraussetzung, um Pharmaka zur Prämedikation, Substanzen zur intravenösen Narkoseeinleitung und -durchführung, Inhalationsanästhetika, Muskelrelaxanzien und Lokalanästhetika sowie Medikamente für die postoperative Phase richtig einsetzen und unerwünschte Wirkungen vermeiden zu können.

Pharmakodynamik

Definition. Die Pharmakodynamik beschreibt die Einflüsse eines Arzneimittels auf den Organismus. Dies schließt Untersuchungen zu Wirkungsmechanismen, Entwicklung von Rezeptortheorien sowie Betrachtungen zu Struktur-Wirkungs-Beziehungen, Dosis-Wirkungs-Beziehungen und Nebenwirkungen ein.

Wichtige Grundbegriffe der Pharmakodynamik sind die **intrinsische Aktivität** (Effektivität) und **Affinität** (Potenz) sowie die **Dosis-Wirkungs-Kurve, effektive Dosis** und **therapeutische Breite** eines Pharmakons.
Unter **intrinsischer Aktivität** versteht man die maximal mögliche Wirkung eines Arzneimittels. Bei Betrachtung der Rezeptortheorie ist die maximale Wirksamkeit eines reinen Agonisten, z. B. Morphin, gleich 1, die eines reinen Antagonisten, wie z. B. Naloxon, gleich 0, d. h. Naloxon besetzt dosisabhängig zwar alle Opiatrezeptortypen, hat aber keine morphinartige Wirkung. Ein partieller (Ant-)Agonist, wie z. B. Nalorphin, hat die Wirksamkeit zwischen 0 und 1, d. h. auch er besetzt alle Opiatrezeptoren, hat aber nur teilweise morphinartige Wirkungen.
Der Begriff **Affinität** bezieht sich auf die Menge eines Arzneimittels, die verabreicht werden muß, um die maximale Wirkung hervorzurufen. (Beispiel: Von Morphin benötigt man 10 mg und von Fentanyl lediglich 0,143 mg, um eine äquieffektive Wirkung zu erreichen. Bezogen auf die bei diesen Substanzen relativ ähnlichen Molgewichte bedeutet dieses, daß die Affinität von Fentanyl ca. um den Faktor 100 größer ist als die von Morphin).
Die Abhängigkeit der Wirkung eines Pharmakons von seiner Dosis bzw. Konzentration läßt sich graphisch anhand der **Dosis-Wirkungs-Kurve** darstellen (S **3.16**). Hierbei wird die **effektive Dosis** in der Regel als sog. **ED_{50}** ermittelt. Darunter versteht man die Dosis, unter der in 50 % der Fälle der spezifische Effekt einer Substanz erzielt werden kann bzw. unter der 50 % der maximal zu erreichenden Reaktion auftritt. Für die Inhalationsanästhetika wird – analog zur **ED_{50}** – der sog. MAC-Wert zur Charakterisierung ihrer Wirksamkeit verwendet (siehe Kapitel 3.3.1).

3.2 Intravenöse Pharmaka

3.2.1 Pharmakologische Grundlagen

Die Anästhesiologie erfordert Grundkenntnisse in der **Pharmakokinetik** und **Pharmakodynamik**.

Pharmakodynamik

◄ **Definition**

Unter **intrinsischer Aktivität** versteht man die maximal mögliche Wirkung eines Arzneimittels.

Der Begriff **Affinität** bezieht sich auf die Menge eines Arzneimittels, die verabreicht werden muß, um die maximale Wirkung hervorzurufen.

Die Abhängigkeit der Wirkung eines Pharmakons von seiner Dosis bzw. Konzentration läßt sich graphisch anhand der **Dosis-Wirkungs-Kurve** darstellen (S **3.16**). Hierbei wird die **effektive Dosis** in der Regel als sog. **ED_{50}** (Effektivdosis bei 50 %) ermittelt.

Synopsis 3.16: Dosis-Wirkungs-Kurven

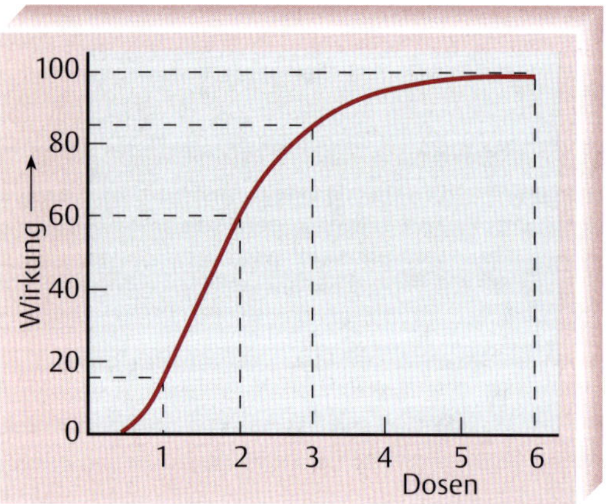

a Schematische Darstellung einer Dosis-Wirkungs-Kurve. Ordinate: Wirkung in % des maximal möglichen Effektes; Abszisse: Dosen in Vielfachen der Einheit. Eingezeichnet sind die Wirkungen der 1-, 2-, 3- und 6fachen Dosis. Die Kurve zeigt, daß die Wirkung nicht linear mit der Dosis zunimmt.

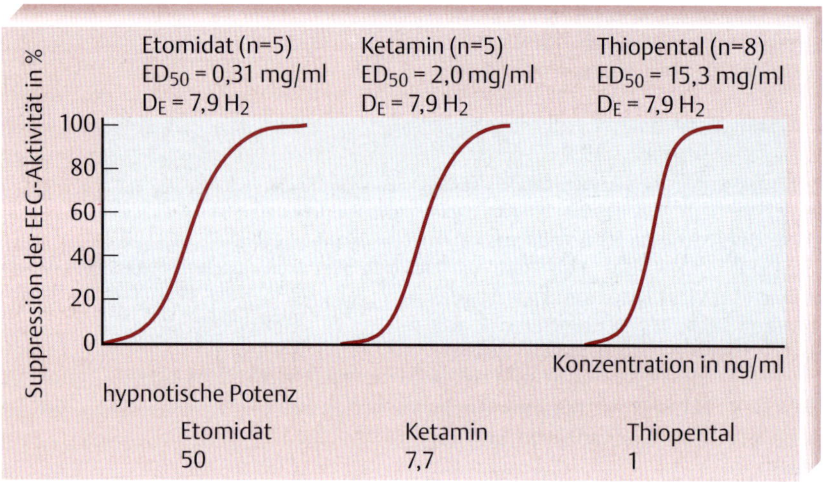

b Dosis-Wirkungs-Kurven für Etomidat, Ketamin und Thiopental. Die relative Suppression der EEG-Aktivität wurde als pharmakodynamischer Parameter zur Quantifizierung des hypnotischen Effektes benutzt. Aus den ED_{50}-Werten wurde, bezogen auf denjenigen von Thiopental, die hypnotische Potenz der einzelnen Substanzen errechnet.

Die **therapeutische Breite** gibt Anhalt über den Sicherheitsabstand, den ein Arzneimittel bei seiner Anwendung bezüglich toxischer Reaktionen hat. Therapeutischer Index: **LD_{50}/ED_{50}.**

Die therapeutische Breite der Anästhetika ist, bezogen auf ihre atemdepressorischen Nebenwirkungen, durchweg sehr niedrig!

Die **therapeutische Breite** gibt Anhalt über den Sicherheitsabstand, den ein Arzneimittel bei seiner Anwendung bezüglich toxischer Reaktionen hat. Der therapeutische Index ist definiert als **LD_{50}/ED_{50}.** Er wird im Tierversuch ermittelt. Die **LD_{50}** bezeichnet dabei die Menge eines Arzneimittels, die bei 50 % der Tiere einen letalen Effekt hervorruft. Je höher demnach der therapeutische Index ist, desto sicherer ist das Arzneimittel in seiner klinischen Anwendung. Die therapeutische Breite der Anästhetika ist, bezogen auf ihre atemdepressorischen Nebenwirkungen, durchweg sehr niedrig! Sie liegt z. B. für Inhalationsanästhetika im Bereich von 1,5. Das bedeutet, daß bereits bei 1,5facher Dosierung eine potentiell letale Konzentration erreicht wird!

Pharmakokinetik

Pharmakokinetik

Definition ▶

Definition. Die Pharmakokinetik befaßt sich mit dem, was der Organismus mit dem jeweiligen Arzneimittel macht. Sie beschreibt die **Aufnahme, Verteilung, Metabolisierung** und **Ausscheidung** der Substanzen.

Ziel der Beschäftigung mit der Pharmakokinetik ist es, in Verbindung mit den Methoden der Pharmakodynamik (s. o.) möglichst optimale Dosierungsschemata für die Behandlung von Patienten zu entwickeln.

Für die Wirkung eines Pharmakons entscheidend ist seine Konzentration in der sog. **Biophase,** das ist der Raum, von dem aus es direkt mit seinen Bindungsstellen reagieren kann. Um dorthin zu gelangen, muß das Pharmakon zunächst in den Körper aufgenommen werden.

Für die Wirkung eines Pharmakons entscheidend ist eine Konzentration in der sog. **Biophase**.

Aufnahme. Die Aufnahme kann z. B. durch Injektion der Substanz in die Blutbahn (z. B. i. v. Anästhesie) oder durch direktes Einbringen in die Biophase (z. B. Spinalanästhesie) erfolgen.

Aufnahme Die Aufnahme kann z. B. durch Injektion der Substanz in die Blutbahn oder durch direktes Einbringen in die Biophase erfolgen.

Verteilung. Man unterscheidet hauptsächlich 3 Räume (**Kompartimente**), auf die sich ein Pharmakon nach Erreichen der Blutbahn verteilen kann und die zueinander wechselseitig in Beziehung treten (S **3.17**):
- den **Blutplasmaraum** mit ca. 4 % des Körpergewichtes (zentrales Kompartiment)
- das **Interstitium** mit ca. 15 % und
- den **Intrazellulärraum** (IZR) mit ca. 40 %.

Dabei ist auffällig, daß das zentrale Kompartiment Plasma, aus dem die Substanzen in die tiefer gelegenen Kompartimente Interstitium und IZR verteilt werden, sehr klein ist.
Die Geschwindigkeit dieser Verteilung ist zunächst vom Herzzeitvolumen und dem Durchblutungsanteil der einzelnen Organe abhängig. So werden Arzneimittel schnell und in größerer Menge die gut durchbluteten Organe **Gehirn, Herz, Nieren** und **Leber** erreichen und in diese aufgenommen (**initiale Verteilung**). Das ist mit ein Grund für den schnellen Wirkeintritt einer intravenösen Anästhesie, wie in Kapitel 3.2.2 beispielhaft für die Barbiturate erläutert. Danach findet eine Umverteilung in die **Skelettmuskulatur** (Terminierung der zentralen Hauptwirkung der i. v. Anästhetika) und zuletzt in das gering durchblutete **Fettgewebe** statt (**terminale Verteilung**).

Verteilung Pharmaka verteilen sich im Organismus über die Blutbahn (S 3.**17**).
Man unterscheidet hauptsächlich 3 Verteilungsräume (Kompartimente):
- **Plasmaraum**
- **Interstitium**
- **Intrazellulärraum** (IZR).

Die Geschwindigkeit der Verteilung eines Pharmakon im Organismus ist vom Herzzeitvolumen und dem Durchblutungsanteil der einzelnen Organe abhängig.
Zuerst werden **Gehirn, Herz, Nieren** und **Leber** erreicht **(initiale Verteilung)**, dann erfolgt eine Unterteilung in die **Skelettmuskulatur,** zuletzt ins **Fettgewebe (terminale Verteilung).**

S Synopsis 3.**17: Schematische Darstellung der Verteilung und Elimination eines Pharmakons**

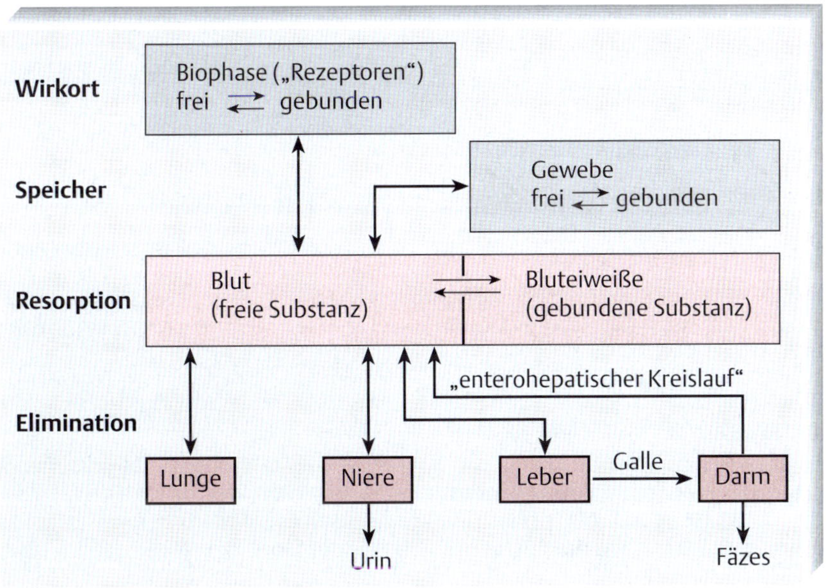

Nach Aufnahme einer Substanz in das Blut wird, abhängig von ihrer Löslichkeit, ihrem pK-Wert und dem pH des Blutes, ein Teil an Plasmaeiweiße gebunden, bis sich schließlich ein Gleichgewicht zwischen freier und ungebundener Fraktion eingestellt hat. Nur der freie Anteil des Pharmakons kann an den Wirkort gelangen und z. B. mit spezifischen Rezeptoren interagieren. Bei lipophilen Substanzen kommt es zu einer nicht unerheblichen unspezifischen Bindung an Gewebsstrukturen. Die Elimination (der freien Substanz) findet über Niere, Leber und bei Inhalationsanästhetika größtenteils über die Lunge statt. Die in der Leber entstehenden Metabolite werden teilweise über die Niere, teilweise via Galle über den Darm ausgeschieden, wobei aus dem Darmlumen eine partielle Rückresorption ins Blut stattfinden kann (»enterohepatischer Kreislauf«).

Die Endothelien der meisten Organe haben interzellulläre Poren oder sind gefenstert, so daß der Durchtritt von Pharmaka relativ ungehindert geschehen kann und nur von der Molekülgröße abhängig ist.

Um das zentrale Kompartiment verlassen und sich im Gewebe verteilen zu können, muß ein Pharmakon die Kapillarendothelien passieren. Die Endothelien der meisten Organe haben interzelluläre Poren oder sind gefenstert, so daß der Durchtritt relativ ungehindert geschehen kann und nur von der Molekülgröße abhängig ist. Niedermolekulare Substanzen gelangen dementsprechend außerordentlich schnell in das Interstitium (z. B. Succinylcholin – Pantolax®).

Vom kinetischen Standpunkt imponieren Plasmaraum und Interstitium häufig als ein Kompartiment (Extrazellulärraum, EZR).

Vom kinetischen Standpunkt imponieren Plasmaraum und Interstitium deshalb häufig als ein Kompartiment (Extrazellulärraum, EZR). Anders sind die Verhältnisse im Gehirn und der Plazenta: hier bestehen feste Verbindungen zwischen den Endothelzellen (»tight junctions«), die den Durchtritt erschweren (Blut-Hirn-Schranke bzw. Plazentaschranke). Für die Überwindung dieser Schranken ebenso wie für den Eintritt nach intrazellulär muß ein Pharmakon die lipidhaltigen Zellmembranen permeieren. Die Passage der Zellmembranen ist dabei abhängig vom physikochemischen Löslichkeitsverhalten (hydrophil; lipophil; pK-Wert, siehe Kapitel 5.2.1) des Arzneimittels. Nur nichtdissoziierte, lipophile Substanzen können physiologische Membranen durchdringen.

Nur nichtdissoziierte, lipophile Substanzen können physiologische Membranen durchdringen.
Der **proteingebundene** Anteil eines Arzneimittels bildet funktionell ein Depot und steht mit der freien Plasmafraktion im Gleichgewicht. Nur der ungebundene Anteil steht für die Verteilung im Gewebe zur Verfügung und führt zur pharmakologischen Wirkung der Substanz.

Des weiteren spielt für die Verteilung die **Proteinbindung** der Pharmaka im Plasma bzw. EZR eine große Rolle. Albumin, die quantitativ größte Eiweißfraktion, bindet als Ampholyt sowohl Kationen, Anionen als auch hydro- und lipophile Substanzen, das saure α_1-Glykoprotein vor allem basische Substanzen. Der gebundene Anteil eines Arzneimittels bildet funktionell ein Depot und steht mit der freien Plasmafraktion im Gleichgewicht. Nur der ungebundene Anteil steht für die Verteilung im Gewebe zur Verfügung und führt zur pharmakologischen Wirkung der Substanz. Verschiedene gleichzeitig gegebene Arzneimittel können um die Plasmaproteinbindung konkurrieren. Dadurch kann die freie Plasmakonzentration des einzelnen Arzneimittels erhöht werden, und es können Überdosierungseffekte auftreten.
Ein Beispiel soll dieses verdeutlichen. Bei einere Dauertherapie mit stark eiweißgebundenen oralen Antidiabetika wie Glibenclamid (Euglucon®) kommt es bei Verwendung von i. v. Anästhetika (z. B. Barbiturate) zu einer gegenseitigen Verdrängung aus der Eiweißbindung. Dies bedeutet, daß durch den erhöhten freien Anteil des Glibenclamid Hypoglykämien induziert werden können. Die Erhöhung des freien Barbituratanteils kann andererseits zu barbiturattypischen Nebeneffekten wie Kreislaufbeeinträchtigung führen.

Für die anästhesiologische Praxis gilt folgendes:

Merke ▶

> ***Merke.*** Die intravenösen Anästhetika haben fast alle eine hohe Eiweißbindung! Bei **Hypoproteinämie** (Serum-Gesamt-Eiweiß <5 g/100 ml bzw. Serum-Albumin <3 g/100 ml) und **Dysproteinämie** muß die Dosis zur Narkoseeinleitung **reduziert** werden, da der freie Wirkstoffanteil erhöht ist.

Die Proteinbindung ist abhängig von der Injektionsgeschwindigkeit, d. h. bei hoher Injektionsgeschwindigkeit vergrößert sich der freie Substanzanteil. Das muß besonders bei der Narkoseeinleitung beachtet werden.

Für die Anästhesie ist ebenfalls von erheblicher praktischer Bedeutung, daß die **Proteinbindung abhängig von der Injektionsgeschwindigkeit** ist, d. h., bei hoher Injektionsgeschwindigkeit vergrößert sich der freie Stubstanzanteil. Das muß besonders bei der Narkoseeinleitung beachtet werden:

Merke ▶

> ***Merke.*** Sämtliche i. v. Anästhetika müssen langsam und nach Wirkung appliziert werden, um akute Überdosierungseffekte zu vermeiden.

Nach abgeschlossener terminaler Verteilung stehen die Pharmakonkonzentrationen in den einzelnen Kompartimenten in einem festen Verhältnis zueinander (Gleichgewicht).

Nach abgeschlossener terminaler Verteilung stehen die Pharmakonkonzentrationen in den einzelnen Kompartimenten in einem festen Verhältnis zueinander (Gleichgewicht). Der weitere Konzentrationsverlauf wird nun in erster Linie durch den Vorgang der Elimination bestimmt.

Elimination. Für die Elimination (Clearance) der Pharmaka aus dem Organismus sind 2 Teilprozesse verantwortlich, die **Metabolisierung** und die **Ausscheidung** (S 3.17).

- **Metabolisierung:**
Die meisten für die Biotransformation zuständigen Enzyme sind in den Mikrosomen des endoplasmatischen Retikulums der Leber zu finden. Sie sorgen für die Entstehung von unwirksamen und wirksamen Metaboliten. Arzneimittel können durch **Phase-I-**Mechanismen (Oxidation, Reduktion und Hydrolyse) umgewandelt werden, wobei oftmals biologisch inaktive Metabolite entstehen. Die meisten Reaktionen werden dabei durch Cytochrom P-450 katalysiert. Dieses Enzym kann krankheitsbedingt oder durch Pharmaka stimuliert (z. B. Alkoholhepatitis, Barbiturate) oder reduziert (z. B. Leberzirrhose, H_2-Antihistaminika) sein. Der **Phase II** Mechanismus dient der Umwandlung in unwirksame, wasserlösliche Metabolite. Dies geschieht durch Konjugation mit polaren Komponenten (z. B. Glukuronsäure).

- **Ausscheidung:**
In der Anästhesie verwendete Pharmaka werden, sei es unverändert oder metabolisiert, über die Niere und Leber oder, wie die Inhalationsanästhetika, über die Lunge ausgeschieden.

Aufnahme, Verteilung, Metabolisierung und Ausscheidung beeinflussen den Beginn und das Ende der Wirkung eines Arzneimittels. Entscheidend für die Wirkung ist jedoch, wie eingangs erwähnt, die Konzentration eines Arzneimittels am Wirkort. In der Regel kann die Arzneimittelkonzentration dort nicht gemessen werden, da für Konzentrationsbestimmungen nur Blut, Urin und evtl. Fäzes zur Verfügung stehen. Zur Erklärung der Blutkonzentrationsverläufe auch der in der Anästhesie verwendeten Pharmaka werden in pharmakokinetischen Modellen entweder Ein- oder Mehr-Kompartiment-Verteilungen zugrunde gelegt. Es wird dabei vorausgesetzt, daß die Arzneimittelkonzentration am Wirkort in einer einfachen Weise mit der Blutspiegelkonzentration korreliert.
Beim **Zwei-Kompartiment-Modell** (S 3.18) wird davon ausgegangen, daß ein Pharmakon den EZR nicht verlassen kann und sich nur im Plasma und Interstitium verteilt. Diese Verteilung gilt strenggenommen nur für die wenigsten Substanzen, z. B. für die osmotischen Diuretika und mit Einschränkung für das Succinylcholin. Für lipophile Substanzen wie die Anästhetika muß zwar wegen der zusätzlichen Verteilung im IZR prinzipiell ein **Drei-Kompartiment-Modell** (S 3.18) zugrunde gelegt werden, trotzdem können die Blutspiegelverläufe vereinfachend auch mittels eines Zwei-Kompartiment-Modelles für praktische Zwecke hinreichend genau erfaßt werden.
Am Beispiel des Succinylcholin (Pantolax®) soll das kinetische Modell einer **Zwei-Kompartiment-Verteilung** erläutert werden. Succinylcholin verteilt sich nach Injektion in die Blutbahn zunächst im zentralen Kompartiment (Plasma) und von diesem in das zweite (Interstitium), von wo aus es zu seinen Wirkorten gelangt. Sobald die Verteilungsphase, die beim Succinylcholin sehr kurz ist, abgeschlossen ist, wird der weitere Plasmaspiegelverlauf nun primär durch die Eliminationsvorgänge gesteuert (in diesem Fall Metabolisierung durch die Pseudocholinesterase), und es kommt zu einem exponentiellen Abfall der Plasmakonzentration. Unter dieser Voraussetzung (exponentieller bzw. logarithmisch-linearer Abfall der Plasmakonzentration) kann für diese Phase eine Halbwertszeit angegeben werden, die **Eliminationshalbwertszeit,** die angibt, nach welcher Zeit der Plasmaspiegel um die Hälfte abgenommen hat (S 3.19). Die Eliminationshalbwertszeit darf nicht mit der Wirkdauer einer Substanz gleichgesetzt werden!
Dies soll an folgendem Beispiel klargemacht werden. Wenn man ein Pharmakon, dessen Wirkung unmittelbar konzentrationsabhängig und nicht interaktionsüberdauernd ist, bezüglich des gewünschten therapeutischen Effektes z. B. 5fach überdosieren würde, müßten erst einmal einige Halb-

Elimination Für die Elimination (Clearance) der Pharmaka aus dem Organismus sind 2 Teilprozesse verantwortlich, die Metabolisierung und die Ausscheidung (S **3.17**).

Metabolisierung
Für die Metabolisierung der Arzneimittel sind sog. **Phase-I-** und **Phase-II-**Mechanismen zuständig.
Phase-I-Mechanismen sind Oxidation, Reduktion und Hydrolyse.
Phase-II-Mechanismus: Er dient der Umwandlung in unwirksame, wasserlösliche Metabolite (z. B. durch Konjugation).

Ausscheidung
Die Ausscheidung erfolgt renal, biliär oder pulmonal.

Pharmakokinetische Modelle berücksichtigen Ein- oder Mehr-Kompartiment-Verteilungen, um den Blutkonzentrationsverlauf eines Arzneimittels zu erklären.

Beim **Zwei-Kompartiment-Modell** (S **3.18**) wird davon ausgegangen, daß ein Pharmakon den EZR nicht verlassen kann und sich nur im Plasma und Interstitium verteilt. Diese Verteilung gilt strenggenommen nur für die wenigsten Substanzen.

Auch für lipophile Substanzen wie die Anästhetika kann ein Zwei-Kompartiment-Modell benutzt werden, obwohl wegen der zusätzlichen Verteilung im IZR eigentlich ein **Drei-Kompartiment-Modell** (S **3.18**) zugrunde gelegt werden müßte.

Die **Eliminationshalbwertszeit** gibt an, nach welcher Zeit der Plasmaspiegel eines Pharmakons um die Hälfte abgenommen hat (S **3.19**). Die Eliminationshalbwertszeit darf nicht mit der Wirkdauer einer Substanz gleichgesetzt werden!

wertszeiten vergehen, um überhaupt in den Bereich der Dosis-Wirkungs-Kurve (siehe S. 124) zu gelangen. Erst ab diesem Zeitpunkt könnte die Wirkung anfangen abzuklingen. Hinzu käme, daß auch innerhalb des Konzentrationsbereiches der Dosis-Wirkungs-Kurve der pharmakologische Effekt nicht einfach linear mit der Konzentration korreliert ist, d. h. es besteht keine einfache Beziehung zwischen der Geschwindigkeit, mit der der Wirkstoffspiegel absinkt, und der Geschwindigkeit, mit der der pharmakologische Effekt nachläßt.

S Synopsis 3.**18: Kompartiment-Modelle**

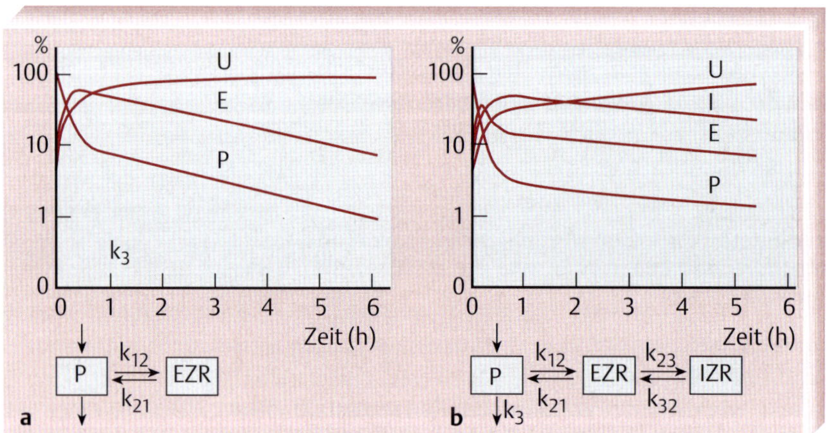

a Zwei-Kompartiment-Modell: Prozentuale Verteilung eines Pharmakons nach intravenöser Gabe auf das Plasma (P), den Extrazellulärraum (E) und den Urin (U) im Verlauf der Zeit. Die injizierte Menge wurde gleich 100 % gesetzt, die Ordinate ist logarithmisch unterteilt, Abszisse in Stunden.

b Drei-Kompartiment-Modell: Prozentuale Verteilung eines Pharmakons nach intravenöser Gabe auf das Plasma (P), den Extrazellulärraum (E), den Intrazellulärraum (I) und den Urin (U) im Verlauf der Zeit. Die injizierte Menge wurde gleich 100 % gesetzt, die Ordinate ist logarithmisch unterteilt, Abszisse in Stunden.

P: Pharmakondosis; k: Eliminationskonstanten; EZR: Extrazellulärraum; IZR: Intrazellulärraum; k: Dissoziationskonstante

In beiden Abbildungen ist erkennbar, daß es zu einer Substanzanreicherung in den tiefen Kompartimenten kommt. Dies gilt für die meisten Anästhetika, die aufgrund ihrer Lipophilie eine höhere Affinität zu Gewebsstrukturen haben.

Stellvertretend für die Anästhetika soll am Beispiel des Propofol (Disoprivan®) eine **Drei-Kompartiment-Verteilung** (**S** 3.**19**) erklärt werden. Propofol hat als gut lipidlösliche Substanz eine hohe Affinität zu den Lipidstrukturen des Körpers. So wird verständlich, daß Propofol die Tendenz hat, sich im Fettgewebe anzureichern.

Bei einer erneuten Injektion in gleicher Menge wie die Initialdosis trifft Propofol auf ein vorgesättigtes tiefes Kompartiment, so daß es zu überhöhten Plasmaspiegeln kommt (**Kumulation, S** 3.**20**).

Stellvertretend für die Anästhetika soll am Beispiel des Propofol (Disoprivan®) eine **Drei-Kompartiment-Verteilung** (**S** 3.**19**) erklärt werden. Propofol hat als gut lipidlösliche Substanz eine hohe Affinität zu den Lipidstrukturen des Körpers, d. h. es wird in hohem Maße an diese gebunden. Lipidhaltige Strukturen findet man vornehmlich in den zellulären Membranen. Die Geschwindigkeit, mit der Propofol vom EZR in den IZR übertritt ist größer als der Rückübertritt vom IZR in den EZR, d. h. die Propofolkonzentration ist nach abgeschlossener Verteilung im IZR größer als im EZR. So wird verständlich, daß Propofol die Tendenz hat, sich im Fettgewebe anzureichern. Das hat insofern praktische Bedeutung, als die Blutkonzentration schon weit unter den narkotisch wirksamen Spiegel abgesunken ist, während im Körperfett noch große Mengen an Propofol nachzuweisen sind. Die Konzentration im tiefen Kompartiment Fettgewebe hinkt also zeitlich den Plasmawerten erheblich hinterher. Bei einer erneuten Injektion in gleicher Menge wie die Initialdosis trifft Propofol auf ein vorgesättigtes tiefes Kompartiment, so daß es zu überhöhten Plasmaspiegeln kommt (**Kumulation, S** 3.**20**). Aus diesem Grund müssen die zur Erhaltung des pharmakologischen Effektes gegebenen Nachinjektionen in ihrer Dosis angemessen reduziert werden.

Synopsis 3.19: Zusammenhang zwischen Elimination eines Pharmakons und Abklingen der Wirkung

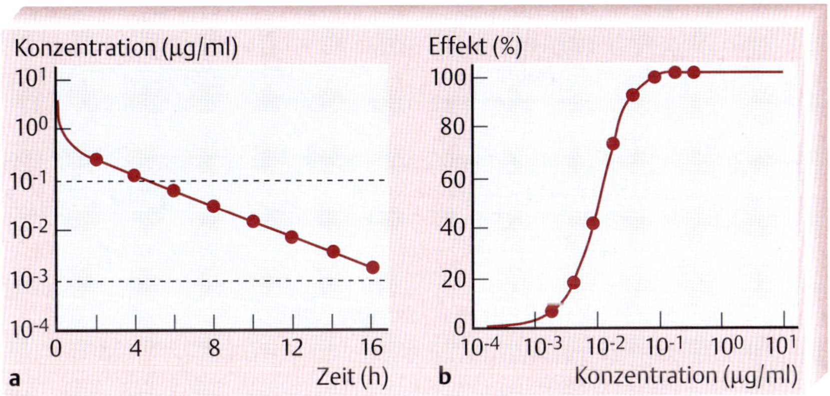

a Verlauf des Plasmaspiegels über die Zeit nach intravenöser Zufuhr einer Substanz.

b Konzentrations-Wirkungs-Kurve des betreffenden Pharmakons.

In **a** sind auf der Plasmaspiegelkurve die Intervalle, die einer Eliminationshalbwertszeit entsprechen, mit Ziffern markiert. Diese Konzentrationsschritte sind in **b** auf der Konzentrations-Wirkungs-Kurve mit denselben Ziffern markiert. Der Bereich der Konzentrations-Wirkungs-Beziehung, wie er aus **b** hervorgeht, ist in **a** gestrichelt markiert. Wie aus der Darstellung deutlich wird, nimmt der pharmakologische Effekt während der ersten Halbwertszeiten kaum ab, obwohl der Plasmaspiegel gleichmäßig abfällt. Dagegen geht die Wirkung schnell verloren, wenn der Plasmaspiegel den steilen Teil der Konzentrations-Wirkungs-Kurve durchläuft (Intervall 5 – 7).

Synopsis 3.20: Kumulation eines Pharmakons nach wiederholter intravenöser Applikation

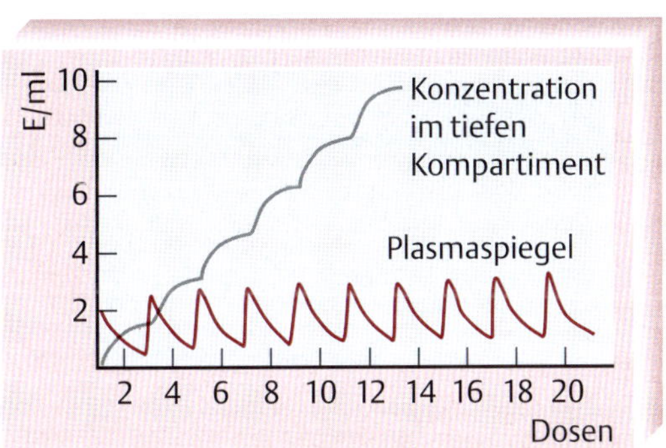

Die gegebene Substanz weist eine höhere Affinität zum Gewebskompartiment auf. Bei Betrachtung des Blutspiegels (rote Kurve) ist eine unwesentliche Kumulation ersichtlich. Dagegen zeigt der Pharmakonspiegel im tiefen Kompartiment (graue Kurve) eine erhebliche Anreicherung, die bereits nach wenigen Dosen in toxische Bereiche führt.

Für die anästhesiologische Praxis gilt folgendes:

Merke. Die Höhe der **Initialdosis** eines Medikamentes zur Aufsättigung der Biophase wird durch seine Verteilung, d. h. die Größe seines Verteilungsvolumens, bestimmt, die **Repetitons-** bzw. **Dauerinfusionsdosis** zur Erhaltung des pharmakologischen Effektes dagegen weitgehend von seiner Eliminationsgeschwindigkeit.

◀ Merke

»Ideales« Anästhetikum aus pharmakodynamischer und pharmakokinetischer Sichtweise:
- hohe intrinsische Aktivität
- hohe Affinität
- große therapeutische Breite
- gute Steuerbarkeit
- keine Metabolisierung.

Aus dem bisher Gesagten ergeben sich unter pharmakodynamischem und pharmakokinetischem Blickwinkel folgende Anforderungen an ein **»ideales« Anästhetikum:**
- hohe intrinsische Aktivität
- hohe Affinität
- große therapeutische Breite, d. h. möglichst selektiv-anästhetische Wirkung
- gute Steuerbarkeit, d. h. schnelles Einsetzen und Abklingen der Wirkung
  - keine Kumulation
  - kurze Eliminationshalbwertszeit
- keine Metabolisierung.

3.2.2 Intravenöse Anästhetika

Die Eigenschaften eines **»idealen« intravenösen Anästhetikums** zeigt ▤ 3.**23**.

Intravenöse Anästhetika eignen sich besonders zur Narkoseeinleitung, lassen sich aber schlechter steuern als Inhalationsanästhetika, da nach Applikation die Wirkdauer vom Anästhesisten nicht mehr beeinflußt werden kann.

3.2.2 Intravenöse Anästhetika

Ein **»ideales« intravenöses Anästhetikum** (▤ 3.**23**) würde Hypnose, Amnesie und Analgesie vermitteln. Es sollte gut steuerbar und frei von unerwünschten Wirkungen sein. Alle diese Eigenschaften besitzt kein derzeit verwendetes intravenöses Anästhetikum. Im Gegenteil, heute besteht der Ansatz, verschiedene spezifisch wirkende Substanzen miteinander zu kombinieren. Die intravenösen Anästhetika eignen sich besonders zur Narkoseeinleitung, da sie zu einem raschen und angenehmen Einschlafen ohne deutliches Exzitationsstadium führen. Im Gegensatz zu den Inhalationsanästhetika ist die Steuerbarkeit der intravenösen Anästhetika schlechter, denn, einmal appliziert, kann ihre Wirkdauer durch den Anästhesisten nicht mehr beeinflußt werden. Im Kapitel 3.6. »Narkosedurchführung« werden die verschiedenen Formen der intravenösen Anästhesie (Bolusapplikation, TIVA, Neuroleptanästhesie) detailliert besprochen.

▤ 3.23: Eigenschaften eines »idealen« intravenösen Anästhetikums

- ▷ gute Steuerbarkeit, d. h. rasche Veränderung der Narkosetiefe
- ▷ Analgesie und Reflexdämpfung
- ▷ große therapeutische Breite
- ▷ keine Herz-Kreislauf-Belastung
- ▷ keine Atemdepression
- ▷ keine Histaminfreisetzung
- ▷ keine Metabolisierung in der Leber
- ▷ gute Venenverträglichkeit
- ▷ gute Wasserlöslichkeit

Barbiturate

Die **Strukturformel** zeigt ◘ 3.**20**.

Barbiturate

Die **Strukturformel** zeigt ◘ 3.**20**.

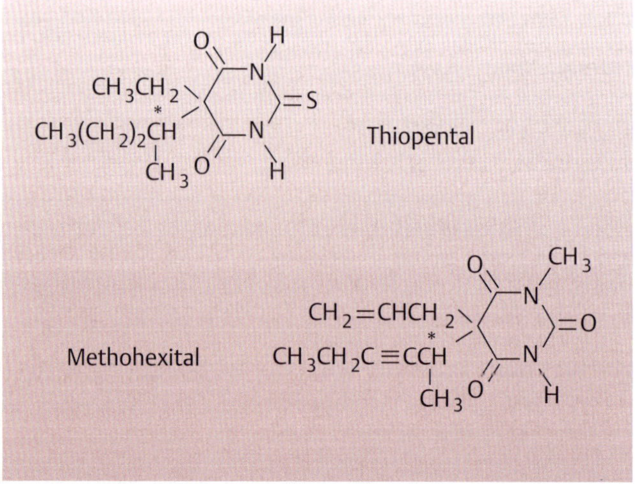

◘ 3.20: Strukturformeln von Thiopental und Methohexital. Die Substitution des Sauerstoffatoms an C_2 durch ein Schwefelatom führt zur Entstehung von Thiopental, während Methohexital durch Methylierung an N_1 gebildet wird.

Thiopental (Trapanal®), bereits 1934 in die klinische Praxis eingeführt, und Methohexital sind Derivate der Barbitursäure. Die **Barbitursäure** selbst hat keinerlei zentral dämpfende Wirkungen, weil sie nahezu vollständig in dissoziierter Form vorliegt und deshalb die Blut-Hirn-Schranke nicht überwinden kann. Durch Substitution des C5-Atoms mit aliphatischen oder aromatischen Seitenketten erhält man dagegen weniger dissoziierte, hypnotisch wirksame Substanzen. Ersetzt man zusätzlich am C2-Atom der Barbitursäure das Sauerstoffatom durch ein Schwefelatom, erhöht sich die Lipophilität, und man erhält statt **Oxybarbituraten** (z. B. Methohexital) **Thiobarbiturate** (z. B. Thiopental). Thiopental und Methohexital werden entweder mit Wasser oder physiologischer Kochsalzlösung gelöst, um eine 2,5 %ige Thiopental- oder 1 %ige Methohexitallösung mit einem pH-Wert von 10 – 11 herzustellen. Um die Wirksamkeit zu erhalten, dürfen diese Substanzen nicht in Ringerlaktat oder andere saure Lösungen eingebracht werden.

Thiopental und Methohexital sind Derivate der **Barbitursäure**. Die Barbitursäure selbst hat keinerlei zentral dämpfende Wirkungen. Hypnotisch wirksame Substanzen sind die **Oxybarbiturate** (z. B. Methohexital) und **Thiobarbiturate** (z. B. Thiopental).

Pharmakodynamik

Die Barbituratwirkungen werden z. T. über den γ-Aminobuttersäure-(GABA-)Rezeptorkomplex vermittelt. GABA ist ein inhibitorischer Neurotransmitter des zentralen Nervensystems (ZNS). Der Rezeptorkomplex beinhaltet den GABA-Rezeptor mit assoziiertem Chlorid-Ionenkanal sowie den Barbiturat- und Benzodiazepinrezeptor. Die Aktivierung des GABA-Rezeptors erhöht den Chloridstrom durch den spezifischen Ionenkanal, hyperpolarisiert die Membran und inhibiert die Wirkung des postsynaptischen Neurons. Die Barbiturat-Rezeptor-Interaktion erhöht in niedrigen Konzentrationen, vergleichbar mit der Benzodiazepinwirkung, die GABA-Rezeptorbindung und führt dadurch zu einer verstärkten Öffnung des Chlorid-Ionenkanals. In höheren, aber klinisch relevanten Konzentrationen können Barbiturate eine GABA-vergleichbare, direkte Aktivierung des Chlorid-Ionenkanals bewirken, sogar in Abwesenheit von GABA. Barbiturate haben eine zuverlässige hypnotische, aber **keine** analgetische Wirkung.

Pharmakodynamik

Die Barbituratwirkungen werden z. T. über den **γ-Aminobuttersäure-(GABA-)Rezeptorkomplex** vermittelt. GABA ist ein inhibitorischer Neurotransmitter des zentralen Nervensystems (ZNS). Der Rezeptorkomplex beinhaltet den GABA-Rezeptor mit assoziiertem Chlorid-Ionenkanal sowie den Barbiturat- und Benzodiazepinrezeptor.

Barbiturate haben eine zuverlässige hypnotische, aber **keine** analgetische Wirkung.

Pharmakokinetik

Nach intravenöser Injektion wird Thiopental schnell verteilt. Im Gehirn und in den anderen gut durchbluteten Organen wird zügig ein Äquilibrium mit zunächst hohen Thiopental-Blutkonzentrationen erreicht und eine hypnotische Wirkung induziert. Nach dem raschen Abfall der Thiopental-Blutspiegel wird die Substanz in weniger gut durchblutete Gewebe wie Muskulatur und Fettgewebe umverteilt und der hypnotische Effekt dadurch terminiert. Die kurze hypnotische Wirkdauer von ca. 10 – 15 Minuten ist demnach durch die **Umverteilung**, nicht aber durch die Elimination der Substanz bedingt!
Die benötigte **Dosis** ist bei Hypovolämie zu **reduzieren** (z. B. hämorrhagischer Schock), um eine erhöhte Barbituratkonzentration im Gehirn infolge des verminderten Verteilungsvolumens und eine verzögerte Umverteilung durch die Kreislaufzentralisierung zu vermeiden. Die Dosis muß ferner mit zunehmendem Alter verringert, dagegen bei Alkoholabusus oder anderweitig verursachter Enzyminduktion (Cytochrom P-450) in der Leber durch Substanzen wie Phenytoin (Phenhydan®) und Rifampicin (Rifa®) oder chronische präoperative Barbiturateinnahme **erhöht** werden. Die Thiopental-Dosis wird aber auch vom Allgemeinzustand des Patienten und der Prämedikation beeinflußt. Die mittlere Einleitungsdosis (▤ 3.**24**) beträgt für Thiopental 4 – 5 mg/kg KG bei Erwachsenen, 5 – 6 mg/kg KG bei Kindern und 7 – 8 mg/kg KG bei Neugeborenen. Methohexital hat eine 2,7fach höhere Affinität als Thiopental, d. h., 1,5 mg/kg KG Methohexital entsprechen etwa 4 mg Thiopental. Thiopental und Methohexital haben eine Eiweißbindung von > 90 %. Sie werden fast vollständig in der Leber metabolisiert und nur zu etwa 1 % unverändert renal eliminiert.

Pharmakokinetik

Nach i. v. Injektion wird Thiopental schnell in gut durchblutete Organe verteilt. Nach raschem Blutspiegelabfall wird Thiopental in weniger gut durchblutete Gewebe (z. B. Muskulatur und Fettgewebe) umverteilt.

Die kurze hypnotische Wirkdauer von Thiopental (ca. 10 – 15 Min.) ist durch die **Umverteilung**, nicht aber duch die Elimination der Substanz bedingt!

Eine **Dosisreduktion** ist vorzunehmen bei:
- Hypovolämie
- zunehmendem Alter.

Eine **Dosiserhöhung** ist bei Alkoholabusus und anderweitig verursachter Enzyminduktion in der Leber notwendig.
Pharmakologische Daten Thiopental und Methohexital zeigt ▤ 3.**24**.

3.24: Pharmakologische Daten von Thiopental und Methohexital

	▷ Thiopental	▷ Methohexital
Dosierung	3 – 5 mg/kg KG i. v.	1 – 2 mg/kg KG i. v.
Wirkungseintritt	20 – 50 s	20 – 50 s i. v., 10 min rektal
Dauer der hypnotischen Wirkung	5 – 10 min	5 – 10 min i. v., 20 – 60 min rektal
Eliminationshalbwertszeit	5 – 10 h	2 h

Wirkungen und Nebenwirkungen

ZNS Barbiturate wirken **nicht** analgetisch. In subanästhetischen Dosen bewirken sie sogar eine **Hyperalgesie** mit Tachykardie, Hypertension, Schwitzen und Tränenfluß.
Thiopental bewirkt dosisabhängig EEG-Veränderungen, **Reduktion des zerebralen O_2-Verbrauchs,** der **zerebralen Durchblutung und des intrakraniellen Druckes**.
Barbiturate eignen sich für neurochirurgische Operationen und bei Patienten mit Schädel-Hirn-Trauma.

Exzitatorische Phänomene Nach Einleitungsdosen von Barbituraten kann es zu Muskelbewegungen kommen.

Augeninnendruck Barbiturate reduzieren den Augeninnendruck.

Atmung Nach Barbituratinjektion kommt es dosisabhängig zur **Atemdepression** bis hin zum **Atemstillstand**. Bei Patienten mit chronischen Lungenerkrankungen kann es zu **Broncho-** und **Laryngospasmus** kommen.

Herz-Kreislauf-System Barbiturate bewirken eine **Venodilatation**, so daß es zu einem »Blutpooling« in der Gefäßperipherie kommt. Ein ausgeprägter **negativ inotroper Effekt** führt zur Reduktion des Herzminutenvolumens trotz einer kompensatorischen Herzfrequenzsteigerung.
Bei Patienten mit einer koronaren Herzkrankheit, Herzinsuffizienz und Hypovolämie ist Vorsicht beim Einsatz von Barbituraten angezeigt.

Niere Die Urinausscheidung wird durch die Abnahme des renalen Blutflusses reduziert.

Wirkungen und Nebenwirkungen

ZNS. Barbiturate wirken **nicht** analgetisch. In subanästhetischen Dosen bewirken sie sogar eine **Hyperalgesie** mit Tachykardie, Hypertension, Schwitzen und Tränenfluß. Thiopental führt dosisabhängig zu EEG-Veränderungen bis hin zum »Burst-suppression«-Muster (4 – 5 mg/kg KG). Das beruht auf einer **Reduktion des zerebralen Sauerstoffverbrauchs** ($CMRO_2$). Außerdem werden **zerebraler Blutfluß (CBF) und intrakranieller Druck (ICP) vermindert**. Der zerebrale Perfusionsdruck (CPP) ändert sich bei niedrigeren Konzentrationen nicht, da der ICP und der mittlere arterielle Druck (MAP) in gleichem Maße abfallen (CPP = MAP – ICP). Daher eignen sich Barbiturate für neurochirurgische Operationen und bei Patienten mit Schädel-Hirn-Trauma. Unter hohen Dosierungen (>7 mg/kg KG) sinkt der MAP allerdings stärker als der ICP, was dann zu einer Verminderung des CPP führt.

Exzitatorische Phänomene. Die Einleitungsdosen können zu leichten Muskelbewegungen führen; dies wird häufiger nach Methohexital als nach Thiopental beobachtet. Die vorherige Gabe von Opioiden vermindert diese Effekte.

Augeninnendruck. Der Augeninnendruck wird nach Methohexital und Thiopental reduziert; diese Substanzen eignen sich daher als Einleitungsanästhetika in der Augenheilkunde.

Atmung. Nach Barbituratinjektion kommt es dosisabhängig zur **Atemdepression** bis hin zum **Atemstillstand.** Die Apnoephase zwingt daher zur kontrollierten bzw. bei Rückkehr der Spontanatmung zur assistierten Beatmung. Husten und Singultus treten nur selten auf. **Broncho-** und **Laryngospasmus** werden aufgrund einer durch Barbiturate induzierten Hyperreaktivität der Atemwege bei Patienten mit chronischen Lungenveränderungen häufiger beobachtet.

Herz-Kreislauf-System. Barbiturate bewirken eine **Venodilatation,** so daß es zu einem »Blutpooling« in der Gefäßperipherie kommt. Ein ausgeprägter **negativ inotroper Effekt** führt zur Reduktion des Herzminutenvolumens trotz einer kompensatorischen Herzfrequenzsteigerung. Der Frequenzanstieg geht mit einem Anstieg des myokardialen Sauerstoffverbrauchs einher. Daher ist bei Patienten mit einer koronaren Herzkrankheit, Herzinsuffizienz und Hypovolämie Vorsicht beim Einsatz von Barbituraten angezeigt. Arrhythmien aufgrund einer Sensibilisierung des Myokards gegenüber Katecholaminen wurden nicht beobachtet.

Niere. Die **Urinausscheidung** wird durch die Abnahme des renalen Blutflusses reduziert; Einflüsse auf das ADH sind umstritten. Adäquate Flüssigkeitssubstitution und Normotension können das Auftreten renaler Probleme verhindern.

Endokrinium. Der Kortisolplasmaspiegel wird infolge Absinkens der Sekretion und Produktion von ACTH vermindert. Allerdings wird die streßvermittelte adrenokortikale Stimulation im Vergleich zu Etomidat (s. u.) weniger beeinflußt.

Endokrinium Der Kortisolplasmaspiegel wird vermindert.

Geburtshilfe. Thiopental ist zur Schnittentbindung in einer Dosis bis zu 6 mg/kg KG nicht schädlich für den Fetus; erst ab 8 mg/kg KG (**cave:** RR-Abfall!) kommt es zu einem diaplazentaren Übertritt größerer Thiopentalmengen, die postnatal beim Neugeborenen eine Atemdepression hervorrufen können.

Geburtshilfe Zur Schnittentbindung können bis zu 6 mg/kg KG Thiopental verabreicht werden.

Injektionsschmerzen. Injektionsschmerzen finden sich bei 1–2 % der Patienten nach Thiopental- und bei bis zu 5 % nach Methohexitalgabe in kleine Handrückenvenen. Er fehlt bei Applikation in größere Venen.

Injektionsschmerzen Sie finden sich besonders bei Verwendung kleiner Venen.

Versehentliche intraarterielle oder paravenöse Injektion. Eine versehentliche arterielle oder paravenöse Injektion kann bei beiden Substanzen, aber ausgeprägter nach Thiopentalapplikation, abhängig von Konzentration und injizierter Menge, zu **Gewebsnekrosen** führen.

Versehentliche intraarterielle oder paravasale Injektion können zu Gewebsnekrosen führen.

Allergien. Echte Allergien auf Barbiturate sind selten. Häufiger kommt es zu Reaktionen, die auf einer dosisabhängigen unspezifischen **Histaminfreisetzung** beruhen. Hierbei handelt es sich oft um klinisch harmlose Erscheinungen wie Urtikaria und Erytheme oder um geringe Blutdruckabfälle und Herzfrequenzsteigerungen. Es sind aber auch ausgeprägte bronchospastische Zustände und schwere Kreislaufdepressionen bis hin zum Herzstillstand in vereinzelten Fällen beschrieben worden.

Allergien Echte Allergien sind selten. Thiopental führt zur dosisabhängigen **Histaminfreisetzung**, die selten klinisch relevant wird.

Porphyrien. Barbiturate sind kontraindiziert bei Patienten mit **akuter intermittierender Porphyrie** und **Porphyria variegata**, da sie einen akuten Schub dieser Erkrankungen auslösen können. Sie steigern über eine Enzyminduktion die Aktivität der Aminolävulinsäure-Synthetase, die am Anfang der Hämsynthese steht und zu einer vermehrten Bildung von Porphyrinen und deren Vorstufen führt.

Porphyrien Barbiturate sind kontraindiziert bei Patienten mit **akuter intermittierender Porphyrie** und **Porphyria variegata**.

Etomidat

Die **Strukturformel** zeigt 3.**21**.

Etomidat

Die **Strukturformel** zeigt 3.**21**.

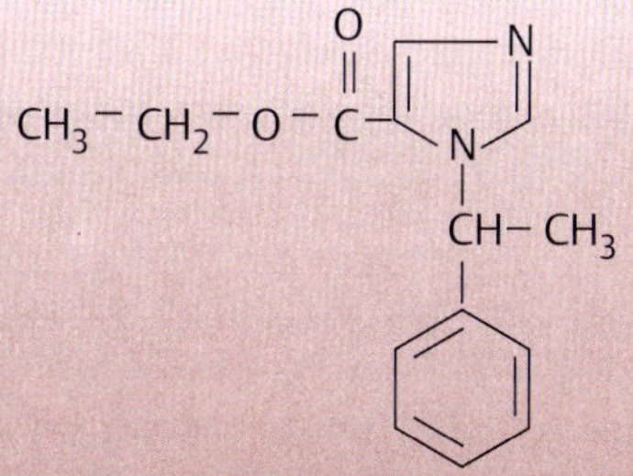

Etomidat

3.**21: Strukturformel von Etomidat.** Es handelt sich um ein karboxyliertes Imidazolderivat.

Etomidat (Hypnomidate®, Etomidat-Lipuro®) wurde 1972 in die Klinik eingeführt. Es ist ein Imidazolinderivat. Nur das (+)-Isomer hat hypnotische Potenz. Etomidat ist wasserunlöslich und in neutralen Lösungen instabil. Es wird entweder in einer Lösung mit Propylenglykol (Hypnomidate®) oder in einer Emulsion mit Sojabohnenöl, Triglyceriden, Glycerol, Eilecithin und Natriumoleat (Etomidat-Lipuro®) angeboten. Diese Zubereitungsform wird heute bevorzugt (siehe nächste Seite).

Etomidat (Hypnomidate®, Etomidat-Lipuro®) ist ein Imidazolinderivat. Nur das (+)-Isomer hat hypnotische Potenz.

Pharmakokinetik

Die Kinetik von Etomidat kann vereinfachend mit einem Zwei-Kompartiment-Modell beschrieben werden: Die **initiale Verteilung** erfolgt mit einer Halbwertszeit von 3 Min., die Halbwertszeit der **Elimination** beträgt 2,5 – 5,3 Std. Da die Clearance von Etomidat durch die Leber hoch ist, ist die Eliminationshalbwertszeit von der Leberdurchblutung abhängig.

Pharmakokinetik

Die Kinetik von Etomidat kann vereinfachend mit einem Zwei-Kompartiment-Modell beschrieben werden: Die **initiale Verteilung** erfolgt mit einer Halbwertszeit von 3 Minuten, die Halbwertszeit der **Elimination** beträgt 2,5 – 5,3 Stunden. Etomidat ist zu 75 % eiweißgebunden. Da die Clearance von Etomidat durch die Leber hoch ist, ist die Eliminationshalbwertszeit von der Leberdurchblutung abhängig. Etomidat wird in der Leber durch Esterhydrolyse (Hauptabbauweg) oder n-Dealkylierung metabolisiert. Der Hauptmetabolit ist unwirksam. Die Metaboliten werden renal (85 %) oder biliär (13 %) und nur zu 2 % unverändert ausgeschieden.

Wirkungen und Nebenwirkungen

ZNS Eine Etomidatbolusinjektion bewirkt dosisabhängig eine Hypnose von 5 – 15 Min. Dauer und hat **keinen** analgetischen Effekt. Etomidat kann den ICP bei Patienten mit erhöhtem ICP um bis zu 30 % senken. In hypnotischer Dosierung (0,2 – 0,3 mg/kg KG) reduziert es den zerebralen Blutfluß und Sauerstoffverbrauch gleichermaßen deutlich, ohne den mittleren arteriellen Druck (MAP) nennenswert zu beeinflussen.

Wirkungen und Nebenwirkungen

ZNS. Eine Etomidatbolusinjektion bewirkt dosisabhängig eine Hypnose von 5 – 15 Minuten Dauer und hat **keinen** analgetischen Effekt. Der Wirkmechanismus ist nur teilweise geklärt. Das GABA-System wird mitbeeinflußt, da GABA-Antagonisten die hypnotischen Effekte von Etomidat teilweise antagonisieren können. Etomidat kann den ICP bei Patienten mit erhöhtem Hirndruck um bis zu 30 % senken. In hypnotischer Dosierung (0,2 – 0,3 mg/kg KG) reduziert es den zerebralen Blutfluß und Sauerstoffverbrauch gleichermaßen deutlich, ohne den mittleren arteriellen Druck (MAP) nennenswert zu beeinflussen. Demnach kommt es zu einem verbesserten zerebralen Perfusionsdruck (CPP = MAP – ICP) und konsekutiv zu einem verbesserten Verhältnis von Sauerstoffangebot und -verbrauch. Alleinige Gabe von Etomidat bewirkt dosisabhängie EEG-Veränderungen bis hin zum »Burst-suppression«-Muster.

Exzitatorische Phänomene Die Verwendung von Etomidat ist relativ häufig (70 %) mit einem Auftreten von exzitatorischen Phänomenen wie **myoklonischen Bewegungen** assoziiert, die kein epileptisches Korrelat im EEG aufweisen.

Exzitatorische Phänomene. Die Verwendung von Etomidat ist relativ häufig (bis zu 70 %) mit einem Auftreten von exzitatorischen Phänomenen wie **myoklonischen Bewegungen** assoziiert, die kein epileptisches Korrelat im EEG aufweisen. Man nimmt an, daß die Myoklonien durch Aktivierung von Hirnstamm- oder tiefer gelegenen Hirnstrukturen ausgelöst werden. Die Häufigkeit von Myoklonien kann durch Prämedikation mit Benzodiazepinen, vorherige Fentanylapplikation und langsame Injektion reduziert werden.

Augeninnendruck Etomidat senkt den Augeninnendruck.

Augeninnendruck. Der Augeninnendruck kann durch Etomidat rasch und zuverlässig gesenkt werden. Dieser Effekt hält nach Bolusinjektion 5 Minuten an und kann durch eine kontinuierliche Infusion aufrechterhalten werden.

Atmung Die Narkoseeinleitung mit Etomidat kann zu einer kurzen **Apnoephase** führen.

Atmung. Die Narkoseeinleitung mit Etomidat führt zu einer kurzen Hyperventilation, die manchmal von einer ebenfalls kurzen **Apnoephase** (20 – 30 Sekunden) gefolgt ist. Selten werden auch Husten und Singultus beobachtet.

Herz-Kreislauf-System Die minimale kardiovaskuläre Beeinträchtigung in klinisch relevanten Dosierungen ist einer der **Hauptvorteile** von Etomidat. Eine Einleitungsdosis von 0,3 mg/kg KG führt zu einer Beeinflussung der hämodynamischen Parameter von < 10 %.

Herz-Kreislauf-System. Die minimale kardiovaskuläre Beeinträchtigung in klinisch relevanten Dosierungen ist einer der **Hauptvorteile** von Etomidat. Eine Einleitungsdosis von 0,3 mg/kg KG führt bei Herzgesunden zu einer Beeinflussung des mittleren arteriellen Blutdruckes, pulmonalarteriellen Druckes, pulmonalkapillären Verschlußdruckes, zentralen Venendruckes und Schlagvolumens von < 10 %. Es kommt zu einem mäßigen Anstieg von Herzfrequenz und Herzzeitvolumen. Der periphere Gefäßwiderstand ist dabei geringfügig vermindert. Der myokardiale O_2-Verbrauch bleibt konstant.
Bei Patienten mit Herzerkrankungen sind die kardiovaskulären Effekte etwas ausgeprägter und können durch zusätzliche Gabe eines Opioids noch verstärkt werden. Insgesamt gesehen bleiben sie jedoch auch hier geringer als bei den anderen Einleitungssubstanzen.

Endokrinium Die **Kortisolsynthese** wird unter Etomidat durch Enzymhem-

Endokrinium. Ein möglicher Nachteil von Etomidat ist die reversible und konzentrationsabhängige Unterdrückung der **Kortisolsynthese** durch

Enzymhemmung in der Nebennierenrinde, sowohl nach Einzeldosis als auch nach kontinuierlicher Infusion. Inzwischen hat sich aber herausgestellt, daß dieser Effekt zumindest nach einer Einzeldosis ohne klinische Relevanz ist.

mung in der NNR unterdrückt. Nach Etomidateinzeldosis ist dieser Effekt ohne klinische Relevanz.

Injektionsschmerzen. Bei Verwendung der ursprünglichen Etomidatlösung mit Propylenglykol (Hypnomidate®) wurde der Injektionsschmerz unterschiedlich häufig angegeben und variierte zwischen 10 – 50 %. Bei Gabe der Lipidemulsion (Etomidat-Lipuro®) tritt ein Injektionsschmerz deutlich seltener auf.

Injektionsschmerzen Die neue Lipidemulsion (Etomidat-Lipuro®) reduziert den Injektionsschmerz deutlich.

Versehentliche intraarterielle Injektion. Nach versehentlicher intraarterieller Injektion von Etomidat sollen keine Gewebsnekrosen auftreten.

Versehentliche intraarterielle Injektion Es sollen keine Gewebsnekrosen auftreten.

Histaminfreisetzung. Etomidat bewirkt keine Histaminfreisetzung.

Histaminfreisetzung Etomidat bewirkt keine Histaminfreisetzung.

Propofol

Die **Strukturformel** zeigt ◘ 3.22.

Propofol

Die **Strukturformel** zeigt ◘ 3.22.

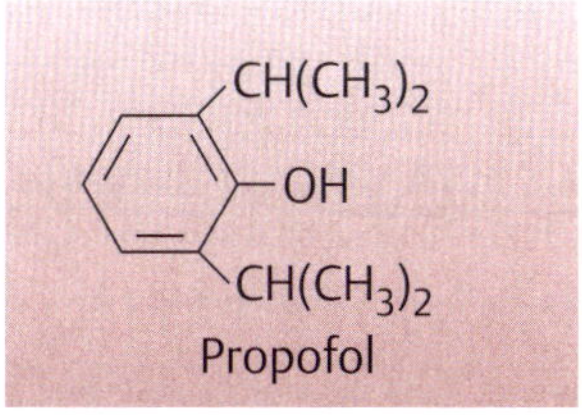

◘ 3.22: **Strukturformel von Propofol** (2,6-Diisopropylphenol).

Über die ersten klinischen Untersuchungen mit Propofol (Disoprivan®) wurde 1977 berichtet. Propofol ist ein Alkylphenolderivat. Es ist wie Etomidat wasserunlöslich und wurde daher zunächst in einer Cremophor-Lösung angeboten. Da es jedoch unter dieser Präparation gehäuft zu anaphylaktoiden Reaktionen kam, ist es jetzt in einer Emulsion mit Sojabohnenöl, Eiphosphatid, Glycerol und Natriumhydroxid erhältlich. Es liegt bei einem pH von 7 als milchartige Lösung vor, ist bei Raumtemperatur stabil und nicht lichtempfindlich. Es kann mit Glukose 5 % verdünnt werden.

Propofol ist ein Alkylphenolderivat. Es ist wie Etomidat wasserunlöslich.

Pharmakokinetik

Die Pharmakokinetik von Propofol kann mit einem Zwei-Kompartiment-Modell beschrieben werden. Die **initiale Verteilungshalbwertszeit** beträgt 2 – 8 Minuten, und die **Eliminationshalbwertszeit** variiert zwischen 1 und 3 Stunden. Bei längerer, kontinuierlicher Infusion von Propofol kommt es zur **Akkumulation**, unter der eine schnelle Aufwachphase nicht mehr zu beobachten ist. Propofol wird in der Leber schnell durch Konjugation mit Glukuronsäure und Sulfat metabolisiert. Die wasserlöslichen Metabolite sind inaktiv und werden renal ausgeschieden. Nur 1 – 2 % werden unverändert über den Urin und die Fäzes eliminiert.

Pharmakokinetik

Die Pharmakokinetik von Propofol kann mit einem Zwei-Kompartiment-Modell beschrieben werden. Die **initiale Verteilungshalbwertszeit** beträgt 2 – 8 Min., und die **Eliminationshalbwertszeit** variiert zwischen 1 und 3 Std. Bei längerer Infusion kann Propofol **kumulieren**.

Wirkungen und Nebenwirkungen

ZNS. Eine Bolusinjektion von Propofol (2 mg/kg KG) bewirkt dosisabhängig eine Hypnose von 5 – 10 Minuten. Analgetische Effekte von Propofol sind **nicht** bekannt. Subhypnotische Dosen führen zur Sedation und Amnesie. Bei kurzen chirurgischen Eingriffen (z. B. ambulante Anästhesien) wird die Stimmung des Patienten weniger negativ als nach Barbituraten beeinflußt, und es kommt häufig postoperativ zu subjektivem Wohlbefinden.
Propofol beeinflußt dosisabhängig das EEG bis hin zum »Burst-suppression«-Muster. Als Folge der **Reduzierung des Hirnstoffwechsels** nimmt die zerebrale Durchblutung ab. Bei Patienten mit erhöhtem ICP kann Propofol zwar den ICP vergleichbar mit den Barbituraten und Etomidat sen-

Wirkungen und Nebenwirkungen

ZNS Eine Bolusinjektion von Propofol (2 mg/kg KG) bewirkt dosisabhängig eine Hypnose von 5 – 10 Min. Analgetische Effekte von Propofol sind **nicht** bekannt. Subhypnotische Dosen führen zur Sedation und Amnesie.

Propofol führt vergleichbar mit den Barbituraten und Etomidat zu einer **Abnahme des Hirnstoffwechsels**, der zerebralen Durchblutung und des intrakraniellen Druckes.

ken, allerdings kann infolge peripherer Vasodilatation und konsekutiver MAP-Erniedrigung auch der zerebrale Perfusionsdruck abnehmen, so daß Propofol nicht als das Mittel der ersten Wahl erscheint.

Exzitatorische Phänomene Myokloni sind unter Propofol selten.

Exzitatorische Phänomene. Nach Gabe von Propofol kommt es seltener zu Myokloni als nach Etomidat.

Augeninnendruck Im Vergleich zu Thiopental und Etomidat senkt Propofol den intraokulären Druck stärker.

Augeninnendruck. Im Vergleich zu Thiopental und Etomidat senkt Propofol den intraokulären Druck stärker.

Atmung Abhängig von der Propofoldosis, der Injektionsgeschwindigkeit und Prämedikation kann es nach Bolusinjektion zur **Apnoe** kommen.

Atmung. Abhängig von der Propofoldosis, der Injektionsgeschwindigkeit und Prämedikation kann es nach Bolusinjektion in 25 – 30 % der Fälle zur **Apnoe** kommen. Die Apnoe ist häufiger als bei anderen Einleitungsmedikamenten auf >30 Sekunden verlängert. Die Atemfrequenz ist länger als 2 Minuten und das Atemzugvolumen sogar länger als 4 Minuten vermindert.

Herz-Kreislauf-System Bei Narkoseeinleitung mit Propofol kann es in Abhängigkeit von der Injektionsgeschwindigkeit und dem intravasalen Volumenstatus zu einer 25 – 40 %igen Abnahme des Blutdruckes kommen.

Propofol hat sowohl **vasodilatierende** als auch **negativ inotrope Effekte.**

Herz-Kreislauf-System. Bei Narkoseeinleitung mit Propofol kann es in Abhängigkeit von der Injektionsgeschwindigkeit und dem intravasalen Volumenstatus zu einer 25 – 40 %igen Abnahme des Blutdruckes kommen, so daß bei Patienten mit vorbestehenden Herz-Kreislauf-Erkrankungen besondere Vorsicht geboten ist. Die Blutdruckerniedrigung geht mit einer Abnahme des Schlagvolumens und des peripheren Widerstands einher. Demnach hat Propofol sowohl **vasodilatierende** als auch **negativ inotrope Effekte**. Eine vorherige Opioidgabe verstärkt den Blutdruckabfall. Die Herzfrequenz wird nur leicht beeinflußt; sie nimmt in der Regel ab.

Endokrinium Propofol hat keinen direkten Einfluß auf die Kortisolsynthese.

Endokrinium. Propofol hat keinen direkten Einfluß auf die Kortisolsynthese.

Injektionsschmerzen Sie treten seltener als nach in Propylenglykol gelöstem Etomidat auf.

Injektionsschmerzen. Injektionsschmerzen treten seltener als nach in Propylenglykol gelöstem Etomidat auf. Sie sind bezüglich der Häufigkeit etwa den Injektionsschmerzen nach Gabe von Methohexital vergleichbar. Die Punktion einer Vene mit größerem Querschnitt unter Vermeidung des Handrückens kann die Häufigkeit weiter vermindern.

Histaminfreisetzung Die neue Lipidemulsion von Propofol scheint keine Histaminfreisetzung zu bewirken.

Histaminfreisetzung. Die neue Lipidemulsion von Propofol scheint keine Histaminfreisetzung zu bewirken.

Klinische Anwendung

Propofol eignet sich sowohl zur Narkoseeinleitung als auch zur Narkoseaufrechterhaltung. Die verwendete Einleitungsdosis beträgt 1,5 – 2,5 mg/kg KG. Zur Narkoseaufrechterhaltung werden 0,1 – 0,2 mg/kg KG · min appliziert.

Patienten erwachen nach Propofol früher als nach Barbituraten.
Propofol ist nicht zugelassen für Kinder unter 4 Wochen sowie in Schwangerschaft und Stillzeit.

Klinische Anwendung

Propofol eignet sich zur Narkoseeinleitung, besonders aber zur Narkoseaufrechterhaltung. Die verwendete Einleitungsdosis beträgt 1,5 – 2,5 mg/kg KG und muß je nach Prämedikation und mit steigendem Lebensalter reduziert werden. Zur Narkoseaufrechterhaltung werden 0,1 – 0,2 mg/kg KG · min appliziert.
Bei längerfristiger Propofolinfusion sollte die mit der Fettemulsion zugeführte Lipidmenge in die Bilanz miteinbezogen werden. Weiterhin sollten Kontrollen der Serumtriglyzeridspiegel erfolgen.
Die Patienten werden nach Gabe von Propofol im Vergleich zu Barbituraten schneller wieder wach, und die psychomotorischen Fähigkeiten sind ebenfalls früher wiederhergestellt. Bei kurzfristiger Anwendung von Propofol werden Übelkeit und Erbrechen sehr selten angegeben. Es gibt darüber hinaus sogar Berichte über antiemetische Eigenschaften von Propofol. Propofol ist für Kinder unter 4 Wochen und in der Schwangerschaft und Stillzeit nicht zugelassen.

Ketamin

Die **Strukturformel** zeigt 3.**23**.

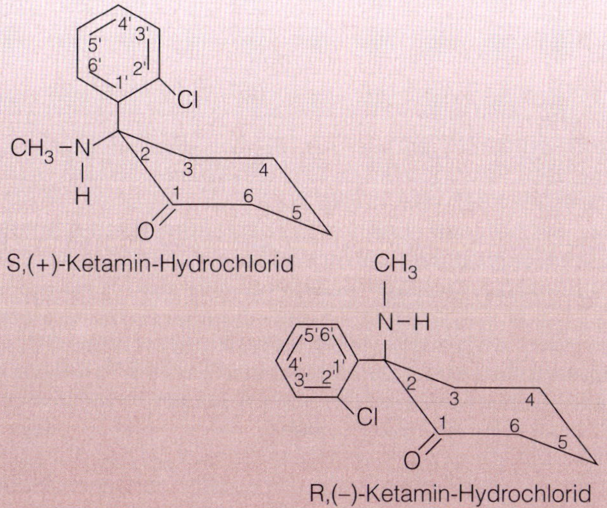

3.**23**: **Strukturformel von Ketamin.** Ketamin zeigt aufgrund eines sog. Chiralitätszentrums das Phänomen der optischen Aktivität. Ein Chiralitätszentrum ergibt sich aus der Existenz meist eines Kohlenstoffatoms mit 4 verschiedenen Liganden in der chemischen Struktur, wodurch es zur Bildung zweier spiegelbildlicher Stereoisomere, sog. Enantiomere, kommt. Die Enantiomere von Ketamin besitzen unterschiedliche pharmakologische Wirkprofile. Das rechtsdrehende Enantiomer S, (+)-Ketamin-Hydrochlorid (oben) besitzt eine signifikant stärkere hypnotische und analgetische Wirkung als R,(−)-Ketamin-Hydrochlorid (unten) sowie das Razemat (R, S-Ketamin; Verbindung, welche die beiden Enantiomere zu gleichen Teilen enthält).

Ketamin (Ketanest®), ein Phenzyklinderivat, hat chemische Ähnlichkeit mit Halluzinogenen, wie z. B. LSD. Es wurde 1965 erstmals am Menschen eingesetzt. Es ist wasserlöslich und wird in einer leicht sauren Lösung (pH 3,5 – 5,5) mit Benzethoniumchlorid in verschiedenen Konzentrationen (10 und 50 mg/ml) angeboten. Kommerziell erhältliches Ketamin liegt als Razemat, bestehend aus den optischen Isomeren (+)- und (−)-Ketamin oder als S(+)-Ketamin vor (3.**23**).

Pharmakokinetik

Zur Erklärung der Pharmakokinetik des Ketamins kann ein Zwei-Kompartiment-Modell benutzt werden. Einer raschen Verteilung mit einer Halbwertszeit von 5 – 10 Minuten folgt eine schnelle **Elimination** mit einer **Halbwertszeit** von 2 – 3 Stunden. Ketamin wird von den mikrosomalen Leberenzymen metabolisiert. Der Hauptabbauweg besteht in einer N-Demethylierung zum Norketamin und folgender Hydroxylierung zum Hydroxy-Norketamin. Dieses wird dann konjugiert zu wasserlöslichen glukuronidierten Derivaten und über die Nieren zu 95 % ausgeschieden. Norketamin ist 20 – 30 % geringer wirksam als Ketamin. Über die Aktivität der anderen Metabolite ist wenig bekannt.

Wirkungen und Nebenwirkungen

ZNS. Nach Ketamingabe (1 – 2 mg/kg KG) kommt es zur Bewußtseinsveränderung mit **ausgeprägter Analgesie**, ohne daß ein normaler Schlafzustand erreicht wird. Dieses anästhesiologische Bild wird **dissoziative Anästhesie** genannt. Die Patienten sind offenbar unter Ketamin in einem kataleptischen Zustand. Es können spontane, überwiegend horizontale Augenbewegungen (Nystagmus) auftreten. Die Pupillen sind leicht erweitert. Häufig

Ketamin

Die **Strukturformel** zeigt 3.**23**.

Ketamin (Ketanest®), ein Phenzyklinderivat, hat chemische Ähnlichkeit mit Halluzinogenen, wie z. B. LSD.

Pharmakokinetik

Ketamin verteilt sich rasch mit einer **Halbwertszeit** von 11 – 16 Min. und hat eine kurze **Eliminationshalbwertszeit** von 2 – 3 Std.

Wirkungen und Nebenwirkungen

ZNS Nach Ketamingabe (1 – 2 mg/kg KG) kommt es zur Bewußtseinsveränderung mit **ausgeprägter Analgesie**, ohne daß ein normaler Schlafzustand erreicht wird. Dieses anästhesiologische Bild wird **dissoziative Anästhesie** genannt.

kommt es zu einer vermehrten Produktion von Tränenflüssigkeit und Hypersalivation. Der Muskeltonus ist erhöht, und spontane Muskelbewegungen sind zu beobachten. Schutzreflexe wie der Husten- und Schluckreflex können erhalten sein.

Nach einer Bolusinjektion von Ketamin dauert die Anästhesie etwa 10 – 15 Min.

Nach einer Bolusinjektion von Ketamin dauert die Anästhesie etwa 10 – 15 Minuten; allerdings ist die volle Orientierung zu Person, Ort und Zeit frühestens nach 30 – 40 Minuten zu erwarten. Ein Grund für die kurze Wirkdauer des Ketamins ist die schnelle Umverteilung vom Gehirn in andere Gewebe. Da eine Analgesie bei niedrigeren Ketaminkonzentrationen auftritt als die Bewußtseinsveränderung, bleiben die Patienten postoperativ länger schmerzfrei. Niedrige Dosen Ketamin können selektiv zur Analgesie verwendet werden (0,25 – 0,5 mg/kg KG).

Niedrige Dosen Ketamin können selektiv zur Analgesie verwendet werden (0,25 – 0,5 mg/kg KG).

Die Wirkorte des Ketamins scheinen in **thalamokortikalen Strukturen** zu liegen.

Die Wirkorte des Ketamin scheinen in **thalamokortikalen Strukturen** zu liegen. Ketamin supprimiert die neuronalen Funktionen von Teilen des Kortex, insbesondere die Wahrnehmung, und des Thalamus, während gleichzeitig Teile des limbischen Systems einschließlich des Hippokampus stimuliert werden (dissoziative Wirkung, s. o.). Ketamin besetzt aber auch Opioidrezeptoren im Gehirn und Rückenmark, was z. T. die analgetischen Effekte erklärt. Gegenwärtig gibt es jedoch keinen Antagonisten, der alle ZNS-Effekte des Ketamins aufheben kann.

Unerwünschte Effekte des Ketamins äußern sich in der Aufwachphase in **Träumen, Halluzinationen** und **Delir**. Diese Zustände werden von Erregung, Verwirrung, Euphorie oder Angst begleitet.

Benzodiazepine schwächen diese Effekte ab.

Unerwünschte Effekte des Ketamins äußern sich in der Aufwachphase in »wilden« Träumen, dem Gefühl, neben sich selbst zu stehen, **Halluzinationen** und Delir. Diese Zustände werden von Erregung, Verwirrung, Euphorie oder Angst begleitet. Sie können postoperativ bis zu mehreren Stunden anhalten und treten bei 10 – 30 % der Patienten nach Ketaminanwendung auf. Kinder und geriatrische Patienten sollen seltener davon betroffen sein. Eine geeignete Prämedikation mit Benzodiazepinen reduziert diese Effekte, ohne daß der Wirkmechanismus bekannt wäre. Sensorische Reize (Licht, Lärm), die Einfluß auf die Angstträume nehmen können, sollten in dieser Phase vermieden werden, vermindern jedoch die Häufigkeit der Träume nicht.

Ketamin erhöht den zerebralen Blutfluß und Stoffwechsel sowie den ICP.

Ketamin erhöht den zerebralen Blutfluß und Stoffwechsel sowie den ICP. Dies kann durch vorherige Gabe von Thiopental oder Diazepam vermindert werden.

Atmung Ketamin hat im Gegensatz zu anderen Anästhetika **geringere respiratorische Begleiteffekte**. So fehlen oftmals zentrale Atemdepression und Verlust der Schutzreflexe.

Nur in seltenen Fällen tritt eine **Apnoe** auf.

Ketamin **relaxiert die glatte Bronchialmuskulatur**. Dies kann therapeutisch, z. B. bei Asthmatikern, ausgenutzt werden.
Nach Ketamin kommt es zu einer gesteigerten **Speichel- und Bronchialsekretion**.

Atmung. Ketamin hat im Gegensatz zu anderen Anästhetika **geringere respiratorische Begleiteffekte**. So fehlen oftmals zentrale Atemdepression und Verlust der Schutzreflexe. Allerdings kann auch eine kurzfristige (1 – 3 Minuten) Abnahme des Atemminutenvolumens auftreten, in seltenen Fällen kommt es bei ungewöhnlich hohen Dosen oder individueller Empfindlichkeit sogar zur **Apnoe**. In Kombination mit anderen Sedativa müssen respiratorische Beeinträchtigungen erwartet werden.

Ketamin **relaxiert die glatte Bronchialmuskulatur**. Dies kann therapeutisch, z. B. bei Asthmatikern, ausgenutzt werden. Besonders bei Kindern ist die vermehrte **Speichel- und Bronchialsekretion** nach Ketamin ein Problem, da hierbei Atemwegsobstruktionen und Laryngospasmus auftreten können. Eine vorherige Atropingabe ist daher indiziert.

Herz-Kreislauf-System Ketamin hat **stimulierende kardiovaskuläre Effekte**. Es kommt zum Anstieg von Blutdruck, Herzfrequenz, Herzminutenvolumen und Koronardurchblutung. Hieraus resultiert ein **vermehrter myokardialer Sauerstoffverbrauch**. Die kardiovaskulären Effekte sind vermutlich zentral vermittelt.

Herz-Kreislauf-System. Ketamin hat **stimulierende kardiovaskuläre Effekte**. Es kommt zum Anstieg von Blutdruck, Herzfrequenz, Herzminutenvolumen und Koronardurchblutung. Hieraus resultiert ein **vermehrter myokardialer Sauerstoffverbrauch**. Die kardiovaskulären Effekte sind vermutlich zentral vermittelt, da Ketamin in vitro an isolierten Herzmuskelpräparaten ebenso wie alle anderen i. v. Hypnotika und in Inhalationsanästhetika negativ inotrope Eigenwirkungen zeigt. So maskieren die zentralen Effekte die direkten peripheren. Diese können durch vorherige Gabe von Benzodiazepinen abgeschwächt werden.

Klinische Anwendung

Die unerwünschten zentralnervösen Reaktionen, die Ketamin bei Patienten auslösen kann, machen eine Kombina-

Klinische Anwendung

Die unerwünschten zentralnervösen Reaktionen, die Ketamin bei Patienten auslösen kann, machen eine Kombination, z. B. mit Benzodiazepinen notwendig. Ketamin hat durch seine z. T. einzigartigen pharmakologischen

Eigenschaften bei bestimmten Spezialindikationen einen wichtigen Platz: etwa zur Narkoseeinleitung bei Asthmatikern oder bei Unfallverletzten nach Blutverlusten. Hierbei wird der Volumenmangelschock allerdings nur kurzfristig maskiert. Die adäquate Volumensubstitution ist unabdingbar. Ketamin kann zur Narkoseeinleitung i.v., i.m., per os und rektal verabreicht werden. Zur intravenösen Narkoseeinleitung werden 1 – 2 mg/kg KG und zur intramuskulären Einleitung 4 – 6 mg/kg KG benötigt. Bei steigendem Lebensalter und schweren Begleiterkrankungen muß die Dosis reduziert werden. Nach i.v. Gabe tritt die Anästhesie nach 30 – 60 Sekunden und nach i.m. Gabe nach 5 – 10 Minuten ein. Die Dosis zur Aufrechterhaltung der Anästhesie hängt wesentlich von der Begleitmedikation ab (Benzodiazepine, Lachgas). Das S(+)-Ketamin ist in seiner Wirksamkeit potenter als das Razemat und wird daher in halber Dosierung verabreicht. **Kontraindiziert** ist die alleinige Gabe von Ketamin bei Patienten mit Schädel-Hirn-Trauma und/oder erhöhtem ICP. Ferner sollte Ketamin bei Patienten mit ischämischen Herzerkrankungnen, Hypertonus, Phäochromozytom, Hyperthyreose oder Aneurysmen nicht verwendet werden. Bei bestimmten psychischen Erkrankungen, z. B. Schizophrenie, sollte auf den Gebrauch von Ketamin ebenfalls verzichtet werden.

tion, z. B. mit Benzodiazepinen, notwendig.

Ketamin kann zur Narkoseeinleitung i.v., i.m., per os und rektal verabreicht werden. Zur i.v. Narkoseeinleitung werden 1 – 2 mg/kg KG und i.m. Einleitung 4 – 6 mg/kg KG benötigt. Nach i.v. Gabe tritt die Narkose nach 30 – 60 Sek. und nach i.m. Gabe nach 5 – 10 Min. ein. **Kontraindiziert** ist die alleinige Gabe von Ketamin bei Patienten mit Schädel-Hirn-Trauma und/oder erhöhtem ICP.

Opioide

Die **Strukturformel** von Fentanyl zeigt 3.**24**.

Opioide

Die **Strukturformel** von Fentanyl zeigt 3.**24**.

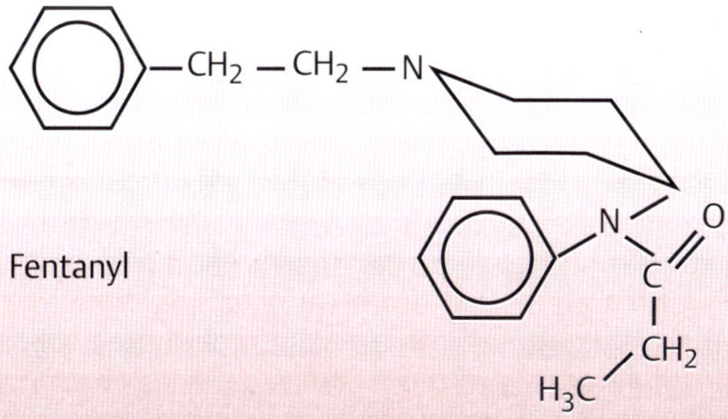

3.**24: Strukturformel von Fentanyl.**

An dieser Stelle werden nur die für Narkosezwecke eingesetzten Opioide besprochen. Bezüglich der Opioide zur Schmerztherapie wird auf das Kapitel 7.1.1 verwiesen. **Fentanyl** (Fentanyl®-Janssen) wurde 1961 in die Klinik eingeführt, **Alfentanil** (Rapifen®) 1983. **Sufentanil** (Sufenta®), das bereits 1974 synthetisiert wurde, ist in Deutschland erst seit 1993 für die klinische Anwendung zugelassen. Alle 3 Substanzen werden synthetisch hergestellt. Mit Ausnahme von Alfentanil sind sie Basen. Sie liegen in den injizierbaren Handelspräparaten als Salze (z. B. Hydrochlorid oder Zitrat) vor.

Fentanyl (Fentanyl®-Janssen), **Alfentanil** (Rapifen®) und **Sufentanil** (Sufenta®) werden synthetisch hergestellt. Sie liegen in den injizierbaren Handelspräparaten als Salze (z. B. Hydrochlorid oder Zitrat) vor.

Pharmakodynamik

»Multiple-receptor«-Theorie. Opioide binden sich an spezielle Rezeptoren, die **Opiatrezeptoren,** für die körpereigene Liganden, Endorphine und Enkephaline, existieren. Zur Zeit sind 4 Rezeptortypen bekannt: μ (mü), κ (kappa), δ (delta) und σ (sigma). Die μ-Rezeptoren werden in μ_1- und μ_2-Rezeptoren unterteilt, die unterschiedliche pharmakologische Effekte vermitteln.
Nach der Art der Interaktion mit den Rezeptoren werden **reine Agonisten,** gemischtwirkende Agonisten/Antagonisten (**partielle Agonisten**) und **reine Antagonisten** unterschieden. Reine Agonisten besetzen den Rezeptor und haben die volle intrinsische Aktivität, d. h., sie können dosisabhängig die maximal mögliche Wirkung auslösen. Die Wirkung partieller Ago-

Pharmakodynamik

»Multiple-receptor«-Theorie
Opioide binden sich an spezielle Rezeptoren, die **Opiatrezeptoren.**
Zur Zeit sind 4 Rezeptortypen bekannt: μ, κ, δ und σ, wobei die μ-Rezeptoren noch in μ_1- und μ_2-Rezeptoren unterteilt werden.
Nach der Art der Interaktion mit den Rezeptoren werden **reine Agonisten**, gemischtwirkende Agonisten/Antagonisten **(partielle Agonisten)** und **reine Antagonisten** unterschieden.

nisten liegt dagegen immer unterhalb dieses Maximaleffektes. Ihre intrinsische Aktivität ist also – auch bei vollständiger Rezeptorbesetzung – immer geringer als die der reinen Agonisten. Sie unterliegen einem **»Ceiling«-Effekt**, d. h. ab einer bestimmten Dosis führt eine weitere Dosiserhöhung nicht zur Steigerung der Wirkung. Aufgrund ihrer antagonisten Wirkkomponente sind sie in der Lage, reine Agonisten vom Rezeptor zu »verdrängen« und deren Wirkungen damit teilweise aufzuheben. Reine Antagonisten können sich ebenfalls an die Rezeptoren binden, haben allerdings keine intrinsische Aktivität.

Für die Opioideffekte im Rahmen der Narkose ist vornehmlich der μ-Rezeptor, in geringerem Maße auch der κ-Rezeptor von Interesse.

Die Erregung von μ-Rezeptoren führt zu ausgeprägter (spinaler und supraspinaler) **Analgesie** (μ_1), gleichzeitig aber auch zur **Atemdepression** (μ_2). Die Erregung von κ-Rezeptoren führt zu spinaler Analgesie und wegen der hohen Rezeptordichte im Kortex zu **sedierenden Nebeneffekten**.

Durch Stimulierung der Opiatrezeptoren in bestimmten Arealen des ZNS erklärt man sich die meisten Wirkungen der Opioide. Für die Opioideffekte im Rahmen der Narkose ist vornehmlich der μ-Rezeptor, in geringerem Maße auch der κ-Rezeptor von Interesse.

Die Erregung von μ-Rezeptoren führt zu ausgeprägter **Analgesie** (μ_1), gleichzeitig aber auch zur **Atemdepression** (μ_2). Bis heute ist es noch nicht gelungen, selektive μ_1-Rezeptoragonisten herzustellen, die analgetische Wirkungen ohne begleitende Atemdepression erzeugen. Die Stimulation der μ-Rezeptoren vermittelt analgetische Opioideffekte wegen der topographischen Verteilung dieses Rezeptortyps sowohl auf spinaler (Substantia gelatinosa im Rückenmark) als auch auf supraspinaler Ebene (Schmerzumschaltstellen im Hirnstamm und Subkortex). Die Erregung von κ-Rezeptoren führt zu spinaler Analgesie und wegen der hohen Rezeptordichte im Kortex zu **sedierenden Nebeneffekten**, die im Rahmen der Anwendung zur Narkose durchaus erwünscht sind.

Fentanyl, Alfentanil und Sufentanil sind reine, relativ selektive μ-Agonisten. Unterschiede bestehen in der Rezeptoraffinität.

Fentanyl, Alfentanil und Sufentanil unterscheiden sich in ihrer Wirkung auf die Opiatrezeptoren nicht bezüglich der intrinsischen Aktivität; sie sind alle reine, relativ selektive μ-Agonisten. Unterschiede bestehen lediglich in der Rezeptoraffinität. Die äquipotenten Dosen sind diesbezüglich beim Alfentanil ca. 5 × größer, beim Sufentanil 5 – 10 × kleiner als beim Fentanyl. Alle 3 Stubstanzen binden sich vornehmlich an den μ-Rezeptor und in geringerem Maße an den κ-Rezeptor. Die κ-Rezeptoraffinität soll bei Sufentanil stärker als bei Fentanyl und Alfentanil sein, was zusätzliche analgetische Eigenschaften (und damit möglicherweise doch eine höhere intrinsische Gesamtaktivität!) und die ausgeprägtere Sedierung unter Sufentanil erklären würde. Wirkungen auf δ- und σ-Rezeptoren sind in klinischer Dosierung nicht vorhanden bzw. nicht relevant.

Die κ-Rezeptoraffinität soll bei Sufentanil stärker als bei Fentanyl und Alfentanil sein, was zusätzliche analgetische Eigenschaften und die ausgeprägtere Sedierung unter Sufentanil erklären würde.

Pharmakokinetik

Pharmakokinetik

Fentanyl zeichnet sich durch eine starke **Lipophilie** aus. Die maximale Wirkung tritt nach ca. 5 Min. ein und hält 20 – 30 Min. an.

Fentanyl zeichnet sich durch eine starke **Lipophilie** aus. Die maximale Wirkung tritt nach ca. 5 Minuten ein und hält 20 – 30 Minuten an. Die kurze Wirkdauer ist Folge einer schnellen Umverteilung in die Skelettmuskulatur und das Fettgewebe. Die Eliminationshalbwertszeit beträgt 3 – 4 Stunden. Fentanyl wird zu 80 – 90 % in der Leber inaktiviert. 40 – 50 % der Substanz werden über die Nieren ausgeschieden, davon 10 % unverändert.

Alfentanil hat zwar eine deutlich geringere Lipohilie als Fentanyl, liegt allerdings bei physiologischem pH-Wert weitestgehend in undissoziierter Form vor.
Die maximale Wirkung ist bereits nach 1 Min. erreicht. Die Wirkdauer ist mit ca. 15 Min. etwas kürzer als beim Fentanyl.

Alfentanil hat zwar eine deutlich geringere Lipophilie als Fentanyl, liegt allerdings bei physiologischem pH-Wert weitestgehend in undissoziierter Form vor (niedriger pK-Wert von 6,5). Aus diesem Grund passiert es schnell die Blut-Hirn-Schranke, und die maximale Wirkung ist bereits nach 1 Minute erreicht. Die Wirkdauer ist mit ca. 15 Minuten etwas kürzer als beim Fentanyl. Die Eliminationshalbwertszeit beträgt nur 70 – 100 Minuten, weshalb Alfentanil bei wiederholter Gabe weniger zur Kumulation als Fentanyl und Sufentanil neigt und sich vor allem für kürzere Eingriffe empfiehlt. Alfentanil wird nahezu vollständig in der Leber durch Glukuronidierung inaktiviert und anschließend größtenteils renal ausgeschieden.

Sufentanil ähnelt bezüglich der Lipophilie und der pharmakokinetischen Daten mehr dem Fentanyl (Wirkeintritt nach 5 Min., Wirkdauer ca. 30 Min.).

Sufentanil ähnelt bezüglich der Lipophilie und den pharmakokinetischen Daten mehr dem Fentanyl (Wirkeintritt nach 5 Minuten, Wirkdauer ca. 30 Minuten). Es wird ebenfalls in der Leber metabolisiert, wobei z. T. ein aktiver Metabolit mit allerdings deutlich geringerer Aktivität als die Ausgangssubstanz entsteht.

Remifentanil wird über einen Perfusor appliziert (Anfangsdosierung zwischen 0,3 – 0,6 μg/kg KG/min).

Remifentanil ist das Opioid mit der kürzesten kontextsensitiven Halbwertszeit und wird daher über einen Perfusor appliziert. Anfangsdosierungen liegen zwischen 0,3 – 0,6 μg/kg KG/min, die Erhaltungsdosis bei 0,2 – 0,4 μg/kg KG/min.

Wirkungen und Nebenwirkungen

ZNS. Die direkten Wirkungen von Fentanyl und Alfentanil auf Hirnstoffwechsel, Hirndurchblutung und intrakraniellen Druck sind allenfalls gering ausgeprägt. Lediglich Sufentanil führt dosisabhängig zu einer signifikanten Abnahme des zerebralen Metabolismus und nachfolgend des Blutflusses. Eine **Hyperkapnie** infolge opioidinduzierter Atemdepression kann allerdings indirekt zu erheblicher Zunahme der zerebralen Perfusion und des intrakraniellen Blutvolumens führen.

Atmung. Wie bereits erwähnt, bewirken Opioide parallel zu ihrem analgetischen Effekt bereits in klinischen Dosen eine **Atemdepression.** Diese wird in erster Linie über die Erregung von μ_2-Rezeptoren, die sich in reichlicher Anzahl im Hirnstamm befinden, hervorgerufen. Es kommt zu einer verringerten CO_2-Empfindlichkeit des Atemzentrums. Zusätzlich wird durch Dämpfung des Hustenzentrums der Hustenreflex abgeschwächt (**antitussive Wirkung**), wodurch die Toleranz des Endotrachealtubus erhöht wird, was man sich besonders im Rahmen der Langzeitbeatmung auf der Intensivstation zunutze machen kann. Hohe Dosen von Opioiden **erhöhen den Tonus der Bronchialmuskulatur** und damit den Atemwegswiderstand und sollten deshalb bei Asthmatikern vermieden werden.

Exzitatorische Phänomene. Extrem hohe Dosierungen von Opioiden sollen die Krampfschwelle senken. Der Wirkungsmechanismus ist nicht bekannt. Die klinische Relevanz ist zweifelhaft.

Herz-Kreislauf-System. Die kardiovaskulären Effekte der μ-Rezeptoragonisten kommen einerseits durch zentrale **Verminderung des Sympathikotonus** und **Erhöhung der Vagusaktivität** zustande. Daraus resultieren eine Abnahme der Herzfrequenz, des peripheren Gefäßwiderstandes und nachfolgend des Blutdruckes sowie eine Verminderung des myokardialen Sauerstoffverbrauchs. Andererseits wird **direkt** eine **Vasodilatation** ausgelöst, die auf der venösen Seite zu vermehrtem »Pooling« von Blut führt. Die am isolierten Papillarmuskel zu beobachtende dosisabhängige Beeinträchtigung der Kontraktilität tritt erst oberhalb therapeutischer Dosierungen ein und spielt klinisch keine Rolle. Alles in allem sind die hämodynamischen Auswirkungen klinisch üblicher Dosierungen allerdings gering, solange hypovolämische Zustände vermieden werden.

Miosis. Die unter Opioiden zu beobachtende Pupillenverengung (»stecknadelkopfgroße« Pupillen) wird durch eine μ-agonistische Wirkung in den Okulomotoriuskernen verursacht. Unter schwerer Hypoxie verschwindet die Miosis aber wieder, und die Pupillen erweitern sich.

Thoraxrigidität (siehe Kap. 7.1.1).

Übelkeit und Erbrechen (siehe Kap. 7.1.1).

Magen-Darm-Trakt (siehe Kap. 7.1.1).

Sucht. Die suchtauslösende Potenz der Opioide spielt im Rahmen ihrer Anwendung zu Narkosezwecken und zur Schmerzbehandlung **keine** Rolle. Bei vorbestehendem Opioidabusus ist zu beachten, daß aufgrund von Toleranzerhöhung deutlich höhere Dosen gebraucht werden.

Histaminfreisetzung. Fentanyl, Alfentanil und Sufentanil setzen, wenn überhaupt, erst bei Verwendung sehr hoher Dosen unspezifisch Histamin frei.

Wirkungen und Nebenwirkungen

ZNS Eine **Hyperkapnie** infolge opioidinduzierter Atemdepression kann zu erheblicher Zunahme der zerebralen Perfusion und des intrakraniellen Blutvolumens führen.

Atmung Opioide bewirken parallel zu ihrem analgetischen Effekt bereits in klinischen Dosen eine **Atemdepression** über eine verringerte CO_2-Empfindlichkeit des Atemzentrums.
Zusätzlich wird durch Dämpfung des Hustenzentrums der Hustenreflex abgeschwächt **(antitussive Wirkung).** Hohe Dosen von Opioiden **erhöhen den Tonus der Bronchialmuskulatur** und damit den Atemwegswiderstand (cave: Asthmatiker).

Exzitarorische Phänomene Extrem hohe Dosierungen von Opioiden sollen die Krampfschwelle senken.

Herz-Kreislauf-System Die kardiovaskulären Effekte der μ-Rezeptoragonisten kommen einerseits durch zentrale **Verminderung des Sympathikotonus** und **Erhöhung der Vagusaktivität** und andererseits durch **direkte Vasodilatation** zustande. Sie sind in klinisch üblicher Dosierung allerdings gering ausgeprägt.

Miosis Opioide erzeugen »stecknadelkopfgroße« Pupillen.

Thoraxrigidität (s. Kap. 7.1.1).

Übelkeit und Erbrechen (s. Kap. 7.1.1).
Magen-Darm-Trakt (s. Kap. 7.1.1).

Sucht Die suchtauslösende Potenz der Opioide spielt im Rahmen ihrer Anwendung zu Narkosezwecken und zur Schmerzbehandlung **keine** Rolle.

Histaminfreisetzung Fentanyl, Alfentanil und Sufentanil setzen in klinischen Dosen kein Histamin frei.

Klinische Anwendung

Fentanyl, Alfentanil und Sufentanil werden als starke Analgetika zu Anästhesiezwecken folgendermaßen eingesetzt:
- i. v. Anästhesie
- Neuroleptanalgesie
- balancierte Anästhesie
- total intravenöse Anästhesie
- Supplementierung von Inhalationsanästhetika

Ihre Verwendung bietet folgende **Vorteile**:
- ausgeprägte Analgesie
- geringe hämodynamische Wirkung
- keine Arrythmogenität
- Erleichterung der kontrollierten Beatmung
- bessere Toleranz des Endotrachealtubus
- keine Leber- und Nierentoxizität
- postoperative Analgesie
- Antagonisierbarkeit.

Die **Nachteile** sind:
- unzureichende Reflexdämpfung
- keine Amnesie
- Thoraxrigidität
- längere Aufwachphase
- postoperative Atemdepression
- postoperative Übelkeit und Erbrechen

Klinische Anwendung

Fentanyl, Alfentanil und Sufentanil sind allesamt keine Narkotika, da sie keine generelle Depression der neuronalen Aktivität hervorrufen. Sie werden als stark wirksame Analgetika zu Anästhesiezwecken folgendermaßen eingesetzt:
- intravenöse Anästhesie (siehe Kap. 3.7.2)
- Neuroleptanalgesie (siehe Kap. 3.7.3)
- balancierte Anästhesie (siehe Kap. 3.7.4)
- total intravenöse Anästhesie (siehe Kap. 3.8)
- Supplementierung von Inhalationsanästhetika.

Ihre Verwendung bietet folgende **Vorteile:**
- ausgeprägte analgetische Wirkung
- geringe hämodynamische Beeinflussung
- keine Arrythmogenität
- Erleichterung der kontrollierten Beatmung
- bessere Toleranz des Endotrachealtubus
- keine Leber- und Nierentoxizität
- postoperative Analgesie
- Antagonisierbarkeit.

Die **Nachteile** sind:
- unzureichende Reflexdämpfung
- keine Amnesie
- Thoraxrigidität
- verlängerte Aufwachphase
- postoperative Atemdepression
- postoperative Übelkeit und Erbrechen.

Antagonisierung von Opioiden

Antagonisten kommen im wesentlichen zum Einsatz, um die opioidinduzierte Atemdepression zu beseitigen.

Antagonisierung von Opioiden

Die rezeptorspezifischen Opioidwirkungen lassen sich kompetitiv durch reine Antagonisten wie Naloxon ganz oder durch gemischt wirkende Agonisten/Antagonisten wie Nalbuphin teilweise aufheben. Antagonisten kommen im wesentlichen zum Einsatz, um die opioidinduzierte Atemdepression infolge absoluter oder relativer Überdosierung oder im Rahmen eines postoperativen Wirküberhanges zu beseitigen.

Merke ▶

▶ ***Merke.*** Da mit **Naloxon** (Narcanti®) prinzipiell eine komplette Antagonisierung auch der analgetischen Komponente möglich ist (Gefahr von Tachykardie und Blutdruckanstieg), muß die Zufuhr dieser Substanz **»titriert«** werden, d. h. es wird mit einer niedrigen Dosis begonnen, die nach Abwarten des Effektes bei Bedarf repetiert werden kann. Mit diesem Vorgehen soll nur die atemdepressive Wirkung unter Erhaltung der Analgesie aufgehoben werden. Zu beachten ist die kurze Wirkdauer von ca. 30 Minuten, nach der es zum **»Rebound«** der Atemdepression kommen kann. Aus diesem Grund müssen die Patienten sorgfältig und ausreichend lange nach der Antagonisierung überwacht werden.

Nalbuphin (Nubain®) gehört zu den gemischt wirkenden Agonisten/Antagonisten.
Es hebt die atemdepressorische Wirkung reiner Agonisten am μ-Rezeptor auf und wirkt über κ-Rezeptorenstimulierung selbst analgetisch.

Nalbuphin (Nubain®) gehört zu den gemischtwirkenden Agonisten/Antagonisten. Es besetzt in Konkurrenz zum vorher applizierten reinen Agonisten den μ-Rezeptor und hebt dadurch dessen Wirkungen auf. Nalbuphin hat seinerseits am μ-Rezeptor intrinsische Aktivität, die allerdings deutlich geringer ausfällt, so daß es selbst nur eine geringgradige (max. 25 – 30 %), klinisch kaum relevante Atemdepression erzeugt. Seine analgetische Wirkung hingegen wird hauptsächlich über die κ-agonistische Komponente vermittelt. Die Wirkdauer beträgt ungefähr 2 – 3 Stunden.

Droperidol

Die **Strukturformel** von Droperidol zeigt ◘ 3.**25**.

Droperidol

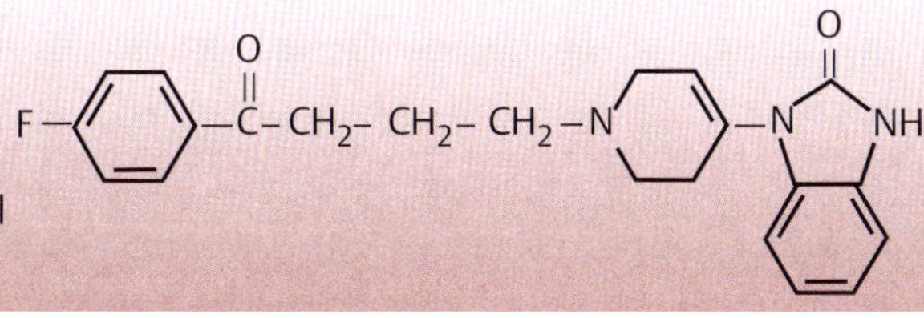

◘ **3.25: Strukturformel von Droperidol.**

Droperidol (Dehydrobenzperidol®) ist als Neuroleptikum aus der Reihe der Butyrophenone ein Derivat des Haloperidols.

Droperidol

Die **Strukturformel** von Droperidol zeigt ◘ 3.**25**.

Droperidol (Dehydrobenzperidol®) ist ein Derivat des Haloperidols aus der Reihe der Butyrophenone.

Pharmakokinetik

Die Pharmakokinetik des Droperidol wird durch ein Zwei-Kompartiment-Modell beschrieben. Die **Eliminationshalbwertszeit** beträgt 2 – 3 Stunden. Droperidol wird in der Leber metabolisiert; 10 % werden unverändert renal ausgeschieden.

Pharmakokinetik

Die Pharmakokinetik des Droperidols wird durch ein Zwei-Kompartiment-Modell beschrieben. Die **Eliminationshalbwertszeit** beträgt 2 – 3 Std.

Wirkungen und Nebenwirkungen

ZNS. Die sedierende Wirkung tritt 2 Minuten nach i. v. Applikation von Droperidol ein und hält 1 – 2 Stunden an. Neuroleptika bewirken häufig eine **psychomotorische Entkopplung**, d. h. sie führen zu einem äußerlich beruhigt wirkenden Patienten, der jedoch innerlich äußerst angespannt sein kann. Bis zu 24 Stunden nach Gabe von Droperidol wurden **extrapyramidal-motorische Symptome** beobachtet (dopaminantagonistische Wirkung). Deshalb ist Droperidol bei M. Parkinson kontraindiziert. Droperidol beeinflußt die Erregungsübertragung zentraler Synapsen durch Interaktion mit deren Überträgerstoffen Dopamin, GABA, Noradrenalin und Serotonin. Es ist ausgeprägt **antiemetisch** wirksam.

Atmung. Droperidol erzeugt eine geringe Reduktion der Atemfrequenz, nicht jedoch des Atemzugvolumens.

Herz-Kreislauf-System. Durch die α-Rezeptorenblockade bewirkt Droperidol eine **Vasodilatation** mit konsekutiver Abnahme des Blutdrucks und reflektorischer Herzfrequenzsteigerung. Der Blutdruckabfall kann durch vorherige Volumensubstitution abgeschwächt werden. Der dopaminvermittelte Anstieg der Nierendurchblutung wird nicht wesentlich beeinflußt. Die Kontraktionskraft des Herzens wird durch Droperidol so gut wie nicht beeinträchtigt. Droperidol werden antiarrhythmische (chinidinartige) Effekte zugeschrieben.

Wirkungen und Nebenwirkungen

ZNS Die sedierende Wirkung tritt 2 Min. nach i. v. Applikation von Droperidol ein und hält 1 – 2 Std. an. Neuroleptika bewirken häufig eine **psychomotorische Entkopplung**. Bis zu 24 Std. nach Applikation von Droperidol wurden **extrapyramidal-motorische Symptome** beobachtet. Droperidol ist ausgeprägt **antiemetisch** wirksam.

Atmung Droperidol zeigt kaum Auswirkungen auf die Atmung.

Herz-Kreislauf-System Durch die α-Rezeptorenblockade bewirkt Droperidol eine Vasodilatation mit konsekutiver Abnahme des Blutdrucks und reflektorischer Herzfrequenzsteigerung.

Klinische Anwendung

Droperidol wurde früher in Dosierungen von 0,1 – 0,15 mg/kg KG klassischerweise bei der Neuroleptanalgesie (NLA) angewandt. Hierbei vermittelt Droperidol Sedation und antiemetische Effekte, während das Opioid, z. B. Fentanyl, für die Analgesie verantwortlich ist. Heute wird Droperidol in niedriger Dosierung (0,625 – 1,25 mg) überwiegend als Antiemetikum eingesetzt.

Klinische Anwendung

Droperidol (0,1 – 0,15 mg/kg KG) wurde klassischerweise bei der Neuroleptanalgesie (NLA) angewandt. Kontraindikation: M. Parkinson. Droperidol vermittelt Sedation und antiemetische Effekte, das Opioid die Analgesie (z. B. Fentanyl).

Benzodiazepine

Die **Strukturformel** zeigt ◘ 3.**26**.

Benzodiazepine

Die Strukturformel von Diazepam, Midazolam (Benzodiazepine) und Flumazenil (Benzodiazepin-Antagonist) zeigt ◘ 3.**26**.

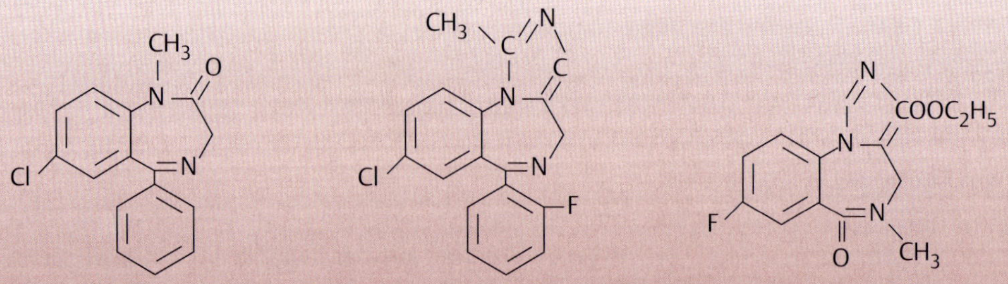

◘ 3.**26: Strukturformel von Diazepam, Midazolam und Flumazenil.**

Diazepam (Valium®) wurde 1959 synthetisiert und seit den 60er Jahren zur Narkoseeinleitung verwendet. Weitere Entwicklungen sind Flunitrazepam (Rohypnol®) und Midazolam (Dormicum®), das 1984 in die Klinik eingeführt wurde. Die Benzodiazepine sind bei physiologischem pH-Wert lipidlöslich. Midazolam ist das lipidlöslichste, allerdings wird es durch Salzsäurezusatz auf einen pH von 3 eingestellt, so daß es in dieser Form auch das erste wasserlösliche Benzodiazepin ist.

Pharmakodynamik

Benzodiazepine wirken **sedativ, anxiolytisch, amnestisch, antikonvulsiv** und **zentral muskelrelaxierend**. Durch Besetzung des Benzodiazepinrezeptors am **GABA-Rezeptorkomplex** werden physiologische Hemmungsmechanismen verstärkt.

Pharmakodynamik

Benzodiazepine wirken **sedativ, anxiolytisch, amnestisch, antikonvulsiv** und **zentral muskelrelaxierend** und in höherer Dosierung auch hypnotisch.
Der Wirkmechanismus der Benzodiazepine ist gut untersucht (siehe auch Kap. 9). Durch Besetzung und Stimulierung des Benzodiazepinrezeptors am **GABA-Rezeptorkomplex** werden physiologische Hemmungsmechanismen verstärkt. Man nimmt an, daß die pharmakologischen Effekte der Benzodiazepine das Resultat des Grades der jeweiligen Rezeptorbesetzung sind. So scheint eine 20 %ige Rezeptorbesetzung anxiolytisch wirksam zu sein, Sedierung wird bei einer 30 – 50 %igen und Bewußtseinsverlust erst bei einer über 60 %igen Rezeptorbesetzung beobachtet.

Pharmakokinetik

Diazepam gehört zur Gruppe der lang wirkenden, **Flunitrazepam** zu den mittellang wirkenden und **Midazolam** zur Gruppe der kurz wirkenden Benzodiazepine.
Die Wirkdauer ist durch die Rezeptorbindung und nicht durch die Elimination limitiert.

Pharmakokinetik

Diazepam gehört zur Gruppe der lang wirkenden, **Flunitrazepam** zu den mittellang wirkenden und **Midazolam** zur Gruppe der kurz wirkenden Benzodiazepine. Die Wirkdauer ist durch die Rezeptorbindung und nicht durch die Elimination limitiert. Nach einem bei allen 3 Substanzen vergleichbaren mittleren Wirkungseintritt von 2 – 3 Minuten beträgt die Eliminationshalbwertszeit 1,5 – 4,5 Stunden für Midazolam, 10 – 30 Stunden für Flunitrazepam und 24 – 48 Stunden für Diazepam.
Diazepam, Flunitrazepam und Midazolam unterliegen einem Phase-I-Metabolismus in der Leber. **Diazepam** bildet 2 biologisch aktive Metabolite, nämlich Oxazepam (Adumbran®, Halbwertszeit 5 – 12 Stunden) und Desmethyldiazepam (Halbwertszeit 50 – 99 Stunden), die die Wirkung verlängern. Die aktiven Metabolite des **Flunitrazepam** haben ebenfalls verhältnismäßig lange Halbwertszeiten im Bereich von 20 – 30 Stunden. **Midazolam** hingegen unterliegt einer »Single-step«-Kinetik, d. h. es wird nur zu einer einzigen Substanz, nämlich Hydroxymidazolam umgewandelt, die schwächer wirksam ist als die Muttersubstanz und mit einer Halbwertszeit von 1 Stunde auch schneller eliminiert wird.

Midazolam wird zu Hydroxymidazolam abgebaut, welches schwächer wirksam ist als die Muttersubstanz und mit einer Halbwertszeit von 1 Std. auch schneller eliminiert wird.

Wirkungen und Nebenwirkungen

ZNS. Benzodiazepine reduzieren dosisabhängig den zerebralen Sauerstoffverbrauch und Blutfluß, jedoch nicht in dem Ausmaß wie Barbiturate, Etomidat und Propofol.

Atmung. Die Benzodiazepine bewirken in der Regel keine zentrale, sondern eine **periphere Atemdepression** infolge einer Tonussenkung der Zungengrundmuskulatur mit Obstruktion der Atemwege durch die zurückfallende Zunge.

Herz-Kreislauf-System. Nach Gabe von Benzodiazepinen kommt es zu einer geringen Abnahme des peripheren Gefäßwiderstandes und des Blutdruckes. Diese Effekte sind dosisabhängig, allerdings tritt ab einer bestimmten Plasmakonzentration kein weiterer Blutdruckabfall ein. Die zusätzliche Gabe eines Opioids, z. B. Fentanyl, hat auf die hämodynamischen Veränderungen einen verstärkenden Effekt.

Wirkungen und Nebenwirkungen

ZNS Benzodiazepine reduzieren dosisabhängig den zerebralen Sauerstoffverbrauch und Blutfluß.

Atmung Die Benzodiazepine bewirken in der Regel keine zentrale, sondern eine **periphere Atemdepression.**

Herz-Kreislauf-System Nach Gabe von Benzodiazepinen kommt es zu einer geringen Abnahme des peripheren Gefäßwiderstandes und des Blutdruckes.

Klinische Anwendung

Midazolam ist gegenwärtig unter den Benzodiazepinen das Mittel der Wahl zur Prämedikation und zur Sedierung bei Regionalanästhesien. Wegen des langsamen Wirkeintritts nach Midazolaminjektion wird die Substanz nur selten zur Narkoseeinleitung verwendet. Wegen der geringeren hämodynamischen Nebenwirkungen eignet sich Midazolam besser als Thiopental als Hypnotikum zur Aufrechterhaltung einer Allgemeinanästhesie, z. B. bei balancierter Anästhesie oder total intravenöser Anästhesie (TIVA, siehe Kap. 3.6).

Klinische Anwendung

Midazolam ist gegenwärtig unter den Benzodiazepinen das Mittel der Wahl zur Prämedikation und zur Sedierung bei Regionalanästhesien.

Antagonisierung von Benzodiazepinen

Die Wirkungen der Benzodiazepine können durch den spezifischen, kompetitiven Benzodiazepin-Antagonisten **Flumazenil** (Anexate®, ◘ **3.26**) aufgehoben werden. Durch Titrierung mit Flumazenil (initial 0,2 mg i. v. und evtl. nach 60 Sekunden 0,1 mg repetitiv) kann ein »diagnostisches Fenster« geschaffen werden. Die Wirkung tritt nach 1 – 3 Minuten ein, die Eliminationshalbwertszeit von Flumazenil beträgt 1 Stunde.

> ***Merke.*** Sie ist damit deutlich kürzer als die der Benzodiazepine, und es besteht die Gefahr einer erneuten Sedierung. Daher können repetitive Dosen oder eine kontinuierliche Infusion von Flumazenil notwendig sein. In jedem Fall ist eine genügend lange Beobachtung des Patienten erforderlich.

Ernsthafte kardiovaskuläre Entzugssymptome nach Flumazenilgabe sind im Gegensatz zur Opioidantagonisierung mit Naloxon nicht bekannt.

Antagonisierung von Benzodiazepinen

Die Wirkungen der Benzodiazepine können durch den spezifischen, kompetitiven Benzodiazepin-Antagonisten **Flumazenil** (Anexate®, ◘ **3.26**) aufgehoben werden.

◄ **Merke**

3.2.3 α_2-Agonisten

Clonidin (Catapresan®)

Die **Strukturformel** von Clonidin zeigt ◘ **3.27**.

3.2.3 α_2-Agonisten

Clonidin

Die **Strukturformel** von Clonidin zeigt ◘ **3.27**.

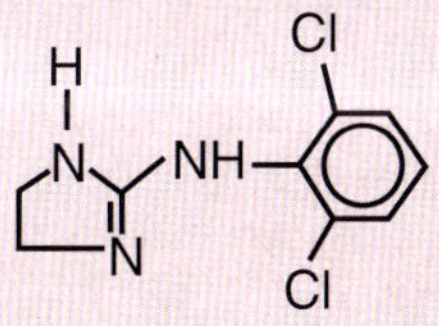

Clonidin

◘ **3.27: Strukturformel von Clonidin.**

Pharmakodynamik

Clonidin, ein Imidazolinderivat mit zentral α_2-agonistischer Wirkkomponente, wird schon seit vielen Jahren erfolgreich zur Blutdrucksenkung eingesetzt. Im Gegensatz zur früheren Auffassung werden die hypotensiven Effekte von Clonidin nicht durch Erregung der α_2-Rezeptoren vermittelt, sondern durch die Stimulierung von zentralen Imidazolin-Rezeptoren. Weitere Clonidineffekte wie Sedierung und Analgesie (supraspinal und spinal) werden der α_2-agonistischen Wirkung zugeschrieben.

Pharmakodynamik

Zum Verständnis der Wirkungsweise α_2-agonistischer Substanzen ist es wichtig, die funktionelle Bedeutung der α_2-Rezeptoren im sympathischen Nervensystem zu verstehen. Bei Ausschüttung von Noradrenalin (NA) in den synaptischen Spalt kommt es zu einer Bindung und Stimulierung postsynaptischer α_1-Rezeptoren, die den eigentlichen pharmakologischen Effekt von NA vermitteln. Gleichzeitig bindet sich NA aber auch an vor allem präsynaptisch gelegene α_2-Rezeptoren. Dadurch wird die weitere NA-Freisetzung gehemmt und die NA-Wirkung insofern moduliert, als überschießende Effekte verhindert werden (Prozeß der negativen Rückkopplung oder »Feedback«-Kontrolle). α_2-Rezeptoren befinden sich nun nicht nur im peripheren, sondern auch im zentralen Nervensystem. Hiermit wird eine zentrale Kontrolle des Sympathikotonus gewährleistet. Aus diesem Grund werden Substanzen wie Clonidin, ein Imidazolinderivat mit zentral α_2-agonistischer Wirkkomponente, schon seit vielen Jahren erfolgreich zur Blutdrucksenkung eingesetzt. In neuerer Zeit wurden weitere Clonidineffekte wie Sedierung und Analgesie (supraspinal und spinal) aufgeklärt, die einer Stimulierung zentraler α_2-Rezeptoren zugeschrieben werden. Man hat unlängst experimentell festgestellt, daß im Gegensatz zur früheren Auffassung die hypotensiven Effekte von Clonidin nicht durch Erregung der α_2-Rezeptoren zustande kommen, sondern durch eine neue Klasse clonidinbindender Rezeptoren, die Imidazolin-Rezeptoren, vermittelt werden.

Pharmakokinetik

Die maximale Clonidinwirkung wird nach 30 Min. erreicht und hält mehrere Stunden an.

Pharmakokinetik

Nach intravenöser Injektion von Clonidin tritt die Wirkung nach ca. 5 Minuten ein und ist nach 30 Minuten maximal ausgeprägt. Sie hält mehrere Stunden an. Die Eliminationshalbwertszeit beträgt im Mittel ca. 12 Stunden.

Wirkungen und Nebenwirkungen

ZNS Clonidin **reduziert den zerebralen Blutfluß** ohne Veränderung des Hirnstoffwechsels.

Wirkungen und Nebenwirkungen

ZNS. Clonidin hat neben den beschriebenen sedierenden und analgetischen Eigenschaften direkten Einfluß auf die intrakranielle Hämodynamik. Es **reduziert den zerebralen Blutfluß**, ohne dabei den Hirnstoffwechsel zu beeinflussen.

Herz-Kreislauf-System Die zentrale Verminderung des Sympathikotonus führt zur **Abnahme von Herzfrequenz und Blutdruck.**
Bei zügiger intravenöser Injektion kann ein **kurzfristiger Blutdruckanstieg** beobachtet werden.

Herz-Kreislauf-System. Neben der zentral vermittelten Reduzierung des Sympathikotonus kommt es durch Clonidin zu einer Erregung von peripheren α_1-Rezeptoren. Da die Affinität von Clonidin zu α_1-Rezeptoren jedoch geringer ist, spielt diese Wirkung nur bei zügiger intravenöser Injektion eine Rolle. Hierunter kann es zum **passageren Anstieg des Blutdruckes** kommen, der durch die zentrale Wirkung in dem Augenblick überspielt wird, in dem Clonidin in ausreichender Menge die Blut-Hirn-Schranke passiert hat und zu den zentralen Wirkorten gelangt ist. Die zentrale Verminderung des Sympathikotonus führt dann zur **Abnahme der Herzfrequenz** und zur peripheren Vasodilatation mit **Absinken des Blutdruckes**.

Atmung Clonidin führt zu **keiner** klinisch relevanten **Atemdepression.**

Atmung. Clonidin hat **keine** klinisch relevanten atemdepressiven Nebenwirkungen.

Endokrinium Clonidin vermindert in hoher Dosierung die Kortisolsekretion.

Endokrinium. Clonidin vermindert in hoher Dosierung die Kortisolsekretion. Dieser Effekt soll nicht über einen α_2-Agonismus zustande kommen, sondern durch eine reversible und konzentrationsabhängige Unterdrückung der Kortisolsynthese in der Nebennierenrinde enzymatisch bedingt sein. Auch anderen Imidazolinderivaten, wie z. B. Etomidat, ist diese Wirkung zu eigen, allerdings in deutlich größerem Ausmaß (s. o.).

Klinische Anwendung

Aufgrund seines umfassenden Wirkprofils wird Clonidin mittlerweile zu folgenden Zwecken klinisch eingesetzt:
- Prämedikation von Alkoholikern. Hierdurch sollen Entzugssymptome wie überschießende sympathoadrenerge Reaktionen vermieden und gleichzeitig Sedierung ausgelöst werden.
- Erleichterung der Narkoseführung bei Alkoholabhängigen. Hierbei werden neben den kreislaufstabilisierenden zusätzlich die infolge der sedierenden und analgetischen Eigenschaften auftretenden MAC-reduzierenden Effekte der Substanz ausgenutzt.
- Therapie des Alkoholentzugsdelirs. Clonidin vermindert die Abstinenzsymptomatik, was auf die Reduzierung der überschießenden zentralen Noradrenalinfreisetzung zurückgeführt wird. Hierdurch wird die Balance zwischen noradrenerger und cholinerger synaptischer Transmission im ZNS wiederhergestellt. Die Therapie des alkoholischen Delirs macht z. T. die Verwendung extrem hoher Dosen erforderlich.
- Begleitmaßnahme bei Opioidentzug. Clonidin dämpft die im Opioidentzug ebenfalls gesteigerte Sympathikusaktivität und reduziert damit die vegetative Symptomatik.
- Schmerztherapie (intravenös, oral, intrathekal, epidural). Aufgrund seiner spinal analgetischen Wirkung eignet sich Clonidin zur rückenmarknahen Applikation nicht nur im Rahmen der postoperativen Schmerztherapie, sondern vor allem auch zur Behandlung chronischer Schmerzzustände, z. B. bei inkurablen Malignompatienten.
- Blutdrucksenkung bei Hypertonikern (klassische Indikation).
- Zur Analgosedierung bei Intensivpatienten (z. B. in Kombination mit Sufentanil).
- Zur Therapie postoperativen Shiverings.

Klinische Anwendung

Clonidin wird zu folgenden Zwecken klinisch eingesetzt:
- Prämedikation von Alkoholikern
- Erleichterung der Narkoseführung bei Alkoholabhängigen
- Therapie des Alkoholentzugsdelirs
- Begleitmaßnahme bei Opioidentzug
- Schmerztherapie
- Blutdrucksenkung bei Hypertonikern
- Analgosedierung
- Shivering.

3.3 Inhalationsanästhetika

Die gängigen im klinischen Gebrauch befindlichen Inhalationsanästhetika (3.28) sind **Lachgas (N_2O), Halothan, Enfluran, Isofluran, Sevofluran** und **Desfluran**. Aus historischen Gründen werden auch Äther (es wird wegen seiner Explosivität und Brennbarkeit nicht mehr benutzt) und Methoxyfluran (es wird wegen seiner nephrotoxischen Effekte nicht mehr benutzt) kurz erwähnt.

3.3 Inhalationsanästhetika

Lachgas (N_2O), Halothan, Enfluran, Isofluran, Sevofluran und **Desfluran** sind die gängigen klinisch verwendeten Inhalationsanästhetika (**3.28**).

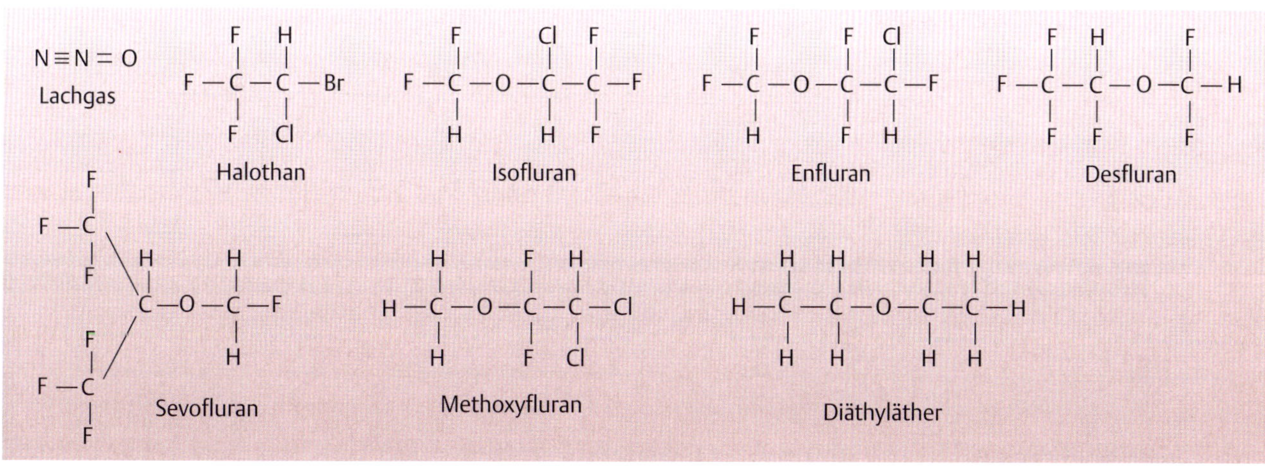

3.28: Chemische Struktur verschiedener Inhalationsanästhetika.

Die Inhalationsanästhetika liegen bei Zimmertemperatur entweder als leicht flüchtige (volatile) Flüssigkeit (Äther, Methoxyfluran, Halothan, Enfluran, Isofluran, Sevofluran, Desfluran) oder als Gas (Lachgas) vor. Die Inhalationsanästhesie hat im Vergleich zur i. v. Anästhesie einige Vorteile: rasch reversible Anästhesietiefe, die Effekte von Konzentrationsänderungen sind mit geringer Variabilität vorhersehbar, die Elimination ist weitgehend unabhängig von Leber- und Nierenfunktion. Es kommt nur selten zu postoperativer Atemdepression.

Eigenschaften eines **»idealen« Inhalationsanästhetikums**:
- keine Explosions- und Brandgefahr
- rasche, angenehme Wirkung
- gute Steuerbarkeit
- ausreichende Analgesie, Hypnose und Muskelrelaxierung
- große therapeutische Breite, geringer Metabolismus.

Ein **»ideales« Inhalationsanästhetikum** sollte folgende Eigenschaften besitzen:
- keine Explosions- und Brandgefahr sowie Stabilität bei Lagerung
- rasches, angenehmes Einschlafen und Wiedererwachen aus der Narkose (u. a. angenehmer Geruch ohne Schleimhautreizung)
- gute Steuerbarkeit mit der Möglichkeit zur raschen Veränderung der Narkosetiefe
- ausreichende Analgesie, Hypnose und Muskelrelaxierung
- große therapeutische Breite, keine unerwünschten Wirkungen in klinisch gebräuchlichen Dosen und geringer Metabolismus.

Alle zur Zeit verwendeten Inhalationsanästhetika sind **nicht brennbar**. Nur Halothan benötigt Stabilisatoren und muß lichtgeschützt aufbewahrt werden.
Enfluran, Isofluran und Desfluran riechen ätherartig, was zu unerwünschten Effekten führt und sie zur Narkoseeinleitung per inhalationem ungeeigneter erscheinen läßt als Halothan, Sevofluran (süßlich) und Lachgas (geruchlos).

Lachgas, Halothan, Enfluran, Isofluran und Desfluran sind in den klinisch verwendeten Dosierungen **nicht entflammbar** und benötigen bis auf Halothan (hier wird Thymol 0,01 % zugesetzt) keine Stabilisatoren. Lachgas, Enfluran, Isofluran und Desfluran sind UV-Licht-beständig, während Halothan in lichtgeschützten Behältern aufbewahrt werden muß. Enfluran, Isofluran und Desfluran riechen ätherartig und können zu Schleimhautreizung, Hypersekretion, Atemanhalten, Husten und Laryngospasmus bei Narkoseein- und -ausleitung führen. Durch schrittweise ansteigende Anästhetikakonzentrationen können diese Effekte bei der Maskeneinleitung verringert werden. Der Geruch von Halothan und Sevofluran ist süßlich, Lachgas hingegen ist geruchlos, so daß diese Substanzen keine Schleimhautreizung auslösen und zur Narkoseeinleitung per inhalationem gut geeignet sind. Die Inhalationsanästhetika könnten hinsichtlich Steuerbarkeit (lange Einleitungsphase und Exzitationsstadium), therapeutischer Breite (kardiovaskuläre Nebenwirkungen), analgetischer und muskelrelaxierender Wirkung noch verbessert werden. Gegenwärtig werden sie deshalb oft mit intravenösen Anästhetika kombiniert. Aus diesen Gründen wird eine Narkose beim Erwachsenen üblicherweise mit einem kurzwirkenden i. v. Hypnotikum eingeleitet.

3.3.1 Wirkungsstärke

Definition ▶

3.3.1 Wirkungsstärke

Definition. Die **minimale alveoläre Konzentration (MAC)** gibt als statistische Größe über die relative Wirksamkeit der Inhalationsanästhetika Auskunft, so daß diese miteinander verglichen werden können. Definitionsgemäß ist die MAC diejenige alveoläre Konzentration eines Inhalationsanästhetikums in reinem O_2, bei der 50 % der Patienten auf eine Hautinzision keine Abwehrbewegung mehr zeigen (▤ 3.**25**).

3.25: MAC der klinisch gebräuchlichen Inhalationsanästhetika in Vol.% bei gesunden Erwachsenen

	Lachgas	Halothan	Enfluran	Isofluran	Desfluran	Sevofluran
MAC	115*	0,8	1,7	1,2	6**	1,7
MAC + 70 % Lachgas	–	0,3	0,6	0,5	2,8	0,7

*theoretischer Wert; **klinisch zeichnet sich ein niedrigerer Wert von 2 – 3 ab

Auf den MAC-Wert haben Narkosedauer, Größe und Gewicht keinen

Narkosedauer, Größe und Gewicht des Patienten haben keinen Einfluß auf den MAC-Wert. Der MAC-Wert wird jedoch von der **Temperatur** beeinflußt, d.h. mit abnehmender Körpertemperatur wird weniger, bei Fieber entsprechend mehr Inhalationsanästhetikum benötigt. Auch das **Lebensalter** spielt eine Rolle (3.29). So ist der MAC-Wert für Kinder von 1–6 Monaten am höchsten und fällt dann kontinuierlich ab. Für **Natrium** konnte gezeigt werden, daß eine Hypernatriämie den MAC-Wert erhöht, während eine Hyponatriämie den MAC-Wert erniedrigt. Kalzium selbst hat keinen Einfluß, während **Kalzium-Antagonisten** den MAC-Wert vermindern. Chronischer **Alkoholabusus** erhöht den Bedarf an Inhalationsanästhetika, während akuter ihn erniedrigt. Bei fortschreitender **Schwangerschaft** werden zunehmend weniger Inhalationsanästhetika benötigt. **ZNS-wirksame Medikamente** wie Opioide, Benzodiazepine, Barbiturate und α_2-Agonisten vermindern ebenfalls den Bedarf. Durch **Supplementierung mit 70% Lachgas (N_2O)** wird der MAC-Wert reduziert (3.**25**).

Einfluß, während **Temperatur, Lebensalter** (3.29), **Alkoholabusus, Schwangerschaft, Natrium** und verschiedene **Medikamente** den MAC-Wert entweder verstärken oder abschwächen. Durch **Supplementierung mit 70% Lachgas (N_2O)** wird der MAC-Wert reduziert (3.**25**).

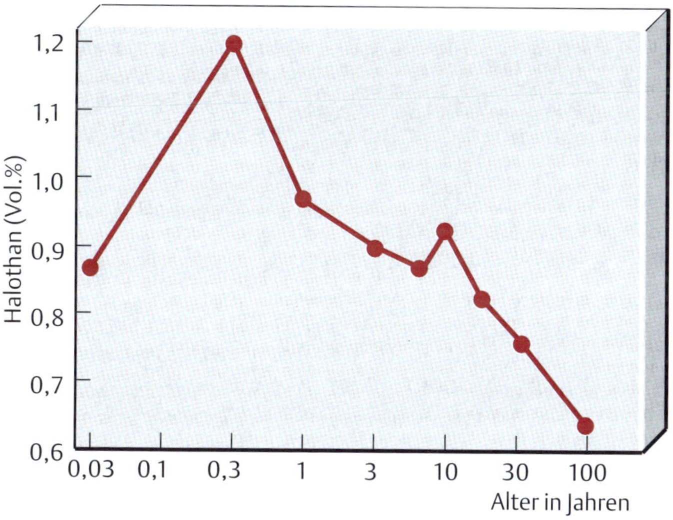

3.29: Altersabhängiger Bedarf an Halothan. Am höchsten sind die MAC-Werte bei Kindern im Alter von 3 Monaten, am niedrigsten bei alten Patienten.

3.3.2 Wirkungsmechanismus im ZNS

Inhalationsanästhetika wirken über eine reversible Hemmung der neuronalen Aktivität in verschiedenen Regionen des ZNS und reduzieren so die **Schmerzempfindung**, das **Bewußtsein**, die **Abwehrreflexe** sowie die **Muskelspannung**. Der Wirkungsmechanismus ist bis heute nicht vollständig bekannt. Da die **Formatio reticularis** des Hirnstamms für das Bewußtsein und die Regulation der motorischen Aktivität eine wichtige Rolle spielt, nimmt man an, daß diese Struktur eine wesentliche Funktion bei der Wirkungsvermittlung der Inhalationsanästhetika hat. Inhalationsanästhetika wirken jedoch nicht selektiv in einer einzigen Region, und nicht immer wirken sie dämpfend auf die neuronale Aktivität, wie neuere Untersuchungen an isolierten ZNS-Präparaten zeigen.

Die physikalische Eigenschaft, die am besten mit der Wirksamkeit der Inhalationsanästhetika korreliert, ist die **Lipidlöslichkeit** (3.**26**). Diese wird mit dem **Öl/Gas-Koeffizienten** beschrieben. Je fettlöslicher ein Inhalationsanästhetikum ist, desto geringer ist die alveoläre Konzentration, die für das Erreichen einer definierten Narkosetiefe notwendig ist. Öl/Gas-Koeffizient und MAC-Wert eines Inhalationsanästhetikums verhalten sich demzufolge umgekehrt proportional. Das Produkt aus MAC eines Inhalationsanästhetikums und Öl/Gas-Koeffizient variiert nur gering (3.**26**). Wegen der Lipophilie der Inhalationsanästhetika wird auf zellulärer Ebene eine Störung der neuronalen phospholipidhaltigen (hydrophoben) Plasmamembran angenommen. Inhalationsanästhetika lagern sich in **hydrophobe Membranbestandteile** des ZNS ein. Die dadurch bedingte Volumenzunahme der neuronalen Membran beeinflußt membranständige Funktions- bzw. Ionentransportproteine und setzt die neuronale Aktivität herab.

3.3.2 Wirkungsmechanismus im ZNS

Inhalationsanästhetika reduzieren die **Schmerzempfindung**, das **Bewußtsein**, die **Abwehrreflexe** sowie die **Muskelspannung**.
Der genaue Wirkungsmechanismus ist nicht bekannt. Man nimmt an, daß die Anästhetika die neuronale Aktivität des ZNS indirekt beeinflussen.

Die physikalische Eigenschaft, die am besten mit der Wirksamkeit der Inhalationsanästhetika korreliert, ist die **Lipidlöslichkeit** (3.**26**). Diese wird mit dem **Öl/Gas-Koeffizienten** beschrieben.
Öl/Gas-Koeffizient und MAC-Wert eines Inhalationsanästhetikums verhalten sich umgekehrt proportional.

Inhalationsanästhetika lagern sich in **hydrophobe Membranbestandteile** des ZNS ein.

3.26: Öl/Gas-Koeffizient und Wirksamkeit der Inhalationsanästhetika

	Öl/Gas	MAC (atm)	MAC × Öl/Gas
▷ Methoxyfluran	970	0,0016	1,55
▷ Halothan	224	0,0074	1,66
▷ Enfluran	96,5	0,0168	1,62
▷ Isofluran	90,8	0,0115	1,04
▷ Äther	65	0,0192	1,25
▷ Sevofluran	47,2	0,0205	0,97
▷ Lachgas	1,4	1,04	1,46
▷ Desfluran	18,7	0,06	1,12

Bei der Vielzahl der Anästhetika (Inhalations- und intravenöse Anästhetika) ganz unterschiedlicher Struktur ist ein gemeinsamer Wirkungsmechanismus zweifelhaft, und es bleibt offen, ob eine umfassende Narkosetheorie je möglich sein wird. Evtl. ist Narkose eine uniforme Reaktion auf sehr unterschiedliche Eingriffe in die Funktion von Nervenzellen und Nervenzellverbänden.

3.3.3 Aufnahme und Verteilung

Die Aufnahme eines Inhalationsanästhetikums hängt von **alveolärer Konzentration, Blutlöslichkeit, Herzzeitvolumen** und **alveolär-pulmonalvenöser Partialdruckdifferenz** ab.

3.3.3 Aufnahme und Verteilung

Die derzeit angewendeten Inhalationsanästhetika haben alle den Vorteil guter Steuerbarkeit, d. h. es besteht die Möglichkeit, die Narkose jederzeit zu vertiefen oder zu verflachen. Die Aufnahme als Voraussetzung zur Wirksamkeit eines Inhalationsanästhetikums hängt von dessen **alveolärer Konzentration**, der **Blutlöslichkeit**, dem **Herzeitvolumen** sowie der **alveolär-pulmonalvenösen Partialdruckdifferenz** ab.
Die **alveoläre Konzentration** (F_A) eines Inhalationsanästhetikums ist entscheidend für die Aufnahme in die Blutbahn.

Merke ▶

▶ ***Merke.*** **Die alveoläre Konzentration** ist abhängig von der inspiratorisch eingestellten Anästhetikakonzentration und der Ventilation. Steigert man entweder die Ventilation und/oder die inspiratorisch eingestellte Anästhetikakonzentration, erreicht man schneller die gewünschte alveoläre Konzentration. Dadurch nimmt man Einfluß auf die Geschwindigkeit der Narkoseeinleitung und auf die Narkosetiefe.

Der **Blut/Gas-Koeffizient** (▤ **3.27**) ist ein Maß für die **Blutlöslichkeit** eines Anästhetikums. Ein niedriger Blut/Gas-Koeffizient (Lachgas) bedeutet schlechte Löslichkeit, aber schnelles Erreichen eines Äquilibriums.

Cave: Der Blut/Gas-Koeffizient gibt Auskunft über die verschiedenen Anästhetikakonzentrationen, jedoch nicht über die Partialdrücke!
Ein gut lösliches Anästhetikum braucht deshalb eine längere Zeit, um die für die Aufnahme in das Gehirn erforderliche Anästhetikakonzentration zu erreichen, weil zur Erhöhung des Parti-

Die klinisch eingesetzten volatilen Inhalationsanästhetika Halothan, Enfluran, Isofluran, Sevofluran und Desfluran bewirken dosisabhängig eine Atemdepression bis zur Apnoe. Dies muß bei Narkosen unter Spontanatmung beachtet werden.
Die **Löslichkeit** eines Anästhetikums **im Blut** wird durch den **Blut/Gas-Koeffizienten** (▤ **3.27**) beschrieben. Dieser gibt die relative Affinität eines Anästhetikums für 2 verschiedene Phasen (wäßrig – gasförmig) an. Entsprechend dem Partialdruckgradienten zwischen Alveolarluft und Blut wird das Anästhetikum so lange in das Blut aufgenommen und physikalisch gelöst, bis die Partialdrücke sich angeglichen haben. Die Gaskonzentration im Blut ist nach dem **Henry-Gesetz** dabei dem Partialdruck direkt proportional. Abhängig vom jeweiligen Blut/Gas-Koeffizienten können die Anästhetikakonzentrationen in beiden Phasen verschieden sein, obwohl die Partialdrücke gleich sind.
Isofluran hat z. B. einen Blut/Gas-Koeffizienten von 1,4. Für Isofluran liegt im Gleichgewichtszustand also eine alveoläre Konzentration von 1 Vol% vor, im Blut sind aber 1,4 ml Isofluran pro 100 ml Blut gelöst. D. h., im Äquilibrium ist die Blutkonzentration (aber nicht der Partialdruck) 1,4fach höher als die alveoläre Konzentration. Praktisch bedeutet ein niedriger Blut/Gas-Koeffizient, z. B. 0,47 für Lachgas, eine schlechte Löslichkeit und damit ein schnelles Erreichen eines Äquilibriums. Mit Äther (Blut/Gas-Koeffizent von 12) hingegen benötigt man mehr Zeit, bis sich ein »Stead

state« einstellt. Ein gut lösliches Anästhetikum braucht deshalb eine längere Zeit, um die für die Aufnahme in das Gehirn erforderliche Anästhetikakonzentration zu erreichen, weil zur Erhöhung des Partialdruckes im Blut mehr Substanz aufgenommen werden muß. Praktisch bedeutet dies, daß bei gut blutlöslichen Inhalationsanästhetika die inspiratorische Konzentration zur Beschleunigung der Narkoseeinleitung (rasche Erhöhung der alveolären Konzentration) inital erhöht werden muß.

aldruckes im Blut mehr Substanz aufgenommen werden muß. Praktisch bedeutet dies, daß bei gut blutlöslichen Inhalationsanästhetika die inspiratorische Konzentration zur Beschleunigung der Narkoseeinleitung (rasche Erhöhung der alveolären Konzentration) initial erhöht werden muß.

Merke. Je größer die Blutlöslichkeit eines Inhalationsanästhetikums ist, desto langsamer verlaufen Narkoseeinleitung und -ausleitung.

◀ **Merke**

Sevofluran und Desfluran zeichnen sich durch geringe Blutlöslichkeit aus, d. h. sie fluten schnell an und ab.
In 3.**30** ist die Geschwindigkeit, mit der sich die alveoläre Konzentration verschiedener Inhalationsanästhetika der inspiratorisch eingestellten Konzentration annähert (F_A/F_I: Verhältnis von alveolärer zu inspiratorisch eingestellter Konzentration), dargestellt.

In 3.**30** ist die Geschwindigkeit, mit der sich die alveoläre Konzentration verschiedener Inhalationsanästhetika der inspiratorisch eingestellten Konzentration annähert (F_A/F_I: Verhältnis von alveolärer zu inspiratorisch eingestellter Konzentration), dargestellt.

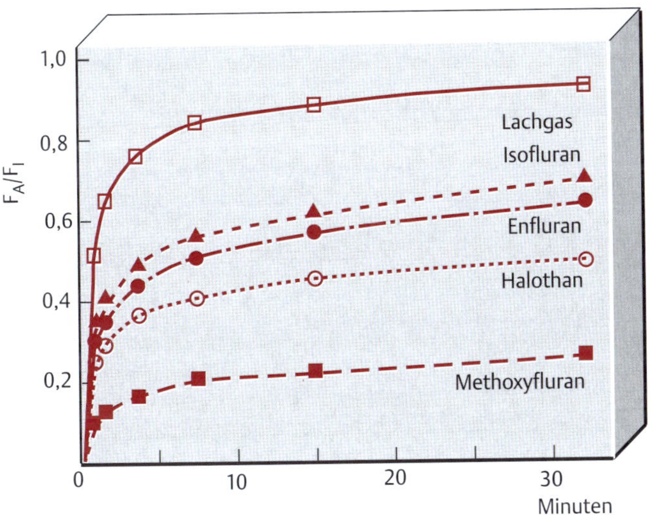

3.30: Bedeutung der Löslichkeit für die alveoläre Konzentration eines Inhalationsanästhetikums. Dargestellt ist die Geschwindigkeit, mit der sich die alveoläre Konzentration verschiedener Inhalationsanästhetika der inspiratorisch gewählten Konzentration annhähern. Je geringer die Löslichkeit (z. B. Lachgas), desto rascher kommt es zu einer Annäherung, bzw. je größer die Löslichkeit, desto langsamer nähert sich die alveoläre der inspiratorischen Konzentration an.

Eine Steigerung des **Herzzeitvolumens** verzögert das Erreichen eines Äquilibriums zwischen inspiratorisch eingestellter und alveolärer Gaskonzentration (3.**31**).
Durch die vermehrte Lungendurchblutung wird das Inhalationsanästhetikum schneller abtransportiert, so daß der alveoläre Konzentrationsanstieg verlangsamt wird. Klinisch macht sich dieser Aspekt vor allem bei gut löslichen Inhalationsanästhetika bemerkbar. Umgekehrt ist es bei einer Verminderung des Herzzeitvolumens, z. B. im Schock. Hier werden schnell hohe alveoläre Konzentrationen erreicht. Letzteres wird in der Regel durch die Steigerung der Ventilation noch verstärkt. Da die Inhalationsanästhetika selbst auch eine Verminderung des Herzzeitvolumens bewirken (Halothan >> Enfluran > Isofluran), ist deren Verabreichung im Schock kontraindiziert, insbesondere, da sie auch den **peripheren Widerstand** vermindern (Isofluran >> Enfluran > Halothan) und den reflektorischen Anstieg der **Herzfrequenz** abschwächen.

Mit einer Steigerung des **Herzzeitvolumens** verlangsamt sich der Anstieg der alveolären Anästhetikakonzentration, während im Schock schnell hohe alveoläre Konzentrationen erreicht werden (3.**31**).
Da die Inhalationsanästhetika selbst auch eine Verminderung des Herzzeitvolumens bewirken (Halothan >> Enfluran > Isofluran), ist deren Verabreichung im Schock kontraindiziert, insbesondere, da sie auch den **peripheren Widerstand** vermindern (Isofluran >> Enfluran > Halothan) und den reflektorischen Anstieg der **Herzfrequenz** abschwächen.

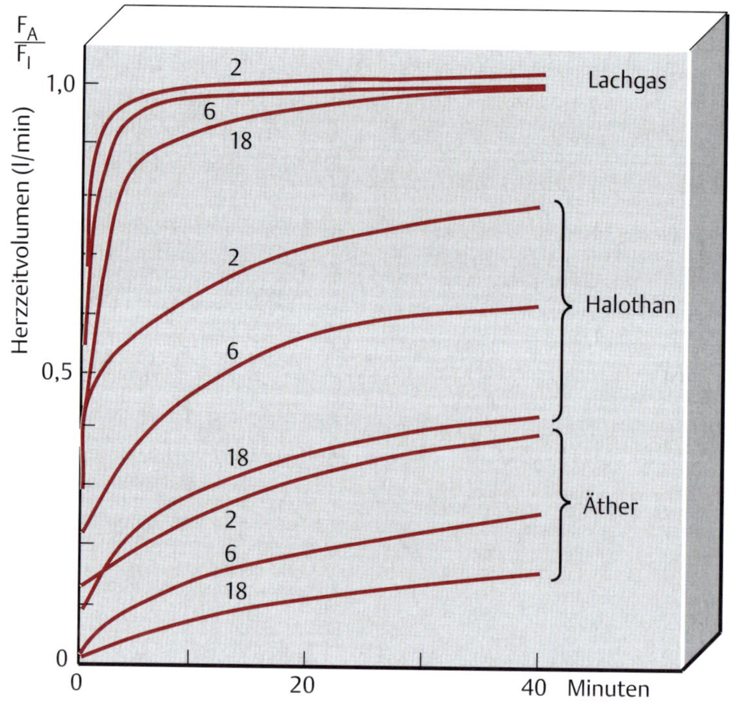

3.31: Bedeutung des Herzzeitvolumens für die alveoläre Konzentration eines Inhalationsanästhetikums. Dargestellt ist die Geschwindigkeit, mit der sich die alveoläre Konzentration verschiedener Inhalationsanästhetika (Äther, Halothan, Lachgas) der inspiratorisch gewählten Konzentration unter verschiedenen Herzzeitvolumina (2 l/min, 6 l/min und 18 l/min) annähern. Eine Zunahme des HZV verzögert das Erreichen eines Äquilibriums zwischen inspiratorischer und alveolärer Konzentration, da das Inhalationsanästhetikum im Blut rascher zu den Geweben abtransportiert wird. Umgekehrt werden bei Abnahme des HZV schneller hohe alveoläre Konzentration erreicht. Dieser Effekt ist um so stärker ausgeprägt, je höher der Blut/Gas-Koeffizient bzw. je geringer die Löslichkeit eines Inhalationsanästhetikums ist.

Entsprechend den Blut/Gas-Koeffizienten gibt es **Gewebe/Blut-Verteilungskoeffizienten.** Im Gewebe hängt die Aufnahme des Inhalationsanästhetikums von der **Gewebelöslichkeit,** der **Gewebedurchblutung** und der **Gewebe/Blut-Partialdruckdifferenz** (3.**27**) des Anästhetikums ab.

Die **alveoläre-pulmonalvenöse Partialdruckdifferenz** wird von der Aufnahme und Verteilung des Inhalationsanästhetikums in den Geweben beeinflußt. Im Gewebe hängt die Aufnahme des Inhalationsanästhetikums von der **Gewebelöslichkeit,** der **Gewebedurchblutung** und der **Gewebe/Blut-Partialdruckdifferenz** (3.**27**) des Anästhetikums ab. Beispielsweise bedeutet ein Gehirn/Blut-Verteilungskoeffizient von 2,0 für Halothan, daß in 1 ml Gehirn 2fach mehr Halothan als in 1 ml Blut gelöst ist.

3.27: Verteilungskoeffizienten der Inhalationsanästhetika

	Blut/Gas	Gehirn/Blut	Leber/Blut	Muskel/Blut	Fett/Blut
▷ Lachgas	0,47	1,1	0,8	1,2	2,3
▷ Desfluran	0,42	1,3	1,3	2,0	27
▷ Sevofluran	0,69	1,7	1,8	3,6	55
▷ Isofluran	1,4	1,6	1,8	3,4	52
▷ Enfluran	1,8	1,4	2,1	1,7	36
▷ Halothan	2,4	2,0	2,1	4,0	62
▷ Äther	12	2,0	1,9	1,3	49
▷ Methoxyfluran	15	1,4	2,0	1,6	61

Für die Aufnahme des Anästhetikums in das Gewebe spielt die Gewebedurchblutung eine entscheidende Rolle. So

Das Verhältnis von Gewebevolumen zur Durchblutung spielt eine entscheidende Rolle. So wird in Gehirn, Herz, Leber und Niere aufgrund der guten Durchblutung schnell ein Äquilibrium (4 – 8 Minuten) erreicht, während für die Einstellung eines Gleichgewichtes in der Muskulatur mit $^{1}/_{20}$ der Durchblutung des Gehirns etwa die 20fache Zeit benötigt wird (1 – 4 Stunden). Während die anderen Gewebe/Blut-Verteilungskoeffizienten zwischen 0,8 und 4 schwanken, finden sich für die Fett/Blut-Verteilungskoeffizienten Werte von 2,3 für Lachgas und von 36 – 62 für die übrigen Inhalationsanästhetika. D. h., das Fettgewebe hat eine ausgeprägte Aufnahmekapazität für Inhalationsanästhetika. Da die Durchblutung im Fettgewebe gering ist, dauert es sehr lange, bis sich ein Gleichgewicht zwischen Blut und Fettgewebe einstellt. So erreicht man eine »halbe« Äquilibrierung mit Lachgas nach 70 – 80 Minuten, aber mit Enfluran und Halothan erst nach 19 – 37 Stunden, d. h. man erreicht während einer üblichen Inhalationsnarkose trotz »Loading dose« (bei der Einleitung der Narkose wird eine höhere Anästhetikakonzentration inspiratorisch eingestellt als zur Aufrechterhaltung der Narkose notwendig ist) kein Gleichgewicht im schlecht durchbluteten Fettgewebe.

erreichen Gehirn, Herz, Leber und Niere mit niedrigem Koeffizienten und guter Durchblutung schnell ein Äquilibrium, während die Muskulatur mit ebenfalls niedrigem Koeffizienten, aber schlechterer Durchblutung länger braucht.
Fettgewebe hat eine schlechte Durchblutung und einen hohen Koeffizienten, demnach dauert die Äquilibrierung hier am längsten.

▶ ***Merke.*** Eine Äquilibrierung des Fettgewebes wird während einer Narkose nicht erreicht, weder für schlecht noch für gut lösliche Inhalationsanästhetika.

◀ **Merke**

Als pharmakokinetisches Modell für die Verteilung der Inhalationsanästhetika wird man prinzipiell ein **Drei-Kompartiment-Modell** zugrunde legen müssen, das aus einem schnell, einem mittelschnell und einem langsam aufsättigbaren Kompartiment zusammengesetzt ist. Um eine bestimmte alveoläre Konzentration zu erreichen und aufrechtzuerhalten, ist eine von der Aufnahmekinetik des Anästhetikums abhängige Anpassung der Verdampfereinstellung, insbesondere in der Einleitungsphase, notwendig. Die alveoläre Konzentration der Inhalationsanästhetika wird durch das Einwaschen in den Alveolarraum, Abatmung sowie Aufnahme in das Blut und Gewebe beeinflußt.

Die Pharmakokinetik der Inhalationsanästhetika wird mit einem **Drei-Kompartiment-Modell** erfaßt. Dieses besteht aus einem schnell, einem mittelschnell und einem langsam aufsättigbaren Kompartiment.

Lachgas darf bei einer Narkose in Konzentrationen nicht über 70 % verabreicht werden. Während jeder Inspiration werden große Mengen Lachgas in das Blut aufgenommen. In dem dann deutlich verminderten Restgasvolumen der Lunge liegt das verbleibende Lachgas konzentriert vor. Außerdem entsteht nun gewissermaßen eine Sogwirkung bei der folgenden Inspiration. Das bewirkt, daß zusätzlich lachgashaltiges Frischgas in die Alveolen einströmt, so daß die alveoläre Lachgaskonzentration überproportional in der Anflutungsphase der Narkose ansteigt. Dieser als **Konzentrationseffekt** bezeichnete Vorgang ist um so ausgeprägter, je höher der inspiratorische Lachgasanteil ist. Wegen des Konzentrationseffektes wird mit Lachgas schneller ein Äquilibrium erreicht. Der Konzentrationseffekt spielt bei den in niedriger inspiratorischer Konzentration verabreichten gut blutlöslichen volatilen Anästhetika keine Rolle.

Während jeder Inspiration werden große Mengen Lachgas in das Blut aufgenommen. In dem dann deutlich verminderten Restgasvolumen der Lunge liegt das verbleibende Lachgas konzentriert vor. Außerdem entsteht nun gewissermaßen eine Sogwirkung bei der folgenden Inspiration. Das bewirkt, daß zusätzlich lachgashaltiges Frischgas in die Alveolen einströmt, so daß die alveoläre Lachgaskonzentration überproportional in der Anflutungsphase der Narkose ansteigt. Aufgrund des **Konzentrationsaffektes** darf Lachgas bei einer Narkose in Konzentrationen nicht über 70 % verabreicht werden.

Der **»Second-gas«-Effekt** (»Zweitgaseffekt«) beschreibt die schnellere alveoläre Konzentrationsanreicherung eines volatilen Inhalationsanästhetikums, wenn gleichzeitig ein hoher Lachgasanteil zugeführt wird. Die schnellere Aufnahme von Lachgas in das Blut führt zu einem Volumenverlust in der Lunge, durch den die Konzentration des Inhaltationsanästhetikums im verbleibenden kleineren Volumen zunimmt. Der »Second-gas«-Effekt bewirkt eine Beschleunigung der Narkoseeinleitung mit volatilen Anästhetika in Anwesenheit von Lachgas.

Der **»Second-gas«-Effekt** (»Zweitgaseffekt«) beschreibt die schnellere alveoläre Konzentrationsanreicherung eines volatilen Inhalationsanästhetikums, wenn gleichzeitig ein hoher Lachgasanteil zugeführt wird.

Lachgas diffundiert besonders in geschlossene **gasgefüllte Räume**, z. B. in gashaltige Darmabschnitte, in einen Pneumothorax oder das Mittelohr, und erhöht dort das Volumen. Bei Gabe von 75 % Lachgas verdoppelt sich das Volumen eines **Pneumothorax** in 10 Minuten und verdreifacht sich in 30 Minuten; dadurch können schwere kardiorespiratorische Störungen hervorgerufen werden. Beim Pneumothorax ist die Gabe von Lachgas kontraindiziert. Ähnliches gilt für **Luftembolien.** Daher sollte man Lachgas bei Operationen mit Luftembolierisiko, z. B. Kraniotomien in sitzender Position, vermeiden. Auch in luftgefüllten Darmabschnitten, insbesondere

Lachgas diffundiert in **gasgefüllte Räume**, z. B. in gashaltige Darmabschnitte, Pneumothorax, und führt zu einer Volumenzunahme. Dies kann z. B. bei **Pneumothorax** oder **Luftembolie** zu lebensgefährlichen Komplikationen führen.

Vorsicht ist auch bei **Ileus** und **Tympanoplastik** geboten.
Wegen der Gefahr einer Trachealschleimhautminderperfusion sollte der **Cuffdruck** eines Endotrachealtubus routinemäßig überprüft und ggf. korrigiert werden.

Anteilige Mengen der Inhalationsanästhetika werden zu Beginn einer Narkose von **Gummi, PVC** und **Kalkabsorber** resorbiert (▤ 3.**28**). Wegen der Kontamination des Beatmungsgerätes mit Triggersubstanzen muß bei der **malignen Hyperthermie** das Gerät gewechselt werden (siehe Kap. 3.8.1).

beim **Ileus,** gibt es z.T. klinisch bedeutsame Zunahmen des Gasgehaltes. Lachgas diffundiert in die Paukenhöhle und drückt das Trommelfell nach außen, was bei **Tympanoplastiken** störend sein kann. Der lufthaltige **Cuff** eines Endotrachealtubus vermehrt sein Volumen durch Lachgasaufnahme. Dies führt zu unerwünschten Cuffdrucksteigerungen, die zur Minderperfusion der Trachealschleimhaut führen können. Daher sollte der Cuffdruck routinemäßig überprüft und ggf. korrigiert werden.
Während einer Narkose durchströmt das Inhalationsanästhetikum das Patientensystem des Narkosegerätes (Respirator und Schläuche). **Gummi, PVC** und **Kalkabsorber** selbst resorbieren anteilige Mengen volatiler Anästhetika in Abhängigkeit von deren jeweiliger Löslichkeit (▤ 3.**28**). Dies spielt nur für Lachgas keine Rolle. Die Kontamination des Narkosebeatmungsgerätes mit Inhalationsanästhetika erklärt, weshalb bei der **malignen Hyperthermie** (siehe Kap. 3.8.1) das Narkosegerät oder zumindest dessen Schläuche sofort gewechselt werden müssen, um eine weitere Triggerung der malignen Hyperthermie mit Spuren der Inhalationsanästhetika zu vermeiden.

3.28: Weitere Verteilungskoeffizienten der Inhalationsanästhetika

	Gummi/Gas	PVC/Gas
▷ Lachgas	1,2	–
▷ Desfluran	19	35
▷ Sevofluran	29	68
▷ Isofluran	49	114
▷ Enfluran	74	120
▷ Halothan	190	233
▷ Methoxyfluran	742	–

3.3.4 Pulmonale Elimination

Schlecht blutlösliche Inhalationsanästhetika werden schneller ausgewaschen als gut lösliche.

3.3.4 Pulmonale Elimination

Beim Beenden einer Narkose und Ventilation mit 100 % Sauerstoff werden die schlecht blutlöslichen Inhalationsanästhetika, z. B. Lachgas, schneller ausgewaschen als die gut löslichen. Es bestehen bei der Ausleitung 2 entscheidende Unterschiede gegenüber der Einleitung. Zum einen kann man bei der Einleitung kurzfristig die eingestellte inspiratorische Konzentration erhöhen, um schneller eine bestimmte alveoläre Konzentration zu erreichen; bei der Ausleitung kann die Konzentration aber nicht unter 0 reduziert werden. Zum anderen haben bei der Einleitung alle Gewebe dieselbe Konzentration des Inhalationsanästhetikums, nämlich 0; bei der Ausleitung sind die Gewebekonzentrationen jedoch in Abhängigkeit von der Narkosedauer sehr unterschiedlich. So haben die gut durchbluteten Organe in der Regel ein Äquilibrium erreicht, die Muskulatur erst nach einigen Stunden und das Fettgewebe üblicherweise nicht. Wird kein Äquilibrium erreicht, sind diese Gewebe initial auch nicht an der Elimination des Anästhetikums über die Lunge beteiligt, sondern nehmen, solange der Partialdruck im Blut noch höher als im betreffenden Gewebe ist, weiter das Anästhetikum auf. Dies bedeutet aber auch: je länger eine Narkose gedauert hat und je größer die Gesamtdosis des Inhalationsanästhetikums ist, desto länger dauert die vollständige Elimination des Anästhetikums.

Je länger eine Narkose gedauert hat und je größer die Gesamtdosis des Inhalationsanästhetikums ist, desto länger dauert die vollständige Elimination des Anästhetikums.
Die Abnahme der Anästhetikakonzentration ist von der **alveolären Ventilation** abhängig.

Wie bei der Narkoseeinleitung ist auch die Abnahme der Anästhetikakonzentration von der **alveolären Ventilation** abhängig. Eine Hypoventilation verzögert demnach das Aufwachen aus einer Inhalationsnarkose.
Das Auftreten einer **Diffusionshypoxie** (◘ 3.**32**) muß bei der Narkoseausleitung vermieden werden. Im Verlauf einer Narkose werden 20 – 30 l Lachgas im Austausch gegen 1 l Stickstoff im Körper gespeichert. Wegen seiner schlechten Blutlöslichkeit gelangt das gespeicherte Lachgas bei der Narkoseausleitung schnell in die Alveolen, wo das Inspirationsgemisch überproportional mit Lachgas angereichert wird. Wird nun nur Raumluft inspiratorisch angeboten, sinken der alveoläre und arterielle PO_2 ab. Des-

Wegen seiner schlechten Löslichkeit gelangt Lachgas bei der Narkoseausleitung schnell in die Alveolen. Wird zu diesem Zeitpunkt nur mit 21 % Sauerstoff beatmet, kommt es zu einer halb muß jeder Patient nach Abstellen der Lachgaszufuhr für einige Minuten 100 % Sauerstoff zugeführt bekommen.

Diffusionshypoxie (3.32). Daher muß zu diesem Zeitpunkt 100 % Sauerstoff zugeführt werden.

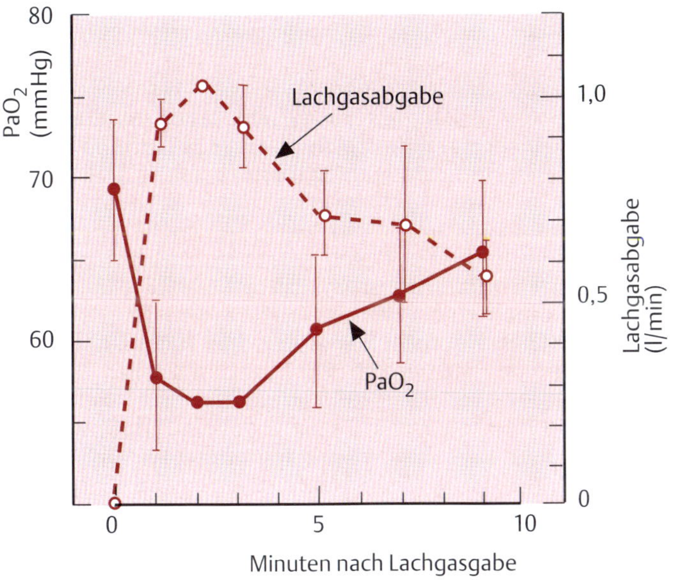

3.32: **Diffusionshypoxie.** Nach Abstellen der Lachgaszufuhr gelangt N_2O bei der Ausleitung schnell in den Alveolarraum zurück und überflutet aufgrund seines großen Volumenbedarfs die Alveolen, das Inspirationsgemisch wird mit N_2O verdünnt. Wird inspiratorisch nur 21 % O_2 (Raumluft) angeboten, kann der alveoläre Sauerstoffanteil in einen kritischen Bereich absinken.

3.3.5 Metabolisierung

Zunächst nahm man an, daß die Inhalationsanästhetika inerte Substanzen seien, die keiner Biotransformation unterlägen und zu 100 % wieder über die Lunge abgeatmet würden. Heutzutage weiß man, daß zwar der größte Anteil der Inhalationsanästhetika unverändert abgeatmet wird, der Rest aber metabolisiert wird und die Metabolite auch unerwünschte toxische Wirkungen haben können. Der Hauptmetabolisierungsort für Inhalationsanästhetika ist die Leber, in der mittels einer Cytochrom-P-450-vermittelten Phase-I-Reaktion vor allem eine Dehalogenierung und O-Dealkylierung stattfindet. Bestimmte Substanzen, z. B. Antikonvulsiva, Steroide, Sedativa und Ethanol können eine Enzyminduktion des Cytochrom P-450 bewirken. Das einzige aber zunehmend weniger eingesetzte Inhalationsanästhetikum, das einer Reduktion unterliegt, ist Halothan. Auch die Dauer der Substanzverfügbarkeit beeinflußt das Ausmaß der Biotransformation. Deshalb ist bei adipösen Patienten die Stoffwechselrate höher (Speicherung im Fettgewebe). Die klinisch angewendeten Inhalationsanästhetika werden wie folgt abgebaut:

Lachgas wird in geringen Mengen von der Bakterienflora des Darmes zu Stickstoff reduziert.

Halothan wird zu etwa 20 % metabolisiert. Der Hauptmetabolit ist **Trifluoressigsäure.** Ein reaktiver Zwischenmetabolit ist Trifluoracetylchlorid, das in Zusammenhang mit der Auslösung einer »Halothanhepatitis« gebracht wird (s. u.). Es entstehen zudem noch Chlorid-, Fluorid- und Bromidionen.

Enfluran wird deutlich geringer metabolisiert (etwa 2 %). Bei der Biotransformation werden vor allem Fluoridonen freigesetzt.

Isofluran wird gering metabolisiert (etwa 0,2 %). Eine kleine Menge an Trifluoressigsäure ist jedoch auch hier im Urin nachweisbar.

Sevofluran wird zu 3 – 5 % metabolisiert. Metabolite sind anorganisches Fluorid, Hexafluoroisopropanol und CO_2. Als einziges Inhalationsanästheti-

3.3.5 Metabolisierung

Inhalationsanästhetika werden teilweise in der Leber mittels Cytochrom-P-450-abhängiger Prozesse metabolisiert. Der größte Anteil wird abgeatmet.

Bestimmte Substanzen, z. B. Antikonvulsiva, Steroide, Sedativa und Ethanol können eine Enzyminduktion des Cytochrom P-450 bewirken.

Die Biotransformation ist auch von der Dauer der Substanzverfügbarkeit abhängig. Deshalb ist bei Adipösen die Stoffwechselrate höher (Speicherung im Fettgewebe).

Lachgas wird in geringen Mengen von der Bakterienflora des Darmes zu Stickstoff reduziert.
Halothan wird zu etwa 20 %, **Enfluran** zu etwa 2 %, **Isofluran** zu etwa 0,2 %, **Sevofluran** zu 3 – 5 % und **Desfluran** zu < 0,1 % metabolisiert. Abbauprodukte sind Fluoride, Chloride bzw. Bromide und organische Halogenverbindungen.

kum wird Sevofluran durch Glukuronidierung (Phase-II-Biotransformation) entgiftet.
Desfluran wird zu < 0,1 % metabolisiert. Metabolite sind Trifluoressigsäure und anorganisches Fluorid.

Leberschädigung

Leberschädigung

Vor allem **Halothan** hat **hepatotoxisches Potential**, wobei der Zwischenmetabolit **Trifluoracetylchlorid** hepatozelluläre Nekrosen bewirken kann. Die Inzidenz schwerer Leberschäden beträgt 1 : 35 000 und ist bei wiederholter Gabe gesteigert. Die »Halothanhepatitis« ist eine Ausschlußdiagnose.

Praktisch gilt folgendes:
- keine Halothanwiederholungsnarkose bei Erwachsenen
- bei Hinweisen auf eine frühere »Halothanhepatitis« keine erneute Verwendung von volatilen Inhalationsanästhetika
- vorbestehende Leberschädigung anderer Ursache ist keine Kontraindikation für die Anwendung von Isofluran.

Halothan wird zunehmend durch Sevofluran ersetzt.

Da **Sevofluran** durch eine Phase-II-Biotransformation (Glukuronidierung) entgiftet wird, ist das Auftreten von Leberschäden immunologischer Genese bei Anwendung von Sevofluran unwahrscheinlich.

Nach einer Inhalationsnarkose kann es zu verschiedenen Graden einer Leberschädigung kommen. Diese äußert sich in einer leichten Erhöhung der Transaminasen bis hin zum fulminanten Leberversagen. Der direkte Einfluß der Anästhetika ist schwer nachzuweisen; die freigesetzten Transaminasen und das Bilirubin sind nur unspezifische Marker für eine Leberschädigung. In erster Linie muß man davon ausgehen, daß geringgradige Leberschädigungen durch den chirurgischen Eingriff verursacht werden. Sie werden vermutlich durch eine Verminderung der Leberdurchblutung intraoperativ ausgelöst (z. B. Oberbaucheingriffe). Für Halothan ist eine direkt die Leberdurchblutung reduzierende Wirkung beschrieben. Enfluran und Isofluran vermindern den Leberblutfluß nur bei Abnahme des HZV. Im Zusammenhang mit schweren Leberschäden hat vor allem **Halothan hepatotoxisches Potential**. Der Zwischenmetabolit **Trifluoracetylchlorid** kann als Hapten an allergisch-toxischen hepatozellulären Nekrosen beteiligt sein. Es werden jedoch auch autoimmunologische Reaktionen diskutiert. Das Auftreten einer schweren Halothan-bedingten Leberschädigung ist selten (ca. 1 : 35000). Die Gefahr einer Leberschädigung ist bei wiederholter Halothanexposition gesteigert. Betroffen sind vor allem Adipöse, Frauen doppelt so oft wie Männer und Patienten über 40 Jahre. Das Krankheitsbild tritt Stunden bis Tage nach einer Narkose mit hohem Fieber und Ikterus auf. Die Diagnose wird nach Ausschluß anderer Ursachen gestellt. Praktisch gilt folgendes:
- keine Halothanwiederholungsnarkosen bei Erwachsenen
- bei Hinweisen auf eine frühere »Halothanhepatitis« keine erneute Verwendung von volatilen Inhalationsanästhetika (Kreuzreaktionen nicht sicher ausgeschlossen!)
- eine vorbestehende Leberschädigung anderer Ursache ist keine Kontraindikation für die Anwendung von Isofluran.

Mit der Einführung von Sevofluran (insbesondere für Kindernarkosen) gilt die Anwendung von Halothan heutzutage als entbehrlich bzw. obsolet.

Da **Sevofluran** das einzige derzeit verfügbare fluorierte Inhalationsanästhetikum ist, das nicht zu Trifluoressigsäure (Halothan, Isofluran, Desfluran) biotransformiert wird, sondern durch eine Phase-II-Biotransformation (Glukuronidierung) entgiftet wird, ist das Auftreten von Leberschäden immunologischer Genese bei Anwendung von Sevofluran unwahrscheinlich. Das durch Reaktion von Sevofluran mit trockenem Atemkalk (Bariumhydroxid) entstehende, nephrotoxische Abbauprodukt »Compound A« spielt bei Verwendung von Natronkalk und hohem Frischgasflow klinisch keine Rolle.

Nierenschädigung

Nierenschädigung

Inhalationsanästhetika vermindern die Nierenfunktion durch Abnahme des HZV.
Fluoridionen wirken direkt nephrotoxisch. Methoxyfluran ist die klassische nephrotoxische Substanz (▣ 3.**33**). Von den modernen Inhalationsanästhetika finden sich nur bei Enfluran und Sevofluran erhöhte Fluoridkonzentrationen. Die nephrotoxische Schwelle wird aber nicht überschritten.

Inhalationsanästhetika vermindern die Nierenfunktion durch Abnahme des renalen Blutflusses, der glomerulären Filtrationsrate, des Urinflusses und der Elektrolytausscheidung. Diese Effekte sind in der Regel sekundär, bedingt durch Beeinflussung des Herz-Kreislauf-Systems, und normalisieren sich nach Beendigung der Narkose. Die Inhalationsanästhetika werden zwar unabhängig von der Nierenfunktion eliminiert, jedoch werden beim Metabolismus fluoridierter Inhalationsanästhetika nephrotoxisch wirkende Fluoridionen freigesetzt (▣ 3.**33**). In der Anästhesie ist das hochfluoridierte Methoxyfluran die klassisch nephrotoxische Substanz, die deshalb klinisch nicht mehr eingesetzt wird. Serumfluoridkonzentrationen ab 35 – 55 µmol/l beeinträchtigen die Konzentrationsfähigkeit der Niere, und bei Werten > 150 µmol/l können irreversible Nierenschäden auftreten. Die maximale Fluoridkonzentration als Maß für die Nephrotoxizität volatiler Anästhetika wird heute angezweifelt.

Trotzdem finden sich Nierenfunktionsstörungen nach Gabe von Enfluran nur selten. Dies liegt daran, daß die nephrotoxische Schwelle in der Regel nur bei äußerst ungünstigen Umständen (lange Enfluranexposition mit hoher Konzentration bei adipösen und enzyminduzierten Patienten) überschritten wird.

Halothan reagiert mit feuchtem Atemkalk unter Bildung des Zerfallsproduktes BCDE (Brom-Chlor-Difluoro-Ethylen), einem potentiell toxischen Haloalken. Die Konzentration von BCDE im Rahmen einer Halothananästhesie sind jedoch gering und daher klinisch nicht relevant.

Bei **Sevofluran** kommt es bei Kontakt mit trockenem Atemkalk zu einer geringgradigen Zersetzung mit Bildung des Haloalkens **Compound A**.

Beide Haloalkene wurden aufgrund von Versuchen an Nagetieren als potentiell nierenschädlich eingestuft. Die im Rahmen von Inhalationsanästhesien auftretenden Konzentrationen sollen jedoch für den Menschen unbedenklich sein.

Halothan reagiert mit feuchtem Atemkalk unter Bildung des Zerfallsproduktes BCDE (Brom-Chlor-Difluoro-Ethylen), einem potentiell toxischen Haloalken.
Bei **Sevofluran** kommt es bei Kontakt mit trockenem Atemkalk zu einer geringgradigen Zersetzung mit Bildung des Haloalkens **Compound A**.

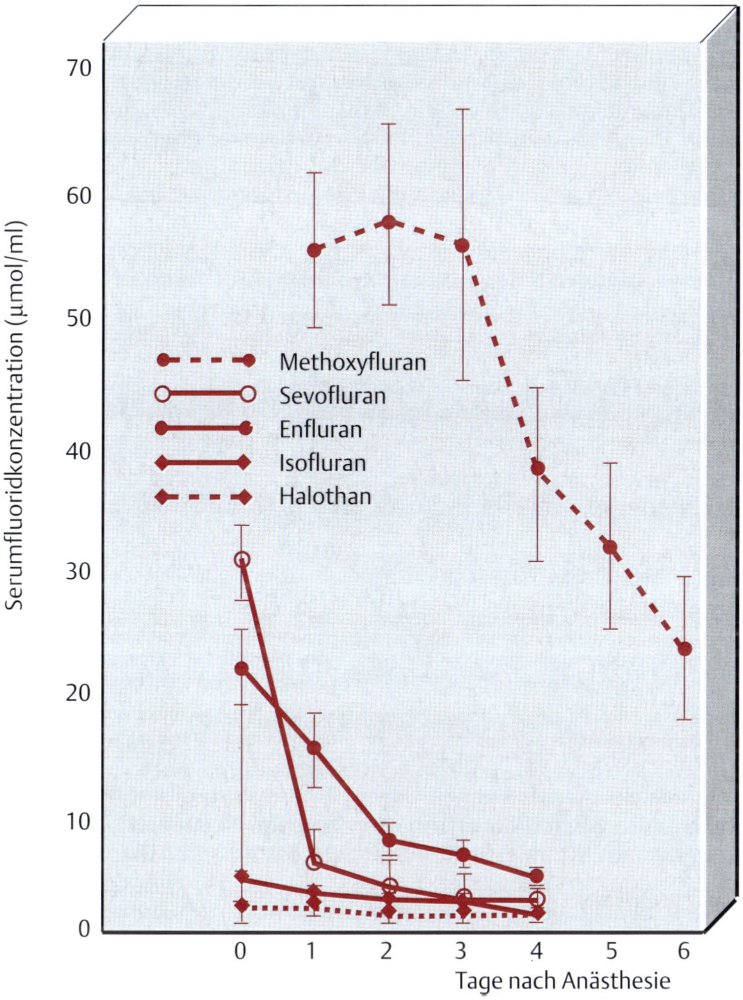

3.33: Serumfluoridkonzentrationen nach Inhalationsnarkose. Methoxyfluran weist die höchsten Serumfluoridkonzentrationen (50 – 60 μmol während des 1. – 3. Tages nach Anästhesie) auf. Die zweithöchsten Serumfluoridkonzentrationen treten nach Enfluran- und Sevoflurannarkose auf. Allerdings fällt die Serumfluoridkonzentration nach Sevofluran innerhalb von Stunden ab, während dies nach Enfluran Tage dauert.

3.3.6 Wirkungen und Nebenwirkungen

Isofluran vermindert dosisabhängig die **zerebrale Stoffwechselrate** und scheint im Vergleich zu Halothan und Enfluran in geringen Dosen einen »protektiven« Effekt bei regionalen zerebralen Ischämien zu haben.

Alle Inhalationsanästhetika können durch **zerebrale Vasodilatation** den intrakraniellen Druck steigern und damit den zerebralen Perfusionsdruck reduzieren.

Die unterschiedlichen **kardiovaskulären Effekte** der Inhalationsanästhetika sind in ▤ 3.29 dargestellt.
Alle Inhalationsanästhetika wirken **negativ inotrop**.

3.3.6 Wirkungen und Nebenwirkungen

Isofluran vermindert dosisabhängig die **zerebrale Stoffwechselrate** und scheint im Vergleich zu Halothan und Enfluran in geringen Dosen einen »protektiven« Effekt bei regionalen zerebralen Ischämien zu haben. Der zerebrale Blutfluß, bei dem ischämische **EEG-Veränderungen** auftreten, ist für Halothan und Enfluran ungefähr doppelt so hoch wie für Isofluran. Einschränkend muß betont werden, daß Barbiturate eine deutlich bessere zerebroprotektive Wirkung haben als Isofluran und Mittel der ersten Wahl sind, um das Gehirn vor Ischämien zu schützen. Die Inhalationsanästhetika bewirken eine **zerebrale Vasodilatation** und können bei Patienten mit intrakraniellen Raumforderungen den intrakraniellen Druck erhöhen und damit den zerebralen Perfusionsdruck reduzieren. Darum sollten bei diesen Patienten intravenöse Anästhetika bevorzugt werden.
Die **kardiovaskulären Effekte** sind in ▤ 3.29 zusammenfassend dargestellt. Alle Inhalationsanästhetika wirken **negativ inotrop**. Isofluran und Sevofluran scheinen aber unter den Inhalationsanästhetika bei Patienten mit eingeschränkter myokardialer Leistungsfähigkeit am geeignetsten zu sein, da sie die Nachlast durch Abnahme des peripheren Widerstandes am deutlichsten reduzieren. Daher fällt das **Herzzeitvolumen** trotz Kontraktilitätsminderung nicht so stark ab wie unter Halothan und Enfluran. Isofluran bewirkt auch eine deutliche Abnahme des **koronaren Gefäßwiderstandes**. Dies kann zu einer Verbesserung des myokardialen Sauerstoffangebotes führen, aber unter bestimmten Voraussetzungen ein »Coronarysteal«-Phänomen bewirken. Die Sensibilisierung des Myokards gegenüber Katecholaminen mit möglicher Auslösung von **Arrhythmien** ist bei Halothan am ausgeprägtesten. Bei raschem Anfluten von Desfluran kommt es aufgrund einer symphatikotonen Reaktion zu einem vorübergehenden Anstieg von Herzfrequenz und Blutdruck.

▤ 3.29: Kardiovaskuläre Effekte der Inhalationsanästhetika

	Halothan	Enfluran	Isofluran	Desfluran	Sevofluran
▷ Inotropie	---	--/---	-/--	-/--	-/--
▷ peripherer Widerstand	o/-	-	--	-	-
▷ Herzzeitvolumen	--	--	o/-	o/+	o/-
▷ koronarer Gefäßwiderstand	o/-	o/-	-/--	o/-	o/-
▷ Arrhythmogenität	+++	++	+	+	+

(+ = Zunahme – = Abnahme o = keine Änderung)

Inhalationsanästhetika **vermindern bronchospastische Zustände**, dies ist klinisch bedeutsam bei Asthmatikern und Patienten mit chronisch-obstruktiven Atemwegserkrankungen.

Halothan, Enfluran, Sevofluran und Desfluran bewirken eine vergleichbare dosisabhängige **Uterusrelaxation**.
Lachgas führt zu einem Wirkverlust von Vitamin B_{12} durch Oxidierung des Kobaltatoms. Das klinische Bild nach Langzeitverabreichung von Lachgas entspricht dem einer **pernizösen Anämie**.

Die Inhalationsanästhetika können durch Unterdrückung der Atemwegsreflexe und z.T. durch **Relaxation der glatten Bronchialmuskulatur** bronchospastische Zustände verhindern bzw. vermindern. Dies spielt vor allem bei Asthmatikern und Patienten mit chronisch obstruktiven Lungenerkrankungen eine Rolle. Im Gegensatz zu früheren Meinungen gibt es zumindest im Tiermodell keine signifikanten Unterschiede zwischen Halothan, Enfluran und Isofluran. Wenn Patienten mit Aminophyllin oder β-Sympathomimetika behandelt werden, ist dem Isofluran wegen seiner geringeren Arrhythmogenität der Vorzug zu geben.
Halothan, Enfluran, Isofluran, Sevofluran und Desfluran bewirken eine vergleichbare dosisabhängige **Uterusrelaxation**. Bei Verwendung höherer Konzentrationen kann es zu vermehrtem Blutverlust bei Eingriffen am graviden Uterus kommen.
Lachgas führt zu einem Wirkverlust von Vitamin B_{12} durch Oxidierung des Kobaltatoms. Das klinische Bild nach Langzeitverabreichung von Lachgas entspricht dem einer **pernizösen Anämie** mit hämatologischen, neurologischen und gastrointestinalen Störungen. Milde Symptome sind nach 6–12stündiger Gabe von Lachgas, gravierendere frühestens nach 24stündiger ununterbrochener Anwendung zu erwarten.

Bis heute findet sich in Kurz- und Langzeituntersuchungen kein sicherer Nachweis, daß Inhalationsanästhetika am Menschen **mutagen** oder **karzinogen** wirken. Für Lachgas hingegen läßt sich im Tierversuch bei chronischer Exposition ein erhöhtes teratogenes Risiko dokumentieren. Inwieweit diese Ergebnisse auf den Menschen übertragbar sind, muß zur Zeit allerdings noch offen bleiben.

Bis heute findet sich in Kurz- und Langzeituntersuchungen kein sicherer Nachweis, daß Inhalationsanästhetika am Menschen **mutagen** oder **karzinogen** wirken.

3.3.7 Kurzprofil der Inhalationsanästhetika

Lachgas hat eine gute analgetische, schlechte hypnotische und keine muskelrelaxierende Wirkung. An unerwünschten Wirkungen treten auf:
- Hirndruckerhöhung
- geringe Myokarddepression
- α-Rezeptor-vermittelte periphere Vasokonstriktion
- Verringerung der pharyngealen und laryngealen Reflexaktivität
- Diffusion in gasgefüllte Räume
- Gefahr eines Vitamin-B_{12}-Mangels mit perniziöser Anämie.

Halothan hat schwache analgetische, gute hypnotische, schwache muskelrelaxierende und gute Bronchialmuskulatur-dilatierende Wirkungen (erwünscht bei Asthma bronchiale und chronisch-obstruktiver Bronchitis). Die muskelrelaxierenden Wirkungen von Halothan und Muskelrelaxanzien addieren sich. An unerwünschten Wirkungen treten auf:
- die Gehirndurchblutung nimmt zu, der zerebrovaskuläre Widerstand ab, der Hirndruck steigt an
- negative Inotropie, Dämpfung der Sinusknotenaktivität (Folge: Sinusbradykardie, AV-Knotenrhythmus), Verkürzung der Refraktärzeit (Folge: ventrikuläre Extrasystolen), gesteigerte Empfindlichkeit gegenüber Katecholaminen (Folge: Arrhythmien), Verminderung des peripheren Gefäßwiderstandes (Folge: Blutdruckabfall)
- Steigerung der Bronchialsekretion und Atemdepression
- Verminderung der Leberdurchblutung
- halothanbedingte Leberschädigung
- Verminderung der Nierendurchblutung
- Hemmung der Uteruskontraktilität: Vorsicht ist deshalb bei einer Sectio caesarea geboten, da es wegen nicht ausreichender Uteruskontraktion zu Nachblutungen kommen kann
- wird heutzutage nur noch zur Maskeneinleitung bei Säuglingen und Kleinkindern angewandt.

Enfluran hat eine gute hypnotische, schwache analgetische und gute muskelrelaxierende Wirkung. Enfluran verstärkt die Wirkungen von Muskelrelaxanzien. An unerwünschten Wirkungen treten auf:
- die Gehirndurchblutung nimmt zu, der zerebrovaskuläre Widerstand ab, der Hirndruck steigt an. EEG-Veränderungen im Sinne von Krampfpotentialen sind bei hohen Enflurankonzentrationen (2 – 3 Vol.%) nachweisbar und werden durch Hyperventilation verstärkt (**cave:** Epileptiker!).
- geringe negative Inotropie, Verminderung des peripheren Gefäßwiderstandes (Folge: Blutdruckabfall, kompensatorische Tachykardie), Verminderung der Koronardurchblutung
- Atemdepression
- Verminderung der Leberdurchblutung
- Verminderung der Nierendurchblutung, potentiell nephrotoxisch
- wird klinisch kaum noch eingesetzt.

Isofluran hat eine gute hypnotische, schwache analgetische und gute muskelrelaxierende Wirkung. Isofluran verstärkt die Wirkungen von Muskelrelaxanzien. An unerwünschten Wirkungen treten auf:
- geringe hirndrucksteigernde Wirkung
- geringfügige negative Inotropie, deutliche Verminderung des peripheren Widerstandes (Folge: Blutdruckabfall, kompensatorische Tachykardie), fragliche Verminderung der Koronardurchblutung (»Coronary-steal«-Phänomen)
- Atemdepression
- Schleimhautreizung.

3.3.7 Kurzprofil der Inhalationsanästhetika

Kurzprofil **Lachgas**
- gute analgetische,
- schlechte hypnotische und
- keine muskelrelaxierende Wirkung.

Unerwünschte Wirkungen:
Hirndruckerhöhung, periphere Vasokonstriktion, Myokarddepression, Vitamin-B_{12}-Mangel und perniziöse Anämie.

Kurzprofil **Halothan**
- schwache analgetische,
- gute hypnotische,
- schwache muskelrelaxierende und
- gute Bronchialmuskulatur, dilatierende Wirkung.

Unerwünschte Wirkungen:
Anstieg der Hirndurchblutung und des Hirndruckes, negative Inotropie, Herzrhythmusstörungen, Blutdruckabfall, Steigerung der Bronchialsekretion und der Atemdepression, Leberschädigung, Reduktion der Nierendurchblutung, Hemmung der Uteruskontraktilität.

Kurzprofil **Enfluran**
- schwache analgetische,
- gute hypnotische,
- gute muskelrelaxierende Wirkung.

Unerwünschte Wirkungen:
Hirndurchblutung und Hirndruck nehmen zu, negative Inotropie, Blutdruckabfall, Reduktion der Koronar-, Leber- und Nierendurchblutung, Atemdepression.

Kurzprofil **Isofluran**
- schwache analgetische,
- gute hypnotische und
- gute muskelrelaxierende Wirkung.

Unerwünschte Wirkungen:
geringe Hirndruckerhöhung, periphere negative Inotropie, deutlicher Blutdruckabfall, kompensatorische Tachykardie, fraglich verminderte Koronardurchblutung, Atemdepression.

Kurzprofil **Sevofluran**
- gute hypnotische
- schwache analgetische
- gute muskelrelaxierende Wirkungen
- gute »Steuerbarkeit«
- keine Atemwegsreizung
- Mittel der Wahl für Maskeneinleitung.

Unerwünschte Wirkungen:
Bildung von Compound A, geringe Hirndrucksteigerung, geringe negative Inotropie, geringer Blutdruckabfall, Atemdepression.

Sevofluran hat gute hypnotische, schwache analgetische und gute muskelrelaxierende Wirkungen. Durch die geringe Blutlöslichkeit ist die Anästhesietiefe besser »steuerbar« als bei Narkosen mit Halothan, Enfluran und Isofluran. Darüberhinaus treten auf:
- Zersetzung im Kontakt mit trockenem Atemkalk führt zur Bildung des Haloalkens Compound A. Im Rattenmodell führte Compound A ab einer Konzentration >100 ppm zu Nierenschäden. Im Narkosesystem liegt die Konzentration auch bei niedrigem Flow (0,5 l/min) unter 25 ppm.
- geringe hirndrucksteigernde Wirkung
- geringe negativ inotrope Wirkung, Abnahme des peripheren Widerstandes
- Atemdepression (rascher abklingend als bei Halothan, Enfluran und Isofluran)
- fehlende Atemwegsreizung, daher Anästhetikum der Wahl für Maskeneinleitung.

Kurzprofil **Desfluran**
- gute hypnotische
- schwache analgetische
- gute muskelrelaxierende Wirkungen
- hervorragende »Steuerbarkeit«.

Unerwünschte Nebenwirkungen:
Atemwegsirritationen, Laryngospasmus, geringe Hirndrucksteigerung, geringe negative Inotropie, geringer Blutdruckabfall, bei raschem Anfluten Blutdruckanstieg, Atemdepression.

Desfluran hat gute hypnotische, schwache analgetische und gute muskelrelaxierende Wirkungen. Durch die geringe Blutlöslichkeit ist die Anästhesietiefe besser steuerbar als bei Narkosen mit Halothan, Enfluran und Isofluran. An unerwünschten Nebenwirkungen treten auf:
- unangenehm stechender Geruch, dadurch gehäuft Atemwegsirritationen, Laryngospasmus
- geringe hirndrucksteigernde Wirkung
- geringe negativ inotrope Wirkung, Abnahme des peripheren Widerstandes, vorübergehende Zunahme von Herzfrequenz und Blutdruck bei raschem Anfluten hoher Konzentrationen (sympathikomimetischer Effekt)
- Atemdepression (rascher ablingend als bei Halothan, Enfluran und Isofluran).

3.3.8 Arbeitsplatzkontamination mit Inhalationsanästhetika

3.3.8 Arbeitsplatzkontamination mit Inhalationsanästhetika

Im Interesse der Sicherheit am Arbeitsplatz ist es von Bedeutung, wie sich die **chronische Exposition gegenüber niedrigen Konzentrationen** von Inhalationsanästhetika auf das medizinische Personal auswirkt.

Bisher ist nur für Lachgas ein teratogenes Potential im Tierversuch zweifelsfrei nachgewiesen worden, während sämtliche Inhalationsanästhetika weder mutagene noch karzinogene Effekte aufweisen.

Betrachtet man die Inhalationsanästhetika unter **ökologischen Aspekten**, muß für alle eine im Vergleich zu den eigentlichen FCKW Stoffen äußerst geringe ozonzerstörende Wirkung unterstellt werden.

Mittlerweile existieren aus Sicherheitsgründen **Richtwerte der Arbeitsschutzbehörden** für die zulässige Raumluftkonzentration von Inhalationsanästhetika am Arbeitsplatz.

Insgesamt kann davon ausgegangen werden, daß die Gefährdung durch

Im Interesse der Sicherheit am Arbeitsplatz ist es von Bedeutung, wie sich die **chronische Exposition gegenüber niedrigen Konzentrationen** von Inhalationsanästhetika auf das medizinische Personal auswirkt. Akute toxische Effekte (»Halothanhepatitis« und Nierenschädigung, s. o.) sind nahezu mit Sicherheit auszuschließen, da die entsprechenden Schwellenwerte nicht erreicht werden. Bezüglich der chronischen Toxizität hat es nicht an Hinweisen auf eine erhöhte Spontanabortrate, z. B. unter Halothan oder Lachgas, gefehlt. Aus heutiger Sicht müssen diese Untersuchungen aber eher kritisch gesehen und deren Ergebnisse in Frage gestellt werden. Bisher ist nur für Lachgas ein teratogenes Potential im Tierversuch zweifelsfrei nachgewiesen worden, während davon ausgegangen werden kann, daß sämtliche Inhalationsanästhetika, wie bereits oben gesagt, weder mutagene noch karzinogene Effekte aufweisen.
Darüber hinaus müssen die Inhalationsanästhetika noch unter dem Aspekt ihrer **ökologischen Auswirkugen** betrachtet werden. Für Lachgas ist eine ozonzerstörende Wirkung bekannt. Gleiches gilt für die Halogene Brom, Chlor und Fluor, die aus den volatilen Anästhetika in die Umwelt freigesetzt werden. Verglichen mit den eigentlichen FCKW-Stoffen ist das ozonabbauende Potential der Inhalationsanästhetika aber ebenso wie ihre Persistenz in der Stratosphäre deutlich geringer. Hinzu kommt, daß ihr quantitativer Anteil im Vergleich zu den Treibgasen kaum ins Gewicht fällt.
Mittlerweile existieren aus Sicherheitsgründen **Richtwerte der Arbeitsschutzbehörden** für die zulässige Raumluftkonzentration von Inhalationsanästhetika am Arbeitsplatz. Bei Überschreiten dieser Grenzwerte müssen bestimmte Maßnahmen zum Gesundheitsschutz ergriffen werden. Erhöhte Arbeitsplatzkontaminierung kann bei ungenügender Dichtigkeit der Beatmungs- und Gasversorgungssysteme, Fehlfunktionen der Narkosegasabsauganlagen, zu hoher Raumluftrezirkulation und zu geringer Luftwechselrate sowie bei mangelnder Arbeitsdisziplin des Personals entstehen. Insgesamt kann davon ausgegangen werden, daß die Gefährdung durch Inhalationsan-

ästhetika am Arbeitsplatz ebenso wie die Umweltbelastung schon heute gering ist, so daß auch in Zukunft auf Inhalationsnarkosen nicht verzichtet werden muß. Durch Anwendung von Narkosetechniken mit niedrigem Frischgasfluß lassen sich Narkosegasverbrauch und damit auch die Kontamination von Raumluft und Atmosphäre weiter verringern. Zukünftig mag es auch möglich werden, Narkosegase zu »recyclen« und so deren Umgebungsbelastung auf ein Minimum zu reduzieren (z. B. Xenon).

Inhalationsanästhetika am Arbeitsplatz ebenso wie die Umweltbelastung schon heute gering ist, so daß auch in Zukunft auf Inhalationsnarkosen nicht verzichtet werden muß.

3.4 Muskelrelaxanzien

Muskelrelaxanzien rufen eine Erschlaffung der Skelettmuskulatur hervor. Sie werden u. a. zur Intubation und zur Erleichterung des operativen Vorgehens eingesetzt. Muskelrelaxanzien sind keine Anästhetika!

3.4 Muskelrelaxanzien

Muskelrelaxanzien werden zur Erschlaffung der Skelettmuskulatur eingesetzt.

3.4.1 Neuromuskuläre Übertragung

Muskelrelaxanzien unterbrechen die synaptische Übertragung von Nervenimpulsen an der neuromuskulären Endplatte (**3.34**, **3.21**). Diese Wirkung wird durch Bindung an **nikotinartige** Rezeptoren hervorgerufen, für die **Acteylcholin** der endogene Transmitter ist.

3.4.1 Neuromuskuläre Übertragung

Muskelrelaxanzien unterbrechen die Impulsfortleitung an der neuromuskulären Endplatte. Der endogenen Transmitter für die Impulsübertragung an der neuromuskulären Endplatte ist **Acetylcholin** (**3.34**, **3.21**).

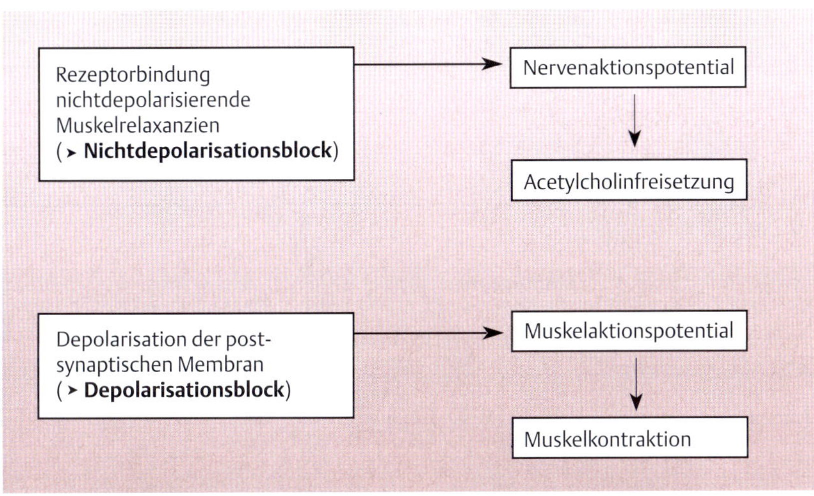

3.34: Ablauf der neuromuskulären Übertragung und Angriffspunkte der Muskelrelaxanzien.

Acetylcholin wird in den motorischen Nervenendigungen synthetisiert und in Vesikeln gespeichert. Ankommende Nervenimpulse triggern die kalziumabhängige Freisetzung von Acetylcholin, welches sich an der postsynaptischen Membran an nikotinartige Cholinrezeptoren bindet. Das hierdurch erzeugte Endplattenpotential breitet sich über die Oberfläche der quergestreiften Muskelfasern aus und löst eine Muskelkontraktion aus. In der Nähe des nikotinergen Rezeptors befindet sich das membranständige Enzym **Acetylcholinesterase.** Dieses inaktiviert Acetylcholin innerhalb kürzester Zeit (ca. 15 ms) durch hydrolytische Spaltung in Cholin und Acetat. Hierdurch wird eine anhaltende Depolarisation der postsynaptischen Membran verhindert.

Acetylcholin wird in den motorischen Nervenendigungen synthetisiert, in Vesikeln gespeichert und durch elektrische Nervenimpulse freigesetzt.

Acetylcholin wird durch die **Acetylcholinesterase** inaktiviert. Hierdurch wird eine anhaltende Depolarisation der postsynaptischen Membran verhindert.

Nikotinartige Rezeptoren

Der nikotinartige Rezeptor, der in den »Schultern« der postsynaptischen Membran gegenüber den mit Acetylcholin gefüllten Vesikeln liegt, setzt sich aus 5 Untereinheiten (α[2], β, γ, δ) zusammen. Diese bilden einen **Ionenkanal**, durch den Natrium- und Kalziumionen in die Zelle hinein- und Kaliumionen aus der Zelle herausfließen können. Dieser Mechanismus ist die Grundlage einer normalen neuromuskulären Übertragung. Die Ana-

Nikotinartige Rezeptoren

Der nikotinartige Rezeptor bildet einen **Ionenkanal**, durch den Natrium- und Kalziumionen die Zelle hinein- und Kaliumionen aus der Zelle herausfließen (Mechanismus der neuromuskulären Übertragung).

Die Anatomie des nikotinergen Rezeptors und der motorischen Endplatte zeigt S 3.21.

tomie des nikotinergen Rezeptors und der motorischen Endplatte zeigt S 3.21.

S Synopsis 3.21: Anatomie des nikotinergen Rezeptors und der motorischen Endplatte

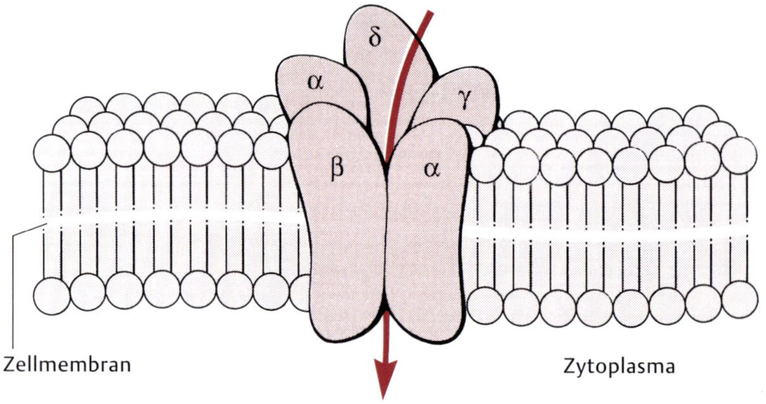

a Schematische Darstellung des Acetylcholinrezeptors, der aus 5 Untereinheiten besteht und die Zellmembran durchdringt. Die 5 Untereinheiten (2 α, β, γ, δ) sind zylinderförmig angeordnet und bilden so einen Ionenkanal.

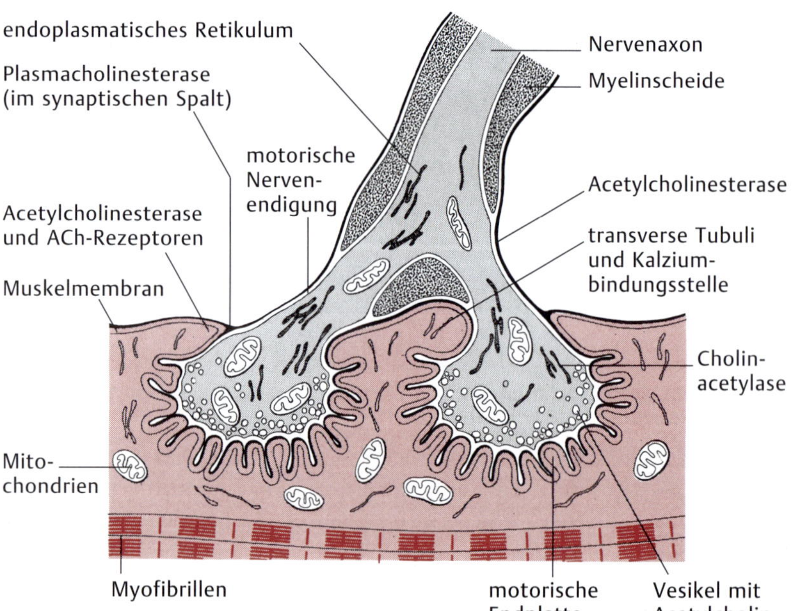

b Schematische Darstellung der motorischen Endplatte: ein einlaufendes Nervenaktionspotentiel setzt präsynaptisch aus den Vesikeln Acetylcholin frei, welches durch den synaptischen Spalt zur postsynaptischen Membran diffundiert. Dort bindet es sich an die Acetylcholinrezeptoren, die bevorzugt in den »Schultern« der postsynaptischen Membran lokalisiert sind. Die Stimulation einer genügenden Anzahl von Acetylcholinrezeptoren bewirkt schließlich eine Kontraktion der Myofibrillen. Acetylcholin wird im postsynaptischen Spalt durch die Acetylcholinesterase gespalten.

Muskelrelaxanzien konkurrieren mit Acetylcholin um die Bindung am nikotinergen Rezeptor an der neuromuskulären Endplatte.

Muskelrelaxanzien konkurrieren mit Acetylcholin um die Bindung am nikotinergen Rezeptor. Bei einer zahlenmäßig ausreichend großen Rezeptorbesetzung durch Muskelrelaxanzien wird die neuromuskuläre Übertragung unterbunden.

3.4.2 Pharmakologie

Aufgrund elektrophysiologischer Unterschiede in der Wirkweise werden die Muskelrelaxanzien in 2 Hauptgruppen unterteilt (3.**30**)
- **depolarisierende** Muskelrelaxanzien (Öffnung der Ionenkanäle)
- **nichtdepolarisierende** Muskelrelaxanzien (Schließung der Ionenkanäle).

3.30: Unterteilung von Muskelrelaxanzien nach Wirkmechanismus

depolarisierend	nichtdepolarisierend
▷ Succinylcholin (Pantolax®)	▷ kurze bis mittellange Wirkdauer: • Mivacurium (Mivacron®) • Cisatracurium (Nimbex®) • Rocuronium (Esmeron®) • Vecuronium (Norcuron®) ▷ lange Wirkdauer: • Pancuronium (z. B. Pancuronium Organon®) • d-Tubocurarin } nicht mehr im • Alcuronium (Alloferin®) } klinischen Einsatz

3.4.2 Pharmakologie

Muskelrelaxanzien werden entsprechend ihrer Wirkweise an der neuromuskulären Endplatte eingeteilt (3.**30**):
- **depolarisierend**
- **nichtdepolarisierend.**

Depolarisierende Muskelrelaxanzien

Klassischer Vertreter depolarisierender Muskelrelaxanzien ist das **Succinylcholin** (3.**30**). Succinylcholin ist wegen seines schnellen Wirkungseintritts eine nahezu ideale Substanz zur Erzielung einer kompletten Muskelerschlaffung zur Intubation. Nach einer Dosis von 1 mg/kg KG i. v. tritt innerhalb von 30 – 60 Sekunden eine nur 3 – 5 Minuten anhaltende Lähmung der quergestreiften Muskulatur ein, wobei die ungehinderte Muskelkraft jedoch erst nach 10 – 25 Minuten wieder erreicht wird. Der Zeitraum einer maximalen muskulären Erschlaffung von 3 – 5 Minuten reicht in aller Regel aus, den Tubus zu plazieren.

Depolarisierende Muskelrelaxanzien

Succinylcholin ist das klinisch am häufigsten verwandte depolarisierende Muskelrelaxans. In einer Dosierung von 1 mg/kg KG hat es einen Wirkungseintritt nach 30 – 60 Sek. und eine Wirkungsdauer von 3 – 5 Min.

> ***Merke.*** Ebenso wie Acetylcholin bindet sich Succinylcholin an den nikotinergen Rezeptor. Dies führt zu einer länger als durch Acetylcholin hervorgerufenen Depolarisation der postsynaptischen Membran, da das Succinylcholin im Gegensatz zu Acetylcholin nur durch die im Plasma vorhandene **Pseudocholinesterase** gespalten werden kann.

◀ **Merke**

> ***Merke.*** Ein Depolarisationsblock (sog. Phase-I-Block) kann – im Gegensatz zu einer Blockade mittels nichtdepolarisierender Muskelrelaxanzien – nicht durch Cholinesterasehemmer antagonisiert werden.

◀ **Merke**

Klinisch zeigt sich ein Depolarisationsblock initial in Muskelfaszikulationen und -kontraktionen und nachfolgender schlaffer Lähmung.
Werden sehr hohe Dosen Succinylcholin (<3 – 6 mg/kg KG) verabreicht, kommt es zu einer langanhaltenden Muskelblockade, einem sog. **Dualblock** (Phase-II-Block). Hierbei besteht eine Muskelblockade auch ohne Depolarisation. Der genaue Mechanismus ist nicht bekannt. Ein Dualblock kann teilweise durch Cholinesterasehemmer antagonisiert werden.
Während Acetylcholin durch die im synaptischen Spalt vorkommende **Acetylcholinesterase** abgebaut wird, wird Succinylcholin nur durch die im Plasma vorhandene **Pseudocholinesterase** gespalten. Sie hydrolisiert Succinylcholin rasch in großer Menge, so daß nur ein kleiner Teil des intravenös applizierten Succinylcholins die Rezeptoren der postsynaptischen Membran erreicht. Die Pseudocholinesterase kommt nicht innerhalb des synaptischen Spaltes vor. Hier wird die Wirkdauer eines durch Succinylcholin hervorgerufenen Blockes durch die Abdiffusion von Succinylcholin in die Extrazellulärflüssigkeit bestimmt.

Klinische Zeichen bei Entwicklung eines Depolarisationsblockes sind:
- Muskelfaszikulationen
- Muskelkontraktionen
- schlaffe Lähmung.

Werden sehr hohe Dosen Succinylcholin (<3 – 6 mg/kg KG) verabreicht, kommt es zu einer langanhaltenden Muskelblockade, einem sog. **Dualblock** (Phase-II-Block). Hierbei besteht eine Muskelblockade auch ohne Depolarisation.

Succinylcholin wird durch unspezifische Esterasen **(Pseudocholinesterase)** im Plasma gespalten.

Eine **Verminderung der Plasmacholinesterase** kann auftreten:
- **genetisch** bedingt
- **nach schweren Lebererkrankungen**
- **medikamentös** induziert (z. B. Cholinesterasehemmer)
- im letzten **Schwangerschaftsdrittel** (hohe Östrogenspiegel)

Eine **Verminderung der Plasmacholinesterase**, wie sie nach **schweren Lebererkrankungen** auftreten kann, oder aber auch ein **genetisch** bedingtes Vorkommen von »atypischen« Plasmacholinesterasen kann zu einem verlangsamten Abbau von Succinylcholin führen. Eine Abnahme der Plasmacholinesterase um $> 80\,\%$ äußert sich klinisch in einem verlängerten neuromuskulären Block nach Gabe von Succinylcholin. Die Plasmacholinesterase kann weiterhin **medikamenteninduziert** vermindert sein. Unter einer Therapie mit Cholinesterasehemmern (z. B. Edrophonium, Pyridostigmin, Neostigmin), wie sie zur Behandlung eines Glaukoms oder der Myasthenia gravis eingesetzt werden, oder Therapie mit Zytostatika (z. B. Cyclophosphamid – Endoxan®) muß mit einem verminderten Abbau von Succinylcholin gerechnet werden. Hohe Östrogenspiegel, wie sie am Ende der **Schwangerschaft** beobachtet werden, können zu einer 40 %igen Abnahme der Plasmacholinesterase führen. Da der Plasmawert für die Plasmacholinesterase in aller Regel vor Beginn der Narkose nicht bekannt ist, muß bei verlängerter Wirkung der Muskelrelaxanzien (Patient ist wach, kann aber die Extremitäten kaum oder nur unkoordiniert bewegen) hieran gedacht werden.

Eine Abnahme äußert sich in einem verlängerten neuromuskulären Block.

Eine sog. **atypische Plasmacholinesterase** kann zu einer lang anhaltenden neuromuskulären Blockade und der Notwendigkeit einer verlängerten Beatmung unter Hypnotikagabe führen, bis zum spontanen Verschwinden der Blockade.

Das Vorkommen einer sog. **atypischen Plasmacholinesterase** (Häufigkeit 1 : 2500) bei sonst gesunden Patienten wird oftmals erst durch eine langanhaltende neuromuskuläre Blockade (1 – 3 Stunden) nach einer Einzelgabe von Succinylcholin diagnostiziert. Therapeutisch besteht die Möglichkeit einer Substitution mit einer synthetisch hergestellten Plasmacholinesterase. Alternativ erfolgt die verlängerte Beatmung unter Hypnotikagabe bis zum spontanen Verschwinden der neuromuskulären Blockade.

Klinischer Fall

Eine 25jährige, 70 kg schwere Erstgebärende ohne Begleiterkrankungen und Voroperationen soll wegen Beckenendlage des Feten mit Kaiserschnitt entbunden werden. Man entschließt sich zur Durchführung einer Allgemeinanästhesie. Die Narkose wird nach Präkurarisierung mit 1,5 mg Vecuronium mit Thiopental (Trapanal®, 5 mg/kg KG i. v.) intravenös eingeleitet. Zur Erleichterung der Intubation werden anschließend ohne überbrückende Maskenbeatmung 70 mg Succinylcholin i. v. verabreicht. Nach Intubation wird die Patientin bis zur Entbindung mit 100 % Sauerstoff, danach mit einem Sauerstoff-Lachgas-Gemisch kontrolliert beatmet. Die pulsoxymetrisch bestimmten Werte der Sauerstoffsättigung sind über den gesamten Verlauf unauffällig. Zur Aufrechterhaltung der Narkose wird Isofluran in niedriger Konzentration zugeführt. Nach Nabelschnurabklemmung werden zusätzlich 0,1 mg Fentanyl i. v. appliziert. Eine erneute Relaxierung ist zu diesem Zeitpunkt nicht erforderlich.

Beim Bauchdeckenverschluß wird mit der Ausleitung der Narkose begonnen. Es kommt erwartungsgemäß zu den Zeichen einer sympathoadrenergen Stimulierung wie Herzfrequenz- und Blutdruckanstieg, allerdings ohne Einsetzen einer Spontanatmung. Bei OP-Ende sind ca. 35 Minuten seit Narkoseeinleitung vergangen. Da nach wie vor trotz eines endexspiratorischen CO_2-Partialdruckes von 45 mmHg keine Zeichen einer wiederkehrenden Spontanatmung zu verzeichnen sind und der Muskeltonus schlaff ist, mittlerweile aber die Herzfrequenz auf $>$ 140/min angestiegen ist und bei der Patientin profuses Schwitzen zu beobachten ist, wird ein Cholinesterasemangel differentialdiagnostisch erwogen. Die Patientien wird daraufhin mit Midazolam (Dormicum®, initial 7,5 mg i. v.) sediert und weiterhin beatmet, worauf die Herzfrequenz auf Werte unter 100/min absinkt und auch das Schwitzen zurückgeht.

Nach ca. 20 Minuten werden erste Zeichen einer Eigenatmung erkennbar. Nach weiteren 30 Minuten kann die Patientin bei nunmehr suffizienter Spontanatmung extubiert werden. Die Bestimmung der Aktivität der Serumcholinesterase ergibt einen Wert von 200 U/l (Normbereich: 3000 – 8000 U/l) und damit eine ausgeprägte Verminderung, so daß von einem genetisch bedingten Mangel der Succinylcholin abbauenden Pseudocholinesterase auszugehen ist, der zu einer erheblichen Verlängerung der succinylcholininduzierten neuromuskulären Blockade geführt hat.

Nebenwirkungen

Klinisch beobachtbare Nebenwirkungen von Succinylcholin sind:
- kardiale Arrhythmien
- Hyperkaliämie
- Anstieg des Augeninnendruckes
- Anstieg des intrakraniellen Druckes
- Erhöhung des Mageninnendruckes
- Kontrakturen
- Myalgien
- Myoglobinurie
- Histaminfreisetzung.

Nebenwirkungen
- kardiale Arrhythmien
- Hyperkaliämie
- Anstieg des intrakraniellen, des Augen- und Mageninnendruckes
- Kontrakturen
- Myalgien
- Myoglobinurie
- Histaminfreisetzung.

Herz-Kreislauf-System. Die durch depolarisierende Muskelrelaxanzien hervorgerufenen kardialen Effekte sind: **Sinusknotenbradykardie** bis hin zum **Sinusknotenstillstand, Knotenrhythmen** und **ventrikuläre Extrasystolen,** besonders wenn innerhalb von 5 Minuten wiederholt Succinylcholin injiziert wird. Kinder (Alter bis zu 5 – 7 Jahren) sind besonders häufig von einer Sinusbradykardie nach Succinylcholingabe betroffen. Die Effekte werden durch Erregung kardialer muskarinartiger Rezeptoren vermittelt. Durch Stimulation der nikotinergen Rezeptoren in den autonomen Ganglien kann es zu **Anstiegen der Herzfrequenz und des arteriellen Blutdruckes** kommen.

Herz-Kreislauf-System Succinylcholinwirkung am Herzmuskel:
- **Sinusknotenbradykardie**
- **Knotenrhythmus**
- **ventrikuläre Extrasystolen**

Succinylcholinwirkung am vegetativen Nervensystem:
- **Steigerung der Herzfrequenz**
- **Steigerung des arteriellen Blutdruckes.**

Hyperkaliämie. Von einer succinylcholininduzierten Hyperkaliämie besonders betroffen sind Patienten mit:
- neuronaler Denervation, die zur Muskelatrophie führt (z. B. Trauma, Querschnitt),
- Verbrennungen III. Grades,
- schweren intraabdominellen Infektionen,
- Schädigung von Motoneuronen.

Hyperkaliämie Succinylcholingabe kann zu **exzessiven Kaliumanstiegen** führen bei Patienten mit:
- neuronaler Denervation
- Verbrennungen III. Grades
- schweren intraabdominellen Infektionen
- Schädigung von Motoneuronen.

Die Gefahr einer möglichen exzessiven Steigerung der Blutkaliumkonzentration nach Succinylcholin entwickelt sich innerhalb von 2 – 60 Tagen nach den oben angegebenen Schädigungen und kann in Einzelfällen bis zu 2 Jahren anhalten. Vorbehandlung mit nichtdepolarisierenden Muskelrelaxanzien kann den Kaliumanstieg nicht verhindern! Deshalb ist die Verwendung von **Succinylcholin** bei den genannten Erkrankungen **absolut kontraindiziert**.

Die **Überempfindlichkeit auf Succinylcholingabe** entwickelt sich bei diesen Krankheiten innerhalb von 2 – 60 Tagen und kann in Einzelfällen mehrere Jahre andauern. Die Verwendung von **Succinylcholin** bei den genannten Erkrankungen ist **absolut kontraindiziert**.

Intraokularer Druck. Depolarisierende Muskelrelaxanzien führen zu einem **Anstieg des intraokularen Druckes**. Dieser beruht auf einer tonischen Kontraktion der Augenmuskeln und/oder einer vorübergehenden Dilatation choroidaler Blutgefäße. Das Maximum des Druckanstieges wird 2 – 4 Minuten nach Bolusapplikation erreicht und dauert 5 – 10 Minuten an. Patienten mit **Glaukom** und **offenen Augenverletzungen** oder nach **Eröffnung der Sklera** dürfen wegen der Gefahr des Glaskörperverlustes **kein Succinylcholin** zur Muskelrelaxation erhalten.

Intraokularer Druck Succinylcholin führt zu einem **Anstieg des intraokularen Druckes.**
Deshalb: kein Succinylcholin bei offenen Augenverletzungen und **Glaukom.**

Intrakranieller Druck. Bei Patienten mit **Schädel-Hirn-Trauma** oder **Hirntumoren** kann der intrakranielle Druck nach Gabe von Succinylcholin (Zunahme der Hirndurchblutung, Druckerhöhung infolge verminderten Blutabflusses aus dem Gehirn bei Muskelfaszikulationen) **ansteigen**. Aus diesem Grunde wird bei neurochirurgischen Patienten nach Möglichkeit kein Succinylcholin gegeben.

Intrakranieller Druck Der intrakranielle Druck kann bei Patienten nach **Schädel-Hirn-Trauma** oder **intrakraniellen Tumoren ansteigen!**

Intragastraler Druck. Als Folge des durch Succinylcholin hervorgerufenen Muskelfaszikulierens kann der Mageninnendruck ansteigen, was die Gefahr von **Regurgitation** und **Aspiration** von Magen- und Dünndarminhalt erhöht. Besonders trifft dies auf Patienten mit »vollem Magen«, Ileus oder bei Schnittentbindung zu, bei denen als zusätzlicher Faktor eine intraabdominelle Druckerhöhung durch überdehnte Darmschlingen bzw. den schwangeren Uterus besteht. Vorausinjektion eines niedrig dosierten

Intragastraler Druck Succinylcholin führt zu einem Anstieg des intraabdominellen Druckes **(Aspirationsgefahr!**, z. B. bei Patienten mit »vollem Magen«, Ileus oder Schnittentbindung).

Zur **»Blitzintubation«** (»rapid-sequence«-induction) kann Succinylcholin eingesetzt werden.

nichtdepolarisierenden Muskelrelaxans kann den Anstieg des intragastralen Druckes abschwächen. Unter dieser Voraussetzung kann Succinylcholin (1 – 1,5 mg/kg) zur **»Blitzintubation«** (»rapid-sequence«-induction) bei diesen Patienten nach ausreichender Präoxygenierung und ohne Beatmung (Gefahr der Erhöhung des intragastralen Druckes!) verwendet werden.

Bei Patienten mit Myotonien ist die **Gabe von Succinylcholin kontraindiziert**, da es bei diesen Patienten zu einzelnen oder generalisierten **Kontrakturen** kommen kann.

Kontrakturen. Succinylcholin kann bei myotonischen Muskelerkrankungen (Myotonia congenita Thomsen, Myotonia dystrophica Curschmann-Steinert, Paramyotonia congenita) generalisierte oder in einzelnen Muskeln lokalisierte Kontrakturen hervorrufen. Dies kann bei Beteiligung der Kehlkopf- oder Massetermuskulatur zur Unmöglichkeit der Intubation führen. Aus diesem Grunde sowie wegen einer zu erwartenden Wirkungsverlängerung ist die **Gabe von Succinylcholin bei Patienten mit Myotonien kontraindiziert**.

Maligne Hyperthermie **Cave:** Succinylcholin ist eine Triggersubstanz zur Auslösung einer **Malignen-Hyperthermie-Krise**; daher **kein Succinylcholin** bei Patienten mit MH-Disposition (s. S. 186).

Maligne Hyperthermie. Succinylcholin ist eine potente Triggersubstanz für die Auslösung einer **Malignen-Hyperthermie-Krise**. Eine myotonische Komplikation nach Gabe von Succinylcholin (z. B. Masseterspasmus) muß immer auch an die Entstehung einer MH-Krise (siehe S. 186) denken lassen. Bei Patienten mit einer Prädisposition für dieses Krankheitsbild oder bei bekannten Hyperthermiefällen in der Verwandtschaft ist die Verwendung von **Succinylcholin absolut kontraindiziert**.

Myalgien Myalgien als Folge der succinylbedingten **Muskelfaszikulationen** können durch Vorabgabe nichtdepolarisierender Muskelrelaxanzien (Präkurarisierung) abgeschwächt werden.

Myalgien. Besonders bei jüngeren Patienten treten nach Gabe von Succinylcholin postoperativ Muskelschmerzen im Bereich der Rücken- und Abdominalmuskulatur auf. Diese sind Folge **unsynchronisierter Kontraktionen** nach Succinylcholin. Vorbehandlung mit nichtdepolarisierenden Muskelrelaxanzien (Präkurarisierung) kann die Muskelfaszikulationen und die hiermit verbundenen Muskelschmerzen abschwächen.

Myoglobinurie In Einzelfällen bei Kindern.

Myoglobinurie. Die in Einzelfällen bei Kindern beobachtete Myoglobinurie wird auf die durch Depolarisation hervorgerufenen Muskelfaszikulationen bei einem vorbestehenden muskulären Defekt zurückgeführt.

Histaminfreisetzung Succinylcholin kann durch Histaminfreisetzung zu Tachykardie, Blutdruckabfall, Bronchospasmus, Asthmaanfall, Hauterythem, Quincke-Ödem führen.

Histaminfreisetzung. Eine unspezifische Wirkung von Succinylcholin ist die Freisetzung von Histamin aus Blut- und Gewebemastzellen. In Einzelfällen wurde neben dem sofortigen Auftreten von Hauterythemen auch über schwere hierdurch hervorgerufene Komplikationen (Tachykardie, Blutdruckabfall, Quincke-Ödem, Bronchospasmus, Asthmaanfall) berichtet.

Nichtdepolarisierende Muskelrelaxanzien

Wirkungsmechanismus
Nichtdepolarisierende Muskelrelaxanzien konkurrieren mit Acetylcholin um die Bindung an nikotinergen Rezeptoren der postsynaptischen Membran (s. S 3.**21**).

Die Muskelerschlaffung nach Gabe von nichtdepolarisierenden Muskelrelaxanzien (▤ 3.**31**) erfaßt zunächst die dicht innervierten Muskeln (Auge, Finger, Zehen, Zunge). Erst zuletzt werden Zwerchfell und Interkostalmuskulatur betroffen.

Nichtdepolarisierende Muskelrelaxanzien

Wirkungsmechanismus

Nichtdepolarisierende Muskelrelaxanzien konkurrieren mit Acetylcholin (kompetitive Hemmung) um die Bindung am nikotinergen Rezeptor der postsynaptischen Membran (siehe S 3.**21**). Die Rezeptorbindung durch nichtdepolarisierende Muskelrelaxanzien bewirkt **keine Depolarisation** der postsynaptischen Membran.
Nach Injektion nichtdepolarisierender Muskelrelaxanzien werden zunächst die kleinen, dicht innervierten Muskeln (Augen, Finger, Zehen, Zunge) betroffen. Es folgt die Lähmung der Extremitäten-, Stamm- und Halsmuskulatur und zuletzt der Zwerchfell- und Interkostalmuskulatur. Die neuromuskuläre Blockade läßt in umgekehrter Reihenfolge nach.
Die neuromuskuläre Übertragung wird erst dann meßbar vermindert (siehe Kap. 3.4.4: Überwachung der neuromuskulären Funktion), wenn mehr als 70 % der Rezeptoren besetzt sind. Dies zeigt die große Sicherheitsbreite für die neuromuskuläre Übertragung und muß bei der klinischen Beurteilung der Muskelrelaxation beachtet werden.
Nichtdepolarisierende Muskelrelaxanzien werden nach der Wirkdauer in lang (> 30 Minuten) und mittellang (10 – 30 Minuten) wirkende Substanzen unterschieden (▤ 3.**31**).

3.31: Einteilung der nichtdepolarisierenden Muskelrelaxanzien

lang wirkend	mittellang wirkend	kurz wirkend
(d-Tubocurarin)*	Vecuronium	Mivacurium
Pancuronium	Rocuronium	
(Alcuronium)*	Cisatracurium	

*heutzutage obsolet

Lang wirkende Substanzen

d-Tubocurarin. Die Verwendung von d-Tubocurarin ist in neuerer Zeit wegen seiner ausgeprägten histaminliberierenden und ganglienblockierenden Potenz obsolet.

Alcuronium. Alcuronium ist ein halbsynthetisches Curarederivat. Eingesetzt wird es in einer Dosierung von 0,15 – 0,25 mg/kg KG. Alcuronium kann zur Histaminfreisetzung führen. Bei renaler Insuffizienz kann seine Wirkung verlängert und verstärkt sein (wird ebenfalls kaum noch eingesetzt).

Pancuronium. Im Gegensatz zu d-Tubocurarin verursacht Pancuronium nur geringfügige (10 – 15 %) Steigerungen der Herzfrequenz, des arteriellen Blutdruckes und des Herzminutenvolumens, die auf eine kardiale Vagusblockade und Aktivierung des sympathischen Nervensystems (indirekt sympathomimetische Wirkung) mit Anstieg von Katecholaminen im Plasma zurückgeführt werden. Seine Dosierungen und Wirkdauer können 3.**32** entnommen werden.

Lang wirkende Substanzen

d-Tubocurarin Verwendung wegen ausgeprägter histaminliberierender und ganglienblockierender Potenz stark eingeschränkt.

Alcuronium Alcuronium wird kaum noch eingesetzt. Alcuronium kann zur Histaminfreisetzung führen. Bei renaler Insuffizienz kann seine Wirkung verlängert und verstärkt sein.

Pancuronium kann zu Anstiegen der Herzfrequenz, des arteriellen Blutdruckes und Herzminutenvolumens führen. Wirkdauer und Dosierungen siehe 3.**32**.

3.32: Dosierung und Wirkdauer von Pancuronium

▷ Dosierung	
• initiale Dosis:	
Neugeborene	0,03 – 0,08 mg/kg KG i. v.
Kinder und Erwachsene	0,04 – 0,10mg/kg KG i. v.
• Repetitionsdosis	0,5 – 2 mg i. v. (Erwachsene)
▷ Wirkungseintritt	nach 45 Sek. (nach 4 Min. maximale Wirkung)
▷ Wirkungsdauer	ca. 45 – 90 Min.

Mittellang wirkende Substanzen

Vecuronium, Cisatracurium und Rocuronium zählen zu den mittellang wirkenden Substanzen und werden alternativ zu Succinylcholin oder den lang wirkenden nichtdepolarisierenden Muskelrelaxanzien eingesetzt. Verglichen mit diesen haben sie einen im zeitlichen Verlauf vergleichbaren Wirkungseintritt (1,5 – 3 Minuten) und eine kürzere Wirkdauer (ca. 15 – 30 Minuten). Eine kürzere Wirkzeit von 10 – 15 Min. hat Mivacurium. Sie führen nicht zu ausgeprägten kardiovaskulären Nebenwirkungen. Die kurze Wirkdauer dieser Substanzen ist vor allem durch ihre schnelle Plasmaclearance bedingt. Bei einer Indikation zur schnellen Intubation (z. B. Notfall) sind sie jedoch keine Alternative zu Succinylcholin. Die durch mittellang wirkende, nichtdepolarisierende Muskelrelaxanzien hervorgerufene neuromuskuläre Blockade kann verläßlich durch Cholinesterasehemmer antagonisiert werden.

Mittellang wirkende Substanzen

Vecuronium, Cisatracurium und Rocuronium sind mittellang wirkende Substanzen. Sie haben einen Wirkungseintritt von 1,5 – 3 Min., eine Wirkdauer von ca. 15 – 30 Min. und nur geringe kardiovaskuläre Nebenwirkungen.
Die neuromuskuläre Blockade dieser Substanzen läßt sich durch Cholinesterasehemmer antagonisieren.
Mivacurium kann als kurzwirksames Relaxans gelten (10 – 15 Min.).

Vecuronium. Chemisch ähnelt Vecuronium dem Pancuronium. Die im Vergleich mit Pancuronium höhere Lipidlöslichkeit erleichtert u. a. den Eintritt in Hepatozyten, in denen Vecuronium metabolisiert wird. Die schnelle Abnahme der Plasmakonzentration nach Bolusapplikation wird zu einem großen Teil mit der ausgeprägten Aufnahme in die Leber erklärt (»first-

Vecuronium Vecuronium ist chemisch mit Pancuronium verwandt.

Pancuronium und Vecuronium führen bei gleicher Dosierung zu vergleichbaren Plasmakonzentrationen und neuromuskulärer Blockade, bei Vecuronium ist jedoch die Wirkungsdauer deutlich kürzer (▤ 3.33).

pass«-Effekt). Innerhalb von 24 Stunden wird Vecuronium zu ca. 30 % mit dem Urin und zu ca. 40 % mit der Galle ausgeschieden.
Verglichen mit Pancuronium stellt sich das Maximum des Wirkungseintritts schneller ein, jedoch ist die Wirkungsdauer wesentlich kürzer (▤ 3.**33**). Pancuronium und Vecuronium führen bei gleicher Dosierung zu vergleichbaren Plasmakonzentrationen und Blockierungen der neuromuskulären Übertragung (Äquipotenz). Wiederholte Gaben von Vecuronium lassen die Dauer der neuromuskulären Blockade ansteigen (Kumulation).

3.33: Dosierung und Wirkdauer von Vecuronium

▷ Dosierung	
• zur Intubation:	0,08 – 0,1 mg/kg KG
• zur Aufrechterhaltung der neuromuskulären Blockade:	0,03 – 0,05 mg/kg KG
▷ Wirkungseintritt	nach 2 – 3 Minuten
▷ Wirkungsdauer	ca. 20 – 30 Minuten

Cisatracurium Cisatracurium hat chemisch keine Ähnlichkeit mit anderen Muskelrelaxanzien. Es zerfällt spontan im Blut (Hofmann-Elimination). Die Elimination ist unabhängig vom hepatischen oder renalen Blutfluß oder der Plasmacholinesterase. Wirkungseintritt und Relaxationsdauer von Cisatracurium entsprechen Vecuronium (▤ 3.**34**).

Wegen der schnellen Eliminierung von Cisatracurium wird keine Kumulation beobachtet.

Cisatracurium. Die chemische Struktur von Cisatracurium hat keine Ähnlichkeit mit anderen Muskelrelaxanzien. Es zerfällt bei normaler Körpertemperatur und physiologischem pH-Wert spontan (Hofmann-Elimination), so daß die Elimination unabhängig vom hepatischen oder renalen Blutfluß oder der Aktivität der Plasmacholinesterase ist.
Der Wirkungseintritt nach Cisatracurium ist vergleichbar demjenigen nach Vecuronium. Die Erholungszeit für die neuromuskuläre Übertragung ist kürzer als nach Pancuronium und vergleichbar derjenigen nach Vecuronium. Cisatracurium hat eine Eliminationshalbwertszeit von ca. 20 Minuten (▤ 3.**34**).
Wegen der schnellen Eliminierung von Cisatracurium wird keine Kumulation beobachtet. Grundsätzlich besteht jedoch ebenso wie für Vecuronium die Möglichkeit, daß Dosen, die oberhalb der Plasmaclearance liegen, die Dauer der neuromuskulären Blockade verlängern.

3.34: Dosierung und Wirkdauer von Cisatracurium

▷ Dosierung	
• zur Intubation:	0,1 – 0,15 mg/kg KG
• zur Aufrechterhaltung der neuromuskulären Blockade:	0,05 mg/kg KG
▷ Wirkungseintritt	nach 3 – 5 Minuten
▷ Wirkungsdauer	ca. 30 Minuten

Mivacurium Mivacurium zeichnet sich unter den nichtdepolarisierenden Muskelrelaxanzien durch die kürzeste Wirkdauer aus (▤ 3.**35**).
Es wird zum überwiegenden Teil durch Esterhydrolyse zügig eliminiert, so daß eine Kumulation unter physiologischen Bedingungen nicht zu erwarten ist.

Bis auf eine Histaminfreisetzung, die mit kurzdauerndem Blutdruckabfall sowie Herzfrequenzanstieg einhergehen kann, verhält sich Mivacurium kreislaufneutral.

Mivacurium. Mivacurium, ein Benzylisochinolin-Muskelrelaxans wie Cisatracurium, zeichnet sich unter den nichtdepolarisierenden Muskelrelaxanzien durch die kürzeste Wirkdauer aus (▤ 3.**35**). Es wird im Gegensatz zu Cisatracurium zum überwiegenden Teil (ca. 90 %) durch Esterhydrolyse zügig eliminiert. Aus diesem Grund bewirkt eine Verminderung der Plasmacholinesterase eine verlängerte Wirkdauer von Mivacurium. Der Spontanzerfall (Hofmann-Reaktion, s. o.) spielt keine Rolle. Eine Kumulation der Substanz ist unter physiologischen Bedingungen dementsprechend nicht zu erwarten.
Mivacurium kann zur Histaminfreisetzung führen, die mit kurzdauerndem Blutdruckabfall sowie Herzfrequenzanstieg einhergeht. Andere Kreislaufveränderungen sind bislang nicht nachgewiesen worden.

3.35: Dosierung und Wirkdauer von Mivacurium

▷ Dosierung	
• zur Intubation:	0,15 – 0,2 mg/kg KG
• zur Aufrechterhaltung der neuromuskulären Blockade:	0,03 – 0,04 mg/kg KG
▷ Wirkungseintritt	nach 2 – 3 Minuten
▷ Wirkungsdauer	ca. 10 – 15 Minuten

Rocuronium. Das Steroidrelaxans Rocuronium bietet Vorteile durch seine unter den nichtdepolarisierenden Muskelrelaxanzien kürzeste Anschlagzeit (▤ 3.**36**). Hieraus ergibt sich die Nutzbarkeit zur zügigen endotrachealen Intubation bei nicht nüchternen Patienten.
Rocuronium wird > 50 % biliär eliminiert, nur 10 % der Substanz werden renal ausgeschieden. Vor allem bei eingeschränkter Leberfunktion ist deshalb mit einer verlängerten Wirkdauer zu rechnen.
Tachykardien, die unter höheren Dosierungen von Rocuronium (> 0,9 mg/kg KG) beobachtet werden können, werden – ähnlich wie bei Pancuronium – auf einen direkten, atropinartigen Effekt am Herzen zurückgeführt. Über klinisch signifikante Erhöhungen der Plasmahistaminspiegel ist nur in Einzelfällen berichtet worden.

Rocuronium Durch die kürzeste Anschlagzeit nichtdepolarisierender Muskelrelaxanzien (▤ 3.**36**) kann Rocuronium zur zügigen endotrachealen Intubation bei nicht nüchternen Patienten eingesetzt werden.
Rocuronium wird überwiegend biliär eliminiert.
Unter höheren Dosierungen von Rocuronium können als Folge eines direkten, atropinartigen Effektes am Herzen Tachykardien auftreten.

3.36: Dosierung und Wirkdauer von Rocuronium

▷ Dosierung	
• zur Intubation:	0,6 mg/kg KG
• zur Aufrechterhaltung der neuromuskulären Blockade:	0,1 – 0,2 mg/kg KG
▷ Wirkungseintritt	nach 60 – 90 Sekunden
▷ Wirkungsdauer	ca. 30 – 45 Minuten

»Priming«-Prinzip

Mit dem »Priming«-Prinzip wird versucht, eine ähnlich schnelle Relaxierung mit depolarisierenden Muskelrelaxanzien wie mit Succinylcholin zu erreichen. Dies kommt vor allem bei Patienten zur Anwendung, die bestehende Kontraindikationen gegen Succinylcholin (Hyperkaliämie, Verbrennungen, muskuläre Denervation) aufweisen. Bei Vorgabe einer kleinen, subparalytischen Dosis des nichtdepolarisierenden Relaxans 3 – 6 Minuten vor Applikation einer weiteren, größeren Dosis zur Intubation tritt eine um ca. 1 Minute beschleunigte Maximalwirkung auf (»Priming«-Prinzip) (▤ 3.**37**).

»Priming«-Prinzip

Vorgabe einer kleineren Dosis Muskelrelaxans, gefolgt von einer größeren zur Intubation geeigneten Dosis wird als »Priming«-Prinzip bezeichnet (Bsp. siehe ▤ 3.**37**).

3.37: Dosierung nichtdepolarisierender Muskelrelaxanzien unter Anwendung des »Priming«-Prinzips

Pharmakon	»Priming«-Dosis (mg/kg KG)	Intubations-Dosis (mg/kg KG)	Zeit bis zur Intubation (Sek.)
▷ Succinylcholin	ohne	1,0	30 – 60
▷ Succinylcholin	mit	1,0	30 – 45
▷ Cisatracurium	0,02 – 0,04	0,1 – 0,15	90
▷ Vecuronium	0,01	0,07 – 0,15	90
▷ Pancuronium	0,015	0,15 – 0,2	120

Pharmakokinetik

Die Wirkung nichtdepolarisierender Muskelrelaxanzien wird beeinflußt durch:
- die Menge an applizierter Substanz
- Nierenerkrankungen
- biliäre Ausscheidung und Lebererkrankungen
- Lebensalter
- Störungen im Säure-Basen-Haushalt
- Hypothermie.

Blut-Hirn-Schranke und **Plazenta** werden nicht nennenswert überwunden.

Nierenerkrankungen Pancuronium wird nach einmaliger Dosis zu 80 % unverändert mit dem Urin eliminiert. Bei renalen Erkrankungen kann die Eliminationshalbwertszeit verlängert sein. Im Gegensatz hierzu wurde nach Cisatracurium und Vecuronium bei renaler Insuffizienz keine bzw. nur eine geringe Verlängerung der neuromuskulären Blockade beobachtet (3.**38**).

Lebererkrankungen Bei Lebererkrankungen muß mit Ausnahme von Atracurium mit einer verlängerten Wirkung nichtdepolarisierender Muskelrelaxanzien gerechnet werden.

Einsatz bei älteren Patienten Die Eliminationshalbwertszeit der nichtdepolarisierenden Muskelrelaxanzien sind bis auf Cisatracurium im Alter verlängert. Dagegen ist die Ansprechbarkeit der neuromuskulären Übertragung nicht beeinflußt.

Pharmakokinetik

Die Wirkung nichtdepolarisierender Muskelrelaxanzien wird beeinflußt durch:
- die Menge an applizierter Substanz
- Nierenerkrankungen
- biliäre Ausscheidung und Lebererkrankungen
- Lebensalter
- Störungen im Säure-Basen-Haushalt
- Hypothermie.

Die geringe Lipidlöslichkeit der meisten nichtdepolarisierenden Muskelrelaxanzien hat zur Folge, daß die **Blut-Hirn-Schranke**, das renal-tubuläre System und die **Plazenta** nicht nennenswert überwunden werden können. Bei Schwangeren können sie deshalb in klinischer Dosierung ohne wesentliche Beeinträchtigung des Feten verabreicht werden.

Nierenerkrankungen. Die Ausscheidung nichtdepolarisierender Muskelrelaxanzien erfolgt z. T. renal (3.**38**). Z. B. werden 80 % einer einmaligen Dosis von Pancuronium unverändert mit dem Urin ausgeschieden. Die Eliminationshalbwertszeit kann aus diesem Grunde durch renale Erkrankungen verlängert sein. Im Gegensatz dazu werden bei renaler Insuffizienz selbst nach hohen Dosierungen von Cisatracurium keine und von Vecuronium nur geringe Verlängerungen der neuromuskulären Blockade beobachtet.

3.38: Renale Elimination nichtdepolarisierender Muskelrelaxanzien

▷ **Muskelrelaxans**	▷ **% der injizierten Menge**
▷ Pancuronium	60 – 80
▷ Alcuronium	70 – 90
▷ d-Tubocurarin	40 – 60
▷ Vecuronium	20 – 30
▷ Cisatracurium	< 5
▷ Succinylcholin	0

Lebererkrankungen. Bei Patienten mit Lebererkrankungen kann eine verlängerte Wirkung der Muskelrelaxanzien eintreten. Dies beruht auf einer verlängerten Halbwertszeit infolge verminderter Plasmaclearance sowie einem vergrößerten Verteilungsvolumen. Ein größeres Verteilungsvolumen bedeutet, daß zur Erzielung einer bestimmten Plasmakonzentration eine größere Dosis appliziert werden muß. Die resultierende neuromuskuläre Blockade kann zusätzlich aufgrund einer verminderten Clearancefunktion verlängert sein.
Da die nichtdepolarisierenden Muskelrelaxanzien jedoch zum größten Teil über die Niere ausgeschieden werden, treten die durch Lebererkrankungen hervorgerufenen pharmakokinetischen Veränderungen klinisch nur begrenzt in Erscheinung.
Für Cisatracurium wurde keine Veränderung der Eliminationshalbwertszeit bei Patienten mit Lebererkrankungen beschrieben. Für Vecuronium wird bis zu einer Dosierung von 0,1 mg/kg KG die Eliminationshalbwertszeit nicht verlängert.

Einsatz bei älteren Patienten. Die Eliminationshalbwertszeit von Pancuronium ist bei älteren Patienten deutlich verlängert. Die hierdurch hervorgerufene Verlängerung der neuromuskulären Blockade wird in erster Linie auf eine altersabhängige Verminderung der Leber- und Nierendurchblutung sowie eine verminderte renale Funktion zurückgeführt. Die Ansprechbarkeit der neuromuskulären Übertragung wird hingegen nicht durch das Alter beeinflußt.

Die Plasmaclearance von Vecuronium nimmt im höheren Alter (> 65 Jahren) ab. Zusätzlich nimmt wahrscheinlich die Aktivität mikrosomaler Enzymaktivitäten ab, was zu einer Verlängerung der Erholungszeiten für die neuromuskuläre Blockade beiträgt.
Für Cisatracurium sind keine altersabhängigen Faktoren bezüglich des erzielten Grades der neuromuskulären Blockierung, des Stoffwechsels und der Erholungszeit nachgewiesen worden.

Einsatz bei Kindern. Bei Säuglingen (< 6 Monate) ist die Eliminationshalbwertszeit von nichtdepolarisierenden Muskelrelaxanzien verlängert. Dies wird mit einem größeren Verteilungsvolumen begründet. Die Sensitivität gegenüber Muskelrelaxanzien ist bei Neugeborenen erhöht. Dennoch gleicht wegen des relativ größeren Verteilungsvolumens die auf das Körpergewicht bezogene Dosis der von Erwachsenen.
Für Cisatracurium und Vecuronium sind die effektiven Dosen zur Erzielung einer bestimmten neuromuskulären Blockade bei Kindern und Erwachsenen gleich.

Einsatz bei Kindern Die auf das Körpergewicht bezogenen Dosierungen zur Erzielung einer bestimmten neuromuskulären Blockade sind für Kinder und Erwachsene gleich.

Störungen im Säure-Basen-Haushalt. Die Einflüsse von pH-Wert-Veränderungen auf die Wirkung von Vecuronium hängen davon ab, ob Vecuronium vor oder nach ihrem Auftreten gegeben wird. $PaCO_2$-Änderungen vor Gabe von Vecuronium ändern den neuromuskulären Blockierungsgrad nicht, wohingegen Hyperkapnie bei bestehender vecuroniuminduzierter Blockade den neuromuskulären Effekt verstärkt. Aus diesem Grunde kann eine Hypoventilation, wie sie oftmals in der frühen postoperativen Phase gesehen wird, eine residuale Blockade wieder verstärken. Für Cisatracurium sind keine pH-abhängigen, klinisch relevanten Veränderungen des Stoffwechsels bekannt.

Störungen im Säure-Basen-Haushalt Hypoventilation (pH-Veränderungen) kann eine noch bestehende Blockade z. B. von Vecuronium wieder verstärken.

Hypothermie. Eine Hypothermie verlängert und verstärkt die Wirkung nichtdepolarisierender Muskelrelaxanzien.

Hypothermie Sie verlängert und verstärkt die Wirkung.

Interaktionen

Volatile Inhalationsanästhetika. Volatile Anästhetika (Halothan, Enfluran, Isofluran, Sevofluran und Desfluran) verstärken konzentrationsabhängig die neuromuskuläre Blockade nichtdepolarisierender Muskelrelaxanzien (▣ 3.35). Der muskelrelaxierende Effekt der volatilen Anästhetika führt dazu, daß die zur Erzielung einer bestimmten muskulären Erschlaffung nötige Dosierung der Muskelrelaxanzien reduziert werden kann. Bei den langwirkenden Muskelrelaxanzien macht sich die Wirkungsverstärkung ausgeprägter bemerkbar als bei Cisatracurium und Vecuronium.

Interaktionen

Volatile Inhalationsanästhetika Die neuromuskuläre Blockade von nichtdepolarisierenden Muskelrelaxanzien wird durch volatile Anästhetika verstärkt (▣ **3.35**).

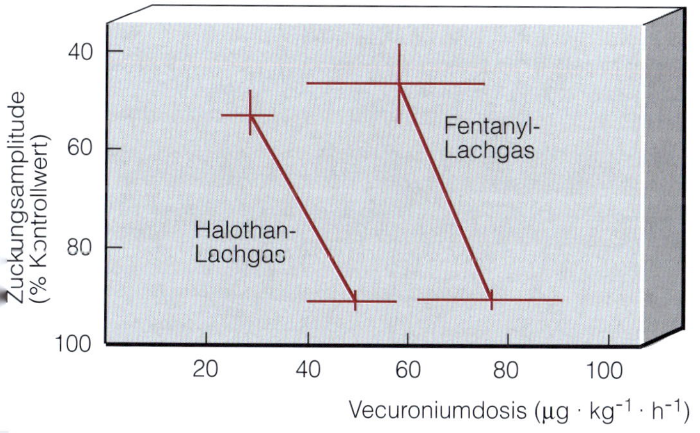

3.35: Verstärkung der neuromuskulären Blockade durch Inhalationsanästhetika. Die neuromuskuläre Blockade durch Vecuronium wird durch Anästhesie mit Halothan/Lachgas und Fentanyl/Lachgas unterschiedlich beeinflußt. In diesem Beispiel bewirkt die durch Halothan verstärkte muskuläre Blockade eine Reduktion der Vecuroniumdosis (Messung der Amplitude der muskulären Zuckung nach Einzelreiz).

Succinylcholin Vorherige Gabe von Succinylcholin (1 mg/kg KG) verstärkt den neuromuskulären Block nach Vecuronium und Cisatracurium.

Succinylcholin. Vorherige Gabe von Succinylcholin (1 mg/kg KG) verstärkt den neuromuskulären Block nach Vecuronium und Cisatracurium.

Elektrolyte **Magnesium** verstärkt und **Kalzium** vermindert die neuromuskuläre Blockade von depolarisierenden und nichtdepolarisierenden Muskelrelaxanzien. **Hypokaliämie** verstärkt die nichtdepolarisierende Blockade.

Elektrolyte. **Magnesium** verstärkt und **Kalzium** vermindert die neuromuskuläre Blockade von depolarisierenden und nichtdepolarisierenden Muskelrelaxanzien. Die Dosis der Muskelrelaxanzien bei Patientinnen mit EPH-Gestose, die mit Magnesium behandelt werden, muß demnach reduziert werden. **Hypokaliämie** (z. B. Diuretikatherapie) verstärkt die nichtdepolarisierende Blockade.

Antibiotika Aminoglykoside, Polymyxin B, Colistin, Tetracycline und Clindamycin können den neuromuskulären Block aller nichtdepolarisierenden Muskelrelaxanzien verstärken.

Antibiotika. Aminoglykoside, Polymyxin B, Colistin, Tetracycline und Clindamycin (Sobelin®) können den neuromuskulären Block aller nichtdepolarisierenden Muskelrelaxanzien verstärken. Die Antagonisierbarkeit bei durch Antibiotika induzierter Verstärkung des Blockes durch Cholinesterasehemmer läßt sich im einzelnen nicht abschätzen. Penicilline und Chephalosporine sollen, wenn überhaupt, nur eine geringe Beeinflussung der neuromuskulären Funktion hervorrufen.

Lokalanästhetika In hoher Dosierung wird die neuromuskuläre Überleitung unterbrochen.

Lokalanästhetika. In geringer Dosierung können Lokalanästhetika die durch nichtdepolarisierende Muskelrelaxanzien hervorgerufene neuromuskuläre Blockade verstärken. In höherer Dosierung wird die neuromuskuläre Überleitung unterbrochen.

Diuretika Furosemid verstärkt den neuromuskulären Block nichtdepolarisierender Muskelrelaxanzien.

Diuretika. Furosemid (Lasix®) verstärkt den neuromuskulären Block nichtdepolarisierender Muskelrelaxanzien unabhängig von der Wirkung auf den Kaliumhaushalt.

Nebenwirkungen

Kardiovaskuläres System

Nebenwirkungen

Kardiovaskuläres System. Grundsätzlich können Muskelrelaxanzien an allen Bindungsstellen, für die Acetylcholin der Neurotransmitter ist, wirken. Hierbei wird das **vegetative Nervensystem** durch Interaktion mit den nikotinergen oder muskarinergen Rezeptoren entweder stimuliert oder inhibiert.

Kardiovaskuläre Effekte nichtdepolarisierender Muskelrelaxanzien werden vermittelt über:
- muskarinerge Rezeptoren
- nikotinerge Rezeptoren
- Histamin und andere vasoaktive Substanzen (3.39).

Kardiovaskuläre Effekte nichtdepolarisierender Muskelrelaxanzien werden vermittelt über:
- kardiale muskarinerge Rezeptoren
- nikotinerge Rezeptoren autonomer Ganglien
- Freisetzung von Histamin und anderer vasoaktiver Substanzen (3.39)

3.39: Histaminausschüttung und Wirkung von autonomen Ganglien und kardialen muskarinergen Rezeptoren durch nichtdepolarisierende Muskelrelaxanzien

Substanz	autonome Ganglien	kardiale muskarinerge Rezeptoren	Histamin
▷ Succinylcholin	Stimulation	Stimulation	teils ausgeprägt
▷ d-Tubocurarin	Blockade	–	ausgeprägt
▷ Pancuronium	–	Blockade	–
▷ Alcuronium	Blockade	–	teils ausgeprägt
▷ Vecuronium	–	–	–
▷ Cisatracurium	–	–	–

Vecuronium und weitgehend auch Cisatracurium führen zu keiner nennenswerten Störung des kardiovaskulären Systems.

Die Blockade von kardialen muskarinergen Rezeptoren bewirkt eine Steigerung der Herzfrequenz, des Herzminutenvolumens und des arteriellen Blutdruckes. Vecuronium und weitgehend auch Cisatracurium führen als derzeit einzige Muskelrelaxanzien zu keinen nennenswerten Störungen des kardiovaskulären Systems.

Histaminausschüttung. Unter klinisch üblicher Dosierung von Vecuronium und Pancuronium wurde keine relevante Histaminausschüttung beobachtet, während d-Tubocurarin und Alcuronium teils ausgeprägte histaminliberierende Eigenschaften haben.
Histamin führt zu:
- Katecholaminausschüttung
- Tachykardie
- Erniedrigung der Flimmerschwelle am Herzen
- Hypotension (Vasodilatation)
- Erhöhung der Gefäßpermeabilität
- Anstieg des pulmonalarteriellen Druckes
- Bronchokonstriktion
- Erythem (vor allem: Gesicht, Hals)
- Veränderungen der Gerinnungsaktivität.

Histaminausschüttung Histamin wird durch nichtdepolarisierende Muskelrelaxanzien in absteigender Reihenfolge freigesetzt: d-Tubocurarin > Alcuronium > Pancuronium > Vecuronium.
Histamin führt zu:
- Katecholaminausschüttung
- Tachykardie
- Hypotension (Vasodilatation)
- Erhöhung der Gefäßpermeabilität
- Anstieg des pulmonalarteriellen Druckes
- Bronchokonstriktion
- Erythem
- Veränderungen der Gerinnungsaktivität.

Allergische Reaktionen. Anaphylaktische Reaktionen sind nur in Einzelfällen nach Gabe nichtdepolarisierender Muskelrelaxanzien beschrieben worden.

Allergische Reaktionen Nichtdepolarisierende Muskelrealxanzien haben nur eine geringe allergische Potenz.

3.4.3 Antagonisierung von Muskelrelaxanzien

Cholinesterasehemmer

Die Wirkung nichtdepolarisierender Muskelrelaxanzien kann durch Cholinesterasehemmer aufgehoben werden. Cholinesterasehemmer inhibieren die Acetylcholinesterase und damit den Abbau des Acetylcholins. Neben der Wirkung an der **neuromuskulären Endplatte** üben Cholinesterasehemmer auch Effekte an **nikotinergen Rezeptoren** autonomer Ganglien und **muskarinergen Rezeptoren** glatter Muskelzellen, des Herzens und exokriner Drüsen aus.

3.4.3 Antagonisierung von Muskelrelaxanzien

Cholinesterasehemmer
Nichtdepolarisierende Muskelrelaxanzien können durch Cholinesterasehemmer antagonisiert werden. Diese wirken an der **neuromuskulären Endplatte**, an **nikotinergen** und **muskarinergen** Rezeptoren.

Edrophonium (Tensilon®) legt sich an das Cholinesterasemolekül an und verhindert auf diesem Wege eine Bindung von Acetylcholin an die Cholinesterase. In Folge der reversiblen Bindung ist die Wirkung von Edrophonium nur sehr kurz. Es wird eingesetzt bei Myasthenia gravis bzw. einer cholinergen Krise zur Diagnostik und Abschätzung der Therapie (Dosis: 0,5 mg/kg KG).

Edrophonium wirkt nur sehr kurz. Es wird bei Myasthenia gravis bzw. einer cholinergen Krise eingesetzt.

Neostigmin (Prostigmin®) und **Pyridostigmin** (Mestinon®) führen ebenfalls zu einer reversiblen Inhibition der Acteylcholinesterase. Die Wirkung hält länger an als unter Edrophonium. Neostigmin und Pyridostigmin werden eingesetzt zur Antagonisierung nichtdepolarisierender Muskelrelaxanzien, Pyridostigmin auch zur Therapie bei Myasthenia gravis.

Neostigmin und **Pyridostigmin** werden zur Antagonisierung nichtdepolarisierender Muskelrelaxanzien eingesetzt. Pyridostigmin auch zur Therapie bei Myasthenia gravis.

Physostigmin (Anticholium®) ist im Gegensatz zu den vorher genannten Cholinesterasehemmern aufgrund seiner chemischen Struktur (tertiäres Amin) in der Lage, die Blut-Hirn-Schranke zu überwinden und wird deshalb u. a. zur Therapie des zentral-anticholinergen Syndroms (ZAS) verwendet (siehe Kap. 9.8.3).

Physostigmin kann die Blut-Hirn-Schranke überwinden. Es wird zur Therapie des zentral-anticholinergen Syndroms (ZAS) verwendet (Kap. 9.8.3).

Pharmakologische Begleiteffekte

Die pharmakologischen Begleiteffekte von Cholinesterasehemmern spiegeln vor allem die Akkumulation von Acetylcholin an muskarinergen Rezeptoren wider. Sie beinhalten: Bradykardie, Hypersalivation, Miosis und Hyperperistaltik des Gastrointestinaltraktes.

Pharmakologische Begleiteffekte
Durch Akkumulation von Acetylcholin im Bereich muskarinerger Rezeptoren kann es zu Bradykardie, Hypersalivation, Miosis und Hyperperistaltik des Gastrointestinaltraktes kommen.

Klinische Anwendung von Cholinesterasehemmern

Antagonisierung der neuromuskulären Blockade. Die Inhibition der Acetylcholinesterase führt zu einer größeren Verfügbarkeit von Acetylcholin an der neuromuskulären Endplatte. Hierdurch wird die Wahrschein-

Klinische Anwendung von Cholinesterasehemmern

Antagonisierung der neuromuskulären Blockade Die Inhibition der Acetylcholinesterase führt zu einer

größeren Verfügbarkeit von Acetylcholin an der neuromuskulären Endplatte.
Zur Antagonisierung nichtdepolarisierender Muskelrelaxanzien wird am häufigsten Neostigmin verwendet.
Neostigmin: 0,043 mg/kg KG
Pyridostigmin: 0,21 mg/kg KG

lichkeit für eine Rezeptorbindung von Acetylcholin in Konkurrenz zu den nichtdepolarisierenden Muskelrelaxanzien erhöht.
Äquipotente Dosierungen der Cholinesterasehemmer sind:
Neostigmin: 0,043 mg/kg KG
Pyridostigmin: 0,21 mg/kg KG

Gleichzeitige Gabe von Anticholinergika

Zur Verhinderung der nach Neostigmin und Pyridostigmin auftretenden Bradykardie und Hypersalivation wird **Atropin** benötigt.

Falls durch hohe Dosen von Neostigmin der neuromuskuläre Block nicht aufgehoben wird, muß der Patient unter Sedierung weiter beatmet werden, bis die Wirkung des Muskelrelaxans abgeklungen ist.

Gleichzeitige Gabe von Anticholinergika. Zur Antagonisierung der neuromuskulären Blockade wird nur der über nikotinerge Rezeptoren im Bereich der neuromuskulären Endplatte vermittelte Effekt benötigt. Aus diesem Grunde wird versucht, die gleichzeitig über muskarinerge Rezeptoren vermittelte Wirkung der Cholinesterasehemmer durch adjuvante Applikation von Anticholinergika, wie z. B. **Atropin** oder **Glycopyrrolat**, zu unterdrücken. Zur Verhinderung der nach Neostigmin und Pyridostigmin auftretenden Bradykardie und Hypersalivation werden ca. 15 µg/kg KG Atropin benötigt. Die bei gleichzeitiger Gabe von Atropin und Neostigmin initial auftretende Tachykardie ist Ausdruck eines verglichen mit Atropin langsameren Wirkungseintritts der Cholinesterasehemmer.
Nach maximaler Inhibition der Actylcholinesterase wird die neuromuskuläre Blockade durch zusätzliche Zufuhr von Cholinesterasehemmern nicht weiter beeinflußt. Falls durch hohe Dosen von Neostigmin (70 µg/kg KG) oder äquivalenter Dosen anderer Cholinesterasehemmer der neuromuskuläre Block nicht aufgehoben wird, muß der Patient unter angemessener Sedierung bis zum Abklingen der Wirkung der Muskelrelaxanzien weiter künstlich beatmet werden.

Merke ►

Merke. Praktisch wird so vorgegangen, daß 1 mg Neostigmin und 0,5 mg Atropin zusammen in einer Spritze aufgezogen und dem Patienten langsam intravenös zugeführt werden. Bei nicht ausreichender Wirkung kann Neostigmin bis zu einer Gesamtdosis von maximal 5 mg fraktioniert nachgegeben werden.

Einflüsse auf die Antagonisierbarkeit der neuromuskulären Blockade

Der Erfolg der Antagonisierung durch Cholinesterasehemmer wird durch eine Reihe von Faktoren verzögert bzw. verhindert:
- Antibiotika (s. S. 172)
- Hypothermie
- respiratorische Azidose
- Hypokaliämie
- dem Grad des vorliegenden Blockes
- die Konzentration des nichtdepolarisierenden Muskelrelaxans am Rezeptor.

Einflüsse auf die Antagonisierbarkeit der neuromuskulären Blockade

Geschwindigkeit und Ausmaß einer Antagonisierung durch Cholinesterasehemmer werden durch eine Reihe von Faktoren bestimmt:
- dem Grad des zum Zeitpunkt der Applikation von Antagonisten vorliegenden Blockes
- der Konzentration des nichtdepolarisierenden Muskelrelaxans am Rezeptor.

Die Antagonisierbarkeit eines neuromuskulären Blockes kann verzögert oder gar verhindert werden durch:
- einige Antibiotika (s. S. 172)
- Hypothermie
- respiratorische Azidose ($PaCO_2$ > als 50 mmHg)
- Hypokaliämie.

Merke ►

Merke. Wenn die neuromuskuläre Blockade noch nicht am Abklingen ist (keine Zeichen einer Spontanatmung), kann es nach zunächst erfolgreicher Antagonisierung zur erneuten Relaxierung kommen (»Rebound«-Phänomen). **Jeder »antagonisierte« Patient muß über einen Zeitraum von 2 Stunden sorgfältigst überwacht werden!**

Überdosierungen von Cholinesterasehemmern

Symptome

Klinische Zeichen einer Intoxikation mit Cholinesterasehemmern sind:
- Bradykardie

Überdosierungen von Cholinesterasehemmern

Symptome

Akute Intoxikationszeichen nach Überdosierung von Cholinesterasehemmern zeigen sich durch das Auftreten muskarinerger und nikotinerger Symptome im peripheren und zentralen Nervensystem.

Durch **muskarinerge Rezeptoren** vermittelte Symptome sind:
- Bradykardie
- Bronchokonstriktion
- Miosis und Akkommodationsstörungen
- Hypersalivation
- abdominelle Krämpfe
- Verlust der Blasen- und Mastdarmkontrolle.

Durch **nikotinerge Rezeptoren** an der neuromuskulären Endplatte vermittelte Symptome reichen von einer Schwäche der quergestreiften Muskulatur bis hin zu einer **Atemlähmung**.
Zentrale Effekte bestehen aus:
- Konfusion
- zerebralen Krämpfen
- Atemdepression
- Koma.

Behandlung

Eine Überdosierung von Cholinesterasehemmern kann mit Atropin behandelt werden. Atropin (35 – 70 µg/kg KG, alle 3 – 10 Minuten i. v.) kann die mit der Besetzung muskarinerger Rezeptoren verbundenen Symptome antagonisieren. Die durch Interaktion mit den nikotinergen Rezeptoren an der neuromuskulären Endplatte verbundenen Effekte werden durch Atropin allerdings nicht aufgehoben. Zusätzlich muß bei einer infolge Überdosierung auftretenden Muskellähmung der Patient u. U. intubiert und beatmet werden. Zerebrale Krämpfe werden mit Barbituraten oder Benzodiazepinen durchbrochen.

3.4.4 Überwachung der neuromuskulären Funktion

Der Relaxierungsgrad der quergestreiften Muskulatur kann sowohl anhand **klinischer Zeichen** als auch objektiv nach Nervenstimulation und Aufzeichnung der muskulären Zuckungsantwort (**Relaxometrie**) erfaßt werden.
Klinische Zeichen einer nachlassenden Muskelrelaxierung sind vor allem:
- Rückkehr von Spontanbewegungen
- Änderung des Beatmungsdruckes
- Anspannen der Bauchdeckenmuskulatur

Ein Patient hat seine Muskelkraft größtenteils wiedererlangt, und die **Extubation** kann durchgeführt werden, wenn er mindestens 5 Sekunden lang
- die Augen öffnen kann
- den Kopf anheben kann
- die Zunge herausstrecken kann
- die Hand drücken kann
- über ein ausreichendes Atemzugvolumen verfügt

(hierbei soll die Inspirationskraft mindestens –25 cm H_2O und die Atemfrequenz nicht über 25/min betragen).

Überwachung mittels Nervenstimulation

Eine **Quantifizierung** der neuromuskulären Blockade kann durch wiederholte elektrische Reizung eines peripheren motorischen Nervs (z. B. N. ulnaris, N. tibialis) mittels Nervenstimulator erfolgen. Angewandt wird entweder das **evozierte Mechanomyogramm** (eMMG) oder das **evozierte Elektromyogramm** (eEMG). Beim eMMG wird die durch die Reizung hervorgerufene Muskelkontraktion und beim eEMG das evozierte Oberflächensummenaktionspotential gemessen. Mit Hilfe dieser Überwachungsmethoden können sowohl die Ausprägung als auch der Typ der neuromuskulären Blockade bestimmt werden. Zur Erzielung reproduzierbarer Resultate muß der periphere Nerv supramaximal stimuliert werden, damit sich alle Fasern des Muskels kontrahieren können und die Kraftentwicklung maximal ist.

- Bronchokonstriktion
- Miosis und Akkommodationsstörungen
- Hypersalivation
- abdominelle Krämpfe
- Verlust der Blasen- und Mastdarmkontrolle
- Schwäche der quergestreiften Muskulatur bis hin zur Atemlähmung.

Zentrale Effekte sind:
- Konfusion
- zerebrale Krämpfe
- Atemdepression
- Koma.

Behandlung

Die Überdosierung von Cholinesterasehemmern wird mit Atropin behandelt. Zusätzlich muß bei einer infolge Überdosierung auftretenden Muskellähmung der Patient u. U. intubiert und beatmet werden.
Zerebrale Krämpfe werden mit Barbituraten und Benzodiazepinen durchbrochen.

3.4.4 Überwachung der neuromuskulären Funktion

Der Relaxierungsgrad der quergestreiften Muskulatur kann sowohl anhand **klinischer Zeichen** als auch objektiv nach Nervenstimulation und Aufzeichnung der muskulären Zuckungsantwort **(Relaxometrie)** erfaßt werden.
Klinische Überwachung Klinische Zeichen einer nachlassenden Muskelrelaxierung sind vor allem:
- Spontanbewegungen
- Änderung des Beatmungsdruckes
- Anspannung der Bauchdecke.

Eine **Extubation** kann durchgeführt werden, wenn der Patient mindestens 5 Sekunden lang
- die Augen öffnen kann
- den Kopf anheben kann
- die Zunge herausstrecken kann
- die Hand drücken kann
- über ein ausreichendes Atemzugvolumen verfügt.

Überwachung mittels Nervenstimulation

Methoden zur **Quantifizierung** der neuromuskulären Blockade sind:
- evoziertes Mechanomyogramm (eMMG)
- evoziertes Elektromyogramm (eEMG).

Als Reizmuster kommen **Einzelreize, Train-of-four-Stimulation** (TOF; S 3.22) und **tetanische Reizformen** zur Anwendung.

Als Reizmuster kommen **Einzelreize** mit einer Frequenz von 0,1 Hz, **Train-of-four-Stimulation** (TOF – Einzelreize in Viererserie) und **tetanische Reizformen** mit Reizfrequenzen von 50 Hz zur Anwendung. Das Train-of-four-Stimulationsmuster verwendet 4 Einzelreize mit einer Frequenz von 2 Hz (S 3.**22**). Die Reizantwort auf die 1. Stimulation (T_1) einer jeden Viererreihe entspricht der von Einzelreizen mit 0,1 Hz. Der sog. Train-of-four-Quotient gibt das Verhältnis der 4. (T_4) zur 1. Reizantwort (T_1) und damit den Grad der Muskelrelaxierung wieder. Je größer die Differenz bzw. je kleiner der Train-of-four-Quotient ist, desto größer ist der Blockierungsgrad.

Durch Muskelrelaxanzien vermindert sich die Kontraktionsamplitude dosisabhängig bis zum völligen Ausbleiben einer muskulären Antwort. Hieraus können Rückschlüsse auf das Ausmaß der neuromuskulären Blockade gezogen werden. Beachtet werden muß jedoch, daß mindestens 75 % der Rezeptoren durch ein Muskelrelaxans besetzt sein müssen, ehe nach Einzelreizen eine Minderung der Kontraktionskraft zu messen ist. Bei > 95 %iger Rezeptorbesetzung sinkt die Einzelreizantwort auf Null ab. Die Erholung der muskulären Antwort läuft den umgekehrten Weg. Wiederum können bei voll meßbarer muskulärer Antwort noch 75 % der Rezeptoren mit Muskelrelaxanzien besetzt sein.

S 3.**23** zeigt das Verhalten von EMK, EEG, TOF und $PECO_2$ unter Allgemeinanästhesie.

S Synopsis 3.22: Train-of-four-Stimulation (TOF)

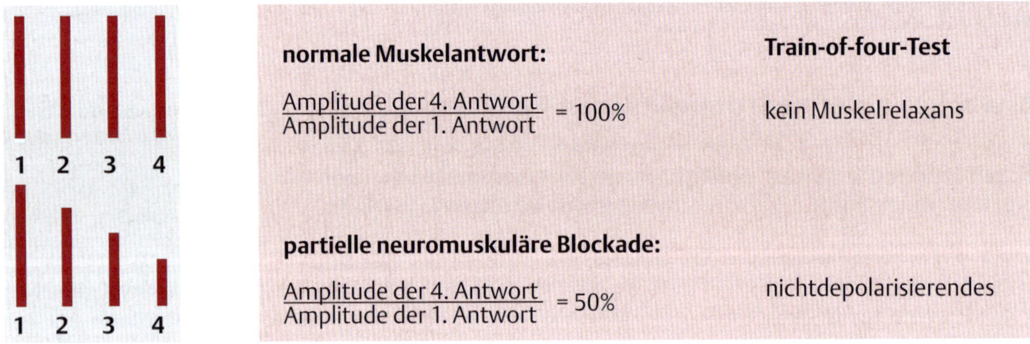

a Darstellung der evozierten muskulären Antwort nach Train-of-four-Stimulation mit 2 Hz vor und nach Anwendung eines nichtdepolarisierenden Muskelrelaxans. Das Verhältnis der 4. (T_4) zur 1. Reizantwort (T_1) gibt der Grad der Muskelrelaxierung wieder. Je größer die Differenz bzw. je kleiner der Train-of-four-Quotient ist, desto größer ist der Blockierungsgrad.

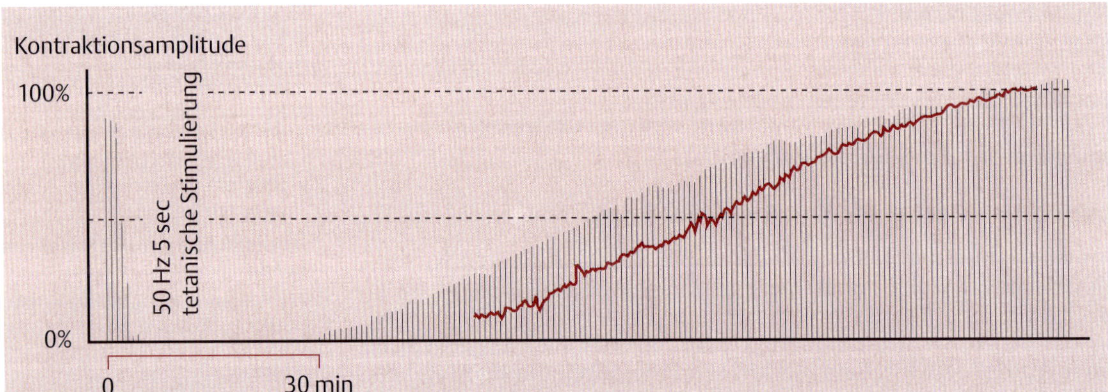

b Typische Verlaufskurve der Muskelantwort nach Gabe von 0,1 mg/kg KG Vecuronium bei einer 50jährigen Patientin nach Narkoseeinleitung. Innerhalb von 90 Sekunden kann keine muskuläre Zuckung, auch unter einer tetanischen Reizung mit 50 Hz über 5 Sekunden, ausgelöst werden. Diese Konstellation zeigt eine vollständige muskuläre Blockade an, wie sie zur Intubation notwendig ist. Im weiteren Verlauf erholt sich die Muskelantwort langsam wieder, bis nach > 60 Minuten nach Gabe des Muskelrelaxans die Ausgangswerte wieder erreicht sind.

Synopsis 3.23: Verhalten von EMG, EEG, TOF und $PECO_2$ unter Allgemeinanästhesie

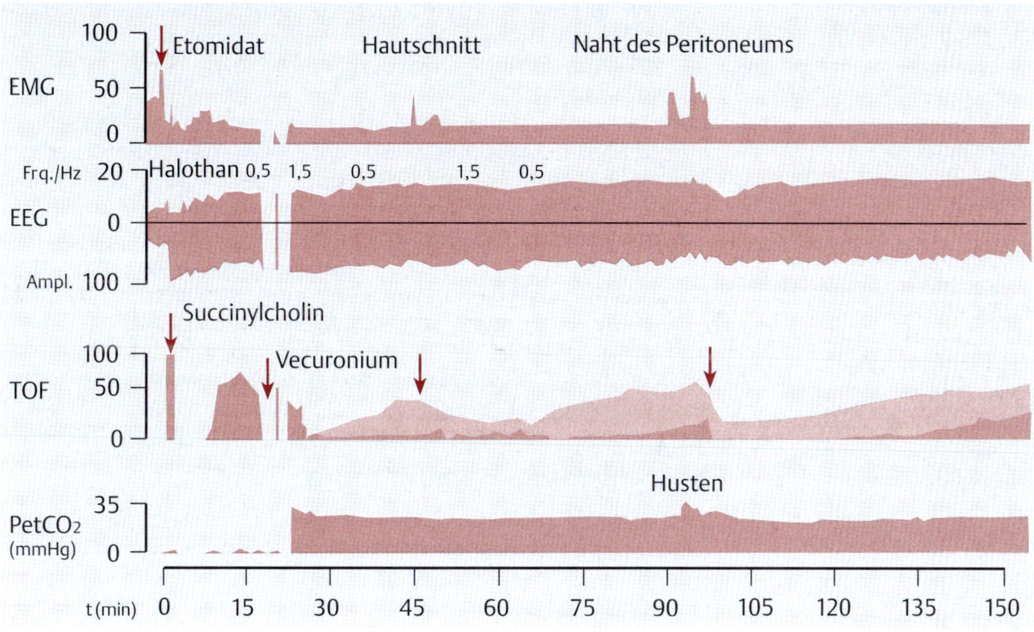

Dargestellt ist das Verhalten des iEMG (integriertes Elektromyogramm), des Spontan-EEG mit mittlerer Amplitude und mittlerer Frequenz, der Train-of-four-Stimulation (TOF) sowie der endexspiratorischen Kohlendioxidspannung ($PetCO_2$) während eines abdominellen Eingriffes unter Allgemeinanästhesie. Die Narkoseeinleitung erfolgte mit Etomidat (0,3 mg/kg KG), gefolgt von Succinylcholin (1 mg/kg KG). Nach Intubation wurde die Narkose mit Halothan in einem Lachgas-Sauerstoff-Gemisch ($N_2O/O_2 = 2/1$) weitergeführt. Deutlich ersichtlich ist die schnelle Erholung der Train-of-four-Antworten nach Gabe von Succinylcholin. Die Muskelrelaxation wurde durch repetitive Vecuroniumgaben fortgeführt. Intraoperative Schmerzstimuli führten zu einer deutlichen Antwort im EMG, während im EEG keine signifikanten Änderungen auftraten. Weiterhin ist ersichtlich, daß mit schmerzhaften Stimuli verbundene Hustenstöße zu einem Anstieg der endexspiratorischen Kohlendioxidspannung ($PECO_2$) führten. ↓ Injektion des entsprechenden Medikamentes.

3.5 Narkoseeinleitung

3.5.1 Allgemeine Voraussetzungen

Vor dem Beginn jeder Anästhesie (Allgemein- oder Regionalanästhesie) müssen alle medikamentösen und technisch-apparativen Voraussetzungen erfüllt sein, um eine maximale Patientensicherheit zu gewährleisten. Für eine Narkose sind Venenkanülen, Infusionslösungen mit entlüftetem Infusionsbesteck, Hypnotika, Inhalationsanästhetika, Muskelrelaxanzien und Notfallmedikamente bereitzuhalten. Die Beatmung erfordert ein auf Funktionsfähigkeit geprüftes Narkosegerät, Sauerstoff sowie alle Voraussetzungen für eine sichere Maskenbeatmung (Beatmungsmasken, Guedel-Tuben, Ambu-Beutel) und endotracheale Intubation (Laryngoskop, endotrachealer Tubus, Führungsstab, Magill-Zange, Absauggerät). Die Überwachung erfolgt durch einen EKG-Monitor, nichtinvasive (Blutdruckmanschette) oder invasive Blutdruckmessung (z. B. Kanülierung der A. radialis), und Pulsoxymetrie. In Abhängigkeit von Art und dem Umfang des Eingriffes können die Anlage eines zentralen Venenkatheters oder eines Pulmonaliskatheters, einer Magensonde und eines Blasenkatheters indiziert sein.

Sind alle apparativen und medikamentösen Voraussetzungen für eine sichere Narkoseeinleitung erfüllt, wird folgendermaßen vorgegangen. Zunächst wird der Patient identifiziert und die Patientenakte auf Vollständigkeit geprüft. Hierzu gehören die Kontrolle der präoperativen Befunde wie EKG, Röntgen-Thorax-Aufnahme, aktueller Laborparameter sowie anamnestische Informationen über mögliche Dauermedikationen und Vorer-

3.5 Narkoseeinleitung

3.5.1 Allgemeine Voraussetzungen

Vor dem Beginn jeder Anästhesie (Allgemein-, Regionalanästhesie) müssen alle medikamentösen und technisch-apparativen Voraussetzungen erfüllt sein, um eine maximale Patientensicherheit zu gewährleisten.

Für eine Narkose sind bereitzustellen:
- Infusionen inkl. Zubehör
- Pharmaka für die Narkose
- Notfallmedikamente
- geprüftes Narkosegerät
- Sauerstoff
- Beatmungsmaske
- Intubationsbesteck
- Monitoring
- Zubehör für spezielle Maßnahmen.

Vor der Narkoseeinleitung wird der Patient identifiziert und die Patientenakte auf Vollständigkeit geprüft.

Danach wird eine Venenkanüle plaziert. Weiterhin werden die Ausgangswerte der Herzfrequenz und des Blutdruckes protokolliert.

Die Einleitung der Allgemeinnarkose erfolgt in aller Regel intravenös. Daran schließt sich eine Masken- (Gesichts- oder Kehlkopfmaske) oder Intubationsnarkose als Inhalations-, balancierte oder intravenöse Anästhesie an. Einleitungen bei Säuglingen und Kleinkindern werden vielerorts per inhalationem durchgeführt.

3.5.2 Intravenöse Einleitung

»Narkose« ist der Verlust von Bewußtsein, Schmerzempfinden und Muskeltonus. **Hypnose, Analgesie** und **Relaxierung** werden durch die Gabe von selektiv wirkenden Pharmaka unterschiedlicher Substanzgruppen erreicht und gehen mit dem Verlust von Schutzreflexen einher.
Vor der Narkoseeinleitung wird eine **Präoxygenierung** des Patienten durchgeführt. Die Sauerstoffsättigung kann dabei mit einem Pulsoxymeter nichtinvasiv überwacht werden.
Danach kann eine geringe Dosis eines **Neuroleptikums** gegeben werden, gefolgt von einem **Opioid** zur Analgesie. Bei anschließender endotrachealer Intubation wird eine niedrige Dosis eines **nichtdepolarisierenden Muskelrelaxans** verabreicht. Eine zunächst niedrige Dosis (»Priming Dosis«) ermöglicht eine faszikulationsarme Gabe eines nichtdepolarisierenden Muskelrelaxans oder verkürzt die Maskenbeatmungsphase. Danach wird ein i. v. **Hypnotikum** injiziert (Barbiturate, Etomidat, Propofol, Benzodiazepine, Ketamin).
Das Einschlafen ist an fehlender Ansprechbarkeit und erloschenen Schutzreflexen erkennbar. Bei noch vorhandener Resteigenatmung muß jetzt bereits **assistiert** bzw. **kontrolliert** per Maske beatmet werden. Nun kann **ein depolarisierendes** oder **nichtdepolarisierendes Muskelrelaxans** zur Intubation gegeben werden.

Nebenwirkungen und Gefahren

- **zentrale Atemdepression**
- **Herz-Kreislaufdepression**
- **anaphylaktische/anaphylaktoide Reaktion**
- **Injektionsschmerzen.**

krankungen. Vor Eingriffen mit Blutungsgefahr wird der Blutgruppenbefund kontrolliert und überprüft, ob ausreichend Blutkonserven (Eigen- oder Fremdblut) bereitgestellt sind. Der Anästhesist sollte unmittelbar vor der Narkoseeinleitung beim Patienten nochmals Nüchternheit erfragen und den Zahnstatus (gelockerte Zähne!) sowie den Grad der Mundöffnung überprüfen.
Danach wird eine Venenverweilkanüle plaziert und sicher fixiert. Weiterhin werden die Ausgangswerte der Herzfrequenz-Pulsoxymetrie und des Blutdruckes protokolliert. Erst wenn diese Voraussetzungen erfüllt sind, darf mit der Narkoseeinleitung begonnen werden.
Die Einleitung der Narkose erfolgt in aller Regel intravenös. Daran schließt sich eine Masken- (Gesichts- oder Kehlkopfmaske) oder Intubationsnarkose als Inhalations-, balancierte oder intravenöse Anästhesie an. Eine Ausnahme von dieser Vorgehensweise sind Einleitungen bei Säuglingen und Kleinkindern. Sie werden vielerorts per inhalationem über eine Gesichtsmaske oder seltener durch intramuskuläre oder rektale Hypnotikaapplikation eingeleitet.

3.5.2 Intravenöse Einleitung

»Narkose« ist der Verlust von Bewußtsein, Schmerzempfinden und Muskeltonus. **Hypnose, Analgesie** und **Relaxierung** werden durch die Gabe von selektiv wirkenden Pharmaka unterschiedlicher Substanzgruppen erreicht (Kombinationsnarkose) und gehen mit dem Verlust von Schutzreflexen einher. Risikopatienten sollten daher durch Insufflation von Sauerstoff über eine Gesichtsmaske unter Spontanatmung **präoxygeniert** werden. Eine 95 %ige »Denitrogenierung« kann bei dicht sitzender Maske innerhalb von 3 Minuten erreicht werden. Die Sauerstoffsättigung kann dabei mit einem Pulsoxymeter nichtinvasiv überwacht werden.
Während der Präoxygenierung kann zunächst eine geringe Dosis eines Neuroleptikums (z. B. Droperidol – Dehydrobenzperidol®) als langwirksames Antiemetikum verabreicht werden, gefolgt von einem Opioid zur Analgesie (z. B. Fentanyl: 0,001 – 0,002 mg/kg KG; Alfentanil-Rapifen®: 0,01 – 0,02 mg/kg KG). Bei geplanter endotrachealer Intubation erfolgt nun die Applikation einer niedrigen Dosis eines nichtdepolarisierenden Muskelrelaxans (z. B. Vecuronium-Norcuron®: 0,01 mg/kg KG). Diese »Priming«-Dosis ermöglicht eine faszikulationsarme Applikation von depolarisierenden Muskelrelaxanzien (z. B. Succinylcholin-Pantolax®: 1 mg/kg KG) oder verkürzt die Maskenbeatmungsphase bei alleiniger Verwendung nichtdepolarisierender Muskelrelaxanzien. Schließlich wird ein intravenöses Hypnotikum injiziert. Zur Einleitung können Barbiturate (Thiopental – Trapanal®, Methohexital – Brevimytal®), Etomidat (Etomidat-Lipuro®), Propofol (Disoprivan®), Benzodiazepine oder Ketamin (Ketanest®) verwendet werden. Alle Substanzen sind stets langsam (ggf. Venenreizung, Histaminfreisetzung etc.) und individuell nach Wirkung zu dosieren.
Das Einschlafen des Patienten ist an fehlender Ansprechbarkeit und erloschenen Schutzreflexen (z. B. aufgehobener Lidreflex) zu erkennen. Die hypnotische bzw. sedierende Wirkung der injizierten Substanzen in Verbindung mit Neuroleptika und Analgetika macht jetzt bei noch vorhandener Resteigenatmung die assistierte bzw. kontrollierte Maskenbeatmung des Patienten erforderlich. Ist die Maskenbeatmung sicher durchführbar, kann nun in Abhängigkeit von der Wahl des Muskelrelaxans (in der Regel nichtdepolarisierend) die Relaxierung zur Intubation erfolgen. Die Dauer der Maskenbeatmung bis zur Intubationsbereitschaft des Patienten richtet sich nach dem Wirkungseintritt des Muskelrelaxans.

Nebenwirkungen und Gefahren

Zu den Nebenwirkungen und Gefahren einer intravenösen Narkoseeinleitung gehören die **zentrale Atemdepression**, die **Herz-Kreislaufdepression** sowie **anaphylaktische** oder **anaphylaktoide Reaktionen.** Weiterhin können **Injektionsschmerzen** auftreten.

3.5.3 Intramuskuläre und rektale Einleitung

Die intramuskuläre oder rektale Narkoseeinleitung kann in Situationen sinnvoll sein, in denen eine Venenverweilkanüle zunächst nicht gelegt werden kann (Kinder, unkooperativer Patient, Katastrophenmedizin). Das Freihalten der Atemwege bzw. die Möglichkeit zur Beatmung sind jedoch ebenso Voraussetzung wie ein venöser Zugang nach Induktion der Analgo-Sedierung oder Narkose. Die intramuskuläre Einleitung kann durch Gabe von Ketamin (5 mg/kg KG i. m.) erreicht werden. Die selten indizierte rektale Einleitung kann entweder durch Instillation von Methohexital (10 - 40 mg/kg KG) oder Ketamin (5 - 15 mg/kg KG) erfolgen.

3.5.3 Intramuskuläre und rektale Einleitung

Die i. m. oder rektale Narkoseeinleitung kann in Situationen sinnvoll sein, in denen eine Venenkanüle zunächst nicht gelegt werden kann (Kinder, unkooperativer Patient, Katastrophenmedizin). Die i. m. Einleitung erfolgt durch **Ketamin**, die rektale durch Instillation von **Methohexital**.

3.5.4 Inhalationseinleitung

Die Narkoseeinleitung durch Inhalationsanästhetika kann bei Säuglingen und Kleinkindern durchgeführt werden, wenn die Kanülierung einer peripheren Vene am wachen Patienten nicht durchführbar ist oder nicht zumutbar erscheint. Die Inhalationseinleitung kann ebenfalls bei Patienten mit zu erwartenden Atemwegsobstruktionen sinnvoll sein.
Zur Inhalationseinleitung können folgende Anästhetika verwendet werden: Halothan, Sevofluran, Lachgas. Die Inhalationseinleitung erfolgt über eine Maske, die an das Narkosekreisteil angeschlossen ist. Die Maske wird dicht über das Gesicht des Patienten gehalten. Nach angemessener Präoxygenierung kann Lachgas in bis zu 65 %iger Konzentration beigemischt werden. Halothan wird in ansteigender Dosierung in Schritten von 0,5 - 1,0 Vol% pro 5 - 10 Atemzüge dem Inspirationsgas hinzugegeben, bis eine Konzentration von ca. 2 MAC erreicht ist. Bei Verwendung von Sevofluran wird initial eine hohe Dosierung gewählt (6 - 8 Vol%), die dann schrittweise reduziert wird. Es ist auch eine sogenannte »Single-breath«-Einleitung möglich. Bei Sistieren der Bewegung der Extremitäten sollte die Kanülierung einer peripheren Vene erfolgen, um die intravenöse Gabe von Medikamenten zu ermöglichen.

3.5.4 Inhalationseinleitung

- Säuglinge und Kleinkinder, wenn die Kanülierung einer peripheren Vene nicht möglich ist.
- Patienten mit zu erwartenden Atemwegsobstruktionen.

Die Inhalationseinleitung erfolgt über eine Maske, die an das Narkosekreisteil angeschlossen ist.
Nach einer angemessenen Präoxygenierungsphase kann Lachgas (bis zu 65 %) beigemischt werden. Anschließend wird das Inhalationsanästhetikum in ansteigender Konzentration in Schritten von 0,5 - 1,0 Vol% pro 5 - 10 Atemzüge dem Inspirationsgas hinzugegeben. Ausnahme: Sevofluran »Single breath«.

Nebenwirkungen und Gefahren

Die potentiell gefährliche Phase einer Inhalationseinleitung ist das **Exzitationsstadium**. Hier kann es neben Kreislaufdepression und Erbrechen durch Irritation der Atemwege zu Apnoe, Laryngospasmus, Bronchospasmus und Hypersalivation kommen. Durch eine frühzeitige assistierte, d. h. der Spontanatmung des Patienten angepaßten Beatmung, können diese Probleme reduziert werden. Die Behandlung des Laryngospasmus erfolgt durch Reduktion der inspiratorischen Narkosegaskonzentration, assistierte Beatmung mit 100 % Sauerstoff und ggf. Injektion von Succinylcholin mit sofortiger Intubation.

Nebenwirkungen und Gefahren

Die potentiell gefährliche Phase einer Inhalationseinleitung ist das **Exzitationsstadium.**
Hier können auftreten:
- Kreislaufdepression
- Erbrechen
- Apnoe
- Laryngospasmus
- Bronchospasmus
- Hypersalivation.

3.6 Narkosedurchführung

3.6.1 Maskennarkose

Die **Gesichtsmaske** ist nur bei Narkosen für kurze Eingriffe bis zu einer Dauer von ca. 30 Minuten geeignet. Bei Verwendung der **Larynxmaske** sind auch längere Operationen möglich. Als kurze Eingriffe gelten u. a. Abszeßspaltungen, Repositionen von Frakturen und Luxationen, schmerzhafte Verbandswechsel, diagnostische Probenentnahmen von Gewebe. Maskennarkosen sollten nur bei **nüchternen Patienten** in Rückenlage durchgeführt werden. Die Einleitung kann per inhalationem (Kinder) oder besser durch Gabe intravenöser Substanzen erfolgen. Neben dem intravenösen Anästhetikum kann zusätzlich ein kurzwirksames Analgetikum (z. B. Alfentanil) gegeben werden, um eine ausreichende Analgesie zu erreichen. Wird auf Analgetika verzichtet, muß die inspiratorische Narkosegaskonzentration entsprechend erhöht werden. Während einer Maskennarkose wird der Patient entweder assistiert oder manuell kontrolliert beatmet (bei Verwendung einer Larynx-

3.6 Narkosedurchführung

3.6.1 Maskennarkose

Die **Gesichtsmaske** ist nur bei Narkosen für kurze Eingriffe bis zu einer Dauer von ca. 30 Min. geeignet, die **Larynxmaske** auch bei längeren Operationen.
Maskennarkosen sollten nur bei **nüchternen Patienten** in Rückenlage durchgeführt werden. Die Einleitung kann per inhalationem (Kinder) oder besser durch Gabe intravenöser Substanzen erfolgen.
Die Maskennarkose erfolgt intraoperativ unter assistierter, manuell

kontrollierter Beatmung oder Spontanatmung. Das Ende der Maskennarkose wird durch die Gabe von 100 % Sauerstoff und die Unterbrechung der Narkosegaszufuhr eingeleitet.

maske auch maschinelle Beatmung möglich), oder man läßt ihn – bei suffizienter Eigenatmung! – spontan atmen. Das Ende der Maskennarkose wird durch die Gabe von 100 % Sauerstoff und die Unterbrechung der Narkosegaszufuhr eingeleitet.

Merke ▶

> ***Merke.*** Der Patient darf erst dann aus dem Aufwachraum verlegt werden, wenn die Schutzreflexe und der Muskeltonus normalisiert sind und der Patient ansprechbar und voll orientiert ist.

Nebenwirkungen und Gefahren

- tracheobronchiale **Aspiration**
- Kontamination des Operationssaales mit Narkosegasen.

Nebenwirkungen und Gefahren

Hierzu zählt besonders die tracheobronchiale **Aspiration**, die bei einer Maskennarkose nie sicher vermieden werden kann. Das Risiko ist jedoch beim nüchternen Patienten gering, zumal wenn die Maskenbeatmung mit einem niedrigen Atemwegsdruck durchgeführt wird. Die Kontamination der Raumluft mit Anästhetikagasen kann durch zentrale Absauganlagen sowie spezielle Absaugvorrichtungen an der Beatmungsmaske drastisch reduziert werden. Es ergeben sich folgende **Kontraindikationen** zur Durchführung einer Maskennarkose:

- Nichtnüchternheit
- Bauchlage
- Adipositas permagna
- Eingriffsdauer > 30 Minuten (Ausnahme: Larynxmaske).

Kontraindikationen der Maskennarkose:

- Nichtnüchternheit
- Bauchlage
- Adipositas permagna
- Eingriffsdauer > 30 min (Ausnahme: Larynxmaske).

3.6.2 Inhalationsanästhesie

Nach einer Narkoseeinleitung mit Inhalations- oder intravenösen Anästhetika kann die Anästhesie durch Inhalationsanästhetika fortgeführt werden. Hierzu werden Substanzen wie Isofluran, Sevofluran oder Desfluran verwendet.

In Abhängigkeit von Art und Dauer des Eingriffs kann die Inhalationsanästhesie als **Masken-** oder **Intubationsnarkose** durchgeführt werden.
Die **Steuerung der Anästhesietiefe** orientiert sich im allgemeinen an systemisch-hämodynamischen Parametern wie Herzfrequenz und arteriellem Blutdruck. Ein Anstieg von Herzfrequenz und Blutdruck als Hinweis auf eine inadäquate Narkosetiefe wird mit einer Erhöhung der inspiratorischen Narkosegaskonzentration behandelt. Dagegen deutet eine Abnahme der sympathischen Stimulierung auf eine zu tiefe Narkose hin, wenn andere Ursachen ausgeschlossen werden können.

3.6.2 Inhalationsanästhesie

Nach einer Narkoseeinleitung mit Inhalations- oder intravenösen Anästhetika kann die Anästhesie durch Inhalationsanästhetika fortgeführt werden. Hierzu werden Substanzen wie Isofluran, Sevofluran oder Desfluran verwendet. Sie werden einem Frischgasgemisch aus Sauerstoff und Lachgas oder Raumluft zugemischt. Die Inhalationsnarkose zeichnet sich durch eine relativ stabile Hämodynamik sowie nur geringgradige postoperative Atemdepression aus.
In Abhängigkeit von Art und Dauer des Eingriffs kann die Inhalationsanästhesie als **Masken- oder Intubationsnarkose** durchgeführt werden. Während chirurgischer Eingriffe kommt es zu Phasen unterschiedlicher Schmerzintensität. Die **Steuerung der Anästhesietiefe** orientiert sich im allgemeinen an systemisch-hämodynamischen Parametern wie Herzfrequenz und arteriellem Blutdruck. Ein Anstieg von Herzfrequenz und Blutdruck als Hinweis auf eine inadäquate Narkosetiefe wird mit einer Erhöhung der inspiratorischen Narkosegaskonzentration behandelt. Dagegen deutet eine Abnahme der sympathischen Stimulierung auf eine zu tiefe Narkose hin, wenn andere Ursachen ausgeschlossen werden können. Der Anästhesist muß wegen des verzögerten Wirkungseintritts der Inhalationsanästhetika den Ablauf der chirurgischen Verfahren kennen, um frühzeitig die alveoläre Konzentration der Anästhetika der chirurgischen Stimulation anpassen zu können.

Nebenwirkungen und Gefahren

Postoperativ werden relativ häufig **unzureichende Analgesie** und **Muskelzittern** sowie **Übelkeit** beobachtet.

Nebenwirkungen und Gefahren

Nach reinen Inhalationsnarkosen wird postoperativ wegen der schnellen Abflutung des Anästhetikums oftmals eine **unzureichende Analgesie** beobachtet. Des weiteren treten häufiger **Muskelzittern** sowie Übelkeit und Erbrechen (PONV) auf.

3.6.3 Intravenöse Anästhesie

Sedativa/Hypnotika

Intravenöse Anästhetika vermindern das Bewußtsein oder schalten es aus (Ausnahme: Ketamin). Sie führen zu Amnesie, Sedierung, Schlaf oder Bewußtlosigkeit.

3.6.3 Intravenöse Anästhesie

Sedativa/Hypnotika

Intravenöse Anästhetika vermindern das Bewußtsein oder schalten es aus (Ausnahme: Ketamin). Sie führen zu Amnesie, Sedierung, Schlaf oder Bewußtlosigkeit. Zur Durchführung einer Narkose werden sie im allgemeinen mit einem potenten Analgetikum (Opioid) und einem Muskelrelaxans kombiniert. Zu den intravenösen Anästhetika zählen die Barbiturate, Etomidat und Propofol sowie die Benzodiazepine und Ketamin (siehe Kap. 3.2.2). Eine intravenöse Sedierung oder Narkose kann entweder durch wiederholte Bolusapplikation oder durch kontinuierliche Infusion der Anästhetika aufrechterhalten werden. Wirkungseintritt, Wirkungsdauer und Aufwachzeit sind abhängig von der Pharmakokinetik, der Geschwindigkeit der Injektion/Infusion und der gewählten Dosierung der Substanzen. Die Steuerung der Narkose erfolgt durch Steigerung oder Reduktion der Dosis. Die Abschätzung des Anästhetikabedarfs richtet sich wie bei der Inhalationsanästhesie nach klinischen Zeichen und Herz-Kreislauf-Parametern.

Zu den intravenösen Anästhetika zählen die Barbiturate, Etomidat und Propofol sowie die Benzodiazepine und Ketamin (siehe Kap. 3.2.2).
Eine intravenöse Sedierung oder Narkose kann entweder durch wiederholte Bolusapplikationen oder durch kontinuierliche Infusion der Anästhetika aufrechterhalten werden.

Barbiturate sind im Rahmen einer intravenösen Anästhesie nur selten indiziert, da sie besonders nach längerer Infusionsdauer zur Kumulation und damit zu einer deutlich verzögerten Aufwachphase führen. Barbiturate können jedoch wegen ihrer antikonvulsiven und möglicherweise hirnprotektiven Eigenschaften während Eingriffen am zentralen Nervensystem nützlich sein.

Barbiturate sind im Rahmen einer intravenösen Anästhesie nur selten indiziert, da sie nach längerer Infusionsdauer zur Kumulation führen können (verzögerte Aufwachphase).

Etomidat ist als intravenöses Anästhetikum zur kontinuierlichen Gabe bei hämodynamischen instabilen Patienten gut geeignet. Hypnotische Dosierungen von Etomidat führen nur zu geringer respiratorischer Suppression. Die Aufwachphase ist im Vergleich zu Barbituraten wesentlich kürzer. Etomidat kann jedoch Myokloni hervorrufen. Die Suppression der Kortisolsynthese ist im Rahmen der Etomidatanwendung zur Narkose nicht relevant.

Etomidat ist als intravenöses Anästhetikum zur kontinuierlichen Gabe bei hämodynamisch instabilen Patienten geeignet. Die Aufwachphase ist kürzer als bei Barbituraten.

Propofol zeigt einige vorteilhafte Eigenschaften. Es führt gegenüber Barbituraten zu einer deutlich schnelleren Aufwachzeit und Erholung psychomotorischer Funktionen. Die gewünschte Anästhesietiefe kann daher besser aufrechterhalten werden. Übelkeit und Erbrechen sind unter Propofol im Vergleich zu Barbituraten seltener. Die wesentliche Nebenwirkung von Propofol besteht in einem möglichen Abfall des arteriellen Blutdrucks.

Propofol führt gegenüber Barbituraten zu einer deutlich schnelleren Aufwachzeit und Erholung psychomotorischer Funktionen.
Die wesentliche Nebenwirkung von Propofol besteht in einem möglichen Abfall des arteriellen Blutdruckes.

Benzodiazepine werden gelegentlich zur Unterhaltung einer Anästhesie in Kombination mit Opiaten eingesetzt. Sedierung, Hypnose und Amnesie bei guter hämodynamischer Stabilität sind die vorteilhaften Eigenschaften der Benzodiazepine. Die Aufwachzeit ist in Abhängigkeit von der Dauer der Infusion gegenüber anderen intravenösen Anästhetika allerdings verlängert. Bei sedierten Patienten (z. B. im Rahmen einer Regionalanästhesie) muß auf die Zeichen einer Obstruktion der oberen Atemwege als Folge eines Zurückfallens der Zunge geachtet werden.

Benzodiazepine werden gelegentlich zur Unterhaltung einer Anästhesie in Kombination mit Opiaten eingesetzt. Sedierung, Hypnose und Amnesie bei guter, stabiler Hämodynamik sind die Vorteile. Die Aufwachzeit ist jedoch verlängert.

Ketamin bewirkt als einziges intravenöses Anästhetikum eine Kombination aus qualitativer Bewußtseinsveränderung und Analgesie. Die Schutzreflexe sind unter Ketamin ebenso wie die Atmung zumeist wenig beeinträchtigt. Ketamin eignet sich als Monoanästhetikum für kleinere chirurgische Eingriffe besonders bei Kindern oder Verbrennungspatienten. **Notfallpatienten** mit schweren respiratorischen Erkrankungen (z. B. Asthma bronchiale, Status asthmaticus) oder im Schock können von der Verwendung von Ketamin profitieren. Ketamin sollte wegen der Stimulation des sympathoadrenergen Systems allerdings nicht bei Patienten mit koronarer Herzkrankheit eingesetzt werden. Da unter Ketamin ein Anstieg der Hirndurchblutung und des intrakraniellen Druckes vorkommen kann, ist Ketamin als alleinige Substanz bei Patienten mit intrakranieller Raumforderung nicht geeignet. Ketamin kann in der Aufwachphase zu intensiven Angstträumen und Wahnvorstellungen führen. Durch vorherige oder gleichzeitge Gabe von Benzodiazepinen kann das Auftreten unerwünschter ZNS-Reaktionen vermindert oder vermieden werden.

Ketamin bewirkt als einziges i. v. Anästhetikum eine Kombination aus qualitativer Bewußtseinsveränderung und Analgesie. Die Schutzreflexe wie die Atmung sind zumeist wenig beeinträchtigt.
Notfallpatienten, Asthma bronchiale, Status asthmaticus oder im Schock können von der Verwendung von Ketamin profitieren. Wegen des Hirndruckanstieges sollte es bei Patienten mit Hirntumoren nicht gegeben werden.

Durch vorherige Gabe von Benzodiazepinen kann das Auftreten von Angstträumen, Wahnvorstellungen vermindert oder vermieden werden.

Opioide

Opioide führen zu einer ausgeprägten Analgesie. Die Induktion von Amnesie und Hypnose kann selbst durch hochdosierte Opioidgaben nicht sicher erreicht werden. Werden Opioide als »Monoanästhetika« eingesetzt, muß damit gerechnet werden, daß die Patienten sich an intraoperative Ereignisse erinnern können. Zur Aufrechterhaltung einer Narkose ist die Kombination von Opioiden mit intravenösen Sedativa bzw. Hypnotika und Lachgas sinnvoll. Zu den im Rahmen der Narkose einsetzbaren Opioiden gehören Fentanyl (Fentanyl®, Janssen), Alfentanil (Rapifen®), Sufentanil (Sufenta®) und Remifentanil (Ultiva®).

Opioide

Opioide führen zu einer ausgeprägten Analgesie. Die Induktion von Amnesie und Hypnose kann selbst durch hochdosierte Opioidgaben nicht sicher erreicht werden.

Die Gabe eines Opioids kann entweder durch wiederholte Bolusapplikation oder durch kontinuierliche Infusion erfolgen. Wirkungseintritt, Wirkungsdauer sowie Nebenwirkungen sind abhängig von der gewählten Dosierung und der individuellen Empfindlichkeit. Die Steuerung der analgetischen Effekte erfolgt durch Steigerung oder Reduktion der Dosis. Die Abschätzung des Opioidbedarfs richtet sich wie bei den Inhalations- und intravenösen Anästhetika nach klinischen Zeichen und Herz-Kreislauf-Parametern.

Die alleinige Opioidgabe erfordert zur Anästhesie sehr hohe Dosen. Wegen der **geringen bis fehlenden Herz-Kreislauf-Depression** ist diese Anästhesieform aber besonders für Patienten mit erheblicher kardiovaskulärer Funktionseinschränkung geeignet. Vorteilhaft ist die das Ende der Operation überdauernde Analgesie.

Die alleinige Opioidgabe erfordert zur Anästhesie sehr hohe Dosen. Wegen der **geringen bis fehlenden Herz-Kreislauf-Depression** ist diese Anästhesieform aber besonders für Patienten mit erheblicher kardiovaskulärer Funktionseinschränkung geeignet. Sie wird daher in einigen Zentren zur Kardioanästhesie eingesetzt. Patienten mit intrakranieller Druckerhöhung profitieren in Kombination mit hirndrucksenkenden Anästhetika ebenfalls von der hämodynamischen Stabilität unter Opioiden, da der zerebrale Perfusionsdruck nicht reduziert wird. Vorteilhaft ist auch die das Ende der Operation überdauernde Analgesie. Selbst hohe Dosen von Opioiden können aber bei besonders schmerzhafter chirurgischer Stimulation (z. B. Sternotomie) einen Anstieg des arteriellen Blutdrucks und der Herzfrequenz als Ausdruck unzureichender Analgesie nicht immer verhindern.

Nebenwirkungen und Gefahren

- Atemdepression
- Übelkeit und Erbrechen

Nebenwirkungen und Gefahren

Opioide wirken **atemdepressiv** und machen insbesondere nach Anwendung höherer Dosen eine postoperative Nachbeatmung erforderlich. Unerwünscht ist auch das gelegentliche Auftreten von **Übelkeit und Erbrechen**.

3.6.4 Neuroleptanalgesie (NLA)

Die **klassische Neuroleptanalgesie** wurde mit hohen Dosen von Droperidol (bis 25 mg!) und Fentanyl (0,3 – 0,7 mg) eingeleitet. Heutzutage werden geringere Dosen von Droperidol verwendet. Die hypnotische Komponente wird durch zusätzliche Gabe von Benzodiazepinen oder anderen Hypnotika erreicht **(modifizierte Neuroleptanalgesie)**.

Die Anästhesie wird durch intermittierende Gabe des Fentanyl und des Hypnotikums in Kombination mit Lachgas/Sauerstoff aufrechterhalten. Die Muskelrelaxation erfolgt intraoperativ nach Bedarf mit nichtdepolarisierenden Relaxanzien.

3.6.4 Neuroleptanalgesie (NLA)

Die **klassische Neuroleptanalgesie** wurde mit hohen Dosen von Droperidol (bis 25 mg!) und Fentanyl (0,3 – 0,7 mg) eingeleitet, die aber das Bewußtsein nicht sicher ausschalten. Postoperativ wurden z. T. ausgeprägte und lange andauernde extrapyramidale Nebenwirkungen beobachtet. Heutzutage erfolgt im Rahmen der **modifizierten Neuroleptanalgesie** die Einleitung deshalb mit deutlich geringeren Dosen von Droperidol (5 mg). Die hypnotische Komponente wird durch zusätzliche Gabe von Benzodiazepinen wie Midazolam (Dormicum®, 0,1 – 0,15 mg/kg KG) oder anderen Hypnotika erreicht. Fentanyl wird in einer Größenordnung von 0,7 – 1,0 mg verabreicht. Nach vorheriger Zufuhr eines Muskelrelaxans erfolgt die endotracheale Intubation. Die Anästhesie wird durch intermittierende Gabe des Fentanyl und des Hypnotikums in Kombination mit Lachgas/Sauerstoff aufrechterhalten. Die Muskelrelaxation erfolgt intraoperativ nach Bedarf mit nichtdepolarisierenden Relaxanzien. Die modifizierte Neuroleptanalgesie ist durch folgende Eigenschaften gekennzeichnet: Hypnose, Analgesie, Suppression autonomer Reflexe, stabile Herz-Kreislauf-Funktion und Amnesie bei der Mehrzahl der Patienten.

3.6.5 »Balancierte« Anästhesie

Unter »balancierter« Anästhesie wird die Kombination von Einzelsubstanzen verstanden, die die Kriterien Amnesie/Hypnose, Analgesie, Blockade autonomer Reflexe und Muskelrelaxation erfüllen.

3.6.5 »Balancierte« Anästhesie

Unter »balancierter« Anästhesie wird die Kombination von Einzelsubstanzen verstanden, die die Kriterien Amnesie/Hypnose, Analgesie, Blockade autonomer Reflexe und Muskelrelaxation erfüllen. Die Narkoseeinleitung erfolgt mit einem kurzwirksamen intravenösen Hypnotikum (z. B. Barbiturate, Propofol oder Etomidat), kombiniert mit einem Opioid (z. B. Fentanyl) und einem Muskelrelaxans (z. B. Vecuronium). Nach Intubation wird die Narkose mit Lachgas/Sauerstoff und intermittierender Gabe von Opioiden und z. B. Benzodiazepinen fortgeführt. Zur Hypnose können auch volatile Anästhetika in niedriger Konzentration eingesetzt werden. Die Muskelrelaxierung wird durch Bolusgabe eines nichtdepolarisierenden Relaxans aufrechterhalten.

Die balancierte Anästhesie gestattet einen gegenüber Mononarkosen differenzierteren Einsatz von Einzelsubstanzen, um die gewünschten Effekte

Die balancierte Anästhesie gestattet einen gegenüber Mononarkosen diffe-

einer Narkose dem intraoperativen Verlauf anzupassen. Wird z. B. während der Operation eine Phase schmerzhafter Stimulation absehbar, so ist die Gabe eines Analgetikums indiziert. In Phasen geringer Stimulation ist primär Hypnose und weniger die Analgesie Ziel der Behandlung. Der gezielte Einsatz der einzelnen Medikamente führt zu einer **Reduktion unerwünschter Nebenwirkungen** wie Herz-Kreislauf-Depression (volatile Anästhetika), zentrale Atemdepression (Opioide) oder Relaxanzienüberhang.

renzierten Einsatz von Einzelsubstanzen, um die gewünschten Effekte einer Narkose dem intraoperativen Verlauf anzupassen.
Geringere Dosen der einzelnen Medikamente führen zu einer **Reduktion unerwünschter Nebenwirkungen** wie Herz-Kreislauf-Depression (volatile Anästhetika), zentrale Atemdepression (Opioide) oder Relaxanzienüberhang.

3.6.6 Total intravenöse Anästhesie (TIVA)

Bei einer total intravenösen Anästhesie wird vollständig auf die Verwendung von Inhalationsanästhetika verzichtet. Statt dessen werden Hypnotika mit Opioiden und Muskelrelaxanzien nach einem an der Pharmakokinetik orientierten Dosierungsregime (s. u.) kombiniert verabreicht. Die Beatmung erfolgt mit reinem Sauerstoff oder einem Sauerstoff-Luftgemisch. Ziel der TIVA ist es, die Anästhetika so zu verwenden, daß schnell ein sog. pharmakokinetisches »Steady state« erreicht wird, d. h. konstante Plasmaspiegel. Die Höhe der Plasmaspiegel sollte überdies zügig variierbar sein, um die Narkosetiefe der jeweiligen Operationsphase unmittelbar anpassen zu können. Hierzu müssen Substanzen mit möglichst schneller Elimination verwendet werden. Nach initaler Aufsättigung mit Bolusdosen werden die Einzelsubstanzen anschließend per infusionem zugeführt. Mit dem derzeit zur Verfügung stehenden Propofol und Remifentanil kann eine gute Steuerbarkeit erreicht werden. Aus diesem Grund empfiehlt sich dieses Verfahren zur Zeit vor allem für Operationen mit gleichförmiger chirurgischer Stimulation (z. B. minimal-invasive Chirurgie). Der Vorteil der TIVA besteht u. a. darin, daß die Patienten **postoperativ schnell erwachen**.

3.6.6 Total intravenöse Anästhesie (TIVA)

Bei einer total intravenösen Anästhesie wird vollständig auf die Verwendung von Inhalationsanästhetika verzichtet. Statt dessen werden Hypnotika mit Opioiden und Muskelrelaxanzien nacheinander einem an der Pharmakokinetik orientierten Dosierungsregime (s. u.) kombiniert verabreicht. Die Beatmung erfolgt mit reinem Sauerstoff oder einem Sauerstoff-Luftgemisch.
Der Vorteil der TIVA besteht u. a. darin, daß die Patienten **postoperativ schnell erwachen**.

3.7 Narkoseausleitung

Die Phase der Narkoseausleitung ist durch das Abklingen von Hypnose und Relaxierung sowie das Wiederkehren autonomer Reflexe gekennzeichnet. Die analgetische Komponente einer Narkose ist in der unmittelbar postoperativen Phase erwünscht. Die zeitgerechte Narkoseausleitung hängt bei jedem der vorgestellten Narkoseverfahren von der rechtzeitigen Abschätzung des Operationsendes ab. So ist es sinnvoll, länger wirksame Substanzen gegen Ende des chirurgischen Eingriffs zu vermeiden und auf kurzwirksame Alternativen zu wechseln. Im allgemeinen sollten Opioide und Muskelrelaxanzien bei einer Restoperationszeit von < 30 Minuten nicht mehr eingesetzt werden, da ein postoperativer Überhang die Aufwachphase der Patienten verlängert bzw. kompliziert. Die Konzentration des gewählten Narkosegases kann in der Phase des Wundverschlusses ebenfalls reduziert werden, wenn keine weitere schmerzhafte Stimulation zu erwarten ist. Die Ventilationsparameter sind so zu wählen, daß der Patient noch während der abflutenden Narkose beatmet und erst nach Abklingen der Atemdepression zur Spontanatmung geführt wird.

3.7 Narkoseausleitung

Die Phase der Narkoseausleitung ist durch das Abklingen von Hypnose und Relaxierung sowie das Wiederkehren autonomer Reflexe gekennzeichnet. Die analgetische Komponente einer Narkose ist in der unmittelbar postoperativen Phase erwünscht.

Die **Extubation** des Patienten erfordert folgende Voraussetzungen:
- Spontanatmung mit einem Atemzugvolumen von mindestens 400–500 ml bei Atemfrequenzen von > 10/min (Erwachsene)
- Rückkehr der pharyngealen und laryngealen Schutzreflexe (Hustenreflex, Schluckreflex)
- Kontaktfähigkeit (z. B. Augenöffnen auf Aufforderung).

Die **Extubation** des Patienten erfordert folgende Voraussetzungen:
- ausreichende Spontanatmung
- Rückkehr der Schutzreflexe
- Kontaktfähigkeit.

Eine **nicht ausreichende Spontanatmung** kann folgende Ursachen haben:
- Überhang an volatilen Anästhetika

Bei dieser Form der Atemdepression liegen in der Regel kleine Zugvolumina und normale bis erhöhte Atemfrequenzen vor. Der Patient muß weiter ventiliert werden, um das Narkosegas zu eliminieren bzw. den Abbau des Hypnotikums abzuwarten.

Eine **nicht ausreichende Spontanatmung** kann folgende Ursachen haben:
- Überhang an volatilen Anästhetika
- Überhang an Opioiden
- Überhang an Muskelrelaxanzien.

- Überhang an Opioiden

Diese Situation ist durch ein normales oder erhöhtes Atemzugvolumen bei niedriger Atemfrequenz gekennzeichnet. Häufig sind Patienten mit Opioidüberhang kontaktierbar. Die assistierte oder kontrollierte Nachbeatmung oder ggf. die Antagonisierung des Opioids mit Naloxon (Narcanti®) oder Nalbuphin (Nubain®) sind hier indiziert.

- Überhang an Muskelrelaxanzien

Hierbei wird die Beatmung unter begleitender Sedierung assistiert oder kontrolliert bis zum spontanen Abklingen der neuromuskulären Blockade fortgesetzt. Ein Überhang an nichtdepolarisierenden Relaxanzien kann alternativ mittels Cholinesterasehemmern aufgehoben werden (s. Kapitel 3.4.3). Eine fortbestehende Relaxation nach Gabe depolarisierender Substanzen, die durch einen Pseudocholinesterasemangel bedingt ist, kann durch Substitution humaner Cholinesterase beendet werden.

Sobald eine ausreichende Spontanatmung sichergestellt ist, wird der Patient oropharyngeal abgesaugt, um eine Aspiration von Sekreten nach der Extubation zu vermeiden. Der Tubus wird dann nach Entblockung zumeist unter endotrachealer Absaugung unter sterilen Kautelen aus der Luftröhre zurückgezogen und entfernt. Unmittelbar nach Extubation sollte eine Sauerstoffinsufflation durchgeführt und die Suffizienz der Spontanatmung überprüft werden. Besonders bei Säuglingen und Kleinkindern, aber auch bei Erwachsenen kann die Extubation zur Irritation des Pharynx oder Larynx führen und einen **Laryngospasmus** auslösen. Kann der Laryngospasmus nicht durch alleinige Maskenbeatmung mit reinem Sauerstoff beherrscht werden, ist die zusätzliche Gabe kleiner Dosen von Succinylcholin (10 – 20 mg i. v.) erforderlich.

Unmittelbar nach Extubation sollte eine Sauerstoffinsufflation durchgeführt und die Suffizienz der Spontanatmung überprüft werden. Besonders bei Säuglingen und Kleinkindern, aber auch bei Erwachsenen kann nach Extubation ein **Laryngospasmus** auftreten.

Alle Patienten nach Allgemeinanästhesie werden nach Ausleitung der Narkose vom Anästhesiepersonal (Ärzte und Pflegekräfte) im Aufwachraum überwacht (siehe Kap. 6). Die Verlegung aus dem **Aufwachraum** erfolgt erst dann, wenn der Patient wach, orientiert und im Vollbesitz seiner Schutzreflexe ist und Atmung sowie Kreislauf stabil sind.

Alle Patienten nach Allgemeinanästhesie werden nach Ausleitung der Narkose vom Anästhesiepersonal (Ärzte und Pflegekräfte) im **Aufwachraum** überwacht (siehe Kap. 6).

3.8 Komplikationen

3.8 Komplikationen

3.8.1 Maligne Hyperthermie

3.8.1 Maligne Hyperthermie

Die maligne Hyperthermie (MH) ist die wahrscheinlich gefährlichste Komplikation der Allgemeinanästhesie, die unbehandelt in 70 – 80 % der Fälle zum Tod des Patienten unter den Zeichen des Herzversagens führt. Die ersten Berichte, die sich mit dem Problem »Hyperthermie und Narkose« befaßten, gehen auf die Jahrhundertwende zurück. 1960 wurde erstmalig der Zusammenhang zwischen der Narkose als auslösendem Faktor und Erblichkeit der Disposition hergestellt. Erst Anfang der 70er Jahre wurde die MH auch hinsichtlich ihrer klinischen Relevanz zunehmend beachtet. Ende der 70er Jahre wurde die MH als die häufigste anästhesieinduzierte Todesursache in Nordamerika und Europa angesehen. Rückblickend ist davon auszugehen, daß die eigentliche Geschichte der MH spätestens mit dem Einsatz der klassischen und experimentell als MH-Triggersubstanzen erwiesenen Anästhetika wie Chloroform und Äther begonnen haben muß, also weit in das letzte Jahrhundert zurückreicht.

Die maligne Hyperthermie (MH) ist die wahrscheinlich gefährlichste Komplikation der Allgemeinanästhesie, die unbehandelt in 70 – 80 % der Fälle zum Tod des Patienten unter den Zeichen des Herzversagens führt.

Definition ►

Definition. Nach heutigem Wissen ist die maligne Hyperthermie (MH) eine nicht nur den Menschen, sondern auch viele Tierarten betreffende biochemische Anomalie, der ein pharmakogenetischer Defekt der myoplasmatischen Kalziumhomöostase zugrunde liegt. Als gemeinsames, grundlegendes Ereignis wird bei allen MH-Episoden ein Anstieg der myoplasmatischen Kalziumkonzentration angesehen, der zu einer hyperkatabolen Stoffwechselentgleisung führt. Bei disponierten Individuen können ganz unterschiedliche Triggermechanismen, unter denen Allgemeinanästhesien den größten Raum einnehmen, das lebensbedrohliche Syndrom der MH auslösen.

Epidemiologische Aspekte

Als gesichert kann gelten, daß die MH bei allen Menschenrassen und auch bei einigen Tierspezies vorkommt. Beide Geschlechter und sämtliche Altersstufen sind betroffen, wobei eine Prädominanz des männlichen Geschlechts und des jugendlichen Alters erkennbar ist. Der jüngste im Schrifttum erwähnte Patient war ein Neugeborenes, der älteste 75 Jahre alt.

Die Gesamtinzidenz MH-disponierter Patienten ist nicht bekannt. Nach retrospektiven Untersuchungen beträgt die Inzidenz von schweren MH-Krisen – wiederum bezogen auf Allgemeinanästhesien – bei Kindern 1 : 14000 und bei Erwachsenen 1 : 50000.

In einer prospektiven Studie mit muskelbioptisch gesicherten Fällen wird die Häufigkeit von Masseterspasmen, die etwa zur Hälfte als MH-Äquivalent gewertet werden, bei Kindern unter Halothan-Succinylcholin-Anästhesie mit 1 : 100 angegeben.

Diese divergierenden Häufigkeitsangaben erklären sich z. T. aus den nicht einheitlichen Kriterien für die klinische Diagnose der MH sowie aus der Verschiedenartigkeit der untersuchten Patientenpopulation und der Narkoseverfahren. Die hohe Inzidenz mitigierter Verlaufsformen bei narkotisierten Kindern läßt eine größere Verbreitung der MH-Veranlagung in der Bevölkerung vermuten, als dies bislang angenommen wurde.

Epidemiologische Aspekte

Beide Geschlechter und sämtliche Altersstufen sind betroffen, wobei eine Prädominanz des männlichen Geschlechts und des jugendlichen Alters erkennbar ist.

Nach retrospektiven Untersuchungen beträgt die Inzidenz von schweren MH-Krisen – bezogen auf Allgemeinanästhesien – bei Kindern 1 : 14000 und bei Erwachsenen 1 : 50000.

Die hohe Inzidenz mitigierter Verlaufsformen läßt eine größere Verbreitung der MH-Veranlagung in der Bevölkerung vermuten, als dies bislang angenommen wurde.

Disposition, Triggerung und Pathogenese

Die Disposition zur MH wird vererbt, wobei beim Menschen ein autosomal-dominanter Modus mit variabler Penetranz und unterschiedlicher Expressivität angenommen wird. Die meisten Patienten mit Neigung zur MH sind entgegen früherer Auffassung klinisch muskelgesund; nur bei wenigen sind eindeutig Myopathien, wie z. B. »Central-core-disease«-Muskeldystrophie vom Typ Duchenne oder Mißbildungen wie Ptosis, Kryptorchismus usw. zu beobachten.

Bei disponierten Individuen können Anästhetika ganz unterschiedlicher chemischer Natur, selten auch Pharmaka, die außerhalb der Anästhesie zum Einsatz kommen, das lebensbedrohliche MH-Syndrom auslösen. Als **typische MH-Triggersubstanzen in der Anästhesie** gelten **depolarisierende Muskelrelaxanzien** vom Typ des Succinylcholin und **volatile Inhalationsanästhetika**, wie z. B. Halothan (▤ 3.**40**).

Disposition, Triggerung und Pathogenese

Die Disposition zur MH wird vererbt. Nur bei wenigen MH-Patienten sind eindeutig Myopathien oder Mißbildungen zu beobachten.

Als **typische MH-Triggersubstanzen in der Anästhesie** gelten **depolarisierende Muskelrelanxanzien** vom Typ des Succinylcholin und **volatile Inhalationsanästhetika,** wie z. B. Halothan (▤ 3.**40**).

3.40: MH-Triggersubstanzen in der Anästhesiologie

Triggerung sicher	Triggerung möglich
▷ volatile Inhalationsanästhetika • Halothan • Enfluran • Isofluran • Sevofluran • Desfluran ▷ depolarisierende Muskelrelaxanzien • Succinylcholin	▷ Phenothiazine ▷ trizyklische Antidepressiva

Der der MH zugrundeliegende Defekt und der Triggermechanismus sind unbekannt. Die gegenwärtigen Vorstellungen lassen sich vereinfacht wie folgt zusammenfassen: Es wird ein **latenter Defekt der die Kalziumströme kontrollierenden Membranen** (sarkoplasmatisches Retikulum, Mitochondrien und/oder Sarkolemm) der Skelettmuskulatur angenommen. Verschiedene MH-Triggeragenzien bewirken aufgrund dieser latenten Membrandysfunktion eine abrupte oder progrediente Fehlregulation der Kalziumströme mit konsekutiver Erhöhung der myoplasmatischen Kalziumkonzentration.

Obwohl bis heute der direkte Beweis noch aussteht, wird als pathogenetische Startbedingung die erhöhte myoplasmatische Kalziumkonzentration

Als Triggermechanismus wird ein **latenter Defekt der die Kalziumströme kontrollierenden Membranen** (sarkoplasmatisches Retikulum, Mitochondrien und/oder Sarkolemm) der Skelettmuskulatur angenommen.

Ausgelöst durch MH-Triggeragenzien, kommt es zu einer **hyperkatabolen Stoffwechselsituation** mit exzessiver Zunahme des O_2-Verbrauchs sowie Produktion von CO_2, Laktat und Wärme, meist einhergehend mit Kontraktur der Myofibrillen. Eine **intrazelluläre Laktatazidose** und **intramitochondrale Kalziumakkumulation** führen zur Verschlechterung der Energiebereitstellung.

Die Aufzehrung des Energiepools bewirkt den Verlust der Zellintegrität mit zunehmender Membranpermeabiliät für Ionen und Moleküle bzw. Enzyme und schließlich einen irreversiblen »energetisch-dynamisch-toxischen« Zelluntergang.

angesehen, die nicht, wie bei der Relaxation, reduziert werden kann. Der erhöhte Kalziumgehalt im Myoplasma führt durch Aktivierung des kontraktilen Apparates und Beschleunigung des Zellstoffwechsels zu einem gesteigerten Energieverbrauch. Es kommt zu einer **hyperkatabolen Stoffwechselsituation** mit exzessiver Zunahme des O_2-Verbrauchs sowie Produktion von CO_2, Laktat und Wärme, meist einhergehend mit Kontraktur der Myofibrillen. Eine **intrazelluläre Laktatazidose** und **intramitochondrale Kalziumakkumulation** mit konsekutiver Entkopplung der oxidativen Phosphorylierung führen aufgrund ihrer zytotoxischen Wirkung zu einer Verschlechterung der Energiebereitstellung. Die Energieproduktion bricht bei gleichzeitg erhöhtem Energiebedarf zusammen. Die Aufzehrung des Energiepools bewirkt den Verlust der Zellintegrität mit zunehmender Membranpermeabilität für Ionen und Moleküle bzw. Enzyme (Rhabdomyolyse). Die dargestellten Pathomechanismen münden schließlich aufgrund der sich selbst beschleunigenden Eigendynamik in einen irreversiblen »energetisch-dynamisch-toxischen« Zelluntergang.

Klinische Symptomatik und Therapie

Die **klinische Symptomatik** der MH ist Ausdruck der dramatischen Steigerung des aeroben und anaeroben Stoffwechsels mit erhöhtem O_2-Verbrauch, Anstieg von Lactat und CO_2. Häufiges Frühzeichen ist eine **Tachykardie**.

Die klinische Symptomatik der MH ist in ▤ 3.**41** zusammengefaßt.

Klinische Symptomatik und Therapie

Die **klinische Symptomatik** der MH ist Ausdruck der dramatischen Steigerung des aeroben und anaeroben Stoffwechsels mit erhöhtem O_2-Verbrauch. Häufiges Frühzeichen einer MH-Episode ist eine **Tachykardie**, die leider oft erst retrospektiv richtig eingeordnet wird. Schon in der Frühphase können bedrohliche ventrikuläre Arrhythmien auftreten. Nicht selten sind ventrikuläre Arrhythmien die Ursache für den vorzeitigen Tod bei der MH-Manifestation. Symptome wie Tachypnoe (bei nichtrelaxierten Patienten), Zyanose, Hyperthermie und Blutdruckinstabilität prägen das klinische Bild der vollausgebildeten Krise (▤ 3.**41**).

3.41: Symptomatik der MH

- ▷ unklare Tachykardie/Tachyarrhythmie
- ▷ steiler Anstieg der endexspiratorischen CO_2-Konzentration beim volumenkonstant beatmeten Patienten; bei spontanatmenden Patienten Zunahme von Atemminutenvolumen und Atemfrequenz; abnorme Erwärmung des CO_2-Absorbers im Narkosekreissystem
- ▷ Abfall der pulsoxymetrisch gemessenen O_2-Sättigung
- ▷ Zyanose
- ▷ Rigor der Skelettmuskulatur (bei Narkoseeinleitung Rigor der Kiefermuskulatur nach Succinylcholin)
- ▷ respiratorische und metabolische Azidose
- ▷ Anstieg der Körpertemperatur
- ▷ Blutdruckinstabilität

später:

- ▷ Myoglobinämie, -urie
- ▷ extremer CK-Anstieg
- ▷ Verbrauchskoagulopathie (Blutungsneigung)
- ▷ Hirnödem, Pupillendilatation
- ▷ Kreislaufstillstand

50 – 80 % der Patienten entwickeln einen generalisierten **Muskelrigor**.

Der Verlauf einer experimentellen MH-Krise und **Behandlung** mit

Die Hyperthermie hat der Krankheit zwar den Namen gegeben, ist aber keineswegs das erste Symptom. 50 – 80 % der Patienten entwickeln einen generalisierten **Muskelrigor**. Im späteren Verlauf können Verbrauchskoagulopathie, Lungenödem und neurologische Störungen hinzutreten. Die Labordiagnostik zeigt eine respiratorische und metabolische Azidose, eine Hyperkapnie sowie eine Hypoxie. Der Verlauf einer experimentellen

MH-Krise und **Behandlung** mit Dantrolen wird anhand der CO_2-Konzentration in S 3.**24** wiedergegeben.

Dantrolen wird anhand der CO_2-Konzentration in S 3.**24** wiedergegeben.

S Synopsis 3.24: Verlauf der malignen Hyperthermie

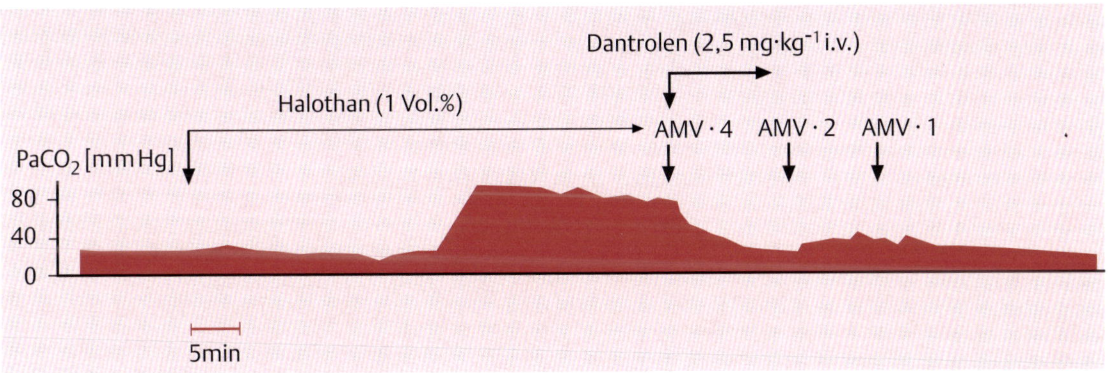

Darstellung eines MH-Verlaufes anhand kapnometrischer Überwachung bei einem beatmeten, mit Thiopental und N_2O narkotisierten Schwein mit MH-Veranlagung unter Halothanexposition. Erfolgreiche Behandlung einer Hyperthermiekrise ($PaCO_2$-Anstieg um das 3fache) mit Dantrolen (2,5 mg/kg KG i. v.), Beatmung mit 100 % O_2, Vervierfachung des Atemminutenvolumens (AMV) und Natriumbikarbonatgabe (3 mmol/kg KG i. v.).

Weiterhin finden sich als Folge der Rhabdomyolyse eine Hyperkaliämie, eine Myoglobinämie sowie ein hoher Anstieg der Kreatinphosphokinase (CK) im Serum. Der Tod in der Akutphase einer nicht oder nur unzureichend behandelten MH wird auf kardiales Versagen zurückgeführt.

Zu den **sofort einzuleitenden Therapiemaßnahmen** gehört die Beendigung der Zuführung von Triggersubstanzen, Ventilation mit reinem O_2, Gabe von Dantrolen und Natriumbikarbonat sowie Oberflächenkühlung (3.**42**). Nur die Therapie mit Dantrolen (initial 2,5 mg/kg KG i. v.) kann derzeit als kausal angesehen werden. Dantrolen hemmt die Kalziumfreisetzung aus dem sarkoplasmatischen Retikulum und ist damit in der Lage, den Triggerungsprozeß zu durchbrechen.

Der Tod in der Akutphase einer nicht oder nur unzureichend behandelten MH wird auf kardiales Versagen zurückgeführt.

Sofortmaßnahmen (3.**42**)
- Zufuhr von Triggersubstanzen beenden
- Ventilation mit 100 % O_2
- Dantrolen
- Natriumbikarbonat
- Kühlung.

3.42: Therapiemaßnahmen bei der MH-Krise

▷ Zufuhr von Triggersubstanzen beenden

▷ AMV verdrei- bis vervierfachen, 100 % O_2, Frischgas 15 l/min (Ziel: normale CO_2- und O_2-Blutspannungen)

▷ Atemschläuche und Atemkalkbehälter am Narkosegerät wechseln (besser das ganze Gerät)

▷ Dantrolen 2,5 mg/kg KG i. v. über 15 Minuten
wenn nach 30 Minuten keine Wirkung: Wiederholung der Dosis (evtl. mehrfach bis max. 10 mg/kg KG)

danach:

▷ Natriumbikarbonat 2 mmol/kg KG

▷ Oberflächenkühlung

▷ Blasenkatheter

▷ Diuretikagabe (beachte: Dantrolenlösung enthält pro 20-mg-Flasche 3 g Mannit!)

▷ zentralvenöser Zugang, arterielle Kanüle

▷ Fortführung der Dantrolengabe mit 7,5 mg/kg KG über 24 Stunden

▷ Heparin (»low dose«) zur Prophylaxe einer Verbrauchskoagulopathie

▷ Intensivüberwachung, -behandlung (Rezidive noch nach Tagen möglich)

Bei frühzeitiger Diagnose des Syndroms und konsequenter Therapie kann die Letalität entscheidend gesenkt werden.

Bei frühzeitiger Diagnose des Syndroms und konsequenter Therapie kann die Letaliät entscheidend gesenkt werden. Um den tachykarden Herzrhythmusstörungen bei MH wirksam begegnen zu können, wurde früher der Kalziumantagonist Verapamil als Antiarrhythmikum empfohlen.

Merke ▶

▶ ***Merke.*** Kalziumantagonisten sind heute – ganz abgesehen von ihrer fehlenden therapeutischen Wirkung bei MH – wegen lebensbedrohlicher Interaktionen mit Dantrolen kontraindiziert.

Identifikation von Anlageträgern

Eine zuverlässige Screeningmethode zur Ermittlung der MH-Empfindlichkeit gibt es derzeit nicht.
Präoperative MH-Risikofaktoren sind in 3.**43** zusammengestellt.

Identifikation von Anlageträgern

Eine zuverlässige Screeningmethode zur Ermittlung der MH-Empfindlichkeit gibt es derzeit nicht. Für die präoperative Identifizierung eines gefährdeten Patienten ist die Eigen- und Familienanamnese von Bedeutung (3.**43**). Angaben über die Erhöhung der Serum-CK bei Anlageträgern schwanken zwischen 30 und 70 %.

3.43: Präoperative MH-Risikofaktoren

▷ **Familien- und/oder Eigenanamnese**
- Komplikationen im Zusammenhang mit vorangegangenen Narkosen:
  - unerklärte perioperative Temperaturanstiege
  - Muskelbeschwerden
  - Trismus nach Succinylcholingabe
  - unerklärte postoperative CK-Anstiege und/oder Myoglobinurien
  - unerklärte Todesfälle
  - unerklärte Tachykardien und Arrhythmien
- plötzliche, unerwartete Todesfälle (»Sekundenherztod, Hitzschlag«)
- plötzlicher Kindstod (SIDS)
- malignes neuroleptisches Syndrom
- Herzerkrankungen
- Diabetes mellitus
- Synkopen
- erhöhte Ruhe-CK-Werte
- rezidivierende, spontane Temperaturanstiege bzw. Fieberkrämpfe
- Rückenschmerzen
- Muskelkrämpfe
- Muskelschwäche

▷ **physische Abnormalitäten:**
- Myopathien
- Strabismus
- Hernien (sowie alle sonstigen Zeichen von Bindegewebsschwäche)
- angeborene Luxationen
- Kyphoskoliose
- Ptosis
- Osteogenesis imperfecta
- Kryptorchismus
- Fußabnormalitäten

Ein pathologischer CK-Wert kann als Hinweis auf eine MH-Anlage angesehen werden, normale Werte schließen sie allerdings nicht aus.

Der invasive, in vitro am Skelettmuskel durchzuführende **Coffein-Halothan-Kontrakturtest** bietet bislang die aussagekräftigste Möglichkeit, eine MH-Disposition festzustellen.

Ein pathologischer CK-Wert kann als Hinweis auf eine MH-Anlage angesehen werden, normale Werte schließen sie allerdings nicht aus. Als biochemische Anomalie soll die MH morphologisch nicht diagnostizierbar und aufgrund ihres dynamischen Charakters nur durch Provokationsteste zu erkennen sein. Der invasive, in vitro am Skelettmuskel durchzuführende **Coffein-Halothan-Kontrakturtest** bietet bislang die aussagekräftigste Möglichkeit, eine MH-Disposition festzustellen.

Prophylaxe

Die heutige MH-Prophylaxe bei Eingriffen an Patienten mit vermuteter oder bekannter MH-Disposition beinhaltet in erster Linie den Verzicht auf Narkosemittel mit bekannter oder ungewisser Triggerpotenz (s. 3.**40**). Dazu gehört auch der Einsatz eines »dekontaminierten« Narkose- bzw. Beatmungsgerätes. Nach neueren Untersuchungen kann durch Auswechseln von CO_2-Kalkabsorber und Beatmungsschläuchen, Entfernen des Vapors und 10minütiger Durchspülung des Gerätes mit reinem O_2 (10 l/min) die in einem kontaminierten Gerät befindliche Menge eines volatilen Anästhetikums suffizient ausgewaschen werden.
Für Narkosen bei MH-gefährdeten Patienten können Lachgas, Opioide, Benzodiazepine, Barbiturate, Etomidat und Propofol sowie nichtdepolarisierende Muskelrelaxanzien eingesetzt werden. An Überwachungsmaßnahmen sind Kapnometrie, Pulsoxymetrie, Temperaturmessung, arterielle Blutgasanalysen (möglichst auch zentralvenöse!) zu fordern. Zusätzlich sollten Laktat, CK, Myoglobin im Serum und Urin sowie der Gerinnungsstatus kontrolliert werden. Zurückhaltend wird heute die Position gesehen, bei MH-gefährdeten Patienten sollte eine intravenöse Prophylaxe mit Dantrolen (45 Minuten vor Narkosebeginn 2,5 mg/kg KG über 20 Minuten, Repetition nach 6 Stunden bei längeren Eingriffen) vorgenommen werden.

Prophylaxe

Die heutige MH-Prophylaxe bei Eingriffen an Patienten mit vermuteter oder bekannter MH-Disposition beinhaltet in erster Linie einen Verzicht auf Narkosemittel mit bekannter oder ungewisser Triggerpotenz (siehe 3.**40**) und den Einsatz eines dekontaminierten Narkosegerätes.

Lachgas, Opioide, Benzodiazepine, Barbiturate, Etomidat und Propofol sowie nichtdepolarisierende Muskelrelaxanzien **können** eingesetzt werden. Überwachungsmaßnahmen sind: Kapnometrie, Pulsoxymetrie, Temperaturmessung, arterielle Blutgasanalysen, Laktat, CK, Myoglobin und ein Gerinnungsstatus.
Eine Prophylaxe mit Dantrolen bei MH-gefährdeten Patienten wird kontrovers diskutiert.

4 Regionalanästhesie

4.1 Pharmakodynamik der Lokalanästhetika

Lokalanästhetika wirken membranstabilisierend und blockieren die Fortleitung von Nervenaktionspotentialen hauptsächlich über eine Hemmung des Natriumeinstromes in die Nervenzelle und Veränderungen der Kalium- und Kalziumionenleitfähigkeit. Dies wird über einen spezifischen Rezeptor für Lokalanästhetika in der Nervenzellmembran vermittelt.

4 Regionalanästhesie

4.1 Pharmakodynamik der Lokalanästhetika

Lokalanästhetika wirken membranstabilisierend und blockieren die Fortleitung von Nervenaktionspotentialen hauptsächlich über eine Hemmung des Natriumeinstromes in die Nervenzelle und Veränderungen der Kalium- und Kalziumionenleitfähigkeit.

Analgesie

Definition. Als Analgesie wird das Aufheben der Schmerzempfindung bezeichnet.

Lokalanästhetika wirken analgetisch durch Unterbrechen der Impulsfortleitung in schmerzleitenden unmyelinisierten und schwach myelinisierten Nervenfasern (4.**1**). Dicker myelinisierte Nervenfasern (z. B. Aβ-Fasern) können in Abhängigkeit von der Lokalanästhetikakonzentration und Lipidlöslichkeit ebenfalls blockiert werden. Dies bedeutet klinisch, daß durch geringe Konzentrationen von Lokalanästhetika eine analgetische Wirkung ohne Verlust der Berührungsempfindung und motorischen Funktionen, die über myelinisierte Aα-Fasern mit einer dicken Myelinscheide vermittelt wird, erzielt werden kann (sog. Differentialblock).

Analgesie

◀ **Definition**

Lokalanästhetika wirken analgetisch durch Unterbrechen der Impulsfortleitung in schmerzleitenden unmyelinisierten und schwach myelinisierten Nervenfasern (4.**1**). Auch dicker myelinisierte Nervenfasern können blockiert werden. Es besteht eine Analgesie ohne Verlust der Berührungsempfindlichkeit und motorischen Funktionen.

4.1: Einteilung und Funktion von Nervenfasern

Nervenfaser	myelinisiert	Durchmesser (µm)	vermittelte Funktion
▷ A α	+	12 – 20	Motorik, Propriozeption
β	+	5 – 12	Motorik, Berührung, Druck
γ	+	3 – 6	Muskeltonus
δ	+	1 – 4	Schmerz, Temperatur
▷ B	+	< 3	sympathische Funktion (präganglionär)
▷ C	–	0,3 – 1,2	Schmerz, Temperatur, sympathische Funktion (postganglionär), parasympathische Funktion

Zur Auswahl von Lokalanästhetika s. 4.2.

Die Auswahl von Lokalanästhetika nach Blockadetyp und Anwendungsgebiet zeigt 4.2.

4.2: Auswahl von Lokalanästhetika nach durchzuführendem Blockadetyp und Anwendungsgebiet

Blockadetyp	Anwendungsgebiet	Indikation	Medikament (Auswahl)	Verabreichungsform
▷ Oberflächenanästhesie	sensible Nervenendigungen (Haut, Schleimhaut)	diagnostische Maßnahmen (Bronchoskopie), Ophthalmologie	Lidocain Tetracain Kokain	Spray Lösungen Salben
▷ Infiltrationsanästhesie	sensible Nervenendigungen in der Subkutis	oberflächliche chirurgische Eingriffe Zahnbehandlung	Lidocain Mepivacain Prilocain	Injektionslösung
▷ periphere Nervenblockade	gemischte Nerven Plexus	Extremitäteneingriffe Zahnbehandlung	Lidocain Prilocain Bupivacain Ropivacain	Injektionslösung
▷ Spinalanästhesie	Subarachanoidalraum Nervenwurzeln	chirurgische, urologische, gynäkologisch-geburtshilfliche Eingriffe	Lidocain Mepivacain Bupivacain Tetracain	Injektionslösung (isobar oder hyperbar in 10 % Glucose)
▷ Epiduralanästhesie	Epiduralraum	chirurgische, urologische, gynäkologisch-geburtshilfliche Eingriffe	Lidocain Mepivacain Bupivacain Ropivacain	Injektionslösung

4.2 Pharmakokinetik der Lokalanästhetika

Lokalanästhetika werden chemisch in **Aminoester** und **Aminoamide** unterteilt (4.3).

4.2 Pharmakokinetik der Lokalanästhetika

Lokalanästhetika werden chemisch in **Aminoester** und **Aminoamide** unterteilt (4.3).

4.3: Lokalanästhetika vom Ester- und Amid-Typ

Generikum	Handelsname	Mol.-Gew.	pK (25 °C)	Prot.-Bdg. (%)	max. Dosis (mg)	Wirkdauer (min)	Plasma-Hwz (h)	Anwendung
Ester-Typ								
▷ Procain	Novocain®	236	8,9	5,89	500	30 – 90	0,14	Infiltration, spinal oberflächlich,
▷ Tetracain	Pantocain®	264	8,5	76	100	120 – 600		Infiltration, spinal oberflächlich
Amid-Typ								
▷ Lidocain	Xylocain®	234	7,9	64	300	60 – 120	1,6	Infiltration, periphere Nerven, spinal, epidural
▷ Mepivacain	Scandicain®, Meaverin®	246	7,6	78	300	120 – 240	1,9	Infiltration, periphere Nerven, spinal, epidural
▷ Prilocain	Xylonest®	220	7,9	55	400	60 – 180	1,6	Infiltration, epidural, Plexus
▷ Bupivacain	Carbostesin®	288	8,1	96	150	120 – 600	2,7	Infiltration, Plexus, periphere Nerven, spinal, epidural
▷ Ropivacain	Naropin®	274	8,1	94	675	120 – 500	2,5	Infiltration, periphere Nerven, Plexus, epidural
▷ Etidocain	Dur-Anest®	276	7,7	94	300	180 – 600	2,71	Infiltration, periphere Nerven, epidural

Lokalanästhetika vom Ester- und Amid-Typ. Das Molekulargewicht wird für die Lokalanästhetika-Base angegeben. Die maximale Dosierung gilt für eine Applikation ohne Zusatz von Vasokonstriktoren (gebräuchlicherweise Adrenalin). Bei Zugabe von Adrenalin erhöht sich die maximale Dosierung um 50 %. Mol.-Gew. = Molekulargewicht; pK = pK-Wert bei 25 °C; Prot.-Bdg. = Proteinbindung; max. Dosis = maximale Dosis (mg), bei der keine toxischen Nebenwirkungen zu erwarten sind, bezogen auf einen 70 kg schweren, gesunden Patienten; Wirkdauer = maximale Wirkdauer in Min.; Plasma-HWZ = Eliminationshalbwertzeit im Plasma in Std.

Durch die bei den meisten Lokalanästhetika vorhandene aromatische Gruppe (S 4.1) wird die Lipidlöslichkeit bestimmt.

Durch die meist vorhandene aromatische Gruppe (S 4.1) wird die Lipidlöslichkeit bestimmt.

Synopsis 4.1: Chemische Struktur verschiedener Lokalanästhetika

	Generische Bezeichnung	Handelsname	Chemische Struktur
Aminoester	**Procain**	Novocain®	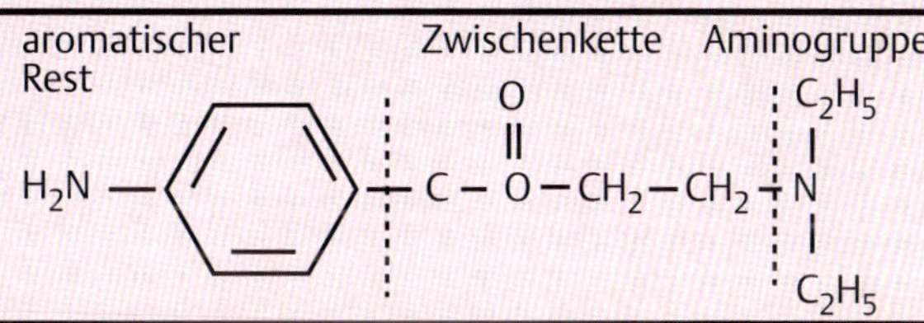
	Tetracain	Pantocain®	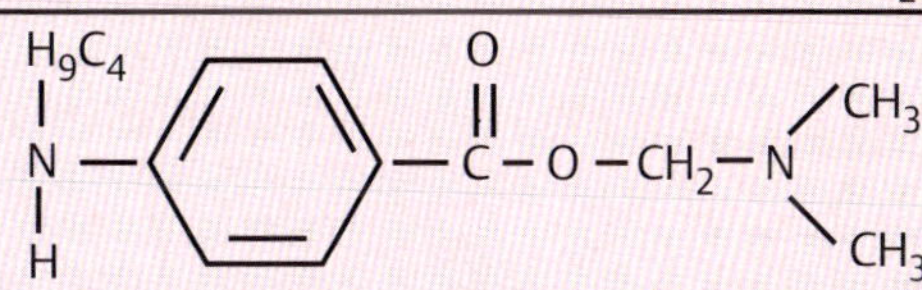
Aminoamide	**Lidocain**	Xylocain®	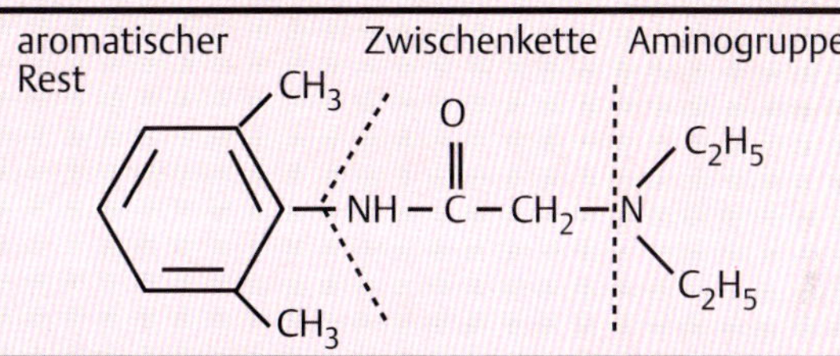
	Prilocain	Xylonest®	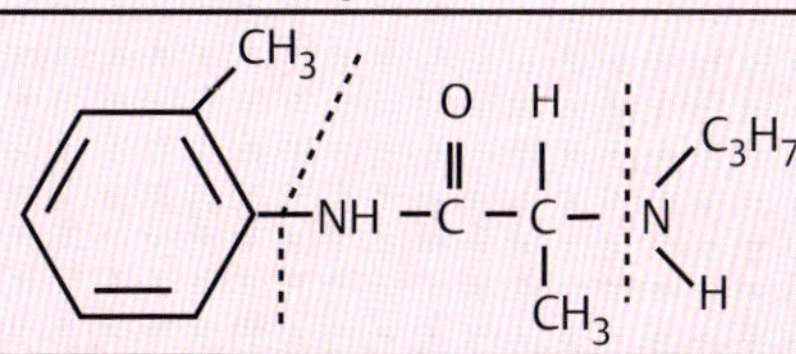
	Etidocain	Dur-Anest®	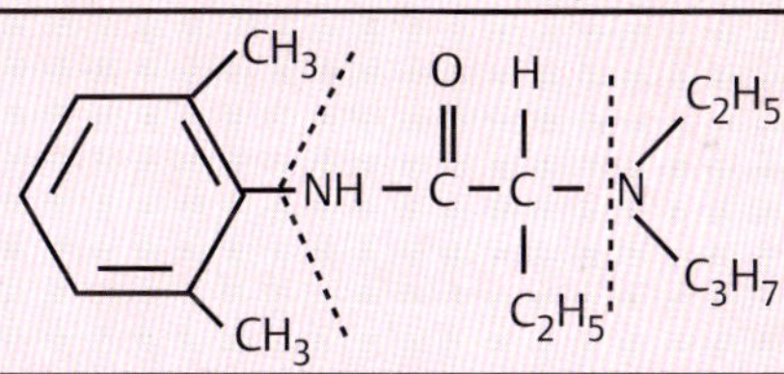
	Mepivacain	Meaverin®, Scandicain®	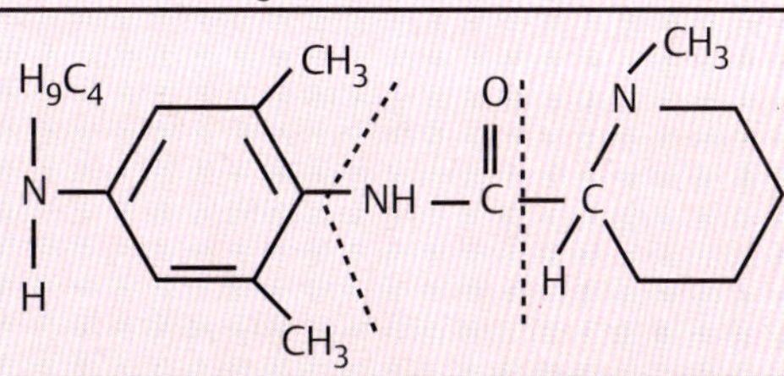
	Ropivacain	Naropin®	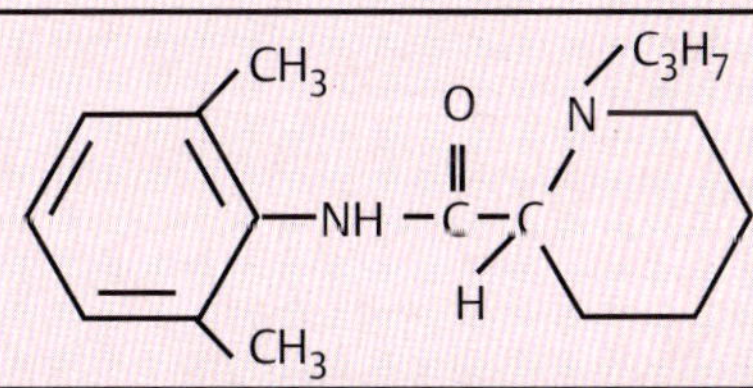
	Bupivacain	Carbostesin®	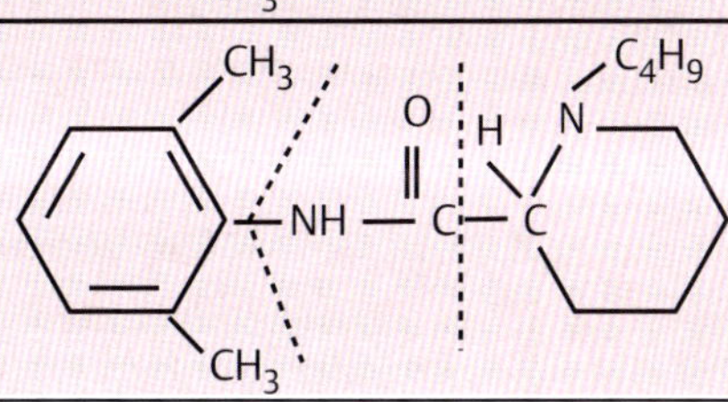

Kenngrößen, die die Wirkung von Lokalanästhetika an Nervenfasern bestimmen, sind:
- **Lipidlöslichkeit.** Lokalanästhetika mit hoher **Lipidlöslichkeit** durchdringen biologische Membranen schneller als solche mit niedriger Lipidlöslichkeit.
- **Molekulargewicht.** Die Wirkzeit von Lokalanästhetika nimmt mit steigendem Molekulargewicht zu.
- **pH- und pK-Wert.** Je niedriger der pK-Wert ist, um so höher ist der Anteil an freier Base und um so leichter wird infolgedessen das Nervengewebe penetriert.
- **Proteinbindung.** Lokalanästhetika werden überwiegend durch Albumin und α-1-Glykoproteinsäure im Plasma gebunden. Nur der nichtgebundene Anteil der Lokalanästhetika steht für eine biologische Wirkung zur Verfügung.

Lokalanästhetika mit hoher **Lipidlöslichkeit** durchdringen biologische Membranen schneller als solche mit niedriger Lipidlöslichkeit. Die Stabilität der Moleküle gegenüber einer Verstoffwechselung (Umwandlung in Metabolite bzw. Inaktivierung) wird durch die Ester- oder Amidbrücke bestimmt. Weitere Kenngrößen, die die Wirkung von Lokalanästhetika an Nervenfasern bestimmen, sind das **Molekulargewicht**, **pH- und pK-Wert** (siehe Kap. 5.2.1) sowie die **Proteinbindung**. Die Wirkzeit von Lokalanästhetika nimmt mit steigendem Molekulargewicht zu. Zwischen dem pK-Wert und der Konzentration an freier Base besteht eine umgekehrt proportionale Beziehung. Je niedriger der pK-Wert ist, um so höher ist der Anteil an freier Base und um so leichter wird infolgedessen das Nervengewebe penetriert. Der pK-Wert der meisten Lokalanästhetika befindet sich zwischen 7,6 und 8,9. Deshalb liegt der Hauptteil der Lokalanästhetika im Gewebe in ionisierter Form vor, die für die Unterbrechung der Impulsübertragung an der Nervenzelle hauptsächlich wirksam ist.
Lokalanästhetika werden überwiegend durch saures α-1-Glykoprotein im Plasma gebunden. Nur der nichtgebundene Anteil der Lokalanästhetika steht für die biologische Wirkung zur Verfügung. Andererseits bedeutet hohe Proteinbindung eine lange Anhaftung des Lokalanästhetikums am Nervengewebe. Dies wiederum verlängert die Wirkdauer der Nervenblokkade.

Merke ▶

Merke. Lokalanästhetika können nur als freie Base Zellmembranen penetrieren.
Nur die ionisierte Form des Lokalanästhetikums ist biologisch aktiv. Ihre Konzentration in der Nervenzelle bestimmt das Ausmaß der Erregungsunterbrechung.

4.2.1 Aufnahme

Die Aufnahme von Lokalanästhetika in das Gewebe verläuft **konzentrationsabhängig.** Lokalanästhetika mit einem niedrigen Molekulargewicht und einer hohen Lipidlöslichkeit diffundieren am schnellsten durch Membranen (z. B. Nervengewebe). Die Konzentration am Wirkort ist um so geringer, je größer die zu überwindende **Diffusionsstrecke** ist (z. B. bei markhaltigen Nervenfasern).

4.2.1 Aufnahme

Die Aufnahme von Lokalanästhetika in das Gewebe verläuft **konzentrationsabhängig**. Lokalanästhetika mit einem niedrigen Molekulargewicht und einer hohen Lipidlöslichkeit diffundieren am schnellsten durch Membranen (z. B. Nervengewebe). Die Konzentration am Wirkort ist um so geringer, je größer die zu überwindende **Diffusionsstrecke** ist (z. B. bei markhaltigen Nervenfasern). Je weiter der Injektionsort vom zu blockierenden Nerv entfernt ist, desto weniger Moleküle stehen also für die Wirkung am Nerv zur Verfügung und desto länger dauert es bis zum Erreichen der Nervenblockade, d. h. die Anschlagzeit nimmt zu. Die äußeren Nervenfaseranteile werden dabei am ehesten betroffen. Bei einer zu geringen am Wirkort zur Verfügung stehenden Lokalanästhetikamenge kann das bedeuten, daß die innersten Nervenanteile nicht oder nicht ausreichend blokkiert werden.

4.2.2 Verteilung

Lokalanästhetika verteilen sich in allen Körpergeweben. Wie auch bei anderen Medikamenten weisen gut durchblutete Organe wie **Gehirn, Herz, Lunge** und **Nieren** dabei deutlich höhere Konzentrationen auf.
Die **Plazenta** wird durch passive Diffusion überwunden. Die Plasmaproteinbindung ist hierbei eine wichtige Determinante.

4.2.2 Verteilung

Lokalanästhetika verteilen sich in allen Körpergeweben. Wie auch bei anderen Medikamenten weisen gut durchblutete Organe wie **Gehirn, Herz, Lunge** und **Nieren** dabei deutlich höhere Konzentrationen auf. Die Skelettmuskulatur hat wegen ihrer relativ großen Masse eine Reservoirfunktion für Lokalanästhetika. Die **Plazenta** wird durch passive Diffusion überwunden. Die Plasmaproteinbindung ist hierbei eine wichtige Determinante, da Lokalanästhetika mit hoher Proteinbindung (z. B. Bupivacain, Ropivacain, Etidocain) die Plazenta in wesentlich geringerer Menge als Lokalanästhetika mit niedriger Proteinbindung (z. B. Prilocain, Lidocain) überwinden.

4.2.3 Metabolisierung

Lokalanästhetika vom **Ester-Typ** werden **im Plasma** schnell durch die Pseudocholinesterase **hydrolisiert.**

4.2.3 Metabolisierung

Lokalanästhetika vom **Ester-Typ** (z. B. Procain, Tetracain) werden **im Plasma** schnell durch die Pseudocholinesterase (Esterspaltung) **hydroli-**

siert. Als Stoffwechselprodukt wird Paraaminobenzoesäure gebildet, die zu allergischen Reaktionen führen kann. Bei Patienten mit atypischer Pseudocholinesterase oder Pseudocholinesterasemangel kann die Halbwertszeit verlängert sein. Dies kann klinisch durch eine verlängerte Nervenblockade in Erscheinung treten.
Mit Ausnahme von Prilocain (Hydroxylierung in der Leber und wahrscheinlich Abbau in den Nieren und der Lunge) werden Lokalanästhetika vom **Amid-Typ** zum überwiegenden Teil **in der Leber metabolisiert**, so daß bei einer Niereninsuffizienz nicht mit einer Kumulation zu rechnen ist. Die Verstoffwechselung in der Leber ist jedoch im Vergleich zur Esterspaltung durch die Pseudocholinesterase ein viel langsamerer Vorgang, so daß für Amide Eliminationshalbwertszeiten von 1,5 – 3,5 Stunden gemessen werden (▤ 4.**3**).

Mit Ausnahme von Prilocain werden Lokalanästhetika vom **Amid-Typ** zum überwiegenden Teil **in der Leber metabolisiert**.
Eine Niereninsuffizienz führt daher nicht zur Kumulation von diesen Lokalanästhetika.

Methämoglobinämie

Unter **Prilocain** (> 10 mg/kg KG) kann eine Methämoglobinämie auftreten. Diese wird durch o-Toluidin, einem Stoffwechselprodukt von Prilocain, verursacht. Eine Zyanose tritt bei Plasmakonzentrationen von mehr als 3 – 5 ng/ml freiem LA auf. Durch Gabe von Methylenblau (1 – 3 mg/kg KG) kann das Methämoglobin wieder in Hämoglobin umgewandelt werden. Patienten mit Anämie, einer klinisch relevanten Behinderung des pulmonalen Gasaustausches, einer koronaren Herzerkrankung oder einem Glukose-6-Phosphat-Dehydrogenase-Mangel sind durch Prilocaindosen > 400 mg gefährdet.

Methämoglobinämie

Unter **Prilocain** (> 10 mg/kg KG) kann eine **Methämoglobinämie** auftreten. Eine Zyanose tritt bei Plasmakonzentrationen von mehr als 3 – 5 ng/ml freiem LA auf. Durch Gabe von Methylenblau (1 – 3 mg/kg KG) kann das Methämoglobin wieder in Hämoglobin umgewandelt werden. Cave bei Anämie, Störungen des pulmonalen Gasaustausches und Gluc.-6-Phosphat-Dehydrogenase-Mangel.

4.2.4 Wirkdauer

Die Wirkdauer einer Lokalanästhesie wird durch die **Lipidlöslichkeit** und **Proteinbindung** sowie **vasodilatatorischen Eigenschaften** einzelner Lokalanästhetika bestimmt. Die Nervenleitung wird um so länger blockiert, je höher Lipidlöslichkeit und Proteinbindung sind. Lokalanästhetika mit stark vasodilatatorischer Komponente (z. B. Lidocain) werden schneller wieder ausgewaschen.
Diesem Effekt kann durch **Zugabe von Vasokonstriktoren** (z. B. Adrenalin) entgegengewirkt werden. Durch Zusatz von Adrenalin (Dosierung 5 µg/ml, Verdünnung 1 : 200000) zum injizierten Lokalanästhetikum kann versucht werden, dessen systemische Resorption zu verzögern, so daß die Konzentration in den Nerv erhöht und die Wirkzeit verlängert wird. Bei kurzwirkenden Lokalanästhetika (z. B. Lidocain, Prilocain) kann durch Zusatz von Adrenalin die Wirkdauer um bis zu 100 % verlängert werden. Bei langwirkenden Lokalanästhetika wird wegen der schon primär hohen Anreicherung im Gewebe dagegen nur eine etwa 10 %ige Verlängerung der Wirkdauer erreicht. Ropivacain hat eine vasokonstriktorische Nebenwirkung.
Generell gilt, daß in Geweben mit hoher Durchblutung durch Vasokonstriktorenzusatz eine stärkere Beeinflussung der Resorption als in Geweben mit niedriger Durchblutung erzielt werden kann. Bei subarachnoidaler Applikation wird keine nennenswerte Verzögerung der Resorption erreicht.

4.2.4 Wirkdauer

Die Wirkdauer einer Lokalanästhesie hängt von folgenden Faktoren der Lokalanästhetika ab:
- **Lipidlöslichkeit**
- **Proteinbindung**
- **vasodilatatorischen Eigenschaften.**

Durch **Zusatz von Vasokonstriktoren** zum injizierten Lokalanästhetikum kann versucht werden, dessen systemische Resorption zu verzögern. Dadurch wird die Konzentration in den Nerven erhöht und die Wirkzeit verlängert.

Generell gilt, daß in Gewebe mit hoher Durchblutung durch Vasokonstriktorenzusatz eine stärkere Beeinflussung der Resorption als in Geweben mit niedriger Durchblutung erzielt werden kann.

Merke. Bei Zusatz von Vasokonstriktoren besteht bei akzidentieller intraneuraler Injektion die Gefahr einer Minderperfusion im Bereich des blockierten Nervs.
- Versehentlich intravasale Injektion kann durch zugesetzte Vasokonstriktoren zu Arrhythmien und koronarer Minderperfusion führen.
- Vasokonstriktoren dürfen nicht bei Nervenblockaden in arteriellen Endstromgebieten (z. B. Finger, Penis) angewandt werden, da bei einer Durchblutungseinschränkung die Gefahr von Gewebenekrosen besteht.

◄ **Merke**

Weitere **Kontraindikationen** für den Gebrauch von Adrenalin als Zusatz für Lokalanästhetika sind:
- koronare Herzerkrankung
- Hyperthyreose
- Gefäßerkrankungen
- Diabetes mit Mikroangiopathie
- Gabe von trizyklischen Antidepressiva
- Blockaden von Nase, Finger, Penis.

Die **Anschlagzeit** verändert sich umgekehrt proportional und die **Wirkdauer** direkt proportional zur applizierten Lokalanästhetikamenge.

Weitere **Kontraindikationen** für den Gebrauch von Adrenalin als Zusatz für Lokalanästhetika sind:
- koronare Herzerkrankung
- Hyperthyreose
- Gefäßerkrankungen
- Diabetes mellitus mit Mikroangiopathie
- Behandlung mit trizyklischen Antidepressiva
- Applikation an Nase, Finger und Genitale (Penisblock).

Die **Anschlagzeit** verändert sich umgekehrt proportional und die **Wirkdauer** direkt proportional zur applizierten Lokalanästhetikamenge. Darüber hinaus wird auch die Erfolgsrate durch die verabreichte Dosis bestimmt. Über die Größe des injizierten Volumens kann versucht werden, die Ausbreitung der Nervenblockade zu beeinflussen. Jedoch muß das Volumen den anatomischen Gegebenheiten zur Vermeidung unerwünschter Effekte (z. B. aufsteigende Spinalanästhesie) individuell angepaßt werden. Bei der axillären Plexusanästhesie läßt sich durch eine Volumenerhöhung auf über 40 ml in aller Regel keine Verbesserung der Nervenblockade erreichen.

4.3 Nebenwirkungen der Lokalanästhetika

Nebenwirkungen von Lokalanästhetika können sich vor allem als **toxische** Reaktionen am zentralen Nervensystem und kardiovaskulären System sowie als **allergische** Reaktionen manifestieren.
Eine intravenöse Injektion eines Lokalanästhetikums birgt ein größeres Risiko für Nebenwirkungen als z. B. eine Gewebeinfiltration mit der gleichen Menge.

4.3.1 Zentralnervöse Reaktionen

Toxische Reaktionen können bei Überschreiten von venösen **Schwellenkonzentrationen** auftreten (▤ 4.**4**).

4.3 Nebenwirkungen der Lokalanästhetika

Nebenwirkungen von Lokalanästhetika können sich vor allem als **toxische** Reaktionen am zentralen Nervensystem und kardiovaskulären System sowie als **allergische** Reaktionen manifestieren. Der Ausprägungsgrad und die Schwere der toxischen Reaktionen sind hierbei von der Anflutung, d. h. von der Schnelligkeit des Konzentrationsanstieges, bestimmt. Eine intravenöse Injektion eines Lokalanästhetikums birgt somit ein größeres Risiko für Nebenwirkungen als z. B. eine Gewebeinfiltration mit der gleichen Dosis. Da eine toxische Reaktion individuell unterschiedlich ist, wird für Lokalanästhetika i. a. eine **minimale toxische Schwelle** angegeben.

4.3.1 Zentralnervöse Reaktionen

Toxische Reaktionen infolge einer versehentlichen intravasalen Applikation oder einer zu hohen Gesamtdosis können bei Überschreiten von venösen **Schwellenkonzentrationen** auftreten (*Cousins* et al. 1976) (▤ 4.**4**).

4.4: Schwellendosen (venös), bei deren Überschreiten zerebrale Krampfanfälle beim Menschen auftreten können (nach *Cousins* et al. 1976)

Lokalanästhetikum	venöse Schwellendosis (μg/ml)
▷ Procain	19,2
▷ Lidocain	6,4
▷ Mepivacain	9,8
▷ Prilocain	6,0
▷ Bupivacain	1,6
▷ Etidocain	3,4
▷ Tetracain	2,5
▷ Ropivacain	2,0

Typische zentralnervöse Reaktionen sind Unruhe, Schwindel, Nausea, Erbrechen, Euphorie, Sehstörungen, Muskelzittern und Angst.
Steigende Lokalanästhetikaplasmaspiegel können zu generalisierten **Krampfanfällen, Koma** und zentralem **Atemstillstand** führen (**S** 4.2).

Toxische Nebenwirkungen äußern sich zunächst durch das Auftreten von zentralnervösen Reaktionen. Typische Zeichen sind: Unruhe, Schwindel, Nausea, Erbrechen, Euphorie, Sehstörungen, Muskelzittern und Angst. Auf Befragen gibt der Patient frühzeitig ein Taubheitsgefühl in der Zunge bzw. im gesamten Mundbereich an. Weiter steigende Plasmaspiegel können dann in generalisierte **Krampfanfälle, Koma** und zentralen **Atemstillstand** einmünden (**S** 4.**2**). Die Krämpfe sind Folge einer Blockierung inhibitorischer Neurone.

S Synopsis 4.2: **Abhängigkeit von toxisch bedingten zentralnervösen Reaktionen vom Plasmaspiegel am Beispiel von steigenden Lidocainplasmakonzentrationen**

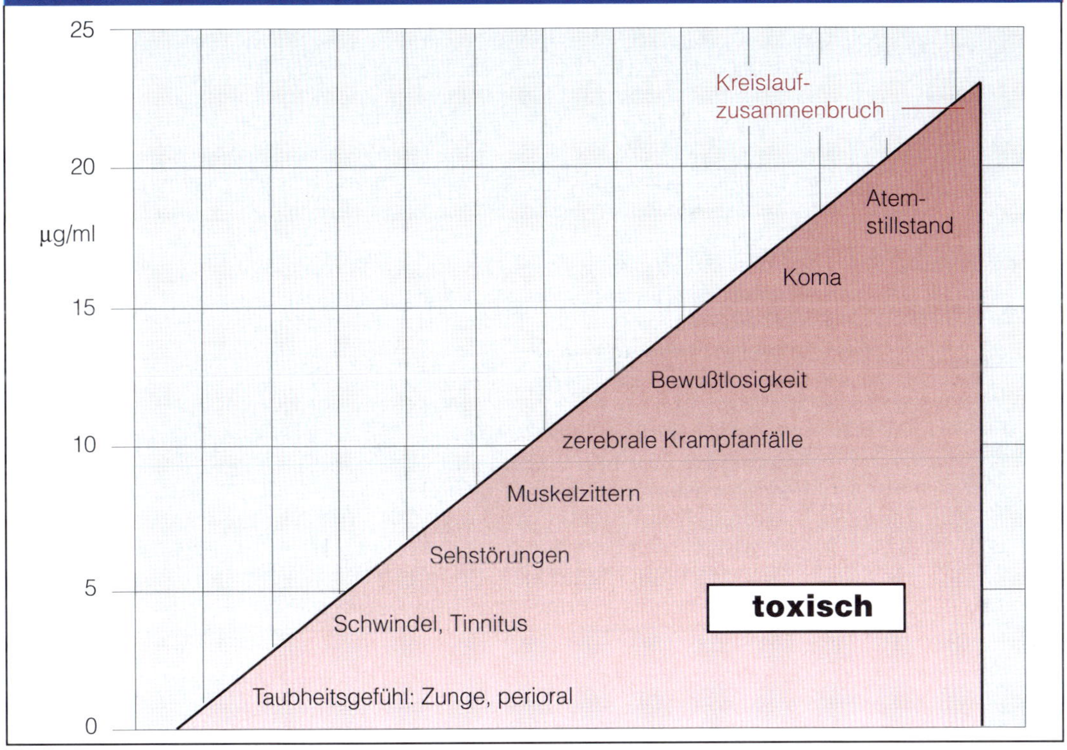

Zur Behandlung von toxisch bedingten zerebralen Krampfanfällen können Benzodiazepine (z.B. Diazepam, Midazolam) oder Barbiturate (z.B. Thiopental, Methohexital) eingesetzt werden. Hierbei muß streng nach den Regeln der Wiederbelebung (siehe Kap. 8) auf eine Sicherung der Atemwege und Stabilisierung der Hämodynamik geachtet werden.

Zur Behandlung von toxisch bedingten zerebralen Krampfanfällen können Benzodiazepine oder Barbiturate eingesetzt werden. Hierbei muß streng nach den Regeln der Wiederbelebung (siehe Kap. 8) auf eine Sicherung der Atemwege und Stabilisierung der Hämodynamik geachtet werden.

▶ ***Merke.*** Zur Prophylaxe von zentralnervösen Reaktionen muß bei der Anwendung von Lokalanästhetika und der Planung von regionalen Anästhesieverfahren die zur Erreichung des therapeutischen Effektes **notwendige Gesamtmenge an Lokalanästhetika individuell abgeschätzt werden!**

◀ **Merke**

4.3.2 Hämodynamische Reaktionen

Kardiovaskuläre Nebenwirkungen von Lokalanästhetika treten bei 3–7× höheren Plasmakonzentrationen als zentralnervöse Reaktionen auf. Im Bereich des kardiovaskulären Systems äußern sie sich durch einen **Blutdruckabfall,** der auf eine Verringerung der Kontraktionskraft des Myokards mit Abfall des Herzzeitvolumens und eine Gefäßdilatation zurückzuführen ist. Weiterhin kann es zum Auftreten von **Bradykardie** und **Verlängerung** der **AV-Überleitungszeit** kommen.
Die Therapie besteht neben der Sauerstoffzufuhr über eine Maske in einer Flüssigkeitssubstitution und ggf. in der intravenösen Injektion kardiovaskulär wirksamer Medikamente (z.B. Atropin, Noradrenalin, Adrenalin). Schwere kardiovaskuläre Reaktionen müssen nach den Regeln der kardiopulmonalen Wiederbelebung (siehe Kap. 8) behandelt werden.

4.3.2 Hämodynamische Reaktionen

Kardiovaskuläre Nebenwirkungen sind **Blutdruckabfall, Bradykardie** und **Verlängerung** der **AV-Überleitungszeit**.

Die Therapie besteht neben der Sauerstoffzufuhr über eine Maske in einer Flüssigkeitssubstitution und ggf. in der intravenösen Injektion kardiovaskulär wirksamer Medikamente.

4.3.3 Allergische Reaktionen

Allergische Reaktionen sind für Lokalanästhetika **extrem selten** zu erwarten. Hauterscheinungen (z.B. Urtikaria, Pruritus, Erythem) nach Injektion von Lokalanästhetika deuten auf allergische Reaktionen hin. Die meisten

4.3.3 Allergische Reaktionen

Allergische Reaktionen sind für Lokalanästhetika **extrem selten** zu erwarten. **Hauterscheinungen** deuten darauf hin (Urtikaria, Pruritus, Erythem).

lokalanästhetikabedingten allergischen Reaktionen sind bei den Substanzen vom Ester-Typ beschrieben. Hierbei ist die bei der Esterhydrolyse entstehende Paraaminobenzoesäure das Hauptagens. Zwischen Paraaminobenzoesäure und Methylparaben, einem gebräuchlichen Medikamentenkonservierungsmittel, besteht eine Kreuzsensibilität.

Die Therapie eines anaphylaktischen Schocks muß nach den Regeln der kardiopulmonalen Wiederbelebung (siehe Kap. 8) durchgeführt werden.

Die Therapie eines anaphylaktischen Schocks muß nach den Regeln der kardiopulmonalen Wiederbelebung (siehe Kap. 8) durchgeführt werden. Die Verabreichung von positiv inotropen Medikamenten (Adrenalin), Sauerstoff und Sicherung der Atemwege sowie Flüssigkeitssubstitution müssen hierbei die ersten Maßnahmen zur Sicherung der Vitalfunktionen sein.

Die Voraussetzungen zur Beherrschung von Nebenwirkungen sind:
- venöser Zugang **vor** Gabe von Lokalanästhetika
- Vorhalten eines funktionsfähigen Narkoseapparates
- Intubationsmöglichkeit
- EKG und Defibrillator
- Medikamente

Die Voraussetzungen zur Beherrschung von Nebenwirkungen sind:
- venöser Zugang **vor** Gabe von Lokalanästhetika
- Vorhalten eines funktionsfähigen Narkoseapparates
- Intubationsmöglichkeit
- EKG und Defibrillator
- Medikamente:
  - Sedativa/Hypnotika
    Diazepam (Valium®), Thiopental (Trapanal®)
  - kardiovaskulär wirkende Substanzen
    Atropin, Noradrenalin (Arterenol®), Adrenalin (Suprarenin®)
  - sonstige:
    Succinylcholin (Pantolax®), Orciprenalin (Alupent®), Antihistaminika, Pednisolon (Solu-Decortin®-H), Metoprolol (Beloc®), $NaHCO_3$.

Merke ▶

> ▶ ***Merke.*** Eine ständige klinische Beobachtung des Patienten muß bei allen Regionalanästhesien zur Beurteilung seines Zustandes, des Analgesiegrades sowie zur Erkennung evtl. Nebenwirkungen gewährleistet sein!

4.4 Allgemeines Vorgehen

4.4.1 Vorbereitung des Patienten

Der Erfolg einer Regionalanästhesie hängt im entscheidenden Maße von einer **intensiven präoperativen Vorbereitung** ab.
Dafür müssen sowohl dem Anästhesisten als auch dem Patienten die Art der Operation, der genaue Operationssitus und die voraussichtliche Dauer des operativen Eingriffes bekannt sein.

Die Prämedikationsvisite geschieht nach den für eine Allgemeinanästhesie gültigen Regeln (siehe Kap. 2). Der Erfolg einer Regionalanästhesie hängt im entscheidenden Maße von einer **intensiven präoperativen Vorbereitung** ab. Hierbei sollte die ins Auge gefaßte Blockadetechnik genau dargelegt werden. Dafür müssen sowohl dem Anästhesisten als auch dem Patienten die Art der Operation, der genaue Operationssitus und die voraussichtliche Dauer des operativen Eingriffes bekannt sein. In die Wahl der Regionalanästhesietechnik gehen weiterhin Überlegungen hinsichtlich der Blockadequalität (sensorisch, ggf. auch motorisch) ein. Erst nach genauer Aufklärung und schriftlicher Einverständniserklärung des Patienten darf eine Regionalanästhesie durchgeführt werden. Von einem »Überreden« des Patienten zu einer Regionalanästhesie sollte in aller Regel abgesehen werden.

4.4.2 Voraussetzungen für eine Regionalanästhesie

Voraussetzungen für Regionalanästhesien sind Vorbereitungen wie bei der Allgemeinanästhesie: i. v. Zugang, EKG, Puls- und Blutdrucküberwachung, Intubations- und Beatmungsmöglichkeit inklusive der apparativen und medikamentösen Hilfsmittel für Wiederbelebungsmaßnahmen.

Für die Durchführung einer Regionalanästhesie gelten die gleichen Vorbereitungsregeln wie für eine Allgemeinanästhesie (siehe Kap. 3.1) mit intravenösem Zugang und obligater EKG-, Puls- und Blutdrucküberwachung. Eine Intubations- und Beatmungsmöglichkeit inklusive der apparativen und medikamentösen Hilfsmittel für Wiederbelebungsmaßnahmen müssen vorhanden sein. Die für die gewählte Blockadetechnik notwendigen Voraussetzungen – Nadel (Stärke, Art), Lokalanästhetika (Typ, Konzentration), Abdecktücher, Desinfektionslösungen und u. U. peripherer Nervenstimulator – müssen vorhanden sein.

4.4.3 Durchführung

Die Entscheidung zur Durchführung einer Nervenblockade richtet sich nach der klinischen Beurteilung unter Abwägung von Indikation und evtl. Kontraindikationen (S 4.3).

4.4.3 Durchführung

Die Entscheidung für die Durchführung einer Nervenblockade richtet sich nach der klinischen Beurteilung unter Abwägung von Indikation und evtl. Kontraindikationen (S 4.3).

S Synopsis 4.3: **Gesichtspunkte zur Wahl eines Regionalanästhesieverfahrens**

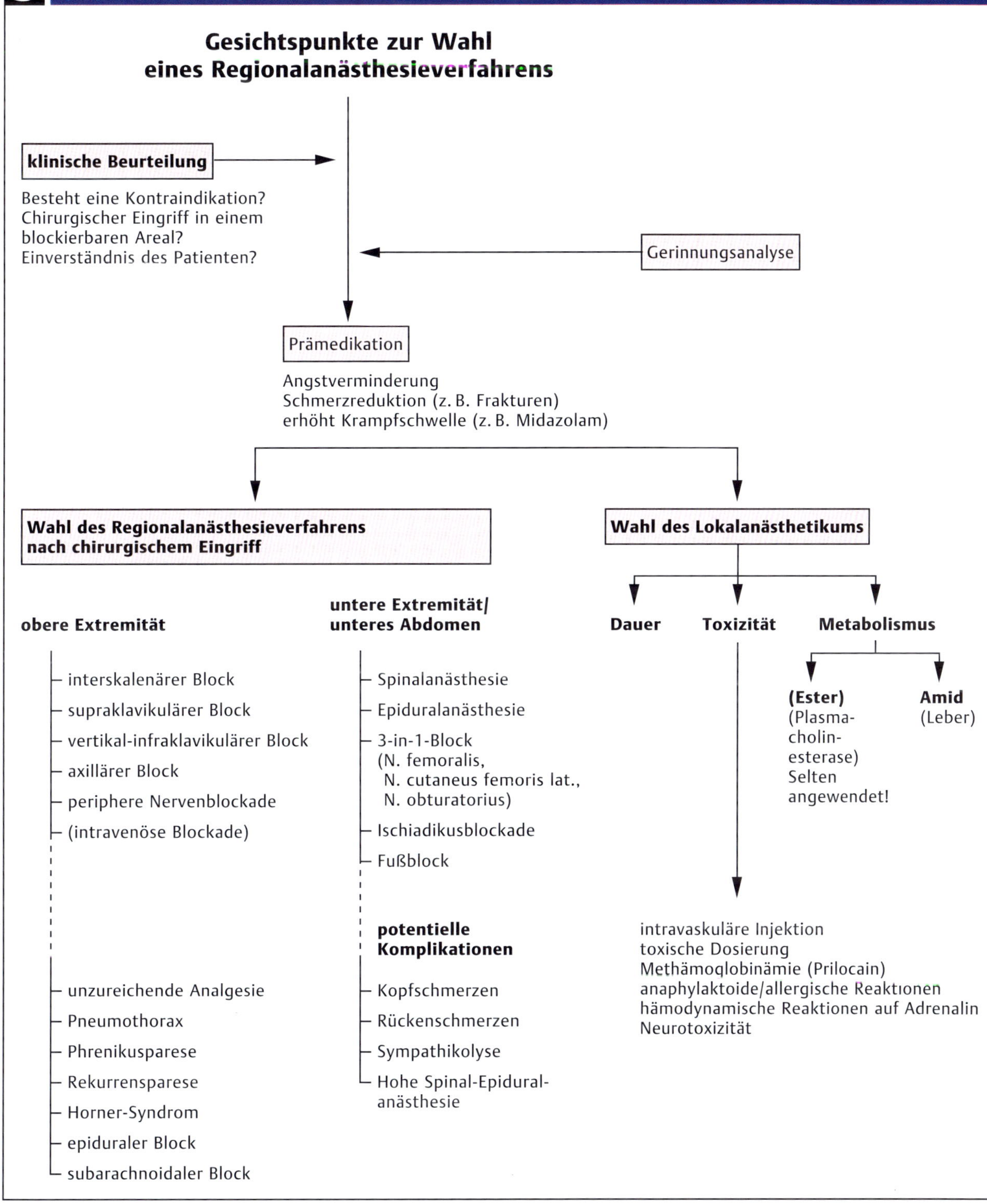

Die Wahl des Verfahrens richtet sich nach der sensorischen Versorgung des für den chirurgischen Eingriff vorgesehenen Areals (**S** 4.**4**).

Die Wahl des Regionalanästhesieverfahrens hängt von der sensorischen Versorgung des für den chirurgischen Eingriff vorgesehenen Areals ab (**S** 4.**4**).

S Synopsis 4.**4: Verteilung der Dermatome auf die Körperoberfläche**

Schema der segmentalen Innervation (rechte Körperhälfte) und peripheren Innervation (linke Körperhälfte). Die 1. Nervenwurzel (C1) ist rein motorisch. Die in Klammern gesetzten Nerven bezeichnen den Nervenstamm der jeweiligen Hautäste.

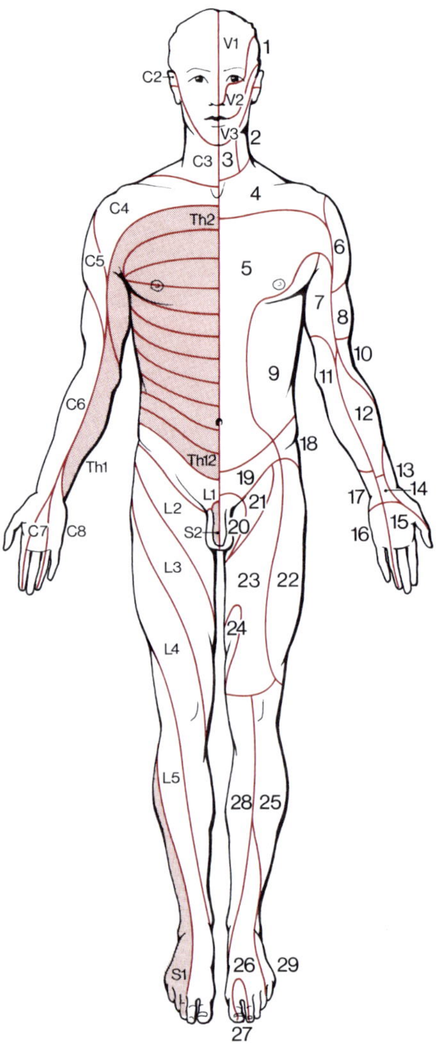

a Ansicht von vorne

1 N. trigeminus (V1, V2, V3)
2 N. auricularis magnus
3 N. transversus colli
4 Nn. supraclaviculares
5 Rr. cutanei anteriores nn. intercostalium
6 N. cutaneus brachii lateralis superior (N. axillaris)
7 N. cutaneus brachii medialis
8 N. cutaneus brachii posterior N. radialis)
9 Rr. mammarii laterales nn. intercostalium
10 N. cutaneus antibrachii posterior (N. radialis)
11 N. cutaneus antebrachii medialis
12 N. cutaneus antebrachii lateralis (N. musculo-cutaneus)
13 R. superficialis n. radialis
14 R. palmaris n. mediani
15 N. medianus
16 Nn. digitales palmares communes (N. ulnaris)
17 R. palmaris n. ulnaris
18 R. cutaneus lateralis n. iliohypogastrici
19 R. cutaneus anterior n. iliohypogastrici
20 N. ilioinguinalis
21 N. genitofemoralis
22 N. cutaneus femoris lateralis
23 Rr. cutanei anteriores n. femoralis
24 N. obturatorius
25 N. cutaneus surae lateralis (N. peronaeus communis)
26 N. peronaeus superficialis
27 N. peronaeus profundus
28 N. saphenus
29 N. suralis
30 N. occipitalis major
31 N. occipitalis minor
32 Rr. dorsales nn. cervicalium
33 Rr. dorsales nn. spinalis
34 Rr. cutanei laterales nn. intercostalium
35 R. dorsalis n. ulnaris
36 Nn. clunium superiores
37 Nn. clunium medii
38 Nn. clunium inferiores
39 N. cutaneus femoris posterior
40 N. plantaris lateralis (N. tibialis)
41 N. plantaris medialis (N. tibialis)
42 Rr. calcanei n. tibialis

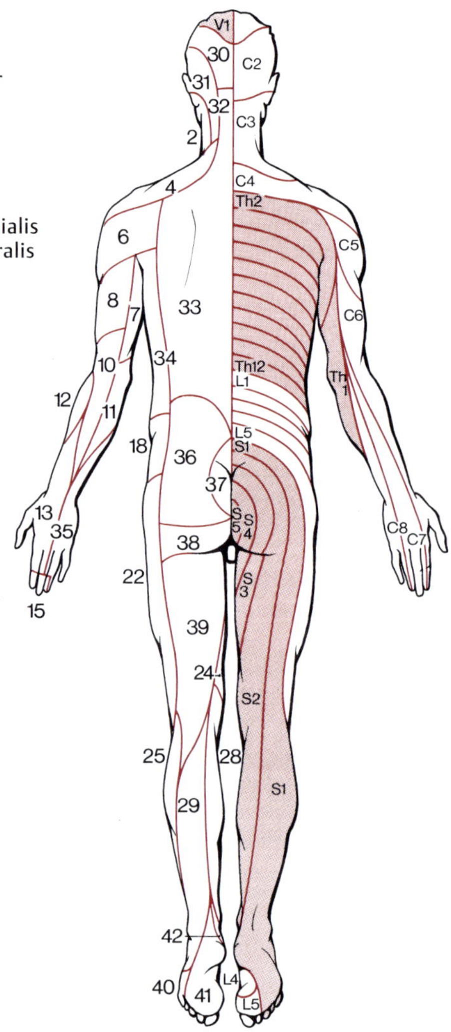

b Ansicht von hinten

Hierbei ist darauf zu achten, daß durch die Benutzung von Blutsperren im Oberarm- oder Oberschenkelbereich außer dem Gebiet des chirurgischen Eingriffes zusätzliche, weiter kranial gelegene Areale anästhesiert sein müssen.

4.4.4 Lokalisierung der zu blockierenden Nerven

Periphere Leitungsanästhesien

Das Aufsuchen der zu blockierenden peripheren Nerven erfolgt nach anatomischen Gesichtspunkten vorzugsweise an Orientierungspunkten, die den Nervenverlauf möglichst exakt wiedergeben (z. B. Mittellinie der Klavikula für die supraklavikuläre Plexusanästhesie, s. u.). Durch vorsichtigen Nervenkontakt unter Vermeidung von Nervenläsionen lassen sich oftmals **Parästhesien** auslösen, die auf die sensible Versorgung des betreffenden Nervs rückschließen lassen.

> **Merke.** Vor Injektion des Lokalanästhetikums muß die Kanülenspitze jedoch 1 – 2 mm **zurückgezogen** werden, um eine intraneurale Injektion zu vermeiden.

Da durch dieses Vorgehen eine Nervenschädigung nicht sicher ausgeschlossen werden kann und postoperative Dysästhesien provoziert werden können, wird der Einsatz eines elektrischen **Nervenstimulationsgerätes** mit variabler Simulationsstärke (0,1 bis 5 – 6 mA) empfohlen. Flach angeschliffene Nadeln verringern zusätzlich die Gefahr von Nervenläsionen. Nach Näherung der Kanülenspitze an die efferenten Nervenanteile werden synchron zur Stimulationsfrequenz (1 – 3/sec) rhythmische **Muskelkontraktionen** ausgelöst. Ein größtmöglicher Kontakt zum aufgesuchten Nerv ist dann erreicht, wenn bei geringster Stromstärke noch Muskelkontraktionen oder Parästhesien in den durch den Nerv versorgten Arealen ausgelöst werden.
Bei den Blockaden von Nerven mit einer Faszienscheide gelingt es oftmals, das Penetrieren dieser bindegewebigen Hülle an einem **Widerstandsverlust** zu spüren. Auch bei dieser Punktionstechnik werden zur Vermeidung von Nervenläsionen flach angeschliffene Kanülen verwendet, die nach Überwindung der Faszienhülle noch 1 – 3 mm **vorgeschoben** werden.

Zentrale Leitungsanästhesien

Die Vorgehensweisen bei den zentralen (rückenmarknahen) Regionalanästhesieverfahren (spinal, epidural) werden in den entsprechenden Kapiteln 4.10 und 4.11 abgehandelt.

4.4.5 Auswahl des Lokalanästhetikums

Die Auswahl des Lokalanästhetikums richtet sich nach Art und voraussichtlicher Dauer des operativen Eingriffes. Hierbei werden die pharmakologischen Besonderheiten wie Toxizität, Wirkdauer und Stoffwechselweg berücksichtigt (**S** 4.**3**).

4.4.6 Nervenläsionen

Eine **intraneurale Injektion** von Lokalanästhetika führt wegen der hierdurch herbeigeführten Ischämie **häufig zu irreversiblen Schädigungen.** Erste Zeichen für eine intraneurale Injektion sind ein noch während der Injektion akut auftretender, stechender Schmerz und eine frühzeitige, d. h. unmittelbar wirksame Blockade.

4.4.7 Versagerquote

Eine **inkomplette Analgesie** kann selbst bei sorgfältigster Technik in ca. 5 % der Fälle bei peripheren und 1 % bei zentralen Nervenblockaden nicht vermieden werden. Je nach der Größe des nicht ausreichend anästhesierten Areales kann u. U. eine zusätzliche Wundinfiltration durchgeführt werden.

4.4.4 Lokalisierung der zu blockierenden Nerven

Periphere Leitungsanästhesien

Das Aufsuchen der zu blockierenden Nerven richtet sich nach anatomischen Orientierungspunkten. Durch vorsichtigen Nervenkontakt unter Vermeidung von Nervenläsionen lassen sich oftmals **Parästhesien** auslösen.

◄ **Merke**

Da durch dieses Vorgehen eine Nervenschädigung nicht ausgeschlossen werden kann und postoperative Dysästhesien provoziert werden können, wird der Einsatz eines elektrischen **Nervenstimulationsgerätes** zur Auslösung von **Muskelkontraktionen empfohlen.**
Bei den Blockaden von Nerven mit einer Faszienscheide gelingt es oftmals, das Penetrieren dieser bindegewebigen Hülle an einem **Widerstandsverlust** zu spüren. Bei dieser Punktionstechnik werden zur Vermeidung von Nervenläsionen flach angeschliffene Kanülen verwendet, die nach Überwindung der Faszienhülle noch 1 – 3 mm **vorgeschoben** werden.

Zentrale Leitungsanästhesien

(siehe Kap. 4.10 und 4.11)

4.4.5 Auswahl des Lokalanästhetikums

Die Auswahl des Lokalanästhetikums richtet sich nach Art und voraussichtlicher Dauer des operativen Eingriffes (**S** 4.**3**).

4.4.6 Nervenläsionen

Eine **intraneurale Injektion** von Lokalanästhetika führt wegen der hierdurch herbeigeführten Ischämie **häufig zu irreversiblen Schädigungen.**

4.4.7 Versagerquote

Eine **inkomplette Analgesie** tritt bei ca. 5 % der peripheren und 1 % der zentralen Nervenblockaden auf. Dann kann eine Wundinfiltration durchgeführt werden.

4.4.8 Überwachung des Patienten

Beim Durchführen sowie während der gesamten Dauer der Nervenblockade müssen die Vitalparameter des Patienten fortlaufend überwacht werden.

Bei längeren Operationen oder bei ängstlichen Patienten ist es u. U. nötig, zusätzlich **sedierende** Maßnahmen zu ergreifen.

4.4.8 Überwachung des Patienten

Beim Durchführen sowie während der gesamten Dauer einer Nervenblockade müssen die **Vitalparameter** des Patienten fortlaufend überwacht werden. Der Patient darf unmittelbar nach Durchführung der Blockade so lange nicht umgelagert und transportiert werden, bis sich evtl. Störungen der vitalen Funktionen stabilisiert haben.
Bei längeren Operationen oder bei ängstlichen Patienten ist es u. U. nötig, zusätzlich **sedierende** Maßnahmen durch z. B. intermittierende Gabe von Midazolam (1 – 5 mg i. v.) bis hin zum Durchführen einer Allgemeinanästhesie mit endotrachealer Intubation zu ergreifen.
Nach Verlegung in den Aufwachraum muß der Patient postoperativ bis zum Abklingen der Regionalanästhesie weiter überwacht werden. Hierbei ist insbesondere auch auf die zeitliche Rückbildung der sensorischen und motorischen Restblockade zu achten.

Merke ▶

> ▶ ***Merke.*** Durch unsachgemäße Lagerung von Extremitäten mit noch bestehender Blockade können **Lagerungsschäden** verursacht werden!

Bei rückenmarknahen Regionalanästhesien muß beachtet werden, daß durch eine noch bestehende Sympathikusblockade (Gefäßweitstellung!) während des Umlagerns des Patienten **kardiovaskuläre Reaktionen** auftreten können (siehe Kap. 4.3.2).

Bei rückenmarknahen Regionalanästhesien muß zusätzlich beachtet werden, daß durch eine noch bestehende Sympathikusblockade (Gefäßweitstellung!) während des Umlagerns des Patienten **kardiovaskuläre Reaktionen** auftreten können (siehe Kap. 4.3.2). Durch Beobachtung der Motorik der unteren Extremitäten nach rückenmarknahen Regionalanästhesieverfahren kann ein erster Hinweis auf das Auftreten von epiduralen Hämatomen erhalten werden. Diese treten zwar sehr selten auf, müssen jedoch in die differentialdiagnostischen Überlegungen nach verlängerten motorischen Blockaden mit einbezogen werden, ggf. sollten frühzeitig diagnostische Maßnahmen erfolgen.

4.5 Allgemeine Kontraindikationen für Nervenblockaden

4.5.1 Hämorrhagische Diathese

Gefäßverletzungen während der Punktion können zu Hämatomen führen, die bei pathologischer Gerinnung durch Druck auf den Nerv Ischämien mit irreversiblen Nervenschädigungen zur Folge haben können.

4.5 Allgemeine Kontraindikationen für Nervenblockaden

4.5.1 Hämorrhagische Diathese

Bei der Anlage einer Nervenblockade können auch bei sorgfältigster Technik Gefäßverletzungen nicht sicher vermieden werden. Bei hämorrhagischer Diathese können sich ausgedehnte Hämatome entwickeln, die durch Druck auf den Nerv zu Ischämien mit irreversiblen Nervenschädigungen führen können. Aus diesem Grunde sollte bei Gerinnungsstörungen die Indikation zu einer Nervenblockade eng gefaßt werden. Schmerzzustände als Folge sich entwickelnder Kompressionssyndrome (z. B. infolge eines Hämatoms) können postoperativ nur sehr schwer von eingriffsbedingten Schmerzzuständen in der betreffenden Extremität getrennt werden.

4.5.2 Pyodermien

Infektionen im vorgesehenen Injektionsbereich sind absolute Kontraindikation für eine Regionalanästhesie.

4.5.2 Pyodermien

Infektionen im vorgesehenen Injektionsbereich sind absolute Kontraindikation für eine Regionalanästhesie. In Ausnahmefällen kann auf einen anderen Punktionsort ausgewichen werden (z. B. statt einer axillären Nervenblockade ein supraklavikulärer Block).

4.5.3 Leber-, Niereninsuffizienz, zerebrales Krampfleiden

Leber-, Niereninsuffizienz sowie zerebrales Krampfleiden sind keine Kontraindikationen für eine Regionalanästhesie.

4.5.3 Leber-, Niereninsuffizienz, zerebrales Krampfleiden

Bei Patienten mit Leber-, Niereninsuffizienz oder zerebralem Krampfleiden können bei richtiger Auswahl und Dosierung der Lokalanästhetika chirurgische Eingriffe unter Regionalanästhesie durchgeführt werden. Bei Hypalbuminämie kann die ungebundene Lokalanästhetikafraktion mit der Gefahr des Erreichens toxischer Blutkonzentrationen erhöht sein (s. o.).

4.6 Infiltrationsanästhesie

Bei der Infiltrationsanästhesie werden durch Injektion des Lokalanästhetikums in die Subkutis die sensiblen Nervenendigungen in einem umschriebenen Hautareal vorübergehend ausgeschaltet.

4.6 Infiltrationsanästhesie

Bei der Infiltrationsanästhesie werden die sensiblen Nervenendigungen in einem umschriebenen Hautareal anästhesiert.

4.7 Leitungsanästhesie einzelner peripherer Nerven

Bei der Leitungsanästhesie peripherer Nerven wird die Nervenfortleitung unterbrochen, so daß der anästhesierte Bereich **distal** der Blockierungsstelle liegt. Durch richtige Wahl der Injektionsstelle, des Injektionsvolumens und des Lokalanästhetikums können neben den sensiblen auch motorische Fasern blockiert werden. Hieraus resultiert eine schlaffe Lähmung der abhängigen Muskulatur.
Durch Leitungsanästhesien können u. a. die folgenden peripheren Nerven blockiert werden: N. medianus, N. radialis, N. ulnaris (am Finger Methode nach *Oberst* S **4.5**), die Interkostalnerven, die Endäste des N. trigeminus, N. pudendus, N. obturatorius, N. ischiadicus, N. femoralis.

4.7 Leitungsanästhesie einzelner peripherer Nerven

Bei der Leitungsanästhesie peripherer Nerven wird die Nervenfortleitung unterbrochen, so daß der anästhesierte Bereich **distal** der Blockierungsstelle liegt. Es können neben den sensiblen auch motorische Fasern blockiert werden (schlaffe Lähmung).
S **4.5** zeigt die Interdigitalblockade modifiziert nach *Oberst*.

S Synopsis 4.5: Interdigitalblockade modifiziert nach Oberst

Die Digitalnerven verlaufen in der Nähe der Digitalarterien und -venen entlang den lateralen Seiten der Finger. Die Infiltration der dorsalen und ventralen Äste der Digitalnerven wird auf jeder Seite des Fingers vorgenommen (**cave:** keine Lösungen mit vasokonstriktorischen Zusätzen verwenden!).

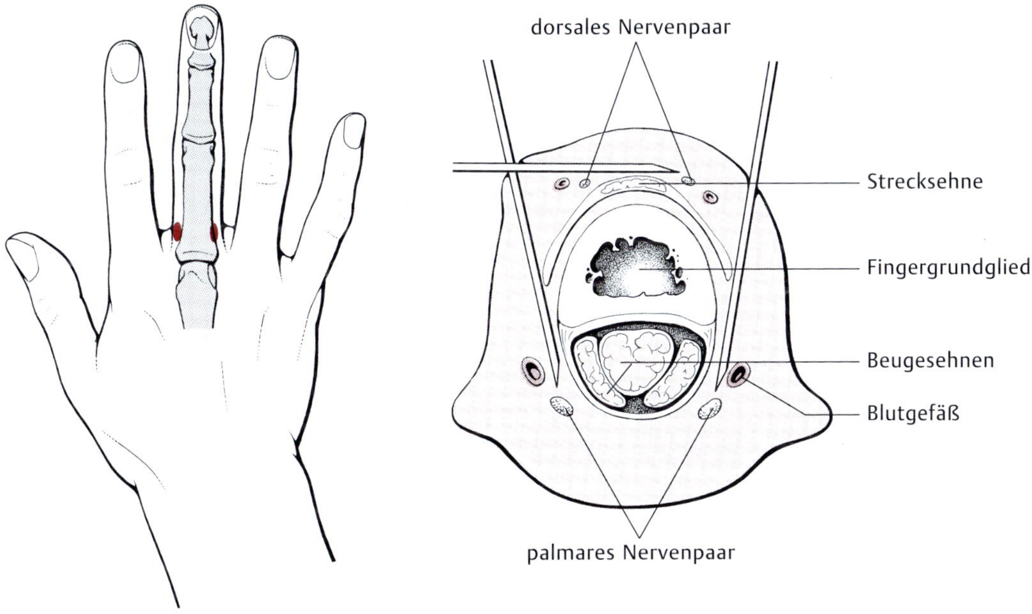

4.8 Intravenöse Regionalanästhesie

Eine Regionalanästhesie kann auch durch venöse Applikation eines Lokalanästhetikums in eine durch Tourniquet okkludierte Extremität herbeigeführt werden.
Bei versehentlicher Öffnung der Blutleere können schnell ansteigende Plasmakonzentrationen erreicht werden.

4.8 Intravenöse Regionalanästhesie

Eine Regionalanästhesie kann auch durch venöse Applikation eines Lokalanästhetikums in eine durch Tourniquet okkludierte Extremität herbeigeführt werden. Besonderes Augenmerk ist hierbei auf die Toxizität des Lokalanästhetikums zu richten, da bei versehentlicher vorzeitiger Öffnung der Blutleere schnell ansteigende Plasmakonzentrationen erreicht werden können. Für die intravenöse Applikation bieten sich Mepivacain und Prilocain (obere Extremität: 30 – 40 ml, 0,5 %; untere Extremität: 50 – 100 ml, 0,25 %) an. Die Blutleere sollte zur Vermeidung von ischämischen Gewebeschäden eine Dauer von 2 Stunden nicht überschreiten.

Technik

In der Nähe des chirurgisch zu versorgenden Areals wird eine Vene punktiert. Die Extremität wird angehoben und »ausgewickelt«. Anschließend wird mit einer pneumatischen Doppelkammermanschette die Blutleere aufrechterhalten. In der proximalen Manschette wird der Staudruck auf Werte oberhalb des systolischen Blutdruckes eingestellt, so daß der periphere Puls nicht mehr tastbar ist. Anschließend wird das Lokalanästhetikum injiziert (cave: Adrenalinzusatz!). Eine Anästhesie tritt in der Regel nach 5 – 10 Minuten ein. Nach Auffüllen der distalen Manschette (ca. 50 mmHg oberhalb des systolischen Blutdruckwertes) wird die proximale Manschette entleert, sobald es hier zu stauungsbedingten Schmerzen kommt. Nach Operationsende wird das Lokalanästhetikum durch vorsichtige, intermittierende Absenkung des Staudruckes langsam ausgewaschen. Die Mindeststauzeit beträgt zur Vermeidung systemisch-toxischer Wirkungen des Lokalanästhetikums 15 Minuten.

4.9 Blockaden des Plexus brachialis

Nach ihrem Abgang aus dem Spinalkanal verlaufen die Nervenstränge zusammen mit Gefäßen und werden von einer besonderen Faszienanordnung umgeben. Darin kann sich das Lokalanästhetikum ausbreiten und eine gemeinsame Anästhesie aller in diesen Gewebescheiden verlaufenden Nerven herbeiführen.

4.9.1 Anatomie

Die Rami anteriores der Spinalnerven $C_5 - Th_1$ bilden den Plexus brachialis (S 4.6).

4.9 Blockaden des Plexus brachialis

Die Blockaden des Plexus brachialis sind eine Sonderform der Leitungsanästhesien. Nach ihrem Abgang aus dem Spinalkanal verlaufen die Nervenstränge zusammen mit Gefäßen und werden von einer besonderen Faszienanordnung umgeben. In dieser Faszienstruktur kann sich das Lokalanästhetikum ausbreiten und eine gemeinsame Anästhesie aller in diesen Gewebescheiden verlaufenden Nerven herbeiführen.

4.9.1 Anatomie

Die Rami anteriores der Spinalnerven $C_5 - Th_1$ bilden den Plexus brachialis (S 4.6).

S Synopsis 4.6: Anatomie des Plexus brachialis

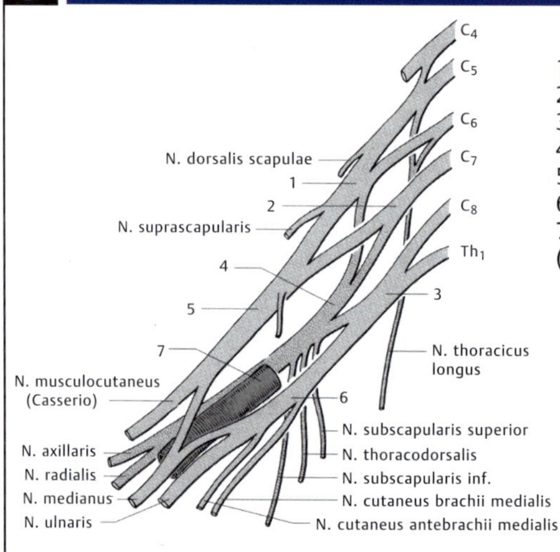

1 Truncus superior
2 Truncus medius
3 Truncus inferior
4 Fasciculus posterior
5 Fasciculus lateralis
6 Fasciculus medialis
7 A. axillaris
(aus Töndury, Thieme 1981)

Sie erscheinen nach zunächst laterokaudaler Verlaufsrichtung zwischen den Ursprüngen der Mm. scaleni. Nach ihrem Zusammenlaufen in der Skalenuslücke bilden die einzelnen Wurzeln der Spinalnerven insgesamt 3 Trunci: den Truncus superior (aus C_5 und C_6), den Truncus medialis (C_7) und den Truncus inferior (C_8 und Th_1). Aus den ventralen und dorsalen Ästen der Trunci entstehen der Fasciculus posterior, Fasciculus lateralis und Fasciculus medialis (S 4.5). Die 3 Faszikel folgen dem Verlauf der A. subclavia. Kaudal der Klavikula wird nach Kreuzung der 1. Rippe die Achselhöhle erreicht. Der Plexus brachialis ist von einer Hülle aus kollagenen Bindegewebsfasern umgeben, die diesen nach neueren Untersuchungen in 2 Kompartimente aufteilen (S 4.7).

Der Plexus brachialis ist von einer Hülle aus kollagenen Bindegewebsfasern umgeben, die diesen in zwei Kompartimente aufteilen (S 4.7).

S Synopsis 4.7: Schematische Darstellung zur Anatomie des Plexus brachialis mit seinen äußeren Hüllen

Dargestellt sind das proximale und das distale Kompartiment mit längs- und querverlaufenden Kollagenfasern der äußeren Hüllen.

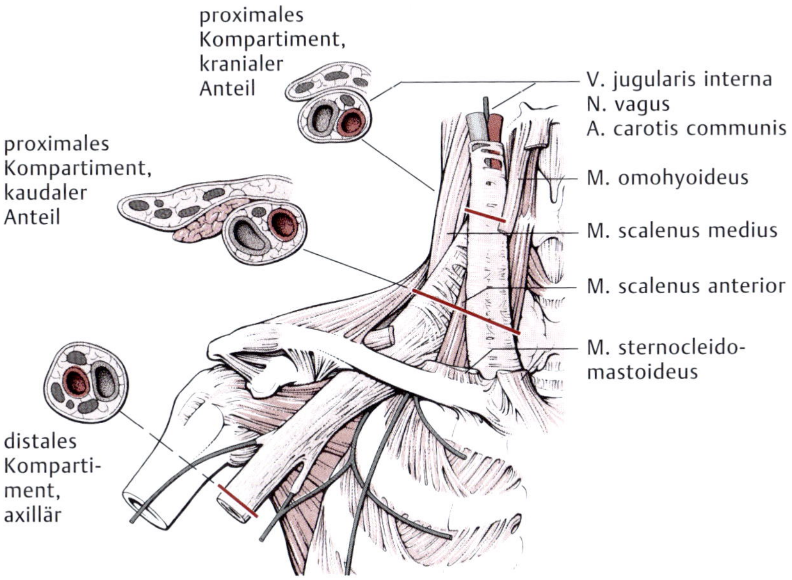

Das proximale Kompartiment erstreckt sich von der Halswirbelsäule bis zur supraklavikulären Region. Dort inseriert seine ventrolaterale Faszienwand in das distale Kompartiment, das bis in den Oberarmbereich hineinreicht. Im distalen Kompartiment verlaufen die Nerven und Gefäße in einem feinen, septierten Fasziennetz.

Aus den Faszikeln gehen folgende Nerven ab:

Fasciculus posterior:	N. axillaris N. radialis
Fasciculus lateralis:	N. musculocutaneus N. medianus (lateraler Anteil)
Fasciculus medialis:	N. medianus (medialer Anteil) N. ulnaris N. cutaneus brachii medialis N. cutaneus antebrachii medialis.

Aus den Faszikeln gehen folgende Nerven ab:
Fasciculus posterior
- N. axillaris
- N. radialis

Fasciculus lateralis
- N. musculocutaneus
- N. medianus (lateraler Anteil)

Fasciculus medialis
- N. medianus (medialer Anteil)
- N. ulnaris
- N. cutaneus brachii medialis
- N. cutaneus antebrachii medialis.

Definition ▶

Definition. Eine Blockade des Plexus brachialis wird durch Injektion eines Lokalanästhetikums in den faszienumscheideten perineuralen Bindegewebsraum erreicht.

4.9.2 Zugangswege

Der Plexus brachialis ist auf verschiedenen Wegen erreichbar (S 4.8).

4.9.2 Zugangswege

Der Plexus brachialis ist auf verschiedenen Wegen erreichbar (S 4.8).

Synopsis 4.8: **Zugangswege zum Plexus brachialis**

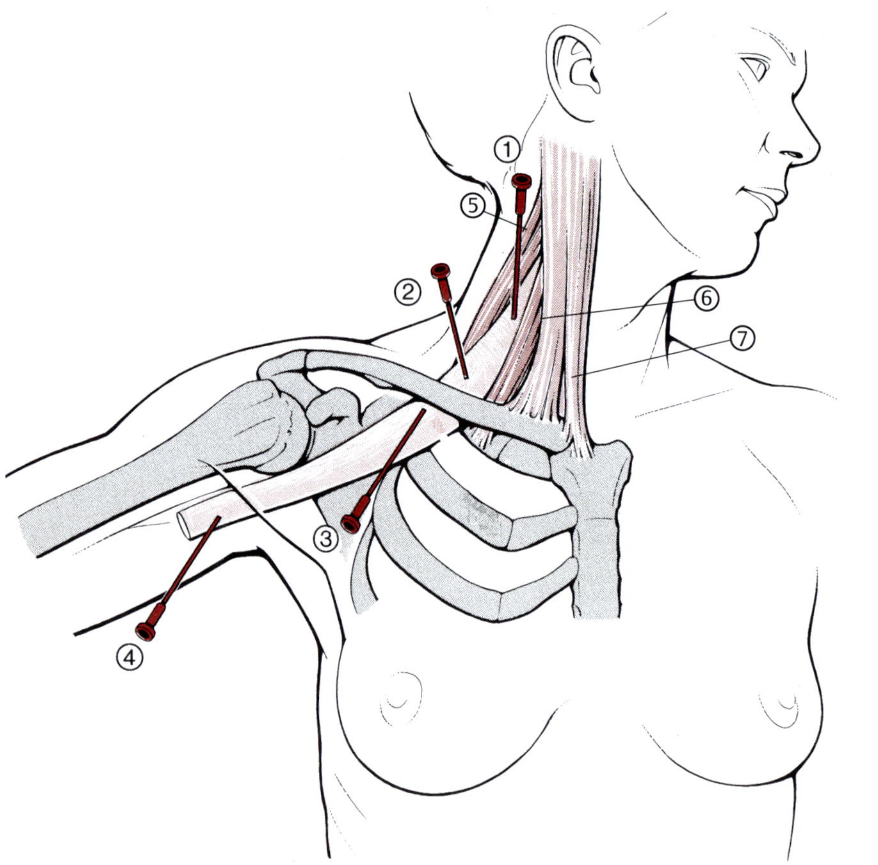

1 interskalenärer Zugang (nach Winnie)
2 supraklavikulärer Zugang (nach Kulenkampff)
3 infraklavikulärer Zugang
4 axillärer Zugang
5 M. scalenus medius
6 M. scalenus anterior
7 M. sternocleidomastoideus

Zugänge für Nervenblockaden des Plexus brachialis nach seinem Erscheinen zwischen der skalenären Muskelgruppe sind:
- interskalenärer Zugang
- supraklavikulärer Zugang
- infraklavikulärer Zugang
- axillärer Zugang.

Zugänge für Nervenblockaden des Plexus brachialis nach seinem Erscheinen zwischen der skalenären Muskelgruppe sind:
- interskalenärer Zugang
- supraklavikulärer Zugang
- infraklavikulärer Zugang
- axillärer Zugang.

Der am weitesten kranial gelegene Punktionsort befindet sich im interskalenären (Methode nach Winnie) Bereich. Mehr kaudal gelegene Zugangswege sind supraklavikulär zu finden (Methode nach Kulenkampff). Besonders für die supraklavikulären Techniken bediene man sich zum Aufsuchen des Plexus nach Möglichkeit eines Nervenstimulationsgerätes, um die Nebenwirkungen bzw. Komplikationen zu minimieren.

Supraklavikulärer Block nach Kulenkampff

Bei der supraklavikulären Blockade nach Kulenkampff werden die 3 Faszikel des Plexus brachialis in der Fossa supraclavicularis major in der Nähe der 1. Rippe und der A. subclavia ausgeschaltet. Um die gesamte obere Extremität und den lateralen Anteil des Schulter-Arm-Bereiches zu erfassen (S 4.9), sollte das Injektionsvolumen 30 – 40 ml betragen.

Supraklavikulärer Block nach Kulenkampff

Bei dieser Blockade werden die 3 Faszikel des Plexus brachialis in der Fossa supraclavicularis major in der Nähe der 1. Rippe und der A. subclavia ausgeschaltet. Die Analgesiezonen zeigt S 4.9.

S Synopsis 4.9: **Analgesiezonen Plexus brachialis** (dunkel = sichere, hell = unsichere Analgesie)

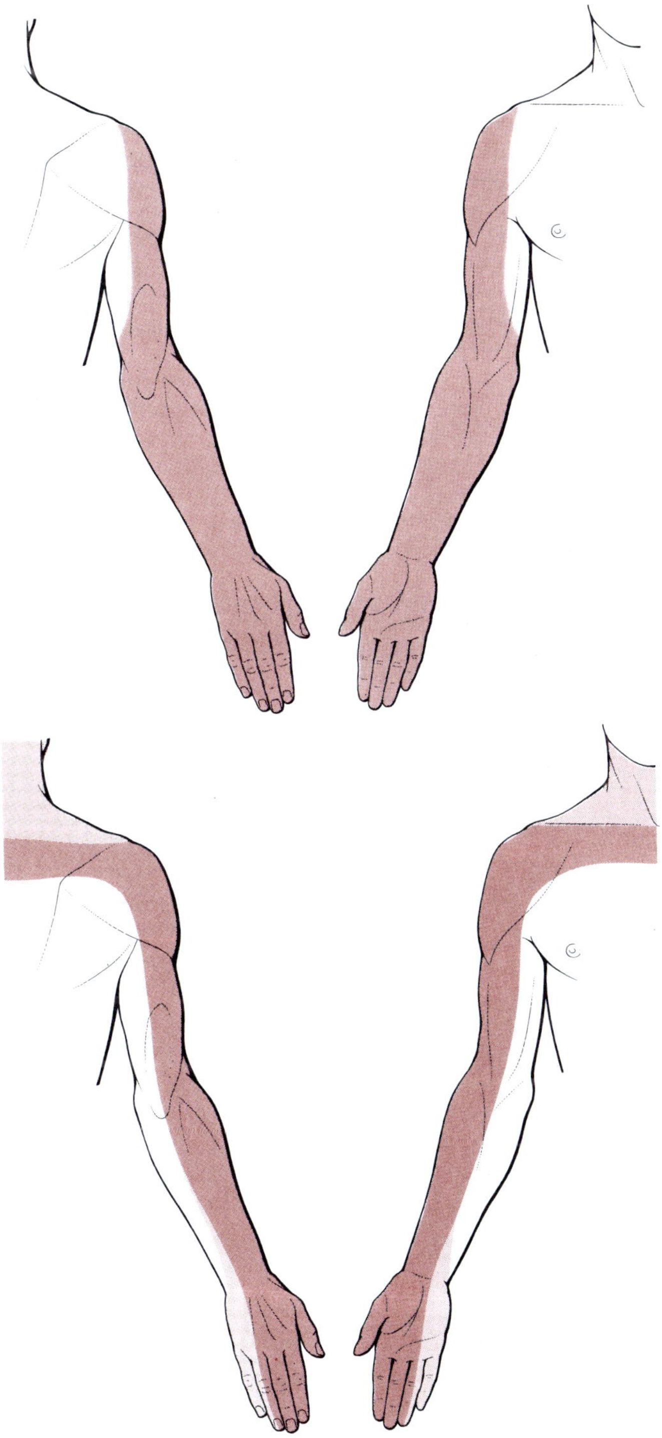

a Analgesiezonen für den supraklavikulären Block

b Analgesiezonen für den interskalenären Block

Indikationen Alle chirurgischen Eingriffe im Bereich des Oberarms, des Unterarms und der Hand.

Kontraindikationen Eine **deutliche Einschränkung der Lungenfunktion** muß wegen der Gefahr eines Pneumothorax, einer Phrenikus- und Rekurrensparese (s. u.) als Kontraindikation für eine supraklavikuläre Nervenblockade betrachtet werden.

Komplikationen Bei der supraklavikulären Nervenblockade nach Kulenkampff ist das Risiko eines **Pneumothorax** am größten.

Wie bei allen peripheren Nervenblockaden besteht die Gefahr von **Nervenläsionen.** Diese können durch Verwendung eines Nervenstimulators zum Aufsuchen der zu blockierenden Nervenfasern z. T. vermieden werden. Ein distal der Injektionsstelle auftretender Schmerz nach Abklingen der Nervenblockade kann auf eine Nervenischämie infolge eines Hämatoms hindeuten und muß sofort ausgeräumt werden (cave Nervenläsion).

Indikationen. Alle chirurgischen Eingriffe im Bereich des Oberarms, des Unterarms und der Hand können mit dieser Blockadetechnik durchgeführt werden. Die Erfolgsquote liegt bei richtiger Injektionstechnik bei >90 %.

Kontraindikationen. Eine **deutliche Einschränkung der Lungenfunktion** muß wegen der Gefahr eines Pneumothorax, einer Phrenikus- und Rekurrensparese (s. u.) als Kontraindikation für eine supraklavikuläre Nervenblockade betrachtet werden. Die supraklavikuläre Plexusanästhesie sollte deshalb nur bei ausreichender Kontroll- und Überwachungsmöglichkeit und bei ambulanten Patienten gar nicht angewendet werden.

Komplikationen. Bei der supraklavikulären Nervenblockade nach Kulenkampff ist das Risiko eines **Pneumothorax** am größten. Beim Auftreten von Dyspnoe und thorakalen Schmerzen bei wachen und bei Oxygenierungs- sowie hämodynamischen Problemen bei intubierten und beatmeten Patienten besteht der Verdacht auf einen Pneumothorax. Hier ist eine sorgfältige Auskultation und eine Röntgenaufnahme des Thorax angezeigt. Bei schweren respiratorischen und/oder hämodynamischen Störungen muß eine sofortige Entlastung über eine in den Pleuraraum vorgeschobene Bülaudrainage (siehe Kap. 9.2.5) herbeigeführt werden.
Wie bei allen peripheren Nervenblockaden besteht die Gefahr von **Nervenläsionen.** Diese können durch Verwendung eines Nervenstimulators zum Aufsuchen der zu blockierenden Nervenfasern weitestgehend vermieden werden. Eine Hämatombildung durch Verletzung eines Gefäßes kann zur Komprimierung von Nervenfasern führen. Ein distal der Injektionsstelle auftretender Schmerz nach Abklingen der Nervenblockade kann auf eine Nervenischämie infolge eines Hämatoms hindeuten. Dieses muß sofort ausgeräumt werden, um bleibende Nervenläsionen zu vermeiden.

4.5 faßt Nebenwirkungen, Komplikationen und Kontraindikationen zusammen.

4.5: Nebenwirkungen, Komplikationen und Kontraindikationen der supraklavikulären Nervenblockade

Nebenwirkungen	Komplikationen	Kontraindikationen
▷ Horner-Syndrom	▷ Pneumothorax	▷ kontralateraler Pneumothorax
▷ Phrenikusparese	▷ Gefäßinjektion	▷ kontralaterale Phrenikusparese
▷ Rekurrensparese	▷ Hämatombildung	▷ kontralaterale Rekurrensparese
		▷ schwere Lungenfunktionsstörungen

Interskalenärer Block nach Winnie

Der Plexus brachialis kann in seinem Verlauf zwischen dem M. scalenus anterior und M. scalenus medius (Skalenuslücke) anästhesiert werden. Bei richtiger Injektionstechnik wird neben dem kranialen Anteil des Plexus brachialis auch der kaudale Anteil des Plexus cervicalis blockiert (S 4.9).

Interskalenärer Block nach Winnie

Der Plexus brachialis kann in seinem Verlauf zwischen dem M. scalenus anterior und M. scalenus medius (Skalenuslücke) anästhesiert werden. Nach Aufsuchen des Plexus werden 30 – 40 ml Lokalanästhetikum injiziert. Die Ausdehnung der Blockade wird durch das Injektionsvolumen bestimmt. Bei richtiger Injektionstechnik wird neben dem kranialen Anteil des Plexus brachialis auch der kaudale Anteil des Plexus cervicalis blockiert (S 4.9).
Der N. medianus und N. ulnaris sowie die sensiblen Hautäste an der Innenseite des Armes sind mit dieser Technik nicht sicher auszuschalten.

Indikationen.

- **Chirurgische Eingriffe:** Schulter-Oberarm-Bereich mit Ausnahme der Oberarminnenseite, Schlüsselbein
- **Reposition:** Schultergelenksluxation
- **Schmerztherapie:** Schmerzen im Schulter-Arm-Bereich (Arthrose, reflexdystrophisches Syndrom, Gefäßerkrankungen)

Komplikationen. Eine unbeabsichtigte **epidurale** oder **spinale Anästhesie** ist möglich, aber bei korrekter Punktionsrichtung extrem selten. Da die A. vertebralis in der Nähe des Injektionsortes vorbeizieht, kann es auch zu einer versehentlichen **intraarteriellen Injektion** kommen, nach der sofort Krampfanfälle und Bewußtseinsverlust auftreten. Deshalb muß vor der Injektion sorgfältig in verschiedenen Ebenen aspiriert werden.
Bei zu tiefer Punktionsrichtung kann ein **Pneumothorax** entstehen. Der **N. phrenicus** kann bei einer oftmals nicht zu vermeidenden Blockierung der C4-Wurzel mit blockiert werden. Dies ist jedoch bei einer unilateralen Blockierung klinisch von untergeordneter Bedeutung. Nicht selten wird auch das Ganglion stellatum ausgeschaltet, was zum **Horner-Syndrom** führt. Weiterhin können in einigen Fällen auch der N. vagus und N. recurrens betroffen sein.

> ***Merke.*** Der Patient **muß** über diese in den seltensten Fällen klinisch relevanten Nebenwirkungen vorab aufgeklärt werden.

4.6 faßt Nebenwirkungen, Komplikationen und Kontraindikationen der interskalenären Nervenblockade zusammen.

4.6: Nebenwirkungen, Komplikationen und Kontraindikationen der interskalenären Nervenblockade

Nebenwirkungen	Komplikationen	Kontraindikationen
▷ Horner-Syndrom	▷ Pneumothorax	▷ kontralaterale Rekurrensparese
▷ Phrenikusparese	▷ Spinalanästhesie	▷ kontralaterale Phrenikusparese
▷ Rekurrensparese	▷ Periduralanästhesie	▷ schwere Lungenfunktionsstörungen
	▷ Gefäßinjektion	
	▷ Hämatombildung	

Axillärer Block

Die 3 Faszikel des Plexus brachialis können auch kranial der Achselhöhle durch Injektion eines Lokalanästhetikums in die mit der A. und V. axillaris gemeinsam verlaufende Faszienloge ausgeschaltet werden.

Anatomie. Der infraklavikuläre Teil des Plexus brachialis umgibt in der Achselhöhle die A. axillaris mit den 3 Faszikeln (4.10), aus denen die langen Armnerven – N. medianus, N. ulnaris und N. radialis – hervorgehen. Diese liegen kaudal vom M. coracobrachialis um die A. axillaris herum. Der N. intercostobrachialis und der N. cutaneus brachii medialis liegen außerhalb der Faszienscheide zwischen Haut und Faszienhülle.

Indikationen
- **Chirurgische Eingriffe**
  Schulter-Oberarm-Bereich mit Ausnahme der Oberarminnenseite, Schlüsselbein
- **Reposition**
  Schultergelenksluxation
- **Schmerztherapie**
  Schmerzen im Schulter-Arm-Bereich

Komplikationen Eine unbeabsichtigte **epidurale** oder **spinale Anästhesie** ist grundsätzlich möglich. Außerdem kann es zu einer **intraarteriellen Injektion** (A. vertebralis) mit Krampfanfällen und Bewußtlosigkeit, Entstehung eines **Pneumothorax** und zur Blockade des **N. phrenicus** kommen. Nicht selten führt eine Ausschaltung des Ganglion stellatum zum **Horner-Syndrom**. Auch der N. vagus und N. recurrens können betroffen sein.

◄ **Merke**

4.6 faßt Nebenwirkungen, Komplikationen und Kontraindikationen des interskalenären Blocks zusammen.

Axillärer Block

Die 3 Faszikel des Plexus brachialis können auch kranial der Achselhöhle durch Injektion eines Lokalanästhetikums in die mit der A. und V. axillaris gemeinsam verlaufende Faszienloge ausgeschaltet werden.

Anatomie Der infraklavikuläre Teil des Plexus brachialis umgibt in der Achselhöhle die A. axillaris mit den 3 Faszikeln (4.10), aus denen die langen Armnerven: N. medianus, N. ulnaris und N. radialis hervorgehen.

Synopsis 4.10: Topographische Zuordnung des Plexus brachialis in der Axilla

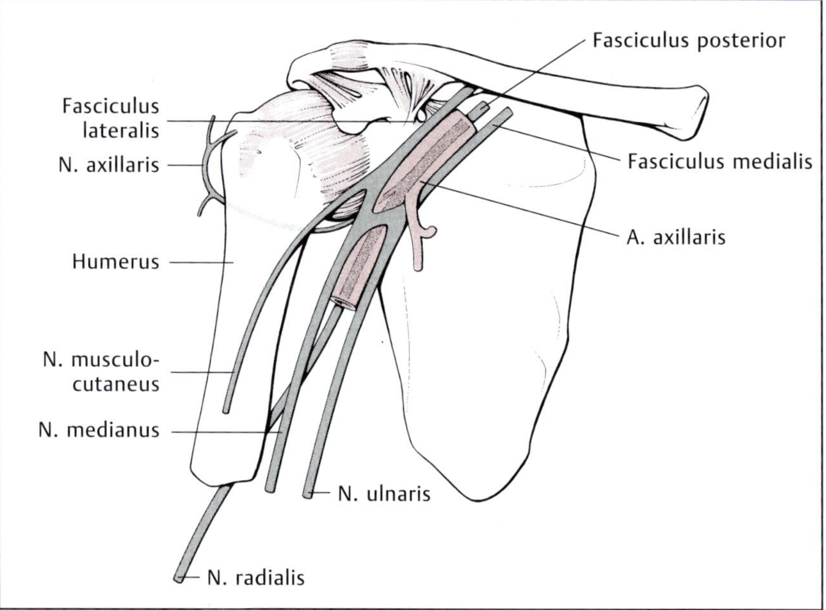

Technik Nach Lokalisation der gewünschten Nervenfasern und sorgfältiger Aspiration in 2 Ebenen werden 30 – 40 ml Lokalanästhetikum in die Gefäß-Nerven-Scheide injiziert (S 4.11). Zu beachten ist, daß der N. radialis hinter und kranial der A. axillaris verläuft. Der N. ulnaris und N. medianus liegen kaudal und dorsal der Arterie.

Technik. Der Patient liegt auf dem Rücken mit dem im Winkel von 90° abduzierten Arm. Nach Vorbereitung der Axilla (Haarrasur, Hautdesinfektion, sterile Abdeckung des Punktionsbereiches) wird 0,5 cm lateral der mit Zeige- und Mittelfinger einer Hand palpierten Arterie im Winkel von 60° zur Hautoberfläche möglichst weit kranial eine kurzgeschliffene Punktionskanüle eingeführt und vorsichtig die Faszienloge perforiert. Unter Benutzung eines Nervenstimulators (Auslösen von Muskelzuckungen im Versorgungsbereich der betroffenen Nervenfasern oder Erzeugung von Parästhesien) kann die optimale Lage der Kanülenspitze mit dem geringsten Risiko einer intraneuralen Injektion hergestellt werden.
Nach Lokalisation der gewünschten Nervenfasern und sorgfältiger Aspiration in 2 Ebenen werden 30 – 40 ml Lokalanästhetikum in die Gefäß-Nerven-Scheide injiziert (S **4.11**). Zu beachten ist, daß der N. radialis hinter und kranial der A. axillaris verläuft. Der N. ulnaris und N. medianus liegen kaudal und ventral der Arterie.

Zur Verhinderung einer distalen Ausbreitung des Lokalanästhetikums empfiehlt sich die Anlage eines Stauschlauches am Oberarm.

Zur Verhinderung einer distalen Ausbreitung des Lokalanästhetikums empfiehlt sich eine mehrminütige Kompression distal der Punktionsstelle. Hierdurch erhöht sich bei möglichst proximaler Punktionstechnik die Wahrscheinlichkeit einer Blockade des N. musculocutaneus (sensible Fasern für die Radialseite des Unterarms), da dieser Nerv die Gefäß-Nerven-Scheide in der Regel weiter proximal in der Achselhöhle verläßt. Zur gezielten Blockade des N. cutaneus brachii medialis (Versorgung eines Teils der Oberarminnenseite) kann an der medialen Oberarmseite ein zirkulärer Feldblock (Infiltration der Subkutis) angelegt werden.

Für die Erzielung einer prolongierten Anästhesie kann bei entsprechender vorheriger Wahl der Punktionskanüle ein Verweilkatheter in die Faszienloge in kranialer Richtung eingeführt werden.

Für die Erzielung einer prolongierten Anästhesie kann bei entsprechender vorheriger Wahl der Punktionskanüle ein Verweilkatheter in die Faszienloge in kranialer Richtung eingeführt werden. Über den Katheter kann bei längeren chirurgischen Eingriffen bei Bedarf Lokalanästhetikum nachinjiziert werden.

Dosierung Je nach Körpergewicht werden bei Erwachsenen 30 ml Mepivacain 1 % oder Prilocain 1,5 % injiziert.

Dosierung. Je nach Körpergewicht werden bei Erwachsenen 30 ml Mepivacain 1 % oder Prilocain 1,5 % plus 10 ml Ropivacain 0,75 % injiziert.

Indikationen Alle Eingriffe an Hand, Unterarm und distaler Hälfte des Oberarms.

Indikationen. Alle Eingriffe an Hand, Unterarm und distaler Hälfte des Oberarms.

Synopsis 4.11: Punktionstechnik für die axilläre Blockade des Plexus brachialis

Bei in einem Winkel von 90° abgewinkelten Arm wird lateral der A. axillaris die Nadel möglichst weit nach kranial eingeführt, bis die Faszienscheide punktiert wird. Nach Auslösen von Parästhesien (z. B. Nervenstimulator) wird nach Aspiration das Lokalanästhetikum appliziert. Die Injektionstechnik ist für die Single-dose und kontinuierliche Plexusanästhesie über eine Verweilkanüle identisch.

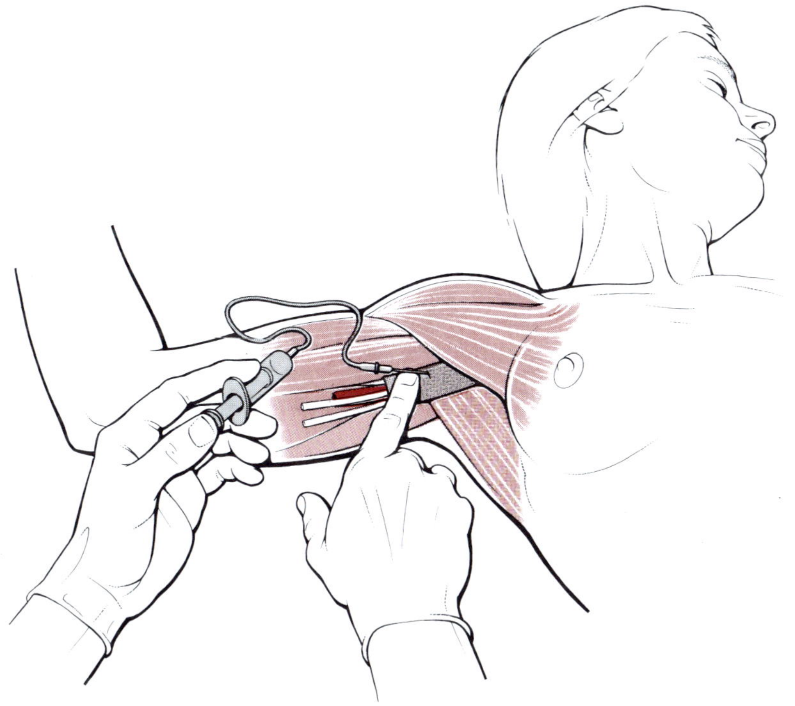

Kontraindikationen

- Vorschädigungen des Plexus brachialis
- distale Lymphangitis
- vorangegangene Mastektomie auf der zu blockierenden Seite.

Komplikationen

- unbeabsichtigte intraneurale Injektion mit langfristiger Funktionsstörung im Versorgungsbereich peripherer Nerven
- Punktion der A. axillaris mit Hämatombildung und der Gefahr von Nervendruckschäden.

Kontraindikationen

- Vorschädigungen des Plexus brachialis
- distale Lymphangitis
- vorausgegangene Mastektomie ipsilateral

Komplikationen

- unbeabsichtigte intraneurale Injektion
- Punktion der A. axillaris mit Hämatombildung

4.10 Spinalanästhesie (Subarachnoidalblock)

4.10.1 Anatomie

Aus dem Rückenmark, das beim Erwachsenen von der Medulla oblongata (Foramen magnum) bis in die Höhe des 1. – 2. LWK hinabreicht, entspringen 31 Paare von Rückenmarksnerven. Der kurze Stamm der Spinalnerven, welche aus der Vereinigung einer anterioren und posterioren Wurzel entstehen (zuzüglich des Ganglion spinale aus der Radix posterior), teilt sich noch im Intervertebralkanal in 4 Äste:

- anteriorer Ast (**R. anterior**) mit dem größten Innervationsgebiet, aus dessen Verbindungen mit anderen Ästen Plexus entstehen, aus denen wiederum die verschiedenen peripheren Nerven hervorgehen (P. cervicalis, P. brachialis, Nn. thoracici und P. lumbalis und sacralis)

4.10 Spinalanästhesie

4.10.1 Anatomie

Aus dem Rückenmark, das beim Erwachsenen von der Medulla oblongata (Foramen magnum) bis in die Höhe des 1. – 2. LWK hinabreicht, entspringen 31 Paare von Rückenmarksnerven.

Der kurze Stamm der Spinalnerven teilt sich noch im Intervertebralkanal in 4 Äste:

- R. anterior

- R. posterior
- R. meningeus
- R. communicans albus und griseus.

- posteriorer Ast (**R. posterior**), der zum Rücken zieht und dort Muskulatur und Haut versorgt
- einen **R. meningeus**, der die Dura mater versorgt
- **R. communicans albus** und **griseus**, die die Verbindung mit dem sympathischen Grenzstrang herstellen.

Die thorakalen Spinalnerven verlaufen annähernd horizontal, die lumbalen und sakralen dagegen schräg abwärts zu den entsprechenden Foramina intervertebralia als sog. Cauda equina (S 4.**12**).

Aufgrund der Wachstumsverschiebungen zwischen Rückenmark und Wirbelsäule, verlaufen die thorakalen Spinalnerven annähernd horizontal, die lumbalen und sakralen dagegen schräg abwärts zu den entsprechenden Foramina intervertebralia als sog. Cauda equina (S 4.**12**).

S Synopsis 4.**12: Anatomie der Spinalnerven**

a Spinalnerv mit Wurzeln und Ästen
b Cauda equina mit Spinalnerven, die aus den Foramina intervertebralia austreten

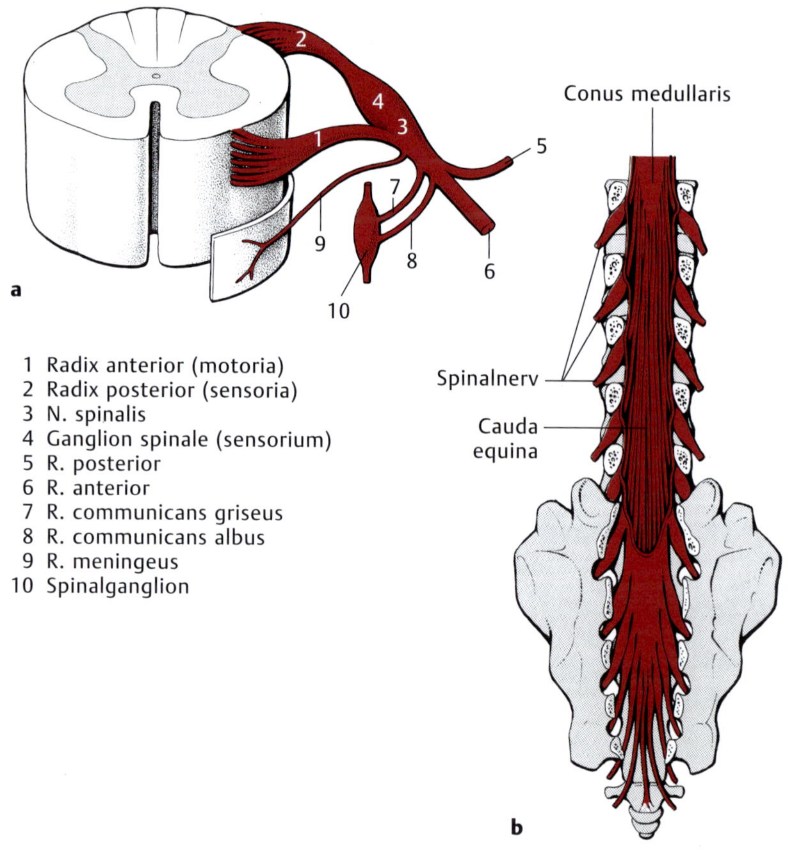

1 Radix anterior (motoria)
2 Radix posterior (sensoria)
3 N. spinalis
4 Ganglion spinale (sensorium)
5 R. posterior
6 R. anterior
7 R. communicans griseus
8 R. communicans albus
9 R. meningeus
10 Spinalganglion

Rückenmark und Cauda equina befinden sich innerhalb des liquorgefüllten **Durasackes**.

Der Epi- bzw. Periduralraum dagegen befindet sich zwischen Durasack und Lamina externa der Dura mater (Periost).

Die Gesamtmenge des **Liquors** beträgt ca. 150 ml; davon befinden sich ca. 30 – 40 ml im Rückenmarksbereich.

Rückenmark und Cauda equina sind eingehüllt von der Lamina interna der Dura mater, der Arachnoidea und der Pia mater, die den Liquor cerebrospinalis führenden subarachnoidalen bzw. intrathekalen Raum (**»Durasack«**) bilden. Dieser reicht bis zum 4. Sakralwirbel hinab und enthält unterhalb des Conus medullaris nur noch Spinalnervenstränge. Der Epi- bzw. Periduralraum dagegen befindet sich zwischen Durasack und Lamina externa der Dura mater, die als Periost des inneren Wirbelkanals dient. Er enthält Fett und Venengeflechte (Plexus venosus vertebralis) sowie Lymphspalten.
Die Gesamtmenge des **Liquors** mit einem spezifischen Gewicht von 1,003 ± 0,003 kg/l beträgt beim Erwachsenen ca. 150 ml, wovon sich etwa 30 – 40 ml im Rückenmarksbereich befinden. Der Liquor ist klar, farblos, leicht alkalisch und enthält geringe Konzentrationen an Proteinen und Glukose. Er wird mit einer Rate von 0,3 – 0,35 ml/min im Plexus chorio-

ideus des Gehirns kontinuierlich neugebildet und in den Villi arachnoidales resorbiert. Das heißt, daß das Gesamtliquorvolumen von ca. 150 ml jeden Tag 3 × ausgetauscht wird.

Bei der Prüfung des Analgesieniveaus nach subarachnoidaler oder epiduraler Gabe eines Lokalanästhetikums ist die Kenntnis der von den Spinalnerven segmental versorgten Hautareale (**Dermatome**) notwendig (siehe **S** 4.4). Zu beachten ist dabei, daß die tiefer gelegenen Schichten (Myotome, viszerale Organe) mit der spinalen Innervation der Dermatome nicht deckungsgleich sind. Bei der Festlegung des Analgesieniveaus anhand der Dermatome (kalt-/warm-/spitz-/stumpf-Prüfung) liegt die Grenze der motorischen Blockade ca. 2 Segmente tiefer, der sympathische Block 1 – 2 Segmente darüber.

Bei der Festlegung der Analgesiegrenze anhand der **Dermatome** (kalt-/warm-/spitz-/stumpf-Prüfung, s. **S** 4.4) liegt die Grenze der motorischen Blockade ca. 2 Segmente tiefer, der sympathische Block 1 – 2 Segmente darüber.

4.10.2 Technik

Vor Beginn der Spinalanästhesie muß eine Überprüfung der Kreislaufverhältnisse erfolgen und eine kompensierte Hypovolämie, wie sie besonders bei älteren Patienten (zumal nach präoperativer Nahrungs- und Flüssigkeitskarenz) vorkommt, durch Volumensubstitution über einen peripher venösen Zugang ausgeglichen werden. Ansonsten besteht die Gefahr, daß die Hypovolämie infolge der mit der Spinalanästhesie einhergehenden Sympathikolyse mit nachfolgender Gefäßweitstellung dekompensiert (s. u.).

4.10.2 Technik

Vor Beginn der Spinalanästhesie muß eine Überprüfung der Kreislaufverhältnisse erfolgen und eine Hypovolämie mit Volumengabe über einen peripher-venösen Zugang kompensiert werden.

Zur **Behandlung möglicher Komplikationen** müssen zur Verfügung stehen:

- Beatmungsgerät mit Maske, O_2-Quelle, Absaugung
- Intubationsbesteck (Endotrachealtuben verschiedener Größen, Laryngoskop)
- Narkosemedikamente
- Infusionen (Ringerlösungen, Volumenersatzlösungen)
- Vasopressoren (Etilefrin, z. B. Effortil® 1 :10 oder Akrinor®, z. B. Adrenalin, Suprarenin® 1 : 1000 und 1 : 10000).

Zur **Behandlung möglicher Komplikationen** müssen zur Verfügung stehen:

- Beatmungsgerät
- Intubationsbesteck
- Narkosemedikamente
- Infusionen
- Vasopressoren.

Zur Durchführung der Spinalanästhesie muß der Patient in sitzender oder seitlich liegender Position eine gekrümmte Körperhaltung einnehmen (»Katzenbuckel«) mit gebeugtem Kopf und im Hüftgelenk angewinkelten Beinen. Nach gründlicher Hautdesinfektion und steriler Abdeckung des Punktionsbereiches wird die Punktionsstelle abgetastet und evtl. auch markiert; üblicherweise wird der Raum zwischen dem 3. und 4. LW-Dornfortsatz bevorzugt (**unterhalb des Conus medullaris!**), wo keine Gefahr einer Rückenmarksschädigung bei tiefer Punktion zu befürchten ist. Zur Identifizierung des 4. LW dient eine gedachte Verbindungslinie zwischen beiden Cristae iliacae.

Nach Setzen einer Hautquaddel mit Lokalanästhetikum wird dann zwischen Zeige- und Mittelfinger einer Hand, die auf den begrenzenden Dornfortsätzen ruhen, eine Einführungsnadel (»Introducer«) durch Haut und Subkutangewebe bis zum Lig. interspinale vorgeschoben. Diese hat einen größeren Querschnitt als die verwendete Spinalnadel und verhindert den Kontakt zwischen Spinalnadel und Haut weitgehend (kein Einbringen von Hautpartikeln nach epidural und subarachnoidal)

Zur Durchführung der Spinalanästhesie muß der Patient in sitzender oder seitlich liegender Position eine gekrümmte Körperhaltung einnehmen (»Katzenbuckel«).
Üblicherweise wird der Raum zwischen dem 3. und 4. LW-Dornfortsatz bevorzugt (**unterhalb des Conus medullaris!**), wo keine Gefahr einer Rückenmarksverletzung besteht.

Die nun durch den »Introducer« vorgeschobene Spinalnadel sollte einen möglichst kleinen Durchmesser (25 – 27 G) und einen atraumatischen Schliff (z. B. Pencil-Point-Kanüle) aufweisen, um die Größe der Duraperforation, die Liquorleckage und somit das Risiko postspinaler Kopfschmerzen zu minimieren.

Die nun durch den »Introducer« vorgeschobene Spinalnadel sollte einen möglichst kleinen Durchmesser (25 – 27 G) und einen atraumatischen Schliff (z. B. Pencil-Point-Kanüle) aufweisen, um die Größe der Duraperforation, die Liquorleckage und somit das Risiko postspinaler Kopfschmerzen zu minimieren.

Beim Vorschieben der Nadel sollten die anatomischen Strukturen anhand von Widerstandsveränderungen registriert werden, d. h. das Lig. flavum als dorsale Begrenzung des Epiduralraumes und die Dura-Arachnoidea-Membran.

Nach erfolgreicher Subarachnoidalpunktion wird der Mandrin aus der Spinalnadel entfernt. Bevor nun das Lokalanästhetikum appliziert werden

Nach erfolgreicher Subarachnoidalpunktion wird der Mandrin aus der

Spinalnadel entfernt und das Abfließen einiger Tropfen Liquor abgewartet. Nur wenn der **Liquor** klar ist, darf das Lokalanästhetikum injiziert werden (◘ 4.1).

Durch die Spinalnadel kann alternativ zum einmaligen Einbringen des Lokalanästhetikums (**»Single-dose«-Methode**) auch ein dünner **Kunststoffkatheter** in den Subarachnoidalraum eingeführt werden, über den z. B. bei längeren Eingriffen repetitive Anästhetikagaben erfolgen können.

kann, läßt man einige Tropfen Liquor abfließen. Ist dieser sanguinolent, muß die Punktion wiederholt werden. Wenn nur der erste Tropfen als Folge eines beim Vorschieben der Nadel perforierten Epiduralgefäßes sanguinolent, der **Liquor** anschließend aber **klar** ist, darf die Injektion des Anästhetikums erfolgen (◘ **4.1**).

Durch die Spinalnadel kann alternativ zum einmaligen Einbringen des Lokalanästhetikums (**»Single-dose«-Methode**) auch ein dünner **Kunststoffkatheter** in den Subarachnoidalraum eingeführt werden, über den z. B. bei längeren Eingriffen repetitive Anästhetikagaben erfolgen können (kontinuierliche Spinalanästhesie). Desgleichen kann der Katheter zur postoperativen Analgesie genutzt werden. Ein weiterer Vorteil besteht darin, daß der Katheter fraktioniert aufgespritzt werden kann, wodurch übermäßig aufsteigende Spinalanästhesien mit möglichen Kreislaufreaktionen infolge einer Sympathikolyse vermindert werden können.

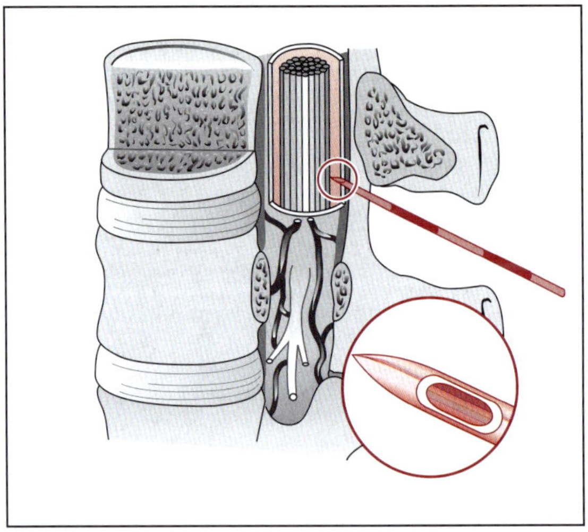

◘ **4.1: Anatomie der LWS mit Spinalnadel.**

4.10.3 Anästhesieausdehnung

Die Ausbreitung der Spinalanästhesie beeinflussen: **Menge, spezifisches Gewicht, Injektionsvolumen und -geschwindigkeit** des Lokalanästhetikums sowie die **Patientenlagerung** bei nichtisobaren Lösungen.
Man unterscheidet:
- Sattelblock (bis L_5/S_1)
- tiefen Spinalblock (bis L_1)
- mittleren Spinalblock (bis Th_8)
- hohen Spinalblock (bis Th_4).

Bei Verwendung **hyperbarer Lösungen** muß der Patient innerhalb der ersten 5 – 10 Minuten nach der Injektion (Wirkungseintritt) bis zur endgültigen Fixation des Lokalanästhetikums an die Nervenwurzeln entsprechend der gewünschten Anästhesieausbreitung gelagert werden. Hyperbare Lösungen steigen bei Oberkörpertieflagerung nach kranial und umgekehrt.

Bei Verwendung **isobarer Lösungen** hat die Lagerung des Patienten keinen Einfluß auf die Anästhesieausdehnung. Die Ausbreitung der Blockade nimmt mit der Menge, den Injektionsvolumina und der Injektionsgeschwindigkeit des Lokalanästhetikums zu.

4.10.3 Anästhesieausdehnung

Für die Ausbreitung der Spinalanästhesie spielen **Menge, spezifisches Gewicht, Injektionsvolumen und -geschwindigkeit** des Lokalanästhetikums sowie bei nichtisobaren Lösungen die **Patientenlagerung** eine wichtige Rolle.

Man unterscheidet einen Sattelblock (bis L_5/S_1) für Eingriffe im Genital-/Analbereich, einen tiefen Spinalblock (bis L_1) für Operationen im Bereich der unteren Extremitäten, einen mittleren Block (bis Th_8) für Unterbaucheingriffe und einen hohen Block (bis Th_4) für Oberbaucheingriffe und Sectio caesarea.

Bei Verwendung **hyperbarer Lösungen** (d. h. spezifisches Gewicht der Lokalanästhetika ist größer als spezifisches Gewicht des Liquors, z. B. Mepivacain 4 %, hyperbar durch Zusatz von Glukose 10 %) muß der Patient innerhalb der ersten 5 – 10 Minuten nach der Injektion (Wirkungseintritt) bis zur endgültigen Fixation des Lokalanästhetikums an die Nervenwurzeln entsprechend der gewünschten Anästhesieausbreitung gelagert werden. Hyperbare Lösungen steigen bei Oberkörpertieflagerung nach kranial und umgekehrt. Deshalb wird der Patient z. B. für einen Sattelblock aufgesetzt, für einen tiefen Spinalblock horizontal gelagert und zur Erzielung höherer Blockierungen in etwa 5 – 10° Kopftieflage gebracht. Ist z. B. bei Eingriffen an einer unteren Extremität eine unilaterale Analgesie erwünscht, wird er auf die zu operierende Seite gedreht. Dies hat überdies den Vorteil, daß die hämodynamischen Auswirkungen infolge nur einseitiger Sympathikusblockade geringer ausfallen.

Bei Verwendung **isobarer Lösungen** hat die Lagerung des Patienten keinen Einfluß auf die Anästhesieausdehnung.

Die Ausbreitung der Blockade nimmt mit der gewählten Menge, den Injektionsvolumina und der Injektionsgeschwindigkeit des Lokalanästhetikums zu.

Die Dosierung der Lokalanästhetika zur Spinalanästhesie zeigt ▤ 4.7.

4.7: Lokalanästhetikadosierung zur Spinalanästhesie

Medikament	Fixierungszeit	Wirkdauer	Dosis (ml)	Ausdehnung	maximale Dosis
▷ Lidocain 5 % hyperbar	5 – 10 Min.	45 – 60 Min. (bis 90 Min.)	0,6 – 0,8 0,8 – 1,2 1,0 – 1,4 1,4 – 2,0	Sattelblock (S_{1-5}) bis L_1 bis Th_{10} bis Th_5	100 mg = 2 ml
▷ Mepivacain 4 % hyperbar	5 – 10 Min.	45 – 60 Min. (bis 120 Min.)	0,6 – 0,8 0,8 – 1,2 1,0 – 1,4 1,4 – 2,0	Sattelblock (S_{1-5}) bis L_1 bis Th_{10} bis Th_5	80 mg = 2 ml
▷ Bupivacain 0,5 % hyperbar	10 – 30 Min.	≈ 160 Min. (bis 240 Min.)	0,5 – 1,0 1,0 – 1,5 1,5 – 2,0 2,0 – 4,0	Sattelblock (S_{1-5}) bis L_1 bis Th_{10} bis Th_5	20 mg = 4 ml
▷ Bupivacain 0,5 % isobar	10 – 30 Min.	≈ 180 Min. (bis 240 Min.)	2,0 – 4,0	abhängig von Barbotage* und Injektionsgeschwindigkeit	25 mg = 5 ml

*Barbotage: Aspiration von Liquor in die lokalanästhetikagefüllte Spritze und anschließende Injektion (heute weitgehend verlassen!)

Das erreichte Analgesieniveau kann anhand der anästhesierten Dermatome (Temperatur- bzw. Berührungstest) abgeschätzt werden (siehe **S** **4.4**):

- Leiste: Th_{12}/L_1
- Nabel: Th_{10}
- Rippenbogen: Th_8
- Xyphoid: Th_6
- Mamillen: Th_4.

Das erreichte Analgesieniveau kann anhand der anästhesierten Dermatome (Temperatur- bzw. Berührungstest) abgeschätzt werden (siehe **S** **4.4**):

- Leiste: Th_{12}/L_1
- Nabel: Th_{10}
- Rippenbogen: Th_8
- Xyphoid: Th_6
- Mamillen: Th_4.

In der **Initialphase** einer Spinalanästhesie müssen Kreislauf, Bewußtsein und Atmung des Patienten engmaschig kontrolliert werden (fortlaufendes EKG; Blutdruckmessung alle 3 Minuten). Hypotone Kreislaufsituationen werden mit Vasopressoren und ggf. durch zügige Infusion von kristalloiden oder kolloidalen Volumenersatzmitteln behandelt. Ein hoher spinaler Block (> Th_2) mit Einschränkung der Atemhilfmuskulatur bedarf zunächst unter pulsoxymetrischer Kontrolle der Sauerstoffinsufflation (6 l/min) und bei insuffizienter Spontanatmung der endotrachealen Intubation und Beatmung.
Kardiozirkulatorische Auswirkungen der Spinalanästhesie zeigt ▤ 4.8.

In der **Initialphase** einer Spinalanästhesie müssen Kreislauf, Bewußtsein und Atmung des Patienten engmaschig kontrolliert werden (fortlaufendes EKG, Blutdruckmessung alle 3 Minuten).

4.8: Kardiozirkulatorische Auswirkungen der Spinal- und Epiduralanästhesie

▷ Analgesieniveau	S_1	Th_{10}	Th_4
▷ Mechanismus	keine oder geringe Sympathikusblockade (tiefste sympathische Efferenzen oberhalb L_4)	Vasodilatation (Sympathikusblockade ab Th_8)	Vasodilatation (durch weitgehende Sympathikusblockade) sowie Blockade der Nn. accelerantes (Th_1, Th_2)
▷ Blutdruck	unverändert	↓	↓↓
▷ Herzfrequenz	unverändert	unverändert oder ↑	↓
▷ Herzminutenvolumen	unverändert	unverändert oder ↑	↓

Im weiteren Verlauf wird, sofern die Kreislaufverhältnisse stabil sind, der Blutdruck ca. alle 5 Minuten überwacht und weiterhin auf eine adäquate Volumensubstitution geachtet. Unruhige, jedoch schmerzfreie Patienten werden leicht sediert, z. B. Erwachsene mit 2,5 mg Midazolam (Dormicum®). Voraussetzung hierfür ist der Ausschluß einer Hypoxie.

Unruhige, jedoch schmerzfreie Patienten werden leicht sediert, z. B. Erwachsene mit 2,5 mg Midazolam. Voraussetzung hierfür ist der Ausschluß einer Hypoxie.

4.10.4 Indikationen

- Eingriffe im Mittel- und Unterbauch sowie an der unteren Extremität, bei der der Patient wach bleiben soll oder will
- evtl. nicht nüchterne Patienten
- Patienten mit respiratorischer Erkrankung
- Patienten mit Stoffwechselerkrankung.

4.10.4 Indikationen

- Eingriffe im Mittel- und Unterbauch sowie an der unteren Extremität, während derer der Patient wach bleiben soll oder dieses selbst möchte
- evtl. nicht nüchterne Patienten
- Patienten mit respiratorischer Erkrankung
- Patienten mit Stoffwechselerkrankungen (z. B. schwer einstellbarer Diabetes mellitus)
- evtl. bei Niereninsuffizienz und Leberschäden

4.10.5 Kontraindikation

- absolute ausgeprägte Hypovolämie
- manifeste Herzinsuffizienz und exzessiver Hypertonus
- Blutgerinnungsstörungen.

4.10.5 Kontraindikationen

- Patienten mit absoluter ausgeprägter Hypovolämie (z. B. Ileus, hämorrhagischer Schock)
- manifeste Herzinsuffizienz und exzessiver Hypertonus
- Blutgerinnungsstörungen (angeboren oder erworben)

Merke ▶

> ***Merke.*** Nach einmaliger Einnahme von 500 mg Acetylsalicylsäure (Aspirin®) dauert es mehrere Tage, bis sich die Thrombozytenfunktion normalisiert hat! Die **alleinige Gabe** von ASS stellt jedoch keine absolute Kontraindikation zur Durchführung einer rückenmarknahen Regionalanästhesie bei ansonsten gegebener Indikation dar!

- Hautinfektionen im Punktionsgebiet
- Bakteriämie bzw. Sepsis
- Allergie gegen Lokalanästhetika
- Hirndruckerhöhung
- Erkrankungen des Rückenmarks
- Tumoren der Wirbelsäule
- unphysiologische Lagerung
- relativ: Kinder, nichtkontaktierbare Patienten
- Ablehnung durch Patienten.

- Hautinfektionen im Punktionsgebiet
- Bakteriämie bzw. klinische Zeichen der Sepsis
- Allergie gegen Lokalanästhetika
- Hirndruckerhöhung bzw. unklare Hirndruckverhältnisse (z. B. SHT, intrakranielle Tumoren)
- Erkrankungen des Rückenmarks (z. B. Syringomyelie, Querschnittssyndrome)
- unphysiologische Lagerung (z. B. extreme Kopftieflagerung) auf dem OP-Tisch aus chirurgischer Indikation
- relativ: Kinder, nicht kontaktierbare Patienten
- Ablehnung durch den Patienten.

4.10.6 Komplikationen

1. Ateminsuffizienz (Anästhesieausdehnung höher als Th_2)
Zentrale Atemlähmung durch **Minderperfusion des Hirnstammes** als Folge massiver Kreislaufdepression.

4.10.6 Komplikationen

1. Ateminsuffizienz (Anästhesieausdehnung höher als Th_2)
Eine Dyspnoe entsteht zunächst durch Ausfall der Bauchmuskulatur und damit der exspiratorischen Atemhilfsmuskulatur sowie der Interkostalmuskulatur (Seufzeratmung unmöglich); eine Ateminsuffizienz wird am häufigsten durch eine **Minderperfusion des Atemzentrums** als Folge einer Kreislaufinsuffizienz (s. u.) verursacht, seltener durch Hemmung der Zwerchfellatmung infolge einer Phrenikusparese (Lähmung der C_3-C_5-Segmente!).

Maßnahmen: O_2-Insufflation, evtl. Intubation und Beatmung.

Maßnahmen: Zuerst Sauerstoffinsufflation unter pulsoxymetrischer Kontrolle. Falls weiter zunehmende Luftnot besteht, muß eine Intubation und Beatmung nach üblicher Narkoseeinleitung erfolgen (cave: zusätzlicher Blutdruckabfall!).

2. Kreislaufinsuffizienz
Ausgedehnte Sympathikusblockade mit daraus resultierender **Vasodilatation** und **Bradykardie** (massiver Abfall von Blutdruck und HZV).

2. Kreislaufinsuffizienz
Neben der Ateminsuffizienz bei einer hohen Spinalanästhesie kann die ausgedehnte Blockade präganglionärer Sympathikusfasern (Sympathikolyse) zu ausgeprägter arterieller und venöser **Vasodilatation** und **Bradykardie** (Blockade der Nn. accelerantes) mit nachfolgender Kreislaufdekompensation führen.

Maßnahmen: Vasopressoren, Volumengabe, Beatmung mit 100 % O_2.

Maßnahmen: Neben rascher Applikation von Vasopressoren (z. B. Akrinor®, 0,5 ml i. v., bei Bedarf repetitiv, evtl. Adrenalin oder Noradrenalin 1 : 10000 nach Bedarf) Volumengabe (z. B. 500 – 1000 ml Hydroxyäthylstärke, z. B. Rheohes®), Beatmung mit 100 % O_2.

3. Postspinaler Kopfschmerz
Ein nach Spinalanästhesie auftretender lagerungsabhängiger Kopfschmerz (1 – 2 %) ist Ausdruck einer **Liquorunterdrucksymptomatik** als Folge eines Liquoraustrittes aus der Punktionsstelle.
Prophylaxe und Therapie: Je dünner die Spinalnadel gewählt wird, d. h., je kleiner die Duraperforation ist, desto geringer ist das Risiko für das Auftreten postspinaler Kopfschmerzen. Des weiteren ist das Risiko postspinaler Kopfschmerzen unter Verwendung atraumatisch geschliffener Spinalkanülen (z. B. Pencil-Point-Kanüle) deutlich geringer als bei Spinalnadeln mit scharfem Schliff (z. B. Quincke-Kanüle). Nach Erholung aller sensiblen Qualitäten und der Motorik können die Patienten mobilisiert werden. Falls doch Kopfschmerzen auftreten, sollte flache Lagerung im Bett eingehalten werden (Verminderung der Liquorleckage). Zusätzlich können Analgetika (z. B. Paracetamol, Novaminsulfon) zur symptomatischen Behandlung gegeben werden. Die Trinkmenge sollte dann mindestens 3 Liter pro Tag betragen (Erhöhung der Liquorproduktion). Dauern die Beschwerden länger als 48 h an, sollte eine epidurale Eigenblutinjektion (»Blood patch«) von 20 ml durchgeführt werden.

3. Postspinaler Kopfschmerz
Ein nach Spinalanästhesie auftretender Kopfschmerz (1 – 2 %) ist in einem Teil der Fälle Ausdruck einer Liquorunterdrucksymptomatik als Folge eines Liquoraustrittes aus der Punktionsstelle.
Prophylaxe: dünne atraumatische Spinalnadel.
Therapie: flache Lagerung, Analgetika, Trinkmenge mind. 3 l/Tag »Blood patch« epidural.

4. Neurologische Schäden (extrem selten)

- Schädigung des Rückenmarkes bzw. der Spinalnervenwurzeln durch die Spinalnadel
- neurologische Ausfälle durch Hämatomkompression bei Verletzung von Epiduralgefäßen (in diesem Fall muß eine chirurgische Dekompression durchgeführt werden)
- entzündliche Veränderungen (z. B. Arachnoiditis).

4. Neurologische Schäden (extrem selten)

- Rückenmarksschädigung
- Spinalnervenschädigung
- neurologische Ausfälle durch Hämatomkompression
- entzündliche Veränderungen.

4.11 Periduralanästhesie

4.11 Periduralanästhesie

Definition. Blockade je nach Indikation von thorakalen, lumbalen und sakralen Segmenten durch Einbringen eines Lokalanästhetikums in den Epi- bzw. Periduralraum (Raum zwischen Dura mater und Bändern des Spinalkanals) in »Single-dose«-Technik oder kontinuierlich über einen Verweilkatheter.

◄ **Definition**

4.11.1 Anatomie

Die anatomischen Strukturen, die bei der Durchführung der Periduralanästhesie zu beachten sind, entsprechen denen für die Spinalanästhesie (siehe Kap. 4.10.1). Zu ergänzen ist in bezug auf die gewählte Punktionshöhe, daß der Epiduralraum von kranial nach kaudal an Breite zunimmt. Im Lumbalbereich, wo der Wirbelkanal einen oval geformten Durasack enthält, beträgt der Dura-Ligamentum-flavum-Abstand beim Erwachsenen ca. 6 mm. Bei sagittaler Punktion des Epiduralraumes ist zu beachten, daß die Dornfortsätze, zwischen denen punktiert wird, im Lumbalbereich annähernd horizontal übereinander liegen, im Thorakalbereich dagegen, speziell zwischen Th_5 und Th_9 dachziegelartig schräg nach kaudal verlaufen (S 4.13).

4.11.1 Anatomie

Die anatomischen Strukturen, die bei der Durchführung der Periduralanästhesie zu beachten sind, entsprechen denen für die Spinalanästhesie (siehe Kap. 4.10.1).
Der Epiduralraum nimmt von kranial nach kaudal an Breite zu.
Die Dornfortsätze liegen im Lumbalbereich annähernd horizontal übereinander. Im Thorakalbereich dagegen verlaufen sie dachziegelartig schräg nach kaudal (S **4.13**).

4.11.2 Technik

Die Punktion des Epiduralraumes erfolgt unter den gleichen Kautelen wie bei der Spinalanästhesie. Dies betrifft auch die Bereitstellung von Intubationsbesteck, Notfallmedikamenten und Narkosegerät.
Nach Identifizierung der angestrebten Punktionshöhe (digitales Ertasten der Dornfortsätze), für Eingriffe im Bereich des Unterbauches und der unteren Extremitäten meist $L_{3/4}$, für Oberbauchoperationen thorakale Punktionshöhen (z. B. Th_{4-8}), wird eine Infiltrationsanästhesie gesetzt. Anschließend wird eine Tuohy-Periduralnadel (Durchmesser 16 – 18 G), deren abgewinkelte Öffnung nach kranial zeigen sollte, eingeführt und bis zum Lig. supraspinale vorgeschoben.

4.11.2 Technik

Die Punktion des Epiduralraumes erfolgt unter den gleichen Kautelen wie bei der Spinalanästhesie.

Nach Identifizierung der angestrebten Puntkionshöhe wird eine Infiltrationsanästhesie gesetzt. Anschließend wird eine Tuohy-Periduralnadel (Durchmesser 16 – 18 G), deren abgewinkelte Öffnung nach kranial zeigen sollte, eingeführt und bis zum Lig. supraspinale vorgeschoben.

S Synopsis 4.13: **Thorakale (a) und lumbale (b) PDA**

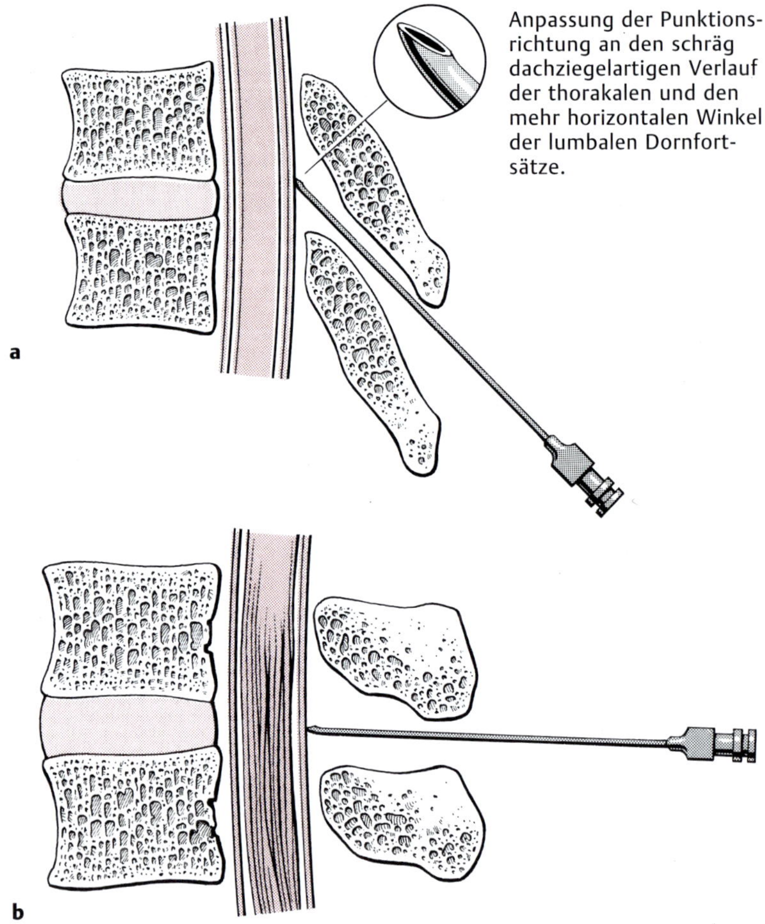

Anpassung der Punktionsrichtung an den schräg dachziegelartigen Verlauf der thorakalen und den mehr horizontalen Winkel der lumbalen Dornfortsätze.

S Synopsis 4.14: **Punktion des Periduralraumes nach der »Loss-of-resistance«-Methode durch Stempeldruck mit einer gefüllten Kochsalzspritze**

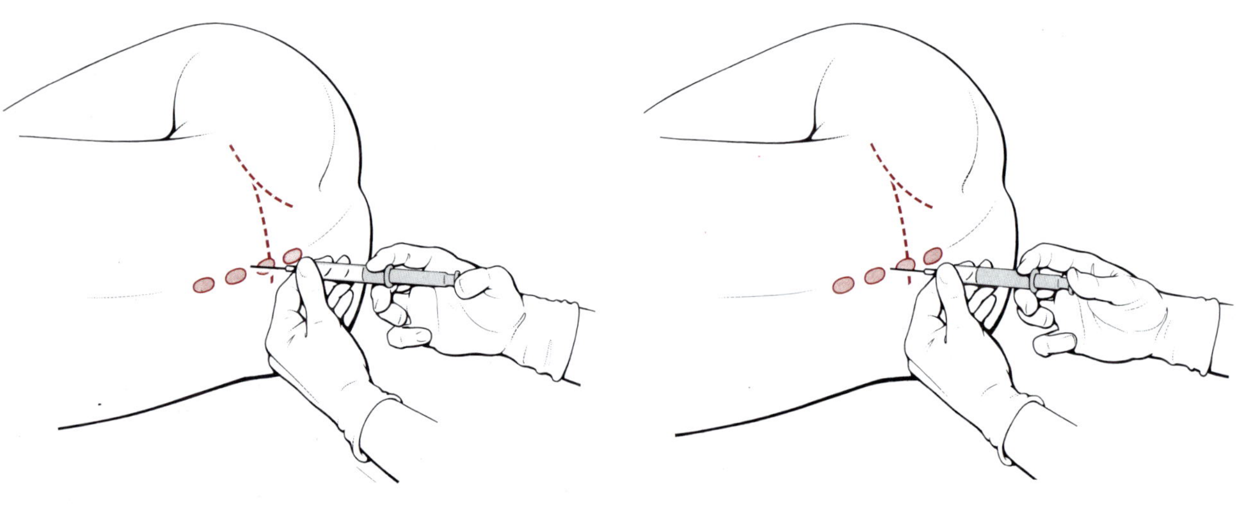

Das weitere Vorgehen ist mit 2 Techniken möglich:
1. »Loss-of-resistance«-Methode (S **4.14**): Für das tiefere Vordringen der Tuohy-Nadel wird der Plastikmandarin (Verhinderung einer Einschleppung von ausgestanzten Gewebszylindern) entfernt und auf das Nadelende eine Spritze mit leicht gleitendem Kolben, mit 10 ml Kochsalz gefüllt, aufgesetzt. Während bei weiterem Vorschieben der Nadel zur Vermeidung von ruckartigen Bewegungen die führende Hand am Rücken abgestützt wird, wird mit der anderen Hand ein leichter, kontinuierlicher Druck auf den Spritzenkolben ausgeübt. Nach Punktion des Lig. flavum kommt es zum Eintritt der Kanülenspitze in den Periduralraum, was durch einen plötzlichen Widerstandsverlust am Spritzenkolben angezeigt wird.
2. »Hanging-drop«-Methode: Hierbei wird anstelle der aufgesetzten Spritze ein Tropfen Kochsalzlösung an den Ansatz der Tuohy-Nadel gebracht, der dann bei Eintritt der Nadelspitze in den Epiduralraum durch den dort herrschenden Unterdruck angesaugt wird. Diese Methode eignet sich nur zervikal und thorakal.
Die Injektion des Lokalanästhetikums nach Periduralpunktion kann als Einzeldosis (**»single-dose«**) direkt durch die Nadel oder über einen durch die Tuohy-Nadel eingeführten **Katheter** erfolgen (4.**2**). Dieser wird über die Tuohy-Nadel ca. 3 cm epidural vorgeschoben. Die angestrebte Verlaufsrichtung des Katheters nach kranial kann hierbei nicht immer erreicht werden. Der Katheter bietet die Möglichkeit einer repetitiven oder kontinuierlichen Medikamentenapplikation.

Das weitere Vorgehen ist mit 2 Techniken möglich
1. »Loss-of-resistance«-Methode (S **4.14**)

2. »Hanging-drop«-Methode (Zervikal und thorakal)

Die Injektion des Lokalanästhetikums nach Periduralpunktion kann als Einzeldosis (**»Single-shot«**) direkt durch die Nadel oder über einen durch die Tuohy-Nadel eingeführten **Katheter** erfolgen (4.**2**).

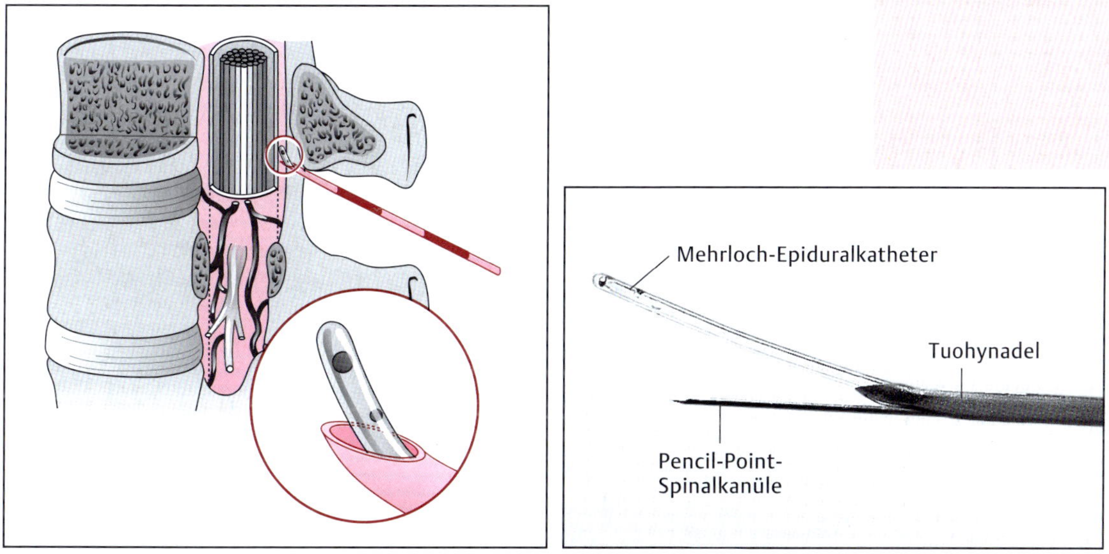

4.**2**: **a** Anatomie des Periduralraumes mit Tuohy-Nadel und Periduralkatheter. **b** Katheterset zur kombinierten Spinal-Periduralanästhesie. Tuohy-Nadel mit Periduralkatheter und an der Unterseite die über einen Führungskanal vorgeschobene Spinalkanüle.

4.11.3 Dosierung

Bei der »Single-dose«-Technik ebenso wie bei der Kathetermethode muß vor Applikation jeder größeren Lokalanästhetikamenge eine Fehllage der Kanülen bzw. der Katheterspitze ausgeschlossen werden. Die **Aspirationskontrolle** soll eine subarachnoidale (Aspiration von Liquor) oder intravasale (Aspiration von Blut) Lage erkennen lassen. Die Gabe einer **Testdosis** von z. B. 2–3 ml Lidocain dient dem Ausschluß einer subarachnoidalen Lage. Das schnelle Eintreten einer ausgedehnteren Analgesie und ein signifikanter Blutdruckabfall lassen dabei auf eine subarachnoidale Lage schließen. Zur Testung einer intravasalen Lage kommt die Verwendung von 0,1–0,2 ml Adrenalin 1 : 10000 unter Beobachtung des Kreislaufeffektes in Frage. Bei intravasaler Lage wird innerhalb weniger Sekunden ein Herzfrequenzanstieg zu verzeichnen sein (**cave:** Patient mit β-Blocker-Therapie).

4.11.3 Dosierung

Bei der »Single-dose«-Technik ebenso wie bei der Kathetermethode muß vor jeder Applikation einer größeren Lokalanästhetikamenge eine Fehllage der Kanülen- bzw. der Katheterspitze ausgeschlossen werden. Hierzu dienen die **Aspirationskontrolle** und die Gabe von **Testdosen.**
Das schnelle Eintreten einer ausgedehnteren Analgesie und ein signifikanter Blutdruckabfall lassen dabei auf eine subarachnoidale Lage schließen. Bei intravasaler Lage wird innerhalb weniger Sekunden ein Herzfrequenzanstieg zu verzeichnen sein.

Merke ►

Merke.

- Die **Aspirationskontrolle** schließt eine versehentliche subarachnoidale oder intravasale Lage der Tuohy-Nadel bzw. des Katheters nicht sicher aus!
- Die **Testdosis** mit einer geringen Menge Lokalanästhetikum dient dem Ausschluß einer subarachnoidalen, die mit Adrenalin dem einer intravasalen Nadel- bzw. Katheterfehllage.
- Sowohl vor dem ersten als auch vor jedem weiteren Aufspritzen eines Periduralkatheters müssen subarachnoidale und intravasale Fehllage ausgeschlossen werden (mögliche Lage Veränderung der Katheterspitze!).

Bei korrekter epiduraler Lage wird bei der »Single-dose«-Methode die zuvor kalkulierte Gesamtmenge des Lokalanästhetikums als Einzeldosis, bei Anwendung der Kathetertechnik hingegen fraktioniert injiziert. Erwachsene benötigen unter Berücksichtigung der Punktionshöhe und des Alters ca. 0,5 - 1,5 ml Lokalanästhetikum pro zu anästhesierendem Segment.
Da das Lokalanästhetikum bei periduraler Applikation eine längere Diffusionsstrecke zu den Wirkorten zu überwinden hat als nach subarachnoidaler Gabe, setzt die Nervenblockade dementsprechend erst später ein (ca. 20 - 30 min).

Bei korrekter epiduraler Lage wird anschließend bei der »Single-shot«-Methode die zuvor kalkulierte Gesamtmenge des Lokalanästhetikums als Einzeldosis, bei Anwendung der Kathetertechnik hingegen fraktioniert injiziert. Erwachsene benötigen unter Berücksichtigung der Punktionshöhe und des Alters ca. 0,5 - 1,5 ml Lokalanästhetikum (z. B. Mepivacain 2 %, Bupivacain 0,5 %) pro zu anästhesierendem Segment.
Bei der periduralen Lokalanästhetikaapplikation muß bedacht werden, daß, auch abhängig von der Injektionsgeschwindigkeit, ein großer Teil des Lokalanästhetikums über die Foramina intervertebralia abfließt, eine paravertebrale Nervenblockade erzeugt und z. T. perineural das Rückenmark in zentripetaler Richtung wieder erreicht. Ein weiterer Teil wird über die periduralen Venenplexus absorbiert und kann somit systemische Wirkungen entfalten. Da das Lokalanästhetikum bei periduraler Applikation eine längere Diffusionsstrecke zu den Wirkorten zu überwinden hat als nach subarachnoidaler Gabe, setzt die Nervenblockade dementsprechend erst später ein (ca. 20 - 30 Minuten).
Bei älteren Patienten mit Verkleinerung der Intervertebralräume und abnehmender Resorptionsfähigkeit der venösen Plexus, muß die Dosis des Anästhetikums pro Segment auf ca. 0,5 ml reduziert werden, um eine zu weite Ausbreitung der Anästhesie zu verhindern. Ähnliches gilt für Schwangere, bei denen der epidurale Verteilungsraum, bedingt durch den erhöhten intraabdominellen Druck und Verdickung der venösen Plexus, eingeengt ist (- 30 % der altersentsprechenden Dosis).

Die Ausbreitungswege sowie der Wirkmechanismus eines peridural verabfolgten Lokalanästhetikums zeigt **S 4.15**.

In S 4.15 sind die Ausbreitungswege sowie der Wirkmechanismus eines peridural verabfolgten Lokalanästhetikums zu sehen.

Ein zur kombinierten Spinal-Periduralanästhesie (CSE) gebräuchliches Set zeigt **4.2b**.

Alternativ zur Periduralanästhesie kann insbesondere im geburtshilflichen und orthopädischen Krankengut auch eine Kombination aus Spinal- und Periduralanästhesie (CSE = combined spinal-epidural anaesthesia) durchgeführt werden. Üblicherweise erfolgt die subarachnoidale Gabe des Lokalanästhetikums nach Identifikation des Periduralraums über eine spezielle Spinalkanüle, die durch die Tuohykanüle in den Subarachnoidalraum vorgeschoben wird. Der Vorteil dieser Technik liegt in der raschen Anschlagzeit infolge der subarachnoidalen Lokalanästhetikaapplikation, verbunden mit der Möglichkeit, bei Bedarf über den im Periduralraum liegenden Katheter fraktionierte Dosen des entsprechenden Medikaments zu injizieren. In **4.2b** ist ein zur kombinierten Spinal-Periduralanästhesie gebräuchliches Katheterset abgebildet.

Synopsis 4.15: Ausbreitung und Wirkmechanismus eines peridural verabfolgten Lokalanästhetikums

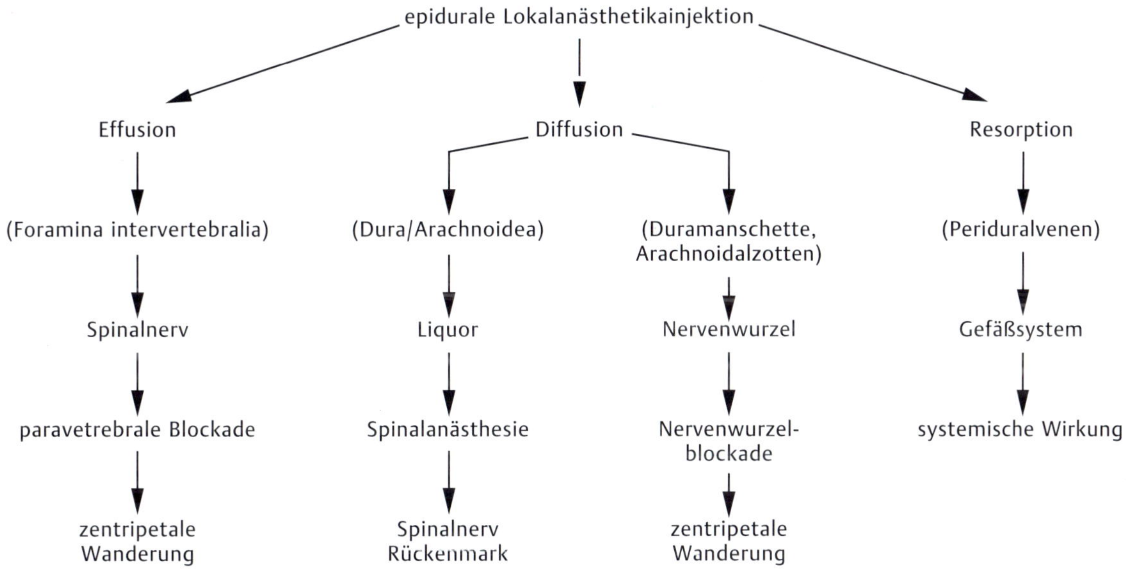

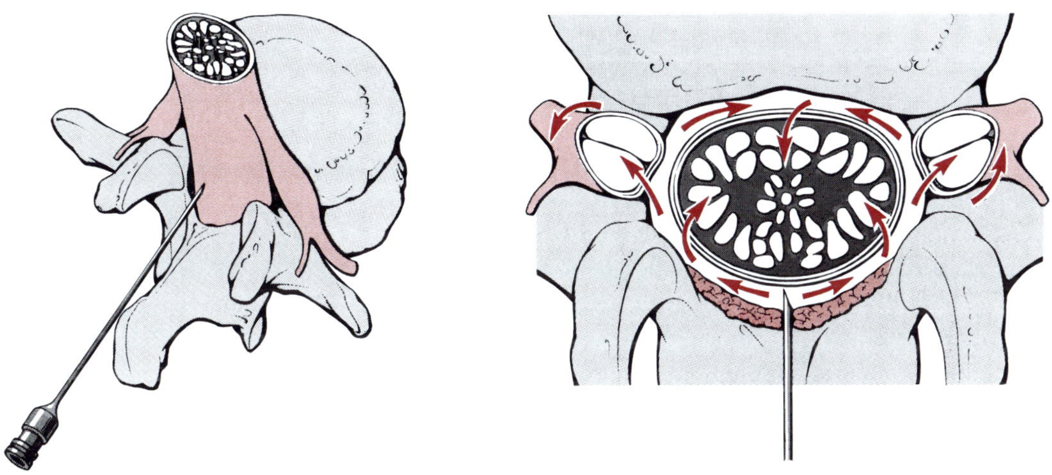

Das Injektionsvolumen bestimmt neben den Ausbreitungswegen die Analgesiehöhe.
Beachte, daß durch verminderte Absorption und Perfusion bei alten Patienten eine größere Wirkung erzielt wird.

4.11.4 Indikationen

Die Indikationen entsprechen denen für die Spinalanästhesie (siehe Kap. 4.10.4). Darüber hinaus ergeben sich für die **Katheterperiduralanästhesie** folgende Indikationen:

- langdauernde operative Eingriffe (repetitive Gabe des Lokalanästhetikums)
- Kombination mit einer Allgemeinanästhesie
- postoperative Schmerztherapie (Kap. 7.1.3.2)
- chronische Schmerztherapie
- gezielte segmentale Blockaden (thorakal) bei Rippenserienfrakturen und Pankreatitis
- Geburtshilfe.

4.11.4 Indikationen

Die Indikationen entsprechen denen für die Spinalanästhesie (Kap. 4.10.4). Darüber hinaus ergeben sich für die **Katheterperiduralanästhesie** folgende weitere Indikationen:

- langdauernde operative Eingriffe
- Kombination mit einer Allgemeinanästhesie
- postoperative oder chronische Schmerztherapie
- Geburtshilfe.

4.11.5 Kontraindikationen

Die Kontraindikationen stimmen mit denen für die Spinalanästhesie überein (siehe Kap. 4.10.5).

4.11.5 Kontraindikationen

Die Kontraindikationen stimmen mit denen für die Spinalanästhesie überein (siehe Kap. 4.10.5).

4.11.6 Komplikationen

- Duraperforation mit der Tuohy-Nadel mit der Folge einer hohen oder totalen Spinalanästhesie (Kreislaufdepression, Atemlähmung, zerebrale Krämpfe, Hypoxie).
- Perforation des Periduralkatheters nach subarachnoidal oder intravasal mit der Gefahr einer Intoxikation durch das Lokalanästhetikum.

4.11.6 Komplikationen

- Duraperforation mit der Tuohy-Nadel.
  In diesem Fall sollte die Punktion in einem anderen Segment wiederholt werden. Wegen der relativ großen Perforationsstelle mit dementsprechendem Liquorverlust besteht die Gefahr postspinaler Kopfschmerzen (siehe Kap. 4.10.6).
- Perforation des Periduralkatheters nach subarachnoidal oder intravasal (epiduraler Venenplexus).

Im Falle der Injektion größerer Volumina eines Lokalanästhetikums subarachnoidal tritt eine hohe oder totale Spinalanästhesie mit schwerer Kreislaufdepression, Atemlähmung, tonisch-klonischen Krämpfen und zerebraler Hypoxie (sofortige Intubation und Schocktherapie!) auf.
Bei versehentlicher i. v. Injektion besteht die Gefahr einer Intoxikation durch systemische Wirkungen des Lokalanästhetikums.

- Katheterabriß durch Umlagerung oder Katheterentfernung unter starkem Zug.

- Katheterabriß (z. B. bei Umlagerung oder versuchter Katheterentfernung unter starkem Zug).

5 Allgemeine Substitutionsbehandlung

5 Allgemeine Substitutionsbehandlung

5.1 Perioperative Flüssigkeits- und Elektrolytsubstitution

5.1 Perioperative Flüssigkeits- und Elektrolytsubstitution

Eine adäquate Flüssigkeits- und Elektrolytsubstitution ist eine wichtige Voraussetzung zur Durchführung einer Anästhesie.

Eine adäquate Flüssigkeits- und Elektrolytsubstitution trägt dazu bei, eine ausreichende Gewebeperfusion und Sauerstoffversorgung der Organe sicherzustellen. Sie ist somit eine wichtige Voraussetzung zur Durchführung einer Anästhesie.

5.1.1 Physiologische Grundlagen

Die **Homöostase** von Volumen und Elektrolytgehalt der Körperflüssigkeiten wird vorrangig von Niere, Nebenniere, Hypophyse und Lunge sichergestellt (S 5.**1**).

Über verschiedene Rezeptoren (Volumen-, Osmo-, Baro- und Chemorezeptoren) ist ein komplexes Regelsystem (**ADH**-Sekretion, **Renin-Angiotensin-Aldosteron**-System) hieran beteiligt.

Wichtigste **Stimuli** für ADH und Aldosteron sind:
- Hypovolämie durch Dehydratation oder akuten Blutverlust
- funktioneller Verlust extrazellulärer Flüssigkeit in traumatisiertes Gewebe.

5.1.1 Physiologische Grundlagen

Die Aufrechterhaltung des Volumens und der Elektrolytzusammensetzung der Körperflüssigkeiten **(Homöostase)** erfolgt durch verschiedene ineinandergreifende Regulationsmechanismen, an denen in erster Linie die Niere, Nebenniere, Hypophyse und Lunge beteiligt sind (S 5.**1**).

Über kardiale und vaskuläre Volumen- und hypothalamische Osmorezeptoren nimmt die **ADH**-Sekretion aus dem Hypophysenhinterlappen eine zentrale Stellung innerhalb der Regelkreise zur Konstanthaltung der Osmolarität und des Volumens der extrazellulären Flüssigkeit ein. Ferner sind Baro- und Chemorezeptoren zur Steuerung des **Renin-Angiotensin-Aldosteron**-Systems beteiligt. Insgesamt besteht ein komplexes, über Rückkopplung in ständiger Wechselbeziehung stehendes Regelsystem.
Vor diesem Hintergrund müssen dem Anästhesisten die wichtigsten **Stimuli** für eine ADH-Sekretion und einen sekundären Hyperaldosteronismus bekannt sein:
- Hypovolämie durch Dehydratation oder akuten Blutverlust
- Funktioneller Verlust extrazellulärer Flüssigkeit in traumatisiertes Gewebe.

S Synopsis 5.1: **Regulationsmechanismen der Homöostase**

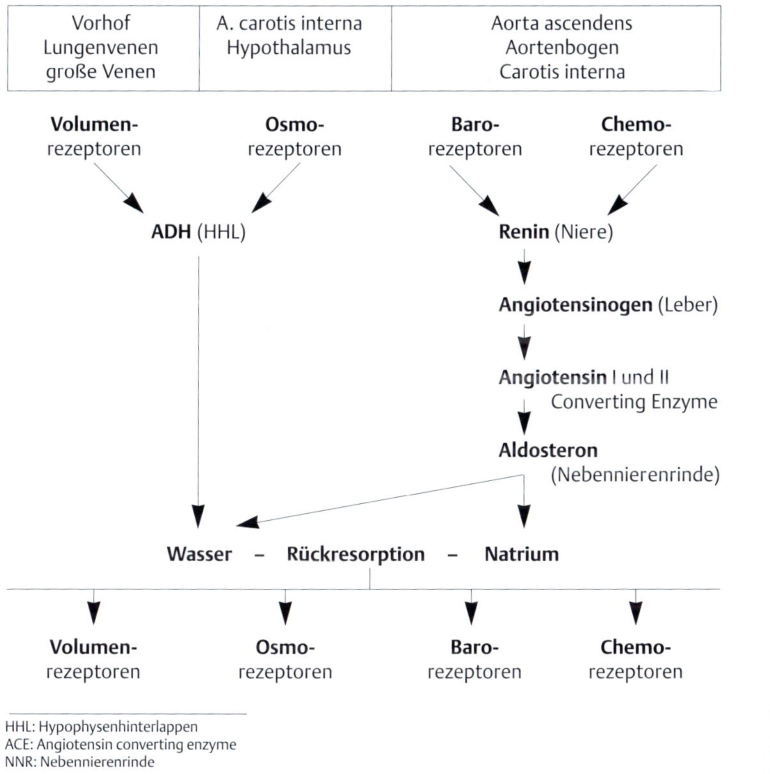

5.1.2 Physikochemische Grundlagen

Osmose. 2 Flüssigkeitsräume mit unterschiedlichen Konzentrationen von gelösten, nicht frei diffusiblen Teilchen sind durch eine semipermeable Membran voneinander getrennt. Das Lösungsmittel (Wasser) diffundiert so lange von einem Raum in den anderen, bis ein Gleichgewicht erreicht ist, d. h. gleiche Konzentration von Teilchen (mval/l) im Lösungsmittel vorliegen.

Der **osmotische Druck** wird bestimmt von der Zahl der osmotisch aktiven Teilchen (Ionen und undissoziierte Moleküle), die in 1 kg Lösungsmittel (im Organismus Wasser) vorhanden sind (**Osmolalität;** Einheit: mosmol/kg H_2O [Milliosmol]; Norm: ca. 300 mosmol/kg). Die **Osmolarität** berechnet sich aus der Menge der osmotisch aktiven Teilchen pro Liter Lösungsmittel (Norm: ca. 280 mosmol/l).

Die Eiweiße haben aufgrund ihrer niedrigen molaren Konzentration nur einen sehr kleinen Anteil am osmotischen Druck des Plasmas. Infolge ihrer großen Oberfäche mit dementsprechend ausgeprägtem Wasserbindungsvermögen sind sie aber über den von ihnen erzeugten **kolloidosmotischen (onkotischen) Druck** (KOD) erheblich an der Verteilung des extrazellulären Gesamtvolumens zwischen Intravasalraum und Interstitium beteiligt. Der kolloidosmotische Druck wird vor allem durch Albumine (80 – 85 %) vermittelt (Norm: 24 – 28 mmHg im Plasma).

5.1.2 Physikochemische Grundlagen

Osmose 2 durch eine semipermeable Membran getrennte Flüssigkeitsräume enthalten nicht frei diffusible Teilchen. Die Lösungsmitteldiffusion erfolgt bis zum Konzentrationsausgleich.

Der **osmotische Druck** wird bestimmt von der Zahl der osmotisch aktiven Teilchen, die in 1 kg Lösungsmittel vorhanden sind (**Osmolalität,** Norm: ca. 300 mosmol/kg). Die **Osmolarität** berechnet sich aus der Menge der osmotisch aktiven Teilchen pro Liter Lösungsmittel (Norm: ca. 280 mosmol/l).
Der **kolloidosmotische (onkotische) Druck** (KOD; Norm: 24 – 28 mmHg im Plasma) wird durch Plasmaeiweißkörper (vor allem Albumin, 80 – 85 %) vermittelt und ist erheblich an der Verteilung des extrallulären Gesamtvolumens auf den Intravasalraum und das Interstitium beteiligt.

5.1.3 Wasser- und Elektrolythaushalt

Größe der Flüssigkeitsräume

Im Organismus ist der Anteil des Gesamtwassers, bezogen auf das Körpergewicht (KG) altersabhängig (Erwachsene: 50 – 60 %; Neugeborene: 80 % vom KG). Bei der Verteilung auf die Flüssigkeitsräume (Kompartimente) muß der **Intrazellulärraum** (IZR), der unabhängig vom Alter 35 – 40 % beträgt, gegenüber dem **Extrazellulärraum** (EZR) abgegrenzt werden. Der EZR-Anteil unterliegt altersabhängigen Variationen (Erwachsene: 20 %;

5.1.3 Wasser- und Elektrolythaushalt

Größe der Flüssigkeitsräume
Im Organismus ist der Anteil des Gesamtwassers, bezogen auf das Körpergewicht (KG) altersabhängig (Erwachsene: 50 – 60 %; Neugeborene: 80 %).

Verteilung der Körperflüssigkeit:
- **Intrazellulärraum** (IZR): 35 – 40 %
- **Extrazellulärraum** (EZR): Erwachsene 20 %; Neugeborene 40 %
- Intravasalraum (Plasmavolumen: 4 %; Erythrozytenvolumen: 3,5 % [Erwachsene], 4,5 % [Neugeborene]; Blutvolumen 7,5 bzw. 8,5 %)
- **Interstitium** (Erwachsene: 15 %)
- **Transzellulärraum** (Flüssigkeitsanteile in den Hohlorganen, unter normalen Voraussetzungen ca. 1000 ml).

Neugeborene: 40 %) und setzt sich aus dem **Intravasalraum** (Plasmavolumen: 4 %; Erythrozytenvolumen [IZR]: 3,5 % Erwachsene, 4,5 % Neugeborene, so daß ein Blutvolumen von 7,5 bzw. 8,5 % resultiert), dem **Interstitium** (Erwachsene: 15 %) und dem **Transzellulärraum** (Flüssigkeitsanteile in den Hohlorganen, unter normalen Voraussetzungen ca. 1000 ml) zusammen. Alle Flüssigkeitsräume befinden sich über das Blutplasma und seine Bestandteile im ständigen Flüssigkeitsaustausch.

Verteilung der Elektrolyte

Elektrolyte dissoziieren in den wäßrigen Flüssigkeitsräumen des Körpers in **Kationen** und **Anionen**.

Verteilung der Elektrolyte

Elektrolyte sind wichtige Bestandteile der Körperflüssigkeiten, die als Salze, Säuren und Basen in wäßriger Lösung in **Kationen** (Natrium, Kalium, Kalzium und Magnesium) und **Anionen** (Chlorid, Bikarbonat, Sulfat, Phosphat, organische Säuren und Proteine) dissoziieren (Maßeinheit für Elektrolytlösungen: mval/l Milliäquivalent).

Unterschiedliche Ionenzusammensetzungen in Flüssigkeitsräumen werden durch aktive, energieverbrauchende Transportmechanismen (z. B. **Adenosin-Triphosphatase-System**) aufrechterhalten (▤ 5.**1**).

Durch aktive, energieverbrauchende Transportmechanismen **(Adenosin-Triphosphatase-System)** aufrechterhalten, unterscheiden sich die Flüssigkeitsräume in ihrer Ionenzusammensetzung ganz wesentlich (▤ 5.**1**), wobei jedoch innerhalb der Kompartimente stets ein elektrochemisches Gleichgewicht herrscht, d. h. die Summe aller Kationen entspricht der Summe aller Anionen. Wasser als Lösungsmittel diffundiert dagegen frei und ungehindert in alle Körperkompartimente bis zur Erreichung eines osmotischen Gleichgewichts.

5.1: Ionenzusammensetzung der Kompartimente

	Plasma	ISF	IZR		Plasma	ISF	IZR
Kationen				**Anionen**			
▷ Natrium	142	144	10	▷ Chlorid	103	114	4
▷ Kalium	4	4	150	▷ Bikarbonat	27	30	10
▷ Kalzium	5	3	0	▷ Sulphat + Phosphat	3	3	31
▷ Magnesium	3	2	40	▷ org. Säure	5	5	0
				▷ Proteine	16	1	155
gesamt (mval/l)	154	153	200	**gesamt** (mval/l)	154	153	200

EZR: Extrazellulärraum (Plasma plus ISF)
ISF: Interstitieller Flüssigkeitsraum
IZR: Intrazellulärraum

Natrium (Plasma: 135 – 145 mval/l) ist als Hauptkation des EZR für dessen Volumenbestand verantwortlich.

Ein besonderes klinisches Interesse gilt, bezogen auf den Wasserbestand, der Natriumkonzentration (Plasma: 135 – 145 mval/l). **Natrium** ist als Hauptkation des EZR im Plasma leicht meßbar und in erster Linie für den osmotischen Gradienten sowie den Volumenbestand im EZR verantwortlich.

Kalium als Hauptkation des IZR (150 mval/l) hat eine Konzentrationsdifferenz zum Plasma (3,5 – 5,5 mval/l), die Grundlage für die elektrische Erregbarkeit von Zellen ist. Der extrazelluläre Kaliumbestand ist gering. Unkritische Kaliumverabreichung kann durch plötzliche Plasmakonzentrationsanstiege zu schwerwiegenden **kardialen Komplikationen** führen. (Max. Infusionsrate 20 – 40 mval/l pro Stunde!)

Kalium ist das Hauptkation des IZR und liegt dort in einer Konzentration von etwa 150 mval/l vor. Die Aufrechterhaltung seiner Konzentrationsdifferenz zum EZR (Plasma: 3,5 – 5,5 mval/l) stellt die Grundlage für die elektrische Erregbarkeit der Zellen sicher. Von praktischer Bedeutung für den Anästhesisten ist die Beachtung des relativ geringen extrazellulären Kaliumbestandes. Eine unkritische Verabreichung von Kaliuminfusionen kann aufgrund des sehr kleinen Verteilungsvolumens im EZR und einer insgesamt langsamen Umverteilung vom EZR in den IZR zu kurzfristigen und plötzlichen Plasmakonzentrationsanstiegen (Kalium > 5,5 mval/l) mit schwerwiegenden **kardialen Komplikationen** führen, so daß eine **maximale Infusionsrate** von 20 – 40 mval/l pro Stunde nicht überschritten werden sollte.

Wasserbilanz

Ein ausgeglichener Wasserhaushalt bedeutet eine ausgeglichene Bilanz, d. h. die zugeführte Wassermenge entspricht den erlittenen Verlusten. Der tägliche **Wasserumsatz** beträgt beim Erwachsenen ca. 3,5 % vom KG, was bei 70 kg KG etwa 2400 ml in 24 Stunden entspricht. Bei Kindern steigt der Umsatz mit abnehmendem Alter auf 4 – 8 % an, wobei Neugeborene Werte von 10 % (100 – 120 ml/kg KG und 24 h) erreichen. In der 5.**2** sind die Komponenten der täglichen Wasserbilanz für einen Erwachsenen (70 kg KG) zusammengestellt.

Wasserbilanz

Der tägliche **Wasserumsatz** beträgt beim Erwachsenen ca. 3,5 % vom KG; (bei 70 kg KG ca. 2400 ml in 24 Stunden), bei Kindern steigt er mit abnehmendem Alter auf 4 – 8 % und erreicht bei Neugeborenen ca. 10 %. Komponenten einer 24-Stunden-Wasserbilanz sind in 5.**2** aufgeführt.

5.2: Wasserbilanz eines gesunden Erwachsenen (Durchschnittswerte)

Flüssigkeitsaufnahme	ml	Flüssigkeitsabgabe	ml
▷ Trinken	1200	▷ Urin	1500
▷ feste Nahrung	900	▷ Perspiratio insensibilis	900
▷ Oxidationswasser	300		
gesamt	**+ 2400**	**gesamt**	**– 2400**

Für die Erstellung von Bilanzkurven muß bei der Berechnung der Flüssigkeitsaufnahme stets das im intermediären Stoffwechsel entstehende **Oxidationswasser** (15 ml pro 100 kcal Energieumsatz) berücksichtigt werden. Daraus ergibt sich für einen Erwachsenen unter Ruhestoffwechselbedingungen (= 2000 kcal/Tag) ein Volumen von ca. 300 ml. Liegt dagegen eine katabole Stoffwechsellage vor, entstehen beim Abbau von 1 kg KG etwa 1000 ml Oxidationswasser (natriumarm und kaliumreich).
Ferner gilt zu beachten, daß der extrarenale und extraglanduläre Wasserverlust durch die **Perspiratio insensibilis** (850 – 1500 ml/24 h Wasserverluste); über Haut (ca. 50 – 60 %), Lungen (30 – 40 %) und Fäzes (10 %) erheblichen Variationen unterliegt. Die Perspiratio insensibilis kann durch Frequenz und Tiefe der Atmung, Fieber, Raumtemperatur und Luftfeuchtigkeit auf Werte von 100 ml/m² Körperoberfläche und Stunde (1000 – 3000 ml/24 h) ansteigen. Zur Beurteilung des Wasserhaushaltes kann somit eine alleinige Orientierung am Urinvolumen in Gegenüberstellung zur verabreichten Flüssigkeitsmenge ausgesprochen **irreführend** sein.

Zur Beurteilung des Wasserhaushaltes kann eine **alleinige Orientierung am Urinvolumen** in Gegenüberstellung zur verabreichten Flüssigkeitsmenge ausgesprochen **irreführend** sein.
Es müssen zusätzlich das anfallende **Oxidationswasser** und die Verluste durch die **Perspiratio insensibilis** kalkuliert und einbezogen werden (Wasserverluste über Haut ca. 50 – 60 %, Lungen 30 – 40 % und Fäzes 10 %).

Die Perspiratio insensibilis kann durch Frequenz und Tiefe der Atmung, Fieber, Raumtemperatur und Luftfeuchtigkeit auf Werte von 100 ml/m² Körperoberfläche und Stunde (1000 – 3000 ml/24 h) ansteigen.

Erhaltungsbedarf an Wasser und Elektrolyten

Der Erwachsene mit einer normalen Nierenfunktion scheidet pro Tag 1000 – 1500 ml Wasser als Urin aus. Der tägliche Elektrolytverlust mit dem Urin beträgt: Natrium 60 – 180 mval/l, Kalium 60 – 90 mval/l. Das entspricht dem in der 5.**3** aufgeführten täglichen Gesamtverlust über die Niere.

Erhaltungsbedarf an Wasser und Elektrolyten

Vom normalen Erwachsenen werden pro Tag 1000 – 1500 ml Wasser als Urin ausgeschieden.
Hierbei treten die in der 5.**3** aufgeführten Elektrolytverluste auf.

5.3: Durchschnittliche tägliche Elektrolytverluste über die Nieren beim gesunden Erwachsenen

▷ Wasser:	1000 – 1500 ml
▷ Natrium:	130 mmol
▷ Kalium:	75 mmol
▷ Chlorid:	150 mmol

Der durchschnittliche Erhaltungsbedarf an Wasser und Elektrolyten kann für die verschiedenen Altersstufen der 5.**4** entnommen werden.

Der durchschnittliche Erhaltungsbedarf an Wasser und Elektrolyten kann für die verschiedenen Altersstufen der 5.**4** entnommen werden.

5.4: Durchschnittlicher Erhaltungsbedarf an Wasser und Elektrolyten beim Erwachsenen und Kind (Orientierungswerte)

		Erwachsene (70 kg)	Kinder (1 – 8 Jahre)
▷ Wasser	(ml/kg · 24 h)	25 – 40	50 – 70
	(ml/h)	120	20 – 60
▷ Natrium	(mval/kg)	1,0 – 1,5	2 – 3
▷ Kalium	(mval/kg)	0,75 – 1,0	1,5 – 2
▷ Chlorid	(mval/kg)	0,5 – 1,5	

Idealerweise sollte die Berechnung des täglichen Erhaltungsbedarfes in Anlehnung an den jeweiligen **Metabolismus** (Wasser- und Elektrolytbedarf bezogen auf den Kalorienverbrauch) abgestimmt werden (siehe Kap. 9.5).

5.1.4 Perioperative Infusionstherapie

Die perioperative Infusionstherapie dient der Erhaltung bzw. Wiederherstellung der Homöostase des Wasser- und Elektrolythaushaltes.
Zur Durchführung stehen **kristalloide** oder **kolloidale** Lösungen zur Verfügung.

5.1.4 Perioperative Infusionstherapie

Die perioperative Infusionstherapie dient der Erhaltung bzw. Wiederherstellung des physiologischen Gleichgewichtes des Wasser- und Elektrolythaushaltes.
Zur Durchführung der Infusionstherapie stehen **kristalloide** Lösungen mit unterschiedlicher Elektrolytzusammensetzung und **kolloidale** Lösungen (natürliche oder künstliche Kolloide) zur Verfügung. Für die Wahl der jeweils geeigneten Infusionslösung können nur allgemeine Richtlinien angegeben werden. Die Infusionstherapie muß individuell auf das spezielle klinische Krankheitsbild, die vorliegenden Diagnostikdaten (Labor) und die verfügbaren Monitorparameter (Blutdruck, Herzfrequenz, ZVD etc.) abgestimmt werden.

Perioperative Flüssigkeits- und Elektrolytsubstitution

Der Anästhesist muß die folgenden Komponenten berücksichtigen:
- präoperatives Flüssigkeitsdefizit
- intraoperativer Flüssigkeitserhaltungsbedarf
- qualitative Zusammensetzung der Flüssigkeitsverluste
- »idealer« Elektrolytbestand
- postoperative Besonderheiten.

Perioperative Flüssigkeits- und Elektrolytsubstitution

Der Anästhesist muß, abgesehen von dem in 5.1.3 aufgeführten normalen Erhaltungsbedarf an Wasser und Elektrolyten, folgende Komponenten berücksichtigen:
- präoperatives Flüssigkeitsdefizit
- intraoperativer Flüssigkeitserhaltungsbedarf
- qualitative Zusammensetzung der Flüssigkeitsverluste
- »idealer« Elektrolytbestand
- postoperative Besonderheiten.

Präoperatives Flüssigkeitsdefizit

Die mindestens 6stündige präoperative Flüssigkeitskarenz wird von gesunden Erwachsenen gut, von Kindern und alten Patienten hingegen nur gering toleriert. Das entstandene Flüssigkeitsdefizit sollte bis zum Narkosebeginn durch 500 ml einer Ringerlösung ausgeglichen werden.

Eine sorgfältige Bewertung der Volumensituation mit **Rehydrierung** bzw. **Korrektur** bestehender Störungen muß vor Narkosebeginn unbedingt erfolgen.

Präoperatives Flüssigkeitsdefizit

Eine präoperativ routinemäßig eingehaltene Flüssigkeits- und Nahrungskarenz von wenigstens 6 Stunden zur Verhinderung von Komplikationen durch Aspiration von erbrochenem Mageninhalt werden von einem gesunden Erwachsenen gut vertragen. Das dabei entstandene Flüssigkeitsdefizit sollte zu Narkosebeginn durch 500 ml Infusion (z. B. Ringerlösung) ausgeglichen werden. Alte Patienten und Kinder hingegen zeigen nur eine geringe Toleranz gegenüber Flüssigkeitsdefiziten und können nach längeren Karenzzeiten in bedrohliche hypovoläme Zustände geraten.
Zur Einschätzung eines präoperativen Flüssigkeitsdefizites dienen die Anamnese mit der Frage nach Verlusten, klinische Symptome (Durstgefühl, trockene Schleimhäute, eingesunkene Augen in Zusammenhang mit reduziertem Hautturgor, arterielle Hypotonie mit kleiner Druckamplitude, Tachykardie, Oligurie und Somnolenz) sowie Laborparameter. Hierbei muß unbedingt eine sorgfältige Bewertung der Volumensituation und eine **Rehydrierung** bzw. **Korrektur** bestehender Störungen vor Narkosebeginn erfolgen.

Intraoperativer Flüssigkeitserhaltungsbedarf

Ziel der intraoperativen Flüssigkeitstherapie muß sein, neben dem Ersatz meßbarer Verluste (Urin-, akute Blut- oder Plasmaverluste) grundsätzlich auch die infolge hormoneller Umstellung und Sequestration sowie durch Perspiratio insensibilis entstandenen nicht meßbaren Verluste zu korrigieren:

- Die **künstliche Beatmung** (trockene Gase) und die Verdunstung über den Operationsflächen führen zu erhöhten Wasserverlusten. Die Erfahrungswerte für diese zusätzlichen Verluste variieren in Abhängigkeit von der Größe des Eingriffes (200 – 500 ml/h).
- Die operative **Gewebetraumatisierung** bewirkt zwangsläufig eine Sequestrierung extrazellulärer Flüssigkeit in den sog. 3. Raum.
- Der **Operationsstreß** führt durch endokrine Umstellungen zu Änderungen der Flüssigkeitsregulation. In folgenden Regelzentren erfolgt eine Aktivitätssteigerung: Hypophysenhinterlappen (ADH-Sekretion mit Wasserretention), Hypophysenvorderlappen-Nebennierenrinden-System (ACTH-Ausschüttung mit Anstiegen von Kortisol), Adrenokortikales System (Renin-Angiotensin-Aldosteron-Aktivierung mit Natrium- und Wasserretention [S 5.1]) und sympathoadrenerges System (Katecholaminfreisetzung). Da die Tendenz zur Wasserretention größer ist als zur Natriumretention, entsteht eine sog. **osmotische Hypotonie** im Plasma.

Aus den genannten Faktoren resultieren **empirisch erhobene Schätzwerte** für den intraoperativen Flüssigkeitsbedarf, der, bezogen auf die Größe des operativen Eingriffes bzw. den Grad der Gewebetraumatisierung, dem Basisbedarf und dem zu erwartenden Flüssigkeitsverlust entspricht. Dieser variiert bei Erwachsenen zwischen 1 – 15 ml/kg KG/h (Kinder: 5 – 15 ml/kg KG). In Abhängigkeit von der Größe des geplanten Eingriffes werden die Richtwerte angegeben (▦ 5.**5**).

5.5: Richtwerte zum intraoperativen Flüssigkeitsersatz

	ml/kg KG · h	ml/70 kg · h
▷ kleiner Eingriff (z. B. Hernie)	1 – 4	≈ 175
▷ mittlerer Eingriff (z. B. Magen)	3 – 7	≈ 350
▷ großer Eingriff (z. B. Kolonresektion)	7 – 15	≈ 600

Qualitative Zusammensetzung der Flüssigkeitsverluste

Flüssigkeitsverluste über Sonden, Drainagen, Fisteln, sezernierende Wundflächen und anhaltende Diarrhö etc. sollen idealerweise qualitativ (entsprechend ihrer Zusammensetzung) und auch quantitativ ersetzt werden. Dazu ist die Kenntnis der Elektrolytzusammensetzung einzelner Körperflüssigkeiten unerläßlich:

- **Urin:** siehe ▦ 5.**3**.
- **Sekrete des Gastrointestinaltraktes** (GI-Trakt): hohe Kaliumkonzentrationen, bis 6fach höher als im Plasma. **Oberer GI-Trakt:** Natrium- und Chloridgehalt entsprechen annähernd dem des Plasmas (isoton). Ersatz durch isotone Lösungen mit Kaliumzusatz. Der Verlust von sauren Valenzen (Magensaft) kann eine metabolische Alkalose bewirken. **Unterer GI-Trakt:** Sekrete verhalten sich zum Plasma hypoton. Ersatz durch: $^{1}/_{3}$-$^{2}/_{3}$-Elektrolytlösungen mit Kaliumzusatz. Anhaltende Diarrhö führt zum Verlust von alkalischen Valenzen und kann Ursache einer metabolischen Azidose sein.
- **sequestrierte Flüssigkeit:** Ödeme, Transsudate sind plasmaisoton. Ersatz durch Vollelektrolyte.
- **Schweiß:** hypoton, enthält weniger Elektrolyte als Plasma.

Intraoperativer Flüssigkeitserhaltungsbedarf

Die intraoperative Flüssigkeitstherapie muß neben meßbaren Verlusten (Urin-, akute Blut- oder Plasmaverluste) folgende Verluste berücksichtigen:

- **künstliche Beatmung** Verdunstung über Operationsflächen (ca. 200 – 500 ml/h)
- **Gewebetraumatisierung** (Sequestrierung in den 3. Raum!)
- **streßbedingte Änderungen** endokriner Parameter und damit der Flüssigkeitsregulation.

Da die Tendenz zur Wasserretention größer ist als zur Natriumretention, resultiert eine sog. **osmotische Hypotonie** im Plasma.

Empirisch erhobene Schätzwerte des intraoperativen Flüssigkeitsbedarfs für Erwachsene sind in ▦ 5.**5** als Richtwerte zusammengefaßt.

Qualitative Zusammensetzung der Flüssigkeitsverluste

Flüssigkeitsverluste über Sonden, Drainagen, Fisteln, sezernierende Wundflächen und anhaltende Diarrhö etc. sollen idealerweise qualitativ (entsprechend ihrer Zusammensetzung) und auch quantitativ ersetzt werden.
Dazu ist die Kenntnis der Elektrolytzusammensetzung einzelner Körperflüssigkeiten wichtig:

- **Urin** (s. ▦ 5.**3**)
- **Sekrete des oberen und unteren Gastrointestinaltraktes**
- **sequestrierte Flüssigkeit**
- **Schweiß.**

»Idealer« Elektrolytbestand

Normale **Natrium**plasmaspiegel (135 – 145 mval/l) stehen in enger Beziehung zum Wasserhaushalt.

»Idealer« Elektrolytbestand

Anzustreben ist die Einhaltung von Normwerten. Dabei muß in der perioperativen Phase folgendes beachtet werden:
Normale **Natrium**plasmaspiegel (135 – 145 mval/l) stehen in enger Beziehung zum Wasserhaushalt, einerseits über den oben besprochenen Einfluß auf den osmotischen Gradienten, andererseits über die Nierenfunktion: Natriummangel kann Ursache eines beginnenden Nierenversagens sein!

Intraoperativ kommt es bei normaler Nierenfunktion zu erhöhten **Kalium**verlusten. Es sollte ein Kaliumspiegel zwischen 4,5 – 5,0 mval/l angestrebt werden.

Ein besonderes anästhesiologisches Interesse gilt auch dem **Kalium,** da intraoperativ bei normaler Nierenfunktion mit erhöhten Kaliumverlusten gerechnet werden muß (intrazelluläre Kaliumfreisetzung durch Gewebetraumatisierung und streßbedingte Änderungen endokriner Parameter wie sekundärer Hyperaldosteronismus). Um kardiale Komplikationen (Rhythmusstörungen) insbesondere bei vorgeschädigten Patienten zu vermeiden, sollten unter fortlaufenden Kontrollen hochnormale Plasmaspiegel (>4,5 und <5,0 mval/l) angestrebt werden.

Postoperative Besonderheiten

Muß die Infusionstherapie über den unmittelbar postoperativen Zeitraum hinaus erfolgen, ist noch am OP-Tag entsprechend dem jeweiligen Kalorienbedarf ein komplettes parenterales Ernährungsregime einzuleiten, das den Postaggressionsstoffwechsel berücksichtigt (s. Kap. 9.7).

Postoperative Besonderheiten

Während der postoperativen Phase gilt es zu bedenken, daß die Infusionstherapie mit Wasser (Tagesbedarf ohne Sonderverluste: 25 – 40 ml/kg KG) und Elektrolyten einer Nulldiät entspricht und so kurz wie möglich gehalten werden sollte. Steht von vornherein fest, daß eine Infusionstherapie über den unmittelbar postoperativen Zeitraum hinaus erfolgen muß, so ist nach dem zweiten postoperativen Tag entsprechend dem jeweiligen Kalorienbedarf ein an den Postaggressionsstoffwechsel angepaßtes enterales oder ggf. parenterales Ernährungsregime einzuleiten (siehe Kap. 9.7).

Volumenersatzmittel

Kristalloide Lösungen

Elektrolytlösungen (Salzlösungen) werden nach ihrer Osmolalität als isoton (270 – 310 mosmol/kg), **hyperton** (>300 mosmol/kg) bzw. **hypoton** (<280 mosmol/kg) und nach ihrem Elektrolytgehalt als **Voll-** (120 – 160 mmol Kationen), **$^2/_3$-** (90 – 120 mmol), **$^1/_2$-** (60 – 90 mmol) oder **$^1/_3$-Elektrolytlösungen** (<60 mmol) bezeichnet. Intra- und unmittelbar postoperativ sollten isotone Vollelektrolytlösungen, wie z. B. Ringerlaktat, zur Standardflüssigkeitstherapie eingesetzt werden. Glukose 5 % wird schnell von den Zellen aufgenommen und dient der Zufuhr freien Wassers.

Volumenersatzmittel

Kristalloide Lösungen

Elektrolytlösungen (Salzlösungen) werden nach ihrer Osmolalität als **isoton** (270 – 310 mosmol/kg), **hyperton** (>300 mosmol/kg) bzw. **hypoton** (<280 mosmol/kg) und nach ihrem Elektrolytgehalt als Voll- (120 – 160 mmol Kationen), $^2/_3$- (90 – 120 mmol), $^1/_2$- (60 – 90 mmol) oder $^1/_3$-Elektrolytlösungen (< 60 mmol) bezeichnet. Intra- und unmittelbar postoperativ sollten isotone Vollelektrolytlösungen, wie z. B. Ringerlaktat, zur Standardflüssigkeitstherapie eingesetzt werden. Ringerlaktat enthält Natrium, Kalium, Kalzium, Chlorid und Laktat. Isotone Kochsalzlösung (0,9 %) hat nur wenige Indikationsbereiche (gastrointestinale Sekretverluste, Hyponatriämie, hypochlorämische Alkalose, Niereninsuffizienz), da die Gefahr der Natrium- und Chloridüberladung besteht.
Glukose ist in 5 %iger Zubereitung leicht hypoton und dient, da sie schnell von den Zellen aufgenommen und metabolisiert wird, der Zufuhr von »freiem« Wasser. Höherprozentige Zubereitungen werden zur parenteralen Ernährung verwendet.

Kolloidale Lösungen

Kolloidale Lösungen sind **onkotisch wirksam** und somit gut für einen raschen intravasalen Flüssigkeitsersatz geeignet.

Kolloidale Lösungen

Es handelt sich um **onkotisch wirksame** Lösungen, die einem schnellen Volumenersatz bei akuten Verlusten von Plasma oder Blut zur Aufrechterhaltung bzw. Stabilisierung der Herz-Kreislauf-Funktion sowie zur Vorbeugung einer Minderperfusion lebenswichtiger Organe dienen. Kolloide können die wichtigste Funktion des Blutes, den Sauerstofftransport, nicht übernehmen. 2 wesentliche Eigenschaften werden von kolloidalen Lösungen erwartet:

Lösungen mit einer **Wasserbindungskapazität** über der des Plasmas (1 g Humanalbumin bindet 18 ml Wasser) sind hyperonkotisch. Sie »ziehen« Wasser aus dem Interstitium in den Intravasalraum.

1. Das **Wasserbindungsvermögen.** Aufgrund ihrer kolloidosmotischen Eigenschaften sind Kolloide in Abhängigkeit vom Molekulargewicht (MW) und der Kolloidkonzentration in der Lage, die onkotische Druckdifferenz zwischen IZR und EZR aufrechtzuerhalten. Lösungen, die dabei mit ihrer Wasserbindungskapazität über der des Plasmas liegen (1 g Humanalbumin bindet 18 ml Wasser), werden als hyperonkotische

Lösungen (erhöhte Tonizität) bezeichnet. Sie »ziehen« Wasser aus dem Interstitium in den Intravasalraum (daher der Begriff: Plasmaexpander).
2. Eine **geringe transkapilläre Permeabilität** wird gefordert, damit die Schranken der Kapillaren und Glomerulimembranen nicht frei passiert werden können. Ihre Verweildauer im Plasma ist abhängig von der Molekülgröße. Moleküle bis zu einem MW von <50000 werden über die Nieren rasch mit dem Urin ausgeschieden.

Es wird von kolloidalen Infusionslösungen ein **geringes transkapilläres Permeationsvermögen** gefordert, damit die Schranken der Kapillaren und Glomerulimembranen nicht frei passiert werden.

Kolloidale Lösungen werden unterteilt in:

1. **natürliche Kolloide** (plasmatische Blutbestandteile)	Humanalbumin, »Fresh-frozen«-Plasma (FFP) pasteurisierte Plasmaproteine (PPS)
2. **künstliche Kolloide** (kolloidale Plasmaersatzstoffe)	Dextrane Hydroxyäthylstärke (HES) Gelatinepräparate

Die kolloidalen Lösungen werden in **natürliche** (plasmatische Bestandteile) und **künstliche Kolloide** (Plasmaersatzstoffe) unterteilt.

Indikationen für Kolloide:
Primärer Volumenersatz, Hämodilution, Verbesserung der Mikrozirkulation bei verminderter Fluidität des Blutes oder bei protrahiertem Schockgeschehen. Der Indikationsbereich hyperonkotischer Lösungen umfaßt auch die Behandlung von interstitiellen Ödemen.

Indikationen für Kolloide:
primärer Volumenersatz, Hämodilution, Verbesserung der Mikrozirkulation.

Kontraindikationen für Kolloide:
Bekannte allergische Reaktionen, Elektrolytstörungen (**cave:** Natriumbelastung!) und terminale Niereninsuffizienz.

In der 5.**6** sind die **pharmakologischen Daten** verschiedener kolloidaler Lösungen zusammengestellt.

Kontraindikationen für Kolloide sind bekannte allergische Reaktionen, Elektrolytstörungen (cave: Natriumbelastung!) und terminale Niereninsuffizienz.
In der 5.**6** sind die **pharmakologischen** Daten verschiedener kolloidaler Lösungen zusammengestellt.

5.6: Pharmakologische Daten kolloidaler Lösungen

	Kolloid (g/dl)	**MW** (10^3 Dalton)	**Fülleffekt d. inf. Vol.** (= Vol.-Eff.)	**Dauer d. Vol.-Eff.** (Std.)
▷ HA	5	66	0,7	3 – 4
▷ HES	6/0,5*	70	0,7	3 – 4
	6/0,4*	130	1,0	4 – 6
	6 – 10/0,5*	200	1,3	3 – 4
	6/0,7*	450	1,0	6 – 8
▷ Dextran	10	40	2,0	2 – 4
60/70	6	60 – 75	1,2	6 – 8
▷ Gelatine	3,5	30 – 35	0,7	1 – 2

* Substitutionsgrad (s. u.)

Wesentliche Parameter der Volumenwirksamkeit im Vergleich zu Humanalbumin (HA); Hydroxyäthylstärke (HES); MW = mittleres Molekulargewicht.

Humanalbumin (HA):
Reines HA liegt zum Volumenersatz in 5 %iger Lösung vor und wird aus Plasma von Spendern hergestellt. Der Volumeneffekt entspricht etwa 70 % des infundierten Volumens und hält bei normaler Kapillarpermeabilität ca. 3 – 4 Stunden an. HA hat keine Infektionsrisiken (Hepatitis, HIV). Dennoch besteht für HA die Chargendokumentationspflicht (Transfusionsgesetz 7/98 BÄK-Richtlinien), da es aus Blut hergestellt wird und das Risiko für mögliche Übertragung von Prionen noch nicht abschließend geklärt ist. Hohe Kosten und beschränkte Verfügbarkeit begrenzen den Volumenersatz mit HA auf einen engen Indikationsbereich. Deshalb sollte bei Einsatz von HA 5 % zusätzlich zur **Hypovolämie** eine therapiebedürftige **Hypoproteinämie** (Plasmaproteingehalt <5 g/100 ml) vorliegen. Außerdem ist HA 5 % erst dann indiziert, wenn künstliche Kolloide wegen Erreichen der Dosislimitierung (s. u.) nicht mehr verwendet werden dürfen (siehe auch Kap. 5.3).

Humanalbumin (HA):
Der Volumeneffekt einer 5 %igen Lösung entspricht etwa 70 % des infundierten Volumens und hält ca. 3 – 4 Std. an. Für HA besteht Chargendokumentationspflicht, wenngleich HA keine Infektionsrisiken (Hepatitis, HIV) haben soll.
Hohe Kosten und beschränkte Verfügbarkeit begrenzen die Indikation für HA auf eine **Hypovolämie** bei gleichzeitiger **Hypoproteinämie** (Plasmaproteingehalt <5 g/100 ml). HA 5 % ist erst indiziert, wenn künstliche Kolloide wegen der Dosisbegrenzung (s. u.) nicht mehr verwendet werden können.

Plasmaproteinlösungen (PPL):
4–5 %ige Proteinlösungen mit ca. 80 % Albumin.

Plasmaproteinlösungen (PPL):
4–5 %ige Plasmaproteinlösungen enthalten > 80 % des Gesamtproteinanteils als Albumin, der Rest sind Globuline in stabiler Form. Die Indikationen und Auflagen entsprechen denen von HA 5 %.

»Fresh-frozen«-Plasma (FFP):
FFP enthält alle Plasmaproteine, Gerinnungsfaktoren und -inhibitoren. FFP ist bei –30 °C 1 Jahr haltbar und muß im AB0-System gruppenkompatibel verwendet werden. Infektionsrisiken sind aufgrund der möglichen Sperrlagerung (3 Monate) geringer als für EK.

»Fresh-frozen«-Plasma (frisch gefrorenes Plasma; FFP):
Die Herstellung (Volumen ca. 200 ml) erfolgt durch Zentrifugationsverfahren direkt nach der Blutentnahme (innerhalb von 6 Stunden). FFP enthält alle Plasmakomponenten (Plasmaproteine ebenso wie Gerinnungsfaktoren und -inhibitoren) in weitgehend nativer Form und soll > 80 % der Aktivität der lagerungslabilen Faktoren V und VIII aufweisen. FFP ist bei – 30 °C für 1 Jahr haltbar, sollte aber nach Bereitstellung (Auftauen) durch die Blutbank innerhalb von 6 Stunden verabreicht werden. FFP muß im AB0-System gruppenkompatibel verwendet werden. Aufgrund des Risikos einer Übertragung von Infektionskrankheiten (Hepatitis und HIV Kap. 5.3.4) bedarf es einer strengen Indikationsstellung (z. B. Verbrauchskoagulopathie). Infektionsrisiken sind aufgrund der möglichen Sperrlagerung (3 Monate) geringer als für EK (siehe auch Kap. 5.3).

Merke ▶

Merke. FFP ist **nur** dann zum Volumenersatz einzusetzen, wenn gleichzeitig Gerinnungsstörungen vorliegen bzw. verhindert werden sollen (z. B. im Rahmen einer Massentransfusion)!

Dextranlösungen:
Es handelt sich um wasserlösliche, hochmolekulare Polysaccharide. Sie sind entsprechend ihrem mittleren Molekulargewicht als **Dextran-40, -60** bzw. **-70** in **hyperonkotischen** Lösungen erhältlich. Ihre Wasserbindungsfähigkeit liegt pro 1 g Dextran über der von Humanalbumin.

Dextranlösungen:
Es handelt sich um wasserlösliche, hochmolekulare Polysaccharide, die aus Saccharose (Disaccharid: D-Glukose/D-Fruktose) in Anwesenheit dextranbildender Bakterien gewonnen werden. Durch hydrophile Spaltung entstehen Spaltprodukte unterschiedlicher Kettenlänge, die entsprechend ihrem mittleren Molekulargewicht als **Dextran-40** in 10 %iger Lösung, **Dextran-60** und **-70** in 6 %iger Lösung (seit über 40 Jahren) als Volumenersatzmittel in der klinischen Anwendung sind. Die Lösungen sind **hyperonkotisch,** da ihre Wasserbindungsfähigkeit pro 1g Dextran über der von Humanalbumin (1 g HA: 18 ml) liegt:

- 1 g Dextran 40 (niedermolekular): 25 ml,
- 1 g Dextran 60 und 70 (hochmolekular): 20 ml.

Dextranlösungen hemmen die thrombozytäre und die plasmatische Gerinnung.

Dextranlösungen bewirken eine Hemmung der thrombozytären und der plasmatischen Gerinnung über folgende Mechanismen:

- Abnahme der Plättchenaggregabilität (»coating«-Effekt: Plättchenumhüllung)
- Aktivitätsverminderung des Faktors VIII (Ristocetin-Kofaktor)
- erleichterte Spaltung von gröberen Fibringerüsten
- verbesserter Blutfluß (Hämodilution)
- Erschwerung der Thrombozytenadhäsion an der Endothelwand.

Die Anwendung von Dextranen als Volumenersatz ist wegen der **Nebenwirkungen** (Gerinnungsstörungen, Nierenfunktionsstörungen, anaphylaktische Reaktionen) heute obsolet.

Die Anwendung von Dextranen als Volumenersatz ist wegen des **Nebenwirkungsprofiles** (Gerinnungsstörungen, Nierenfunktionsstörungen, anaphylaktische Reaktionen) obsolet geworden. Darüber hinaus wird heutzutage der früher postulierte mikrozirkulationsverbessernde Effekt angezweifelt.

Hydroxyäthylstärke (HES):
HES besteht aus hydroxyäthylierten und α-1,4-glykosidisch verbundenen Glukosemolekülen. Die verschiedenen Präparationen unterscheiden sich durch das mittlere Molekulargewicht und den Hydroxyäthylierungsgrad, deren jeweilige Zunahme mit einer Verlängerung der intravasalen Verweildauer verbunden ist. HES wird z. T. längerfristig im RES gespeichert.

Hydroxyäthylstärke (HES): Die Herstellung erfolgt aus Maisstärke (Amylopektin). HES besteht aus hydroxyäthylierten und α-1,4-glykosidisch verbundenen Glukosemolekülen. Die Hydroxyäthylierung verhindert die rasche Spaltung durch Amylase im Blut und damit die rasche renale Ausscheidung. Die einzelnen Präparationen unterscheiden sich durch das Molekulargewicht und den Hydroxyäthylierungsgrad (Substitutionsgrad), wobei deren jeweilige Zunahme mit einer Verlängerung der intravasalen Verweildauer verbunden ist. Die pharmakologischen Daten einzelner HES-Präparationen sind in ▤ **5.6** zusammengestellt. HES wird z. T. längerfristig im retikuloendothelialen System (RES) gespeichert, was zumindest bei Gesunden aber ohne Folgen ist. Nach neueren Untersuchungen soll HES den Dextranen in der Therapie von zerebralen Durchblutungsstörungen überlegen sein, weil es neben dem Abfall des Hämatokrits auch die Plasmaviskosität senkt.

Gelatinepräparate (harnstoffvernetzte Gelatine): Es handelt sich um polymere Polypeptide (Polygeline) in 3 – 5,5 %iger Lösung. Aufgrund des niedrigen Molekulargewichtes (30000 – 35000) besteht nur eine kurze intravasale Verweildauer (1 – 2 Stunden). Der initiale Volumeneffekt beträgt ca. 70 %. Verhinderung bzw. Prophylaxe von Thromboembolien oder eine spezifische Beeinflussung der Blutgerinnung (allenfalls über einen Verdünnungseffekt) sind bisher nicht nachgewiesen worden.

Gelatinepräparate:
Polymere Polypeptide in 3 – 5,5 %iger Lösung. Wegen des niedrigen Molekulargewichtes (30000 – 35 000) besteht nur eine ca. 1- bis 2std. intravasale Verweildauer.

Nebenwirkungen von kolloidalen Lösungen

Unverträglichkeitsreaktionen und Nebenwirkungen sind bei künstlichen kolloidalen Plasmaersatzmitteln häufiger als bei reinen Albuminlösungen.

Nebenwirkungen von kolloidalen Lösungen
Sie sind häufiger als bei reinen Albuminlösungen.

1. Anaphylaktoide/anaphylaktische Reaktionen. Anaphylaktoide/anaphylaktische Reaktionen nach Gabe von kolloidalen Plasmaersatzstoffen stehen als Risiko für lebensbedrohliche Zwischenfälle im Vordergrund. Der Schweregrad reicht von leichten Hautreaktionen mit Urtikaria bis zu schwerer Beeinträchtigung der Herz-Kreislauf-Funktion und letalem Verlauf (sehr selten).
Untersuchungen zur Klärung anaphylaktischer Reaktionen auf **Dextrane** zeigten bei einem Großteil aller Menschen präformierte dextranreaktive Antikörper. Ihre Entstehung wird als Ergebnis eines Immunisierungsprozesses gegen dextranähnliche Polysaccharide (Infektionen, Nahrungsmittel) angesehen, die mit Dextranen kreuzreagieren. Schwere Reaktionen sind nach Einführung der **Haptenprophylaxe** durch Vorinjektion von 20 ml eines niedermolekularen, monovalenten Haptendextrans (Dextran-1: Promit®, MW 1000) seltener geworden. Durch diese Maßnahme sollen ggf. vorhandene Antikörper gebunden und damit neutralisiert werden, so daß durch eine nachfolgende Dextraninfusion eine Komplementaktivierung aufgrund einer Immunkomplexbildung verhindert wird.
Unverträglichkeitsreaktionen auf **HES** und **Gelatine** sind wesentlich seltener; dennoch sind vereinzelt schwere Zwischenfälle beschrieben worden.

1. Anaphylaktoide/anaphylaktische Reaktionen

Untersuchungen zur Klärung anaphylaktischer Reaktionen auf **Dextrane** zeigten bei einem Großteil aller Menschen präformierte dextranreaktive Antikörper.
Schwere Reaktionen sind nach Einführung der **Haptenprophylaxe** mit Dextran-1, einem niedermolekularen, monovalenten Haptendextrans seltener geworden.
Wesentlich seltener sind Unverträglichkeitsreaktionen auf **HES** und **Gelatine**.

2. Blutgerinnungsstörungen. Störungen der Hämostase beruhen bei **Dextranen** auf den oben aufgeführten Mechanismen seiner antithrombotischen Eigenschaften. Jedoch bleibt der Gerinnungsablauf, ausgehend von einem normalen Status und unterhalb einer Dosierung von 1,0 – 1,5 g/kg KG und Tag, unbeeinträchtigt. Für **HES** werden maximale Dosen von 1,5 – 2 g/kg KG und Tag empfohlen, unter denen der Gerinnungsablauf nicht beeinflußt wird.

2. Blutgerinnungsstörungen
Störungen der Hämostase beruhen bei **Dextranen** auf den oben aufgeführten Mechanismen seiner antithrombotischen Eigenschaften.

3. Störungen der Nierenfunktion. Bei beginnender oder etablierter Niereninsuffizienz sollte die Gabe von **Dextranen** (intratubuläre Obstruktion) und **HES** (renale Elimination 70 %) eingeschränkt oder unterlassen werden.

3. Störungen der Nierenfunktion
Dextran- bzw. **HES**-Gaben sollten bei Niereninsuffizienz in Abhängigkeit von der Ausprägung eingeschränkt werden.

4. Risiko der Volumenüberladung. Die Gefahr einer Kreislaufüberladung ist abhängig vom plasmaexpansiven Effekt der eingesetzten Substanzen sowie deren Infusionsgeschwindigkeit und betrifft insbesondere Patienten mit eingeschränkter Kompensationsbreite infolge von kardiovaskulären Vorerkrankungen.

4. Risiko der Volumenüberladung
Dies ist abhängig vom plasmaexpansiven Effekt der eingesetzten Substanz.

5. Speicherung durch das retikuloendotheliale System (RES). Pathologischen Folgen einer Speicherung von **HES** und **Gelatine** im RES (Leberfunktionsstörungen, Immunsuppression) sind bei normaler Nierenfunktion nicht zu erwarten. **Dextrane** werden z. T. für kurze Zeit ebenfalls gespeichert, letztlich aber vollständig metabolisiert und ausgeschieden.

5. Speicherung durch das RES Ist nur bei unzureichender Nierenfunktion zu erwarten.

6. Hemmung der Albuminsynthese Alle kolloiden Plasmaersatzmittel hemmen die hepatische Albuminsynthese (Rückkopplungshemmung).

6. Hemmung der Albuminsynthese. Alle kolloidalen Plasmaersatzmittel hemmen die hepatische Albuminsynthese, indem sie den KOD (Kap. 5.1.2) im Plasma anheben (Rückkopplungshemmung).

Primärer Volumenersatz

Bezogen auf den primären Volumenersatz bestehen kontroverse Diskussionen zu der Frage, ob **Kristalloide** oder **Kolloide** zu bevorzugen sind.

Da bei normaler Nierenfunktion Wasser und Elektrolyte rasch eliminiert werden, kann ein kristalloider Volumeneffekt im Plasma nur über kontinuierliche Infusion erfolgen mit der Gefahr der **hypoproteinämischen Überwässerung**.
Obwohl natürliche wie künstliche Kolloide den Kristalloiden in der Therapie eines intravasalen Volumendefizites überlegen sind, wird in der Anästhesie nach Abwägung der vorliegenden Krankheit, der Risikofaktoren und Nebenwirkungen der Kolloide von deren alleiniger Anwendung Abstand genommen.

Es gelten folgende **allgemeine Richtlinien** für den primären Volumenersatz:
1. Insgesamt können Blutverluste bei Erwachsenen bis 25 % und Kindern bis 20 % des intravasalen Blutvolumens mit kolloidalen Volumenersatzmitteln ausgeglichen werden (siehe Kap. 5.3).
2. Krankheitsbilder mit erhöhter Kapillarpermeabilität (Sepsis) und Störungen der Mikrozirkulation werden durch die Infusion von Kolloiden neben Kristalloiden nur z. T. vorteilhaft beeinflußt.
3. Gegenüber künstlichen Kolloiden sollten natürliche Kolloide aus Gründen der begrenzten Verfügbarkeit, der hohen Kosten und einem zusätzlichen Infektionsrisiko nicht zur Volumentherapie eingesetzt werden.

Primärer Volumenersatz

Bezogen auf den primären Volumenersatz bestehen kontroverse Diskussionen zu der Frage, ob **Kristalloide** oder **Kolloide** zu bevorzugen sind. Kristalloide Lösungen werden schnell im EZR verteilt, so daß nur ein geringer und kurzdauernder Volumeneffekt resultiert. Es müssen bei 1 ml Plasmaverlust ca. 3 – 4 ml kristalloide Lösungen gegeben werden, wobei der KOD des Plasmas rasch abnimmt, was zur Verschiebung von Flüssigkeit von intravasal in den interstitiellen Raum führt. Die passagere Stabilisierung des Plasmavolumens geht somit zwangsläufig mit einer Ödembildung der Gewebe einher. Darüber hinaus kommt es bei normaler Nierenfunktion zur raschen Elimination von Wasser und Elektrolyten, so daß ein anhaltender kristalloider Volumeneffekt im Plasma nur über eine kontinuierliche Infusion aufrechtzuerhalten ist, wobei die Gefahr einer **hypoproteinämischen Überwässerung** resultiert.
Vor diesem Hintergrund sind bei ungestörter Kapillarpermeabilität natürliche wie auch künstliche **Kolloide** den Kristalloiden in der Therapie eines intravasalen Volumendefizites überlegen, weil sie die effektivere hämodynamische Wirkung ohne wesentliche Ödembildung erzielen. Es muß jedoch im Anästhesiebereich unter Berücksichtigung der jeweils vorliegenden Krankheitsursache und unter Einbeziehung der bekannten Risikofaktoren bzw. Nebenwirkungen (anaphylaktoide/anaphylaktische Reaktionen, Gerinnungsstörungen etc.) von der alleinigen Anwendung von Kolloiden Abstand genommen werden.

Es können folgende **allgemeine Richtlinien** für den primären Volumenersatz zusammengefaßt werden:
1. Liegen keine Erkrankungen mit gesteigerter Kapillarpermeabilität vor, kann während operativer Eingriffe bei ausreichendem kardiovaskulären Monitoring (EKG, arterieller Blutdruck, zentralvenöser Druck und pulmonalkapillarer Verschlußdruck) ein Blutverlust in weiten Bereichen durch kolloidale Lösungen ersetzt werden. Die zusätzliche Infusion von Kristalloiden kann von Vorteil sein. Letztlich limitiert das Ausmaß der Hämodilution den quantitativen Einsatz künstlicher Kolloide. Insgesamt können Blutverluste bei Erwachsenen bis zu einem Wert von 25 % und bei Kindern von 20 % des intravasalen Blutvolumens mit kolloidalen Volumenersatzmitteln ausgeglichen werden (siehe Kap. 5.3).
2. Krankheitsbilder mit erhöhter Kapillarpermeabilität (z. B. Sepsis) und Störungen der Mikrozirkulation (traumatisierte Patienten im Schock, arterielle Verschlußkrankheit; Thromboembolien) werden durch die Infusion von Kolloiden neben Kristalloiden nur z. T. vorteilhaft beeinflußt. Bei den zuerst genannten muß beachtet werden, daß sich die Kolloide durch die Membranstörung auch im Interstitium ablagern und dort durch Wasserbindung das interstitielle Ödem verstärken.
3. Gegenüber künstlichen Kolloiden sollten natürliche Kolloide aus Gründen der begrenzten Verfügbarkeit, der hohen Kosten und einem zusätzlichen Infektionsrisiko (FFP) nicht zur Volumentherapie eingesetzt werden.

5.2 Korrektur des Säure-Basen-Haushaltes

5.2.1 Grundlagen

Im Stoffwechsel entstehen ständig überschüssige saure Valenzen. **Puffersubstanzen** halten die H^+-Ionenkonzentration der Körperflüssigkeiten in einem engen Bereich konstant.

5.2 Korrektur des Säure-Basen-Haushaltes

5.2.1 Grundlagen

Der Organismus steht im stetigen »Kampf« gegen Übersäuerung, da im Stoffwechsel fortlaufend mehr saure (H^+-Ionen) als alkalische Valenzen anfallen. In erster Linie sorgen **Puffersubstanzen** dafür, daß die H^+-Ionenkonzentration der Körperflüssigkeiten in einem sehr engen Bereich konstant bleibt, denn nur so können die biochemischen Prozesse zur Aufrechterhaltung der Homöostase ungestört ablaufen. Bei Puffersystemen handelt es sich um schwache **Säuren** (H^+-Donatoren), die nach dem Massenwirkungsgesetz mit ihren korrespondierenden **Basen** (H^+-Akzeptoren) im Gleichgewicht stehen.

Bei Puffersystemen handelt es sich um schwache **Säuren** (H^+-Donatoren), die nach dem Massenwirkungsgesetz mit ihren korrespondierenden **Basen** (H^+-Akzeptoren) im Gleichgewicht stehen.

$$HA\ (\text{Säure}) \Leftrightarrow H^+ + A^-\ (\text{Base})$$

Werden diesem System saure Valenzen zugesetzt, so bindet der Puffer die H^+-Ionen. Werden hingegen Basen zugesetzt, so gibt der Puffer H^+-Ionen frei. Auf diese Weise kann die H^+-Ionenkonzentration in einem bestimmten Bereich konstant gehalten und einer pH-Änderung entgegengewirkt werden. Der pH-Bereich (Pufferbereich), in dem ein Puffersystem wirksam ist, kann aus der Henderson-Hasselbach-Gleichung ermittelt werden:

Der pH-Bereich, in dem ein Puffersystem wirkt, läßt sich aus der Henderson-Hasselbach-Gleichung ermitteln.

$$pH = pK - \log [HA] / [A^-]$$

Hierbei beschreibt K als **Dissoziationskonstante** das Maß für die Stärke der Säure, d. h., in wäßriger Lösung freie Ionen zu bilden ($K = [H^+ \times [A^-] / [HA]$), und pK die negative dekadische logarithmische Form ($pK = -\log_{10} K$).
Der **pH-Wert** gibt den aktuellen Gehalt an freien Protonen (H^+-Ionenkonzentration) an. Definiert wird der pH-Wert als negativer dekadischer Logarithmus der molaren H^+-Ionenkonzentration:

Der **pH-Wert** wird als negativer dekadischer Logarithmus der molaren H^+-Ionenkonzentration definiert:
$pH = -\log_{10} H^+$
Er gibt den Gehalt an freien Protonen (H^+-Ionenkonzentration) an.

$$\mathbf{pH = -\log_{10} H^+}$$

Reines, neutralreagierendes Wasser hat einen pH-Wert von 7 ($pH = 7 : [H^+] = 10^{-7}\ mol/l)^2$, da H^+- und OH^--Ionen, bezogen auf den Dissoziationsgrad, im Gleichgewicht stehen:

$$[H^+] \times [OH^-] = 10^{-7} \times 10^{-7}\ (mol/l)^2$$

Wird nun eine Säure (H^+) oder eine Base (A^-) zugesetzt, so wird der pH-Wert kleiner bzw. größer als 7. Der pH-Wert des menschlichen arteriellen Blutes (EZR) liegt in einem Bereich von 7,36 – 7,44 (Mittel: pH = 7,4), also im leicht alkalischen Bereich, in dem die meisten Enzymreaktionen optimal ablaufen (IZR: pH = 6,8 – 7,0; Erythrozyten: pH = 7,28 – 7,29).

Der pH-Wert des menschlichen arteriellen Blutes (EZR) liegt im leicht alkalischen Bereich von 7,36 – 7,44 (Mittel: pH = 7,40).

5.2.2 pH-regulierende Mechanismen

5.2.2 pH-regulierende Mechanismen

Drei Regulationsmechanismen bewirken eine Konstanthaltung der Wasserstoffionenkonzentration im Organismus:
1. Pufferung durch Pufferysteme
2. pulmonale Steuerung (respiratorische Regulation)
3. renale Steuerung (metabolische Regulation).

3 Regulationsmechanismen halten die Wasserstoffionenkonzentration konstant:
- Puffersysteme
- pulmonale Steuerung
- renale Steuerung.

zu 1.: Folgende **Puffersysteme** bewirken eine direkte Pufferung der intra- und extrazellulären Flüssigkeiten im Organismus:
- **Bikarbonat-Kohlensäure-Puffersystem** (HCO_3^-/H_2CO_3)

Diesem System kommt die größte klinische Bedeutung zu, da der Puffer in hoher Konzentration im EZR vorliegt und sich durch Laboranalysen im Blut leicht erfassen läßt. Die Reaktionsgleichung lautet:

Der **Bikarbonat-Kohlensäure-Puffer** hat die größte klinische Bedeutung, da der Puffer in hoher Konzentration im EZK vorliegt und pulmonal sowie renal beeinflußt werden kann.

Protonen + Bikarbonat ⇔ Kohlensäure ⇔ Wasser + Kohlendioxid

$$H^+ + HCO_3^- \Leftrightarrow H_2CO_3 \Leftrightarrow H_2O + CO_2$$

Die im Stoffwechsel anfallenden H^+-Ionen werden unter Verbrauch von Bikarbonat in Kohlensäure überführt, so daß das Verhältnis von Kohlensäure (H_2CO_3) und Birkarbonat (HCO_3^-) durch die H^+-Ionenkonzentration gesteuert wird. Die Effektivität dieses Systems kann über die **pulmonale** Steuerung (Hypo- und Hyperventilation mit entsprechender Veränderung von CO_2) und durch die **renale Steuerung** (Bikarbonatausscheidung bzw. -rückgewinnung sowie direkte Elimination von H^+-Ionen) noch gesteigert bzw. reguliert werden (s. u.).

Die Effektivität dieses Systems kann über die **pulmonale** und die **renale Steuerung** gesteigert bzw. reguliert werden.

- **Phosphatpuffer** ($H_2PO_4^-/HPO_4^{2-}$-System). Phosphat wie auch Bikarbonat bindet vor allem die fixen (nichtflüchtigen) Säuren.

- **Phosphatpuffer** (HPO_4^-/HPO_4^{2-}-System)
Phosphat wie auch Bikarbonat bindet vor allem die fixen (nichtflüchtigen) Säuren, die überwiegend aus dem Proteinstoffwechsel stammen (Orientierungswert: 40 – 80 mval pro Tag).

- **Protein und Hämoglobin**
Das Hämoglobin (Hb) hat unter den Proteinen die größte Pufferkapazität: es bindet vor allem flüchtige Säuren (CO_2).

- **Protein und Hämoglobin**
Beim Proteinpuffersystem handelt es sich um die Carboxyl- und Aminogruppen der Aminosäuren sowie die ionisierbaren Seitengruppen zahlreicher Aminosäuren. Hämoglobin (Hb) hat mit seinem hohen Histidinanteil unter den Proteinen die größte Pufferkapazität. Es bindet vor allem flüchtige Säuren (CO_2), die bei der Verbrennung von Kohlehydraten und Fetten entstehen (Orientierungswert: 24000 mmol pro Tag).

Pulmonale Steuerung
Über das Kohlensäure-Bikarbonat-Pufferystem ist die Lunge bei normaler Ventilationsfunktion ganz wesentlich an der Steuerung bzw. Regulierung des Säure-Basen-Haushaltes beteiligt. Es wird Kohlendioxid über die Lunge abgeatmet.

zu 2.: **pulmonale Steuerung**
Über das Kohlensäure-Bikarbonat-Puffersystem ist die Lunge bei normaler Ventilationsfunktion ganz wesentlich an der Steuerung bzw. Regulierung des Säure-Basen-Haushaltes beteiligt. Eine Zunahme von H^+-Ionen bewirkt eine Verschiebung der Reaktion $H^+ + HCO_3^- <=> H_2CO_3$ in Richtung H_2CO_3, wodurch primär ohne größere pH-Abweichungen H^+-Ionen gebunden werden. Im Anschluß an die Folgereaktion $H_2CO_3 <=> H_2O + CO_2$ kann Kohlendioxid über die Lunge abgeatmet werden.

Renale Steuerung (längerfristig)
Im proximalen Tubulus der Nieren wird bei ausgeglichenem Säure-Basen-Haushalt die Menge des filtrierten Bikarbonats (HCO_3^-) quantitativ rückresorbiert (Basensparmechanismus). Darüber hinaus können H^+-Ionen direkt in das Tubuluslumen sezerniert und ausgeschieden werden.

zu 3.: **renale Steuerung** (längerfristig)
Im proximalen Tubulus der Nieren wird bei ausgeglichenem Säure-Basen-Haushalt die Menge des filtrierten Bikarbonats (HCO_3^-) quantitativ rückresorbiert (Basensparmechanismus). Darüber hinaus können H^+-Ionen direkt in das Tubuluslumen sezerniert und ausgeschieden werden. Liegt eine Alkalose vor, dann geht kompensatorisch die H^+-Ionensekretion durch die Tubuli der Nieren zurück und in gleichem Maße wird mehr Bikarbonat ausgeschieden. Im Falle einer Azidose bestehen umgekehrte Regulationsmechanismen.

5.2.3 Überwachungsparameter des Säure-Basen-Haushaltes

Da alle Puffersysteme miteinander und mit den pulmonalen und renalen Kompensationsmechanismen in ständiger Wechselwirkung stehen, genügt zur Beurteilung des Säure-Basen-Haushaltes im Blut die Kenntnis folgender 3 Hauptkomponenten (S 5.**2**).
1. **pH-Wert** (7,36 – 7,44)
2. **PCO_2** (35 – 45 mmHg)
3. **Standardbikarbonat** (22 – 26 mval/l).

Das **Standardbikarbonat** (SB) entspricht der Bikarbonatkonzentration unter künstlich erzeugten normoventilatorischen Verhältnissen.

5.2.3 Überwachungsparameter des Säure-Basen-Haushaltes

Da alle Puffersysteme miteinander und mit den pulmonalen und renalen Kompensationsmechanismen in ständiger Wechselwirkung stehen, genügt zur Beurteilung des Säure-Basen-Haushaltes im Blut die Kenntnis folgender **3** Hauptkomponenten (S 5.**2**):

1.	**pH-Wert**	(7,36 – 7,44)
2.	**PCO_2**	(35 – 45 mmHg)
3.	**Standardbikarbonat**	(22 – 26 mval/l).

Das **Standardbikarbonat** (SB) entspricht der Bikarbonatkonzentration unter künstlich erzeugten normoventilatorischen Verhältnissen (Standardbedingungen durch In-vitro-Korrektur: Vollblut wird auf einen fixen PCO_2 von 40 mmHg eingestellt). Damit wird der Einfluß eines veränderten PCO_2 (respiratorische Komponente) ausgeschaltet und die Beurteilung von Veränderungen im metabolischen Bereich ermöglicht.

Das **aktuelle Bikarbonat** gibt den Bikarbonatgehalt, bezogen auf den aktuellen PCO_2, an.
Die Konzentration an **Pufferbasen** (Normbereich: 44 – 48 mval/l) umfaßt die Summe aller Pufferanionen.
Der **Basenüberschuß** = »Base excess« = **BE** (Normbereich: –2,0 – +2,0 mval/l) entspricht den Abweichungen der Pufferbasen vom Normalwert 0.

Weitere gebräuchliche Parameter:
- Das **aktuelle Bikarbonat** gibt den Bikarbonatgehalt, bezogen auf den aktuellen PCO_2, an.
- Die Konzentration an **Pufferbasen** (Normbereich: 44 – 48 mval/l) umfaßt die Summe aller Pufferanionen (HCO_3^-, HPO_4^{2-}, Protein$^-$, Hb$^-$) im Blut.
- Der **Basenüberschuß** = »Base excess« = **BE** (Normbereich: –2,0 – +2,0 mval/l) entspricht den Abweichungen der Pufferbasen vom Normalwert 0 und wird bei einem pH von 7,40 und PCO_2 von 40 mmHg gemessen. Die aktuellen Abweichungen sind mit + oder – gekennzeichnet.

Synopsis 5.2: Nomogramm zur Erfassung und Einordnung einer Säure-Basen-Störung

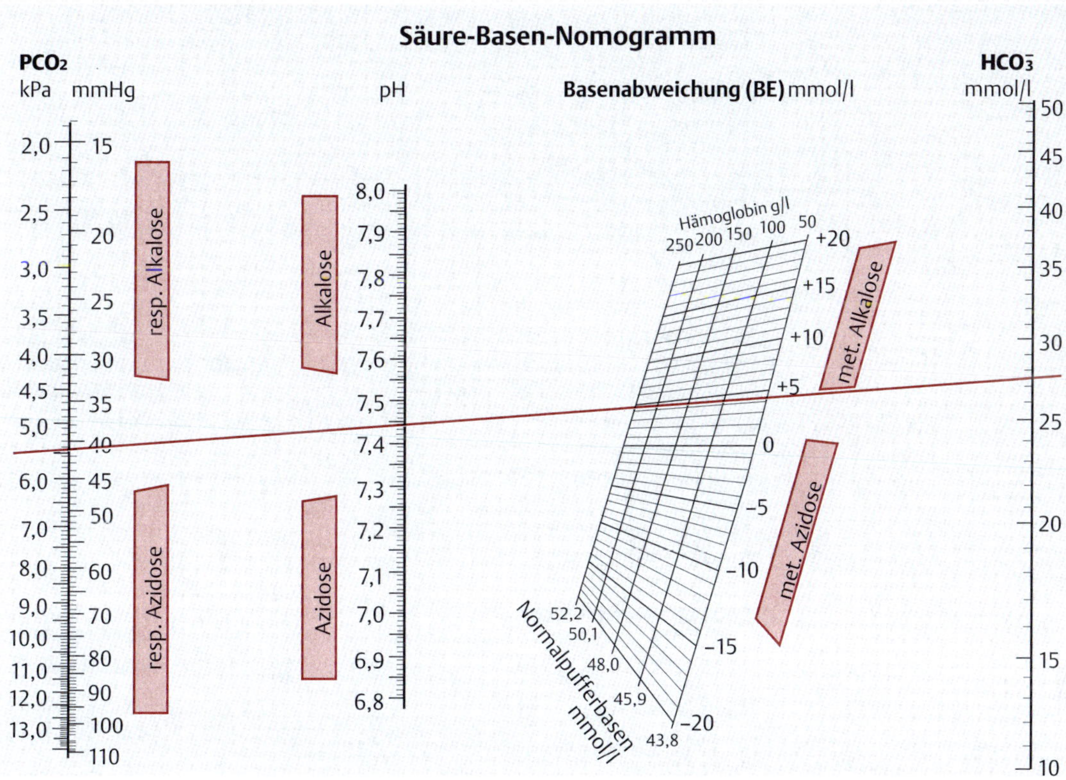

Die Meßwerte von PCO_2 und pH werden auf den entsprechenden Skalen markiert. Die durch diese Punkte gelegte und nach rechts verlängerte Gerade (durchgezogene Linie) erlaubt die Ablesung der Basenabweichung (Base excess) und des aktuellen Bikarbonats (HCO_3^-). Die In-vitro-Basenabweichung (BE) wird an der dem aktuellen Hb-Wert entsprechenden BE-Leiter abgelesen. Die In-vivo-Basenabweichung (BE_{EZR}-Basenabweichung des Extrazellulärraumes) wird an der rechten BE-Leiter (Hb = 50 g/l) abgelesen. Da metabolische Störungen vor allem den Extrazellulärraum betreffen, sollte für die Berechnung therapeutischer Dosen (z. B. von Bikarbonat oder HCl) in erster Linie die In-vivo-Basenabweichung (BE_{EZR}) verwendet werden, die zur In-vitro-Basenabweichung differieren kann. Die eingezeichnete durchgezogene Linie zeigt eine leichtgradige kompensierte metabolische Alkalose.
Der Standard-Bikarbonat-Wert (mmol/l) wird erhalten, indem eine Hilfslinie von PCO_2 = 40 mmHg durch den In-vitro-BE-Wert zur HCO_3^--Skala gezogen wird. Der Schnittpunkt dieser Linie mit der HCO_3^--Skala ergibt das Standard-Bikarbonat. Die Pufferbasen erhält man durch Addition des BE-Wertes zum Hb-abhängigen Gesamtwert der Normalpufferbasen (untere Skala der BE-Leiter).

5.2.4 Störungen des Säure-Basen-Haushaltes

Störungen im Säure-Basen-Haushalt lassen sich in **respiratorische** und **metabolische** unterteilen. Sie werden als **kompensiert** bezeichnet, wenn der pH im physiologischen Bereich bleibt, als **dekompensiert** (manifest), wenn er außerhalb desselben liegt.

Respiratorische Störungen

Respiratorische Störungen führen zu primären Änderungen des PCO_2, wobei sich die Standardbikarbonatkonzentration (SB) entgegengesetzt zum pH-Wert verändert (Bikarbonat verhält sich »**r**everse« = **r**espirat. Störung).

Azidose: pH → erniedrigt SB → erhöht
Alkalose: pH → erhöht SB → erniedrigt

Beispiel: Eine verminderte Abatmung von Kohlensäure führt zur respiratorischen Azidose. Dabei sinkt der pH-Wert (Zunahme der H^+-Ionenkonzentration), und die Bikarbonatkonzentration steigt an.

5.2.4 Störungen des Säure-Basen-Haushaltes

Störungen im Säure-Basen-Haushalt lassen sich in **respiratorische** und **metabolische** unterteilen und sind **kompensiert,** wenn der pH im physiologischen Bereich bleibt, und **dekompensiert** (manifest), wenn er außerhalb desselben liegt.

Respiratorische Störungen

Respiratorische Störungen führen zu primären Änderungen des PCO_2, wobei sich die Standardbikarbonatkonzentration entgegengesetzt zum pH-Wert verändert (Bikarbonat verhält sich »**r**everse« = **r**espirat. Störung).
Azidose: pH $\downarrow$, SB $\uparrow$
Alkalose: pH $\uparrow$, SB $\downarrow$

Metabolische Störungen

Sie werden in der Blutgasanalyse dadurch charakterisiert, daß sich die Standardbikarbonatkonzentration in gleicher Richtung wie der pH-Wert ändert: das Bikarbonat geht **m**it = **m**etabolische Störung.
Azidose: pH ↓, SB ↓
Alkalose: pH ↑, SB ↑

Metabolische Störungen

Sie werden in der Blutgasanalyse dadurch charakterisiert, daß sich die Standardbikarbonatkonzentration (SB) in gleicher Richtung wie der pH-Wert ändert: das Bikarbonat geht **m**it = **m**etabolische Störung.

Azidose: pH → erniedrigt SB → erniedrigt
Alkalose: pH → erhöht SB → erhöht

Beispiel: Bei einer metabolischen Azidose mit einem erniedrigten pH-Wert liegt eine erhöhte H^+-Ionenkonzentration vor, die primär Basen verbraucht (SB erniedrigt). H^+-Ionen und Bikarbonat verhalten sich demnach entgegengesetzt.

Merke ►

Merke. Aus dem Verhalten des pH-Wertes und der Standardbikarbonatkonzentration kann somit auf die Grundstörung im Säure-Basen-Haushalt geschlossen werden.

Zur Beurteilung der pulmonalen und renalen Kompensationsmechanismen und zur Differenzierung zwischen einfachen und komplexen Störungen wird das Verhältnis CO_2/Bikarbonat herangezogen. In der Praxis liegen meist kombinierte (respiratorisch-metabolische) Störungen vor.

5.7 gibt eine Übersicht der wichtigsten Störungen mit den charakteristischen Labordaten der Blutgasanalysen.

5.7: Übersicht der wichtigsten Störungen des Säure-Basen-Haushaltes

	pH	SB (mval/l)	PCO_2 (mmHg)
Normwerte	7,36 – 7,44	22 – 26	35 – 45
▷ metab. Azidose	n (erniedrigt)	erniedrigt	n, komp. erniedrigt
▷ metab. Alkalose	n (erhöht)	erhöht	n, komp. erhöht
▷ respirat. Azidose	n (erniedrigt)	n, komp. erhöht	erhöht
▷ respirat. Alkalose	n (erhöht)	n, komp. erniedrigt	erniedrigt

(n: normal; komp.: kompensatorisch)

Respiratorische Azidose

Respiratorische Azidose

Definition ►

Definition. Bei der respiratorischen Azidose liegt aufgrund einer verminderten Abatmung von CO_2 ein Anstieg des PCO_2 und ein Abfall des pH-Wertes vor.

Laborleitbefund
pH: <7,36, **PCO_2**: erhöht, **SB:** normal o. komp. erhöht.
Ursächlich liegt eine eingeschränkte oder behinderte Ventilation vor.

Laborleitbefund
pH: < 7,36 **PCO_2:** erhöht **SB:** normal oder komp. erhöht

Ursächlich liegt eine eingeschränkte oder behinderte Ventilation vor:
- Verlegung der Atemwege (Bewußtlosigkeit)
- Erkrankung der Bronchien/Alveolen (Asthma bronchiale, Emphysem, Pneumonie, Aspiration)
- mechanische Ventilationsstörungen (Pleuraerguß, Pneumothorax, Zwerchfellhochstand, Kyphoskoliose, erhöhte Totraumfraktion)
- neurologische und neuromuskuläre Erkrankungen.

Im Rahmen von Anästhesieverfahren:
- zentrale Atemdepression, z. B. durch Prämedikationssubstanzen (Opioide, Sedativa)
- unbeabsichtigte Hypoventilation bei maschineller Beatmung
- postoperativer Anästhetika- oder Relaxanzienüberhang.

Therapie Eine respiratorische Störung sollte auch respiratorisch

Therapie. Eine respiratorische Störung sollte auch respiratorisch therapiert werden. Die Beseitigung der Ventilationsstörung und die Erreichung einer Normoventilation stehen daher im Vordergrund der therapeutischen Maßnahmen. Bei schwerer respiratorischer Azidose mit Anstiegen der arteriellen CO_2-Konzentration auf über 55 – 60 mmHg ist die Indikation zur Intubation und kontrollierten Beatmung gegeben.

therapiert werden. Die Beseitigung der Ventilationsstörung und die Erreichung einer Normoventilation stehen daher im Vordergrund.

Respiratorische Alkalose

Definition. Bei der respiratorischen Alkalose kommt es durch vermehrte Abatmung von CO_2 zur Abnahme des PCO_2 und zum Anstieg des pH-Wertes.

◄ **Definition**

Laborleitbefund
pH: > 7,44 **PCO_2:** erniedrigt **SB:** normal oder komp. erniedrigt

Ursächlich liegt hier eine vermehrte alveoläre Ventilation (Hyperventilation) mit gesteigerter pulmonaler CO_2-Elimination zugrunde:
- Aufregung und Angstzustände (psychogene Hyperventilation)
- kompensatorisch gesteigerte Spontanatmung bei mit arterieller Hypoxie einhergehenden Lungenerkrankungen
- Stimulation des Atemzentrums bei zerebralen Erkrankungen (Tumoren, Meningitis, Enzephalitis, apoplektischer Insult, SHT)
- Hypoxämie (Herzinsuffizienz, Anämie, Schock).

Im Rahmen von Anästhesieverfahren:
- kontrollierte Hyperventilation bei SHT ($PaCO_2$: 32 mmHg)
- versehentlich falsche Einstellung des Respirators.

Laborleitbefund
pH >7,44, **PCO_2**: erniedrigt, **SB:** normal o. komp. erniedrigt.

Ursächlich liegt hier eine vermehrte alveoläre Ventilation (Hyperventilation) mit gesteigerter pulmonaler CO_2-Elimination zugrunde.

Therapie. Die Behandlung muß sich an der zugrundeliegenden Störung orientieren: Sedierung, CO_2-Rückatmung, Senkung des Atemminutenvolumens bei künstlicher Beatmung unter engmaschiger Kontrolle der Blutgaswerte. Länger anhaltende Störungen werden bei normaler Nierenfunktion metabolisch kompensiert. Chronische Störungen bedürfen daher in der Regel keiner akuten Therapie.

Therapie Die Behandlung muß sich an der Ursache orientieren: Sedierung, CO_2-Rückatmung, Senkung des Atemminutenvolumens bei künstlicher Beatmung.

Metabolische Azidose

Definition. Bei der metabolischen Azidose ist der pH-Wert infolge eines Bikarbonatmangels erniedrigt.

◄ **Definition**

Laborleitbefund
pH: < 7,36 **PCO_2:** normal oder komp. erniedrigt **SB:** erniedrigt

2 Mechanismen liegen dieser Störung als **Ursache** zugrunde:

1. Anhäufung nichtflüchtiger (fixer) Säuren als Folge von:
- Nierenversagen
- Laktatazidose bei Hypoxie oder Leberversagen
- Hungerketoazidose
- diabetischer Ketoazidose
- Vergiftungen
- gesteigerte Stoffwechsellage (Fieber, Hyperthyreose).

2. Abnormer Verlust von Bikarbonat bei:
- anhaltender Diarrhö
- Verlust von Dünndarm- bzw. Pankreassekreten
- renal-tubulärer Azidose
- Verdünnungsazidose (Hämodilution)
- Medikamentengabe: Acetazolamid (Diamox®).

Laborleitbefund
pH <7,36, **PCO_2**: normal o. komp. erniedrigt, **SB:** erniedrigt.

Als **Ursache** liegen dieser Störung eine Anhäufung nichtflüchtiger (fixer) Säuren verschiedenen Ursprunges oder ein abnormer Verlust von Bikarbonat zugrunde.

Therapie. Die Beseitigung der Ursache steht im Vordergrund. Dies gilt insbesondere bei Vorliegen von hypoxämischen Krankheitsbildern mit

Therapie Die Beseitigung der Ursache steht im Vordergrund. Dies gilt insbesondere bei Vorliegen von hypoxämischen Krankheitsbildern mit anaerober Stoffwechsellage.

anaerober Stoffwechsellage. Die metabolische Korrektur ist möglich, wird aber heute zurückhaltender durchgeführt (siehe Kap. 5.2.7).

Metabolische Alkalose

Definition ►

Metabolische Alkalose

Definition. Bei der metabolischen Alkalose ist der pH-Wert infolge eines Bikarbonatüberschusses erhöht.

Laborleitbefund
pH >7,44, **PCO_2:** normal o. komp. erhöht, **SB:** erhöht.

Zu den wichtigsten **Ursachen** gehört der Verlust von Wasserstoffionen.

Laborleitbefund
pH: >7,44 **PCO_2:** normal oder komp. erhöht **SB:** erhöht

Zu den wichtigsten **Ursachen** gehört der Verlust von Wasserstoffionen aufgrund von:

- Säureverlusten (Subtraktionsalkalose): Verlust von saurem Magensaft (Erbrechen, Magensonde)
- übermäßiger Basenzufuhr (Additionsalkalose): Bikarbonat, Zitrat, Azetat, Laktat
- medikamentöser Induktion (Diuretika- und Steroidtherapie)
- schwerem Kaliummangel.

Therapie Metabolische Alkalosen werden metabolisch und nicht respiratorisch korrigiert. Im allgemeinen sind nur schwere Alkalosen (pH >7,6) therapiebedürftig.
Eine Alkalose bleibt nur dann bestehen, wenn keine renale Kompensation erfolgt.

Therapie. Metabolische Alkalosen werden metabolisch und nicht respiratorisch korrigiert. Im allgemeinen sind nur schwere Alkalosen (pH >7,6) therapiebedürftig. Dabei wird primär keine vollständige Korrektur angestrebt, da Bikarbonat bei normaler Nierenfunktion schnell eliminiert werden kann. Eine Alkalose bleibt nur dann bestehen, wenn keine renale Kompensation erfolgt und im proximalen Tubulus trotz Überschusses anhaltend Bikarbonat retiniert und im distalen Tubulus weiter H^+-Ionen sezerniert werden.

Ursachen einer ausbleibenden renalen Kompensation sind **Volumenmangel** (salz- oder chloridempfindliche Alkalose) und **Hypokaliämie** (salzunempfindliche oder chloridresistente Alkalose).

Ursache einer ausbleibenden renalen Kompensation:

- **Volumenmangel:** Hierbei kommt es zur Rückresorption von Natrium und somit auch von Bikarbonat.
  → salzempfindliche oder chloridempfindliche Alkalose.
- **Hypokaliämie:** Sie fördert die im distalen Tubulus ablaufende H^+-Ionensekretion im Austausch gegen Kalium (Kaliumsparmechanismus), so daß trotz Defizites weiter H^+-Ionen verlorengehen.
  → salzunempfindliche oder chloridresistente metabolische Alkalose.
  Diese Form reagiert sensibel auf therapeutische Kaliumgabe. Für die Therapie müssen die Elektrolyte sowie der Volumenstatus engmaschig kontrolliert werden. Die Chloridsubstitution erfolgt mit Natriumchlorid oder Kaliumchlorid. Nur in schweren Fällen ist eine H^+-Ionensubstitution (0,1- oder 0,2-normale Salzsäure) erforderlich (s. Kap. 5.2.7).

5.2.5 Auswirkungen von Azidose und Alkalose
Beeinflussung des Nervensystems

Während eine Azidose das zentrale Nervensystem dämpft, führt eine Alkalose zu einer Übererregbarkeit.

5.2.5 Auswirkungen von Azidose und Alkalose

Beeinflussung des Nervensystems

Azidose → Dämpfung des zentralen Nervensystems:
- Verwirrtheit
- Somnolenz
- Koma.

Alkalose → Übererregbarkeit des peripheren Nervensystems:
- Spasmen
- Tetanie.

Herz-Kreislauf-Funktion

Azidose und Alkalose ähneln sich in ihrer Wirkung auf das Herz-Kreislauf-System:

Beeinflussung der Herz-Kreislauf-Funktion

Azidose und Alkalose ähneln sich in ihrer Wirkung auf das Herz-Kreislauf-System:

- Blutdruckabfall

- Herzrhythmusstörungen
- Abfall des Herzzeitvolumens.

Beeinflussung des Kaliumhaushaltes

Störungen des Säure-Basen-Haushaltes haben aus Gründen der Elektroneutralität zwangsläufig Auswirkungen auf den Elektrolythaushalt, da die Kaliumverteilung zwischen intra- und extrazellulärem Raum durch pH-Wert-Veränderungen beeinflußt wird (intrazelluläre Na^+-Ionen werden gegen extrazelluläre K^+-Ionen bzw. H^+-Ionen ausgetauscht). Akut bedrohliche Zustände können bei zusätzlichen Störungen des Kaliumhaushaltes entstehen.

Hyperkaliämie ↔ Azidose

Eine Hyperkaliämie kann Ursache oder Folge einer metabolischen Azidose sein. Bei Hyperkaliämie ist der Austausch von Na^+ gegen K^+ gesteigert, so daß eine metabolische Azidose entstehen kann. Bei metabolischer Azidose wird über einen vermehrten Austausch von Na^+ gegen H^+ die Entstehung einer Hyperkaliämie begünstigt.

Hypokaliämie ↔ Alkalose

Umgekehrte Verhältnisse bestehen bei der Alkalose. Ferner ist eine Hypokaliämie ein Stimulus für die renale Bikarbonatrückresorption.

5.2.6 Anästhesieinduzierte Störungen des Säure-Basen-Haushaltes

Im Rahmen von Intubationsnarkosen, die eine maschinelle Beatmung erfordern, kommt zunächst den respiratorischen Störungen eine besondere Bedeutung zu.

- **Hyperventilation** verursacht eine **respiratorische Alkalose**. Niedrige CO_2-Blutspannungen führen dabei zur Konstriktion der Hirngefäße, was **zerebrale Symptome** bewirken kann: Schwindel, Sehstörungen, Somnolenz. Darüber hinaus können auch **neuromuskuläre Symptome** entstehen (Hyperventilationstetanie: Parästhesien, Muskelzittern und Karpopedalspasmen). Während der Narkose bleiben diese Zeichen in der Regel unentdeckt. Besondere Vorsicht ist bei älteren Patienten geboten, deren zerebrale Perfusionsverhältnisse sich unter einem erniedrigten PCO_2 erheblich verschlechtern können.
- **Hypoventilation** verursacht eine **respiratorische Azidose.** Dabei hat ein Anstieg der CO_2-Blutspannung einen verstärkten Atemantrieb zur Folge, so daß insbesondere bei abdominellen Eingriffen eine übermäßige Relaxierung erforderlich werden kann. Bewirkt die Hypoventilation darüber hinaus eine arterielle Hypoxie mit beginnender anaerober Stoffwechsellage, so liegt zusätzlich eine bedrohliche metabolische Störung vor.

5.2.7 Substitution von Säuren und Basen

Die Substitution muß streng nach Blutgasanalysen und über zentralvenöse Katheter vorgenommen werden. Das **extrazelluläre** Gesamtdefizit an Säuren oder Basen kann grob orientierend nach folgender Formel berechnet werden:

Bedarf (mmol) = BE × kg KG × 0,3

Dabei sollte zunächst nur die Hälfte des errechneten Bedarfes substituiert und der Säure-Basen-Haushalt erneut kontrolliert werden.

- Blutdruckabfall
- Herzrhythmusstörungen
- Abfall des Herzzeitvolumens.

Kaliumhaushalt

Die Kaliumverteilung zwischen intra- und extrazellulärem Raum wird durch pH-Wert-Veränderungen beeinflußt, da intrazelluläre Na^+-Ionen gegen extrazelluläre K^+-Ionen bzw. H^+-Ionen ausgetauscht werden.

Hyperkaliämie ↔ Azidose

Eine Hyperkaliämie kann Ursache oder Folge einer metabolischen Azidose sein.

Hypokaliämie ↔ Alkalose

Umgekehrte Verhältnisse bestehen bei der Alkalose.

5.2.6 Anästhesieinduzierte Störungen des Säure-Basen-Haushaltes

- **Hyperventilation**, z. B. bei maschineller Beatmung, verursacht eine **respiratorische Alkalose** mit **zentralnervösen** und **neuromuskulären** Symptomen.

- **Hypoventilation** verursacht durch Anstieg der CO_2-Blutspannung eine **respiratorische Azidose**.

5.2.7 Substitution von Säuren und Basen

Das **extrazelluläre** Gesamtdefizit an Säuren oder Basen kann grob orientierend nach folgender Formel berechnet werden:
Bedarf (mmol) = BE × kg KG × 0,3

Dabei sollte zunächst nur die Hälfte des errechneten Bedarfes substituiert und der Säure-Basen-Haushalt erneut kontrolliert werden.

1. Azidosebehandlung

Zum Ausgleich einer metabolischen Azidose sollte, um Überkorrekturen zu vermeiden, keine »blinde« Pufferung vorgenommen werden.
Bei Reanimationen sollte die Blindpufferung mit **Natriumbikarbonat 8,4 %** maximal **1 mmol pro kg KG** nicht überschreiten.

1. Azidosebehandlung

Zum Ausgleich einer metabolischen Azidose sollte, um Überkorrekturen zu vermeiden, keine »blinde« Pufferung vorgenommen werden. Bikarbonatsubstitution kann bei nicht angepaßter Ventilation zum reaktiven Anstieg der intrazellulären CO_2-Konzentration führen und damit die Azidose weiter verstärken. Bei Reanimationen sollte die Blindpufferung mit **Natriumbikarbonat 8,4 %** maximal **1 mmol pro kg KG** nicht überschreiten (siehe Kap. 8.2.4.2). Ferner wird auch nach Blutgasanalysen primär kein vollständiger Ausgleich angestrebt.

Bikarbonat

Die zum Ausgleich einer Azidose notwendige Bikarbonatmenge wird nach folgender Formel berechnet:
1-mol $NaHCO_3$ (8,4 %) in ml = negativer BE × kg KG × 0,3

Bikarbonat

Bereitstellung als Natriumbikarbonat in isotoner Lösung (1,4 %) und als 1-molare Lösung (8,4 %; 1 ml = 1 mmol). Die Reaktion im Blut lautet:

$$NaHCO_3 + H^+ \rightarrow Na^+ + H_2CO_3 \rightarrow H_2O + CO_2$$

Die zum vollen Ausgleich einer Azidose notwendige Bikarbonatmenge wird nach folgender Formel berechnet:

1-mol $NaHCO_3$ (8,4 %) in ml = negativer BE × kg KG × 0,3

Tris-Puffer (THAM, Trometamol)

Der Tris-Bedarf errechnet sich nach der folgenden Formel:
0,3 mol THAM (ml) = negativer BE × kg KG

Tris-Puffer (THAM, Trometamol)

Zur Behandlung einer Azidose steht ferner 0,3-molares Tris-(hydroxymethyl-)aminomethan (Tris-Puffer) zur Verfügung, das Wasserstoffionen bindet und gleichzeitig Bikarbonat zur weiteren Pufferung bereitstellt:

$$Tris + H_2CO_3 \rightarrow Tris\text{-}H^+ + HCO_3^-$$

Der Tris-Bedarf errechnet sich nach der folgenden Formel:

0,3 mol THAM (ml) = negativer BE × kg KG

Tris-H^+ wird rasch renal eliminiert. Es besteht daher Kumulationsgefahr bei Oligurie und Anurie bzw. Niereninsuffizienz. Ferner bewirkt die Substanz eine Atemdepression ($PaCO_2$-Abnahme!).

Tris-H^+ wird rasch renal eliminiert. Es besteht daher Kumulationsgefahr bei Oligurie und Anurie bzw. Niereninsuffizienz. Ferner bewirkt die Substanz eine Atemdepression ($PaCO_2$-Abnahme!), so daß besondere Vorsicht bei nichtbeatmeten Patienten mit respiratorischer Insuffizienz geboten ist. Gegenüber Natriumbikarbonat bestehen keine Wirkungsvorteile. Es kann eine zusätzliche Natriumgabe bei Hypernatriämie und Hyperosmolalität vermieden werden (Empfohlene Maximaldosis: 750 ml der 0,3-molaren THAM-Lösung; die Infusionsgeschwindigkeit sollte 10 ml/min nicht überschreiten). Sollte eine respiratorische Azidose auch medikamentös behandelt werden, hat Tris-Puffer den Vorteil, daß im Gegensatz zum Bikarbonat kein weiteres CO_2 entsteht.

2. Alkalosebehandlung

Die Korrektur einer metabolischen Alkalose (zunächst mit **Chlorid**) sollte erst ab einem pH >7,6 erfolgen und bedarf einer engmaschigen Elektrolytkontrolle (insbesondere Chlorid und Kalium).
In schweren Fällen kann die Alkalose auch mit Salzsäure (**HCl** in 0,1- oder 0,2-normaler Lösung) korrigiert werden. Der Säurebedarf errechnet sich nach folgender Formel:
Säurebedarf (mmol) = positiver BE × kg KG × 0,3.

2. Alkalosebehandlung

Die Korrektur einer metabolischen Alkalose sollte erst ab einem pH >7,6 erfolgen und bedarf einer engmaschigen Elektrolytkontrolle (insbesondere Chlorid und Kalium). Im Vordergrund steht zunächst die Gabe von **Chlorid** (Natriumchlorid oder Kaliumchlorid) unter der Vorstellung, daß die Niere mehr Bikarbonat im Austausch gegen Chlorid eliminiert. In schweren Fällen kann die Alkalose auch mit Salzsäure (**HCl** in 0,1- oder 0,2-normaler Lösung) korrigiert werden. Der Säurebedarf errechnet sich nach folgender Formel:

Säurebedarf (mmol) = positiver BE × kg KG × 0,3

5.3 Blut und Blutkomponenten

Durch die Etablierung der **Transfusionsmedizin** als ein umfangreiches medizinisches Spezialgebiet konnten technische und wissenschaftliche Porbleme bei der Blutübertragung ebenso wie der stetig steigende Bedarf an Blut und Blutbestandteilen aufgrund aufwendiger operativer Techniken (z. B. Organtransplantation) weitgehend bewältigt werden. Fortschritte in der **Medizintechnik** und auf dem Gebiet der **Kryobiologie** waren Grundlage dafür, gespendetes Vollblut zu separieren und Zellkonzentrate, gerinnungsaktive Präparate sowie Eiweißkomponenten z. T. über Jahre lagerungsfähig zu machen, um diese gezielt und bedarfsgerecht einsetzen zu können. Termini wie **Komponententherapie, gezielte Hämotherapie** und **Transfusion nach Maß** sind das Ergebnis dieser Entwicklung und verdeutlichen heutige Therapiekonzepte.

5.3 Blut und Blutkomponenten

Fortschritte in der **Medizintechnik** und auf dem Gebiet der **Kryobiologie** waren Grundlage dafür, gespendetes Vollblut zu separieren und Zellkonzentrate, gerinnungsaktive Präparate sowie Eiweißkomponenten über Jahre lagerungsfähig zu machen, um diese gezielt und bedarfsgerecht einsetzen zu können. Termini wie **Komponententherapie, gezielte Hämotherapie** und **Transfusion nach Maß** sind das Ergebnis dieser Entwicklung und verdeutlichen heutige Therapiekonzepte.

5.3.1 Richtlinien zur Blutgruppenbestimmung und Bluttransfusion (BÄK-Richtlinien, Transfusionsgesetz)

Die Richtlinien zur Blutgruppenbestimmung und Bluttransfusion sind nach dem **Arzneimittelgesetz über Blutzubereitungen** durch die Bundesärztekammer (BÄK) 1996 und das Transfusionsgesetz von 1998 erneut festgelegt worden und regeln die rechtliche Verantwortlichkeit (Rechtsprobleme) bei der Bluttransfusion zwischen dem Hersteller und dem Verwender (Arzt) gegenüber dem Patienten und dem Spender.

Das Hauptaugenmerk richtet sich dabei auf:
- eine möglichst gefahrlose, aber wirksame Übertragung von Blut und Blutbestandteilen
- auf eine Bewahrung des Spenders vor Schäden
- eine rasche und effektive Begegnung etwaiger Störungen beim Empfänger oder Spender.

Die **Richtlinien** befassen sich mit:
- allgemeinen Grundsätzen, Fragen der Organisation und Verfahren der blutgruppenserologischen Untersuchungen
- der Blutspende und Untersuchung auf Spendetauglichkeit
- der Herstellung und Lagerung (siehe Kap. 5.3.2)
- der Transfusion von Blut und Blutbestandteilen
- Maßnahmen bei transfusionsbedingten Nebenwirkungen (s. u.) und allgemeinen Risiken bzw. Gefahren der Bluttransfusion (siehe Kap. 5.3.4)
- der Eigenblutspende und Eigenbluttransfusion (siehe Kap. 5.3.6)
- blutgruppenserologischen Untersuchungen im Rahmen der Mutterschaftsvorsorge und Anti-D-Prophylaxe.

Im folgenden sollen einige wichtige Gesichtspunkte für den anästhesiologischen Bereich kurz dargestellt werden.

5.3.1 Richtlinien zur Blutgruppenbestimmung und Bluttransfusion (BÄK-Richtlinien, Transfusionsgesetz)

Die Richtlinien zur Blutgruppenbestimmung und Bluttransfusion sind nach dem **Arzneimittelgesetz über Blutzubereitungen** durch die Bundesärztekammer (BÄK) 1996 und das Transfusionsgesetz von 1998 erneut festgelegt worden und regeln die rechtliche Verantwortlichkeit (Rechtsprobleme) bei der Bluttransfusion zwischen dem Hersteller und dem Verwender (Arzt) gegenüber dem Patienten und dem Spender.

Die **Richtlinien** befassen sich mit:
- allgemeinen Grundsätzen, Fragen der Organisation und Verfahren der blutgruppenserologischen Untersuchungen
- der Blutspende und Untersuchung auf Spendetauglichkeit
- der Herstellung und Lagerung (s. Kap. 5.3.2)
- der Transfusion von Blut und Blutbestandteilen.

Vorbereitung und Durchführung der Transfusion

Blut und Blutbestandteile sind verschreibungspflichtige Arzneimittel. Gemäß den Richtlinien fällt die Durchführung und Überwachung einer Transfusion in den Verantwortungsbereich des transfundierenden Arztes. Vor der Transfusion sind die **Regeln der ärztlichen Aufklärungspflicht** zu beachten, da auch unvermeidbare Risiken Regreßansprüche zur Folge haben können, wenn der Patient hierüber nicht aufgeklärt wurde. Vor elektiven Eingriffen sind die Möglichkeiten der **autologen Transfusion** zu prüfen, und der Patient ist hierüber ebenfalls aufzuklären.

Organisationsablauf:
- Die Blutprobenentnahme zur Blutgruppenbestimmung und Identitätssicherung des Patienten unterliegt der ärztlichen Aufsichtspflicht

Vorbereitung und Durchführung der Transfusion

Blut und Blutbestandteile sind verschreibungspflichtige Arzneimittel.
Vor der Transfusion sind die **Regeln der ärztlichen Aufklärungspflicht** zu beachten.
Vor elektiven Eingriffen sind die Möglichkeiten der **autologen Transfusion** zu prüfen, und der Patient ist hierüber ebenfalls aufzuklären.

Organisationsablauf:
- Die Blutprobenentnahme zur Blutgruppenbestimmung und Identitätssicherung des Patienten unterliegt der ärztlichen Aufsichtspflicht

- Die blutgruppenserologische Untersuchung beinhaltet: Bestimmung der **AB0-Blutgruppenmerkmale** und des **Rhesusfaktors**, Durchführung eines **Antikörpersuchtests** und eine **serologische Verträglichkeitsprobe**
- Prüfung der Identität von Empfänger, Blutprobe und Konserven auch im Notfall
- Vergleich des Originalblutgruppenbefundes mit der Blutgruppenbezeichnung auf der Konserve
- abschließende Identitätssicherung: Vergleich der Patienten- mit den Konservendaten und **AB0-»Bedside«-Test**.

- Die blutgruppenserologische Untersuchung beinhaltet folgende Verfahren:
  - die Bestimmung der **AB0-Blutgruppenmerkmale**
  - die Bestimmung des **Rhesusfaktors**
  - die Durchführung eines **Antikörpersuchtests** (Auffindung sog. irregulärer Antikörper)
  - eine **serologische Verträglichkeitsprobe** (Kreuzprobe)

  Majortest: Empfängerserum → Spendererythrozyten
  Minortest: Spenderserum → Empfängererythrozyten.
- Die Prüfung der Identität von Empfänger, Blutprobe und Konserven muß nach deren Bereitstellung auch im Notfall erfolgen
- Vergleich des Original-Blutgruppenbefundes mit der Blutgruppenbezeichnung auf der zu transfundierenden Konserve
- abschließende Identitätssicherung: Vergleich der Patientendaten mit den Konservendaten und **AB0-»Bedside«-Test**.

AB0-»Bedside«-Test

Der »Bedside«-Test dient der gleichzeitigen Bestimmung von Erythrozytenmerkmalen des Patienten- und Konservenblutes mit Anti-A- und Anti-B-Testseren zum Zwecke der Überprüfung der AB0-Verträglichkeit (5.1). Ferner beinhalten die üblichen Testkarten eine mit Anti-D-Serum mögliche Rhesusidentitätsprüfung.

AB0-»Bedside«-Test

Der »Bedside«-Test dient der gleichzeitigen Bestimmung von Erythrozytenmerkmalen des Patienten- und Konservenblutes mit Anti-A- und Anti-B-Testseren zum Zwecke der Überprüfung der AB0-Verträglichkeit (5.**1**). Ferner beinhalten die üblichen Testkarten eine mit Anti-D-Serum mögliche Rhesusidentitätsprüfung. Vorgeschrieben ist nur die Empfängertestung im AB0-System, um hierdurch Verwechslungen und damit schwere hämolytische Transfusionsreaktionen auszuschließen.

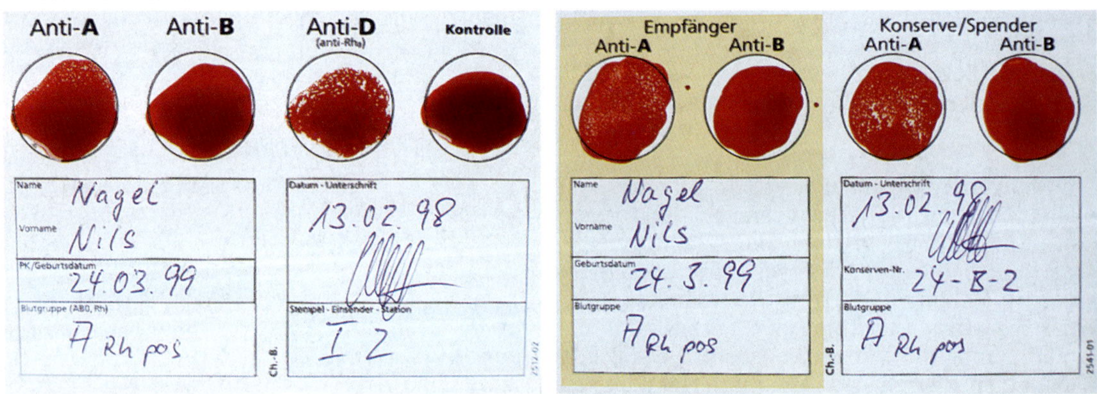

5.**1**: **Bedside-Test nach den Richtlinien für Bluttransfusionen.**

Merke ►

> ***Merke.*** Die Einleitung der Transfusion erfolgt **immer** durch einen Arzt.

Die weitere Überwachung kann durch qualifiziertes Pflegepersonal erfolgen.

Die weitere Überwachung kann durch qualifiziertes Pflegepersonal erfolgen, wobei der Arzt jederzeit verfügbar sein muß, um bei Komplikationen sofort intervenieren zu können.

Notfalltransfusion

In lebensbedrohlichen Situationen gelten **Sonderrichtlinien.** Der behandelnde Arzt ist zur Abwendung akuter Lebensgefahr zur Erythrozytentransfusion ohne vorherige Kreuzprobe berechtigt.

Notfalltransfusion

In lebensbedrohlichen Situationen gelten **Sonderrichtlinien**. Der behandelnde Arzt ist zur Abwendung akuter Lebensgefahr zur Erythrozytentransfusion ohne vorherige Kreuzprobe berechtigt.

> **Merke.** Ist die Blutgruppe des Empfängers unbekannt, so können zur Erstversorgung und bis zum Eintreffen des Blutgruppenbefundes (hämolysinfreie) kellnegative und rhesusnegative Erythrozytenkonzentrate der Blutgruppe 0 gegeben werden:
>
> **0 Rh neg (ccddee) Kell neg**

◄ **Merke**

Transfusionsreaktionen

Der Anästhesist muß sich immer vergegenwärtigen, daß die Allgemeinsymptome einer Transfusionsreaktion in unterschiedlichster Kombination beim narkotisierten Patienten oder Intensivpatienten zunächst in abgeschwächter Form und erst mit zunehmendem Schweregrad klinisch in Erscheinung treten!

Allgemeinsymptome transfusionsbedingter Reaktionen sind:
Kreuz- und Lendenschmerz, Übelkeit, Erbrechen, Hitzegefühl, Juckreiz, kalter Schweiß, Blässe, Frösteln, Schüttelfrost sowie Engegefühl mit Atemnot.

Symptome bei zunehmendem Schweregrad sind:
urtikarielle Exantheme, Bronchospasmus, Tachykardie, Hypotonie, Schocksymptome, Nierenversagen sowie hämorrhagische Diathese (Verbrauchskoagulopathie).

Treten während einer Transfusion Zeichen einer Unverträglichkeitsreaktion auf, so muß die Transfusion **unverzüglich** abgebrochen werden.
Der behandelnde Arzt muß mit den jeweils angemessenen Notfallmaßnahmen vertraut sein!
Es bedarf einer dringlichen Abklärung des Transfusionszwischenfalls: **Sofortige** Entnahme einer Blutprobe des Empfängers (Nachweis bzw. Ausschluß einer Hämolyse), die zusammen mit der Konserve **umgehend** einer Kontrolluntersuchung und Asservation zuzuführen ist.

Therapie von Transfusionsreaktionen:

- engmaschige Überwachung bis zum vollständigen Abklingen aller Symptome
- bei schwerer Transfusionsreaktion therapeutisches Vorgehen wie bei schweren Schockzuständen (s. u.)
  Der Patient ist insbesondere durch Störungen der Kreislauf-, Nieren- und Gerinnungsfunktion bedroht!
- bei schwerer intravasaler Hämolyse rechtzeitige Austauschtransfusion.

Transfusionsreaktionen

Die Allgemeinsymptome treten zunächst in abgeschwächter Form und erst mit zunehmendem Schweregrad klinisch in Erscheinung.

Allgemeinsymptome: Kreuz- und Lendenschmerz, Übelkeit, Erbrechen, Hitzegefühl, Juckreiz, kalter Schweiß, Blässe, Frösteln, Schüttelfrost sowie Engegefühl mit Atemnot.

Symptome bei zunehmendem Schweregrad sind: urtikarielle Exantheme, Bronchospasmus, Tachykardie, Hypotonie, Schocksymptome, Nierenversagen sowie hämorrhagische Diathese (Verbrauchskoagulopathie).

Treten während einer Transfusion Zeichen einer Unverträglichkeitsreaktion auf, so muß die Transfusion **unverzüglich** abgebrochen werden. (Sofortige Blutprobe des Empfängers zum Hämolyseausschluß, Kontrolle und Asservation der Konserve.)

Therapie von Transfusionsreaktionen:

- engmaschige Überwachung
- bei schwerer Transfusionsreaktion Vorgehen wie beim Schock
- bei schwerer intravasaler Hämolyse rechtzeitige Austauschtransfusion.

5.3.2 Blutzubereitungen/Blutkomponenten

Spezielle Zentrifugationsverfahren ermöglichen eine Trennung von zellulären und plasmatischen Bestandteilen des menschlichen Blutes. Die Verfahren erfolgen gemäß den BÄK-Richtlinien und dienen zur gezielten Herstellung von:
1. Erythrozyten-, 2. Thrombozyten-, 3. Leukozytenpräparationen.
Biochemische Methoden erlauben ferner die Herstellung von:
4. gerinnungsaktiven Präparaten (siehe Kap. 5.4) und 5. Eiweißkomponenten (plasmatische Komponenten siehe Kap. 5.1.4) in z. T. konzentrierter Form.

5.3.2 Blutzubereitungen/ Blutkomponenten

Spezielle Zentrifugationsverfahren ermöglichen eine Trennung von zellulären und plasmatischen Bestandteilen des menschlichen Blutes.

Erythrozytenpräparationen

Vollblutkonserve

Die Vollblutkonserve (ca. 450 – 500 ml Spenderblut) enthält alle Blutbestandteile eines Spenders und ist mit Antikoagulans und Stabilisatorlösung auf einen Hämoglobinanteil von wenigstens 9,7 g/dl verdünnt. Ein Nachteil

Erythrozytenpräparationen

Vollblutkonserve

Die Vollblutkonserve (ca. 450 – 500 ml Spenderblut) enthält alle Blutbestandteile eines Spenders und ist mit Antikoagulans und Stabilisatorlösung auf einen Hämoglobinanteil von wenigstens 9,7 g/dl verdünnt.

liegt in der begrenzten Infektionssicherheit (Hepatitis, HIV, Lues) und der Qualitätsabnahme der Bestandteile mit zunehmender Lagerungszeit, u. a. weil Stoffwechselprodukte der Blutzellen (s. u.) und Elektrolytverschiebungen auftreten. Es kommt zu einer raschen Inaktivierung der Gerinnungsfaktoren.

Die Gabe von Vollblut ist nur noch in Ausnahmefällen als hämostatisch aktives Blut bei Blutverlusten und gleichzeitig **bestehenden** Gerinnungsstörungen in Form von **Frischblut** (nicht älter als 72 Stunden; Lagerung bei +4 °C) oder **Warmblut** (nicht älter als 6 Stunden) indiziert.

Somit ist die Gabe von Vollblut nur noch als hämostatisch aktives Blut bei Blutverlusten und gleichzeitig bestehenden Gerinnungsstörungen in Form von **Frischblut** (nicht älter als 72 Stunden, Lagerung bei +4 °C) oder **Warmblut** (nicht älter als 6 Stunden, Lagerung bei +22 °C) in Ausnahmefällen indiziert. Dabei muß die Dauer der vollständigen Verträglichkeitsprobe von etwa 1 1/2 Stunden abgewartet werden!

Erythrozytenkonzentrate (EKZ)

Erythrozytenkonzentrate enthalten einen erhöhten Anteil an roten Blutkörperchen (Hkt: 70 – 85 %), sind jedoch nicht vollständig frei von Plasmabestandteilen.

Erythrozytenkonzentrate (EKZ)

Erythrozytenkonzentrate enthalten einen erhöhten Anteil an roten Blutkörperchen (Hkt: 70 – 85 %), sind jedoch nicht vollständig frei von Plasmabestandteilen.

Lagerungszeit: bis 35 Tage bei CPDA1-Stabilisator, bis 49 Tage bei PAGGS-Mannit; tiefgefroren bis 3 Jahre, anschließend aufgetaut bis 24 Stunden.

Die **Indikationen** für die Substitution von Erythrozyten umfassen alle Formen des Mangels an Sauerstoffträgern. Transfusionsreaktionen lassen sich durch **gewaschene** oder **gefilterte Erythrozytenkonzentrate** noch weiter reduzieren.

Die **Indikationen** für die Substitution von Erythrozyten umfassen alle Formen des Mangels an Sauerstoffträgern. Als Vorteile ergeben sich gegenüber Vollblutkonserven bei gleicher Erythrozytenzahl eine geringere Volumenbelastung, eine Verminderung des Infektionsrisikos sowie komplizierender Transfusionsreaktionen. Letztere lassen sich durch Herstellung von **gewaschenen** (plasmaproteinfrei durch 3maliges Waschen mit je 200 ml isotoner Elektrolytlösung) oder **gefilterten Erythrozytenkonzentraten** (leukozyten- und thrombozytenarm) noch weiter reduzieren. Diese Präparationen sollten binnen 6 Stunden nach der Präparation transfundiert werden.

Stabilisatoren:
Sie bestimmen die Lagerungszeit der Erythrozyten. Man unterscheidet **Heparin-**, **ACD-** und **CPD**-Konserven. **PAGGS-M**annit ist eine neuentwickelte Additivlösung.

Stabilisatoren:
Sie bestimmen die Lagerungszeit der Erythrozyten; die Lagerung muß sachgemäß in speziellen erschütterungsfreien Kühlsystemen bei +2 – +6 °C (sog. Kühlkette) erfolgen. **Heparin**-Konserven sind für 12 Stunden verwendbar. **ACD** enthält als **A**ntikoagulans **C**itrat und als Nährstoff für die Blutzellen **D**extrose. **CPD**-(**C**itrat-**P**hosphat-**D**extrose-)Konserven enthalten zusätzlich Phosphat, welches der Verarmung der Erythrozyten an 2,3-Diphosphoglycerat (Linksverschiebung der Sauerstoffbindungskurve mit Abnahme der Sauerstoffabgabe an das Gewebe) entgegenwirken soll (Lagerungsdauer: max. 21 Tage). Zusatz von **A**denin (**CPDA1**) verbessert den Erythrozytenstoffwechsel, so daß sich die Lagerungszeit auf max. 35 Tage erhöht. Die neuentwickelte Additivlösung **PAGGS-M**annit, die zusätzlich **G**uanosin und **M**annit enthält, verlängert die Lagerungszeit sogar bis auf 49 Tage.

Thrombozytenpräparationen

Für die Thrombozytensubstitution stehen **plättchenreiche** (thrombozytenreiche) **Plasma-** und **Thrombozytenkonzentrate** zur Verfügung (Thrombozytengehalt: mindestens 60×10^9 pro Einheit).

Thrombozytenpräparationen

Für die Thrombozytensubstitution stehen **plättchenreiches** (thrombozytenreiches) **Plasma-** und **Thrombozytenkonzentrate** zur Verfügung (Thrombozytengehalt: mindestens 60×10^9 pro Einheit). Thrombozyten haben HLA-Antigene, so daß es sich insbesondere bei chronischer Thrombozytensubstitution oder bei Substitution im Rahmen von Organtransplantationen empfiehlt, HLA-verträgliche Präparationen nach HLA-Typisierung zu transfundieren.

Lagerungszeit: möglichst kurz, bei Raumtemperatur (+22 °C) maximal 5 Tage nach Herstellung.

Indikationen: Thrombozytopenien mit Blutungsneigung.

Indikationen zur Substitution ergeben sich bei Thrombozytopenien mit Blutungsneigung (siehe Kap. 5.4.2).

Granulozytenpräparationen

Weiße Blutzellen zeigen im Organismus die höchste Umsatzrate und kürzeste Funktionsdauer (wenige Stunden bis einige Tage) aller Blutzellen. Eine Substitution beinhaltet ein sehr hohes HLA-Immunisierungsrisiko und bedarf einer sehr engen Indikationsstellung: Granulozyten $<500/\mu l$ bei gleichzeitiger Infektion und reversibler Knochenmarksdepression.

Granulozytenpräparationen

Sie beinhalten ein sehr hohes HLA-Immunisierungsrisiko; es bedarf einer sehr engen Indikationsstellung.

Plasmatische Komponenten

Dazu gehören **»Fresh-frozen«-Plasma** (FFP; Lagerzeit: gefroren 1 Jahr, aufgetaut 6 Stunden; siehe Kap. 5.1.4 und 5.4.3), **Gerinnungsfaktoren** (siehe Kap. 5.4.3.1), **Albumin** (siehe Kap. 5.1.4) und **Immunglobuline**.
Immunglobuline werden zur Prophylaxe viraler (Zytomegalie, Hepatitis A, B und C) Erkrankungen oder zur Substitution bei Antikörpermangelsyndromen eingesetzt. Dazu stehen Präparate mit unterschiedlichem Antikörperspektrum von IgG, IgM, IgA oder Hyperimmunglobuline zur Verfügung.

Plasmatische Komponenten

Dazu gehören **»Fresh-frozen«-Plasma** (FFP; Lagerzeit: gefroren 1 Jahr, aufgetaut 6 Stunden), **Gerinnungsfaktoren, Albumin** und **Immunglobuline.**
Immunglobuline werden zur Prophylaxe viraler (Zytomegalie, Hepatitis A, B und C) Erkrankungen oder zur Substitution bei Antikörpermangelsyndromen eingesetzt.

5.3.3 Indikationsstellung zur Blutkomponentengabe

Die Bedeutung der Bluttransfusion kann heute nur im Rahmen der gesamten Volumenersatzmöglichkeiten gesehen werden. Bei jedem akuten Blutverlust ist eine adäquate primäre Volumenersatztherapie (siehe Kap. 5.1) zur Sicherstellung einer **Normovolämie** von höchster Priorität. Grundsätzlich ist der akute gegenüber dem chronischen Blutverlust mit bestehenden Adaptationsmechanismen (s. u.) abzugrenzen, so daß in diesem Fall die unteren Grenzwerte entsprechend niedriger angesetzt werden können. Letztlich muß immer sichergestellt sein, daß die Vorteile einer Transfusion gegenüber den Risiken überwiegen!

5.3.3 Indikationsstellung zur Blutkomponentengabe

Die Bedeutung der Bluttransfusion kann heute nur im Rahmen der gesamten Volumenersatzmöglichkeiten gesehen werden.
Bei jedem akuten Blutverlust ist eine adäquate primäre Volumenersatztherapie zur Sicherstellung einer **Normovolämie** von höchster Priorität.

Akute Blutverluste

Akute Blutverluste bewirken aufgrund des kompensatorischen Einstroms von Flüssigkeit, Albumin und Elektrolyten aus dem Interstitium, eine **Blutverdünnung** mit einer zeitlichen Verzögerung bis zu mehreren Stunden. Laborparameter wie Hkt- und Hb-Werte können somit in der Akutphase ausgesprochen irreführend sein. Eine Blutneubildung (Ersatz von Erythrozyten) erfolgt erst allmählich über Tage.

Akute Blutverluste

Akute Blutverluste bewirken eine **Blutverdünnung** mit einer zeitlichen Verzögerung bis zu mehreren Stunden.

Transfusion bei akutem Blutverlust

Die Indikation zur Bluttransfusion besteht erst dann, wenn die O_2-Transportkapazität des Blutes kritisch abgesunken ist (siehe Kap. 5.3.6). Das bedeutet, daß der Verlust von Sauerstoffträgern nicht mehr durch ein weiter zu steigerndes Herzzeitvolumen kompensiert werden kann. Bei einer Bluttransfusion handelt es sich somit um eine »Einzelfallentscheidung«. Allgemein verbindliche Richtwerte lassen sich deshalb zwar nicht aufstellen, trotzdem sollen aber zur groben Orientierung Anhaltswerte angegeben werden.

Transfusion bei akutem Blutverlust

Die Indikation zur Bluttransfusion besteht erst dann, wenn die O_2-Transportkapazität des Blutes kritisch abgesunken ist. Das bedeutet, daß der Verlust von Sauerstoffträgern nicht mehr durch ein weiter zu steigerndes Herzzeitvolumen kompensiert werden kann.

Bei akuten Blutverlusten sollte eine Transfusion frühestens bei Hämatokritwerten $\leqq 25-30\,\%$ bzw. Hämoglobinwerten $\leqq 8-10$ g/100 ml erwogen werden. Bei Patienten mit kardiovaskulären oder pulmonalen Vorerkrankungen müssen diese Anhaltswerte etwas höher angesetzt werden, da hierbei die Fähigkeit zur Steigerung des Herzzeitvolumens bzw. die Sauerstoffaufnahme vermindert ist. Bestehen keine wesentlichen Vorerkrankungen, können Anästhesien bei präoperativen Hämoglobinwerten $\geqq 10$ g/100 ml unter strikter Erhaltung einer **Normovolämie** und ausreichender Oxygenierung bei Vorliegen geeigneter Überwachungsparameter sicher durchgeführt werden.

Bei akuten Blutverlusten sollte eine Transfusion frühestens bei Hämatokritwerten $\leqq 25-30\,\%$ bzw. Hämoglobinwerten $\leqq 8-10$ g/100 ml erwogen werden.
Bestehen keine wesentlichen Vorerkrankungen, können Anästhesien bei präoperativen Hämoglobinwerten $\geqq 10$ g/100 ml unter strikter Erhaltung einer **Normovolämie** und ausreichender Oxygenierung bei Vorliegen geeigneter Überwachungsparameter sicher durchgeführt werden.

Merke ►

> **Merke. Grobe Anhaltswerte zur Erythrozytensubstitution:**
>
> Erwachsene: Verluste von > 20 – 25 % des Blutvolumens
> Kinder: Verluste von > 15 – 20 % des Blutvolumens

Das normale Blutvolumen beim Erwachsenen beträgt ca. 7,5 – 8 % des Körpergewichtes.

Das normale Blutvolumen beim Erwachsenen beträgt ca. 7,5 – 8 % des Körpergewichtes (Beispiel: 70 kg KG entspricht einem **Blutvolumen 5,2 l**; ein Blutverlust (25 %) würde einem Volumen von 1,3 l entsprechen).

Polytraumatisierte Patienten

Bei polytraumatisierten Patienten gilt es zu beachten, daß gewissermaßen **immer** eine **Hypovolämie** vorliegt, die die Anlage großlumiger venöser Zugänge erforderlich macht! Nur so kann mittels einer adäquaten Infusionstherapie einem drohenden **hypovolämischen Schock** sowie den daraus resultierenden **Gerinnungsstörungen** (Verbrauchskoagulopathie!) entgegengewirkt werden.

Polytraumatisierte Patienten

Bei der Erstversorgung von polytraumatisierten Patienten muß zunächst die Sicherung der vitalen Funktionen (Sauerstoffversorgung und ggf. Intubation und kontrollierte Beatmung, Herz-Kreislauf-Stabilisierung) erfolgen. Dabei gilt es zu beachten, daß gewissermaßen **immer** eine **Hypovolämie** vorliegt, die die Anlage großlumiger venöser Zugänge erforderlich macht! Nur so kann mittels einer adäquaten Infusionstherapie (Volumenersatzlösungen, siehe Kap. 5.1; Erythrozytenkonzentraten, s. Kap. 5.3.2; FFP, siehe Kap. 5.1.4 u. 5.4.3) einem drohenden **hypovolämischen Schock** sowie den daraus resultierenden **Gerinnungsstörungen** (Verbrauchskoagulopathie!) entgegengewirkt werden. Liegen äußerlich keine sichtbaren Blutungsquellen vor, werden Blutverluste oftmals unterschätzt!

Nach **stumpfem Bauchtrauma** müssen lebensbedrohliche Blutungen diagnostisch (Lavage, Ultraschall, Angiographie) ausgeschlossen werden. Zu den häufigsten Verletzungen gehören:
- Milzruptur
- Leberruptur
- Ruptur großer Gefäße.

Frakturen können infolge Hämatombildung erhebliche Blutverluste bewirken. Anhaltswerte der zu erwartenden Blutverluste:
- Fraktur von Humerus oder Unterschenkel bis 1000 ml
- Fraktur des Oberschenkels bis 2000 ml
- Beckenfraktur bis 4000 – 6000 ml.

Nach **stumpfem Bauchtrauma** müssen lebensbedrohliche Blutungen diagnostisch (Lavage, Ultraschall, Angiographie) ausgeschlossen bzw. erkannt werden. Zu den häufigsten Verletzungen gehören:
- Milzruptur
- Leberruptur
- Ruptur großer Gefäße.

Frakturen können infolge Hämatombildung erhebliche Blutverluste bewirken. Im Folgenden sollen anhand einiger Beispiele Anhaltswerte der zu erwartenden Blutverluste aufgezeigt werden:
- Fraktur von Humerus oder Unterschenkel bis 1000 ml
- Fraktur des Oberschenkels bis 2000 ml
- Beckenfrakturen bis 4000 – 6000 ml.

Nach Beckenfrakturen kann eine Einblutung in den Retroperitonealraum bis zu **6 Liter** betragen!

5.3.4 Allgemeine Risiken und Gefahren der Bluttransfusion

Immunologische Reaktionen

Immunologische Reaktionen gehören zu den häufigsten Nebenwirkungen. Dabei handelt es sich um Antigen-Antikörperreaktionen mit Plasmaeiweißen, Thrombozyten oder Leukozyten des Spenders (**nichthämolytische Transfusionsreaktion**).

5.3.4 Allgemeine Risiken und Gefahren der Bluttransfusion

Immunologische Reaktionen

Immunologische Reaktionen gehören zu den häufigsten Nebenwirkungen. Dabei handelt es sich um Antigen-Antikörperreaktionen mit Plasmaeiweißen, Thrombozyten oder Leukozyten des Spenders, die insbesondere im Falle von wiederholten Transfusionen aufgrund einer Sensibilisierung auftreten. Da diese Reaktionen nicht an die Erythrozytenmerkmale gebunden sind, resultiert keine Hämolyse: **nichthämolytische Transfusionsreaktion.** Symptome sowie die unverzüglich einzuleitenden therapeutischen und diagnostischen Maßnahmen sind unter Kap. 5.3.1 aufgeführt.

Fehltransfusion

Fehltransfusion von gruppenungleichem, unverträglichem Blut ist ungleich schwerwiegender. Es kommt zur **hämolytischen Transfusionsreaktion** mit Verbrauchskoagulopathie, die alle Notfallmaßnahmen einer Schocktherapie sowie eine unverzügliche

Fehltransfusion

Fehltransfusion von gruppenungleichem, unverträglichem Blut ist ungleich schwerwiegender. Es kommt zur **hämolytischen Transfusionsreaktion** mit Verbrauchskoagulopathie, die alle Notfallmaßnahmen einer Schocktherapie sowie eine unverzügliche Austauschtransfusion und Hämodialyse erforderlich machen kann. Im Narkoseverlauf werden alarmierende erste Symptome (siehe Kap. 5.3.1) abgeschwächt bzw. überdeckt. Ebenfalls bleibt eine auftretende Hämoglobinurie oftmals zunächst unerkannt, so daß eine Fehltransfusion erst durch eine unerwartete Kreislaufreaktion bemerkt wird.

Austauschtransfusion und Hämodialyse erforderlich machen kann.

Risiko für Infektionskrankheiten

Spenderblut beinhaltet grundsätzlich das Risiko der Übertragung von Infektionserregern wie Hepatitis-, Zytomegalie- (CMV), HI-Viren und anderen. Regelmäßiges und sorgfältiges Untersuchen der Spender (Aussortieren HBs-Ag-, Anti-HCV- und HIV-positiver Blutkonserven) und der **gezielte Ersatz von Einzelkomponenten** (EKZ, FFP, Thrombozyten, Gerinnungsfaktoren) bei einer insgesamt **engen Indikationsstellung** machen die Hämotherapie rationeller und risikoärmer. Dennoch besteht die Möglichkeit einer Posttransfusionshepatitis. CMV-Infektionen können bei immunsupprimierten Patienten (z. B. nach Organtransplantation) einen ungünstigen Verlauf nehmen.

Das **Virusübertragungsrisiko** beträgt im einzelnen:
- Hepatitis B = 1 : 200000
- Hepatitis C = 1 : 100000
- HIV 1 + 2 = 1 : 1,5 Mio.

(Hepatitis D kommt nur assoziiert mit HBV vor).

Vor dem Hintergrund der nicht auszuschließenden Übertragung von Viren durch Vollblut, Erythrozyten- und Thrombozytenkonzentrate sowie FFP gewinnt heute das **autologe Transfusionskonzept** (siehe Kap. 5.3.6) bei geplanten Eingriffen zunehmend an Bedeutung.

Risiko für Infektionskrankheiten

Spenderblut beinhaltet grundsätzlich das Risiko der Übertragung von Infektionserregern wie Hepatitis-, Zytomegalie- (CMV), HI-Viren und anderen.

Virusübertragungsrisiko:
- Hepatitis B = 1 : 200000
- Hepatitis C = 1 : 100000
- HIV 1 + 2 = 1 : 1,5 Mio.

(Hepatitis D kommt nur assoziiert mit HBV vor).

Vor dem Hintergrund der nicht auszuschließenden Übertragung von Viren durch Vollblut, Erythrozyten- und Thrombozytenkonzentrate sowie FFP gewinnt heute das **autologe Transfusionskonzept** bei geplanten Eingriffen zunehmend an Bedeutung.

5.3.5 Probleme der Massentransfusion

Eine Zufuhr von exzessiv großen Blutmengen in kürzester Zeit kann bei Notoperationen, aber auch bei geplanten großen Eingriffen (z. B. Lebertransplantation, Gefäßchirurgie, Wirbelsäulenoperationen) sowie bei (poly-)traumatisierten Patienten notwendig werden. Die **Massentransfusion** wird in der Literatur unterschiedlich definiert:

Transfusionsvolumen:
- von >1,5 ml/kg KG und Minute
- von >2/3 des Sollblutvolumens
- Erwachsener: >6 Konserven innerhalb von 40 Minuten.

Da der Patient infolge schwerer Blutverluste insbesondere durch die Entwicklung eines hypovolämischen Schocks und seinen Auswirkungen gefährdet ist, sind von anästhesiologischer Seite folgende Vorkehrungen zu treffen:
- engmaschige Durchführung von Laboranalysen
- Anlage mehrerer großlumiger venöser Zugänge
- Blasenkatheteranlage zur Diureseüberwachung
- Erstellung von Monitorparametern:
  ZVD (Anlage eines zentralen Venenkatheters)
  arterielle Druckmessung
  (ggf. Einschwemmen eines Pulmonalarterienkatheters)
- Verwendung von Apparaturen, die eine sichere Transfusion unter hoher Geschwindigkeit erlauben
- Verwendung von Durchlauferwärmern
- Beschaffung und Bereithaltung ausreichend großer Konservenmengen (EKZ und FFP).

5.3.5 Probleme der Massentransfusion

Die **Massentransfusion** wird in der Literatur unterschiedlich definiert:

Transfusionsvolumen:
- von >1,5 ml/kg KG und Minute
- von >2/3 des Sollblutvolumens
- Erwachsener: >6 Konserven innerhalb von 40 Minuten

Da der Patient infolge schwerer Blutverluste insbesondere durch die Entwicklung eines hypovolämischen Schocks und seinen Auswirkungen gefährdet ist, sind von anästhesiologischer Seite entsprechende Vorkehrungen zu treffen.

Auch bei optimierter Anästhesieführung muß mit folgenden Komplikationen bzw. Nebenwirkungen gerechnet werden:

1. Gerinnungsstörungen (siehe Kap. 5.4): Sie entstehen aufgrund einer Abnahme des plasmatischen Gerinnungspotentials, so daß ein unspezifischer Ersatz von Gerinnungsfaktoren **vor** Auftreten schwerwiegender Gerinnungsstörungen empfohlen wird (vgl. Kap. 5.4.6):
- ab der 5. Einheit EKZ → 2 Einheiten FFP
- für je 2 weitere Einheiten EKZ → je 1 Einheit FFP.

Auch bei optimierter Anästhesieführung muß mit folgenden Komplikationen bzw. Nebenwirkungen gerechnet werden:

1. Gerinnungsstörungen

Zur Verhinderung schwerwiegender Gerinnungsstörungen sollte FFP zusätzlich gegeben werden.

2. Hyperkaliämie
Ältere Konserven enthalten höhere Anteile an Kalium und freiem Hb aus untergegangenen Erythrozyten.
3. Zitratbelastung
Bei Störungen der Stoffwechsellage z.B. bei Leberinsuffizienz oder Hypothermie kann der hohe Zitratanteil des FFP nicht mehr von der Leber metabolisiert werden. Es kommt zur Bindung von Kalziumionen durch das Zitrat und zur
4. Hypokalzämie
5. Hämodilution
6. Hypothermie.

2. Hyperkaliämie: Ältere Konserven enthalten höhere Anteile an Kalium und freiem Hb aus untergegangenen Erythrozyten.
3. Zitratbelastung: Besonders hoch ist der Zitratanteil bei FFP. Bei normaler Stoffwechsellage wird Zitrat (Antikoagulans) rasch in der Leber metabolisiert. Liegen dagegen Störungen (hämorrhagischer Schock, Leberinsuffizienz oder Hypothermie) vor, die zu erhöhten Zitratkonzentrationen im Plasma führen, werden durch Zitrat Kalziumionen gebunden, so daß die resultierende
4. Hypokalzämie ggf. einer Substitution bedarf.
5. Hämodilution (siehe Kap. 5.3.6)
6. Hypothermie.

5.3.6 Autologes Transfusionskonzept

Dieses Therapiekonzept hat das Ziel, während und nach der Operation auf Fremdblut bzw. Fremdplasma zu verzichten.

Argumente für die Anwendung sind:
- Ausschluß von Infektionsrisiken
- Vermeidung von immunologischen Transfusionszwischenfällen.

Für planbare Eingriffe stehen vier Verfahren zur Auswahl:
- isovolämische Hämodilution (IHD)
- Plasmapherese (PPH)
- Eigenblutspende (EBS)
- maschinelle Autotransfusion (MAT).

5.3.6 Autologes Transfusionskonzept

Dieses Therapiekonzept hat das Ziel, während und nach der Operation auf Fremdblut bzw. Fremdplasma zu verzichten. Insbesondere die Diskussion um die Virusinfektion AIDS kann als wesentliche Ursache für das Voranschreiten und den zunehmenden Stellenwert dieses Konzeptes während selektiver chirurgischer Eingriffe angesehen werden. Argumente für die Anwendung sind:
- Ausschluß von Infektionsrisiken
- Vermeidung von immunologischen Transfusionszwischenfällen.

Alle zur Verfügung stehenden Verfahren, die eine Blutspende mit anschließender Aufarbeitung und Retransfusion beinhalten, unterliegen den BÄK-Richtlinien. Für planbare Eingriffe stehen bei entsprechender Vorbereitung vier Verfahren zur Auswahl:
- isovolämische Hämodilution (IHD)
- Plasmapherese (PPH)
- Eigenblutspende (EBS)
- maschinelle Autotransfusion (MAT).

Isovolämische Hämodilution (IHD)

Präoperativ werden 500 – 1500 ml Vollblut entnommen. Künstliche Volumenersatzmittel oder Kristalloide werden in gleicher Menge infundiert. Ziel der Blutverdünnung sind erythrozytenärmere Blutverluste. Das entnommene Blut wird dann unbehandelt als **autologes Warmblut** (AWB) retransfundiert.
Die Hämodilution kann nicht unbegrenzt durchgeführt werden. Dabei kann die **Sauerstofftransportkapazität** als Parameter für eine ausreichende und effiziente Funktion des Blutkreislaufes herangezogen werden.

Definition ►

Isovolämische Hämodilution (IHD)

Bei diesem Verfahren werden dem Patienten präoperativ, je nach Ausgangshämoglobinwert und dem zu erwartenden Blutverlust, 500 – 1500 ml Vollblut abgenommen. Zur Aufrechterhaltung einer **Normovolämie** werden Volumenersatzmittel oder Kristalloide in gleicher Menge infundiert. Ziel der Blutverdünnung sind erythrozytenärmere Blutverluste. Das entnommene Blut wird dem Patienten möglichst erst dann, wenn keine weiteren Blutverluste zu erwarten sind, unbehandelt als **autologes Warmblut** (AWB) retransfundiert.
Die Hämodilution kann nicht unbegrenzt durchgeführt werden. Dabei kann die **Sauerstofftransportkapazität** als Parameter für eine ausreichende und effiziente Funktion des Blutkreislaufes herangezogen werden.

► ***Definition.*** Die **Sauerstofftransportkapazität** ist die O_2-Menge, die vom Blut pro Minute transportiert wird. Sie ist abhängig vom Hämoglobingehalt, der O_2-Sättigung des Hämoglobins und dem Herzminutenvolumen (vgl. Kap. 9.2.1). Der Normalwert (in Ruhe) beträgt 800 – 1000 ml/min.

Voraussetzung für eine angemessene HMV-Steigerung und damit für die **kontrollierte Hämodilution** ist die strikte Einhaltung einer **Normovolämie.**

Blutverluste bewirken eine zeitlich versetzte Abnahme des Hämoglobingehaltes, verbunden mit einem sinkenden Sauerstoffgehalt des Blutes. Der Organismus versucht, den reduzierten Sauerstoffgehalt durch eine Steigerung des Herzminutenvolumens (HMV) zu kompensieren, um das Sauerstoffangebot an die Zellen aufrechtzuerhalten. Voraussetzung für eine angemessene HMV-Steigerung und damit für die **kontrollierte Hämodilution** ist die strikte Einhaltung einer **Normovolämie.** Es sei in diesem Zusammenhang auf die Nutzung des vorteilhaften Effektes einer verminderten Plasmaviskosität durch HES mit Verbesserung der Mikrozirkulation (siehe Kap. 5.1.4) hingewiesen.

Kontraindikationen. Wie bei Eigenblutspende (s. u.).

Kontraindikationen Wie bei Eigenblutspende.

Plasmapherese (PPH)

Plasmapherese (PPH)

Definition. Die Plasmapherese dient der Gewinnung von menschlichem Blutplasma. Nach speziellen Trenntechniken werden die zellulären Blutbestandteile dem Spender unmittelbar retransfundiert.

◄ **Definition**

Dem Patienten wird ambulant vor dem geplanten Eingriff Blut zur Eigenplasmagewinnung abgenommen und für den Bedarfsfall als **autologes »Fresh-frozen«-Plasma** (AFFP) gelagert.

Das dem Patienten abgenommene Plasma wird als **autologes »Fresh-frozen«-Plasma** (AFFP) gelagert.

Kontraindikationen.
- Gerinnungsstörungen
- Hypoproteinämie (Gesamteiweiß <4,5 g/100 ml)
- Antikörpermangelsyndrom
- Allgemeininfekte.

Kontraindikationen
- Gerinnungsstörungen
- Hypoproteinämie (Gesamteiweiß <4,5 g/100 ml)
- Antikörpermangelsyndrom
- Allgemeininfekte.

Eigenblutspende (EBS)

Eigenblutspende (EBS)

Liegen keine Kontraindikationen vor, werden dem Patienten ambulant mit entspechender Terminplanung einmalig, ggf. auch nach entsprechendem Erholungszeitraum mehrmalig (Eppendorfer Modell: max. 6 Blutkonserven) jeweils ca. 500 ml Vollblut abgenommen und wie beim Fremdblutverfahren zu **autologem Erythrozytenkonzentrat** (AEKZ) und **autologem »Fresh-frozen«-Plasma** (AFFP) aufgearbeitet. Zur Erhöhung der Eigenblutregeneration kann rekombinantes Erythropoietin verabreicht werden.

Dem Patienten werden einmalig, ggf. auch mehrmalig jeweils ca. 500 ml Vollblut abgenommen und wie beim Fremdblutverfahren zu **autologem Erythrozytenkonzentrat** (AEKZ) und **autologem »Fresh-frozen«-Plasma** (AFFP) aufgearbeitet.

Kontraindikationen.
- Hb <11,5 g/100 ml
- schwere kardiopulmonale Vorerkrankungen
- Gerinnungsstörungen
- manifeste Erkrankungen des Blutes oder der blutbildenden Organe
- Allgemeininfekte.

Kontraindikationen
- Hb <11,5 g/100 ml
- schwere kardiopulmonale Vorerkrankungen
- Gerinnungsstörungen
- manifeste Erkrankungen des Blutes oder der blutbildenden Organe
- Allgemeininfekte.

Maschinelle Autotransfusion (MAT)

Maschinelle Autotransfusion (MAT)

Bei diesem Verfahren handelt es sich um eine maschinelle Rückgewinnung von intraoperativ oder postoperativ verlorenem Blut, das zur Abtrennung unerwünschter bzw. schädlicher Bestandteile mittels einer Waschzentrifuge (Zellseparator) aufgearbeitet und in Form von **autologen Erythrozytenkonzentraten** (AEK) dem Patienten retransfundiert wird. Die **Vorteile** sind:
- kein Infektionsrisiko
- keine Unverträglichkeitsreaktionen
- keine Immunisierung.

Das Verfahren ist **kontraindiziert** bei infiziertem und tumorzellhaltigem Absaugmaterial.

Bei diesem Verfahren handelt es sich um eine maschinelle Rückgewinnung von intraoperativ oder postoperativ verlorenem Blut und Aufarbeitung zu **autologen Erythrozytenkonzentraten** (AEK).

Das Verfahren ist **kontraindiziert** bei infiziertem und tumorzellhaltigem Absaugmaterial.

5.4 Behandlung von Gerinnungsstörungen

5.4.1 Physiologische Grundlagen

5.4 Behandlung von Gerinnungsstörungen

5.4.1 Physiologische Grundlagen

Definition ►

Definition. Die **Blutgerinnung** umfaßt ein komplexes System aus endothelialen Faktoren, Thrombozyten und plasmatischen Gerinnungskomponenten und hat das Ziel, Läsionen im Gefäßsystem zu erkennen, sie abzudichten und die notwendigen Reparaturmechanismen einzuleiten. Aufgabe des **fibrinolytischen Systems** ist es, den ständig im Gefäßsystem ablaufenden Gerinnungsvorgängen entgegenzuwirken. Ein fein aufeinander abgestimmtes Gleichgewicht zwischen Gerinnung und Fibrinolyse schützt den Organismus zum einen vor Blutverlusten, zum anderen verhindert es Thrombosen.

Initial wird der Gerinnungsablauf über 2 Aktivierungswege gestartet:
1. Das **»Intrinsic«-System (endogenes Gerinnungssystem)** wird durch Kontakt des Blutes mit Fremdoberflächen und durch **Phospholipide** aus Thromobzyten aktiviert.

Initial wird der Gerinnungsablauf über 2 Aktivierungswege gestartet:
1. Das **»Intrinsic«-System (endogenes Gerinnungssystem)** wird durch den Kontakt des Blutes mit Fremdoberflächen (z. B. Kollagen) aktiviert. Die Freisetzung von **Phospholipiden** aus aktivierten Thrombozyten, die eine primäre lokale Blutstillung an der Gefäßwand (Thrombozytenpfropf durch Plättchenaggregation) bewirken, sind für den Ablauf der endogenen Gerinnungskaskade ebenfalls von entscheidender Bedeutung.

Das Zusammenwirken bzw. Ineinandergreifen des Gerinnungsablaufes wird in S 5.3 dargestellt.

S Synopsis 5.3: Gerinnungskaskade

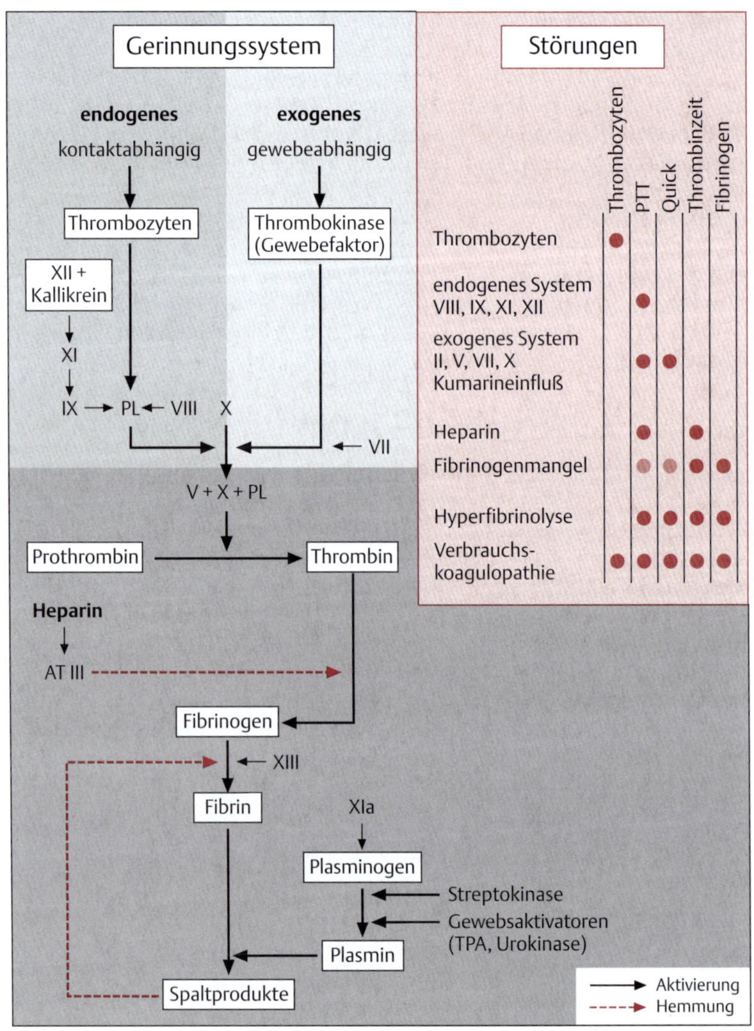

Grob orientierende Angaben von Ursachen bei Störungen der angegebenen Gerinnungsfunktionstests. Weitere Erklärung im Text.

2. Das **»Extrinsic«-System (exogenes Gerinnungssystem)** wird durch freigesetztes **Gewebsthromboplastin** aktiviert, welches bei der Schädigung bzw. Verletzung von Gewebszellen entsteht.

Die endogene und exogene Vorphase enden mit der Aktivierung von Faktor X, um dann in einer gemeinsamen Endstrecke die Prothrombin-/Thrombinaktivierung und letztlich die Fibrinbildung zu bewirken. Das Zusammenwirken bzw. Ineinandergreifen des Gerinnungsablaufes wird in S 5.3 dargestellt.

2. Das **»Extrinsic«-System (exogenes Gerinnungssystem)** wird durch freigesetztes Gewebsthromboplastin aktiviert.

5.4.2 Kontrollparameter des Gerinnungsablaufes

Zur orientierenden Gerinnungsanalyse gehören:

- Thrombozytenzahl
- partielle Thromboplastinzeit (PTT)
- Thromboplastinzeit nach Quick.

Diese Parameter sind schnell und einfach zu bestimmen. Zusätzlich können die Thrombinzeit (TZ) und die Fibrinogenkonzentration wichtige diagnostische Hinweise geben. Liegen Hämostasedefekte vor, sind aufwendigere Analysen (Einzelfaktorenanalyse, Bestimmung der Inhibitoren- (z. B. AT III) oder Fibrinolyseaktivität, Nachweis von Fibrinogen- oder Fibrinspaltprodukten) zur detaillierten Lokalisation der Störung angezeigt.

5.4.2 Kontrollparameter des Gerinnungsablaufes

Zur orientierenden Gerinnungsanalyse gehören:

- Thrombozytenzahl
- partielle Thromboplastinzeit (PTT)
- Thromboplastinzeit nach Quick.

Bei Hämostasedefekten sind aufwendigere Analysen der Gerinnungs- und Fibrinolyseaktivität angezeigt.

Thrombozyten

Norm: 150000 – 400000/μl (SI-Einheit: 10^9/l)

Prinzip: Die Bestimmung erfolgt gewöhnlich mit elektronischen Partikelzählgeräten oder mikroskopisch in konventionellen Zählkammern.

Erniedrigte Thrombozytenzahlen und/oder Thrombozytenfunktionsstörungen können Ursache einer verlängerten **Blutungszeit** (globaler Gerinnungstest; Norm: ≦5 Minuten) sein. Genauere Anhaltspunkte über die Thrombozytenfunktion (Erkennung von Thrombozytopathien) lassen sich aus dem **Thrombelastogramm** und der Bestimmung der **Thrombozytenaggregation** gewinnen.

Thrombozyten

Norm: 150000 – 400000/μl

Erniedrigte Thrombozytenzahlen und/oder Thrombozytenfunktionsstörungen können Ursache einer verlängerten **Blutungszeit** (globaler Gerinnungstest; Norm: ≈5 Min.) sein.

Eine Bestimmung der Thrombozytenfunktion ist mit dem **Thrombelastogramm** oder **Thrombozytenaggregationstest** möglich.

Partielle Thromboplastinzeit (PTT)

Norm: 40 – 50 Sekunden (vom Hersteller abhängig)

Prinzip: Es wird der Gerinnungseintritt von Zitratplasma nach Zugabe von **partiellem Thromboplastin und oberflächenaktiven Substanzen** (z. B. Kaolin) und Kalzium gemessen. Die PTT ist abhängig von der Aktivität der Faktoren des endogenen Gerinnungssystems.

Suchtest zum Nachweis

- einer hämorrhagischen Diathese (verlängerte PTT) (angeboren oder erworben)
- einer erhöhten Gerinnbarkeit (verkürzte PTT)
- pathologischer Inhibitoren.

Eignet sich zur Überwachung der Heparintherapie.

Aussage einer pathologisch **verlängerten PTT:**

1. Bei normalem Quick liegt wahrscheinlich eine Störung des endogenen Systems vor:
   - Hämophilie: Faktor VIII, IX
   - Faktorenmangel XI, XII.
2. Ist dagegen auch der Quickwert pathologisch, spricht dies am ehesten für einen primären Mangel auf der Ebene:
   - des Prothrombins (Faktor II)
   - der Faktoren V und X
   - des Fibrinogens.

Partielle Thromboplastinzeit (PTT)

Norm: 40 – 50 Sek. (vom Hersteller abhängig).

Suchtest zum Nachweis einer hämorrhagischen Diathese, einer erhöhten Gerinnbarkeit und pathologischer Inhibitoren.

Eignet sich zur Überwachung der Heparintherapie

Aussage einer pathologisch **verlängerten PTT**:

1. Quick normal:
   - Hämophilie: Faktor VIII, IX
   - Faktorenmangel XI, XII.
2. Quick pathologisch Mangel an:
   - Prothrombin (Faktor II)
   - Faktor V und X
   - Fibrinogen.

3. PTT und TZ verlängert:
   - Heparintherapie
   - Hyperfibrinolyse (bedingt durch hohe Konzentration von Spaltprodukten).

3. Liegt bei verlängerter PTT gleichzeitig eine verlängerte TZ vor, kann dieses bedingt sein durch:
   - Heparin
   - bei Hyperfibrinolyse durch hohe Konzentrationen von Spaltprodukten.

Thromboplastinzeit nach Quick (Prothrombinzeit)

Norm: 70 – 120 % (Quickwert).

Thromboplastinzeit nach Quick (Prothrombinzeit)

Norm: 70 – 120 % (Quickwert); neuerdings INR (International Normalized Ratio): 0,9 – 1,3.
Prinzip: Es wird der Gerinnungseintritt von Zitratplasma nach Zugabe von **Gewebsthromboplastin** und Kalzium in Sekunden gemessen und der erhaltene Wert anhand einer Bezugskurve in % der Norm umgerechnet.

Suchtest bei Verdacht auf plasmatische Gerinnungsstörungen des exogenen Systems (F VII), des Prothrombinkomplexes (F II, VII, X), des Faktors V, des Fibrinogens (F I).

Suchtest bei Verdacht auf plasmatische Gerinnungsstörungen:
- des exogenen Systems (Faktor VII)
- der Faktoren des Prothrombinkomplexes (Faktor II, VII, X, nicht Faktor IX)
- Faktor V
- Fibrinogen (Faktor I).

Eignet sich zur Überwachung der Antikoagulanzientherapie vom Cumarintyp und der Verlaufskontrolle bei Vitamin-K-Mangelzuständen sowie zur Beurteilung der Lebersyntheseleistung.

Eignet sich zur Überwachung
- der Antikoagulanzientherapie vom Cumarintyp
- der Verlaufskontrolle bei Vitamin-K-Mangelzuständen

Ferner wird die Endstrecke (Faktor X, V, II und bedingt auch Faktor I) der Gerinnungsphase erfaßt. Da alle diese Faktoren in der Leber gebildet werden, ist der Quickwert ein wesentlicher Parameter zur **Beurteilung der Leberfunktion.**

Aussage eines pathologisch erniedrigten Quickwertes:
1. Defekt im exogenen System
   - Aktivitätsminderung von Faktor VII
2. Faktorenmangel innerhalb des Prothrombinkomplexes
   - Faktor II, VII, X, nicht Faktor IX! oder des Fibrinogens
3. hochdosierte antikoagulatorische Therapie
   - Heparin
   - Cumarine

   (**cave:** Blutprobe aus Heparin-gespülten Kathetern!) oder
4. erhöhte Fibrinspaltprodukte bei Hyperfibrinolyse (bei 2., 3. und 4. ist ebenfalls die TZ verlängert).

Thrombinzeit (TZ)

Norm: 17 – 25 Sekunden (abhängig von der Labormethode).

Thrombinzeit (TZ)

Norm: 17 – 25 Sekunden (abhängig von der Labormethode)
Prinzip: Es wird der Gerinnungseintritt nach Zugabe einer definierten **Thrombinmenge** zu Zitratplasma gemessen. Die TZ erfaßt die Thrombinwirkung auf Fibrinogen und damit die letzte Phase der Gerinnung.

Suchtest für Hyperfibrinolyse, hämorrhagische Diathese, Fibrinbildungsstörungen oder Hemmfaktoren.

Suchtest für:
- Hyperfibrinolyse
- hämorrhagische Diathese
- Fibrinbildungsstörungen oder Hemmfaktoren.

Eignet sich zur Überwachung der Heparintherapie und der fibrinolytischen Therapie.

Eignet sich zur Überwachung:
- der Heparintherapie
- der fibrinolytischen Therapie (siehe Kap. 5.4.5).

Aussage einer pathologisch **verlängerten TZ:**
- Fibrinogenmangel
- Fibrinpolymerisationsstörungen
- vermehrte Aktivität der Antithrombine.

Aussage einer pathologisch **verlängerten TZ:**
1. Fibrinogenmangel bei:
   - Verbrauchskoagulopathie
   - Hypofibrinogenämie.
2. Fibrinpolymerisationsstörungen, Dysfibrinogenämien
3. vermehrte Aktivität der Antithrombine (Hemmfaktoren):
   - Heparin (AT III selbst wird nicht von der TZ erfaßt!)
   - Vermehrung der Fibrinogen-/Fibrinspaltprodukte (Hyperfibrinolyse).

> **Merke.** Eine therapeutische Verlängerung der TZ (2 – 4fache Norm) wird während einer Heparin- oder Fibrinolysetherapie angestrebt.

◀ **Merke**

Die **Reptilasezeit** entspricht der TZ (statt Thrombin erfolgt die Zugabe von Reptilase); diese ist unempfindlich gegenüber Heparin. Die Kombination beider Tests erlaubt unter Heparintherapie eine Abgrenzung einer begleitenden Hyperfibrinolyse.

Die **Reptilasezeit** entspricht der TZ; diese ist unempfindlich gegenüber Heparin. (Kombination der Tests erlaubt unter Heparingabe Abgrenzung einer Begleithyperfibrinolyse.)

Fibrinogen (Faktor I)

Norm: 200 – 450 mg/dl
Prinzip: Zur Fibrinogenbestimmung existieren mehrere Methoden, z. B. die Methode nach Clauss. Hierbei handelt es sich um eine Modifikation der TZ, bei der mittels Plasmaverdünnungsverfahren der Gerinnungseintritt nach Zugabe von Thrombin bestimmt wird. Dieser ist in erster Linie von der Fibrinogenkonzentration abhängig.

Fibrinogen (Faktor I)

Norm: 200 – 450 mg/dl.

Suchtest für
- Fibrinogenverbrauch (z. B. durch Hyperfibrinolyse)
- Hypo-, Dysfibrinogenämie.

Suchtest für Fibrinogenverbrauch und Hypo- bzw. Dysfibrinogenämien.

Eignet sich für die Überwachung
- der fibrinolytischen Therapie.

Eignet sich für die Überwachung der fibrinolytischen Therapie.

Fibrinogen ist Substrat
- des Thrombins in der Endstrecke des Gerinnungsablaufes
- des Plasmins, dem wichtigsten Enzym des fibrinolytischen Systems.

Aussage einer pathologisch **erniedrigten Fibrinogenkonzentration:**
1. Verbrauch aufgrund anhaltender Aktivierung der Gerinnung:
   - Verbrauchskoagulopathie
   - DIC.
2. erhöhte Plasminfreisetzung bzw. -aktivierung mit nachfolgender Hyperfibrinolyse:
   - postpartale Komplikationen (Fruchtwasserembolie)
   - paraneoplastische Syndrome therapeutischer Fibrinolyse.

Aussage einer pathologisch **erniedrigten Fibrinogenkonzentration**:
1. erhöhter Verbrauch
   - Verbrauchskoagulopathie
   - Dic.
2. erhöhte Plasminfreisetzung mit Hyperfibrinolyse.

Erhöhte Fibrinogenspiegel können auftreten bei:
- Entzündungen
- Tumoren
- Diabetes mellitus in der postoperativen Phase.

Erhöhte Fibrinogenspiegel können auftreten bei:
- Entzündungen
- Tumoren
- Diabetes in der postoperativen Phase.

5.4.3 Gerinnungsfördernde Substanzen

Der Gerinnungsablauf kann durch die parenterale Gabe von Arzneistoffen gefördert bzw. beschleunigt oder bei Defiziten gezielt substituiert werden. **Humanplasma** (FFP) soll alle Gerinnungsfaktoren ebenso wie die natürlichen Inhibitoren in nativer Form und in einem idealen Gleichgewicht enthalten (siehe Kap. 5.1). Es ist damit für einen unspezifischen Ersatz geeignet.
Unter Verwendung besonderer Trenntechniken können darüber hinaus aus größeren Plasmapools **Konzentrate spezieller Gerinnungsfaktoren** hergestellt werden. Im folgenden seien einige wichtige aufgeführt:

5.4.3 Gerinnungsfördernde Substanzen

Neben **Humanplasma** (FFP) können aus größeren Plasmapools **Konzentrate spezieller Gerinnungsfaktoren** hergestellt werden.

Gerinnungsfaktoren

Prothrombinkomplexpräparate (PPSB)

Sie werden aus gepooltem Spenderplasma hergestellt und enthalten die Faktoren II, VII, IX und X, die normalerweise Vitamin-K-abhängig in der Leber synthetisiert werden. Eine Übertragung von Viren durch PPSB-Präpa-

Gerinnungsfaktoren

Prothrombinkomplexpräparate (PPSB)

PPSB enthält die Faktoren II, VII, IX und X. PPSB-Präparate haben potentiell thrombogene Eigenschaften.

Faustregel Die Gabe von 1 I.E. PPSB pro kg KG führt zur Anhebung des Quickwertes um etwa 1 %.

rate ist nicht mit absoluter Sicherheit auszuschließen. Darüber hinaus haben PPSB-Präparate potentiell thrombogene Eigenschaften.

Faustregel: Die Gabe von 1 I.E. PPSB pro kg KG führt zur Anhebung des Quickwertes um etwa 1 %.
Beispiel: 70 kg KG; »Ist-Quick«: 40 %; »Soll-Quick«: 70 % → 30 × 70 → 2100 I.E. PPSB.

Faktor VIII, IX und XIII

Eine Einzelfaktorensubstitution erfolgt ausschließlich nach genauer Analyse der Hämostasestörung.

Faktor VIII, IX und XIII

Eine Einzelfaktorensubstitution erfolgt ausschließlich nach genauer Analyse der Hämostasestörung unter strenger Indikationsstellung (nicht sicher auszuschließendes Infektionsrisiko).

Fibrinogen (Faktor I)

Ein substitutionsbedürfiger Fibrinogenmangel besteht bei kongenitaler Afibrinogenämie bzw. Hypofibrinogenämie sowie zuweilen bei der Verbrauchskoagulopathie.

Fibrinogen (Faktor I)

Ein substitutionsbedürftiger Fibrinogenmangel besteht bei kongenitaler **Afibrinogenämie** bzw. **Hypofibrinogenämie** sowie zuweilen bei der **Verbrauchskoagulopathie.** Bei erworbener Hypofibrinogenämie ist die Gabe restriktiv zu handhaben. Nach vorübergehendem Verbrauch von Fibrinogen wird es sehr schnell neugebildet (Akut-Phase-Protein).

Nebenwirkungen gerinnungsfördernder Substanzen:
- unerwünschte Gerinnungsaktivierung
- Übertragung von Infektionskrankheiten
- allergische Reaktionen.

Nebenwirkungen gerinnungsfördernder Substanzen

- unerwünschte **Gerinnungsaktivierung** bei Überdosierung
  - heute selten, da viele Präparate Heparin und AT III enthalten
- Übertragung von **Infektionskrankheiten** (vgl. Kap. 5.3.5)
  - Das Risiko kann bei der Gabe von Plasmaproteinfraktionen nicht pauschal beurteilt werden, da neben der Spenderauswahl unterschiedliche Verfahren (Erhitzung, Alkohol) zur Virusinaktivierung zum Einsatz kommen (Angaben des Herstellers beachten!).
- **Allergische Reaktionen bis zum anaphylaktischen Schock** werden vereinzelt beschrieben.

Merke ▶

> ▶ ***Merke.*** Bei allen Gerinnungspräparaten besteht Dokumentationspflicht (Chargennummer etc.)

5.4.4 Gerinnungshemmende Substanzen
Inhibitoren
Antithrombin III (AT III)

AT III ist ein physiologischer Hemmstoff des Gerinnungssystems. Bereits gering subnormale Plasmakonzentrationen (50 – 70 %) bedeuten ein Ungleichgewicht mit möglicherweise erhöhter Gerinnbarkeit und Thromboemboliegefährdung. AT III ist ein **sensibler Indikator** für einen erhöhten Verbrauch von Gerinnungsfaktoren.

5.4.4 Gerinnungshemmende Substanzen

Inhibitoren

Antithrombin III (AT III)

AT III ist ein physiologischer Hemmstoff des Gerinnungssystems. Bereits gering subnormale Plasmakonzentrationen (50 – 70 %) bedeuten ein Ungleichgewicht mit möglicherweise erhöhter Gerinnbarkeit und Thromboemboliegefährdung, so daß allgemein eher eine frühzeitige Substitution empfohlen wird. Ein postoperativer Spiegelabfall gilt begrenzt als physiologisch; ein stärkerer Abfall hingegen kann durch eine **Hyperkoagulämie** (AT III ist ein **sensibler Indikator** für einen erhöhten Verbrauch von Gerinnungsfaktoren) oder eine verminderte Syntheseleistung der Leber (»Schockleber«, Leberzirrhose, Sepsis) verursacht sein.

Wirkmechanismus AT III (kompetitiver Inhibitor) inaktiviert Thrombin (Faktor IIa) sowie die Gerinnungsfaktoren IXa, Xa und XIa. Der Inaktivierungsablauf wird durch Heparin wesentlich beschleunigt.

Wirkmechanismus. AT III (kompetitiver Inhibitor) inaktiviert Thrombin (Faktor IIa) sowie die Gerinnungsfaktoren IXa, **Xa** und XIa (»a« steht für aktivierte Form). Der Inaktivierungsablauf wird durch Heparin wesentlich beschleunigt (s. u.).

Pharmakokinetik. Die HWZ beträgt unter normalem Gerinnungsablauf ca. 36 Stunden, kann aber bei Eintreten einer Verbrauchskoagulopathie auf wenige Stunden absinken.

Faustregel Die Gabe von 1 I. E. AT III pro kg KG führt zur Anhebung seiner Plasmaaktivität um etwa 1 %.

Faustregel. Die Gabe von 1 I. E. AT III pro kg KG führt zur Anhebung seiner Plasmaaktivität um etwa 1 %.

Antikoagulanzien

Heparin (Überwachungsparameter: PTT und TZ)

Heparin ist Mittel der Wahl zur perioperativen Thromboembolieprophylaxe. Ziel der Heparinbehandlung ist die Vermeidung von Venenthrombosen, komplizierender Lungenembolien und des postthrombotischen Syndroms.

Wirkungsmechanismus.

1. **Inaktivierung von Thrombin.** Diese geschieht nur in Anwesenheit von AT III über den **Heparin-AT-III-Komplex.** Bei AT-III-Mangel ist niedrig dosiertes Heparin weniger oder gar nicht wirksam!
2. **Hemmung der Aktivierung von Gerinnungsfaktoren,** besonders von Faktor Xa. Sie läuft ebenfalls über den Heparin-AT-III-Komplex und tritt bereits bei niedriger Heparindosierung ein.
3. **Hemmung der thrombininduzierten Thrombozytenaggregation.** Da Heparin durch den Plättchenfaktor 4 neutralisiert wird, muß die Heparindosis bei Thrombozytopenien entsprechend reduziert werden.

Pharmakokinetik. Heparin muß parenteral (s. c. oder i. v.) zugeführt werden, da keine enterale Resorption stattfindet. Die maximale Wirkung nach intravenöser Bolusgabe wird nach 5 – 10 Minuten erreicht. Die Plasmahalbwertszeit beträgt 60 – 90 Minuten. Nach Absetzen einer i. v. Infusion ist dementsprechend noch mit einer anhaltenden Wirkung zu rechnen.

Nebenwirkungen. Die Hauptgefahr besteht in einer Heparinüberdosierung mit erhöhter Blutungsneigung. Als **Antidot** steht **Protamin** zur Verfügung. Protamin verbindet sich mit Heparin (Protamin-Heparin-Komplex) und hebt dessen antikoagulatorische Wirkung auf.

Faustregel. 1000 I.E. Protamin i. v. inaktivieren 1000 I.E. Heparin (**cave:** bei Überdosierung oder alleiniger Gabe hat Protamin selbst einen antikoagulatorischen Effekt!).

Anwendung:

1. **»Low-dose«-Heparinisierung** (LD-Heparin)

Die »Low-dose«-Heparinisierung senkt unbestritten die Inzidenz postoperativer Thromboembolien. Wird Heparin vor dem thrombogenen Stimulus (z. B. Operation) gegeben, so genügen relativ geringe Mengen (»Low-dose«), um die zunächst entstehenden aktivierten Faktoren (F. Xa) zu inhibieren, so daß die Bildung von Thrombin und Fibrin »normalisiert« wird. Ist dagegen die Gerinnungskaskade bereits angelaufen, sind höhere Dosierungen zur Gerinnungshemmung notwendig (Vollheparinisierung, s. u.).

Dosierung. 100 I.E./kg KG/12h (s. c.). Beim chirurgischen Patienten erfolgt die Gabe 2 – 4 Stunden präoperativ und in 8 – 12stündigem Intervall postoperativ bis zur vollständigen Mobilisierung. Die Gerinnungsparameter bleiben dadurch im wesentlichen unbeeinflußt, so daß postoperative Blutverluste und Blutungskomplikationen unter dieser Art der Heparinprophylaxe nicht signifikant häufiger zu beobachten sind.

Indikation. Thrombose- und Lungenembolieprophylaxe perioperativ und während postoperativer Immobilisierung. Die perioperative CD-Heparinisierung erfolgt seit einigen Jahren mit fraktioniertem, niedermolekularem Heparin (z. B. Mono-Embolex®, Fraxiparin®). Vorteil ist die einmalige s. c. Applikation pro Tag.

2. **Vollheparinisierung = »antithrombotische« Wirkung**

Ist eine Venenthrombose erst einmal aufgetreten, ist die Antikoagulation mit subkutaner »Low-dose«-Heparinisierung nicht mehr ausreichend, um ein weiteres Wachstum des Thrombus zu verhindern. Bei Kontraindikationen für eine Thrombolyse (siehe Kap. 5.4.5), muß bei fehlender Kontraindikation für Heparin eine hochdosierte intravenöse Heparintherapie erfolgen.

Antikoagulanzien

Heparin (Überwachungsparameter: PTT und TZ)

Heparin ist Mittel der Wahl zur perioperativen Thromboembolieprophylaxe.

Wirkungsmechanismus

1. **Inaktivierung von Thrombin**
2. **Hemmung der Aktivierung von Gerinnungsfaktoren**
3. **Hemmung der thrombininduzierten Thrombozytenaggregation.**

Nebenwirkungen Die Hauptgefahr besteht in einer Heparinüberdosierung mit erhöhter Blutungsneigung. Als **Antidot** steht **Protamin** zur Verfügung.

Faustregel 1000 I.E. Protamin i. v. inaktivieren 1000 I.E. Heparin (**cave:** bei Überdosierung oder alleiniger Gabe hat Protamin selbst einen antikoagulatorischen Effekt!).

Anwendung:

1. **»Low-dose«-Heparinisierung** (LD-Heparin).
   Neuerdings als fraktioniertes Heparin einmal täglich.

Dosierung 100 I.E./kg KG/12h s. c. Beim chirurgischen Patienten erfolgt die Gabe 2 – 4 Stunden präoperativ und in 8 – 12stündigem Intervall postoperativ bis zur vollständigen Mobilisierung.

Indikation Thrombose- und Lungenembolieprophylaxe perioperativ; während postoperativer Immobilisierung.

2. **Vollheparinisierung = »antithrombotische« Wirkung**
   Ist eine Venenthrombose erst einmal aufgetreten, ist die Antikoagulation mit subkutaner »Low-dose«-Heparinisierung nicht mehr ausreichend, um ein weiteres Wachstum des Thrombus zu verhindern.

Dosierung Initial erfolgt eine Bolusgabe von 5000 – 10000 I.E. Heparin (75 – 150 I.E./kg KG), gefolgt von einer intravenösen Dauerinfusion im Perfusor von 20000 – 40 000 I.E./d (300 – 500 I.E./kg KG · d).

Weitere Indikation Lungenembolie.

Kumarine (Überwachungsparameter: Quickwert)
Antikoagulanzien vom Kumarintyp sind Mittel der Wahl bei notwendiger Dauerantikoagulation.

Wirkungsmechanismus Kumarine sind **Vitamin-K-Antagonisten** und hemmen die Synthese der Faktoren II, VII, IX und X (Prothrombinkomplex) in der Leber.

Nebenwirkungen Eine erhöhte Blutungsneigung bei Überdosierung entsteht am häufigsten durch Kumulation infolge der langen Halbwertszeiten. **Antidot: Vitamin-K1** (Konakion®).

Indikationen Kumarine werden eingesetzt zur längerfristigen antikoagulatorischen Prophylaxe bzw. Therapie (vgl. ▤ 5.**8**).

Merke ▶

Dosierung. Initial erfolgt eine Bolusgabe von 5000 – 10000 I.E. Heparin (75 – 150 I.E./kg KG), gefolgt von einer intravenösen Dauerinfusion im Perfusor von 20000 – 40 000 I.E./d (300 – 500 I.E./kg KG · d). Die Dosierung wird den Gerinnungsparametern (Erreichung des Hemmbereiches) angepaßt: PTT 1,5 – 2fache, TZ 2 – 3fache Norm.

Weitere Indikation. Lungenembolie.

Kumarine (Überwachungsparameter: Quickwert)

Antikoagulanzien vom Kumarintyp sind Mittel der Wahl bei notwendiger Dauerantikoagulation. Während der perioperativen Phase werden Kumarine zur Thromboembolieprophylaxe wegen der schlechten Steuerbarkeit und der Blutungsgefahr auf »Low-dose«-Heparingaben umgesetzt.

Wirkungsmechanismus. Als **Vitamin-K-Antagonisten** blockieren diese Substanzen (z. B. Phenprocoumon-Marcumar®) die Vitamin-K-abhängige Karboxylierung der Faktoren II, VII, IX und X (Prothrombinkomplex) in der Leber, so daß deren Konzentration entsprechend ihrer Halbwertszeiten abnimmt.

Pharmakokinetik. Kumarine werden gut enteral resorbiert. Bei Therapiebeginn erfolgt der Wirkungseintritt erst nach 48 – 96 Stunden, so daß in dieser Phase überlappend eine Heparintherapie nötig ist, bis die Prothrombinzeit den therapeutischen Bereich (Quickwert 15 – 25 %) erreicht hat. Die Plasmahalbwertszeit der Kumarine beträgt 40 – 160 Stunden. Ein Wirkungsverlust nach Absetzen tritt erst nach 3 – 14 Tagen ein.

Nebenwirkungen. Eine erhöhte Blutungsneigung bei Überdosierung entsteht am häufigsten durch Kumulation infolge der langen Halbwertszeiten. Als **Antidot** kann **Vitamin-K1** (Konakion®) eingesetzt werden (s. u.).

Indikationen. Kumarine werden eingesetzt zur längerfristigen antikoagulatorischen Prophylaxe bzw. Therapie (Nachbehandlung von Thrombosen und Lungenembolien; Z. n. mechanischem Herzklappenersatz; Vermeidung von Thrombenbildung bei Mitralklappenfehlern und gleichzeitigem Vorhofflimmern; thrombotische Diathese bei angeborenem AT-III-Mangel oder Mangel anderer physiologischer Inhibitoren der Gerinnung; Z. n. Herzinfarkt oder Bypassoperation; periphere arterielle Durchblutungsstörungen) (vgl. ▤ 5.**8**).

▶ ***Merke.*** **Antikoagulanzien und Anästhesieverfahren**
Ist bei einem Patienten unter oraler Antikoagulation (Kumarine) ein operativer Eingriff notwendig, oder kommt es zu einem Trauma, so empfiehlt sich nach **Prüfung der Indikation** folgendes Vorgehen:

- Steht genügend Zeit zur Verfügung, setzt man die Kumarintherapie ab und läßt den Quickwert unter gleichzeitiger »Low-dose«-Heparinisierung **spontan** auf über 50 % der Norm ansteigen.
- Nach Gabe von **Konakion**® (10 – 20 mg oral oder i. v.) ist eine deutliche Verkürzung der Prothrombinzeit (Quickwerterhöhung) frühestens nach 6 – 10 Stunden zu erwarten.
- Eine Beendigung der Kumarintherapie und gleichzeitige **PPSB-Gabe** ist dem absoluten Notfall vorbehalten (z. B. intrazerebrale Blutungskomplikationen), da die abrupte Korrektur der Gerinnungsverhältnisse mit deutlich erhöhter Thromboemboliegefahr einhergeht. Zur sofortigen Normalisierung der Hämostase werden initial 1000 – 3000 I.E. PPSB (Prothrombinkomplexpräparat) gegeben. Entsprechend der Halbwertszeit dieser Faktoren müssen in 6 – 8stündigen Intervallen weitere Substitutionen erfolgen.

Thrombozytenaggregationshemmer

Acetylsalicylsäure (ASS), Dipyridamol, Sulfinpyrazon

Hierbei handelt es sich um Substanzen, die über unterschiedliche biochemische Mechanismen eine Hemmung der Plättchenaggregation bewirken und die zur Prophylaxe arterieller Thrombosen eingesetzt werden. Belegt durch ausgedehnte Studien, besteht nur für ASS (am besten untersuchte Substanz), ggf. in Kombination mit Dipyridamol (zusammen in Asasantin®), als Aggregationshemmer ein akzeptierter Indikationsbereich. Die Angaben über Effektivität bzw. Prognose, bezogen auf die Überlebenszeit, differieren in Abhängigkeit vom Anwendungsgebiet (s. Indikationen) und den jeweiligen Untersuchungsbedingungen.

Indikationen.
- Sekundärprophylaxe des Herzinfarktes
- instabile Angina pectoris
- periphere arterielle Durchblutungsstörungen
- Thromboembolieprophylaxe nach Herzklappenersatz mit Bioprothesen und koronarer Bypassoperation
- transitorisch-ischämische Attacke (vgl. ▤5.**8**).

Nach heutigem Kenntnisstand haben Aggregationshemmer keine den Antikoagulanzien vergleichbare prophylaktische Wirkung bezüglich des Auftretens postoperativer venöser Thrombosen und Lungenembolien.

Aggregationshemmer und Anästhesieverfahren

> ***Merke.*** ASS sollte wenigstens 4 Tage vor einer geplanten Operation abgesetzt werden, idealerweise verbunden mit der Prüfung der Thrombozytenfunktion.

Fibrinolytisches System

Plasminogen/Plasmin

Plasminogen wird in der Leber gebildet und ist die inaktive Vorstufe von Plasmin, einem proteolytischen Enzym, welches Fibrin und Fibrinogen lysiert. Die Umwandlung von Plasminogen in Plasmin kann durch Gewebeaktivatoren (tPA, Urokinase) oder Streptokinase erfolgen. Als Akut-Phase-Protein kann Plasminogen bei Entzündungsreaktionen und malignen Erkrankungen **erhöht** sein. Ein **Konzentrationsabfall** wird überwiegend durch erhöhten Verbrauch ausgelöst (Lysetherapie oder Verbrauchskoagulopathie bzw. DIC).

Aktivatoren der Fibrinolyse

Fibrinolytika bewirken eine **Plasminämie** mit systemischer Fibrinolyse durch Spaltung von Fibrinogen und anderen Gerinnungsfaktoren, vor allem V und VIII, sowie einen Verbrauch von Plasminogen.

Streptokinase (SK)

Streptokinase bildet mit Plasminogen den Streptokinase Plasminogen-Aktivatorkomplex, der Plasminogen in Plasmin umwandelt (indirekter Wirkmechanismus). Ein besonderer Gesichtspunkt ergibt sich aus der **antigenen Eigenschaft** von SK. Dadurch kommt es binnen 3 – 5 Tagen zu einem Anstieg des Antistreptokinasetiters. Da Antistreptokinase Streptokinase neutralisiert, wird die Therapie zunehmend ineffektiv, so daß eine maximale Lysedauer von 5 – 7 Tagen resultiert.

Dosierungshinweis (Lysetherapie einer tiefen Beinvenenthrombose). Die Initialdosis beträgt 250000 I.E. über 20 min. Sie ist notwendig, um den möglicherweise vorhandenen Antistreptolysintiter zu neutralisieren. Es

Thrombozytenaggregationshemmer

Acetylsalicylsäure (ASS)

Hemmt die Plättchenaggregation und wird zur Prophylaxe arterieller Thrombosen eingesetzt.

Indikationen zeigt ▤5.**8**.

Aggregationshemmer haben keine den Antikoagulanzien vergleichbare prophylaktische Wirkung bezüglich des Auftretens postoperativer venöser Thrombosen und Lungenembolien.

Aggregationshemmer und Anästhesieverfahren

◄ **Merke**

Fibrinolytisches System

Plasminogen/Plasmin

Plasminogen wird in der Leber gebildet und ist die inaktive Vorstufe von Plasmin, einem proteolytischen Enzym, welches Fibrin und Fibrinogen lysiert. Die Umwandlung von Plasminogen in Plasmin kann durch Gewebeaktivatoren (tPA, Urokinase) oder Streptokinase erfolgen.

Aktivatoren der Fibrinolyse

Fibrinolytika bewirken eine **Plasminämie** mit systemischer Fibrinolyse.

Streptokinase (SK)

Streptokinase bildet mit Plasminogen den Streptokinase-Plasminogen-Aktivatorkomplex, der Plasminogen in Plasmin umwandelt.

folgt eine Dauerinfusion mit 100000 I.E. pro Stunde ($^2/_3 - ^1/_2$ der Initialdosis).

Urokinase (UK)

Urokinase ist ein direkter Aktivator des fibrinolytischen Systems.

Urokinase (UK)

Urokinase ist ein direkter Aktivator des fibrinolytischen Systems. Bei fehlender Antigenität ist die Dauer der Lyse von daher zeitlich nicht begrenzt. Komplizierende Blutungen treten seltener auf als unter der SK. Das Blutungsrisiko einer Lysetherapie wird von verschiedenen Autoren wie folgt beurteilt: SK 4 – 10 %, UK 1 – 1,2 %.

Dosierungshinweis (Lysetherapie einer tiefen Beinvenenthrombose). Die Initialdosis beträgt 600000 I.E. Anschließend werden 80000 – 200000 I.E. pro Stunde als Dauerinfusion appliziert.

tPA (»tissue plasminogen activator«)

Die Substanz wird gentechnologisch hergestellt (r-tPA; »r« steht für rekombinant). Sie hat gute Ergebnisse bei der Thrombolyse im Rahmen des Myokardinfarktes und der Lungenembolie bewiesen, ist allerdings ausgesprochen teuer.

tPA (»tissue plasminogen activator«)

Hierbei handelt es sich um einen Gewebeaktivator von Plasminogen mit hoher Spezifität für Fibrin (Thrombusfibrin) und einer geringeren Wirkung auf Fibrinogen, den Faktor V und Faktor VIII. Die Substanz wird gentechnologisch hergestellt (r-tPA; »r« steht für rekombinant). Sie hat gute Ergebnisse bei der Thrombolyse im Rahmen des Myokardinfarktes und der Lungenembolie bewiesen. Von Nachteil ist, daß r-tPA aufgrund des Herstellungsverfahrens ausgesprochen teuer ist. Dosierung: 50 mg als Bolus, 50 mg als Kurzinfusion über 2 h.

Therapeutische Inhibitoren der Fibrinolyse
Häufig verwendete Substanzen sind **Aprotinin** oder **Tranexamsäure**.

Therapeutische Inhibitoren der Fibrinolyse

Liegt eine hämorrhagische Diathese aufgrund einer *primär* gesteigerten Fibrinolyse (z. B. Fruchtwasserembolie) vor, oder kommt es unter einer therapeutischen Fibrinolyse zu bedrohlichen Blutungen, ist die Indikation zur Gabe von Antifibrinolytika gegeben. Häufig verwendete Substanzen sind **Aprotinin** oder **Tranexamsäure**.

Aprotinin (Trasylol®)

Hierbei handelt es sich um einen Proteinaseninhibitor, der eine Inaktivierung von Plasmin (Fibrinolyse) bewirkt.

Aprotinin (Trasylol®)

Hierbei handelt es sich um einen Proteinaseninhibitor, der eine Inaktivierung von Plasmin (Fibrinolyse) bewirkt. Gleichfalls werden das Kallikrein-Kinin-System und das Gerinnungssystem über eine Hemmung des Faktors XII und weitere Serinproteasen inhibiert.

Dosierung. Initial 500000 – 2 Mio. K.I.E. als Kurzinfusion; nachfolgend 100000 – 200000 K.I.E./h (Kallikrein-Inhibitor-Einheiten) per infusionem.

Tranexamsäure (Cyclocapron®)

Dieses synthetische Antifibrinolytikum hemmt die Umwandlung von Plasminogen in Plasmin, und weniger die Wirkung von Plasmin selbst.

Tranexamsäure (Cyclocapron®)

Dieses synthetische Antifibrinolytikum hemmt die Umwandlung von Plasminogen in Plasmin, und weniger die Wirkung von Plasmin selbst. Die Substanz hat keine Wirkung auf das Gerinnungssystem, d. h., sie ist ohne antikoagulatorischen Effekt.

Dosierung. Initial 0,5 – 1,0 g; nachfolgend 1,5 – 4,5 g/d

5.4.5 Gerinnungsstörungen und ihre Therapie
Die Substitution von Gerinnungsfaktoren oder Thrombozyten ist aufgrund der bestehenden Risiken generell nur bei bestehenden oder sicher zu erwartenden Hämostasestörungen indiziert.

5.4.5 Gerinnungsstörungen und ihre Therapie

Die Substitution von Gerinnungsfaktoren oder Thrombozyten ist aufgrund der bestehenden Risiken generell nur bei bestehenden oder sicher zu erwartenden Hämostasestörungen indiziert. In Nichtnotfallsituationen sollte eine Substitution gezielt nach Analyse des Gerinnungsablaufes und unter Berücksichtigung der Grunderkrankung! erfolgen. So sind andere Bewertungsmaßstäbe beim septischen Intensivpatienten oder beim Tumorpatienten anzusetzen, als beim Patienten, der nur eine passagere

Gerinnungsstörung (z. B. Verlustkoagulopathie) erleidet. Besteht dagegen eine akut lebensbedrohliche Situation, darf die Therapie nicht aufgrund ausstehender Labordaten (diese hinken der aktuellen Situation oft hinterher) verzögert werden.

Gerinnungsstörungen bei akuter Blutung

Hämostasestörungen aufgrund von Blutverlusten (intraoperativ oder posttraumatisch) gehören zu den häufigsten Gerinnungsstörungen. 3 grundlegende Mechanismen sind dafür verantwortlich:

1. Blutvolumenabnahme resultiert in einer Verminderung des Gerinnungspotentials → **Verlustkoagulopathie**.
2. Ferner bewirkt eine Volumensubstitution mit dem Ziel der Steigerung des pathologisch erniedrigten Herzminutenvolumens und der damit verbundenen Erholung der reduzierten Sauerstofftransportkapazität eine Hämodilution → **Verdünnungskoagulopathie**.
3. Bei nicht rechtzeitiger oder adäquater Therapie entsteht durch die überschießende Aktivierung des Gerinnungssystems ein Verbrauch von Gerinnungsfaktoren, Thrombozyten und Gerinnungsinhibitoren → **Verbrauchskoagulopathie**.

Gerinnungsstörungen bei akuter Blutung
Hämostasestörungen durch intraoperative oder posttraumatische Blutverluste werden durch 3 grundlegende Mechanismen verursacht:
1. Verlustkoagulopathie durch Verminderung des Gerinnungspotentials
2. Verdünnungskoagulopathie durch Volumensubstitution erzielte Hämodilution
3. Verbrauchskoagulopathie durch überschießende Aktivierung des Gerinnungssystems.

Überwachungsparameter (siehe DIC).

Überwachungsparameter (siehe DIC).

Therapie. Zur Vermeidung von Gerinnungsstörungen nach ausgedehnten Blutverlusten haben sich in der Praxis Therapiekonzepte mit Blutkomponentenersatz (EKZ und FFP) durchgesetzt, wobei die Empfehlungen verschiedener Autoren z. T. erheblich variieren. Sie reichen von einem Verhältnis EKZ : FFP von 2 : 1 – 6 : 1. Unter Berücksichtigung der jeweiligen Grundkrankheit (z. B. Ausmaß des vorliegenden Traumas) und des klinischen Befundes erscheint für die Notfallsituation als Faustregel das folgende **Schema** sinnvoll:

Therapie Zur Vermeidung von Gerinnungsstörungen nach ausgedehnten Blutverlusten haben sich in der Praxis Therapiekonzepte mit Blutkomponentenersatz (EKZ und FFP) durchgesetzt.

Merke.
- Mit der Gabe von EKZ-identischem **»Fresh-frozen«-Plasma** sollte ab der **5. Einheit** mit **Erythrozytenkonzentrat** begonnen werden.
- Für je **2 weitere Erythrozytenkonzentrate** sollte **1** Einheit **FFP** gegeben werden.
- Die **Substitution** von Faktorenkonzentraten und Thrombozyten sollte **nach Gerinnungsanalysen** erfolgen.

◄ **Merke**

Probleme bei der Massentransfusion (siehe Kap. 5.3.5)

Disseminierte intravasale Gerinnung (DIC)

Probleme bei der Massentransfusion (s. Kap. 5.3.5)

Disseminierte intravasale Gerinnung (DIC)

Definition. Durch intravasale Gerinnungsaktivierung bilden sich disseminierte Mikrothromben. Es kommt durch Verbrauch des Gerinnungspotentials zur hämorrhagischen Diathese (**Verbrauchskoagulopathie**), wobei die Fibrinolyse in der Regel kompensatorisch gesteigert ist (**sekundäre Hyperfibrinolyse**).

◄ **Definition**

Bei der DIC liegt eine Aktivierung des Gerinnungssystems vor. Bei Verbrauch des Inhibitorpotentials entsteht ein autonomer Gerinnungsablauf über den Ort der Verletzung hinaus mit Blutungskomplikationen sowie disseminierten Fibrin- und Thrombozytenablagerungen im Kapillarbett. Resultierende Mikrozirkulationsstörungen haben lebensbedrohliche hypoxische Funktionsbeeinträchtigungen aller Organe zur Folge.

Ursachen
- verschiedene **Schockformen**
- Einschwemmung **thromboplastischen Materials** (Zelluntergang, Gewebetraumatisierung, Operationen, Tumorerkrankungen, akute Organnekrosen und geburtshilfliche Komplikationen).
- **Schädigung des Gefäßendothels**
- **Bakterienendotoxine**
- **Immunreaktionen.**

Ursachen. Im folgenden werden die wichtigsten prädisponierenden Krankheitsbilder bzw. Schädigungen aufgeführt, die eine DIC verursachen oder ihrer Entstehung Vorschub leisten:
- verschiedene **Formen des Schocks** (hämorrhagisch, kardiogen, traumatisch, anaphylaktisch, septisch, nach Verbrennung): DIC-Auslösung im Rahmen generalisierter Mikrozirkulationsstörungen mit Stase, Hypoxie und Azidose
- nach Einschwemmung **thromboplastischen Materials** bei
  - Zelluntergang: hämolytische Syndrome
  - Gewebetraumatisierung: Polytrauma
  - Operationen: insbesondere an Organen wie Prostata, Uterus, Pankreas, Lunge
  - akuten Organnekrosen: nekrotisierende Pankreatitis, Leberzellnekrose
  - geburtshilflichen Komplikationen: Fruchtwasserembolien
  - Tumorerkrankungen mit Zelluntergang.
- **Schädigung des Gefäßendothels** mit Freilegung subendothelialer Strukturen, mechanische Erythrozytenschädigung bei extrakorporaler Zirkulation
- **Bakterienendotoxine:** besonders gramnegative Septikämien
- **Immunreaktionen:** Antigen-Antikörperkomplexe mit Komplementaktivierung (z. B. anaphylaktischer Schock).

Symptome
- hämorrhagische Diathese
- Mikrozirkulationsstörungen.

Symptome.
- hämorrhagische Diathese
- Mikrozirkulationsstörungen.

Akute, mit Schocksymptomatik einhergehende oder chronische Verlaufsformen sind möglich. Diagnostisch und laboranalytisch ist die Abgrenzung einer einfachen Verlust- oder Verdünnungskoagulopathie gegenüber einer DIC schwierig.

Überwachungsparameter Neben **kardiopulmonalen Funktionsparameter** (HB, Hkt, Blutgasanalyse [Azidose]) und **klinischen Parametern** haben sich folgende **Gerinnungsanalysen** bewährt:
- Thrombozytenzählung
- Bestimmung von AT III
- Bestimmung von Fibrinogen.

Überwachungsparameter. Unter Beachtung der **kardiopulmonalen Funktionsparameter**
- Laboranalysen: Hb, Hkt, Blutgasanalyse (Azidose)
- Monitoring: Herzfrequenz, Blutdruckverhalten, ZVD etc. sowie **klinischer Parameter**
- Beobachtung des Operationsgebietes: Blutungstyp
- Beobachtung des Patienten: Blässe, Kaltschweißigkeit etc.

Gerinnungsanalysen:
- Thrombozytenzählung
- Bestimmung von AT III
- Bestimmung von Fibrinogen.

Weitere wichtige Aufschlüsse ergibt die Bestimmung der:
- partiellen Thromboplastinzeit (PTT)
- Thromboplastinzeit nach Quick
- Thrombinzeit (TZ)
- D-Dimere und Fibrinmonomere
- fragmentierte Erythrozyten im Blutbild.

Weitere wichtige Aufschlüsse ergeben folgende Bestimmungen
- partielle Thromboplastinzeit (PTT)
- Thromboplastinzeit nach Quick
- Thrombinzeit (TZ)
- D-Dimere und Fibrinmonomere
- Differentialblutbild (fragmentierte Erythrozyten!: Hinweis auf **mikroangiopathische Hämolyse,** die infolge einer mechanischen Schädigung der Blutzellen durch Fibrinnetze entsteht).

Therapie
1. Das vorrangige Therapieziel ist die **Beseitigung der auslösenden Ursache**.
2. **Kardiopulmonale Stabilisierung.**
3. **Substitution des Gerinnungspotentials.** Im Vordergrund steht die Normalisierung der **AT-III**-Plasmakonzentration. **Heparin, FFP, Warmplasma** und **Thrombozytengabe** können angezeigt sein.

Therapie.
1. Das vorrangige Therapieziel ist die **Beseitigung der auslösenden Ursache.**
2. Ferner ist eine **kardiopulmonale Stabilisierung** mittels einer adäquaten Infusions- und Transfusionstherapie unter entsprechend ausgerichteter Überwachung anzustreben.
3. **Substitution des Gerinnungspotentials**
   Im Vordergrund steht die Normalisierung der **AT-III**-Plasmakonzentration (siehe Kap. 5.4.4). Dieses erfolgt mit dem Ziel, die am Anfang stehende Hyperkoagulabilität zu unterbrechen. **Heparin** wird dabei

zumeist in einer »Mini«-Dosis (2000 – 5000 I.E./24 h) empfohlen, um vorhandenes AT III schneller zu aktivieren. Ferner kann durch **FFP**-Gaben das Gerinnungs- und Inhibitorpotential unspezifisch angehoben werden. **Warmplasma** kann bei Faktor-V-Mangel angezeigt sein. Andere Faktorenkonzentrate (z. B. **Fibrinogen**) werden entsprechend des ermittelten Bedarfes gewählt, ebenso wie die Gabe von **Thrombozyten**.
Bei vermuteter Fibrinosierung der Gefäßperipherie **kann** trotz eines bestehenden Hämostasedefektes eine Fibrinolysebehandlung indiziert sein.

4. Eine **Glukokortikoidtherapie** kann bei septischen Krankheitsbildern erforderlich sein.

Bei vermuteter Fibrinosierung der Gefäßperipherie **kann** trotz eines bestehenden Hämostasedefektes eine Fibrinolysebehandlung indiziert sein.

4. **Glukokortikoide** können erforderlich sein.

Thromboembolische Erkrankungen

Thromboembolische Erkrankungen des venösen oder arteriellen Gefäßsystems sind eine Indikation zur Behandlung mit **Antithrombotika** (Antikoagulanzien, Aggregationshemmer) und **Fibrinolytika.** 5.**8** gibt eine grobe Übersicht der antithrombotischen Verfahren mit den entsprechenden Indikationen.

Thromboembolische Erkrankungen

Thromboembolische Erkrankungen sind eine Indikation zur Behandlung mit **Antithrombotika** und **Fibrinolytika**. 5.**8** gibt einen Überblick über die Indikationen.

5.8: Indikationen für Antithrombotika und Fibrinolytika

	Heparin	orale Antikoagulanzien (Kumarine)	Aggregationshemmer (ASS, Dipyridamol, Sulfinpyrazon)	Fibrinolyse (Streptokinase, Urokinase, tPA)
▷ **Venenthrombose**				
Prophylaxe	●	●		
Behandlung	●			●
▷ **Lungenembolie**	●	○		●
▷ **Embolie**				
periphere arterielle Embolie	○	●		
zerebrale Embolie	○	●		
▷ **Herzinfarkt**				
Akutphase (<4h)	●		●	●
Sekundärphase			●	
▷ **KHK**				
Angina pectoris			●	
Zustand nach Bypass-OP			●	
▷ **Herzinsuffizienz**				
Zustand nach Klappenersatz		●	○	
Vorhofflimmern		●		
▷ **arterielle Verschlußkrankheit**		●	●	
erhöhtes Gerinnungspotential				
Thrombozytose			●	
Polyglobulie			●	
▷ **Verbrauchskoagulopathie**	●			○
▷ **Hämodialyse**	●			

● absolute Indikation ○ seltene ergänzende Indikation

Therapeutische Fibrinolyse bzw. Thrombolyse

Eine Lysetherapie mit SK, UK oder tPA kann systemisch durch intravenöse Applikation oder, wenn möglich, lokal durch Infusion direkt in das betroffene Gefäß (Pulmonal-, Koronar-, periphere Arterie) erfolgen. Eine thrombolytische Therapie **muß** mit einer Heparinisierung zur Vermeidung einer erneuten Thrombenbildung kombiniert werden, der anschließend eine längerfristige Antikoagulation (Kumarine, ASS) folgen muß.

Indikationen für Thrombolytika (SK, UK, r-tPA)
- frischer Myokardinfarkt (<6 Std.)
- frische Lungenembolie
- frische tiefe Beinvenenthrombose.

Kontraindikationen der Thrombolytika (Auswahl)
- hämorrhagische Diathese
- frische Ulzera des Magen-Darm-Traktes, schwere Leber- und Niereninsuffizienz, 10 – 14 Tage nach schwerem Trauma oder Operationen
- schwere arterielle Hypertonie
- bei Streptokinase: Streptokokkeninfekte oder vorausgegangene Lyse.

Merke ►

Therapie der Lungenembolie

Massive Embolien haben eine Letalität von 50 – 60 % innerhalb der 1. Stunde!

Diagnostik Für die Diagnose sind unerläßlich:
- **Laborparameter** (Blutgasanalyse)
- **Kapnometrie** (Abfall des endexspiratorischen PCO_2)
- **Echokardiographie** (bettseitig)
- ggf. **Pulmonalisangiographie**
- **Spiral-CT.**

Therapie
- **Sicherung der kardiopulmonalen Funktionen**
- **ausreichende Sedierung und Analgesie**

Therapeutische Fibrinolyse bzw. Thrombolyse

Eine Lysetherapie mit SK, UK oder tPA kann systemisch durch intravenöse Applikation oder, wenn möglich, lokal durch Infusion direkt in das betroffene Gefäß (Pulmonal-, Koronar-, periphere Arterie) erfolgen. Der Vorteil der lokalen Applikation liegt in der intensiveren Wirkung am Ort der Thrombose, wobei aber eine systemische Aktivierung der Fibrinolyse nicht vollständig vermieden werden kann. Eine thrombolytische Therapie **muß** mit einer Heparinisierung zur Vermeidung einer erneuten Thrombenbildung kombiniert werden, der anschließend eine längerfristige Antikoagulation (Kumarine, ASS) folgen muß.

Indikationen für Thrombolytika (SK, UK, r-tPA).
- frischer Myokardinfarkt (<6 Stunden), frische Lungenembolie, frische tiefe Beinvenenthrombose, frische arterielle Embolien und periphere arterielle Thrombosen. Weitere Indikationen siehe Duale Reihe Innere Medizin.

Kontraindikationen der Thrombolytika (Auswahl).
- hämorrhagische Diathese, frische Ulzera des Magen-Darm-Traktes, schwere arterielle Hypertonie, schwere Leber- und Niereninsuffizienz, 10 – 14 Tage nach schwerem Trauma oder Operationen
- bei Streptokinase: Streptokokkeninfekte oder vorausgegangene Lyse mit SK sind relative Kontraindikation: Alter >70 – 75 Jahre. Bei der Bewertung der Kontraindikation müssen im Einzelfall Nutzen und Risiko einer Lysetherapie gegeneinander abgewogen werden.

> ***Merke.*** Während der **Heparin-** und **Lysetherapie** wird für die **TZ** (Thrombinzeit) und die **PTT** ein therapeutischer Bereich mit dem 2 – 4fachen der Referenzwerte angestrebt.

Therapie der Lungenembolie (vgl. Kap. 9.9.3)

Eine Verlegung der Lungenstrombahn (Äste der A. pulmonalis) infolge massiver Lungenembolie mit resultierendem **akuten Cor pulmonale** erfordert vom Anästhesisten eine frühzeitige Erkennung und zielgerichtete notfallmedizinische Behandlung. Massive Embolien haben eine Letalität von 50 – 60 % innerhalb der 1. Stunde!

Diagnostik. Für die Diagnose sind unerläßlich:
- **Laborparameter:** Blutgasanalyse (PaO_2-Abfall, $PaCO_2$-Abfall oder -Anstieg)
- **Kapnometrie:** Abfall des endexspiratorischen PCO_2
- EKG und Röntgenthorax sind wenig empfindliche Verfahren. Sie erlauben aber bei unauffälligem Befund den Ausschluß anderer mit ähnlicher Symptomatik einhergehenden Erkrankungen (z. B. Herzinfarkt, Pneumothorax).
- Vorrangige diagnostische Bedeutung hat vor allem die **Echokardiographie** erlangt. Sie erlaubt in einer bettseitigen Untersuchung einen schnellen Nachweis von Thromben sowie eine Beurteilung der Herzfunktion.
- Die **Pulmonalisangiographie** hat zwar eine höhere Sensitivität, ist aber methodisch aufwendiger, da sie mit einem Transport und Verlassen der Intensiveinheit verbunden ist. Methode der Wahl ist das kontrastmittelverstärkte **Spiral-CT**.

Therapie.
- **Sicherung der kardiopulmonalen Funktionen:**
  zentraler Venenkatheter, ggf. Pulmonaliskatheter; arterielle Druckmessung; Katecholamintherapie; Sauerstoffinsufflation, ggf. Intubation und kontrollierte Beatmung mit 100 % Sauerstoff
- **ausreichende Sedierung und Analgesie**

- initial **Heparin** als Bolus: 10000 I.E. i.v. anschließend 20000 – 40000 I.E./d mittels Perfusor
- **Thrombolyse**
- evtl. **Embolektomie.**

Großangelegte Studien haben bewiesen, daß bei der Behandlung der **akuten Lungenembolie** die Thrombolyse (UK, SK oder r-tPA) der alleinigen antikoagulatorischen Therapie mit Heparin deutlich überlegen ist. Liegen keine Kontraindikationen vor (z. B. frühe postoperative Phase mit erhöhter Gefahr von Blutungskomplikationen), so sollte bei ausgeprägten Embolien eine kurzdauernde, hochdosierte Lysetherapie eingeleitet werden. Bei Vorliegen therapierefraktärer Schockzustände oder fulminanter Lungenembolien kommt bei Kontraindikationen gegen die Lysetherapie der Versuch einer Embolektomie, am besten unter Einsatz der Herz-Lungen-Maschine (ultima ratio), in Frage.

- **Heparin**
- **Thrombolyse**
- **evtl. Embolektomie.**

Großangelegte Studien haben bewiesen, daß bei der Behandlung der **akuten Lungenembolie** die Thrombolyse (UK, SK oder r-tPA) der alleinigen antikoagulatorischen Therapie mit Heparin deutlich überlegen ist.

5.4.6 Störungen der Thrombozytenfunktion

Thrombozytopenien (Thrombozyten < 150000/µl)

Pathologisch niedrige Werte entstehen **überwiegend** infolge eines **erhöhten Umsatzes** in der Peripherie (z. B. Verbrauchskoagulopathie) oder seltener aufgrund einer verminderten Bildung im Knochenmark (schwere Knochenmarksdepression).
Ursachen zeigt die 5.**9**:

5.4.6 Störungen der Thrombozytenfunktion

Thrombozytopenien (Thrombozyten <150 000/µl).

Ursachen zeigt die 5.**9**.

5.9: Ursachen für Thrombozytopenien

Umsatzsteigerung	Knochenmarksdepression
▷ Verbrauchskoagulopathie	▷ primär (z. B. Leukämie)
▷ Hämolyse	▷ sekundär: medikamentös-toxisch
▷ Splenomegalie	
▷ Sepsis	
▷ Antikörperbildung (postinfektiös, post-transfusionem, idiopathisch, medikamentös-allergisch)	
▷ Urämie	
▷ Leberzirrhose	

Die kritsche Schwelle für eine Blutungsgefährdung aufgrund eines Thrombozytenmangels wird in der Literatur unterschiedlich bewertet. Die Angaben reichen von 30000 – 80000/µl. Dabei sollen allerdings Patienten mit einer Plättchenzahl von 10000 – 30000/µl im Alltag vor einer Spontanblutung weitgehend geschützt sein. Während der **perioperativen Phase** (bis wenigstens zum 4. postoperativen Tag) sollten in Abhängigkeit von der Größe des Eingriffes **Werte von** >50000/µl angestrebt werden. Bei gleichzeitiger Plättchenfunktionsstörung kann aber bereits bei höheren Plättchenzahlen eine Blutungsneigung auftreten!

Während der **perioperativen Phase** (bis wenigstens zum 4. postoperativen Tag) sollten in Abhängigkeit von der Größe des Eingriffes **Thrombozytenzahlen** von > 50000/µl angestrebt werden.

Vorgehen bei thrombozytopenischer Blutungsgefährdung

Heparin hemmt die Thrombozytenaggregation und wird bei Thrombozytopenie vermindert inaktiviert (s. o.). Deshalb muß Heparin, insbesondere in der postoperativen Phase, der Thrombozytenzahl angepaßt werden (Reduktion der Heparindosierung bei Thrombozytopenien!). Ebenso ist bei der Gabe von **kolloidalen Volumenersatzmitteln** wie Dextranen und HES Vorsicht geboten, da diese ebenfalls die Aggregation hemmen.

Vorgehen bei thrombozytopenischer Blutungsgefährdung

Die **Heparin**dosierung muß bei Thrombozytopenien reduziert werden, ebenso bei der Gabe von **kolloidalen Volumenersatzmitteln** wie Dextranen und HES.

Thrombozytosen (Thrombozyten >400000/μl)

Ursache ist meist eine reaktive Plättchenvermehrung. Auch hier muß die Heparindosierung angepaßt (erhöht) werden.

Ursachen
- Splenektomie
- Postinfektionssyndrom.

Thrombozytopathien

Verminderung der Gerinnungsfunktion aufgrund von Plättchenfunktionsstörungen.

Verdachtsdiagnose Der Verdacht ergibt sich durch eine **pathologisch verlängerte Blutungszeit** bei normaler Thrombozytenzahl und normaler plasmatischer Gerinnung.

Ätiologie Häufigste Ursachen sind:
- **Stoffwechselstörungen** (Niereninsuffizienz, Leberinsuffizienz/Sepsis)
- **Medikamente** (ASS, HAES etc.).

Therapie Die Beseitigung schädigender Einflüsse, Gabe von Steroiden und die **Substitution von Thrombozyten** ist notwendig.

Thrombozytosen (Thrombozyten >400000/μl)

Ursächlich liegt meist eine **reaktive Plättchenvermehrung** vor. Thrombozytosen können Gefäßverschlüsse verursachen (Thrombozyten >500000/μl verstärken die Blutgerinnbarkeit, so daß die Heparindosierung entsprechend angepaßt [erhöht] werden muß).

Ursachen
- Splenektomie
- Postinfektionssyndrom.

Thrombozytopathien

Eine Verminderung der Gerinnungsfunktion kann nicht nur aufgrund einer zu geringen Plättchenzahl, sondern auch auf Plättchenfunktionsstörungen beruhen → **Thrombozytopathie**. Diese Störungen sind selten angeboren; zumeist sind sie **erworben** als Folge unterschiedlichster Grunderkrankungen oder nach Medikamentengabe.

Verdachtsdiagnose. Der Verdacht auf eine Thrombozytopathie ergibt sich durch eine pathologisch verlängerte Blutungszeit bei normaler Thrombozytenzahl und normaler plasmatischer Gerinnung.
Zur Differenzierung werden spezielle Plättchenfunktionstests eingesetzt.

Ätiologie. Häufigste Ursachen sind
- **Stoffwechselstörungen:**
  Niereninsuffizienz, Leberinsuffizienz, Sepsis
- durch **Medikamente** induziert:
  Acetylsalicyläure, Dextrane, HAES, Antibiotika (Penicilline, Cephalosporine).

Therapie. Die **Behebung** bzw. **Reduzierung der schädigenden Einflüsse** steht im Vordergrund, z. B. Absetzen der Pharmaka. Die Gabe von **Steroiden** ist in einigen Fällen erfolgreich. Die **Substitution von Thrombozyten** ist in der Regel nur bei gleichzeitiger Thrombozytopenie und klinischer Blutungsneigung (Haut- und Schleimhautblutungen, Petechien und Purpura) indiziert. Hierbei ist zu berücksichtigen, daß auch substituierte Plättchen z. B. bei anhaltenden Stoffwechselstörungen schnell gehemmt werden. Dann können wiederholte Thrombozytengaben erforderlich werden. Letztlich sei auf die Möglichkeit der DDAVP-Gabe (Desmopressin–Minirin®) als Kurzinfusion (0,4 μg/kg KG innerhalb von 30 min) hingewiesen, die sich bei einigen Thrombozytopathien bewährt hat. DDAVP führt zur Aktivierung der Faktor-VIII-Untereinheiten.

6 Unmittelbar postoperative Versorgung

6 Unmittelbar postoperative Versorgung

6.1 Funktion des Aufwachraumes

6.1 Funktion des Aufwachraumes

Die unmittelbar postoperative Phase bedeutet für den Patienten eine kritische Zeitspanne, weil die körpereigenen Regulations- und Kompensationsmechanismen infolge von operativem Trauma und anästhesiebedingten Nachwirkungen noch nicht vollständig wiederhergestellt sind. In dieser Phase ist daher eine sorgfältige und lückenlose Überwachung der Vitalfunktionen geboten, um Komplikationen zu vermeiden bzw. sofort adäquat therapieren zu können. Hierzu wurden bereits in den 20er und 30er Jahren die ersten sog. Aufwacheinheiten eingerichtet. Der moderne Aufwachraum soll die Überwachung und Therapie mit den Möglichkeiten der Intensivmedizin gewährleisten.

Die unmittelbar postoperative Phase bedeutet für den Patienten eine kritische Zeitspanne, weil die körpereigenen Regulations- und Kompensationsmechanismen infolge von operativem Trauma und anästhesiebedingten Nachwirkungen noch nicht vollständig wiederhergestellt sind.

Die **Aufgaben einer Aufwacheinheit** sind:
- Überwachung
- Prophylaxe
- Therapie.

Die **Aufgaben einer Aufwacheinheit** sind:
- Überwachung
- Prophylaxe
- Therapie.

6.2 Organisation des Aufwachraumes

6.2 Organisation des Aufwachraumes

Der Aufwachraum befindet sich in unmittelbarer räumlicher Nähe zum Operationsbereich bzw. ist in diesen integriert. Damit ist der jederzeitige Kontakt mit dem Anästhesisten und dem Operationsteam garantiert und eine bei eintretenden Komplikationen erforderliche Rückführung des Patienten in den Operationsraum umgehend möglich. Der Aufwachraum ist als **Bindeglied** zwischen Operationsabteilung und allgemeinem Pflegebereich zu verstehen (6.**1**). Spätestens hier wird zu entscheiden sein, ob der Patient auf die Allgemein- oder Intensivstation verlegt wird oder bei ambulanten Eingriffen nach Hause entlassen werden kann. Bis auf die Patienten, die postoperativ sofort einer Intensivstation übergeben werden, sollten alle anderen zunächst in einer Aufwacheinheit betreut werden. Das gilt unabhängig von Art und Dauer der Anästhesie.

Der Aufwachraum befindet sich in unmittelbarer räumlicher Nähe zum Operationsbereich bzw. ist in diesen integriert.

Der Aufwachraum ist als **Bindeglied** zwischen Operationsabteilung und allgemeinem Pflegebereich zu verstehen (6.**1**). Spätestens hier wird zu entscheiden sein, ob der Patient auf die Allgemein- oder Intensivstation verlegt wird oder bei ambulanten Eingriffen nach Hause entlassen werden kann.

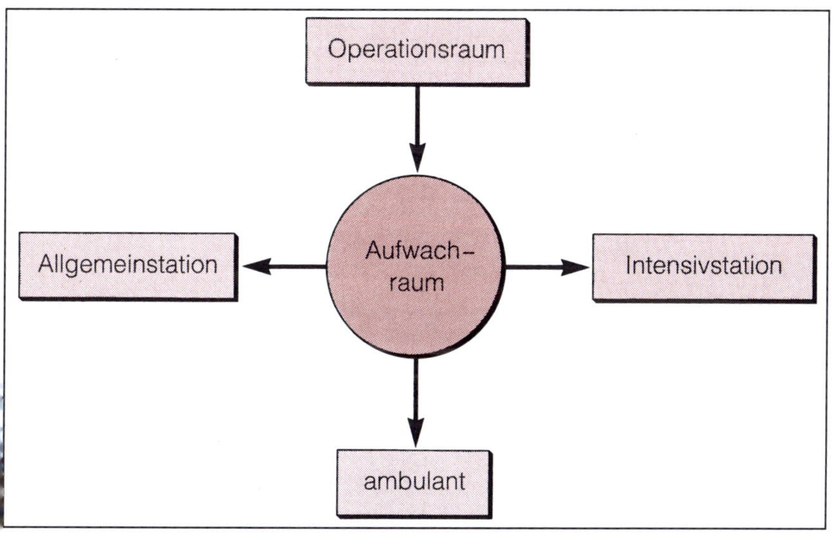

6.1: Der Aufwachraum als Bindeglied zwischen OP-Abteilung und allgemeinem Pflegebereich.

Die ärztliche Leitung des Aufwachraumes obliegt dem Anästhesisten. Eine ausreichende apparative Ausstattung und Besetzung mit erfahrenem Anästhesiepflegepersonal sind für die angemessene Versorgung Frischoperier-

Die ärztliche Leitung des Aufwachraumes obliegt dem Anästhesisten.

ter unabdingbar. Man geht dabei heutzutage von einem Personal-Patienten-Verhältnis von 1 : 2 bis 1 : 3 aus. Die Anzahl an benötigten Aufwachbetten ist in den einzelnen operativen Fachdisziplinen verschieden. Sie schwankt zwischen 1,5 und 3 Betten pro Operationstisch.

6.3 Pflegerische Maßnahmen

Neben der Grundpflege sind spezielle pflegerische und therapeutische Maßnahmen fachgerecht durchzuführen. Art und Ausmaß dieser Pflege werden bestimmt durch die Operation, das Anästhesieverfahren und die Vorerkrankungen des Patienten.

6.3 Pflegerische Maßnahmen

Die Aufgabe des Pflegepersonals besteht darin, bei jedem Aufwachpatienten neben der Grundpflege allgemeine und spezielle pflegerische und therapeutische Maßnahmen fachgerecht durchzuführen. Art und Ausmaß dieser Pflege werden bestimmt durch die Operation, das Anästhesieverfahren und die Vorerkrankungen des Patienten. Zu Beginn des Aufenthaltes im Aufwachraum erfolgt die **korrekte Übergabe** des Patienten durch den Anästhesisten an die Pflegeperson, die den Patienten von seiner Aufnahme bis zur Entlassung im Aufwachraum betreut.

Information bei Übergabe des Patienten:
Alle wichtigen Informationen über den Patienten, die für die weitere Pflege von Bedeutung sind, müssen übergeben werden.

Information bei Übergabe des Patienten:
- Name und Alter des Patienten
- durchgeführte Operation
- durchgeführte Anästhesie
- aufgetretene Komplikationen
- Vorerkrankungen
- Verordnungen zur Schmerztherapie
- spezielle Anordnungen.

6.3.1 Allgemeine pflegerische Maßnahmen

Siehe ▤ 6.**1**.

6.3.1 Allgemeine pflegerische Maßnahmen (siehe auch ▤ 6.**1**)

Eine sachgerechte Lagerung des Patienten erfolgt unter besonderer Berücksichtigung der Funktionen von Atmung und Herz-Kreislauf-System. Sie dient der Reduzierung von Schmerzen. Zu den Routinemaßnahmen gehört zumindest nach Allgemeinanästhesien die Sauerstoffinsufflation, weil hiernach mit passageren Störungen des Gasaustausches für Sauerstoff zu rechnen ist. Jeder Patient muß hinsichtlich seiner Vitalfunktionen ausreichend überwacht werden (siehe Kap. 6.4). Die Fortführung der Infusionstherapie mit kristalloiden Lösungen hat den Besonderheiten des postoperativen Flüssigkeitshaushaltes Rechnung zu tragen (siehe Kap. 5.1.4). Sie ist bis auf kurzdauernde periphere Eingriffe unverzichtbar. Medikamente werden grundsätzlich intravenös verabreicht. Ihre Gabe erfolgt ebenso wie Bluttransfusionen entsprechend den ärztlichen Anordnungen. Selbstverständlich ist die Ableitung von Drainagen, Blasenkatheter und Magensonde sowie die Bilanzierung von Ein- und Ausfuhr. Infolge intraoperativer Auskühlung ist besonders nach größeren und längerdauernden Eingriffen eine Wärmeapplikation notwendig, um den Sauerstoffverbrauch nicht durch Kältereaktionen (siehe Kap. 6.5.4) gefährlich ansteigen zu lassen. Die pflegerischen Tätigkeiten müssen sorgfältig und lückenlos dokumentiert werden.

▤ 6.1: Allgemeine pflegerische Maßnahmen im AWR

- ▷ Lagerung
- ▷ Sauerstoffapplikation
- ▷ Kontrolle der Vitalfunktionen
- ▷ Infusionstherapie
- ▷ Medikamentenapplikation
- ▷ Ableitung von Drainagen, Blasenkatheter, Magensonde
- ▷ Bilanzierung
- ▷ Wärmeapplikation
- ▷ Dokumentation

6.3.2 Spezielle pflegerische Maßnahmen

Zu den speziellen pflegerischen Maßnahmen im Aufwachraum gehört die Betreuung von Patienten mit invasiver Blutdruckmessung und/oder Pulmonaliskatheter sowie die Versorgung derer, die nicht sofort nach Beendigung der Operation extubiert werden können und im Aufwachraum nachbeatmet werden müssen.

Spezielle pflegerische Maßnahmen sind die Überwachung:
- invasiver Blutdruckmessungen
- der mittels Pulmonaliskatheter abzuleitenden Parameter
- Nachbeatmung (Überwachung).

6.3.2 Spezielle pflegerische Maßnahmen

Zu den **speziellen pflegerischen Maßnahmen** im Aufwachraum gehören die Betreuung von Patienten mit:
- invasiver Blutdruckmessung
- Pulmonaliskatheter (Messung von HZV etc.)
- Nachbeatmung (Überwachung).

6.4 Monitoring

In der direkten postoperativen Phase besteht die Notwendigkeit, den Patienten bis zu seiner Verlegung aus dem Aufwachraum hinreichend sorgfältig und den Erfordernissen angepaßt zu überwachen. Vorrangig ist die **Kontrolle der Vitalfunktionen**. Hierzu kann neben der Standardüberwachung auch die Überprüfung spezieller Parameter erforderlich werden. Das Ausmaß des Monitorings richtet sich nach den Vorerkrankungen und dem Alter des Patienten, der Art und Dauer des chirurgischen Eingriffes, dem anästhesiologischen Verfahren und etwaigen Komplikationen. Neben der klinischen Untersuchung stehen apparative und laborchemische Methoden zur Verfügung.

Monitoring im Aufwachraum:
- klinisch
- apparativ
- laborchemisch.

6.4 Monitoring

In der direkten postoperativen Phase besteht die Notwendigkeit, den Patienten bis zu seiner Verlegung aus dem Aufwachraum hinreichend sorgfältig und den Erfordernissen angepaßt zu überwachen. Vorrangig ist die **Kontrolle der Vitalfunktionen,** die in Abhängigkeit vom operativen Vorgehen durch Überprüfung spezieller Parameter ergänzt wird.

Monitoring im Aufwachraum:
- klinisch
- apparativ
- laborchemisch.

6.4.1 Klinische Überwachung (siehe auch Kap. 3.1.4)

Die klinische Untersuchung bildet die Basis der Patientenüberwachung im Aufwachraum. Hierunter fallen die Überprüfung der **Bewußtseinslage,** der **Atemfrequenz und -tiefe** und die Auskultation der **Atemgeräusche.** Nach Anwendung von Muskelrelaxanzien sollte die **grobe Muskelkraft** eingeschätzt werden (siehe Kap. 3.4.4). Zur Beurteilung der peripheren Zirkulation dienen die **Hautfarbe** und **-temperatur** und der **Pulsbefund**. Diese Parameter müssen vor allem nach gefäßchirurgischen Eingriffen und Operationen von Extremitätenfrakturen überwacht werden. Bei letzteren ist zusätzlich die Kontrolle der Sensibilität und Motorik angezeigt, um neurologische Ausfälle erkennen zu können. Die Wiederkehr neurologischer Funktionen nach Regionalanästhesien ist ebenfalls zu überprüfen.

6.4.1 Klinische Überwachung (siehe auch Kap. 3.1.4)

Die klinische Untersuchung bildet die Basis der Patientenüberwachung im Aufwachraum. **Bewußtseinslage, Atmung, Kreislauf** und **grobe Muskelkraft** müssen regelmäßig überprüft werden.
Zur Beurteilung der peripheren Zirkulation dienen die **Hautfarbe** und **-temperatur** und der **Pulsbefund.**

Die Wiederkehr neurologischer Funktionen nach Regionalanästhesien ist ebenfalls zu überprüfen.

6.4.2 Apparative Überwachung (siehe auch Kap. 3.1.4)

Zur Standardkreislaufüberwachung bei jedem Patienten gehören die fortlaufende **EKG**-Registrierung mittels eines Monitors und die regelmäßige **nichtinvasive Blutdruckmessung.** Bei manchen Patienten sind vor allem nach größeren Eingriffen zur Kontrolle des intravasalen Volumenhaushaltes die Messung des **zentralen Venendruckes** und bei instabiler Hämodynamik die **invasive Blutdruckmessung** über eine intraarterielle Kanüle unentbehrlich. Die Verwendung eines **Pulmonalarterienkatheters** bleibt speziellen Indikationen zur Messung des Herzzeitvolumens und differenzierten Beurteilung der Rechts- und Linksherzfunktion vorbehalten.
Die kontinuierliche Überwachung der Atemfrequenz ist in die modernen EKG-Monitore integriert. So wird eine Apnoe sofort erkennbar. Zusätzlich muß die orientierende Beurteilung des pulmonalen Gasaustausches für Sauerstoff mit Hilfe der **Pulsoxymetrie** erfolgen.

6.4.2 Apparative Überwachung (siehe auch Kap. 3.1.4)

Zur apparativen Standardüberwachung gehören **EKG, nichtinvasive Blutdruckmessung, ZVD** und als spezielle Maßnahmen die **invasive Blutdruckmessung** und der **Pulmonalarterienkatheter** zur Messung von HZV und der Beurteilung der Rechts- und Linksherzfunktion.

Zusätzlich muß die orientierende Beurteilung des pulmonalen Gasaustausches für Sauerstoff mit Hilfe der **Pulsoxymetrie** erfolgen.

Obligat sind nach großen Eingriffen Körpertemperatur- und Diuresemessungen.

Die Lage eines zentralen Venenkatheters oder Pulmonaliskatheters wird röntgenologisch kontrolliert. Eine Röntgenaufnahme des Thorax bzw. der Lungen ist außerdem indiziert bei Verdacht auf pulmonale und/oder kardiale Komplikationen.

Nach größeren Eingriffen ist die Messung der Körperkerntemperatur zur Überprüfung des Wärmehaushaltes und der Stundendiurese zur groben Einschätzung der Nierenfunktion obligat.
Die Lage eines zentralen Venenkatheters oder Pulmonaliskatheters wird röntgenologisch kontrolliert. Die Durchführung einer Röntgenaufnahme des Thorax bzw. der Lungen ist außerdem indiziert bei Verdacht auf pulmonale und/oder kardiale Komplikationen. Auf diese Weise können z. B. Atelektasen, Pneumothorax, Pleuraerguß und Lungenödem objektiviert werden.

6.4.3 Laborchemische Überwachung

Nicht selten werden unmittelbar postoperativ Hämoglobin-, Hämatokrit-, Blutzucker- und Elektrolytbestimmungen sowie Blutgas- und Gerinnungsanalysen durchgeführt.

6.4.3 Laborchemische Überwachung

Häufig werden unmittelbar postoperativ Laboruntersuchungen nötig. In erster Linie handelt es sich hierbei um Hämoglobin-, Hämatokrit-, Blutzucker- und Elektrolytbestimmungen sowie um Blutgas- und Gerinnungsanalysen (siehe entsprechende Kapitel). Die Untersuchung weiterer Parameter bleibt speziellen Indikationen vorbehalten.

6.5 Komplikationen

6.5.1 Respiratorische Komplikationen

Im Mittelpunkt des Spektrums postoperativer Komplikationen im Aufwachraum stehen die Störungen der Atmung, die unbehandelt rasch zu einer respiratorischen Insuffizienz führen (▤ **6.2**).

Ein **Laryngospasmus** kann häufiger bei Kindern durch eine Stimulation des Larynx während der Narkoseausleitung entstehen.

Ein **Bronchospasmus** ereignet sich ebenfalls bevorzugt in der Narkoseausleitungsphase. Prädisponiert sind vor allem Asthmatiker und starke Raucher mit chronischer Bronchitis.

Ein **Überhang an Narkotika** kann zur Hemmung des Atemzentrums führen und so eine Hypoventilation bewirken.

Mit steigendem arteriellen CO_2-Gehalt kommt es schließlich zur **CO_2-Narkose**, die unbemerkt im Atemstillstand, dem »Silent death«, enden kann.

Thorax- und Oberbaucheingriffe, chronische Lungenerkrankungen und erhebliches Übergewicht prädisponieren zur **Mikroatelektasenbildung**. Eine bronchopulmonale **Aspiration von Mageninhalt** kann sich nach Erbrechen in der Narkoseausleitungsphase bei noch nicht vollständig wiederhergestellten Schutzreflexen ereignen.

6.5 Komplikationen

6.5.1 Respiratorische Komplikationen

Im Mittelpunkt des Spektrums postoperativer Komplikationen im Aufwachraum stehen die Störungen der Atmung, die unbehandelt rasch zu einer respiratorischen Insuffizienz führen (▤ **6.2**).
Zu einer mechanischen **Verlegung der oberen Atemwege** kommt es beim Zurückfallen der Zunge. Auch durch den chirurgischen Eingriff selbst kann eine Obstruktion von Larynx und Pharynx verursacht werden, so z. B. durch Ödem und Blutung nach Karotis- und Halsoperationen sowie durch eine Rekurrensparese nach Strumektomien. Ein **Laryngospasmus** kann durch eine Stimulation des Larynx während der Narkoseausleitung entstehen. Auslöser sind Manipulationen im Bereich der oberen Atemwege und Sekret- und Blutansammlungen. Er tritt häufiger bei Kindern als bei Erwachsenen auf. Traumatische Intubationen und laryngeale Eingriffe führen nicht selten zum Larynxödem. Ein **Bronchospasmus** ereignet sich ebenfalls bevorzugt in der Narkoseausleitungsphase. Prädisponiert sind vor allem Patienten mit Asthma bronchiale und starke Raucher mit chronischer Bronchitis.
Ein **Überhang an Narkotika** kann zur Hemmung des Atemzentrums führen und so eine Hypoventilation bewirken. Neben den Opioiden kommen auch die volatilen Inhalationsanästhetika als Auslöser in Betracht. Die besondere Gefahr liegt darin, daß ansteigende Blut-CO_2-Partialdrücke keine Ventilationssteigerung nach sich ziehen. Dadurch wird verhindert, daß der Patient das subjektive Gefühl der Dyspnoe entwickelt.
Mit steigendem arteriellem CO_2-Gehalt kommt es schließlich zur **CO_2-Narkose**, die unbemerkt im Atemstillstand, dem »Silent death«, enden kann. Nachwirkungen von Muskelrelaxanzien können durch eine neuromuskuläre Blockade eine periphere Atemlähmung verursachen. Komplikationen des chirurgischen Eingriffes, wie z. B. eine Phrenikusparese, oder Systemerkrankungen der Skelettmuskulatur, wie z. B. die Myasthenia gravis, sind ebenfalls in der Lage, postoperativ die Atmungsfunktion zu behindern.
Thorax- und Oberbaucheingriffe, chronische Lungenerkrankungen und erhebliches Übergewicht prädisponieren zur **Mikroatelektasenbildung**. Eine bronchopulmonale **Aspiration von Mageninhalt** kann sich nach Erbrechen in der Narkoseausleitungsphase bei noch nicht vollständig wiederhergestellten Schutzreflexen ereignen. Bei Thoraxoperationen, Strumektomien, Eingriffen am Zwerchfell und Nierenoperationen besteht die Gefahr einer Pleuraperforation mit Ausbildung eines Pneumothorax. Auch ein Lungenödem oder eine Lungenembolie können den pulmonalen Gasaustausch erheblich beeinträchtigen. Zu einer Steigerung des Sauerstoffbedarfs kommt es regelhaft durch Kältezittern, motorische Unruhe oder Fieber. Die Sauerstoffversorgung einzelner Organe, vor allem von Herz und Gehirn, kann dadurch bei disponierten Patienten kritisch werden.

6.2: Respiratorische Komplikationen im AWR

- **Atemwegsobstruktion**
  - Tonusverlust der Zungengrundmuskulatur
  - chirurgischer Eingriff
  - Laryngospasmus
  - Larynxödem
  - Bronchospasmus
- **Hypoventilation**
  - zentrale Atemdepression
  - periphere Atemlähmung
- **Atelektasen**
- **bronchopulmonale Aspiration**
- **Pneumothorax**
- **Lungenödem**
- **Lungenembolie**
- **gesteigerter Sauerstoffbedarf**
  - Muskelzittern
  - Fieber

6.5.2 Kardiozirkulatorische Komplikationen

Unterkühlung, Schmerzen, Hypoxämie, Hyperkapnie und Störungen des Blut- und Plasmavolumens bewirken eine erhöhte Aktivität des sympathischen Nervensystems. Hieraus können sich in der unmittelbar postoperativen Phase kardiovaskuläre Komplikationen wie **arterielle Hyper- und Hypotension, kardiale Arrhythmien** und ggf. **Herzinsuffizienz, Myokardinfarkt** und **Herz-Kreislauf-Stillstand** entwickeln (6.**3**). Am stärksten gefährdet sind Patienten mit kardiozirkulatorischen Vorerkrankungen. Bei ihnen ist neben der Prävention ein subtiles und erweitertes Monitoring dringend angezeigt, um bei eingetretenen Komplikationen unverzüglich und angemessen therapieren zu können.
Die Lungenembolie im Aufwachraum ist zwar ein eher seltenes Ereignis, darf aber bei foudroyanten Kreislaufdepressionen in den differentialdiagnostischen Überlegungen nicht fehlen. Gleiches gilt für die Perikardtamponade, die sich nach Thorax- und Oberbaucheingriffen ereignen kann. Septische Kreislaufreaktionen sind vor allem dann möglich, wenn intraabdominelle Abszesse ausgeräumt und dabei Erreger bzw. Endotoxine in die Blutbahn eingeschwemmt wurden. Bei Patienten mit Nebennierenrindenatrophie im Rahmen chronischer Glukokortikoidmedikation, aber auch nach Hypophysektomien, Nephrektomien und Adrenalektomien muß bei Kreislaufbeeinträchtigungen an einen akuten Kortisolmangel gedacht werden.

6.5.2 Kardiozirkulatorische Komplikationen

Unterkühlung, Schmerzen, Hypoxämie, Hyperkapnie und Störungen des Blut- und Plasmavolumens bewirken eine erhöhte Aktivität des sympathischen Nervensystems. Hieraus können sich in der unmittelbar postoperativen Phase kardiovaskuläre Komplikationen wie **arterielle Hyper-** und **Hypotension, kardiale Arrhythmien** und ggf. **Herzinsuffizienz, Myokardinfarkt** und **Herz-Kreislauf-Stillstand** entwickeln (6.**3**).
Weitere Ursachen für Kreislaufbeeinträchtigungen können Lungenembolie, Perikardtamponade, septische Kreislaufreaktionen sowie Kortisolmangel sein.

6.5.3 Zerebrale Komplikationen

Ein **verzögertes Erwachen** aus der Narkose ist häufig durch einen **Narkoseüberhang** verursacht. Diese Patienten sollten **postoperativ nachbeatmet** werden. Kommen Opioide oder Benzodiazepine als Auslöser in Frage, ist prinzipiell eine medikamentöse Antagonisierung möglich.

6.5.3 Zerebrale Komplikationen

Ein **verzögertes Erwachen** aus der Narkose ist häufig durch einen **Narkoseüberhang** verursacht. Diese Patienten sollten **postoperativ nachbeatmet** werden. Kommen Opioide oder Benzodiazepine als Auslöser in Frage, ist eine Antagonisierung möglich.

6.3: Kreislaufkomplikationen (Ursachen) im AWR

▷ **arterielle Hypertension**
- Hypothermie
- Schmerzen
- Hypoxämie
- Hyperkapnie
- Hypervolämie

▷ **arterielle Hypotension**
- Hypovolämie
- Nachblutung
- Herzinsuffizienz
- Lungenembolie
- Perikardtamponade
- Sepsis
- Nebennierenrindeninsuffizienz

▷ **Herzrhythmusstörungen**
- Elektrolytimbalance, bes. Hypokaliämie
- Hypoxämie
- Hyperkapnie
- metabolische Azidose oder Alkalose
- Digitalisintoxikation
- Myokardischämie

▷ **Myokardinfarkt**

▷ **Herz-Kreislauf-Stillstand**

Merke ►

▶ ***Merke.*** Beachtet werden muß hierbei allerdings, daß es zu überschießenden Kreislaufreaktionen mit Tachykardien und Blutdruckanstiegen kommen kann. Außerdem sind »Rebound«-Phänomene möglich, wenn aufgrund unterschiedlicher Halbwertszeiten die Wirkung des Antagonisten früher nachläßt als die des Agonisten.

Auch eine Hypoglykämie kann Ursache einer Vigilanzminderung sein.

Eine exzessive intraoperative Hyperventilation führt neben einer möglichen zerebralen Ischämie zu einer Entleerung der CO_2-Speicher mit anschließender Verminderung bzw. Aufhebung des Atemantriebs. Sie ist anhand einer endexspiratorischen CO_2-Messung oder Blutgasanalyse erkennbar. Eine Hypoglykämie kann ebenfalls die Ursache einer Vigilanzminderung sein und ist durch eine Blutzuckerbestimmung mittels BZ-Stix sofort nachweisbar.

Postoperative Erregungszustände werden häufig durch Schmerzen verursacht. Hypoxämie und/oder Hyperkapnie dürfen in diesem Zusammenhang aber nicht übersehen werden.

Postoperative Erregungszustände werden häufig durch Schmerzen verursacht. Hypoxämie und/oder Hyperkapnie dürfen in diesem Zusammenhang aber nicht übersehen werden. Ebenso in Frage kommt bei nicht katheterisierten Patienten ein Harnverhalt bei voller Blase. Eine Dehydratation nach unzureichendem intraoperativem Flüssigkeitsersatz führt insbesondere beim älteren Patienten nicht selten zu postoperativer Agitiertheit. Medikamenten- und Alkoholentzug können bei Abhängigen ein Delir auslösen.

Das **zentral-anticholinerge Syndrom** (ZAS) ist medikamentös bedingt und beruht auf einer Blockade cholinerger Rezeptoren bzw. einer Abnahme von Acetylcholin im Bereich zentraler Synapsen (siehe auch Kap. 9.8.3). Neben Atropin und Scopolamin sollen nahezu alle Anästhetika und die Opioide als Auslöser in Betracht kommen.
Das Therapeutikum der Wahl ist Physostigmin (Anticholium®).
Ursachen für zerebrale Komplikationen im AWR sind in 6.4 zusammengestellt.

Das **zentral-anticholinerge Syndrom** (ZAS) ist medikamentös bedingt und beruht auf einer Blockade cholinerger Rezeptoren bzw. einer Abnahme von Acetylcholin im Bereich zentraler Synapsen (siehe auch Kap. 9.8.3). Neben Atropin und Scopolamin sollen nahezu alle Anästhetika und die Opioide als Auslöser in Betracht kommen. Man unterscheidet entsprechend der klinischen Symptomatik eine zentral-exzitatorische von einer zentral-depressorischen Form. Die Häufigkeit des Auftretens nach Narkosen liegt bei 2%. Das Therapeutikum der Wahl ist Physostigmin (Anticholium®). Es durchdringt die Blut-Hirn-Schranke und erhöht als Cholinesterasehemmstoff die Acetylcholinkonzentration im synaptischen Spalt.
Können die bisher genannten Ursachen für postoperative Bewußtseinsstörungen ausgeschlossen werden, muß nach hirnorganischen Schädigungen wie Hirnödem, -infarkt oder -blutung gesucht werden. **Ursachen für zerebrale Komplikationen** im AWR sind in 6.4 zusammengestellt.

6.4: Zerebrale Komplikationen (Ursachen) im AWR

- **verzögertes Erwachen**
  - Narkoseüberhang
  - exzessive Hyperventilation
  - Hypoglykämie
- **Agitiertheit**
  - Schmerzen
  - Hypoxämie
  - Hyperkapnie
  - Harnverhaltung
  - Dehydratation
  - Delir
- **ZAS**
- **hirnorganische Schädigungen**

6.5.4 Hypo- und Hyperthermie

Störungen der Wärmehomöostase treten nahezu regelhaft nach langdauernden, thorakalen und abdominellen Operationen auf. Wärmeverluste entstehen intraoperativ infolge Flüssigkeitsverdunstung über großen Wundflächen bei zu niedriger Umgebungstemperatur. Aggravierend wirkt die durch die Narkose aufgehobene Thermoregulation. Der konsekutive Abfall der Körperkerntemperatur bewirkt postoperativ deutliche Reaktionen mit Kältezittern. Hierbei können Grundumsatz und Sauerstoffverbrauch bis auf das 4fache ansteigen, wodurch vor allem Patienten mit kardiovaskulären Vorerkrankungen gefährdet werden. Pethidin (Dolantin®) ist in subanalgetischer Dosierung (25 mg) ebenso wie Clonidin (75 µg) in der Lage, das Kältezittern zumindest abzuschwächen. Gleichzeitig sollten die Patienten mittels Wärmedecken von außen wiedererwärmt werden.
Für Risikopatienten gilt, daß sie bis zum Erreichen der Normaltemperatur sediert und nachbeatmet werden müssen. Eine postoperative Hyperthermie beruht meistens auf einer Sollwertverstellung der Körpertemperatur durch Narkose und Operation, kann aber auch Ausdruck einer Septikämie oder in seltenen Fällen gar einer malignen Hyperthermie sein.

6.5.4 Hypo- und Hyperthermie

Störungen der Wärmehomöostase treten nahezu regelhaft nach langdauernden, thorakalen und abdominellen Operationen auf. Wärmeverluste entstehen intraoperativ infolge Flüssigkeitsverdunstung über großen Wundflächen bei zu niedriger Umgebungstemperatur. Aggravierend wirkt die durch die Narkose aufgehobene Thermoregulation.

Für Risikopatienten gilt, daß sie bis zum Erreichen der Normaltemperatur sediert und nachbeatmet werden müssen.

6.5.5 Muskelzittern

Postoperatives Muskelzittern wird besonders nach Inhalationsanästhesien beobachtet. Der genaue Entstehungsmechanismus ist gegenwärtig noch nicht bekannt. Es kann sich, wie oben beschrieben, um eine Reaktion auf intraoperative Wärmeverluste handeln. Muskelzittern tritt aber auch bei normothermen Patienten auf. Vorstellbar ist hier eine unterschiedlich schnelle Abflutung des Anästhetikums aus kortikalen und subkortikalen Regionen. Die Anwendung des α_2-Agonisten Clonidin (Catapresan®, 75 – 150 µg) ist hier indiziert.

6.5.5 Muskelzittern

Postoperatives Muskelzittern kann auch bei normothermen Patienten auftreten und wird besonders nach Inhalationsanästhesien beobachtet.

6.5.6 Postoperative Übelkeit und Erbrechen (PONV)

Übelkeit und Erbrechen entstehen nach Stimulierung des Brechzentrums in der Medulla oblongata. Die postoperative Häufigkeit beträgt im Durchschnitt 20 – 30 %. Ursächlich kommen neben Anästhetika und Opioiden (Reizung chemosensibler Rezeptoren im Bereich der Area postrema) auch Schmerzen sowie der chirurgische Eingriff in Frage. Prädisponierend sind demographische Faktoren sowie Bauch-, Hirn-, Ohr- und Augenoperationen. Blutdruckabfälle, z. B. unter Regionalanästhesien, können ebenfalls triggernd wirken. Zur Prophylaxe kann Droperidol (Dehydrobenzperidol®) zur Narkoseeinleitung 1,25 mg i. v. appliziert werden. In neuerer Zeit werden Serotoninantagonisten zur Prophylaxe und Therapie von PONV mit gutem Erfolg eingesetzt.

6.5.6 Postoperative Übelkeit und Erbrechen (PONV)

Übelkeit und Erbrechen entstehen nach Stimulierung des Brechzentrums in der Medulla oblongata. Die postoperative Häufigkeit beträgt 20 – 30 %. Ursächlich kommen neben Anästhetika und Opioiden (Reizung chemosensibler Rezeptoren im Bereich der Area postrema) auch Schmerzen sowie der chirurgische Eingriff in Frage.
Zur Prophylaxe und Therapie von PONV werden Serotoninantagonisten eingesetzt.

6.6 **Spezielle chirurgische Aspekte**

Eine schwerwiegende Komplikation beim Frischoperierten ist die **Nachblutung.** Hierbei ist nicht nur die Menge des Blutverlustes wichtig, sondern auch die Lokalisation der Blutung.

Nachblutungen sind nicht immer am Blutfluß über die Drainagen erkennbar, da diese verstopfen oder dislozieren können.

6.6 Spezielle chirurgische Aspekte

Eine schwerwiegende Komplikation beim Frischoperierten ist die **Nachblutung.** Hierbei ist nicht nur die Menge des Blutverlustes wichtig, sondern auch die Lokalisation der Blutung. So kann z. B. nach einer Strumaresektion eine geringe Nachblutung durch die mechanische Kompression der Trachea und die hieraus resultierende Hypoxie bereits deletäre Folgen für den Gesamtorganismus haben. Nachblutungen sind nicht immer am Blutfluß über die Drainagen erkennbar, da diese verstopfen oder dislozieren können.

6.7 **Postoperative Schmerztherapie** (siehe auch Kap. 7.1)

Schmerzen sind nur dann physiologisch sinnvoll, wenn sie auf eine Organschädigung bzw. -dysfunktion hinweisen. Diese Warnfunktion erfüllt der postoperative Wundschmerz nicht. Potentiell gefährlich für den Organismus wird der Schmerz durch **Stimulierung des sympathischen Nervensystems.** Steigerung der Herzfrequenz, system- und pulmonalarteriellem Druck mit der Gefahr der Links- und/oder Rechtsherzinsuffizienz.

Die **Intensität** des postoperativen Wundschmerzes ist allgemein um so größer, je ausgedehnter die operative Gewebsverletzung und damit die Erregung von Schmerzrezeptoren ist. Psychische Faktoren modulieren das subjektive Schmerzerlebnis. Auch das Anästhesieverfahren spielt eine Rolle.

Eine suffiziente symptomatische **Schmerztherapie** erfolgt entweder **systemisch-intravenös** oder **regional** über Spinal-, Peridural- oder Plexuskatheter.

Systemisch werden am häufigsten **Opioide** als die am stärksten wirksamen Analgetika eingesetzt, wie z. B. Piritramid (Dipidolor®). Die sedierende Komponente ist hierbei durchaus nicht unerwünscht.
Auch sogenannte **antipyretische Analgetika** kommen zum Einsatz, wie Metamizol (z. B. Novalgin®).

6.7 Postoperative Schmerztherapie
(siehe auch Kap. 7.1)

Schmerzen sind nur dann physiologisch sinnvoll, wenn sie auf eine Organschädigung bzw. -dysfunktion hinweisen. Diese Warnfunktion erfüllt der postoperative Wundschmerz nicht. Er ist alleinig Folge des chirurgischen Traumas und der damit einhergehenden Erregung von Schmerzrezeptoren im Operationsgebiet.
Potentiell gefährlich für den Organismus wird der Schmerz durch **Stimulierung des sympathischen Nervensystems** und der damit einhergehenden Steigerung von Herzfrequenz, system- und pulmonalarteriellem Druck. Hieraus kann sich bei disponierten Patienten eine akute Links- und/oder Rechtsherzdekompensation entwickeln. Der Sauerstoffverbrauch des Gesamtorganismus nimmt zu, und zwar in einer Situation, in der er als Folge des Postaggressionsstoffwechsels sowieso schon unphysiologisch gesteigert ist. Zusätzlich können Schmerzen zu einer Schonatmung mit Mikroatelektasenbildung führen und damit den pulmonalen Gasaustausch im Sinne einer Hypoventilation beeinflussen.
Die **Intensität** des postoperativen Wundschmerzes ist allgemein um so größer, je ausgedehnter die operative Gewebsverletzung und damit die Erregung von Schmerzrezeptoren ist. Thorax- und Oberbaucheingriffe gehen mit besonders ausgeprägten Schmerzen einher. Psychische Faktoren modulieren das subjektive Schmerzerlebnis, indem sie die Schmerzempfindung entweder herauf- oder herabsetzen können. Auch das Anästhesieverfahren spielt eine Rolle. Nach Inhalationsanästhesien ist der postoperative Wundschmerz ausgeprägter als z. B. nach intravenösen Anästhesieverfahren. Die Schmerzintensität nimmt naturgemäß mit zunehmendem zeitlichen Abstand zur Operation ab.

Einflußfaktoren auf die Intensität des postoperativen Wundschmerzes:
- Lokalisation und Art des chirurgischen Eingriffes
- psychische Faktoren
- Anästhesieverfahren
- zeitlicher Abstand zur Operation.

Die Indikation für eine suffiziente symptomatische **Schmerztherapie** ergibt sich dann, wenn andere kausal zu behandelnde Ursachen postoperativer Schmerzen ausgeschlossen werden können. Die Analgesie erfolgt entweder **systemisch-intravenös** oder **regional** über Spinal-, Peridural- oder Plexuskatheter.
Systemisch werden am häufigsten **Opioide** als die am stärksten wirksamen Analgetika eingesetzt. Sie vermindern auf zentraler Ebene die Schmerzwahrnehmung. In erster Linie finden rein agonistisch wirkende Substanzen mit mittellanger Wirkdauer, wie z. B. Piritramid (Dipidolor®), Verwendung. Die sedierende Komponente ist hierbei durchaus nicht unerwünscht.
Auch sog. **antipyretische Analgetika** kommen zum Einsatz. Es handelt sich hierbei vor allem um Metamizol (z.B. Novalgin®). Diese Substanzen sind über eine Reduzierung der Prostaglandinsynthese im Wundgebiet besonders gut wirksam bei Schmerzen, die durch ausgedehnte Gewebstraumen und Knochenoperationen verursacht sind. Ihr Einsatz bietet sich

besonders in Kombination mit Opioiden an, wenn letztere alleine keine hinreichende Schmerzfreiheit haben bewirken können.
Werden intraoperativ Regionalanästhesiekatheter zur Analgesie benutzt, sollten im Aufwachraum über den Katheter weiterhin **Lokalanästhetika** verabreicht werden.

Analgesie im Aufwachraum:
- **systemisch**
  - Opioide
  - antipyretische Analgetika
- **regional**
  - Lokalanästhetika

Siehe auch Anhang, S. 477.

Werden intraoperativ Regionalanästhesiekatheter zur Analgesie benutzt, können im Aufwachraum weiterhin **Lokalanästhetika** über den Katheter verabreicht werden.

Analgesie im Aufwachraum:
- **systemisch**
  - Opioide
  - antipyretische Analgetika
- **regional**
  - Lokalanästhetika.

6.8 Verlegung des Patienten

Über die Verlegung des Patienten auf die Allgemeinstation oder über seine Entlassung nach Hause im Rahmen von ambulanten Operationen entscheidet der für den Aufwachraum zuständige Anästhesist, nachdem er sich persönlich davon überzeugt hat, daß der Patient über hinreichend stabile Vitalfunktionen verfügt.

Verlegungskriterien:
- ausreichende Spontanatmung
- stabile Herz-Kreislauf-Funktion
- klares Bewußtsein
- ausreichende Schutzreflexe
- abgeklungene Nervenblockade nach Regionalanästhesie.

6.8 Verlegung des Patienten

Erst wenn der Patient über hinreichend stabile Vitalfunktionen verfügt, darf er auf die Allgemeinstation verlegt oder nach ambulanten Operationen nach Hause entlassen werden.

Verlegungskriterien:
- ausreichende Spontanatmung
- stabile Herz-Kreislauf-Funktion
- klares Bewußtsein
- ausreichende Schutzreflexe
- abgeklungene Nervenblockade nach Regionalanästhesie.

7 Schmerztherapie

Seit langem ist bekannt, daß ungenügend behandelte Schmerzen den Organismus erheblich belasten und den postoperativen Heilungsverlauf ungünstig beeinflussen (S 7.1). Obwohl eine ausreichende Anzahl von Verfahren und Medikamenten zur Verfügung steht, wird die Schmerztherapie oft nur unzureichend durchgeführt.

7 Schmerztherapie

Ungenügend behandelte Schmerzen belasten den Organismus und beeinflussen den postoperativen Heilungsverlauf ungünstig (S 7.1).

7.1 Postoperative Schmerztherapie

Zur Behandlung des postoperativen Schmerzes steht eine Vielzahl von Pharmaka und Techniken zur Verfügung (Tab. 7.1).

7.1: Pharmaka und Techniken für die postoperative Schmerzbehandlung

▷ **Pharmaka**
- Opioide
- Analgetika mit antipyretischer Wirkung
- Lokalanästhetika

▷ **Verfahren**
- oral, transdermal, i.v., i.m., s.c. Injektion
- Regionalanästhesie
- Patienten-kontrollierte (»on-demand«-)Analgesie (PCA)

7.1 Postoperative Schmerztherapie

Siehe Tab. 7.1.

Synopsis 7.1: Auswirkungen des postoperativen Schmerzes

Postoperativer Schmerz →

Psyche	Akute psychische Krise Anhaltende emotionale Veränderung
Kardiovaskuläres System	Blutdruck ↑ Herzfrequenz ↑ Arrhythmie ↑ Myokardialer Sauerstoffverbrauch ↑ ↘ Myokardischämie
Atmung	Ventilation ↓ Vitalkapazität ↓ Funktionelle Residualkapazität ↓ arterieller PO_2↓ ↘ Atelektasen ↘ Hypoxie
Gastrointestinaltrakt	Peristaltik ↓ ↘ Ileus
Niere	Urinretention Oligurie (ADH-Sekretion)
Gerinnung	Tiefe Beinvenenthrombosen ↘ Lungenembolie
Allgemein	Wundheilung Mobilisation Krankenhausverweildauer

7.1.1 Systemische Schmerztherapie

Opioide (siehe auch Kap. 3.2.2)

Wirkungsmechanismus

Opioide werden in ihrer Wirkung nach einem rezeptororientierten Klassifizierungssystem in **reine Agonisten** und **partielle Agonisten** unterteilt (s. ▤7.2), die sich an verschiedene Opiatrezeptoren binden können.

Opioide verändern die Schmerzfortleitung sowohl auf **spinaler** als auch auf **supraspinaler Ebene** (▤7.2).

7.1.1 Systemische Schmerztherapie

Opioide (siehe auch Kap. 3.2.2)

Wirkungsmechanismus

Opioide werden in ihrer Wirkung nach einem rezeptororientierten Klassifizierungssystem in **reine Agonisten** und **partielle Agonisten** (gemischtwirkende Agonisten/Antagonisten) unterteilt. Verschiedene Rezeptortypen sind beschrieben worden, an die sich Opioide binden können (▤7.2). Die meisten klinisch eingesetzten Opioide wie Morphin, Pethidin, Methadon, Fentanyl, Alfentanil und Sufentanil sind relativ selektive μ-Rezeptoragonisten. Andere Opioide wie Buprenorphin und Nalbuphin zeigen einen dualen Wirkmechanismus und sind sowohl Agonisten als auch Antagonisten. Bei klinischer Anwendung erscheint es jedoch nahezu ausgeschlossen, einen einzelnen Rezeptor selektiv zu besetzen. Theoretisch kann durch eine vollständige Besetzung und Erregung der Rezeptoren eine komplette **Analgesie** erreicht werden. In der Praxis wird dieses Ziel u. a. wegen vorher eintretender Nebenwirkungen (z. B. Atemdepression) bei wachen, spontan atmenden Patienten oftmals nicht erreicht. Opioide verändern die Schmerzfortleitung sowohl auf **spinaler** als auch auf **supraspinaler Ebene** (▤7.2).

7.2: Klassifizierung der Opiatrezeptoren mit Agonisten, Antagonisten, Wirkebene und typischen Nebenwirkungen

Rezeptor	Agonist	Antagonist	Analgesieebene	Nebenwirkungen
▷ μ (mü)	Morphin Fentanyl Alfentanil Sufentanil β-Endorphin Nalbuphin* Pentazocin* Buprenorphin*	Naloxon	supraspinal Hinterhorn	Atemdepression Bradykardie Euphorie Übelkeit Miosis
▷ κ (kappa)	Pentazocin Nalbuphin Buprenorphin	Naloxon	spinal	Sedierung Ataxie Miosis
▷ δ (delta)	Leu-Enkephalin	Naloxon	spinal	Modulation der μ-Rezeptoren-aktivität
▷ σ (sigma) *partielle Agonisten	Pentazocin	(Naloxon)		Tachypnoe Tachykardie Hypertonie Dysphorie psychomimetisch

Morphin und alle anderen reinen Agonisten wirken aufgrund ihrer **μ-Rezeptorspezifität** stark schmerzdämpfend. Untereinander unterscheiden sie sich vor allem in der Wirkdauer und der optimalen Darreichungsform. Fentanyl z. B. wirkt nur im geringen Maße bei oraler Gabe, während es bei i. v. Injektion ca. 80× stärker wirksam als Morphin ist. Jedoch ist bislang kein Opioid verfügbar, welches neben der Analgesie keine weiteren zentralen Wirkungen (s. 7.**2**) hervorruft. Für die postoperative Schmerzbehandlung bedeutet dies, daß die jeweilige Wahl des Pharmakons vom Patienten, der Wirkdauer und der gewünschten Verabreichungsform abhängt.

Weiterhin muß beachtet werden, daß bei postoperativen Schmerzen mit steigenden Opioiddosen das Analgesieniveau nicht in jedem Falle linear verändert wird. Bei subkutaner Morphininjektion ist z. B. eine minimale analgetische Dosis von ca. 10 mg bestimmt worden. Eine Dosiserhöhung auf 15 mg Morphin unterdrückt Schmerzen jedoch nicht unbedingt spürbar besser. Klinisch gebräuchliche Dosierungen der für die Schmerztherapie eingesetzten Opioide sind in 7.**3** angegeben.

Morphin und alle anderen reinen Agonisten wirken aufgrund ihrer **μ-Rezeptorspezifität** stark schmerzdämpfend. Untereinander unterscheiden sie sich vor allem in der Wirkdauer und der optimalen Darreichungsform.
Die jeweilige Wahl des Pharmakons hängt vom Patienten, der Wirkdauer und der gewünschten Verabreichungsform ab.

Klinisch gebräuchliche Dosierungen der für die Schmerztherapie eingesetzten Opioide sind in 7.**3** angegeben.

7.3: Dosierung, Einzeldosis und mittlere Wirkdauer in der Schmerztherapie eingesetzter Opioide

Generikum	Handelsname	parenterale Einzeldosis (mg)	mittlere Wirkdauer (h)
▷ Morphin	Morphin®	5 – 10	4 – 5
▷ Hydromorphon	Dilaudid®	3	3 – 4
▷ Methadon	Polamidon®	5 – 10	4 – 8
▷ Piritramid	Dipidolor®	7 – 15	4 – 6
▷ Pethidin	Dolantin®	50 – 100	2 – 3
▷ Tilidin	Valoron®	50 – 100	3 – 4
▷ Tramadol	Tramal®	50 – 100	1 – 4
▷ Pentazocin	Fortral®	30 – 50	2 – 5
▷ Nalbuphin	Nubain®	10 – 20	2 – 3
▷ Buprenorphin	Temgesic®	0,15 – 0,30	6 – 8

Wirkungen auf das ZNS

Atemdepression Alle klinisch verfügbaren µ-Rezeptoragonisten wirken **atemdepressiv**, d. h. Anstiege der arteriellen CO_2-Konzentration führen nicht in jedem Fall zu einer vertieften Atmung.

Die Verfügbarkeit von **Naloxon**, einem reinen **Opioidantagonisten,** ermöglicht eine schnelle Antagonisierung der opioidinduzierten Atemdepression.

Merke ▶

Übelkeit und Erbrechen Übelkeit und Erbrechen werden durch die Opioidwirkung in der Area postrema hervorgerufen. Sie können durch Antiemetika abgeschwächt, z. T. auch durch Naloxon antagonisiert werden.

Muskelrigidität Muskelrigidität nach Opioiden ist eine seit langem bekannte Nebenwirkung.
Eine Rigidität der Thoraxmuskulatur kann zu klinisch bedeutsamen Veränderungen der Ventilation mit erschwerter Beatmung führen.

Wirkungen auf das Herz-Kreislauf-System

Analgetische Dosen von Opioiden beeinträchtigen das kardiovaskuläre System nur in geringem Ausmaß. Dies gilt vor allem für reine Agonisten wie Fentanyl, Alfentanil und Sufentanil.

Merke ▶

Wirkungen auf den Gastrointestinaltrakt

Die durch Opioide herbeigeführten Kontraktionen des Sphincter Oddi können **kolikartige Schmerzen** bewirken.
Magenentleerung und Darmmotilität werden durch Opioide gehemmt.

Wirkungen auf das ZNS

Atemdepression. Alle klinisch verfügbaren µ-Rezeptoragonisten wirken über eine Verminderung der CO_2-Empfindlichkeit des Atemzentrums **atemdepressiv.** Dies ist jedoch kein spezifischer Effekt der Opioide. Sowohl Opioide als auch physiologischer Schlaf führen zu einer verminderten ventilatorischen Reaktion auf Anstiege der arteriellen CO_2-Konzentration (CO_2-Antwort). Die Kombination von Opioiden und Schlaf führt jedoch zu einer weiteren **Erniedrigung der CO_2-Antwort**.
Die Verfügbarkeit von **Naloxon**, einem reinen **Opioidantagonisten**, ermöglicht eine schnelle Antagonisierung der opioidinduzierten Atemdepression.

> ***Merke.*** Von klinischer Wichtigkeit ist hierbei, daß allerdings auch die analgetischen Eigenschaften antagonisiert werden können. Weiterhin muß wegen der kurzen Eliminationshalbwertszeit von Naloxon (ca. 60 Minuten) mit einem »Rebound«-Effekt gerechnet werden.

Schwere Schmerzzustände wirken prinzipiell einer Atemdepression entgegen, können jedoch zu anderen Nebenwirkungen wie Bronchospasmus, regionaler Hypoventilation, Atelektasen und Pneumonien führen.

Übelkeit und Erbrechen. Übelkeit und Erbrechen werden durch die Opioidwirkung in der Area postrema hervorgerufen. Bei ca. 20 – 30 % aller postoperativen Patienten ist mit diesen Nebenwirkungen zu rechnen. Sie können durch Antiemetika abgeschwächt, z. T. auch durch Naloxon antagonisiert werden.

Muskelrigidität. Muskelrigidität nach Opioiden ist eine seit langem bekannte Nebenwirkung, die über eine Dysbalance im zentralen dopaminergen und cholinergen System mit Überwiegen der cholinergen Komponente erklärt wird. Sie kann alle Skelettmuskeln betreffen und, wenn sie die Thoraxmuskulatur betrifft, zu klinisch bedeutsamen Veränderungen der Ventilation mit erschwerter Beatmung führen.

Wirkungen auf das Herz-Kreislauf-System

Analgetische Dosen von Opioiden beeinträchtigen das kardiovaskuläre System nur in geringem Ausmaß. Dies gilt vor allem für reine Agonisten wie Fentanyl, Alfentanil und Sufentanil. Von Pentazocin ist jedoch bekannt, daß es den pulmonalarteriellen Druck erhöhen kann. Pethidin kann wegen seiner myokarddepressiven Wirkung zu einer kompensatorischen Tachykardie führen.

> ***Merke.*** Bei der klinischen Anwendung ist weiterhin von Wichtigkeit, daß einige Opioide (z. B. Morphin, Pethidin) über eine **Histaminausschüttung** eine Hypotension induzieren können, die bei Fentanyl, Alfentanil und Sufentanil in diesem Ausmaß nicht zu beobachten ist.

Opioide bewirken über eine **Reduzierung des zentralen Sympathikotonus** eine bei Normovolämie nur mäßig ausgeprägte Verminderung des peripheren Gefäßwiderstandes mit nachfolgender Hypotension (**cave:** Hypovolämie!). Die zentrale **Vagusstimulierung** führt zu geringgradigen Abnahmen der Herzfrequenz.

Wirkungen auf den Gastrointestinaltrakt

Opioide erhöhen den Tonus der glatten Muskulatur des Gastrointestinaltraktes. Die durch Opioide herbeigeführten Kontraktionen des Sphincter Oddi bewirken einen Druckanstieg im Gallengangsystem. Daraus können **kolikartige Schmerzen** resultieren, die leicht mit denen bei Cholezystitis oder Myokardinfarkt verwechselt werden können. Magenentleerung und Darmmotilität werden durch Opioide gehemmt.

Andere Nebenwirkungen

Sowohl nach intravenöser als auch nach rückenmarknaher Applikation von Opioiden können **Pruritus** und **Harnretention** auftreten. Naloxon vermag diese unangenehmen Begleiterscheinungen zu mindern, allerdings – wie auch bei den anderen Nebenwirkungen – wird hierdurch eine mögliche Zunahme der Schmerzempfindung in Kauf genommen.

Andere Nebenwirkungen

Sowohl nach intravenöser als auch nach rückenmarknaher Applikation von Opioiden können **Pruritus** und **Harnretention** auftreten.

Medikamentenauswahl und Dosierung von Opioiden

Idealerweise wird ein Opioid mit großer therapeutischer Breite ausgewählt. Trotz z. T. großer Unterschiede in den physikochemischen und pharmakokinetischen Eigenschaften der klinisch verfügbaren Opioide hat sich kein Medikament als für die akute Schmerztherapie überdurchschnittlich geeignet herauskristallisiert. Wichtig ist, daß durch eine angemessene Applikationsweise effektive Konzentrationen am Wirkort erzielt und aufrechterhalten werden. Bei den Überlegungen für die Auswahl und Darreichungsform des jeweiligen Analgetikums müssen die zu erwartenden Nebenwirkungen mit berücksichtigt werden. Wie bereits ausgeführt, kann bei den μ-Agonisten die Atemdepression nicht vom analgetischen Effekt getrennt werden. Die Möglichkeit der Induzierung von Übelkeit und Erbrechen muß ebenso wie die Akzeptanz seitens des Patienten und des Pflegepersonals mit in die Überlegungen eingehen. Bei Patienten mit beeinträchtigter Nierenfunktion muß bei längerer Anwendung auch die Frage der Toxizität bedacht werden. Die jeweilige Dosierung richtet sich neben der klinischen Einschätzung des Patienten nach dem analgetischen Äquipotenzverhältnis, welches normalerweise zur Morphinwirkung in Beziehung gesetzt wird (▤ 7.**4**).

Medikamentenauswahl und Dosierung von Opioiden

Idealerweise wird ein Opioid mit großer therapeutischer Breite ausgewählt.
Wichtig ist, daß durch eine angemessene Applikationsweise effektive Opioidkonzentrationen am Wirkort erzielt und aufrechterhalten werden. Bei den Überlegungen für die Auswahl und Darreichungsform des jeweiligen Analgetikums müssen die zu erwartenden Nebenwirkungen mit berücksichtigt werden.

Die jeweilige Dosierung richtet sich neben der klinischen Einschätzung des Patienten nach dem analgetischen Äquipotenzverhältnis, welches normalerweise zur Morphinwirkung in Beziehung gesetzt wird (▤ 7.**4**).

7.4: MEC = »Minimal effective concentration«, bei der die Patienten weitere Schmerzmittel anfordern

Agonist	Äquipotenzdosis (mg)	MEC (ng/ml)
▷ Pethidin	100	200 – 800
▷ Morphin	10	10 – 30
▷ Methadon	10	20 – 70
▷ Alfentanil	0,5	10 – 200
▷ Fentanyl	0,1	1 – 3
▷ Sufentanil	0,02	0,2 – 0,5

Applikationsweise der Opioide

Die Verabreichungsform von Opioiden wird vor allem durch die Intensität und Lokalisation der Schmerzen bestimmt. Nach größeren chirurgischen Eingriffen, die zu einer hohen Schmerzintensität führen, werden Opioide **systemisch** oder **rückenmarknah** appliziert. Unterschiede in der jeweiligen Schmerzlinderung werden u. a. durch eine interindividuell unterschiedliche Pharmakokinetik, die durch patientenspezifische Charakteristika wie Alter, Geschlecht, Gewicht und vorbestehende Organinsuffizienzen verändert wird, bestimmt.
Die **intravenöse** Applikation führt zu einem schnelleren Wirkungseintritt als eine intramuskuläre Verabreichung. Durch die bedarfsadaptierte Applikation werden am ehesten **konstante Plasmaspiegel** erreicht, wodurch im zeitlichen Ablauf variierende Schmerzzustände am effektivsten vermieden werden. Ohne Vorgabe einer Aufsättigungsdosis (»Loading dose«) wird jedoch eine Äquilibrierung der Opioidkonzentrationen von Plasma und Gewebe erst nach 4 – 6 Halbwertszeiten erreicht. Um Nebenwirkungen einer hohen »Loading dose« zu vermeiden, wird diese am besten als repetitive Bolusinjektion über 20 – 30 Minuten verabreicht. Da selbst nach miteinander vergleichbaren Operationen die analgetisch wirksamen Plasmakonzentrationen interindividuell um den Faktor 5 – 10 variieren, konnte bislang noch kein »ideales« Applikationsregime entwickelt werden. Die PCA kommt der bedarfsadaptierten Opioidapplikation am nächsten.

Applikationsweise der Opioide

Nach größeren chirurgischen Eingriffen, die zu einer hohen Schmerzintensität führen, werden Opioide **systemisch** oder **rückenmarknah** appliziert.

Die **intravenöse** Applikation führt zu einem schnelleren Wirkungseintritt als eine intramuskuläre Verabreichung.
Konstante Plasmaspiegel werden durch Verabreichung einer »Loading-dose«, gefolgt von einer bedarfsadaptierten Applikation erreicht.
Um Nebenwirkungen einer hohen »Loading dose« zu vermeiden, wird diese am besten als repetitive Bolusinjektion über 20 – 30 Minuten verabreicht.

Die **intramuskuläre** Applikation ist sehr verbreitet, wobei in Abhängigkeit von der muskulären Durchblutung ca. 80% der jeweiligen Dosis die systemische Zirkulation innerhalb von 6 Std. erreichen.

Die **rückenmarknahe** Applikationsweise (epidural oder subarachnoidal) wird zunehmend eingesetzt.

Eine **transdermale** Applikation einiger Opioide (z. B. Fentanyl) führt zu vergleichbaren Plasmakonzentrationen wie nach intravenöser Zufuhr. Jedoch ist der Zeitraum zwischen Beginn und Ende der Medikamentenwirkung wegen der langsamen Hautpenetration um bis zu 6 – 12 Std. verlängert.

Zeitpunkt der Opioidgabe

Eine Analgetikagabe zu vorgewählten Zeiten birgt die Gefahr einer Über- oder Unterdosierung. Das neuere Verfahren der Patienten-kontrollierten Analgesie (PCA, s. u.) kann einer ungenügenden Schmerztherapie bei weitgehender Sicherheit in Bezug auf Nebenwirkungen vorbeugen.

Analgetika mit antipyretischer Wirkung

Wirkungsmechanismus

Unterteilung der Analgetika mit antipyretischer Wirkung siehe ▤7.5.

Die **schwachen Karbonsäuren** und **Ketoenolsäuren** wirken durch eine Prostaglandinsynthesehemmung im

Die **intramuskuläre** Applikation ist sehr verbreitet, wobei in Abhängigkeit von der muskulären Durchblutung ca. 80 % der jeweiligen Dosis die systemische Zirkulation innerhalb von 6 Stunden erreichen. Injektion in den M. deltoideus führt zu einer schnelleren und zuverlässigeren Absorption als in den M. glutaeus.

Die **rückenmarknahe** Applikationsweise (epidural oder subarachnoidal) wird zunehmend eingesetzt. Die Opioide greifen direkt am Hinterhorn des Rückenmarkes an und modulieren die Schmerzreize. Über eine systemische Resorption, die zu vergleichbaren Plasmakonzentrationen wie nach i.m. Injektion führt, wird die Schmerzhemmung zentral verstärkt. Übliche Dosen für die epidurale Applikation sind: Morphin 2 – 6 mg, Sufentanil 10 – 20 µg, Buprenorphin 0,15 – 0,3 mg. Bei Überschreiten dieser Dosierungen werden gehäuft Nebenwirkungen beobachtet, ohne den Analgesiegrad nennenswert zu verbessern. Bei bestimmten Schmerzzuständen hat sich die epidurale Lokalanästhetikagabe der Opioidgabe als überlegen erwiesen (s. u.).

Eine **transdermale** Applikation einiger Opioide (z. B. Fentanyl) führt zu vergleichbaren Plasmakonzentrationen wie nach intravenöser Zufuhr. Jedoch ist der Zeitraum zwischen Beginn und Ende der Medikamentenwirkung wegen der langsamen Hautpenetration um bis zu 6 – 12 Stunden verlängert. Unterschiede in der Hautdurchblutung haben wahrscheinlich großen Einfluß auf die Penetration des Analgetikums. Die große Variabiliät des Wirkeintrittes limitiert den Einsatz dieser Methode in der postoperativen Schmerztherapie.

Zeitpunkt der Opioidgabe

Die Verabreichung von Analgetika erst auf Patientennachfrage führt zu sehr unbefriedigenden Ergebnissen, da sie oftmals erst mit großer zeitlicher Verzögerung erfolgt und dann noch der Wirkeintritt der Substanzen abgewartet werden muß. Hieraus resultiert nicht selten ein Zyklus zwischen extremen Schmerzen und exzessiver Sedierung. Eine Analgetikagabe zu vorgewählten Zeiten birgt die Gefahr einer Über- oder Unterdosierung. Das neuere Verfahren der Patienten-kontrollierten Analgesie (PCA, s. u.) kann einer ungenügenden Schmerztherapie bei weitgehender Sicherheit in Bezug auf Nebenwirkungen vorbeugen.

Analgetika mit antipyretischer Wirkung

Wirkungsmechanismus

Analgetika mit antipyretischer Wirkung werden in 3 Gruppen unterteilt (▤7.5).

7.5: Unterteilung von Analgetika mit antipyretischer Wirkung

	Analgesie	Fiebersenkung	Entzündungshemmung	Spasmolyse
▷ **schwache Carbonsäuren** (z. B. Acetylsäure) und **Ketoenolsäuren**	•	•	•	
▷ **Pyrazolderivate** (z. B. Metamizol)	•	•	•	•
▷ **Anilinderivate** (z. B. Paracetamol)	•	•		

Die **schwachen Karbonsäuren** und **Ketoenolsäuren,** auch als Säureantiphlogistika bezeichnet, wirken sowohl analgetisch als auch antiinflammatorisch. Sie entfalten ihre Wirkung vor allem am Ort der Gewebeschädigung über eine Aktivitätshemmung der Cyclooxygenase, unter deren Einfluß Prostaglandine gebildet werden. In neuerer Zeit konnte gezeigt werden, daß sie zusätzlich einen zentral vermittelten analgetischen Effekt ausüben.

geschädigten Gewebe sowohl analgetisch als auch antiinflammatorisch.

Anilin- und **Pyrazolderivate** wirken nicht über eine Hemmung der peripheren Prostaglandinsynthese, sondern über noch unbekannte, möglicherweise zentrale Mechanismen. In der 7.**6** findet sich eine Zusammenstellung der einzelnen Substanzen.

Anilin- und **Pyrazolderivate** wirken nicht über eine Hemmung der peripheren Prostaglandinsynthese und verfügen nicht über eine antiphlogistische Wirkkomponente. Zusammenstellung der einzelnen Substanzen siehe 7.**6**.

7.6: Analgetika mit antipyretischer Wirkung

Medikament	Einzeldosis (g)	Plasmahalbwertszeit (h)	Äquipotenzdosis zu 650 mg ASS (mg)	tägliche Dosis (mg)
▷ **schwache Karbonsäuren**				
• Acetylsalicylsäure	0,5 – 2	3 – 6	650	600 – 2000 (4 – 6stdl.)
• Diclofenac	0,1 – 0,2	2 – 9		75 – 100 (6 – 8stdl.)
• Fenoprofen	0,6 – 1,2	8 – 12	300	300 – 600 (8stdl.)
• Flufenaminsäure	0,1 – 0,3	3 – 9		100 – 200 (6 – 8stdl.)
• Ibuprofen	0,9 – 1,6	2	200	200 – 400 (6stdl.)
• Indometacin	0,075 – 0,2	3 – 11	25	25 – 50 (8stdl.)
• Ketoprofen	0,05 – 0,1	7		50 – 100 (8stdl.)
▷ **Ketoenolsäuren**				
• Piroxicam	0,01 – 0,02	45		10 – 20 (24stdl.)
▷ **Pyrazolderivate**				
• Metamizol	0,5 – 1,0	7		500 – 2000 (6stdl.)
• Prophyphenazon	0,5 – 1,0	2,2		500 – 2000
▷ **Anilinderivate**				
• Paracetamol	0,5 – 1,0	2 – 3	650	500 – 2000 (4 – 6stdl.)

Allgemeine Nebenwirkungen der Säureantiphlogistika

Durch die Hemmung von Prostaglandin E2 und Prostacyclin ist bei Anwendung schwacher Carbonsäuren mit Übelkeit und Erbrechen, okkulten gastrointestinalen Blutungen und Ausbildung von Magen- und Duodenalulzera zu rechnen, die schon nach einmaliger Gabe auftreten können. Über einen Mangel an Thromboxan A2, der durch die Hemmung der Cyclooxygenase hervorgerufen wird, wird die Thrombozytenaggregation vermindert. Bei Patienten mit Herzinsuffizienz, Leberzirrhose, nephrotischem Syndrom und Hypovolämie können Analgetika mit hemmender Wirkung auf die Prostaglandinsynthese Nierenschäden mit interstitieller Nephritis und Papillennekrosen hervorrufen. In der Regel treten Komplikationen jedoch erst bei chronischer Anwendung auf. Acetylsalicylsäure kann bei entsprechender Disposition einen Bronchospasmus provozieren. Allergische Reaktionen der Haut bis zum Auftreten einer toxisch-epidermalen Nekrolyse (Lyell-Syndrom) sind ebenfalls beschrieben worden.

Allgemeine Nebenwirkungen der Säureantiphlogistika

- Übelkeit und Erbrechen
- okkulte gastrointestinale Blutungen
- Magen- und Duodenalulzera
- Thrombozytenaggregationshemmung
- Nierenschädigung
- Bronchokonstriktion
- Lyell-Syndrom.

Wirkungsspektrum und spezielle Nebenwirkungen

Das Haupteinsatzgebiet von Analgetika mit antipyretischer Wirkung sind leichte bis mittlere postoperative Schmerzzustände. Beliebt sind diese Analgetika wegen der im Vergleich zu Opioiden fehlenden Atemdepression. Der analgetische Maximaleffekt entspricht dem von ca. 5 – 10 mg Morphin.
Zur postoperativen Schmerzbehandlung sollten diese Medikamente nach Möglichkeit intravenös angewendet werden.

Wirkungsspektrum und spezielle Nebenwirkungen

Das Haupteinsatzgebiet von Analgetika mit antipyretischer Wirkung sind leichte bis mittlere postoperative Schmerzzustände. Beliebt sind diese Analgetika wegen der im Vergleich zu Opioiden fehlenden Atemdepression. Der analgetische Maximaleffekt entspricht dem von ca. 5 – 10 mg Morphin. Wird die Anwendung auf 2 – 3 Tage begrenzt, treten in aller Regel keine ernsthaften Nebenwirkungen auf. Im Rahmen der postoperativen Schmerzbehandlung sollten diese Medikamente nach Möglichkeit intravenös angewendet werden. Diese Darreichungsform steht für Paracetamol jedoch nicht zur Verfügung. Es wird deshalb als Suppositorium verabreicht und kommt bevorzugt bei Kindern zum Einsatz.

Acetylsalicylsäure kann als wasserlösliches Präparat (Lysinacetylsalicylsäure) intravenös verabreicht werden.
2 g ASS entsprechen ca. der Wirkung von 10 mg Morphin oder 70 mg Pethidin.

Acetylsalicylsäure (Aspirin®) kann als wasserlösliches Präparat (Lysinacetylsalicylsäure – Aspisol®) intravenös verabreicht werden. Nach größeren abdominalchirurgischen Eingriffen soll eine Dosis von 2 g etwa gleich potent zu 10 mg Morphin oder 70 mg Pethidin sein. Wenn die chirurgische Blutstillung optimal durchgeführt wurde, sind Nebenwirkungen auf die Blutgerinnung bei klinisch gebräuchlichen Dosierungen von untergeordneter Bedeutung.

Paracetamol beeinflußt nicht die Blutgerinnung und hat geringere gastrointestinale Nebenwirkungen.

Paracetamol (ben-u-ron®) beeinflußt nicht die Blutgerinnung und scheint weniger gastrointestinale Störungen im Vergleich zu Acetylsalicylsäure auszulösen.

Unter **Metamizol** wurden vereinzelt schwere Kreislaufdepressionen und Agranulozytosen beobachtet. Der analgetische Effekt von 1 – 1,5 g entspricht ca. 50 mg Pethidin. Metamizol sollte bei mittleren Schmerzen gegeben werden.

Metamizol (Novalgin®) ist für die orale, intramuskuläre und intravenöse Applikationsweise geeignet. Der analgetische Effekt von 1 – 1,5 g entspricht in etwa dem von ca. 10 mg Pethidin und ist zur Therapie starker Schmerzen, u. a. in Kombination mit Opioiden hervorragend geeignet. Weiterhin hat Metamizol eine spasmolytische Wirkkomponente. Bei rascher Injektion können schwere kardiovaskuläre Störungen bis zum Kreislaufzusammenbruch auftreten. Vereinzelt wurde über schwere Agranulozytosen berichtet (Inzidenz ca. 1 : 1 Mio.). Deshalb muß von einem unkritischen Gebrauch abgeraten werden.

Das nichtsteroidale Säureantiphlogistikum **Ibuprofen** hat sich bei geringer Nebenwirkungssrate analgetisch als ähnlich wirksam wie Acetylsalicylsäure erwiesen.

Das nichtsteroidale Säureantiphlogistikum **Ibuprofen** (Brufen®) hat sich bei geringerer Nebenwirkungsrate analgetisch als ähnlich wirksam wie Acetylsalicylsäure erwiesen. Jedoch muß bei Patienten mit Magenulzera oder Blutungen die gleiche Vorsicht wie bei Acetylsalicylsäure gelten.

7.1.3 Regionale Schmerzblockaden

Lokalanästhetika (LA)

Lokalanästhetika können für die postoperative Schmerztherapie im Rahmen von peripheren und rückenmarksnahen Anästhesieverfahren eingesetzt werden.
Bei regionalen Anästhesieverfahren zur postoperativen Schmerztherapie haben sich **Ropivacain** und **Bupivacain** am besten bewährt.

7.1.3 Regionale Schmerzblockaden

Lokalanästhetika (LA)

Lokalanästhetika können für die postoperative Schmerztherapie im Rahmen von peripheren und rückenmarknahen Anästhesieverfahren eingesetzt werden. Der Wirkmechanismus beruht auf einer reversiblen Blockade der Nervenfasern oder freier Nervenendigungen (siehe Kap. 4.1).
Bei regionalen Anästhesieverfahren zur postoperativen Schmerztherapie haben sich langwirksame LA wie **Ropivacain** (Naropin®) und **Bupivacain** (Carbostesin®) am besten bewährt. Die Wirkdauer hängt stark vom Injektionsort ab. Bei Infiltrationsanästhesien wirkt es vergleichbar lang wie nach subarachnoidaler Anwendung. Bei Blockaden des N. ulnaris ließen sich Wirkzeiten bis zu 400 Minuten nachweisen.

Blockadetechniken

Wundinfiltration. Die älteste und einfachste Form der Lokalanästhesie ist die Wundinfiltration.

Blockadetechniken

Wundinfiltration. Die älteste und einfachste Form der Lokalanästhesie ist die Wundinfiltration. Der Effekt ist vor allem vom operativen Vorgehen, der Schmerzsymptomatik und der speziellen Innervation des geschädigten Gewebes abhängig.

Nervenblockaden der oberen Extremität Durch **Blockade des Plexus**

Nervenblockaden der oberen Extremität. Durch **Blockade des Plexus brachialis** mit einer Bolusapplikation von Bupivacain 0,25 % oder Ropiva-

cain 0,2 % können Analgesiezeiten bis zu 12 Stunden erreicht werden. Durch Einlage einer Plastikverweilkanüle in die Gefäß-Nervenscheide wird eine repetitive Gabe des Lokalanästhetikums ohne Neupunktion zur Verlängerung der Blockadezeit ermöglicht. Über eine **kontinuierliche Sympathikusblockade** kann zusätzlich die Durchblutung verbessert werden. Durch Anwendung peripherer Nervenblockaden werden weniger systemisch applizierte Opioide mit entsprechend weniger Nebenwirkungen notwendig. Dies ist vor allem bei multimorbiden Patienten mit Diabetes mellitus, Hypertonie, koronarer Herzerkrankung oder Cor pulmonale von Vorteil.
Zur Blockade des Plexus brachialis stehen 3 Zugangswege, die auch für die kontinuierliche Kathetertechnik geeignet sind, zur Verfügung (siehe Kap. 4.9): **interskalenär, supraklavikulär** und **axillär**. Der axilläre Applikationsweg muß als der komplikationsärmste angesehen werden.

Interkostalblockaden. Nach Eingriffen im Thorax- oder oberen Abdominalbereich läßt sich durch Interkostalblockaden eine gute Analgesie erreichen. Sie sind bei klaren anatomischen Verhältnissen relativ einfach durchzuführen, bergen jedoch die **Gefahr eines Pneumothorax**. Aus diesem Grunde werden sie meist nur **unilateral** durchgeführt. Indikationen sind: Rippenserienfrakturen, Thorakotomien, Nieren- und Galleneingriffe sowie Mastektomien. Für postoperative Blockaden kommt am ehesten die Injektion in der vorderen Axillarlinie in Frage, obwohl die Ergebnisse bei der posterioren Injektion deutlich besser sind. Bei paramedianen oder medianen Hautschnitten müssen jedoch für eine effektive Schmerzbekämpfung bilaterale Interkostalblockaden durchgeführt werden. Die analgetischen Effekte sind vergleichbar mit denen einer systemischen Opioidgabe. Bei richtiger Durchführung wird ein leichteres Durchatmen und schmerzfreies Abhusten ermöglicht, was einer Hypoventilation und Atelektasenbildung vorbeugt. Insgesamt gesehen werden die Lungenfunktionsparameter günstig beeinflußt. Weiterhin werden deutlich weniger negative Auswirkungen auf endokrinologische Streßparameter beschrieben. In einer Untersuchung bei Patienten nach Cholezystektomien, die wiederholt mittels Interkostalblockaden behandelt wurden, konnte gezeigt werden, daß diese Patienten früher mobilisiert und nach Hause entlassen werden konnten als Patienten ohne periphere Nervenblockade.

Sonstige Nervenblockaden. Bei Kindern sind periphere Nervenblockaden zur postoperativen Analgesie nach Herniotomien, Orchidopexien oder Peniseingriffen eingesetzt worden.

Blockaden der unteren Extremität. Bei den Blockadeverfahren an der unteren Extremität ist vor allem der **»3-in-1«-Block** zu erwähnen. Hierbei werden durch eine einzige Injektion der N. femoralis, N. cutaneus femoris lateralis und N. obturatorius erreicht. Dieses Blockadeverfahren kann sowohl durch »Single-dose« (Bolusapplikation) als auch durch kontinuierliche Zufuhr des Lokalanästhetikums durchgeführt werden und eignet sich besonders nach Eingriffen im Hüft- und Kniebereich.

Rückenmarknahe Blockaden. Für die postoperative Schmerztherapie mittels rückenmarknahen Blockadeverfahren sind grundsätzlich **Lokalanästhetika** oder **Opioide** alleine oder in Kombination verwendbar.
Die Punktionsstellen werden durch die Lokalisation des operativen Eingriffes und die Größe des schmerzhaften Areales bestimmt (**7.7**).

7.7: Punktionsstellen zum Anlegen eines Periduralkatheters in Abhängigkeit vom Operationsgebiet und beeinflußbare Dermatome

Operationsgebiet	Punktionsstelle	beeinflußbare Dermatome
▷ Thorax	$Th_4 - Th_6$	$Th_2 - Th_9$
▷ Oberbauch	$Th_8 - Th_{10}$	$Th_6 - Th_{12}$
▷ Unterbauch	$Th_{10} - Th_{12}$	$Th_8 - L_2$
▷ Extremitäten	$L_2 - L_5$	$Th_{12} - L_5$

brachialis mit einer Bolusapplikation von Bupivacain 0,25 % oder Ropivacain 0,2 % können Analgesiezeiten bis zu 12 Std. erreicht werden.
Über eine **kontinuierliche Sympathikusblockade** kann zusätzlich die Durchblutung verbessert werden.

Zur Blockade des Plexus brachialis stehen 3 Zugangswege, die auch für die kontinuierliche Kathetertechnik geeignet sind, zur Verfügung (siehe Kap. 4.**9**): **interskalenär, supraklavikulär** und **axillär**.

Interkostalblockaden Nach Eingriffen im Thorax- oder oberen Abdominalbereich läßt sich durch Interkostalblockaden eine gute Analgesie erreichen. Wegen der **Pneumothoraxgefahr** werden sie lediglich **unilateral** bei folgenden Indikationen durchgeführt:
- Rippenserienfrakturen
- Thorakotomien
- Nieren- und Galleneingriffe
- Mastektomien.

Bei richtiger Durchführung wird ein **leichteres Durchatmen** und **schmerzfreies Abhusten** ermöglicht, was einer Hypoventilation und Atelektasenbildung vorbeugt.

Sonstige Nervenblockaden Bei Kindern werden periphere Nervenblockaden zur postoperativen Analgesie nach Herniotomien, Orchidopexien oder Peniseingriffen durchgeführt.

Blockaden der unteren Extremität Bei Blockadeverfahren an der unteren Extremität ist vor allem der **»3-in-1«-Block** zu erwähnen. Hierbei werden durch eine einzige Injektion der N. femoralis, N. cutaneus femoris lateralis und N. obturatorius erreicht.

Rückenmarknahe Blockaden Für die postoperative Schmerztherapie mittels rückenmarknahen Blockadeverfahren sind grundsätzlich **Lokalanästhetika** oder **Opioide** alleine oder in Kombination verwendbar (s. 7.**7**).

Lokalanästhetika: Vor allem für die lang wirkenden Lokalanästhetika **Bupivacain** und **Ropivacain** ergeben sich hohe relative Wirkstärken.

Durch **kontinuierliche Applikation** niedriger Bupivacainkonzentrationen (0,125 – 0,25 %) mit relativ hohen Volumina (15 – 25 ml/h) wird eine effektive Schmerzausschaltung gewährleistet.

Die **Indikationen** für eine postoperative Schmerztherapie mittels epiduraler Applikation von Lokalanästhetika umfassen:
- thorakale und abdominelle Eingriffe
- Operationen an der Hüfte und den Extremitäten.

Opioide: Ein grundsätzlicher Unterschied zwischen der rückenmarknahen Applikation von Opioiden und Lokalanästhetika besteht darin, daß Opioide die motorischen und vegetativen Funktionen nicht beeinträchtigen. Prinzipiell kann der **epidurale** oder **subarachnoidale** Applikationsweg gewählt werden.
Eine subarachnoidale Applikation hat den Vorteil einer besser voraussagbaren Bioverfügbarkeit an den Rezeptoren im Rückenmark.

Nebenwirkungen: Wie bei systemischer Applikation muß auch bei rückenmarknaher Opioidanwendung mit einer **Atemdepression** gerechnet werden, da nicht ausgeschlossen werden kann, daß das Opioid durch Liquortransport zum Hirnstamm aufsteigt. **Juckreiz** tritt nach rückenmarknaher Gabe sehr viel häufiger auf als nach systemischer. Mit einer **Harnretention** muß gerechnet werden.

Lokalanästhetika: Vor allem für die lang wirkenden Lokalanästhetika **Bupivacain** und **Ropivacain** ergeben sich hohe relative Wirkstärken, wobei unter Bupivacain die motorische Blockade nicht so ausgeprägt ist wie unter Etidocain.
Durch **kontinuierliche Applikation** (Infusionspumpe) niedriger LA-Konzentrationen (Bupivacain 0,125 – 0,25 %, Ropivacain 0,2 %) mit relativ großen Volumina (8 – 10 ml/h) wird eine effektive Schmerzausschaltung gewährleistet und vor allem das Auftreten von kardialen Nebenwirkungen gering gehalten. Zur Erzielung einer anfänglich ausreichenden Analgesie ist es sinnvoll initial mit einer Bolusinjektion (5 – 8 ml) zu beginnen. Bei Bedarf können intermittierend weitere Bolusgaben (»top-ups«) notwendig werden.
Die **Indikationen** für eine postoperative Schmerztherapie mittels epiduraler Applikation von Lokalanästhetika umfassen thorakale und abdominelle Eingriffe sowie Operationen an der Hüfte und den Extremitäten. Vorteile ergeben sich für die epidurale Schmerztherapie mittels Lokalanästhetika gegenüber einer systemisch durchgeführten Opioidtherapie durch eine positive Beeinflussung der Lungenfunktionsparameter, besseres Durchatmen auch nach abdominellen Eingriffen und selteneres Auftreten von Hypoxieepisoden. Nachteile könnten sich aus einer – durch die muskuläre Erschlaffung abhängiger Körperpartien bedingten (lumbaler PDK!) – verzögerten Mobilisierung der Patienten ergeben.

Opioide: Ein grundsätzlicher Unterschied zwischen der rückenmarknahen Applikation von Opioiden und Lokalanästhetika besteht darin, daß Opioide die motorischen und vegetativen Funktionen nicht beeinträchtigen. Prinzipiell kann der **epidurale** oder **subarachnoidale** Applikationsweg gewählt werden. Eine subarachnoidale Applikation hat den Vorteil einer besser voraussagbaren Bioverfügbarkeit an den Rezeptoren im Rückenmark. Bei epiduraler Gabe wird die Rezeptorbesetzung sowohl von der Durapassage als auch von der systemischen Resorption bestimmt. Bei größerer Lipophilie verlaufen Durapassage und Rückenmarkspenetration schneller. Nur ca. 10 – 20 % einer epidural applizierten Dosis erreichen effektiv das Rückenmark.
Nach größeren abdominellen Eingriffen hat sich eine Dosis von 5 – 10 mg Morphin epidural als effektiv erwiesen. Weiterhin wurden mit gutem Erfolg Fentanyl (0,1 mg), Sufentanil (20 µg) und Buprenorphin (0,15 – 0,3 mg) eingesetzt (▦ 7.**8**). Bei subarachnoidaler Gabe ist die erforderliche Dosis auf etwa $^1/_{10}$ dieser Mengen zu reduzieren.

7.8: Wirkeintritt und Wirkdauer nach epiduraler Opioidapplikation

Medikament	Dosis (mg)	Erreichen der vollen Wirkung (min)	Wirkdauer (h)
▷ Morphin	10	40 – 60	8 – 20
▷ Pethidin	50 – 100	10 – 30	4 – 18
▷ Fentanyl	0,1	10 – 20	2 – 4
▷ Buprenorphin	0,15	20 – 30	6 – 20
▷ Sufentanil	0,02	10 – 20	2 – 4

Nebenwirkungen: Wie bei systemischer Applikation muß auch bei rückenmarknaher Opioidanwendung mit einer **Atemdepression** gerechnet werden, da nicht ausgeschlossen werden kann, daß das Opioid durch Liquortransport zum Hirnstamm aufsteigt. Die Inzidenz beträgt etwa 1 : 300 (s. a.) bis 1 : 1200 (epidural). **Juckreiz** tritt nach rückenmarknaher Applikation sehr viel häufiger als nach systemischer Gabe auf. Er kann oftmals durch Naloxon unter Inkaufnahme einer teilweise Antagonisierung der analgetischen Opioideffekte beseitigt werden. Weiterhin besteht die Gefahr der **Harnretention** und bei längerfristiger Fortführung der Opioidtherapie die Möglichkeit der **Toleranzentwicklung,** d. h. zur Erzielung eines bestimmten Effektes werden immer höhere Dosen notwendig.

Kombination von Lokalanästhetika und Opioiden

Die unterschiedlichen Wirkmechanismen beider Substanzgruppen führen zu einem therapeutisch ausnutzbaren **Synergismus**, der sowohl den Wirkungseintritt als auch die Wirkstärke positiv beeinflußt. Im Gegensatz dazu wird die Nebenwirkungsrate nicht wesentlich erhöht. Zur postoperativen Schmerztherapie hat sich folgende Mischung bewährt: 10 µg Sufentanil + 6 ml Bupivacain 0,25 % (15 mg) ad 10,0 ml NaCl 0,9 %. Hiervon werden 1 ml pro 10 kg KG injiziert. Ältere und im Allgemeinzustand reduzierte Patienten erhalten eine geringere Dosis. Die Injektionsintervalle liegen bei etwa 4 Stunden. Bei allen Schmerzblockadeverfahren muß eine Überwachung der Patienten das sofortige Aufdecken von eventuellen Nebenwirkungen wie Kreislauf- und Atemdepression gewährleisten.

Kombination von Lokalanästhetika und Opioiden

Die unterschiedlichen Wirkmechanismen beider Substanzgruppen führen zu einem therapeutisch ausnutzbaren **Synergismus**, der sowohl den Wirkungseintritt als auch die Wirkstärke positiv beeinflussen kann. Folgende Mischung hat sich postoperativ bewährt: 5 mg Morphin und 6 ml Bupivacain 0,25 % (15 mg) ad 10,0 ml NaCl 0,9 %.
Intensive Überwachung des Patienten!

7.1.4 Patienten-kontrollierte (»on-demand«-) Analgesie

Die Methode der Patienten-kontrollierten Analgesie (PCA) erlaubt dem Patienten, die Menge an Analgetikum nach seinem individuellen Schmerzempfinden selbst zu titrieren. Pumpengesteuert wird eine **selbstverabreichte, limitierte** Dosis des Analgetikums aus einem Reservoir über eine bereits liegende Zufuhrleitung (intravenös, subkutan, epidural) als Bolus injiziert. Hierdurch wird eine organisatorisch bedingte Verzögerung zwischen dem Auftreten von Schmerzen und der Verabreichung des Analgetikums vermieden (7.**1**).

7.1.4 Patienten-kontrollierte (»on-demand«-) Analgesie

Die Methode der Patienten-kontrollierten Analgesie (PCA) erlaubt dem Patienten, die Menge an Analgetikum nach seinem individuellen Schmerzempfinden selbst zu titrieren. Pumpengesteuert wird eine **selbstverabreichte, limitierte Dosis** des Analgetikums aus einem Reservoir über eine bereits liegende Zufuhrleitung (intravenös, subkutan, epidural) als Bolus injiziert (7.**1**).

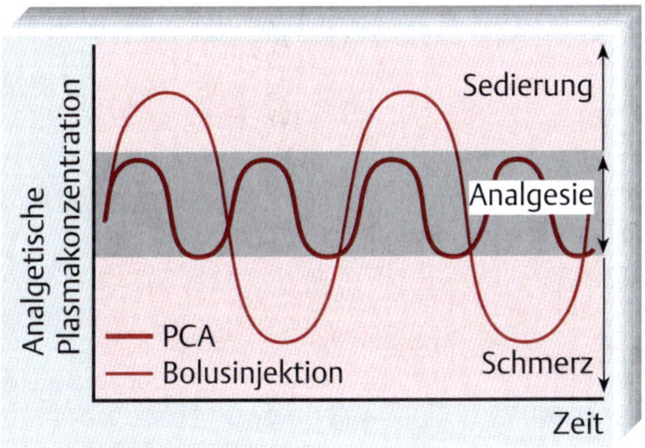

7.**1**: **Beziehung zwischen Dosierungsintervall, analgetischer Plasmakonzentration und klinischem Effekt** bei PCA-Technik und konventioneller Bolusapplikation von Schmerzmitteln.

Merke. Mehrere **Sicherheitsfaktoren** limitieren die pro Zeiteinheit abrufbare Gesamtmenge:
- Sobald die Opioidplasmakonzentrationen ansteigen, stellt sich als erstes der analgetische Effekt ein, bevor Sedierung und im folgenden Atemdepression auftreten. Übermäßige Medikation bewirkt eine **Sedierung**, die einer weiteren Medikation entgegenwirkt.
- Die Menge des vom Patienten abrufbaren Bolus ist programmierbar (z. B. 1 – 3 mg Morphin). Alle PCA-Geräte weisen eine geräteseitig vorgesehene **Refraktärperiode** auf, innerhalb der keine weitere Bolusmedikation verabfolgt werden kann. Sie ist bei Morphin gewöhnlicherweise auf ein Minimum von 6 – 8 Minuten eingestellt, da der maximale atemdepressorische Effekt nach i. v. Injektion bei Morphin innerhalb von 7 Minuten erwartet werden kann.
- Durch eine eingestellte **4 h-Maximaldosis** des jeweiligen Analgetikums wird eine zusätzliche Sicherheitsschranke eingebaut.

◀ **Merke**

Im Rahmen einer PCA wurden die in der 7.9 angegebenen Opioide eingesetzt.

Die große individuelle Variabilität des pharmakologischen Effektes schließt die Angabe von Medikationsschemata aus. Im Rahmen einer PCA wurden bislang die in der 7.9 angegebenen Opioide eingesetzt.

7.9: Analgetika, die bisher im Rahmen der PCA-Technik eingesetzt wurden

Medikament	max. Dosis (mg/h)	Medikament	max. Dosis (mg/h)
▷ Morphin	15	▷ Piritramid	15,0
▷ Fentanyl	0,25	▷ Pethidin	100,0
▷ Alfentanil	1,5	▷ Nalbuphin	28,5
▷ Buprenorphin	0,30	▷ Pentazocin	60,0
▷ Methadon	5,9	▷ Tramadol	100,0

Obwohl neue Analgetika in Fülle zur Verfügung stehen, hat sich keines für die PCA-Technik dem **Morphin** als überlegen erweisen können.
Die PCA-Therapie sollte so lange fortgeführt werden, bis entweder der Bedarf hierfür fortfällt oder die Patienten auf orale Medikation umgestellt werden können.

Obwohl neue Analgetika in Fülle zur Verfügung stehen, hat sich keines für die PCA dem **Morphin** als überlegen erweisen können. Der durch die PCA hervorgerufene Sedierungsgrad ist ähnlich dem nach i.m. Injektion. Die PCA-Therapie sollte so lange fortgeführt werden, bis entweder der Bedarf hierfür entfällt oder die Patienten auf orale Medikation umgestellt werden können.

7.2 **Therapie chronischer Schmerzen**

7.2.1 **Grundlagen**

Definition ▶

7.2 Therapie chronischer Schmerzen

7.2.1 Grundlagen

▶ ***Definition.*** Der chronische Schmerz wird definiert als ein Schmerzerlebnis, welches über die zu erwartende normale Heilungszeit (oftmals mehr als 6 Monate) hinausgeht (»Schmerzkrankheit«).

Folgen chronischer Schmerzzustände sind teilweise oder komplette Arbeitsunfähigkeit, Verlust sozialer Kontakte, Medikamentenmißbrauch bis hin zum Suizid. Darüber hinaus verursachen chronische Schmerzen hohe Kosten, die bei adäquater Therapie nicht selten vermieden werden können. Über das beim akuten Schmerz komplexe pathophysiologische Geschehen hinaus spielen beim chronischen Schmerz eine Reihe weitergehender pathophysiologischer und psychologischer Prozesse eine große Rolle. In industrialisierten Ländern leiden 20 – 25 % der Bevölkerung unter chronischen Schmerzuständen.

Als chronische Schmerzen werden am häufigsten **Kopf-, Rücken-, Gelenk-, Muskel-, Magen-** und **Menstruationsschmerzen** genannt. Ein großes Patientenkollektiv mit chronischen Schmerzen ist an **Malignomen** erkrankt.

Als chronische Schmerzen werden am häufigsten **Kopf-, Rücken-, Gelenk-, Muskel-, Magen-** und **Menstruationsschmerzen** genannt. Ein großes Patientenkollektiv mit chronischen Schmerzen ist an **Malignomen** erkrankt. Diese Patienten werden schmerztherapeutisch z. T. immer noch ungenügend behandelt. Die einzelnen Schmerzzustände weisen unterschiedliche Symptomatiken vom einmaligen Schmerzerlebnis bis hin zu körperliche und geistige Aktivitäten lähmenden Schmerzsensationen auf.

Kopfschmerzen zählen zu den häufigsten Schmerzen überhaupt, wobei die Inzidenz der Migräne bis zu 40 % betragen kann.

Kopfschmerzen zählen zu den häufigsten Schmerzen überhaupt, wobei die Inzidenz der Migräne bis zu 40 % betragen kann. Sie kann bereits bei Kindern auftreten, erreicht in der Altersgruppe der 20 – 40jährigen einen Häufigkeitsgipfel und tritt bei Frauen deutlich häufiger als bei Männern auf.

Rückenschmerzen können sich als chronisch-rezidivierende Kreuzschmerzen manifestieren und sind die dritthäufigste Ursache der Arbeitsunfähigkeit.

Rückenschmerzen können sich als chronisch-rezidivierende Kreuzschmerzen manifestieren und sind die dritthäufigste Ursache der Arbeitsunfähigkeit. Ungefähr 50 % der Patienten, die an Rückenschmerzen (> 6 Monate) leiden, werden erwerbsunfähig.
Fast alle Patienten mit **Tumorerkrankungen** erleiden mindestens zu einem Zeitpunkt mehr oder minder starke Schmerzen, wobei die Inzidenz

sehr vom Tumortyp und der Tumorlokalisation abzuhängen scheint. Bei Knochentumoren werden die meisten und bei Leukämien und Lymphomen die wenigsten Schmerzzustände angegeben.

Typische **Begleiterkrankungen** bei chronischen Schmerzen sind:
- Schlafstörungen
- Depressionen
- Verdauungsstörungen
- Kachexie.

Typische **Begleiterkrankungen** bei chronischen Schmerzen sind:
- Schlafstörungen
- Depressionen
- Verdauungsstörungen
- Kachexie.

Die meisten chronischen Schmerzzustände sind **multifaktoriell** bedingt; nur selten gelingt eine monokausale Erklärung. **Psychogene Faktoren** spielen eine wichtige Rolle. Im Rahmen endogener Depressionen werden häufig Schmerzen im Bereich des Kopfes und des Rumpfes angegeben. Auf der anderen Seite stellen sich bei vielen Patienten mit chronischen Schmerzzuständen reaktiv depressive oder manische Persönlichkeitsmuster ein. Daraus kann gefolgert werden, daß zwischen Schmerzkrankheit und einigen psychiatrischen Krankheitsbildern keine scharfe Trennlinie gezogen werden kann. Weiterhin können nicht ausreichend behandelte Schmerzzustände (z. B. postherpetische Neuralgie, Phantomschmerzen, Postnukleotomiesyndrom) zu einem chronischen Psychosyndrom führen. Zur Schmerzlinderung kann dann eine begleitende Behandlung mit Antidepressiva indiziert sein.

Die meisten chronischen Schmerzzustände sind **multifaktoriell** bedingt; nur selten gelingt eine monokausale Erklärung. **Psychogene Faktoren** spielen eine wichtige Rolle.

Bei der **idiopathischen Schmerzentstehung** stimmt häufig die Schmerzempfindung nicht mit der Innervation peripherer Nerven überein. Begleitend werden oftmals Schlaflosigkeit und Abgespanntheit angegeben. Im Vordergrund steht eine starke Beschäftigung mit dem Schmerz, die bereits mehr als 6 Monate bestehen kann. Eine organische Ursache für die Schmerzsymptomatik kann nicht gefunden werden bzw. das Schmerzerlebnis nicht erklären. Schizophrenie, endogene oder neurotische Depression müssen ausgeschlossen werden.

Bei der **idiopathischen Schmerzentstehung** stimmt häufig die Schmerzempfindung nicht mit der Innervation peripherer Nerven überein.

Die Verbindung zwischen chronischen Schmerzzuständen und Depressionen wird z. T. über einen zentralen Noradrenalin- oder auch Serotoninmangel hergestellt. Weiterhin wird ein Ungleichgewicht zwischen cholinerg und adrenerg vermittelter Neurotransmission sowie eine Störung der Rezeptorsensibilität angenommen. Dies bildet die rationale Grundlage für die medikamentöse Therapie mit Antidepressiva.

7.2.2 Behandlungsprinzipien

Die Behandlung chronischer Schmerzzustände erfordert wegen des in der überwiegenden Mehrzahl der Fälle komplexen Krankheitsbildes eine **interdisziplinäre Zusammenarbeit** zwischen Anästhesisten, Neurologen, Internisten, Chirurgen, Psychologen, Psychiatern und Physiotherapeuten. Grundsätzlich sind alle in der akuten Schmerzbehandlung (siehe Kap. 7.1) einsetzbaren Verfahren anwendbar, häufig führt jedoch eine alleinige medikamentöse oder operative Therapie nicht zum Ziel.

7.2.2 Behandlungsprinzipien

Die Behandlung chronischer Schmerzzustände erfordert wegen des in der überwiegenden Mehrzahl der Fälle komplexen Krankheitsbildes ein **interdisziplinäres Vorgehen**.

Medikamente und Methoden zur **Behandlung chronischer Schmerzen** sind:
- Nichtopioidanalgetika
- Opioide
- α_2-Agonisten
- Antidepressiva
- Glukokortikoide
- Antiepileptika (z. B. Carbamazepin – Tegretal®)
- regionale Blockaden
- transkutane elektrische Nervenstimulation (TENS)
- neurochirurgische Verfahren
- Akupunktur
- Physiotherapie
- physikalische Methoden
- Psychotherapie.

Medikamente und Methoden zur **Behandlung chronischer Schmerzen:**
- Nichtopioidanalgetika
- Opioide
- α_2-Agonisten
- Antidepressiva
- Glukokortikoide
- Antiepileptika (z. B. Carbamazepin – Tegretal®)
- regionale Blockaden
- transkutane elektrische Nervenstimulation (TENS)
- neurochirurgische Verfahren
- Akupunktur
- Physiotherapie
- physikalische Methoden
- Psychotherapie.

Die zur Verfügung stehenden Medikamente und Methoden müssen oftmals je nach Krankheitsbild miteinander sinnvoll **kombiniert** werden, z. B. NSAR in Kombination mit Opioiden bei Malignomschmerzen.

Die zur Verfügung stehenden Medikamente und Methoden müssen oftmals je nach Krankheitsbild miteinander sinnvoll **kombiniert** werden. Beispiel: Bei Malignomschmerzen werden die nichtsteroidalen Analgetika/Antiphlogistika als Basismedikation neben den stark wirksamen Analgetika (Opioide) eingesetzt. Hierdurch ergänzen sich die Wirkungen und es resultieren additive Effekte. Bei Toleranzerhöhung gegenüber Opioiden kann durch den α_2-Agonisten Clonidin (Catapresan®, siehe Kap. 3.2.2) eine ausreichende Opioidempfindlichkeit wiederhergestellt werden.

7.2.3 Systemische Therapie chronischer Schmerzen

WHO-Stufenschema

Nach den Richtlinien der WHO wird die **Therapie bei chronischen Malignomschmerzen** nach einem **Stufenschema** (▤ 7.**10**) durchgeführt. Hierbei werden Analgetika und auch Nichtanalgetika mit unterschiedlichem Wirkspektrum eingesetzt. Auf jeder Stufe können adjuvant Antidepressiva, Glukokortikoide oder Antiepileptika gegeben werden. Das Schema kommt zunehmend auch bei chronischen nichtmalignen Schmerzen zum Einsatz.

7.2.3 Systemische Therapie chronischer Schmerzen

WHO-Stufenschema

Nach den Richtlinien der WHO wird die **Therapie bei chronischen Malignomschmerzen** nach einem **Stufenschema** (▤ 7.**10**) durchgeführt. Hierbei werden Analgetika und auch Nichtanalgetika mit unterschiedlichem Wirkspektrum eingesetzt. Wegen der z. T. sehr hohen Dosierungen erfordert auch die Behandlung von Nebenwirkungen (z. B. Übelkeit, Erbrechen, Juckreiz) besondere Aufmerksamkeit. Auf jeder Stufe können adjuvant Medikamente wie Antidepressiva, Glukokortikoide oder Antiepileptika eingesetzt werden. >90 % aller Patienten mit Malignomschmerzen können nach diesem Stufenschema erfolgreich therapiert werden. Aufgrund der guten Erfahrungen wird es aber auch zunehmend für die Therapie von chronischen nichtmalignen Schmerzen verwendet.

▤ 7.10: WHO-Stufenschema zur medikamentösen Behandlung chronischer Schmerzen

- ▷ Stufe 1: Nichtopioidanalgetika
- ▷ Stufe 2: schwache Opioide mit/ohne Nichtopioidanalgetika
- ▷ Stufe 3: starke Opioide: mit/ohne Nichtopioidanalgetika

Voraussetzung für eine erfolgreiche Therapie chronischer Malignomschmerzen ist eine **Dauertherapie mit konsequentem Medikamenteneinsatz in festen zeitlichen Abständen**. Die **orale Medikation** steht hierbei im Vordergrund.

Voraussetzung für eine erfolgreiche Therapie chronischer Malignomschmerzen ist eine Dauertherapie mit **konsequentem Medikamenteneinsatz in festen zeitlichen Abständen**. Die **orale Medikation** steht hierbei im Vordergrund. Eine kontinuierliche intravenöse, epidurale oder subarachnoidale Medikamentenapplikation über Pumpensysteme wird nur bei nicht möglicher enteraler Aufnahme angestrebt, wenn der Patient z. B. an Schluckstörungen oder unstillbarem Erbrechen leidet. Alternative Verabreichungswege sind die rektale oder transdermale Applikation. Bei der transdermalen Fentanylverabreichung mittels eines Pflasters muß dieses nur alle 72 Stunden erneuert werden. Es können jedoch wegen ungleichmäßiger Substanzgabe Plasmaspiegelschwankungen auftreten.

Analgetika, die nach dem WHO-Stufenschema eingesetzt werden können, zeigt ▤ 7.**11**.

Analgetika, die nach dem WHO-Stufenschema eingesetzt werden können, zeigt ▤ 7.**11**.

▤ 7.11: Analgetika zum Einsatz nach dem WHO-Stufenschema

Generikum	Handelsname	Dosierung/24 h	Wirkdauer (h)
▷ Acetylsalicylsäure	Aspirin®	6 × 500 – 1000 mg	4 – 6
▷ Paracetamol	ben-u-ron®	6 × 500 – 1000 mg	4 – 6
▷ Ibuprofen ret.	Brufen®	2 × 800 mg	12
▷ Metamizol	Novalgin®	6 × 500 – 1000 mg	6
▷ Morphin		6 × 5 – 500 mg	4
▷ Morphin-retard	MST, Capros®	3 × 10 – 500 mg	8 – 12
▷ Buprenorphin	Temgesic®	3 × 0,2 – 2 mg	6 – 8
▷ Codein		6 × 50 – 100 mg	4
▷ Dihydrocodein ret.	DHC®	3 × 60 – 150 mg	8 – 10

Antidepressiva

Da viele chronische Schmerzsyndrome mit Depressionen einhergehen, haben Antidepressiva einen festen Stellenwert in deren Behandlung. Diese Pharmaka sind außerdem in der Lage, die Schmerzschwelle anzuheben. Trizyklische Antidepressiva, die selektiv die Wiederaufnahme von Noradrenalin und Serotonin hemmen, sind zwar bei der Behandlung akuter Schmerzzustände unwirksam, im Rahmen von chronischen Myalgien und Neuralgien werden jedoch durch Imipramin (Tofranil®) und Clomipramin (Anafranil®) z. T. deutliche Schmerzlinderungen erzielt.

Die **Indikationen** für den Einsatz von Antidepressiva bei chronischen Schmerzzuständen sind:
- simultanes Auftreten von Schmerzen und Depressionen
- Spannungskopfschmerz
- symptomatische Neuralgien, Neuropathien
- algogenes Psychosyndrom
- Supplementierung der Therapie mit Analgetika.

Bei Spannungskopfschmerzen, neurogenem Gesichtsschmerz, postherpetischen Neuralgien und diabetischen Neuropathien hat sich die Gabe von Amitriptylin (Saroten®) bewährt. Bei Malignomschmerzen können Antidepressiva adjuvant zu anderen Verfahren verwandt werden, wobei ein Teil der Wirkung auf die angstlösenden und sedierenden Eigenschaften dieser Substanzen zurückgeführt werden kann.

Die **Nebenwirkungen** der trizyklischen Antidepressiva werden über einen anticholinergen Mechanismus hervorgerufen. Als störend stellen sich vor allem Mundtrockenheit, Akkommodationsstörungen, Obstipation, Tachykardie und Miktionsstörungen ein.

7.2.4 Anästhesiologische Techniken zur Behandlung chronischer Schmerzen

Durch Anwendung modifizierter bzw. erweiterter **regionalanästhesiologischer Methoden**, die sich aus den Verfahren zur intraoperativen Schmerzausschaltung ableiten, kommt dem Anästhesisten im Rahmen der Therapie schwerer chronischer, gegenüber konventioneller Behandlung resistenter Schmerzen eine wichtige Rolle zu. Diese Verfahren zeichnen sich durch geringe Invasivität, hohe Effizienz und relative Risikoarmut aus. **Diagnostische Blockaden** lassen hierbei die Region der Schmerzentstehung identifizieren, prognostische Blockaden sollen das Ausmaß der erzielbaren Schmerzreduktion bestimmen, während **therapeutische Blockaden** der langfristigen Schmerzbeeinflussung dienen. Letztere können z. B. bei inkurablen Tumorleiden zur funktionellen Rehabilitation beitragen.
Darüber hinaus können in Zusammenarbeit mit dem Radiologen invasive, perkutan durchführbare **neuroablative Techniken** bei extremen Schmerzzuständen eingesetzt werden (s. u.), die neurochirurgische Eingriffe wie Chordotomie, Lobektomie etc. weitestgehend überflüssig machen. Ein weiterer Vorteil sämtlicher Verfahren besteht darin, daß sie ambulant oder zumindest kurzstationär ausgeführt werden können. In **S** 7.2 sind die einzelnen Methoden mit ihren Indikationen, Techniken, der Medikamentenauswahl und den spezifischen Risiken zusammengetragen.

Antidepressiva

Da viele chronische Schmerzsyndrome mit Depressionen einhergehen, haben Antidepressiva einen festen Stellenwert in deren Behandlung (z. B. Imipramin oder Clomipramin).
Antidepressiva heben die Schmerzschwelle.

Die **Indikationen** für den Einsatz von Antidepressiva bei chronischen Schmerzzuständen sind:
- Schmerzen und Depressionen gleichzeitig
- Spannungskopfschmerz
- symptomische Neuralgien, Neuropathien
- algogenes Psychosyndrom
- Supplementierung von Analgetika.

Bei Spannungskopfschmerzen, neurogenem Gesichtsschmerz, postherpetischen Neuralgien und diabetischen Neuropathien hat sich die Gabe von Amitriptylin (Saroten®) bewährt.

Die **Nebenwirkungen** der trizyklischen Antidepressiva werden über einen anticholinergen Mechanismus hervorgerufen.

7.2.4 Anästhesiologische Techniken zur Behandlung chronischer Schmerzen

Zur Anwendung gelangen modifizierte bzw. erweiterte **regionalanästhesiologische Methoden**, die sich aus den Verfahren zur intraoperativen Schmerzausschaltung ableiten, und **neuroablative Techniken**.
Diagnostische Blockaden lassen hierbei die Region der Schmerzentstehung identifizieren, prognostische Blockaden sollen das Ausmaß der erzielbaren Schmerzreduktion bestimmen, während **therapeutische Blockaden** der langfristigen Schmerzbeeinflussung dienen.
In Kooperation mit Radiologen können invasive, perkutan durchführbare **neuroablative Techniken** bei extremen Schmerzen eingesetzt werden.
In **S** 7.2 sind die einzelnen Methoden zusammengetragen. Vorteil hierbei ist auch die ambulante bzw. kurzzeitige stationäre Durchführbarkeit.

S Synopsis 7.2: **Anästhesiologische Methoden zur chronischen Schmerzbehandlung: Indikationen, Techniken, Medikamente, Risiken**

1. Rückenmarknahe Verfahren
Indikationen: multilokulär-radikuläre und nicht zuzuordnende Schmerzen
- **epidural**

Technik: in Lokalanästhesie Einbringen eines Katheters in den zervikalen, thorakalen oder lumbalen Periduralraum zur wiederholten Injektion bzw. kontinuierlichen (externes Pumpensystem) Infusion
Medikamente: Morphin und/oder Ropivacain (Naropin®), Bupivacain (Carbostesin®)
Risiko: mechanische Schädigung von Spinalnerven und Rückenmark, intravasale und subarachnoidale Injektion/Infusion
- **subarachnoidal**

Technik: in Lokalanästhesie Einbringen eines Katheters in den lumbalen Subarachnoidalraum zur wiederholten Injektion bzw. kontinuierlichen Infusion
Medikamente: Morphin und/oder Bupivacain (Carbostesin®)
Risiko: mechanische Schädigung des Rückenmarkes

2. Interpleurale Analgesie
Indikationen: unilaterale segmentale Schmerzzustände wie Thorax-, Oberbauchschmerzen (insbesondere bei Pankreaskarzinom) und Zosterneuralgien
Technik: in Lokalanästhesie Einbringen eines Katheters in den Pleuraraum zur wiederholten Injektion
Medikament: Bupivacain, ggf. mit Adrenalinzusatz
Risiko: Verletzung von Interkostalgefäßen und Lunge; Pneumo-, Hämatothorax

3. Blockade des Plexus brachialis
Indikationen: Schmerzzustände im Versorgungsgebiet des Plexus brachialis
Technik: Bolusapplikation oder Katheteranlage (supraklavikulär, interskalenär oder axillär) zur wiederholten Injektion oder kontinuierlichen Infusion
Medikamente: Lokalanästhetika diagnostisch und prognostisch; Neurolytika therapeutisch
Risiko: abhängig vom Zugangsweg (Nervenschädigung, intraarterielle und intravenöse sowie epidurale und subarachnoidale Injektion/Infusion

4. Blockade des Plexus coeliacus
Indikationen: Oberbauchschmerzen (mit Ausstrahlung in den Rücken)
Technik: in Lokalanästhesie unter radiologischer Kontrolle (Durchleuchtung, CT) ventrales oder dorsales Heranführen einer Kanüle präaortal an den Plexus coeliacus (siehe ▦ 7.**2**)
Medikamente: Lokalanästhetika diagnostisch und prognostisch; Neurolytika therapeutisch
Risiko: intraarterielle Injektion mit Perfusionsminderung des Rückenmarkes, Diarrhö

5. Blockade des Plexus hypogastricus superior
Indikationen: Schmerzen in Unterbauch und Becken
Technik: in Lokalanästhesie unter radiologischer Kontrolle, dorsales Heranführen einer Kanüle an den Plexus hypogastricus superior vor dem 5. LWK
Medikamente: Lokalanästhetika diagnostisch und prognostisch; Neurolytika therapeutisch
Risiko: mechanische Schädigung von Spinalnerven, chemische Schädigung des Rückenmarks

6. Blockade des Plexus lumbalis
Indikationen: Schmerzen im Bereich von Leiste und ventralem Oberschenkel
Technik: z. B. »3-in-1«-Block Psoas-Kompartmentblock (siehe Kap. 7.1.2)
Medikamente: Lokalanästhetika (Bupivacain und Ropivacain), Hydrokortison, ggf. Neurolytika
Risiko: mechanische Schädigung von peripheren Nerven

7. Blockade von Hirnnerven
Indikationen: Schmerzen im Versorgungsgebiet des Ganglion Gasseri, N. trigeminus, N. glossopharyngeus
Technik: Identifikation des Ggl. Gasseri unter radiologischer Kontrolle oder durch anatomisch-topographisch orientierte Technik
Medikamente: Lokalanästhetika diagnostisch und prognostisch; Neurolytika therapeutisch
Risiko: mechanische und chemische Schädigung benachbarter Strukturen

8. Blockade des Grenzstranges
Indikationen: Schmerzen im Bereich von Kopf, Hals und Rumpf, sowie oberen und unteren Extremitäten bei Affektionen des Sympathikus (»sympathically maintained pain«), z. B. Morbus Sudeck oder Durchblutungsstörungen der oberen Extremität (Morbus Raynaud)
Technik: in Lokalanästhesie unter radiologischer Kontrolle Aufsuchen des zervikalen, thorakalen oder lumbalen Grenzstranges mit einer Kanüle
Medikamente: Lokalanästhetika diagnostisch und prognostisch; Neurolytika therapeutisch
Risiko: abhängig vom Zugangsweg (mechanische Verletzung eines Spinalnervs, chemische Schädigung von Spinalnerven, Rückenmark und Ureter; Pneumo-, Hämatothorax)

9. Neuroablative Verfahren
Nerven und deren Geflechtbildungen können nach diagnostischer und prognostischer Blockade mit Lokalanästhetika in ihrer sensiblen Funktion längerfristig ausgeschaltet werden (Neurolyse bzw. Neuroablation) (siehe ▦ 7.**3**). Diese Technik kann angewandt werden bei: peripheren somatischen Nerven; Spinalnerven und Nervenplexus; zervikalem, thorakalem und lumbalem Grenzstrang sowie Hirnnerven. Neurodestruktive Methoden sind nur temporär wirksam; regenerative Prozesse können im Verlauf der Erkrankung eine erneute Intervention erforderlich machen. Unmittelbar nach Neurolyse treten in der Regel für einige Tage motorische Funktionsstörungen auf.
Indikationen: extreme chronische Schmerzzustände
Technik: in Lokalanästhesie unter radiologischer Kontrolle Heranführen einer Kanüle an den oder die entsprechenden Nerven
Medikamente: Lokalanästhetika diagnostisch und prognostisch; Neurolytika therapeutisch (Ethanol, Phenol, Glycerin, Kresol und Ammoniumsalze)
Risiko: mechanische Verletzung und chemische Destruktion jeweils benachbarter Strukturen, chemische Zerstörung des Rückenmarks und fernab liegender Organe bei akzidenteller intravasaler Injektion, motorische Ausfälle

10. »Spinal cord stimulation« (SCS)
und die **Implantation subarachnoidaler Katheter** zur pumpengesteuerten Infusionstherapie sind wegen der alternativen Behandlungsverfahren und hoher Kosten nur selten indiziert.

Klinischer Fall

Bei einem 49jährigen Patienten mit inoperablem Pankreaskarzinom bestehen isolierte Oberbauchschmerzen mit gürtelförmiger Ausstrahlung in den Rücken. Aufgrund der Resistenz gegenüber einer Schmerztherapie mit Metamizol und retardiertem Morphin entschließt man sich zur Neurolyse des Plexus coeliacus (7.**2**). Hierzu wird in Rückenlage unter computertomographischer Kontrolle in Höhe des 12. BWK in Lokalanästhesie transhepatisch und transtumoral eine Kanüle an den Plexus coeliacus herangeführt. Die Kanülenspitze (K) liegt ventral der Aorta (A). Es werden 40 ml Ethanol-Bupivacain-Iopamidol-Lösung injiziert. Die neurolytische Lösung (S) umfließt die Aorta und infiltriert entlang der Kanüle retrograd die Tumormasse.

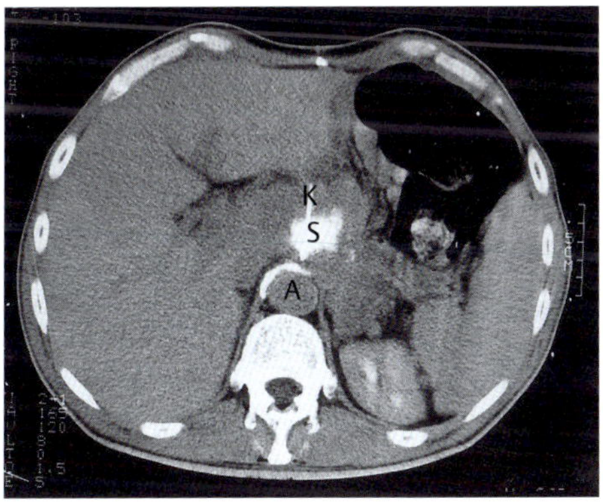

7.**2**: **Neurolyse des Plexus coeliacus bei inoperablem Pankreaskopfkarzinom** (K = Kanülenspitze, A = Aorta, S = neurolytische Lösung).

Klinischer Fall

Eine 67jährige Patientin mit weit fortgeschrittenem Nierenzellkarzinom leidet an erheblichen Schmerzen im Bereich des dorsalen Oberschenkels aufgrund von Knochen- und Weichteilmetastasen im Becken, die zur mechanischen Irritation von Anteilen des rechtsseitigen Plexus sacralis geführt haben. Orale sowie epidurale Morphinapplikation bewirkt ständige Übelkeit und Erbrechen, alternativ eingesetztes Hydromorphin (Dilaudid®) ebenso. Aus diesem Grund wird eine Neurolyse des 1. Sakralnervs durchgeführt (7.**3**). Unter CT-Kontrolle wird hierzu in Lokalanästhesie eine Kanüle (K) an das rechte Foramen intervertebrale S1 herangebracht, durch die 2 ml Phenol-Lösung injiziert werden. Dieses Vorgehen wird bei S2 in derselben Sitzung wiederholt.

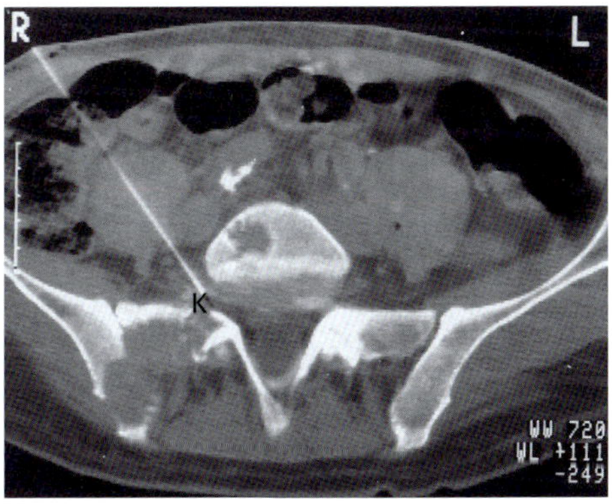

7.**3**: **Neurolyse des 1. Sakralnervs bei fortgeschrittenem Nierenzellkarzinom mit Knochen- und Weichteilmetastasen im Becken** (K = Kanülenspitze).

7.2.5 Physikalische und physiotherapeutische Maßnahmen

Für die Therapie chronischer Schmerzen des Bewegungsapparates werden lokale physikalische oder physiotherapeutische Maßnahmen am Ort der Schmerzentstehung oder der reflektorischen Schmerzauswirkung vorgenommen.

7.2.5 Physikalische und physiotherapeutische Maßnahmen

Für die Therapie chronischer Schmerzen des Bewegungsapparates werden lokale physikalische oder physiotherapeutische Maßnahmen am Ort der Schmerzentstehung oder der reflektorischen Schmerzauswirkung vorgenommen. Begleitende regionalanästhesiologische Blockaden (s. o.) können bei der Mobilisation bzw. der Aufhebung reflexbedingter Muskelkontrakturen helfen.

8 Grundzüge der kardiopulmonalen Wiederbelebung

Ein **Versagen der Herz-Kreislauf-Funktion** kann prinzipiell durch 2 Mechanismen ausgelöst werden:
1. primären Herzstillstand
2. Atemstillstand mit sekundärem Herz-Kreislauf-Versagen.

Als Folge eines Kreislaufstillstandes kommt es zum **multiplen Organversagen**, wenn nicht innerhalb kürzester Zeit der Systemkreislauf wiederhergestellt wird. Hierbei weisen Organe mit langsamem Stoffwechsel (z. B. Knochen, Fettgewebe) eine größere zeitliche Toleranz gegenüber einer Sauerstoffmangelversorgung auf als stoffwechselaktive Organe (z. B. Gehirn, Herz, Leber, Niere). In den ersten Sekunden nach einem Herz-Kreislauf-Stillstand wird zunächst der noch im Blut vorhandene Sauerstoff ausgeschöpft: Dieser Zeitraum wird als **freies Intervall** bezeichnet und beträgt für das Gehirn ca. 10 – 15 Sekunden.
Die Zeit zwischen eingetretenem Herz-Kreislauf-Stillstand und definitivem Organversagen wird als **Wiederbelebungszeit** bezeichnet und ist biochemisch nach Aufbrauchen des ausschöpfbaren Sauerstoffs durch die Energiegewinnung aus der anaeroben Glykolyse zur Erhaltung der Zellstruktur gekennzeichnet. Wird innerhalb der Wiederbelebungszeit eine ausreichende Herz-Kreislauf- und Atemfunktion wiederhergestellt, können prinzipiell irreversible Schäden an den Organen vermieden werden.
Hierbei sind die Wiederbelebungszeiten für die einzelnen Organe (z. B. Gehirn 5 Minuten, Herz 15 Minuten) unterschiedlich lang. Wichtig ist, daß die Wiederbelebungszeit durch verschiedene Faktoren verlängert oder verkürzt werden kann (Temperatur, Alter, Vorerkrankungen).

8 Grundzüge der kardiopulmonalen Wiederbelebung

Versagen der **Herz-Kreislauf-Funktion** wird ausgelöst durch:
1. primären Herzstillstand
2. Atemstillstand mit sekundärem Herz-Kreislauf-Versagen.

Die Folge eines Kreislaufstillstandes kann das **multiple Organversagen** sein, wenn nicht innerhalb kürzester Zeit der Systemkreislauf wiederhergestellt wird, wobei Organe mit langsamem Stoffwechsel eine größere zeitliche Toleranz gegenüber O_2-Mangelversorgung aufweisen als stoffwechselaktive Organe.

Freies Intervall: Zeitraum zwischen eingetretenem Herz-Kreislauf-Stillstand und Beginn der anaeroben Glykolyse.

Wiederbelebungszeit: Zeitraum zwischen Herz-Kreislauf-Stillstand und definitivem Organversagen.

Die Wiederbelebungszeiten der einzelnen Organe sind unterschiedlich lang (z. B. Gehirn 5 Minuten, Herz 15 Minuten).

Klinischer Fall

Ein 4jähriger Junge bricht beim Betreten einer dünnen Eisdecke eines Sees ein und ertrinkt. Ein schnell über einen Rettungshubschrauber alarmierter Notarzt rettet das Kind, das unter dem Eis treibt. Primäre Reanimationsversuche der Hubschrauberbesatzung sind zunächst erfolglos. Unter extrathorakaler Herzdruckmassage und kontrollierter Beatmung nach Intubation wird das Kind in die Klinik geflogen.
Bei Klinikaufnahme hat das Kind weite, lichtstarre Pupillen und eine Asystolie. Die Kerntemperatur beträgt 19,8 °C. Die Aufwärmung erfolgt langsam bei weitergeführter kardio-pulmonaler Reanimation. 20 Minuten nach der Klinikaufnahme (Temp. 22,1 °C) treten im EKG Kammerkomplexe auf, die nach weiteren 10 Minuten in einen Sinusrhythmus übergehen. Kurzfristig werden Kontrollen der Blutgase (PaO_2, $PaCO_2$, Standardbikarbonat, »Base excess«), der Elektrolyte (Na, K, Cl) sowie von BZ und Laktat durchgeführt und adäquat korrigiert. Zur Herabsetzung des zerebralen Stoffwechsels wird ein Barbiturat (Methohexital – Brevimytal®) gegeben. Durch moderates Absenken der arteriellen CO_2-Spannung (Hyperventilation) wird versucht, einen übermäßigen Anstieg des zerebralen Blutflusses (postischämische Hyperperfusion) mit konsekutivem Anstieg des intrakraniellen Druckes zu verhindern.
70 Minuten nach Klinikaufnahme wird das Kind mit relativ stabilen Herz-Kreislauf-Verhältnissen auf die Intensivstation verlegt. Dort wird die weitere langsame Erwärmung über 12 Stunden durchgeführt. Der kleine Patient wird weitere 10 Tage beatmet und nach zusätzlichen 2 Wochen Klinikaufenthalt entlassen. Es ist zu einer völligen »Restitutio ad integrum« gekommen. Einer der Hauptgründe, die diesen 88minütigen Kreislaufstillstand überstehen ließen, ist die schnelle und tiefe Hypothermie, die zu einer Stoffwechselreduktion mit vermindertem O_2-Bedarf führte.

> ***Merke.*** Eine Reanimation ist nur dann erfolgversprechend, d. h. ohne bleibende neurologische Defizite, wenn **innerhalb der Wiederbelebungszeit des Gehirns** mit den Reanimationsmaßnahmen begonnen wird!

◀ **Merke**

8.1 Atmung

8.1.1 Ursachen von Ateminsuffizienz und Atemstillstand

Ateminsuffizienz und Atemstillstand führen ohne Behandlung zu **Hypoxie** und **Hyperkapnie**.
Mögliche **Ursachen einer Ateminsuffizienz** sind:
1. Verlegung der Atemwege
Totale Verlegung der Atemwege führt zum Atemstillstand mit sekundärem Herz-Kreislauf-Stillstand.

Durch **partielle Atemwegsverlegung** können bei ungenügender Sauerstoffaufnahme sekundär Atem- und Herz-Kreislauf-Stillstand eintreten. Sie ist erkennbar an inspiratorischen und/oder exspiratorischen Geräuschen.

2. Zentrale Atemdepression
Als zentrale Atemdepression wird ein durch Schädigung des zentralen Nervensystems verminderter Atemantrieb bezeichnet (z. B. SHT mit Beteiligung des Stammhirns, Schlaganfall, Pharmaka).

3. Periphere Atemdepression
Als periphere Atemdepression wird eine bei erhaltener zentraler Atemregulation eingeschränkte Atemtätigkeit bezeichnet (z. B. durch Thoraxtrauma, Aspiration, nach Muskelrelaxanziengabe, bei neurologischen Erkrankungen).

8.1.2 Diagnostik eines Atemstillstandes

Merke ▶

Komplette Verlegung: initial evtl. Schaukel- oder inverse Atmung.
Partielle Verlegung: in- und/oder exspiratorische Geräusche.

8.1 Atmung

8.1.1 Ursachen von Ateminsuffizienz und Atemstillstand

Im menschlichen Organismus erfolgen O_2-Aufnahme und CO_2-Abgabe über die Lungen. Ateminsuffizienz bzw. Atemstillstand führen ohne ausreichende Behandlung (Intubation und Beatmung) zu **Hypoxie** und **Hyperkapnie**. Ursachen einer Ateminsuffizienz bzw. eines Atemstillstandes sind:

1. Verlegung der Atemwege
- bei Bewußtlosen durch Zurücksinken der Zunge in den Hypopharynx
- durch Erbrochenes oder Blut
- durch Fremdkörper
- durch Glottisödem, Epiglottitis, Tumoren oder ausgeprägte Struma
- durch Laryngo- oder Bronchospasmus.

Die Verlegung der Atemwege kann **total** oder **partiell** sein. Bei **totaler** Verlegung der Atemwege resultiert ein Atemstillstand, der ohne Behandlung nach 5 – 10 Minuten zum Herz-Kreislauf-Stillstand führt. Eine **partielle** Verlegung der Atemwege – erkennbar an inspiratorischen und/oder exspiratorischen Geräuschen – führt bei ungenügender Sauerstoffaufnahme zu Hypoxie mit sekundärer hypoxischer Hirnschädigung. Als Folge können Atemstillstand und schließlich ebenfalls Herz-Kreislauf-Stillstand eintreten.

2. Zentrale Atemdepression
Als zentrale Atemdepression wird ein durch Schädigung des zentralen Nervensystems verminderter Atemantrieb bezeichnet. Sie kann hervorgerufen werden:
- durch schweres Schädel-Hirn-Trauma mit Beteiligung des Stammhirns
- Schlaganfall
- durch Pharmaka (Opioide, Anästhetika, Hypnotika).

3. Periphere Atemdepression
Als periphere Atemdepression wird eine bei erhaltener zentraler Atemregulation eingeschränkte Atemtätigkeit mit Verhinderung einer adäquaten Sauerstoffaufnahme in den Lungen bezeichnet. Die periphere Atemdepression wird gesehen:
- bei schwerem Thoraxtrauma (Spannungspneumothorax, Bronchusruptur, Aspiration von Blut oder Erbrochenem)
- nach Einsatz von Muskelrelaxanzien bei insuffizienter Beatmung
- bei neurologischen Erkrankungen (z. B. Myasthenia gravis).

8.1.2 Diagnostik eines Atemstillstandes

> ▶ ***Merke.*** Der **Atemstillstand** wird durch fehlende Thoraxexkursionen und fehlende Luftströmung an Mund bzw. Nase diagnostiziert.

Besteht eine **komplette** Verlegung der Atemwege, können initial noch Thoraxexkursionen mit Vorwölben des Abdomens (**Schaukelatmung** oder **inverse Atmung**) sichtbar sein, es fehlt jedoch die Luftströmung an Mund und Nase. Ateminsuffizienz wird bei **partieller** Verlegung der Atemwege durch in- und/oder exspiratorische Geräusche diagnostiziert. Ein schweres Thoraxtrauma und Überhang von Muskelrelaxanzien können ebenfalls zu paradoxen Atembewegungen (Schaukelatmung) oder frustranen Atembewegungen führen.

8.1.3 Atemwegsmanagement

Diagnostik und Therapie bei Atemstillstand bzw. Ateminsuffizienz verlaufen zeitgleich. **Wichtigste therapeutische Maßnahmen** sind:
- Öffnen und Freimachen der Atemwege
- Überstrecken des Kopfes
- Atemspende (Mund zu Mund, Mund zu Nase, Maske)
- endotracheale Intubation und Beatmung.

Häufigste Ursache einer Ateminsuffizienz bei Bewußtlosen ist das Zurücksinken der Zunge in den Hypopharynxbereich. Nach Lagerung des Bewußtlosen auf den Rücken wird der Kopf überstreckt und der Mund geöffnet (S 8.1).

8.1.3 Atemwegsmanagement

Diagnostik und Therapie verlaufen zeitgleich. **Wichtigste therapeutische Maßnahmen** sind:
- Freimachen der Atemwege
- Überstrecken des Kopfes
- Atemspende
- endotracheale Intubation und Beatmung.

Bei Bewußtlosen sinkt häufig die Zunge in den Hypopharynxbereich und verhindert eine suffiziente Atmung. Nach Lagerung wird der Kopf überstreckt und der Mund geöffnet.

S Synopsis 8.1: Freimachen der Atemwege

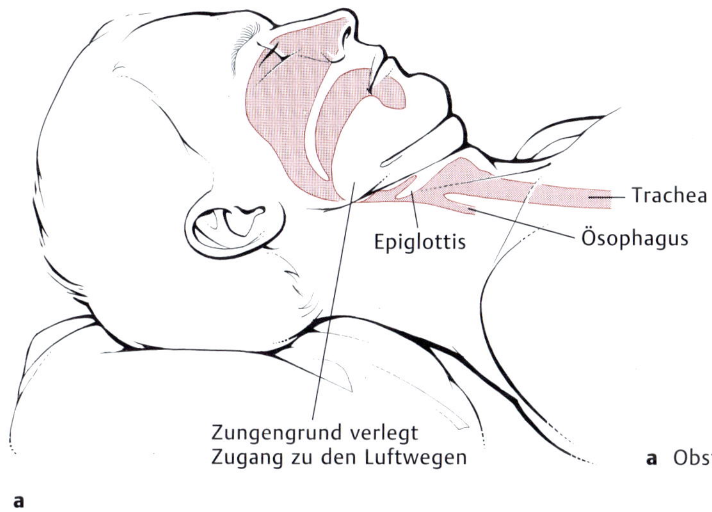

a Obstruktion des Hypopharynx durch die Zunge.

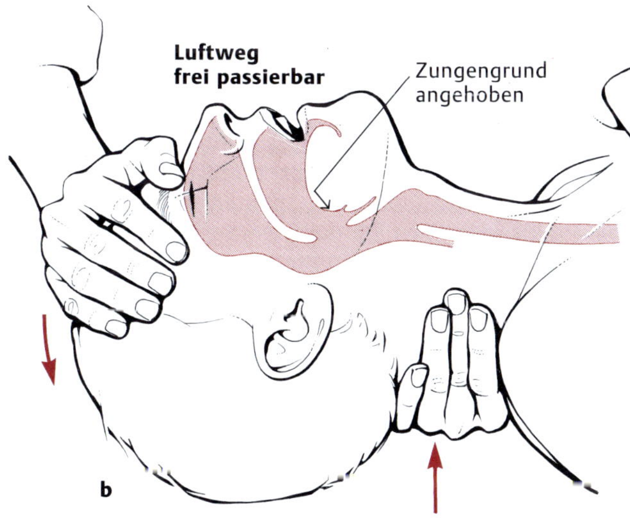

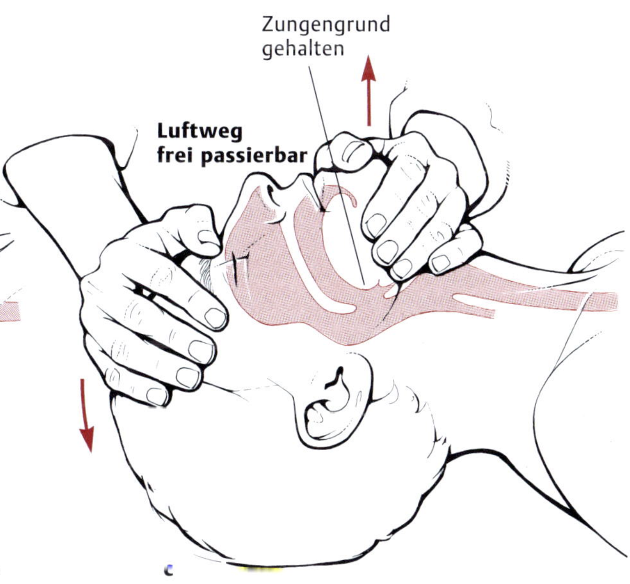

b Reklination des Kopfes und Anheben des Halses.

c Reklination des Kopfes und Anheben des Unterkiefers (HTCL-Manöver, »head tilt and chin lift«).

Handgriff nach Esmarch: Kopf überstrecken, Mund öffnen, Unterkiefer so nach vorne ziehen, daß die Unterkieferzahnreihe der Oberkieferzahnreihe vorgelagert wird (8.**1**).

Gelingt es durch diese Maßnahme nicht, die Zunge aus dem Hypopharynx zu verlagern, wird der **Esmarch-Handgriff** (Dreifachhandgriff) angewendet: nach Überstrecken des Kopfes wird der Mund geöffnet und der Unterkiefer nach vorne gezogen, so daß die Unterkieferzahnreihe vor der Oberkieferzahnreihe liegt (8.**1**).

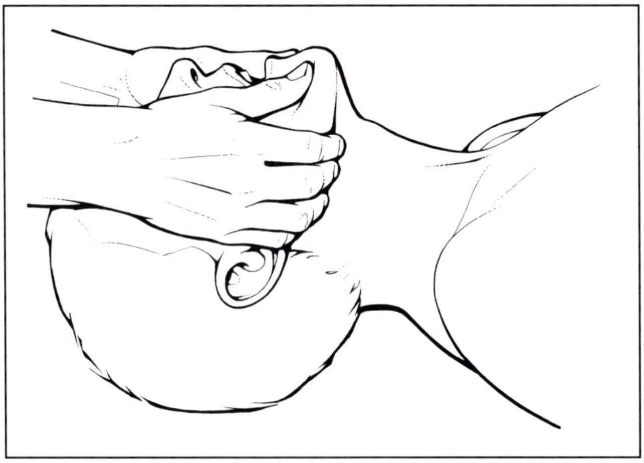

8.**1: Esmarch-Handgriff** (Dreifachhandgriff).

Merke ▶

Merke. Vorsicht ist geboten, wenn der Verdacht oder das sichere Vorliegen einer **Halswirbelsäulenverletzung** besteht.

Tritt keine ausreichende Spontanatmung ein, muß mit der **Atemspende** begonnen werden (s. u.).

Bei **Fremdkörpern** im oberen Respirationstrakt sind digitales Ausräumen und/oder Absaugen vor Beginn der Atemspende indiziert. Dazu wird der Kopf auf die linke Seite gedreht, um das Abfließen zu erleichtern.

In diesem Fall darf der Kopf nicht überstreckt werden, da andernfalls die Gefahr einer hohen Querschnittsverletzung besteht. Läßt sich durch Öffnen des Mundes und Überstrecken des Kopfes keine ausreichende Spontanatmung wiederherstellen, muß unverzüglich mit der **künstlichen Atemspende** begonnen werden (s. u.).
Wenn es nicht gelingt, den Patienten zu beatmen, muß an eine Obstruktion der Atemwege durch **Fremdkörper**, Erbrochenes, Blut oder Schleim gedacht werden. In diesem Fall ist es notwendig, die Atemwege durch Absaugen oder digitale Ausräumung frei zu machen. Dazu wird der Kopf auf die Seite gedreht, um das Abfließen zu erleichtern. Auch hierbei ist wieder auf begleitende Verletzungen der Halswirbelsäule zu achten. In einem solchen Fall muß der Verletzte unter Stabilisierung der Halswirbelsäule von mindestens 2 Helfern auf die Seite gedreht werden. Für die Absaugung des Mundes und des Hypopharynx ist eine leistungsfähige **Absaugvorrichtung** (Vakuumpumpe) Voraussetzung; großlumige Absaugkatheter werden ohne Sog in den Hypopharynx eingeführt und unter Sog zurückgezogen. Steht keine Absaugvorrichtung zur Verfügung, muß die Mundhöhle mit **Zeigefinger und Mittelfinger** ausgeräumt werden. Setzt nach diesen Maßnahmen die Atmung nicht spontan ein, muß sofort mit der künstlichen Beatmung begonnen werden.

Atemspende ohne Hilfsmittel
Mund-zu-Mund- oder Mund-zu Nase-Beatmung; Hubvolumen ca. 10 ml/kg KG bei Erwachsenen, Frequenz ca. 12 Atemzüge pro Minute, die Exspirationsluft eines gesunden Menschen enthält ca. 16 – 18 Vol % Sauerstoff.
Die Durchführung der Atemspende gibt schematisch 8.**2** wieder.

Ohne Hilfsmittel kann die **Mund-zu-Mund-** oder **Mund-zu-Nase-Beatmung** durchgeführt werden (8.**2**). Die Exspirationsluft eines gesunden Menschen enthält ungefähr 16 – 18 Vol% Sauerstoff. Um eine ausreichende Oxygenierung und CO_2-Elimination zu erreichen, muß mit ausreichend großen Hubvolumina beatmet werden. Ein Volumen von 10 ml/kg KG pro Atemzug sollte bei Erwachsenen nicht unterschritten werden, die Frequenz sollte etwa 12 Atemzüge pro Minute betragen. Bei der **Mund-zu-Nase-Beatmung** kniet der Helfer neben dem Kopf des zu Beatmenden, überstreckt den Kopf, schiebt den Unterkiefer mit einer Hand vor und verschließt mit dem Daumen derselben Hand den Mund. Nach einer maximalen Inspiration verschließt der Helfer mit seinen Lippen die Nase des Patienten und bläst die Luft langsam ein. Als Erfolgskontrolle ist auf die Exkursion des Thorax zu achten. Am Ende der Inspiration soll der Mund des Patienten geöffnet werden, um die Luft entweichen zu lassen.

S Synopsis 8.**2: Durchführung der Atemspende**

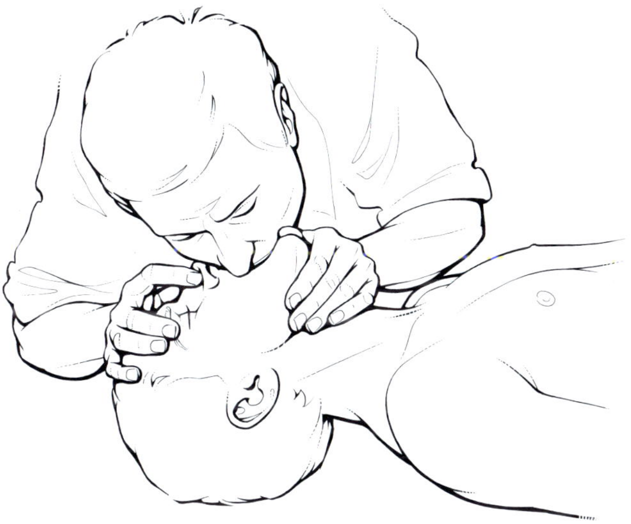

a Mund-zu-Mund-Beatmung: Der Helfer kniet neben dem Patienten und überstreckt dessen Kopf. Die Nase wird mit Daumen und Zeigefinger der auf der Stirn liegenden Hand verschlossen. Der Helfer atmet tief ein, umschließt den leicht geöffneten Mund des Patienten mit seinen Lippen und bläst die Luft in die Lunge des Patienten bis sich der Thorax sichtbar hebt. Am Ende der Inspiration wird der Mund des Patienten freigegeben, damit die Luft passiv entweichen kann.

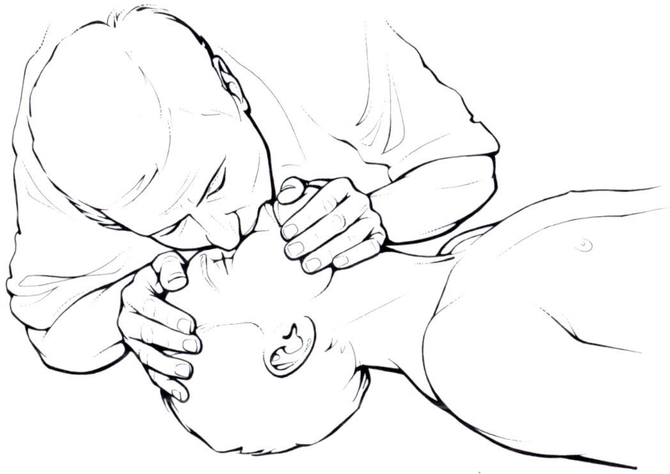

b Mund-zu-Nase-Beatmung: Der Helfer kniet neben dem Patienten und überstreckt dessen Kopf. Der Mund wird mit dem Daumen der Hand, die den Unterkiefer vorschiebt, verschlossen. Der Helfer atmet tief ein, umschließt die Nase des Patienten bis sich der Thorax sichtbar hebt. Am Ende der Inspiration wird der Mund des Patienten geöffnet, damit die Luft passiv entweichen kann.

Die Atemspende sollte mit langsamem Inspirationsflow und geringem Beatmungsdruck erfolgen, um eine Insufflation von Luft in den Magen zu vermeiden. Die Mund-zu-Nase-Beatmung ist die Beatmungsform der Wahl, da einerseits die Abdichtung der Nase einfach ist und andererseits niedrigere Beatmungsdrücke erforderlich sind als bei der Mund-zu-Mund-Beatmung. Bei Verlegung der nasalen Atemwege oder bei Mittelgesichtsfrakturen ist jedoch die **Mund-zu-Mund-Beatmung** angezeigt. Hierbei wird – ebenfalls nach Überstrecken des Kopfes – die Nase mit Daumen und Zeigefinger verschlossen. Der Mund des Patienten wird mit dem eigenen Mund umschlossen und die Luft unter Beobachtung der Thoraxexkursionen des Patienten langsam eingeblasen. Am Ende der Inspiration wird der Mund freigegeben, um die Luft passiv entweichen zu lassen.

Stehen **Hilfsmittel** und entsprechende Erfahrung zur Verfügung, kann die Atemspende mit naso- oder oropharyngealen Tuben, einer Maske und einem Beatmungsbeutel durchgeführt werden. Das Einführen und die korrekte Lage eines oropharyngealen **Tubus nach Guedel** und eines nasopharyngealen **Tubus nach Wendl** sind in **S** 8.**3** und 8.**4** gezeigt.

Die Atemspende sollte mit langsamem Inspirationsflow und geringem Beatmungsdruck erfolgen, um eine Insufflation von Luft in den Magen zu vermeiden. Die Mund-zu-Nase-Beatmung ist wegen einfacherer Abdichtung der Nase und niedrigerer Beatmungsdrücke vorzuziehen.
Bei Verlegung der nasalen Atemwege oder bei Mittelgesichtsfrakturen ist jedoch die **Mund-zu-Mund-Beatmung** angezeigt.

Hilfsmittel zur Atemspende sind:
- oropharyngealer Guedel-Tubus (**S** 8.**3**)
- nasopharyngealer Wendl-Tubus (**S** 8.**4**)
- Beatmungsmaske
- Beatmungsbeutel.

S Synopsis 8.3: **Guedel-Tubus**

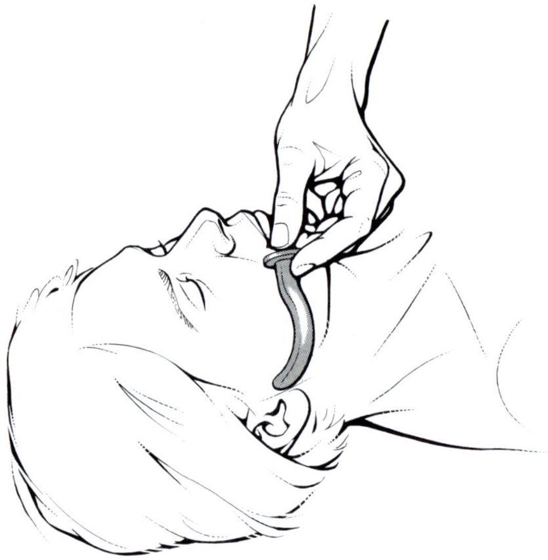

a Bestimmung der richtigen Tubuslänge nach der Faustregel: Länge des Tubus ≈ Entfernung Mundwinkel ⇔ Ohrläppchen

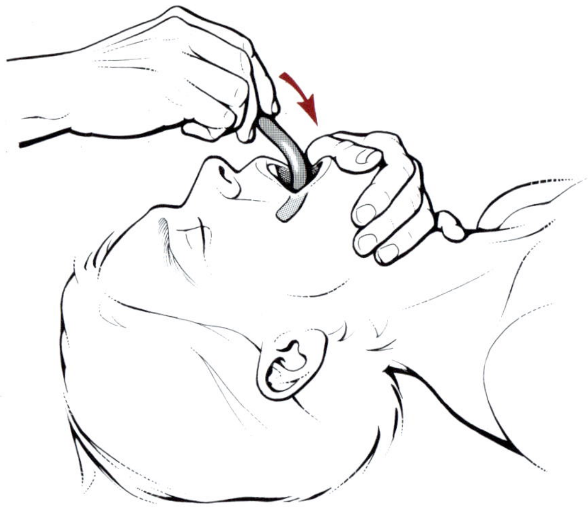

b Einlegen des Guedel-Tubus: Der Guedel-Tubus wird in den geöffneten Mund mit der konkaven Seite nach oben eingeführt.

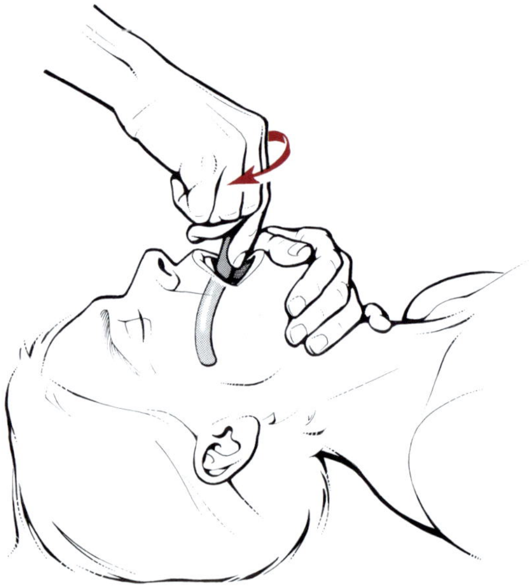

c Nach einigen Zentimetern (bei Erwachsenen ca. 5 cm) wird der Tubus um 180° gedreht, so daß die konkave Seite nach unten zeigt. Weiteres Vorschieben, bis die Gummiplatte mit den Lippen abschließt.

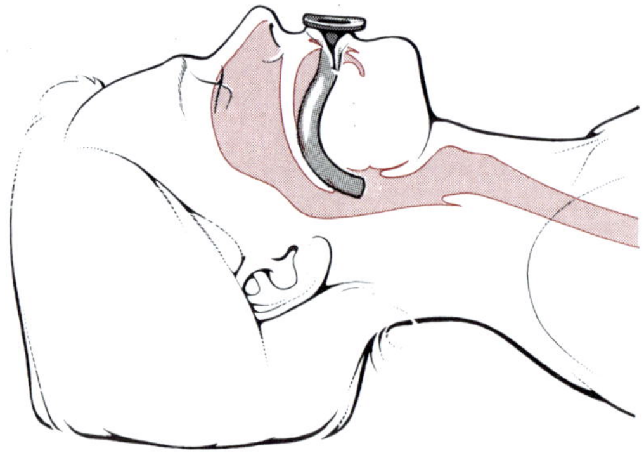

d Korrekte Position des Guedel-Tubus.

Synopsis 8.4: Wendl-Tubus

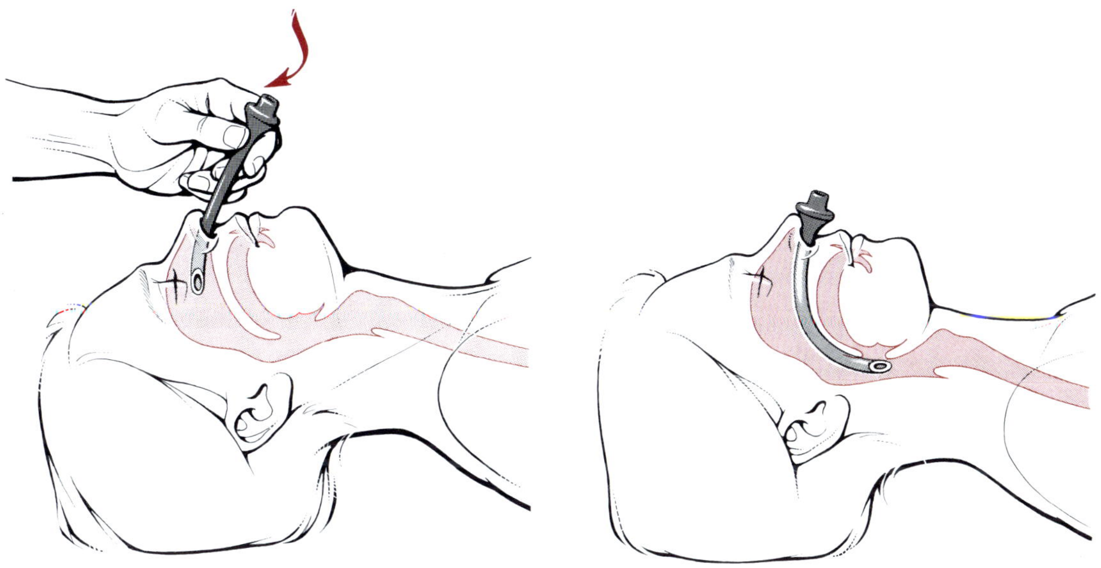

a Einlegen des Wendl-Tubus: Der mit Gel bestrichene Wendl-Tubus wird in den unteren Nasengang eingeführt und parallel zum harten Gaumen sanft in Richtung Rachenhinterwand vorgeschoben. Durch Drehung des Wendl-Tubus um 90° wird dieser so plaziert, daß die Tubusspitze zur hinteren Rachenwand weist. Weiteres Vorschieben unter kontinuierlicher Kontrolle des Atemgeräusches bis dieses vor dem Kehlkopf laut hörbar ist.

b Korrekte Position des Wendl-Tubus.

Beide Tuben verhindern das Zurückfallen der Zunge und erleichtern dadurch die Atemspende. Vor Einführen eines Tubus ist jedoch auf Verletzungen – vor allem im nasalen Bereich – zu achten.

Stehen eine **Beatmungsmaske** und ein **Beatmungsbeutel** zur Verfügung, so befindet sich der Helfer zur Beatmung hinter dem Kopf des Patienten (8.**2**). Nach Überstrecken des Kopfes und Anwenden des Esmarch-Handgriffes wird die Atemmaske dicht auf das Gesicht des Patienten aufgesetzt: Daumen und Zeigefinger drücken die Maske auf das Gesicht, während die übrigen Finger den Unterkiefer nach vorne ziehen. Mit der anderen Hand wird der auf die Maske aufgesteckte Beatmungsbeutel ausgepreßt und gleichzeitig der Thorax beobachtet, anschließend der Beutel freigegeben, damit die Luft wieder entweichen kann.

Guedel- und Wendl-Tubus verhindern das Zurückgleiten der Zunge in den Hypopharynxbereich.

8.**2** zeigt die Technik der **Masken-Beutel-Beatmung**.

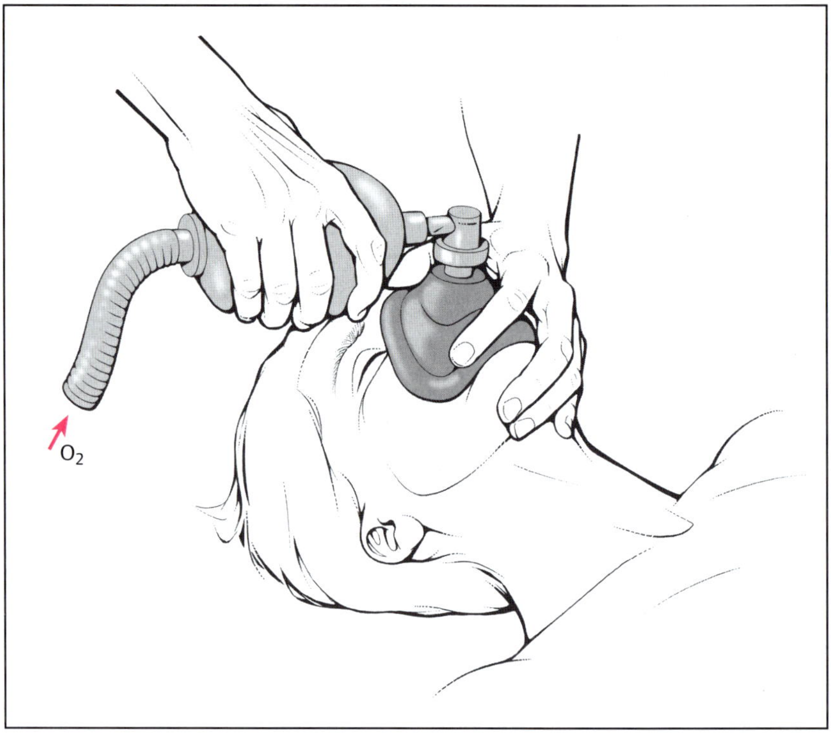

8.2: Masken-Beutel-Beatmung. Erklärung im Text.

Vorteile der Masken-Beutel-Beatmung:
- Beatmung unabhängig von der respiratorischen Leistung des Helfers
- Applikation höherer Sauerstoffkonzentrationen möglich.

Der **Vorteil** der Masken-Beutel-Beatmung besteht darin, daß sie unabhängig von der respiratorischen Leistung des Helfers durchzuführen ist und daß über den Beutel nach Anschluß einer Sauerstoffquelle höhere inspiratorische Sauerstoffkonzentrationen zugeführt werden können. Bei einem Sauerstoffanteil von über 40 % kann das Beatmungsvolumen zur Vermeidung einer Magenbeatmung auf ca. 500 ml (6 – 7 ml/kg KG) gesenkt werden. Schwierigkeiten entstehen meist durch Undichtigkeiten zwischen Maske und Gesicht des Patienten, so daß Übung in diesem Verfahren Voraussetzung für dessen Anwendung ist.

Merke ►

Merke. Es besteht die Gefahr der Aufblähung des Magens mit möglicher Regurgitation und Aspiration!

Die **endotracheale Intubation** (siehe Kap. 3.1.2) soll nur vom Erfahrenen und Geübten durchgeführt werden. Sie bietet Schutz gegen Aspiration und ermöglicht die endobronchiale Applikation von Medikamenten sowie eine Respiratortherapie.
Bei Patienten, bei denen konventionelle Maskenbeatmung und Intubation nicht möglich sind, kann bisweilen eine Beatmung über eine **Larynxmaske** (siehe Kap. 3.1.2) durchgeführt werden. Ansonsten bleibt als ultima ratio nur die umgehend vorzunehmende **Notfallkoniotomie** (**S 8.5**).

Die **endotracheale Intubation** gehört nur in die Hand des Erfahrenen und Geübten. Sie bietet optimalen Schutz der Atemwege gegen Aspiration und ermöglicht die endotracheale Absaugung, die endobronchiale Applikation von Medikamenten sowie über Beutel- oder Respiratorbeatmung die Applikation von hohen Sauerstoffkonzentrationen (Technik der endotrachealen Intubation siehe Kap. 3.1.2).
Bei Patienten, bei denen konventionelle Maskenbeatmung und Intubation nicht möglich sind, kann bisweilen eine Beatmung über eine **Larynxmaske** (siehe Kap. 3.1.2) durchgeführt werden.
Ansonsten bleibt als ultima ratio nur die umgehend vorzunehmende **Notfallkoniotomie** (**S 8.5**). Hierfür sind mittlerweile spezielle Sets auf dem Markt erhältlich. Nach senkrechter Inzision der Haut zwischen Schild- und Ringknorpel und durch das Lig. cricothyreoideum wird eine Spezialkanüle mit aufgesetzter Spritze durch den Schnittkanal eingeführt. Nach Aspiration von Luft wird ein Seldingerdraht durch die Kanüle in die Trachea vorgeschoben. Hierüber wird der Kanal anschließend durch Aufbougieren erweitert. Dann kann über den Draht zur Beatmung eine vorgekrümmte Kunststoffkanüle – mit allerdings nur geringem Innendurchmesser (z. B. ID 4,5 mm) – in die Trachea inseriert werden. Die Koniotomie ist nur eine überbrückende Maßnahme und muß nach Stabilisierung des Patienten durch eine Tracheotomie ersetzt werden.

S Synopsis 8.5: **Notfallkoniotomie**

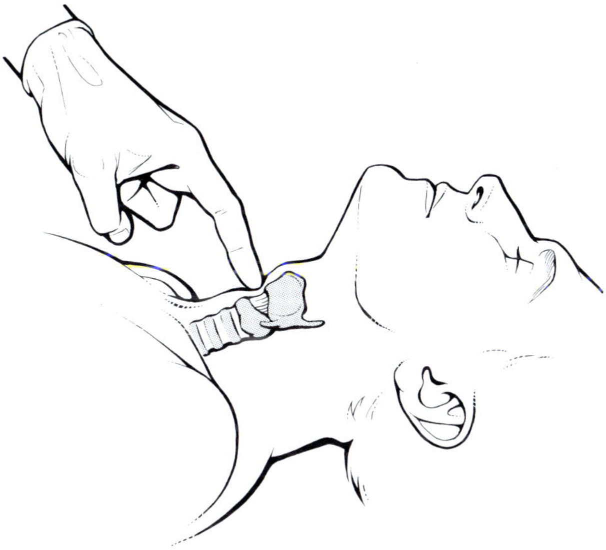

a Identifizierung des Lig. cricothyreoideum (als kleine Vertiefung zwischen Schild- und Ringknorpel zu tasten).

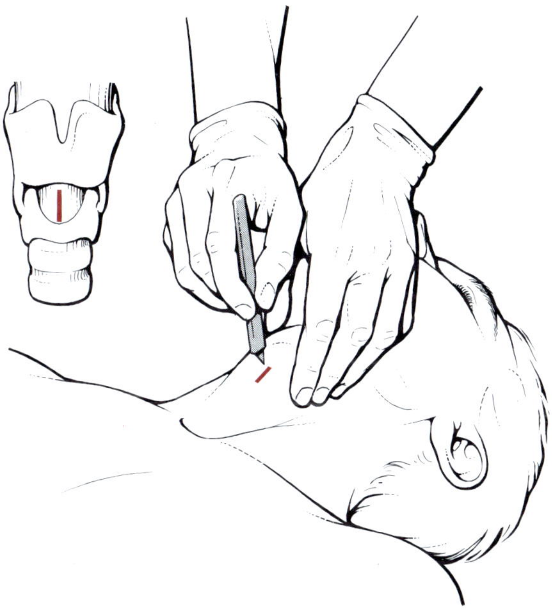

b Senkrechte Inzision (ca. 1 cm lang und ca. 1 cm tief) des Lig. cricothyreoideum in der Mittellinie. Haut und Ligament sollten mit einem Schnitt gemeinsam durchtrennt werden.

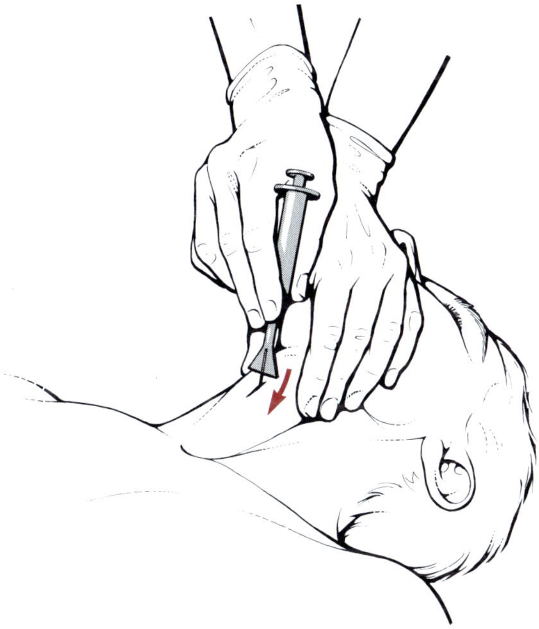

c Eine Tuohy-Nadel G 16 wird mit aufgesetzter Spritze und nach kaudal zeigender Krümmung durch den Schnittkanal in die Trachea eingeführt. Die linke Hand fixiert hierbei die Trachea.

... es geht noch weiter ▶

S Synopsis 8.**5: Fortsetzung**

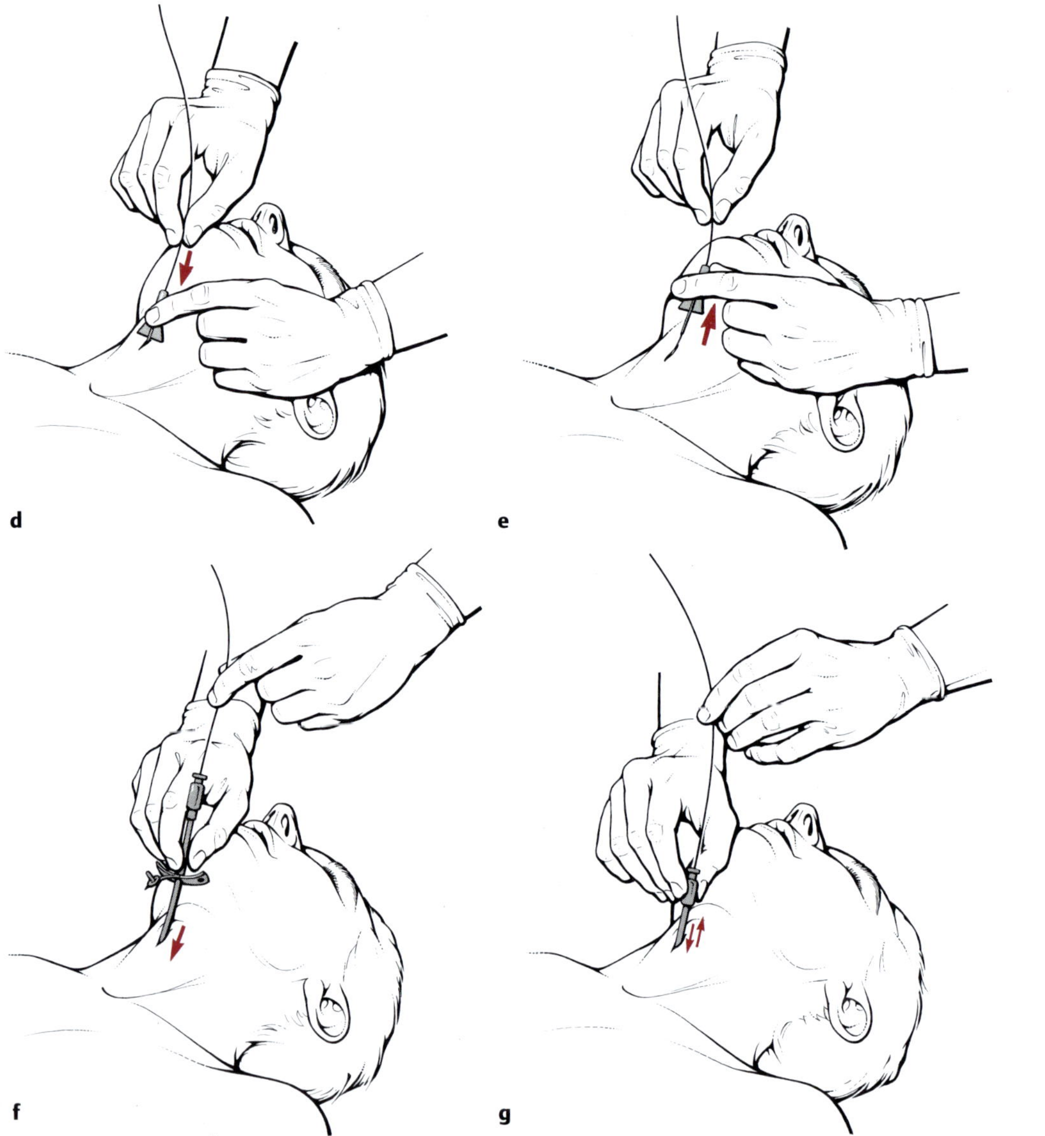

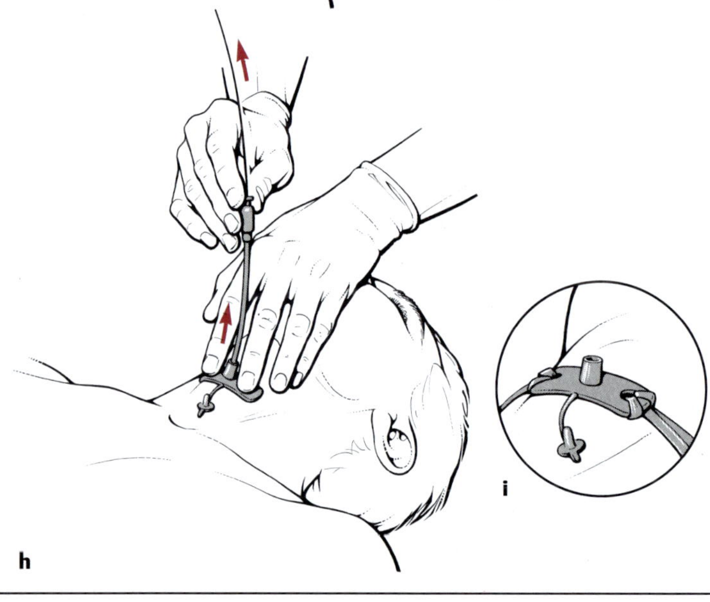

d Nach eindeutiger Aspiration von Luft zur Lagekontrolle wird die Spritze abgenommen und ein Seldinger-Draht mit dem flexiblen Ende voran in die Trachea vorgeschoben.

e Anschließend wird die Tuohy-Nadel über den Draht zurückgezogen.

f Danach erfolgt das Aufbougieren des Kanals mittels eines Dilatators über den liegenden Draht.

g Nach Entfernung des Dilatators wird eine Minikunststoffkanüle (ID 4,5 mm) mit Führungsmandrin über den Seldinger-Draht in die Trachea inseriert.

h Entfernung von Draht und Führungsmandrin.

i Sichere Fixierung der Kanüle.

8.2 Herz-Kreislauf-System

Eine suffiziente Herz-Kreislauf-Situation ist charakterisiert durch ausreichende **Pumpleistung des Herzens**, ausreichendes **intravasales Volumen** und ausreichenden **Gefäßwiderstand** (siehe Kap. 9.3.1). Diese Faktoren bestimmen das Herzzeitvolumen und die Organperfusionsdrücke.

8.2 Herz-Kreislauf-System

Myokardiale Pumpleistung, intravasales Volumen und **Gefäßwiderstand** sind die Determinanten des Herz-Kreislauf-Systems. Sie bestimmen das HZV und die Organperfusionsdrücke.

8.2.1 Ursachen eines Herz-Kreislauf-Stillstandes

Ein Herzstillstand führt unmittelbar zum Kreislaufstillstand. Er äußert sich als **Kammerflimmern bzw. -flattern** (hyperdyname Form), **Asystolie** (hypodyname Form) oder **elektromechanische Entkopplung** (siehe Kap. 8.2.2). Ausgelöst wird ein Herz-Kreislauf-Stillstand durch ein primäres oder sekundäres Pumpversagen des Herzmuskels.
Das **primäre** Pumpversagen findet sich am häufigsten als hyperdyname Form bei Myokardischämie bzw. -infarkt auf der Grundlage einer koronaren Herzkrankheit (primärer Herz-Kreislauf-Stillstand). Ein **sekundärer** Herz-Kreislauf-Stillstand tritt seltener auf und ist Folge eines Sauerstoffmangels des Herzens. Der Sauerstoffmangel kann dabei durch Hypoxämie (Ersticken) oder Ischämie (Verbluten oder Verlust des Gefäßwiderstandes, z. B. bei Sympathikusblockade infolge eines hohen Querschnitts oder eines septisch-toxischen Geschehens) bedingt sein.

8.2.1 Ursachen eines Herz-Kreislauf-Stillstandes

Ein Herzstillstand führt unmittelbar zum Kreislaufstillstand. Er äußert sich als **Kammerflimmern bzw. -flattern** (hyperdyname Form), **Asystolie** (hypodyname Form) oder **elektromechanische Entkopplung**. Ausgelöst wird ein Herz-Kreislauf-Stillstand durch ein **primäres** (z. B. Myokardischämie bzw. -infarkt) oder **sekundäres** Pumpversagen des Herzmuskels (z. B. infolge O_2-Mangel entweder durch Hypoxämie oder Ischämie).

8.2.2 Diagnostik eines Herz-Kreislauf-Stillstandes

Diagnostik. Ein Herz-Kreislauf-Stillstand führt – unabhängig von der Ursache – in ca. 10 – 15 Sekunden zur Bewußtlosigkeit; eine maximale Pupillendilatation tritt nach ungefähr 30 – 60 Sekunden ein.

Zeichen des Herz-Kreislauf-Stillstandes sind:
- Pulslosigkeit der großen Arterien (A. carotis, A. femoralis)
- Bewußtlosigkeit (nach 10 – 15 Sekunden)
- Atemstillstand (nach 15 – 30 Sekunden)
- maximale Pupillendilatation (nach 30 – 60 Sekunden)
- Zyanose.

> ***Merke.*** Bewußtlosigkeit, Atemstillstand, Pupillendilatation und Zyanose sind **unsichere Zeichen** des Kreislaufstillstandes!

8.2.2 Diagnostik eines Herz-Kreislauf-Stillstandes

Diagnostik Ein Herz-Kreislauf-Stillstand führt in ca. 10 – 15 Sek. zur Bewußtlosigkeit; eine maximale Pupillendilatation tritt nach ungefähr 30 – 60 Sek. ein.
Zeichen des Herz-Kreislauf-Stillstandes sind:
- Pulslosigkeit der großen Arterien
- Bewußtlosigkeit
- Atemstillstand
- max. Pupillendilatation
- Zyanose.

◄ **Merke**

Ein wichtiges diagnostisches Kriterium eines Herz-Kreislauf-Stillstandes ist die **Pulslosigkeit** der großen Arterien (A. carotis, A. femoralis). Hierbei ist der Palpation der A. carotis (▣ 8.**3**) wegen ihrer leichten Zugänglichkeit der Vorzug zu geben. Unsicher ist die Palpation peripherer Pulse (z. B. A. radialis), da trotz vorhandenen Kreislaufes dort die Pulse aufgrund einer Zentralisierung fehlen können. **Bewußtlosigkeit** ist bei narkotisierten Patienten und Patienten mit Vergiftungen oder Schädel-Hirn-Trauma nicht als Zeichen eines Kreislaufversagens verwertbar. **Atemstillstand** kann bei primär beatmeten Patienten ebenfalls nicht zu diagnostischen Zwecken herangezogen werden.
Eine **maximale Pupillendilatation** tritt ungefähr 30 – 60 Sekunden nach Eintreten des Kreislaufversagens auf. Auf dieses Zeichen darf jedoch nicht gewartet werden, sondern die therapeutischen Maßnahmen müssen bereits früher einsetzen. Trotzdem ist die Pupillendiagnostik unter Reanimationsmaßnahmen unerläßlich. Verengen sich unter den Maßnahmen primär weite Pupillen, so ist dies als Zeichen einer erfolgreichen Reanimation zu werten. Vorsicht ist geboten bei Patienten, die ein Schädel-Hirn-Trauma erlitten haben. Bei diesen Patienten kann aufgrund der Verletzungen eine ein- oder doppelseitige Pupillendilatation vorliegen, obwohl kein Kreislaufstillstand eingetreten ist. Eine Pupillenerweiterung kann gleichfalls bei Intoxikationen auftreten, z. B. mit Cholinesterasehemmstoffen. **Zyanose** ist ebenfalls ein unsicheres Zeichen, deren Diagnostik durch Ikte-

Einzig sicheres Zeichen in der Diagnostik **des Kreislaufstillstandes** ist die **Pulslosigkeit der großen Arterien** (A. carotis und A. femoralis). In 8.3 ist die Palpation der A. carotis dargestellt.

rus, Anämie, dunkle Hautfarbe oder bei bestimmten Vergiftungen (z. B. Kohlenmonoxid) oder hochgradiger Anämie erschwert bzw. unmöglich sein kann.

Somit bleibt als **einzig sicheres Zeichen des Kreislaufstillstandes** die **Pulslosigkeit der großen Arterien**. Die A. carotis verläuft beidseits zwischen Schildknorpel und medialem Rand des M. sternocleidomastoideus. Zur Palpation der Arterie wird der Kopf des Patienten etwas zur Seite gedreht und überstreckt, die Finger gleiten dann vom Schildknorpel nach latero-kaudal (**8.3**).

Die A. femoralis kann ebenfalls relativ leicht in der Leistengegend palpiert werden.

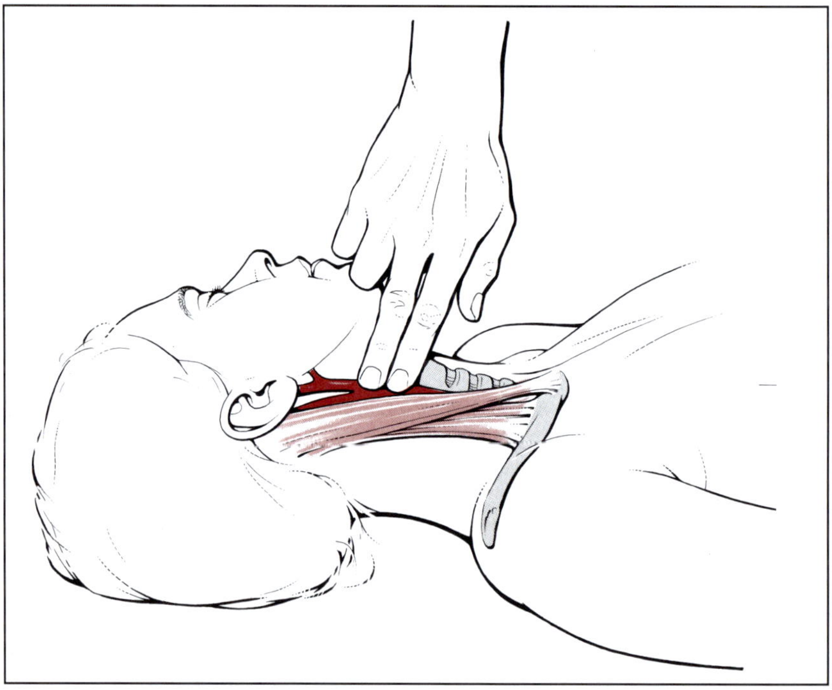

8.3: Palpation der A. carotis. Erklärung im Text.

8.2.3 Technik der Herzdruckmassage

Therapie Die effektive Therapie des Herz-Kreislauf-Stillstandes besteht in der **extrathorakalen Herzdruckmassage (8.6) in Kombination mit künstlicher Beatmung**. Hierbei kann durch rhythmische Kompressionen des Sternums ein minimaler Kreislauf aufrechterhalten werden. Bei optimaler Technik werden Herzzeitvolumina von etwa 2 l/min und mittlere arterielle Blutdruckwerte von 50 mmHg erreicht.

8.2.3 Technik der Herzdruckmassage

Therapie. Nach der Diagnose eines Herz-Kreislauf-Stillstandes muß unverzüglich mit der Therapie begonnen werden. Sie besteht in der **extrathorakalen Herzdruckmassage (8.6) in Kombination mit künstlicher Beatmung.** Hierbei kann durch rhythmische Kompressionen des Sternums ein minimaler Kreislauf aufrechterhalten werden. Bei optimaler Technik erreicht man damit zwar systolische Blutdruckwerte von ca. 100 mmHg, die diastolischen Werte bewegen sich jedoch meist nur zwischen 10 und 20 mmHg, so daß der mittlere arterielle Blutdruck meist nicht mehr als 40 – 50 mmHg beträgt. Die zu erzielenden Herzzeitvolumina liegen zwischen 1 – 2 l/min.

Zur extrathorakalen Herzdruckmassage kniet der Helfer seitlich neben dem Patienten, der auf dem Rücken auf einer harten Unterlage liegt. Wird die Herzdruckmassage im Bett durchgeführt, muß ein Brett unter den Thorax des Patienten gelegt werden, damit ein Zurückweichen der Wirbelsäule verhindert wird. Ist kein Brett verfügbar, wird der Patient auf den Boden gelegt. Kompressionspunkt für die externe Herzdruckmassage ist das untere Sternumdrittel. Der Ballen der 2. Hand wird auf den Handrükken der 1. Hand aufgesetzt. Beide Arme strecken und das Sternum senkrecht in Richtung auf die Wirbelsäule komprimieren. Die Kompressionsfrequenz beträgt 100/min. Wichtig ist hierbei, daß sich die Schultern des Helfers senkrecht über dem Sternum befinden und daß die Arme im Ellenbogengelenk gestreckt sind, da andernfalls die Energie im Ellenbogengelenk verlorengeht. Es ist notwendig, das Sternum ca. 4 – 5 cm der Wirbelsäule anzunähern. Die Be- und Entlastungsphase sollte jeweils gleichlang und die Entlastung vollständig sein.

S Synopsis 8.6: **Extrathorakale Herzmassage**

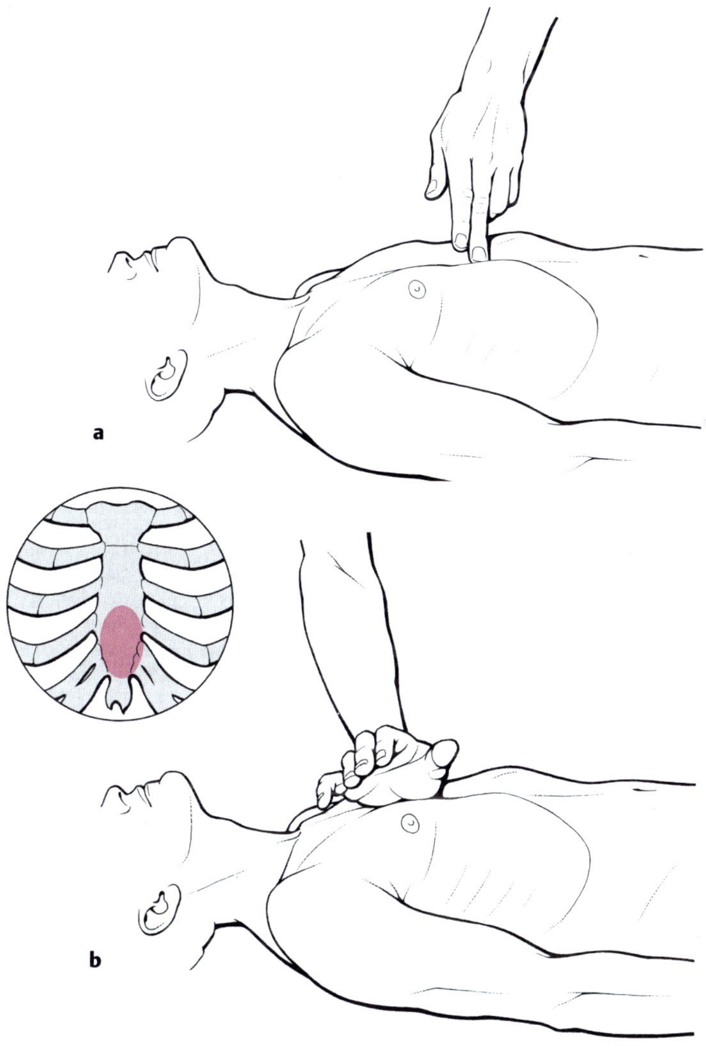

a Aufsuchen des kaudalen Sternumendes.
b Der Kompressionspunkt für die extrathorakale Herzmassage ist das untere Sternumdrittel.

... es geht noch weiter ▶

S Synopsis 8.**6: Fortsetzung**

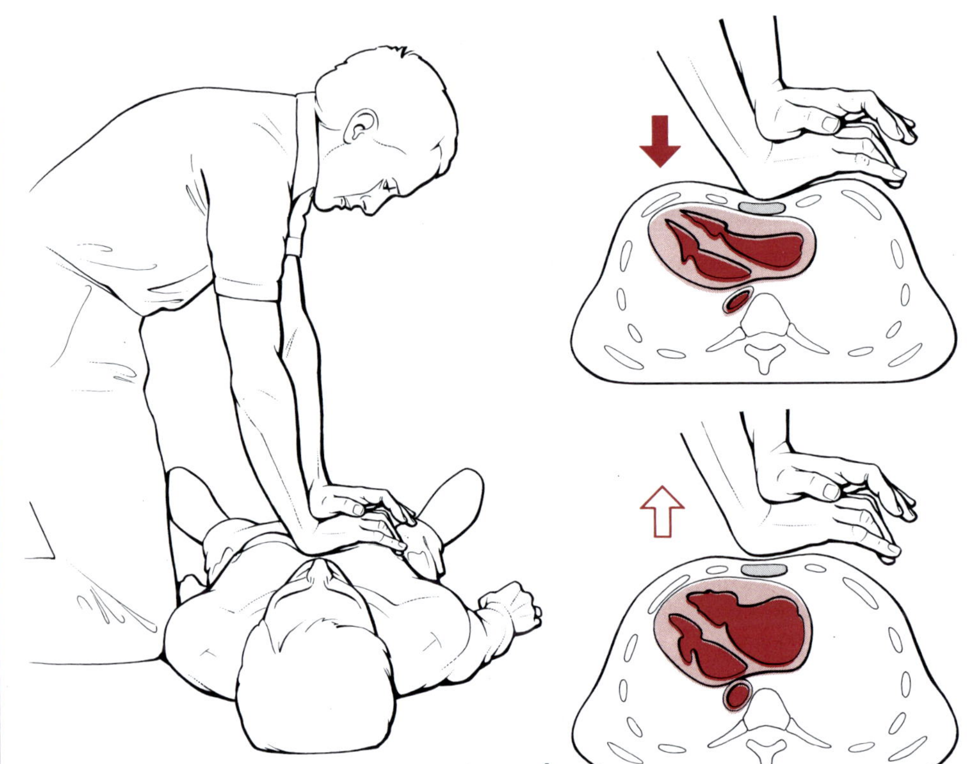

c

d

c Der Handballen der 2. Hand wird auf den Handrücken der 1. Hand aufgesetzt. Beide Arme werden im Ellenbogengelenk gestreckt, der Oberkörper befindet sich direkt über der Brust des Patienten.

d In der Kompressionsphase wird das Sternum zügig ca. 4 – 5 cm senkrecht in Richtung auf die Wirbelsäule komprimiert. In der Dekompressionsphase dehnt sich der Thorax des Patienten selbständig wieder aus. Die Hände bleiben in Kontakt mit der Haut des Patienten. Die Kompressionsfrequenz beträgt 100/min.

Komplikationen sind auch bei technisch richtiger Durchführung der extrathorakalen Herzdruckmassage nicht sicher vermeidbar. Sie umfassen:
- Rippen- und Sternumfrakturen
- Pneumothorax und Hämatopneumothorax
- Leber-, Milz- und Magenruptur
- Lungen- und Herzruptur
- Zwerchfellruptur
- Regurgitation und pulmonale Aspiration (ohne Intubation).

Komplikationen sind auch bei technisch richtiger Durchführung der extrathorakalen Herzdruckmassage nicht sicher vermeidbar. Sie umfassen:
- Rippen- und Sternumfrakturen
- Pneumothorax und Hämatopneumothorax
- Leber-, Milz- und Magenruptur
- Lungen- und Herzruptur
- Zwerchfellruptur
- Regurgitation und pulmonale Aspiration (ohne Intubation).

8.3 Durchführung der kardiopulmonalen Reanimation

Die kardiopulmonale Reanimation wird nach Safar in **3 Phasen** eingeteilt:
1. Soforttherapie mit Basismaßnahmen
2. erweiterte Therapie mit Hilfsmitteln
3. Intensivtherapie nach Reanimation.

8.3 Durchführung der kardiopulmonalen Reanimation

Die kardiopulmonale Reanimation kann nach *Safar* in **3 Phasen** eingeteilt werden:
1. Soforttherapie mit Basismaßnahmen
2. erweiterte Therapie mit Hilfsmitteln
3. Intensivtherapie nach Reanimation.

8.3.1 Soforttherapie mit Basismaßnahmen

Die Soforttherapie mit Basismaßnahmen ist nach dem sogenannten **ABC-Schema** ausgerichtet:
A – Atemwege freimachen
B – Beatmen
C – Compression des Thorax = Herzdruckmassage
D – Drugs (Medikamente)
E – EKG, ggf. Elektrotherapie (Defibrillation).

Ist die Diagnose Herz-Kreislauf-Atem-Stillstand gestellt, wird sofort mit der Therapie begonnen. Vor Beginn der Beatmung müssen die Atemwege freigemacht werden. Setzt dann keine Spontanatmung ein, wird der Patient mit einer Frequenz von 10 – 14 Zügen pro Minute beatmet (Technik siehe Kap. 8.1.3). Ist kein Puls vorhanden, wird die externe Herzdruckmassage in Kombination mit der Atemspende durchgeführt, wie im folgenden beschrieben. Unterschieden werden – je nach Anzahl der Helfer – die Ein- und Zwei-Helfer-Methode.

Ein-Helfer-Methode (8.**4**)
- Kopf überstrecken, 2 × beatmen
- anschließend 15 Herzdruckmassagen, danach wieder 2 × beatmen usw.
- nach ca. 1 Minute Karotispuls fühlen (siehe S. 300, 8.**3**)
- wenn die Pulslosigkeit fortbesteht, Reanimation im Verhältnis 2 Atemspenden zu 15 Herzdruckmassagen (Kompressionsfrequenz 80 – 100/min) fortsetzen, bis die Möglichkeit zur erweiterten Therapie (S. 304) zur Verfügung steht.

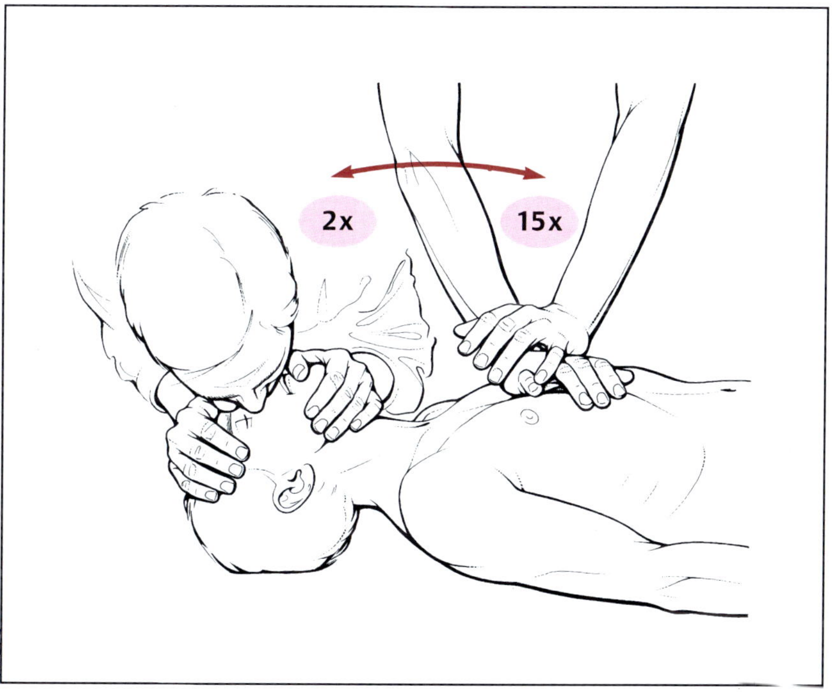

8.**4**: **Ein-Helfer-Methode** (2 × beatmen, anschließend 15 Herzdruckmassagen, danach wieder 2 × beatmen, immer im Wechsel).

8.3.1 Soforttherapie mit Basismaßnahmen

Die Soforttherapie mit Basismaßnahmen ist nach dem **ABC-Schema** ausgerichtet:
- **A** – Atemwege freimachen
- **B** – Beatmen
- **C** – Compression des Thorax = Herzdruckmassage
- **D** – Drugs (Medikamente)
- **E** – EKG, ggf. Elektrotherapie (Defibrillation).

Bei der **Ein-Helfer-Methode** wird im Wechsel 2 × beatmet und 15 × herzdruckmassiert (8.**4**).

Bei der **Zwei-Helfer-Methode** wird vom Helfer 1 initial 2 × beatmet und anschließend vom Helfer 2 die Herzdruckmassage kontinuierlich mit einer Frequenz von 100/min durchgeführt (8.5).

Zwei-Helfer-Methode (8.5)
Stehen 2 Helfer zur Verfügung, übernimmt einer die Beatmung, der andere die Herzdruckmassage:
- Helfer 1: Kopf überstrecken und 2 × beatmen
- Helfer 2: Herzdruckmassage mit einer Frequenz von 100/min
- Auch bei der Zwei-Helfer-Methode beträgt das Verhältnis von Herzdruckmassage und Beatmung immer 15 : 2.

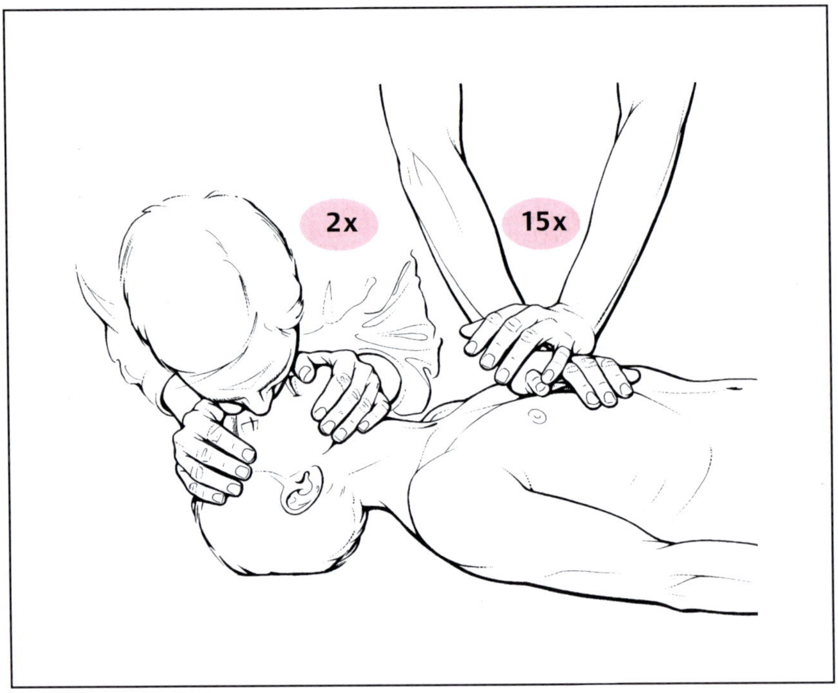

8.5: **Zwei-Helfer-Methode.**

Kriterien einer erfolgreichen Reanimation sind:
- Heben und Senken des Thorax
- tastbarer Karotis- und/oder Femoralispuls bei Herzmassage
- rosigere Hautfarbe
- Verengung weiter Pupillen
- Schnappatmung und/oder spontane Herzaktion
- Wiedererlangen des Bewußtseins.

Während der Reanimation muß die Effektivität der ergriffenen Maßnahmen überprüft werden. **Kriterien einer erfolgreichen Reanimation** sind:
- Der Thorax hebt und senkt sich bei der Beatmung.
- Der Karotis- und/oder Femoralispuls ist bei der Herzdruckmassage tastbar.
- Die Hautfarbe des Patienten wird rosiger.
- Primär weite Pupillen verengen sich.
- Auftreten einer Schnappatmung und/oder spontaner Herzaktionen.
- Wiedererlangen des Bewußtseins.

Die Basismaßnahmen werden so lange fortgesetzt, bis entweder Spontanatmung und -kreislauf wiedereinsetzen oder bis die Möglichkeiten zur erweiterten Reanimation geschaffen sind.

8.3.2 Erweiterte Therapie mit Hilfsmitteln

Wichtigste Maßnahmen:
- endotracheale Beatmung
- venöser Zugang, Medikamentengabe
- EKG-Diagnostik u. Therapie

Die **endotracheale Intubation** sollte so früh wie möglich durchgeführt und der Patient mit 100 % Sauerstoff beatmet werden.

8.3.2 Erweiterte Therapie mit Hilfsmitteln

Die wichtigsten Maßnahmen der erweiterten Reanimation sind:
- endotracheale Intubation und Beatmung
- venöser Zugang und Applikation von Medikamenten
- EKG-Diagnostik und Therapie.

Wie schon in Kap. 8.1.3 und 3.1.2 dargestellt, schützt die **endotracheale Intubation** vor der Aspiration, verhindert ein Aufblähen des Magens und ermöglicht die Applikation von hohen Sauerstoffkonzentrationen. Deswegen sollte sie so früh wie möglich durchgeführt und der Patient mit 100 % Sauerstoff beatmet werden.

Ein **venöser Zugang** ist erforderlich, um kardiovaskulär wirksame Medikamente und Infusionslösungen zu applizieren. Primärer Zugang der Wahl ist eine periphere Vene auf dem Handrücken, am Unterarm, in der Ellenbeuge oder die V. jugularis externa. Läßt sich kein i. v. Zugang anlegen, können Medikamente wie Adrenalin, Atropin und Lidocain auch **endobronchial** gegeben werden. Die Dosis für die endobronchiale Applikation beträgt das 3fache der i. v. Dosis. Sie sollte mit NaCl 0,9 % auf 10 ml verdünnt und über einen Absaugschlauch tief endobronchial appliziert werden.

Ein **venöser Zugang** ist erforderlich, um kardiovaskulär wirksame Medikamente und Infusionslösungen zu applizieren. Primärer Zugang der Wahl ist eine periphere Vene oder die V. jugularis externa.
Kann kein i. v. Zugang angelegt werden, können Adrenalin, Atropin und Lidocain auch **endobronchial** appliziert werden. Die Dosis beträgt das 3fache der i. v. Dosis.

> ***Merke.*** Natriumkarbonat darf nicht endobronchial appliziert werden (Gewebeschädigung).

◀ **Merke**

Adrenalin (Suprarenin®) ist ein Sympathomimetikum, das den Sinusknoten stimuliert und durch seine α-Rezeptor stimulierende Wirkung den peripheren Widerstand und damit den diastolischen Blutdruck erhöht. Adrenalin sollte bei Vorliegen eines Herzstillstandes so früh wie möglich gegeben werden, um die zerebrale und koronare Perfusion durch **Erhöhung des diastolischen Blutdruckes** zu verbessern. Die Dosierung beträgt 1 mg i. v. (5 – 10 ml einer 1 : 10000 verdünnten Lösung). Setzen nach der Erstinjektion keine spontanen Herzaktionen ein, kann im Abstand von 3 – 5 Minuten die Injektion mit gleicher Dosis wiederholt werden.

Adrenalin stimuliert den Sinusknoten und **erhöht** den peripheren Widerstand und damit **den diastolischen Blutdruck** (Dosierung 1 mg i. v.); Wiederholung nach 3 – 5 Min. möglich.

> ***Merke.*** Wirkungsminderung bei Azidose sowie in Kombination mit Natriumbikarbonat!

◀ **Merke**

Natriumbikarbonat war früher unter der Vorstellung, daß innerhalb kurzer Zeit eine metabolische Azidose entsteht, die u. a. die Adrenalinwirkung abschwächt, essentieller Bestandteil jeder Reanimation. Die Gefahren bestehen jedoch in einer **Überpufferung** des Organismus mit konsekutiver Linksverschiebung der O_2-Bindungskurve, was in einer schlechteren Sauerstoffabgabe an das Gewebe und in einer Hyperosmolarität des Plasmas resultiert. Außerdem besteht die Gefahr, daß die **intrazelluläre Azidose verstärkt** wird. Der Grund liegt darin, daß aus Bikarbonat CO_2 freigesetzt wird, das schnell in die Zellen eindringen kann, wohingegen Bikarbonat selbst dazu nicht in vergleichbarem Ausmaß in der Lage ist. Das bedeutet, daß bei Verwendung von Bikarbonat die Ventilation zur verbesserten CO_2-Eliminierung angemessen erhöht werden muß.
Nach neuesten Empfehlungen der American Heart Association sollte Natriumbikarbonat erst nach ca. 20minütiger Reanimation in einer Dosierung von 1 mval/kg KG appliziert werden (s. Kap. 5.2.6). Setzt unter den Reanimationsmaßnahmen kein Spontankreislauf ein, kann nach weiteren 10 Minuten die Hälfte der Ausgangsdosis injiziert werden.

Natriumbikarbonat sollte erst nach 10minütiger Reanimation in einer Dosierung von 1 mval/kg KG i. v. appliziert werden.

Es besteht die Gefahr der **Überpufferung** mit Linksverschiebung der Sauerstoffdissoziationskurve und reduzierter Sauerstoffabgabe an das Gewebe; Gefahr der **Verstärkung der intrazellulären Azidose**!

> ***Merke.*** Adrenalin und Natriumbikarbonat nicht gemeinsam injizieren, da der alkalische pH-Wert der Bikarbonatlösung Adrenalin inaktiviert.

◀ **Merke**

Amiodaron (Cordarex®) erhöht die Flimmerschwelle und vermindert die Erregbarkeit des Ventrikelmyokards. Amiodaron wird – nach EKG-Diagnose – bei Kammerflimmern oder -flattern nach erfolgloser elektrischer Defibrillation eingesetzt. Hierdurch sollen die Erfolgsaussichten erneuter Defibrillationsversuche erhöht werden. Die Dosierung für Amiodaron beträgt 300 mg i.v. im Bolus. Bei Erfolglosigkeit können weitere Boli à 150 mg i.v. gegeben werden.
Lidocain und Procainamid sind Alternativen zu Amiodaron, wenn dieses nicht verfügbar ist, sollten aber nicht zusätzlich gegeben werden.

Amiodaron wird bei Kammerflattern oder -flimmern nach erfolgloser Defibrillation eingesetzt. Hierdurch sollen die Erfolgsaussichten weiterer Defibrillationsversuche erhöht werden. Dosierung: 300 mg i.v. im Bolus, ggf. weitere Boli à 150 mg i.v.

Die gezielte Therapie eines Herz-Kreislauf-Stillstandes setzt eine **EKG-Diagnostik** voraus.

Folgende EKG-Muster sind möglich (8.**6**):
- Kammerflimmern/-flattern
- pulslose Kammertachykardie
- Asystolie
- elektromechanische Entkopplung.

Die gezielte Therapie eines Herz-Kreislauf-Stillstandes setzt eine **EKG-Diagnostik** voraus. Während es in Phase 1 der Reanimation darauf ankommt, die Wiederbelebung unabhängig von der Ursache des Herz-Kreislauf-Stillstandes durchzuführen, muß in Phase 2 die Ursache erkannt und entsprechend behandelt werden. Zum Einsatz kommen vorzugsweise kombinierte EKG-Defibrillator-Einheiten, mit denen sich eine Einkanal-Ableitung durchführen und gleichzeitig über die Defibrillatorelektroden auch defibrillieren bzw. kardiovertieren läßt. Folgende EKG-Muster sind möglich (8.**6**):
- Kammerflimmern/Kammerflattern
- pulslose Kammertachykardie
- Asystolie
- elektromechanische Entkopplung.

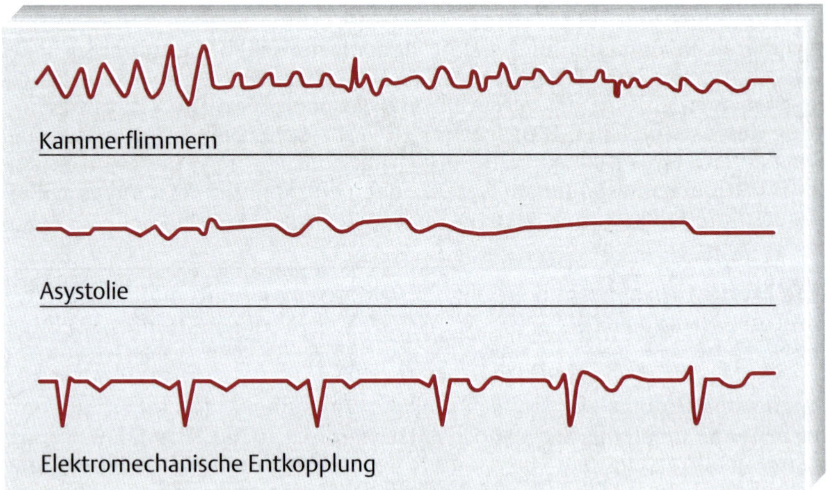

8.6: Formen des Herzstillstandes im EKG.

Kammerflimmern bzw. **-flattern** werden durch Myokardischämie, Hypoxämie oder Elektrolytstörungen verursacht.
Therapiemaßnahmen: elektrische Defibrillation, ggf. Lidocain.

Kammerflimmern (Frequenz >300/min, 8.**6**) und **Kammerflattern** (Frequenz 200 – 300/min) entstehen meist infolge von Myokardischämie bzw. -infarkt, Hypoxämie, Elektrolytstörungen oder Azidose und entsprechen einem Kreislaufstillstand. Beim Kammerflimmern kommt es aufgrund der Fibrillierung der Herzmuskelzellen zu unkoordinierten, mechanisch ineffektiven Kontraktionsabläufen, so daß funktionell ein Herzstillstand vorliegt.

Aus einer **pulslosen Kammertachykardie** resultiert ein Kreislaufstillstand oder ein insuffizienter Minimalkreislauf.
Therapiemaßnahmen: elektrische Kardioversion, ggf. Lidocain.

Ausgelöst z. B. durch einen pathologischen Schrittmacher innerhalb der Kammern, folgen während einer **pulslosen Kammertachykardie** elektrische und mechanische Herzaktionen so schnell aufeinander, daß es während der Diastole nicht zu einer ausreichenden Füllung der Vorhöfe und Ventrikel kommt; es resultiert ein Kreislaufstillstand oder ein insuffizienter Minimalkreislauf.

Die **elektrische Defibrillation** führt zu einer schlagartigen Depolarisation aller unkoordiniert elektrisch aktiven Herzmuskelzellen, nach der wieder spontane, vom Sinusknoten ausgehende Herzaktionen auftreten können (8.**7**). Voraussetzung für eine erfolgreiche Defibrillation ist eine ausreichende Sauerstoffversorgung des Myokards sowie ein ausgeglichener Säure-Basen- und Elektrolythaushalt.

Kammerflimmern bzw. -flattern und die pulslose Kammertachykardie können durch **elektrische Defibrillation** wieder in einen Sinusrhythmus überführt werden. Die Defibrillation ist angezeigt bei Kammerflimmern bzw. -flattern. Die hierbei eingesetzte Energie führt zur schlagartigen Depolarisation aller unkoordiniert elektrisch aktiven Herzmuskelzellen, nach der wieder spontane, vom Sinusknoten ausgehende Herzaktionen auftreten können. Voraussetzung für eine erfolgreiche Defibrillation ist eine ausreichende Sauerstoffversorgung des Myokards sowie ein ausgeglichener Säure-Basen- und Elektrolythaushalt. Die eingestellte Energiemenge beträgt beim Erwachsenen initial 200 J, sie kann bis auf 360 J erhöht werden. Die Defibrillation wird folgendermaßen durchgeführt (8.**7a, b**):

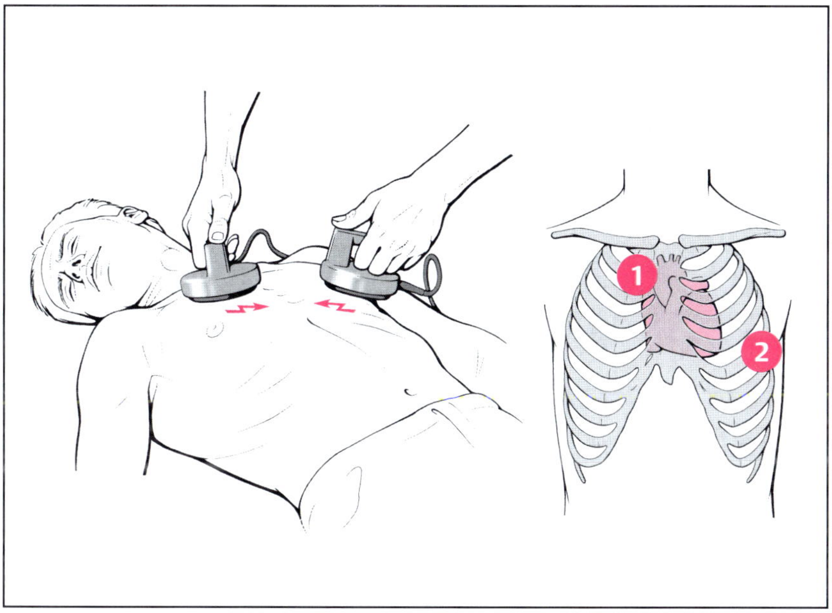

a b

8.7 a, b: **Elektrische Defibrillation.** **a** und **b** Elektrodenpositionen: direkt rechts neben dem Sternum (1) und über der linken vorderen Axillarlinie (2).

- Defibrillator einschalten, gewünschte Energiemenge einstellen, Schalter für Synchronisation auf »aus«.
- Elektroden mit Elektrodengel bestreichen oder Kontakt mit Kompressen herstellen, die mit 0,9 %iger NaCl-Lösung durchfeuchtet sind.
- Gerät laden, Elektroden auf den Brustkorb aufsetzen (eine Elektrode direkt unter der rechten Klavikula, die andere in der linken vorderen Axillarlinie. 8.**7b**).
- Patienten nicht berühren und defibrillieren; nach der Defibrillation Herzrhythmus feststellen und Puls tasten; bei erfolgloser Defibrillation sofort erneut defibillieren (2. und 3. Mal) oder Herzdruckmassage und Beatmung fortsetzen.
- Die Defibrillationen erfolgen immer in Dreier-Serien:
  1. Serie: 200 J – 300 J – 360 J. Alle weiteren Serien: 360 J – 360 J – 360 J
- Bei Fortbestehen des Kammerflimmerns zusätzlich Amiodaron applizieren (300 mg).

Bei hämodynamisch instabiler Kammertachykardie wird die R-Zacken-gesteuerte **Kardioversion** (synchronisierte Defibrillation) durchgeführt. Hierbei wird der elektrische Impuls etwa 10 ms nach der R-Zacke abgegeben, damit der Stromstoß nicht in die vulnerable Phase fällt und seinerseits Rhythmusstörungen wie Kammerflimmern bzw. -flattern auslöst. Die Durchführung entspricht derjenigen bei Defibrillation mit dem Unterschied, daß der Synchronisationsschalter auf »ein« gestellt werden muß. Die benötigten Energiemengen sind geringer als bei der Defibrillation (ca. 50 – 200 Joule).

Bei hämodynamisch instabiler Kammertachykardie wird die R-Zacken-gesteuerte **Kardioversion** (synchronisierte Defibrillation) durchgeführt.

Während einer **Asystolie** ist das Herz elektrisch und mechanisch inaktiv. Im EKG zeigt sich eine Nullinie (8.**6**). Bevor die Diagnose Asystolie im EKG gestellt wird, muß sichergestellt sein, daß sie nicht durch einen technischen Defekt, Artefakte oder eine ungünstige Ableitung vorgetäuscht wird. Die **Therapie** der Asystolie besteht – neben der korrekt durchgeführten kardiopulmonalen Reanimation – in der Gabe von 1 mg Adrenalin i. v. Bei Erfolglosigkeit kann die Dosis nach 3 Minuten wiederholt werden. Zusätzliche Applikation von max. 3 mg Atropin ist bei mutmaßlich erhöhtem Vagotonus möglich. Als weitere Maßnahmen ist die externe Schrittmacherstimulation mit Plattenelektroden in Betracht zu ziehen (transthorakale Elektrostimulation). Bei hyperkaliämisch bedingter Asystolie ist die Gabe von Kalzium (z. B. Kalziumchlorid 7,35 %) indiziert.

Asystolie bedeutet elektrische und mechanische Inaktivität des Herzens (EKG: Nullinie, 8.**6**).
cave: technische Defekte, Artefakte, ungünstige Ableitung!
Therapiemaßnahmen: Reanimation, Adrenalin, evtl. Atropin, evtl. transthorakaler Schrittmacher, evtl. Kalzium.

Die **elektromechanische Entkopplung (EMD)** ist im EKG durch normale elektrische Herzaktionen oder deformierte Kammerkomplexe gekenn-

Elektromechanische Entkopplung (EMD) bedeutet: elektrische Aktionen

ohne Kontraktionen. Im EKG finden sich normale oder deformierte Kammerkomplexe (8.6).
Therapiemaßnahmen: Behandlung der auslösenden Ursache, Reanimation, Adrenalin.
In S 8.7 sind die wesentlichen Schritte der kardiopulmonalen Reanimation zusammengefaßt.

zeichnet (8.**6**), denen jedoch in beiden Fällen keine Kontraktionen folgen (mechanische Asystolie). Neben Hypoxämie kommen als Ursachen mangelnde Koronardurchblutung und zu geringe Blutfüllung des Herzens in Frage (z. B. Status asthmaticus, Spannungspneumothorax, Perikardtamponade, Kreislaufschock und Lungenembolie). Auch hier wird neben der Beseitigung der auslösenden Ursache die **Therapie** mit Adrenalin durchgeführt.
In S 8.**7** sind die wesentlichen Schritte der kardiopulmonalen Reanimation zusammengefaßt.

S Synopsis 8.7: Ablauf der erweiterten Reanimationsmaßnahmen

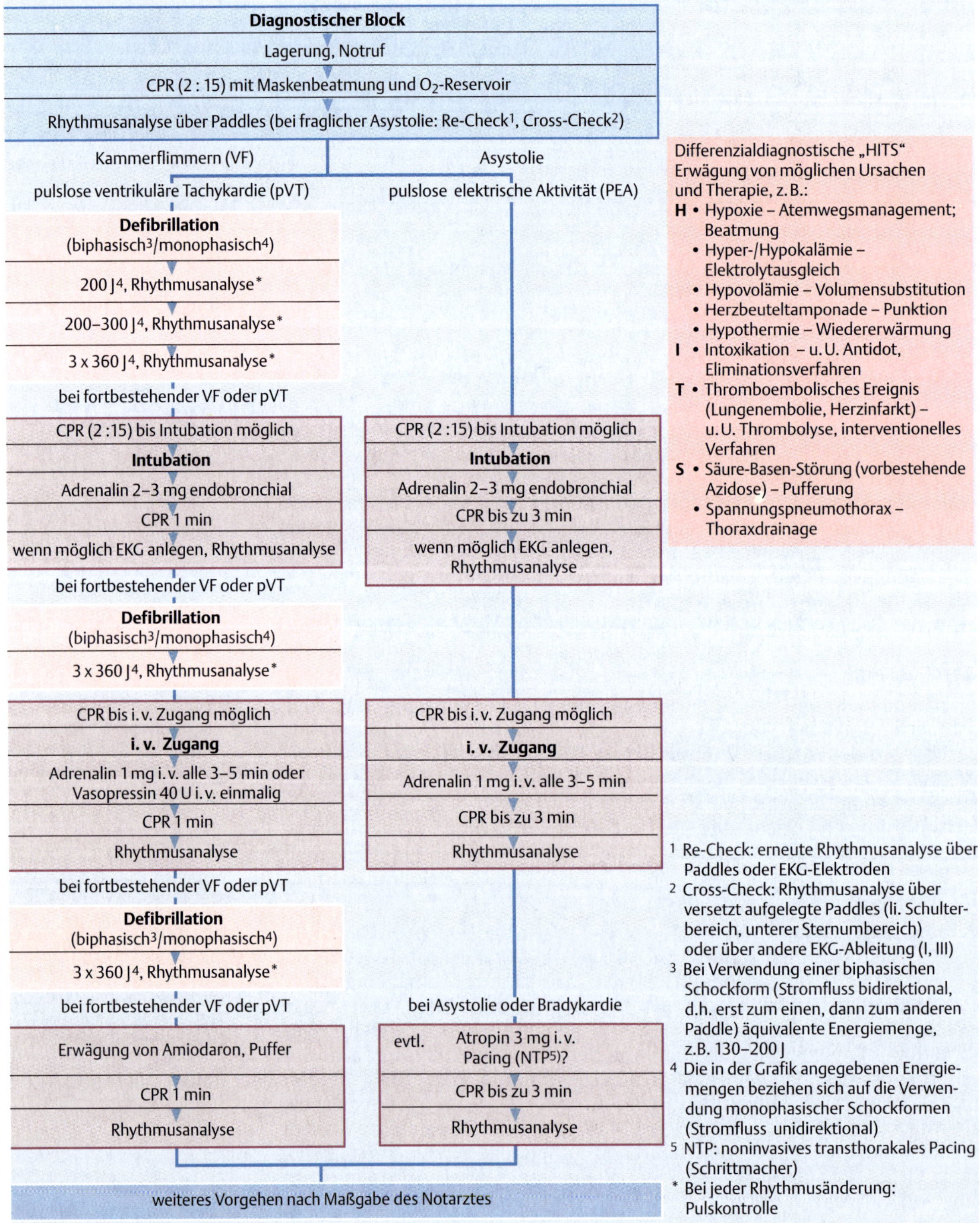

1 Re-Check: erneute Rhythmusanalyse über Paddles oder EKG-Elektroden
2 Cross-Check: Rhythmusanalyse über versetzt aufgelegte Paddles (li. Schulterbereich, unterer Sternumbereich) oder über andere EKG-Ableitung (I, III)
3 Bei Verwendung einer biphasischen Schockform (Stromfluss bidirektional, d.h. erst zum einen, dann zum anderen Paddle) äquivalente Energiemenge, z.B. 130–200 J
4 Die in der Grafik angegebenen Energiemengen beziehen sich auf die Verwendung monophasischer Schockformen (Stromfluss unidirektional)
5 NTP: noninvasives transthorakales Pacing (Schrittmacher)
* Bei jeder Rhythmusänderung: Pulskontrolle

8.3.3 Technik der kardiopulmonalen Reanimation bei Säuglingen und Kindern

Die kardiopulmonale Reanimation bei Säuglingen (Lebensalter bis zu 1 Jahr) und Kindern unterscheidet sich prinzipiell nicht von der des Erwachsenen, d. h., auch hier kommt das ABC-Schema zur Anwendung. Ebenso entsprechen die Indikationen zur kardiopulmonalen Reanimation denen des Erwachsenen (Pulslosigkeit und Atemstillstand). Bei Säuglingen ist die Indikation zur CPR bei einer Herzfrequenz $\leqq$60/min gegeben. Die **Hauptunterschiede** sind:

- die Ursachen des Kreislaufstillstandes (bei Kindern in erster Linie Asphyxie, bei Erwachsenen kardiale Ursachen, z. B. Kammerflimmern)
- die unterschiedliche Größe der Patienten
- die unterschiedlichen Parameter der Herz-Kreislauf- und Lungenfunktion.

8.3.3 Technik der kardiopulmonalen Reanimation bei Säuglingen und Kindern

Die **Hauptunterschiede** zwischen der kardiopulmonalen Reanimation des Erwachsenen und des Kindes sind:

- Ursachen des Kreislaufstillstandes
- Größe der Patienten
- Parameter der Herz-Kreislauf- und Lungenfunktion.

Die **Atemspende** wird bei Säuglingen und kleinen Kindern als **Mund-zu-Mund-und-Nase-Beatmung** durchgeführt, d. h. der Mund des Helfers verschließt während der Inspiration Mund und Nase des Patienten (◘ 8.**8**). Bei größeren Kindern kann wie bei Erwachsenen verfahren werden. Die Frequenz der Atemspende beträgt beim Neugeborenen 30/min, beim Säugling 20/min und bei älteren Kindern 16/min.

Die **Atemspende** bei Säuglingen und kleinen Kindern wird als **Mund-zu-Mund-und-Nase-Beatmung** durchgeführt (◘ 8.**8**).
Bei größeren Kindern kann wie bei Erwachsenen verfahren werden.

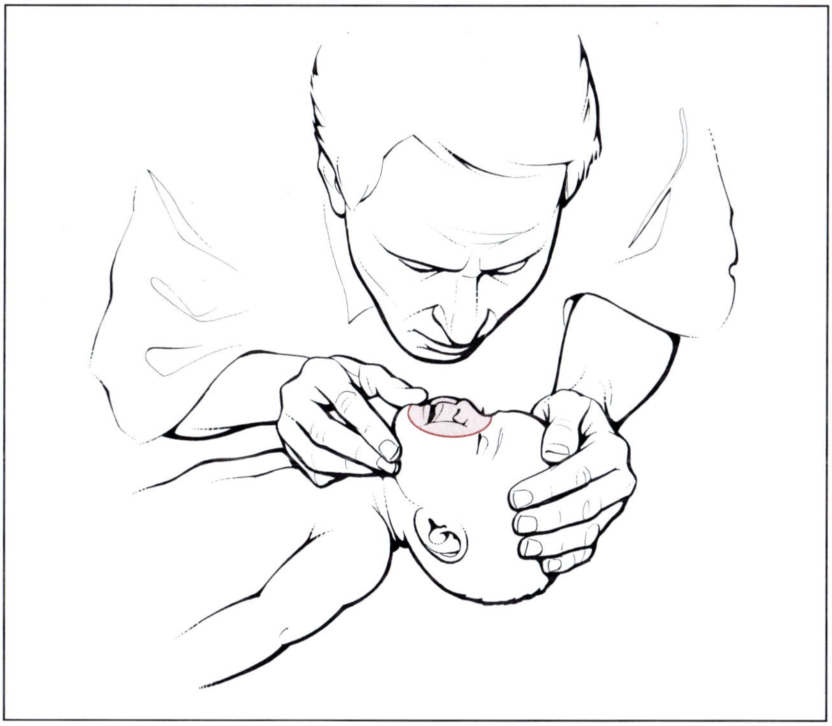

◘ 8.**8: Atemspende bei Säuglingen und Kleinkindern:** Mund-zu-Mund-und-Nase-Beatmung.

Die **extrathorakale Herzdruckmassage** wird bei **Säuglingen** im Bereich der unteren Sternumhälfte ausgeführt (◘ 8.**9**). Zur Orientierung kann die Intermamillarlinie dienen: mit 2 Fingern 1 Querfinger unterhalb dieser Linie das Sternum mit einer Frequenz von 100/min 2 – 3 cm tief komprimieren. Alternativ dazu kann der Thorax des Säuglings auch mit beiden Händen umfaßt werden, die Finger befinden sich dabei auf dem Rücken, während beide Daumen wie oben beschrieben das Sternum komprimieren.

Die **extrathorakale Herzdruckmassage** erfolgt bei Säuglingen im Bereich der unteren Sternumhälfte (◘ 8.**9**). Die Frequenz beträgt 100/min.

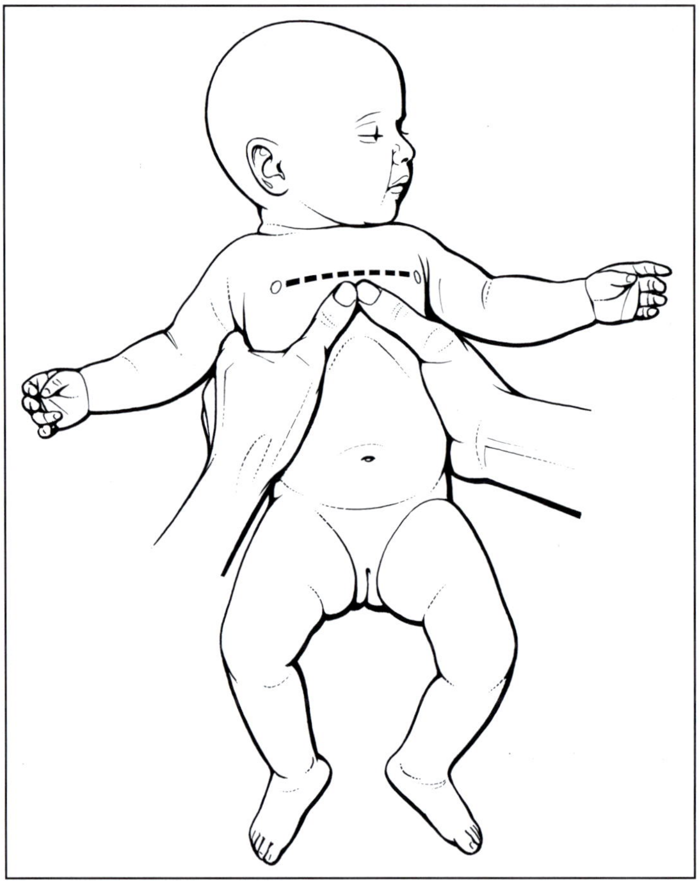

8.9: **Extrathorakale Herzdruckmassage beim Säugling.**

Bei Säuglingen sollte zur Palpation des Pulses die **A. brachialis** gewählt werden.

Bei **Kleinkindern** wird ebenfalls die untere Hälfte des Sternums komprimiert (8.**10**).

Bei Säuglingen sollte zur Palpation des Pulses die **A. brachialis** gewählt werden, da die Palpation der A. carotis am kurzen, dicken Hals des Säuglings Schwierigkeiten bereiten kann. Die A. brachialis läßt sich an der Innenseite des Oberarms zwischen Ellenbogen und Schulter tasten.
Bei **Kleinkindern** wird die untere Hälfte des Sternums komprimiert (8.**10**). Dazu wird der Processus xiphoideus aufgesucht und 1 Querfinger

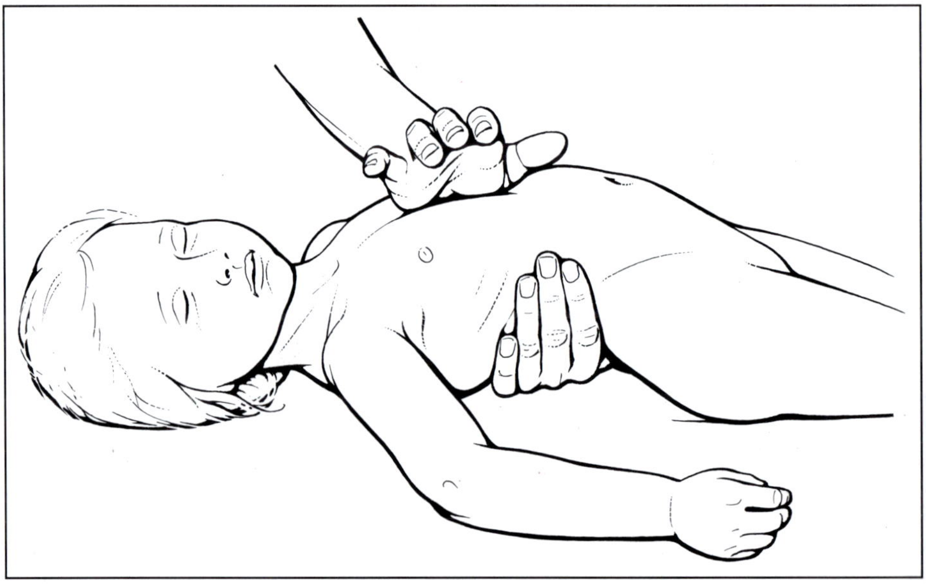

8.**10**: **Extrathorakale Herzdruckmassage beim Kleinkind.**

kranial davon ein Handballen aufgesetzt. Die andere Hand kann als Widerlager den Rücken unterstützen. Die Frequenz beträgt ebenfalls 100/min und das Sternum sollte der Wirbelsäule 4 cm angenähert werden.

Bei Kindern, die älter als 8 Jahre sind, kann nach der Erwachsenenmethode verfahren werden.
Bei der kardiopulmonalen Reanimation von Säuglingen und Kindern wird wie beim Erwachsenen nach der Ein- oder Zwei-Helfer-Methode verfahren. Das Verhältnis von Kompression zu Ventilation beträgt hier jedoch in beiden Fällen 5 : 1. Der Erfolg der Reanimationsmaßnahmen wird anhand der Bewußtseinslage, der Hautfarbe und der Palpation der peripheren Pulse überprüft.

Bei Kindern, die älter als 8 Jahre sind, kann nach der Erwachsenenmethode verfahren werden.
Bei der kardiopulmonalen Reanimation von Säuglingen und Kleinkindern beträgt das Verhältnis von Kompression zu Ventilation stets 5 : 1.

8.3.4 Beendigung der Reanimation

8.3.4 Beendigung der Reanimation

> ▶ ***Merke.*** **Grundsätzlich gilt:** Die kardiopulmonale Reanimation wird so lange fortgesetzt, bis entweder der Spontankreislauf wieder einsetzt oder die Zeichen des irreversiblen Herztodes eintreten.

◂ **Merke**

Der **irreversible Herztod** kann angenommen werden, wenn selbst bei optimaler Durchführung der kardiopulmonalen Reanimationsmaßnahmen und erweiterter, medikamentöser Therapie im EKG für mehr als 30 Minuten eine Asystolie nachweisbar bleibt. Bei noch erhaltener elektrischer (Rest-) Aktivität, z. B. bei Kammerflimmern, muß grundsätzlich eine Wiederbelebbarkeit des Herzens unterstellt werden.

Der **irreversible Herztod** kann angenommen werden, wenn selbst bei optimaler Durchführung der kardiopulmonalen Reanimationsmaßnahmen und erweiterter, medikamentöser Therapie im EKG für mehr als 30 Min. eine Asystolie nachweisbar bleibt.

8.3.5 Prognose der Reanimation

8.3.5 Prognose der Reanimation

Entscheidend für die Prognose einer – erfolgreichen – Reanimation ist, ob es gelingt, irreversible zentral-neurologische Schäden zu verhindern. Deshalb ist es von grundlegender Bedeutung, während der Wiederbelebungszeit des Gehirns mit der Basistherapie (→ Herbeiführen eines Minimalkreislaufs) zu beginnen, und so schnell wie möglich, ggf. unter Einsatz zusätzlicher medikamentöser oder elektrischer Maßnahmen, das Wiedereinsetzen des Spontankreislaufs zu induzieren. Die Wiederbelebungszeit des Gehirns ist dabei abhängig von der Körpertemperatur, dem Alter und möglichen zerebralen Vorerkrankungen des Patienten. Nach erfolgreicher Reanimaton richten sich die weiteren therapeutischen Maßnahmen in erster Linie darauf, optimale Voraussetzungen für eine vollständige Restitution der Hirnfunktion zu schaffen und aufrechtzuerhalten.

Entscheidend für die Prognose einer – erfolgreichen – Reanimation ist, ob es gelingt, irreversible zentral-neurologische Schäden zu verhindern. Deshalb muß während der Wiederbelebungszeit des Gehirns mit der Basistherapie begonnen und so schnell wie möglich das Wiedereinsetzen des Spontankreislaufs herbeigeführt werden.

8.4 Gehirn

8.4 Gehirn

Die Maßnahmen zur **zerebralen Wiederbelebung** entsprechen in Phase 1 und Phase 2 denen der kardiopulmonalen Wiederbelebung. Besonders während Phase 2 kommt es darauf an, eine ausreichende Oxygenierung und einen ausreichenden Blutdruck zu erreichen, um die Perfusion des Gehirns als dem gegenüber einer Minderperfusion vulnerabelsten Organ sicherzustellen.
Therapeutische Zielgröße ist hierbei der **zerebrale Perfusionsdruck** (CPP), der sich aus der Differenz von mittlerem arteriellem Blutdruck (MAP) und intrakraniellem Druck (ICP) ergibt **(CPP = MAP – ICP)**. Die Normalwerte für den ICP sind 0 – 15 mmHg.

Die Maßnahmen zur **zerebralen Wiederbelebung** entsprechen in Phase 1 und Phase 2 denen der kardiopulmonalen Wiederbelebung.
Therapeutische Zielgröße für die Perfusion des Gehirns ist der **zerebrale Perfusionsdruck** (CPP), der sich aus der Differenz von mittlerem arteriellem Blutdruck (MAP) und intrakraniellem Druck (ICP) ergibt:
CPP = MAP – ICP
$CPP_{Soll} \geqq 70$ mmHg.

> ▶ ***Merke.*** Es ist ein CPP von mindestens 70 mmHg anzustreben! Auch kurze hypotone Phasen, z. B. ein arterieller systolischer Druck < 90 mmHg, dürfen nicht toleriert werden.

◂ **Merke**

Hirnorientierte Maßnahmen sollen zur Erholung des ischämisch geschädigten Gehirns beitragen.

Allgemeine Maßnahmen (Richtwerte):
1. Blutdruck regulieren (MAP 100 mmHg) **bedenke:** CPP = MAP – ICP
2. kontrollierte Beatmung ($PaO_2 > 100$, $PaCO_2 = 34$ mmHg)
3. Lagerung: Kopf und Oberkörper 30° hochlagern
4. Sedierung, Hypnose, Analgesie, antikonvulsive Medikation
5. Blutparameter im Normbereich halten
6. Körpertemperatur im Normbereich halten.

Spezifische Maßnahmen zur Verhinderung von neurologischen Schäden können sein:
- **Hypothermie**
- Gabe von **Barbituraten** oder anderen Hypnotika
- Einsatz von **Kalziumantagonisten**
- **kontrollierte Hyperventilation.**

Mit einer Erhöhung des ICP muß bei allen Reanimierten nach längerem Kreislaufstillstand gerechnet werden, da es in der postischämischen Phase zu einem Hirnödem kommen kann.
Da die Messung des ICP in Wiederbelebungsphase 1 und 2 nicht möglich ist, orientiert man sich richtungweisend am arteriellen Blutdruck und führt zusätzlich Maßnahmen durch, die eine Senkung des ICPs bewirken sollen. Diese **Maßnahmen** sollen die Erholung des ischämisch geschädigten Gehirns fördern.
Allgemeine Maßnahmen bzw. **Richtwerte** sind:
1. Blutdruck regulieren (MAP 100 mmHg), **bedenke:**
   CPP = MAP – ICP, CPP $\geqq$ 70 mmHg
   intravasales Volumen normalisieren,
   Einsatz von Vasopressoren oder Vasodilatatoren
2. kontrollierte Beatmung ($PaO_2 > 100$, $PaCO_2 = 34$ mmHg) (s. u. Hyperventilation) Säure-Basen-Haushalt im Normbereich halten
3. Lagerung: Kopf und Oberkörper 30° hochlagern, um den hirnvenösen Abfluß zu verbessern
4. Unruhe, Wachreaktionen, Husten, Krampfneigung vorbeugen (Sedierung, Hypnose, Analgesie, antikonvulsive Medikation)
5. Blutparameter im Normbereich halten:
   Hämatokrit ca. 30 %
   Elektrolyte im Normbereich
   Glukose im Serum 100 – 150 mg/dl
6. Körpertemperatur im Normbereich halten,
   Hyperthermie vermeiden (Körpertemperatur < 37,5 °C!).

Nicht alle diese Maßnahmen können in Phase 1 und 2 der Reanimation durchgeführt werden, ein Großteil ist der Phase 3 vorbehalten (Intensivtherapie nach Reanimation).

Spezifische Maßnahmen zur Hirnprotektion bzw. Verhinderung von neurologischen Schäden nach kardiopulmonaler Reanimation sind auch zum größten Teil erst in Phase 3 möglich.
Durch **Hypothermie** kann das Gehirn in Phasen mangelnder Sauerstoffzufuhr wirksam geschützt werden (siehe Der klinische Fall, S. 289). Hyperthermie wirkt sicher schädigend. Ob jedoch die Hypothermie günstige Auswirkungen in der postischämischen Phase hat, ist bisher am Menschen nicht eindeutig erwiesen.
Barbiturate wirken antikonvulsiv und können wie andere Hypnotika (Etomidat, Propofol) die Aktivität und damit den Sauerstoffverbrauch der Hirnzellen herabsetzen. Den positiven Eigenschaften stehen dabei vor allem die negativen Kreislaufeffekte (negative Inotropie, Hypotension) entgegen.
Kalziumantagonisten sollen die toxischen Wirkungen des in den Hirnzellen postischämisch angehäuften Kalziums mindern. Der Einstrom von Kalzium in die Gefäßmuskelzelle mit nachfolgendem Gefäßspasmus wird als Ursache für den Anstieg des zerebralen Gefäßwiderstandes mit nachfolgender Hypoperfusion gesehen. Die klinische Bedeutung der Kalziumantagonisten ist noch nicht hinreichend geklärt.
Unklar ist ferner, ob durch dauerhaft **kontrollierte Hyperventilation** neurologische Schäden nach kardiopulmonaler Reanimation vermindert werden können. Die Hyperventilation hat dagegen einen festen Stellenwert als gezielte Maßnahme in Phasen kritischer Hirndrucksteigerung.
Glukokortikoide. In der postischämischen Phase konnten kontrollierte Studien keine Verbesserung des neurologischen »Outcomes« bei ischämischer Hirnschädigung zeigen. Mit Ausnahme der Behandlung von vaskulären Ödemen (Hirntumor) gibt es hierbei für Glukokortikoide keine Indikation.

9 Grundlagen der Intensivmedizin

9.1 Einführung

Nicht nur qualitativ, auch quantitativ gewinnt die intensivmedizinische Behandlung von kritisch kranken Patienten zunehmend an Bedeutung. Von den derzeit ca. 1850 Akutkrankenhäusern in den alten Bundesländern weisen rund 1350 Kliniken Intensivbetten aus. Die Gesamtzahl der Intensivbetten liegt heute um etwa 30% höher als noch vor 10 Jahren und muß mit rund 14000 Betten veranschlagt werden. Dies bedeutet, daß jährlich in Deutschland rund 1,3 Millionen Patienten auf Intensiveinheiten behandelt werden. Man muß heute davon ausgehen, daß rund 80% der Patienten nach Beseitigung z. T. erheblicher vitaler Störungen wieder entlassen werden können.

Definition. Intensivbehandlung bedeutet Anwendung aller therapeutischer Möglichkeiten zum temporären Ersatz gestörter oder ausgefallener vitaler Organfunktionen bei gleichzeitiger Behandlung des diese Störungen verursachenden Grundleidens *(Lawin 1994).*

Die Anwendung modernster Methoden in der Intensivmedizin setzt bestimmte organisatorische, räumliche und apparative Gegebenheiten voraus. Es ist deshalb zwingend erforderlich, spezielle Betteneinheiten zu schaffen, die den erheblichen Investitions- und Betriebskosten gerecht werden. Im Gegensatz zu den sonstigen Strukturen eines Krankenhauses mit seinen traditionell fachgebundenen Einrichtungen werden in der Intensivmedizin fachübergreifende Strukturen notwendig. Je nach Größe des Krankenhauses haben sich verschiedene Organisationsformen der Intensivmedizin entwickelt. In den Richtlinien für die Organisation der Intensivmedizin der Deutschen Krankenhausgesellschaft (DKG) aus dem Jahre 1974 finden sich folgende Festlegungen: In den kleinen Krankenhäusern soll eine interdisziplinäre Intensiveinheit (operativ-konservativ) vorhanden sein. In den größeren Kliniken existieren dann in der Regel 2 Intensivstationen, wovon die eine Station häufig als konservativ-internistische und die andere als operativ-anästhesiologische Intensiveinheit geführt wird. In Universitätskliniken und Großkrankenhäusern (ab 800 Betten) können zusätzlich noch weitere fachgebundene Intensivstationen vorhanden sein.

Neben diesen organisatorischen Voraussetzungen ist es wichtig, eindeutig zwischen den Begriffen Intensivüberwachung und Intensivtherapie zu unterscheiden. Unter der **Intensivüberwachung** verstehen wir, daß schwerkranke Patienten in ihren vitalen Funktionen überwacht werden, wie z. B. nach einem großen operativen Eingriff an zwei Körperhöhlen oder nach einem frischen Herzinfarkt. Die **Intensivtherapie** beinhaltet neben der Intensivüberwachung die Therapie von gestörten Vitalfunktionen, die z. B. einen temporären Ersatz (künstliche Beatmung, Hämofiltration etc.) benötigen. Beiden Termini ist die Bezeichnung **Intensivmedizin** übergeordnet. Der vierte Begriff ist die **Intensivpflege,** die in die drei genannten integriert ist. Wenngleich sich die Begriffe in der klinischen Praxis leicht verwischen, sollte auch in Zukunft an ihnen festgehalten werden, da nur an diesen Begriffen orientiert differenzierte Aussagen zum Personalbedarf von Intensiveinheiten möglich sind.

In der Vergangenheit hat sich gezeigt, daß Intensivstationen aus ärztlicher und pflegerischer Sicht am besten in einer Größenordnung von 10 bis 12 Betten geführt werden sollten, wobei als Minimum, aus wirtschaftlicher Sicht gesehen, eine Station mit 6 Betten gilt. Mehr als 16 Betten sollte auch eine interdisziplinäre Station nicht umfassen. Hierbei ist eine Teilung in eine konservative und operativ-anästhesiologische Einheit zweckmäßig.

9 Grundlagen der Intensivmedizin

9.1 Einführung

Die Gesamtzahl der Intensivbetten liegt heute um etwa 30% höher als noch vor 10 Jahren und muß mit rund 14 000 Betten veranschlagt werden.

◄ Definition

Die Anwendung modernster Methoden in der Intensivmedizin setzt bestimmte organisatorische, räumliche und apparative Gegebenheiten voraus. Es ist deshalb zwingend erforderlich, spezielle Betteneinheiten zu schaffen.

Die **Intensivtherapie** beinhaltet neben der **Intensivüberwachung** die Therapie von gestörten Vitalfunktionen, die z. B. einen temporären Ersatz (künstliche Beatmung, Hämofiltration etc.) benötigen. Beiden Termini ist die Bezeichnung **Intensivmedizin** übergeordnet. Der vierte Begriff ist die **Intensivpflege,** die in die drei genannten integriert ist.

Intensivstationen sollten am besten in einer Größenordnung von 10 – 12 Betten geführt werden.

Eine qualitativ hochwertige und fachgerechte Versorgung der Intensivpatienten hängt zwangsläufig von der personellen Ausstattung der Station ab. Für die Bundesrepublik sind die Anhaltszahlen der Deutschen Krankenhausgesellschaft aus dem Jahre 1969 auch heute noch gültig – trotz erheblich veränderter Arbeitsbedingungen –, da es zwischen Ärzten und Krankenhausträgern einerseits und Kostenträgern andererseits (gesetzliche Krankenkassen) bis heute nicht zu einer neuen Regelung gekommen ist.

Für die ärztliche Besetzung einer Intensivbehandlungseinheit wird ein Arzt pro 2 Betten unter der Prämisse gerechnet, daß ein 24-Stunden-Dienst an 7 Tagen durchgeführt wird. Die geltenden Anhaltszahlen für den Pflegedienst sind überaus unübersichtlich, zumal seit 1986 als Berechnungsgrundlage Pflegeminuten zugrunde gelegt werden. Falls die Zahl der Beatmungspatienten 20 % übersteigt, kann von 3 Pflegestellen pro Bett und 24 Stunden ausgegangen werden.
Neben allen Anhaltszahlen sind menschliche und fachliche Qualifikation der in der Intensivmedizin Tätigen die wichtigste Grundvoraussetzung für eine erfolgreiche Arbeit. Ein hohes Maß an Verantwortungsbewußtsein und Entscheidungskraft, nicht nur im medizinischen, sondern auch im ethischen Sinne ist gefordert. Dies beinhaltet auch, daß Intensivmedizin nicht dazu dient, Leben um jeden Preis zu verlängern. Die Indikation zur Intensivtherapie unter Einbeziehung aller technologischen Möglichkeiten muß sich am humanitären ärztlichen Auftrag orientieren. Wenn die lebenserhaltenden Maßnahmen keine sinnvolle und humane Hilfe mehr versprechen, ist es ärztliche Aufgabe und Verpflichtung, die Behandlung des Patienten auf adäquate Grundpflege, Flüssigkeitszufuhr und Schmerztherapie zu beschränken.

Intensivmedizin dient nicht dazu, Leben um jeden Preis zu verlängern. Wenn die lebenserhaltenden Maßnahmen keine sinnvolle und humane Hilfe mehr versprechen, ist es ärztliche Aufgabe und Verpflichtung, die Behandlung des Patienten auf adäquate Grundpflege, Flüssigkeitszufuhr und Schmerztherapie zu beschränken.

9.1.1 Diagnostik und Überwachung

Klinisch

Neben den diagnostischen Routinemaßnahmen in der Intensivmedizin gehören die ständige klinische Beobachtung und Verlaufsbeurteilung durch Ärzte und Pflegedienst zu den wichtigsten Aufgaben in der Intensivmedizin. Im Mittelpunkt stehen ZNS-, hämodynamisches und respiratorisches Monitoring mit Hilfe kontinuierlicher elektronischer Überwachungsmethoden. Unerläßlich ist es dennoch, den Patienten mindestens **zweimal pro Tag** klinisch zu untersuchen. S 9.1 zeigt die zur **Untersuchung** gehörenden Parameter, die in typischer Weise dokumentiert werden.

Dokumentation. Alle Untersuchungsbefunde werden schriftlich in den täglichen Verlaufsbeschreibungen festgehalten. Neben den ärztlichen und pflegerischen Verlaufsbeschreibungen werden auf der Intensivstation sogenannte **Überwachungsprotokolle** (über 24 Stunden) geführt, auf denen mindestens stündlich die Vitalfunktionen protokolliert werden. Ferner wird ein **Verordnungsbogen** erstellt, auf dem die diagnostischen, pflegerischen, krankengymnastischen, medikamentösen (Pharmaka und Infusionstherapie) und nichtmedikamentösen Maßnahmen, wie z. B. Lagerung des Patienten, erste Mobilisierungsversuche, Abführmaßnahmen, endotracheale Absaugung etc., festgelegt werden. Spezielle Untersuchungsergebnisse wie Blutgase, sämtliche Labordaten, Röntgen, Ultraschall, Computertomographie, NMR, mikrobiologische Befunde etc. werden in der Krankengeschichte dokumentiert.

9.1.1 Diagnostik und Überwachung

Klinisch

Neben den diagnostischen Routinemaßnahmen in der Intensivmedizin gehören die ständige klinische Beobachtung und Verlaufsbeurteilung durch Ärzte und Pflegedienste zu den wichtigsten Aufgaben in der Intensivmedizin.
Mindestens **zweimal pro Tag** muß eine **klinische Untersuchung** erfolgen. Deren Parameter zeigt S 9.1.

Dokumentation Alle Untersuchungsbefunde werden schriftlich in den täglichen Verlaufsbeschreibungen festgehalten:
- 24-Stunden-**Überwachungsprotokoll**
- **Verordnungsbogen**

Synopsis 9.1: Klinische Untersuchung des Intensivpatienten

▶ **Inspektion von Haut und Schleimhäuten**

▶ **Hautkolorit**

- **Zyanose:** peripher oder zentral (Voraussetzung ist ein Hb-Wert von >5,0 g/dl)
  Bei einer **peripheren** Zyanose liegt bei ausreichender Oxygenierung aufgrund einer erhöhten Sauerstoffausschöpfung des Blutes eine Zyanose der Akren vor, wohingegen die Zunge rosig ist. Eine **zentrale** Zyanose zeigt neben der Akrozyanose eine typisch blauverfärbte Zunge.
- **Ikterus**
  In den Skleren ist eine Gelbfärbung frühestens ab einem Serumbilirubin von >2 – 3 mg/dl erkennbar.
- **Anämie**
  Die Konjuktiven erscheinen blaß und schlecht durchblutet.
- **Exsikkosezeichen**
  Trockene Haut und Zunge (borkig), weiche Bulbi, »faltige« Haut, stehende Hautfalten
- **Ödeme**
  Prätibial und Knöchelödeme (ein- oder beidseitig)
  Anasarka
  Ursachen: Herzinsuffizienz, Eiweißmangelödeme, Kapillar-Leck-Syndrom

▶ **Hauttemperatur und -durchblutung**

- **Zentralisation**
  Von den Füßen zum Rumpf ansteigende Temperatur (man streicht langsam mit der Hand von den Füßen zum Rumpf), Marmorierung der Beine und Arme

▶ **Haut**

- **Exantheme**
- **Enantheme**
- **Ekzeme**
- **Petechien** (Test nach *Rumpel-Leede*)
- **»spider naevi«**
- **Dekubitus**
- **Traumatische Hautdefekte**
- **Eintrittstellen von Kathetern und Sonden**

▶ **Bewußtseinslage und ggf. neurologischer Status**

- **Kontaktfähigkeit** (s. auch Kap. 9.9.1, ▤ 9.**30**).
  Ansprechbarkeit
  Orientierung zu Person, Raum und Zeit
  Schmerzreaktionen
- **Neurologischer Status**
  Pupillomotorik: direkte und konsensuelle Lichtreaktion prüfen, Konvergenz, Isokorie
  Meningismus

▶ **Palpation**

- **Abdomen**
  Bauchdecken weich oder Abwehrspannung?
  Leber: Größe, Konsistenz, Leberpulsation, Courvoisier-sches Zeichen
  Bruchpforten geschlossen?
  Resistenzen?
  Insbesondere in der postoperativen Phase müssen Bauchdeckenspannung, Größenzunahme des Abdomens und Drainagen (Blutverlust) kontrolliert werden.
- **Arterienpulse (Karotis, Femoralis, Radialis)**
- **Ödeme**

▶ **Perkussion**

- **Thorax**
  Klopfschall: sonor (= normal),
  gedämpft (Infiltrat, Erguß, Atelektase, Pleuraschwarte),
  hypersonor (Emphysem, Pneumothorax)
- **Abdomen**
  KS: tympanitisch (= Meteorismus), gedämpft (Aszitesausdehnung abschätzen!)

▶ **Auskultation**

- **Herztöne und -geräusche**
- **Ventilation**
  Es müssen insbesondere beide Oberfelder der Lunge auskultiert werden, um bei beatmeten Patienten eine einseitige Ventilation auszuschließen.
  Bei **Nebengeräuschen** ist zwischen trockenen und feuchten Rasselgeräuschen (RGs) zu unterscheiden.
  Bei den trockenen RGs ist besonders auf spastische Nebengeräusche im Exspirium zu achten. Bei den feuchten RGs im Inspirium läßt sich zwischen Lungenstauung, -ödem und -infiltration differenzieren.
  Insgesamt ist die Auskultation für den Unerfahrenen beim beatmeten Patienten durch respiratorbedingte Atemnebengeräusche erschwert und erfordert häufig die radiologische Kontrolle der Lunge.
- **Darmgeräusche**
  Mechanischer Dünndarmileus:
  in 50 % durch Briden hervorgerufen (Narbenstränge),
  in 25 % durch Hernien
  → **metallisch** klingende Darmgeräusche
  Paralytischer Ileus:
  Reflektorisch (postoperativ, Pankreatitis, Myokardinfarkt, Bauchtrauma, retroperitoneales Hämatom etc.)
  toxisch (ischämische Kolitis, Enteritis, Pneumonie, Sepsis,
  Sekundär (bei fortbestehendem mechanischem Ileus)
  metabolisch (Diabetes mellitus, Hypokaliämie, Hyponatriämie)
  Strangulation
  → **»TOTENSTILLE«**
  Pseudoobstruktion des Kolons:
  Massive Gasdilatation des rechten Kolons, meist Zäkum
  → meist »stiller« Darm wie bei paralytischem Ileus.

Apparativ (vgl. Kap. 3.1.1 und 3.1.4)

Herz-Kreislauf-Funktion

- **EKG-Überwachung** Bei jedem Patienten auf einer Intensivstation gehört die kontinuierliche EKG-Überwachung für die Diagnostik und Früherkennung von **Herzfrequenzänderungen, Arrhythmien, Schrittmacherdysfunktionen** und **Koronarischämien** zu den unverzichtbaren Prinzipien.

Dispositionsfaktoren für Herzrhythmusstörungen sind:
- KHK, Myokardinfarkt
- Lungenembolie
- Elektrolytstörungen
- Azidose/Alkalose
- Hypoxie/Hyperkapnie
- Pharmakaüberdosierung

Bei elektronischen Rhythmusmodulen liegt die Erkennung von Herzrhythmusstörungen gegenüber konventionellen EKG-Monitorsystemen (unter 20 % Erkennungshäufigkeit) bei über 90 %.

Es ist auch bei nicht kardial vorgeschädigten chirurgischen Patienten großer Wert auf die **Brustwandableitung V_5 (»poor-man«-Ableitung)** zu legen (◙ 9.**1**).

In der gängigen Nomenklatur wird diese Ableitung auch als **MCR_5** bezeichnet.

Apparativ (vgl. Kapitel 3.1.1 und 3.1.4)

Herz-Kreislauf-Funktion

- **EKG-Überwachung.** Bei jedem Patienten auf einer Intensivstation gehört die kontinuierliche EKG-Überwachung für die Diagnostik und Früherkennung von **Herzfrequenzänderungen, Arrhythmien, Schrittmacherdysfunktionen** und **Koronarischämien** zu den unverzichtbaren Prinzipien. Schwerkranke sind hierbei in besonderem Maße durch Herzrhythmusstörungen gefährdet. Als wichtige **Dispositionsfaktoren** hierfür gelten:
- KHK
- Myokardinfarkt
- Lungenembolie
- Elektrolytstörungen
- Azidose/Alkalose
- Hypoxie, Hyperkapnie
- Pharmakaüberdosierung (z. B. Digitalisintoxikation)

Sogenannte elektronische Rhythmusmodule sind in der Lage, nach einem »Lernprozeß« Herzrhythmusstörungen zu erkennen, zu analysieren und zu speichern. Gegenüber konventionellen EKG-Monitorsystemen (unter 20 % Erkennungshäufigkeit) liegt die Detektion durch Arrythmiecomputer derzeit bei über 90 %.
Wenn auch heute die meisten Monitore nur eine Einkanalüberwachung (moderne Monitore bieten häufig schon die Mehrkanal EKG-Überwachung) möglich machen, so ist auch bei nicht kardial vorgeschädigten chirurgischen Patienten großer Wert auf die **Brustwandableitung V_5 (»poorman«-Ableitung)** zu legen, da bei ihrer Anwendung ca. 95 % der ischämischen Episoden erkennbar werden. Es wird hierzu die **RA**-Elektrode unter der rechten Klavikula positioniert, die **LA**-Elektrode wird in **V_5**- und die **VF**-Elektrode am linken Bein angelegt (◙ 9.**1**). In der gängigen Nomenklatur wird diese Ableitung auch als **MCR_5** bezeichnet, wobei die Buchstaben C für die zentrale Ableitung, M für die Ableitung vom Manubrium und R für die vom rechten Arm stehen. Durch Wechsel der Ableitung I (Überwachung der Vorderwand mittels modifizierter V_5-Ableitung) auf die Ableitung II kann auf die Hinterwand (ohne Elektrodenwechsel!) umgeschaltet werden.

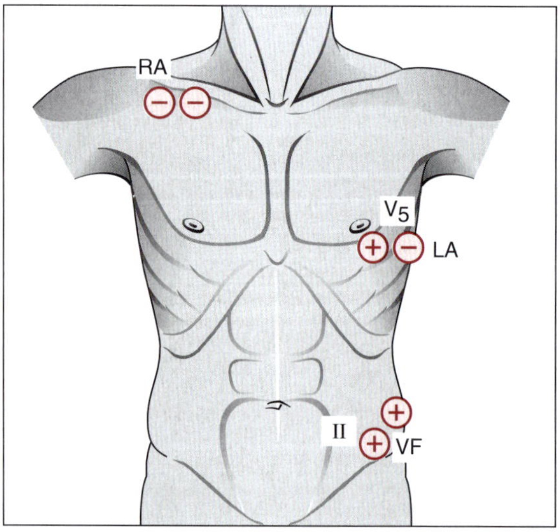

◙ 9.**1**: **Plazierung der Elektroden am Patienten.**

Bereits seit 1984 sind kommerziell verfügbare Geräte mit ST-Streckenanalyse erhältlich, die Ischämiereaktionen im Trend erkennbar machen.
Störungen in der EKG-Aufzeichnung können meistens den Elektroden oder Kabeln zugeordnet werden. Aber auch Artefakte in der Ableitung durch

Überlagerung von Wechselstrom, durch Bewegung des Patienten oder durch Muskelaktionen kommen nicht selten vor und erfordern häufig ein Wechseln der EKG-Elektroden oder Verändern der Ableitungsorte.

• **Blutdruckmessung.** Bei der **nichtinvasiven** Blutdruckmessung können 4 Methoden zur Anwendung kommen:

• **Blutdruckmessung** Bei der **nichtinvasiven** Blutdruckmessung können 4 Methoden zur Anwendung kommen:
1. Riva-Rocci-Methode
2. Oszillometrische Meßtechnik

1. Riva-Rocci-Methode mit Messung der *Korotkoff*-Töne
2. Oszillometrische Meßtechnik: Das Meßprinzip wird in **S** 9.2 dargestellt. Zu Beginn der Messung wird die Manschette aufgeblasen und der Beginn der Oszillationen (Gefäßwandschwingungen) bei Entlastung der Manschette als der Beginn des arteriellen Blutflusses und damit des systolischen Blutdruckes festgelegt. Bei weiterer Entlastung der Manschette erreichen die Oszillationen ein Maximum, das dem mittleren arteriellen Druck (MAP) entspricht. Der MAP ist auch der exakteste Wert der oszillometrischen Meßmethode. Der diastolische Druck ist wesentlich weniger genau bestimmbar.

Das Maximum der Oszillationen entspricht dem mittleren arteriellen Druck (MAP) (**S** 9.2).

Nachteilig ist, daß bei allzu häufigem Messen die Gefahr von Nervenschäden und anderen ischämischen Läsionen der betreffenden Extremität besteht. Vom wachen Patienten wird der Meßvorgang als unangenehm empfunden, da der initiale Manschettendruck häufig sehr hoch gewählt wird und das Ablassen des Druckes nur langsam erfolgen kann.

S Synopsis 9.2: **Oszillometrische Meßtechnik**

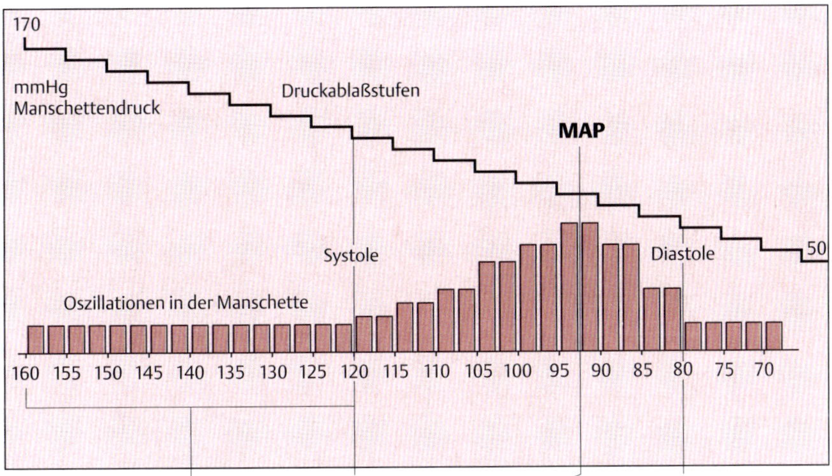

Vor der Systole
Gefäß ist geschlossen. Schwache Druckstöße vom oberen Teil der Arterie

Systole
Gefäß öffnet. Oszillationen beginnen

MAP
Gefäß ist offen. Oszillationen haben ihre größte Amplitude

Diastole
Gefäß ist offen. Oszillationen nehmen nicht mehr ab

Das Meßprinzip (Dinamap®, Fa. Critikon) wird hier dargestellt. Die Oszillationen der Gefäßwand (Gefäßwandschwingungen) werden auf die Blutdruckmanschette übertragen, über den Druckschlauch zum Druckwandler im Monitor geleitet und dort elektronisch verarbeitet.

Meßvorgang: Die Manschette wird pneumatisch auf einen Druckwert aufgeblasen, der initial deutlich oberhalb des systolischen arteriellen Blutdrucks liegt. Anschließend wird der Manschettendruck langsam stufenweise abgelassen. Auf jeder Druckstufe werden 2 Pulswellen annähernd gleicher Amplitude registriert, so daß Artefakte größtenteils erkannt und vermieden werden können. Der Anfang der Oszillationen bei Entlastung der Manschette wird als Beginn des arteriellen Blutflusses und damit als systolischer Blutdruck festgelegt. Bei weiterer Entlastung der Manschette erreichen die Oszillationen ein Maximum, das dem mittleren arteriellen Druck (MAP) entspricht. Der MAP ist gleichzeitig auch der exakteste Wert der oszillometrischen Meßmethode. Der diastolische Druck, der gemessen wird, sobald die Oszillationen aufhören, schwächer zu werden, ist hingegen wesentlich weniger genau bestimmbar.
Die oszillometrische Methode ist auch bei sehr niedrigen Blutdruckwerten, z. B. im Schock, anwendbar, jedoch nur eingeschränkt bei absoluter Arrhythmie.

3. Druckmessung mit Hilfe der Doppler-Technik

4. Fingerplethysmographie

Es wird die Druckkurve auf einem Display mit systolischem, mittlerem und diastolischem Druck dargestellt. Ein schnell reagierendes System bläst eine kleine Manschette (meist am Daumen) so weit auf, daß die **Volumenpulsationen** über einen Photosensor aufgenommen werden können.

- **Invasives hämodynamisches Monitoring**

Invasive Blutdruckmessung Die invasive Druckmessung ist indiziert bei:
- hämodynamisch instabilen Patienten und allen Schockformen.

Die Beurteilung der Druckkurve auf dem Monitor erlaubt eine qualitative Aussage über die hämodynamische Situation (9.2).

3. Druckmessung mit Hilfe der Doppler-Technik: Diese Meßtechnik benötigt ein Doppler-Gerät und eine aufblasbare Manschette und bestimmt, bei welchen Drücken systolischer und diastolischer Fluß nachweisbar sind.

4. Fingerplethysmographie: Diese Technik zeichnet sich gegenüber den obigen Verfahren dadurch aus, daß sie als einzige nichtinvasive Methode kontinuierlich arbeiten kann. Bei dem **Finapres System**® der Fa. Ohmeda wird die Druckkurve auf einem Display mit systolischem, mittlerem und diastolischem Druck dargestellt. Ein schnell reagierendes System bläst eine kleine Manschette (meist am Daumen) so weit auf, daß die **Volumenpulsationen** über einen Photosensor aufgenommen werden können. Der Photosensor registriert eine dem Volumenpuls entsprechende Lichtintensität in der Digitalarterie. Diese Technik bietet eine vergleichbare Genauigkeit wie die oszillometrische Methode. Sie ist zudem mit einer Pulsoxymetrie kombiniert. Ihre Grenzen liegen bei Patienten mit peripheren Zirkulationsstörungen = fehlenden Volumenpulsationen.

- **Invasives hämodynamisches Monitoring.**

Invasive Blutdruckmessung. Ein arterieller Katheter ist indiziert, wenn es notwendig ist, den **Blutdruck** kontinuierlich zu messen und häufig **Blutgase** zu analysieren, so z. B. bei:
- hämodynamisch instabilen Patienten
- allen Schockformen
- SHT-Patienten
- allen Beatmungspatienten

Die Beurteilung der Druckkurve auf dem Monitor erlaubt eine qualitative Aussage über die hämodynamische Situation. Ist ein Patient hypovolämisch und hat ein kleines Schlagvolumen, so wird die Druckwellenamplitude kleiner (9.2) und zeigt eine ausgeprägte respiratorische Schwankung. Nach Auffüllung des intravasalen Volumens wird die Amplitude wieder größer und erreicht ihre normale Form.

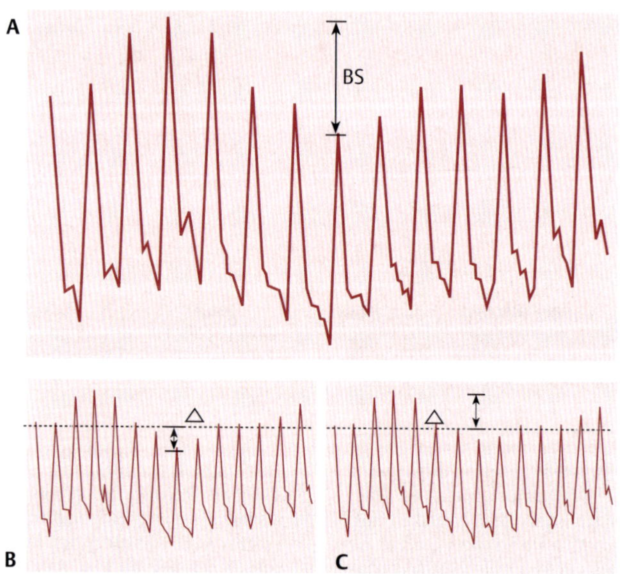

9.2: **Kurve bei Hypovolämie:** die systolischen Blutdruckwerte zeigen eine ausgeprägte respiratorische Schwankung (BS).

Für die Langzeitmessung wird empfohlen, 20-G-Katheter in Seldinger-Technik bevorzugt in die A. radialis einzulegen. Alternativ können auch die A. dorsalis pedis, A. femoralis, A. brachialis, A. axillaris oder A. temporalis superficialis benutzt werden.

ZVD-Messung. Diese Druckmessung (in der Regel über die obere Hohlvene mittels zentralvenöser Katheter) ermöglicht es, den mittleren Füllungsdruck im rechten Vorhof und damit die **rechtsventrikuläre Vorlast** zu bestimmen (Norm: 1 – 8 mmHg). Der zentrale Venendruck wird von **4 Faktoren** bestimmt:

- **Größe des zirkulierenden Volumens**
- **Venentonus**
- **Rechtsherzfunktion**
- **intrathorakaler Druck**

Unter Beatmung mit PEEP entspricht der ZVD nicht dem rechtsventrikulären Füllungsdruck, denn PEEP **erhöht** den ZVD. Auch ein gesteigerter intraabdomineller Druck, wie z. B. beim Ileus oder bei Aszites, kann zu falsch hohen ZVD-Messungen führen.

Mit Hilfe des **»fluid challenge test«**, einer Schnellinfusion von 125 – 500 ml Kristalloiden in 30 Minuten, läßt sich die **globale ventrikuläre Funktion** in Grenzen abschätzen. Bei guter linksventrikulärer Funktion erreicht der ZVD 10 – 15 Minuten nach Infusionsende wieder seinen Ausgangswert. Ein nur langsamer Abfall des ZVD spricht für hohes intravasales Volumen und evtl. für eine (links-) ventrikuläre Insuffizienz.

Aus dem zentralvenösen Katheter lassen sich ferner folgende, für die hämodynamische Überwachung wichtige **Laborparameter** gewinnen:

Die **arterio-zentralvenöse O_2-Gehaltsdifferenz** ($avDO_2$; Norm: $4{,}6 \pm 0{,}4$ ml/100 ml Blut) und die **zentralvenöse O_2-Sättigung** (SvO_2; Norm: $\approx 72\,\%$).

Beide zeigen eine hinreichende Korrelation zum Herzzeitvolumen (HZV). Neuere Untersuchungen bestätigen, daß es für die klinische Praxis in der Regel ausreichend ist, anstelle von gemischtvenösem Blut aus der A. pulmonalis zentralvenöses Blut aus der V. cava sup. oder dem rechten Vorhof zu entnehmen.

Formel zur Berechnung der gemischt-venösen $avDO_2$ aus der zentral-venösen $avDO_2$:

$$av_{gem.}DO_{2\ geschätzt} = 0{,}65 \times av_{zen.}DO_2\ (\text{V. cava sup.}) + 1{,}77$$

Pulmonalarterienkatheter (Swan-Ganz-Katheter, s. Kapitel 3.1.1). Mit einem in die Pulmonalarterie eingeschwemmten Katheter ist es möglich, ohne linksseitige Herzkatheterisierung kontinuierlich die **Druckwerte in der Arteria pulmonalis** sowie diskontinuierlich den **pulmonal-kapillaren Okklusionsdruck** (»Wedge-pressure«, PCWP) und damit Informationen über die **linksventrikuläre Funktion** zu erhalten. Außerdem kann man zusätzlich kontinuierlich den **ZVD**, intermittierend das **Herzzeitvolumen** (über die Thermodilutionsmethode), sowie fortlaufend die **gemischtvenöse O_2-Sättigung** mittels der fiberoptischen Methode bestimmen. Um entscheiden zu können, ob der Katheter sich akzidentell in »wedge«-Position befindet, ist es zwingend notwendig, die PA-Kurve »on line« auf dem Monitor darzustellen.

Über die Indikationen für einen PA-Katheter wird auch heute in der Intensivmedizin viel diskutiert. Wichtig ist, daß er frühzeitig gelegt wird, um therapeutische Entscheidungen treffen zu können und damit »intensivmedizinische Katastrophen« zu vermeiden. Es ist **nicht sinnvoll**, einen PA-Katheter nur zu benutzen, um eine Katastrophe besser zu dokumentieren. ▤9.**1** zeigt die allgemein anerkannten Indikationen für einen PA-Katheter!

ZVD-Messung Die ZVD-Messung dient der Bestimmung der **rechtsventrikulären Vorlast.**
Der zentrale Venendruck wird von **4 Faktoren** bestimmt:

- **Größe des zirkulierenden Volumens**
- **Venentonus**
- **Rechtsherzfunktion**
- **intrathorakaler Druck**

PEEP **erhöht** den ZVD.

Mit Hilfe des **»fluid challenge test«**, einer Schnellinfusion von 125 – 500 ml Kristalloiden, läßt sich die **globale ventrikuläre Funktion** in Grenzen abschätzen. Bei guter linksventrikulärer Funktion erreicht der ZVD 10 – 15 Minuten nach Infusionsende wieder seinen Ausgangswert.

Die **arterio-zentralvenöse O_2-Gehaltsdifferenz** ($avDO_2$; Norm: $4{,}6 \pm 0{,}4$ ml/100 ml Blut) und die **zentralvenöse O_2-Sättigung** (SvO_2; Norm: $\approx 72\,\%$) zeigen eine hinreichende Korrelation zum HZV.

Pulmonalarterienkatheter (Swan-Ganz-Katheter) Folgende Informationen lassen sich mit Hilfe eines PA-Katheters gewinnen:

- **Druckwerte in der Arteria pulmonalis**
- **pulmonal-kapillarer Okklusionsdruck** (= »Wedge-pressure«, PCWP)
- **Herzzeitvolumen**
- **gemischtvenöse O_2-Sättigung**

▤9.**1** zeigt die allgemein anerkannten Indikationen für einen PA-Katheter.

9.1: Indikationen für einen PA-Katheter

▷ **Kreislauf**
- therapieresistenter Schock nach adäquater Flüssigkeitstherapie
- septischer Schock
- perioperatives Management von »high-risk«-Patienten
- postoperative kardiale Komplikationen
- polytraumatisierte Patienten
- schwere Verbrennungen

▷ **Lunge**
- Lungenödem
- zur Differenzierung des kardiogenen Lungenödems von nichtkardiogenen Ödemen (z. B. ARDS)

▷ **Herz**
- komplizierter Herzinfarkt
- instabile Angina pectoris
- Herzvitien, die auf konventionelle Therapie nicht ansprechen, um Vor- und Nachlast optimal einzustellen
- pulmonale Hypertonie zur Diagnose und zum Monitoring während der Therapie
- massive Lungenembolie

Multiorganversagen

Die Bestimmung des Herzzeitvolumens mit Hilfe der Thermodilutionsmethode ist bei allen kreislaufinstabilen Patienten wichtig, die zur Therapie vasoaktive Substanzen (Katecholamine und Vasodilatanzien) benötigen.
Errechnen lassen sich **pulmonaler** u. **systemischer Gefäßwiderstand, Schlagvolumina, Schlagarbeit.**

Die Bestimmung des Herzzeitvolumens mit Hilfe der Thermodilutionsmethode ist bei allen kreislaufinstabilen Patienten wichtig, die zur Therapie vasoaktive Substanzen (Katecholamine und Vasodilatanzien) benötigen. Die heute verfügbaren HZV-Computer bieten neben der Bestimmung des HZV die Möglichkeit, den **pulmonalen** und **systemischen Gefäßwiderstand** sowie die **Schlagvolumina** und die **Schlagarbeit** des rechten und linken Ventrikels zu errechnen. Hieraus lassen sich dann wichtige therapeutische Konsequenzen ziehen (differenzierte Anwendung von Katecholaminen und Vasodilatanzien; s. Kapitel 9.3.1).

• **Echokardiographie** Die **transthorakale Echokardiographie** ermöglicht sowohl die Beurteilung der Morphologie als auch der Funktion des Herzens und der zentralen Gefäße.

Es läßt sich die Auswurffraktion des Herzens bestimmen und das Kontraktionsverhalten der einzelnen Wandabschnitte gut darstellen.

• **Echokardiographie.** Beim Intensivpatienten ist die **transthorakale Echokardiographie** (TTE) eine nichtinvasive und bettseitig durchführbare Untersuchungstechnik. Sie ermöglicht sowohl die Beurteilung der Morphologie als auch der Funktion des Herzens und der zentralen Gefäße. Als »real-time«-Verfahren ist die Erfassung der dynamischen Abläufe in »Echtzeit« gewährleistet. Es läßt sich die Auswurffraktion des Herzens bestimmen und das Kontraktionsverhalten der einzelnen Wandabschnitte darstellen. Regionale Wandbewegungsstörungen spielen in der Myokardinfarktdiagnostik eine wesentliche Rolle. Die Echokardiographie kann zum »screening« verwendet werden (unspezifische Informationsgewinnung, klassische Fragestellung: »Pumpfunktion« beim nichtkardial erkrankten Patienten?) oder als Methode mit der Frage nach spezifischen Symptomen. Als Beispiele seien hierfür genannt: ungeklärte Schockzustände oder Hypotensionen, die echokardiographisch in myokardiales Pumpversagen, valvuläre oder perikardiale Erkrankungen differenzierbar sind. In ihrer nichtgefäßinvasiven (semiinvasiven) Anwendung findet sie als **transösophageale Echokardiographie** (TEE) gerade beim **beatmeten** Intensivpatienten zunehmend Anwendung, da hierbei die Nachteile der transthorakalen Anschallung (störende Lungenanteile) vermieden werden.
Die Echokardiographie hat ihren Platz in der Akutdiagnostik der Aortendissektion, der Perikardtamponade, aber auch bei der Diagnose von Klappenerkrankungen, Kardiomyopathien und dem Vorhofmyxom. Sie gilt im Vergleich zu Angiographie, CT und NMR als die überlegene Methode bei:
- Endokarditis
- Perikarderguß
- Prothesendysfunktion
- morphologische Klappenbeurteilung
- Lokalisation des Intimaeinrisses bei disseziierendem Aortenaneurysma

In ihrer nichtgefäßinvasiven (semiinvasiven) Anwendung findet sie als **transösophageale Echokardiographie** (TEE) gerade beim **beatmeten** Intensivpatienten zunehmend Anwendung.
Die Echokardiographie hat ihren Platz in der Akutdiagnostik der Aortendissektion, der Perikardtamponade, aber auch bei der Diagnose von Klappenerkrankungen, Kardiomyopathien und dem Vorhofmyxom. Sie gilt im Vergleich zu Angiographie, CT und NMR als überlegene Methode bei:
- Endokarditis
- Perikarderguß

- Emboliequellensuche
- Ausmaß regionaler Wandbewegungsstörungen bei und nach Myokardinfarkt
- dilatative Kardiomyopathie.

Atmung

Die nichtinvasive Überwachung der Atmung läßt sich durch Messung der Atemfrequenz durchführen, wobei es wichtig ist, darauf hinzuweisen, daß die technischen Hilfsmittel nur eine Ergänzung zur klinischen, bettseitigen Überwachung durch das Pflegepersonal sein können:

- **Atemfrequenz/-bewegungen**
  - Atemfrequenz durch nasalen Temperatursensor
  - Atembewegungen durch Impedanzmessung, z. B. über EKG-Elektroden
- **Oxygenierung**
  Die Oxygenierung des Hämoglobins läßt sich »on line« zur simultanen Messung von Puls und SaO_2 nutzen. Auch in der Intensivmedizin ist die Diagnose »Zyanose« (reduziertes Hb > 5 g/dl) der Endpunkt einer möglicherweise schon länger bestehenden Hypoxämie. Um so wichtiger ist es, frühzeitig den Beginn einer Hypoxämie zu diagnostizieren! Dieses sollte zum Standard in der Intensivmedizin werden.
- **Pulsoxymeter** sind mit Sensoren ausgestattet, die am Finger, Ohr oder an der Nase anzubringen sind.

Das Meßprinzip besteht in der **Spektrophotometrie.** Es sind in den Geräten zwei Meßmethoden miteinander verknüpft: die Pulsoxymetrie und die Plethysmographie. Dies bezweckt, daß mit der Pulsoxymetrie nur das pulsierende arterielle Blut ohne venöse Beimischungen untersucht wird. Das Meßverfahren macht sich zunutze, daß desoxygeniertes Hämoglobin eine andere Absorptionscharakteristik hat als oxygeniertes Hämoglobin. Die meisten Pulsoxymeter bestimmen die Sauerstoffsättigung durch Messung und Vergleich von Licht mit Wellenlängen zwischen 650 und 690 nm. Die Vorteile der Pulsoxymetrie liegen in der sehr kurzen Ansprechzeit (10 – 20 sec). Die Genauigkeit der Meßwerte wird im Bereich zwischen 90 und 100 % Sättigung mit ± 2 % angegeben. Bei hämodynamisch stabilen Patienten liefert die Methode ab einer Sättigung von > 70 % zuverlässige Werte.

An das Beatmungsgerät gebundenes Monitoring:

- Atemminutenvolumen mit -frequenz und -zugvolumen
- Atemwegsdrücke (Spitzen-, Plateau-, endexspiratorischer Druck)
- Errechnung von Compliance und Resistance

Blutgase (s. Kapitel 5.2; 9.2.3; 9.5.2)

Die Blutgase werden täglich mehrfach bei allen Intensivpatienten bestimmt, insbesondere wenn Störungen folgender Organsysteme vorhanden oder zu erwarten sind:

- Atmung
- Herz-Kreislauf-Funktion
- Nieren
- Leber
- Gastrointestinaltrakt.

- Prothesendysfunktion
- morphologische Klappenbeurteilung
- Ausmaß der Wandbewegungsstörungen
- dilatative Kardiomyopathie.

Atmung

- **Atemfrequenz/-bewegungen**
- **Oxygenierung**
Die Oxygenierung des Hämoglobins läßt sich »on line« zur simultanen Messung von Puls und SaO_2 nutzen.
- **Pulsoxymeter** sind mit Sensoren ausgestattet, die am Finger, Ohr oder an der Nase anzubringen sind.

Das Meßprinzip besteht in der **Spektrophotometrie.** Es sind in den Geräten zwei Meßmethoden miteinander verknüpft: die Pulsoxymetrie und die Plethysmographie.

An das Beatmungsgerät gebundenes Monitoring
- Atemminutenvolumen
- Atemwegsdruck
- Compliance und Resistance

Blutgase

Die Blutgase werden täglich mehrfach bei allen Intensivpatienten bestimmt, insbesondere wenn Störungen folgender Organsysteme vorhanden oder zu erwarten sind:
- Atmung
- Herz-Kreislauf-Funktion
- Nieren
- Leber
- Gastrointestinaltrakt.

Röntgenbild des Thorax

Alle 1 – 2 Tage sollte beim schwerkranken Intensivpatienten ein Thoraxbild bettseitig angefertigt werden, um die morphologische Entwicklung von pulmonalen Komplikationen wie **Atelektasen, pneumonischen Infiltraten** und **Pleuraergüssen** rechtzeitig erkennen zu können.
Nach invasiven Kathetertechniken, bei denen die Gefahr eines **Pneumothorax** besteht, ebenso wie zur Lagekontrolle von Kathetern, Magensonde und Endotrachealtubus ist die Röntgenthoraxaufnahme unverzichtbar (9.**3**).

Röntgenbild des Thorax

Alle 1 – 2 Tage sollte beim schwerkranken Intensivpatienten ein Thoraxbild bettseitig angefertigt werden, um die morphologische Entwicklung von pulmonalen Komplikationen rechtzeitig erkennen zu können. Bei Verschattungen kann anhand des Bildes zwischen **Atelektasen, pneumonischen Infiltraten** und **Pleuraergüssen** differenziert werden. Zur Diagnose eines Pleuraergusses kann alternativ auch die Sonographie eingesetzt werden. Nach invasiven Kathetertechniken, bei denen die Gefahr eines **Pneumothorax** besteht, ebenso wie zur Lagekontrolle von Kathetern, Magensonde und Endotrachealtubus ist die Röntgenthoraxaufnahme unverzichtbar. Interpretatorische Besonderheiten ergeben sich aus der Tatsache, daß das Bild nur am liegenden Patienten (a.-p.) erstellt werden kann. Hierdurch entstehen im Vergleich zur Standardaufnahmetechnik (stehender Patient, p.-a. Strahlengang, Atemstillstand in tiefer Inspiration, 2 m Film-Fokus-Abstand) u. a. projektionsbedingte und durch die veränderte Anatomie (z. B. relativer Zwerchfellhochstand) verursachte Änderungen von Größenverhältnissen und Lagebeziehungen der intrathorakalen Organe (9.**3**).

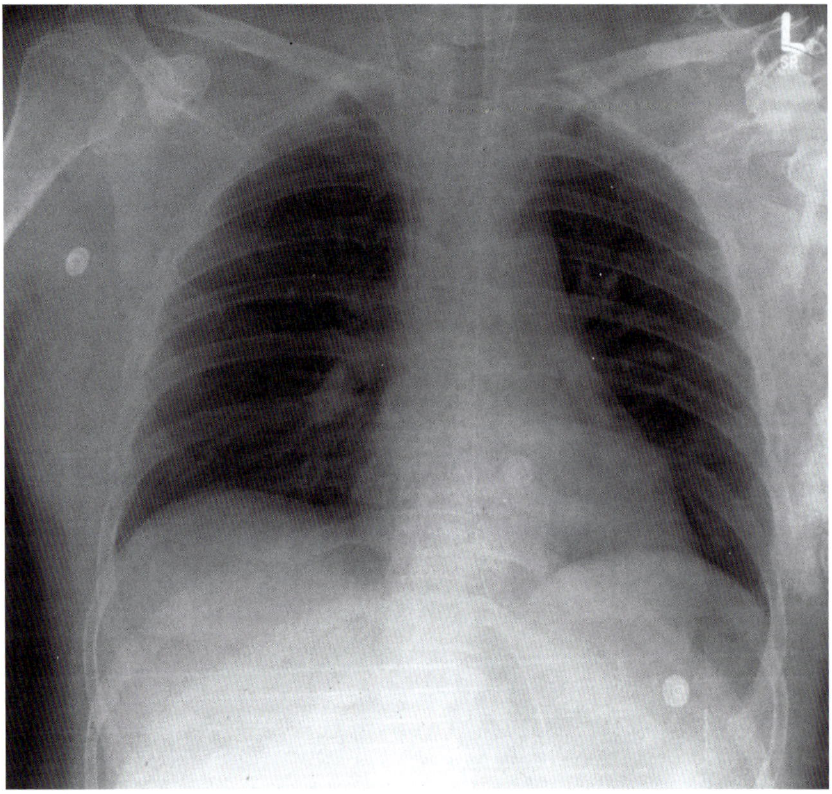

9.3: **Röntgenthorax (liegend) mit ZVK und Endotrachealtubus**

Intramukosale pH-Messung

Eine Minderperfusion des Intestinums im Schock hat Auswirkungen auf den Gesamtorganismus. Dem Gastrointestinaltrakt kommen neben der Nahrungsresorption aus dem Darmlumen wichtige immunologische und endokrine Funktionen zu. Die Darmmukosa ist die entscheidende Barriere für die im Darmlumen befindlichen Bakterien und Toxine. Die Schädigung des Darmepithels, z. B. im Schock, erlaubt die Translokation (Durchwanderung) von Bakterien in die Lymphe und den Übertritt von Endotoxin in die portale Zirkulation. Hieraus kann sich bei Versagen des retikuloendothelialen Systems (RES) eine Sepsis entwickeln. Für die Integrität der Darmmukosa ist deshalb eine adäquate Oxygenierung essentiell. Hier bietet das Verfahren der **intramukosalen pH-Messung** mit einem gastrointestinalen Tonometer eine neue Überwachungsmöglichkeit.

Intramukosale pH-Messung

Die Schädigung des Darmepithels, z. B. im Schock, erlaubt die Translokation (Durchwanderung) von Bakterien in die Lymphe und den Übertritt von Endotoxin in die portale Zirkulation. Hieraus kann sich bei Versagen des RES eine Sepsis entwickeln.
Für die Integrität der Darmmukosa ist deshalb eine adäquate Oxygenierung essentiell. Hier bietet das Verfahren der **intramukosalen pH-Messung** mit einem gastrointestinalen Tonometer eine neue Überwachungsmöglichkeit.

Zerebrale Funktion (vgl. Kapitel 9.8.2)

Um die zerebrale Funktion abschätzen zu können, sind neben der klinischen Diagnostik (s. Kapitel 9.1.1) technische Untersuchungsmethoden von Bedeutung. Hierzu zählen als bettseitig anwendbare Methoden in der Intensivmedizin:

- **EEG.** Die spontane EEG-Aktivität liefert Informationen über die **Funktion der Großhirnrinde**. Die zugrundeliegenden bioelektrischen Signale werden überwiegend postsynaptisch-kortikal generiert. Nur indirekt lassen sich Rückschlüsse auf pathologische Vorgänge z. B. im Hirnstamm ziehen. Zur Langzeitüberwachung von Intensivpatienten mit intrakraniellen Läsionen wird üblicherweise eine computergestützte EEG-Auswertung vorgenommen.

Das EEG wird folgendermaßen in der Intensivmedizin eingesetzt:
1. Überwachung von **Komastadien** bzw. **Sedierung** unter z. T. hochdosierter Hypnotikagabe
2. Monitoring von **SHT-Patienten** zur Erkennung schwerer kortikaler Ausfälle
3. Erkennen globaler und fokaler **zerebraler Ischämien**
4. Beurteilung der **Schlaftiefe**, der **Schlafphasen** und mit Einschränkung der **Anästhesietiefe**
5. **Hirntoddiagnostik**

- **Evozierte Potentiale (EPs).** Evozierte Potentiale sind die im Bereich der Kopfschwarte gemessene elektrische Antwort nach Stimulation peripherer oder zentraler Nerven. **A**kustisch **e**vozierte **P**otentiale **(AEPs)** erlauben eine objektive Beurteilung der Hirnstammintegrität im Koma sowie nach primären oder sekundären Hirnstammkontusionen. Nach Stimulation des N. tibialis oder N. medianus lassen sich somatosensorische **EPs (SEPs)** erzeugen, die z. B. bei bewußtlosen Patienten zur:

1. Beurteilung der Komatiefe und
2. Identifizierung der Höhe eines spinalen Traumas herangezogen werden können.

Zerebrale Funktion (vgl. Kap. 9.8.2)

Um die zerebrale Funktion abschätzen zu können, sind neben der klinischen Diagnostik technische Untersuchungsmethoden von Bedeutung.

- **EEG** Die spontane EEG-Aktivität liefert Informationen über die **Funktion der Großhirnrinde.** Nur indirekt lassen sich Rückschlüsse auf pathologische Vorgänge im Hirnstamm ziehen.

Das EEG wird in der Intensivmedizin eingesetzt:
- bei **Koma** und **Sedierung**
- bei **SHT-Patienten**
- bei **zerebralen Ischämien**
- zur Beurteilung von **Schlaftiefe, Schlafphasen, Anästhesietiefe**
- zur **Hirntoddiagnostik**

- **Evozierte Potentiale (EPs)** Evozierte Potentiale sind die im Bereich der Kopfschwarte gemessene elektrische Antwort nach Stimulation peripherer oder zentraler Nerven.
Man unterscheidet akustische EPs (**AEPs**) und somatosensorische EPs (**SEPs**).

Zerebraler Blutfluß (vgl. Kapitel 9.8.2)

Mittels der **transkraniellen Doppler-Sonographie (TCD)** läßt sich bettseitig die zerebrale Blutflußgeschwindigkeit durch Anschallung basaler Hirnarterien nichtinvasiv überwachen. Die TCD kann in der Intensivmedizin folgendermaßen eingesetzt werden:
1. zur Früherkennung zerebraler Ischämien (z. B. infolge von ICP-Anstiegen oder Vasospasmen),
2. zur Beurteilung der CO_2-Reaktivität der Hirngefäße (z. B. bei schwerem SHT),
3. zur Perfusionsüberwachung komatöser Patienten und
4. zur ergänzenden Hirntoddiagnostik (Feststellen des zerebralen Kreislaufstillstandes).

Zerebraler Blutfluß (vgl. Kap. 9.8.2)

Die zerebrale Blutflußgeschwindigkeit läßt sich mittels der **transkraniellen Doppler-Sonographie (TCD)** nichtinvasiv überwachen:

Intrakranielle Drucküberwachung (vgl. Kap. 9.8.2)

Die kontinuierliche Messung des intrakraniellen Druckes (ICP) erlaubt es, Veränderungen des intrakraniellen Volumens zu erfassen, die durch Hirnödem, -blutung, -tumor oder Hyperkapnie entstehen.
Wegen der äußerst geringen Infektionsgefahr wird die **epidurale Meßtechnik** bevorzugt.

Schädel-Hirn-Traumen sind heute die häufigste Indikation zur Überwachung des Hirndruckes.

Normalerweise liegt der Hirndruck bei ca. 10 mmHg. Drücke über 20 mmHg sind als erhöht zu bezeichnen.

Der zerebrale Perfusionsdruck (**CPP = MAP – ICP)** sollte bei intrakraniellen Läsionen > **70 mmHg** sein.

Laborparameter

Auf jeder Intensivstation ist ein den Krankheitsbildern zugeordnetes Labormonitoring erforderlich.
- Eine **Blutgasanalyse** (BGA) wird in Abhängigkeit vom Zustand des Patienten, bei respiratorischer Insuffizienz stündlich entnommen.
- **Blutzuckerkontrollen** sollten 1 – 2stündlich erfolgen.
- **Tägliche Kontrollen:**
1. Elektrolyte (Na, K, Cl) im Serum und Urin
2. Kreatinin im Serum
3. Gerinnung
4. Blutbild

Weitere Laborkontrollen sind nur bei bestimmten Erkrankungen erforderlich:
- akutes Nierenversagen
- Intoxikation
- Leberinsuffizienz/-versagen
- Myokardinfarkt
- Pankreatitis
- Sepsis
- Schock

Intrakranielle Drucküberwachung (vgl. Kapitel 9.8.2)

Die kontinuierliche Messung des intrakraniellen Druckes (ICP) erlaubt es, Veränderungen des intrakraniellen Volumens zu erfassen, die durch Hirnödem, -blutung, -tumor oder Hyperkapnie entstehen. Der ICP kann durch verschiedene Verfahren entweder **epidural, subdural, intraventrikulär** oder **intraparenchymatös** registriert werden. Wegen der äußerst geringen Infektionsgefahr wird derzeit noch die **epidurale Technik** bevorzugt. Subdural können Schrauben-Systeme benutzt werden. Intraventrikuläre Kathetersysteme werden aufgrund von Komplikationsmöglichkeiten nur im Anschluß an intrakranielle Operationen angewandt. Eine neuartige Generation von intraparenchymatösen Sonden erlaubt neben der Messung des ICP die Bestimmung von Sauerstoffpartialdruck, pH und Laktatkonzentration der entsprechenden Hirnregion.
Schädel-Hirn-Traumen sind heute die häufigste Indikation zur Überwachung des Hirndruckes. Darüber hinaus wird die ICP-Messung bei komatösen Zuständen unterschiedlichster Genese durchgeführt (z. B. hepatische Enzephalopathie im Rahmen eines akuten Leberversagens vor einer Lebertransplantation).
Normalerweise liegt der Hirndruck bei ca. 10 mmHg. Drücke über 20 mmHg sind als erhöht zu bezeichnen. Neben dem Absolutwert sind der ICP-Verlauf und seine Dynamik von diagnostischer Bedeutung. Die gleichzeitige Aufzeichnung des arteriellen Mitteldruckes (MAP) ermöglicht die Kalkulation des zerebralen Perfusionsdruckes **(CPP = MAP – ICP)**, der bei intrakraniellen Läsionen zur Verhinderung einer zerebralen Minderdurchblutung >**70 mmHg** sein sollte (Nullpunktkalibration: Meatus acusticus).

Laborparameter

Auf jeder Intensivstation ist ein den Krankheitsbildern zugeordnetes Labormonitoring erforderlich.
- Eine **Blutgasanalyse** (BGA) wird in Abhängigkeit vom Zustand des Patienten, bei respiratorischer Insuffizienz stündlich arteriell entnommen. Eine unter Respiratortherapie stabile Lungenfunktion, insbesondere unter Anwendung der Pulsoxymetrie, macht eine BGA-Kontrolle nur 6 – 12stündlich notwendig.
- **Blutzuckerkontrollen** sollten 1 – 2stündlich erfolgen, zumal mit den bettseitig durchführbaren Stixuntersuchungen eine ausreichende Überwachung zu gewährleisten ist.
- **Tägliche Kontrollen:**
  1. **Elektrolyte (Na, K, Cl) im Serum und Urin.** Kalzium ist nur bei Nieren- oder Pankreasinsuffizienz, nach Parathyreoidektomie und nach Massentransfusion zu bestimmen. Die Elektrolyte im Urin werden einmal täglich bestimmt, um eine korrekte Tagesbilanzierung der Elektrolyte zu ermöglichen.
  2. **Kreatinin im Serum**
  3. **Gerinnung**
  4. **Blutbild (BB)**

Weitere Laborkontrollen sind nur bei bestimmten Erkrankungen erforderlich:
akutes Nierenversagen: Kreatininclearance 1×/d, Elektrolyte 6 – 8stdl., Kreatinin 12stdl., Serum- und Urinosmolalität (tgl.)
Intoxikation: Gerinnung (Quick), CHE, Elektrolyte, BGA, Laktat, Serum- und Urinosmolalität
Leberinsuffizienz/-versagen: Gerinnung mit Faktoren II, V und Thrombozyten (Häufigkeit in Abhängigkeit vom Ergebnis); Kreatinin, Elektrolyte, Transaminasen, GLDH, BB, Laktat, BGA, NH_3 (tgl.)
Myokardinfarkt: GOT, CK, CK-MB, HBDH, Elektrolyte (K besonders wichtig!), PTT, Troponin
Pankreatitis: Lipase, Amylase (4stdl.), Gerinnung (Thrombozyten!), BGA, Elektrolyte mit Ca, BZ, BB, Kreatinin.

Sepsis: mehrere Blutkulturen (aerob und anaerob) im Fieberanstieg (>38,5°) entnehmen (neu punktieren!), Laktat, CRP, BGA, Elektrolyte, Kreatinin
Schock: Elektrolyte, Laktat, BGA, BB, Gerinnung (Thrombozyten!)

9.1.2 Analgosedierung in der Intensivmedizin

Zahlreiche psychische und physische Stressoren wirken während eines Aufenthaltes auf einer Intensivstation auf den Patienten ein. Die Belastungen ergeben sich zum einen durch die Grunderkrankung selbst, zum anderen durch diagnostische und therapeutisch-apparative Verfahren. Während frühere Konzepte der Analgosedierung darin bestanden, den Patienten bis hin zur tiefen Bewußtlosigkeit gegenüber diesen Einflüssen langzeitabzuschirmen, wird wegen möglicher gravierender Nebenwirkungen infolge dieses Vorgehens heutzutage eine restriktivere Verfahrensweise propagiert. Die **Ziele** einer Analgosedierung umfassen:

- Analgesie
- Anxiolyse
- Amnesie
- Sedierung
- vegetative Abschirmung
- Reduktion des O_2-Verbrauches
- Adaptation an den Respirator

Hierbei gilt der Grundsatz, die Anzahl der verwendeten Pharmaka auf das notwendige Minimum zu beschränken, wie auch deren Einsatz zeitlich so kurz wie möglich zu halten. Im Mittelpunkt analgosedierender Maßnahmen stehen die Schmerzausschaltung, die psychomotorische Ruhigstellung des Patienten und die Vermeidung extremer vegetativer Reaktionen (z. B. Kreislaufbelastungen), die in Situationen lebensbedrohender Erkrankungen zur Dekompensation und somit möglicherweise zur irreversiblen hypoxisch-ischämischen Schädigung gefährdeter Organsysteme führen können. Hieraus können folgende allgemeine **Indikationen** zum Einsatz analgo-sedierender Pharmaka abgeleitet und formuliert werden:

- Angst
- Schmerz
- schwere Gasaustauschstörung
- Kreislaufinsuffizienz
- Hypermetabolismus

Der analgosedierte Patient soll neurologisch beurteilbar sein, besser noch soll seine **Kooperationsfähigkeit – auch unter den Bedingungen einer Respiratortherapie – erhalten** bleiben. Kooperation und Kommunikation sowie Einsicht in das Krankheitsgeschehen sind wichtige Elemente des Behandlungserfolges, ganz besonders zum Zeitpunkt der Rücknahme der intensiven Diagnostik und Therapie.
Die tägliche Praxis der intensivmedizinischen Analgosedierung beruht mehr auf empirischen denn auf rationalen Therapiekonzepten. Dies hängt nicht nur mit dem heterogenen Patientengut auf Intensivstationen zusammen, sondern auch mit unserem noch unzureichenden Verständnis der physiologischen und pathophysiologischen Abläufe, die Schmerz, Sedierung und ihre Interaktionen bestimmen. Die **Anforderungen,** die an eine **ideale** Substanz bzw. Substanzkombination gestellt werden müssen, sind:

- große therapeutische Breite mit minimaler Beeinträchtigung von Herz-Kreislauf und Atmung
- keine Kumulation
- keine Entzugserscheinungen nach dem Absetzen
- keine Beeinträchtigung endokrinologischer Regelkreise
- keine Immunsuppression

Opioide und Benzodiazepine haben sich zwar als vorteilhaft erwiesen, doch muß man feststellen, daß derzeit weder eine Einzelsubstanz noch eine Kombination verschiedener Pharmaka all diesen Kriterien gerecht wird.

9.1.2 Analgosedierung in der Intensivmedizin

Die Analgosedierung soll den Einfluß psychischer und physischer Stressoren auf den Patienten reduzieren.

Die **Ziele** einer Analgosedierung umfassen:

- Analgesie
- Anxiolyse
- Amnesie
- Sedierung
- vegetative Abschirmung
- Reduktion des O_2-Verbrauches
- Adaptation an den Respirator

Hierbei gilt der Grundsatz, die Anzahl der verwendeten Pharmaka auf das notwendige Minimum zu beschränken, wie auch deren Einsatz zeitlich so kurz wie möglich zu halten.

Folgende allgemeine **Indikationen** können zum Einsatz analgosedierender Pharmaka formuliert werden:

- Angst
- Schmerz
- schwere Gasaustauschstörung
- Kreislaufinsuffizienz
- Hypermetabolismus

Der analgosedierte Patient soll neurologisch beurteilbar sein, besser noch soll seine **Kooperationsfähigkeit – auch unter den Bedingungen einer Respiratortherapie – erhalten** bleiben.

Die tägliche Praxis der intensivmedizinischen Analgosedierung beruht mehr auf empirischen denn auf rationalen Therapiekonzepten.

Anforderungen an eine **ideale** Substanz bzw. Substanzkombination:

- große therapeutische Breite, minimale Beeinträchtigung von Herz, Kreislauf, Atmung
- keine Kumulation
- keine Entzugserscheinungen
- keine endokrinologische Beeinträchtigung
- keine Immunsuppression

Pharmaka, die zur Analgosedierung in der Intensivmedizin eingesetzt werden sind in 9.2 aufgelistet.

Pharmaka, die zur Analgosedierung in der Intensivmedizin engesetzt werden sind in 9.**2** aufgelistet.

9.2: Pharmaka, die zur Analgosedierung in der Intensivmedizin eingesetzt werden

	Proteinbindung (%)	Analgesie (Morphin = 1)	Probleme	Halbwertzeit (min)
▷ **Analgetika**				
Alfentanil	89 – 92	10 – 50	Gewöhnung/∅ Sedierung	7 – 98
Fentanyl	79 – 87	100 – 300	Gewöhnung/∅ Sedierung	185 – 219
Sufentanil	92,5	bis 1000	Gewöhnung	148 – 164
Morphin	26 – 36	1	Gewöhnung	114
▷ **Barbiturate**				
Methohexital		∅	Gewöhnung (Enzyminduktion)	90
▷ **Benzodiazepine**				
Diazepam	96 – 98	∅	Gewöhnung	21 – 37 h
Midazolam	96 – 98	∅	Überhang	1 – 4 h
▷ **Neuroleptika**				
Droperidol		∅	extrapyramidale Störung	150
▷ **Hypnotika**				
Propofol		∅	Gewöhnung/Fettstoffwechsel?	10 – 15
▷ **α_2-Agonisten**				
Clonidin Dexmedetomidin	20	ja	Bradykardie RR-Senkung	420 – 720

Analgesie

Im Bereich der Intensivmedizin werden überwiegend stark wirksame **Opioide** wie Fentanyl, Alfentanil und Sulfentanil eingesetzt.

Analgesie

Die analgetische Therapie steht in der frühen Phase nach Trauma oder Operation im Vordergrund. Im Bereich der Intensivmedizin werden überwiegend stark wirksame **Opioide** wie Fentanyl (Fentanyl®-Janssen), Alfentanil (Rapifen®) und Sufentanil (Sufenta®) eingesetzt (Pharmakologie s. Kapitel 3.2.2), die besonders wegen ihrer atemdepressiven und antitussiven Nebenwirkungen auch die Adaptation an den Respirator erleichtern.

Sedierung

Hierzu können sowohl **Hypnotika, Neuroleptika** als auch **Benzodiazepine** eingesetzt werden.

Benzodiazepine sind für diesen Zweck besonders geeignete Pharmaka, da sie neben der **sedierenden** Komponente über **anxiolytische** und **amnestische** Effekte verfügen. Für die Intensivmedizin kommen nur die intravenös injizierbaren Substanzen Midazolam, Flunitrazepam und Diazepam in Frage. Benzodiazepine und Opioide haben den Vorteil, **antagonisierbar** zu sein. Hierdurch besteht die Möglichkeit, kurzzeitig z. B. die neurologische Beurteilbarkeit des Patienten herbeizuführen.

Sedierung

Bei nichtoperierten oder unverletzten Patienten steht häufig die Sedierung, z. B. zur Reizabschirmung vor äußeren Einflüssen, im Vordergrund. Hierzu können sowohl **Hypnotika, Neuroleptika** als auch **Benzodiazepine** eingesetzt werden.
Benzodiazepine sind für diesen Zweck besonders geeignete Pharmaka, da sie neben der **sedierenden** Komponente über **anxiolytische** und **amnestische Effekte** verfügen. Für die Intensivmedizin kommen nur die intravenös injizierbaren Substanzen Midazolam (Dormicum®), Flunitrazepam (Rohypnol®) und Diazepam (Valium®) in Frage (Pharmakologie s. Kapitel 3.2.2). Für Midazolam spricht die kürzeste Halbwertzeit, leider ist aber unter Langzeitanwendung ebensowenig wie bei den anderen Benzodiazepinen eine Kumulation zu vermeiden.
Benzodiazepine wie auch Opioide haben den Vorteil, **antagonisierbar** zu sein. Hierdurch ergibt sich die Möglichkeit, kurzfristig die neurologische Beurteilbarkeit des Patienten herbeizuführen (»diagnostisches Fenster«). In speziellen Situationen kann so zwischen krankheitsbedingter Bewußtseinsstörung (z. B. schweres SHT) und Medikamentenüberdosierung differenziert werden.

In den letzten Jahren hat sich der Einsatz des alpha-2-Agonisten Clonidin (Catapresan®) in Kombination mit den angeführten Substanzen, aber auch als Monotherapeutikum, bewährt. Die den Sympathikus dämpfende Wirkung kann insbesondere bei alkoholentzugsbedingten Unruhezuständen mit Erfolg eingesetzt werden.

Unerwünschte Nebenwirkungen der Analgosedierung

Allen Konzepten zur Analgosedierung ist gemein, daß bei deren Langzeitanwendung in seltenen Fällen trotz exzessiver Dosissteigerungen aufgrund einer **Toleranzentwicklung** keine ausreichenden Effekte mehr zu erzielen sind. Es ist dann unbedingt eine Dosisbegrenzung erforderlich; besser erscheint es jedoch, die Substanzgruppe zu wechseln bzw., wenn vertretbar, für 1 – 2 Tage nach konsequenter langsamer Reduktion ganz darauf zu verzichten, um dann wieder mit Erfolg erneut beginnen zu können. Die unter Dosisreduktion bzw. nach Absetzen von Analgosedativa mitunter auftretenden, z. T. bedrohlichen **Entzugsphänomene** (agitiert-delirante Symptomatik, überschießende sympathikotone Reaktionen) können oftmals erfolgreich mit Clonidin (Catapresan®, Pharmakologie s. Kapitel 3.2.2) verhindert bzw. abgemildert werden.
Weitere Nebenwirkungen sind in ▤ 9.**3** aufgelistet.

Unerwünschte Nebenwirkungen der Analgosedierung
Allen Konzepten zur Analgosedierung ist gemein, daß bei deren Langzeitanwendung in seltenen Fällen trotz exzessiver Dosissteigerung aufgrund einer **Toleranzentwicklung** keine ausreichenden Effekte mehr zu erzielen sind.
Entzugsphänomene lassen sich oft mit Clonidin verhindern bzw. abmildern.

Weitere Nebenwirkungen sind in ▤ 9.**3** aufgelistet.

9.3: Unerwünschte Nebenwirkungen zur Analgosedierung häufig benutzter Substanzgruppen

▷ **Opioide**
- vagale Stimulation: Bradykardie, Hypotension, Bronchospasmus, Obstipation, Spasmen von Gallen- und Pankreasgangmuskulatur
- Toleranzentwicklung
- Entzugserscheinungen
- Übelkeit und Erbrechen (selten)
- Histaminfreisetzung (selten)

▷ **Benzodiazepine**
- Wirkungsverlängerung, Kumulation
- Toleranz, Abhängigkeit, Entzugserscheinungen
- Muskelschwäche
- Gedächtnisstörungen

▷ **Neuroleptika**
- Hypotension, Tachykardie (häufig)
- anticholinerge Effekte
- extrapyramidale Störungen
- Allergien (selten)

9.1.3 Hygiene und Infektiologie

Sepsis ist die häufigste Todesursache bzw. der bedeutendste Komplikationsfaktor in der Intensivmedizin. Aufgrund des Auftretens nosokomialer Infektionen in der Intensivmedizin ist größter Wert auf sterile Techniken zu legen.

9.1.3 Hygiene und Infektiologie
Sepsis ist die häufigste Todesursache bzw. der bedeutendste Komplikationsfaktor in der Intensivmedizin.

Definition. Als **nosokomiale Infektion** (krankenhauserworben) bezeichnet man jede Infektion, die in einem kausalen Zusammenhang mit einem Aufenthalt im Krankenhaus steht.

◀ **Definition**

Im Gegensatz zur Infektionsrate bei »normalen« Krankenhauspatienten von rund 5 % liegt das Risiko einer nosokomialen Infektion auf einer Intensivstation schon nach fünftägiger Behandlungsdauer bei 25 %. Die höchsten Infektionsraten von bis zu 30 % werden auf chirurgischen Intensivstationen gefunden.
Ein weiteres Problem sind die **katheterinduzierten** oder **-assoziierten Infektionen,** im wesentlichen durch Staphylococcus epidermidis ausgelöst, als Folge von zunehmend häufiger angewandten Kathetertechniken in

Im Gegensatz zur Infektionsrate bei »normalen« Krankenhauspatienten von rund 5 % liegt das Risiko einer nosokomialen Infektion auf einer Intensivstation schon nach fünftägiger Behandlungsdauer bei 25 %.
Ein weiteres Problem sind die **katheterinduzierten oder -assoziierten Infektionen**.

der Intensivmedizin. Hierfür werden verantwortlich gemacht:
- Liegedauer der intravasalen Katheter
- Kontamination des Infusats
- Kontamination von 3-Wege-Hähnen und Ansatzstücken
- Kontamination der Hauteinstichstelle
- Kathetermaterial

Kolonisation und Infektion

Die **Kolonisation** des Oropharynx mit gramnegativen Bakterien tritt bei rund 20 % der Patienten bereits am Ende des ersten Tages nach der Krankenhausaufnahme auf und betrifft ca. 45 % nach 4 Tagen.

In der Intensivmedizin muß streng zwischen den Begriffen Infektion und Kolonisation unterschieden werden. Die Diagnose einer **Infektion** setzt neben der **klinischen Symptomatik** immer ein Vorkommen hoher Keimzahlen ($<10^5$/ml) und Leukozyten in der Probe voraus.

Kolonisation und Infektion

Die **Kolonisation** des Oropharynx mit gramnegativen Bakterien tritt bei rund 20 % der Patienten bereits am Ende des ersten Tages nach der Krankenhausaufnahme auf und betrifft ca. 45% nach 4 Tagen. Patienten mit vorbestehenden Lungenerkrankungen haben hierbei das höchste Risiko. Nach der Kolonisation können Mikroorganismen durch Deszension oder Aspiration in die Bronchiolen und Alveolen gelangen. Eine Vorbehandung mit Breitspektrum-Antibiotika bewirkt lediglich eine Selektion antibiotikaresistenter Keime!
In der Intensivmedizin muß streng zwischen den Begriffen Infektion und Kolonisation unterschieden werden. Die Diagnose einer **Infektion** setzt neben der **klinischen Symptomatik** immer ein Vorkommen hoher Keimzahlen ($>10^5$/ml) und Leukozyten in der Probe voraus. Kolonisation beschreibt eine Situation, in der der Nachweis von pathologischen Keimen gelingt, jedoch keine klinischen Infektionszeichen, wie z. B. Fieber, Leukozytose, CRP-Erhöhung etc. vorhanden sind. Die Unterscheidung zwischen beiden Begriffen ist in der Praxis überaus schwierig. Nur bei Keimnachweis und gleichzeitiger klinischer Symptomatik sollte eine Antibiotikatherapie verordnet werden.

Technik der Kolonisations- und Infektionsüberwachung

Zur Kolonisationsüberwachung und zum frühzeitigen Erkennen von Infektionen dienen regelmäßige Abstriche (z. B. Rachen-, Wundabstrich) bzw. Abnahmen (Urin, Magensaft), die mikrobiologisch untersucht werden können.

Technik der Kolonisations- und Infektionsüberwachung

Zur Kolonisationsüberwachung und zum frühzeitigen Erkennen von Infektionen kann mikrobiologisch zu untersuchendes Material nach folgender Vorgehensweise entnommen werden:

Zweimal wöchentlich:
1. Unter sterilen Kautelen wird bei jedem endotracheal intubierten Patienten (Tubus/Trachealkanüle) eine »gezielte« endotracheale Absaugung von Sekret in ein Spezialröhrchen vorgenommen.
2. Urinbakteriologie bei allen Blasenkatheterträgern

Einmal wöchentlich:
1. Rachen-, Rektum- und ggf. Vaginalabstrich auf Keime und auf Candida albicans (insbesondere die Analyse auf Candida kann wichtig sein)
2. Wundabstriche
3. Magensaft (kann ebenfalls wertvolle Hinweise geben)
4. Candida-AK/AG-Titer-Bestimmung

Fakultative Untersuchung von:
1. Blut durch Anlage aerober und anaerober Blutkulturen
2. Kathetern (wichtig wäre eine quantitative Keimanalyse, um eine Kontamination von einer wirklichen Besiedlung unterscheiden zu können)
3. serösen Flüssigkeiten (z. B. aus Pleura-, Peritoneal-, Synovialhöhle usw.)

Merke ▶

▶ *Merke.* Alle Untersuchungen müssen immer eine Differenzierung der Keime und deren Antibiotikaempfindlichkeit erbringen. Die Untersuchung auf Pilze ist selbstverständlich.

Um die gewonnenen Erkenntnisse sinnvoll umsetzen und jederzeit die Keimentwicklung nachvollziehen zu können, sollte eine chronologische Dokumentation aller bakteriologischen Untersuchungen des Patienten vorgenommen werden. Dies ermöglicht auch die schnelle Erfassung von »Miniepidemien« durch resistente Keime (z. B. oxacillinresistente Staphylokokken [ORSA bzw. MRSA]) bzw. multiresistente Staphylococcus aureus.

9.1.4 Antibiotikatherapie

Nach schnellstmöglicher Diagnose von Infektionen ist eine sofortige, gezielte, sorgfältig ausgewählte Antibiotikatherapie häufig entscheidend für das Überleben des schwerstkranken Patienten. Die Wahl des Antibiotikums bei einer klinisch manifesten Infektion basiert üblicherweise auf der **Isolation, Identifikation** und **Empfindlichkeitstestung** des Erregers. Das **»ideale«** Antibiotikum wirkt besonders effektiv gegen den oder die speziellen Krankheitserreger, ist nicht toxisch, stört die normale Flora des Patienten nicht und ist außerdem noch preiswert.

Wirkt ein Antibiotikum nicht, d.h., tritt nach 2–3tägiger Therapie keine klinische Besserung ein, so muß man davon ausgehen, daß trotz optimaler Testung und Resistenzbestimmung der Keime **in vitro** keine Wirkung **in vivo** zu erzielen ist. Hier müssen Diagnostik und Therapie erweitert werden. Bei Patienten mit einer leichten Infektion kann gewartet werden, bis eine sichere Diagnose erstellt ist. Bei lebensbedrohender Infektion oder bei immunsupprimierten Patienten muß sofort und konsequent eine empirisch kalkulierte, erfolgversprechende Therapie auf der Basis der Verdachtsdiagnose eingeleitet werden. Ansonsten ist eine ungezielte Anwendung von Antibiotika abzulehnen, um eine Besiedelung des Patienten mit multiresistenten Keimen zu vermeiden. Zusätzlich zur Antibiotikatherapie sind kausale Maßnahmen, wie z.B. Drainage der lokalen Infektion, Beseitigung von Obstruktionen sowie Entfernung von Fremdkörpern, unerläßlich.

Zusammengefaßt sollten die in 9.**4** aufgelisteten **Antibiotikarichtlinien** Anwendung finden.

9.4: Antibiotikarichtlinien bei Intensivpatienten

1. strenge Indikationsstellung: AB-Therapie **nur** bei Infektion, nicht bei Kolonisation!
2. **vor** Beginn der AB-Therapie unbedingt Proben (s.o.) entnehmen, da unter laufender Therapie selten positive Ergebnisse zu erhalten sind:
   - Gram-Präparat zur Differenzierung von Kolonisation/Infektion!
   - Erregerisolation, geeignete Transportmedien wählen!
3. bei schweren Infektionen (Sepsis, Endokarditis) unbedingt enge Zusammenarbeit zwischen Kliniker und Mikrobiologen
4. bei Kenntnis des Erregers in der Regel gezielte **Schmalspektrum-Therapie** mit bakteriziden Antibiotika
5. **Kombinationstherapie** bei polymikrobiellen Infektionen (leider in der Intensivtherapie häufig)
   - Neue Wirkstoffe sollten für spezielle Keime reserviert bleiben, die resistent gegen Standardsubstanzen sind!
6. Die Antibiotikadosis muß dem Schweregrad der Erkrankung, dem Körpergewicht, der Leber- und Nierenfunktion angepaßt werden.
7. bei Aminoglykosiden und Vancomycin Serumspiegel bestimmen!
8. keine AB-Therapie ohne Prophylaxe gegen gastrointestinale Hefeinfektion mit Nystatin per os und über Magensonde
9. AB-Therapie nur so lange wie nötig!
10. bei **Nichtansprechen** der Therapie:
    - Antibiotika ergänzen
    - weitere Diagnostik und Suche nach Abszeß
    - weitere Diagnostik und Suche nach Pilzen, Viren, seltenen Erregern
    - evtl. für 24h Antibiotikapause, um erneut Proben zu entnehmen
11. Jede Antibiotikatherapie hat sich an der haus- bzw. stationseigenen Infektionsstatistik zu orientieren.

9.**5** zeigt das Erregerspektrum und die Initialtherapie von häufigen Erkrankungen in der Intensivmedizin.

9.1.4 Antibiotikatherapie

Die Wahl des Antibiotikums bei einer klinisch manifesten Infektion basiert üblicherweise auf der **Isolation, Identifikation** und **Empfindlichkeitstestung** des Erregers. Das **»ideale«** Antibiotikum wirkt besonders effektiv gegen den oder die speziellen Krankheitserreger, ist nicht toxisch, stört die normale Flora des Patienten nicht und ist außerdem noch preiswert.

Bei Patienten mit einer leichten Infektion kann gewartet werden, bis eine sichere Diagnose erstellt ist. Bei lebensbedrohender Infektion oder bei immunsupprimierten Patienten muß sofort und konsequent eine empirisch kalkulierte, erfolgversprechende Therapie auf der Basis der Verdachtsdiagnose eingeleitet werden.

Zusammengefaßt sollten die in 9.**4** aufgelisteten **Antibiotikarichtlinien** Anwendung finden.

9.**5** zeigt das Erregerspektrum und die Initialtherapie von häufigen Erkrankungen in der Intensivmedizin.

9.5: Erregerspektrum und Antibiotika-Initialtherapie von häufigen intensivmedizinischen Krankheitsbildern

▷ Erkrankung	▷ Erreger	▷ Initialtherapie
▷ **Pneumonie** (vgl. Kap. 9.2.5) **– nosokomial**	fakultativ pathogene Erreger, wie: Staphylokokken, Pneumokokken, Haemophilus influenzae, Escherichia coli, Pseudomonas aeruginosa, Legionellen, Bacteroides	beta-Lactam-Antibiotikum + Aminoglykosid oder Imipenem*, ggf. + Aminoglykosid
– interstitiell	sog. atypische Erreger wie: Mykoplasmen, Chlamydien	Erythromycin oder Ciprofloxacin
▷ **Peritonitis** **– primär** (durch hämatogene Streuung bei systemischen Infektionen; selten)	**Monoinfektion** mit: E. coli, Enterokokken, A-Streptokokken, Pseudomonaden, Anaerobier	Cephalosporin (3. Gen.) + Ampicillin** + Aminoglykosid + Metronidazol oder Imipenem*, ggf. + Aminoglykosid
– sekundär (Durchwanderungs- oder Perforationsperitonitis bei Erkrankungen des Magen-Darm-Traktes)	**Mischinfektion** Aerobier + Anaerobier am häufigsten: E. coli u. a. Enterobakterien Enterokokken, B. fragilis	wie bei primärer Peritonitis: Kombinationstherapie (s. o.) Bei Duodenalperforation: antimykotische Prophylaxe i.v. (z. B. Fluconazol, Diflucan®)
▷ **Bakterielle Sepsis**	Staphylokokken, E. coli, P. aeruginosa Proteus ssp., Klebsiellen, Bacteroides	Cephalosporin (2./3. Gen.) + Piperacillin + Aminoglykosid oder Imipenem*, ggf. + Aminoglykosid, Vancomycin
▷ **Urosepsis**	E. coli o. a. Enterobakterien	Cephalosporin (3. Gen.) + Aminoglykosid
▷ **Cholangiosepsis**	E. coli o. a. Enterobakterien	beta-Lactam-Antibiotikum + Aminoglykosid
▷ **Pilz-Sepsis**	Candida ssp., Aspergillen	Amphotericin B + Flucytosin, Fluconazol hochdosiert

* bei schwerem klinischen Erscheinungsbild / ** schließt die Enterokokkenlücke der Cephalosporine

9.2 Respiratorische Insuffizienz

9.2.1 Physiologie

Teilprozesse der äußeren Atmung

Die **äußere** Atmung mit der O_2-Aufnahme und CO_2-Elimination findet in den alveolo-kapillaren Einheiten der Lungen statt. Vier Teilprozesse sind an diesem Gasaustausch beteiligt (9.4).

9.2 Respiratorische Insuffizienz

9.2.1 Physiologie

Teilprozesse der äußeren Atmung

Der zelluläre Stoffwechsel ist an die ständige Zufuhr von Sauerstoff (O_2) und Abgabe von Kohlendioxid (CO_2) gebunden (innere Atmung). Die **äußere Atmung** mit der O_2-Aufnahme und CO_2-Elimination findet in den alveolo-kapillaren Einheiten der Lungen statt. Vier Teilprozesse sind an diesem Gasaustausch beteiligt (9.4).

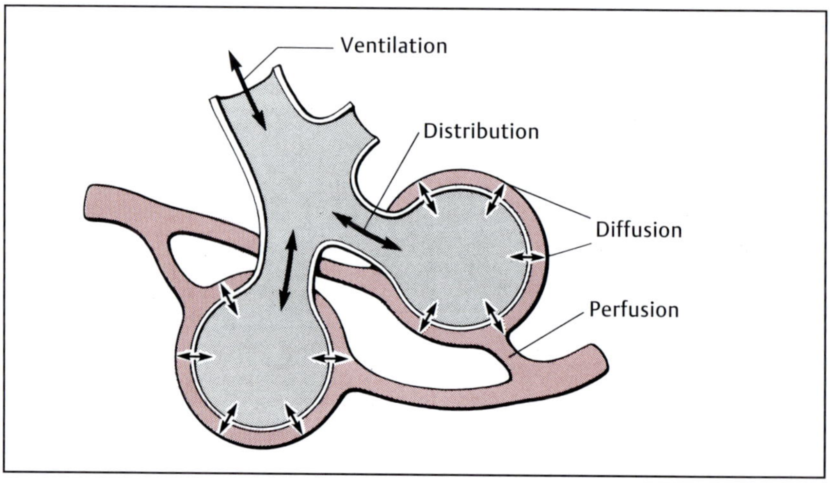

9.4: **Gasaustausch bei äußerer Atmung**

Äußere Atmung

- Ventilation
- Perfusion
- Diffusion
- Distribution

Die **alveoläre Ventilation** bestimmt die O_2-Menge, die mit der Atemluft zu den Alveolen transportiert wird, und die CO_2-Rate, die von hier in die Umgebungsluft abgegeben wird. Die **Perfusion** sorgt für den Antransport von CO_2 und den Abtransport von O_2 mit dem Blut. Die **Diffusion** entscheidet über die Gasmenge, die zwischen der Alveolarluft und dem Blut durch die alveolo-kapillare Membran ausgetauscht wird. Die **Distribution** bezeichnet das Verteilungsverhältnis von Ventilation zu Perfusion in den Lungen, das aufgrund hydrostatischer Einflüsse schon unter physiologischen Bedingungen inhomogen ist, und das Verteilungsverhältnis von Diffusionskapazität zu Perfusion. Die unten liegenden Lungenpartien werden besser ventiliert und perfundiert als die oben liegenden. Die unteren Lungenabschnitte werden zudem verhältnismäßig besser durchblutet als belüftet, wohingegen sich dieses Verhältnis in den oberen Arealen umkehrt. Der **Ventilations-/Perfusionsquotient (VA/Q)** nimmt somit von unten nach oben zu. Dieser Quotient hat zentrale Bedeutung, da er den Gasaustausch in jedem beliebigen Lungenbezirk bestimmt; er verändert sich regional und global bei den verschiedenen Störungen der äußeren Atmung und pulmonalen Hämodynamik.

Ventilations-/Perfusionsquotient
- VA/Q = 0,8 – 1 (Mittelwert für den Lungengesunden)

Ventilation

Die Ventilation (V) wird bestimmt durch die Atemfrequenz (AF) und das Atemzugvolumen (V_T). Durch Multiplikation erhält man das Atemminutenvolumen (AMV).
- $V = AMV = AF \times V_T$

Normalwerte (Erwachsene in Ruhe)
- AF = 12/min
- V_T = 0,5 l
- AMV = 6 l

Alveoläre Ventilation

Unter der **alveolären Ventilation (VA)** versteht man denjenigen Anteil des Atemminutenvolumens, der effektiv am Gasaustausch teilnimmt. Er ergibt sich, wenn man von der Gesamtventilation die anatomische Totraumventilation subtrahiert. Der anatomische **Totraum (VD)**, in dem physiologisch kein Gasaustausch stattfindet umfaßt das Volumen sämtlicher Luftwege bis zum Übergang der Bronchioli terminales zu den Alveolen. Er beträgt beim Erwachsenen ungefähr 2 ml/kg Körpergewicht. Je geringer das Atemzugvolumen ist, um so mehr wird sich der anatomische Totraumanteil im Sinne einer erhöhten Totraumventilation auswirken.
- $VA = AMV - (VD \times AF)$

Atemmechanik

Die Atemmechanik beschreibt im engeren Sinne die **Druck-Volumen-Beziehung**, die sich bei den Atmungsexkursionen ergeben. Diese Beziehungen zwischen Atmungsdrücken und geförderten Volumina hängen entscheidend von den **Atmungswiderständen** ab. Um die Ventilation zu gewährleisten, sind bestimmte **elastische** und **visköse** Atmungswiderstände zu überwinden (S **9.3**).

Äußere Atmung
- Ventilation
- Perfusion
- Diffusion
- Distribution

Die **alveoläre Ventilation** bestimmt die O_2-Menge, die mit der Atemluft zu den Alveolen transportiert wird, und die CO_2-Rate, die von hier in die Umgebungsluft abgegeben wird. Die **Perfusion** sorgt für den Antransport von CO_2 und den Abtransport von O_2 mit dem Blut.
Die **Diffusion** entscheidet über die Gasmenge, die zwischen der Alveolarluft und dem Blut durch die alveolo-kapillare Membran ausgetauscht wird.
Die **Distribution** bezeichnet das Verteilungsverhältnis von Ventilation zu Perfusion in den Lungen.
Der **Ventilations-/Perfusionsquotient (VA/Q)** hat zentrale Bedeutung, da er den Gasaustausch in jedem beliebigen Lungenbezirk bestimmt.

Ventilations-/Perfusionsquotient
- VA/Q = 0,8 – 1 (Mittelwert für den Lungengesunden)

Ventilation

Das Atemminutenvolumen (AMV) errechnet sich aus der Multiplikation von Atemzugvolumen (V_T) und Atemfrequenz (AF).
- $V = AMV = AF \times V_T$

Normalwerte (Erwachsene in Ruhe)
- AF = 12/min
- V_T = 0,5 l
- AMV = 6 l

Alveoläre Ventilation

Unter der **alveolären Ventilation (VA)** versteht man denjenigen Anteil des Atemminutenvolumens, der effektiv am Gasaustausch teilnimmt.
Der anatomische **Totraum (VD),** in dem physiologisch kein Gasaustausch stattfindet beträgt beim Erwachsenen ungefähr 2 ml/kg Körpergewicht.
- $VA = AMV - (VD \times AF)$

Atemmechanik

Die Atemmechanik beschreibt im engeren Sinne die **Druck-Volumen-Beziehung.**
Um die Ventilation zu gewährleisten, sind bestimmte **elastische** und **visköse Atmungswiderstände** zu überwinden (S **9.3**).

Synopsis 9.3: Spirometrie

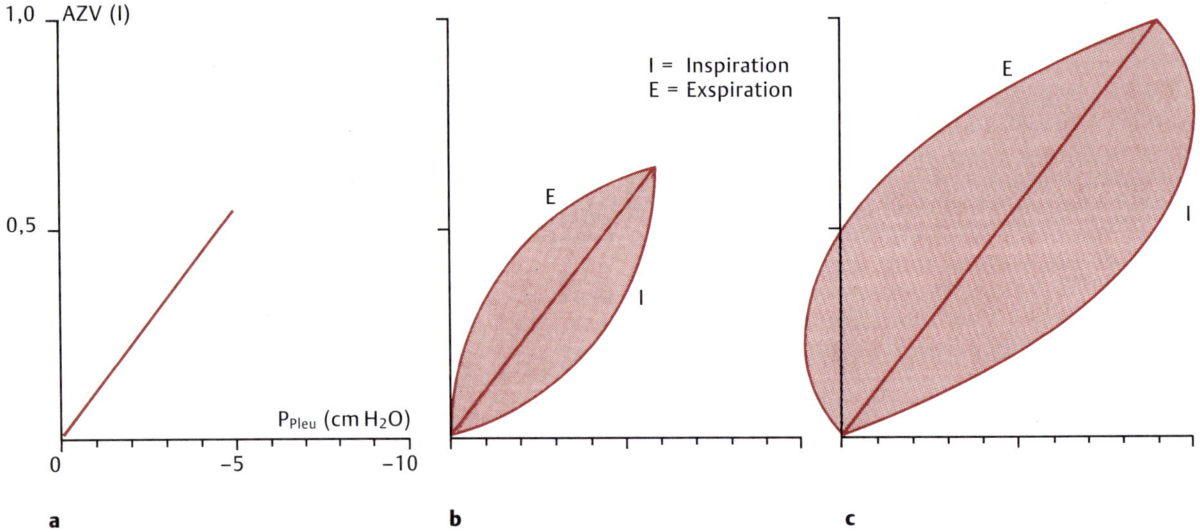

Druck-Volumen-Beziehungen unter Spontanatmung
a Unter der Annahme, daß die Atmung ausschließlich gegen lineare elastische Widerstände (Rückstellkräfte) geschehen würde.
b Atemschleife bei Ruheatmung; durch die zusätzlich zu den elastischen auch noch zu überwindenden viskösen Widerstände biegt sich die Kurve nach unten (Inspiration) und oben (Exspiration) durch.
c Atemschleife bei forcierter Atmung unter Einsatz der exspiratorischen Atemhilfsmuskulatur.

Compliance

Die Oberflächenkräfte werden durch die oberflächenaktive Substanz **Surfactant** vermindert.
Als Maß für die Dehnbarkeit dient die **Compliance,** die als Verhältnis von Volumen- (ΔV) zu Druckänderungen (ΔP) errechnet wird.
- $C_{tot} = \Delta V/\Delta P$
- Normalwert 0,1 l/mbar

Compliance

Elastische Widerstände entstehen inspiratorisch bei Dehnung der elastischen Fasern des Lungenparenchyms, bei Verformung des Thorax und bei Vergrößerung der Alveolen gegen ihre Oberflächenspannung. Die Oberflächenkräfte werden durch die oberflächenaktive Substanz **Surfactant** vermindert. Als Maß für die Dehnbarkeit dient die Compliance. Die Gesamtbzw. totale **Compliance** C_{tot} des Atmungssystems ergibt sich aus der Lungen- und der Thoraxcompliance und wird als Verhältnis von Volumen (ΔV) zu Druckänderung (ΔP) errechnet.
- $C_{tot} = \Delta V/\Delta P$
- Normalwert: 0,1 l/mbar

Resistance

Die **viskösen Widerstände** setzen sich aus den Strömungswiderständen in den Atemwegen und den nichtelastischen Gewebswiderständen zusammen. Die **Resistance** gibt an, welche Druckänderung (ΔP) erforderlich ist, um die zu treibende Luftsäule mit einer bestimmten Geschwindigkeit ($\dot{V}$) in die Lungen zu insufflieren.
- $R = \Delta P/\dot{V}$
- Normalwert: 1 – 2 cm H_2O × s/l

Resistance

Die **viskösen (nichtelastischen) Widerstände** wirken sowohl bei der Inspiration als auch bei der Exspiration und setzen sich aus den Strömungswiderständen in den Atemwegen und den nichtelastischen Gewebswiderständen zusammen. Als Maß verwendet man die **Resistance (R)**. Sie gibt an, welche Druckänderung (ΔP) erforderlich ist, um die die zu treibende Luftsäule mit einer bestimmten Geschwindigkeit ($\dot{V}$) in die Lungen zu insufflieren.
- $R = \Delta P/\dot{V}$
- Normalwert: 1 – 2 cm H_2O × s/l

Lungenvolumina (S 9.4)

Die **Vitalkapazität (VC)** ist das Volumen, das nach größter Ausatmung maximal eingeatmet werden kann.
Man versteht unter **Einsekundenkapazität** nach *Tiffeneau* das während der ersten Sekunde bei forcierter Exspiration maximale Ausatemvolumen (FEV_1).

Lungenvolumina (S 9.4)

Die **Vitalkapazität (VC)** ist das Volumen, das nach größter Ausatmung maximal eingeatmet werden kann. Der Sollwert ist abhängig von Körpergröße, Alter und Geschlecht. Eine weitere wichtige Größe ist die **Einsekundenkapazität.** Man versteht darunter nach *Tiffeneau* das während der ersten Sekunde bei forcierter Exspiration maximal ausatembare Volumen (FEV_1).

Synopsis 9.4: Lungenvolumina und -kapazitäten

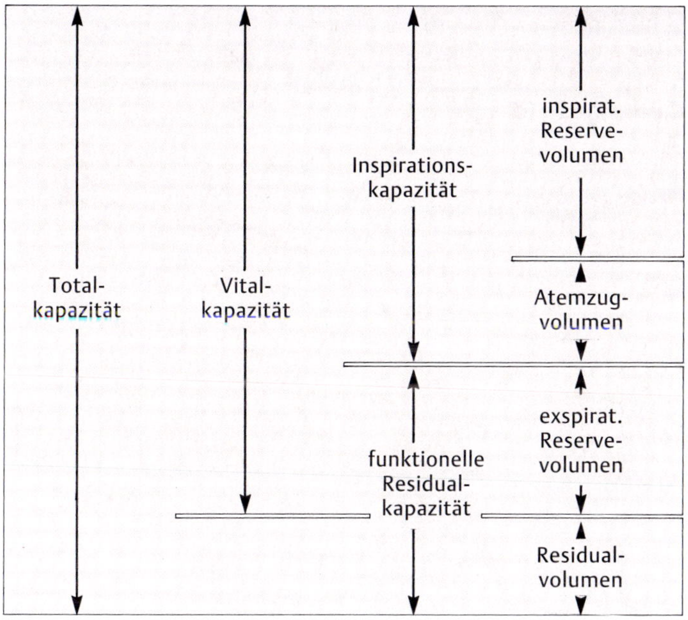

Kapazitäten setzen sich immer aus mindestens zwei Volumina zusammen. Die absoluten Volumina sind abhängig vom Alter, dem Geschlecht, der Körpergröße und -länge sowie der Körperposition. Erhebliche Abweichungen hiervon werden unter krankhaften Lungenveränderungen und Anästhesiebedingungen beobachtet.

Ihr Wert wird entweder absolut in l oder relativ in bezug zur Vitalkapazität in % angegeben. Sie hat sich als Risikoindikator einer postoperativen Ateminsuffizienz erwiesen.

Normalwerte (Erwachsene)
- $FEV_1 > 2$ l oder > 75 % der VC

Risikostratifikation
- $FEV_1 > 2$ l — kein erhöhtes Risiko
- $FEV_1 = 0{,}8 - 2$ l — erhöhtes Risiko
- $FEV_1 < 0{,}8$ l — sehr hohes Risiko

Für die **O_2-Aufnahme** ist die Größe der gasaustauschenden Oberfläche entscheidend; diese wird bestimmt durch die **funktionelle Residualkapazität (FRC)**. Sie ist definiert als dasjenige Volumen, das nach einer normalen Exspiration in den Lungen verbleibt. Ihre zentrale Bedeutung besteht in einem Ausgleich der in- und exspiratorischen O_2- und CO_2-Konzentrationen im Alveolarraum. Hierdurch wird der Gasaustausch auch in der Phase der Exspiration aufrechterhalten, und zwar um so besser, je größer die FRC ist. Das ist vor allem für den Teilprozeß der Oxygenierung von Wichtigkeit. Die **CO_2-Abgabe** ist hingegen in erster Linie von der alveolären Ventilation abhängig.

Normalwert (Erwachsene)
- FRC = 2,5 l

Gasaustausch

Der Gasaustausch von O_2 und CO_2 in den Lungen erfolgt durch Diffusion in Abhängigkeit von den jeweiligen Partialdruckgradienten. Bei Atmung von atmosphärischer Luft mit einem inspiratorischen O_2-Anteil von 21 % ($FiO_2 = 0{,}21$) ergeben sich folgende **Normalwerte** in der arteriellen Blutgasanalyse (BGA):
- $PaO_2 \approx 96$ mmHg (20jähriger)
- $PaCO_2 = 40 \pm 5$ mmHg

Normalwerte (Erwachsene)
- $FEV_1 > 2$ l oder > 75 % der VC

Risikostratifikation
- $FEV_1 > 2$ l (kein erhöhtes Risiko)
- $FEV_1 = 0{,}8 - 2$ l (erhöhtes Risiko)
- $FEV_1 < 0{,}8$ l (sehr hohes Risiko)

Für die **O_2-Aufnahme** ist die Größe der gasaustauschenden Oberfläche entscheidend; diese wird bestimmt durch die **funktionelle Residualkapazität (FRC).** Sie ist definiert als dasjenige Volumen, das nach einer normalen Exspiration in den Lungen verbleibt.
Die **CO_2-Abgabe** ist hingegen in erster Linie von der alveolären Ventilation abhängig.
Normalwert (Erwachsene)
- FRC = 2,5 l

Gasaustausch

Der Gasaustausch von O_2 und CO_2 in den Lungen erfolgt durch Diffusion in Abhängigkeit von den jeweiligen Partialdruckgradienten.
Normalwerte unter Raumluftatmung
- $PaO_2 \approx 96$ mmHg (20jähriger)
- $PaCO_2 = 40 \pm 5$ mmHg

Die O_2-Sättigung des Hämoglobins (SaO_2) ist unter physiologischen Bedingungen abhängig vom PaO_2. Es existiert eine charakteristische **O_2-Bindungskurve** (9.5).

Die arteriellen O_2-Partialdrücke sind altersabhängig und nehmen von der dritten Lebensdekade an pro Jahrzehnt um ca. 5 mmHg ab. Der Sauerstoff wird im Blut in erster Linie an das Hämoglobin gebunden transportiert. Die O_2-Sättigung des Hämoglobins (SaO_2) ist dabei unter physiologischen Bedingungen abhängig vom PaO_2. Es existiert eine charakteristische **O_2-Bindungskurve** (9.5).

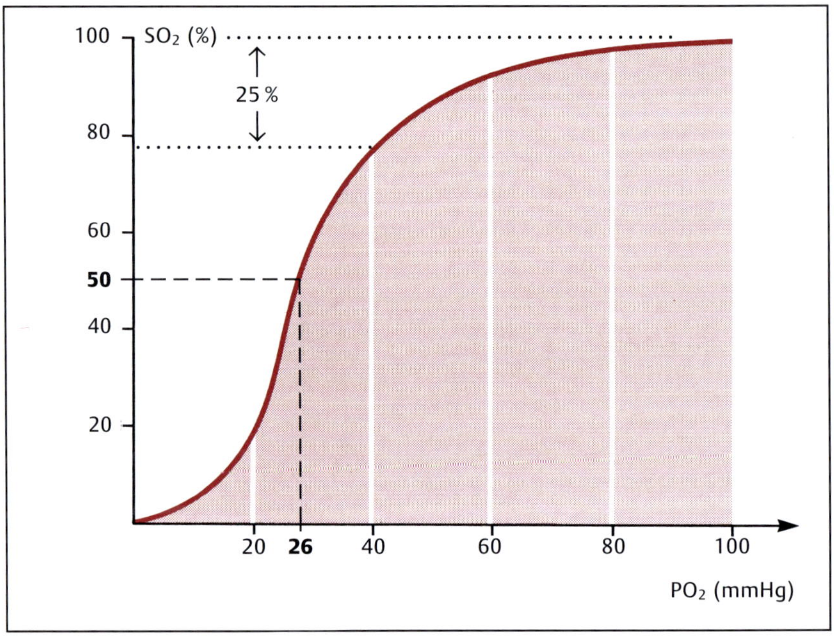

9.5: **O_2-Bindungskurve.** Der sogenannte Halbsättigungsdruck (p50) bezeichnet denjenigen Wert des O_2-Partialdruckes, bei dem 50 % des vorhandenen Hämoglobins mit O_2 gesättigt sind. Dieser liegt beim Menschen bei 26 mmHg (gestrichelte Linie) und ist ein Maß für die O_2-Affinität von Hb. Nach Kapillarperfusion nimmt die O_2-Sättigung um ~25 % ab (gepunktete Linie), da der pO_2 von ~90 mmHg auf 40 mmHg abfällt.

Normalwert
- SaO_2 = 95 – 97 % (keine Altersabhängigkeit)

Normalwert
- SaO_2 = 95 – 97 % (keine Altersabhängigkeit)

Atmungsregulation

Regelgrößen sind der **$PaCO_2$**, der **arterielle pH-Wert** und der **PaO_2**.

Atmungsregulation

Die Atmungsregulation unterliegt humoralen Steuerungsmechanismen, die die Anpassung der Atmung an die Stoffwechselleistungen des Organismus und damit die Aufrechterhaltung der Homöostase gewährleisten sollen. Regelgrößen sind der **$PaCO_2$**, der arterielle pH-Wert und der PaO_2. Hierbei wirkt die Erhöhung des $PaCO_2$ am stärksten steigernd auf die Atmung, während die Effekte einer pH-Erniedrigung oder eines Abfalls des PaO_2 deutlicher geringer bleiben.

Sauerstofftransport

Die adäquate **O_2-Versorgung der Gewebe** hängt neben der O_2-Aufnahme durch die Lungen vom O_2-Transport des Blutes und der O_2-Abgabe an die Zellen ab. Die O_2-Transportkapazität des arteriellen Blutes (DO_2) wird bestimmt durch den O_2-Gehalt und das Herzzeitvolumen (HZV).

Sauerstofftransport

Die adäquate **O_2-Versorgung der Gewebe** hängt neben der O_2-Aufnahme durch die Lungen vom O_2-Transport des Blutes und der O_2-Abgabe an die Zellen ab. Die O_2-Transportkapazität des arteriellen Blutes (DO_2) wird bestimmt durch den O_2-Gehalt und das Herzzeitvolumen (HZV). Der O_2-Gehalt (CaO_2) ist abhängig von der Hämoglobinkonzentration (Hb), der O_2-Sättigung des Hämoglobins (SaO_2), seiner spezifischen O_2-Bindungsfähigkeit (1 g Hb bindet 1,39 ml O_2, theoretische Hüfnersche Zahl) und der geringen physikalisch gelösten O_2-Menge ($PaO_2 \cdot 0{,}003$ ml/100 ml Blut). Steigt der O_2-Verbrauch (VO_2) des Organismus an, wird unter physiologischen Bedingungen das HZV dem Bedarf entsprechend gesteigert (positive Rückkopplung).

Normalwerte (Erwachsene)
- CaO_2 = (Hb) × SaO_2 × 1,39 + PaO_2 × 0,003 = 15 – 20 ml O_2/100 ml Blut
- HZV = 5 – 6 l/min (in Ruhe)
- DO_2 = HZV × CaO_2 = 1000 ml/min (in Ruhe)
- VO_2 = $avDO_2$ × HZV = 200 – 300 ml/min (in Ruhe)

Normalwerte
- CaO_2 = 15 – 20 ml O_2/100 ml Blut
- HZV = 5 – 6 l/min (in Ruhe)
- DO_2 = 1000 ml/min (in Ruhe)
- VO_2 = 200 – 300 ml/min (in Ruhe)

9.2.2 Pathophysiologie

Die Lungenerkrankungen werden nach atmungsmechanischen Gesichtspunkten in restriktive und obstruktive Störungen eingeteilt. Bei den **restriktiven** Lungenerkrankungen ist die belüftete und durchblutete Lungenoberfläche reduziert, bei den **obstruktiven** sind die Strömungswiderstände (Resistance) in den Atemwegen erhöht. Restriktion und Obstruktion können gemeinsam auftreten. Verteilungsstörungen bilden hierbei die pathophysiologische Grundlage für Störungen des pulmonalen Gasaustausches bis hin zur akuten respiratorischen Insuffizienz.

9.2.2 Pathophysiologie

Bei den **restriktiven** Lungenerkrankungen ist die belüftete und durchblutete Lungenoberfläche reduziert, bei den **obstruktiven** sind die Strömungswiderstände in den Atemwegen erhöht.

Verteilungsstörungen

- Hypoventilation
- Regionale ventilatorische Verteilungsstörung
- Rechts-links-Shunt
- Totraumventilation
- Diffusionsstörungen

Die einzelnen Störungen treten bei den zu besprechenden Krankheitsbildern selten isoliert, sondern in der Regel in vielfältigen Überschneidungen mehr oder weniger kombiniert auf.

Bei Verteilungsstörungen ist die physiologische Abstimmung des Verhältnisses von Ventilation zu Perfusion verändert (S 9.5).

Verteilungsstörungen

- Hypoventilation
- Regionale ventilatorische Verteilungsstörung
- Rechts-links-Shunt
- Totraumventilation
- Diffusionsstörungen

Bei Verteilungsstörungen ist die physiologische Abstimmung des Verhältnisses von Ventilation zu Perfusion verändert (S 9.5).

Synopsis 9.5: **Gestörtes Verhältnis Ventilation/Perfusion (Alveole)**

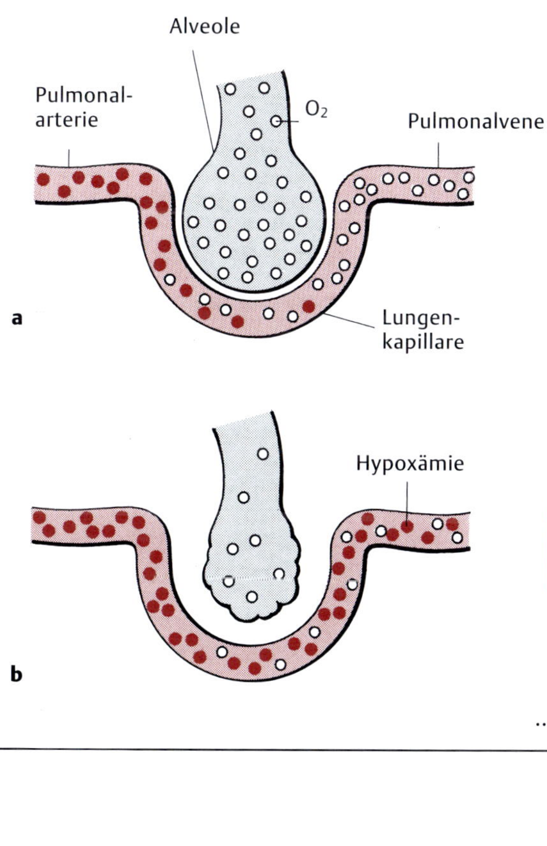

normal
$V_{\dot{A}/\dot{Q}}$ = 0,8 – 1

Ventilations-/Perfusionsverhältnis unter normalen physiologischen Bedingungen

Hypoventilation
$V_{\dot{A}/\dot{Q}} < 0,8$

sowie bei verminderter Ventilation, z. B. bei Emphysem.

... es geht noch weiter ▶

S Synopsis 9.5: **Fortsetzung**

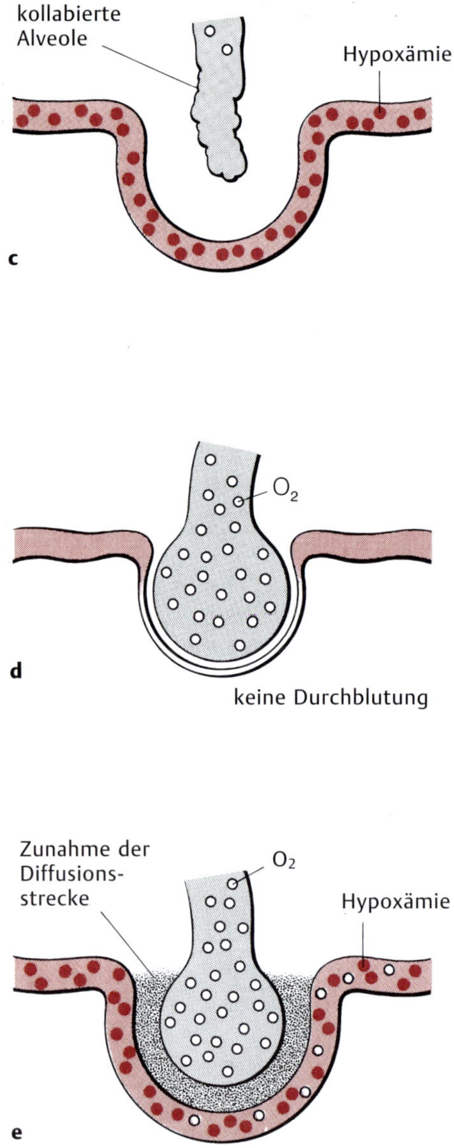

$\dot{V}_A/\dot{Q} = 0$

Ventilations-/Perfusionsverhältnis bei fehlender Ventilation, z. B. bei Atelektase,

$\dot{V}_A/\dot{Q} = \infty$

bei fehlender Perfusion, z. B. bei Lungenembolie

$\dot{V}_A/\dot{Q} = 0{,}8 - 1$

sowie bei gestörter Diffusion, z. B. Lungenfibrose.

Entweder ist die Belüftung hoch, oder sie ist niedrig im Vergleich zur Durchblutung, wobei letzteres die wichtigere Rolle spielt. Betrifft die Minderbelüftung die gesamte Lunge, spricht man von einer **Hypoventilation.** Sind hingegen nur einzelne Lungenareale betroffen, handelt es sich um eine **regionale ventilatorische Verteilungsstörung.** Im Extremfall findet eine Belüftung gar nicht mehr statt, und es kommt zum **Rechts-links-Shunt. Diffusionsstörungen** und **Totraumventilation** sind in der Regel ebenfalls inhomogen über die Lunge verteilt.

Hypoventilation

Die Hypoventilation bezeichnet einen Zustand **global verminderter Lungenbelüftung** bei normaler Durchblutung ($\dot{V}_A/\dot{Q} < 0{,}8$). Ursächlich sind **zentrale Atemstörungen.**

Hypoventilation

Die Hypoventilation bezeichnet einen Zustand **global verminderter Lungenbelüftung** bei normaler Durchblutung ($\dot{V}_A/\dot{Q} < 0{,}8$). Hierbei verringert sich die alveoläre Ventilation mit der Folge, daß der PaO_2 abfällt und der $PaCO_2$ ansteigt. Ursächlich sind **zentrale Atemstörungen.** Bei diesen sind in der Regel Atemfrequenz und Atemzugvolumen vermindert oder der Atemrhythmus verändert.

Regionale ventilatorische Verteilungsstörung

Bei einer **regionalen** ventilatorischen Verteilungsstörung ist der Ventilations-/Perfusionsquotient nicht wie bei der Hypoventilation global, sondern nur in einzelnen Lungenbezirken vermindert ($V_{\dot{A}/\dot{Q}} < 0{,}8$). Als Folge davon vermischt sich das in diesen Arealen nicht vollständig mit Sauerstoff aufgesättigte Blut mit dem arterialisierten aus normal belüfteten Abschnitten (**venöse Beimischung**). Dadurch sinken der PaO_2 und infolgedessen der O_2-Gehalt des arteriellen Blutes. Ursächlich sind **periphere Atemstörungen**, bei denen Obstruktions- und/oder Kompressionsphänomene zu partieller Verlegung von Teilen der Atemwege führen können (▤ 9.**6**).

Regionale ventilatorische Verteilungsstörung

Bei einer **regionalen** ventilatorischen Verteilungsstörung ist der Ventilations-/Perfusionsquotient nur in einzelnen Lungenbezirken vermindert ($V_{\dot{A}/\dot{Q}} < 0{,}8$). Ursächlich sind **periphere Atemstörungen** (▤ 9.**6**).

9.6: Ursachen der regionalen ventilatorischen Verteilungsstörung

▷ **Neuromuskuläre Störungen**

▷ **Peripher-mechanische Atemstörungen**
Thoraxtrauma mit Rippenfrakturen

▷ **Obstruktion der Atemwege**
Asthma bronchiale
COPD
Lungenemphysem

▷ **Elastizitätsverlust des Lungengewebes**
Lungenemphysem
Lungenfibrose

▷ **Restriktive Lungenerkrankungen**
Lungenfibrose
Pleuraschwarte
Adipositas
Kyphoskoliose
Lungenteilresektionen
Phrenikusparese

Rechts-links-Shunt

Wenn Alveolen zwar noch durchblutet, aber nicht mehr belüftet werden, kommt es zum Extremfall einer ventilatorischen Verteilungsstörung ($V_{\dot{A}/\dot{Q}} = 0$). Hierbei wird vermehrt nichtoxygeniertes venöses Blut mit dem von belüfteten Alveolen stammenden oxygenierten Blut vermischt und erniedrigt den O_2-Gehalt des arteriellen Blutes. Das klinische Korrelat entspricht einer **Totalatelektase**. Bei funktionierendem alveolo-vaskulärem »Reflex« (**Euler-Liljestrand-Mechanismus**, hypoxisch pulmonale Vasokonstriktion) werden die Auswirkungen aber geringer bleiben, als sie rein rechnerisch zu erwarten wären, da in nicht belüfteten Arealen die Perfusion durch reflektorische, hypoxiebedingte Vasokonstriktion gedrosselt und somit die Shuntfraktion vermindert wird. Die CO_2-Abgabe aus dem Blut bleibt so lange unbeeinträchtigt, wie das CO_2 über andere hyperventilierte Alveolarbezirke kompensatorisch abgeatmet werden kann.
Ursachen des Rechts-links-Shunts zeigt ▤ 9.**7**.

Rechts-links-Shunt

Wenn Alveolen zwar noch durchblutet, aber nicht mehr belüftet werden, kommt es zum Extremfall einer ventilatorischen Verteilungsstörung ($V_{\dot{A}/\dot{Q}} = 0$).
Das klinische Korrelat entspricht einer **Totalatelektase**.
In nicht belüfteten Arealen wird die Perfusion durch »reflektorische«, hypoxiebedingte Vasokonstriktion **(Euler-Liljestrand-Mechanismus)** gedrosselt und somit die Shuntfraktion vermindert.

Ursachen des Rechts-links-Shunts zeigt ▤ 9.**7**.

Über **Bronchial- und Pleuralarterien** fließen unter physiologischen Bedingungen 3 – 5 % des Herzzeitvolumens zur nutritiven Versorgung der Lunge. Nach Desoxygenierung vermischt sich dieser Anteil mit dem arterialisierten Blut in den Lungenvenen. Bei pathologisch-anatomischen **Kurzschlußverbindungen,** entweder der auf pulmonaler oder auf kardialer Ebene, kann der Shuntanteil erheblich gesteigert sein. **Funktionelle Shunts** treten auf, wenn Alveolarbezirke vollständig von der Belüftung ausgeschlossen sind, sei es durch Verlegung des Lumens der zuführenden Atemwege von innen oder durch Druck von außen. Die **Lungenembolie** führt als Folge des teilweisen Verschlusses des Gefäßbettes zu einer Umverteilung der Perfusion, so daß minderventilierte oder nicht ventilierte Areale vermehrt durchblutet werden (erhöhte Shuntperfusion).

Funktionelle Shunts treten auf, wenn Alveolarbezirke vollständig von der Belüftung ausgeschlossen sind.
Die **Lungenembolie** führt zu einer Umverteilung der Perfusion.

9.7: Ursachen des Rechts-links-Shunts

▷ **Anatomischer Shunt**
- physiologisch: Bronchial- und Pleuralvenen, Vv. Thebesii
- pathologisch-intrapulmonal: a.v. Fistel
- pathologisch-intrakardial: VSD, ASD

▷ **Funktioneller Shunt**
- Alveolarkollaps: Atelektasen, Pneumo- u. Hämatothorax, Pleuraerguß
- Alveolen mit Fremdmaterial gefüllt: Lungenödem, Pneumonie, Aspiration, ARDS
- Lungenembolie

Totraumventilation

Im Extremfall einer belüfteten, aber nicht durchbluteten Region spricht man von einer Totraumventilation ($\dot{V}_A/\dot{Q} = \infty$). Man unterscheidet eine **funktionelle** von einer **anatomischen** Totraumventilation.
Die Folge für den pulmonalen Gasaustausch ist eine Abnahme der gasaustauschenden alveolären Ventilationsfläche.

Ursachen der Totraumventilation
- Lungenembolie
- hypovolämischer Schock
- Status asthmaticus
- Lungenemphysem
- Schmerzen

Totraumventilation

Im Extremfall einer belüfteten, aber nicht durchbluteten Region spricht man von einer Totraumventilation ($\dot{V}_A/\dot{Q} = \infty$). Dazu kommt es, wenn entweder wie im **Status asthmaticus** Alveolen überbläht werden, so daß in diesen Bezirken die Perfusion mechanisch beeinträchtigt wird, oder wenn wie bei der **Lungenembolie** oder im **hypovolämischen Schock** das Herzzeitvolumen vermindert wird (Zunahme des **funktionellen** Totraumes). Die Folge für den pulmonalen Gasaustausch ist eine Abnahme der gasaustauschenden alveolären Ventilationsfläche.

Ursachen der Totraumventilation
- Lungenembolie
- hypovolämischer Schock
- Status asthmaticus
- Lungenemphysem
- Schmerzen

Auch Lungenemphysem und Schmerzen bewirken eine gesteigerte Totraumventilation. Beim **Lungenemphysem** führt der Verlust elastischer Fasern zu einer Aufweitung der terminalen Atemwege und dadurch zu einer Zunahme des **anatomischen** Totraumes. Schmerzen führen zu einer Schonatmung. Hierbei wird das Atemzugvolumen vermindert, so daß der Totraumanteil erhöht ist.

Diffusionsstörungen

Diffusionsstörungen betreffen vornehmlich den Gasaustausch für Sauerstoff, wenn die Diffusionsstrecke durch Verdickung der alveolo-kapillaren Membran verlängert, die Kontaktzeit der Erythrozyten für die O_2-Aufsättigung in den Kapillaren durch Abnahme des Gefäßbettes vermindert oder die gasaustauschende Oberfläche insgesamt reduziert ist (▤ 9.**8**).

Diffusionsstörungen

Diffusionsstörungen betreffen vornehmlich den Gasaustausch für Sauerstoff, wenn die Diffusionsstrecke durch Verdickung der alveolo-kapillaren Membran verlängert, die Kontaktzeit der Erythrozyten für die O_2-Aufsättigung in den Kapillaren durch Abnahme des Gefäßbettes oder Zunahme des HZV vermindert oder die gasaustauschende Oberfläche insgesamt reduziert ist (▤ 9.**8**). Zu einer CO_2-Retention kommt es in der Regel nicht, da CO_2 Membranen ca. zwanzigmal schneller durchdringt als O_2.

9.8: Ursachen von Diffusionsstörungen

▷ **Zunahme der Diffusionsstrecke**
- **Flüssigkeitsansammlung**
- Lungenödem
- Pneumonie
- Aspiration
- ARDS
- **interstitielle Bindegewebsvermehrung**
- Lungenfibrose
- Sarkoidose
- Vaskulitiden

▷ **Verkürzung der Blutkontaktzeit**
- Abnahme des Gefäßbettes
- Lungenemphysem
- Lungenfibrose
- Zunahme des HZV
- Anämie
- Sepsis

▷ **Reduzierung der gasaustauschenden Oberfläche**
- Lungenresektionen
- Lungenfibrose
- Atelektasen
- Pleuraerguß
- Pneumo- u. Hämatothorax
- Zwerchfellhochstand

9.2.3 Diagnose

9.2.3 Diagnose

◀ **Definition**

Definition. Der respiratorischen Insuffizienz liegt eine Störung des Gasaustausches für O_2 und/oder CO_2 zugrunde. Hierbei findet sich immer eine mangelnde Oxygenierung des Blutes mit Abfall des arteriellen O_2-Partialdruckes. Zu einer CO_2-Retention hingegen kommt es jedoch nur dann, wenn die Kompensationsmechanismen einer gesteigerten Atmung erschöpft oder bereits primär gestört sind.

Diagnose der respiratorischen Insuffizienz

Arterielle Hypoxie:	PaO_2	< 70 mmHg
Hyperkapnie:	$PaCO_2$	> 45 mmHg
Hypokapnie:	$PaCO_2$	< 35 mmHg

Diagnose der respiratorischen Insuffizienz
Arterielle Hypoxie: PaO_2 < 70 mmHg
Hyperkapnie: $PaCO_2$ > 45 mmHg
Hypokapnie: $PaCO_2$ < 35 mmHg

◀ **Definition**

Definition.

Partialinsuffizienz:	arterielle Hypoxie, Normo- oder Hypokapnie
Globalinsuffizienz:	arterielle Hypoxie u. Hyperkapnie

Klinische Zeichen (▤ 9.9)

Im Vordergrund stehen zunächst die **Steigerung der Atmung** sowie **Tachykardie** und **Anstieg** des **HZV** und des **Blutdruckes.** Fortschreitende Hypoxie führt zu **Bradykardie** und **Abfall des HZV** und des **Blutdruckes.**
Bei zunehmender Erschöpfung der Atmungstätigkeit kommt es zur beginnenden CO_2-Narkose mit **Bradypnoe, gesteigerter Erregbarkeit** und ggf. Entwicklung von Krampfanfällen. Persistierende und ausgeprägte Hypoxie und Hyperkapnie führen schließlich zum **Koma**.

▤ 9.**9** macht deutlich, daß Hypoxie und Hyperkapnie klinisch nicht differenziert werden können. Darüber hinaus sind diese Symptome ebenfalls nicht spezifisch für eine respiratorische Insuffizienz.

Klinische Zeichen (▤ 9.9)

Die klinischen Zeichen der respiratorischen Insuffizienz ergeben sich in der **Frühphase** aus den Kompensationsreaktionen des Organismus und in der **Spätphase** aus dem sich entwickelnden Versagen der einzelnen Organe. Die Zellen werden initial nur in ihrer Funktion reversibel, schließlich aber in ihrer Struktur irreversibel geschädigt. Im Vordergrund stehen zunächst – wenn möglich – die **Steigerung der Atmung** und die Symptomatik einer generalisierten Stimulation des sympathischen Nervensystems mit **Tachykardie, Herzzeitvolumen-** und **Blutdruckanstieg**. Diese Reaktionen dienen der Vermeidung von Hypoxie und Hyperkapnie. Gelingt dieses nicht, führt vor allem die fortschreitende Hypoxie zum Kreislaufversagen mit **Bradykardie, Herzzeitvolumen-** und **Blutdruckabfall**.
Die **Bradypnoe** ist Ausdruck zunehmender Erschöpfung der Atmungstätigkeit und beginnender CO_2-Narkose. Die zerebralen Auswirkungen bestehen anfänglich in **gesteigerter Erregbarkeit**, ggf. mit Entwicklung von Krampfanfällen. Persistierende und ausgeprägte Hypoxie und Hyperkapnie führen schließlich zum **Koma**.

9.9: Klinische Zeichen der Ateminsuffizienz

▷ **Arterielle Hypoxie**
- Tachykardie → Bradykardie
- kardiale Arrhythmien
- arterielle Hypertonie → Hypotonie
- Tachypnoe → Bradypnoe
- Unruhe, Erregung, Desorientierung
- Krämpfe
- Somnolenz → Koma
- Schwitzen
- Zyanose (reduziertes Hb >5 g/dl)

▷ **Hyperkapnie**
- Tachykardie → Bradykardie
- kardiale Arrhythmien
- arterielle Hypertonie → Hypotonie
- Bradypnoe
- Unruhe, Erregung, Desorientierung
- Krämpfe
- Somnolenz → Koma ($PaCO_2 > 70-80$ mmHg: CO_2-Narkose)
- Schwitzen
- Hautrötung (Dilatation der Hautgefäße)

Man sieht anhand der ▤ 9.**9**, daß Hypoxie und Hyperkapnie klinisch nicht differenziert werden können. Darüber hinaus sind deren Symptome nicht einmal spezifisch für eine respiratorische Insuffizienz.

Funktionsdiagnostik

Die wichtigste Methode zur Beurteilung des pulmonalen Gasaustausches ist die **arterielle Blutgasanalyse.** Ein Maß für die Partialfunktion der O_2-Aufnahme in den Lungen ist die alveolo-arterielle Sauerstoffdruckdifferenz ($AaDO_2$), die definiert ist als die Differenz zwischen dem alveolären (PAO_2) und dem arteriellen O_2-Partialdruck.

Die $AaDO_2$ wird mit zunehmendem pulmonalen Rechts-links-Shunt größer und kann deshalb zur semiquantitativen Beurteilung der Shuntfraktion herangezogen werden.

Funktionsdiagnostik

Die wichtigste Methode zur Beurteilung des pulmonalen Gasaustausches ist die **arterielle Blutgasanalyse.** Mit ihr lassen sich zusätzlich die globalen metabolischen Auswirkungen einer ausgeprägten Zellhypoxie im Sinne einer metabolischen Azidose erkennen. Ein Maß für die Partialfunktion der O_2-Aufnahme in den Lungen ist die alveolo-arterielle Sauerstoffdruckdifferenz ($AaDO_2$), die definiert ist als die Differenz zwischen dem alveolären (PAO_2) und dem arteriellen O_2-Partialdruck. Sie entsteht bereits physiologisch, weil über die anatomischen Shunts O_2-ausgeschöpftes Blut sich mit dem arterialisierten in den Lungenvenen mischt und dadurch der PaO_2 im Vergleich zum PAO_2 vermindert wird. Die $AaDO_2$ wird demnach mit zunehmendem pulmonalen Rechts-links-Shunt größer und kann deshalb zur semiquantitativen Beurteilung der Shuntfraktion herangezogen werden. Exakte Berechnungen des Shuntanteiles sind nach bestimmten Formeln möglich, deren Betrachtung an dieser Stelle allerdings zu weit führen würde.

Normalwerte
- $AaDO_2$ = 10 mmHg (FiO_2 = 0,21)
- Shunt = 3 – 5 % des HZV

Der **Totraumanteil** ergibt sich aus dem Verhältnis von Totraum (VD) und Atemzugvolumen (VT). Auch er kann mit Hilfe einer Formel berechnet werden.

Normalwert
- VD/VT = 0,25 – 0,4

Mit Hilfe der **Spirometrie** lassen sich die atemmechanischen Parameter und die Ventilation beurteilen (s. a. **S** 9.**3**):
- Vitalkapazität (≈ 6 l)
- relative/absolute Einsekundenkapazität nach Tiffeneau (FEV_1 > 2 l/ > 75 % d. VK)
- funktionelle Residualkapazität (2,5 l)
- Resistance (1 – 2 cm H_2O × s/l)
- Atemgrenzwert (120 – 170 l/min)
- inspiratorische Kraft (?)
- Atemzugvolumen (0,5 l/min)
- Atemfrequenz (12/min)
- Atemminutenvolumen (6 l/min)

Die apparativ aufwendigste und zugleich genaueste Meßmethode ist die **Ganzkörperplethysmographie.** Hiermit lassen sich sämtliche Lungenvolumina und die Resistance bestimmen. Am Krankenbett praktikabel ist die Messung der exspiratorischen Vitalkapazität und der Einsekundenkapazität mit Hilfe von einfachen **Balgtrockenspirometern.**

Anhand der spirometrischen Werte der VC und FEV_1 können restriktive von obstruktiven Lungenerkrankungen differenziert werden:

Restriktive Lungenerkrankungen
- VC ↓, absolute FEV_1 ↓, relative FEV_1 normal

Obstruktive Lungenerkrankungen
- VC (↓), absolute FEV_1 ↓, relative FEV_1 ↓

9.2.4 Nosologie

Hier werden intensivmedizinisch relevante Krankheitsbilder besprochen, die zur respiratorischen Insuffizienz führen können. Es handelt sich um:
- Atelektase
- Pneumothorax
- Pleuraerguß
- Lungenödem
- COPD
- Aspiration
- Pneumonie
- ARDS

Da zu den einzelnen nachfolgenden Krankheitsbildern die Röntgenbefunde demonstriert werden, sollen die normale Röntgenmorphologie sowie die charakteristischen Unterschiede zwischen im Stehen und im Liegen angefertigten Röntgenthoraxbildern vorangestellt werden (**S** 9.**6**).

Normalwerte
- $AaDO_2$ = 10 mmHg (FiO_2 = 0,21)
- Shunt = 3 – 5 % des HZV

Der **Totraumanteil** ergibt sich aus dem Verhältnis von Totraum (VD) und Atemzugvolumen (VT).

Normalwert
- VD/VT = 0,25 – 0,4

Mit Hilfe der **Spirometrie** lassen sich die atemmechanischen Parameter und die Ventilation beurteilen:
- Vitalkapazität
- Einsekundenkapazität
- funktionelle Residualkapazität
- Resistance
- Atemgrenzwert
- inspiratorische Kraft
- Atemzugvolumen
- Atemfrequenz
- Atemminutenvolumen

Die apparativ aufwendigste und zugleich genaueste Meßmethode ist die **Ganzkörperplethysmographie.**

Anhand der spirometrischen Werte der VC und FEV_1 können **restriktive** von **obstruktiven Lungenerkrankungen** differenziert werden.

9.2.4 Nosologie

Intensivmedizinisch relevante Krankheitsbilder, die zur respiratorischen Insuffizienz führen können:
- Atelektase
- Pneumothorax
- Pleuraerguß
- Lungenödem
- COPD
- Aspiration
- Pneumonie
- ARDS

Die normale Röntgenmorphologie der Lunge im Stehen und im Liegen zeigt **S** 9.**6**.

S Synopsis 9.6: **Normale Röntgenmorphologie der Lunge**

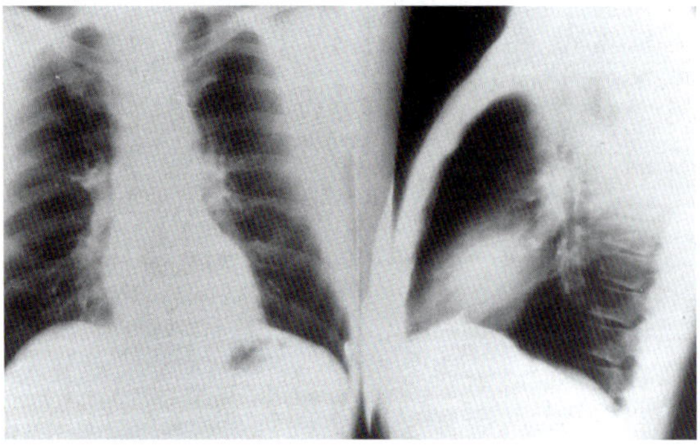

a Normalbefund (Standardaufnahme im Stehen in tiefer Inspiration und Atemstillstand, p.-a. und seitlicher Strahlengang)

Bei der Betrachtung eines Röntgenthoraxbildes gilt es, sich zunächst über Faktoren wie Aufnahmetechnik, Bildqualität und Fehlerquellen durch unterschiedlichste Artefakte Klarheit zu verschaffen (zu Einzelheiten s. Lehrbuch der Radiologie). Dieses ist besonders wichtig, um falsche pathologische Befunde zu vermeiden. Erst danach schließt sich eine systematische Analyse der einzelnen radiologischen Strukturen an, z. B. in der Reihenfolge:

- Weichteile
- knöcherne Strukturen
- Zwerchfell (Kuppel rechts: 9. – 11. Rippe hinten, 4. – 6. vorne; links 1 ICR tiefer)
- Mediastinum
- Lunge/Pleura (Gefäßzeichnung bis 2 cm vor der Lungenoberfläche zu verfolgen; Pleura normalerweise nicht sichtbar)
- Hilus (linker Hilus etwas höher stehend als rechter)
- Herz (Größe: ≦ halber Thoraxinnendurchmesser!)
- Lage von Tuben, Kathetern und Drainagen

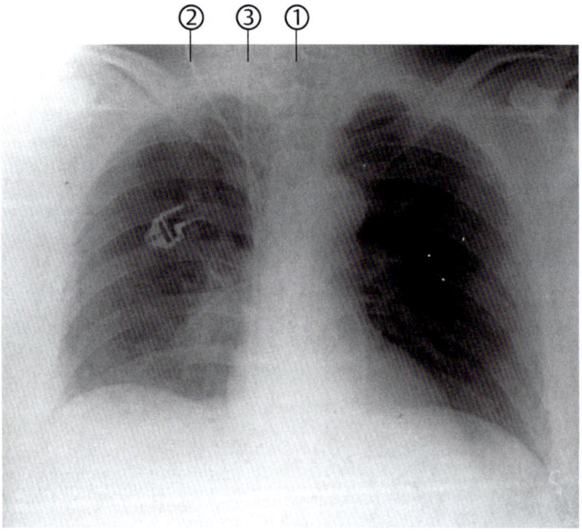

b Befund mit Instrumentierung (Aufnahme im Liegen, a.-p. Strahlengang)

Zu sehen ist die Aufnahme eines 47jährigen Patienten, direkt postoperativ nach Lebertransplantation. Außer diskreten Plattenatelektasen rechts oberhalb des Zwerchfelles erkennt man eine **normale Röntgenmorphologie**. Der Endotrachealtubus (1) liegt mit seiner Spitze auf Höhe des Jugulums und ist damit korrekt plaziert. Der über die rechte V. jug. ext. eingebrachte zentrale Venenkatheter (2) befindet sich mit der Spitze in der V. cava sup., ca. 5 cm über der Einmündung in den rechten Vorhof. Er sollte idealerweise noch 2 – 3 cm tiefer zu liegen kommen. Der Pulmonaliskatheter (3) wurde über die rechte V. jug. int. bis in die rechte Unterlappenarterie vorgeschoben. Die Lage seiner Spitze ist ca. 5 cm zu tief (Gefahr der spontanen »wedge«-Position!). Er wurde deshalb nach der Aufnahme dementsprechend zurückgezogen.

Allein durch die Aufnahmetechnik im Liegen (Standard bei bettlägerigen Patienten, z. B. auf Intensivstationen) ergeben sich charakteristische Abbildungsunterschiede zur Stehendaufnahme. Es handelt sich dabei im einzelnen um folgende Punkte:

- Perfusionsumverteilung von basal nach apikal (durch die liegende Position)
- Verbreiterung des Herzschattens (Abbildungsartefakt, da Herz-Film-Abstand im a.-p. Strahlengang größer)
- Zwerchfellhochstand (durch höheren intraabdominellen Druck und mangelnde Inspiration) → scheinbare Herz- und Mediastinalverbreiterung
- Unschärfe von Randkonturen und Grenzflächen
- Veratmungs- bzw. Bewegungsartefakte

Atelektase

Atelektasen werden durch komplette **Obstruktion** oder **Kompression** peripherer oder zentraler Atemwege verursacht.

Folge hiervon sind **Makro-** und **Mikroatelektasen.** Nur Makroatelektasen sind röntgenologisch diagnostizierbar.

Atelektase

Atelektasen werden durch komplette **Obstruktion** oder **Kompression** peripherer oder zentraler Atemwege verursacht. Die durch Obstruktionen ausgelösten Formen entstehen häufig durch Schleimpfröpfe, die das Bronchiallumen von innen verschließen; die Kompressionsatelektasen sind Folge eines Druckes von außen und kommen z. B. bei verdrängenden Pleuraergüssen, Pneumothoraces und Bronchialtumoren vor. Da die Luft distal der Verschlüsse resorbiert wird, kommt es zu einem Volumenverlust der Lunge. Nach dem Ausmaß dieses Volumenverlustes unterscheidet man **Makro-** von **Mikroatelektasen.** Nur Makroatelektasen sind röntgenologisch diagnostizierbar.

Eine Sonderform sind die **Resorptionsatelektasen** bei Anwendung hoher Sauerstoffkonzentrationen. Hier führt der nach Resorption des Sauerstoffes fehlende, zur Stabilisierung der Alveolenwand notwendige Stickstoff zum Alveolarkollaps. Abgegrenzt werden von den Atelektasen müssen die nur morphologisch unterscheidbaren Dystelektasen, bei denen die Verschlüsse nur partiell sind, so daß noch eine gewisse Belüftung stattfinden kann.

Eine Sonderform sind die **Resorptionsatelektasen** bei Anwendung hoher Sauerstoffkonzentrationen.

Makroatelektasen

- Plattenatelektase (Subsegmentatelektase)
- Segmentatelektase
- Lappenatelektase
- Totalatelektase einer Lunge

Bei den **Makroatelektasen** unterscheidet man Platten-, Segment-, Lappenatelektasen und die Totalatelektase einer Lunge.

Atelektasen führen durch Vergrößerung des intrapulmonalen Rechts-links-Shunts zum Abfall des PaO_2. Der $PaCO_2$ bleibt so lange unbeeinträchtigt, wie das CO_2 über andere hyperventilierte Alveolarbezirke kompensatorisch abgeatmet werden kann.

Atelektasen führen durch Vergrößerung des intrapulmonalen Rechts-links-Shunts zum Abfall des PaO_2.

Diagnose der Atelektase

- Perkussion: gedämpfter Klopfschall
- Auskultation: abgeschwächtes bis aufgehobenes Atemgeräusch
- Radiologie: geringere Strahlentransparenz des atelektatischen Lungenbezirkes, Verziehung der benachbarten Strukturen zur Atelektase hin, Überblähung benachbarter Areale (S 9.7)
- Blutgase: PaO_2 ↓, $PaCO_2$ initial ↓, zuletzt ↑

Diagnose der Atelektase

- Perkussion
- Auskultation
- Radiologie (S 9.7)
- Blutgase

S Synopsis 9.7: Atelektasen

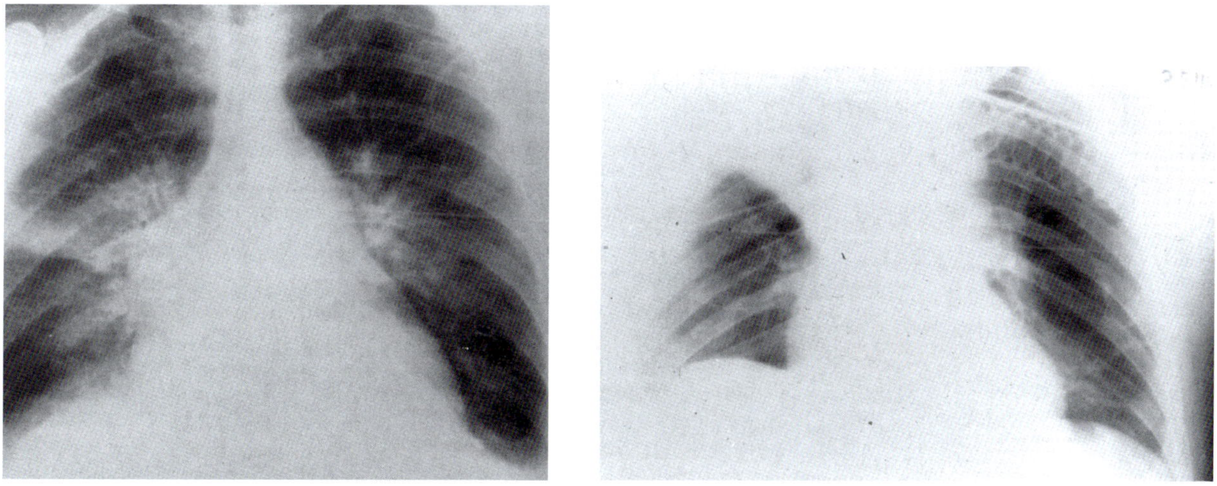

a Segmentatelektase im rechten Oberlappen
Inhomogene Verschattung im Bereich des rechten Oberlappens. Aufgrund der Volumenminderung im atelektatischen Bezirk kommt es zur Verziehung der rechtsseitigen Hilusstrukturen zur Atelektase hin sowie zu einer scharfen, konvexbogigen Konturierung des kleinen Lappenspaltes. **Nebenbefund:** Linksherzvergrößerung mit zentraler Lungenstauung.

b Oberlappenatelektase rechts
Homogene Verschattung des rechten Oberlappens. Durch die ausgeprägte Volumenverminderung im Bereich der Atelektase ist der kleine Lappenspalt deutlich nach kranial verzogen.

... es geht noch weiter ▶

S Synopsis 9.7: Fortsetzung

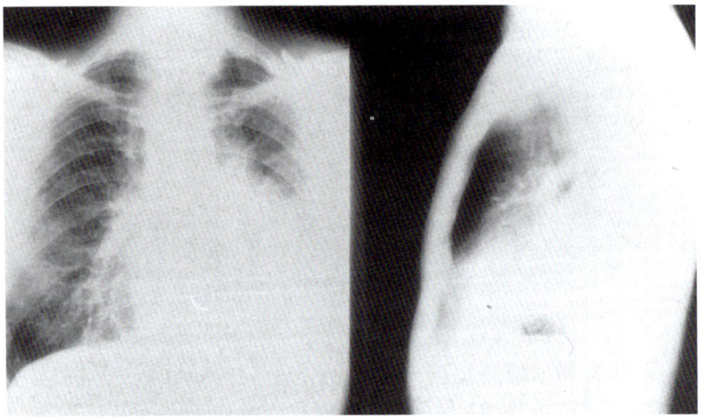

c Unterlappenatelektase links
Homogene Verschattung des linken Unterlappens. In der seitlichen Aufnahme wird erkennbar, daß die Verschattung bis zur Grenze des großen Lappenspaltes reicht. Die Mediastinalorgane, insbesondere das Herz, sind zur Atelektase hin nach links verzogen.

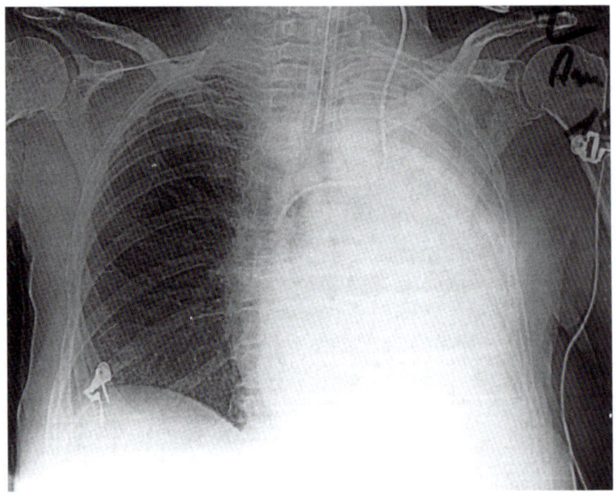

d Totalatelektase links
Es handelt sich um das Bild einer 75jährigen Patientin, die am ersten postoperativen Tage nach Strumektomie eine akute respiratorische Insuffizienz entwickelte. Sie wurde daraufhin notfallmäßig endotracheal intubiert und maschinell beatmet. Zum Zeitpunkt der Röntgenaufnahme war eine inspiratorische Sauerstoffkonzentration von 100 % erforderlich. Als Grund hierfür erkennt man eine Totalatelektase der linken Lunge: Homogene Verschattung der gesamten linken Lunge. Durch die Verziehung des Mediastinums zur **gleichen** Seite hin kann differentialdiagnostisch ein expansiver Pleuraerguß (Mediastinalverschiebung zur Gegenseite!) ausgeschlossen werden.

Kausale Therapie (s. Kap. 9.2.5)

Pneumothorax (S 9.8, 9.6 und 9.7)

Beim Pneumothorax handelt es sich um eine pathologische Gasansammlung im Pleuraraum. Die folgenden Formen werden unterschieden:
- offener Pneumothorax
- geschlossener Pneumothorax
- Spannungspneumothorax

Der **offene Pneumothorax** ist durch das **Mediastinalpendeln** gekennzeichnet.

Beim **geschlossenen** Pneumothorax kommt es zur Spontanheilung nach Resorption der eingedrungenen Luft.

Beim **Spannungspneumothorax,** der akut bedrohlichsten Form, wirkt das pleurale Leck als Ventil, welches inspiratorisch den Eintritt von Außenluft zuläßt, exspiratorisch den Austritt aber blockiert.

Merke ▶

Kausale Therapie (s. Kapitel 9.2.5)

Pneumothorax (S 9.8, 9.6 und 9.7)

Beim Pneumothorax handelt es sich um eine pathologische Gasansammlung im Pleuraraum. Die folgenden Formen werden unterschieden:
- offener Pneumothorax
  - nach innen offen (d. h. zur Lunge)
  - nach außen offen (d. h. zum knöchernen Thorax)
- geschlossener Pneumothorax
- Spannungspneumothorax

Der **offene** Pneumothorax ist durch das **Mediastinalpendeln** gekennzeichnet. Bei jeder Inspiration dringt Luft in den eröffneten Pleuraspalt ein und führt zu einer Verschiebung des Mediastinums zur kontralateralen Seite mit entsprechender Gegenbewegung bei der Exspiration. Beim **geschlossenen** Pneumothorax besteht keine Verbindung zwischen dem Pleuraraum und der Außenluft. Es kommt zur Spontanheilung nach Resorption der eingedrungenen Luft. Beim **Spannungspneumothorax,** der akut bedrohlichsten Form, wirkt das pleurale Leck als Ventil, welches inspiratorisch den Eintritt von Außenluft zuläßt, exspiratorisch den Austritt aber blockiert. Hieraus resultiert eine schnelle Druckerhöhung im Pleuraspalt mit Verdrängung der Mediastinalorgane nach kontralateral und konsekutiver Kompression der nichtkollabierten Lunge, des Herzens und der großen Gefäße.

▶ ***Merke.*** Aus einem Pneumothorax kann sich jederzeit ein Spannungspneumothorax entwickeln, insbesondere unter positiver Druckbeatmung (Respirator, Ambubeutel)!

Ursächlich für einen Pneumothorax sind neben traumatischen Eröffnungen der Pleurahöhle spontane Rupturen und bestimmte pulmonale Erkrankungen. Entweder wird die Pleura instrumentell-mechanisch verletzt, oder sie rupturiert bei erheblicher intrapulmonaler Drucksteigerung (Barotrauma).

Ursachen des Pneumothorax

- Thoraxtrauma mit Rippenfrakturen
- Punktionen der V. subclavia und V. jugularis interna
- Tracheotomie
- Barotrauma unter maschineller Beatmung
- Spontanruptur einer subpleuralen Emphysemblase
- Asthmaanfall
- Perforation zerfallender pulmonaler Infiltrationsprozesse in die Pleurahöhle

Diagnose des Spannungspneumothorax

- Inspektion: obere Einflußstauung
- Perkussion: hypersonorer tympanitischer Klopfschall
- Auskultation: abgeschwächtes bis aufgehobenes Atemgeräusch
- Radiologie: feiner Strichschatten der Pleura visceralis parallel zur Thoraxwand, strukturfreier, transparenzerhöhter Bezirk zwischen Thoraxwand und Lungenoberfläche, partiell oder komplett kollabierte Lungenareale (S 9.**6**)
- Blutgase: $PaO_2 \downarrow$, $PaCO_2$ initial $\downarrow$, zuletzt $\uparrow$

Ursachen des Pneumothorax

- Thoraxtrauma mit Rippenfrakturen
- Punktionen der V. subclavia und V. jugularis interna
- Tracheotomie
- Barotrauma unter maschineller Beatmung
- Spontanruptur einer subpleuralen Emphysemblase
- Asthmaanfall
- Perforation zerfallender pulmonaler Infiltrationsprozesse in die Pleurahöhle

Diagnose des Spannungspneumothorax

- Inspektion
- Perkussion
- Auskultation
- Radiologie (S 9.**6**)
- Blutgase: $PaO_2 \downarrow$, $PaCO_2$ initial $\downarrow$, zuletzt $\uparrow$

S Synopsis 9.**8: Spontanpneumothorax rechts bei einem 30jährigen Patienten**

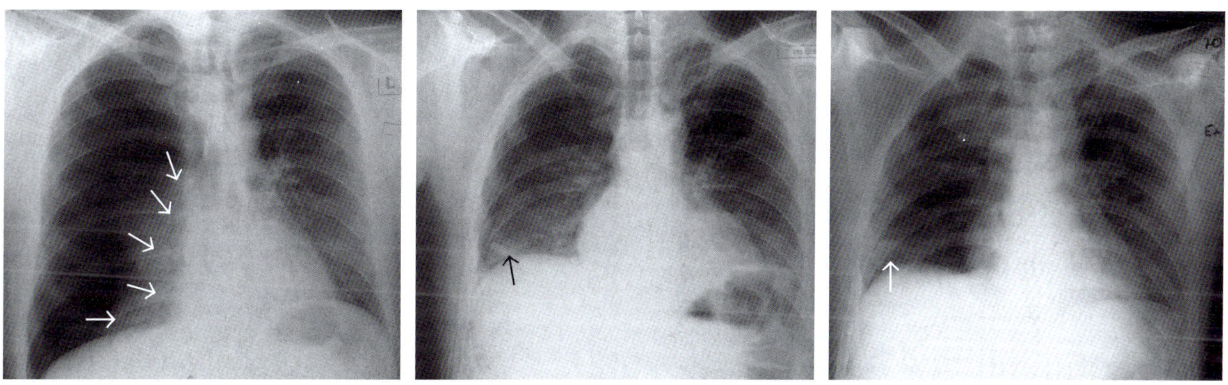

a b c

a Aufnahme unmittelbar nach dem Ereignis
In nahezu der gesamten rechten Lunge fehlen die Gefäßstrukturen, so daß es hier zu einer deutlich erhöhten Strahlentransparenz kommt. Die rechte Lunge ist bis auf einen kleinen Rest rechts parakardial kollabiert. Hier erkennt man einen feinen Strichschatten (→), der der Pleura visceralis entspricht. Das Mediastinum ist leicht zur Gegenseite verdrängt.

b Aufnahme mit Bülaudrain
Das Drain ist zwischen der 4. und 5. Rippe rechts lateral eingebracht worden (Drainage mit Sog von – 20 cm H_2O). Die Spitze liegt korrekt im Pleuraraum, so daß es mittlerweile zur partiellen Wiederentfaltung der rechten Lunge gekommen ist. Zur besseren Darstellung der Restpneumothorax, erkennbar an dem zur Thoraxwand parallel verlaufenden Strichschatten und der dazwischen eingeschlossenen lungenstrukturfreien Zone, wurde die Aufnahme in **Exspiration** angefertigt. Der Anteil der belüfteten rechten Lunge ist infolge der Volumenminderung (Zusammendrängung der Gefäßstrukturen) vermindert strahlentransparent. Nebenbefund: Plattenatelektase rechts basal (→).

c Aufnahme nach Reexpansion der Lunge
Komplette Wiederentfaltung der rechten Lunge bei noch liegendem Bülaudrain mit »Normalisierung« der Lungenstruktur. Weiterhin vorhanden ist allerdings die Plattenatelektase als Folge der Lungenkompression durch den ehemaligen Pneumothorax (→).

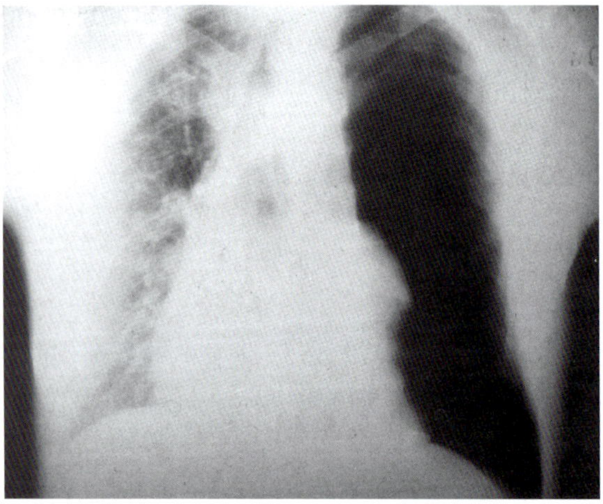

9.6: **Spannungspneumothorax links**
Totalkollaps der linken Lunge mit massiver Verdrängung der Mediastinalorgane zur Gegenseite und deutlicher Kompression der kontralateralen Lunge

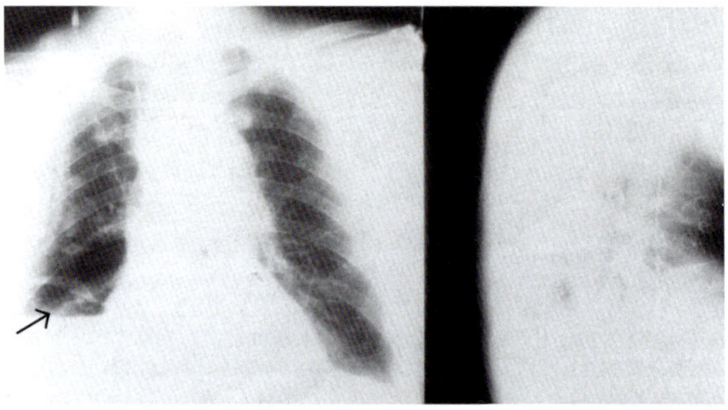

9.7: **Fluido- bzw. Seropneumothorax rechts**

Auf der im Stehen angefertigten Aufnahme zeigt sich eine homogene Verschattung rechts oberhalb des Zwerchfelles mit charakteristischer scharfer, gerader verlaufender Abgrenzung (→). Darüber befindet sich ein von Lungenstruktur freier Bezirk, der sich auf dem seitlichen Bild ventral darstellt. Es handelt sich um einen ventralen Pneumothorax mit zusätzlicher Flüssigkeitsansammlung im Pleuraraum.

Kausale Therapie (s. Kap. 9.2.5)

Pleuraerguß

Pleuraergüsse entstehen bei pathologischer Ansammlung von Flüssigkeiten wie Transsudat, Exsudat, Eiter, Blut oder Chylus im Pleuraraum.

Formen der Pleuraergüsse

- Hydrothorax
- Hämatothorax
- Chylothorax
- Pleuraempyem

Ursachen der Pleuraergüsse

- Thoraxtraumen
- iatrogen-traumatisch
- suphrenischer Abszeß
- akute Pankreatitis
- bakterielle Pneumonien
- Lungenembolie
- kardiale Dekompensation
- nephrotisches Syndrom
- urämische Pleuritis
- Autoimmunerkrankungen
- Tumoren

Kausale Therapie (s. Kapitel 9.2.5)

Pleuraerguß

Pleuraergüsse entstehen bei pathologischer Ansammlung von Flüssigkeiten im Pleuraraum. Hierbei kann es sich um Transsudat, Exsudat, Eiter, Blut oder Chylus handeln.

Formen der Pleuraergüsse

- Hydrothorax
- Hämatothorax
- Chylothorax
- Pleuraempyem

Ursachen der Pleuraergüsse

- Thoraxtraumen
- iatrogen-traumatisch
  - Arterien- und Pleuraläsion bei Punktion der V. subclavia
  - Infusion b. extravasaler Lage eines Kavakatheters
- subphrenischer Abszeß
- akute Pankreatitis
- bakterielle Pneumonien
- Lungenembolie
- kardiale Dekompensation

- nephrotisches Syndrom
- urämische Pleuritis
- Autoimmunerkrankungen
- Tumoren

Bei den **traumatisch** bedingten Pleuraergüssen handelt es sich primär um Hämatothoraces, die nach kombinierter Verletzung von Gefäßen und Pleura parietalis entstehen. Sind Ductus thoracicus und Pleura betroffen, entwickelt sich ein linksseitiger Chylothorax. Die zusätzliche Verletzung der Lunge nach Penetrierung der Pleura visceralis führt zum gleichzeitigen Auftreten eines Pneumothorax. Die **entzündlichen** Formen treten im Rahmen von zumeist bakteriellen Pneumonien oder pleuranahen Abszedierungen auf. Sie können zur Empyembildung in der Pleurahöhle führen und hinterlassen nach Abheilung oftmals als bindegewebige Narbe eine Pleuraschwarte. Die **akute Pankreatitis** kann mit einem linksseitigen serösen Pleuraerguß einhergehen. Kennzeichnend ist hier der hohe Gehalt an Pankreasenzymen in der Pleuraflüssigkeit. **Stauungsbedingte** Ergüsse finden sich bei der Herzinsuffizienz und der Lungenembolie. Das **nephrotische Syndrom** bewirkt als Folge des erniedrigten onkotischen Druckes im Plasma eine vermehrte Transsudation in den Pleuraspalt. Die **urämische Pleuritis** wird ausgelöst durch Urämietoxine. Bei den **Autoimmunerkrankungen** können sich die entzündlichen Vorgänge auch an den Pleurablättern abspielen. Die **tumorinduzierten Ergüsse** werden durch Beeinträchtigung des Lymphabflusses erklärt. Sie können nach Gefäßarrosion zusätzlich hämorrhagisch werden.

Traumatisch bedingte Pleuraergüsse sind meist primär Hämatothoraces durch Verletzung von Gefäßen und Pleura parietalis.

Die **entzündlichen** Formen treten im Rahmen von zumeist bakteriellen Pneumonien oder pleuranahen Abszedierungen auf.

Die **akute Pankreatitis** kann mit einem linksseitigen serösen Pleuraerguß einhergehen. **Stauungsbedingte** Ergüsse finden sich bei der Herzinsuffizienz und der Lungenembolie.

Die **tumorinduzierten Ergüsse** werden durch Beeinträchtigung des Lymphabflusses erklärt. Sie können nach Gefäßarrosion zusätzlich hämorrhagisch werden.

Diagnose des Pleuraergusses

- Perkussion: gedämpfter Klopfschall
- Auskultation: abgeschwächtes bis aufgehobenes Atemgeräusch
- Radiologie: homogene Trübung der Thoraxhälfte mit nach kranial abnehmender Dichte, bei großen Ergüssen Verdrängung des Mediastinums zur Gegenseite (9.**8**).

Diagnose des Pleuraergusses

- Perkussion
- Auskultation
- Radiologie (9.**8**)

▶ ***Merke.*** Nachweisgrenze bei Rückenlage im a.p. Strahlengang erst ab ca. 0,5 l Flüssigkeit!, sonographisch bereits ab 50 ml.

◀ **Merke**

- Blutgase: normal o. PaO_2 ↓, $PaCO_2$ initial ↓, zuletzt ↑

- Blutgase normal o. PaO_2 ↓, $PaCO_2$ initial ↓, zuletzt ↑

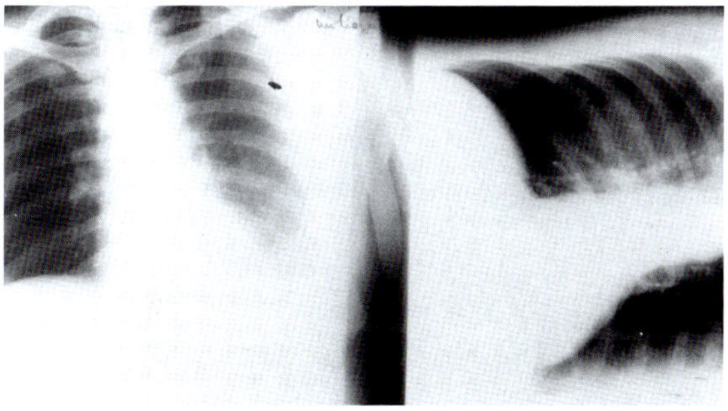

9.**8**: **Pleuraerguß links** (liegend a.p. + seitl.)

Auf der Aufnahme erkennt man eine homogene sichelförmige Verschattung entlang der linken Thoraxwand. Zusätzlich ist die linke Lunge getrübt, wobei die Dichte nach kranial abnimmt; das linke Zwerchfell ist nicht abgrenzbar. Das Bild in linker Seitenlage zeigt nun eine parallel zur Thoraxwand nach kranial verlaufende Verschattung. Es handelt sich um einen im Pleuraraum frei auslaufenden Erguß.

Kausale Therapie (s. Kap. 9.2.5)

Lungenödem

Definition ▶

Es wird sich immer dann bilden, wenn der Einstrom von Flüssigkeit in das Gewebe größer ist als der Abtransport über die Lymphgefäße.

Ursachen des Lungenödems

S. 9.**10**.

Die **Diagnose des Lungenödems** wird im wesentlichen radiologisch gestellt. Man unterscheidet 3 Stadien (S 9.**9**):

I. baso-apikale Umverteilung der Lungenzirkulation mit Erweiterung der Oberfeldgefäße

Kausale Therapie (s. Kapitel 9.2.5)

Lungenödem

▶ ***Definition.*** Beim Lungenödem handelt es sich um eine vermehrte **interstitielle** und/oder **alveoläre** Flüssigkeitsansammlung.

Es wird sich immer dann bilden, wenn der Einstrom von Flüssigkeit in das Gewebe größer ist als der Abtransport über die Lymphgefäße. Die Lymphdrainage dient der Konstanthaltung der interstitiellen Flüssigkeit des Lungengewebes. Sie kann zur Verhinderung einer Ödembildung bis auf das Zehnfache ansteigen. Normalerweise besteht ein Flüssigkeitsgleichgewicht zwischen intra- und extravasalem Raum. Bestimmende Faktoren sind der hydrostatische und onkotische Druck im Plasma und Gewebe sowie die Permeabilität der Kapillaren. Steigt im Plasma der hydrostatische Druck oder sinkt der onkotische, kommt es zu einem erhöhten Nettoeinstrom von Flüssigkeit zunächst in das Interstitium und bei Überforderung der Lymphtransportkapazität auch in die Alveolen. Gleiches geschieht bei vermehrter Durchlässigkeit von kapillaren und alveolären Membranen. Die Erniedrigung des Alveolardruckes erhöht ebenfalls den transmembranösen Druckgradienten in Richtung des extravasalen Raumes.

Ursachen des Lungenödems

Die Ursachen des Lungenödems sind in 9.**10** aufgelistet.

9.10: Ursachen des Lungenödems

▷ **Erhöhter hydrostatischer Druck in den Kapillaren**
- Linksherzinsuffizienz
- Niereninsuffizienz
- Überwässerung (vor allem iatrogen)
- Hirndrucksteigerung (neurogen)

▷ **Erniedrigter onkotischer Druck im Plasma**
- Hypoproteinämie

▷ **Erhöhte alveoläre/kapillare Permeabilität**
- Hypoxie
- Hyperoxie
- Toxine
- Hitzeeinwirkung

▷ **Erniedrigter Alveolardruck**
- Aufenthalt in großer Höhe
- Reexpansion der Lunge nach großem Pneumothorax oder Pleuraerguß (Lungenödem e vacuo)

Diagnose des Lungenödems

- Perkussion: unauffällig
- Auskultation: fein- bis mittelblasige Rasselgeräusche (alveoläre Infiltration)
- Radiologie: 3 Stadien

I. baso-apikale Umverteilung der Lungenzirkulation, Erweiterung der Oberfeldgefäße
Diese Zeichen sind bei Aufnahmen im Liegen nicht zu verwerten, da die liegende Position schon physiologisch mit einer hydrostatisch bedingten Blutumverteilung in die Lungenoberfelder einhergeht!

II. **interstitielles** Lungenödem
allgemeine Transparenzminderung, unscharfe Gefäßkonturen, verdickte Bronchialwände, verdickte horizontale Interlobularsepten (Kerley-B-Linien), positives Pneumobronchogramm

III. **alveoläres** Lungenödem
kleinfleckige, teilweise konfluierende Herdschatten mit vorwiegend bilateral-symmetrischer Verteilung, positives Pneumobronchogramm, evtl. Pleuraergüsse

Bei den **hydrostatischen** Formen finden sich zusätzlich die Zeichen der **Herzvergrößerung** (S 9.**9**).

- Blutgase: PaO2 ↓, $PaCO_2$ initial ↓, zuletzt ↑

Der zeitliche Verlauf ist in Abhängigkeit von Genese und Therapie sehr variabel und reicht von 2 – 3 Tagen beim hydrostatisch bedingten Lungenödem bis zu Wochen bei bestimmten Formen des Permeabilitätsödems.

II. **interstitielles** Lungenödem

III. **alveoläres** Lungenödem

Bei den **hydrostatischen** Formen finden sich zusätzlich die Zeichen der **Herzvergrößerung** (S 9.**9**).

S Synopsis 9.**9: Lungenödem**

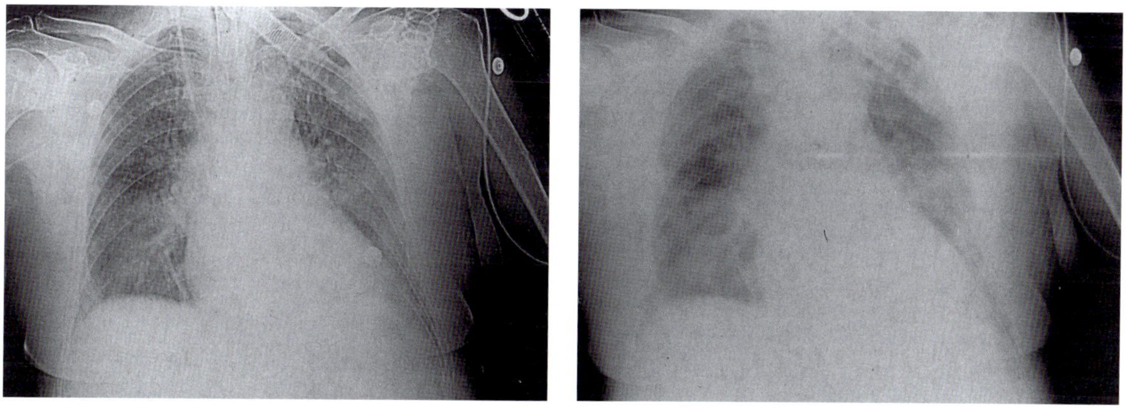

a Kardiogenes Lungenödem. Linksherzvergrößerung: Der größte transversale Herzdurchmesser ist größer als der halbe Thoraxinnendurchmesser. Die verstrichene Herztaille kommt durch eine Größenzunahme des linken Vorhofes zustande.

▲ **interstitiell.** Verminderung der Strahlentransparenz über beiden Lungen. Beidseitige Zunahme der Gefäßzeichnung bis in die Lungenperipherie infolge vermehrter Blutfülle. Die Gefäßkonturen sind durch die interstitielle Flüssigkeitstranssudation unscharf abgegrenzt, die Hili »verwaschen« und vergrößert. Die im Hilusbereich orthograd getroffenen Bronchien zeigen aus dem gleichen Grund verdickte Bronchialwände. Nebenbefund: Trachealkanüle, deren Spitze oberhalb des Jugulums und damit nicht tief genug sitzt. Regelrechte Position eines über die rechte V. jug. int. plazierten Kavakatheters.

▲ **alveolär.** Zusätzlich erkennt man als Ausdruck alveolärer Flüssigkeitsansammlungen feinfleckige, z. T. konfluierende Herdschatten in beiden Lungen.

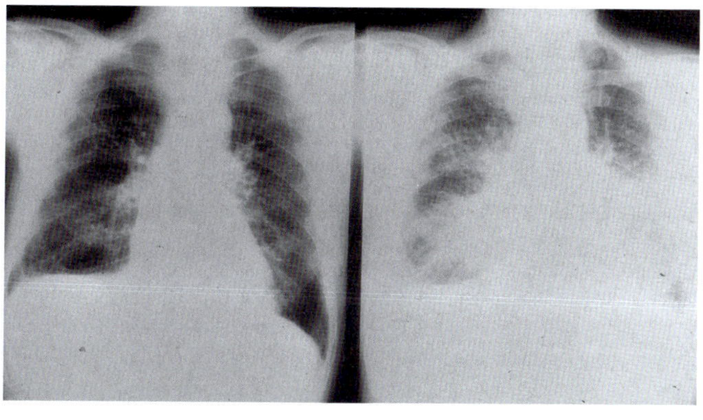

b Zentrales Lungenödem
Linkes Bild: Normalbefund
Rechtes Bild: Derselbe Patient nach Aufnahme wegen akuten Nierenversagens. Deutlich erkennbar sind die Zunahme der Herzgröße und die »schmetterlingsförmigen« homogenen Verschattungen der zentralen Lungenpartien (sog. Schmetterlingsödem durch Überwässerung infolge Niereninsuffizienz).

Kausale Therapie (s. Kap. 9.2.5)

Kausale Therapie (s. Kapitel 9.2.5)

COPD

COPD

Definition ▶

> **Definition.** Unter der »chronic obstructive pulmonary disease« (COPD) versteht man die **chronisch-obstruktive Lungenerkrankung.** Hierunter wird eine Reihe von chronischen Krankheitsbildern subsumiert, deren gemeinsames Merkmal die Atemwegsobstruktion ist:
> - chronische Bronchitis
> - obstruktives Lungenemphysem
> - asthmatoides Syndrom

Die Ätiologie der COPD ist **multifaktoriell.** Pathologisch-anatomisches Substrat ist die **chronische Bronchialschleimhautschädigung.**

Im Verlauf entstehen Umbauvorgänge am Lungenparenchym mit Erschlaffung und Rarefizierung des Lungengerüstes, die zur Entwicklung eines destruktiven Emphysems und eines **Cor pulmonale chronicum** führen.

Die COPD ist eine der häufigsten Erkrankungen, die bei akuter Dekompensation immer wieder Anlaß zur intensivmedizinischen Behandlung bietet. Ihre Ätiologie ist **multifaktoriell,** wobei exogene Noxen erst im Verein mit endogenen Faktoren wirksam werden können. Pathologisch-anatomisches Substrat ist die **chronische Bronchialschleimhautschädigung** mit Beeinträchtigung des ziliaren Reinigungsmechanismus, vermehrter Produktion zähen Bronchialsekretes (Hyper- und Dyskrinie) und entzündlichem Schleimhautödem. Über die Zeit entstehen Umbauvorgänge am Lungenparenchym mit Erschlaffung und Rarefizierung des Lungengerüstes, die zur Entwicklung eines destruktiven Emphysems führen. Durch die begleitende Reduktion des kapillaren Stromgebietes sowie infolge hypoxischer pulmonaler Vasokonstriktion (Euler-Liljestrand-Mechanismus) entsteht eine zunehmende Erhöhung der rechtsventrikulären Nachlast mit Ausbildung eines **Cor pulmonale chronicum**.

Ursachen der COPD

- Inhalatives Rauchen
- Allergene
- rezidivierende Bronchitiden
- bronchiale Hyperreaktivität
- reduzierte broncho-pulmonale Abwehr

Ursachen der COPD

- inhalatives Rauchen
- Allergene
- rezidivierende Bronchitiden
- bronchiale Hyperreaktivität
- reduzierte broncho-pulmonale Abwehr

Klinik der COPD

Die klinische Symptomatik wird bestimmt durch chronischen **Husten** und **Auswurf.** Die Atemarbeit ist durch die als Folge der Atemwegsobstruktion **erhöhte Resistance** deutlich vermehrt. Bei fortgeschrittener Erkrankung sind $PaCO_2$-Werte von 60 mmHg in Ruhe keine Seltenheit.

Klinik der COPD

Die klinische Symptomatik wird bestimmt durch chronischen **Husten** und **Auswurf**. Die Atemarbeit ist durch die als Folge der Atemwegsobstruktion **erhöhte Resistance** deutlich vermehrt. Die Gasaustauschstörung betrifft die O_2-Aufnahme und die CO_2-Abgabe. Bei fortgeschrittener Erkrankung sind $PaCO_2$-Werte von 60 mmHg in Ruhe keine Seltenheit. Im Laufe der Zeit adaptiert die **zentrale Atmungsregulation** an die chronische Hyperkapnie. Diese Patienten regulieren ihre Atmung vornehmlich über die arterielle Hypoxie!

Diagnose der COPD

Wichtigste diagnostische Methoden sind die Röntgenaufnahme des Thorax (erhöhte Strahlentransparenz bei **Lungenemphysem** [◘ 9.9], Bronchialwandverdickung bei **Peribronchitis**) und die Blutgasanalyse.

Diagnose der COPD

- Perkussion: hypersonorer Klopfschall
- Auskultation: abgeschwächtes Atemgeräusch
  - Obstruktion: Giemen und Brummen
  - Bronchitis: grobblasige Rasselgeräusche
  - Spastik: exspiratorisches Pfeifen und verlängertes Exspirium!
- Radiologie: erhöhte Strahlentransparenz bei **Lungenemphysem** (◘ 9.**9**), Bronchialwandverdickung bei **Peribronchitis**
- Blutgase: $PaO_2 \downarrow$, $PaCO_2 \uparrow$
- Spirometrie: VC $\downarrow$, FRC $\uparrow$, $FEV_1 \downarrow$ (abs. u. rel.)
- Polyglobulie
- Zeichen der Rechtsherzbelastung oder -insuffizienz

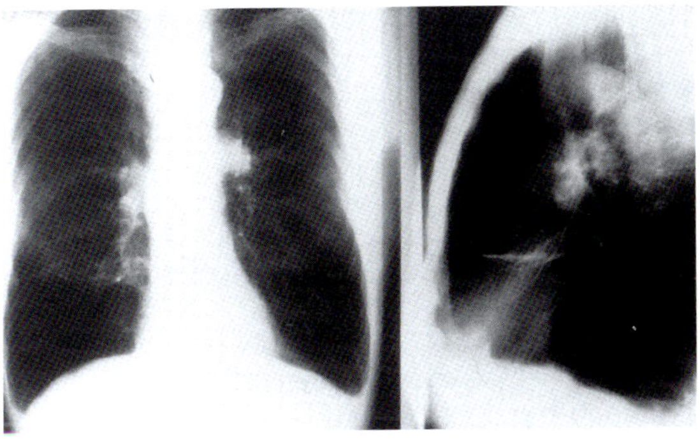

9.9: Lungenemphysem

Glockenförmige Konfiguration des Thorax. Verbreiterte Interkostalräume. Deutlich erhöhte Strahlentransparenz über beiden Lungen. Rarefizierung der Gefäße. Tiefstehende, abgeflachte Zwerchfellkuppen. Schmales Herz und elongierte Aorta. Zusätzlich sind besonders in der rechten Lunge hilusnah luftgefüllte Ringschatten zu erkennen. Hierbei handelt es sich um sog. Emphysemblasen (Bullae). Sie entstehen nach Untergang von interalveolären Septen als Zusammenschluß größerer Alveolarverbände.

Kausale Therapie (s. Kapitel 9.2.5)

Aspiration

Die broncho-pulmonale Aspiration von >2 ml/kg KG saurem Magensaft (pH < 2,5) führt zu einer **hämorrhagischen Tracheobronchitis** und innerhalb weniger Stunden zu einem foudroyanten **toxischen Lungenödem** auf der Grundlage einer chemischen Pneumonitis (**Mendelson-Syndrom**). Die Letalität beträgt bis zu 50%. Bei erfolgreicher Therapie bilden sich die Veränderungen in der Regel nach 3–5 Tagen zurück. Je höher der pH-Wert des Aspirates ist, um so eher kann dieses primär bakteriell kontaminiert sein, so daß sich eine **bakterielle Pneumonie** entwickeln kann. Werden dagegen Fremdkörper oder grobe Nahrungspartikel aspiriert, kommt es größenabhängig zu mehr oder weniger ausgeprägten **Atelektasen.**

Kausale Therapie (s. Kap. 9.2.5)

Aspiration

Die broncho-pulmonale Aspiration von >2 ml/kg KG saurem Magensaft (pH <2,5) führt zu einer **hämorrhagischen Tracheobronchitis** und innerhalb weniger Stunden zu einem foudroyanten **toxischen Lungenödem** auf der Grundlage einer chemischen Pneumonitis (Mendelson-Syndrom). Es kann sich auch eine **bakterielle Pneumonie** entwickeln.

Ursachen der Aspiration

- Allgemeinanästhesie
- Bewußtseinsstörung
- Bulbärhirnsyndrom
- gastrointestinale Störungen
- liegende Magensonde
- liegender Endotrachealtubus

Ursachen der Aspiration

- Allgemeinanästhesie
- Bewußtseinsstörung
- Bulbärhirnsyndrom
- gastrointestinale Störungen
- liegende Magensonde
- liegender Endotrachealtubus

Aspirationsgefährdung besteht immer dann, wenn die Schutzreflexe der oberen Atemwege aufgehoben sind und es zu Regurgitation oder Erbrechen kommt. Besonders gefährdet sind nicht nüchterne Patienten und solche, bei denen die Magenentleerung pathologisch verzögert ist. Magensonden können als Leitschienen die Regurgitation erleichtern, da sie die Verschlußfunktion des gastroösophagealen Sphinkters beeinträchtigen. Auch der geblockte Endotrachealtubus bietet keinen absoluten Schutz vor Aspiration geringer Flüssigkeitsmengen.

Aspirationsgefährdung besteht immer dann, wenn die Schutzreflexe der oberen Atemwege aufgehoben sind und es zu Regurgitation oder Erbrechen kommt.

Auch der geblockte Endotrachealtubus bietet keinen absoluten Schutz vor Aspiration geringer Flüssigkeitsmengen.

Kausale Therapie (s. Kapitel 9.2.5)

Pneumonie

Kausale Therapie (s. Kap. 9.2.5)

Pneumonie

Definition. Bei der Pneumonie handelt es sich um eine entzündliche Erkrankung des Lungenparenchyms und/oder Lungengerüstes. Betroffen sind die **alveolären** und/oder **interstitiellen** Strukturen.

◄ Definition

Auslöser sind entweder Infektionserreger, in erster Linie **Bakterien,** Pilze und Viren, oder endo- und exogene Toxine.
Man unterscheidet die **Lobärpneumonie** (auf einen oder mehrere Lungenlappen beschränkt, 9.**10**) von der **Bronchopneumonie** (Verteilung diffus-herdförmig, 9.**11**).
Intensivmedizinisch relevant sind vor allem die durch gramnegative **nosokomiale Erreger** ausgelösten bakteriellen Pneumonien (9.**11**).

Auslöser sind entweder Infektionserreger, in erster Linie **Bakterien,** Pilze und Viren, oder endo- und exogene Toxine. Ist die Ausdehnung auf einen oder mehrere Lungenlappen beschränkt, handelt es sich um die seltenere klassische Form der **Lobärpneumonie** (9.**10**); ist hingegen die Verteilung diffus-herdförmig, spricht man von der häufiger vorkommenden **Bronchopneumonie** (9.**11**). Bei der bakteriellen Genese ist die Entzündung eher alveolär, bei der viralen eher interstitiell lokalisiert. Intensivmedizinisch relevant sind im Gegensatz zu den primären, außerhalb des Krankenhauses erworbenen vor allem die durch gramnegative, **nosokomiale Erreger** ausgelösten Pneumonien (9.**11**). Diese bei Gesunden nur fakultativ pathogenen Keime treffen hier auf immungeschwächte Patienten und verursachen trotz moderner Intensiv- und Antibiotikatherapie eine Letalität bis zu 30 %.

9.11: Erregerspektrum der Pneumonie

▷ **Primäre Pneumonie**
- Streptococcus pneumoniae
- Haemophilus influenzae
- Mycoplasma pneumoniae
- Viren (Influenza A u. B, Parainfluenza, Adenovirus)

▷ **Nosokomiale Pneumonie**
- Enterobacteriaceae (Klebsiella pneumoniae, Escherichia coli, Proteus species, Serratia species u. a.)
- Pseudomonadaceae
- Staphylococcus aureus
- Anaerobier (Bacteroides species u. a.)
- Koagulasenegative Staphylokokken
- Legionellaceae
- Streptococcus pneumoniae
- Haemophilus influenzae
- Pilze (Candida species u. a.)
- Protozoen (z. B. Pneumocystis carinii)

Diagnose der Pneumonie

- Perkussion
- Auskultation
- Radiologie (9.**10** u. 9.**11**)
- Blutgase
- Keimnachweis

Diagnose der Pneumonie

- Perkussion: gedämpfter Klopfschall **(alveoläre Infiltration)**
- Auskultation: feinblasige Rasselgeräusche **(alveoläre Infiltration)**
- Radiologie: infiltratbedingte Transparenzminderung mit Volumenzunahme und positivem Bronchopneumogramm (9.**10** u. 9.**11**)
  alveolär: fleckige, herd- und lappenförmige Verschattungen mit uni- oder bilateraler Anordnung
  interstitiell: milchglasartige Trübung mit streifig-netzigem Muster und kleinsten Knötchen
- Blutgase: PaO_2 ↓, $PaCO_2$ initial ↓, zuletzt ↑
- Keime: Nachweis im Bronchialsekret und ggf. in der Blutkultur

Zum Erregernachweis im Bronchialsekret werden heutzutage die **bronchoalveoläre Lavage (BAL)** oder der **bronchoskopische Bürstenabstrich** bei Verdacht auf bakterielle Pneumonien mit alveolärer Exsudation eingesetzt.

Zum Erregernachweis im Bronchialsekret werden heutzutage die **bronchoalveoläre Lavage (BAL)** oder der **bronchoskopische Bürstenabstrich** bei Verdacht auf bakterielle Pneumonien mit alveolärer Exsudation (laborchemische Entzündungsparameter ↓, Körpertemperatur ↓) eingesetzt. Hierdurch kann Material zur mikrobiologischen Untersuchung entweder durch Instillation und Wiederabsaugen isotoner Kochsalzlösung (40 – 50 ml) oder durch Schleimhautabstriche mittels kleiner Bürsten gezielt aus den einzelnen Lungenlappen und/oder -segmenten gewonnen werden.

Der komplikationslose Verlauf unter Therapie dauert im Mittel ca. 10 – 14 Tage.

Der komplikationslose Verlauf unter Therapie dauert im Mittel ca. 10 – 14 Tage. Nicht selten entwickeln sich infizierte Pleuraergüsse, die zur Empyembildung führen können. Intrapulmonale Abszedierungen können, wenn sie die Pleura visceralis durchbrechen, zusätzlich einen Pneumothorax verursachen. Gefürchtet sind septische Streuungen mit Beteiligung anderer Organe, die gleichermaßen bedrohlich sind wie das akute Lungenversagen (ARDS), das aus einer Pneumonie entstehen kann.

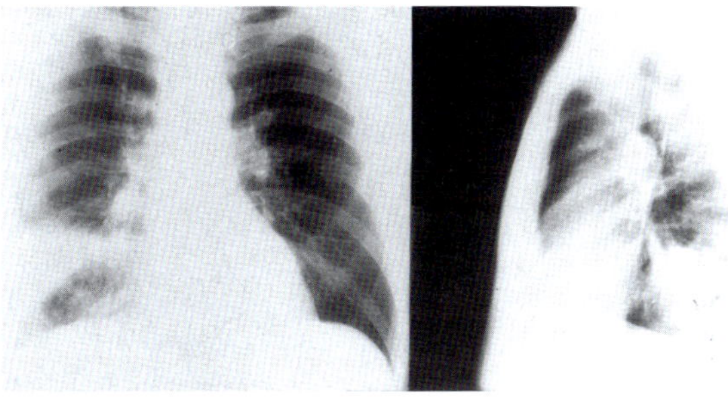

9.10: **Lobärpneumonie im rechten Unterlappen**

Homogene keilförmige Verschattung im rechten Unterlappen, die sich auf der seitlichen Aufnahme auf die dorsalen Abschnitte projiziert. Die restliche Lunge ist frei von infiltrativen Veränderungen. Differentialdiagnostisch muß bei diesem Bild ein Lungeninfarkt in Betracht gezogen werden, wie er sich nach einer Lungenembolie entwickeln kann.

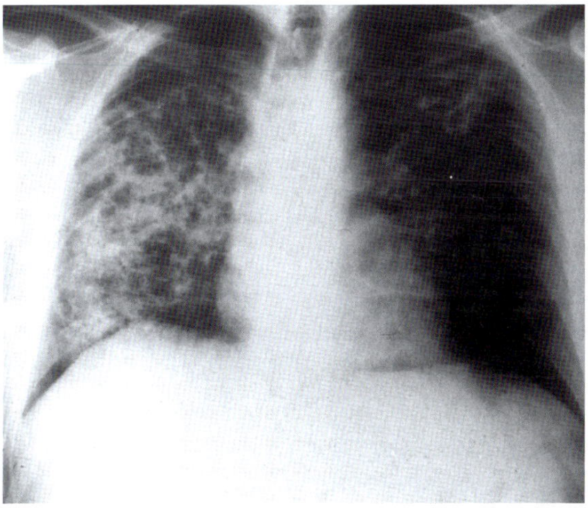

9.11: **Bronchopneumonie rechts**

Grobfleckige, konfluierende Verschattungen verteilen sich disseminiert über die rechte Lunge. Sie sind Ausdruck der entzündlichen alveolären Infiltration. Hilusnah sieht man orthograd getroffene, wandverdickte Bronchien. Außerdem sind kleinere lufthaltige Bronchien im Längsverlauf zu erkennen (sog. positives Bronchopneumogramm). Die linke Lunge ist kaum betroffen. Lediglich im linken Oberlappen zeichnen sich erste infiltrative Veränderungen ab.

Komplikationen der Pneumonie

- Pleuraerguß
- Empyem
- Pneumothorax
- Abszedierung
- Sepsis
- ARDS

Komplikationen der Pneumonie

- Pleuraerguß
- Empyem
- Pneumothorax
- Abszedierung
- Sepsis
- ARDS

Kausale Therapie (s. Kapitel 9.2.5)

Kausale Therapie (s. Kap. 9.2.5)

ARDS

ARDS

Definition. Beim »adult respiratory distress syndrome« (ARDS) – im Deutschen am besten als akutes Lungenversagen bezeichnet – handelt es sich nicht um eine Entität, sondern um einen **polyätiologischen Symptomenkomplex,** der die relativ einförmige Reaktion der Lunge auf die unterschiedlichsten Noxen beschreibt (9.**12**) und mit einer hohen Letalität vergesellschaftet ist. Über 52 Synonyma sind im Laufe der Zeit bei der Suche nach einer treffenden Namensgebung geprägt worden, die oftmals nur die Beschreibung des jeweiligen Auslösers beinhalten.

◀ **Definition**

Synonyma ▶

Synonyma für ARDS (Auswahl)

- Schocklunge
- Beatmungslunge
- Post-Perfusions-Lunge
- akutes Atemnotsyndrom
- Transfusionslunge
- Verbrennungslunge
- »fluid lung«
- »oxygen pneumonitis«
- »fat embolism«
- »congestive atelectasis«
- »Da Nang lung«

Ätiopathogenese des ARDS

Man unterscheidet systemische, pulmonale und toxische Auslöser des ARDS (▤ 9.**12**).

Ätiopathogenese des ARDS

Man unterscheidet systemische, pulmonale und toxische Auslöser des ARDS (▤ 9.**12**).

9.12: Auslösung des ARDS

▷ Systemische Auslöser	▷ Pulmonale Auslöser	▷ Toxische Auslöser
• Polytrauma	• Aspiration	• Paraquat
• Sepsis	• Pneumonie	• Heroin
• Hämolyse	• Lungenkontusion	
• Verbrennungen	• Lungenembolie	
	• Inhalation toxischer Gase	
	• arterielle Hypoxie	
	• Hyperoxie	

Die primäre Schädigung findet auf der Ebene des Lungengefäßendothels statt. Eine Anhäufung **polymorphkerniger Granulozyten** setzt eine Reihe von endothelschädigenden und den pulmonalvaskulären Widerstand (PVR) erhöhenden Substanzen frei, die den Ausgangspunkt für die kaskadenartige Aktivierung verschiedener biologischer **Mediatorsysteme** bilden (▤ 9.**13**).

Die primäre Schädigung findet auf der Ebene des Lungengefäßendothels statt. In dieser Frühphase beobachtet man eine massive Anhäufung polymorphkerniger Granulozyten in der Lunge (**pulmonale Granulozytose**). Sie setzen eine Reihe von endothelschädigenden und den pulmonal-vaskulären Widerstand (PVR) erhöhenden Substanzen frei, die den Ausgangspunkt für die kaskadenartige Aktivierung verschiedener biologischer **Mediatorsysteme** bilden. Es kommt zunächst zur erhöhten Permeabilität der Gefäßwände mit interstitieller Ödembildung und anschließend auch zur vermehrten Durchlässigkeit des Alveolarepithels mit alveolärer Exsudation. Im subakuten Stadium steht die Einwanderung von Bindegewebszellen mit fortschreitender Fibrosierung im Vordergrund (▤ 9.**13**).

9.13: Ablauf des ARDS

▷ I.	symptomarmes Intervall:	1 – 3 Tage	Endothelläsion
▷ II.	exsudative Phase:	1 Woche	alveoläres Ödem
▷ III.	proliferative Phase:	nach 2 Wochen	beginnende Fibrose

Mediator- bzw. Kaskadensysteme beim ARDS

- Komplement
- Gerinnung
- Fibrinolyse
- Kallikrein-Kinin
- Arachidonsäure

Mediator- bzw. Kaskadensysteme beim ARDS

- Komplement
- Gerinnung
- Fibrinolyse
- Kallikrein-Kinin
- Arachidonsäure

Klinik des ARDS

Progrediente Verschlechterung des pulmonalen Gasaustausches. Durch zunehmenden intrapulmonalen **Rechts-links-Shunt** arterielle Hypoxie. Gleichzeitige Erhöhung der **Totraumventilation.**

Klinik des ARDS

Die Symptomatik besteht in einer progredienten Verschlechterung des pulmonalen Gasaustausches. Zunächst entwickelt sich auf der Grundlage eines zunehmenden intrapulmonalen **Rechts-links-Shunts** eine arterielle Hypoxie. Die gleichzeitig eintretende Erhöhung der **Totraumventilation** bewirkt erst dann zusätzlich eine Hyperkapnie, wenn die körpereigenen Kompensationsmechanismen der Atemfrequenzsteigerung erschöpft sind.

Durch **interstitielle Ödematisierung,** Schädigung des **Surfactant,** Bildung von **hyalinen Membranen** und allmählicher **Fibrosierung** verringert sich die Compliance der Lunge fortlaufend, so daß unter maschineller Beatmung die Gefahr eines pulmonalen Barotraumas mit Entstehen eines **Pneumothorax** hinzukommt. Zum weiteren besteht die Möglichkeit, daß das Krankheitsbild durch sich aufpfropfende Infektionen im Sinne von nosokomialen **Pneumonien** und durch **Atelektasen** aggraviert wird.

Durch interstitielle **Ödematisierung,** Schädigung des **Surfactant**, Bildung von **hyalinen Membranen** und **Fibrosierung** verringert sich die Compliance der Lunge fortlaufend, so daß unter maschineller Beatmung ein **Pneumothorax** entstehen kann. Zusätzlich sind **Pneumonien** und **Atelektasen** möglich.

Diagnose des ARDS

- Radiologie: abhängig vom Stadium (S 9.**10**)

I. keine röntgenologischen Frühzeichen
II. diffuses, alveolär-interstitielles Lungenödem
III. Fibrose mit streifig-netzförmiger Verschattung,
Endzustand: homogene Totalverschattung (»weiße Lunge«)

- Blutgase: PaO_2 ↓, $PaCO_2$ ↑
- Compliance ↓, Resistance ↑, FRC ↓, PVR ↑

Diagnose des ARDS

Die Stadieneineilung erfolgt nach radiologischen Kriterien (S 9.**10**).
I. keine röntgenologischen Frühzeichen
II. diffuses, alveolär-interstitielles Lungenödem
III. Fibrose mit streifig-netzförmiger Verschattung.
Endzustand: homogene Totalverschattung (»weiße Lunge«)

S Synopsis 9.10: ARDS

Es handelt sich um die Aufnahmen eines 68jährigen Patienten, der wegen eines Gallenblasenempyems notfallmäßig cholezystektomiert werden mußte. Postoperativ entwickelte sich infolge rezidivierender Zystikusstumpfinsuffizienzen eine schwere gallig-eitrige Peritonitis. Bei foudrouyantem, therapeutisch nicht beeinflußbarem Krankheitsverlauf kam es zur Ausbildung eines ARDS. Der Patient verstarb schließlich unter den Zeichen eines septisch bedingten Multiorganversagens.

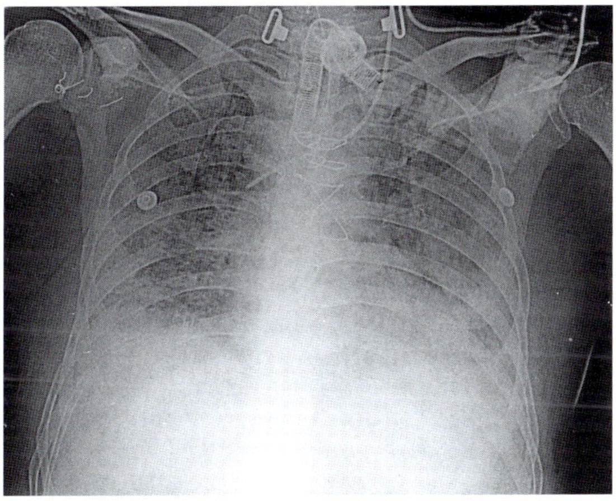

a Interstitielles Lungenödem. Diffuse feinstreifige Verschattungen in beiden Lungen als Ausdruck interstitieller Flüssigkeitsansammlungen. Da die Herzgröße im Normbereich bleibt (Liegendaufnahme!), muß an ein Permeabilitätsödem aufgrund gesteigerter Durchlässigkeit der Kapillaren gedacht werden. Unscharfe Abgrenzung der Zwerchfelle. FiO_2: 0,55. Nebenbefund: korrekt plazierte Trachealkanüle. Regelrechte Position des ZVK. Drahtcerclagen nach Sternotomie.

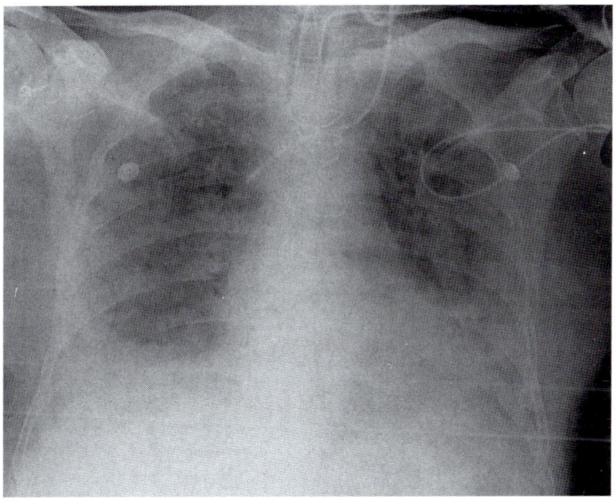

b Beginnendes alveoläres Lungenödem. Zusätzlich finden sich nun disseminiert feinfleckige Verschattungen in beiden Lungen infolge beginnender alveolärer Flüssigkeitstranssudation. Die Zwerchfelle sind nicht mehr abgrenzbar. Es zeigen sich an der seitlichen Thoraxwand nach kranial ansteigend sichelförmige inhomogene Verschattungen, die Pleuraergüssen entsprechen (links mehr als rechts). FiO_2: 0,7.

Komplikationen des ARDS

- Barotrauma der Lunge
- Pneumothorax
- Emphysem
- Pneumonien
- Atelektasen
- Multiorganversagen

Komplikationen des ARDS

- Barotrauma der Lunge
- Pneumothorax
- interstitielles Lungenemphysem
- Mediastinalemphysem
- Perikardemphysem
- Weichteilemphysem
- Pneumonien
- Atelektasen
- Multiorganversagen

Kausale Therapie (s. Kap. 9.2.5)

9.2.5 Therapie

Neben der kausalen Therapie (wenn möglich) werden therapeutische Maßnahmen wie O_2-Applikation, Erleichterung der Bronchialtoilette und mechanische Atmungsunterstützung eingesetzt.

Kausale Therapie (s. Kapitel 9.2.5)

9.2.5 Therapie

Die therapeutischen Maßnahmen, wie Sauerstoffapplikation, Erleichterung der Bronchialtoilette und mechanische Atmungsunterstützung, werden neben der wenn möglich kausalen Therapie gezielt nach Erfordernis eingesetzt. Ihre Verwendung richtet sich nach der Ursache und der Ausprägung der jeweiligen Störung des pulmonalen Gasaustausches. Sie kommen einzeln oder, was häufiger der Fall ist, kombiniert zur Anwendung.

Sauerstofftherapie

Die O_2-Gabe ist eine symptomatische Therapie. Sie ist indiziert bei arterieller Hypoxie.

Sauerstofftherapie

Die O_2-Gabe ist eine symptomatische Therapie. Sie ist indiziert bei arterieller Hypoxie. Die einzelnen pathophysiologisch zugrundeliegenden Störungen sprechen aber nicht in gleichem Maße darauf an.

Indikationen zur O_2-Therapie

Dies sind im wesentlichen:
- Diffusionsstörungen
- ventilatorische Verteilungsstörungen

Bei **Diffusions-** und **ventilatorischen Verteilungsstörungen** ist die O_2-Zufuhr am wirksamsten.
Bei **Rechts-links-Shunt** ist die O_2-Applikation nicht effektiv da der Sauerstoff den kurzgeschlossenen Blutstrom nicht erreichen kann.

Indikationen zur O_2-Therapie

Dies sind im wesentlichen:
- Diffusionsstörungen
- ventilatorische Verteilungsstörungen

Bei **Diffusions-** und **ventilatorischen Verteilungsstörungen** ist die O_2-Zufuhr am wirksamsten. Bei Hypoventilation ist die O_2-Gabe nur überbrückend angezeigt. In erster Linie ist die Ventilation zu steigern, womit neben dem $PaCO_2$ in der Regel auch der PaO_2 normalisiert werden kann. Bei **Rechts-links-Shunt** ist die O_2-Applikation nicht effektiv. Selbst die Zufuhr von 100 %igem Sauerstoff ist nur von geringem Nutzen, da der Sauerstoff den kurzgeschlossenen Blutstrom nicht erreichen kann. Hier muß vorrangig die zugrundeliegende Ursache beseitigt werden.

Merke ▶

> ***Merke.*** Bei Erkrankungen wie der **COPD,** die mit primärer Atemregulation über die arterielle Hypoxie einhergehen können, darf die O_2-Therapie bei spontanatmenden Patienten nur sehr vorsichtig durchgeführt werden, um keine sauerstoffinduzierte Atemdepression hervorzurufen.

Pulmonale Sauerstofftoxizität

Sauerstoff, in hohen Konzentrationen eingeatmet, schädigt die Lungen. Es kommt zur erhöhten Permeabilität der Membranen des Alveolarepithels und Kapillarendothels. Hierdurch kann sich ein **interstitiell/alveoläres Lungenödem** bilden.

Pulmonale Sauerstofftoxizität

Sauerstoff, in hohen Konzentrationen eingeatmet, schädigt die Lungen. Es kommt zur erhöhten Permeabilität der Membranen des Alveolarepithels und Kapillarendothels. Hierdurch kann sich ein **interstitiell/alveoläres Lungenödem** bilden. Die Ausprägung ist um so größer, je höher der PAO_2 und/oder der PaO_2 sind. Der letztere Mechanismus scheint dabei der wichtigere zu sein, da vorgeschädigte Lungen hohe O_2-Konzentrationen besser tolerieren als gesunde. Es gilt deshalb, in jedem Fall eine Hyperoxie mit übernormalen PaO_2-Werten über längere Zeit zu vermeiden. Grundsätzlich läßt sich festhalten:

Merke.

- Die Zufuhr von 100%igem Sauerstoff über maximal 24 h ist wahrscheinlich unschädlich für die Lungen.
- Konzentrationen über 50% sind potentiell toxisch.
- Konzentrationen bis 40% sind vermutlich auch bei sehr langer Anwendung nicht toxisch.
- Der PaO_2 sollte über längere Zeit 150 mmHg nicht überschreiten.

◄ Merke

Applikationsarten

Sauerstoff kann über verschiedene **Hilfsmittel** insuffliert werden:

- offene Gesichtsmasken
- Nasenkatheter

Gesichtsmasken haben den Vorteil, daß die physiologischen Mechanismen der Atemluftanfeuchtung und -erwärmung erhalten bleiben, werden aber nicht immer vom Patienten toleriert. **Nasenkatheter** werden mit der Spitze in den Naso-/Mesopharynx vorgeschoben und können bei besserer Toleranz gut fixiert werden. Sie umgehen jedoch die Anfeuchtung und Erwärmung im Nasen-/Rachenraum.
Sauerstoff sollte grundsätzlich angefeuchtet, am besten auch angewärmt zur Anwendung kommen. Die inspiratorische O_2-Konzentration beträgt bei der Insufflationstechnik maximal 50 – 60%; sie ist abhängig von dem eingestellten O_2-Fluß und dem Atemminutenvolumen des Patienten. Bei der Maskentechnik muß eine **CO_2-Rückatmung** ausgeschlossen sein. Bei Nasenkathetern muß auf die korrekte Plazierung geachtet werden. Zu tiefe Lage führt zum **Aufblähen des Magens.** Ein Vorschieben der Sondenspitze unter die Schleimhaut führt zum **submukösen Emphysem** mit potentieller Verlegung des Kehlkopfeinganges.

Applikationsarten

Sauerstoff kann über verschiedene **Hilfsmittel** insuffliert werden:
- offene Gesichtsmasken
- Nasenkatheter

Sauerstoff sollte grundsätzlich angefeuchtet, am besten auch angewärmt zur Anwendung kommen. Die inspiratorische O_2-Konzentration beträgt bei der Insufflationstechnik maximal 50 – 60%; sie ist abhängig von dem eingestellten O_2-Fluß und dem Atemminutenvolumen des Patienten.
Bei der Maskentechnik muß eine **CO_2-Rückatmung** ausgeschlossen sein. Zu tiefe Lage eines Nasenkatheters führt zum **Aufblähen des Magens**, ein Vorschieben der Sondenspitze unter die Schleimhaut zum **submukösen Emphysem**.

Bronchialtoilette

Unter dem Begriff der Bronchialtoilette werden verschiedene therapeutische **Prinzipien** zusammengefaßt:

- Physiotherapie
- Inhalationstherapie
- endotracheale Absaugung

Sie dienen zur Unterstützung der Mobilisation pulmonalen Sekretes bzw. dessen Entfernung und/oder sollen ein gestörtes Ventilations-/Perfusionsverhältnis wieder normalisieren.

Bronchialtoilette

Die Bronchialtoilette dient zur Unterstützung der Mobilisation und Entfernung pulmonalen Sekretes. Dazu gehören:
- Physiotherapie
- Inhalationstherapie
- endotracheale Absaugung

Physiotherapie

Die physiotherapeutischen **Maßnahmen** beinhalten die Methoden:

- Klopfmassage
- Vibrationsmassage
- Lagerungsdrainage

Klopf- und **Vibrationsmassage** sollen wandständiges zähes Sekret mobilisieren und die Expektoration erleichtern. Um die entsprechenden Lungenpartien besser erreichen zu können, werden sie häufig mit den Maßnahmen der **Lagerungsdrainage** kombiniert.

Physiotherapie

Die physiotherapeutischen **Maßnahmen** beinhalten die Methoden:
- Klopfmassage
- Vibrationsmassage
- Lagerungsdrainage

Inhalationstherapie

Die Inhalationstherapie dient der Unterstützung der sekretmobilisierenden Selbstreinigungsmechanismen des Respirationstraktes. Sie ist indiziert, wenn die physiologische Anfeuchtung der Atemgase, wie z. B. bei liegendem Endotrachealtubus, vermindert ist oder, wie bei der COPD, die Schleimverflüssigung gestört ist. Zur Anwendung gelangt vernebeltes oder

Inhalationstherapie

Die Inhalationstherapie dient der Unterstützung der sekretmobilisierenden Selbstreinigungsmechanismen des Respirationstraktes.

Zur Anwendung gelangt vernebeltes oder verdampftes destilliertes Wasser, mit dem zusätzlich topisch wirksame Medikamente in den Atemwegen deponiert werden können.

verdampftes destilliertes Wasser, mit dem zusätzlich topisch wirksame Medikamente in den Atemwegen deponiert werden können. Abhängig von der Größe der Wasserteilchen werden unterschiedliche Abschnitte des Tracheobronchialsystems erreicht. Teilchen zwischen 70 – 100 µm gelangen in die oberen Atemwege, zwischen 2 – 10 µm sedimentieren sie in den kleineren Bronchialaufzweigungen; Teilchen unter 2 µm erreichen die Alveolen. Die optimale Anfeuchtung der Atemgase ist die Grundlage jeglicher sekretolytischen Therapie. Auf eine ausreichende Flüssigkeitszufuhr ist immer zu achten. Medikamente werden erst in zweiter Linie verabreicht.

Medikamente zur Sekretolyse

- Mukolytika
- Detergenzien

Sekretolytika sind indiziert, wenn eingedickte, zähe Sekrete die Ursache einer Verengung der Atemwege sind. **Mukolytika** bewirken eine Sekretverflüssigung. **Detergenzien** verringern die Haftung des Bronchialschleims am Epithel.

Medikamente zur Sekretolyse

- Mukolytika
- Detergenzien

Sekretolytika sind indiziert, wenn eingedickte, zähe Sekrete die Ursache einer Verengung der Atemwege sind. Zu den **Mukolytika** gehören: Acetylcystein (Fluimucil®) und Mesna (Mistabronco®). Sie bewirken über eine Disulfid-Brückenspaltung in den Schleimmolekülen eine Sekretverflüssigung. **Detergenzien** wie Tacholiquin® erniedrigen die Oberflächenspannung des Bronchialschleims und verringern dadurch seine Haftung am Epithel. Ihre klinische Wirksamkeit wird allerdings kontrovers beurteilt. Gleiches gilt für andere Sekretolytika wie Bromhexin (Bisolvon®) und sein Derivat Ambroxol (Mucosolvan®).

Endotracheale Absaugung

Die endotracheale Absaugung wird therapeutisch durchgeführt, wenn der Patient selbst nicht mehr in der Lage ist, sein Sekret ausreichend abzuhusten. Sie kann **»blind«**, durch den liegenden **Endotrachealtubus** oder gezielt **bronchoskopisch** erfolgen.

Endotracheale Absaugung

Die endotracheale Absaugung wird therapeutisch durchgeführt, wenn der Patient selbst nicht mehr in der Lage ist, sein Sekret ausreichend abzuhusten. Sie kann **»blind«**, durch den liegenden **Endotrachealtubus** oder gezielt **bronchoskopisch** erfolgen. Die bronchoskopische Methode wird besonders zur Wiedereröffnung atelektatischer Lungenbezirke benutzt und hat überdies den Vorteil, daß Sekret zur mikrobiologischen Diagnostik gezielt aus tieferen Bronchialabschnitten gewonnen werden kann.

Spezifische Pharmakotherapie

Medikamente aus folgenden **Substanzgruppen** werden eingesetzt:

- Bronchodilatatoren
  - beta-Sympathikomimetika
  - Xanthinderivate
  - Parasympathikolytika
- Glukokortikoide
- Antibiotika

Spezifische Pharmakotherapie

Medikamente aus folgenden **Substanzgruppen** werden zur spezifischen Pharmakotherapie eingesetzt:

- Bronchodilatatoren
  - beta-Sympathikomimetika
  - Xanthinderivate
  - Parasympathikolytika
- Glukokortikoide
- Antibiotika

Inhalative Pharmakotherapie

Bronchodilatatoren

Beta-Sympathikomimetika führen bei muskulärer Atemwegsobstruktion über einen beta-2-agonistischen Effekt an der glatten Bronchialmuskulatur zu deren Erschlaffung. Zusätzlich steigern sie die mukoziliare Clearance über eine Erhöhung der ziliaren Beweglichkeit.

Xanthine vermindern den Bronchialmotorentonus durch eine Hemmung des Enzymsystems Phosphodiesterase und wirken mit den beta-Sympathikomimetika synergistisch.

Inhalative Pharmakotherapie

Bronchodilatatoren

Beta-Sympathikomimetika führen bei muskulärer Atemwegsobstruktion über einen beta-2-agonistischen Effekt an der glatten Bronchialmuskulatur zu deren Erschlaffung. Zusätzlich steigern sie die mukoziliare Clearance über eine Erhöhung der ziliaren Beweglichkeit. Kardiale Nebenwirkungen wie Tachykardie und Herzrhythmusstörungen sind trotz topischer Applikation nicht immer vermeidbar, da es zu systemischer Resorption relevanter Mengen kommen kann. Die am häufigsten verwendeten Präparate sind: Fenoterol (Berotec®), Salbutamol (Sultanol®) und Terbutalin (Bricanyl®).
Xanthine vermindern den Bronchialmotorentonus durch eine Hemmung des Enzymsystems Phosphodiesterase und wirken mit den beta-Sympathikomimetika synergistisch. Therapeutisch eingesetzt werden vor allem Theophyllinpräparate (Euphyllin®, Solosin®). Darüber hinaus erhöhen auch

sie die ziliare Klärfunktion. Mögliche Nebenwirkungen sind Tachykardie, Herzrhythmusstörungen und generalisierte Krampfanfälle.
Parasympathikolytika werden zur Verhinderung bzw. Verminderung vagal-reflektorischer Bronchokonstriktionen verwendet. Sie wirken antagonistisch an muskarinartigen Rezeptoren und können zu systemischen, atropinartigen Nebenerscheinungen führen. Eine typische, inhalativ angewendete Substanz ist Ipratropium (Atrovent®).

Glukokortikoide vermitteln antiallergische, antiphlogistische und antiödematöse Wirkungen. Zusätzlich haben sie einen sog. beta-permissiven Effekt, d. h., sie verbessern die Ansprechbarkeit von beta-adrenergen Rezeptoren auf agonistisch wirkende Substanzen. Dieses spielt vor allem bei langdauernder Therapie mit Beta-Sympathikomimetika eine Rolle. Glukokortikoide werden in erster Linie beim Asthma bronchiale und bei der COPD benutzt. Zur inhalativen Anwendung kommt vor allem das Beclometason (Sanasthmyl® u. Sanasthmax®) wegen seiner geringen systemischen Resorption.

Antibiotika. Die Wirksamkeit **inhalativer Antibiotikatherapie** bei bakteriellen Tracheobronchitiden wird erheblich in Frage gestellt, um so mehr, als diese Behandlung mit potentiellen Komplikationen wie Resistenzentwicklung der Keime, Allergisierung und akuter Bronchokonstriktion belastet ist.

Systemische Pharmakotherapie

Die Medikamente zur systemischen Pharmakotherapie sind prinzipiell die gleichen wie die zur topischen Applikation. Die parenterale Gabe sollte zusätzlich erfolgen, wenn die inhalative Verabreichung alleine therapeutisch nicht ausreichend ist.

Mechanische Unterstützung

Indikationen

Die Indikation zur maschinell unterstützten Atmung ist gegeben bei reversiblen kritischen Störungen des Gasaustausches und der Atemmechanik, wenn andere Maßnahmen, wie z. B. die O_2-Insufflation oder Bronchialtoilette, nicht erfolgreich oder nicht erfolgversprechend sind. Sie sollte weniger nach allgemeinen Grenzwerten (9.**14**), sondern immer am Einzelfall orientiert gestellt werden. Voraussetzung ist, daß im Rahmen einer respiratorischen Insuffizienz entweder die körpereigenen Kompensationsmechanismen erschöpft oder die Organfunktionen bedroht sind.

9.14: Indikationen zur maschinellen Beatmung

▷ **Oxygenation**	
• PaO_2	< 60 mmHg (Raumluft)
• $AaDO_2$	≧ 450 mmHg (FiO_2 = 1,0)
▷ **Ventilation**	
• $PaCO_2$	≧ 55 (60) mmHg außer bei chron. Hyperkapnie!
• V_D / V_T	≧ 0,6
▷ **Atemmechanik**	
• Atemfrequenz	≧ 35/min
• Vitalkapazität	≦ 15 ml/kg KG
• FEV_1	≦ 10 ml/kg KG
• Inspirationskraft	≧ 25 cm H_2O

Parasympathikolytika werden zur Verhinderung bzw. Verminderung vagal-reflektorischer Bronchokonstriktionen verwendet. Sie wirken antagonistisch an muskarinartigen Rezeptoren.

Glukokortikoide vermitteln antiallergische, antiphlogistische, antiödematöse und sog. beta-permissive Effekte. Sie werden in erster Linie beim Asthma bronchiale und bei der COPD benutzt.

Antibiotika Die Wirksamkeit **inhalativer Antibiotikatherapie** bei bakteriellen Tracheobronchitiden wird erheblich in Frage gestellt.

Systemische Pharmakotherapie

Die Medikamente zur systemischen Pharmakotherapie sind prinzipiell die gleichen wie die zur topischen Applikation.

Mechanische Unterstützung

Indikationen

Die Indikation zur maschinell unterstützten Atmung ist gegeben bei reversiblen kritischen Störungen des Gasaustausches und der Atemmechanik, wenn andere Maßnahmen, wie z. B. die O_2-Insufflation oder Bronchialtoilette, nicht erfolgreich oder nicht erfolgversprechend sind (9.**14**).

Respiratoren

Einleitung Der Luftstrom der Atmung setzt prinzipiell ein Druckgefälle zwischen Mund-Rachen-Raum und Alveolen voraus (**Unterdruckatmung**, S 9.11). Die Größe des Atemzugvolumens ist dabei der Größe der Druckdifferenz direkt proportional.

Bei der maschinellen Beatmung entsteht ebenfalls ein Druckgefälle. Hier wird zur Erzeugung der Luftströmung der Druck zu Beginn der Inspiration in den oberen Atemwegen über den in den Alveolen herrschenden Atmosphärendruck erhöht (Prinzip der **Überdruckbeatmung**, S 9.11).

Respiratoren

Einleitung. Der Luftstrom der Atmung setzt prinzipiell ein Druckgefälle zwischen Mund-Rachen-Raum und Alveolen voraus. Bei Spontanatmung wird dieses durch den negativen intrapleuralen Druck während der Inspiration erzeugt (**Unterdruckatmung**, S 9.11). Die Größe des Atemzugvolumens ist dabei der Größe der Druckdifferenz direkt proportional. In der Exspiration kehren sich die Druckverhältnisse um; der Alveolardruck wird größer als der Druck im Mund-Rachen-Raum, so daß die eingeatmete Luft nun wieder nach außen strömen kann. Bei der maschinellen Beatmung entsteht ebenfalls ein Druckgefälle. Hier wird zur Erzeugung der Luftströmung der Druck zu Beginn der Inspiration in den oberen Atemwegen über den in den Alveolen herrschenden Atmosphärendruck erhöht (Prinzip der **Überdruckbeatmung**, S 9.11). Dieses Verfahren erfolgt über einen Endotrachealtubus oder eine Trachealkanüle mit Respiratoren. Die Tuben oder Kanülen müssen zur Abdichtung der Trachea mit einer blockbaren Manschette versehen sein.

S Synopsis 9.**11: Unterdruckatmung und Überdruckbeatmung**

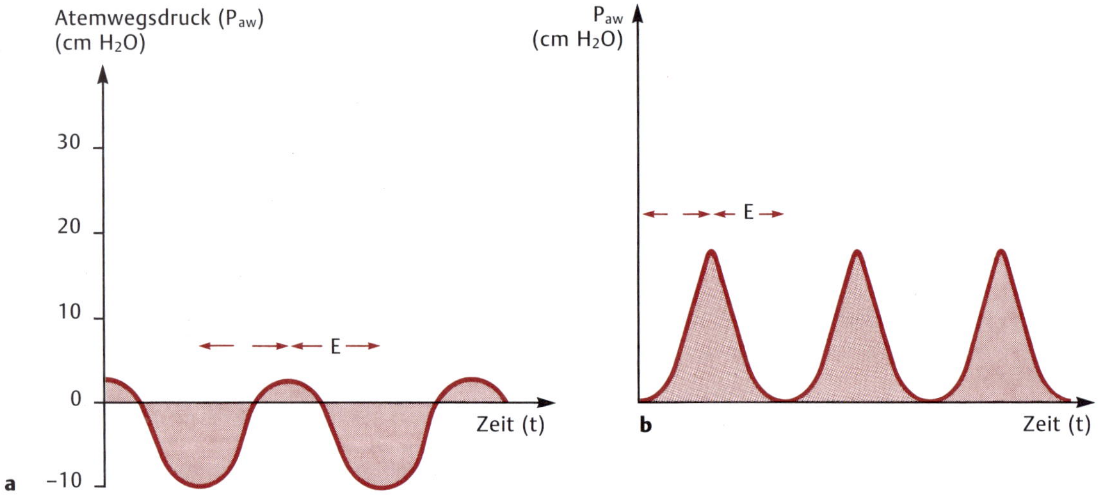

Spontanatmung (**a**) und maschinelle Überdruckbeatmung durch Respirator (**b**); ←E→ Beginn und Ende der Exspiration.

Funktionsprinzipien Die Einteilung der Respiratoren erfolgt nach den **Steuerungsprinzipien** der verschiedenen Phasen des maschinellen Beatmungszyklus.

Man unterscheidet:
- Flowgeneratoren
- Druckgeneratoren

Funktionsprinzipien. Respiratoren sind entweder **elektrisch** oder **pneumatisch,** d. h. durch Druckgas, angetriebene Beatmungsgeräte. Die grundsätzlichen Funktionscharakteristika sollen erörtert werden. Die Einteilung erfolgt nach den **Steuerungsprinzipien** der verschiedenen Phasen des maschinellen Beatmungszyklus:
- Inspirationsphase
- Wechsel von Inspiration zu Exspiration
- Exspirationsphase
- Wechsel von Exspiration zu Inspiration

Respiratoren können das Gasgemisch während der **Inspirationsphase** auf zwei verschiedene Arten zuführen. Man unterscheidet:
- Flowgeneratoren
- Druckgeneratoren

Flowgeneratoren insufflieren das Atemgasgemisch mit einer vorher festgelegten Strömungsgeschwindigkeit (Flow) in die Lungen (**volumenkontrollierte Beatmung**).

Flowgeneratoren insufflieren das Atemgasgemisch mit einer vorher festgelegten Strömungsgeschwindigkeit (Flow) in die Lungen (**volumenkontrollierte Beatmung**). Ändert sich der Widerstand im beatmeten System, so wird trotzdem das vorher eingestellte Atemzugvolumen geliefert. Kommt es allerdings zu Leckagen, geht ein mehr oder weniger großer Teil des Atemzugvolumens nach außen verloren.

Druckgeneratoren stellen das Atemzugvolumen unter einem konstanten, zuvor eingestellten Inspirationsdruck bereit (**druckkontrollierte Beatmung**). Der Flow nimmt kontinuierlich ab (**dezelerierender Flow**), da der Widerstand in den Lungen mit zunehmendem intrapulmonalen Volumen ansteigt. Die Größe des Atemzugvolumens ist abhängig vom am Respirator eingestellten Druck und dem Widerstand im System. Kommt es akut zu Widerstandserhöhungen, vermindert sich demgemäß das Atemzugvolumen. Leckagen hingegen werden bei diesem Beatmungsprinzip besser kompensiert, da der Respirator versuchen wird, den eingestellten inspiratorischen Druck zu erreichen.

Druckgeneratoren stellen das Atemzugvolumen unter einem konstanten, zuvor eingestellten Inspirationsdruck bereit (**druckkontrollierte Beatmung**).
Der Flow nimmt kontinuierlich ab (**dezelerierender Flow**).

Der Mechanismus, der den **Wechsel von In- zu Exspiration** einleitet, wird als Steuerung eines Beatmungsgerätes im engeren Sinne bezeichnet. Es können drei **Grundtypen** unterschieden werden:
- druckgesteuerte Respiratoren
- volumengesteuerte Respiratoren
- zeitgesteuerte Respiratoren

Der Mechanismus, der den **Wechsel von In- zu Exspiration** einleitet, wird als Steuerung eines Beatmungsgerätes im engeren Sinne bezeichnet. Es können drei **Grundtypen** unterschieden werden:
- druckgesteuerte Respiratoren
- volumengesteuerte Respiratoren
- zeitgesteuerte Respiratoren

Bei **druckgesteuerten Respiratoren** wird die Inspiration beendet, sobald ein vorgegebener Druck erreicht ist. Bei **volumengesteuerten** geschieht das, wenn ein vorgegebenes Volumen das Beatmungsgerät verlassen hat. Die **zeitgesteuerten** liefern das Atemgas in einer vorgegebenen Zeit.

Bei **druckgesteuerten Respiratoren** wird die Inspiration beendet, sobald ein vorgegebener Druck erreicht ist, bei **volumengesteuerten,** wenn ein vorgegebenes Volumen das Beatmungsgerät verlassen hat. Die **zeitgesteuerten** liefern das Gas in einer vorgegebenen Zeit.

Für die Umschaltung von In- auf Exspiration lassen sich bestimmte Grenzwerte für den Steuermechanismus an den Respiratoren einstellen (**Begrenzung**). Ein volumengesteuertes Gerät kann zum Beispiel druckbegrenzt sein. Dann wird während der Inspiration ein bestimmter, vorher gewählter Grenzdruck nicht überschritten, was entweder durch die Einleitung der Exspiration beim Erreichen dieses Druckes oder durch eine Reduktion des Flows erreicht wird. Im allgemeinen sind Respiratoren druck- und/oder volumenbegrenzt.

Die **Exspiration** erfolgt bei allen Respiratoren passiv entsprechend den elastischen Rückstellkräften von Lunge und Thorax. Die **Umschaltung von Ex- zu Inspiration** kann durch die gleichen Mechanismen erfolgen, wie für die Beendigung der Inspiration beschrieben.

Die **Exspiration** erfolgt bei allen Respiratoren passiv entsprechend den elastischen Rückstellkräften von Lunge und Thorax.

Bestandteile. Die wesentlichen Bestandteile eines Respirators sind (S 9.**12**):
- Antriebssystem (mikroprozessorgesteuert)
- Gasmischer (Magnetproportionalventile)
- Patientensystem
- Einrichtungen zum Monitoring

Bestandteile Die wesentlichen Bestandteile eines Respirators sind (S 9.**12**):
- Antriebssystem
- Gasmischer
- Patientensystem
- Einrichtungen zum Monitoring

S Synopsis 9.**12: Respirator**

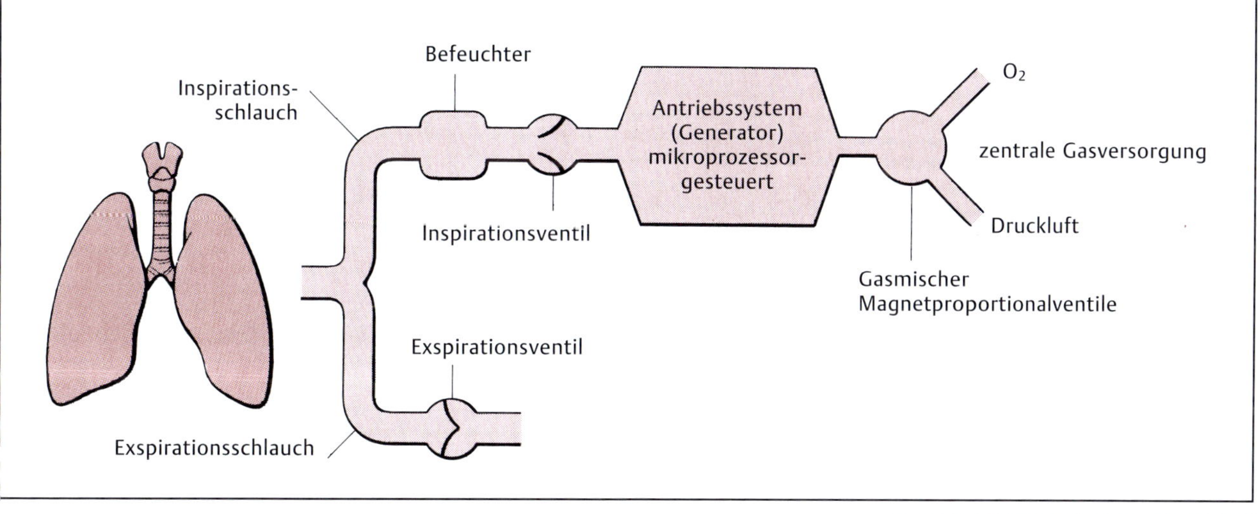

Der **Antrieb** kann elektrisch oder pneumatisch erfolgen. **Gasmischer** sind erforderlich zur exakten Dosierung der Gase im Inspirationsgemisch. Unter dem **Patientensystem** versteht man die Teile, mit denen die Atemgase zum Patienten transportiert werden. Es umfaßt die Atemschläuche, Anfeuchter und Ventile. Mit den **Monitoreinrichtungen** werden die eingestellten Beatmungsparameter und die Funktionsfähigkeit des Respirators überwacht. Sie sind mit optischen und akustischen Warnsystemen ausgestattet.

Techniken

Folgende **Verfahren** sollen besprochen werden:
- kontrollierte Beatmung
- assistierte Beatmung
- unterstützte Spontanatmung
- kombinierte Spontan- und Beatmung
- alternative Verfahren

Techniken

Folgende **Verfahren** sollen besprochen werden:
- kontrollierte Beatmung
  - IPPV
  - CPPV = IPPV + PEEP
  - IRV
- assistierte Beatmung
  - IPPB
- unterstützte Spontanatmung
  - CPAP
- kombinierte Spontan- und Beatmung
  - (S)IMV
  - BIPAP
- alternative Verfahren
  - HFV
  - $ECCO_2$-R

Bei der **kontrollierten Beatmung** wird die Inspiration maschinell-automatisch und unabhängig von eventuell bestehender Eigenatmung des Patienten ausgelöst (**IPPV** = »intermittent positive pressure ventilation«). Bleibt am Ende der Exspirationsphase ein positives Druckniveau (**PEEP** = »positive endexspiratory pressure«) erhalten, handelt es sich um eine »continuous positive pressure ventilation« (**CPPV**). In der klinischen Praxis werden meist PEEP-Werte zwischen 5 und 15 cm H_2O eingestellt.

Bei der **kontrollierten Beatmung** wird die Inspiration maschinell-automatisch und unabhängig von eventuell bestehender Eigenatmung des Patienten ausgelöst. Während der Inspiration wird ein positiver Druck in den Atemwegen erzeugt, der bis zum Ende der Exspiration auf Null bzw. atmosphärische Verhältnisse abfällt (**IPPV** = »intermittent positive pressure ventilation«). Bleibt am Ende der Exspirationsphase ein positives Druckniveau (**PEEP** = »positive endexspiratory pressure«) erhalten, handelt es sich um eine »continuous positive pressure ventilation« **(CPPV).** In der klinischen Praxis werden meist PEEP-Werte zwischen 5 und 15 cm H_2O eingestellt.
Die PEEP-Beatmung soll den pulmonalen Gasaustausch verbessern, wenn ein erhöhter intrapulmonaler Rechts-links-Shunt Ursache einer arteriellen Hypoxie ist. Dieser Störung liegt eine erniedrigte funktionelle Residualkapazität (FRC) zugrunde. Mit der Vergrößerung der FRC erklärt man sich die verbesserte Oxygenierung unter PEEP.

Günstige Wirkungen von PEEP
- Eröffnung atelektatischer Bezirke
- Verminderung des Alveolarkollapses
- Verbesserung der Atemgasverteilung
- Zunahme der FRC
- Abnahme des intrapulmonalen Rechts-links-Shunts

Günstige Wirkungen von PEEP
- Eröffnung atelektatischer Bezirke
- Verminderung des Alveolarkollapses
- Verbesserung der Atemgasverteilung
- Zunahme der FRC
- Abnahme des intrapulmonalen Rechts-links-Shunts

Normalerweise wird eine maschinelle Beatmung so eingestellt, daß ein annähernd physiologisches **Atemzeitverhältnis** von In- zu Exspiration (I : E = 1 : 2) erhalten bleibt. Bei fortgeschrittenen Lungenerkrankungen mit erheblicher Störung des Sauerstoffaustausches bedient man sich aber zur besseren Oxygenierung eines umgekehrten Atemzeitverhältnisses (**IRV** = »inversed ratio ventilation«, S 9.**13**). Endexspiratorisch bildet sich ein positives Druckniveau (S 9.**14**).

Normalerweise wird eine maschinelle Beatmung so eingestellt, daß ein annähernd physiologisches **Atemzeitverhältnis** von In- zu Exspiration (I : E = 1 : 2) erhalten bleibt. Bei fortgeschrittenen Lungenerkrankungen mit erheblicher Störung des Sauerstoffaustausches bedient man sich aber zur besseren Oxygenierung eines umgekehrten Atemzeitverhältnisses (**IRV** = »inversed ratio ventilation«). Das Verhältnis I : E wird hierbei stufenweise von 1 : 1 bis maximal 3 : 1 umgestellt (S 9.**13**). Damit werden die am stärksten geschädigten Lungenabschnitte nicht mehr komplett ausgeatmet (**»airtrapping«**), so daß sich in diesen Bezirken endexspiratorisch ein positives Druckniveau ausbildet (**Intrinsischer PEEP** – oder **Auto-PEEP**, S 9.**14**).

Synopsis 9.13: PEEP-Beatmung

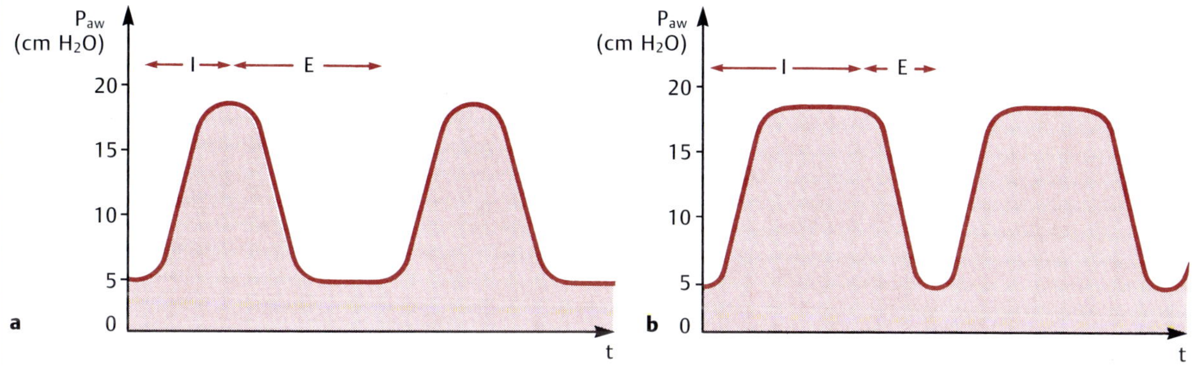

a PEEP-Beatmung mit normalem Inspirations- zu Exspirationsverhältnis von 1 : 2.

b Durch Veränderung des I : E-Verhältnisses auf 3 : 1 nimmt die Inspiration 3/4 des Atemzyklus ein.

Synopsis 9.14: PEEP-Beatmung

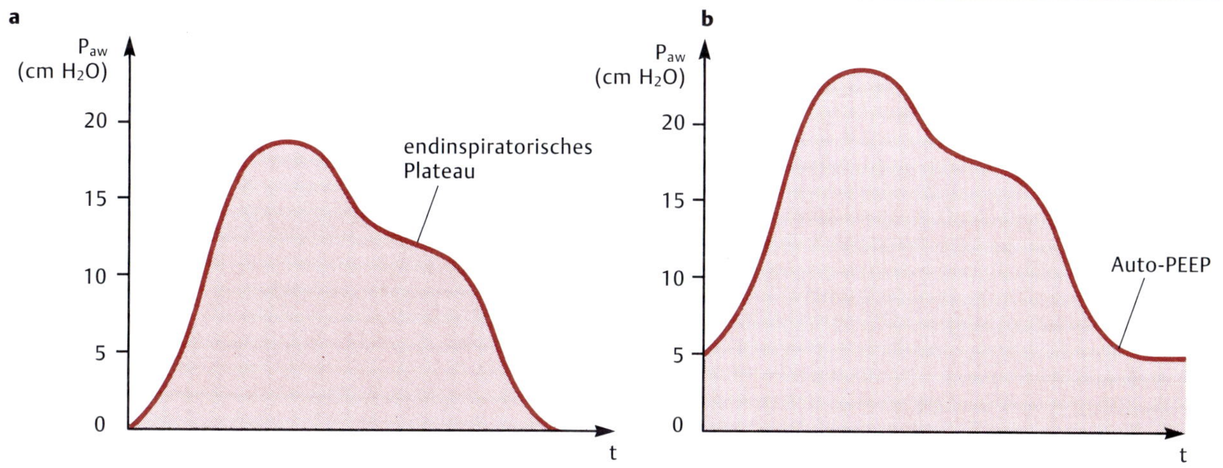

a Durch Hinzunahme eines endinspiratorischen Plateaus verlängert sich die Inspirationsphase ebenfalls auf Kosten der Exspirationszeit.

b Durch diese Verkürzung der Exspirationsphase verbleibt ein Teil des Gasvolumens am Ende der Exspiration in den Alveolen (Auto-PEEP) und bewirkt ein positives Druckniveau.

Die **assistierte Beatmung** (**IPPB** = »intermittent positive pressure breathing«) ist eine Form, bei der der Patient durch einen spontanen Atemimpuls den maschinellen Atemhub auslöst (**Triggerung**, 9.**12**). Dieses Verfahren wurde früher in der Phase der Entwöhnung vom Respirator angewendet.

Analog zur kontrollierten Beatmung mit PEEP besteht beim **CPAP**-Verfahren (»continuous positive airway pressure«) zur **Unterstützung der Spontanatmung** des Patienten sowohl in In- als auch Exspiration ein kontinuierlich positiver Atemwegsdruck. Zusätzlich besteht hierbei noch die Möglichkeit, die Einatmung maschinengesteuert durch eine **Druck- oder Flowunterstützung** zu erleichtern.

Bei der **assistierten Beatmung** (**IPPB** = »intermittent positive pressure breathing«) löst der Patient durch einen spontanen Atemimpuls den maschinellen Atemhub aus (**Triggerung**, 9.**12**).

Analog zur kontrollierten Beatmung mit PEEP besteht beim **CPAP**-Verfahren (»continuous positive airway pressure«) zur **Unterstützung der Spontanatmung** ein kontinuierlich positiver Atemwegsdruck (9.**13**).

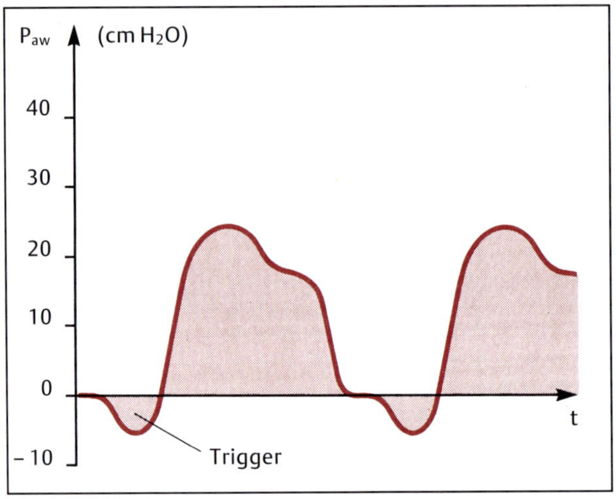

9.**12: Assistierte Beatmung:** Bei Erreichen eines bestimmten Unterdrucks (Trigger) erhält der Patient ein bestimmtes Atemzugvolumen unter Überdruck.

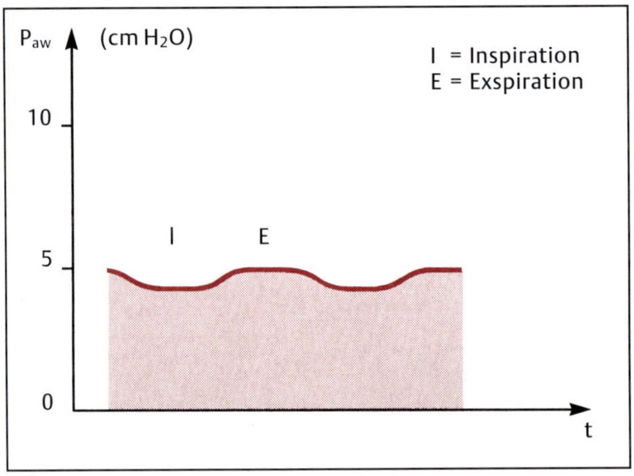

9.**13: CPAP-Verfahren** verhindert einen Abfall des endexspiratorischen Druckniveaus auf Null beim spontan atmenden Patienten.

Bei den Methoden mit **kombinierter Spontan- und Beatmung** werden eine bestimmte Anzahl maschineller Atemhübe pro Minute vorgegeben; in der verbleibenden Zeit kann der Patient spontan atmen (**IMV** = »intermittent mandatory ventilation«). Die maschinellen Hübe können mit der Spontanatmung synchronisiert werden (**SIMV** = »synchronized intermittent mandatory ventilation«). Ein neues Verfahren ist **BIPAP** (»biphasic positive airway pressure«). Hierbei kann die Spontanatmung gleichzeitig zur Beatmung stattfinden (9.**15**).

Bei den Methoden mit **kombinierter Spontan- und Beatmung** wird eine bestimmte Anzahl maschineller Atemhübe pro Minute vorgegeben; in der verbleibenden Zeit kann der Patient spontan atmen (**IMV** = »intermittent mandatory ventilation«). Die maschinellen Hübe können mit der Spontanatmung synchronisiert werden, um zu verhindern, daß eine maschinelle Beatmung in eine Phase spontaner Ausatmung fällt (**SIMV** = »synchronized intermittent mandatory ventilation«, 9.**14**). Eine neue Technik ist **BIPAP** (»biphasic positive airway pressure«). Hierbei kann die Spontanatmung gleichzeitig zur Beatmung stattfinden (9.**15**).

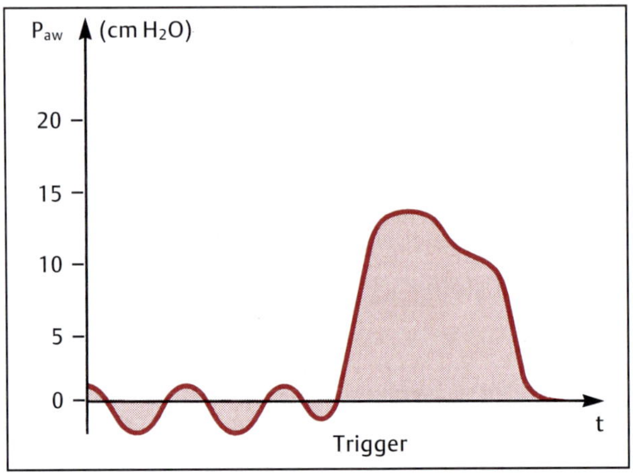

9.**14: SIMV-Beatmung** ermöglicht eine Spontanatmung des Patienten mit Eigenfrequenz, bei der durch interponierte synchronisierte maschinelle Atemzüge ein bestimmtes AMV garantiert wird.

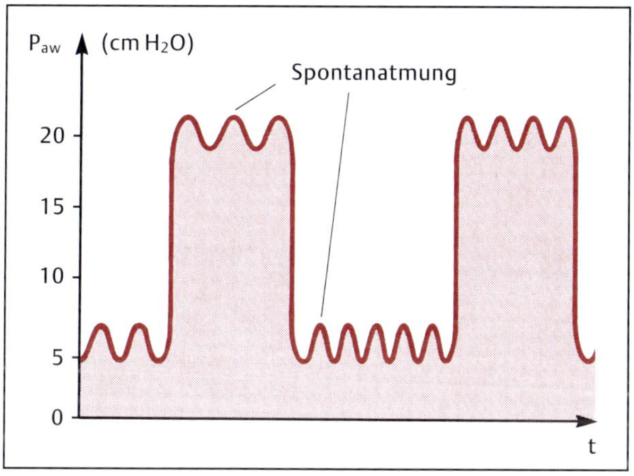

9.15: **BIPAP-Beatmung** ermöglicht die Eigenatmung des Patienten auf unterschiedlichen CPAP-Druckniveaus, deren Höhe vom Anwender vorgegeben werden.

Alternative Verfahren sind HFV (»high frequency ventilation«) und $ECCO_2$-R (»extracorporal CO_2-removal«). Die **HFV** ist ein Oberbegriff für Beatmungsformen mit hohen Atemfrequenzen (60 – 3000/min) und sehr kleinen Gasvolumina. Je höher dabei die eingestellten Atemfrequenzen sind, um so geringer wird der durch Strömungprozesse verursachte Gastransport in die und aus der Lunge. Hier werden spezielle Mechanismen, die an dieser Stelle nicht näher erörtert werden können, vermutet. Mit der HFV lassen sich günstige Effekte auf die Sekretmobilisation nachweisen. Sie kann beim intubierten Patienten additiv zur konventionellen Beatmung angewendet werden (superponierte HFV).

Die **$ECCO_2$-R** ist eine Methode zur extrakorporalen CO_2-Eliminierung. Bei fortgeschrittenen Lungenerkrankungen wird aufgrund zunehmender Totraumventilation die Entfernung des CO_2 zum Hauptproblem. Die Atemminutenvolumina müssen erheblich gesteigert werden mit der Konsequenz, daß die Lungenstruktur über die Maßen unphysiologisch beansprucht und die Oxygenierung zunehmend beeinträchtigt wird. Bei der $ECCO_2$-R wird die Lunge mechanisch ruhiggestellt und erhält nur noch eine geringe O_2-Menge (1 l/min) über einen Katheter durch den Endotrachealtubus kontinuierlich insuffliert. Ein PEEP von ca. 20 cm H_2O wird eingestellt und die Lunge zur besseren Durchmischung des Sauerstoffes mit der Luft im Bronchialsystem viermal pro Minute bei einer inspiratorischen Druckbegrenzung von 40 cm H_2O gebläht. Das CO_2 hingegen wird über ein extrakorporales Membranensystem fortlaufend aus dem vorbeiströmenden Blut eliminiert. 30 – 40 % des Herzzeitvolumens werden über einen dicklumigen Katheter der unteren Hohlvene entnommen, mit einer Rollerpumpe durch die Membranlungen geleitet und anschließend dem venösen System über einen herznäher plazierten Katheter wieder zugeführt.

Durch dieses sehr aufwendige Verfahren konnte bei Patienten mit schwerem ARDS die Letalität auf 50 % gesenkt werden. Es ist indiziert, wenn sich mit den konventionellen Beatmungstechniken kein ausreichender oder kein verbesserter Gasaustausch herbeiführen läßt und die zugrundeliegende Erkrankung prinzipiell reversibel ist. Diese Technik wird auch in Zukunft speziellen Zentren vorbehalten bleiben.

Strategie der mechanischen Atemhilfe

Die Strategie der mechanischen Atemhilfe erfolgt nach einem abgestuften Konzept (9.**15**). Um die geeignete Atemwegsunterstützung einzusetzen, muß zunächst geklärt werden, welche Teilfunktionen der äußeren Atmung gestört sind. Die eingeschränkte **CO_2-Eliminierung** bedarf der Verbesserung der Ventilation. Ist eine Spontanatmung vorhanden, sollte diese wenn möglich nicht durch eine kontrollierte Beatmung ausgeschaltet werden, sondern durch geeignete Atemhilfen unterstützt werden (Stufe I und II). Bei verminderter **Oxygenierung** ist die Vergrößerung der gasaustauschen-

Alternative Verfahren sind HFV (»high frequency ventilation«) und $ECCO_2$-R (»extracorporal CO_2-removal«). Die **HFV** ist ein Oberbegriff für Beatmungsformen mit hohen Atemfrequenzen (60 – 3000/min) und sehr kleinen Gasvolumina.
Mit der HFV lassen sich günstige Effekte auf die Sekretmobilisation nachweisen.

Die **$ECCO_2$-R** ist eine Methode zur extrakorporalen CO_2-Eliminierung. Bei fortgeschrittenen Lungenerkrankungen wird aufgrund zunehmender Totraumventilation die Entfernung von CO_2 zum Hauptproblem.
Die $ECCO_2$-R ist indiziert, wenn sich mit den konventionellen Beatmungstechniken kein ausreichender oder kein verbesserter Gasaustausch herbeiführen läßt und die zugrundeliegende Erkrankung prinzipiell reversibel ist.

Strategie der mechanischen Atemhilfe
Die Strategie der mechanischen Atemhilfe erfolgt nach einem abgestuften Konzept (9.**15**). Um die geeignete Atemwegsunterstützung einzusetzen, muß zunächst geklärt werden, welche Teilfunktionen der äußeren Atmung gestört sind. Die eingeschränkte **CO_2-Eliminierung** bedarf der Verbesserung der Ventilation.

Bei verminderter **Oxygenierung** ist die Vergrößerung der gasaustauschenden Oberfläche, also die Erhöhung der FRC, erforderlich. Sollte eine kontrollierte Beatmung erforderlich sein (▤ 9.**16**), wird man sie zunächst mit PEEP durchführen.

den Oberfläche, also die Erhöhung der FRC, erforderlich. Das läßt sich unter Spontanatmung durch ein CPAP-System erreichen.
Sollte eine kontrollierte Beatmung erforderlich sein (▤ 9.**16**), wird man sie zunächst mit PEEP durchführen, diesen ggf. erhöhen und schließlich das Atemzeitverhältnis verlängern (IRV). Die Effektivität der einzelnen Schritte bezüglich des pulmonalen Gasaustausches wird mittels Pulsoxymetrie und arterieller Blutgasanalysen überprüft.

▤ 9.**15: Stufenkonzept der mechanischen Atemhilfe** (mod. nach *Benzer)*

▷ **Stufe I**		CPAP, BIPAP
▷ **Stufe II**		(S)IMV, BIPAP
▷ **Stufe III**	I : E = 1 : 2 PEEP 5 → 15 cm H_2O	CPPV, BIPAP
▷ **Stufe IV**	I : E = 1 : 1 → 3 : 1 PEEP 5 → 10 cm H_2O IR-BIPAP (»inversed-ratio«-BIPAP)	IRV
▷ **alternativ:**		HFV, $ECCO_2$-R
▷ **adjuvant:**		Hämofiltration

Die Maßnahmen der einzelnen Stufen sollten so gewählt werden, daß die $FiO_2 \leqq 0{,}5$ bleibt!

Die Maßnahmen der einzelnen Stufen sollten so gewählt werden, daß die $FiO_2 \leqq 0{,}5$ bleibt!

▤ 9.**16: Grundeinstellung des Respirators bei CPPV**

▷ **AMV**	100 – 120 ml/kg
▷ **V_T**	≤ 10 ml/kg
▷ **AF**	8 – 12/min
▷ **I : E**	1 : 2
▷ **FiO_2**	initial 1,0; Reduktion nach arterieller BGA!
▷ **PEEP**	5 – 10 cm H_2O

Der Beatmungsdruck sollte wegen der Gefahr eines Barotraumas im Plateaudruck 25 – 30 cm H_2O nicht überschreiten.

Der Beatmungsdruck sollte wegen der Gefahr eines Barotraumas im Plateaudruck 25 – 30 cm H_2O nicht überschreiten, was durch Reduzierung des inspiratorischen Flows oder Begrenzung des inspiratorischen Druckes erreicht werden kann.

Sedierung, Analgesie und Relaxation

Eine generelle **Sedierung** von beatmeten Patienten ist heutzutage aus beatmungstechnischen Gründen nicht mehr zwingend erforderlich. Bei psychoreaktiven Unruhezuständen können Substanzen aus folgenden Medikamentengruppen eingesetzt werden:
- Benzodiazepine
- Neuroleptika
- α_2-Agonisten

Sedierung, Analgesie und Relaxation

Eine generelle **Sedierung** von beatmeten Patienten ist heutzutage aus beatmungstechnischen Gründen nicht mehr zwingend erforderlich. Die Indikation wird vielmehr durch die Schwere der Grundkrankheit bestimmt. Bei psychoreaktiven Unruhezuständen können Substanzen aus folgenden Medikamentengruppen eingesetzt werden:
- Benzodiazepine
- Neuroleptika
- α_2-Agonisten

Es sollten zur besseren Steuerung der Effekte in erster Linie Pharmaka mit möglichst kurzer Eliminationshalbwertzeit benutzt werden. Unter den **Benzodiazepinen** bietet sich hier das Midazolam (Dormicum®), unter den **Neuroleptika** das zu den Butyrophenonen gehörende Droperidol (Dehydrobenzperidol®, abgekürzt DHBP) an. Neuroleptika haben jedoch den Nachteil potentiell langanhaltender extrapyramidal-motorischer Nebenwirkungen und sind von daher eher Mittel der 2. Wahl.

Einen immer größeren Stellenwert nehmen die α_2-Agonisten, z. B. Clonidin (Catapresan®), ein. Die gezielte Hemmung des zentralen Sympathikus durch Stimulierung inhibitorischer α_2-Rezeptoren hat sedierende, anxiolytische und die Opioidgabe unterstützende analgetische Wirkungen zur Folge.
Nach Gabe einer Initialdosis von 1 – 2 Ampullen Clonidin i. v. schließt sich eine nach Wirkung gesteuerte Perfusortherapie (0,9 mg/50 ml mit 2 – 10 ml/h) an.

> ▶ ***Merke.*** Vor dem Einsatz von Sedativa ist immer zu prüfen, ob Unruhezustände psychogener Natur sind und nicht durch andere Ursachen, wie z. B. Hypoxie oder Schmerzen, bedingt werden.

◀ **Merke**

Patienten mit Schmerzen bedürfen einer adäquaten Therapie durch **Analgetika.** Hierzu kommen vorrangig **Opioide** in Frage, die als Hypno-Analgetika zudem sedierende Eigenschaften haben. Bei Beatmungspatienten werden bevorzugt Fentanyl (Fentanyl®-Janssen) und Sufentanil (Sufenta®) verwendet. Bei Bedarf können Analgetika und Sedativa kombiniert eingesetzt werden. Die kontinuierliche thorakale oder hochlumbale Epiduralanalgesie mit Katheter ermöglicht eine suffiziente Schmerztherapie im Operationsbereich (Thorax, Abdomen), ohne nennenswerte Nebenwirkungen auf das ZNS auszuüben, wie z. B. systemisch applizierte Opioide.
Ziel analgo-sedierender Maßnahmen ist es, daß der Patient jederzeit erweckbar bleibt, orientiert und kooperativ ist und daß beim endotrachealen Absaugen ein deutlicher Hustenreflex auslösbar ist.
Nicht immer ist mit den erwähnten Medikamenten eine ausreichende Ruhigstellung des Patienten zu gewährleisten (z. B. akuter Schub einer Sepsis, der mit extremer Unruhe einhergehen kann). Sehr selten kann es vorübergehend erforderlich werden, mittels **Relaxation** eine Synchronisierung zwischen Patient und Respirator zu erreichen, da durch die ansonsten um ein Vielfaches gesteigerte Atemarbeit der O_2-Verbrauch bedrohlich erhöht wird. Hierzu werden mittellang wirksame, **nichtdepolarisierende Muskelrelaxanzien** wie Vecuronium (Norcuron®) oder Cisatracurium (Nimbex®) eingesetzt.

Patienten mit Schmerzen bedürfen einer adäquaten Therapie durch **Analgetika.** Hierzu kommen vorrangig **Opioide** in Frage, die als Hypno-Analgetika zudem sedierende Eigenschaften haben.
Die Katheterepiduralanästhesie ermöglicht eine suffiziente Schmerztherapie ohne ZNS-Nebenwirkungen.

Ziel analgo-sedierender Maßnahmen ist es, daß der Patient jederzeit erweckbar bleibt, orientiert und kooperativ ist.

Sehr selten kann es vorübergehend erforderlich werden, mittels **Relaxation** eine Synchronisierung zwischen Patient und Respirator zu erreichen. Hierzu werden mittellang wirksame, **nichtdepolarisierende Muskelrelaxanzien** eingesetzt.

Respiratorische Nebenwirkungen

- Tubusfehllage und -obstruktion
- Mikroatelektasen
- Pneumonie
- Barotrauma
  - Pneumothorax
  - interstitielles Lungenemphysem
  - Mediastinalemphysem
  - Perikardemphysem
  - Weichteilemphysem
- pulmonale Sauerstofftoxizität

Respiratorische Nebenwirkungen

- Tubusfehllage und -obstruktion
- Mikroatelektasen
- Pneumonie
- Barotrauma
- pulmonale Sauerstofftoxizität

Die korrekte **Tubusposition** muß auskultatorisch und röntgenologisch kontrolliert werden. Zu tiefe Lage ist mit der Gefahr der einseitigen Beatmung verbunden. Bei zu hoher Plazierung besteht die Möglichkeit der akzidentellen Extubation. **Tubusobstruktionen** aufgrund von zähen wandständigen Sekreten sind bei den heutigen Tubusmaterialien selten. Als Ursache der Entstehung von **Mikroatelektasen** vermutet man eine verminderte Synthese und Inaktivierung von Surfactant. Zudem können sich unter hohen inspiratorischen O_2-Konzentrationen durch die Stickstoffauswaschung **Resorptionsatelektasen** bilden. Der Stickstoff fehlt dann zur Stabilisierung der Alveolarwände, und die Alveolen können entsprechend ihrer Oberflächenspannung kollabieren. **Pneumonien** entstehen im Gefolge bakterieller Kontamination des Trachealsekrets. Besonders gefährdet sind resistenzgeschwächte Beatmungspatienten. Ein **Barotrauma** kann

Die korrekte **Tubusposition** muß auskultatorisch und röntgenologisch kontrolliert werden. Als Ursache der Entstehung von **Mikroatelektasen** vermutet man eine verminderte Synthese und Inaktivierung von Surfactant.
Pneumonien entstehen im Gefolge bakterieller Kontamination des Trachealsekrets.
Ein **Barotrauma** kann sich im Rahmen eines auf die Lunge einwirkenden zu hohen Überdruckes ausbilden.

Hämodynamische Nebenwirkungen

Durch die intermittierende Überdruckbeatmung steigt der intrathorakale Druck während der Inspiration an. Die Folge ist eine Abnahme des venösen Rückstroms mit **Verringerung des Herzschlagvolumens und -minutenvolumens** und damit der Sauerstofftransportkapazität.

Diese Nebenwirkungen lassen sich aber in der Regel therapeutisch durch Vermehrung des intravasalen Volumens und durch Gabe herzkreislaufwirksamer Medikamente (z. B. Dopamin) abmildern.

Organauswirkungen der Überdruckbeatmung

- Abnahme der Nierenausscheidung
- Erhöhung des intrakraniellen Druckes

Die Abnahme der **Nierenausscheidung** wird durch die verminderte Organdurchblutung infolge des verringerten Herzzeitvolumens und Perfusionsdruckes erklärt.

Der **intrakranielle Druck** kann sich erhöhen, wenn durch den erhöhten intrathorakalen Druck der hirnvenöse Abfluß beeinträchtigt wird und die intrakraniellen Kompensationsmechanismen erschöpft sind.
Bei Patienten mit **Herzinsuffizienz** sind die Verhältnisse anders.

Bei Abnahme des Herzzeitvolumens unter Beatmung mit PEEP kann unter Umständen die **O_2-Transportkapazität des Blutes** so weit vermindert werden, daß damit der Effekt einer verbesserten pulmonalen Oxygenierung für die Sauerstoffversorgung des Gesamtorganismus zunichte gemacht wird.

»Weaning«

Der Begriff »weaning« bezeichnet ein komplexes Verfahren zur Entwöhnung vom Respirator.
»Weaning« ist ein dynamischer Vorgang. Es beginnt in dem Moment, wo sich die Lungenfunktion verbessert und die Atemhilfen schrittweise zurückgenommen werden können (umgekehrte Reihenfolge des obigen Stufenkonzeptes).
Die **Extubationskriterien** sind neben der Beurteilung des pulmonalen Gasaustausches eine zumindest annähernd normalisierte Atemarbeit bzw. -mechanik (▤ 9.**17**).

sich im Rahmen eines auf die Lunge einwirkenden zu hohen Überdruckes ausbilden.

Hämodynamische Nebenwirkungen

Durch die intermittierende Überdruckbeatmung steigt der intrathorakale Druck während der Inspiration an. Dadurch nehmen der Durchmesser der pulmonalen Gefäße ab und konsekutiv der pulmonal-vaskuläre Widerstand zu. Der Druck im rechten Vorhof steigt, so daß der Druckgradient zwischen den peripheren Venen und dem rechten Vorhof kleiner wird. Die Folge ist eine Abnahme des venösen Rückstroms mit **Verringerung des Herzschlagvolumens und -minutenvolumens.** Kompensatorisch kommt es zu einer Erhöhung des Sympathikotonus mit Zunahme der Herzfrequenz und des Tonus der peripheren Venen.
Die Auswirkungen der Beatmung werden um so größer sein, je höher der intrathorakale Druck ansteigt und je geringer die Zunahme der sympathischen Aktivität sein wird. Sie werden stärker ausfallen, wenn auch während der Exspiration ein positiver Druck herrscht (PEEP-Beatmung). Sie lassen sich aber in der Regel therapeutisch durch Vermehrung des intravasalen Volumens und durch Gabe herzkreislaufwirksamer Medikamente (z. B. Dopamin, Dopexamin, Dobutamin, Adrenalin) abfangen.

Organauswirkungen der Überdruckbeatmung

- Abnahme der Nierenausscheidung
- Erhöhung des intrakraniellen Druckes

Die Abnahme der **Nierenausscheidung** wird durch die verminderte Organdurchblutung infolge des verringerten Herzzeitvolumens und Perfusionsdruckes erklärt. Hinzu kommt noch eine vermehrte Freisetzung des antidiuretischen Hormons (ADH) zur kompensatorischen Vergrößerung des intravasalen Volumens.
Der **intrakranielle Druck** kann sich erhöhen, wenn durch den erhöhten intrathorakalen Druck der hirnvenöse Abfluß beeinträchtigt wird und die intrakraniellen Kompensationsmechanismen erschöpft sind.
Bei Patienten mit **Herzinsuffizienz** sind die Verhältnisse anders. Durch die Verringerung des venösen Rückstroms werden die ventrikulären Füllungsvolumina vermindert, so daß sich das Herzschlagvolumen nach dem Frank-Starling-Mechanismus entsprechend erhöhen kann. Es kommt so zu einer Verbesserung der kardialen Situation. Dieses Prinzip macht man sich therapeutisch vor allem bei der Behandlung des kardiogenen Lungenödems zunutze.
Bei Abnahme des Herzzeitvolumens unter Beatmung mit PEEP kann unter Umständen die **O_2-Transportkapazität des Blutes** so weit vermindert werden, daß damit der Effekt einer verbesserten pulmonalen Oxygenierung für die Sauerstoffversorgung des Gesamtorganismus zunichte gemacht wird. Das PEEP-Niveau darf dementsprechend nur so eingestellt werden, daß das O_2-Angebot für die Zellen unter der Beatmung erhöht werden kann. Die Erörterung der praktischen Umsetzung würde hier allerdings zu weit führen.

»Weaning«

Der Begriff »weaning« bezeichnet ein komplexes Verfahren zur Entwöhnung vom Respirator. Ein Grundprinzip moderner, differenzierter Beatmung ist die möglichst schnelle und sichere Wiederherstellung der natürlichen Spontanatmung. »Weaning« ist ein dynamischer Vorgang. Es beginnt in dem Moment, wo sich die Lungenfunktion verbessert und die Atemhilfen schrittweise zurückgenommen werden können (umgekehrte Reihenfolge des obigen Stufenkonzeptes). Erst nach Herbeiführung einer suffizienten, nicht mehr mechanisch unterstützten Spontanatmung wird der Patient im letzten Schritt extubiert. Die **Extubationskriterien** sind neben einer deutlichen Verbesserung des pulmonalen Gasaustausches eine zumindest annähernd normalisierte Atemarbeit bzw. -mechanik und stabile Herzkreislaufverhältnisse (▤ 9.**17**). Sie dürfen nicht starr gehandhabt werden. »Weaning« und Extubation sind individuelle Vorgänge!

9.17: Extubationskriterien

▷ **Oxygenierung**	
PaO_2 ($FiO_2 \leqq 0{,}4$)	> 60 mmHg
$AaDO_2$	< 300 mmHg (FiO_2 = 1,0)
PEEP/CPAP	≦ 5 cm H_2O
▷ **Ventilation**	
$PaCO_2$	< 55 mmHg (außer bei chron. Lungenerkrankungen)
V_D/V_T	≦ 0,5
▷ **Atemmechanik**	
Atemfrequenz	≦ 20/min
AMV	< 10 l/min
Vitalkapazität	> 25 ml/kg KG
FEV_1	> 20 ml/kg KG
Inspirationskraft	> 25 cm H_2O

Bei Rückkehr zur Spontanatmung kommt es zur Vermehrung der Atemarbeit und durch den Wegfall des PEEP zunächst zur Verschlechterung des Gasaustausches. Die Inspirationsluft muß deshalb mit Sauerstoff angereichert werden. Zusätzlich sind krankengymnastische und atemtherapeutische Maßnahmen erforderlich. Die Auswirkungen auf die Hämodynamik sind unterschiedlich. Bei Patienten mit Herzinsuffizienz steigt die Herzarbeit unter anderem durch die Zunahme des venösen Rückstroms an, so daß die Gabe diuretischer und herzkreislaufunterstützender Medikamente erforderlich werden kann, während sie bei Herzgesunden geringer wird.

Bei Rückkehr zur Spontanatmung kommt es zur Vermehrung der Atemarbeit und durch den Wegfall des PEEP zur Verschlechterung des Gasaustausches.

Kausale Therapie

Die Beatmungstherapie hat prinzipiell nur den Stellenwert eines symptomatischen Ansatzes. Das Hauptaugenmerk muß immer darauf gerichtet sein, die einer Erkrankung zugrundeliegenden Ursachen auszuschalten. Im folgenden werden hierzu kurz die therapeutischen Möglichkeiten bei den unter 9.2.4 besprochenen Krankheitsbildern abgehandelt.

Kausale Therapie

Die Beatmungstherapie hat prinzipiell nur den Stellenwert eines symptomatischen Ansatzes. Das Hauptaugenmerk muß immer darauf gerichtet sein, die einer Erkrankung zugrundeliegenden Ursachen auszuschalten.

Atelektase

Bei **Obstruktionsatelektasen** müssen die das Bronchiallumen verlegenden Schleimpfröpfe entfernt werden. Folgende Maßnahmen sind indiziert:
- Physiotherapie
- endotracheale Absaugung
  - »blind«
  - durch den liegenden Endotrachealtubus
  - gezielt bronchoskopisch
- kontrollierte Beatmung mit hohem PEEP (≧ 10 cm H_2O)

Atelektase

Bei **Obstruktionsatelektasen** müssen die das Bronchiallumen verlegenden Schleimpfröpfe entfernt werden. Folgende Maßnahmen sind indiziert:
- Physiotherapie
- endotracheale Absaugung
- kontrollierte Beatmung mit hohem PEEP

Bei der Beatmung wird der Patient in einer Position gelagert, in der die atelektatischen Bezirke oben und die belüfteten unten liegen. Dadurch erhöht sich der Widerstand in den unteren Lungenpartien, so daß die Luft nun unter Überdruck in die oberen verschlossenen Bereiche einströmen und diese wiedereröffnen kann. Die **Kompressionsatelektasen** erfordern therapeutisch ebenfalls eine Beseitigung der auslösenden Ursachen, d. h., daß ein Pleuraerguß z. B. durch Punktion entlastet oder ein Pneumothorax drainiert wird.

Die **Kompressionsatelektasen** erfordern therapeutisch ebenfalls eine Beseitigung der auslösenden Ursachen.

Pneumothorax

Ein Pneumothorax beim Beatmungspatienten sollte in der Regel mit Dauersog drainiert werden, da sich unter Beatmung schnell aus einem

Pneumothorax

Ein Pneumothorax beim Beatmungspatienten sollte in der Regel mit

Dauersog drainiert werden, da sich unter Beatmung schnell aus einem Pneumothorax ein Spannungspneumothorax entwickeln kann.

Indikation zur Pleuradrainage
- Pneumothorax > 1/3 des halben Thoraxdurchmessers
- Pneumothorax mit Dyspnoe
- Pneumothorax beidseitig
- Spannungspneumothorax
- Pneumothorax unter Beatmung

Zugangswege
- 2./3. ICR: Medioklavikularlinie (nach *Monaldi*)
- 2./3. ICR: vordere Axillarlinie

Nach der Punktion (9.**16**) mit einem Trokarkatheter verbleibt der Katheter im Pleuraraum und wird an ein Drainagesystem angeschlossen. Zur Drainage eines Pneumothorax wird am besten eine **Zweiflaschenabsaugung** mit Wasserschloß benutzt (9.**17**).

Pneumothorax ein Spannungspneumothorax entwickeln kann. Dieser erfordert dann die unverzügliche notfallmäßige Punktion (z. B. großlumige Kanüle) und anschließend die definitive Behandlung mittels Drainage.

Indikation zur Pleuradrainage

- Pneumothorax > 1/3 des halben Thoraxdurchmessers
- Pneumothorax mit Dyspnoe
- Pneumothorax beidseitig
- Spannungspneumothorax
- Pneumothorax unter Beatmung

Zugangswege

- 2./3. ICR: Medioklavikularlinie (nach *Monaldi*)
- 2./3. ICR: vordere Axillarlinie

Nach der Punktion (9.**16**) mit einem Trokarkatheter verbleibt der Katheter im Pleuraraum und wird an ein Drainagesystem angeschlossen. Zur Drainage eines Pneumothorax wird am besten eine **Zweiflaschenabsaugung** mit Wasserschloß benutzt (9.**17**). Die Spitze der langen Glasröhre der ersten Flasche wird etwa 2 cm unter die Wasseroberfläche eingetaucht (Wasserschloß). Die zweite Flasche dient dem Einstellen und Kontrollieren der Saugleistung. Durch einen Schlauch wird sie mit der Wasserschloßflasche verbunden, durch einen anderen mit der Sogquelle. Eine Glasröhre wird etwa 10 – 20 cm tief unter die Wasseroberfläche eingetaucht; die Eintauchtiefe entspricht dabei dem Sog in cm H_2O. Das Ausperlen von Luft in der ersten Flasche zeigt an, daß ein Leck in der Lunge oder im Bronchus vorhanden ist. Die Absaugung wird so lange fortgeführt, bis bei korrekt liegendem Drain keine Zeichen einer Leckage mehr vorhanden sind. Dann wird die Drainage abgeklemmt und anhand von klinischen und röntgenologischen Kontrollen festgestellt, ob die Lunge entfaltet ist und bleibt. Wenn das der Fall ist, kann der Pleuradrain entfernt werden.

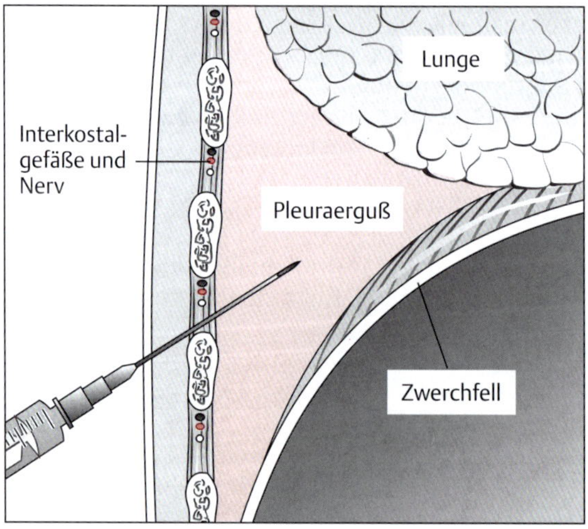

9.**16: Pleurapunktion.** Zur Vermeidung einer Verletzung von Interkostalgefäßen und -nerven muß die Punktion entlang der Oberkante der Rippe erfolgen.

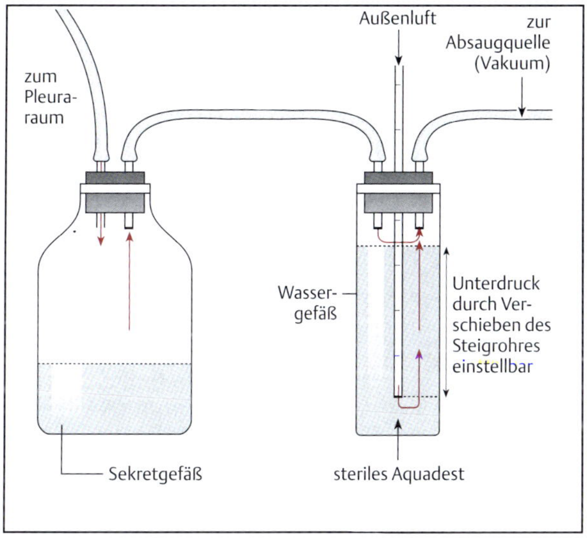

9.17: **Zweiflaschen-Saugsystem mit Wasserschloß** zur Drainierung eines Pneumothorax. Die Pfeile geben die Wege der Luft an. Durch einen gewählten Unterdruck (z. B. –20 cm H_2O) mittels Vakuumleitung wird sowohl im Sekret als auch im Wassergefäß ein Sog erzeugt, der Sekret und Luft aus dem Pleuraraum fördert. Durch die Einführtiefe des Steigrohrs wird der Unterdruck reguliert und gleichzeitig ein Eindringen von Luft in den Pleuraspalt verhindert.

Pleuraerguß

Ein Pleuraerguß wird punktiert und ggf. drainiert, wenn er entweder den pulmonalen Gasaustausch beeinträchtigt und/oder bakteriell infiziert ist oder wenn die Genese abgeklärt werden soll. Dabei sollten, um kein Lungenödem (**e vacuo**) bei zu schneller Reexpansion der Lunge zu provozieren, nicht mehr als 1000 ml Flüssigkeit auf einmal abgelassen werden. Das Punktat wird zur Abklärung der Ursache laborchemisch, mikrobiologisch und zytologisch untersucht. Die weitere Therapie richtet sich dann nach der Grunderkrankung.

Zugangsweg

- 4./5. ICR: mittlere Axillarlinie (nach *Bülau*)

Die Punktion sollte möglichst nicht unterhalb der Mamillarlinie erfolgen, um Verletzungen des Zwerchfells und intraabdomineller Organe zu vermeiden! Darüber hinaus mögliche **Komplikationen** sind:

- Pneumothorax (Verletzung der viszeralen Pleura)
- Hämatothorax (Verletzung von Interkostalgefäßen)
- Infektion

Zur Flüssigkeitsdrainage aus dem Pleuraraum kann ein **Dreiflaschen-Saugsystem** verwendet werden. Die erste Flasche dient dem Auffangen und Messen der abgesaugten Flüssigkeit, die zweite als Wasserschloß und die dritte als Saugkontrolle.

Pleuraerguß

Ein Pleuraerguß wird punktiert und ggf. drainiert, wenn er entweder den pulmonalen Gasaustausch beeinträchtigt und/oder bakteriell infiziert ist oder wenn die Genese abgeklärt werden soll. Dabei sollten, um kein Lungenödem **(e vacuo)** bei zu schneller Reexpansion der Lunge zu provozieren, nicht mehr als 1000 ml Flüssigkeit auf einmal abgelassen werden.

Zugangsweg

- 4./5. ICR: mittlere Axillarlinie (nach *Bülau*)

Die Punktion sollte möglichst nicht unterhalb der Mamillarlinie erfolgen, um Verletzungen des Zwerchfelles und intraabdomineller Organe zu vermeiden! Weitere **Komplikationen:**

- Pneumothorax
- Hämatothorax
- Infektion

Zur Flüssigkeitsdrainage aus dem Pleuraraum kann ein **Dreiflaschen-Saugsystem** verwendet werden.

Lungenödem

Die spezifische Behandlung des Lungenödems richtet sich nach der **Grunderkrankung**.

Lungenödem

Die spezifische Behandlung des Lungenödems richtet sich nach der **Grunderkrankung.**

COPD

Die Therapie der COPD besteht aus folgenden Maßnahmen:

- Vermeidung auslösender Agenzien
- Bronchialtoilette (siehe 9.2.5)
- antiobstruktiver u. antiinflammatorischer Pharmakotherapie (siehe 9.2.5)
- antibiotische Therapie interkurrenter Infektionen
- intermittierende O_2-Therapie bei chronischer arterieller Hypoxie ($PaO_2 < 55$ mmHg)

COPD

Die Therapie der COPD besteht aus folgenden Maßnahmen:

- Vermeidung von Auslösern
- Bronchialtoilette
- Pharmakotherapie
- antibiotische Therapie
- intermittierende O_2-Therapie bei Hypoxie

Eine Beatmung sollte möglichst vermieden werden, läßt sich aber bei akuten Dekompensationen nicht immer vermeiden. Diese Patienten sind nur schwerlich vom Respirator zu entwöhnen.

Aspiration

Für die Behandlung der durch sauren Magensaft verursachten Aspiration stehen **symptomatische Maßnahmen** im Vordergrund.

Aspiration

Für die Behandlung der durch sauren Magensaft verursachten Aspiration stehen **symptomatische Maßnahmen** im Vordergrund. Von zentraler Bedeutung ist die Vermeidung einer arteriellen Hypoxie und die frühzeitige, konsequente kontrollierte Beatmung mit PEEP.

Pneumonie

Die bakteriell und/oder durch Pilze verursachten Pneumonien müssen gezielt **antibiotisch** behandelt werden (▤ 9.**19**). Bis zum Erregernachweis wird initial eine sogenannte kalkulierte Chemotherapie durchgeführt:
- primäre Pneumonie: Cephalosporine, Tetrazykline bei V. a. Mykoplasmen
- nosokomiale Pneumonie (▤ 9.**18**): Beta-Lactam-Antibiotikum + Aminoglykosid

Pneumonie

Die bakteriell und/oder durch Pilze verursachten Pneumonien müssen gezielt, d. h. nach mikrobiologischer Keimisolierung und Empfindlichkeitstestung, **antibiotisch** behandelt werden (▤ 9.**19**). Bis zum Erregernachweis wird initial eine sogenannte kalkulierte Chemotherapie durchgeführt, bei der Antibiotika nach dem zu erwartenden, typischen Erregerspektrum wie folgt eingesetzt werden:
- primäre Pneumonie:
  Monotherapie mit Cephalosporinen der 2. Generation (z. B. Cefazolin), Tetrazykline bei V. a. Mykoplasmen
- nosokomiale Pneumonie (▤ 9.**18**):
  Kombinationstherapie mit beta-Lactam-Antibiotikum (Ureidopenicillin oder Cephalosporin der 2./3. Generation) + Aminoglykosid

9.18: Spezielle ungezielte Antibiotikatherapie bei nosokomialer Pneumonie

▷ Situation	▷ Antibiotika
Aspirationspneumonie (Anaerobier!)	Imipenem
sekundäre Pneumonie unter Antibiotikatherapie	Imipenem + Aminoglykosid
fulminante Pneumonie	Imipenem + Aminoglykosid + Erythromycin

9.19: Gezielte Antibiotikatherapie bei nosokomialer Pneumonie

▷ Situation	▷ Antibiotika
Pseudomonas aeruginosa	Piperacillin oder Ceftazidim + Tobramycin
Oxacillin-resistente Staphylokokken	Vancomycin
Legionella pneumophila	Erythromycin
interstitielle Pneumonie (z. B. Clamydien oder Mykoplasmen)	Erythromycin
Pilzpneumonie	Amphotericin B + Flucytosin
Pneumocystis carinii	Cotrimoxazol

Prophylaktische Maßnahmen wie endotracheale oder subglottische Applikation von Aminoglykosiden vermögen zwar die Keimzahl in der Trachea zu reduzieren, sind jedoch nicht in der Lage, Inzidenz und Letalität der nosokomialen Pneumonie signifikant zu vermindern.

ARDS

Die Behandlung eines ARDS mittels differenzierter Beatmung kann nur erfolgreich sein, wenn es gelingt, die auslösende Erkrankung zu therapieren. An **adjuvanten Therapieprinzipien** stehen zur Verfügung:

- Negativbilanzierung
  - Diuretika
  - Hämofiltration
- Membranabdichtung
  - Glukokortikoide
- Ruhigstellung
  - Sedativa
  - Analgetika
- Muskelrelaxierung
- Optimierung des O_2-Transportes

Eine **Negativbilanzierung** wird angestrebt, um den extravaskulären Flüssigkeitsgehalt zu vermindern und dadurch die Diffusionskapazität zu verbessern. Erst wenn Diuretika nicht mehr ausreichend wirksam sind, wird man sich apparativer Verfahren wie der pumpengesteuerten, veno-venösen Hämofiltration (CWH) bedienen. Durch **Membranabdichtung** mittels Glukokortikoiden wird ebenfalls die Flüssigkeitsextravasation reduziert. Die **Ruhigstellung** des Patienten soll den O_2-Verbrauch und die CO_2-Produktion absenken. Eine **Muskelrelaxierung** kann erforderlich werden, um die Beatmungsdrücke und damit die Gefahr eines Barotraumas zu vermindern. Die Optimierung des **O_2-Transportes** hat den Zweck, den Zellen ausreichend Sauerstoff zur Verfügung zu stellen. Neben der Oxygenierung im Rahmen der Beatmungstherapie gehört dazu, daß das HZV und die Anzahl der Sauerstoffträger ausreichend hoch sein müssen.

9.2.6 Atemwege

Für die Langzeitbeatmung ist ein **endotrachealer Zugang** erforderlich, durch den ein Tubus oder eine Trachealkanüle eingeführt werden. Folgende Möglichkeiten stehen zur Verfügung:

- oro- oder nasotracheal → Tubus
- pertracheal → Trachealkanüle
- endobronchial → Doppellumentubus

Oro- oder nasotracheal

Die **orotracheale** Intubation kommt nur für eine höchstens wenige Tage dauernde Beatmung in Frage. Sie ist unangenehm für den wachen Patienten, eine ausreichende Mundpflege ist nicht möglich, und es besteht die erhöhte Gefahr einer Tubusdislozierung. Bei prolongierter Intubation (> 72 h) sollte der **nasotracheale** Zugangsweg bevorzugt werden. Der nasale Tubus wird vom Patienten besser toleriert, er ist besser zu fixieren, und die Mundpflege wird erleichtert.

Da bei der prolongierten Intubation die Gefahr von **chronischen Schleimhautschäden** im Bereich der geblockten Tubusmanschette bestehen, verwendet man heutzutage Tuben aus gewebefreundlichem Material mit sogenannten Niederdruckmanschetten. Diese können mit einer relativ großen Luftmenge bei niedrigem Innendruck aufgeblasen werden. Dadurch soll die kapillare Perfusion in der anliegenden Trachealschleimhaut nicht kritisch beeinträchtigt werden, so daß ischämisch bedingte Langzeitschäden an der Trachea wie Ulzeration, Perforationen und Stenosen die Ausnahme sind.

Pertracheal

Der pertracheale Zugangsweg erfordert eine **Tracheotomie.** Sie ist primär immer indiziert, wenn Kontraindikationen zum nasotrachealen Vorgehen bestehen.

ARDS

Die Behandlung eines ARDS mittels differenzierter Beatmung kann nur erfolgreich sein, wenn es gelingt, die auslösende Erkrankung zu therapieren. An **adjuvanten Therapieprinzipien** stehen zur Verfügung:

- Negativbilanzierung
  - Diuretika
  - Hämofiltration
- Membranabdichtung
  - Glukokortikoide
- Ruhigstellung
  - Sedativa
  - Analgetika
- Muskelrelaxierung
- Optimierung des O_2-Transportes

9.2.6 Atemwege

Für die Langzeitbeatmung ist ein **endotrachealer Zugang** erforderlich. Zur Verfügung stehen:

- oro- oder nasotracheal → Tubus
- pertracheal → Trachealkanüle
- endobronchial → Doppellumentubus

Oro- oder nasotracheal

Die **orotracheale** Intubation kommt nur für eine höchstens wenige Tage dauernde Beatmung in Frage.
Bei prolongierter Intubation (>72 h) sollte der **nasotracheale** Zugangsweg bevorzugt werden.

Um die Gefahr von **chronischen Schleimhautschäden** zu verringern, verwendet man Tuben mit Niederdruckmanschetten.

Pertracheal

Der pertracheale Zugangsweg erfordert eine **Tracheotomie.** Sie ist primär immer indiziert, wenn Kontraindikationen zum nasotrachealen Vorgehen bestehen.

Indikationen zur primären Tracheotomie
- Anomalien der Nasengänge
- Mittelgesichtsfrakturen
- Schädelbasisfrakturen
- Larynxverletzungen
- erwartete Beatmungsdauer >10 Tage

Vorteile der Tracheotomie
- Verwendung größerer Tubusdurchmesser
- bessere Mundpflege
- gute Fixierbarkeit
- keine Larynxschäden
- einfacher Wechsel der Trachealkanüle
- erleichterte Bronchialtoilette
- keine NNH-Infekte

Nachteile der Tracheotomie
- operativer Eingriff
- Gefahr der Wundinfektion
- Narben

Indikationen zur primären Tracheotomie
- Anomalien der Nasengänge
- Mittelgesichtsfrakturen
- Schädelbasisfrakturen
- Larynxverletzungen
- erwartete Beatmungsdauer >10 Tage

Vorteile der Tracheotomie
- Verwendung größerer Tubusdurchmesser → geringerer Atemwegswiderstand
- bessere Mundpflege
- gute Fixierbarkeit
- keine Larynxschäden
- einfacher Wechsel der Trachealkanüle
- erleichterte Bronchialtoilette
- keine Nasennebenhöhleninfekte (vgl. nasale Intubation)

Nachteile der Tracheotomie
- operativer Eingriff
- Gefahr der Wundinfektion
- Narben

Die Tracheotomie setzte bislang einen chirurgischen Eingriff voraus. Seit einigen Jahren wird zunehmend die **perkutane dilatative Tracheotomie** nach *Ciaglia* durchgeführt (9.**18**).

Die Tracheotomie setzte bislang einen chirurgischen Eingriff voraus. Seit einigen Jahren wird zunehmend die **perkutane dilatative Tracheotomie** durchgeführt. Dabei wird die Trachea mit einer Kanüle punktiert und durch diese ein Seldingerdraht hineingeschoben, über den das Punktionsloch mittels Dilatatoren stumpf aufbougiert und vergrößert wird, so daß schließlich eine konventionelle Trachealkanüle durch das Stoma eingeführt werden kann (Technik nach *Ciaglia*). Das Vorgehen zeigt 9.**18**.

Ein anderes neues Verfahren ist die sog. **Minikoniotomie**. Durch die Kanüle kann der Patient endotracheal abgesaugt werden. Außerdem ist eine Hochfrequenzbeatmung (HFV) zur besseren Sekretolyse möglich.

Ein anderes neues Verfahren ist die sog. **Minikoniotomie.** Hierbei wird eine dünnlumige Kunststoffkanüle ohne Blockermanschette endotracheal durch das Lig. conicum in Seldingertechnik plaziert. Sie dient nicht der Langzeitbeatmung, sondern soll die Bronchialtoilette erleichtern. Durch die Kanüle kann der Patient endotracheal abgesaugt werden. Außerdem ist eine Hochfrequenzbeatmung (HFV) zur besseren Sekretolyse möglich. Dieses Verfahren ist insgesamt besonders geeignet, das »Weaning« bei COPD-Patienten zu verbessern oder in dieser Gruppe möglicherweise von vornherein die konventionelle Beatmung zu vermeiden.

Endobronchial

Die endobronchiale Intubation ist erforderlich zur **seitengetrennten** Beatmung der Lunge. Dadurch wird eine differenzierte, den unterschiedlichen Lungenverhältnissen angepaßte Beatmung ermöglicht.

Endobronchial (vgl. Kapitel 3.1.2)

Die endobronchiale Intubation ist erforderlich zur **seitengetrennten Beatmung** der Lunge. Die Indikation ist dann gegeben, wenn pathologische Prozesse gänzlich oder überwiegend nur eine Lunge betreffen. Ein Doppellumentubus wird so plaziert, daß eine Öffnung im rechten und eine im linken Hauptbronchus zu liegen kommen. Dadurch wird eine differenzierte, den unterschiedlichen Lungenverhältnissen angepaßte Beatmung ermöglicht. Dies ist aufgrund des Tubusdurchmessers nur auf oralem Zugangswege möglich.

Indikationen zur seitengetrennten Beatmung
- einseitige Lungenschädigungen
- broncho-pleurale Fisteln
- therapierefraktäre, einseitige Atelektasen

Indikationen zur seitengetrennten Beatmung
- einseitige Lungenschädigungen
- broncho-pleurale Fisteln
- therapierefraktäre, einseitige Atelektasen

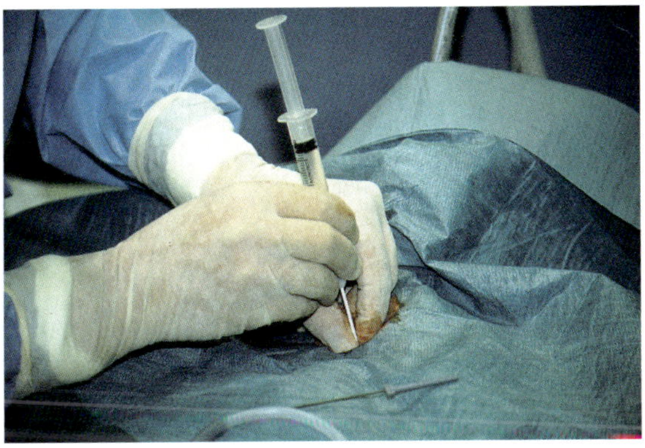

9.18: **Dilatative Tracheotomie nach *Ciaglia*.**

a Die Trachea wird unter chirurgisch sterilen Kautelen zwischen dem zweiten und dritten Trachealring mit einer Kanüle punktiert. Zuvor muß der Endotrachealtubus des Patienten einige Zentimeter zurückgezogen werden. Die dilatative Tracheotomie erfolgt unter bronchoskopischer Kontrolle.

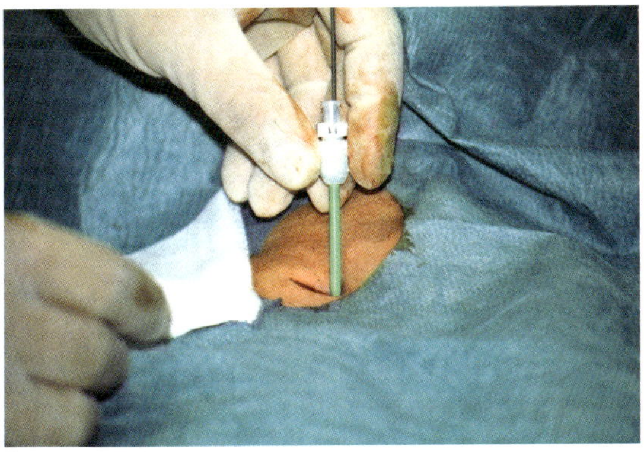

b Nach erfolgreicher Punktion der Trachea (Luftaspiration in der aufgesetzten Spritze!) wird ein Seldingerdraht durch die Kanüle nach kaudal in das Tracheallumen vorgeschoben und die Punktionsstelle mit einem Dilatator (grün) erweitert.

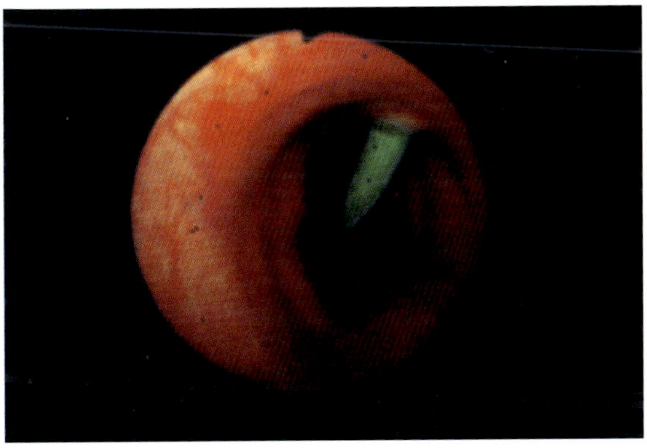

c Tracheoskopischer Blick durch den zurückgezogenen Tubus. Seldingerdraht und Dilatator (grün) perforieren die Trachea von ventral und verlaufen in kaudale Richtung. Die Pars membranacea ist unverletzt.

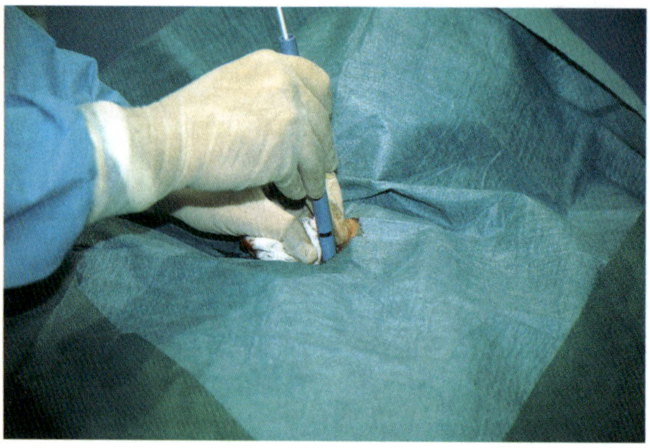

d Mit immer größerlumigen Dilatatoren (blau) wird die Punktionsstelle der Trachea kontinuierlich aufbougiert.

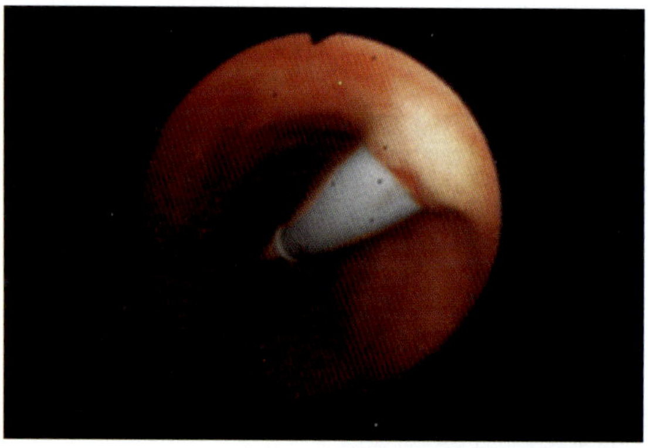

e Die tracheoskopische Kontrolle zeigt wiederum den von ventral eindringenden Bougie (blau), der in kaudale Richtung zeigt und die Tracheahinterwand nicht tangiert.

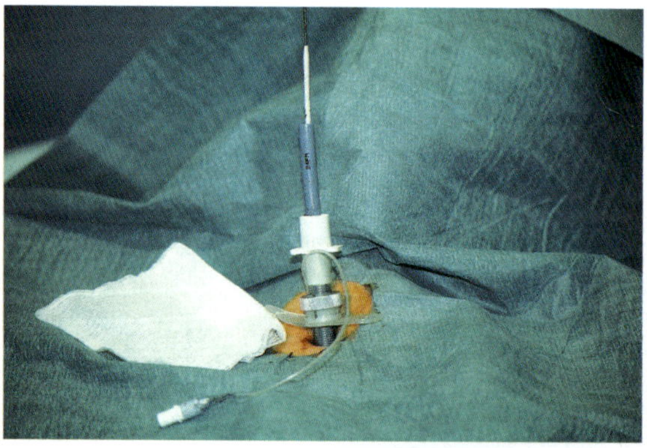

f Über den zweit- oder drittgrößten Bougie (blau) wird die Trachealkanüle in die Trachea eingeführt. Anschließend werden Bougie und Seldingerdraht entfernt und die Trachea endoskopisch auf Unversehrtheit der Pars membranacea sowie auf korrekte Position der Kanüle kontrolliert.

9.3 Herz-Kreislauf

9.3.1 Störungen der Herz-Kreislauf-Funktion
(vgl. Kapitel 2.4.1)

Störungen der Herz-Kreislauf-Funktion können die Ursache für die Notwendigkeit einer intensivmedizinischen Überwachung und Therapie sein, sind aber auch häufige Komplikationen bei Intensivpatienten mit anderen Grunderkrankungen. Bei allen Herz-Kreislauf-Funktionsstörungen sind die 3 Regelgrößen des Herz-Kreislauf-Systems:
1. **Pumpfunktion des Herzens**
2. **Blutvolumen**
3. **Gefäßtonus**

betroffen, wobei eine strenge kausale Trennung wegen der Abhängigkeit der Regelgrößen voneinander selten möglich ist.

Allen Störungen der Herz-Kreislauf-Funktion gemeinsam ist, unabhängig davon, welche der Regelgrößen vorrangig beeinträchtigt ist, eine Abnahme des **Herzzeitvolumens** (HZV).

Ätiologie

1. Primär kardiales Pumpversagen

Häufigste Ursachen für ein **mechanisches Pumpversagen** sind der Verlust an kontraktiler Muskelmasse beim Myokardinfarkt sowie die ischämiebedingte Funktionseinschränkung des Herzmuskels bei der koronaren Herzkrankheit. Weitaus seltener sind Zerstörungen des Arbeitsmyokards infolge von Myokarditis und Kardiomyopathien. Weitere Ursachen für eine insuffiziente Pumpfunktion sind **Druck- oder Volumenbelastungen** des Herzens bei angeborenen oder erworbenen Vitien (Herzklappenfehler und Septumdefekte). Eine **Behinderung der diastolischen Füllung** bei Perikardtamponade oder Lungenarterienembolie (linker Ventrikel vermindert gefüllt) führt gleichfalls zu einer Einschränkung des Herzzeitvolumens und kann schließlich in ein mechanisches Herzversagen einmünden. Ein **elektrisches Pumpversagen** kann bei Störungen der Reizbildung und -leitung (Herzrhythmusstörungen) auftreten.
Ursachen des primär kardialen Pumpversagens sind in 9.**20** aufgelistet.

9.20: Ursachen des primär kardialen Pumpversagens

- ▷ Myokardinfarkt
- ▷ Myokardischämie bei KHK
- ▷ akute Rechtsherzinsuffizienz bei Lungenarterienembolie
- ▷ Herztamponade (z. B. Perikarditis, Trauma)
- ▷ Herzrhythmusstörungen
- ▷ dekompensierte Kardiomyopathie
- ▷ dekompensierte Herzvitien
- ▷ Myokarditis

2. Inadäquates Blutvolumen

Ein kritischer **Mangel an zirkulierendem Blutvolumen** ist in der Hauptsache bei den hypovolämischen Schockformen (s. Kapitel 9.3.2) zu finden. Eine **Hypervolämie** kann beim Intensivpatienten durch übermäßige parenterale Flüssigkeitszufuhr auftreten.

3. Insuffiziente Gefäßregulation

Der **Gefäßtonus** im Systemkreislauf ist beim septischen, anaphylaktischen und neurogenen Schock **erniedrigt bis aufgehoben** (s. Kapitel 9.3.2). Hier-

9.3 Herz-Kreislauf

9.3.1 Störungen der Herz-Kreislauf-Funktion (vgl. Kap. 2.4.1)

Bei allen Herz-Kreislauf-Funktionsstörungen sind die 3 Regelgrößen des Herz-Kreislauf-Systems betroffen:
1. **Pumpfunktion des Herzens**
2. **Blutvolumen**
3. **Gefäßtonus**

Allen Störungen der Herz-Kreislauf-Funktion gemeinsam ist eine Abnahme des **Herzzeitvolumens** (HZV).

Ätiologie

1. Primär kardiales Pumpversagen

Man unterscheidet **mechanisches Pumpversagen** (Ursachen: Verlust an kontraktiler Muskelmasse, **Druck, oder Volumenbelastungen, Behinderung der diastolischen Füllung**) und **elektrisches Pumpversagen** (Ursachen: Störungen der Reizbildung und -leitung).

Ursachen des primär kardialen Pumpversagens sind in 9.**20** aufgelistet.

2. Inadäquates Blutvolumen

- kritischer **Mangel an zirkulierendem Blutvolumen** bei den hypovolämischen Schockformen
- **Hypervolämie** durch übermäßige Flüssigkeitszufuhr

3. Insuffiziente Gefäßregulation

Der **Gefäßtonus** im Systemkreislauf ist beim septischen, anaphylaktischen und neurogenen Schock **erniedrigt bis aufgehoben** (s. Kap. 9.3.2). Hierdurch entsteht eine **Verminderung von Vor- und Nachlast** des Herzens.

durch entsteht eine Verminderung von Vor- und Nachlast des Herzens. Die **Vorlastsenkung** führt zu einem Absinken des venösen Rückstromes, was mit einer Erniedrigung des HZV einhergehen kann. Durch die **Nachlastabnahme** kommt es zum Abfall des arteriellen Blutdruckes und ggf. zu einer kritischen Beeinträchtigung der Koronarperfusion.

Erhöhung der Nachlast durch Widerstandserhöhung in der Ausflußbahn eines Ventrikels, im peripheren Gefäßbett oder in der pulmonalen Strombahn sowie durch Steigerung der Blutviskosität, kann **sekundär** zum **kardialen Pumpversagen** führen.

Eine **Erhöhung der Nachlast** kann durch Widerstandserhöhung in der Ausflußbahn eines Ventrikels (z. B. bei Aortenklappenstenose), im peripheren Gefäßbett (z. B. bei hypertensiver Krise) oder in der pulmonalen Strombahn (Lungenarterienembolie, PEEP-Beatmung, Spannungspneumothorax) zustande kommen. Auch eine Steigerung der Blutviskosität kann in diesem Sinne wirksam werden. Akute Nachlaststeigerungen können **sekundär** zum **kardialen Pumpversagen** führen.

Klinische Symptomatik

Kardiales Pumpversagen

Die Symptomatik der Myokardinsuffizienz (s. Kap. 2.4.1, ▤ 2.**3**) ist davon abhängig, ob es sich um ein isoliertes Linksherz-, ein Rechtsherzversagen oder eine globale Insuffizienz handelt.

Klinische Symptomatik

Kardiales Pumpversagen

Die Symptomatik der Myokardinsuffizienz (vgl. Kapitel 2.4.1, ▤ 2.**3**) ist davon abhängig, ob es sich um ein isoliertes Linksherz-, ein Rechtsherzversagen oder eine globale Insuffizienz handelt. Klinische Zeichen der Herzinsuffizienz entstehen bei nicht bedarfsgerechter Perfusion der Organe mit konsekutiver O_2- und Substratmangelversorgung. Hinzu treten auf der venösen Seite stauungsbedingte Symptome.

Beim **Linksherzversagen** kommt es zur **Hypotonie** im großen Kreislauf und zur Stauung im kleinen Kreislauf mit konsekutivem **Lungenödem**, zunächst interstitiell, dann alveolär.

Bei einem **Linksherzversagen** kommt es neben einer **Hypotonie** im großen Kreislauf (Abfall des arteriellen Blutdruckes) und Tachykardie (Ausnahme: bradykarde Rhythmusstörungen) zu einer Stauung im kleinen Kreislauf. Dabei tritt Flüssigkeit aus den Lungenkapillaren zunächst in das Interstitium über; es resultiert ein interstitielles **Lungenödem**. Ein Flüssigkeitsaustritt in die Alveolen führt schließlich zu einem alveolären Lungenödem. Die Symptome eines Lungenödems sind bei Beginn das sog. Asthma cardiale, das mit Atemnot und Husten einhergeht und sich bei flacher Lage verschlimmert. Beim alveolären Lungenödem findet man erhebliche Dyspnoe, feuchte Rasselgeräusche, rötlich gefärbten Auswurf und eine zentrale Zyanose.

Beim **Rechtsherzversagen** kommt es zur **oberen Einflußstauung** sowie zu peripheren **Ödemen, Stauungsleber** und **Aszites**.

Bei einer **globalen Insuffizienz** kommt es zu einer Kombination der oben genannten Symptome mit zusätzlicher Entwicklung von **Pleuraergüssen**.

Bei einem **Rechtsherzversagen** staut sich Blut vor dem rechten Herzen. Dies führt zu einer **oberen Einflußstauung**, die an prall gefüllten Jugularvenen in aufrechter Körperposition erkennbar wird. Außerdem kommt es zu peripheren **Ödemen, Stauungsleber** und **Aszites**.

Bei einer **globalen Insuffizienz** kommt es zu einer Kombination von Symptomen der Links- und Rechtsherzinsuffizienz und zusätzlich zur Entwicklung von **Pleuraergüssen**. Sowohl aus einer isolierten als auch aus einer globalen Herzinsuffizienz kann ein kardiogener Schock entstehen (s. Kapitel 9.3.2). Die Einteilung der Herzinsuffizienz nach NYHA ist Kapitel 2.4.1, ▤ 2.**3** zu entnehmen.

Myokardinfarkt Hauptsymptom sind mehr oder minder starke, anhaltende, nitratrefraktäre Schmerzen, die auch in andere Körperregionen wie Hals, Arme, Rücken und Oberbauch ausstrahlen können.

Myokardinfarkt. Hauptsymptom sind mehr oder minder starke, anhaltende, nitratrefraktäre Schmerzen, die auch in andere Körperregionen wie Hals, Arme, Rücken und Oberbauch ausstrahlen können. Starke Angst und vegetative Symptome wie Schwitzen und Übelkeit kommen häufig hinzu. Komplikationen sind u. a. Herzrhythmusstörungen, Linksherzinsuffizienz mit Ausbildung eines Lungenödems, kardiogener Schock oder der sog. Sekundenherztod.

Myokardischämie Hauptsymptom einer Myokardischämie ist der retrosternale Schmerz mit dem typischen Engegefühl in der Brust, der **Angina pectoris**.

Myokardischämie. Hauptsymptom einer Myokardischämie ist der retrosternale Schmerz mit dem typischen Engegefühl in der Brust, der **Angina pectoris**. Diese läßt sich in der Regel mit Nitroglycerin positiv beeinflussen. Vegetative Symptome wie Schwitzen und Übelkeit sind häufig, Angst führt unter Umständen zu einer Verschlimmerung der Symptomatik. Gelegentlich ist der Patient dyspnoisch.

Lungenarterienembolie In Abhängigkeit vom Ausmaß der Verlegung der Lungenstrombahn treten Symptome

Lungenarterienembolie (s. Kapitel 9.9.3). In Abhängigkeit vom Ausmaß der Verlegung der Lungenstrombahn treten Symptome einer akuten Rechtsherzbelastung auf. Übersteigt die Verlegung der Lungenstrombahn die Kompensationsfähigkeit des rechten Ventrikels, kommt es zur akuten Rechtsherzdekompensation mit oberer Einflußstauung, Tachykardie, Dyspnoe, Abfall des arteriellen Blutdruckes bis hin zum kardiogenen Schock.

einer akuten Rechtsherzbelastung bzw. -insuffizienz auf.

Herztamponade. Klassisches Symptom der Herztamponade ist der sog. **Pulsus paradoxus**, der unter Spontanatmung einen Abfall des systolischen Blutdruckes von mehr als 10 mmHg während der Inspirationsphase bedeutet. Außerdem kann es zu retrosternalem Druckgefühl und Schmerzen sowie zu Schwindel und Dyspnoe kommen.

Herztamponade Klassisches Symptom der Herztamponade ist der sog. **Pulsus paradoxus**.

Herzrhythmusstörungen. Rhythmusstörungen können sich klinisch durch ein Pulsdefizit bemerkbar machen und zu Bewußtseinsstörungen, Schwindel und Übelkeit führen. Eine Synkope kann unter bestimmten Rhythmusstörungen eintreten. Zeichen des funktionellen Herzstillstandes findet man bei Kammerflattern und -flimmern, einhergehend mit Bewußtlosigkeit, Apnoe, weiten, reaktionslosen Pupillen und Zyanose.

Herzrhythmusstörungen Zeichen des funktionellen Herzstillstandes findet man bei Kammerflattern und -flimmern, einhergehend mit Bewußtlosigkeit, Apnoe, weiten, reaktionslosen Pupillen und Zyanose.

Erhöhung der Nachlast

Hypertensive Krise. Bei einer hypertensiven Krise kommt es zu einem exzessiven Blutdruckanstieg. Die zugrundeliegende Widerstandserhöhung im peripheren Gefäßsystem führt zu einer Beeinträchtigung des linksventrikulären Auswurfs. Neben der **Linksherzinsuffizienz** mit Lungenödem ist die Autoregulationsschwelle der Hirndurchblutung überschritten, so daß eine druckpassive zerebrale Mehrdurchblutung mit Entwicklung eines **Hirnödems** resultiert. Dies führt zu zentralnervösen Symptomen wie Kopfschmerzen und Schwindel bis hin zu Bewußtseinseinschränkungen, Krämpfen und Koma (hypertensive Enzephalopathie).

Erhöhung der Nachlast

Hypertensive Krise Bei einer hypertensiven Krise kommt es zu einem exzessiven Blutdruckanstieg. Gefährdet ist der Patient u. a. durch die Entwicklung einer **Linksherzdekompensation** und eines **Hirnödems**.

Diagnostik

Inspektion

Die Inspektion gibt Auskunft über Hautfarbe, -turgor, Venenfüllung, obere Einflußstauung sowie Ödeme an abhängigen Körperpartien. Tachy- und Dyspnoe sind einfach zu erkennen, ebenso wie eine zentrale leicht von einer peripheren Zyanose abzugrenzen ist.

Diagnostik

Inspektion

Die Inspektion gibt Auskunft über Hautfarbe, -turgor, Venenfüllung, obere Einflußstauung, sowie Ödeme an abhängigen Körperpartien.

Palpation

Durch Palpation der **A. radialis** kann eine Beurteilung von Pulsfrequenz und -qualität vorgenommen werden. Die gleichzeitige Registrierung der Herzschläge (Auskultation, EKG) ermöglicht darüber hinaus die Abschätzung eines Pulsdefizites. Die Palpation der **Leber** dient dem Erkennen einer Leberstauung bei Rechtsherzinsuffizienz sowie der Beurteilung des hepato-juglären Refluxes (s. Kapitel 2.1).

Palpation

Durch Palpation der **A. radialis** kann eine Beurteilung von Pulsfrequenz und -qualität vorgenommen werden. Die Palpation der **Leber** dient dem Erkennen einer Leberstauung.

Perkussion und Auskultation

Perkussion und Auskultation der Lunge geben wichtige diagnostische Hinweise bei der Linksherzinsuffizienz sowie beim Pneumothorax. Typisch sind feuchte, brodelnde Rasselgeräusche über beiden Lungen beim alveolären Lungenödem.

Perkussion und Auskultation

Perkussion und Auskultation der Lunge geben wichtige diagnostische Hinweise bei der Linksherzinsuffizienz sowie beim Pneumothorax.

Hämodynamische Parameter

Die Messung der **Herzfrequenz** und des arteriellen **Blutdruckes** (möglichst invasiv) gehört zu den Basismaßnahmen. Nützlich ist die Bestimmung des zentralen Venendruckes. Bei ausgeprägten kardialen Funktionsstörungen sollten darüber hinaus der pulmonalarterielle und der »Wedge«-Druck sowie das Herzzeitvolumen mittels eines Swan-Ganz-Katheters gemessen werden (s. Kapitel 3.1.1).

Hämodynamische Parameter

Die Messung der **Herzfrequenz** und des arteriellen **Blutdruckes** (möglichst invasiv) gehört zu den Basismaßnahmen.

EKG

Rhythmusstörungen, ST-Streckenveränderungen im Rahmen einer Myokardischämie oder eines -infarktes sind mit dem EKG diagnostizierbar.

EKG

Rhythmusstörungen, ST-Streckenveränderungen im Rahmen einer Myokardischämie oder eines -infarktes sind mit dem EKG diagnostizierbar. Bei Intensivpatienten empfiehlt sich die kontinuierliche Registrierung mindestens je einer Extremitäten- und Brustwandableitung (s. Kapitel 3.1.4 und 9.1.1). Bei speziellen Fragestellungen sowie zur Verlaufsbeobachtung bei Myokardinfarkt sollte intermittierend ein Standard-12-Kanal-EKG abgeleitet werden (s. Kapitel 2.2.2).

Labordiagnostik

Neben Bestimmung üblicher Laborparameter kommt der **Blutgasanalyse** und der Messung der **Laktatkonzentration** eine erhebliche Bedeutung zu.

Für die Diagnose und Verlaufsbeobachtung des Myokardinfarkts ist die Kontrolle der Serum-Kreatin-Kinase (**CK**) und des herzmuskelspezifischeren Isoenzyms **CK-MB** wichtig.
In unklaren Fällen ist die Bestimmung der kardialen Isoform von **Troponin-T** hilfreich.

Labordiagnostik

Neben der Bestimmung üblicher Laborparameter wie Serumelektrolyte, Hämoglobin und Hämatokrit, Gerinnung, Harnstoff und Kreatinin kommt der **Blutgasanalyse** und der Messung der **Laktatkonzentration** eine erhebliche Bedeutung zu. Bei Patienten mit Pulmonaliskatheter und integrierter Fiberoptik kann über die kontinuierliche Registrierung der gemischtvenösen und zusätzlich der arteriellen Sauerstoffsättigung außerdem die arterio-venöse Sauerstoffgehaltsdifferenz ($avDO_2$) berechnet werden (s. Kapitel 9.1.1) und damit nach Bestimmung des HZV O_2-Angebot u. -Verbrauch des Gesamtorganismus errechnet werden.
Für die Diagnose und Verlaufsbeobachtung des Myokardinfarkts ist die Kontrolle von Enzymen wie der Serum-Kreatin-Kinase (CK) und dem herzmuskelspezifischeren Isoenzym **CK-MB** wichtig. In unklaren Fällen (z. B. grenzwertige CK-MB-Erhöhung) ist die Bestimmung der kardialen Isoform von **Troponin-T** hilfreich. Eine der Isoformen von Troponin-T kommt ausschließlich im Herzmuskelgewebe vor und ist Bestandteil eines Proteinkomplexes (Troponin-Tropomyosin), der zur Regulation der myokardialen Kontraktionsabläufe dient. Sie wird bei Schädigung von Herzmuskelzellen freigesetzt und ist dann im Serum nachweisbar. Mittels der Troponin-T-Methode können Myokardläsionen mit hoher Sensitivität und Spezifität erkannt bzw. ausgeschlossen werden.

Röntgendiagnostik

Die Röntgenthoraxaufnahme ist häufig zur Differentialdiagnostik und Verlaufskontrolle kardialer Funktionsstörungen hilfreich (vgl. S 9.**9**, S. 349).

Röntgendiagnostik

Die Röntgenthoraxaufnahme ist häufig zur Differentialdiagnostik und Verlaufskontrolle kardialer Funktionsstörungen hilfreich. Sie dient diesbezüglich der Orientierung über Herzgröße und -konfiguration und der Beurteilung des extravaskulären pulmonalen Flüssigkeitsanteiles (vgl. S 9.**9**, S. 349).

Echokardiographie (vgl. Kap. 3.1.4 u. 9.1.1)

Die Echokardiographie gibt Auskunft über Ventrikel- und Klappenfunktion sowie über Vorhof- und Kammergrößen.

Echokardiographie (vgl. Kapitel 3.1.4 und 9.1.1)

Die transthorakale und transösophageale Echokardiographie geben Auskunft über Ventrikel- und Klappenfunktion sowie über Vorhof- und Kammergrößen. Sie gestatten eine Aussage über das Ausmaß eines Perikardergusses und bieten zusätzlich die Möglichkeit von Blutflußrichtungsbestimmungen (Regurgitation bei Klappeninsuffizienz) und einer Abschätzung des Herzzeitvolumens.

Therapie

Ziel: Wiederherstellung bzw. Erhaltung einer ausreichenden kardialen Pumpfunktion. Dies geschieht durch Erhöhung der Kontraktilität mittels inotropiesteigernder Medikamente, Optimierung der Vorlast und Senkung der Nachlast durch Vasodilatatoren sowie antiarrhythmische Therapie bei Herzrhythmusstörungen (s. a. S 8.**5**).

Therapie

Die Therapie von Störungen der Herz-Kreislauf-Funktion erfolgt neben allgemeinen Maßnahmen mit Hilfe spezifischer Pharmaka und evtl. mechanischer Kreislaufunterstützung. Ziel ist die Wiederherstellung bzw. Erhaltung einer ausreichenden kardialen Pumpfunktion. Dies geschieht durch Erhöhung der Kontraktilität mittels inotropiesteigernder Medikamente, Optimierung der Vorlast und Senkung der Nachlast durch Vasodilatatoren sowie durch antiarrhythmische Therapie bei Herzrhythmusstörungen. Das Vorgehen bei Herzkreislaufstillstand beschreibt S 8.**5** (Kapitel 8).

Allgemeine Maßnahmen

Neben körperlicher Ruhe und richtiger Lagerung (Oberkörperhochlagerung bei primär kardialem Pumpversagen – Kopftieflagerung bei hypovolämischen Zuständen) ist eine ausreichende Schmerzbekämpfung mit stark wirksamen Analgetika (z. B. Morphin, bei erforderlicher Beatmung auch Fentanyl bzw. Sufentanil) sowie Sedierung des Patienten, in der Regel mit Benzodiazepinen, notwendig. Eine Sauerstofftherapie (2 – 6 l/min) wird grundsätzlich durchgeführt, während Intubation und Beatmung von dem klinischen Zustand und der Blutgasanalyse abhängig gemacht werden. Wichtig ist eine exakte Flüssigkeitsbilanzierung, um Volumenüberladung, aber auch hypovolämische Zustände (s. u.) zu vermeiden.

Allgemeine Maßnahmen

Neben körperlicher Ruhe und richtiger Lagerung ist eine ausreichende Schmerzbekämpfung mit stark wirksamen Analgetika sowie Sedierung des Patienten notwendig. Grundsätzlich erfolgt eine O_2-Therapie.
Wichtig ist eine exakte Flüssigkeitsbilanzierung, um Volumenüberladung, aber auch hypovolämische Zustände (s. u.) zu vermeiden.

Optimierung der Vorlast durch Volumengabe

Optimierung der Vorlast durch Volumengabe

> ***Merke.*** Bei einer arteriellen Hypotonie kann trotz der kardialen Insuffizienz ein intravasaler Volumenmangel bestehen!

◄ **Merke**

Die intravenöse Gabe von Infusionslösungen muß hier vorsichtig erfolgen (vgl. Kapitel 9.1.1: »fluid challenge test«) und sollte wegen der Gefahr einer Volumenüberladung und Verschlechterung der Herzleistung möglichst unter Kontrolle der linksventrikulär enddiastolischen Füllungsdrücke und des Herzzeitvolumens durchgeführt werden. Wenn kein Pulmonaliskatheter eingesetzt wird, aber unter Volumenzufuhr der arterielle Blutdruck ansteigt, kann davon ausgegangen werden, daß das Schlagvolumen zugenommen hat.

Wenn unter vorsichtiger Volumenzufuhr der arterielle Blutdruck ansteigt, kann davon ausgegangen werden, daß das Schlagvolumen zugenommen hat.

Steigerung der Kontraktilität

Steigerung der Kontraktilität

Katecholamine. Katecholamine wirken in unterschiedlicher Weise, so daß sie je nach Art der Beeinträchtigung der Herz-Kreislauf-Funktion eingesetzt werden. Voraussetzung für ihren differenzierten Einsatz ist ein möglichst umfassendes Monitoring. Im einzelnen werden folgende Substanzen angewendet:

Katecholamine Voraussetzung für den differenzierten Einsatz von Katecholaminen ist ein möglichst umfassendes Monitoring.

Adrenalin (Suprarenin®). Adrenalin ist ein beta- und alpha-Rezeptoren-stimulierendes körpereigenes Katecholamin, das positiv inotrop, chronotrop, dromotrop und in höherer Dosis blutdrucksteigernd wirkt. Es ist Mittel der 1. Wahl bei der **kardiopulmonalen Reanimation** (s. Kapitel 8.2.4) und beim **anaphylaktischen Schock** (s. Kapitel 9.3.2); im kardiogenen Schock wird eher Dobutamin (s. u.) vorgezogen. Adrenalin stimuliert in einer Dosierung 1 – 2 μg/kg · min vorwiegend beta-Rezeptoren, in höherer Dosierung steht die Erregung von alpha-Rezeptoren im Vordergrund.

Adrenalin (Suprarenin®) ist Mittel der 1. Wahl bei der **kardiopulmonalen Reanimation** und beim **anaphylaktischen Schock**.

Noradrenalin (Arterenol®). Noradrenalin ist ein Katecholamin mit überwiegend alpha-Rezeptoren-stimulierender Wirkung. Dadurch führt es zu einem Anstieg des peripheren Gesamtwiderstandes und einer Blutdruckerhöhung. Das HZV wird durch Noradrenalin geringer gesteigert als durch Adrenalin, allerdings kommt es zu einer Zunahme der Koronar- und Hirndurchblutung. Die Herzfrequenz kann reflektorisch abnehmen (Barorezeptorenreflex). Noradrenalin ist bei Zuständen, die wie der **septische** oder **neurogene Schock** mit erniedrigtem peripheren Widerstand einhergehen (s. Kapitel 9.3.2), indiziert. Die Dosierung richtet sich nach der Wirkung.

Noradrenalin (Arterenol®) ist bei erniedrigtem peripheren Widerstand, so z. B. bei **septischem** oder **neurogenem Schock**, indiziert.

Dopamin. Dopamin ist eine Vorstufe von Noradrenalin und wirkt erregend auf dopaminerge, beta-1- und alpha-Rezeptoren. In einer Dosierung von 2 – 4 μg/kg KG · min, der sog. Nierendosis, nehmen selektiv renaler Plasmafluß und Splanchnikusdurchblutung zu, bei höheren Dosierungen erfolgt erst eine beta-1-Stimulierung, bei mehr als 10 μg/kg KG · min überwiegt die Wirkung auf alpha-Rezeptoren. Meistens wird Dopamin in **»Nierendosis«** mit anderen Katecholaminen kombiniert.

Dopamin wird meist zur Verbesserung der Nierendurchblutung in niedriger Dosierung (**»Nierendosis«**) mit anderen Katecholaminen kombiniert.

Dobutamin (Dobutrex®). Dobutamin ist ein synthetisches Katecholamin, das vorwiegend auf beta-1-Rezeptoren und damit positiv inotrop wirkt. Die schwächere Erregung von beta-2-Rezeptoren führt zu einer peripheren

Dobutamin (Dobutrex®) ist indiziert bei der **akuten Linksherzinsuffizienz** und beim **kardiogenen Schock.**

Vasodilatation mit Nachlastabnahme, was dazu führt, daß im Unterschied zur Anwendung von Noradrenalin, Dopamin oder Adrenalin der linksventrikuläre Füllungsdruck gesenkt und die myokardiale O_2-Bilanz nicht verschlechtert wird. Ein Blutdruckabfall und eine Tachykardie sind unter Dobutamin im wesentlichen nur dann zu erwarten, wenn eine Hypovolämie vorliegt. In höherer Dosierung (< 10 µg/kg KG/min) kommt ein vasokonstringierender Effekt hinzu, der über alpha-1-Rezeptoren vermittelt wird und den peripheren Widerstand ansteigen läßt. Dobutamin wird mit 2 – 15 µg/kg KG · min dosiert und ist indiziert bei der **akuten Linksherzinsuffizienz** und beim **kardiogenen Schock** (s. Kapitel 9.3.2).

Phosphodiesterasehemmer wie Amrinon und Milrinon werden zur Behandlung der **akuten Herzinsuffizienz** ergänzend zu Katecholaminen wie Dobutamin angewendet. Außerdem senken sie den peripheren Widerstand.

Phosphodiesterasehemmer. Phosphodiesterasehemmer wie Amrinon (Wincoram®), Enoximon (Perfan®) und Milrinon (Corotrop®) wirken über eine Hemmung des cAMP-Abbaus in der Herzmuskelzelle positiv inotrop und werden zur Behandung der **akuten Herzinsuffizienz** ergänzend zu Katecholaminen wie Dobutamin angewendet. Ihr Einsatz kann manchmal nützlich sein, wenn eine Steigerung der Katecholamindosen wegen der zunehmenden Unempfindlichkeit myokardialer beta-1-Rezeptoren bei längerer Katecholamintherapie, der sog. »down regulation«, keinen zusätzlichen Therapieerfolg mehr bringt. Außerdem senken Phosphodiesterasehemmer den peripheren Widerstand.

Digitalisglykoside werden zur Dauertherapie einer **chronischen Herzinsuffizienz** verwendet und eher selten bei akuter kardialer Insuffizienz eingesetzt.

Digitalisglykoside. Digitalisglykoside werden zur Dauertherapie einer **chronischen Herzinsuffizienz** verwendet und eher selten bei akuter kardialer Insuffizienz eingesetzt. Im kardiogenen Schock kann bei intravenöser Gabe sogar der periphere Gesamtwiderstand ansteigen und das Herzzeitvolumen damit weiter abfallen.

Senkung der Nachlast

Vasodilatatoren

Nitroglycerin (Nitrolingual®) ist indiziert bei **Linksherzinsuffizienz mit Lungenstauung** (z. B. kardiogenes Lungenödem) und **Angina pectoris.**

Senkung der Nachlast

Vasodilatatoren

Nitroglycerin (Nitrolingual®). Nitroglycerin wirkt erschlaffend auf die glatte Gefäßmuskulatur im venösen, weniger im arteriellen Bereich. Durch Vasodilatation kommt es zur Verminderung des venösen Rückstromes und damit zum Abfall des linksventrikulärer enddiastolischen Druckes (Vorlastsenkung). Nur in geringem Maße wird auch die Nachlast reduziert. Nitroglycerin ist indiziert bei **Linksherzinsuffizienz mit Lungenstauung** (z. B. kardiogenes Lungenödem, Dosierung 1 – 10 mg/min) und **Angina pectoris.**

Natrium-Nitroprussid (NNP) wird u. a. zur Therapie der **akuten Linksherzinsuffizienz** und des **kardiogenen Schocks** in Kombination mit Katecholaminen (z. B. Dobutamin) verwendet.

Natrium-Nitroprussid (NNP). Natrium-Nitroprussid ist ein starker Vasodilatator, es senkt vor allem den peripheren Widerstand durch Relaxierung der präkapillaren Gefäßmuskulatur (Nachlastsenkung) und wirkt nur gering im venösen Bereich. Durch die Nachlastsenkung kommt es zur Steigerung des Herzminutenvolumens. NNP wird u. a. zur Therapie der **akuten Linksherzinsuffizienz** und des **kardiogenen Schocks** in Kombination mit Katecholaminen (z. B. Dobutamin) verwendet. Eine Nebenwirkung ist die Bildung von Cyanid mit der Gefahr der Cyanidintoxikation; daher wird es heute für diese Indikation kaum mehr eingesetzt.

Kalziumantagonisten

Nifedipin (Adalat®) ist Mittel der 1. Wahl bei der **hypertensiven Krise** und wird zudem bei **Angina pectoris** eingesetzt.

Kalziumantagonisten

Nifedipin (Adalat®). Nifedipin ist eine vasodilatatorisch wirkende Substanz, die die Koronardurchblutung verbessert und den peripheren Widerstand senkt. Es ist Mittel der 1. Wahl zur Therapie der **hypertensiven Krise.** Weiterer Anwendungsbereich ist die Behandlung der **Angina pectoris.**

Verapamil (Isoptin®) wird bei **supraventrikulären Tachyarrhythmien** eingesetzt. Bei manifester Linksherzinsuffizienz ist Verapamil kontraindiziert.

Verapamil (Isoptin®). Verapamil wirkt prinzipiell wie Nifedipin, hat aber stärker ausgeprägte negativ inotrope Eigenschaften. Aufgrund der zusätzlich negativ chrono- und dromotropen Wirkungen wird es bei **supraventrikulären Tachyarrhythmien** eingesetzt. Bei manifester Linksherzinsuffizienz ist seine Anwendung allerdings kontraindiziert.

Diuretika

Furosemid (Lasix®). Das Schleifendiuretikum Furosemid führt über eine Hemmung der renalen Natriumrückresorption zu einer gesteigerten Wasserausscheidung. Dadurch kommt es zu einer Senkung des linksventrikulären Füllungsdruckes. Zu Nitroglycerin besteht eine synergistische Wirkung auf die Vorlast. Furosemid ist indiziert bei **Links- und Rechtsherzinsuffizienz mit Stauungszeichen** (hydropische Herzinsuffizienz).

Diuretika

Furosemid (Lasix®) ist indiziert bei **Links- und Rechtsherzinsuffizienz mit Stauungszeichen.**

Antiarrhythmika (s. u. Herzrhythmusstörungen)

Antiarrhythmika (s. u. Herzrhythmusstörungen)

Mechanische Kreislaufunterstützung

Beim **akuten Pumpversagen des Herzmuskels**, das pharmakologisch nicht ausreichend therapierbar ist, kann als passagere Maßnahme die **intraaortale Ballonpumpe** (IABP) angewendet werden. Ein Ballonkatheter wird in der Aorta ascendens plaziert und okkludiert nach Gasinsufflation mittels einer Pumpe die Aorta in der Diastole. Dadurch steigt der koronare Perfusionsdruck, so daß die Kontraktilität verbessert wird. Der Ballon wird direkt vor Öffnung der Aortenklappe wieder entleert, so daß die Herzarbeit während der Systole geringfügig abnehmen kann.

Mechanische Kreislaufunterstützung

Beim **akuten kardialen Pumpversagen**, das pharmakologisch nicht ausreichend therapierbar ist, kann als passagere Maßnahme die **intraaortale Ballonpumpe** (IABP) angewendet werden.

Therapie einzelner Krankheitsbilder

Akute Linksherzdekompensation (Lungenödem)

Die Therapie der akuten Linksherzdekompensation mit Lungenödem besteht in Oberkörperhochlagerung, Gabe von Sauerstoff sowie ggf. Intubation und Beatmung (PEEP). Wichtig ist ferner die Senkung der Vorlast mit Nitroglycerin (zunächst perlingual) und Furosemid (40 mg i. v.) sowie die Sedierung mit Benzodiazepinen (z. B. Diazepam 5 – 10 mg i. v.) oder Morphin (5 – 10 mg i. v.). Bei unzureichendem Therapieerfolg können arterielle Vasodilatatoren, wie z. B. Nifedipin oder Natrium-Nitroprussid, in Kombination mit positiv inotrop wirkenden Substanzen (Dobutamin, ggf. Phosphodiesterasehemmer) zur adäquaten HZV-Steigerung eingesetzt werden.

Therapie einzelner Krankheitsbilder

Akute Linksherzdekompensation (Lungenödem)

- Oberkörperhochlagerung
- Sauerstoff, ggf. Intubation und Beatmung
- Senkung der Vorlast mit Nitroglycerin und Furosemid
- Sedierung
- ggf. Nachlastsenkung mit NNP, Ca-Antagonist
- ggf. Inotropiesteigerung (Dobutamin, Phosphodiesterasehemmer)

Akuter Myokardinfarkt

Wichtig ist eine ausreichende Analgesie mit Morphin bzw. Opioiden. Zusätzlich benötigen viele Patienten eine Sedierung mit Benzodiazepinen. Ein akuter Myokardinfarkt kann in den ersten Stunden spezifisch durch **Thrombolyse** behandelt werden. Die Dosierungen betragen für Urokinase 2 – 3 Mio. IE als Bolus bei gleichzeitiger Gabe von Heparin, für Streptokinase 1,5 Mio. IE über 60 min und für t-PA 100 mg über 90 min. Für die Lyse besteht eine Reihe von Kontraindikationen (s. Kapitel 5.4.5). Weitere Therapiemaßnahmen umfassen die Senkung einer erhöhten Vorlast mit Nitroglycerin i. v. (ca. 2 – 6 mg/h) und die Kontraktilitätssteigerung mittels Dobutamin bei Linksherzdekompensation bzw. im kardiogenen Schock (2 – 15 µg/kg KG · min) sowie die Gabe von Lidocain bei ventrikulären Arrhythmien (1 mg/kg KG i. v. als Bolus, bei Erfolg weiter über Perfusor mit 2 – 4 mg · min zur Prophylaxe).

Akuter Myokardinfarkt

- Analgesie
- ggf. zusätzliche Sedierung
- möglichst **Thrombolyse**
- Vorlastsenkung mit Nitroglycerin
- Lidocain bei ventrikulären Arrhythmien
- bei Bedarf Kontraktilitätssteigerung mittels Dobutamin

Herztamponade

Die Behandlung der Herztamponade besteht in der Perikardpunktion und -drainage zur akuten Entlastung und anschließender Therapie der Grunderkrankung.

Herztamponade

Perikardpunktion und -drainage sowie Therapie der Grunderkrankung

Symptomatische Therapie von Herzrhythmusstörungen
Tachykarde Rhythmusstörungen

Supraventrikuläre Tachykardien
- Karotissinusmassage
- Verapamil oder
- beta-Rezeptorenblocker

Vorhofflattern und -flimmern
- Verapamil oder
- beta-Rezeptorenblocker

Kammertachykardie
- Lidocain
- Ajmalin
- Propafenon
- elektrische Kardioversion

Kammerflattern oder Kammerflimmern
- Defibrillation, Lidocain

Bradykarde Rhythmusstörungen

Sinusbradykardie/»Sick-sinus«-Syndrom
- Atropin oder Orciprenalin
- bei Weiterbestehen temporärer künstlicher Herzschrittmacher

AV-Block III°
- Orciprenalin
- künstlicher Schrittmacher

Akutes Rechtsherzversagen bei Lungenembolie (s. Kap. 5.4.5 u. 9.9.3)

Hypertensive Krise

- Nifedipin (Mittel der Wahl)
- Urapidil
- Clonidin
- Dihydralazin
- Furosemid

Der Blutdruck sollte nur langsam gesenkt werden und ein höheres Niveau um 160 mmHg beibehalten werden.

9.3.2 Schock

Definition ▶

Symptomatische Therapie von Herzrhythmusstörungen

Tachykarde Rhythmusstörungen

Supraventrikuläre Tachykardien. Versuch der Karotissinusmassage; wenn ohne Erfolg, kann Verapamil in einer Dosierung von 5 – 10 mg langsam i. v. verabreicht werden. Außerdem können beta-Rezeptorenblocker zur Anwendung kommen, die mit Verapamil wegen möglicher schwerer Bradykardien aber nicht kombiniert werden dürfen.

Vorhofflattern und -flimmern. Verapamil 5 – 10 mg langsam i. v., möglich sind auch beta-Rezeptorenblocker und Digitalispräparate. Wenn ein WPW-Syndrom besteht, ist die Gabe eines Antiarrhythmikums wie Ajmalin (Gilurytmal®) oder Propafenon (Rytmonorm®) indiziert. Amiodaron (Cordarex®), ein Antiarrhythmikum der Klasse III, ist ebenfalls bei WPW-Syndrom sowie Vorhofflimmern und -flattern in einer Dosierung von 5 mg/kg KG indiziert.

Kammertachykardie. Lidocain (Xylocain®) 50 – 100 mg i. v., evtl. Wiederholen der Dosis. Außerdem können andere Antiarrhythmika wie Ajmalin (50 mg i. v.) oder Propafenon (70 mg i. v.) bei Nichtansprechen auf Lidocain benutzt werden. Bei erfolgloser medikamentöser Therapie sollte eine elektrische Kardioversion versucht werden.

Kammerflattern oder Kammerflimmern. Defibrillation initial mit 200 J, danach Gabe von Lidocain.

Bradykarde Rhythmusstörungen

Sinusbradykardie und »Sick-sinus«-Syndrom. Atropin 0,5 – 2 mg i. v. oder Orciprenalin (Alupent®) 0,5 – 1 mg i. v., bei Weiterbestehen temporärer künstlicher Herzschrittmacher.

AV-Block III°. Versuch mit Orciprenalin 0,5 – 1 mg i. v., ansonsten künstlicher Schrittmacher.

Akutes Rechtsherzversagen bei Lungenembolie (s. Kapitel 5.4.5 und 9.9.3; Fallbeispiel in Kapitel 3.1.4).

Hypertensive Krise

Das Mittel der 1. Wahl bei der Behandlung einer hypertensiven Krise ist Nifedipin perlingual 10 – 20 mg, evtl. Wiederholung nach 10 min. Vor allem bei einer Enzephalopathie sollte der Blutdruck nur langsam gesenkt werden und ein höheres Niveau um 160 mmHg systolisch beibehalten werden. Führt Nifedipin nicht zum gewünschten Therapieerfolg, können Urapidil (Ebrantil®), Clonidin (Catapresan®) oder Dihydralazin (Nepresol®) intravenös verwendet werden. Die antihypertensive Therapie kann mit einem Diuretikum wie Furosemid in einer Dosierung von 20 – 40 mg i. v. unterstützt werden.

9.3.2 Schock

▶ ***Definition.*** Der Schock ist ein Syndrom unterschiedlicher Ätiologie, dessen Kennzeichen eine ungenügende Durchblutung lebenswichtiger Organe mit daraus resultierendem Mißverhältnis von Sauerstoffbedarf und Sauerstoffangebot ist. Störungen der Mikrozirkulation mit Gewebehypoxie und beeinträchtigter Zellstoffwechsel mit Anhäufung toxischer Metabolite sind die Folge. Am Anfang des Schockgeschehens stehen reversible funktionelle Organveränderungen, am Ende kommt es im irreversiblen Schock zum Multiorganversagen mit hoher Letalität.

Pathophysiologie

Gemeinsames Kennzeichen aller Schockformen ist die isolierte oder häufiger kombinierte Störung einer der 3 Regelgrößen der Zirkulation: **Pumpfunktion des Herzens, Blutvolumen** und **Gefäßtonus** (vgl. Kapitel 9.3.1). Unabhängig von der Ursache kommt es bei jedem Schocksyndrom zu Störungen der Makro- und Mikrozirkulation. **Makrozirkulationsstörungen** bei kardialem Pumpversagen oder akuter Verminderung des intravasalen Volumens resultieren in einer disproportionalen Verteilung des Herzzeitvolumens mit Minderperfusion bestimmter Organe und führen sekundär zu **Mikrozirkulationsstörungen** mit Veränderungen der Hämorrheologie (Fließeigenschaften des Blutes) und der Blutgerinnung. Mikrozirkulationsstörungen können aber auch schon primär beim Versagen der Gefäßregulation auftreten. Eine exakte Trennung von Makro- und Mikrohämodynamik ist im komplexen Schockgeschehen nicht möglich und wird nachstehend nur aus didaktischen Gründen durchgeführt.

Makrohämodynamisch lassen sich aufgrund des Verhaltens von Herzzeitvolumen und peripherem Widerstand 2 unterschiedliche Formen unterscheiden: ein **hypo**dynames und ein **hyper**dynames Schocksyndrom.
Beim **hypodynamen Schocksyndrom** kommt es in der Initialphase infolge Erniedrigung des Herzzeitvolumens und Abfall des arteriellen Blutdruckes zu einer sympathoadrenergen Gegenregulation. Über die Barorezeptoren des Aortenbogens und des Karotissinus wird eine kompensatorische Zunahme des Sympatikotonus vermittelt. Die Stimulierung der Nebennieren führt zur zusätzlichen Freisetzung von systemisch wirksamem Adrenalin, weniger von Noradrenalin. Dies hat 3 wichtige Reaktionen des Herz-Kreislauf-Systems zur Folge:

1. Durch beta-Rezeptorenstimulierung kommt es zur Kontraktilitäts- und Herzfrequenzsteigerung und damit zur Mobilisierung der kardialen Reserven.
2. Es erfolgt eine über alpha-Rezeptoren vermittelte Drosselung der Splanchnikus-, Nieren-, Muskel- und Hautdurchblutung (Konstriktion von Arteriolen). Dadurch entsteht frühzeitig eine Umverteilung der Durchblutung zugunsten lebenswichtiger Organe wie Herz und Gehirn. Dieser Vorgang wird als **Zentralisation** bezeichnet. Die ausgeprägte Durchblutungsverminderung der Nieren kann den Grundstein zu einem akuten Nierenversagen legen.
3. Die Konstriktion der Venolen bewirkt eine Verbesserung des venösen Rückstroms zum Herzen.

Außerdem bestehen eine gesteigerte **Reninaktivität** mit vermehrter Bildung von Angiotensin I und II (⟶Vasokonstriktion) und eine über Volumen- und Osmorezeptoren vermittelte erhöhte Sekretion von antidiuretischem Hormon (**ADH**) mit der Folge einer Natrium- und Wasserretention). Durch diese Mechanismen können z. B. Volumenverluste bis zu 20 % kompensiert werden (**kompensierter** Schock) (▤9.**21**). Bei darüber hinausgehenden Verlusten kann auch durch maximale Ausprägung der Kompensationsmechanismen eine ausreichende Durchblutung der lebenswichtigen Organe nicht mehr sichergestellt werden, so daß das Sauerstoffangebot den Sauerstoffbedarf auch dieser Gewebe unterschreitet (**dekompensierter** Schock, ▤9.**21**).

Pathophysiologie

Gemeinsames Kennzeichen aller Schockformen ist die isolierte oder häufiger kombinierte Störung einer der 3 Regelgrößen der Zirkulation: **Pumpfunktion des Herzens, Blutvolumen** und **Gefäßtonus.**
Unabhängig von der Ursache kommt es bei jedem Schocksyndrom zu Störungen der Makro- und Mikrozirkulation. **Makrozirkulationsstörungen** resultieren in einer disproportionalen Verteilung des Herzzeitvolumens mit Minderperfusion bestimmter Organe und führen sekundär zu **Mikrozirkulationsstörungen**. Mikrozirkulationsstörungen können aber auch schon primär beim Versagen der Gefäßregulation auftreten.

Beim **hypodynamen Schocksyndrom** kommt es in der Initialphase infolge Erniedrigung des Herzzeitvolumens und Abfall des arteriellen Blutdruckes zu einer sympathoadrenergen Gegenregulation.

Dies hat 3 wichtige Reaktionen des Herz-Kreislauf-Systems zur Folge:
- Kontraktilitäts- und Herzfrequenzsteigerung
- **Zentralisation** des Kreislaufes
- Verbesserung des venösen Rückstroms zum Herzen durch Konstriktion der Venolen

Die **Reninaktivität** ist gesteigert, die **ADH**-Sekretion erhöht.
Durch diese Mechanismen können z. B. Volumenverluste bis zu 20 % kompensiert werden (**kompensierter** Schock) (▤9.**21**). Bei darüber hinausgehenden Verlusten kann auch durch maximale Ausprägung der Kompensationsmechanismen eine ausreichende Durchblutung der lebenswichtigen Organe nicht mehr sichergestellt werden (**dekompensierter** Schock, ▤9.**21**).

9.21: Beziehung zwischen Volumenverlusten und klinischer Symptomatik beim hypovolämischen Schock

Volumenverlust (ml)	Abnahme des Blutvolumens (%)	Schweregrad	klinische Zeichen
▷ 0 – 500	0 – 10	kein Schock	keine
▷ 500 – 1200	10 – 25	kompensierter Schock	RR-Abfall, Herzfrequenzanstieg, leichte periph. Vasokonstriktion
▷ 1200 – 1800	25 – 35	mäßiger Schock	fadenförmiger Puls, Herzfrequenz > 100/min RR < 90 mmHg systolisch, verminderte Urinausscheidung, Schwitzen, Angst, Unruhe
▷ 1800 – 2500	35 – 50	schwerer Schock	fadenförmiger Puls, Herzfrequenz > 120/min RR systolisch < 60 mmHg, starke Vasokonstriktion, Schwitzen, Verwirrtheit, Anurie

Ein **hyperdynames Schocksyndrom** findet man häufig beim septischen Krankheitsbild.
Mediatorvermittelt (S 9.**15**) wird der Tonus der präkapillaren Sphinkteren vermindert, arteriovenöse Shuntgefäße werden vermehrt durchblutet, und ein peripheres Gefäßversagen mit kompensatorischer Zunahme des Herzzeitvolumens ist die Folge. Bei anhaltender Beeinträchtigung der Mikrozirkulation geht der hyperdyname Zustand am Ende in ein hypodynames Schocksyndrom über.

Ein **hyperdynames Schocksyndrom** findet man häufig beim septischen Krankheitsbild. Wenn Endotoxin in die Blutbahn gelangt, kommt es zur Freisetzung von **Mediatoren** wie Serotonin, Histamin und Tumornekrosefaktor (TNF). Außerdem erfolgt eine Aktivierung der Kaskaden des Gerinnungs-, Komplement- und Kallikrein-Kinin-Systems sowie eine Stimulierung des Arachidonsäurestoffwechsels (S 9.**15**). Hierdurch wird der Tonus der präkapillaren Sphinkteren vermindert, arterio-venöse Shuntgefäße werden vermehrt durchblutet, und ein peripheres Gefäßversagen ist die Folge. Kompensatorisch begegnet der Organismus dem erniedrigten peripheren Widerstand mit einer Zunahme des Herzzeitvolumens. Bei anhaltender Beeinträchtigung der Mikrozirkulation geht der hyperdyname Zustand am Ende in ein hypodynames Schocksyndrom über.

Synopsis 9.**15**: **Mediatorkaskaden im Schock** (mod. n. *Meßmer u. Mitarb.*)

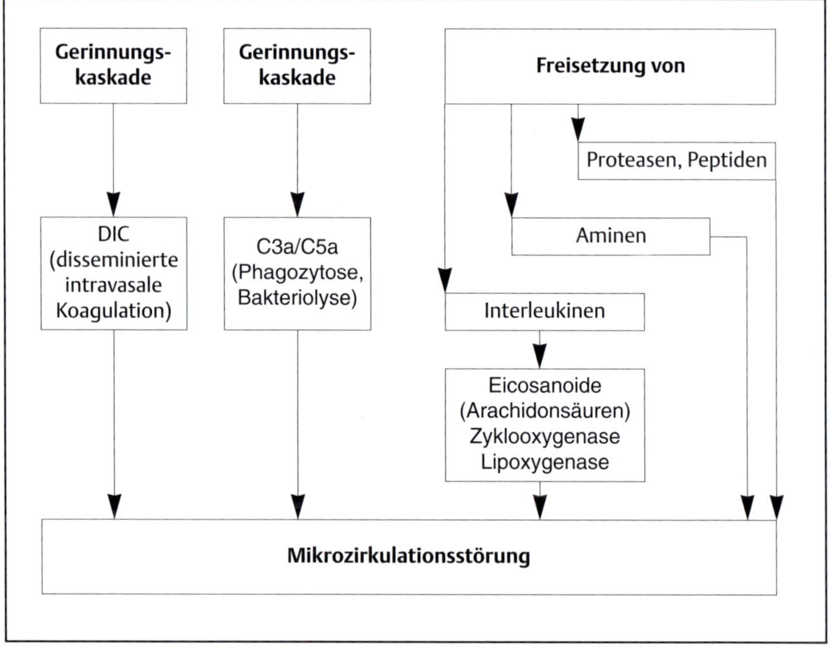

Der eigentliche Schauplatz des Schockgeschehens ist im Bereich der **Mikrozirkulation** zu finden. Morphologisch findet man hier Arteriolen, Kapillaren und Venolen, wobei Arteriolen und Venolen glatte Muskulatur besitzen und somit Sphinkterfunktionen ausüben können. Das kapillare Stromgebiet dient der Abgabe von Sauerstoff und Substraten an die Zellen. Die vorgeschaltenen Arteriolen regulieren durch Kontraktion oder Dilatation bedarfsabhängig die Blutverteilung und sind damit entscheidend an der Regelung des peripheren Widerstandes und Aufrechterhaltung des arteriellen Blutdruckes beteiligt. Der venoläre Abschnitt hingegen bildet einen bedeutenden Teil des intravasalen Volumenreservoirs des Körpers. In einigen Organen, z. B. dem Skelettmuskel, gibt es im Kapillarbett sog. Kurzschlußgefäße, die bei präkapillarer Vasokonstriktion bevorzugt perfundiert werden (arterio-venöse Shuntdurchblutung). Die Mikrozirkulation ist vom Perfusionsdruckgradienten (= Einstromdruck – Ausstromdruck), dem Zustand der prä- und postkapillaren Sphinkteren und den Fließeigenschaften des Blutes abhängig.

Der eigentliche Schauplatz des Schockgeschehens ist im Bereich der **Mikrozirkulation** zu finden.

Die Mikrozirkulation ist vom Perfusionsdruckgradienten (= Einstromdruck – Ausstromdruck), dem Zustand der prä- und postkapillaren Sphinkteren und den Fließeigenschaften des Blutes abhängig.

Im Schock kommt es zunächst infolge des gesteigerten Sympathikotonus und durch vermehrt zirkulierende endogene Katecholamine zu einer Kontraktion prä- und postkapillarer Sphinkteren mit Abnahme der Kapillardurchblutung in den meisten Organen. Aufgrund fehlender bzw. nur geringer alpha-Rezeptorendichte sind Herz und Gehirn hiervon ausgenommen, so daß eine Blutumverteilung zugunsten dieser Organe stattfinden kann (phylogenetischer Schutzmechanismus).

Im Schock kommt es zunächst zu einer Kontraktion prä- und postkapillarer Sphinkteren mit Abnahme der Kapillardurchblutung in den meisten Organen.

Durch die in dieser Phase entstehende Gewebehypoxie kommt es zur Aktivierung der anaeroben Glykolyse, die aber wegen der verringerten ATP-Bildung nur einen Teil der erforderlichen Energie zur Erhaltung der betreffenden Organfunktionen zur Verfügung stellen kann. Das dabei anfallende Laktat bewirkt eine zunehmende **Laktazidose**. Die bei anhaltender Gewebehypoxie fortschreitende Gewebsazidose führt nun zu einer Dilatation der präkapillaren Sphinkteren in den Gebieten mit gedrosselter Durchblutung, während die postkapillare Vasokonstriktion infolge morphologischer Veränderungen bestehen bleibt (**schockspezifische Vasomotion; S 9.16**). Hierdurch kommt es im Bereich der Kapillaren zur Flüssigkeitssequestrierung in das Interstitium, Erhöhung des Hämatokritwertes und der Viskosität des kapillaren Blutes sowie Aktivierung der intravasalen Gerinnung und damit zur weiteren Reduktion des venösen Rückstromes. Die **Hypovolämie** wird somit im Sinne eines Circulus vitiosus verstärkt (S 9.**17**).

Die bei anhaltender Gewebehypoxie fortschreitende Gewebsazidose (**Laktazidose**) führt zu einer Dilatation der präkapillaren Sphinkteren, während die postkapillare Vasokonstriktion infolge morphologischer Veränderungen bestehen bleibt (**schockspezifische Vasomotion; S** 9.**16**). Hierdurch kommt es im Bereich der Kapillaren zur Flüssigkeitssequestrierung in das Interstitium, Erhöhung des Hämatokritwertes und der Viskosität des kapillaren Blutes sowie Aktivierung der intravasalen Gerinnung und damit zur weiteren Reduktion des venösen Rückstromes. Die **Hypovolämie** wird somit im Sinne eines Circulus vitiosus verstärkt (S 9.**17**).

S Synopsis 9.**16: Schockspezifische Vasomotion**

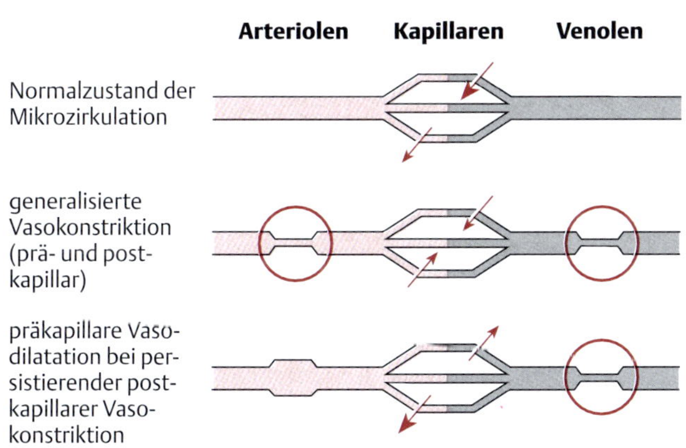

Synopsis 9.17: **Entwicklung des Circulus vitiosus beim Schock** (nach *Meßmer*)

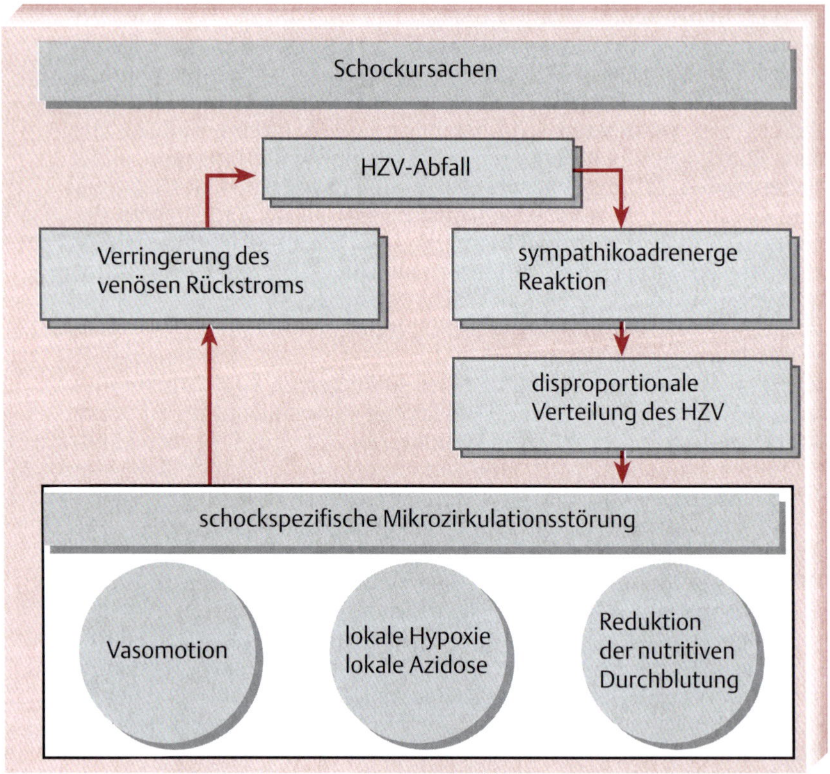

Vom Schockgeschehen sind alle Organe, auch ZNS und Herz, in unterschiedlicher Ausprägung betroffen. **Schockorgane** im eigentlichen Sinne sind:
- **Nieren:** Hier sistiert die Urinproduktion, es droht ein akutes Nierenversagen.
- **Lunge:** Es kann zum akuten Lungenversagen kommen.
- Die **Leber** reagiert im Schock mit einer reversiblen Funktionseinschränkung, es droht ein akutes Leberversagen.
- **Intestinum:** Durch Flüssigkeitssequestration ins Darmlumen wird die Hypovolämie verstärkt.
- Das **ZNS** kann bei Perfusionsdrücken, die unterhalb der Autoregulations-

Vom Schockgeschehen sind alle Organe, auch ZNS und Herz, in unterschiedlicher Ausprägung betroffen. **Schockorgane** im eigentlichen Sinne sind jedoch:
- In den **Nieren** sistiert durch die Abnahme des Herzzeitvolumens und die durch endogene Katecholamine bedingte Vasokonstriktion die Urinproduktion (»Niere im Schock«). Ein akutes Nierenversagen (»Schockniere«) ist die Folge, wenn es nicht gelingt, den Pathomechanismus therapeutisch zu durchbrechen (s. Kapitel 9.4.4). Eine Vasokonstriktion mit Minderperfusion der Nierenrinde kann auch nach Wiederherstellen eines suffizienten Kreislaufes bestehen bleiben, so daß eine frühzeitige, »aggressive« Therapie besonders wichtig ist.
- In der **Lunge** spielen eine Reihe von Faktoren eine Rolle, die einzeln oder in Kombination zum akuten Lungenversagen (ARDS; s. Kapitel 9.2.4) führen können. In der Hauptsache sind dies eine durch die Hypoperfusion bedingte Leukozytenansammlung und -stase mit nachfolgender Freisetzung von Enzymen, die zur Endothelschädigung führen, und Bildung vasoaktiver Substanzen. Dadurch entstehen Störungen des Ventilations-/Perfusionsverhältnisses mit Zunahme des intrapulmonalen Rechts-links-Shunts und eine Verminderung der Lungencompliance.
- Die **Leber** reagiert im Schock mit einer zunächst reversiblen Funktionseinschränkung, einem Anstieg der Enzyme und Cholestase. Erst im irreversiblen Schock kann es zu einem akuten Leberversagen (s. Kapitel 9.6) kommen.
- Das **Intestinum** wird im Schockzustand atonisch, Flüssigkeit kann vermehrt in das Darmlumen sequestriert werden und so die Hypovolämie verstärken.
- Das **ZNS** kann bei Perfusionsdrücken, die unterhalb der Autoregulationsschwelle (CPP <50 mmHg) liegen, im Sinne einer zerebralen Ischämie

betroffen sein. Hierbei sind die phylogenetisch jüngeren Anteile wie der Kortex aufgrund des höheren Sauerstoffbedarfs ischämieanfälliger als ältere Strukturen, wie z. B. der Hirnstamm. Die Störungen reichen von Verwirrtheit und Unruhe über Bewußtseinstrübung bis hin zum Koma.

- Das **Herz** kann beim primären Pumpversagen selbst Ursache für einen Schock sein, aber auch im Rahmen der anderen Schockformen sekundär betroffen sein, so daß sich dann zusätzlich eine myokardiale Insuffizienz entwickelt.

schwelle (CPP < 50 mmHg) liegen, im Sinne einer zerebralen Ischämie betroffen sein.

- Das **Herz** kann primär Ursache des Schocks sein, aber auch sekundär betroffen sein.

Einzelformen

Hypovolämischer Schock

Der hypovolämische Schock ist die häufigste Schockform und hat seine Ursache in einer Reduktion des zirkulierenden Blutvolumens durch Verluste von Blut, Plasma oder Wasser und Elektrolyten.

- **Blutverluste** bei Traumata, operativen Eingriffen oder schweren Blutungen anderer Genese sind die Ursachen des sog. hämorrhagischen Schocks.
- **Plasmaverluste** entstehen durch ausgedehnte Verbrennungen, Exsudation über großen Wundflächen oder bei exsudativer Pankreatitis.
- **Wasser- und Elektrolytverluste** sind die Folge von Flüssigkeitssequestrierung in das Darmlumen bei akutem Abdomen, von polyurischen Nierenerkrankungen, Diarrhöen und massivem Erbrechen.

Einzelformen

Hypovolämischer Schock

Der hypovolämische Schock ist die häufigste Schockform und hat seine Ursache in einer Reduktion des zirkulierenden Blutvolumens durch **Verlust von Blut, Plasma** oder **Wasser** und **Elektrolyten.**

Kardiogener Schock

Kennzeichen des kardiogenen Schocks ist eine ungenügende Pumpfunktion des Herzens mit primär erniedrigtem Herzzeitvolumen. Ursachen hierfür sind sowohl Krankheitsbilder, die das Myokard betreffen, als auch solche, die die Herzfüllung oder den Auswurf behindern.

Ursachen des kardiogenen Schocks:

- Myokardinfarkt
- Herzrhythmusstörungen
- Herztamponade
- Lungenembolie
- dekompensierte Herzvitien
- dekompensierte Kardiomyopathie
- Spannungspneumothorax

Kardiogener Schock

Kennzeichen des kardiogenen Schocks ist eine ungenügende Pumpfunktion des Herzens mit primär erniedrigtem Herzzeitvolumen.

Ursachen des kardiogenen Schocks:

- Myokardinfarkt
- Herzrhythmusstörungen
- Herztamponade
- Lungenembolie
- dekompensierte Herzvitien
- dekompensierte Kardiomyopathie
- Spannungspneumothorax

Septisch-toxischer Schock (vgl. Kapitel 9.9.4)

Der septisch-toxische Schock entsteht durch Einschwemmung von Mikroorganismen (gramnegative oder -positive Bakterien, seltener Pilze und Viren) bzw. deren Toxinen oder Toxinen allgemein. Er wird primär im Bereich der Mikrozirkulation ausgelöst und führt durch Abnahme des peripheren Widerstandes initial häufig zu einem hyperdynamen Schocksyndrom. Wenn aus der durch Mediatoren induzierten gesteigerten Kapillarpermeabilität eine absolute Hypovolämie resultiert, sind die Voraussetzungen für den Eintritt in die hypodyname Phase geschaffen.

Septisch-toxischer Schock

Der septisch-toxische Schock entsteht durch Einschwemmung von Mikroorganismen bzw. deren Toxinen oder Toxinen allgemein. Er führt anfangs häufig zu einem hyperdynamen Schocksyndrom.

Anaphylaktischer Schock

Beim anaphylaktischen Schock kommt es zu einer sofortigen Interaktion von in den Organismus gelangten Antigenen und zirkulierenden Antikörpern. Hierdurch werden vasoaktive Mediatorsubstanzen wie Histamin, Serotonin und Leukotriene freigesetzt, die auf die Gefäßmuskulatur wirken und die Kapillarpermeabilität steigern. Dadurch entstehen ein periphervasales Versagen und Flüssigkeitsverschiebungen in den Extrazellulärraum. Eine Kreislaufreaktion im Sinne eines hypodynamen Schocksyndroms kann dabei in unterschiedlicher Geschwindigkeit im ungünstigsten Fall innerhalb weniger Minuten zustande kommen.

Anaphylaktischer Schock

Beim anaphylaktischen Schock kommt es zu einer sofortigen Interaktion von in den Organismus gelangten Antigenen und zirkulierenden Antikörpern. Eine Kreislaufreaktion im Sinne eines hypodynamen Schocksyndroms kann im ungünstigsten Fall innerhalb weniger Minuten zustande kommen.

Neurogener Schock

Der neurogene Schock entsteht durch Störungen der zentralen Gefäßregulation (Ausfall der sympathischen Gefäßinnervation), entweder auf Hirnstammebene oder im spinalen Bereich.

Endokriner und metabolischer Schock

Dazu gehören diabetisches Koma, Thyreotoxikose, akute Nebennierenrindeninsuffizienz und Leber- und Nierenversagen.

Symptomatik und Diagnostik

Neben Anamnese und klinischer Untersuchung ist die engmaschige Erfassung und Registrierung von verschiedenen Meßdaten, das sog. **Monitoring**, für Diagnose, Therapie und Verlauf von entscheidender Bedeutung.

Allgemeine Symptomatik

Die **Klinik** des hypodynamen Schocksyndroms spiegelt die gestörte **Makrozirkulation** wider (Tachykardie, Tachypnoe, arterielle Hypotonie, schwach gefüllter Puls, kalt-schweißige, blasse Haut, schlechte Venenfüllung). Störungen der **Mikrozirkulation** lassen sich an Oligurie (Urinproduktion unter 20 ml/h), verlängerter Kapillarfüllungszeit (Fingernagelprobe) und Bewußtseinsstörungen wie Verwirrtheit und Unruhe erkennen.

Nichtinvasives Monitoring

Dazu gehören die Messung der **Herzfrequenz**,

die kontinuierliche Registrierung des **EKG**,

die Messung der stündlichen **Urinausscheidung**

und die Messung der **Temperatur.**

Neurogener Schock

Der neurogene Schock entsteht durch Störungen der zentralen Gefäßregulation, entweder auf Hirnstammebene wie beim Schädel-Hirn-Trauma oder im spinalen Bereich wie beim akuten Querschnitt. Dabei kann durch Ausfall der sympathischen Gefäßinnervation und daraus resultierender peripherer Vasodilatation der venöse Rückstrom und damit das HZV so massiv erniedrigt sein, daß ein Schockzustand ausgelöst wird.

Endokriner und metabolischer Schock

Endokrine Krisen wie diabetisches Koma, Thyreotoxikose oder akute Nebennierenrindeninsuffizienz können ebenfalls zu einem Schocksyndrom führen. Auch metabolische Entgleisungen bei Leber- und Nierenversagen können Ursache für die Entwicklung eines Schockgeschehens sein.

Symptomatik und Diagnostik

Die Diagnose des Schocks kann mittels Anamnese und klinischer Symptome gestellt werden. Zusätzlich ist die engmaschige Erfassung und Registrierung von verschiedenen Meßdaten, das sog. **Monitoring**, für Diagnose, Therapie und Verlauf von entscheidender Bedeutung. Die makrohämodynamischen Parameter alleine reichen zur Beurteilung der Schwere und der Prognose eines Schockzustandes nicht aus, sondern müssen durch klinische und laborchemische Befunde ergänzt werden.

Allgemeine Symptomatik

Die **Klinik** des hypodynamen Schocksyndroms spiegelt die gestörte **Makro- und Mikrozirkulation** mit gesteigertem Sympathikotonus und verminderter Organdurchblutung wider:
Es bestehen eine Tachykardie, Tachypnoe und arterielle Hypotonie (systolischer Blutdruck < 80 – 90 mmHg oder unter 30 – 40 % des Ausgangsniveaus; Mitteldruck < 50 mmHg; verringerte Blutdruckamplitude) und ein schwach gefüllter Puls. Dabei ist es wichtig zu wissen, daß die Hypotonie kein Frühzeichen für einen Schock ist. Dieser beginnt bereits, bevor der Blutdruck kritisch abgefallen ist! Der Patient hat ferner eine kalte, blaßzyanotische und schweißbedeckte Haut sowie ein schlechte Venenfüllung. Störungen der Mikrozirkulation lassen sich an Oligurie (Urinproduktion < 20 ml/h) und einer verlängerten Kapillarfüllungszeit erkennen (Fingernagelprobe: nach Druck auf einen Fingernagel füllen sich die Kapillaren normalerweise sofort, im Schock nur verzögert). Außerdem treten Bewußtseinsstörungen wie Verwirrtheit und Unruhe auf.

Nichtinvasives Monitoring

Die **Herzfrequenz** ist bei fast allen Schockformen durch die sympathoadrenerge Reaktion des Organismus erhöht. Im hypovolämischen Schock wurde das Ausmaß der Tachykardie zusammen mit dem systolischen Blutdruck als sog. Schockindex (Herzfrequenz geteilt durch systolischen Druckwert) zur Abschätzung der Schockausprägung herangezogen. Dieser Index sollte aber wegen seiner geringen prognostischen Aussagekraft nicht mehr verwendet werden.
Die kontinuierliche Registrierung des **EKG** gibt Auskunft über kardiale Störungen wie Arrhythmien, Myokardischämien sowie Lokalisation und Ausdehnung von Myokardinfarkten.
Die **Urinausscheidung** gibt wichtige Hinweise auf die Nierenfunktion im Schock und sollte stündlich gemessen werden, damit einem akuten Nierenversagen rechtzeitig therapeutisch begegnet werden kann.
Die Messung der **Temperatur** gehört zu den Routinemaßnahmen. Die Differenz zwischen Haut- und Rektaltemperatur, die normalerweise 0,4 – 0,6 °C beträgt, kann im Schock bei Vasokonstriktion und schlechter peripherer Durchblutung bis auf über 1 °C ansteigen.

Invasives Monitoring

Arterieller Blutdruck. Da die nichtinvasive Messung bei niedrigen Blutdruckwerten im Schock nur bedingt durchführbar ist, sollte die invasive Messung nach Kanülierung einer Arterie bevorzugt werden. Neben der Registrierung der Meßwerte und Beurteilung der Druckkurve besteht dabei die Möglichkeit zur Bestimmung der arteriellen Blutgase.

Zentraler Venendruck (ZVD). Der ZVD wird über einen zentralvenösen Katheter ermittelt und gestattet eine grobe Abschätzung der Volumensituation des Patienten, wobei im Schock die physiologische Korrelation von Blutvolumen und ZVD aufgrund einer ausgeprägten Venokonstriktion aufgehoben sein kann.

Pulmonalarterieller Druck (PAP). Bei schweren Schockformen kann die Messung der Pulmonalisdrücke wertvolle Hinweise liefern. Gemessen werden sie mit Hilfe eines über das rechte Herz in die Pulmonalarterie eingeschwemmten Swan-Ganz-Ballonkatheters. Mit diesem Katheter ist auch die Bestimmung des **pulmonal-kapillaren Verschlußdruckes (PCWP oder »Wedge«-Druck)** und des **Herzzeitvolumens** mittels der Thermodilutionstechnik möglich. Der pulmonalarterielle Mitteldruck ist bei einer Widerstandserhöhung in der Pulmonalisstrombahn, z. B. bei Lungenembolie, oder als Folge einer Linksherzinsuffizienz sowie bei beginnendem Lungenversagen erhöht, bei Volumenmangel hingegen erniedrigt. Der pulmonalkapillare Verschlußdruck gilt als Maß für die Vorlast des linken Ventrikels und damit für die Beurteilung der Linksherzfunktion. Er ist für die Erfassung der Volumensituation besser geeignet als ZVD und PAP.

Mit Hilfe arterieller und gemischtvenöser Blutgasanalysen läßt sich die **arterio-venöse Sauerstoffgehaltsdifferenz ($avDO_2$)** berechnen, und über das Ficksche Prinzip kann der **Gesamtsauerstoffverbrauch (VO_2)** bestimmt werden: $VO_2 = HZV \times avDO_2$. Außerdem können aus den oben angegebenen Parametern der **systemische Gefäßwiderstand (SVR)** und der **Lungengefäßwiderstand (PVR)** errechnet werden, die eine Abschätzung der kardiovaskulären Gesamtsituation des Patienten erleichtern.

Laborchemische Meßgrößen

Laborchemisch werden arterielle **Blutgasanalysen** zur Beurteilung des Gasaustausches und des Säure-Basen-Haushaltes herangezogen, weitere wichtige Parameter sind **Hämoglobingehalt** und **Hämatokrit** des Blutes sowie **Serumelektrolyte, Kreatinin, Harnstoff** und **Leberenzyme.**
Die Bestimmung von **Laktat** gibt Auskunft über das Ausmaß der anaeroben Energiegewinnung und ist somit indirekt ein Maß für die Gewebehypoxie. Hohe Laktatwerte sind dabei als prognostisch ungünstig anzusehen.
Eine engmaschige Kontrolle der **Gerinnung** ist bei allen Schockformen essentiell, da es im Verlauf des Schockgeschehens zur disseminierten intravasalen Gerinnung mit Verbrauchskoagulopathie kommen kann (s. Kapitel 5.4.5).

Differentialdiagnostisch können die einzelnen Schockformen anhand anamnestischer Daten und klinischer Symptomatologie unterschieden werden:

Spezielle Schockformen

Hypovolämischer Schock. Neben der Anamnese (Unfall, Trauma, Operation) sind sichtbare äußere Blutungen ein Hinweis auf größere Blutverluste. Es kommt zu einem **Abfall** von arteriellem Blutdruck, HZV, ZVD, PAP und PCWP sowie zu einem **Anstieg** von Herzfrequenz, SVR, PVR und $avDO_2$.

Kardiogener Schock. Neben der Anamnese (vorbestehende kardiale Erkrankungen) sind retrosternale oder ausstrahlende Schmerzen Leitsym-

Invasives Monitoring
- **arterieller Blutdruck**
- **zentraler Venendruck (ZVD)**
- **pulmonalarterieller Druck (PAP)**
- **pulmonal-kapillarer Verschlußdruck (PCWP oder »Wedge«-Druck)**
- **Herzzeitvolumen**

Mit diesen hämodynamischen Parametern sowie der Blutgasanalyse arterieller und gemischtvenöser Proben kann man außerdem die **arteriovenöse Sauerstoffgehaltsdifferenz ($avDO_2$)**, den **Gesamtsauerstoffverbrauch (VO_2)**, den **systemischen Gefäßwiderstand (SVR)** und **Lungengefäßwiderstand (PVR)** errechnen.

Laborchemische Meßgrößen

Laborchemisch sind arterielle **Blutgasanalysen**,
weitere wichtige Parameter sind **Hämoglobingehalt** und **Hämatokrit** des Blutes sowie **Serumelektrolyte, Kreatinin, Harnstoff** und **Leberenzyme**,
die Bestimmung von **Laktat**
und die engmaschige Kontrolle der **Gerinnung** wichtige Meßgrößen im Verlauf des Schockgeschehens

Differentialdiagnostisch können die einzelnen Schockformen anhand anamnestischer Daten und klinischer Symptomatologie unterschieden werden.

Spezielle Schockformen

Hypovolämischer Schock
- **Abfall** von arteriellem Blutdruck, HZV, ZVD, PAP und PCWP
- **Anstieg** von Herzfrequenz, SVR, PVR und $avDO_2$

Kardiogener Schock
- **Abfall** von arteriellem Blutdruck und HZV sowie einem

- **Anstieg** von PAP, PCWP, SVR (häufig), PVR und $avDO_2$

Die Herzfrequenz ist in der Regel erhöht, es sei denn, es liegt eine bradykarde Rhythmusstörung als Schockursache zugrunde.

Septisch-toxischer Schock
hyperdyname Schockphase
- **Abfall** von SVR, ZVD, PCWP und $avDO_2$ (häufig)
- **Anstieg** von Herzfrequenz, HZV, PAP und SVR

hypodynames Stadium
- **Abfall** von arteriellem Blutdruck, HZV und PCWP
- **Anstieg** von Herzfrequenz, PAP, SVR, PVR und $avDO_2$

Anaphylaktischer Schock
- **Abfall** von arteriellem Blutdruck, HZV, PCWP, SVR
- **Anstieg** von Herzfrequenz, PAP, PVR und $avDO_2$

Neurogener Schock
- **Abfall** von arteriellem Blutdruck, HZV, PCWP und SVR
- **Anstieg** der $avDO_2$
- Herzfrequenz: unverändert oder leicht erhöht bei Hirnstammläsion; Bradykardie bei RM-Läsion.

Therapie

Neben allgemeinen Maßnahmen wie **Lagerung, Ruhigstellung** und **Schmerzbekämpfung** steht bei allen Schockformen mit Ausnahme des kardiogenen Schocks die Gabe von **Volumen** im Vordergrund.
Die Gabe von **Katecholaminen** wird in vielen Fällen zur Kreislaufunterstützung notwendig sein. Wenn es durch Sauerstoffgabe (6 – 8 l/min) allein nicht gelingt, für eine adäquate Oxygenierung zu sorgen (PaO_2 >90 mmHg, SaO_2 >95 %), werden die endotracheale **Intubation** und **Beatmung** erforderlich.

Hypovolämischer Schock

Beim hämorrhagischen Schock besteht die grundsätzliche Therapie in der Wiederherstellung eines **ausreichenden zirkulierenden Blutvolumens**.

ptome beim akuten Myokardinfarkt (s. Kapitel 9.3.1). Im kardiogenen Schock bestehen Dyspnoe, Zyanose und obere Einflußstauung. Hämodynamisch kommt es zu einem **Abfall** von arteriellem Blutdruck (< 80 mmHg systolisch) und HZV (<2,2 l/min · m² KOF) sowie einem **Anstieg** von PAP, PCWP (>22 mmHg), SVR (häufig), PVR und der $avDO_2$. Die Herzfrequenz ist in der Regel erhöht, es sei denn, es liegt eine bradykarde Rhythmusstörung als Schockursache zugrunde. Das Verhalten des ZVD ist variabel. Bei rechtsführender Herzinsuffizienz werden erhöhte, bei linksführender normale oder gar verminderte Werte gemessen.

Septisch-toxischer Schock (vgl. Kapitel 9.9.4, ▤9.**2**). Die Abgrenzung eines septisch-toxischen Schocks innerhalb eines septischen Krankheitsbildes ist schwierig, die Übergänge sind fließend.
In der **hyperdynamen** Schockphase (gelegentlich am Anfang eines septischen Schockgeschehens) findet man einen **Abfall** von SVR, ZVD, PCWP und $avDO_2$ (häufig) sowie einen **Anstieg** von Herzfrequenz, HZV, PAP und PVR. Der PCWP und die $avDO_2$ können auch unverändert sein oder ansteigen, der arterielle Blutdruck ist in der Frühphase oft unbeeinflußt.
Im **hypodynamen** Stadium kommt es dann zu einem **Abfall** von arteriellem Blutdruck, HZV und PCWP sowie einem **Anstieg** von Herzfrequenz, PAP, SVR, PVR und $avDO_2$.

Anaphylaktischer Schock. Die Anamnese gibt Hinweise auf den Kontakt mit allergenen Substanzen. Typisch sind das schlagartige Einsetzen von Hautrötung, Urtikaria und Bronchospasmus. Hämodynamisch findet man dann einen **Abfall** von arteriellem Blutdruck, HZV, PCWP, SVR sowie einen **Anstieg** von Herzfrequenz, PAP, PVR und $avDO_2$.

Neurogener Schock. Differentialdiagnostisch wichtig ist die Anamnese (Schädel-Hirn-Trauma, akutes Querschnittssyndrom). Im neurogenen Schock findet man anfangs keine Anzeichen einer Störung der Mikrohämodynamik. Makrozirkulatorisch besteht ein **Abfall** von arteriellem Blutdruck, HZV, PCWP und SVR sowie ein **Anstieg** der $avDO_2$. Die Herzfrequenz bleibt bei Hirnstammläsionen als Schockauslöser unverändert oder steigt leicht an (komplette autonome Denervierung). Bei Rückenmarksschädigung hingegen können Bradykardien auftreten (Sympathikolyse).

Therapie

Die Therapie aller Schockformen muß darauf ausgerichtet werden, die Ursache zu beseitigen und ein für den Organismus ausreichendes Sauerstoffangebot wiederherzustellen und zu erhalten. Dies kann durch Normalisierung von Makro- und Mikrozirkulation erreicht werden. Wichtig ist ein möglichst frühzeitiger Therapiebeginn, damit irreversible Störungen der Mikrozirkulation und damit ein Organversagen verhindert werden können. Neben allgemeinen Maßnahmen wie **Lagerung, Ruhigstellung** und **Schmerzbekämpfung** steht bei allen Schockformen mit Ausnahme des kardiogenen Schocks die Gabe von **Volumen** im Vordergrund. Kolloidale Volumenersatzmittel bzw. kristalloide Infusionen sollten in ausreichender Menge verabreicht werden. Die Gabe von **Katecholaminen** wird in vielen Fällen zur Kreislaufunterstützung notwendig sein. Wenn es durch Sauerstoffgabe (6 – 8 l/min) allein nicht gelingt, für eine adäquate Oxygenierung zu sorgen (PaO_2 >90 mmHg, SaO_2 >95 %), werden die endotracheale **Intubation und Beatmung** erforderlich.

Hypovolämischer Schock

Beim hämorrhagischen Schock besteht die grundsätzliche Therapie in der Wiederherstellung eines **ausreichenden zirkulierenden Blutvolumens**. Dazu gehört als erste Maßnahme die Blutstillung äußerlich sichtbarer Blutungen und die Autotransfusion durch Hochlagern der Beine, frühzeitiger und konsequenter Volumenersatz mit Kolloiden, Erythrozytenkonzentraten, Frischplasma und wenn nötig gezielter Substitution von Gerinnungsfaktoren (s. Kapitel 5.1.4, 5.3.3, 5.4.5 und 9.9.2). Auch bei den anderen hypovolämischen Schockformen steht immer die Volumentherapie an erster Stelle. Die Analgesie hat einen hohen Stellenwert zur Reduzierung des Sauerstoffverbrauches und Minderung der sympathoadrenergen Gegenregulation. Sauerstoff sollte zur besseren Oxygenierung immer zugeführt werden. Intubation und Beatmung können häufig schon in der Initialphase indiziert sein.

Die Analgesie hat einen hohen Stellenwert. O_2 sollte immer zugeführt werden.

Kardiogener Schock

Hier muß die **Pumpfunktion des Herzens** wiederhergestellt bzw. unterstützt werden. Dies geschieht durch Gabe von positiv inotropen Medikamenten (Katecholamine wie Dobutamin und Adrenalin) und durch Senkung überhöhter enddiastolischer Füllungsdrücke beim Myokardinfarkt und akuter Linksherzdekompensation mit Hilfe von Nitroglycerin. Zur Verminderung der linksventrikulären Nachlast und damit zur Steigerung des Schlagvolumens können Phosphodiesterasehemmer oder Vasodilatatoren wie Natrium-Nitroprussid und Dihydralazin erforderlich werden. Wichtig sind ausreichende Analgesie und Sedierung, Sauerstofftherapie, ggf. Intubation und Beatmung. Die Volumengabe muß bei Bedarf vorsichtig erfolgen und sollte am besten unter Kontrolle des PCWP durchgeführt werden. In schweren Fällen eines kardiogenen Schocks kann eine temporäre mechanische Kreislaufunterstützung (IABP; s. Kapitel 9.3.1) hilfreich sein. Die symptomatische Gabe von Antiarrhythmika ist bei Rhythmusstörungen indiziert, die auf eine kausale Therapie nicht ansprechen bzw. bei denen eine solche nicht durchführbar ist. Die prophylaktische Gabe von Lidocain beim Myokardinfarkt wird heutzutage abgelehnt. Eine Thrombolyse ist beim akuten Myokardinfarkt in den ersten Stunden danach häufig erfolgreich. Bei Zuständen wie Pneumothorax und Perikardtamponade, die die Füllung des Herzens beeinträchtigen, stehen Entlastungspunktionen an erster Stelle.

Kardiogener Schock

Hier muß die **Pumpfunktion des Herzens** wiederhergestellt bzw. unterstützt werden durch:
- Gabe von positiv inotropen Medikamenten
- Senkung überhöhter enddiastolischer Füllungsdrücke
- Verminderung der linksventrikulären Nachlast
- ggf. temporäre mechanische Kreislaufunterstützung (IABP)
- Antiarrhythmika
- Thrombolyse beim akuten Myokardinfarkt
- Entlastungspunktionen bei Pneumothorax und Perikardtamponade

Septisch-toxischer Schock

Die symptomatische Therapie besteht in der Gabe von Volumen und Katecholaminen (Noradrenalin bei niedrigem SVR) zur Kreislaufunterstützung. Notwendig sind ferner eine Sauerstofftherapie sowie ggf. Intubation und Beatmung. Eine hochdosierte Glukokortikoidgabe kann sinnvoll sein, um das kapillare Leck und damit die Flüssigkeitssequestrierung in das Gewebe zu vermindern sowie die Ansprechbarkeit auf Katecholamine zu verbessern. Die kausale Behandlung umfaßt nach initialer Stabilisierung die umgehende **chirurgische** Beseitigung des septischen Herdes und eine primär »breite« **Antibiotikatherapie**, die im Verlauf möglichst gezielt nach mikrobiologischem Erregernachweis (Abstriche, Blutkultur) erfolgen sollte.

Septisch-toxischer Schock

Die symptomatische Therapie besteht in der Gabe von Volumen und Katecholaminen (Noradrenalin bei niedrigem SVR) zur Kreislaufunterstützung und ggf. hochdosierten Glukokortikoidgabe. O_2-Therapie ist nötig.

Die kausale Behandlung umfaßt nach initialer Stabilisierung die umgehende **chirurgische** Beseitigung des septischen Herdes und eine primär »breite« **Antibiotikatherapie**.

Anaphylaktischer Schock

Die **Unterbrechung der Antigenexposition** muß sofort erfolgen. Autotransfusion durch Hochlagern der Beine sowie die großzügige und schnelle Infusion von kolloidalen Volumenersatzmittel sind als weitere Maßnahme notwendig. Außerdem ist die umgehende Gabe von Adrenalin und hochdosierten Glukokortikoiden sowie von H_1- und H_2-Blockern indiziert. Auch hier ist eine Therapie mit Sauerstoff sowie ggf. Intubation und Beatmung erforderlich.

Anaphylaktischer Schock

Die **Unterbrechung der Antigenexposition** muß sofort erfolgen. Autotransfusion durch Hochlagern der Beine sowie die großzügige und schnelle Infusion von kolloidalen Volumenersatzmittel sind als weitere Maßnahme notwendig. Außerdem ist die umgehende Gabe von Adrenalin und hochdosierten Glukokortikoiden sowie von H_1- und H_2-Blockern indiziert.

Neurogener Schock

Neben der Behandlung der Grunderkrankung sind kreislaufunterstützende Maßnahmen wie Volumentherapie und Gabe von Noradrenalin zur Anhebung des peripheren Gefäßwiderstands indiziert. Außerdem gehören Sauerstoffapplikation, ggf. Intubation und Beatmung zur Therapie.

Neurogener Schock

Neben der Behandlung der Grunderkrankung sind kreislaufunterstützende Maßnahmen wie Volumentherapie und Gabe von Noradrenalin zur Anhebung des peripheren Gefäßwiderstands indiziert.

Klinischer Fall

Bei einem Verkehrsunfall wird ein 25jähriger Motorradfahrer nach Zusammenprall mit einem Pkw durch die Luft geschleudert. Bei Eintreffen des Rettungsdienstes ist er ansprechbar und orientiert. Er klagt über Schmerzen in beiden Beinen und in der rechten Hüfte. Die körperliche Untersuchung ergibt einen stabilen Thorax, seitengleiche Belüftung mit vesikulärem Atemgeräusch, weiches Abdomen ohne Abwehrspannung, Beckenkompressionsschmerz, abnorme Stellung des rechten Oberschenkels und Krepitation im linken Oberschenkel. Der neurologische Status ist insgesamt unauffällig. Der mittels Manschette gemessene Blutdruck beträgt 100/60 mmHg, der Puls ist 110/min. Der Patient ist leicht kaltschweißig und blaß. Bis zum Eintreffen in der Klinik ca. ein halbe Stunde später werden je 1000 ml Ringerlaktat und Rheohes® infundiert. Der Blutdruck beträgt bei Aufnahme 120/80 mmHg, der Puls 95/min. Der Hämoglobingehalt wird mit 8,2 g/dl gemessen.

Konsequenz: Bereits die klinische Untersuchung ergibt den Verdacht auf Frakturen im Bereich beider Beine mit möglicher Beckenbeteiligung. Hier muß sofort an die Möglichkeit größerer Einblutungen gedacht werden. Zusätzlich ist der Patient tachykard, zentralisiert und blaß. Er befindet sich im Zustand des kompensierten hämorrhagischen Schocks. Durch adäquate Volumensubstitution kann in dieser Phase die Hämodynamik stabilisiert und eine Dekompensation des Schocks verhindert werden. Dieses Beispiel zeigt, daß bei polytraumatisierten Patienten ein (okkulter) Volumenmangel bzw. Blutverlust nicht unterschätzt werden darf (s. Kapitel 9.9.2, 9.**2**) und wie wichtig eine rechtzeitige, bereits präklinisch begonnene »aggressive« Volumentherapie ist, die alsbaldig durch die Gabe von Sauerstoffträgern unterstützt werden muß!

9.4 Akutes Nierenversagen (ANV)

9.4.1 Physiologische Nierenfunktion

Exkretorische Funktionen
- Regulation des Wasser-, Elektrolyt- und Säure-Basen-Haushaltes
- Elimination harnpflichtiger Substanzen
- Rückresorption und Kontrolle der Ausscheidung von Elektrolyten, Glukose, Aminosäuren, Bikarbonat u. a.

Inkretorische Nierenfunktionen
- Erythropoetinbildung
- Synthese des aktiven Vitamin D
- Renin-Angiotensin-Aldosteron-System
- Kallikrein-Kinin- und Prostaglandin-System

9.4 Akutes Nierenversagen (ANV)

9.4.1 Physiologische Nierenfunktion

Die Nieren erfüllen folgende **exkretorische** und **inkretorische Aufgaben.**
Exkretorische Funktionen
- Regulation des Wasser-, Elektrolyt- und Säure-Basen-Haushaltes
- Elimination harnpflichtiger Substanzen (Harnstoff, Kreatinin, Harnsäure)
- Rückresorption und Kontrolle der Ausscheidung von Elektrolyten, Glukose, Aminosäuren, Bikarbonat u. a.

Inkretorische Nierenfunktionen
- Erythropoetinbildung (→Umwandlung von Stammzellen im Knochenmark in Proerythroblasten)
- Synthese des aktiven Vitamin D
- Renin-Angiotensin-Aldosteron-System
- Kallikrein-Kinin- und Prostaglandin-System

9.4.2 Definition, Symptomatik und Epidemiologie des ANV

9.4.2 Definition, Symptomatik und Epidemiologie des ANV

Definition ▶

Definition. Das klassische Bild des **akuten Nierenversagens** ist durch akuten Anstieg des Plasmakreatinins (>2 mg/dl · d), 1 – 30 Tage anhaltende Oligo-Anurie (<400 ml/d) und nachfolgende Zwangspolyurie gekennzeichnet, die Wochen andauern kann. Das ANV entsteht rasch, betrifft oft primär gesunde Nieren und ist in der Mehrzahl reversibel.

Störungen der exkretorischen Nierenfunktionen werden in der Regel schneller manifest als inkretorische Veränderungen. Schwerwiegende Folgen exkretorischer Dysfunktion sind **Überwässerung, Hyperkaliämie** und **Azidose.** Sie können innerhalb von Tagen auftreten.

Störungen der exkretorischen Nierenfunktion werden in der Regel schneller manifest als inkretorische Veränderungen. Schwerwiegende Folgen exkretorischer Dysfunktionen sind **Überwässerung, Hyperkaliämie** und **Azidose.** Sie können innerhalb von Tagen auftreten. Urämiebedingte Anämie sowie die renal bedingte Osteopathie zeigen sich erst sehr viel später und sind vor allem Zeichen der chronischen Niereninsuffizienz. Vital bedrohliche Störungen können sowohl bei akuter als auch chronischer Niereninsuffizienz auftreten.

Das akute Nierenversagen (ANV) ist in 18 % Traumafolge, 42 % stehen mit chirurgischen Interventionen in Zusammenhang, 14 % mit Sepsis, 11 % mit Nephrotoxinen und 14 % mit verschiedenen medizinischen Ursachen. Wichtige Einzelursache in der Intensivmedizin ist die Sepsis.
Der irreführende Begriff »akute Tubulusnekrose« als Synonym für ANV sollte heute nicht mehr benutzt werden, da das morphologische Substrat einer Nekrose von Tubulusepithelzellen nicht bei allen Formen des ANV vorhanden sein muß. Die volle Ausprägung des akuten Nierenversagens wird heute in etwa 60 % der Fälle gesehen. Eine zweite Form mit protrahiertem Anstieg des Plasmakreatinins oder primärer Poly- oder Normurie hat insbesondere bei traumatisierten, operierten und beatmeten Patienten an Häufigkeit zugenommen.

60 % aller Patienten erleiden heute das Vollbild des ANV.

9.4.3 Differentialdiagnose des ANV

Die Differentialdiagnose zielt zunächst auf die anatomische Lokalisation der auslösenden Störungen. Hierbei können die Ursachen der akuten Oligo-Anurie in 3 Gruppen eingeteilt werden.

- **prärenales** oder **funktionelles Nierenversagen**
  unzureichende Nierendurchblutung, »Schockniere«, toxische Nierenschädigung (z. B. Hypovolämie, Linksherzversagen, Hämolyse, Myolyse)
- **postrenales Nierenversagen**
  (Obstruktion der ableitenden Harnwege)
- **organisches Nierenversagen**
  (primär renale Erkrankungen, entzündlich oder vaskulär)

9.4.3 Differentialdiagnose des ANV

Die Differentialdiagnose des ANV zielt auf die anatomische Lokalisation und läßt sich in 3 Gruppen einteilen:

- **prärenales** oder **funktionelles Nierenversagen**
- **postrenales Nierenversagen**
- **organisches Nierenversagen**

9.4.4 Pathophysiologie

Die Logik dieser Einteilung konzentriert sich auf die große Bedeutung eines rigorosen Ausschlusses von prä- und postrenalen Störungen, für die es entsprechende kausale Behandlungsverfahren gibt, die oft zu einer raschen Besserung bzw. Beseitigung der Störungen führen, während für das akute organische Nierenversagen keine spezifischen Behandlungsverfahren zur Verfügung stehen. Nach heutiger Ansicht ist die Pathogenese des ANV nicht auf einen einzelnen Faktor, sondern größtenteils auf ein Zusammenspiel mehrerer Faktoren zurückzuführen.

9.4.4 Pathophysiologie

Nach heutiger Ansicht ist die Pathogenese des ANV nicht auf einen einzelnen Faktor, sondern größtenteils auf ein Zusammenspiel mehrerer Faktoren zurückzuführen.

Der initiale Triggermechanismus für das **prärenale Nierenversagen** ist meist durch verschiedenartig verursachte Änderungen der Nierendurchblutung bestimmt. Hierbei kann eine verminderte renale Durchblutung Folge von **Flüssigkeitsverlusten** (z. B. posttraumatisch) nach extern oder in den »dritten Raum« durch Ileus oder Überdosierungen von Diuretika sein. Ferner kommen im Verlauf einer Intensivbehandlung Magen- oder Darmblutungen in Frage. Häufig findet man als Ursache renaler Hypoperfusion das **Linksherzversagen;** ausgesprochen selten dagegen ist eine Perikardtamponade oder ein disseziierendes abdominelles Aortenaneurysma, das die Nierenarterien komprimiert.

Prärenales Nierenversagen:
Meist oligurische Niereninsuffizienz auf dem Boden einer renalen Hypoperfusion infolge von:

- **Hypovolämie** (Blut-, Plasmaverluste)
- **Linksherzversagen**

Die durch unzureichende Nierendurchblutung verursachte Oligo-Anurie ist Ausdruck einer intakten tubulären Nierenfunktion, indem zur Beseitigung der Hypovolämie bzw. zur Durchblutungsverbesserung Natrium und Wasser maximal rückresorbiert werden. **Differentialdiagnostisch** ist in 80 % der Fälle eine Abgrenzung vom organischen Nierenversagen durch laborchemische Untersuchung des Urins oder durch Testung der diuretischen Wirkung von Mannit oder Furosemid (Lasix®) möglich (▦ 9.**22**). Nach rascher Infusion von 100 ml einer 20 %igen Mannitlösung oder nach Gabe von 40 – 80 mg Furosemid sollte die Urinausscheidung mehr als 100 ml in der darauffolgenden Stunde betragen.

Differentialdiagnostisch ist in 80 % der Fälle eine Abgrenzung vom organischen Nierenversagen durch laborchemische Untersuchung des Urins oder durch Testung der diuretischen Wirkung von Mannit oder Furosemid (Lasix®) möglich (▦ 9.**22**).

Das **organische Nierenversagen** (akutes Nierenversagen im engeren Sinne) entsteht als Folge einer **zirkulatorisch-ischämischen** oder **nephrotoxischen** (z. B. durch Aminoglykoside, Endotoxine, Hämolyse, Myolyse, Gewebszerfall) Schädigung. Wenn die Störung genügend lange besteht, kann prinzipiell jedes prärenale in ein organisches Nierenversagen übergehen. In ca. 10 – 15 % der Fälle findet sich keine Oligurie, sondern primär

Organisches Nierenversagen entsteht:
zirkulatorisch-ischämisch oder **nephrotoxisch** bedingt mit stadienhaftem Verlauf. Ursächlich können sein: nephrotoxische Medikamente,

Endotoxine, Hämolyse, Myolyse, Gewebszerfall.
In ca. 10 – 15 % der Fälle tritt primär eine Polyurie auf.

Glomeruläre, interstitielle und andere **vaskuläre** Nierenerkrankungen können ebenfalls unter dem Bild eines ANV verlaufen.

Postrenales Nierenversagen entsteht am häufigsten durch **Obstruktion** der ableitenden Harnwege mit kompletter Anurie (kein Tropfen Urin!). Sonst Wechsel zwischen Anurie und Polyurie. Ursachen sind Prostataadenom, Harnleitersteine bds., Blasentumoren sowie retroperitoneale Hämatome.

eine Polyurie. Beim polyurischen organischen Nierenversagen kann man von einer weniger ausgeprägten Nierenschädigung mit besserer Prognose ausgehen. Nach der eingetretenen Schädigung nimmt das ANV einen stadienhaften Verlauf mit Oligo-Anurie (im Mittel 10 Tage), Polyurie (ca. 3 Wochen) und Restitution (Monate bis 2 Jahre). Eine Reihe von **glomerulären, interstitiellen** und anderen **vaskulären** Nierenerkrankungen kann ebenfalls unter dem Bild eines akuten Nierenversagens verlaufen. In unklaren Fällen kann hier eine Nierenbiopsie erforderlich werden, um daraus eine spezielle Behandlung abzuleiten.
Eine plötzliche Anurie wird beim **postrenalen Nierenversagen** am häufigsten durch **Obstruktion** der ableitenden Harnwege im Bereich des Blasenausganges (Prostataadenom, Blasentumoren) beobachtet. Verlegungen der oberen Harnwege (Harnleitersteine bds., retroperitoneale Hämatome mit Ureterenkompression bds.) sind seltene Ursache einer Oligo-Anurie, da ein gleichzeitiger Verschluß beider Ureteren ungewöhnlich ist. Dennoch muß bei ungeklärter Oligurie ein bilateraler Verschluß der Ureteren oder ein unilateraler Verschluß bei Aplasie der kontralateralen Niere zweifelsfrei ausgeschlossen werden. Charakteristisch ist die totale Anurie (kein Tropfen!) oder ein Wechsel zwischen Anurie und Polyurie. Wenn eine Obstruktion des oberen Harnwegstraktes mittels Sonographie nicht sicher ausgeschlossen werden kann, sollte eine selektive retrograde Pyelographie durchgeführt werden.

9.4.5 Diagnostisches Basisprogramm bei Oligo-Anurie

1. **Stündliche Messung der Urinausscheidung**
2. **Feststellung des Hydratationszustandes**
3. **Laboruntersuchungen**
   - Na, K, Kreatinin, Harnstoff, Osmolalität von Serum und Urin
   - Hb, Leukozyten
   - Amylase, Kalzium
   - Harnsäure
   - Gesamteiweiß, Elektrophorese
   - Urinstatus, -sediment, -kultur
4. **Weitere Untersuchungstechniken**
   - Ultraschall
   - Röntgenthorax
   - selektive retrograde Pyelographie

9.4.5 Diagnostisches Basisprogramm bei Oligo-Anurie

Bei akuter Oligo-Anurie sollte man eine Reihe von Basisuntersuchungen für die differentialdiagnostische Klärung vornehmen:

1. **Stündliche Messung der Urinausscheidung**
   Die Diurese sollte 0,5 – 2 ml/min betragen.
2. **Feststellung des Hydratationszustandes durch:**
   klinische Untersuchung, Bilanzberechnungen der vorausgegangenen Tage, Messung des zentralen Venendruckes und Blutdruckes.
3. **Laboruntersuchungen**
   - Natrium, Kalium, Kreatinin, Harnstoff und Osmolalität im Serum und Urin (Einordnung der Oligurie s. ▤ 9.**22**)
   - Hämoglobin (DD: Blutungen, Hämolyse)
   - Leukozyten (DD: Sepsis, Leukämie)
   - Amylase und Kalzium (DD: Pankreatitis)
   - Harnsäure (DD: Uratnephropathie)
   - Gesamteiweiß und Elektrophorese (DD: Myelomniere)
   - Urinstatus
   - Urinsediment
   - Urinkultur
4. **Weitere Untersuchungstechniken**
   - Ultraschall (zur Bestimmung der Nierengröße)
   - Röntgenthorax (zur Bestimmung der Herzgröße und Diagnose einer »fluid lung«)
   - selektive retrograde Pyelographie

9.4.6 Überwachung der Nierenfunktion

Die Überwachung der Nierenfunktion erfolgt durch sensitive Parameter wie Urinosmolalität und **Kreatininclearance**.
Anhand typischer Parameter wie dem Verhältnis von Urin- zu Plasmaosmolalität, der fraktionellen Na-Exkretion und dem Verhältnis von Urin- zu Plasmakreatinin läßt sich ein **prärenales vom organischen ANV** differenzieren (▤ 9.**22**).

9.4.6 Überwachung der Nierenfunktion

Zur Überwachung der Nierenfunktion sind diejenigen Parameter am besten geeignet, die beim Auftreten eines ANV als erste beeinträchtigt sind, wie Urinosmolalität, Verhältnis Urin-/Serum-Osmolalität und osmolale Clearance. Die **Kreatininclearance** ist als sehr empfindliche Methode leider häufig in den Akut-Labors auf den Intensivstationen nicht jederzeit durchführbar. In ▤ 9.**22** sind typische Laborbefunde zur **Differentialdiagnose des prärenalen und organischen ANV** zusammengestellt. Hierzu besonders geeignet sind Parameter wie das Verhältnis von Urin- zu Plasmaosmolalität, fraktionelle Na-Exkretion und das Verhältnis von Urin- zu Plasmakreatinin.

9.22: Laborbefunde zur Differentialdiagnose des prärenalen und organischen ANV

Parameter	Prärenales Nierenversagen	Organisches Nierenversagen
▷ U-Na (mval/l)	< 20	> 40
▷ U-Osm (mosm/kg)	> 500	< 350
▷ U/P-Osm	> 1,3	< 1,1
▷ U/P-Harnstoff-N	> 8	< 3
▷ U/P-Krea	> 40	< 20
▷ Frakt. Na-Exkretion	< 1	> 1

FE_{Na} = fraktionelle Na-Exkretion $= \frac{Na_u \times Cr_p}{Na_p \times Cr_u} \times 100$
normal (1 – 3 %)

C_{Kr} = Kreatininclearance $= \frac{Cr_u \times V_u}{Cr_p \times min} \times 100$
normal (95 – 150 ml/min)

U/P-Harnstoff-N = Verhältnis Urin-/Plasma-Harnstoff-N
U/P-Osm = Verhältnis Urin-/Plasmaosmolalität
U/PKrea = Verhältnis Urin/Plasmakreatinin
U-Na oder Na_u = Natriumkonzentration im Urin (mval/l)
Na_p = Natriumkonzentration im Plasma (mval/l)
Cr_u = Kreatininkonzentration im Urin (mval/l)
Cr_p = Kreatininkonzentration im Plasma (mval/l)
V_u = Urinvolumen

9.4.7 Prophylaxe des ANV

Da eine kausale pathophysiologische Definition des klinischen Syndroms »akutes Nierenversagen« bis heute nicht vorhanden ist, gibt es ebenso wenig eine kausal-definierte Prophylaxe wie Therapie. In der klinischen Praxis haben sich jedoch die Behandlungsrichtlinien am besten bewährt, die eine schnelle und vollständige **Wiederherstellung beeinträchtigter Vitalfunktionen** wie Kreislauf, Atmung sowie die Ausschaltung toxischer bzw. infektiös-toxischer Prozesse beinhalten. Der Stabilisierung des Kreislaufs kommt hierbei eine besondere Bedeutung zu. An der Entstehung des ANV ist fast immer ein Flüssigkeitsdefizit beteiligt. Die erforderliche Infusionstherapie ist dabei u. a. auch abhängig vom **Elektrolytstatus** des Patienten.

Gerade bei der **Sepsis** kommt neben der **adäquaten Flüssigkeitssubstitution** der Wahl geeigneter Pharmaka zur Therapie des Schocks eine besondere Bedeutung zu. Die Zufuhr großer Volumenmengen, Sequestrationsprobleme, hypodyname Schockphasen oder eine Einschränkung der Nierenfunktion zwingen häufig zur Anlage eines Pulmonaliskatheters. Wenn der Patient Vasokonstriktiva benötigt, wird ein überwiegender alpha-Rezeptorenagonist wie Noradrenalin (Arterenol®) zugeführt. Wenn positive Inotropie und Chronotropie erforderlich sind, ist Adrenalin (Suprarenin®) oder ein anderer gemischter Agonist Mittel der Wahl.

Die Wahl des Katecholamins im Schock wird ebenso von der Wirkung der Substanz speziell auf die renale Hämodynamik beeinflußt. Noradrenalin allein kann im septischen Schock den systemischen Blutdruck effektiv anheben, aber um den Preis der Konstriktion der Nierenarterien. Es konnte gezeigt werden, daß der Zusatz von niedrig dosiertem Dopamin (2 – 4 µg/kg KG · min) zu einer Infusion von Noradrenalin in vasokonstriktorischer Dosierung (4 – 10 µg · min) den renalen Blutfluß steigert. Ferner wurde in einem Endotoxinschockmodell am Schwein demonstriert, daß die Gefäßantwort auf Vasokonstriktoren im septischen Schock 30fach abgeschwächt ist und daß Noradrenalin, Dopamin und Phenylephrin weder den Blutfluß noch die Flußverteilung zu irgendeinem Organ herabsetzen.

9.4.7 Prophylaxe des ANV

Bis heute gibt es keine sichere kausal-definierte Prophylaxe und Therapie des ANV.

Prophylaxe des ANV bedeutet: vollständige und schnelle **Wiederherstellung beeinträchtigter Vitalfunktionen** wie Kreislauf und Atmung.

Beim **septischen** Patienten muß eine ausreichende Flüssigkeitssubstitution und gegebenenfalls eine Kreislauftherapie mit Vasokonstriktoren wie Noradrenalin (Arterenol®) erfolgen.
Folgende therapeutische Richtlinien haben sich bewährt:
- **ausreichende Flüssigkeitszufuhr**
- **Beseitigung von Elektrolytstörungen**
- **Dopamin in »Nierendosis«** (2 – 4 µg/kg KG · min)

Am hypotensiven Patienten mit vermindertem systemischen Gefäßwiderstand kann jedes Katecholamin mit alpha-agonistischer Aktivität eingesetzt werden, um den Blutdruck anzuheben. Bei verminderter Urinproduktion wird dieses in Kombination mit **Dopamin in »Nierendosis«** (2 – 4 µg/kg KG · min) zugeführt. Eine Verbesserung des klinischen »Outcome« konnte durch die Gabe von Dopamin in »Nierendosis« bisher allerdings nicht nachgewiesen werden.
Durch Optimierung des intravasalen Volumens und der kardialen Leistung kann ein prärenales ANV verhindert werden; bleibt die Nierenfunktion dennoch eingeschränkt, so muß ein renal bedingtes ANV angenommen werden. Im ANV ist die Autoregulation der Nierendurchblutung aufgehoben. Deshalb können rezidivierende Blutdruckabfälle neue tubuläre Ischämien auslösen.

Über **Kalziumantagonisten, ACE-Hemmer, Betarezeptorenblocker, Adeninnukleotide** zur Prophylaxe des ANV liegen bislang keine klinischen Erfolgsmeldungen vor. Nach Hydratation wird die osmotische Diurese mit **Mannit 20 %** empfohlen. **Schleifendiuretika wie Furosemid** (bis zu 2g/d i. v.) haben keinen protektiven Wert, erleichtern jedoch die Flüssigkeitsbilanzierung.

Über **Kalziumantagonisten, ACE-Hemmer, Betarezeptorenblocker, Adeninnukleotide** zur Prophylaxe des ANV liegen eine große Zahl tierexperimenteller Studien, aber bislang keine klinischen Erfolgsmeldungen vor. Neben einer ausgiebigen Hydratation des Patienten wird die osmotische Diurese mit **Mannit 20 %** (50 – 100 ml) empfohlen sowie der Einsatz von **Furosemid** diskutiert. Die Empfehlung zur Gabe des osmotisch wirkenden Polyhydroxyalkohols Mannit stützt sich auf eine Vielzahl von tierexperimentellen Arbeiten. **Furosemid wie auch andere Schleifendiuretika** haben am Nephron einen eng umrissenen Angriffspunkt im aufsteigenden dicken Teil der Henleschen Schleife sowie im distalen Tubulus. Hier blokkieren sie wirkungsvoll die Resorption von NaCl und Wasser. Maßgeblich für die diuresesteigernde Wirkung von Schleifendiuretika ist daher, ob und wieviel Tubulusurin den aufsteigenden Schleifenschenkel überhaupt erreicht.
Kritische Filtratminderungen durch die oben genannten Pathomechanismen des ANV limitieren daher die Möglichkeiten der Schleifendiuretika. Durch klinische Studien konnte demnach auch kein protektiver Wert für Furosemid nachgewiesen werden. Heute werden durchaus Dosierungen bis zu 2 g/d i. v. angegeben, um so die Flüssigkeitssubstitution im Rahmen der parenteralen Ernährung bei ausgeglichener Gesamtbilanz zu ermöglichen.

Prophylaxe des ANV mit Hilfe der »Bikarbonatdiurese«

Mit Hilfe der »Bikarbonatdiurese« lassen sich Filtratfluß sowie Urinminutenvolumen erhöhen.

Prophylaxe des ANV mit Hilfe der »Bikarbonatdiurese«

Nach *Pitts* zeigt die renale Resorption und Ausscheidung von Bikarbonat folgendes charakteristisches Verhalten. Solange die Bikarbonatkonzentration im Plasma unter 26 – 28 mval/l, liegt wird die gesamte Menge des glomerulär filtrierten Bikarbonat reabsorbiert; es wird kein Bikarbonat ausgeschieden. Die Rückresorption des Bikarbonat erfolgt proximal-tubulär im Austausch gegen intrazelluläre Chloridionen. Aus Gründen der Elektroneutraliät wird gleichzeitig mit dem Bikarbonat Natrium (Austausch gegen Wasserstoffionen) und damit Wasser aus dem Primärharn entfernt. Bei der Bildung eines sauren Urins kommt es daher distal zu einer Verminderung der Tubulusflüssigkeit. Durch Anwesenheit von Natriumbikarbonat im Endharn kann demzufolge diese Filtratminderung aufgehoben werden. Mit Hilfe eines gesteigerten **Bikarbonatangebotes** (Plasmabikarbonat > 28 mmol/l) an die Niere kann die Konzentration an Lösungsteilchen ($NaHCO_3$) und damit Filtratfluß sowie Urinminutenvolumen erhöht werden. Um die Urinvolumina in einen möglichst hohen Bereich anzuheben, ist die Gabe von Schleifendiuretika erforderlich. Auf diese Weise wird der vorwiegend proximal-tubuläre Bikarbonateffekt mit dem distal-tubulären Effekt des Schleifendiuretikums kombiniert und eine maximale Diuresesteigerung erzielt.

9.4.8 Therapie des ANV

Allgemeine Richtlinien
- Wasserrestriktion
- Elektrolytausgleich

9.4.8 Therapie des ANV

Allgemeine Richtlinien
- Wasserrestriktion, da sonst die Gefahr einer Überwässerung besteht (**cave:** »fluid lung«!)
- Ausgleich der Elektrolyte (auf Natrium achten!)

- Ausreichende parenterale Ernährung mit hochkonzentrierten Glukoselösungen, Aminosäuren und Fetten, wenn die orale Zufuhr von Energie nicht möglich ist.
- Der Einsatz eines Blasenkatheters sollte bei Oligo-Anurie trotz Infektionsgefahr zum Standard-Monitoring gehören. Alternativ kann unter sterilen Kautelen die Blase alle 1 – 2 Tage katheterisiert werden.
- **Bei Hyperkaliämie** (>**5,5 mmol/l**) geben bewußtseinsklare Patienten »Kribbeln« im Mund- und Zungenbereich an. Die Muskeleigenreflexe sind abgeschwächt.
  Im **EKG** zeigt sich ein hohes spitzes T (Frühzeichen) oder ein breiter deformierter QRS-Komplex als Folge der gestörten myokardialen Leitfähigkeit (9.**19**).

- ausreichende Energiezufuhr
- frühzeitig **Hyperkaliämie** (>5,5 mmol/l) erkennen.
  EKG: hohes spitzes T oder breiter deformierter QRS-Komplex (9.**19**).
- Der Einsatz eines **Blasenkatheters** sollte bei Oligo-Anurie zum Standardmonitoring gehören.

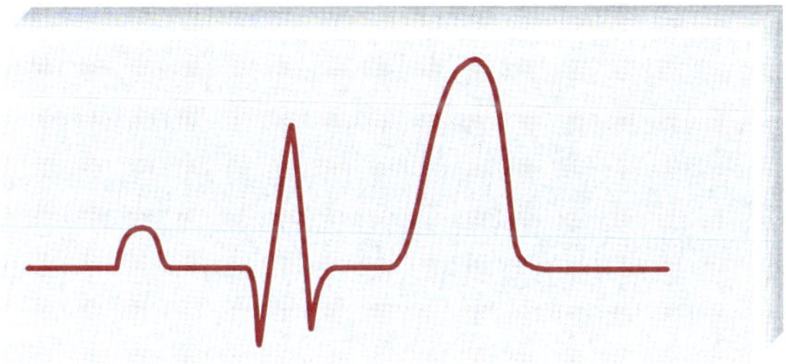

9.19: EKG-Veränderungen bei Hyperkaliämie (Kirchturm-T).

> ***Merke.*** **Serumkaliumwerte von > 6,5 mmol/l** sind akut lebensbedrohlich!

◀ **Merke**

Sofortmaßnahmen bei Hyperkaliämie:
- Injektion von Natrium- oder Kalziumchlorid
- β_2-Mimetika-Gabe (Berotec®-Spray 2 Hübe)
- Infusion von Natriumbikarbonat
- **Glukose-/Insulininfusion**
  Insulin ist in Anwesenheit von Glukose in der Lage, Kalium passager intrazellulär einzuschleusen (25 g Glukose + 12 IE Insulin).
- Kationenaustauscher (natrium- oder kalziumbeladene Polysterolsulfonat, z. B. Resonium A®: per os 15 – 30 g, rektal 30 – 45 g)
- Dialyse/Hämofiltration

Sofortmaßnahmen bei Hyperkaliämie:
- Injektion von Natrium- oder Kalziumchlorid
- Infusion mit Natriumbikarbonat
- **Glukose-/Insulininfusion**
- Kationenaustauscher
- Dialyse/Hämofiltration

9.4.9 Nierenersatztherapie

Mit der Nierenersatztherapie sollte während der Intensivbehandlung so früh wie möglich begonnen werden, um den Zustand des Patienten zu verbessern, ein mögliches Multiorganversagen zu verhindern und die Durchführung von Therapiemaßnahmen zu erleichtern. Folgende Ziele können erreicht werden:
1. günstige Beeinflussung einer respiratorischen Insuffizienz bei Hyperhydratation
2. Erleichterung der Entwöhnung vom Respirator durch Beseitigung der Überwässerung
3. Ermöglichung der hochkalorischen parenteralen/enteralen Ernährung ohne Gefahr der Hypervolämie
4. Gabe von Blutkonserven ohne Gefahr der Hypervolämie und Hyperkaliämie

Patienten mit gestörter Nierenfunktion konnten bis 1977 nur durch konventionelle Hämo- oder Peritonealdialyse behandelt werden. Heute stehen sowohl **intermittierende als auch kontinuierliche Blutreinigungsverfahren** zur Verfügung. Im internationalen Sprachgebrauch haben sich für die verschiedenen Techniken der Nierenersatztherapie folgende Abkürzungen durchgesetzt: HD = Hämodialyse, HF = Hämofiltration, UF = Ultrafiltration, PD = Peritonealdialyse, CAVH = kontinuierliche arterio-venöse Hämofiltration, CVVH = kontinuierliche veno-venöse Hämofiltration.

9.4.9 Nierenersatztherapie

Mit der Nierenersatztherapie sollte während der Intensivbehandlung so früh wie möglich begonnen werden, um den Zustand des Patienten zu verbessern, ein mögliches Multiorganversagen zu verhindern und die Durchführung von Therapiemaßnahmen zu erleichtern.

Es kann sowohl **intermittierend hämodialysiert** als auch **kontinuierlich hämofiltriert** werden.

Für alle extrakorporalen Blutreinigungsverfahren im intensivmedizinischen Bereich ist ein **arterio-venöser** bzw. **veno-venöser Gefäßzugang** notwendig.

9.**20** zeigt eine Kanüle für die kontinuierliche Hämofiltration.

Gefäßzugänge: Für alle extrakorporalen Blutreinigungsverfahren im intensivmedizinischen Bereich ist ein **arterio-venöser** bzw. **veno-venöser** Gefäßzugang notwendig. Die Katheter werden in großlumige Venen (V. jugularis interna, V. subclavia, V. femoralis) mittels Seldinger-Technik (s. Kapitel 3.1.1) eingebracht. Für die CAVH ist die Kanülierung einer großen Arterie und Vene erforderlich. Meistens wird die A. femoralis unterhalb des Leistenbandes punktiert; seltener wird ein Scribner-Shunt (Verbindung von Arterie und Vene durch einen über der Haut liegenden Kunststoffkatheter) oder eine Cimino-Fistel (subkutaner arterio-venöser Kurzschluß) angelegt. 9.**20** zeigt eine Kanüle für die kontinuierliche Hämofiltration (doppelläufige Kanüle für die veno-venöse, pumpengetriebene Hämofiltration [CVVH]).

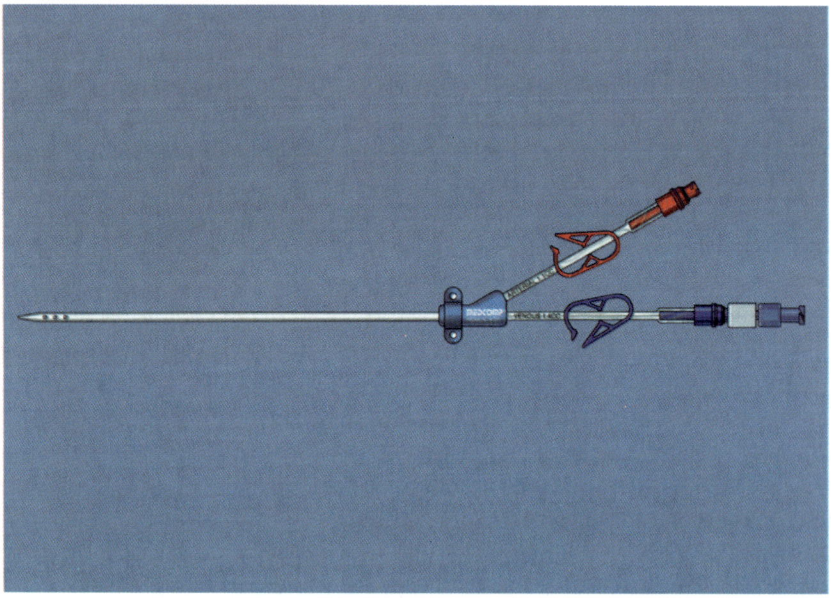

9.20: Doppelläufige Kanüle für die kontinuierliche Hämofiltration, die mittels der Seldinger-Technik eingeführt wird.

1. Intermittierende Verfahren

Hämodialyse (HD) beruht auf **Diffusion, Osmose** und **Konvektion.**

1. Intermittierende Verfahren

Hämodialyse (HD). Bei der HD wird heparinisiertes Blut an einer semipermeablen Membran vorbeigeführt, wobei auf der Gegenseite der Membran – überwiegend in Gegenstromrichtung – das Dialysat vorbeifließt. Das Verfahren beruht auf **Diffusion, Osmose** und **Konvektion** (Flüssigkeitstransport entlang eines hydrostatischen Druckgradienten) und entfernt aufgrund der herrschenden, einstellbaren Konzentrationsgradienten u. a. Kreatinin, Harnstoff, Kalium und Wasser aus dem Blut des Patienten.

Indikationen: akutes und chronisches Nierenversagen, lebensbedrohliche Hyperkaliämie, Vergiftungen.
Komplikationen: Hypotonie, Arrhythmie, heparinbedingte Blutungen, Hämolyse, Dysäquilibriumsyndrom, Infektionen.

Indikationen: akutes und chronisches Nierenversagen, lebensbedrohliche Hyperkaliämie, Vergiftungen
Komplikationen: Hypotonie, Arrhythmie, heparinbedingte Blutungen, Hämolyse, Dysäquilibriumsyndrom (zu schnelle Entfernung osmotisch wirksamer Teilchen aus dem Extrazellulärraum bewirkt über osmotischen Gradienten intrazelluläres Ödem!), Infektionen.

Die Peritonealdialyse (PD) benutzt die spezifischen Membraneigenschaften des Peritoneums.

Peritonealdialyse (PD). Bei der PD wird das Peritoneum in seiner Eigenschaft als semipermeable Membran ausgenutzt. Über einen passageren oder permanenten Peritonealdialysekatheter (z. B. Tenkhoff-Katheter), dessen Ende im Douglasschen Raum liegen sollte, werden 1 – 2 l einer Glukose-Elektrolytlösung in die Bauchhöhle infundiert und ohne sog. Wechselzeit umgehend wieder entfernt. Das Verfahren findet besonders bei Kin-

dern als sog. kontinuierliche ambulante Peritonealdialyse (CAPD) Anwendung.
Indikationen: Kleinkinder (Akutdialyse), chronische Niereninsuffizienz, Diabetes mellitus, Heparinunverträglichkeit, Pankreatitis
Komplikationen: Peritonitis, Darmperforation.

Indikationen: Kleinkinder (Akutdialyse), chronische Niereninsuffizienz, Diabetes mellitus, Heparinunverträglichkeit, Pankreatitis
Komplikationen: Peritonitis, Darmperforation

2. Kontinuierliche Verfahren

2. Kontinuierliche Verfahren

Kontinuierliche arterio-venöse und veno-venöse Hämofiltration (CAVH/CVVH). In der intensivmedizinischen Behandlung des akuten Nierenversagens haben sich in den vergangenen Jahren zunehmend die Verfahren der kontinuierlichen Hämofiltration bewährt. Diese Methoden erlauben eine schonende »Entgiftung« auch bei kreislaufinstabilen Patienten. Für die CAVH und CVVH ist ein spezieller Hämofilter erforderlich, dem Blut zugeleitet wird, das mit »low-dose« Heparin versetzt wird. Das Konstruktionsprinzip des Hämofilters ähnelt dem Glomerulus, über die Membran wird analog das Ultrafiltrat des Blutes abgepreßt. Der wesentliche Unterschied zur Hämo- und Peritonealdialyse besteht darin, daß die zu eliminierenden Retentionsprodukte nicht per diffusionem, sondern ausschließlich über **konvektiven Transport,** abhängig von hydrostatischen Druckgradienten, entfernt werden. Bei der **CAVH** können in Abhängigkeit vom Blutdruckverhalten bzw. vom arterio-venösen Druckgefälle Blutflußraten im Hämofilter von 50 – 120 ml · min erreicht und damit 12 – 15 l Filtrat pro 24 h erzeugt werden. Bei Patienten, die nicht entwässert werden müssen, ist es erforderlich, das Ultrafiltrat durch eine spezielle Substitutionslösung zu ersetzen.

Kontinuierliche arterio-venöse und veno-venöse Hämofiltration (CAVH/CVVH) Die kontinuierliche Hämofiltration ist derzeit das wichtigste Nierenersatzverfahren in der Intensivmedizin. Sie erlaubt eine schonende Entgiftung auch bei kreislaufinstabilen Patienten. Die zu eliminierenden Retentionsprodukte werden über **konvektiven Transport** (Ultrafiltration) entfernt. Bei der **CAVH** können in Abhängigkeit vom Blutdruckverhalten bzw. dem arterio-venösen Druckgefälle Blutflußraten im Hämofilter von 50 – 120 ml · min erreicht werden und damit 12 – 15 l Filtrat pro 24 h erzeugt werden.

Da jedoch Filtrationsmengen von 15 l pro Tag häufig nicht ausreichen, gewinnt die kontinuierliche, pumpengetriebene **CVVH** (S 9.**18**) zunehmend mehr Anwendung in der Intensivmedizin. Mit diesem Verfahren, das unabhängig vom Blutdruckverhalten arbeitet, können ohne Schwierigkeiten 24 l Ultrafiltrat pro 24 h und mehr erreicht werden. Da nur veno-venös kanüliert wird, sind Schädigungen von Arterien durch großlumige Katheter nicht möglich.
Indikationen: akutes Nierenversagen, diuretikaresistente Überwässerung, hydropische Herzinsuffizienz, Lungenödem, Multiorganversagen
Kontraindikationen: akute lebensbedrohliche Hyperkaliämie (schnelle Kaliumeliminierung mittels HF nicht möglich!), frische intrakranielle Blutungen

Da jedoch häufig diese Filtrationsmengen nicht ausreichen, gewinnt die kontinuierliche, pumpengetriebene **CVVH** (S 9.**18**) zunehmend mehr Anwendung in der Intensivmedizin.

Indikationen: ANV, diuretikaresistente Überwässerung, Herzinsuffizienz, Lungenödem, Multiorganversagen
Kontraindikationen: akute lebensbedrohliche Hyperkaliämie, frische intrakranielle Blutung

Die **Vorteile der Hämofiltration** gegenüber der Dialyse werden in folgenden Punkten gesehen:
1. gleichmäßiger Abfall der Serumosmolalität (kein Dysäquilibriumsyndrom)
2. bessere Kreislaufstabilisierung (geringere Senkung des arteriellen Blutdruckes)
3. geringere Blutungsgefahr (kontinuierliche »low-dose« Heparinisierung)
4. weniger Herzrhythmusstörungen (bessere »Konstanz« des Serumkaliumwertes)
5. geringere Katabolie (vollständige parenterale Ernährung möglich)

Vorteile der Hämofiltration gegenüber der Dialyse:
- gleichmäßiger Abfall der Serumosmolalität
- bessere Kreislaufstabilisierung
- geringere Blutungsgefahr
- weniger Herzrhythmusstörungen
- geringere Katabolie.

Synopsis 9.18: Kontinuierliche veno-venöse Hämofiltration

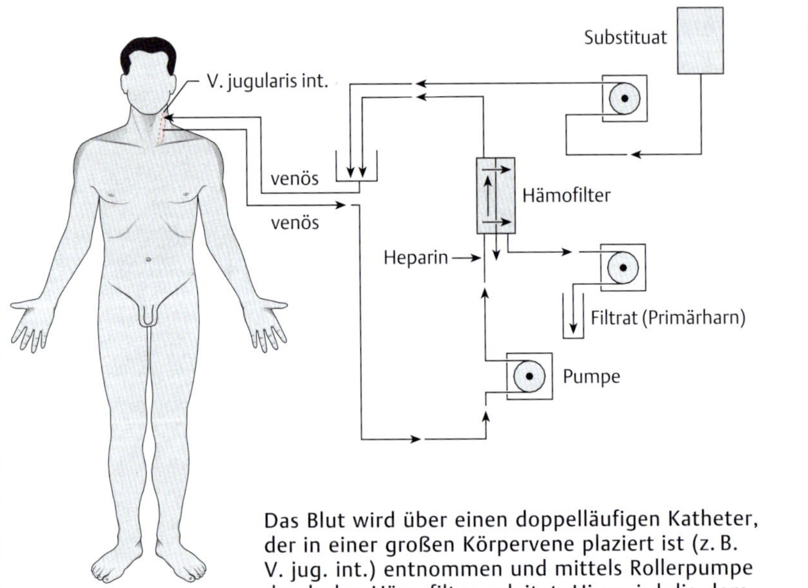

Das Blut wird über einen doppelläufigen Katheter, der in einer großen Körpervene plaziert ist (z. B. V. jug. int.) entnommen und mittels Rollerpumpe durch den Hämofilter geleitet. Hier wird die dem Primärharn entsprechende Flüssigkeit abgefiltert, das restliche Blut wird zusammen mit der Substitutionslösung über den zweiten Schenkel des Katheters zurückgeführt.

Klinischer Fall

Herr W., 53 Jahre alt, Rheumatiker, erhält seit 10 Tagen eine Glukokortikoidtherapie. Plötzlich hat er messerstichartige Schmerzen im Oberbauch; sein Abdomen zeigt eine brettharte Abwehrspannung. Intraoperativer Befund: Ulkusperforation und fibrinöse Peritonitis. Es entwickelt sich ein septisch-toxischer Schock, in dessen Folge ein akutes Nierenversagen auftritt. Differentialdiagnostisch lassen sich ein prä- und postrenales Nierenversagen ausschließen. Auch unter der Therapie mit Dopamin in »Nierendosis«, Natriumbikarbonat und hochdosierter Infusion eines Schleifendiuretikums läßt sich keine ausreichende Diurese erzielen, so daß man sich zur veno-venösen, pumpengetriebenen Hämofiltration entschließt. Nach 20tägiger Hämofiltration kommt es bei beherrschter Peritonitis wieder zu einer deutlichen Diurese, so daß man die Hämofiltration beenden kann. S 9.19 zeigt den Verlauf des Kreatininprofils und der Urinmengen unter 18tägiger pumpengetriebener CVVH.

Synopsis 9.19: Verlauf von Kreatinin und Urinmenge während 18tägiger Hämofiltration

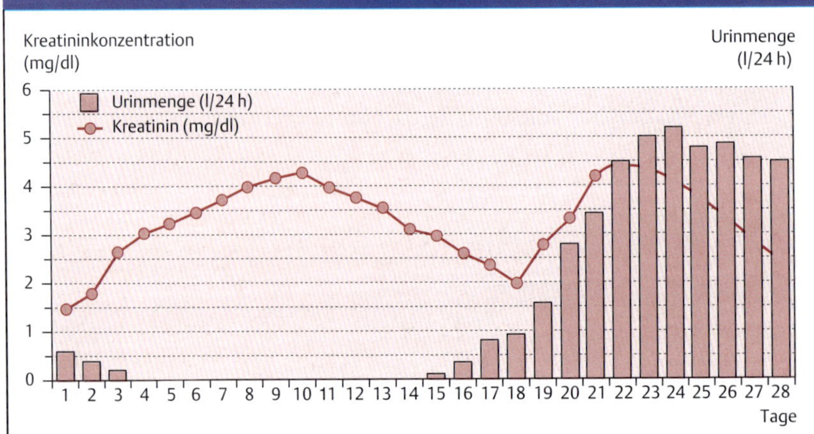

9.5 Störungen des Wasser-, Elektrolyt-, und Säure-Basen-Haushaltes

Pathologische Volumenänderungen der Körperflüssigkeiten sind eng verknüpft mit Veränderungen der Elektrolytverteilung und Störungen des Säure-Basen-Haushaltes (Grundlagen s. Kapitel 5.1 und 5.2). Insbesondere der Intensivpatient ist diesbezüglich den unterschiedlichsten Störgrößen ausgesetzt. Beispielhaft sei dabei auf das Vorliegen einer schwerwiegenden Grunderkrankung mit drohender Niereninsuffizienz, einer notwendigen Infusionstherapie, einer möglichen Beeinträchtigung bzw. Störung hormoneller Regelkreise, einer kaum beeinflußbaren Volumenverschiebung im Verlauf septischer Krankheitsverläufe (kapillares-Leck-Syndrom) und letztlich auf die unterschiedlichsten Nebenwirkungen zahlreicher Medikamente (z. B. Kortikoidtherapie) hingewiesen. Für die rechtzeitige Erkennung bzw. Therapie isolierter oder kombinierter Störungen muß daher die Forderung nach einer engmaschigen und kontinuierlichen Überwachung aller verfügbaren Parameter gestellt werden. Anhand von Laboranalysen muß eine gezielte Substitution bzw. Restriktion einzelner Komponenten erfolgen. Die Kenntnis folgender Parameter ist dabei unerläßlich:

- **Blutgasanalyse** (wenigstens 3 – 6stdl.; vgl. Kapitel 5.2)
- **Osmolalität, Natrium, Kalium** und **Chlorid** im **Plasma** und **Urin**

Störungen des Wasserhaushaltes:
- zeigen pathologische Werte von Natrium und Osmolalität im Plasma.

Störungen des Säure-Basen-Haushaltes:
- stehen in engem Zusammenhang mit Änderungen der Plasmakonzentrationen von Kalium und Chlorid.

9.5 Störungen des Wasser-, Elektrolyt-, und Säure-Basen-Haushaltes

Pathologische Volumenänderungen der Körperflüssigkeiten sind eng verknüpft mit Veränderungen der Elektrolytverteilung und Störungen des Säure-Basen-Haushaltes (Grundlagen s. Kap. 5.1 u. 5.2).

Zur gezielten Substitution bzw. Restriktion einzelner Komponenten ist die Kenntnis folgender Parameter unerläßlich:
- **Blutgasanalyse**
- **Osmolalität, Natrium, Kalium** und **Chlorid** im **Plasma** und **Urin**

Störungen des Wasserhaushaltes zeigen pathologische Werte von Natrium und Osmolalität im Plasma. **Störungen des Säure-Basen-Haushaltes** stehen in engem Zusammenhang mit Änderungen der Plasmakonzentrationen von Kalium und Chlorid.

9.5.1 Störungen des Wasser- und Elektrolythaushaltes

Hyperhydratation/Dehydratation

Störungen des Wasserhaushaltes sind klinisch als **Hyperhydratation** (Volumenüberschuß) oder **Dehydratation** (Volumendefizit) bedeutsam. Nach der osmotischen Konzentration im Extrazellulärraum (EZR) (besser: Osmolalität im Plasma) lassen sich verschiedene Formen (**isoton, hyperton** und **hypoton**) unterscheiden (S 9.**20**).

9.5.1 Störungen des Wasser- und Elektrolythaushaltes

Hyperhydratation/Dehydratation

Störungen des Wasserhaushaltes sind klinisch als **Hyperhydratation oder Dehydratation** bedeutsam. Sie können **isoton, hyperton** oder **hypoton** auftreten (S 9.**20**).

Klinik

Hat die vorliegende Störung eine Verkleinerung des Intravasalraumes zur Folge, so stehen klinisch aufgrund der Hypovolämie mit Abfall des Herzminutenvolumens **Kreislaufsymptome** im Vordergrund.

Intravasalraum verkleinert:
Tachykardie, Hypotonie, niedriger ZVD, Oligurie, schlechte Venenfüllung
→ hypovolämischer Schock (s. Kapitel 9.3.2)

Eine **Volumenüberladung** belastet ebenfalls das Herz-Kreislauf-System. Dazu gesellt sich im Falle einer kardialen Dekompensation (Lungenödem) eine respiratorische Insuffizienz.
Störungen mit einer **Volumenzunahme im Intrazellulärraum (IZR)** verursachen über die Entstehung eines Zellödems eine Zunahme des Gewebedruckes und damit eine progrediente Abnahme der Perfusion und infolgedessen der Oxygenierung der betreffenden Gewebe. Fortschreitende Hypoxie unterhält die Zellschädigung und bedroht die **Funktion** (z. B. Lungenödem) bzw. **Stoffwechselleistung** (z. B. Leberinsuffizienz) lebenswichtiger Organe. Ferner wird das klinische Bild durch **zentrale Symptome** (Hirndruckanstieg, Hirnödem) geprägt.

Klinik

Eine **Verkleinerung des Intravasalraumes** führt aufgrund der Hypovolämie zu Tachykardie, Hypotonie, niedrigem ZVD, Oligurie → hypovolämischer Schock.
Eine **Volumenüberladung** führt zur Herzinsuffizienz und respiratorischen Insuffizienz.

Störungen mit einer **Volumenzunahme im Intrazellulärraum (IZR)** bedrohen die **Funktion** bzw. **Stoffwechselleistung** lebenswichtiger Organe.
Ferner wird das klinische Bild durch **zentrale Symptome** (Hirndruckanstieg, Hirnödem) geprägt.

Synopsis 9.20: Pathophysiologie des Wasser- und Elektrolythaushaltes

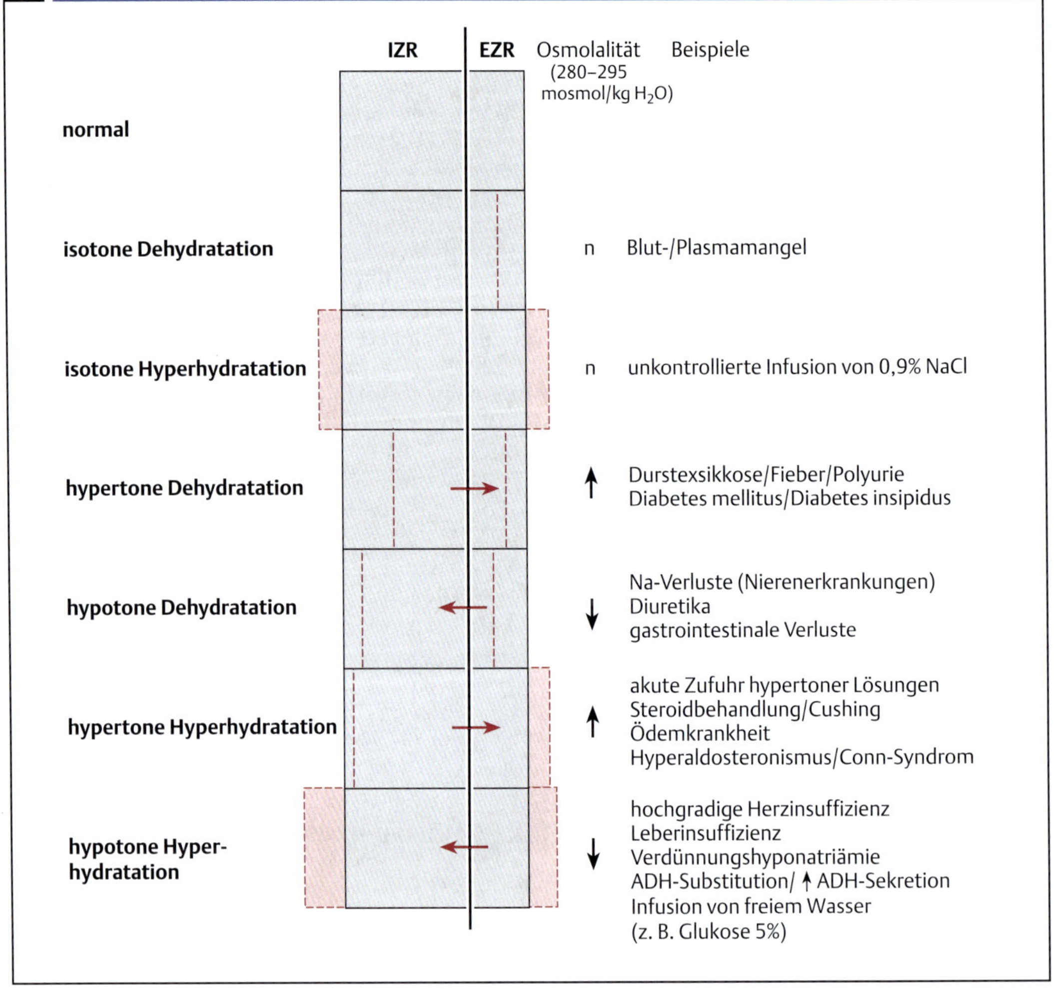

Hirndrucksymptome:

- Kopfschmerz
- Übelkeit
- Erbrechen
- Nackensteife
- Verwirrtheit
- Vigilanzminderung
- Apathie
- Somnolenz
- Koma

Isotone Störungen

Isotone Störungen

Definition ▶

▶ ***Definition.*** Isotone Störungen betreffen ausschließlich den EZR. Dabei liegt ein **Überschuß oder Mangel an Wasser und Salz in einem zur extrazellulären Flüssigkeit isotonen Verhältnis** vor (Plasmaosmolalität: normal 280 – 300 mosmol/kg H_2O).

Isotone Hyperhydratation
Prinzipiell handelt es sich um eine Retention von Natrium in isotoner Lösung im Rahmen kardialer, renaler oder hepatischer Erkrankungen. Ein **sekundärer Hyperaldosteronismus** tritt auf.

Isotone Hyperhydratation

Prinzipiell handelt es sich um eine Retention von Natrium in isotoner Lösung. Dadurch kommt es im Rahmen kardialer, renaler oder hepatischer Erkrankungen zu einer generalisierten interstitiellen Ödembildung. Hierbei liegt ein **sekundärer Hyperaldosteronismus** (s. Kapitel 9.5.2) vor. Iatrogen kann eine isotone Hyperhydratation durch größere Mengen Infusionslösungen (z. B. Ringer-, 0,9 %ige Kochsalzlösung) verursacht werden.

Isotone Dehydratation
Diese Störung ist Folge größerer Verluste von isotonen Körperflüssigkeiten aus dem Magen-Darm-Trakt (Erbrechen, chronische Diarrhöen, Fisteln, Ileus, Peritonitis), von Blut- (Polytrauma) und Plasmaverlusten (Verbrennungen) sowie Aszitespunktionen. Es können zusätzlich metabolische Störungen (Alkalose oder Azidose) entstehen.

Isotone Dehydratation
Diese Störung ist Folge größerer Verluste von isotonen Körperflüssigkeiten aus dem Magen-Darm-Trakt, von Blut- (Polytrauma) und Plasmaverlusten (Verbrennungen) sowie Aszitespunktionen.

Hypertone Störungen

Hypertone Störungen

Definition. Sie werden charakterisiert durch **Volumenüberschuß oder -mangel bei:**
- erhöhtem Serumnatrium (>145 mval/l)
- Plasmahyperosmolalität (>300 mosmol/kg H_2O) und
- einem Defizit an freiem Wasser

◄ **Definition**

Hypertone Hyperhydratation (Hypersaliämie)
Einen primären Anstieg der Osmolalität im EZR folgt entsprechend dem osmotischen Gradienten eine zelluläre Exsikkose (Wasserausstrom aus den Zellen) und nachfolgend eine Expansion des EZR. Ferner entsteht eine Transmineralisation, da extrazelluläre Natriumionen (Überschuß im EZR) vermehrt gegen intrazelluläre Kalium- und Wasserstoffionen ausgetauscht werden. Häufigste Ursache ist eine **Überinfusion** mit hypertonen, aber auch isotonen Lösungen, insbesondere bei eingeschränkter Nierenfunktion. Die **Überwässerung** kann schwerwiegende Störungen des kardio-pulmonalen Systems (Lungenödem) bewirken. Ferner treten **Anasarka** und **zentralnervöse Symptome** bis hin zum Koma auf.

Hypertone Hyperhydratation (Hypersaliämie)
Einen primären Anstieg der Osmolalität im EZR folgt entsprechend dem osmotischen Gradienten eine zelluläre Exsikkose (Wasserausstrom aus den Zellen) und Expansion des EZR.
Die **Überwässerung** kann schwerwiegende Störungen des kardio-pulmonalen Systems (Lungenödem) bewirken. Ferner treten **Anasarka** und **zentralnervöse Symptome** bis hin zum Koma auf.

Hypertone Dehydratation (»Durstexsikkose«)
Ursächlich liegen größere Verluste von elektrolytarmer Flüssigkeit (mehr Wasser als Natrium!) über die **Haut** (Fieber, Schwitzen), **Lungen** (Hyperventilation) oder **Nieren** (polyurisches Nierenversagen, s. Kapitel 9.4.4; Diabetes insipidus, s. Kapitel 9.5.1; osmotische Diurese bei Diabetes mellitus, s. Kapitel 9.5.2) vor. Unbehandelt resultiert ein **generalisierter Wassermangel,** sowohl im IZR als auch im EZR mit entsprechenden Herz-Kreislauf- (⟶ Schock) und zentralnervösen Symptomen (⟶ Koma).

Hypertone Dehydratation (»Durstexsikkose«)
Ursächlich liegen größere Verluste elektrolytarmer Flüssigkeit (mehr Wasser als Natrium) über die **Haut, Lungen oder Nieren** vor, die zu entsprechenden Herz-Kreislauf- (→ Schock) und zentralnervösen Symptomen (→ Koma) führen.

Hypotone Störungen

Hypotone Störungen

Definition. Sie werden charakterisiert durch **Volumenüberschuß bzw. Volumenmangel bei:**
- Natriumdefizit (<135 mval/l)
- Plasmahypoosmolalität (<280 mosmol/kg H_2O) und
- einem Überschuß an freiem Wasser.

◄ **Definition**

Hypotone Hyperhydratation (»Wasserintoxikation«)
Ein Überangebot an »freiem« Wasser aufgrund von Retention oder Überinfusion (z. B. Glukose 5 %) bewirkt zunächst eine **Verdünnungshyponatriämie.** Entsprechend dem osmotischen Gradienten kommt es zum Wassereinstrom in die Zellen, so daß letztlich ein Wasserüberschuß auch im IZR resultiert.

- **Beispiel: schwere Herzinsuffizienz mit Verdünnungssyndrom**

Bei schwerer Herzinsuffizienz wird zunächst kompensatorisch zur Aufrechterhaltung des Herzzeitvolumens (HZV) Natrium in isotoner Lösung retiniert. Die resultierende zusätzliche Volumenbelastung erhöht jedoch die Herzarbeit und senkt das HZV bei gleichzeitiger Verstärkung der interstitiellen Ödembildung weiter ab. Durch die damit einhergehende Abnahme des Plasmavolumens erfolgt eine vermehrte ADH-Sekretion (s. Kapitel 5.1), wodurch zusätzlich »freies« Wasser retiniert wird. Die Folge

Hypotone Hyperhydratation (»Wasserintoxikation«)
Ein Überangebot an »freiem« Wasser bewirkt zunächst eine **Verdünnungshyponatriämie.** Entsprechend dem osmotischen Gradienten kommt es zum Wassereinstrom in die Zellen, so daß letztlich ein Wasserüberschuß auch im IZR resultiert.

ist nun eine progrediente, sich selbst unterhaltende hypotone Hyperhydratation.

Hypotone Dehydratation
Bedingt durch den Verlust von mehr Natrium als Wasser resultiert eine Hypoosmolalität im EZR. Entsprechend dem osmotischen Gradienten entsteht nachfolgend eine **Überwässerung der Zellen** bei weiterer Abnahme des extrazellulären Volumens und Zeichen der **Hypovolämie**.

Hypotone Dehydratation
Bedingt durch den Verlust von mehr Natrium als Wasser (z. B. Verlust gastrointestinaler Flüssigkeiten und anschließender Ersatz mit elektrolytfreien Lösungen (Glukose 5 %), chronische Niereninsuffizienz mit Salzverlust) resultiert eine Hypoosmolalität im EZR. Entsprechend dem osmotischen Gradienten entsteht nachfolgend eine **Überwässerung der Zellen** (intrazelluläre Volumenexpansion, s. o.) bei weiterer Abnahme des extrazellulären Volumens und Zeichen der **Hypovolämie**.

Allgemeine Therapierichtlinien

Vorrangig ist immer die **Behandlung der Grunderkrankung.** Ferner müssen alle korrigierenden Maßnahmen langsam (> 24 h) und **unter steter Kontrolle** (Laboranalysen) des Wasser-, Elektrolyt- und Säure-Basen-Haushaltes durchgeführt werden.

Allgemeine Therapierichtlinien

Vorrangig ist immer die **Behandlung der Grunderkrankung.** Ferner müssen alle korrigierenden Maßnahmen langsam (> 24 h) und **unter steter Kontrolle** (Laboranalysen) des Wasser-, Elektrolyt- und Säure-Basen-Haushaltes durchgeführt werden. Rasche Wasserbewegungen und Transmineralisationsvorgänge bergen insbesondere die Gefahr der Entwicklung von Ödemen (Hirnödem!).

Therapie der Hyperhydratation
Neben der **Einschränkung der Wasser- und Natriumzufuhr** liegt die Priorität in der **Entwässerung**. In der Intensivmedizin wird dazu auch der frühzeitige Einsatz der Nierenersatztherapie (s. Kap. 9.4.9) empfohlen.

Therapie der Hyperhydratation. Neben der **Einschränkung der Wasser- und Natriumzufuhr** liegt die Priorität in der **Entwässerung,** idealerweise verbunden mit dem Erreichen eines ausgeglichenen Wasser- und Elektrolythaushaltes. In der Intensivmedizin wird dazu auch der frühzeitige Einsatz der Nierenersatztherapie (s. Kapitel 9.4.9) empfohlen. Selbst bei erhaltener Nierenfunktion und hochdosierter Diuretikatherapie kann ein solches Verfahren, insbesondere bei Vorliegen einer **Leberinsuffizienz** (s. Kapitel 9.6) oder **septischen Krankheitsverläufen** (s. Kapitel 9.9.4), erforderlich werden. Die gebräuchlichste, weil technisch einfache und mit wenig Nebenwirkungen behaftete Methode ist derzeit die kontinuierliche veno-venöse Hämofiltration (CVVH, s. Kapitel 9.4.9).

Therapie der Dehydratation
Die Therapie erfolgt nach den allgemeinen Regeln der Flüssigkeitssubstitution sowie Hormonsubstitution.

Therapie der Dehydratation. Die Therapie erfolgt nach den allgemeinen Regeln der Flüssigkeitssubstitution (s. Kapitel 5.1) mit entsprechend abgestimmten Lösungen, ggf. auch Kolloiden, sowie mit Hormonsubstitution (s. Kapitel 9.5.1: Diabetes insipidus; Kapitel 9.5.2: Diabetes mellitus).

Diabetes insipidus

Diabetes insipidus

Definition ▶

▶ ***Definition.*** Charakteristisch für den Diabetes insipidus ist die **Polyurie** mit Ausscheidung eines plasmahypotonen Urins, die unbehandelt eine **hypertone Dehydratation** zur Folge hat.

Ätiologie
- Dissoziierter Hirntod
- idiopathisch (50 %)
- Schädel-Hirn-Trauma
- Schock
- maligne Erkrankungen
- entzündlich (Enzephalitis, Sarkoidose etc.)

Ätiologie
- Dissoziierter Hirntod
- idiopathisch (50 %)
- Schädel-Hirn-Trauma
- Schock
- maligne Erkrankungen
- entzündlich (Enzephalitis, Sarkoidose etc.)

Pathophysiologie

Fehlende Wirkung von ADH aufgrund eines Mangels (**zentraler Diabetes insipidus**) oder fehlender Ansprechbarkeit der Niere (**renaler Diabetes insipidus**).

Pathophysiologie
Fehlende Wirkung von antidiuretischem Hormon (ADH) aufgrund eines:
1. teilweisen oder vollständigen Mangels
   → **zentraler Diabetes insipidus oder**
2. fehlender Ansprechbarkeit der Niere (Tubulusschaden)
   → **renaler Diabetes insipidus**

ADH: Arginin-Vasopressin (Octapeptid, gebildet im Nucleus supraopticus) gelangt über den Tractus hypothalamo-neurohypophyseus zum Hypophysenhinterlappen (HHL), wo es zunächst gespeichert und im Bedarfsfall freigesetzt wird (Stimulatoren: Zunahme des osmotischen Druckes und Hypovolämie). ADH ist ein wesentliches Stellglied innerhalb des Regelkreises zur Konstanthaltung der Osmolalität der Körperflüssigkeiten, ebenso wie des zirkulierenden Blutvolumens (s. Kapitel 5.1, **S** 5.**1**).
Unter dem Einfluß von ADH kommt es zu einer Steigerung der Wasserpermeabilität in den distalen Tubuli sowie den Sammelrohren und damit zur vermehrten Wasserrückresorption. Die Niere befindet sich im Zustand der **Antidiurese.** Dadurch kann Wasser eingespart werden, ohne die Elimination von harnpflichtigen Substanzen zu gefährden. Fehlt dagegen ADH, ist das distale Nephron nahezu impermeabel für Wasser, so daß eine Rückresorption ausbleibt (Wasserdiurese).

ADH Unter dem Einfluß von ADH kommt es zu einer Steigerung der Wasserpermeabilität in den distalen Tubuli sowie den Sammelrohren und damit zur vermehrten Wasserrückresorption. Die Niere befindet sich im Zustand der **Antidiurese**. Dadurch kann Wasser eingespart werden, ohne die Elimination von harnpflichtigen Substanzen zu gefährden. Fehlt dagegen ADH, ist das distale Nephron nahezu impermeabel für Wasser, so daß eine Rückresorption ausbleibt (Wasserdiurese).

Zentraler Diabetes insipidus

Im intensivmedizinischen Bereich kommt der Diabetes insipidus vor allem beim dissoziierten Hirntod und bei Schädel-Hirn-traumatisierten Patienten vor (Läsionen im Bereich von Hypothalamus, Hypophysenstiel oder HHL).

Symptome

Die Patienten befinden sich im Zustand der permanenten Wasserdiurese. Dabei entwickelt sich eine fortschreitende Exsikkose mit Hypernatriämie (hypertone Dehydratation).

Leitsymptome

- Polyurie (5 – 20 l/d)
- Urinosmolalität (Norm: bis 1300 mosmol/kg H_2O) < Serumosmolalität (Norm: 280 – 310 mosmol/kg H_2O)
- wasserklarer Urin

Osmolalität. Zusammen mit der Natriumkonzentration im Plasma (Norm: 135 – 145 mmol/l) und der Na-Ausscheidung im Urin (Norm: 120 – 260 mmol/24 h) ist die Osmolalität (im Plasma und Urin) die wichtigste Meßgröße zur Beurteilung des Wasserhaushaltes (vgl. Kapitel 5.1). Das vielerorts bestimmte spezifische Gewicht des Urins (Norm: 1010 – 1030 mg/ml) ist dagegen lediglich groborientierend und wird von Störgrößen (z. B. Glukosurie, Röntgenkontrastmittel, Dextrane) beeinflußt.

Therapie

Wasserverluste beim Diabetes insipidus, die unbehandelt innerhalb eines Tages sehr schnell 10 l und mehr erreichen, können nicht ohne weiteres durch Infusionslösungen ersetzt werden. Größere Mengen Glukoselösungen (z. B. Glukose 5 %) bewirken über die induzierte **Hyperglykämie,** ebenso wie Elektrolytlösungen, die die **Hypernatriämie** verstärken, einen progredienten Anstieg der Osmolalität im Plasma und würden somit insgesamt der hypertonen Dehydratation weiteren Vorschub leisten.
Im nächsten beschriebenen Beispiel ist die Gabe von DDAVP (**Desmopressin** – Minirin®) Mittel der Wahl. Es handelt sich hierbei um ein synthetisches Arginin-Vasopressin-Analogon (1-Desamino-8-D-Arginin-Vasopressin), das »freies« Wasser im distalen Nephron zurückgewinnt. Dadurch kommt es zur Normalisierung der Wasserbilanz, gleichzeitig wird die Hypernatriämie über einen Verdünnungseffekt ausgeglichen.
Dosierung: $^1/_4$ bis 1 Ampulle (= 1 – 4 µg); 1 – 2mal täglich bei einer Wirkdauer von 6 – 12 h; die Verabreichung kann parenteral (s. c. oder i. m.), aber auch intranasal über die Schleimhäute erfolgen.

Zentraler Diabetes insipidus

Im intensivmedizinischen Bereich kommt der Diabetes insipidus vor allem beim dissoziierten Hirntod und bei Schädel-Hirn-traumatisierten Patienten vor.

Symptome
Zustand permanenter Wasserdiurese, Exsikkose mit Hypernatriämie.

Leitsymptome
- Polyurie
- Urinosmolalität < Serumosmolalität
- wasserklarer Urin

Osmolalität Zusammen mit der Natriumkonzentration im Plasma und Urin ist die Osmolalität die wichtigste Meßgröße zur Beurteilung des Wasserhaushaltes.

Therapie
Beim zentralen Diabetes insipidus ist die Substitutionstherapie, z. B. mit DDAVP (**Desmopressin** – Minirin®), Mittel der Wahl. Es handelt sich hierbei um ein synthetisches Arginin-Vasopressin-Analogon.

Klinischer Fall

Polytraumatisierter Patient mit SHT nach Verkehrsunfall vor 4 Tagen. Aktuell fällt eine Polyurie (> 600 ml/h!) eines hypotonen Urins auf. Klinisch treten zunehmend Zeichen eines Volumenmangels (Tachykardie, Hypotonie mit steigendem Katecholaminbedarf (Noradrenalin – Arterenol®) zur Aufrechterhaltung eines mittleren arteriellen Druckes von >75 mmHg, ZVD ± 0 mmHg) hinzu. Ein akuter Blutverlust (Hämoglobin bei 11 g/dl, Hkt 33 %) und Gerinnungsstörungen können laboranalytisch ausgeschlossen werden. Zum Ausgleich des Flüssigkeitsdefizites verbietet sich eine uneingeschränkte Infusionstherapie (Ringer-, 0,9 %ige Kochsalz- oder 5 %ige Glukoselösung) aufgrund der vorliegenden Laboranalysen:

- Hyperglykämie (BZ 350 mg/dl) unter antiödematöser Kortikoidtherapie (Dexamethason – Fortecortin®)
- Hypernatriämie (Natrium 150 mmol/l)
- Serumosmolalität erhöht

Durch 2malige s. c. Applikation von 2 µg Desmopressin normalisiert sich die Diurese auf 100 ml/h.

Renin-Angiotensin-Aldosteron-System

Dieser Regelkreis nimmt ebenso wie der ADH-Mechanismus eine zentrale Stellung in der Regulierung des Wasser- und Elektrolythaushaltes ein (s. Kap. 5.1.1).

Faktoren, die stimulieren:
- Hyponatriämie und negative Wasserbilanz (Volumenmangel)
- übermäßige Kaliumzufuhr
- Sympathikusstimulation
- Diuretika
- Antihypertensiva

Faktoren, die hemmen:
- übermäßige Kochsalzzufuhr
- Kaliummangel
- beta-Rezeptorenblocker, Clonidin
- Kortikosteroide

Renin-Angiotensin-Aldosteron-System

Dieser Regelkreis nimmt ebenso wie der ADH-Mechanismus eine zentrale Stellung in der Regulierung des Wasser- und Elektrolythaushaltes ein (s. Kapitel 5.1.1). Das System wird durch eine Vielzahl von Faktoren und Medikamenten beeinflußt. Letzteres betrifft insbesondere den Intensivpatienten, bei dem zur Erhaltung der Vitalfunktionen in der Regel eine Vielzahl von Pharmaka notwendig sind.

Faktoren, die stimulieren:
- Hyponatriämie und negative Wasserbilanz (Volumenmangel)
- übermäßige Kaliumzufuhr
- Sympathikusstimulation
- Diuretika (Thiazide, Aldosteronantagonisten)
- Antihypertensiva (Dihydralazin, ACE-Hemmer, alpha-Blocker)

Faktoren, die hemmen:
- übermäßige Kochsalzzufuhr
- Kaliummangel
- beta-Rezeptorenblocker, Clonidin
- Kortikosteroide

Aldosteron hat im genannten Zusammenhang die engste Beziehung zum Wasser- und Elektrolythaushalt und steigert die distaltubuläre Natriumrückresorption sowie die Kalium- und Wasserstoffionensekretion.

Aldosteron: Aldosteron hat in dem oben genannten Zusammenhang die engste Beziehung zum Wasser- und Elektrolythaushalt. Dieses in der Zona glomerulosa der Nebennierenrinde gebildete Mineralokortikoid steigert die distaltubuläre Natriumrückresorption (normalerweise 99,9 % der glomerulär filtrierten Natriummenge) sowie die Kalium- und Wasserstoffionensekretion.

Hyperaldosteronismus geht mit **Wasser- und Natriumretention** sowie **Kalium- und Protonenverlusten** einher → **isotone Hyperhydratation** mit arterieller Hypertonie. Zur genauen Klassifizierung sollte die Plasmareninaktivität bestimmt werden (**primärer** Hyperaldosteronismus: **erniedrigtes** Plasmarenin, **sekundärer** Hyperaldosteronismus: **erhöhtes** Plasmarenin).

Hyperaldosteronismus. Der Hyperaldosteronismus geht mit **Wasser- und Natriumretention** sowie **Kalium- und Protonenverlusten** einher → **isotone Hyperhydratation** mit arterieller Hypertonie. Zur genauen Klassifizierung sollte die Plasmareninaktivität bestimmt werden:

→ **Primärer Hyperaldosteronismus** (PHA)
Hypertonie + **erniedrigtes** Plasmarenin
Ursache: Conn-Syndrom (s. Kapitel 2.4.4)

→ **Sekundärer Hyperaldosteronismus** (SHA)
Hypertonie + **erhöhtes** Plasmarenin
Ursachen: renovaskuläre Hypertonie
generalisierte Ödembildung unterschiedlicher Genese

Hypoaldosteronismus Aldosteronmangel bewirkt eine **Elimination** erheblicher Mengen **Wasser und Natrium** aus dem primär filtrierten Harn. Dementsprechend kommt es zur vermehrten Kalium und Wasserstoffionenretention (Austausch von Natrium- gegen Kalium- und Wasserstoffionen) mit **Hyperkaliämie und Azidose**.

Hypoaldosteronismus. Ein Aldosteronmangel bewirkt eine **Elimination** erheblicher Mengen **Wasser und Natrium** aus dem primär filtrierten Harn. Dementsprechend kommt es zur vermehrten Kalium- und Wasserstoffionenretention (Austausch von Natrium- gegen Kalium- und Wasserstoffionen) mit **Hyperkaliämie und Azidose.** Ein Hypoaldosteronismus findet sich kombiniert mit einem Cortisolmangel beim **Morbus Addison** (primäre Nebennierenrinden-[NNR-]Insuffizienz, s. Kapitel 2.4.4).

9.5.2 Störungen des Säure-Basen-Haushaltes

Definition. Einen Überschuß an sauren Valenzen im Plasma mit einem Abfall des pH-Wertes auf unter 7,36 bezeichnet man als **Azidose,** eine Verminderung der H^+-Ionenkonzentration mit einem Anstieg des pH-Wertes auf über 7,44 als **Alkalose.** Dabei werden **metabolische** und **respiratorische** Störungen sowie **kompensierte** (pH-Wert im Bereich von 7,36 – 7,46) und **dekompensierte** Störungen unterschieden (s. Kapitel 5.2.4). Beim Intensivpatienten sind **metabolische Azidosen** als häufigere Störungen des Säure-Basen-Haushaltes von besonderer Bedeutung.

Merke. pH-Werte unter 6,8 und über 7,8 sind mit dem Leben nicht vereinbar!

Metabolische Azidose (vgl. Kapitel 5.2.4)

Es liegt eine Zunahme nichtflüchtiger (fixer) Säuren → **Additionsazidose** oder ein Verlust von Basen → **Subtraktionsazidose** vor. Ferner kann eine tubuläre Insuffizienz der Niere eine verminderte H^+-Sekretion bewirken → **Retentionsazidose.** Eine rasche Verdünnung des EZR durch ein Überangebot an »freiem« Wasser (bikarbonatfreie Lösungen) bewirkt eine Verdünnung der Pufferkapazität → **Dilutionsazidose.**

Leitbefunde: Der pH-Wert weicht in den sauren Bereich (Azidämie, pH $< 7{,}36$) ab, das Standardbikarbonat ist erniedrigt (SB < 22 mval/l).

Eine weitere Einteilung der metabolischen Azidose erfolgt unter der Beachtung der **Anionenlücke (AL).** Hierbei handelt es sich um die im EZR nicht direkt meßbaren Anionen, die sich aus anorganischen (Sulfat, Phosphat) und organischen Säureresten (Laktat, Ketonkörper, Acetat) zusammensetzen (Norm: 8 – 16 mval/l). Unter der Vorraussetzung der **Elektroneutralität im EZR** (s. Kapitel 5.1.3) gilt:

Kationenkonzentration = Anionenkonzentration
Natrium = Chlorid + SB + AL

$\rightarrow Na^+ = Cl^- + HCO_3^- + AL$
$\rightarrow \mathbf{AL = Na^+ - (Cl^- + HCO_3^-)}$

Nimmt das Standardbikarbonat im Fall der Azidose ab, so muß gemäß obiger Gleichung die Chloridkonzentration oder die AL entsprechend erhöht sein. Demnach gilt es, die **hyperchlorämische metabolische Azidose** von der **metabolischen Azidose mit erhöhter Anionenlücke** (diabetische Ketoazidose, Laktatazidose) abzugrenzen.

Ursachen der metabolischen Azidose
- **anaerobe Stoffwechsellage** → vermehrte Bildung von Laktat: Hypoxie und insbesondere alle Formen des Schocks bzw. alle Zustände, die zu einer Verminderung der Gewebsperfusion führen (s. Kapitel 9.3.2)
- **gesteigerter Stoffwechsel** → vermehrte Säurebildung (Pyruvat, ggf. Laktat): Fieber, Sepsis, thyreotoxische Krise, MH-Krise
- **gesteigerte Fettverbrennung** → vermehrte Bildung von Aceton, Acetessigsäure und ß-Hydroxybuttersäure: Hungerazidose, diabetische Ketoazidose (s. Kapitel 9.5.2)
- **Lebererkrankungen** → vermehrte Bildung von Laktat bzw. verminderte Utilisation von Laktat
- **parenterale Ernährung**
  - ohne Vitaminzusatz: Vit.-B_1-Mangel → Laktatazidose (s. Kapitel 9.5.2)
  - Überinfusion von Zuckerersatzstoffen → Laktatazidose (s. Kapitel 9.7.4)
- **Verbrennungskrankheit** → Laktatazidose (s. Kapitel 9.9.5)

9.5.2 Störungen des Säure-Basen-Haushaltes

◄ Definition

◄ Merke

Metabolische Azidose (vgl. Kap. 5.2.4).
Es liegt eine Zunahme nichtflüchtiger (fixer) Säuren → **Additionsazidose** oder ein Verlust von Basen → **Subtraktionsazidose** vor. Ferner kann eine tubuläre Insuffizienz der Niere eine verminderte H+-Sekretion bewirken → **Retentionsazidose.** Eine rasche Verdünnung des EZR durch ein Überangebot an »freiem« Wasser (bikarbonatfreie Lösungen) bewirkt eine Verdünnung der Pufferkapazität → **Dilutionsazidose.**

Unter Voraussetzung der **Elektroneutralität im EZR** gilt: **Kationenkonzentration = Anionenkonzentration**

Natrium = Chlorid + SB + AL
$\rightarrow Na^+ = Cl^- + HCO_3^- + AL$
$\rightarrow \mathbf{AL = Na^+ - (Cl^- + HCO_3^-)}$

Die **hyperchlorämische metabolische Azidose** ist von der **metabolischen Azidose mit erhöhter Anionenlücke** abzugrenzen.

Ursachen der metabolischen Azidose
- **anaerobe Stoffwechsellage** → vermehrte Laktatbildung
- **gesteigerter Stoffwechsel** → vermehrte Säurebildung (Pyruvat, ggf. Laktat)
- **gesteigerte Fettverbrennung** → Aceton, Acetessigsäure und ß-Hydroxybuttersäure
- **Lebererkrankungen**
- **parenterale Ernährung**
- **Verbrennungskrankheit**

- **Verlust alkalischer Flüssigkeiten**
- **Nierenerkrankungen**
- **Hyperkaliämie**
- **Verdünnung der EZR-Pufferkapazität**

- **Verlust alkalischer Flüssigkeiten:** über Sonden (Gallen- und Pankreassäfte), durch Diarrhöen oder bei Ileus
- **Nierenerkrankungen:** tubuläre Retentionsazidose
- **Hyperkaliämie** → Verteilungsazidose (s. Kapitel 5.2.5)
- **Verdünnung der EZR-Pufferkapazität:** Therapie des Volumenmangelschocks

Diabetische Ketoazidose (vgl. Kap. 2.4.4)

Charakteristisch für die diabetische Stoffwechsellage ist neben der **Hyperglykämie** eine aufgrund des intrazellulären Glukosemangels **gesteigerte Fettverbrennung** mit Anhäufung von Ketonkörpern, die zur **metabolischen Azidose** führen können. Es kommt zur **negativen Stickstoffbilanz** und zur **hypertonen Dehydratation** durch **osmotische Diurese**.

Diabetische Ketoazidose (vgl. Kapitel 2.4.4)

Charakteristisch für die diabetische Stoffwechsellage ist neben der **Hyperglykämie** eine aufgrund des intrazellulären Glukosemangels **gesteigerte Fettverbrennung.** Infolge mangelnder Utilisation von Acetyl-CoA im Citratzyklus werden vermehrt Ketonkörper (Aceton, Acetessigsäure und ß-Hydroxybuttersäure) gebildet, wobei die Anhäufung von Ketonkörpern (**Ketonämie**) mit der Ausbildung einer mehr oder minder stark ausgeprägten **metabolischen Azidose (diabetische Ketoazidose**) einhergeht. Ferner liegen eine **negative Stickstoffbilanz** (Proteinkatabolie mit vermehrter Glukoneogenese) sowie teilweise erhebliche Elektrolyt- und Wasserverluste (**osmotische Diurese**) im Sinne einer **hypertonen Dehydratation** vor.

Therapie

1. **Hyperglykämiebehandlung:** Initial erfolgt die Zufuhr von **Insulin** (Normalinsulin) 10 – 20 I. E. als Bolus und weiter als kontinuierliche Infusion mit 4 – 8 I. E./h entsprechend dem Verlauf der Blutglukosespiegel.
2. **Flüssigkeitstherapie:** Zum Ausgleich des Flüssigkeits- und Natriumdefizites wird zunächst unter Kontrolle hämodynamischer Parameter (z. B. ZVD) isotone Kochsalzlösung verabreicht.
3. **Bilanzierung des Elektrolythaushaltes:** Engmaschige Kontrollen, insbesondere der Serumkaliumwerte, mit entsprechender Substitution sind erforderlich.

Therapie

1. **Hyperglykämiebehandlung:** Initial erfolgt die Zufuhr von **Insulin** (Normalinsulin) 10 – 20 I. E. als Bolus und weiter als kontinuierliche Infusion mit 4 – 8 I. E./h entsprechend dem Verlauf der Blutglukosespiegel.
2. **Flüssigkeitstherapie:** Zum Ausgleich des Flüssigkeits- und Natriumdefizites (Azidose bedingt einen transzellulären Austausch von Natrium- gegen Wasserstoff- und Kaliumionen) wird zunächst unter Kontrolle hämodynamischer Parameter (z. B. ZVD) isotone Kochsalzlösung verabreicht. Wird darunter und unter der Insulingabe ein Abfall des Blutglukosespiegels auf unter 250 mg/dl erreicht, soll 5 %ige Glukoselösung zusätzlich infundiert werden, um eine zu schnelle Senkung der Blutzuckerkonzentration zu verhindern. Andernfalls kann infolge des resultierenden osmotischen Gradienten zwischen EZR und IZR ein Hirnödem entstehen (Dysäquilibriumsyndrom).
3. **Bilanzierung des Elektrolythaushaltes:** Engmaschige Kontrollen, insbesondere der Serumkaliumwerte, mit entsprechender Substitution

Klinischer Fall

Bei einem 48jährigen Patienten mit langjährig bekanntem Diabetes mellitus (insulinpflichtig) wird bei Kolonkarzinom eine Hemikolektomie durchgeführt. Die postoperative Überwachung erfolgt wegen KHK mit belastungsabhängiger Angina pectoris und Z. n. Myokardininfarkt vor 3 Jahren auf der Intensivstation. Insulin wird in dieser Phase per infusionem verabreicht und der Blutzuckerspiegel damit im Bereich zwischen 130 und 180 mg/dl gehalten. Da der Verlauf komplikationslos bleibt, kann der Patient nach 24 h auf eine periphere Station verlegt werden.
Am Folgetag fällt er durch zunehmende Schläfrigkeit auf. Er ist zu diesem Zeitpunkt tachykard (HF 120/min), der Blutdruck wird mit 95/65 mmHg gemessen. Seine Atemfrequenz beträgt 22/min, die einzelnen Atemzüge sind vertieft. Außerdem wird ein azetonartiger Geruch aus dem Mund festgestellt.
Die Laboranalysen zeigen:
Hyperglykämie (BZ: 550 mg/dl)
metabolische Azidose: pH 7,2; SB 14 mval/l
Natrium: 132 mmol/l
Kalium: 3,5 mmol/l
Ferner bestehen eine abnehmende Polyurie mit Glukosurie und Ketonurie sowie ein erhöhtes spezifisches Uringewicht mit ebenfalls erhöhter Osmolalität.
Unter der Diagnose **hyperglykämisches, ketoazidotisches Koma** wird der Patient erneut auf die Intensivstation übernommen. Unter Rehydrierung (NaCl 0,9 %), initialer Insulinbolusgabe (12 I. E. Normalinsulin i.v.) und anschließender Perfusortherapie (4 – 6 I.E./h) sowie einmaliger Applikation von 50 ml Natriumbikarbonat klart er allmählich auf. Die Blutzuckerspiegel werden langsam (ca. 100 mg/h) abgesenkt, um den osmotischen Druck im Extrazellulärraum nicht zu schnell zu vermindern und damit ein Hirnödem zu provozieren. Durch begleitende Kaliumsubstitution wird der Serumkaliumspiegel in den Normbereich angehoben und gehalten. Es ergeben sich keine Komplikationen von seiten der KHK.
Fazit: Insulinpflichtige Diabetiker sind in der postoperativen Phase aufgrund des Katabolismus besonders gefährdet, daß ihre Stoffwechselsituation »entgleist«. Aus diesem Grund sind – auch bei Nahrungskarenz und insbesondere auf der peripheren Station – engmaschige BZ-Kontrollen und Insulinsubstitution unverzichtbar!

sind erforderlich. Insulin bewirkt durch die zelluläre Glukoseaufnahme ebenso wie der Azidoseausgleich eine Kaliumverschiebung in die Zelle $\longrightarrow$ Hypokaliämie.

4. **Azidosebehandlung:** Eine primäre Bikarbonatgabe sollte nur dann erfolgen, wenn der pH-Wert unter 7,2 liegt.

4. Azidosebehandlung

Laktatazidose

Laktatazidose

Definition. Bei der Laktatazidose (Milchsäureazidose) liegt ein abnormer Anstieg von Laktat im Plasma aufgrund einer • übermäßigen Produktion durch gesteigerte anaerobe Glykolyse und/oder einer • Verwertungsstörung von Laktat in der Leber vor. Sie ist die häufigste Form der metabolischen Azidose. Die Laktatazidose ist in der Literatur nicht einheitlich definiert. Wir bevorzugen folgende Definition: metabolische Azidose (pH-Wert $< 7{,}36$) mit Hyperlaktatämie > 5 mmol/l

◄ **Definition**

Man sollte allgemein erst dann von einer Laktatazidose sprechen, wenn ein kausaler Zusammenhang zwischen Azidose und Hyperlaktatämie besteht.

Pathophysiologie

Unter **anaeroben** Bedingungen entsteht Laktat aus Pyruvat beim intrazellulären Glukoseabbau und wird in der Hauptsache in Geweben mit hoher Glykolyserate gebildet. Seine Elimination erfolgt überwiegend in der Leber, entweder im Rahmen der Glukoneogenese oder im Citratzyklus (zurück zu Pyruvat: »metabolische Sackgasse«). Dabei wird Laktat komplett zu CO_2 und H_2O abgebaut. Die Kapazität der Leber ist unter normalen Bedingungen sehr groß, so daß eine **Laktatazidose** nur bei erhöhter Laktatproduktion und gleichzeitiger Verminderung der Leberleistung (primäre Leberfunktionsstörung oder »Schockleber«) klinisch in Erscheinung tritt.

Pathophysiologie
Unter **anaeroben** Bedingungen entsteht Laktat aus Pyruvat beim intrazellulären Glukoseabbau und wird in der Hauptsache in Geweben mit hoher Glykolyserate gebildet.

Ursachen der Laktatazidose:

1. Im Vordergrund stehen **Störungen der oxidativen Stoffwechselvorgänge** aufgrund eines Mißverhältnisses zwischen Sauerstoffbedarf und -angebot (Gewebehypoxie mit Steigerung der anaeroben Glykolyse).
2. schwere **Leberinsuffizienz** (Leberdystrophie, »Schockleber«)
3. **Medikamente:** Substanzen, die eine Blockierung des Elektronentransportes in der Atmungskette und dadurch der Endoxidation bewirken. Es resultiert ebenfalls eine vermehrte anaerobe Glykolyse und Steigerung der Laktatbildung sowie eine Hemmung der Glukoneogenese. (Beispiele: Biguanide, Infusionslösungen mit Fructose, Sorbit oder Xylit).
4. **Tumoren:** z. B. akute Leukämien, M. Hodgkin, metastasierende Karzinome (dabei muß eine Überproduktion von Laktat durch die Tumorzellen angenommen werden).
5. **Thiaminmangel** als B_1-Avitaminose (»Beri-Beri«)
   Dieser entsteht innerhalb kürzester Zeit bei parenteraler Ernährung **ohne** Vitamingaben oder bei Nulldiät. Thiaminmangel bewirkt einen Anstieg der Pyruvatkonzentration, da eine Thiaminpyrophosphat-abhängige Dekarboxilierung von Pyruvat im Citratzyklus nicht erfolgen kann. Der alternative Abbau von Pyruvat führt zur Laktatbildung.

Ursachen der Laktatazidose:
1. **Störungen der oxidativen Stoffwechselvorgänge**
2. Schwere **Leberinsuffizienz**
3. **Medikamente** (Biguanide, Infusionslösungen mit Fructose, Sorbit oder Xylit)
4. **Tumoren**
5. **Thiaminmangel** als B_1-Avitaminose

Therapie

Im Vordergrund steht wenn möglich die Beseitigung der auslösenden Ursache (s. o.). Sehr begrenzt sind die therapeutischen Möglichkeiten bei Leberinsuffizienz. Letztlich sind die komplexen Stoffwechselleistungen dieses Organes nur durch eine Lebertransplantation zu ersetzen (s. Kapitel 9.6.5). Der direkte Ausgleich der Azidose mit Bikarbonat wird heute zurückhaltend vorgenommen (vgl. Kapitel 5.2.7), da Bikarbonat eine Erhöhung des intrazellulären pCO_2 und somit eine weitere Abnahme des intrazellulären pH-Wertes bewirken kann. Die intrazelluläre Azidose vermindert die Leberleistung, so daß die Laktatplasmaspiegel weiter ansteigen können.

Therapie
Im Vordergrund steht wenn möglich die Beseitigung der auslösenden Ursache (s. o.).

9.6 Akutes Leberversagen (ALV)

9.6 Akutes Leberversagen (ALV)

Das akute Leberversagen ist selten, wobei exakte Angaben über seine Häufigkeit nicht vorliegen. Man rechnet jedoch heute mit etwa 5 Fällen auf ca. 6000 stationäre Krankenhauspatienten.

Definition ▶

Definition. Das **akute Leberversagen** (Leberzerfallskoma) ist die schwerste globale Störung der Leberfunktion mit fulminantem hepatozellulärem Versagen. Das Organversagen entwickelt sich in Abhängigkeit vom auslösenden Agens (▦ 9.**23**) innerhalb von Tagen bis Wochen und geht regelhaft mit einer Enzephalopathie einher.

Als **Coma hepaticum** wird das schwerste Stadium der hepatischen Enzephalopathie (▦ 9.**24**) bezeichnet.

Das Intervall zwischen Auslösung der Leberschädigung und Auftreten der Enzephalopathie wird mit 2 Wochen bis zu 3 Monaten veranschlagt. Beträgt es mehr als 8 Wochen, spricht man von einem subakuten Leberversagen. Als **Coma hepaticum** wird das schwerste Stadium der hepatischen Enzephalopathie (▦ 9.**24**) bezeichnet. Es beschreibt die Summe aller Funktionsstörungen des Gehirns und kann durch klinische und elektroenzephalographische Untersuchungsverfahren objektiviert und quantifiziert werden.

9.6.1 Ursachen

Ursachen des akuten Leberversagens sind in ▦ 9.**23** aufgelistet.

9.6.1 Ursachen

Ursachen des akuten Leberversagens sind in ▦ 9.**23** aufgelistet.

9.23: Ursachen des akuten Leberversagens (nach Häufigkeit)

▷ **Viren** (30 – 80 %)	Hepatitis A, B, C, D, E
▷ **unklare Ätiologie**	bis 20 %
▷ **Medikamente** (5 – 10 %)	Paracetamol, Valproinsäure, Isoniazid, Halothan
▷ **andere** (5 – 10 %)	z. B. Multiorganversagen (Sepsis), HELLP-Syndrom, M. Wilson, Reye-Syndrom
▷ **Toxine** (≈ 5 %)	Amanitine, Tetrachlorkohlenstoff, Paraquat, andere
▷ **Ischämie, Hypoxie** (~ 5 %)	Budd-Chiari-Syndrom, Lymphom, Hitzschlag, Schock

9.6.2 Klinische Symptomatik

Frühe unspezifische Zeichen einer hepatischen Enzephalopathie sind: Stimmungsschwankungen, gestörter Schlafrhythmus und Müdigkeit.

Ein sog. **Foetor hepaticus** kann die Differentialdiagnose erleichtern.

Die **Enzephalopathie, das Hauptsymptom des Leberversagens, soll durch die mangelnde Elimination ZNS-toxischer Substanzen verursacht sein** und wird in die **Schweregrade I – IV** (▦ 9.**24**) eingeteilt. Das Stadium IV ist in der Regel von einem **Hirnödem** begleitet.

9.6.2 Klinische Symptomatik

Aufgrund der Vorgeschichte, der Klinik und der typischen Laborkonstellation ist die Diagnose eines akuten Leberversagens in der Regel nicht schwer zu stellen. Das klinische Bild entwickelt sich häufig sehr schnell. Die frühen Zeichen einer Enzephalopathie äußern sich häufig in Veränderungen der Stimmungslage, Störungen des Schlafrhythmus und vermehrter Müdigkeit. Diese ersten, noch unspezifischen Zeichen des Leberkomas werden als Stadium I der Enzephalopathie aufgefaßt. Ein sog. **Foetor hepaticus** kann wichtiges Unterscheidungskriterium zu anderen komatösen Zuständen sein und die Differentialdiagnose erleichtern. Häufig liegt ein **Ikterus** am Anfang der Erkrankung noch nicht vor. Die Leber zeigt in der Regel noch eine normale Größe.

Die Enzephalopathie, das Hauptsymptom des Leberversagens, soll durch die mangelnde Elimination ZNS-toxischer Substanzen verursacht sein und wird nach *Trey* und *Davidson* in **4 Schweregrade** (▦ 9.**24**) eingeteilt. Einschränkend muß man jedoch hierzu feststellen, daß beim Intensivpatienten unter dem Einsatz einer Analgo-Sedierung die Differenzierung erschwert ist. Mit einer äußerst schlechten Prognose sind die Schweregrade III und IV verbunden, wobei Grad IV zu 75 – 80 % mit einem **Hirnödem** einhergeht. Die sich daraus entwickelnde Einklemmung des Hirnstammes ist mit die häufigste Todesursache des akuten Leberversagens.

9.24: Stadien der hepatischen Enzephalopathie

Stadium		Bewußtseinslage	»flapping tremor«
I	Prodromalstadium	Verlangsamung, verwaschene Sprache, Müdigkeit, Euphorie oder Depression	leicht
II	drohendes Koma	wie I, schläfrig, desorientiert	nachweisbar
III	Stupor	verwirrt, schläfrig, schwer erweckbar	nachweisbar
IV	tiefes Koma	Reaktion auf Schmerzreize kann noch vorhanden sein	nicht nachweisbar

Weitere **Komplikationen** im Verlauf sind therapierefraktärer **Aszites,** schwerste **Gerinnungsstörungen, akutes Nierenversagen, Herz-Kreislauf-** und **respiratorische Insuffizienz** sowie **Infektionen.**

Weitere **Komplikationen:** therapierefraktärer **Aszites,** schwerste **Gerinnungsstörungen, akutes Nierenversagen, Herz-Kreislauf-** und **respiratorische Insuffizienz** sowie **Infektionen.**

Pathophysiologie der Aszitesbildung

Die Entstehung des Aszites wird heute überwiegend durch zwei Hypothesen, die sich möglicherweise ergänzen, pathophysiologisch erklärt. Bei der **»underfilling-Hypothese«** wird angenommen, daß die Aszitesbildung Folge der portalen Hypertension ist. Hierbei führt der **Pfortaderhochdruck** zu einem Anstieg des Kapillardruckes im Splanchnikuskreislauf und damit direkt zur Bildung des Aszites. Dadurch nimmt das »effektive Blutvolumen« mit den typischen hormonalen Veränderungen wie Aktivierung des Renin-Angiotensin- und ADH-Systems ab. Zur Aktivierung der hormonalen Mechanismen trägt auch die bei fortgeschrittener Leberinsuffizienz zu beobachtende periphere Vasodilatation infolge des Absinkens des systemischen Gefäß-Widerstandes (SVR = systemic vascular resistance) bei. Die Niere reagiert hierauf mit einer verstärkten Rückresorption von Na^+ und Wasser mit konsekutiver Diureseverminderung, oftmals von einem ADH-Anstieg begleitet.
Die **»overflow-Hypothese«** geht davon aus, daß – vermittelt durch Barorezeptoren im Bereich des Splanchnikusgebietes – hormonelle Mechanismen induziert werden, die primär zu Na^+- und Wasserretention, gefolgt von einem intrahepatischen und portalen Druckanstieg, führen. Hierdurch wird die Aszitesbildung in Gang gesetzt und anschließend durch die Pathomechanismen der »underfilling-Hypothese« unterhalten.
Das Absinken des Serumalbumins bewirkt einen **Abfall des onkotischen Druckes** und trägt über die ansteigende Kapillarfiltration (Erhöhung des effektiven Filtrationsdruckes) zur Unterhaltung des Aszites bei.

Pathophysiologie der Aszitesbildung

Die Aszitesgenese wird heute durch zwei sich ergänzende bzw. ineinandergreifende Hypothesen, der **»underfilling«-** und der **»overflow-Hypothese«,** erklärt. Gesichert entsteht Aszites durch:
1. Ausbildung eines **portalen Hochdruckes** mit daraus resultierendem Anstieg der Kapillarfiltration.
2. Abfall des Serumalbumins (Hypalbuminämie) mit **Absinken des onkotischen Druckes.**

Kardiovaskuläre Störungen

Hämodynamisch treten beim Patienten mit Leberinsuffizienz ein **hohes Herzzeitvolumen** (Hyperzirkulation) und ein **niedriger peripherer Gefäßwiderstand** mit arterieller Hypotonie auf. Inwieweit hierbei »falsche« Neurotransmitter eine Rolle spielen, ist noch nicht ausreichend geklärt. Ferner findet sich eine klinisch relevante relative Hypovolämie als Folge der ausgeprägten Vasodilatation. Rhythmusstörungen sind selten und in der Regel durch eine Hypokaliämie bedingt.

Kardiovaskuläre Störungen

Hämodynamisch treten beim Patienten mit Leberinsuffizienz ein **hohes Herzzeitvolumen** (Hyperzirkulation) und ein **niedriger peripherer Gefäßwiderstand** mit arterieller Hypotonie auf.

Hepato-renales Syndrom

Im Rahmen einer terminalen Leberinsuffizienz findet man **Nierenfunktionsstörungen bei morphologisch intakten Nieren,** was als hepato-renales Syndrom bezeichnet wird. In ca. 50 % der Fälle entwickelt sich hieraus ein **akutes Nierenversagen**. Ursächlich werden u. a. eine Imbalance zwischen dem Kallikrein-Bradykinin- und Renin-Angiotensin-Aldosteron-

Hepato-renales Syndrom

Im Rahmen einer terminalen Leberinsuffizienz findet man **Nierenfunktionsstörungen bis hin zum akuten Nierenversagen bei morphologisch intakten Nieren,** was als hepatorenales Syndrom bezeichnet wird.

System diskutiert, wodurch es zum Überwiegen renal vasokonstriktorischer Faktoren kommen soll.

Respiratorische Störungen

Eine **arterielle Hypoxie** kann multifaktoriell bedingt sein. In Frage kommen u. a. eine broncho-pulmonale **Aspiration** von Mageninhalt, bakterielle pulmonale **Infektionen** und **Atelektasen**, sowie ein hepato-pulmonales Syndrom.

Infektionen

Infektionen bei Patienten mit akutem Leberversagen sind Ausdruck einer **geschwächten Immunfunktion** (Störung der Klärfunktion des RES).

9.6.3 Diagnose

Laboruntersuchungen (vgl. Kap. 2.4.3)

Transaminasen, Bilirubin, **Gerinnungsanalyse** mit Einzelfaktorenbestimmung sowie Fibrinogen- und Fibrinspaltprodukten, Pseudocholinesterase, Glukose, Blutgasanalyse.
Die **GLDH** ist heute in der Diagnostik des akuten Leberversagens der wichtigste Laborparameter.

Wesentliche Parameter für die Syntheseleistung der Leber sind diejenigen **Gerinnungsfaktoren,** die nur in der Leber gebildet werden können, vor allem der Vitamin-K-unabhängige **Faktor V.**

Hypoglykämien entstehen als Folge fehlenden Insulinabbaues in der Leber und verminderter Glukoneogenese.

Im Verlauf des ALV entsteht eine **metabolische Azidose,** die mit **erhöhten Serumlaktatspiegeln** einhergeht.

Die entscheidenden Indikatoren einer Nierenfunktionsstörung sind die pathologisch veränderten **Serumkreatinin-** und die **Kreatininclearancewerte.**

Respiratorische Störungen

Eine **arterielle Hypoxie** kann multifaktoriell bedingt sein. In Frage kommen u. a. eine broncho-pulmonale **Aspiration** von Mageninhalt, bakterielle pulmonale **Infektionen** und **Atelektasen**, sowie ein hepato-pulmonales Syndrom.

Infektionen

Infektionen bei Patienten mit akutem Leberversagen sind Ausdruck einer **geschwächten Immunfunktion** (Störung der Klärfunktion des RES). In rund 80 % der Fälle werden sie durch Bakterien verursacht. Die häufigsten Keime sind Staphylokokken, Streptokokken und koliforme Bakterien sowie Hefen. Da die Patienten häufig kein Fieber entwickeln, sind bei Infektzeichen regelmäßige Abnahmen von Blutkulturen notwendig.

9.6.3 Diagnose

Laboruntersuchungen (vgl. Kapitel 2.4.3)

Das bei Lebererkrankungen im Serum erscheinende Enzymmuster und die Höhe der Enzymaktivität sind abhängig von Art und Intensität der Schädigung. Als Zeichen des Zellunterganges sieht man deutlich erhöhte Transaminasen (GOT < GPT). Eine Normalisierung der Transaminasen im weiteren Krankheitsverlauf kann nicht als prognostisch günstig angesehen werden, sondern ist Ausdruck der abgelaufenen Zellzerstörung. Die **GLDH** steigt synchron zu den Transaminasen bei Leberzellnekrosen an und wird heutzutage als wichtigster Indikator für das akute Leberversagen angesehen. Hierbei sind Werte von bis zu 5000 U/l in besonderen Fällen von massivem Leberzerfall (z. B. Durchblutungsstörung) möglich. Der Bilirubinanstieg setzt häufig verzögert ein. Er geht fast regelhaft mit einer schlechten Prognose einher.
Wesentliche Parameter für die Syntheseleistung der Leber sind diejenigen **Gerinnungsfaktoren,** die nur in der Leber gebildet werden können. Von besonderer Bedeutung ist hierbei der Vitamin-K-unabhängige **Faktor V,** der auch zur Verlaufskontrolle dient. Fibrinogen- und Fibrinspaltprodukte als Ausdruck einer Verbrauchskoagulopathie sind häufig nachzuweisen. Die Pseudocholinesterase und das Serumalbumin als weitere Indikatoren der Syntheseleistung sind meistens am Anfang der Erkrankung noch normal und fallen entsprechend ihrer langen Halbwertzeiten erst im weiteren Verlauf deutlich ab. Zu beachten ist, daß die Cholinesterase bei Intensivbehandlungspatienten in der Regel per se erniedrigt vorliegt. Das Serumammoniak zeigt keine zufriedenstellende Korrelation zur Lebersyntheseleistung.
Hypoglykämien können als Folge einer ansteigenden zirkulierenden Insulinmenge (fehlender Insulinabbau in der Leber!) und einer verminderten Glukoneogenese auftreten. Die Blutzuckerspiegel müssen deshalb engmaschig (beim komatösen Patienten stündlich!) überprüft werden.
Die Veränderungen im Säure-Basen-Haushalt sind uneinheitlich. Am Anfang der Erkrankung liegt eine metabolische Alkalose vor, die sich im weiteren Verlauf in eine **metabolische Azidose** wandelt. Zu diesem Zeitpunkt können dann **erhöhte Laktatspiegel** im Serum nachgewiesen werden.

Störungen der Nierenfunktion können wegen verminderter Syntheseleistung der Leber nicht oder nur bedingt an erhöhten Serumharnstoffspiegeln erkannt werden. Hier sind das **Serumkreatinin** oder besser noch die **Kreatininclearance** die entscheidenden Indikatoren.

Serologische Untersuchungen

Die ätiologische Zuordnung des akuten Leberversagens ist in der Regel schwierig, wobei die **Virusinfektionen** als häufigste Ursachen des Leberversagens durch serologische Tests identifiziert werden können. Die Diagnose einer Hepatitis A wird durch Nachweis von IgM-Antikörpern im Serum gestellt, die einer Hepatitis B u. a. durch IgM-anti-HBc. Mit dem Nachweis von IgM-anti-HDV läßt sich die Diagnose einer Infektion durch das Deltavirus und damit der Hepatitis D sichern. Akute Infektionen mit dem Hepatitis-C-Virus können mittlerweile ebenfalls durch Antikörperbestimmung oder direkt durch Virusnachweis (PCR) erkannt werden.

Serologische Untersuchungen

Durch serologische Testungen kann die Diagnose einer Hepatitis A, B, D und mittlerweile auch C gesichert werden.

9.6.4 Prognose

Die Abschätzung der Prognose eines akuten Leberversagens ist heute im Hinblick auf die therapeutisch erfolgversprechende Lebertransplantation von besonderer Bedeutung. Ohne Transplantation wird die kumulative Überlebensrate im Stadium IV mit nur 18 % angegeben. Hierbei besteht insofern eine deutliche Altersabhängigkeit (9.**25**), als jüngere Patienten eine deutlich bessere Prognose haben als ältere. Beim Leberversagen im Rahmen eines septisch bedingten Multiorganversagens ist die Prognose infaust. Die Letalität beträgt 100 %!

9.6.4 Prognose

Ohne Lebertransplantation wird die kumulative Überlebensrate im Stadium IV (ohne Berücksichtigung des Lebensalters) mit nur 18% angegeben (120).

9.25: Prognose des akuten Leberversagens

▷ Alter und Überlebensrate im Stadium IV		▷ Koma-stadium	▷ Überlebens-rate
< 15 Jahre	34 %	II	66 %
15 – 44 Jahre	22 %	III	48 %
> 45 Jahre	5 %	IV	18 %

9.6.5 Therapie

Die intensivmedizinische Behandlung des Patienten im akuten Leberversagen beinhaltet neben der »allgemeinen« Intensivtherapie, wie z. B. komplette parenterale Ernährung, zusätzliche Maßnahmen mit dem **wesentlichen Ziel,** die verbleibende Organfunktion zu optimieren und Sekundärkomplikationen zu vermeiden.

9.6.5 Therapie

Die Therapie des akuten Leberversagens beinhaltet im wesentlichen eine »allgemeine« Intensivtherapie und zusätzliche Maßnahmen mit dem Ziel, die verbleibende Leberfunktion zu optimieren und Sekundärkomplikationen zu vermeiden.

1. Enzephalopathie und Hirnödem

Um ein optimales »Management« zu ermöglichen, sollte im Stadium III und IV – insbesondere vor der Lebertransplantation – eine epidurale Hirndruckmessung durchgeführt werden, um eine konsequente frühzeitige ICP-Therapie einleiten zu können. Der zerebrale Perfusionsdruck sollte 70 mmHg übersteigen, ggf. unter Anwendung von **vasopressorischen Substanzen** und **Osmodiuretika** wie Mannit (0,3 – 0,4 g/kg KG). Die prophylaktische Anwendung von Glukokortikoiden ist ohne Nutzen.

1. Enzephalopathie und Hirnödem

Der zerebrale Perfusionsdruck sollte 70 mmHg übersteigen, ggf. unter Anwendung von **vasopressorischen Substanzen** und **Osmodiuretika** wie Mannit.

2. Aszites

Wegen der beschriebenen Pathomechanismen mit sekundärem Hyperaldosteronismus sind **Aldosteronantagonisten Mittel der 1. Wahl** (z. B. Spironolacton – Aldactone®; 200 – 400 mg/d). Aufgrund ihres verzögerten Wirkungseintrittes und zur Wirkungsverstärkung sollten sie mit **Schleifendiuretika** (z. B. Furosemid – Lasix®; initial 40 – 80 mg/d) kombiniert werden. Schleifendiuretika, alleine angewendet, sind bei hepatogenem Aszites nur vermindert wirksam und bergen zudem die Gefahr einer Nierenfunktionsverschlechterung.

2. Aszites

Aldosteronantagonisten sind **Mittel der 1. Wahl** (z. B. Spironolacton – Aldactone®; 200 – 400 mg/d). Aufgrund ihres verzögerten Wirkungseintrittes und zur Wirkungsverstärkung sollten sie mit **Schleifendiuretika** (z. B. Furosemid – Lasix®; initial 40 – 80 mg/d) kombiniert werden.

Bei ausgeprägter Hypalbuminämie kann zur Steigerung des onkotischen Druckes im Plasma ergänzend eine Behandlung mit **Kolloiden** durchgeführt werden.

Ziel der diuretischen Therapie ist eine Gewichtsabnahme von max. 0,5 l/d, bei zusätzlichen peripheren Ödemen bis 1 l/d. Forcierte Ausschwemmung ist wegen der damit verbundenen Gefahr eines prärenalen Nierenversagens infolge Verminderung des intravasalen Volumens unbedingt zu vermeiden. Unter der Therapie muß der Elektrolythaushalt kontrolliert und ggf. korrigiert werden (cave: Hyponatriämie und -kaliämie!). Bei ausgeprägter Hypalbuminämie kann zur Steigerung des onkotischen Druckes im Plasma ergänzend eine Behandlung mit **Kolloiden** durchgeführt und so die weitere Aszitesbildung vermindert werden.

3. Gerinnungsstörungen

3. Gerinnungsstörungen

Die prophylaktische Anwendung von »fresh frozen plasma« (FFP) ohne Blutung zeigt keine positive Wirkung auf die Letalität. Das Risiko einer Blutung korreliert weniger mit der Prothrombinzeit als vielmehr mit der Thrombozytenzahl und -funktion.

4. Störungen der Nierenfunktion

Die Nierenfunktionsstörungen im Sinne eines hepato-renalen Syndroms sind in der Regel durch Verbesserung der Leberfunktion reversibel. Über die symptomatischen Maßnahmen – bis hin zur apparativen Nierenersatztherapie – hinaus existiert keine spezifische Therapie.

4. Störungen der Nierenfunktion

Da keine spezifische Therapie möglich ist, kommen nur die in Kapitel 9.4.7 und 9.4.8 beschriebenen symptomatischen Maßnahmen in Betracht. Die Nierenfunktionsstörungen im Sinne eines hepatorenalen Syndroms sind in der Regel durch Verbesserung der Leberfunktion reversibel. Bei Eintritt eines akuten Nierenversagens muß zur Überbrückung eine apparative Nierenersatztherapie, ggf. bis zur Lebertransplantation, durchgeführt werden (s. Kapitel 9.4.9).

5. Metabolische Störungen (s. Kap. 5.2.7 u. 9.5.2)

5. Metabolische Störungen (s. Kapitel 5.2.7 und 9.5.2)

6. Kardiovaskuläre Störungen

Zum Anheben des arteriellen Blutdruckes sollte in erster Linie **Noradrenalin** (Arterenol®) wegen seiner alpha-Rezeptoren-stimulierenden Wirkung benutzt werden. Zusätzlich sollte **Dopamin** in »Nierendosis« zugeführt werden, um die Perfusion im Splanchnikusgebiet und damit die Leberdurchblutung zu verbessern.

6. Kardiovaskuläre Störungen

Zur besseren Steuerung der hämodynamischen Therapie kann der Einsatz eines Pulmonaliskatheters von Nutzen sein. Neben der adäquaten Flüssigkeitssubstitution (Normovolämie anstreben!) wird oftmals die Gabe von Katecholaminen zum Anheben des arteriellen Blutdruckes erforderlich. Hierzu bietet sich in erster Linie das **Noradrenalin** (Arterenol®) wegen seiner alpha-Rezeptoren-stimulierenden Wirkung an. Zusätzlich sollte **Dopamin** in »Nierendosis« zugeführt werden, um die Perfusion im Splanchnikusgebiet und damit die Leberdurchblutung zu verbessern.

7. Respiratorische Störungen

Bei einer sich entwickelnden Enzephalopathie sollte man die Indikation zur endotrachealen Intubation und kontrollierten Beatmung frühzeitig stellen.

7. Respiratorische Störungen

Bei einer sich entwickelnden Enzephalopathie sollte man die Indikation zur endotrachealen Intubation und kontrollierten Beatmung frühzeitig stellen, um die Atemwege zu sichern und ein sich anbahnendes Hirnödem besser beherrschen zu können.

8. Infektionen (antibiotische Behandlung s. Kap. 9.1.4)
Zur Streßulkusprophylaxe sollte eine pH unabhängige Substanz z. B. Sucralfat gegeben werden.

8. Infektionen (antibiotische Behandlung s. Kapitel 9.1.4)

Unter H_2-Blockern, zur Streßulkusprophylaxe angewendet, steigt der intragastrale pH auf Werte um 7, wodurch der Magensaft und nachfolgend Oropharynx und Trachea schnell von Keimen besiedelt werden. Aus diesem Grund sollte die Ulkusprophylaxe eher z. B. mit Sucralfat (Ulcogant®), einer pH-unabhängig wirkenden Substanz, erfolgen.

Spezielle Therapie

Zur ausreichenden kalorischen Ernährung werden ausschließlich **Glukoselösungen** benutzt.

Spezielle Therapie

Bei der parenteralen Ernährung im akuten Leberversagen erfolgt die Dekkung des Kalorienbedarfs ausschließlich durch Infusion von **Glukoselösungen**. Die Gabe von Zuckerersatzstoffen wie Fructose und Sorbit führt zur ATP-Abnahme in der Leberzelle und damit zur Hemmung der energieabhängigen Syntheseprozesse sowie zur Steigerung der Serumlaktatspiegel.

Der »aufhellende« Effekt der sog. Komalösungen (Aminosäurelösungen mit erhöhtem Anteil an verzweigtkettigen Aminosäuren) bei ALV ist derzeit noch nicht gesichert. Da die Pathogenese des Coma hepaticum nicht bekannt ist, gibt es nach wie vor keine spezifische Komatherapie. Die meisten therapeutischen Verfahren richten sich auf die Entfernung von Toxinen. Dieses Ziel wird mittels regelmäßigen Blutaustausches oder durch Hämoperfusion über Aktivkohle, Leberzellsuspensionen oder Pavianlebern versucht. Der tatsächliche Wert dieser Verfahren ist höchst zweifelhaft, was die Prognose quoad vitam anlangt. Einzig mit der **Hämoperfusion** konnte eine Verbesserung der Überlebensrate – allerdings nur bei Intoxikationen – erzielt werden. Der Einsatz von hochdosierten verzweigtkettigen Aminosäuren (z. B. L-Valin) oder des Benzodiazepinantagonisten Flumazenil (Anexate®) ist nur von geringer Bedeutung.

Der »aufhellende« Effekt der »Komalösungen« ist derzeit noch nicht gesichert.

Die meisten speziellen Verfahren (Hämoperfusion über Aktivkohle, Leberzellsuspensionen oder Pavianlebern) zielen auf die Entfernung von Toxinen aus dem Blut ab.

Einzig mit der **Hämoperfusion** konnte eine Verbesserung der Überlebensrate – allerdings nur bei Intoxikationen – erzielt werden.

Als Standardtherapie werden heute immer noch Schemata angegeben, die auf der **Ammoniakhypothese** beruhen. Eine Hemmung der intestinalen Ammoniakproduktion ist durch enterale Gabe nichtresorbierbarer Antibiotika möglich, die zur Suppression der Darmbakterien führen, die aus Aminosäuren bzw. aus Harnstoff Ammoniak synthetisieren. Zur Anwendung kommt z. B. **Neomycin** in einer Tagesdosis von 6 – 8 g/d beim Erwachsenen. Auf eine solche Therapie sprechen 70 – 80 % der Patienten mit Enzephalopathie an. Aber auch andere Antibiotika wie Aminoglykoside (Gentamicin, Tobramycin), Metronidazol oder Vancomycin werden heute zur Darmdekontamination eingesetzt. Seit 1981 befindet sich ein Konzept zur sogenannten selektiven Darmdekontamination (SDD) in der klinischen Anwendung.

Als Standardtherapie wird heute die enterale Gabe von nichtresorbierbaren Antibiotika wie **Neomycin** (6 – 8 g/d) zur Reduktion der bakteriellen **Ammoniaksynthese** angesehen.

Eine weitere Möglichkeit, die bakterielle Ammoniaksynthese zu reduzieren, besteht in der Zufuhr von synthetischen Disacchariden wie **Lactulose** (Bifiteral®). Als Tagesdosierungen werden 40 – 90 g gewählt. Unter der Therapie können Durchfälle auftreten.

Lactulose (Bifiteral®) in einer Tagesdosis von 40 – 90 g/d enteral soll ebenfalls die Ammoniaksynthese reduzieren.

Therapie spezieller Ursachen

Paracetamolintoxikation. Nach akuter Einnahme von mehr als 10 g Paracetamol kann eine Lebernekrose auftreten. Eine spezifische Therapie ist nur innerhalb der ersten 14 Stunden möglich. Es sollte der Versuch unternommen werden, nichtresorbierte Anteile aus dem Magen durch Spülung zu entfernen. Unbedingt ist eine **forcierte Diurese** mit Furosemid durchzuführen. Mit hochdosiertem Acetylcystein (Fluimucil®) läßt sich die Bildung toxischer Metabolite vermindern. Innerhalb von 20 Stunden sollten beim Erwachsenen rund 300 mg/kg KG in einer Glukoseinfusion infundiert werden.

Therapie spezieller Ursachen

Paracetamolintoxikation Eine spezifische Therapie der Paracetamolintoxikation ist nur innerhalb der ersten 14 Stunden möglich. Magenspülung, **forcierte Diurese** mit Furosemid sowie die Gabe von Acetylcystein kommen in Frage.

Knollenblätterpilzvergiftung. Das erste Symptom der gastrointestinalen Phase ist die wäßrige Diarrhö. Nach kurzer Erholungsphase, ca. 48 Stunden nach der Einnahme der Pilze, beginnt das Leberversagen, begleitet von Ikterus und Nierenversagen. Die allgemeine Therapie besteht in Magenspülungen mit Aktivkohle, forcierter Diurese und induzierter Diarrhö. Durch Penicillin G (100000 I.E./kg KG und 24 h i.v.) und Silymarin (Legalon® – 20 mg/kg KG und 24 h) soll die Aufnahme der Pilzgifte in die Leber vermindert werden. Die Letalität wird bei Kindern mit 50 % und bei Erwachsenen mit 20 % angegeben.

Knollenblätterpilzvergiftung Magenspülung mit Aktivkohle sowie forcierte Diurese sind die sofort einzuleitenden Maßnahmen.
Durch Penicillin G (100000 I.E./kg KG und 24 h i. v.) und Silymarin (Legalon® – 20 mg/kg KG und 24 h) soll die Aufnahme der Pilzgifte in die Leber vermindert werden.

Operative Therapie

Die Einführung der **Lebertransplantation** in die Behandlung des akuten Leberversagens hat die Prognose dieses mit einer hohen Letaliät belasteten Krankheitsbildes verbessert. Deshalb sollte frühzeitig der Kontakt mit einem Transplantationszentrum aufgenommen werden. Derzeit werden rund 6 % aller Lebertransplantationen in Westeuropa wegen eines akuten Leberversagens durchgeführt. Die Tendenz ist steigend, wobei die häufigsten Indikationen die Virushepatitiden sind, gefolgt vom medikamentös oder toxisch bedingten Leberversagen. Die postoperative Letalität liegt

Operative Therapie

Die Einführung der **Lebertransplantation** in die Behandlung des akuten Leberversagens hat die Prognose dieses mit einer hohen Letalität belasteten Krankheitsbildes verbessert.

derzeit in den ersten postoperativen 4 Wochen bei 10 %. Sie ist vor allem abhängig vom Zustand des Patienten zum Zeitpunkt der Operation, die deshalb rechtzeitig erfolgen sollte. Nach notfallmäßiger Transplantation ist heutzutage mit einer 1-Jahres-Überlebensrate von nur 20 – 30 % zu rechnen.

Präoperative Vorbereitung Eine intensivmedizinische Betreuung ist unbedingt erforderlich.

Präoperative Vorbereitung. Eine intensivmedizinische Betreuung ist unbedingt erforderlich und erfolgt unabhängig von der Grunderkrankung. Ziel ist es, den präoperativen Zustand des Patienten soweit wie möglich zu verbessern und damit die Wartezeit, bis ein passendes Organ gefunden ist, zu überbrücken.

Klinischer Fall

Eine 30jährige Krankenschwester mit Hepatitis B wird bei progredienter Leberinsuffizienz stationär aufgenommen. Es fällt eine zunehmende Gelbfärbung der Skleren sowie eine allgemeine Leistungsschwäche auf. Die beim Hausarzt durchgeführte Laborkontrolle zeigte nur eine leichte Erhöhung der Leberwerte. Die sonographische Untersuchung des Abdomens ergibt einen erheblichen Aszites und eine ausgeprägte Leberzirrhose (höckerige Oberfläche, abgerundete Ränder, fleckiges inhomogenes Muster, Lebervenen unscharf und bogig verlaufend). Die Pfortader ist zentral weit und offen, die peripheren Äste sind eher schmal. Die Gallenwege sind nicht erweitert, die Milz ist vergrößert. Beide Nieren sind ohne pathologischen Befund. Es besteht eine erhebliche Erhöhung des Bilirubins im Serum auf 12 mg/dl. Die Lebersyntheseleistung, gemessen anhand der Cholinesterase, ist mit 0,8 kU/l gegenüber den Voruntersuchungen deutlich abgesunken. Der Quickwert als ein Parameter der Gerinnungsfaktorensynthese liegt bei 45 %. Knöchelödeme und eine Zunahme des Bauchumfanges treten zum erstenmal auf. Vermehrte Leberhautzeichen und eine deutliche Blutungsneigung (Nasenbluten, Hämatome) weisen auf eine Intensivierung des Geschehens hin.
Die Patientin trübt zunehmend ein, und, da die letztlich unbefriedigende und nicht zur Heilung führende konservative Therapie ausgeschöpft ist, wird die Indikation zur Lebertransplantation gestellt. Bei der Operation kann das erkrankte Organ ohne Probleme entnommen werden. Das neue Organ zeigt nach Reanastomosierung der Gefäße (V. cava supra- und infrahepatisch, Pfortader, A. hepatica) eine schnelle und homogene Reperfusion. Es kommt bereits intraoperativ zur Galleproduktion. Nach Rekonstruktion der Gallenwege kann das Abdomen primär verschlossen werden. Die Patientin kommt kreislaufstabil und beatmet auf die Intensivstation.
Am ersten postoperativen Tag kann sie bei stabilem Gasaustausch spontan atmen und extubiert werden. Die Immunsuppression wird mit Ciclosporin A (Sandimmun®), Azathioprin (Imurek®) und Prednisolon (Decortin®-H) eingeleitet. Der unmittelbar postoperative Verlauf zeigt eine zufriedenstellende Funktion der Leber. Die GLDH-Werte sind schnell rückläufig, die Gerinnungsparameter Faktor II und V steigen zügig an und zeigen bereits am dritten Tag nahezu Normalwerte. Die Galleproduktion wird über die intraoperativ eingelegte T-Drainage kontrolliert. Am vierten postoperativen Tag kann die Patientin auf eine periphere Station verlegt werden. Auftretende Abstoßungskrisen werden erfolgreich beherrscht. Der weitere Verlauf ist komplikationslos. Die Patientin wird ein Jahr nach der Lebertransplantation von einem gesunden Jungen entbunden.

9.7 Künstliche Ernährung

Das Prinzip der künstlichen Ernährung besteht in der **enteralen** oder **parenteralen** Zufuhr von Kohlenhydraten, Aminosäuren, Fetten, Vitaminen und Mineralstoffen in bedarfsadaptierten Mengen.

9.7.1 Indikationen

Allgemein gilt, daß ein Patient künstlich zu ernähren ist, wenn er **nicht essen kann, darf oder will**.

Individuell werden festgelegt:
- die Infusions- und Elektrolytmenge pro 24 h
- die Art und Zusammensetzung der Nährsubstrate

9.7 Künstliche Ernährung

Das Prinzip der künstlichen Ernährung besteht in der **enteralen** oder **parenteralen** Zufuhr von Kohlenhydraten (KH), Aminosäuren (AS), Fetten, Vitaminen und Mineralstoffen in bedarfsadaptierten Mengen. Therapeutisches Ziel ist es, eine anabole Stoffwechsellage zu erzielen.

9.7.1 Indikationen

Ganz allgemein gilt nach *Dudrick* (1971), daß ein Patient künstlich zu ernähren ist, wenn er **nicht essen kann, darf oder will.** Zur individuellen Konzeption der Ernährungstherapie müssen die bestehende Stoffwechselsituation, die krankheits- und operationsbedingten Belastungen, der Traumagrad und der aktuelle Ernährungszustand analysiert werden. Danach werden festgelegt:
- die Infusions- und Elektrolytmenge pro 24 h
- die Art und Zusammensetzung der Nährsubstrate.

Die Indikation zur **parenteralen Ernährung** nach chirurgischen Eingriffen besteht erst dann, wenn eine orale Nahrungskarenz von über 3 Tagen erforderlich ist. Zur langfristigen Infusionstherapie **und** vor allem zur kompletten parenteralen Ernährung, ist die Anlage eines zentralen Venenkatheters (ZVK) unbedingt erforderlich, da periphere Venen eine Infusionstherapie nur wenige Tage tolerieren. Peripher applizierbare Lösungen müssen eine Osmolarität von deutlich < 1000 mosmol/l, besser noch < 800 mosmol/l haben, damit keine Venenreizungen und Thrombophlebitiden auftreten (▤ 9.**26**).

9.26: Osmolaritäten von Infusionslösungen

▷ Substrate		▷ mosmol/l
NaCl	0,9 %	308
Glukose	5 %	278
	10 %	550
	20 %	1110
	40 %	2220
Aminosäuren	10 %	880
Fett	10/20 %	260

9.7.2 Postaggressionsstoffwechsel

Der sog. Postaggressionsstoffwechsel bezeichnet eine **hypermetabolische Stoffwechselsituation** nach größeren Traumen oder Operationen, generalisierten Infektionen, ausgedehnten Verbrennungen oder anderen schweren Erkrankungen. Hierdurch kommt es zu streßbedingter Zunahme der Sympathikusaktivität und veränderter Regulation der Hypothalamus-Hypophysen-Achse. Diese Vorgänge zielen darauf ab, dem Organismus schnellstmöglich größere Mengen an Energieträgern zur Verfügung zu stellen. In Abhängigkeit von der Schwere der Grundkrankheit lassen sich durch die **vermehrte Freisetzung antiinsulinerger, sog. kataboler Hormone** (u. a. Cortisol, Glukagon, Adrenalin) in unterschiedlicher Ausprägung folgende metabolische Veränderungen beobachten:

- **gesteigerte Glukoneogenese** aus glukoplastischen Aminosäuren durch vermehrten Proteinabbau in der Skelettmuskulatur
- vermehrter Harnstoffanfall und gesteigerte renale Harnstoffelimination
- **gesteigerte Lipolyse** mit vermehrter Freisetzung freier Fettsäuren
- Ketonämie bis zur Ketoazidose bei insuffizienter Fettsäureoxidation

Reaktiv kommt es ebenfalls zur gesteigerten Insulininkretion. Hierbei ist von zentraler Bedeutung, daß trotz dieser Hyperinsulinämie auf zellulärer Ebene eine **Glukoseutilisationsstörung** besteht (periphere Insulinresistenz), **so daß der Blutzuckerspiegel ansteigt.** Die Stoffwechselumstellung in der Postaggressionsphase wird von einem erhöhten Sauerstoffverbrauch des Organismus begleitet.

9.7.3 Technik (vgl. Kapitel 3.1.1)

Für die kurzfristige Infusions- und Ernährungstherapie (niederkalorische Lösungen) werden heute Venenverweilkanülen aus Kunststoff benutzt, die bevorzugt in peripheren Venen auf dem Handrücken oder Unterarm eingebracht werden. In der langfristigen Infusionstherapie und kompletten parenteralen Ernährung (hochkalorische Lösungen) haben sich Multilumen-Katheter mit 3 Schenkeln bewährt, um Kompatibilitätsprobleme der Nahrungsanteile (z. B. Aminosäuren) mit den verschiedenen Pharmaka zu vermeiden. Diese Katheter lassen sich mittels der risikoarmen Seldinger-Technik leicht in der V. cava superior plazieren. Bevorzugte Punktionsorte

Die Indikation zur **parenteralen Ernährung** nach chirurgischen Eingriffen besteht erst dann, wenn eine orale Nahrungskarenz von über 3 Tagen erforderlich ist.

Peripher applizierbare Lösungen müssen eine Osmolarität von deutlich < 1000 mosmol/l, besser noch < 800 mosmol/l haben, damit keine Venenreizungen und Thrombophlebitiden auftreten (▤ 9.**26**).

9.7.2 Postaggressionsstoffwechsel

Der sog. Postaggressionsstoffwechsel bezeichnet eine **hypermetabolische Stoffwechselsituation** nach größeren Traumen oder Operationen, generalisierten Infektionen, ausgedehnten Verbrennungen oder anderen schweren Erkrankungen.

Infolge **vermehrter Freisetzung antiinsulinerger, sog. kataboler Hormone** (u. a. Cortisol, Glukagon, Adrenalin) lassen sich folgende metabolische Veränderungen beobachten:

- gesteigerte Glukoneogenese
- vermehrter Harnstoffanfall, vermehrte renale Elimination
- gesteigerte Lipolyse
- Ketonämie bis zur Ketoazidose

Trotz einer Hyperinsulinämie besteht auf zellulärer Ebene eine **Glukoseutilisationsstörung** (periphere Insulinresistenz), **so daß der Blutzuckerspiegel ansteigt.**

9.7.3 Technik (vgl. Kap. 3.1.1)

Für die kurzfristige Infusions- und Ernährungstherapie (niederkalorische Lösungen) werden periphere Venenverweilkanülen bevorzugt.
In der langfristigen Infusionstherapie und kompletten parenteralen Ernährung (hochkalorische Lösungen) haben sich Multilumen-Katheter mit 3 Schenkeln bewährt.

Für die Auswahl der Punktionsstelle gilt folgende Empfehlung:
V. jugularis externa ⟶ V. jugularis interna ⟶ V. subclavia

sind die V. jugularis interna und externa. In einigen Zentren wird trotz der höheren Pneumothoraxrate die V.-subclavia-Punktion bevorzugt.
Für die Auswahl der Punktionsstelle gilt folgende Empfehlung:
V. jugularis externa ⟶ V. jugularis interna ⟶ V. subclavia

9.7.4 Kalorienbedarf

Der **Grundumsatz** (Ruheumsatz), der von Geschlecht, Alter, Körperoberfläche und Hormonstatus abhängig ist, errechnet sich mit 1 kcal/kg KG und Stunde und beträgt beim 70 kg schweren Erwachsenen ca. **1700 kcal (7100 kJ) pro Tag.**
Der Kalorienbedarf beim intensivbehandlungsbedürftigen Patienten wird mit **25 – 45 kcal/kg KG und Tag** angegeben.

Hierbei sollten:
- **50 – 70 % der Kalorien durch KH**
- **30 – 50 % als Fettemulsionen und**
- **10 – 20 % als Aminosäuren**

verabreicht werden.

In 9.**27** sind dazu die kalorischen Äquivalente der einzelnen Energieträger aufgeführt.

9.7.4 Kalorienbedarf

Um den Kalorienbedarf der einzelnen Organe decken zu können, muß eine stete Zufuhr der einzelnen energiereichen Substrate stattfinden. Der **Grundumsatz** (Ruheumsatz), der von Geschlecht, Alter, Körperoberfläche und Hormonstatus abhängig ist, errechnet sich mit 1 kcal/kg KG und Stunde und beträgt beim 70 kg schweren Erwachsenen ca. **1700 kcal (7100 kJ) pro Tag.**
Der Kalorienbedarf beim intensivbehandlungsbedürftigen Patienten wurde in der Vergangenheit wesentlich überschätzt, so daß aus der Kenntnis des Energie- und Eiweißbedarfs und der Berücksichtigung der metabolischen Situation heute ein Kalorienbedarf von **25 – 45 kcal/kg KG und Tag** angegeben wird. Der Grundbedarf wird dabei mit 25 kcal/kg KG und Tag berechnet; der langzeitbeatmete Patient erhält einen Zuschlag von rund 40 %. Als Anhaltswert für den postoperativen Patienten gelten 30 – 35 kcal/kg KG und Tag. Hierbei sollten:
- **50 – 70 % der Kalorien durch KH**
- **30 – 50 % als Fettemulsionen und**
- **10 – 20 % als Aminosäuren**

verabreicht werden. In 9.**27** sind dazu die kalorischen Äquivalente der einzelnen Energieträger aufgeführt. Bei Patienten unter ausreichender Analgosedierung kann der Kalorienbedarf um ca. 20 % reduziert werden. Verbrennungen können den Bedarf deutlich erhöhen.

9.27: Kalorische Äquivalente der energetischen Substrate

▷ Energieträger	▷ Energiehaushalt
Glukose	4 kcal/g = 17 kJ/g
Fructose	4 kcal/g = 17 kJ/g
Sorbit	4 kcal/g = 17 kJ/g
Xylit	4 kcal/g = 17 kJ/g
Aminosäuren	4 kcal/g = 17 kJ/g
Triglyzeride	9 kcal/g = 38 kJ/g

Ein weiterer wichtiger Faktor für die Bedarfsermittlung ist der vorbestehende **Ernährungszustand.**

In der klinischen Routine helfen **Ernährungserhebungsbögen**.

Der Energieverbrauch kann mit der **indirekten Kalorimetrie** (Bestimmung des respiratorischen Quotienten, RQ = Verhältnis von zeitbezogener CO_2-Bildung zum O_2-Verbrauch) eingeschätzt werden.

Ein weiterer wichtiger Faktor für die Bedarfsermittlung ist der vorbestehende **Ernährungszustand.** Er läßt sich anhand von anthropometrischen und biochemischen Methoden beurteilen, wobei die Palette von Orientierung an einer einzigen Variablen, wie z. B. Gewichtsverlust oder Plasmaalbuminkonzentration, bis hin zur computerunterstützen Auswertung verschiedener Variablen reicht. In der klinischen Routine sollte man mit einfachen Hilfsmitteln wie **Ernährungserhebungsbögen** zur Definition des Ernährungszustandes auskommen können. In einem solchen Schema wird der Eiweißstatus aus dem Albumingehalt beurteilt, und es gehen stoffwechselbeeinflussende Vorerkrankungen ein.
Der Energieverbrauch kann mit der **indirekten Kalorimetrie** (Bestimmung des respiratorischen Quotienten, RQ = Verhältnis von zeitbezogener CO_2-Bildung zum O_2-Verbrauch) eingeschätzt werden. Für die klinische Praxis reicht es aus, durch Bestimmung des Sauerstoffverbrauches unter Zugrundelegung eines mittleren kalorischen Äquivalentes von 4,85 kcal/l O_2 den Energiebedarf zu bestimmen. Folgendes Beispiel mag diese Möglichkeit aufzeigen:
Sauerstoffverbrauch: $VO_2 = avDO_2 \times 10 \times HZV$
z. B.: $avDO_2$ = 4,6 ml O_2/100 ml, HZV 6,2 l/min
⟶ $VO_2 = 4{,}6 \times 10 \times 6{,}2$ = 285 ml/min = 410 l tägl.

Energieverbrauch: 410 × 4,85 kcal = 1988 kcal/d
Die bisherigen Erfahrungen zeigen jedoch, daß die Messung des Sauerstoffverbrauches bei beatmeten Intensivpatienten nicht nur schwierig, sondern auch zeitaufwendig ist.

9.7.5 Parenterale Ernährung

Die parenterale Ernährung (PE) ist nur dann indiziert, wenn der Patient nicht enteral ernährt werden kann oder der gleiche Erfolg nicht durch enterale Nahrungszufuhr zu erreichen ist. Hierbei kann nach einem **Stufenkonzept** vorgegangen werden:

I. **Wasser-Elektrolyt-Substitution:**
Patienten in gutem Ernährungszustand mit oraler Nahrungskarenz von 1 – 3 Tagen

II. **periphervenöse Basisernährung:**
Patienten in gutem Ernährungszustand mit oraler Nahrungskarenz von 2 – 4 Tagen

III. **standardisierte totale parenterale Ernährung:**
- Patienten in schlechtem Ernährungszustand
- voraussichtliche orale Nahrungskarenz von > 4 Tagen

IV. **bilanzierte totale parenterale Ernährung:**
- bei schweren Erkrankungen
- nach großen Operationen bzw. Traumen
- voraussichtliche orale Nahrungskarenz von > 7 Tagen

9.7.5 Parenterale Ernährung

Die parenterale Ernährung ist nur dann indiziert, wenn der Patient nicht enteral ernährt werden kann oder der gleiche Erfolg nicht durch enterale Nahrungszufuhr zu erreichen ist. Hierbei kann nach einem **Stufenkonzept** vorgegangen werden:
I. **Wasser-Elektrolyt-Substitution**
II. **periphervenöse Basisernährung**
III. **standardisierte totale parenterale Ernährung**
IV. **bilanzierte totale parenterale Ernährung**

Periphervenöse Basisernährung

Die periphervenöse Basisernährung erfolgt mit Komplettlösungen (Osmolarität <800 mosmol/l), die in der Regel einen 2,5 – 3,5 %igen Aminosäuren- sowie 5 – 6 %igen Kohlenhydratanteil enthalten, wobei die meisten Hersteller sog. Zuckerersatz- bzw. Austauschstoffe wie Sorbit oder Xylit mit einbauen. **Als Dosierung für periphervenöse Komplettlösungen werden 40 ml/kg KG · d empfohlen.**

Periphervenöse Basisernährung

Die periphervenöse Basisernährung erfolgt mit Komplettlösungen (Osmolarität <800 mosmol/l), die in der Regel einen 2,5 – 3,5 %igen Aminosäuren- sowie 5 – 6 %igen Kohlenhydratanteil enthalten, wobei die meisten Hersteller sog. Zuckerersatz- bzw. Austauschstoffe wie Sorbit oder Xylit mit einbauen. **Als Dosierung für periphervenöse Komplettlösungen werden 40 ml/kg KG · d empfohlen.**

Beispiel für die Kalorienberechnung pro 1000 ml Lösung:
KH 6 % → 60 g KH → 240 kcal/l
AS 3 % → 30 g AS → 120 kcal/l
= 360 kcal/l

Bei einem 75 kg schweren Patienten lassen sich mit solchen Komplettlösungen bis zu 1080 kcal/d infundieren. Durch zusätzliche Applikation von 250 – 500 ml 20 %iger Fettemulsion ergeben sich weitere 450 – 900 kcal/d.

Totale parenterale Ernährung

Totale parenterale Ernährung

▶ ***Definition.*** Unter **totaler parenteraler Ernährung** (TPE) versteht man die parenterale Zufuhr **aller** für den Organismus notwendigen Nahrungsbestandteile, so daß keine Mangelzeichen auftreten.

◀ **Definition**

Zur **standardisierten TPE** bietet die Industrie Komplettlösungen an, das sind Lösungen mit fixer Kombination von Kohlenhydraten, Aminosäuren und Elektrolyten. Lösungen, wie z. B. Combiplasmal® 4,5 %, Combifusin forte®, AKE® 3000, Aminomix®, Nutriflex® usw. enthalten 3,5 – 7,5 % Aminosäuren und 10 – 25 % Kohlenhydrate. In den meisten Kombinationen finden sich Kohlenhydratmischungen mit einem unterschiedlich hohen Zuckerersatzstoffanteil. Die hohe Osmolarität der Lösungen erfordert die

Zur **standardisierten TPE** bietet die Industrie Komplettlösungen an, das sind Lösungen mit fixer Kombination von Kohlenhydraten, Aminosäuren und Elektrolyten.

Die **bilanzierte TPE** wird zur bedarfsadaptierten Substratzufuhr mit folgenden Komponenten durchgeführt:
- **Kohlenhydratlösungen 20 – 40 %**
- **Aminosäurenlösungen 10 – 15 %**
- **Fettemulsionen 10 – 30 %**

Zusätzlich müssen Elektrolyte, Spurenelemente und Vitamine verabreicht werden.

Kohlenhydrate

Vielfach wird als Kohlenhydrat ausschließlich Glukose unter Verzicht auf Glukoseersatzstoffe eingesetzt. **Glukose** ist das physiologische Substrat zur Versorgung jener Organe, die ihren Energiebedarf nur aus der Glukosemetabolisierung decken können und hat darüber hinaus den Vorteil, ubiquitär im Organismus verwertet werden zu können.

Bei Verwertungsstörungen, z. B. in der Postaggressionsphase, muß die Zufuhr von Glukose adaptiert werden, bevor u. U. auch **Insulin** kontinuierlich zugeführt wird.

Die **Glukoseersatzstoffe** Fructose, Sorbit und Xylit können **ausschließlich in der Leber verstoffwechselt** werden. Hier erfolgt ihre wohl insulinunabhängige Umwandlung in Glukose, die dann den peripheren Geweben zur Verfügung gestellt werden kann. Speziell in der Phase des Postaggressionsstoffwechsels kann es zu einer Laktatazidose kommen.

Merke ▶

Es müssen die **maximalen Dosierungsraten** beachtet werden.

Aminosäuren

Das Ziel der Aminosäurenzufuhr besteht darin, den Abbau von körpereigenen Proteinen im Hunger- oder

Infusion in eine zentrale Vene (▤ 9.**26**), um eine möglichst schnelle Verdünnung der Infusate im Blut zu erreichen.
Die **bilanzierte TPE** spielt beim schwerkranken Intensivpatienten eine ganz entscheidende Rolle. Bei deutlicher Mangelernährung, hohen Eiweißverlusten von über 15 g/d sowie einer geplanten, längeren parenteralen Ernährung (> 1 Woche) muß eine bedarfsadaptierte Substratzufuhr erfolgen. Hierzu werden folgende Komponenten eingesetzt:
- **Kohlenhydratlösungen 20 – 40 %**
- **Aminosäurenlösungen 10 – 15 %**
- **Fettemulsionen 10 – 30 %**

Zusätzlich müssen Elektrolyte, Spurenelemente und Vitamine verabreicht werden.

Kohlenhydrate

Vielfach wird als Kohlenhydrat ausschließlich **Glukose** unter Verzicht auf Glukoseersatzstoffe eingesetzt. Glukose ist das physiologische Substrat zur Versorgung jener Organe, die ihren Energiebedarf nur aus der Glukosemetabolisierung decken können. Dieses sind vor allem das zentrale Nervensystem, die Erythrozyten und die lymphatischen Organe. Darüber hinaus hat Glukose den Vorteil, ubiquitär im Organismus verwertet werden zu können. Hochprozentige Glukoselösungen erfordern zur Vermeidung von Hypo- und Hyperglykämien eine konstante Zufuhrrate und sollten deshalb unbedingt unter Verwendung von Infusionspumpen eingesetzt werden. Glukose wird von den meisten Organen – mit Ausnahme des Gehirns – in Anwesenheit von Insulin verstoffwechselt. Bei Verwertungsstörungen, z. B. in der Postaggressionsphase, muß deshalb die Infusionsrate hochprozentiger Glukoselösungen mit niedrigen Dosierungen (z. B. 15 ml/h) begonnen und langsam gesteigert werden, so daß der Blutzuckerspiegel 120 mg/dl nicht über- bzw. 80 mg/dl nicht unterschreitet. Die hohe Utilisationsrate erlaubt eine maximale Dosierung von 0,5 g/kg · h.
Bei Diabetikern und in speziellen Situationen muß eine Substitution von bis zu 8 I.E. Insulin/h erfolgen, um eine ausreichende Kalorienzufuhr bei BZ < 120 mg/dl zu erreichen.

Die **Glukoseersatzstoffe** Fructose, Sorbit und Xylit können **ausschließlich in der Leber verstoffwechselt** werden. Hier erfolgt ihre wohl insulinunabhängige Umwandlung. Die Verwertung der dabei gebildeten Glukose in den peripheren Geweben ist jedoch wieder nur unter Insulinwirkung möglich. Schwierigkeiten bestehen bei der Bilanzierung der Ersatzstoffe, da im klinischen Routinebetrieb keine Plasmaspiegelbestimmungen möglich sind und Verluste über den Urin nicht oder nur unvollständig über die Glukoseausscheidung erkannt werden können. Ein zusätzliches Problem, speziell in der Postaggressionsphase, ist die Möglichkeit der Entwicklung einer Laktatazidose (s. Kapitel 9.5.2).

> ▶ ***Merke.*** Durch Gabe von Fructose oder Sorbit können bei Patienten mit seltener Fructoseintoleranz schwerste Stoffwechselstörungen bis hin zur akuten Leberdystrophie ausgelöst werden.

Der Einsatz von Glukoseaustauschstoffen wird u. a. mit der geringeren Tendenz zur Hyperglykämie und dementsprechend reduzierter Insulinzufuhr begründet. Die **maximalen Dosierungsraten** betragen für Fructose und Sorbit 0,25 g/kg KG · h und für Xylit 0,125 g/kg KG · h.

Aminosäuren

Das Ziel der Aminosäurenzufuhr besteht darin, den Abbau von körpereigenen Proteinen im Hunger- oder Postaggressionszustand zu verhindern. Albumine und plasmaproteinhaltige Lösungen sind dazu nicht geeignet, da für die Eiweißneusynthese diese Proteine in Aminosäuren gespalten werden müßten, ein Vorgang, der bis zu 14 Tagen in Anspruch nehmen kann. Prinzipiell gilt, daß der tägliche Bedarf an **allen 8 essentiellen Aminosäuren** gedeckt werden muß. Ferner muß eine ausreichende Menge an **nichtessentiellen** Aminosäuren zugeführt werden, damit die essentiellen ihrer Bausteinfunktion im Organismus nachkommen können. Von den nichtessentiellen Aminosäuren sind Arginin (Verhinderung eines Ammoniakanstieges, semiessentiell), Histidin (semiessentiell) sowie Alanin und Glutaminsäure (Verbesserung der Stickstoffbilanz) von besonderer Bedeutung. Die Effektivität der parenteralen Ernährung ist u. a. von einem ausgewogenen AS-Muster abhängig. Derzeit wird eine Vielzahl von AS-Lösungen mit unterschiedlichem Gehalt an L-AS, z. T. zusammen mit Kohlenhydraten und Elektrolyten, angeboten.

Postaggressionszustand zu verhindern. Prinzipiell gilt, daß der tägliche Bedarf **an allen 8 essentiellen Aminosäuren** gedeckt werden muß. Ferner muß eine ausreichende Menge an **nicht-essentiellen** Aminosäuren zugeführt werden, damit die essentiellen ihrer Bausteinfunktion im Organismus nachkommen können.

Schlußfolgerungen für die Aminosäurentherapie. Die auf dem Markt befindlichen AS-Gemische enthalten überwiegend sowohl essentielle als auch nichtessentielle AS und unterscheiden sich nicht wesentlich voneinander.

Dosierungen von AS. Die Obergrenze im Postaggressionsstoffwechsel liegt bei 2,0 g/kg KG und Tag, in der Regel sollten 1,25 – 1,5 g/kg KG ausreichen.

Dosierungen von AS Die Obergrenze im Postaggressionsstoffwechsel liegt bei 2,0 g/kg KG und Tag, in der Regel sollten 1,25 – 1,5 g/kg KG ausreichen.

Fette

Fette

Fettemulsionen haben sich als **wichtiger Bestandteil der parenteralen Ernährung** bewährt, auch in der Postaggressionsphase. Von Vorteil ist die aufgrund der niedrigen Osmolarität gegebene Möglichkeit der periphervenösen Applikation. Hinzu kommt eine Verringerung der Kohlenhydratbelastung. Die anwendbaren Fettinfusionen sind Öl-in-Wasser-Emulsionen, deren Fettpartikelgröße je nach Hersteller unterschiedlich sein kann. Sie enthalten mehrfach ungesättigte Fettsäuren, z. B. Linolsäure, die zu den essentiellen Nahrungsbestandteilen gehört. Es werden sowohl Fettemulsionen mit langkettigen (LCT) als auch solche mit einer Mischung von lang- und mittelkettigen Triglyzeriden (LCT : MCT = 1 : 1) eingesetzt. Insgesamt haben sämtliche heute verfügbaren Präparationen kaum schwerwiegende Nebenwirkungen.

Folgende frühe **Nebenwirkungen** treten bei weniger als 1 % der Patienten auf: **Schüttelfrost, Flush, Dyspnoe sowie Rückenschmerzen.**

Als Spätreaktion wird selten das sog. **»overloading«-Syndrom** mit Hepatosplenomegalie verzeichnet. Ikterus, Gerinnungsstörungen, Anämie und Thrombozytopenie gehören zu den sehr seltenen Nebenwirkungen.

Fettemulsionen haben sich als **wichtiger Bestandteil der parenteralen Ernährung** bewährt, auch in der Postaggressionsphase.

Es werden sowohl Fettemulsionen mit langkettigen (LCT) als auch solche mit einer Mischung von lang- und mittelkettigen Triglyzeriden (LCT : MCT = 1 : 1) eingesetzt.

Nebenwirkungen: Schüttelfrost, Flush, Dyspnoe und Rückenschmerzen und das sog. **»overloading«-Syndrom**.

> ***Merke.*** Fettinfusionen sollten **nicht** zugeführt werden bei Hypertriglyzeridämie (Serumtriglyzeride > 350 mg/dl)

◄ **Merke**

Nur in der unmittelbar postoperativen Phase kann man eine Hypertriglyzeridämie kurzfristig akzeptieren, wenn diese durch hohe Glukosegaben induziert wird, und dennoch Fette infundieren. In dieser Situation kann durch exogene Fettzufuhr die Glukosemenge reduziert und damit die Hypertriglyzeridämie beseitigt werden.

Insgesamt gelten als **Kontraindikationen** für Fette:
- Störungen des Fettstoffwechsels
- Hyperglykämie
- Gerinnungsstörungen

Es empfiehlt sich eine kontinuierliche Fettapplikation, um Triglyzeridspitzen zu vermeiden; darunter sollten mindestens zweimal pro Woche die Serumtriglyzeridspiegel bestimmt werden.

Insgesamt gelten als **Kontraindikationen** für Fette:
- Störungen des Fettstoffwechsels
- Hyperglykämie
- Gerinnungsstörungen

Fettdosierung. Max. 2g/kg KG · d bei Erwachsenen, d. h. 750 ml einer 20 %-igen Fettlösung pro Tag bei 70 kg KG.

Fettdosierung: max. 2g/kg KG · d bei Erwachsenen, d. h. 750 ml einer 20 %igen Fettlösung pro Tag bei 70 kg KG.

Aufgrund der höheren Oxidationsrate und der damit leichteren Energiebereitstellung werden vielfach für polytraumatisierte und septische Patienten Fettemulsionen mit mittelkettigen Triglyzeriden bevorzugt. Hierunter wird eine verbesserte Stickstoffbilanz beschrieben.

Parenterale Ernährung im akuten Nierenversagen

Patienten mit akutem Nierenversagen (ANV), die hämofiltriert werden, können – ohne Flüssigkeitsbeschränkung – komplett parenteral ernährt werden.

Parenterale Ernährung im akuten Nierenversagen

Nierenersatzverfahren auf Intensivstationen bei Patienten mit akutem Nierenversagen (ANV) ist in der Regel die Hämofiltration. Aufgrund der hierdurch bedingten unbeschränkten Flüssigkeitszufuhr wird eine komplette parenterale Ernährung möglich.

Merke ▶

> **Merke.** Bei nicht hämofiltrierten Patienten mit grenzwertig kompensierter Nierenfunktion wird allerdings eine Reduktion der täglichen Flüssigkeitszufuhr auf die Urinmenge des Vortages + 500 ml empfohlen.

Verschiedene Untersuchungen haben gezeigt, daß eine Mangelernährung im Rahmen des ANV das Auftreten von Komplikationen fördert, die Prognose verschlechtert, eine gezielte Ernährungtherapie hingegen den Krankheitsverlauf günstig beeinflussen kann.
Unter Infusion herkömmlicher, zuvor beschriebener AS-Lösungen im ANV wurde das Auftreten ausgeprägter Schwankungen der Plasmaaminosäurenspiegel beobachtet, so daß sich die Frage stellte, ob und wieweit die Elimination von Aminosäuren im Nierenversagen gestört ist. Bei Untersuchungen der Elimination parenteral zugeführter AS wurde nachgewiesen, daß die Clearance von Phenylalanin, Valin, Glutaminsäure und Prolin vermindert, jene von Threonin, Lysin, Serin, Glycin und Histidin gesteigert ist. Diese Ergebnisse zeigen, daß das ANV mit ausgeprägten Änderungen der Aminosäurenverwertung einhergeht. Trotzdem sollten die deshalb bislang beim ANV am häufigsten eingesetzten Lösungen essentieller AS nicht mehr verwendet werden, da die Deckung des gesteigerten Stickstoffbedarfs während einer hyperkatabolen Erkrankung, wie dem ANV, durch alleinige Zufuhr von essentiellen AS nicht möglich ist, ohne daß ein wesentlicher Teil der verabreichten essentiellen AS dem Katabolismus zum Opfer fällt. Unter der Zufuhr »kompletter« AS-Gemische, einschließlich nichtessentieller AS, lassen sich höhere Nettostickstoffretentionsraten und damit am ehesten anabole Effekte erzielen, so daß solche Lösungen heutzutage am häufigsten zur parenteralen Ernährung des akut niereninsuffizienten Patienten verwendet werden.

Schema zur bilanzierten TPE

Das in ▦9.**28** gezeigte einfache Schema kann die parenterale Ernährung mit Glukose (40 %), Aminosäuren (10 %) und Fett (20 %) auf der Intensivstation erleichtern.

Schema zur bilanzierten TPE

Das in ▦9.**28** gezeigte einfache Schema kann die parenterale Ernährung mit Glukose (40 %), Aminosäuren (10 %) und Fett (20 %) auf der Intensivstation erleichtern.

9.28: Infusionsraten (ml/h)

▷ Patient kg KG	▷ Glukose 40 %	▷ AS 10 % Fett 20% (je 50 % Anteil)	▷ kcal gesamt	▷ Flüssigkeit ml/24 h
50	18	30	1280	1152
60	21	35	1536	1344
70	25	40	1792	1560
80	29	45	2048	1776
90	32	50	2304	1968

9.7.6 Enterale Ernährung

Als die physiologische Ernährungsform ist die orale Nahrungsapplikation anzusehen. Sie ist der PE immer grundsätzlich vorzuziehen, jedoch nur dann möglich, wenn der Patient wach und der Schluckakt ungestört ist. Die enterale Ernährung hat folgende **Vorteile:**

- Verhinderung der Dünndarmatrophie
- Reduktion der Infektionsgefahr, da kein ZVK zur parenteralen Ernährung benötigt wird
- Reduktion der Streßulkushäufigkeit

Eine **Sondenernährung** ist dann indiziert, wenn Kau- oder Schluckstörungen vorliegen, ferner der Allgemeinzustand aufgrund eines Tumorleidens, allgemeiner Schwäche oder Kachexie reduziert ist.

Über eine **gastrale Verweilsonde** läßt sich auch der intubierte, nicht kooperative Intensivpatient ernähren, sofern keine Kontraindikationen vorliegen. Eine solche Sonde (75 cm lang, aus Polyurethan oder Silikonkautschuk) wird in der Regel transnasal nach vorausgegangener Lokalanästhesie des Nasen-Rachen-Raumes gelegt. Die Entfernung vom Naseneingang zur Kardia beträgt ca. 45 cm. Die **Lagekontrolle** der Sonde kann radiologisch (Röntgenthoraxaufnahme), durch Aspiration von Magensaft oder durch Auskultation über dem Magen während gleichzeitiger Luftinsufflation durch die Sonde erfolgen. Bewährt hat sich die kontinuierliche Applikation der Sondenkost mittels Pumpe über 12 – 14 h.

Dünndarmsonden zur duodenalen oder jejunalen Sondenernährung sind wesentlich schwieriger zu legen. Ihre Plazierung erfolgt unter Bildwandlersicht oder endoskopischer Kontrolle mit dem Ziel, daß die Sondenspitze ca. 10 cm distal des Treitzschen Bandes (= Flexura duodenojejunalis) positioniert wird. Als Anwendungsgebiete werden chronisch entzündliche Darmerkrankungen, Malabsorptionssyndrome (z. B. Sprue) oder das sog. Kurzdarmsyndrom angesehen. Bei Verwendung von Dünndarmsonden empfiehlt sich die kontinuierliche Nahrungszufuhr mittels sog. Ernährungspumpen, da dem Dünndarm die Reservoirfunktion fehlt.

9.7.6 Enterale Ernährung

Die orale Ernährung ist nur möglich wenn der Patient wach und der Schluckakt ungestört ist.
Vorteile:

- Verhinderung der Dünndarmatrophie
- verminderte Infektionsgefahr
- Reduktion von Streßulzera

Eine **Sondenernährung** ist nur indiziert bei Kau- oder Schluckstörungen und reduziertem Allgemeinzustand.

Über eine **gastrale Verweilsonde** läßt sich auch der intubierte, nicht kooperative Intensivpatient problemlos ernähren, sofern keine Kontraindikationen vorliegen. Die Sonde wird transnasal gelegt.
Eine **Lagekontrolle** ist obligat.
Bewährt hat sich die kontinuierliche Applikation über 12 – 14 h.

Dünndarmsonden zur duodenalen oder jejunalen Sondenernährung sind wesentlich schwieriger und aufwendiger zu legen.

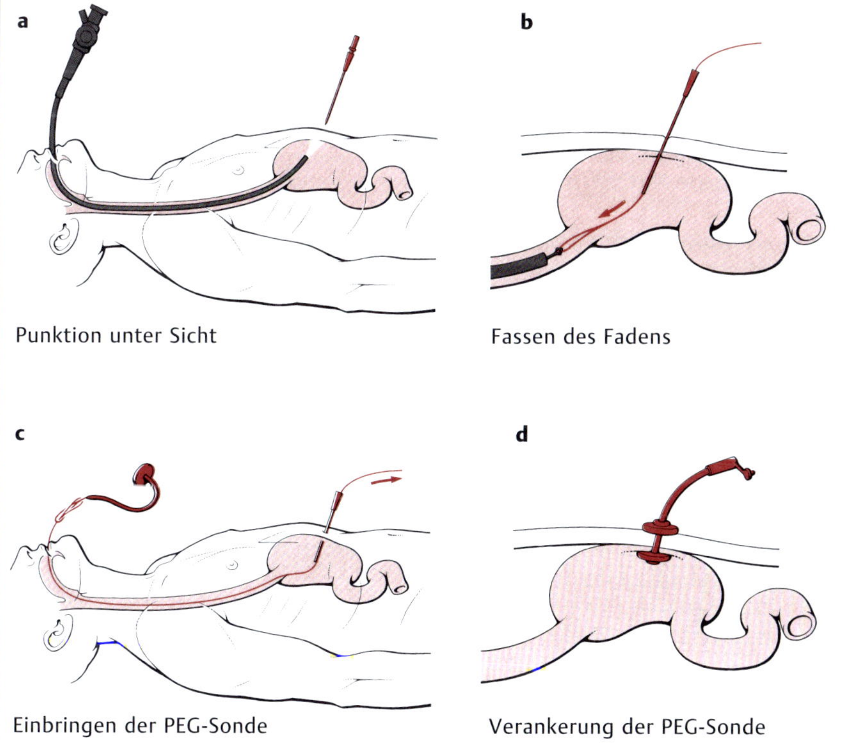

Ablauf einer perkutanen endoskopischen Gastrostomie (PEG) (Fadendurchzugsmethode)

9.21: Perkutane endoskopische Gastrostomie (PEG)

In der Intensivtherapie findet auch die **perkutane endoskopische Gastrostomie** (PEG) Anwendung, um bei Patienten mit ösophagealen Schleimhautläsionen (z. B. Refluxösophagitis, Blutungen) auf die Magensonde zur enteralen Ernährung verzichten zu können (9.**21**).

In der Intensivtherapie findet auch die **perkutane endoskopische Gastrostomie** (PEG) Anwendung, um bei Patienten mit ösophagealen Schleimhautläsionen (z. B. Refluxösophagitis, Blutungen) auf die Magensonde zur enteralen Ernährung verzichten zu können. Das technische Vorgehen ist in 9.**21** dargestellt. Nach Einbringen des Endoskops in den Magen wird dieser mit Luft aufgefüllt. Mit Hilfe der Diaphanoskopie ist die Position des Endoskops an der Magenvorderwand leicht erkennbar. Die Einstichstelle befindet sich auf der Verbindungslinie zwischen Nabel und mittlerem linken Rippenbogenrand.

Die **Sondenernährung** ist allgemein **kontraindiziert** bei:
- Darmparalyse
- mechanischem Ileus
- akuter Pankreatitis
- gastrointestinalen Blutungen
- Ulcus ventriculi et duodeni (jejunale Ernährung möglich)

Die **Sondenernährung** ist allgemein **kontraindiziert** bei:
- Darmparalyse
- mechanischem Ileus
- akuter Pankreatitis
- gastrointestinalen Blutungen
- Ulcus ventriculi et duodeni (jejunale Ernährung möglich)

Technik der Sondenernährung

Es existieren zahlreiche, industriell hergestellte, definierte Nährstoffgemische. Bei deren Anwendung wird die enzymatische Verdauungsleistung und Resorptionsfähigkeit des Gastrointestinaltraktes vorausgesetzt.

Technik der Sondenernährung

Es existieren zahlreiche, industriell hergestellte, definierte Nährstoffgemische. Bei deren Anwendung wird die enzymatische Verdauungsleistung und Resorptionsfähigkeit des Gastrointestinaltraktes vorausgesetzt. Häufig wird empfohlen, die enterale Ernährung zunächst mit einer Oligopeptiddiät (Oligopeptide werden gut im oberen Gastrointestinaltrakt gespalten und resorbiert) nach abdominal-chirurgischen Eingriffen zu starten und bei guter Verträglichkeit nach einigen Tagen auf eine vollbilanzierte Standardsondenkost mit hochmolekularen Nährstoffen sowie Elektrolyten, Vitaminen und Spurenelementen umzustellen. Hiervon wird zu Beginn eine Menge von 20 ml/h gegeben, die bis auf maximal 200 ml/h gesteigert werden kann. Applikation über 12 h (z. B. 8 – 20 Uhr).

Komplikationen der enteralen Ernährung:
- **Dumpingsyndrom**
  - Abdominalschmerzen
  - Meteorismus
  - Diarrhö
- **Hyperglykämie** bis hin zum hyperosmolaren, nichtketoazidotischen Koma
- **Regurgitation** und **Erbrechen**
- **pulmonale Aspiration**

Komplikationen der enteralen Ernährung

- **Dumpingsyndrom:**
  - Abdominalschmerzen
  - Meteorismus
  - Diarrhö
- **Hyperglykämie** bis hin zum hyperosmolaren, nichtketoazidotischen Koma
- **Regurgitation** und **Erbrechen**
- **pulmonale Aspiration**

Das **Dumpingsyndrom** als Komplikation einer Sondenernährung ist Folge der Hyperosmolarität der zugeführten Sondenkost. Ein zu großes Volumenangebot kann ebenfalls Ursache für eine Diarrhö sein.

Das **hyperosmolare, nichtketoazidotische diabetische Koma** tritt vor allem in Verbindung mit zu geringer Flüssigkeitszufuhr auf und geht bei voller Ausprägung mit hoher Letalität einher.

Bei **Regurgitation und Erbrechen** als Ausdruck gestörter bzw. nicht ausreichender Magen-Darm-Passage muß die Sondenernährung zur Vermeidung einer **pulmonalen Aspiration** unterbrochen werden.

Das **Dumpingsyndrom** als Komplikation einer Sondenernährung ist Folge der Hyperosmolarität der zugeführten Sondenkost. Ein zu großes Volumenangebot kann ebenfalls Ursache für eine Diarrhö sein. Aber auch Malabsorption, bakterielle Kontamination, zu kalte Sondenkost wie auch eine Laktoseintoleranz können zu Meteorismus und Diarrhö führen. Dann sollte eine Ernährungspause vorgenommen werden und ggf. auf eine anders zusammengesetzte Kost umgestellt werden.
Das **hyperosmolare, nichtketoazidotische diabetische Koma** tritt vor allem in Verbindung mit zu geringer Flüssigkeitszufuhr auf und geht bei voller Ausprägung mit hoher Letalität einher. Neben engmaschigen Kontrollen der entsprechenden Laborparameter zur Steuerung der Sondenernährung kommt prophylaktischen Maßnahmen wie ausreichender Hydrierung besondere Bedeutung zu.
Bei **Regurgitation und Erbrechen** als Ausdruck gestörter bzw. nicht ausreichender Magen-Darm-Passage muß die Sondenernährung zur Vermeidung einer **pulmonalen Aspiration** unterbrochen werden.
Die Magen-Darm-Motorik kann pharmakologisch mit sog. Prokinetika (z. B. Metoclopramid, Domperidon) unterstützt werden. Die kontinuierliche Epiduralanalgesie mit Lokalanästhetika bewirkt über eine Sympathikolyse im Splanchnikusgebiet eine Aktivierung der Darmperistaltik.

9.8 Störungen des ZNS

9.8.1 Allgemeine Betrachtungen

Störungen des ZNS präsentieren sich in der anästhesiologischen und intensivmedizinischen Praxis in aller Regel als Notfälle. Während die Symptomatik akuter ZNS-Störungen relativ stereotyp verläuft (Leitsymptom: **Bewußtseinsstörung**), ist die Differentialdiagnose der zugrundeliegenden Störung häufig kompliziert.

Klinische Symptome bei neurologischen Notfällen

Neurologische Notfälle äußern sich im allgemeinen durch **unspezifische Symptome**:

1. **Bewußtseinsstörung:** Die Bewußtseinsstörung ist der Oberbegriff für sämtliche **qualitativen und quantitativen Veränderungen des Bewußtseinszustandes**. Als quantitative Veränderung wird die Bewußtseinstrübung angesehen, bei der graduell unterschiedlich ausgeprägte Verminderungen der Bewußtseinshelligkeit (Vigilanz) unterschieden werden (9.**29 a, b**). Qualitative Störungen der Bewußtseinsinhalte äußern sich demgegenüber als Verwirrtheit des Denkens und Desorientiertheit (zeitlich – örtlich – zur Person) bei ungestörter Vigilanz (s. u.). Diese Begriffe müssen zum besseren Verständnis streng voneinander abgegrenzt werden.

9.29a: Gradeinteilung der Bewußtseinstrübung

▷ **Somnolenz**	Verlangsamung, Benommenheit, Schläfrigkeit
▷ **Sopor**	schlafähnlicher Zustand, aus dem der Patient erweckt werden kann
▷ **Koma**	keine Erweckbarkeit, keine Spontanaktivität!
▷ **Grad 1**	gezielte Abwehrreaktion auf Schmerzreize
▷ **Grad 2**	ungezielte Reaktion auf Schmerzreize
▷ **Grad 3**	keine Reaktion auf Schmerzreize
▷ **Grad 4**	zusätzlich aufgehobene Pupillenreaktionen und Erlöschen der Hirnstammreflexe
▷ **Grad 5**	zusätzlich zentrale Atemlähmung und Kreislaufdysregulation

9.29b: Komastadien I–IV

Komastadium	Schmerzreaktion	Muskeltonus	MER	Babinski	CR	Atmung
▷ I	gezielt	normal	+	–	+	normal
▷ IIa	ungezielt	normal	+	–	+	Cheyne-Stokes
▷ IIb	Strecksynergismen	erhöht	+++	++	(+)	»Maschinenatmung«
▷ III	keine	schlaff	–	–	–	Totraumventilation
▷ IV	keine	schlaff	–	–	–	keine

MER = Muskeleigenreflexe; CR = Cornealreflexe

Zur Einschätzung des Grades der Bewußtseinstrübung dient die Prüfung der Reaktionen auf äußere Reize, die Untersuchung der Motorik, des Reflexstatus und des Pupillenzustandes sowie die Beurteilung von Atmung und Herz-Kreislauf. Hiernach sind klinisch praktikable, sogenannte **Score-Systeme** entwickelt worden, wie z. B. die Glasgow-Coma-Skala (GCS) (s. Kapitel 9.9.1, 9.**30**).

9.8 Störungen des ZNS

9.8.1 Allgemeine Betrachtungen

Während die Symptomatik akuter ZNS-Störungen relativ stereotyp verläuft (Leitsymptom: **Bewußtseinsstörung**), ist die Differentialdiagnose der zugrundeliegenden Störung häufig kompliziert.

Klinische Symptome bei neurologischen Notfällen

Zu den **unspezifischen Symptomen** gehören:

1. **Bewußtseinsstörung:** Die Bewußtseinsstörung ist der Oberbegriff für sämtliche **qualitativen und quantitativen Veränderungen des Bewußtseinszustandes**. Als quantitative Veränderung wird die Bewußtseinstrübung angesehen (9.**29 a, b**). Qualitative Störungen der Bewußtseinsinhalte äußern sich als Verwirrtheit und Desorientierung.

Zur Einschätzung des Grades der Bewußtseinstrübung sind sog. **Score-Systeme** entwickelt worden.

2. **»Verwirrtheit und Desorientierung«** als Ausdruck eines hirnorganischen Psychosyndroms.

3. **Epileptische Anfälle**
Epileptische Anfälle können auf dem Boden von Defektzuständen, akuten Erkrankungen oder Intoxikationen entstehen.

4. **Akuter Kopfschmerz**
Dieser kann durch Subarachnoidalblutung (SAB), Hirntumor, Migräne oder Meningitis ausgelöst sein.

2. **»Verwirrtheit und Desorientierung«** als Ausdruck eines hirnorganischen Psychosyndroms: Hierzu zählen u.a. das Wernicke-Korsakoff-Syndrom, epileptische Dämmerzustände und das Durchgangssyndrom, das nach großen Operationen und erheblichen Traumen sowie im Rahmen schwerer Erkrankungen auftreten kann.
3. **Epileptische Anfälle:** Sie können durch die verschiedensten Grunderkrankungen hervorgerufen werden und möglicherweise erstmalig auf diese aufmerksam machen. Epileptische Anfälle können auf dem Boden von Defektzuständen (Hirntumoren, Hirntrauma, abgelaufene Hirninfarkte), akuten Erkrankungen (Hirntumor, Meningoenzephalitis, Fieber) oder Intoxikationen (Pharmaka, Alkohol) entstehen.
4 **Akuter Kopfschmerz:** Dieser kann durch Subarachnoidalblutung (SAB), Hirntumor, Migräne oder Meningitis ausgelöst sein.

Bei folgenden Erkrankungen besteht ein **Symptomenkomplex**:
- **Apoplektischer Insult**
- **Meningitis/Enzephalitis**
- **Hypertensive Enzephalopathie**

Bei den folgenden Erkrankungen besteht ein **Symptomenkomplex:**
- **Apoplektischer Insult:** Der Apoplex kann mit den Symptomen Kopfschmerz, Schwindel, Paresen, Sensibilitätsstörungen, Harninkontinenz, Aphasie einhergehen (s. Kapitel 9.8.4).
- **Meningitis/Enzephalitis:** Zu den Symptomen gehören Fieber und Schüttelfrost, Kopfschmerz, Meningismus, Reizüberempfindlichkeit, Übelkeit, Erbrechen und Krampfanfälle.
- **Hypertensive Enzephalopathie:** Zu den Symptomen gehören im Rahmen des krisenhaften Blutdruckanstieges Kopfschmerzen, Übelkeit, Sehstörungen, Krampfanfälle und Verwirrtheit bis hin zum Koma.

Die akute **Therapie** all dieser neurologischen Notfälle besteht zunächst in einer Stabilisierung der vitalen Funktionen (s. Kap. 8.1 – 8.3).

Die akute **Therapie** all dieser neurologischen Notfälle besteht zunächst in einer Stabilisierung der vitalen Funktionen (s. Kapitel 8.1 – 8.3). Hierzu gehören die Sicherung der Atemwege und der Atemfunktion, insbesondere die Oxygenierung zur Vermeidung einer Hypoxie. Weiterhin ist es selbstverständlich, für stabile Verhältnisse der Herz-Kreislauf-Funktion zu sorgen. Patienten mit akuten Störungen des ZNS sind nach Stabilisierung der Vitalparameter unverzüglich in eine klinische Einheit zu transportieren, die auf die Versorgung neurologischer Notfälle spezialisiert ist.

9.8.2 Zerebrales Monitoring
(vgl. Kap. 3.1.4 u. 9.1.1)

In der Anästhesie, Intensivmedizin und Notfalltherapie ist man fast immer mit einer beeinträchtigten Funktion des ZNS konfrontiert.
Das Ziel eines zerebralen Monitorings ist es daher, die **Durchblutung**, den **Stoffwechsel** und die **bioelektrischen Signale des ZNS** bei anästhesierten, sedierten und zerebralen Risikopatienten so gut wie möglich abzuschätzen.

9.8.2 Zerebrales Monitoring (vgl. Kapitel 3.1.4 und 9.1.1)

In der Anästhesie, Intensivmedizin und Notfalltherapie ist man fast immer mit einer beeinträchtigten Funktion des ZNS konfrontiert. Die Funktion des ZNS kann durch Gabe zentral wirksamer Medikamente (z.B. Anästhetika) oder aber als Folge einer Erkrankung des ZNS gestört sein. Bei der Überwachung des ZNS ergeben sich jedoch Probleme, da die Einschätzbarkeit der Integrität des ZNS durch eine klinische Untersuchung (s. Kapitel 9.1.1) bei anästhesierten oder komatösen Patienten erschwert bis unmöglich ist. Das Ziel eines zerebralen Monitoring ist es daher, die **Durchblutung**, den **Stoffwechsel** und die **bioelektrischen Signale des ZNS** bei anästhesierten, sedierten und zerebralen Risikopatienten so gut wie möglich abzuschätzen.

Die allgemeine Grundlage des zerebralen Monitorings bleibt die **Überwachung der Herz-Kreislauf-Verhältnisse** und der **respiratorischen Parameter**.

Ein hirnorientiertes Monitoring wird durchgeführt, um zerebral belastende Situationen (z.B. Hypoxie, Ischämie) frühzeitig erkennen zu können. Möglicherweise gestattet ein zerebrales Monitoring darüber hinaus die Abschätzung der geeigneten Narkosetiefe. Die allgemeine Grundlage des zerebralen Monitoring bleibt weiterhin die **Überwachung der Herz-Kreislauf-Funktion und der respiratorischen Parameter** durch das EKG, Blutdruckmessungen in der peripheren und pulmonalen Strombahn sowie durch Pulsoxymetrie und Kapnometrie, da Störungen der Vitalfunktionen Funktion und Struktur des ZNS entscheidend beeinflussen (s. Kapitel 3.1.4).

Zur **spezifischen ZNS-Überwachung** stehen die Ableitung des **Spontan-EEG** bzw. **evozierter Potentiale (EPs)**, die **ICP-Messung** sowie die **transkranielle Doppler-Sonographie** zur Verfügung.

Folgende **spezifischen ZNS-»Monitore«** stehen darüber hinaus zur Verfügung: Ableitung hirnelektrischer Signale als **spontanes Elektroenzephalogramm (EEG)** oder als **evozierte Potentiale (EPs),** Messung des **intrakraniellen Druckes (ICP)** sowie die **transkranielle Doppler-Sonographie (TCD)** zur Erfassung der zerebralen Blutflußgeschwindigkeit.

Elektroenzephalogramm (EEG)

Das EEG liefert kontinuierliche Daten über den Funktionszustand des Gehirns und läßt Rückschlüsse auf die Integrität des ZNS zu. Veränderungen der **Frequenz oder Leistung** des EEG dienen auch der Beurteilung der Narkosetiefe. Die abgeleiteten Signale sind jedoch gegenüber anderen physiologischen Faktoren und pharmakologischen Effekten sehr sensibel. So können Veränderungen der systemischen Hämodynamik, der respiratorischen Parameter, der Körpertemperatur sowie die Gabe von Anästhetika, Opioiden etc. das EEG-Signal beeinflussen und eine Beurteilung der EEG-Veränderungen erschweren.

Evozierte Potentiale (EPs)

Unter EPs werden elektrische Antworten nach zentraler oder peripherer Stimulierung afferenter Leitungsbahnen verstanden. EPs können in Abhängigkeit von Stimulationsmodus **(akustisch, visuell** oder **somato-sensorisch)** auf Rückenmarks-, Hirnstamm- oder Kortexebene abgeleitet werden. Die gemessenen Parameter sind die **Amplitude** sowie die **Latenzzeit** zwischen Stimulation und erfaßtem Signal. Das EP-Monitoring eignet sich zur Überwachung sensorischer Nervenbahnen bei chirurgischen Eingriffen im Bereich peripherer Nerven und Hirnnerven, des Rückenmarks und des Gehirns, bei denen eine funktionelle Einschränkung, z. B. durch intraoperative Minderperfusion, möglich ist. EP-Ableitungen sind wie das EEG empfindlich gegenüber Veränderungen von physiologischen Größen wie systemischer Blutdruck, Körpertemperatur, Säure-Basen-Haushalt etc. sowie gegenüber Medikamentengaben.

Intrakranieller Druck (ICP)

Die Messung des ICP kann bei Patienten mit Schädel-Hirn-Trauma oder nach größeren intrakraniellen Eingriffen indiziert sein. Der Normalwert des ICP liegt zwischen 0 und 12 mmHg. Durch Registrierung des ICP werden **Veränderungen des intrakraniellen Volumens** erfaßt, die durch Hirnödem, -blutung, -tumor oder Hyperkapnie entstehen können. Diese führen initial zu einer Zunahme des intrakraniellen Volumens ohne Anstieg des ICP. Erst wenn die Kompensationsmöglichkeiten der Liquorräume erschöpft sind, steigt der ICP an. Überschreitet er die kritische Schwelle, kommt es durch Reduktion des zerebralen Perfusionsdrucks (CPP) zu einer Abnahme der Hirndurchblutung (Ischämie) (9.**22**). Die Verlaufsbeobachtung des ICP gestattet häufig einen frühzeitigen Beginn der Therapie eines pathologischen ICP, noch bevor es zu einer klinisch bedeutsamen Minderdurchblutung des Gehirns gekommen ist.

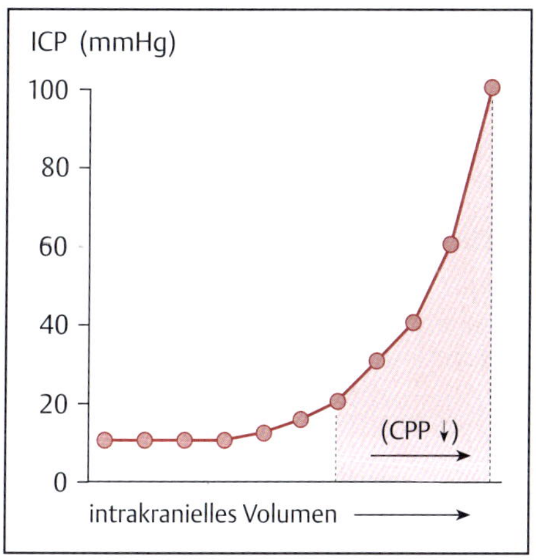

9.**22: Intrakranielle Druck-Volumen-Beziehung.** Hirnödem oder intrakranielle Blutung führen initial zu einer Zunahme des intrakraniellen Volumens ohne Anstieg des ICP. Erst wenn die Kompensationsmöglichkeiten der intrakraniellen Kompartimente erschöpft sind steigt der ICP. Mit progredientem ICP kommt es zu einer Abnahme der Hirndurchblutung (Ischämie).

Elektroenzephalogramm (EEG)

Das EEG liefert kontinuierliche Daten über den Funktionszustand des Gehirns und läßt Rückschlüsse auf die Integrität des ZNS zu.
Veränderungen der **Frequenz oder Leistung** des EEG dienen auch zur Beurteilung der Narkosetiefe.

Evozierte Potentiale (EPs)

Unter EPs werden elektrische Antworten nach zentraler oder peripherer Stimulierung (**akustisch, visuell** oder **somatosensorisch**) afferenter Leitungsbahnen verstanden, die über dem Rückenmark, Hirnstamm oder Kortex abgeleitet werden.
Das EP-Monitoring eignet sich zur Überwachung sensorischer Nevenbahnen bei chirurgischen Eingriffen im Bereich peripherer Nerven und Hirnnerven, des Rückenmarks und des Gehirns.

Intrakranieller Druck (ICP)

Die Messung des ICP kann bei Patienten mit Schädel-Hirn-Trauma oder nach größeren intrakraniellen Eingriffen indiziert sein. Der Normalwert des ICP liegt zwischen 0 und 12 mmHg. Durch Registrierung des ICP werden **Veränderungen des intrakraniellen Volumens** erfaßt, die durch Hirnödem, -blutung, -tumor oder Hyperkapnie entstehen können. Überschreitet der ICP die kritische Schwelle, kommt es durch Reduktion des zerebralen Perfusionsdrucks (CPP) zu einer Abnahme der Hirndurchblutung (Ischämie) (9.**22**).

Der ICP kann über eine Drucksonde zwischen Schädelkalotte und Dura mater (**epidural**), auf dem Parenchym (**subdural**), über einen Katheter **im Seitenventrikel** sowie im Hirnparenchym direkt gemessen werden (◘ 9.**23**).

Durch die gleichzeitige Messung des ICP und des mittleren arteriellen Blutdrucks (MAP) läßt sich der **zerebrale Perfusionsdruck (CPP = MAP – ICP)** kalkulieren.

Alle derzeit zur Verfügung stehenden Techniken zur Messung des ICP sind invasiv (Blutung, Infektionsgefahr) und erfordern daher eine strenge Indikationsstellung. Der ICP kann über eine Drucksonde zwischen Schädelkalotte und Dura mater (epidural), auf dem oder im Parenchym (subdural bzw. intraparenchymatös) sowie über einen Katheter im Seitenventrikel gemessen werden (◘ 9.**23**). Die **epidurale Meßtechnik** ist technisch weniger aufwendig, bietet das geringste Infektionsrisiko und kann über Wochen durchgeführt werden. Die **subdurale Meßtechnik** ist neben der relativ einfachen Plazierung meist sehr meßgenau. Die **intraventrikuläre Meßtechnik** ist wegen der Passage des Hirnparenchyms technisch aufwendig und kann nur dann verläßliche ICP-Werte liefern, wenn die Kommunikation zwischen Druckaufnehmer und intrakraniellem Liquorraum sichergestellt ist. Vorteile dieses Verfahrens sind die exakte Messung und die Möglichkeit, durch Ablassen des Liquors den Hirndruck zu senken. Von Nachteil ist dabei die höhere Infektionsgefahr. Seit einigen Jahren sind dünne, flexible Sonden zur intraparenchymatösen ICP-Messung erhältlich und verdrängen zunehmend die anderen Verfahren. Durch die gleichzeitige Messung des ICP und des mittleren arteriellen Blutdrucks (MAP) auf Höhe des Meatus acusticus läßt sich der **zerebrale Perfusionsdruck (CPP = MAP – ICP)** kalkulieren.

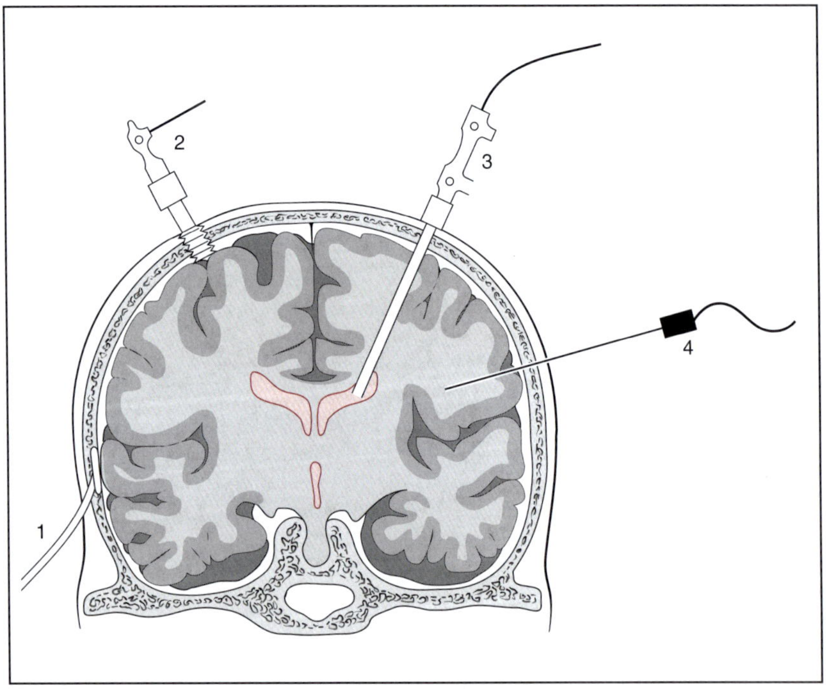

◘ 9.**23: Prinzipien der intrakraniellen Druckmessung:** 1 epidural, 2 subdural, 3 intraventrikulär, 4 intraparenchymatös.

Transkranielle Doppler-Sonographie (TCD)

Die TCD erfaßt nichtinvasiv und kontinuierlich die **Blutflußgeschwindigkeit** in den basalen Hirnarterien. Es können die A. cerebri anterior, media, posterior oder basilaris angeschallt werden (◘ 9.**21**).

Transkranielle Doppler-Sonographie (TCD)

Die TCD erfaßt nichtinvasiv und kontinuierlich die **Blutflußgeschwindigkeit** in den basalen Hirnarterien. Durch transtemporalen oder transokzipitalen Zugang können die A. cerebri anterior, media, posterior oder basilaris angeschallt werden. Ein normales TCD-Flußgeschwindigkeitsprofil ist insbesondere durch einen hohen diastolischen Flußanteil gekennzeichnet (◘ 9.**21**).

Synopsis 9.21: Transkranielle Doppler-Sonographie

a

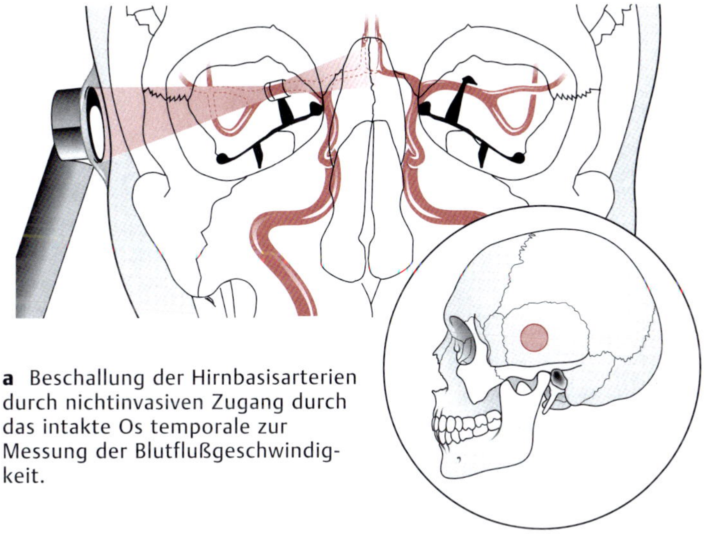

b

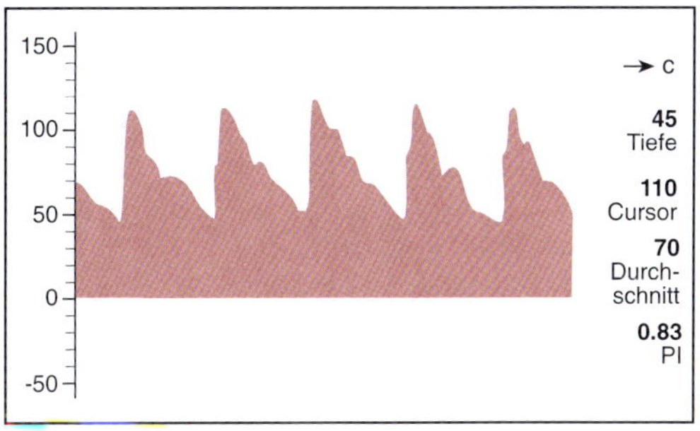

a Beschallung der Hirnbasisarterien durch nichtinvasiven Zugang durch das intakte Os temporale zur Messung der Blutflußgeschwindigkeit.

b Normales Flußgeschwindigkeitsprofil in der Arteria cerebri media bei einem gesunden Probanden. Beachte den hohen diastolischen Flußanteil.
Cursor: Max. Flußgeschwindigkeit
PI: Pulsatilitätsindex (Maß für den Gefäßwiderstand)

Da der Gefäßdurchmesser der basalen Hirnarterien durch die TCD nicht ermittelt werden kann, sind absolute Hirndurchblutungswerte von dieser Methode nicht zu erwarten. Tierexperimentelle Untersuchungen und Patientenstudien haben jedoch gezeigt, daß Veränderungen der Blutflußgeschwindigkeit unter dem Einfluß von Anästhetika, Opioiden und $PaCO_2$-Veränderungen mit Änderungen der Hirndurchblutung korrelieren (semiquantitative Durchblutungserfassung). Das diastolische Flußgeschwindigkeitssignal scheint dabei gegenüber Veränderungen der Hirnblutung besonders sensibel zu sein. Tierexperimentelle und klinische Studien bei Patienten mit erhöhtem ICP oder zerebralem Kreislaufstillstand haben gezeigt, daß das **diastolische TCD-Signal** als Indikator für eine zerebrale Ischämie gelten kann (S 9.**22**).

Klinische Studien bei Patienten mit erhöhtem ICP oder zerebralem Kreislaufstillstand haben gezeigt, daß das **diastolische TCD-Signal** als Indikator für eine zerebrale Ischämie gelten kann (S 9.**22**).

Synopsis 9.22: Veränderungen der Flußprofile der transkraniellen Doppler-Sonographie (TCD) während progredienter Reduktion des zerebralen Perfusionsdrucks

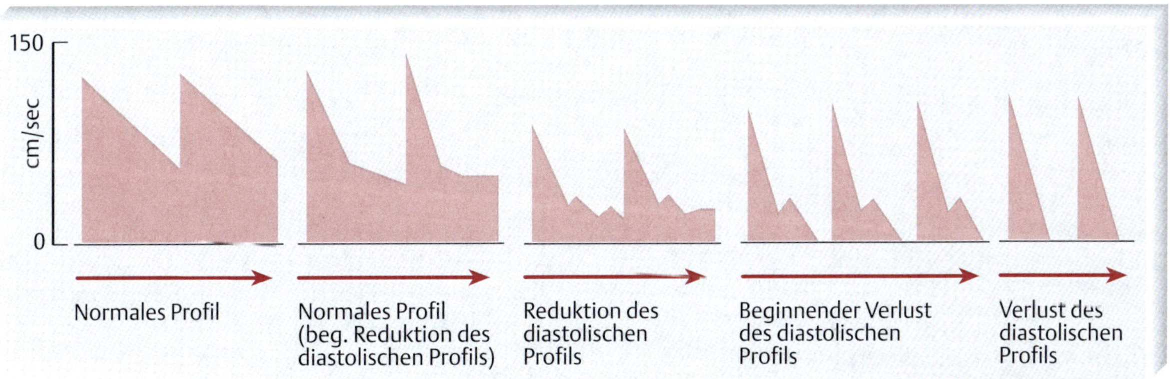

S Synopsis 9.**22: Fortsetzung**

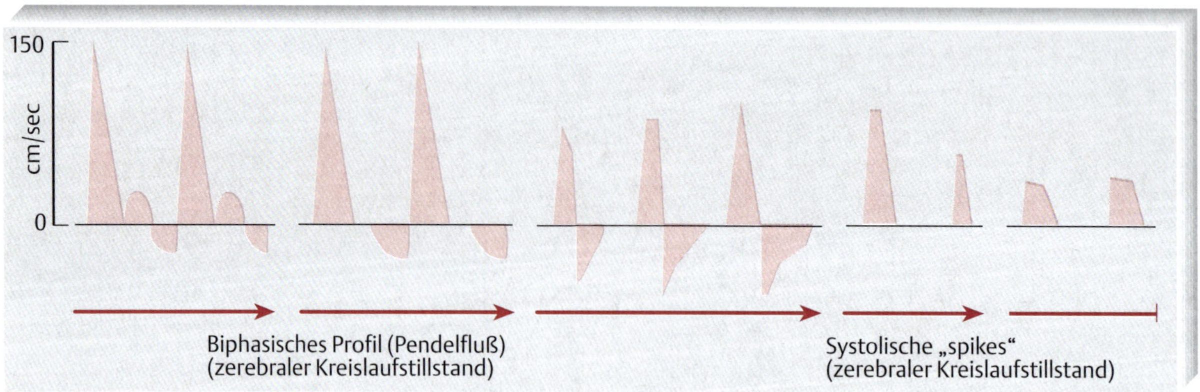

Um funktionelle und strukturelle Schäden des ZNS frühzeitig zu erkennen, ist ein **kombiniertes Monitoring** der beschriebenen Parameter effektiver als die Überwachung eines einzelnen Parameters.

Jedes der genannten ZNS-Monitoringverfahren erfüllt – einzeln angewendet – die Zielsetzung, funktionelle und strukturelle Hirnschäden frühzeitig zu erkennen, nur unzureichend. Es ist daher sinnvoll, wenngleich aufwendig, ein **kombiniertes Monitoring** aus spontaner (EEG) und evozierter hirnelektrischer Aktivität (EP), intrakraniellem Druck (ICP) und zerebralen Perfusionsparametern (TCD) durchzuführen.

9.8.3 Pharmakawirkungen

Zentral-anticholinerges Syndrom (ZAS) (vgl. Kap. 6.5.3)

Bei einem zentral-anticholinergen Symptom (ZAS) handelt es sich um eine **Beeinträchtigung in der synaptischen Transmission acetylcholinabhängiger Neurone.**

9.8.3 Pharmakawirkungen

Zentral-anticholinerges Syndrom (ZAS) (vgl. Kapitel 6.5.3)

Tritt eine deutlich verlängerte Aufwachphase ein, oder ist die Aufwachphase durch ein stark agitiertes Verhalten des Patienten gekennzeichnet, kann ein zentral-anticholinerges Syndrom (ZAS) vorliegen. Hierbei handelt es sich um eine **Beeinträchtigung in der synaptischen Transmission acetylcholinabhängiger Neurone.** Die Reduktion der synaptischen Transmission kann entweder indirekt durch das Überwiegen entgegengerichteter Transmittersysteme oder direkt durch Acetylcholinverarmung bzw. »Verdrängung« des Acetylcholins durch Rezeptorantagonisten hervorgerufen sein.

Folgende **Substanzen** können ein ZAS hervorrufen:
- Atropin
- Scopolamin
- Inhalationsanästhetika
- Barbiturate
- Benzodiazepine
- Opioide
- Neuroleptika
- Lokalanästhetika

Folgende **Substanzen** können ein ZAS hervorrufen:
- Atropin
- Scopolamin
- Inhalationsanästhetika
- Barbiturate
- Benzodiazepine
- Opioide
- Neuroleptika
- Lokalanästhetika

Klinik Beim **peripheren ZAS** können Sinustachykardie, Herzrhythmusstörungen, Mundtrockenheit, trockene Haut, Mydriasis und Harnretention auftreten.
Das **zentrale ZAS** ist gekennzeichnet durch **agitiertes Verhalten** mit Hyperaktivität, Affektlabilität, Halluzinationen und Koordinationsstörungen. Das ZAS kann sich aber auch als **Somnolenz** oder sogar als **Koma** mit fehlenden Schutzreflexen äußern.
Das ZAS bildet sich über einen nicht

Klinik. Das klinische Bild wird durch eine periphere und zentrale Symptomatik bestimmt: Das **periphere Bild** gleicht der Wirkung von Atropin auf die muskarinartigen Rezeptoren. Es können Sinustachykardie, Herzrhythmusstörungen, Mundtrockenheit, trockene Haut, Mydriasis und Harnretention auftreten. Das **zentrale Bild** ist gekennzeichnet durch **agitiertes Verhalten** mit Hyperaktivität, Affektlabilität, Halluzinationen und Koordinationsstörungen. Das ZAS kann sich aber auch als **Somnolenz** oder sogar als **Koma** mit fehlenden Schutzreflexen äußern.
In der Regel ist das Auftreten des ZAS von einem Temperaturanstieg begleitet, der die Folge einer zentralen Störung der Temperaturregulation sowie einer verminderten Wärmeabgabe über die Haut ist. Sowohl die somnolente als auch agitierte Form der ZAS gehen mit einer Amnesie ein-

her. Das ZAS bildet sich über einen nicht vorhersehbaren Zeitraum spontan zurück.

vorhersehbaren Zeitraum spontan zurück.

Diagnose. Die Diagnose des ZAS ist schwierig, da die einzelnen Symptome durchaus auch andere Störungen anzeigen können. Deshalb sollten zunächst Zustände wie Hypoxie und Hyperkapnie, ein Überhang von Anästhetika und Relaxanzien sowie eine Störung des Wasser- und Elektrolythaushaltes ausgeschlossen werden. Häufig bestätigt erst die erfolgreiche Therapie die Diagnose des ZAS.

Diagnose Vor Diagnose eines ZAS sollten Zustände wie Hypoxie und Hyperkapnie, ein Überhang von Anästhetika und Relaxanzien sowie eine Störung des Wasser- und Elektrolythaushaltes ausgeschlossen werden.

Therapie. Ziel der Therapie des ZAS ist es, die Konzentration an Acetylcholin am Rezeptor zu erhöhen. Somit wird der Antagonist kompetitiv vom Rezeptor verdrängt. Das Medikament der Wahl ist **Physostigmin** (Anticholium®), das als einziger Cholinesterasehemmstoff die Blut-Hirn-Schranke passiert. Es wird in einer Dosierung von 0,03 – 0,04 mg/kg KG durch intravenöse Injektion verabreicht. Die erwünschte Wirkung tritt innerhalb von Minuten ein, und der Patient erwacht, ist kontaktfähig, kooperativ und orientiert.
Die Überwachung des Patienten sollte nach erfolgreicher Therapie über einen Zeitraum von 2 – 3 Stunden fortgesetzt werden, da die Wirkung des Physostigmin nach 30 Minuten nachläßt und die Symptome des ZAS erneut auftreten können. Die Nebenwirkungen der Substanz entsprechen denen eines peripheren und zentralen Überangebots an Acetycholin: Bradykardie, Bronchokonstriktion, Übelkeit, Erbrechen, Schweißausbruch und Krämpfe. Um Nebenwirkungen zu vermeiden bzw. geringzuhalten, sollte die Substanz unbedingt langsam injiziert werden. Überdosierungserscheinungen von Physostigmin können durch Gabe von Atropin bzw. Glycopyrrolat (Robinul®; antagonisiert nur die peripheren Wirkungen) beseitigt werden.

Therapie Ziel der Therapie des ZAS ist es, die Konzentration an Acetylcholin am Rezeptor zu erhöhen.
Das Medikament der Wahl ist **Physostigmin** (Anticholium®), das als einziger Cholinesterasehemmstoff die Blut-Hirn-Schranke passiert. Es wird in einer Dosierung von 0,03 – 0,04 mg/kg KG durch intravenöse Injektion verabreicht.

Kontraindikationen. Absolute Kontraindikationen für den Einsatz von Physostigmin sind Intoxikationen mit organischen, irreversiblen Cholinesterasehemmern, bestimmte Muskelerkrankungen und das Schädel-Hirn-Trauma. Zu den relativen Kontraindikationen zählen Bradykardie, Hypotonie und chronisch-obstruktive Atemwegserkrankungen.

Kontraindikationen Absolute Kontraindikationen für den Einsatz von Physostigmin sind Intoxikationen mit organischen, irreversiblen Cholinesterasehemmern, bestimmte Muskelerkrankungen und das Schädel-Hirn-Trauma.

9.8.4 Hypoxisch-ischämische Ereignisse

Während anästhesiologischer und chirurgischer Maßnahmen sowie in der Intensivmedizin und Notfalltherapie können Nervenzellschäden infolge Hypoxie oder Ischämie entstehen. Hypoxisch-ischämische Ereignisse führen entweder zur Reduktion des Sauerstoff- und Substratangebots oder zu einem nicht ausreichenden Abtransport toxischer Metabolite und rufen Symptome hervor, die von der transitorisch-ischämischen Attacke bis hin zum Hirntod reichen können.

9.8.4 Hypoxisch-ischämische Ereignisse

Während anästhesiologischer und chirurgischer Maßnahmen sowie in der Intensivmedizin und Notfalltherapie können Nervenzellschäden infolge von Hypoxie oder Ischämie entstehen. Die Symptome können von der transitorisch-ischämischen Attacke bis hin zum Hirntod reichen.

Formen zerebraler Ischämie

Im allgemeinen werden zwei Formen der zerebralen Ischämie unterschieden:

1. **Fokale zerebrale Ischämie:** Hierzu zählen Embolisationen zerebraler Gefäße durch Einschwemmung von Thromben, arteriosklerotischen Plaques oder Luft. Weiterhin können zerebrale Gefäßspasmen nach Subarachnoidalblutung, arterio-venöse Fehlbildungen und ein regional begrenztes Hirnödem eine fokale Ischämie auslösen. Wenn fokale Ischämien zu strukturellen Läsionen führen, spricht man von einem Hirninfarkt. Zu den klinischen Symptomen des Hirninfarktes zählen Kopfschmerzen, Schwindel, Übelkeit, Erbrechen (cave: Aspiration!), Paresen, Sensibilitätsstörungen, Harninkontinenz und Aphasie. Diese Symptome werden in Abhängigkeit von der Dauer, Lokalisation und Ausdehnung der Ischämie mehr oder weniger stark ausgeprägt sein.

Formen zerebraler Ischämie

Im allgemeinen werden zwei Formen der zerebralen Ischämie unterschieden:
Zur **fokalen Ischämie** zählen:
- Embolisation zerebraler Gefäße (Thromben, Luft)
- arteriosklerotische Plaques
- zerebrale Gefäßspasmen
- SA-Blutung
- av-Fisteln
- regionales Hirnödem

Ursachen der **globalen zerebralen Ischämie** sind:
- Herzstillstand
- diffuses Hirnödem (ICP-Anstieg auf arterielles Druckniveau)

Fokale und globale zerebrale Ischämien können **komplett** (**ohne** Restdurchblutung) oder **inkomplett** (**mit** Restdurchblutung) auftreten.

2. **Globale zerebrale Ischämie:** Zu den Ursachen der globalen zerebralen Ischämie zählen der Herzstillstand und das diffuse Hirnödem, das in Abhängigkeit vom intrakraniellen Druck zur Reduktion der Hirndurchblutung führt. Zur globalen Hypoxie kommt es bei Ertrinkungs- und Rauchunfällen oder schwersten Formen respiratorischer Insuffizienz. Fokale und globale zerebrale Ischämien können **komplett** (**ohne** Restdurchblutung) oder **inkomplett** (**mit** Restdurchblutung) auftreten.

Neuronaler Stoffwechsel und Pathophysiologie der Ischämie

Das Gehirn ist mit etwa 20% am Gesamtsauerstoffverbrauch des Organismus beteiligt. Die Energie des Gehirns wird zu 40% für den **Struktur-** und zu 60% für den **Funktionsstoffwechsel** benötigt.

Das Ausmaß des hypoxisch-ischämischen Zellschadens ist von dem Ausmaß und der Dauer der Hirndurchblutungsstörung abhängig.

Neuronaler Stoffwechsel und Pathophysiologie der Ischämie

Das Gehirn ist mit etwa 20% am Gesamtsauerstoffverbrauch des Organismus beteiligt. Die Energie des Gehirns wird zu 40% für den **Struktur-** und zu 60% für den **Funktionsstoffwechsel** benötigt. Aus den Substraten Sauerstoff und Glukose werden in den Mitochondrien mittels oxidativer Phosphorylierung energiereiche Phosphate (ATP) gewonnen. Diese Energie wird allen energieabhängigen Prozessen (z.B. Ionenpumpen) bereitgestellt, um Zellstoffwechsel und -integrität zu sichern. Die Reduktion des Substratangebots führt daher zu einer Serie pathogenetischer Mechanismen (s.u.), die zunächst die Zellfunktion und die Zellstruktur beeinträchtigen und schließlich zum Zelltod führen. Das Ausmaß des hypoxisch-ischämischen Zellschadens ist von dem Ausmaß und der Dauer der Hirndurchblutungsstörung abhängig.
Die zerebrale Ischämie produziert ein Mißverhältnis zwischen Sauerstoffbedarf und -angebot. Das Fehlen von Sauerstoff blockiert die oxidative Phosphorylierung: die ATP-Konzentration fällt ab. In Abwesenheit von Sauerstoff kommt es zu anaerober Glykolyse mit Akkumulation von Laktat und Abfall des intrazellulären pH-Wertes. Die Azidose fördert die Denaturierung von Membranproteinen und Enzymen. Als Konsequenz fehlender ATP-Produktion kommt es zu einem Versagen energieabhängiger Ionenpumpen. Dies führt zu unkontrolliertem Na^+- und Cl^--Einstrom und K^+-Ausstrom und zur Membrandepolarisation. Die Depolarisation der Zellmembran öffnet NMDA (N-Methyl-D-Aspartat)- und spannungsabhängige Membrankanäle. Es kommt zu einem massiven Ca^{++}-Einstrom in die Zelle. Die intrazelluläre Ca^{++}-Akkumulation aktiviert Phospholipasen, die die Zellmembran und intrazelluläre Organellen hydrolysieren und den Zelluntergang einleiten.

Potentiell »hirnprotektive« Mechanismen durch Pharmaka

Unter dem Begriff **»Hirnprotektion«** werden präventive oder therapeutische Maßnahmen verstanden, die möglicherweise den hypoxisch-ischämischen Nervenzellschaden verhindern und/oder bereits geschädigtes Nervengewebe »wiederbeleben«.

Potentiell »hirnprotektive« Mechanismen durch Pharmaka

Unter dem Begriff **»Hirnprotektion«** werden präventive oder therapeutische Maßnahmen verstanden, die möglicherweise den hypoxisch-ischämischen Nervenzellschaden verhindern und/oder bereits geschädigtes Nervengewebe »wiederbeleben«. Folgende pharmakologische Effekte können theoretisch zu einer Verkleinerung des neuronalen Schadens und damit zu einer Reduktion des neurologischen Defizites beitragen: a) Steigerung der Hirndurchblutung ischämischer Areale, b) Reduktion des Hirnstoffwechsels, c) Reduktion des Ca^{++}-Einstromes, d) Reduktion des intrakraniellen Druckes, e) Reduktion von Krampfpotentialen.
Welche dieser Mechanismen bei der Prävention oder Therapie hypoxisch-ischämischer Insulte wirksam werden können, hängt u.a. von der Ischämieform ab. So kann z.B. die Umverteilung der Hirndurchblutung zugunsten ischämischer Provinzen oder die Reduktion von Hirnstoffwechsel und Hirndruck nur wirksam werden, wenn neben ischämischen Hirnanteilen auch normal durchblutete Provinzen mit erhaltenem Hirnstoffwechsel vorliegen. Während globaler kompletter Ischämie, bei der weder Hirndurchblutung noch Hirnstoffwechsel erhalten sind, kann lediglich eine Verminderung von Sekundärschäden erreicht werden.

Pharmakologische Therapie bei zerebraler Ischämie

Barbiturate, Etomidat, Propofol, Benzodiazepine Bei inkompletter Ischämie können Barbiturate,

Pharmakologische Therapie bei zerebraler Ischämie

Barbiturate, Etomidat, Propofol, Benzodiazepine. Bei inkompletter Ischämie können Barbiturate, Etomidat, Propofol und Benzodiazepine möglicherweise auch klinisch einen gegenüber weiterer Schädigung protektiven Einfluß auf ischämisches Hirngewebe ausüben. Für die genannten Substanzen konnte sowohl tierexperimentell als auch in klinischen Studien gezeigt werden, daß die Infarktgröße ebenso wie das neurologische Defizit reduziert werden können, sofern die Ischämie inkomplett ist und die jeweilige Substanz vor dem ischämischen Ereignis verabreicht wird. Defekte nach kompletten globalen Insulten sind durch Hypnotika nicht zu verbessern.

Etomidat, Propofol und Benzodiazepine möglicherweise auch klinisch einen gegenüber weiterer Schädigung protektiven Einfluß auf ischämisches Hirngewebe ausüben.

Die Protektion wird vermutlich durch folgende Mechanismen vermittelt:

- reduzierte neuronale Aktivität – hierdurch wird der Hirnstoffwechsel der pathologisch reduzierten Hirndurchblutung angepaßt
- metabolisch bedingte Reduktion der Hirndurchblutung nichtischämischer Hirnareale – dies führt zur Umverteilung der Hirndurchblutung zugunsten ischämischer Gefäßprovinzen
- Reduktion des intrakraniellen Druckes
- Suppression von Krampfpotentialen (Barbiturate, Benzodiazepine)
- »Anästhesie« (im Sinne einer Deafferenzierung)

Die Protektion wird vermutlich vermittelt durch:

- reduzierte neuronale Aktivität
- Reduktion der Durchblutung nichtischämischer Hirnareale
- Reduktion des intrakraniellen Druckes
- Suppression von Krampfpotentialen
- »Anästhesie«

Bei der Gabe der genannten Substanzen ist jedoch auf die spezifischen Nebenwirkungen zu achten. Beispielsweise sind Barbiturate negativ inotrop wirksam, während Propofol den peripheren Gefäßwiderstand reduziert. Beide Effekte können den zerebralen Perfusionsdruck reduzieren und damit die zerebrale Ischämie verstärken.

Inhalationsanästhetika. Die Reduktion des zerebralen Stoffwechsels durch Isofluran ist mit dem Einfluß der Injektionshypnotika vergleichbar. Obwohl experimentelle Studien die protektive Wirkung des Isofluran nicht einheitlich beurteilen, scheint unter Isofluran eine gewissen Reduktion hypoxisch-ischämischer Nervenzellschäden möglich. Dies gilt jedoch nur für die fokalen und inkomplett-globalen Ischämieformen. Wie die Hypnotika ist auch Isofluran bei kompletter globaler Ischämie ineffektiv.
Halothan und Enfluran sind im Rahmen hypoxisch-ischämischer Ereignisse allerdings ohne hirnprotektive Wirkung. Möglicherweise verstärken sie sogar den Nervenzellschaden durch Vasodilatation nichtischämischer Gefäßprovinzen (»steal«-Effekt) und führen zusätzlich zu einem Anstieg des intrakraniellen Druckes. Die Verwendung von Lachgas ist wegen seiner zentral stimulierenden Wirkung unbedingt zu vermeiden.

Inhalationsanästhetika Die Reduktion des zerebralen Stoffwechsels durch Isofluran ist mit dem Einfluß der Injektionshypnotika vergleichbar.

Wie die Hypnotika ist auch Isofluran nur bei fokalen und inkomplett-globalen Ischämien effektiv.
Halothan und Enfluran sind ohne hirnprotektive Wirkung. Die Verwendung von Lachgas ist zu vermeiden.

Glukokortikoide. Unter hypoxisch-ischämischen Bedingungen können Glukokortikoide Membranen stabilisieren, das Zellödem reduzieren und möglicherweise auch freie Radikale eliminieren. Trotz dieser Eigenschaften und einiger weniger positiver Studien muß davon ausgegangen werden, daß die Gabe von Glukokortikoiden den hypoxisch-ischämischen Nervenzellschaden und das neurologische Defizit nicht vermindern. Bislang gibt es lediglich zwei gesicherte Indikationen für den Einsatz von Glukokortikoiden während Hypoxie und Ischämie:

a) Reduktion des perifokalen Ödems bei Tumoren des zentralen Nervensystems;
b) Reduktion des Ödems nach Rückenmarkstrauma.

Glukokortikoide Unter hypoxisch-ischämischen Bedingungen können Glukokortikoide Membranen stabilisieren, das Zellödem reduzieren und möglicherweise auch freie Radikale eliminieren. Trotz dieser Eigenschaften und einiger weniger positiver Studien muß davon ausgegangen werden, daß die Gabe von Glukokortikoiden den hypoxisch-ischämischen Nervenzellschaden und das neurologische Defizit nicht vermindern.

Nichtpharmakologische Therapie der zerebralen Ischämie

Hypothermie. Die **moderate** (32–35 °C) oder **tiefe** (< 25 °C) Hypothermie vor, während und nach hypoxisch-ischämischen Ereignissen ist bereits seit Jahren klinisch etabliert, um den Folgen einer zerebralen Ischämie vorzubeugen. Tierexperimentelle und klinische Studien konnten zeigen, daß die Anwendung von Hypothermie zu einer Reduktion hypoxisch-ischämischer Nervenzellschäden führt und das neurologische Defizit verbessern kann. So ist die Applikation von Hypothermie während extrakorporaler Zirkulation im Rahmen herzchirurgischer Eingriffe heutzutage klinische Routine. In einigen neurochirurgischen Zentren werden extrakorporale Perfusionsverfahren in Kombination mit tiefer Hypothermie während Eingriffen am Gehirn durchgeführt, wenn ein vorübergehender Hirnkreislaufstillstand erforderlich ist.

Nichtpharmakologische Therapie der zerebralen Ischämie

Hypothermie Die **moderate** (32–35 °C) oder **tiefe** (< 25 °C) Hypothermie vor, während und nach hypoxisch-ischämischen Ereignissen ist bereits seit Jahren klinisch etabliert, um den Folgen einer zerebralen Ischämie vorzubeugen.

Hypothermie (34 – 35 °C) kann durch Oberflächenkühlung oder Blutstromkühlung mittels extrakorporaler Zirkulation in Kombination mit Analgosedierung und Muskelrelaxation erreicht werden. Sie ist jedoch mit einer Reihe von Nebenwirkungen verbunden. Z. B. Hypoperfusion, metabolische Azidose, Herzrhythmusstörungen und Funktionsstörungen des Gerinnungssystems, sowie eine erhöhte O_2-Löslichkeit.

Hyperventilation Die kontrollierte Hyperventilation auf $PaCO_2$-Werte zwischen 32 – 34 mmHg ermöglicht eine kurzfristige (ca. 24 h) Verbesserung der zerebralen Perfusion durch Reduktion des zerebralen Blutvolumens und des intrakraniellen Druckes.

9.9 Ausgewählte spezielle intensivmedizinische Probleme

9.9.1 Schädel-Hirn-Trauma (SHT)

Zu den typischen Ursachen des SHT zählen Verkehrsunfälle (bes. Motorrad- und Fahrradunfälle), Hausunfälle, Gewalttaten, Geburtstraumen sowie Arbeits- und Sportunfälle. Die Klassifikation des SHT kann durch die **Glasgow-Coma-Skala** erfolgen, die die neurologische Beeinträchtigung nach dem Vermögen zum Augenöffnen und Sprechen und anhand motorischer Funktionen einschätzt (▤ 9.**30**).

Der **Primärschaden** bei schwerem SHT entsteht durch Krafteinwirkung auf Schädel und Gehirn als irreversible Zerreißung weißer und grauer Substanz. Die **Sekundärschäden**, die aus Hypoxie, Hyperkapnie, Anämie, Hypotension und intrakranieller Druckerhöhung resultieren, können erfolgreich therapiert werden (▤ 9.**31**).
Das SHT kann als gedeckte oder offene Verletzung entstehen. Bei der

Die Mechanismen für die Hirnprotektion mittels Hypothermie sind nicht allein der Reduktion des zerebralen Metabolismus zuzuschreiben. Vermutlich reduziert Hypothermie auch die Wirkung exzitatorischer Neurotransmitter sowie den Na^+- und Ca^{++}-Einstrom in die Zelle, was die Entstehung des Zellödems und damit des Hirnödems verringert. Hypothermie kombiniert gewissermaßen die Effekte der intravenösen Anästhetika mit denen der Ca^{++}-Antagonisten und der alpha-2-Agonisten.
Hypothermie kann durch Oberflächenkühlung oder Blutstromkühlung mittels extrakorporaler Zirkulation in Kombination mit Analgosedierung und Muskelrelaxation erreicht werden. Sie ist jedoch mit einer Reihe von Nebenwirkungen verbunden, die in Abhängigkeit vom Ausmaß der Temperatursenkung auftreten. Hypothermie kann zu Hypoperfusion und metabolischer Azidose führen. Es können Herzrhythmusstörungen bis hin zum Kammerflimmern auftreten. Hypothermie induziert überdies Funktionsstörungen des Gerinnungssystems und führt zu einer Verschiebung der Sauerstoffdissoziationskurve nach links sowie zu einer erhöhten Sauerstofflöslichkeit. Dennoch kann eine Hypothermie im Bereich von 34 – 35 °C bereits eine deutliche Verbesserung der neurologischen Symptomatik erreichen, ohne daß die Nebenwirkungen die Hirnprotektion gefährden.

Hyperventilation. Die kontrollierte Hyperventilation auf $PaCO_2$-Werte zwischen 32 – 34 mmHg ermöglicht bei intrakranieller Drucksteigerung eine kurzfristige Verbesserung der zerebralen Perfusion durch Reduktion des zerebralen Blutvolumens und des intrakraniellen Druckes. Eine gewisse hirnprotektive Wirkung wird auch von der hyperventilationsbedingten Vasokonstriktion nichtischämischer Gefäßprovinzen erwartet. Hierdurch kommt es möglicherweise zu einer Umverteilung der Hirndurchblutung zugunsten von maximal gefäßdilatierten, ischämischen Regionen über Kollateralen. Die der zerebralen Vasokonstriktion zugrundeliegende Veränderung der H^+-Ionenkonzentration der Gefäßmuskulatur wird jedoch bereits nach 24 Stunden durch Veränderungen der Bikarbonatkonzentration kompensiert; mit einem längerfristigen Einfluß auf den Tonus zerebraler Gefäße kann daher nicht gerechnet werden.

9.9 Ausgewählte spezielle intensivmedizinische Probleme

9.9.1 Schädel-Hirn-Trauma (SHT)

In Europa liegt die jährliche Inzidenz von Schädel-Hirn-Verletzungen bei ca. 350 pro 100000 Einwohner. Häufig sind jüngere, männliche Individuen betroffen. In mehr als 50 % der Fälle sind noch weitere Organsysteme verletzt (Polytrauma), so daß die primäre Hirnschädigung durch zusätzliche Belastungen wie akuten Blutverlust, arterielle Hypotension (Schock) und Hypoxie verschlimmert wird. Zu den typischen Ursachen des SHT zählen Verkehrsunfälle (bes. Motorrad- und Fahrradunfälle), Hausunfälle, Gewalttaten, Geburtstraumen sowie Arbeits- und Sportunfälle. Die Klassifikation des SHT kann durch die **Glasgow-Coma-Skala (GCS)** erfolgen, die die neurologische Beeinträchtigung nach dem Vermögen zum Augenöffnen und Sprechen und anhand motorischer Funktionen einschätzt (▤ 9.**30**).

Der **Primärschaden** bei schwerem SHT entsteht durch die biomechanische Krafteinwirkung auf Schädel und Gehirn als irreversible Zerreißung weißer und grauer Substanz. Die **Sekundärschäden**, die aus Hypoxie, Hyperkapnie, Anämie, Hypotension und intrakranieller Druckerhöhung, z. B. infolge von Blutung oder Ödem, resultieren, können hingegen erfolgreich therapiert werden (▤ 9.**31**).
Das SHT kann als gedeckte oder offene Verletzung entstehen. Bei der **gedeckten** Hirnverletzung besteht keine Verbindung zwischen intra- und extrakraniellem Raum. Hierzu gehört die **Commotio cerebri**, die eine akute zerebrale Funktionsstörung ohne anatomisch nachweisbare Verän-

9.30: Glasgow-Coma-Skala zur Abschätzung der zerebralen Funktionsstörung

	▷ **Punkte**
▷ **Augen öffnen**	
spontan	4
auf Aufforderung	3
auf Schmerzreiz	2
kein	1
▷ **Verbale Reaktion**	
konversationsfähig	
orientiert	5
desorientiert	4
inadäquate Äußerung	3
unverständliche Laute	2
keine	1
▷ **Motorische Reaktion**	
auf Aufforderung	6
auf Schmerzreiz	
gezielt	5
normale Beugeabwehr	4
Beugesynergismen	3
Strecksynergismen	2
keine	1
▷ maximale Punktzahl	15

Werte < 8 gelten als Hinweis auf eine schwere Hirnfunktionsstörung

9.31: Sekundäre Hirnschäden nach Schädel-Hirn-Trauma

▷ **Extrakranielle Ursachen**	• Hypoxie • Hyperkapnie • Anämie • Hypotension
▷ **Intrakranielle Ursachen**	• Intrakranielle Hämatome • Hirnödem • Meningitis • Hirnabszeß

derungen ist. Eine **Contusio cerebri** liegt vor, wenn das Trauma zu lokalisierbaren Substanzveränderungen des Gehirns geführt hat.
Bei der **offenen** Hirnverletzung wird der intrakranielle Raum nach außen hin eröffnet. Neben der **Schädelfraktur** kann es in Abhängigkeit von der Krafteinwirkung zu epiduralen, subduralen und intrazerebralen Hämatomen kommen. Das Gehirn selbst kann geprellt, gequetscht oder lazeriert sein.
Die gemeinsame pathophysiologische Endstrecke aller intrakraniellen Traumen ist der erhöhte ICP. Ein Anstieg des ICP kann durch regionale Raumforderungen (epi- und subdurale Blutung, intrazerebrale Hämatome) oder durch ein globales (diffuses) Hirnödem ausgelöst werden. Dislozierte Schädelfrakturen sowie akute epi- und subdurale oder große intrazerebrale Hämatome werden in aller Regel sofort chirurgisch entlastet. Im Falle eines gedeckten SHT ohne intrakranielle Blutung wird eine konservative Therapie mit Überwachung und Stabilisierung der Vitalparameter und Hirndrucksenkung eingeleitet.

gedeckten Hirnverletzung besteht keine Verbindung zwischen intra- und extrakraniellem Raum. Hierzu gehört die **Commotio cerebri** (akute zerebrale Funktionsstörung ohne anatomisch nachweisbare Veränderungen). Bei der **Contusio cerebri** liegen lokalisierbare Substanzveränderungen des Gehirns vor.

Bei der **offenen** Hirnverletzung wird der intrakranielle Raum nach außen hin eröffnet. Das Gehirn selbst kann geprellt, gequetscht oder lazeriert sein.

Notfalltherapie

Das primäre Ziel der Notfalltherapie bei Patienten mit SHT ist die **Sicherung der Atemwege** und der **Oxygenierung** zur Vermeidung von Hypoxie sowie die **Stabilisierung der Herz-Kreislauf-Verhältnisse.**
Die notfallmäßige Intubation sollte wegen der Möglichkeit von **Frakturen der Schädelbasis** immer orotracheal erfolgen.

Patienten mit SHT bieten häufig auch **Verletzungen der Halswirbelsäule**.

Notfalltherapie

Das primäre Ziel der Notfalltherapie bei Patienten mit SHT ist die **Sicherung der Atemwege** und der **Oxygenierung** zur Vermeidung von Hypoxie sowie die **Stabilisierung der Herz-Kreislauf-Verhältnisse**. Bewußtlose Patienten werden grundsätzlich endotracheal intubiert und kontrolliert beatmet. Die notfallmäßige Intubation sollte wegen der Möglichkeit von **Frakturen der Schädelbasis** immer orotracheal erfolgen. Bei tief komatösen Patienten kann die Intubation ohne die vorherige Gabe eines Hypnotikums oder Muskelrelaxans erfolgen. Bei traumatisierten Patienten muß grundsätzlich von einem **»vollen Magen«** ausgegangen werden. Für die Notfallintubation sollte Succinylcholin eingesetzt werden, obwohl es einen passageren Anstieg des intrakraniellen Druckes vermitteln kann (s. Kapitel 3.4.2).
Patienten mit SHT bieten häufig auch **Verletzungen der Halswirbelsäule** und gelten daher grundsätzlich so lange als gefährdet, ein Rückenmarkstrauma zu entwickeln, bis Wirbelsäulenverletzungen durch geeignete Diagnostik ausgeschlossen sind. Dies ist für die Intubation sowie für den Transport zu berücksichtigen. Parallel zur Sicherung der Atemwege und Oxygenierung muß für stabile Herz-Kreislauf-Verhältnisse gesorgt werden, da eine arterielle Hypotension das traumatisierte Gehirn ebenso schädigen kann wie Hypoxie und erhöhter intrakranieller Druck. Erst nach Stabilisierung dieser Parameter darf ein vorsichtiger, aber dennoch schneller Transport des Verletzten in eine für die Versorgung von Patienten mit SHT vorbereitete Einheit beginnen.

Diagnostik und Monitoring

Die **Diagnostik** bei Patienten mit SHT besteht aus **regelmäßigen klinischen Untersuchungen** und **radiologischen Kontrollen** mittels des kraniellen Computertomogrammes (**CCT**).
In der ersten Phase des Krankheitsverlaufs ist die Entwicklung des intrakraniellen Druckes von besonderer prognostischer und therapeutischer Bedeutung.

Der Verlauf des **ICP** sollte durch die Anlage einer intrakraniellen Drucksonde kontinuierlich überwacht werden.

Die **Überwachung** der Patienten mit schwerem SHT besteht aus:
- **EKG**
- **Blutdruckmessung**
- **ICP-Messung** (CPP-Kalkulation)
- evtl. **TCD**
- evtl. **EEG (EPs)**
- **Temperaturmessung**
- **Kontrollen der Plasmaglukosekonzentration**

Diagnostik und Monitoring

Die **Diagnostik** bei Patienten mit SHT besteht aus **regelmäßigen klinischen Untersuchungen** und **radiologischen Kontrollen** mittels des kraniellen Computertomogrammes (**CCT**). Die Erhebung des neurologischen Status kann durch vorherige Gabe zentral wirksamer Pharmaka (z.B. Hypnotika, Opioide) erschwert bis unmöglich sein. In der ersten Phase des Krankheitsverlaufes ist die Entwicklung des intrakraniellen Druckes von besonderer prognostischer und therapeutischer Bedeutung. Hierzu können klinisch die Weite der Pupillen per se und im Seitenvergleich sowie die Reaktion auf Licht herangezogen weren. Pupillendifferenzen und reduzierte Reaktionen auf Licht entwickeln sich jedoch erst in einem fortgeschrittenen Stadium des ICP-Anstieges. Das **CCT** kann die Ursachen einer klinischen Verschlechterung des Patienten räumlich darstellen und zwischen diffusem Hirnödem und lokalen Hämatomen unterscheiden lassen.
Der Verlauf des **ICP** sollte durch eine intrakranielle Drucksonde kontinuierlich überwacht werden. Da der ICP nicht selten ein dynamisches Verhalten zeigt, kann nur mit einer kontinuierlichen ICP-Messung in Phasen mit hohem ICP eine frühzeitige therapeutische Intervention eingeleitet werden.
Die **Überwachung** der Patienten mit schwerem SHT besteht aus **EKG, invasiver Blutdruck- und ICP-Messung**. Aus der Differenz von mittlerem arteriellem Druck und ICP kann der zerebrale Perfusionsdruck (CPP) errechnet werden. Der CPP ist der für die zerebrale Perfusion ausschlaggebende Wert; er gilt als indirektes Maß für die Hirndurchblutung. Bei schwerem SHT ist bei CPP-Werten < 70 mmHg eine zerebrale Minderperfusion wahrscheinlich. Nur in sehr wenigen Zentren werden bei SHT-Patienten klassische Hirndurchblutungsmessungen durchgeführt. Neuerdings hat sich zur Abschätzung der zerebralen Perfusion die **transkranielle Doppler-Sonographie (TCD)** etabliert. Durch Überwachung besonders des diastolischen Flußgeschwindigkeitsanteiles kann hierdurch eine erhaltene Perfusion in verschiedenen Hirnregionen erkannt werden.
In Phasen pathologischer Hirndurchblutung kann versucht werden, neben der Hirndrucksenkung auch den zerebralen Stoffwechsel zu reduzieren. Durch die Stoffwechselsenkung kann der zerebrale Sauerstoffverbrauch der verminderten Hirndurchblutung angepaßt werden. Die Stoffwechselreduktion erfolgt mittels kontinuierlicher Gabe von z.B. Barbituraten. Um das Ausmaß der Hirnstoffwechselreduktion abschätzen zu können, wird

eine kontinuierliche **EEG-Registrierung** durchgeführt. Zum weiteren Monitoring bei SHT-Patienten gehören die **Messung der Körpertemperatur** und engmaschige **Kontrollen der Plasmaglukosekonzentration**, da Hyperthermie sowie Blutzuckerentgleisungen (> 150 mg/dl) den Nervenzellschaden verstärken.

Therapie des SHT (S 9.23)

Die Therapie des SHT auf der Intensivstation wird in Abhängigkeit von der Läsion chirurgisch und/oder konservativ erfolgen. Wie bei der Notfalltherapie, steht auch im Rahmen der klinischen Versorgung die Reduktion des intrakraniellen Druckes zur Verbesserung der zerebralen Perfusion im Vordergrund. Die intensivmedizinischen Therapiemaßnahmen bestehen aus einem **Standardkonzept**, welches routinemäßig erfolgt, sowie einem **optionalen Konzept**, welches bei ICP-Spitzenwerten zusätzlich durchgeführt wird.

Die **Standardtherapie** umfaßt:

1. **zeitlich begrenzte (24 – 36 h) kontrollierte Hyperventilation** auf arterielle $PaCO_2$-Werte von 32 – 34 mmHg. Die Hypokapnie reduziert das intrakranielle Blutvolumen durch zerebrale Vasokonstriktion und verbessert damit möglicherweise die Perfusion im ischämischen arteriolokapillaren Strombett. Die kontrollierte Hyperventilation wird seit kurzem als Dauermaßnahme kontrovers diskutiert, so daß eine abschließende Stellungnahme zum gegenwärtigen Zeitpunkt noch nicht möglich ist.
2. **adäquate Oxygenierung** des arteriellen Blutes auf PaO_2-Werte > 90 mmHg. Eine grenzwertige Oxygenierung des Blutes erhöht den Nervenzellschaden in ischämischen Territorien. Zur Verbesserung der Oxygenierung kann ein PEEP von < 10 cm H_2O eingesetzt werden, ohne daß ein klinisch relevanter Anstieg des ICP zu erwarten ist.
3. **Oberkörperhochlagerung** auf 15 – 20° bei neutraler Kopf-Hals-Position. Die Oberkörperhochlagerung verbessert die Drainage von hirnvenösem Blut in Richtung des rechten Vorhofes.
4. **normotensive bis leicht hypertensive Kreislaufbedingungen** zur Aufrechterhaltung eines angemessenen zerebralen Perfusionsdruckes. Ein CPP von 70 mmHg gilt bei schwerem SHT als Schwelle für eine zerebrale Minderdurchblutung.
5. **Plasmaglukosekonzentration** zwischen 100 und 150 mg/dl. In Hirnprovinzen mit reduzierter Durchblutung führt eine Hyperglykämie zu verstärkter anaerober Glykolyse mit Zunahme der neuronalen Laktatproduktion und Abfall des intrazellulären pH-Wertes, was den Zelluntergang begünstigt.
6. **Analgosedierung.** Der neuronale Schaden bei Patienten mit SHT korreliert mit der zentralen Sympathikusaktivität. Bei Patienten mit erhöhtem Sympathikotonus (»Streß« durch akustische Wahrnehmungen und Schmerz) muß mit einem verstärkten Nervenzelluntergang und einem ausgeprägteren neurologischen Defizit gerechnet werden. Durch pharmakologische »Deafferenzierung« (Opioide; Benzodiazepine) muß daher versucht werden, eine erhöhte Toleranz gegenüber hypoxisch-ischämischen Bedingungen zu schaffen.

Bei permanentem oder passagerem, krisenhaftem Anstieg des ICP, der sich durch die Standardtherapie nicht beherrschen läßt, wird durch **zusätzliche Maßnahmen** eine Reduktion des ICP angestrebt:

a) **pharmakologisch-induziertes Koma** mit Herbeiführung eines »burst-suppression«-EEG. Mit der Reduktion des zerebralen Funktionsstoffwechsels wird versucht, den Sauerstoffverbrauch dem reduzierten Sauerstoffangebot anzupassen. Durch indirekte und direkte Vasokonstriktion können zusätzlich das intrakranielle Blutvolumen und der ICP vermindert werden. Zur Behandlung passagerer ICP-Anstiege kommen Bolusapplikationen von Barbituraten, Propofol oder Etomidat in Betracht. Zur längerfristigen Therapie können diese Substanzen unter EEG-Kontrolle als kontinuierliche Infusion zur Aufrechterhaltung eines »burst-suppression«-EEG gegeben werden.

Therapie des SHT (S 9.23)

Die Therapie des SHT auf der Intensivstation wird in Abhängigkeit von der Läsion chirurgisch und/oder konservativ erfolgen.

Standardtherapie bei SHT:

- **zeitlich begrenzte (24 – 36 h) kontrollierte Hyperventilation** auf arterielle $PaCO_2$-Werte von 32 – 34 mmHg
- **adäquate Oxygenierung** des arteriellen Blutes auf PaO_2-Werte > 90 mmHg
- **Oberkörperhochlagerung** auf 15 – 20°
- **normotensive bis leicht hypertensive Kreislaufbedingungen**
- **Plasmaglukosekonzentration** zwischen 100 und 150 mg/dl
- **Analgosedierung** Der neuronale Schaden bei Patienten mit SHT korreliert mit der zentralen Sympathikusaktivität. Durch pharmakologische »Deafferenzierung« (Opioide; Benzodiazepine) muß daher versucht werden, eine erhöhte Toleranz gegenüber hypoxisch-ischämischen Bedingungen zu schaffen.

Bei permanentem oder passagerem, krisenhaftem Anstieg des ICP, der sich durch die Standardtherapie nicht beherrschen läßt, wird durch **zusätzliche Maßnahmen** eine Reduktion des ICP angestrebt:

- **pharmakologischinduziertes Koma** mit Herbeiführung eines »burst-suppression«-EEG, z. B. durch Bolusgaben von Barbituraten, Propofol oder Etomidat.

- **Osmodiuretika.** Zur Reduktion des ICP können Mannit 20% oder Glycerol 10% als Kurzinfusion zugeführt werden. Diese Substanzen steigern kurzfristig die Serumosmolarität und bewirken in Regionen mit intakter Blut-Hirn-Schranke eine osmotische Rückresorption von Wasser in das Gefäßsystem.
  Dies führt zur Dekompression von Kapillaren und dadurch zur Verbesserung der Mikrozirkulation.

b) **Osmodiuretika.** Zur Reduktion des ICP können Mannit 20% oder Glycerol 10% als Kurzinfusion zugeführt werden. Diese Substanzen steigern kurzfristig die Serumosmolarität und bewirken in Regionen mit intakter Blut-Hirn-Schranke eine osmotische Rückresorption von Wasser in das Gefäßsystem. Die Abnahme des ICP führt durch Dekompression der Kapillaren zu einer Verbesserung der Mikrozirkulation in den minderperfundierten Arealen.
Während der Therapie sind engmaschige klinisch-neurologische Kontrollen ebenso erforderlich wie Verlaufskontrollen mittels CCT.

S Synopsis 9.**23: SHT – Therapeutisches Vorgehen**

SHT

Notfallmedizinische Sofortdiagnostik
Glasgow-Coma-Skala, Pupillen

Intubation, kontrollierte Beatmung, Oxygenierung ($PaO_2 \geq 90$ mmHg)
milde Hyperventilation ($PaCO_2 = 32 – 34$ mmHg)

zerebraler Perfusionsdruck >70 mmHg (z. B. Noradrenalin)

Lagerung
(Oberkörper 30° hoch)

Diagnostik in der Klinik

klinisch: Glasgow-Coma-Skala
Pupillen, Reflexstatus
apparativ: CCT, ICP-Sonde

Therapie (chirurgisch)

- Entlastung von intrakraniellen Hämatomen
- Entlastung von intrazerebralen Hämatomen
- Ventrikeldrainage
- Dekompression durch Kalottenentfernung

Therapie (konservativ)

- Analgosedierung
- kontrollierte Beatmung
- Oxygenierung
- Oberkörper 30° hoch
- CPP >70 mmHg
- Normoglykämie
- Normo- oder milde Hypothermie

- Osmodiuretika
- Burst-suppression-EEG mittels Hypnotika

Hirntodbestimmung

Patienten mit zerebralem Kreislaufstillstand kommen potentiell als **Organspender** in Frage.

Als Voraussetzung für die Organspende muß der **irreversible Ausfall der Hirnfunktion** vorliegen.

Hirntodbestimmung

Bei Patienten mit isoliertem schweren SHT oder intrakraniellen Blutungen, z.B. nach Ruptur eines Hirnarterienaneurysmas, kann es zu massiven Anstiegen des ICP kommen, die zum zerebralen Kreislaufstillstand führen. Diese Patienten kommen potentiell als **Organspender** in Frage.

Als Voraussetzung für die Organspende muß der **irreversible Ausfall der Hirnfunktion** durch eine primäre Hirnschädigung mit akuter, hochgradiger intrakranieller Drucksteigerung vorliegen. Diese kann durch schwerste Hirnverletzungen, spontane intrakranielle Blutungen, Hirninfarkt, maligne Hirntumoren oder einen akuten Verschluß-Hydrozephalus ausgelöst sein. Auch sekundäre Schädigungen wie Hypoxie, der kardial bedingte Kreislaufstillstand oder ein langanhaltender Schock können ursächlich sein. Folgende Ursachen bzw. Mitursachen für eine primäre Hirnschädigung müs-

sen anamnestisch sowie diagnostisch ausgeschlossen werden: Intoxikation, Hypothermie, Kreislaufschock, endokrines oder metabolisches Koma, Einfluß von anästhesierenden oder sedierenden Substanzen und Muskelrelaxanzien. Der Verlust der Hirnfunktion äußert sich durch folgende Symptome:
- Koma
- Lichtstarre beider Pupillen
- Ausfall der Spontanatmung
- Fehlen von Hirnstammreflexen (okulo-zephal, korneal, pharyngeal, tracheal)

Die genannten Befunde müssen **von zwei Ärzten** übereinstimmend erhoben werden. Die Ärzte müssen über eine mehrjährige Erfahrung in der Behandlung von Patienten mit schweren Hirnschädigungen verfügen und dürfen nicht Mitglieder eines Transplantationsteams sein.
Folgende Regeln gelten für den Beobachtungszeitraum: Wenn kein EEG oder angiografischer Befund vorliegt, sind Patienten nach einer primären Hirnschädigung während mindestens 12 Stunden, nach sekundärer Hirnschädigung über 3 Tage zu beobachten. Bei Säuglingen und Kleinkindern beträgt die geforderte Beobachtungszeit bei primärer Hirnschädigung 24 Stunden. Die Befunde müssen wiederholt und übereinstimmend von beiden Untersuchern vollständig dokumentiert werden. Die zweite Dokumentation nach Ablauf der Beobachtungszeit gilt als Todeszeitpunkt.
Der Hirntod kann ohne weitere Beobachtungszeit festgestellt werden, wenn ein nach den technischen Richtlinien der Deutschen EEG-Gesellschaft durchgeführtes EEG kontinuierlich über 30 Minuten ein isoelektrisches (Nullinie) Signal registriert. Wegen der physiologischen Unreife des Gehirns ist die EEG-Untersuchung bei Säuglingen und Kleinkindern nach 24 Stunden zu wiederholen.
Der Hirntod kann ohne weitere Beobachtung auch festgestellt werden, wenn eine zur Diagnostik durchgeführte Angiografie (Darstellung über beide Aa. carotides internae und Aa. vertebrales!) bei ausreichendem Systemblutdruck einen zerebralen Kreislaufstillstand nachweist.
Neuerdings ist auch die transkranielle Doppler-Sonographie in die Liste der ergänzenden Techniken mit aufgenommen worden, die durch Diagnose des zerebralen Kreislaufstillstandes geeignet sind, die Wartezeit zur Feststellung des Hirntodes zu verkürzen.

Der Verlust der Hirnfunktion äußert sich durch folgende Symptome:
- Koma
- Lichtstarre beider Pupillen
- Ausfall der Spontanatmung
- Fehlen von Hirnstammreflexen

Die genannten Befunde müssen **von zwei Ärzten** übereinstimmend erhoben werden.

Folgende Regeln gelten für den Beobachtungszeitraum: Wenn kein EEG oder angiografischer Befund vorliegt, sind Patienten nach einer primären Hirnschädigung während mindestens 12 Stunden nach sekundärer Hirnschädigung über 3 Tage zu beobachten. Bei Säuglingen und Kleinkindern beträgt die geforderte Beobachtungszeit bei primärer Hirnschädigung 24 Stunden. Die Befunde müssen wiederholt und übereinstimmend von beiden Untersuchern vollständig dokumentiert werden. Die zweite Dokumentation nach Ablauf der Beobachtungszeit gilt als Todeszeitpunkt.
Der Hirntod kann ohne weitere Beobachtungszeit festgestellt werden, wenn ein EEG kontinuierlich über 30 Minuten ein isoelektrisches Signal registriert.
Der Hirntod kann ohne weitere Beobachtung auch festgestellt werden, wenn eine Angiografie einen zerebralen Kreislaufstillstand nachweist.

9.9.2 Polytrauma (Strategie der Versorgung)

9.9.2 Polytrauma (Strategie der Versorgung)

◀ **Definition**

Definition. Ein **Polytrauma** ist eine schwere, gleichzeitig entstandene Verletzung von mindestens zwei Körperregionen oder Organen bzw. Organsystemen, wobei entweder eine einzelne Verletzung oder aber die Kombination mehrerer lebensbedrohlich ist (S 9.**24**).

Das vielfältige Verletzungsmuster des polytraumatisierten Patienten hat uniform verlaufende, den Organismus bedrohende pathophysiologische Reaktionen zur Folge. Die Komplexität der Schädigungen und deren hoher Gefährdungsgrad stellen qualitativ hohe Anforderungen an die präklinische und klinische Erstversorgung. Der Anteil der Polytraumatisierten am chirurgischen Krankengut von Rettungssystemen beträgt ca. 20%.

Aus einem schweren Trauma resultiert folgende **Symptomatik:**
- hämorrhagischer Schock
- Hypoxie und Hyperkapnie
- respiratorisch-metabolische Azidose
- Anurie
- Koagulopathie
- Bewußtseinsstörungen bis hin zur Bewußtlosigkeit

Aus einem schweren Trauma resultiert folgende **Symptomatik**:
- hämorrhagischer Schock
- Hypoxie und Hyperkapnie
- respiratorisch-metabolische Azidose
- Anurie
- Koagulopathie
- Bewußtseinsstörungen bis hin zur Bewußtlosigkeit

S Synopsis 9.24: Akute Lebensbedrohung beim Polytrauma

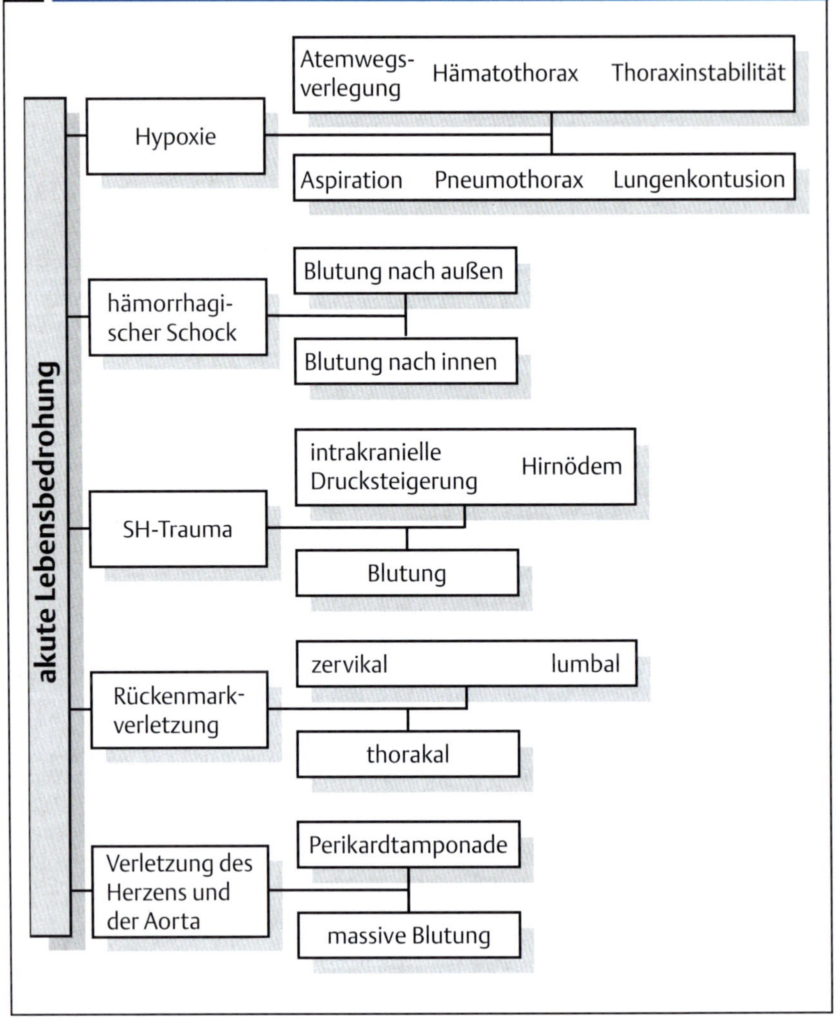

Eine groborientierende klinische Untersuchung des Verletzten zur Beurteilung der vitalen Bedrohung steht anfangs im Vordergrund. Hierzu gehören die Abschätzung der Bewußtseinslage, der Atmung und der Schockintensität.

Aus pragmatischen und didaktischen Gründen hat sich die Vorgehensweise nach der **»Fünf-Phasen-Versorgung«** bewährt (S 9.25).

Die Diagnostik und Versorgung von polytraumatisierten Patienten muß konsequent erfolgen. Eine groborientierende klinische Untersuchung des Verletzten zur Beurteilung der vitalen Bedrohung steht anfangs im Vordergrund. Hierzu gehören die Abschätzung der Bewußtseinslage, der Atmung und der Schockintensität. Weiterhin ist die Kontrolle der Pupillenfunktion im Hinblick auf ein Schädel-Hirn-Trauma erforderlich. Palpation von Thorax und Abdomen sowie Beckenkompressionsversuch lassen einen ersten Verdacht auf eine Beteiligung einer dieser Körperregionen zu. Aus pragmatischen und didaktischen Gründen hat sich die Vorgehensweise nach der **»Fünf-Phasen-Versorgung«**, ein von *Weil* und *Shubin* vorgeschlagener Stufenplan, bewährt (S 9.25).

Synopsis 9.25: »5-Phasen-Versorgung«

▷ **1. Reanimations- bzw. lebensrettende Sofortmaßnahmen**

Ziel	Mittel
Sicherung freier Atemwege und Oxygenierung, Kreislaufstabilisierung (so gut wie möglich), Verbesserung des O_2-Transportes	endotracheale Intubation, kontrollierte Beatmung bis einschließlich Phase 4 (FiO_2 1,0), ausreichende Infusions- und Transfusionstherapie (▦ 9.**32**), Erstkorrektur eines Basendefizits (BE > – 10 mval/l)

▷ **2. Operation(en) erster Dringlichkeit** (lebensrettende Sofortoperationen)

Ziel

unaufschiebbare Versorgung von Verletzungen, die eine erfolgreiche Reanimation bzw. kardiopulmonale Stabilisierung unmöglich machen bzw. deren Wert die Prognose quoad sanationem in Frage stellen (z. B. schwerste intraabdominelle Blutung, ausgeprägtes intrakranielles Hämatom). Höchste Priorität haben dabei kreislauf- und atmungsstabilisierende Eingriffe (Blutstillung und Beatembarkeit der Lunge!)

▷ **3. Stabilisierung**

Ziel	Mittel
nachhaltige Stabilisierung von Atmung und Herz-Kreislauf (ausreichendes Herzzeitvolumen, Verhinderung bzw. Beseitigung von Mikrozirkulationsstörungen, Normalisierung der Blutgerinnung, Oxygenierung, CO_2-Eliminierung)	**Monitoring** (Standard in der Klinik): EKG, ZVD, intraarterielle Druckmessung, Diurese, Temperatur, Laboranalysen, inkl. Blutgase, Gerinnungsstatus **Therapie:** optimierte volumenkontrollierte Beatmung mit PEEP, gezielte Infusions- und Transfusionstherapie **Herz:** evtl. pos. inotrope Pharmaka **Niere:** Dopamin in »Nierendosis«, evtl. Schleifendiuretika **Gehirn:** prophylaktische Maßnahmen gegen Hirnödem (Oberkörperhochlagerung, milde Hyperventilation: $PaCO_2$ 32 – 34 mmHg; s. Kap. 9.9.1), Analgosedierung **Spezielles »Management«** bei fortbestehender instabiler Hämodynamik: zusätzlich Pulmonaliskatheter zur erweiterten, differenzierten Pharmakotherapie, TEE

▷ **4. Operation(en) zweiter Dringlichkeit zur definitiven Versorgung** (organerhaltende Frühoperationen)

Ziel

Vorverlegung des optimalen OP-Termins durch »aggressive« Intensivtherapie, operative Frakturversorgung innerhalb 24 – 48 Stunden

▷ **5. Erholungsphase**

Ziel

Start des »weaning« vom Respirator unter Reduktion der Analgosedierung
Das »weaning« sollte erst dann eingeleitet werden, wenn für die folgenden Tage keine weiteren Operationen geplant sind

Hämorrhagischer Schock

Beim hämorrhagischen Schock liegt nicht nur eine Reduktion des Blutvolumens, sondern auch eine ausgeprägte Verminderung der extrazellulären Flüssigkeit vor.

Typische **Symptome** sind:
- Abfall von Blutdruck, ZVD, HZV
- Anstieg von Herzfrequenz u. $avDO_2$

Therapie Wenn möglich sofortige Blutstillung und adäquate Volumenersatztherapie (S 9.**26**).

Hämorrhagischer Schock

Die Auswirkungen des hämorrhagischen Schocks (s. Kapitel 9.3.2) hängen von Ausmaß und Geschwindigkeit des Blutverlustes ab. Der mittlere Blutverlust bei polytraumatisierten Patienten beträgt ca. 2000 ml. Beim hämorrhagischen Schock liegt nicht nur eine Reduktion des Blutvolumens, sondern auch eine ausgeprägte Verminderung der extrazellulären Flüssigkeit vor.

Typische **Symptome** sind:
- Abfall des arteriellen Blutdruckes, des zentralen Venendruckes, des Herzzeitvolumens und -schlagvolumens
- Anstieg der Herzfrequenz und der $avDO_2$

Therapie. Wenn möglich, sollen sofortige Blutstillung und adäquate Volumenersatztherapie erfolgen. S 9.**26** zeigt die bei verschiedenen Frakturen zu erwartenden Blutverluste infolge von Einblutungen in die umgebenden Weichteile.

S Synopsis 9.**26: Blutverluste bei Frakturen**

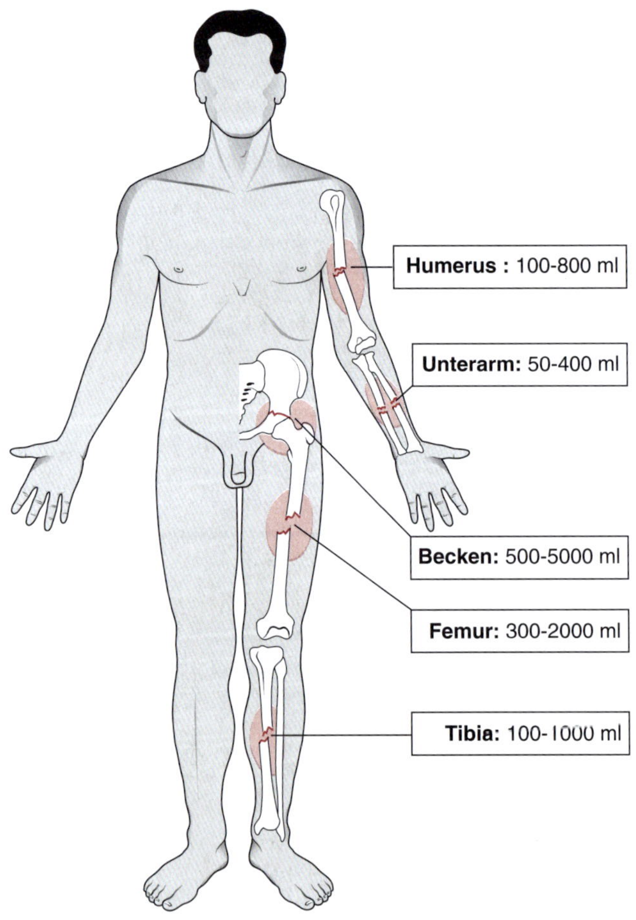

Unter Orientierung anhand von 9.26 kann in Abhängigkeit vom Blutverlust das in 9.32 gezeigte Schema zu Substitutionstherapie beim hämorrhagischen Schock angewendet werden. Es handelt sich hierbei um ein integrales Konzept zur Therapie akuter Blutverluste. Zum primären Volumenersatz bei hämorrhagischem oder traumatischem Schock sollte aufgrund seiner günstigen Eigenschaften auf die Mikrozirkulation und die schnelle Volumenmobilisierung der Einsatz einer hypertonen Lösung (z. B. Hyperhaes®) in einer Dosierung von 4 ml/kg KG erwogen werden.

9.32 zeigt das Schema zur Substitutionstherapie beim hämorrhagischen Schock.

9.32: Konzept zur abgestuften Komponententherapie akuter Blutverluste

Stufe	Verlust in %	Therapie
I	≦ 20 %	Volumenersatz: 1/2 Kristalloid + 1/2 Kolloid
II	20–50 %	EK + FFP im Verhältnis 2 : 1 + Kristalloide + Kolloide wie bei Stufe I
III	> 50 %	EK + FFP im Verhältnis 1 : 1 + TK nach Thrombozytenzahl + Kristalloide + Kolloide wie bei Stufe I + ggf. Gerinnungsfaktorenkonzentrate

Fazit. Die erfolgreiche Therapie polytraumatisierter Patienten setzt in besonderem Maße eine enge Zusammenarbeit aller behandelnden Disziplinen voraus. In diesem Zusammenhang erscheint der Anästhesist zusätzlich zu seiner Aufgabe, die Vitalfunktionen aufrechtzuerhalten, am ehesten geeignet, diagnostisch und therapeutisch notwendige Maßnahmen interdisziplinär zu koordinieren und für deren reibungslosen Ablauf zu sorgen. Nur durch frühzeitige, konsequente intensivmedizinische Behandlung gestörter Vitalfunktionen kann es gelingen, gefürchtete Komplikationen wie Sepsissyndrom (s. Kapitel 9.9.4), ARDS (s. Kapitel 9.2) oder Multiorganversagen zu verhindern und so die Letalität dieses Krankheitsbildes zu senken. Hierbei ist vor allem für ein adäquates, d. h. erhöhtes Sauerstoffangebot an die Zellen Sorge zu tragen (Oxygenierung, Sauerstoffträger, Herzzeitvolumen, Mikrozirkulation), um die körpereigenen Regenerations- und Reparationsvorgänge zur Wiederherstellung der Homoöstase ausreichend unterstützen zu können.

Fazit Die erfolgreiche Therapie polytraumatisierter Patienten setzt in besonderem Maße eine enge Zusammenarbeit aller behandelnden Disziplinen voraus. Nur durch frühzeitige, konsequente intensivmedizinische Behandlung gestörter Vitalfunktionen kann es gelingen, gefürchtete Komplikationen wie Sepsissyndrom (s. Kap. 9.9.4), ARDS (s. Kap. 9.2) oder Multiorganversagen zu verhindern und so die Letalität dieses Krankheitsbildes zu senken.

Klinischer Fall

Eine 40jährige Patientin, die in suizidaler Absicht vor die U-Bahn gesprungen war, erlitt in diesem Zusammenhang ein Polytrauma. Bei Eintreffen des Notarztes am Unfallort war die Patientin nicht mehr ansprechbar und bot die Zeichen des hämorrhagischen Schocks. Sie wurde sofort notfallmäßig intubiert und mit 100 % Sauerstoff beatmet. Nach Anlage mehrerer großlumiger Venenverweilkanülen wurden bis zum Eintreffen in der Klinik zur Kreislaufstabilisierung 2,5 l Volumenersatzmittel infundiert. Wegen des Verdachtes auf einen linksseitigen Hämatothorax infolge einer Rippenserienfraktur wurde primär eine Bülau-Drainage angelegt, über die sich spontan ca. 1 l Blut entleerte. Weiterhin bestand zu diesem Zeitpunkt eine ausgeprägte Schwellung im Bereich des linken Oberschenkels als Folge einer Einblutung nach Oberschenkelfraktur.

Nach Erstversorgung in der Klinik (Massivtransfusion, Anlage einer Monaldi-Drainage rechts wegen Pneumothorax, orientierende Diagnostik) wurde wegen fortbestehender massiver Blutung aus dem linken Thorax notfallmäßig eine mediane Thorakotomie durchgeführt (Operation erster Dringlichkeit zur Stabilisierung der Vitalfunktionen). Hierbei zeigten sich ein Abriß der V. subclavia rechts mit intrathorakalen Einblutungen und mehrere Interkostalarterieneinrisse links als Ursache für den Hämatothorax. Nach gefäßchirurgischer Versorgung wurde die Patientin zur Stabilisierung und weiteren Betreuung auf die anästhesiologische Intensivstation übernommen. Die abgebildete Röntgenaufnahme (9.24) entstand ca. eine Woche nach dem Ereignis.

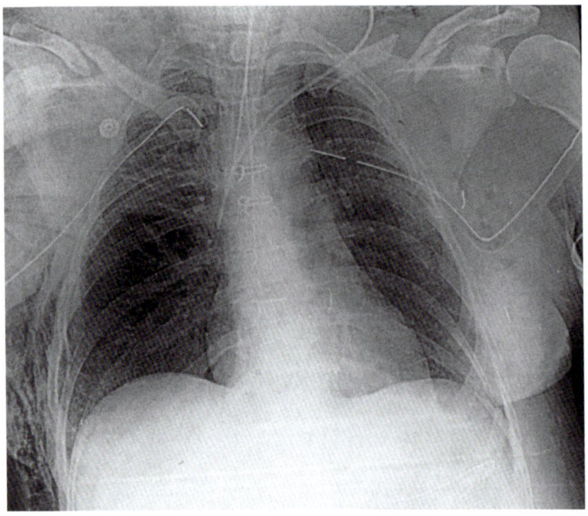

9.24: **Thoraxtrauma**

Zu sehen ist ein Weichteilemphysem (rechts >> links): Man erkennt rechts deutlich Luftansammlungen, sowohl im subkutanen Gewebe als auch in der Muskulatur. Hierdurch wird im Bereich des M. pectoralis die Muskelfiederung sichtbar. Außerdem Klavikulafrakturen bds.; Rippenserienfrakturen bds. (links 2–8, rechts 5–7). Z.n. Hämatothorax links, versorgt mit **Bülau-Drainage**, Z.n. Pneumothorax rechts, versorgt mit **Monaldi-Drainage** (zu Einzelheiten über Drainagen s. Kap. 9.2.5). Nebenbefund: regelrechte Lage des Endotrachealtubus und ZVK. Drahtcerclagen nach Sternotomie.

9.9.3 Lungenarterienembolie

Eine Lungenarterienembolie entsteht infolge akuter, mehr oder minder ausgeprägter **Verlegung der pulmonalarteriellen Strombahn** durch thrombotisches Material, Fett oder Luft bzw. Gas. Diagnostische Schwierigkeiten bereiten immer wieder vieldeutige, unspezifische Symptome – oftmals bei gleichzeitigem Bestehen anderer kardiopulmonaler Erkrankungen.

9.9.3 Lungenarterienembolie

Eine Lungenarterienembolie, im weiteren kurz Lungenembolie genannt, entsteht infolge akuter, mehr oder minder ausgeprägter **Verlegung der pulmonalarteriellen Strombahn** durch thrombotisches Material, Fett oder Luft bzw. Gas. Diagnostische Schwierigkeiten bereiten immer wieder vieldeutige, unspezifische Symptome – oftmals bei gleichzeitigem Bestehen anderer kardiopulmonaler Erkrankungen – obwohl insbesondere bei schweren Embolien die zeitgerechte Diagnosestellung von höchster Wichtigkeit für die Einleitung wirksamer Therapiemaßnahmen (z.B. Thrombolyse) ist. Hier zeigt sich, wie wichtig das differentialdiagnostische »Darandenken« ist, denn die Lungenembolie zählt – trotz Antikoagulanzienprophylaxe – auch heute noch zu den häufigsten Todesursachen, sowohl im chirurgischen als auch im konservativen Krankengut. Weiterhin sollte man sich vergegenwärtigen, daß kleinere embolische Ereignisse oftmals einer fulminanten Embolie vorausgehen.

Risikofaktoren

Eine Lungenembolie entwickelt sich in der frühen postoperativen bzw. posttraumatischen Phase am häufigsten **auf dem Boden einer tiefen Bein- bzw. Beckenvenenthrombose** (TVT) bei immobilisierten Patienten, wobei eine TVT in ca. 70 % der Fälle klinisch unauffällig bleibt.

Risikofaktoren

Eine Lungenembolie entwickelt sich in der frühen postoperativen bzw. posttraumatischen Phase am häufigsten **auf dem Boden einer tiefen Bein- bzw. Beckenvenenthrombose** (TVT) bei immobilisierten Patienten. Der Beginn der TVT fällt dabei mit dem chirurgischen bzw. traumatischen Ereignis zusammen. Hervorzuheben ist, daß eine TVT in ca. 70 % der Fälle klinisch unauffällig bleibt! Voraussetzung dafür ist, daß das Gefäßlumen nicht vollständig durch den Thrombus verschlossen wird und der venöse Kollateralkreislauf ausreichend ist. Die Gefahr der Embolisierung besteht so lange, bis der Thrombus organisiert und damit wandadhärent und fixiert ist. Aus diesem Grund ist die Emboliegefahr in den ersten Tagen nach Operation bzw. Trauma deutlich am größten.

Intraoperativ dagegen spielen andere embolieauslösende Faktoren eine größere Rolle (Luftembolie während intrakranieller Eingriffe in sitzender Position nach akzidenteller Eröffnung von hirnvenösen Sinusoiden, Gasembolie bei laparoskopischer Chirurgie, knochenzementinduzierte Embolie im Rahmen der Hüftendoprothetik). Aus dem bisher Gesagten wird verständlich, daß die einzelnen in 9.**33** aufgeführten Risikofaktoren für eine

9.**33** faßt die Risikofaktoren für eine Embolie zusammen.

Embolie im wesentlichen identisch mit denen sind, die das Auftreten einer TVT begünstigen. Gemeinsames Vorhandensein mehrerer Faktoren führt zu deutlichem Ansteigen des Embolierisikos. Durch die Vielfältigkeit prädisponierender Faktoren ergibt sich bei chirurgischen Patienten die Forderung nach einer **konsequenten perioperativen Thromboembolieprophylaxe** durch niedrig dosiertes Heparin.

Durch die Vielfältigkeit prädisponierender Faktoren ergibt sich bei chirurgischen Patienten die Forderung nach einer **konsequenten perioperativen Thromboembolieprophylaxe** durch niedrig dosiertes Heparin.

9.33: Risikofaktoren für eine Lungenembolie

- Operation bzw. Trauma
- Immobilisation
- Varikosis
- Paresen der unteren Extremitäten
- Herzinsuffizienz, Herzinfarkt
- maligne Tumoren
- hormonelle Kontrazeption
- Gravidität, Puerperium
- Adipositas oder Kachexie
- Alter > 40 Jahre
- Hämostasestörungen (Mangel an AT III, Protein C u. S, Fibrinogen, Faktor XII; verminderte fibrinolytische Aktivität)
- zentraler Venenkatheter

Pathophysiologie

Primäres Kennzeichen einer Lungenembolie ist die akute Widerstandszunahme in der Pulmonalisstrombahn. Die dadurch entstehenden unmittelbaren Auswirkungen betreffen sowohl das Herz-Kreislauf-System als auch den pulmonalen Gasaustausch (S 9.**27**) und sind in ihrer Ausprägung von folgenden Faktoren abhängig:

- Größe und Lokalisation der Embolie
- Leistungsfähigkeit des linken und rechten Herzens
- Zustand der Lunge und des Lungengefäßbettes

Pathophysiologie

Primäres Kennzeichen einer Lungenembolie ist die akute Widerstandszunahme in der Pulmonalisstrombahn. Die dadurch entstehenden Auswirkungen (S 9.**27**) sind in ihrer Ausprägung von folgenden Faktoren abhängig:

- Größe und Lokalisation der Embolie
- Leistungsfähigkeit des Herzens
- Zustand der Lunge und Lungengefäße

Kardiozirkulatorische Auswirkungen

Die Querschnittseinengung der Lungenstrombahn bewirkt eine akute **Nachlasterhöhung des rechten Ventrikels.** Zur Überwindung des erhöhten pulmonalarteriellen Widerstandes (PVR) muß der rechte Ventrikel vermehrt Druckarbeit leisten. Infolgedessen kommt es zum Anstieg des pulmonalarteriellen Mitteldruckes (PMAP; pulmonale Hypertonie). Dieser Anstieg ist linear mit der Widerstandszunahme korreliert. Bei nicht vorgeschädigtem Myokard beträgt die Grenze der akuten Adaptationsfähigkeit ca. 40 mmHg. Höhere Drücke in dieser Phase sprechen für eine präexistente Widerstandserhöhung in der Pulmonalisstrombahn (chronisches Cor pulmonale). Bei Überlastung des rechten Ventrikels entwickelt sich eine akute Rechtsherzdekompensation. Die als Folge der rechtsventrikulären Dilatation auftretende funktionelle Trikuspidalklappeninsuffizienz erklärt den Anstieg des zentralen Venendruckes (ZVD).

Kardiozirkulatorische Auswirkungen

Die Querschnittseinengung der Lungenstrombahn bewirkt eine **Nachlasterhöhung des rechten Ventrikels**. Es kommt zu einem Anstieg des pulmonalarteriellen Mitteldruckes (pulmonale Hypertonie). Bei Überlastung des rechten Herzens entsteht eine akute Rechtsherzdekompensation.

Die Abnahme des rechtsventrikulären Schlagvolumens hat Auswirkungen auf das linke Herz. Es kommt zur Verminderung von Füllung und Auswurf des linken Ventrikels, so daß die **Koronarperfusion** abnimmt. Der Abfall der Myokarddurchblutung macht sich am stärksten im Bereich des rechten Ventrikels bemerkbar. Hier wird das myokardiale Sauerstoffangebot bei gleichzeitig erhöhtem Bedarf abgesenkt und damit ein Circulus vitiosus in Gang gesetzt.

Die Abnahme des rechtsventrikulären Schlagvolumens führt zu einer Abnahme der **Koronarperfusion**.

Durch **»reflektorisch« und humoral ausgelöste pulmonale Vasokonstriktion** nimmt der PVR stärker zu als es dem Grad der emboIieinduzierten Querschnittseinengung entspricht. Hierfür werden in erster Linie der *Euler-Liljestrand*-Mechanismus (hypoxische pulmonale Vasokonstriktion,

»Reflektorisch« und humoral ausgelöst kommt es zu einer **pulmonalen Vasokonstriktion**.

HPV; s.u.) und diverse vasokonstriktorisch wirkende Mediatoren verantwortlich gemacht.

Pulmonale Auswirkungen

Durch die Verlegung der pulmonalen Strombahn kommt es zu einer Perfusionsumleitung. Das Resultat ist eine Zunahme der venösen Beimischung des arterialisierten Blutes (**erhöhter funktioneller Rechts-links-Shunt**). Die shuntbedingte arterielle Hypoxämie führt zu zusätzlicher Verschlechterung der Herzfunktion. Hinter dem Gefäßhindernis liegende Lungenregionen werden vermindert bzw. nicht mehr durchblutet (**erhöhte funktionelle Totraumventilation**).

Die Ausbildung eines **Lungeninfarktes** ist selten (ca. 10–15%).

Pulmonale Auswirkungen

Durch die Verlegung der pulmonalen Strombahn kommt es zu einer Perfusionsumleitung. Dadurch werden Lungenareale mit normaler Belüftung übermäßig stark durchblutet, so daß eine volle Aufsättigung des vorbeifließenden Blutes mit Sauerstoff nicht mehr möglich ist. Das Resultat ist eine Zunahme der venösen Beimischung des arterialisierten Blutes (**erhöhter funktioneller Rechts-links-Shunt**). In den verstärkt durchbluteten Lungenabschnitten wird aber durch die hier entstehende arterielle Hypoxie die Perfusion »reflektorisch« gedrosselt (*Euler-Liljestrand*-Mechanismus), so daß die Shuntfraktion kleiner bleibt, als es dem errechneten Wert entspricht. Dieser physiologische Schutzmechanismus bewirkt allerdings eine weitere Zunahme des pulmonalen Gefäßwiderstandes (s.o.). Die shuntbedingte arterielle Hypoxämie führt zu zusätzlicher Verschlechterung der Herzfunktion und Akzentuierung der Auswirkungen auf den Gesamtorganismus. Auf der anderen Seite werden hinter dem Gefäßhindernis liegende belüftete Lungenregionen vermindert bzw. gar nicht mehr durchblutet, so daß gleichzeitig der Totraumanteil gesteigert ist (**erhöhte funktionelle Totraumventilation**).

Die Ausbildung eines **Lungeninfarktes** ist eher die Ausnahme (ca. 10–15%) und an folgende Bedingungen geknüpft:

- Beeinträchtigung des nutritiven Kreislaufes über die Bronchialarterien
- Behinderung des pulmonalvenösen Abflusses
- Kollateralisation zwischen Pulmonal- und Bronchialkreislauf

Diese Voraussetzungen sind am ehesten erfüllt bei kleinen und mittelgradigen Embolien und gleichzeitiger pulmonalvenöser Hypertonie, z.B. im Rahmen einer präexistenten Linksherzinsuffizienz.

S Synopsis 9.**27: Mögliche Auswirkungen einer Lungenembolie**

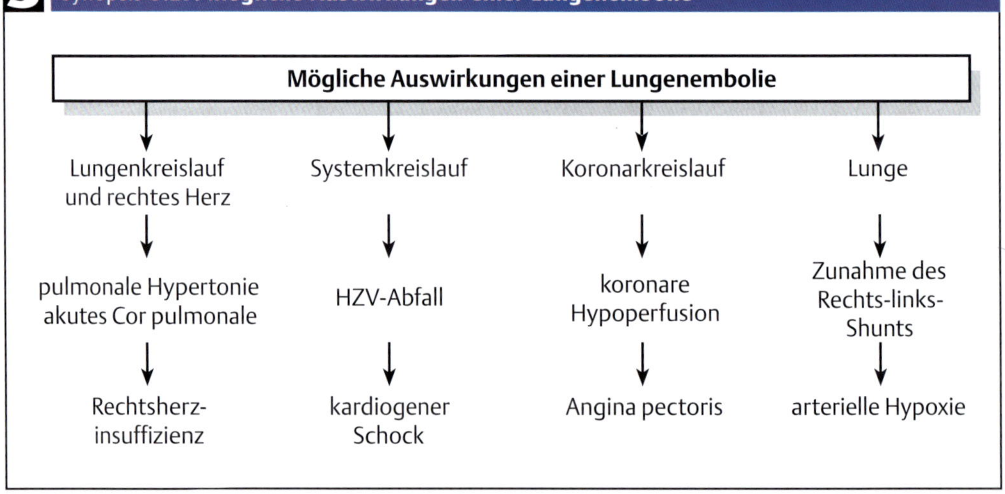

Klinische Symptomatik

Die klinische Symptomatik einer Lungenembolie ist abhängig vom Ausmaß der Verlegung der Lungenstrombahn und vom Ausgangszustand des kardiopulmonalen Systems.
Bei Patienten mit kardiopulmonalen Vorerkrankungen können bereits kleine Embolien gravierende Beeinträchtigungen zur Folge haben und lebensbedrohlich sein.

Klinische Symptomatik

Die klinische Symptomatik einer Lungenembolie ist abhängig vom Ausmaß der Verlegung der Lungenstrombahn und vom Ausgangszustand des kardiopulmonalen Systems. Die in ▤ 9.**34** in Abhängigkeit von der Querschnittseinengung aufgeführten Symptome und Auswirkungen gelten nur für Patienten mit vorher normalem Herz-Lungen-Befund. Bei Patienten mit Vorerkrankungen können hingegen bereits kleine Embolien gravierende Beeinträchtigungen zur Folge haben und lebensbedrohlich sein.

> **Merke.** Jede »unmotivierte« plötzliche Verschlechterung einer kardiopulmonalen Erkrankung ist verdächtig auf eine Lungenembolie.

◄ Merke

Allgemein kann davon ausgegangen werden, daß massive Embolien niemals klinisch unauffällig bleiben. Die Symptome müssen nur registriert und folgerichtig interpretiert werden. Schwierigkeiten ergeben sich dabei aus der Variabilität der klinischen Zeichen. Da eine Lungenembolie genau an der Schnittstelle zwischen dem Kreislauforgan »Herz« und dem Atmungsorgan »Lunge« stattfindet, können im einen Extremfall pulmonale Symptome isoliert auftreten (Lungeninfarkt), während im anderen kardiovaskuläre Zeichen eindeutig dominieren (kardiogener Schock).

Massive Embolien bleiben niemals klinisch unauffällig.

Folgende **Symptome** können bei einer Lungenembolie gefunden werden:
- akute thorakale Schmerzen
- atemsynchroner Pleuraschmerz – pektanginöser Schmerz
- Angstgefühl
- plötzliche Atemnot
- Zyanose
- Husten
- Hämoptoe (Lungeninfarkt)
- Bronchospasmus (vagal-reflektorisch)
- Tachykardie, selten initiale Bradykardie
- Blutdruckabfall
- obere Einflußstauung
- Synkope
- Schocksymptomatik
- plötzlicher Herztod

Folgende **Symptome** können bei einer Lungenembolie gefunden werden:
- akute thorakale Schmerzen
- atemsynchroner Pleuraschmerz – pektanginöser Schmerz
- Angstgefühl
- plötzliche Atemnot
- Zyanose
- Husten
- Hämoptoe (Lungeninfarkt)
- Bronchospasmus (vagal-reflektorisch)
- Tachykardie, selten initiale Bradykardie
- Blutdruckabfall
- obere Einflußstauung
- Synkope
- Schocksymptomatik
- plötzlicher Herztod

Apparative Diagnostik

Die Lungenembolie wird – wichtig für das therapeutische Vorgehen – in 4 Schweregrade eingeteilt (▤ 9.**34**). Der entscheidende Klassifizierungsparameter ist hierbei der **pulmonalarterielle Mitteldruck**. Intraoperativ auftretende Embolien können bei beatmeten Patienten auch ohne Pulmonaliskatheter relativ genau mittels der Kapnometrie (zusammen mit hämodynamischen Veränderungen) erkannt werden. Da es bei einem embolischen Ereignis zu einer Zunahme der Totraumventilation kommt, steigt bei unverändertem Atemminutenvolumen der $PaCO_2$ abrupt an, während der endexspiratorische CO_2-Partialdruck ($PECO_2$) abfällt. Die Zunahme des arteriell-endexspiratorischen CO_2-Gradienten korreliert dabei direkt mit einer Abnahme des Herzminutenvolumens, wie sie z.B. im Rahmen einer Lungenembolie auftritt.

Apparative Diagnostik

Die Lungenembolie wird in 4 Schweregrade eingeteilt (▤ 9.**34**). Der entscheidende Klassifizierungsparameter ist hierbei der **pulmonalarterielle Mitteldruck**.
Bei Beatmungspatienten zeigt sich als Frühsymptom der LE ein Abfall des $PECO_2$.

Laborbefunde

Es existieren für die Diagnose Lungenembolie keine spezifischen Laborbefunde. Der Laborstatus dient daher vielmehr dem Ausschluß anderer Erkrankungen, insbesondere des Myokardinfarktes. Die Blutgasanalyse zeigt bei leichten bis mittleren LE eine arterielle Hypoxie mit hyperventilationsbedingter Hypokapnie und respiratorischer Alkalose. Bei ausgeprägten Embolien zeigen sich eine **arterielle Hypoxie, Hyperkapnie und respiratorische** (im Schock auch metabolische) **Azidose.**

Laborbefunde

Es existieren keine laborspezifischen Befunde bei Lungenembolie. Die Blutgasanalyse zeigt bei ausgeprägten Embolien eine **arterielle Hypoxie, Hyperkapnie u. respiratorische Azidose**.

EKG

Bei **akutem Cor pulmonale** sind folgende Veränderungen zu verzeichnen:
- SI/QIII- oder SI, II, III-Typ
- Rechtsverlagerung der Herzachse
- inkompletter oder kompletter Rechtsschenkelblock
- ST-Hebungen in den Ableitungen III, aVF und V1-3; gefolgt von ST-Senkungen und terminalen T-Negativierungen

EKG

Bei **akutem Cor pulmonale** sind folgende Veränderungen zu verzeichnen:
- SI/QIII- oder SI, II, III-Typ
- Rechtsverlagerung der Herzachse
- inkompletter oder kompletter Rechtsschenkelblock
- ST-Hebungen in den Ableitungen III, aVF und V1-3; gefolgt von ST-Senkungen und terminalen T-Negativierungen

9.34: Einteilung der Lungenembolie nach Schweregrad

	▷ **Grad I** (klein)	▷ **Grad II** (mittel)	▷ **Grad III** (massiv)	▷ **Grad IV** (fulminant)
▷ **Gefäßverlegung**	< 25 % periphere Äste	25 – 50 % Segmentarterien	> 50 % PA-Ast **oder** mehrere Lappenarterien	> 80 % PA-Ast **und** mehrere Lappenarterien
▷ **PMAP** (mmHg)	n	n/(↑)	25 – 30	> 30
▷ **ZVD** (mmHg)	n	n/(↑)	10 – 20	> 20
▷ **MAP** (mmHg)	n	n/(↓)	↓	↓↓
▷ **PaO_2** (mmHg)	n	n/(↓)	< 70	< 30
▷ **$PaCO_2$** (mmHg)	n	n/(↑↓)	(↑)	↑↑
▷ **Klinik**	Dyspnoe Tachypnoe	Dyspnoe thorakaler Schmerz Tachykardie Tachypnoe	akutes Cor pulmonale schwere Dyspnoe Tachypnoe thorakaler Schmerz Tachykardie Zyanose Synkope	kardiogener Schock Herz-Kreislauf-Stillstand
▷ **Prognose**	——— nicht lebensbedrohlich ———		——— akut lebensbedrohlich ———	

PMAP: pulmonalarterieller Mitteldruck; MAP: systemarterieller Mitteldruck; ZVD: zentraler Venendruck; PaO_2: arterieller Sauerstoffpartialdruck; $PaCO_2$: arterieller Kohlendioxidpartialdruck; n: normal; (↑): leicht erhöht; ↑: erhöht; ↑↑: deutlich erhöht; (↓): leicht erniedrigt; ↓: erniedrigt; ↓↓: deutlich erniedrigt; PA: Pulmonalarterie

- Verschiebung der R/S-Übergangszone nach links
- Rhythmusstörungen

- Verschiebung der R/S-Übergangszone nach links
- Rhythmusstörungen
  - Sinustachykardie
  - Extrasystolen (SVES, VES)
  - Vorhofflimmern

Röntgenthorax

Relativ **charakteristische**, aber seltene röntgenologische Veränderungen:
- Kaliberveränderung im Verlauf einer Pulmonalarterie oder Gefäßabbruch
- Erweiterung einer Hilusarterie (proximal des Embolus)
- Oligämiezeichen (umschriebene oder ausgedehntere Transparenzerhöhung als Ausdruck einer Gefäßrarifizierung)
- typische Zeichen des Lungeninfarktes (pleuranahe keilförmige Verschattung)

Unspezifische Zeichen:
- Veränderungen der Herzform (Rechtsherzvergrößerung)
- Zwerchfellhochstand
- Plattenatelektasen
- kleine Pleuraergüsse

Röntgenthorax

Relativ **charakteristische**, aber seltene röntgenologische Veränderungen bei einer Lungenembolie sind:
- Kaliberveränderung im Verlauf einer Pulmonalarterie oder Gefäßabbruch
- Erweiterung einer Hilusarterie (proximal des Embolus)
- Oligämiezeichen (umschriebene oder ausgedehntere Transparenzerhöhungen als Ausdruck einer Gefäßrarifizierung)
- typische Zeichen des Lungeninfarktes (pleuranahe keilförmige Verschattung)

Zu den **unspezifischen** Zeichen gehören:
- Veränderungen der Herzform (Rechtsherzvergrößerung)
- Zwerchfellhochstand
- Plattenatelektasen
- kleine Pleuraergüsse

Merke ▶

Merke. Normalbefunde von EKG und Röntgenthorax schließen eine Lungenembolie nicht aus! Die Bedeutung von EKG und Thoraxbild liegt vor allem im Erkennen anderer kardiopulmonaler Erkrankungen, die mit ähnlicher Symptomatik einhergehen können.

Lungenperfusionsszintigraphie

Der **scharf begrenzte, segmentale Perfusionsdefekt** in der Lungenperfusionsszintigraphie liefert einen charakteristischen Hinweis auf eine abgelaufene Lungenembolie. Dies gilt jedoch nur unter der Voraussetzung, daß keine kardiopulmonalen Vorerkrankungen bestehen, die ähnliche Befunde liefern könnten. Aus diesem Grund ist die Kenntnis des aktuellen Röntgenthoraxbildes unabdingbar. Ein negatives Perfusionsszintigramm schließt eine Embolie mit hoher Wahrscheinlichkeit aus! Im **Schockzustand** ist die Szintigraphie jedoch wegen der generalisierten Durchblutungsminderung nicht anwendbar.

Lungenperfusionsszintigraphie

Der **scharf begrenzte, segmentale Perfusionsdefekt** in der Lungenperfusionsszintigraphie liefert bei Patienten ohne kardiopulmonale Vorerkrankungen einen charakteristischen Hinweis auf eine abgelaufene Lungenembolie.
Ein negatives Perfusionsszintigramm schließt eine Embolie mit hoher Wahrscheinlichkeit aus!

Pulmonalisangiographie

Die Pulmonalisangiographie galt lange Zeit als »Gold Standard« der Emboliediagnostik (Treffsicherheit von 90–100%). Sie kann als **konventionelle Angiographie** (Kontrastmittelinjektion in den Pulmonalishauptstamm) oder **digitale Subtraktionsangiographie** (periphervenös möglich, aussagekräftiger aber zentralvenöse Injektion) durchgeführt werden. Beide Verfahren ermöglichen das Erkennen und den Ausschluß großer zentraler Embolien. Zum Nachweis peripherer Embolien und zur exakten Quantifizierung ist allerdings die konventionelle Angiographie vorzuziehen. Sichere Kriterien sind ein **abrupter Gefäßabbruch** bei komplettem Gefäßverschluß oder ein umschriebener **intravasaler Füllungsdefekt**. Indirekte, unspezifische Zeichen sind avaskuläre Zonen, abnorme Gefäßverläufe und Kaliberschwankungen. Die Untersuchung ist jedoch an den Transport des Patienten in die radiologische Einheit gebunden.

Pulmonalisangiographie

Die Pulmonalisangiographie galt lange Zeit als »Gold Standard« der Emboliediagnostik (Treffsicherheit von 90–100%). Sie kann als **konventionelle Angiographie** oder **digitale Subtraktionsangiographie** durchgeführt werden.

Sichere Kriterien sind ein **abrupter Gefäßabbruch** bei komplettem Gefäßverschluß oder ein **umschriebener intravasaler Füllungsdefekt.**

Thorakales Spiral-CT

In jüngerer Zeit gewinnt das Spiral-CT in Akutdiagnostik und Verlaufskontrolle der Lungenembolie zunehmend an Bedeutung. Hierbei ermöglicht ein neuer 180°-Rekonstruktionsalgorithmus einen kontinuierlichen Tischvorschub von mehr als einer Schichtdicke pro Umdrehung des Röntgenröhren-Detektorsystems. Die Aufnahmezeiten betragen 11–22 s. Diese Methode vereint bei geringerer Invasivität als die Pulmonalisangiographie eine vergleichbar hohe Sensitivität und Spezifität auf sich. Thromben lassen sich mit großer Treffsicherheit bis in die Segmentarterien nachweisen. Gleichzeitig ist es im Gegensatz zur Lungenperfusionsszintigraphie und zur Pulmonalisangiographie möglich, genaue Aussagen zur Morphologie von Thoraxorganen und Lungenparenchym zu treffen. Das Verfahren ist schnell, sicher und ohne größeren Aufwand wiederholbar, so daß es sich sowohl zur Akutdiagnostik in der Notfallsituation, als auch zur Verlaufskontrolle unter thrombolytischer Therapie eignet. Allerdings muß auch für diese Untersuchung der Patient in die radiologische Einheit transportiert werden.

Thorakales Spiral-CT

Das Spiral-CT vereint bei geringerer Invasivität als die Pulmonalisangiographie eine vergleichbar hohe Sensitivität und Spezifität auf sich.

Thromben lassen sich mit großer Treffsicherheit bis in die Segmentarterien nachweisen.

Das Verfahren eignet sich sowohl zur Akutdiagnostik in der Notfallsituation, als auch zur Verlaufskontrolle unter thrombolytischer Therapie.

Pulmonalarterienkatheter

Durch Herzkatheteruntersuchung erhobene Befunde lassen am besten die hämodynamischen Auswirkungen einer Embolie erfassen und gegenüber linkskardial bedingten Veränderungen abgrenzen. Im Vordergrund steht die Messung des pulmonalarteriellen Mitteldruckes. Ein entscheidender Vorteil dieser Methode ist die Durchführbarkeit am Krankenbett auf der Intensivstation beim nicht transportfähigen Patienten sowie im Operationssaal und Aufwachraum. Die typischen Meßergebnisse sind in Abhängigkeit vom Schweregrad der Embolie in ▤ 9.**34** zusammengetragen.

Pulmonalarterienkatheter

Durch Herzkatheteruntersuchung erhobene Befunde lassen am besten die hämodynamischen Auswirkungen einer Embolie erfassen und gegenüber linkskardial bedingten Veränderungen abgrenzen. Die typischen Meßergebnisse zeigt ▤ 9.**34**).

Echokardiographie

Die Echokardiographie kann transthorakal, beim beatmeten Patienten besser noch transösophageal (TEE) erfolgen. Sie hat den Vorteil, **ubiquitär** einsetzbar zu sein, auch während einer Reanimation. Ihre Domäne ist die massive und fulminante Embolie. Sie liefert vor allem indirekte Informationen über ein

Echokardiographie

Die Echokardiographie hat den Vorteil, **ubiquitär** einsetzbar zu sein, auch während einer Reanimation. Ihre Domäne ist die massive und fulminante Embolie. Sie liefert vor allem indirekte Informationen über ein embolisches Geschehen.

Folgende **echokardiographische Befunde** sind bei einer Lungenembolie möglich:
- Erweiterung einer Pulmonalarterie
- Erweiterung des rechten Ventrikels und Vorhofes
- Trikuspidalklappeninsuffizienz
- Vorwölbung und paradoxe Beweglichkeit des Kammerseptums
- direkter Nachweis obliterierender oder flottierender Thromben

Differentialdiagnose

- akuter Myokardinfarkt
- Linksherzdekompensation mit Lungenödem
- Perikardtamponade
- Aneurysma dissecans der thorakalen Aorta
- Schockzustände unterschiedlichster Genese
- akuter Asthmaanfall
- Pneumothorax
- Ösophagusruptur

Therapie

Allgemeine Therapie

- **absolute Bettruhe und leichte Oberkörperhochlagerung**
- **Analgesie und Sedierung**
- **Sauerstoffapplikation, ggf. Intubation und Beatmung**
- **Herz-Kreislauf-wirksame Medikamente** (**Noradrenalin** zur Anhebung des koronaren Perfusionsdruckes)

Spezielle Therapie (S 9.28)

Die spezielle Therapie der Lungenembolie ist abhängig von Schweregrad und den Begleitumständen, z. B. kurz zurückliegende Operation.

embolisches Geschehen, da sie die Folgen aufzeichnen kann. Nur eine Embolie im Pulmonalishauptstamm kann direkt erkannt werden. Die TEE ist von besonderem Nutzen zur intraoperativen Überwachung von Patienten, die einem erhöhten Embolierisiko ausgesetzt sind (z. B. intrakranielle Operationen in sitzender Position).
Folgende **echokardiographische Befunde** sind bei einer Lungenembolie möglich:
- Erweiterung einer Pulmonalarterie
- Erweiterung des rechten Ventrikels und Vorhofes
- Trikuspidalklappeninsuffizienz
- Vorwölbung und paradoxe Beweglichkeit des Kammerseptums
- direkter Nachweis obliterierender oder flottierender Thromben

Differentialdiagnose

Differentialdiagnostisch zur Lungenembolie müssen erwogen werden:
- akuter Myokardinfarkt
- Linksherzdekompensation mit Lungenödem
- Perikardtamponade
- Aneurysma dissecans der thorakalen Aorta
- Schockzustände unterschiedlichster Genese
- akuter Asthmaanfall
- Pneumothorax
- Ösophagusruptur

Therapie

Allgemeine Therapie

Die allgemeine Therapie besteht aus folgenden Maßnahmen:
- **absolute Bettruhe und leichte Oberkörperhochlagerung**
- **Analgesie und Sedierung:**
  Hierdurch wird einer schmerz- bzw. streßinduzierten Katecholaminausschüttung entgegengewirkt und damit der pulmonale Gefäßwiderstand gesenkt. Zum Einsatz kommen Opioide und Benzodiazepine.
- **Sauerstoffapplikation, ggf. Intubation und Beatmung:**
  Die Sauerstofftherapie dient ebenfalls der Senkung des PVR. Beim Schweregrad IV sowie bei ausgeprägten Oxygenierungsstörungen und respiratorischer Azidose sollten Intubation und Beatmung erfolgen.
- **Herz-Kreislauf-wirksame Medikamente:**
  Bei arterieller Hypotonie im Gefolge einer Lungenembolie sollte **Noradrenalin** (Arterenol®) eingesetzt werden, um den systemischen Blutdruck und damit den koronaren Perfusionsdruck anzuheben. Hierdurch sollen vor allem eine verbesserte Durchblutung und Funktion des rechtsventrikulären Myokards erreicht werden. Zusätzlich kann Dobutamin (Dobutrex®) zur Inotropiesteigerung verabreicht werden.

Spezielle Therapie (S 9.28)

Die spezielle Therapie der Lungenembolie ist abhängig von:
- dem Schweregrad
- Begleitumständen, z. B. kurz zurückliegende Operation

S Synopsis 9.28: **Strategie der speziellen Therapie bei Lungenembolie**

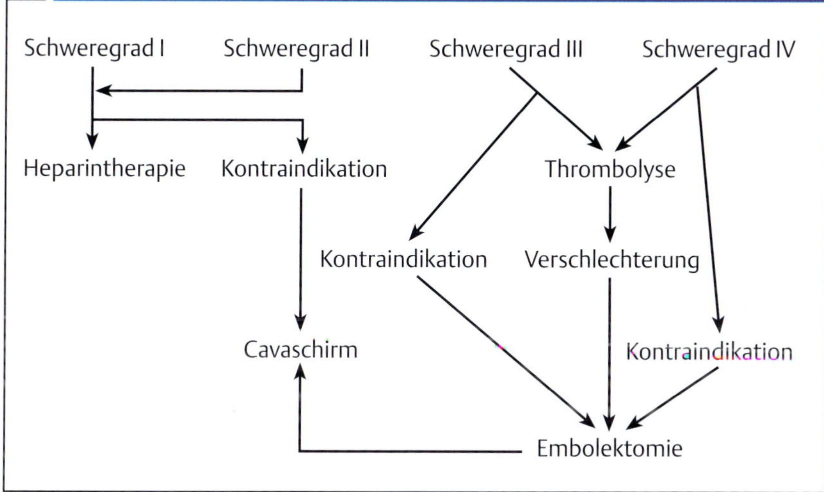

Antikoagulanzientherapie mit Heparin (Schweregrad I + II)

Mit der Heparinbehandlung werden 2 Ziele verfolgt:

1. ein appositionelles Wachstum der in die Lungenstrombahn embolisierten Thromben zu verhindern,
2. Rezidivembolien vorzubeugen.
   Die Heparintherapie wirkt nicht thrombolytisch und kann damit die akuten hämodynamischen Veränderungen der Embolie nicht beseitigen. Sie schafft nur günstige Voraussetzungen für die körpereigene Lyse, die im Verlauf der folgenden Wochen stattfindet.

Antikoagulanzientherapie mit Heparin (Schweregrad I + II)

Mit der Heparinbehandlung werden 2 Ziele verfolgt:

1. ein appositionelles Wachstum der in die Lungenstrombahn embolisierten Thromben zu verhindern,
2. Rezidivembolien vorzubeugen.

Dosierung:

- initial 5000–10000 I.E. i.v. als Bolus (so früh wie möglich), anschließend 400–500 I.E./kg KG·d p.inf.

Absolute Kontraindikationen:

- maligne, pharmakologisch nicht zu beherrschende Hypertonie (selten)
- floride Magen-Darm-Blutung
- frische intrakranielle Blutung
- spezielle postoperative Probleme (unvollständige Blutstillung, intrakranielle Eingriffe etc.)

Absolute Kontraindikationen

- maligne, pharmakologisch nicht zu beherrschende Hypertonie (selten)
- floride Magen-Darm-Blutung
- frische intrakranielle Blutung
- spezielle postoperative Probleme (unvollständige Blutstillung, intrakranielle Eingriffe etc.)

Thrombolyse (Schweregrad III + IV)

Mit einer thrombolytischen Therapie (s. auch Kapitel 5.4.5) ist es möglich, die hämodynamischen Befunde innerhalb von Stunden nach dem embolischen Geschehen zu normalisieren, zumindest aber zu verbessern. Hierzu können die Fibrinolytika **Streptokinase** (SK), **Urokinase** (UK) oder **tPA** (»tissue plasminogen activator«) eingesetzt werden. Es werden unterschiedliche Dosierungsschemata angegeben, wobei sich bei Grad IV die hochdosierte Kurzzeitlyse durchgesetzt hat (z.B. 1,5 Mio. I.E. UK i.v. als Bolus initial und anschließend weitere 1,5 Mio. I.E. über 3 h). Bei liegendem Pulmonaliskatheter sollten die Fibrinolytika direkt in die Pulmonalarterie appliziert werden, wodurch die Dosierung erheblich niedriger gewählt werden kann (Patienten mit erhöhtem Blutungsrisiko!). Im Anschluß an die erste Phase kann unter Berücksichtigung der individuellen Situation des Patienten die Lysetherapie zur Sanierung der Emboliequelle fortgesetzt werden (z.B. 100000 I.E. UK/h für ca. 8–10 Tage); auf jeden Fall muß sich aber eine kontinuierliche hochdosierte Heparintherapie (s.o.) anschließen.

Thrombolyse (Schweregrad III + IV)

Mit einer thrombolytischen Therapie ist es möglich, die hämodynamischen Befunde innerhalb von Stunden nach dem embolischen Geschehen zu normalisieren, zumindest aber zu verbessern. Hierzu können die Fibrinolytika **Streptokinase** (SK), **Urokinase** (UK) oder **tPA** (»tissue plasminogen activator«) eingesetzt werden. Eine hochdosierte Heparintherapie muß angeschlossen werden.

Beim Schweregrad IV müssen die Kontraindikationen für Fibrinolytika relativiert werden. Es verbleiben als **absolute Kontraindikationen:**

- akute innere Blutungen
- Operation bzw. Trauma innerhalb der vergangenen Tage

Beim Schweregrad IV verbleiben als **absolute Kontraindikationen** für Fibrinolytika:

- akute innere Blutungen
- Operation bzw. Trauma innerhalb der vergangenen Tage

- Hirninfarkt oder intrakranielle Blutung innerhalb der vergangenen 4 Wochen

- Hirninfarkt oder intrakranielle Blutung innerhalb der vergangenen 4 Wochen

Operative Maßnahmen (Schweregrad III + IV)

Die **pulmonale Embolektomie** sollte nach Möglichkeit unter Einsatz der Herz-Lungen-Maschine (HLM) erfolgen.

Operative Maßnahmen (Schweregrad III + IV)

Die **pulmonale Embolektomie** sollte nach Möglichkeit unter Einsatz der Herz-Lungen-Maschine (HLM) erfolgen, da die Notfalloperation nach *Trendelenburg* (ohne HLM) mit einer ausgesprochen hohen Letalität assoziiert ist.

Indikationen
- Schweregrad IV bei absoluten Kontraindikationen für eine Thrombolysetherapie
- Schweregrad III, wenn trotz thrombolytischer Therapie eine Verschlechterung des Zustandes eintritt.

Indikationen:
- Schweregrad IV bei absoluten Kontraindikationen für eine Thrombolysetherapie
- Schweregrad III, wenn trotz thrombolytischer Therapie eine Verschlechterung des Zustandes eintritt.

Rezidivprophylaxe

Zur langfristigen Rezidivprophylaxe werden in erster Linie **orale Antikoagulanzien** (Vitamin-K-Antagonisten) verwendet. Bei Kontraindikationen kommen alternativ **Sperroperationen der V. cava inferior** (Filterimplantation) in Frage.

Rezidivprophylaxe

Zur langfristigen Rezidivprophylaxe werden in erster Linie **orale Antikoagulanzien** (Vitamin-K-Antagonisten, s. Kapitel 5.4.4) verwendet. Bei Kontraindikationen kommen alternativ **Sperroperationen der V. cava inferior** (Filterimplantation) in Frage.

9.9.4 Sepsissyndrom

9.9.4 Sepsissyndrom

Das Sepsissyndrom ist ein heterogenes Krankheitsbild, dessen Entstehung sowohl mit als auch ohne Beteiligung von Mikroorganismen zustande kommen kann. Zum besseren Verständnis ist es zunächst notwendig, einige definitorische Abgrenzungen zu treffen.

Definition ►

Definition. Das **»Sepsissyndrom«** (S **9.29**) ist ein Oberbegriff für ein Krankheitsbild, das durch dauerndes oder periodisches Eindringen von pathogenen Mikroorganismen, ihren toxischen Stoffwechsel- oder Zerfallsprodukten oder von Toxinen allgemein in den Blutkreislauf verursacht wird. Hierdurch wird eine Kaskade pathobiochemischer Reaktionen mit Beteiligung verschiedenster Mediatorsysteme in Gang gesetzt, deren Korrelat die Allgemein- bzw. systemische Entzündungsreaktion ist. Initial finden sich häufig **hyperdyname** Kreislaufverhältnisse (Tachykardie, hohes Herzminutenvolumen), die schließlich in eine **hypodyname Schockphase** (arterielle Hypotonie, Organdysfunktionen) einmünden können. **Fieber** über 38,5 °C ist meist vorhanden. Bei ungünstigem Verlauf steht als Endpunkt das mediatorinduzierte **Multiorganversagen**.

Im Zentrum des septischen Geschehens steht, unabhängig von der Ursache, die **systemische Entzündungsreaktion** (»systemic inflammatory response syndrome« – SIRS). Der Begriff **Sepsis** sollte heutzutage für die mikrobielle Genese reserviert bleiben, während man bei nichtinfektiöser Genese von einem **SIRS** sprechen sollte. Folgende weitere Begriffe müssen abgegrenzt werden:
- Bakteriämie
- Endotoxinämie
- Septikämie
- septisch-toxischer Schock

Im Zentrum des septischen Geschehens steht die **systemische Entzündungsreaktion** (»systemic inflammatory response syndrome« – SIRS). Sie findet sich unabhängig vom auslösenden Agens. Der Begriff **Sepsis** sollte heutzutage für die mikrobielle Genese reserviert bleiben, während man bei nichtinfektiöser Genese von einem **SIRS** sprechen sollte. Folgende weitere Begriffsbestimmungen sind von Bedeutung:

Bakteriämie: Vorhandensein von fakultativ pathogenen Bakterien in der Blutbahn **ohne** Kreislaufbeteiligung und anderen Intoxikationszeichen.

Endotoxinämie: Anwesenheit von Endotoxin, einem Lipopolysaccharid aus der Membran gramnegativer Bakterien, im Blut, auch ohne gleichzeitige Bakteriämie.

Septikämie: Intoxikation des Gesamtorganismus durch Mikroorganismen, Endotoxine, Toxine oder Pyrogene.

Septisch-toxischer Schock (s. Kapitel 9.3.2): akute Verminderung der O_2-Versorgung lebenswichtiger Organe mit charakteristischen funktionellen und strukturellen Veränderungen, die binnen kürzester Zeit zum Multiorganversagen führen können.

S Synopsis 9.**29: Sepsissyndrom**

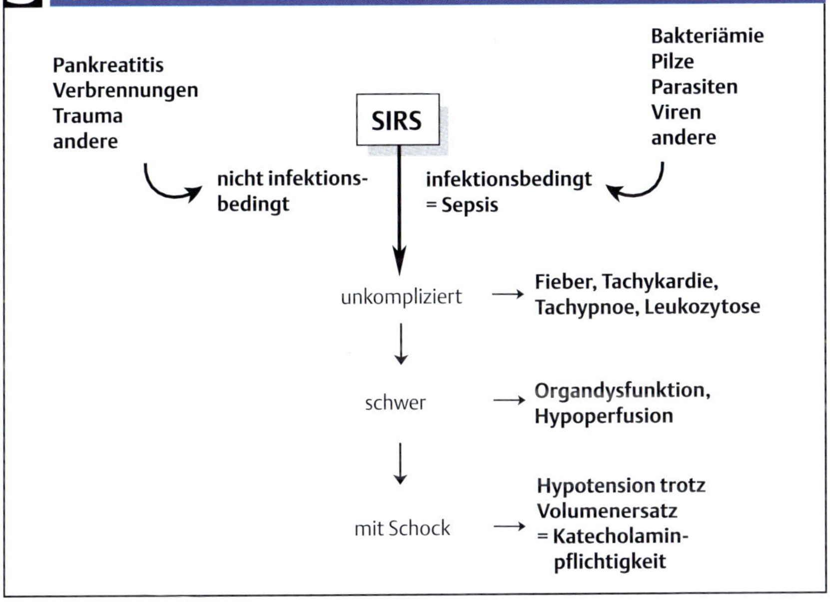

Inzidenz

Die Inzidenz des Sepsissyndroms wird im europäischen Bereich im Mittel mit 5 Erkrankungen auf 1000 Krankenhauspatienten angegeben und ist im Ansteigen begriffen. Sie ist naturgemäß abhängig von der Art des Grundleidens. Bei polytraumatisierten Patienten muß man von einer Inzidenz von rund 9% ausgehen. Patienten mit einer Chemotherapie auf onkologischen Stationen erleiden in rund 24% eine septische Erkrankung. Bei kritisch kranken Patienten einer Intensivstation ist mit einer Inzidenz von 3–5% zu rechnen. Für diese Entwicklung gibt es zahlreiche Ursachen, die z.T. bedingt sind durch die Entwicklung neuer invasiver Untersuchungstechniken mit ihren Eintrittspforten für Keime sowie die Zunahme der Überlebensrate von Patienten mit chronischen Erkrankungen, wie z.B. Diabetes mellitus, Malignomen und Lebererkrankungen. Zunehmende Bedeutung in dieser Hinsicht gewinnen natürlich auch HIV-infizierte Patienten.

Inzidenz

Die Inzidenz des Sepsissyndroms wird im europäischen Bereich im Mittel mit 5 Erkrankungen auf 1000 Krankenhauspatienten angegeben.

Ätiologie

Das Sepsissyndrom entsteht auf der Grundlage einer prädisponierenden Abwehrschwäche bei folgenden Zuständen bzw. Krankheitsbildern:

- Allgemeininfektion
- Trauma (ausgedehnte Operationen, Polytrauma)
- amikrobielle Entzündung
- Intoxikation
- Chemotherapie

Die Ätiologie der Sepsis ist einem ständigen Wandel unterworfen. In der Zeit vor Anwendung der Antibiotika galten Streptokokken als wichtigste Erreger. Heute findet man vermehrt gramnegative Keime sowie Staphylokokken. Die am **häufigsten** zu isolierenden **Bakterienspezies** sind E. coli (25%), Staphylococcus aureus (20%) und epidermidis (8%), Enterokokken (5%) sowie Klebsiellen (4,6%) sowie Pseudomonas. Die Zunahme der Bedeutung von grampositiven Keimen in den vergangenen Jahren wird auf den jahrzehntelangen Einsatz von potenten, gramnegativ wirksamen Antibiotikakombinationen in der Intensivmedizin zurückgeführt. Als **Infektionsherde** gelten u.a. Peritonitis, Pneumonie, Meningitis, Cholangitis, Harnwegsinfekte, Operationsgebiet. Keimeintrittspforten entstehen beim Intensivpatienten durch sämtliche intravenösen und intraarteriellen

Ätiologie

Das Sepsissyndrom entsteht auf der Grundlage einer prädisponierenden Abwehrschwäche bei folgenden Zuständen bzw. Krankheitsbildern:

- Allgemeininfektion
- Trauma (ausgedehnte Operationen, Polytrauma)
- amikrobielle Entzündung
- Intoxikation
- Chemotherapie

Die Ätiologie der bakteriellen Sepsis ist einem ständigen Wandel unterworfen.

- **Häufige Erreger:** E. coli (25%), Staphylococcus aureus (20%) und epidermidis (8%), Enterokokken (5%) und Klebsiellen (4,6%) sowie Pseudomonas.

- **Meist Infektionsherde,** wie Peritonitis, Pneumonie, Meningitis, Cholangitis, Harnwegsinfekt, Operationsgebiet.

Katheter sowie durch invasive diagnostische und therapeutische Maßnahmen, wie z. B. ERCP, Peritonealdialyse etc.

Diagnose

Das **Bild der Sepsis** (▤ 9.**35**) ist am Anfang durch eine Keiminvasion gekennzeichnet.

Die Abgrenzung gegenüber dem SIRS gelingt nur und ausschließlich durch den Nachweis eines Sepsisherdes bzw. einer Infektionsquelle, so daß die in ▤ 9.**35** aufgeführten Zeichen, abgesehen von der Keiminvasion, für das gesamte Spektrum des Sepsissyndroms gelten können.

Diagnose

Das **Bild der Sepsis** (▤ 9.**35**) ist am Anfang durch eine Keiminvasion gekennzeichnet. Dadurch kommt es zu einer akuten Verschlechterung des Allgemeinzustandes, meistens Fieber über 38,5 °C und bei rund einem Drittel der Patienten zu Schüttelfrost. Im Blutbild findet sich überwiegend eine Leukozytose, es ist jedoch auch primär eine Leukopenie möglich. Die Abgrenzung gegenüber dem SIRS gelingt nur und ausschließlich durch den Nachweis eines Sepsisherdes bzw. einer Infektionsquelle, so daß die in ▤ 9.**35** aufgeführten Zeichen, abgesehen von der Keiminvasion, für das gesamte Spektrum des Sepsissyndroms gelten können.

9.35: Zeichen der Sepsis

▷ Pathogenese	▷ Symptom
Keiminvasion	• Fieber > 38,5 °C • Schüttelfrost • Bakteriämie (in 12 – 20 % nachweisbar) • rote, warme, trockene Haut oder • blasse, kalte, feuchte Haut • Petechienblutungen (selten)
Hämodynamik	• Tachykardie • Blutdruckabfall (diastolischer Wert ↓↓)
Gerinnung	• Thrombozytensturz! • Gerinnüngsfaktoren sinken ab
Organfunktionsstörungen	• Tachypnoe (PO_2↓, PCO_2↓) • Unruhe, Verwirrtheit • Niereninsuffizienz • Leberinsuffizienz • Enzephalopathie • Respiratorische Insuffizienz • Myokardiale Insuffizienz

Folgende **Laborparameter** sind zu erheben: Leukozytose oder Leukopenie (jeweils mit Linksverschiebung); Hypophosphatämie; Thrombozytopenie, meist mit Thrombozytensturz; Abfall des Fibrinogens und der Faktoren II, V, X; CRP und BSG, meist hoch positiv. Möglicherweise hat der Nachweis des Tumornekrosefaktors (TNF) in der Diagnostik eine Bedeutung. Unzureichend verläßlich ist der Nachweis von Endotoxin, z. B. mit dem sog. Limulus-Amöbozyten-Lysat-(LAL-)Test.

Folgende **Laborparameter** sind zu erheben:
Leukozytose oder Leukopenie (jeweils mit Linksverschiebung); Hypophosphatämie; Thrombozytopenie, meist mit Thrombozytensturz; Abfall des Fibrinogens und der Faktoren II, V, X; CRP und BSG, meist hoch positiv. Möglicherweise gewinnt der Nachweis des Tumornekrosefaktors (TNF) diagnostische Wichtigkeit. Angesichts der Bedeutung gramnegativer Keime besteht nach wie vor Interesse am Nachweis von Endotoxin. Dieser ist im Prinzip mit dem sog. Limulus-Amöbozyten-Lysat-(LAL-)Test möglich, der darauf beruht, daß das Lipid A des Endotoxins die Gerinnungskaskade des Limulus polyphemus (Königskrabbe) aktiviert. Der Test ist zur Zeit noch sehr anfällig und z. B. nach jeder Darmoperation positiv, so daß eine breite und klinisch verläßliche Anwendung derzeit noch nicht möglich ist.

Methodik der mikrobiologischen Diagnostik

Bei entsprechendem Sepsisverdacht wird Blut während des **Fieberanstiegs** unter sterilen Kautelen für mindestens jeweils eine **aerobe und anaerobe Kultur** entnommen.

Methodik der mikrobiologischen Diagnostik

Man wird zum Keimnachweis immer Blutkulturen anlegen, obwohl sich positive Ergebnisse (= Nachweis einer Bakteriämie) nur in rund 12 – 20 % der Fälle finden lassen. Bei entsprechendem Sepsisverdacht wird Blut während des **Fieberanstiegs** unter sterilen Kautelen für mindestens jeweils eine **aerobe und anaerobe** Kultur entnommen. Im allgemeinen ist dafür eine Blutmenge von 10 ml pro Kulturflasche nach sorgfältiger Hautdesinfektion (separate Venenpunktion) ausreichend. Bei ungünstigen Gefäßverhältnissen kann hierfür die V. femoralis, ggf. auch die A. femoralis punktiert werden. Die anaeroben Kulturflaschen dürfen nicht belüftet werden. Es gilt nach wie vor folgende Feststellung:

> **Merke.** Je mehr und häufiger Proben abgenommen werden, um so größer wird die Chance, Erreger nachzuweisen!

◀ **Merke**

Während antibiotischer Therapie sollten Kulturen unbedingt auch während des therapeutischen Talspiegels entnommen werden. Zusätzlich können hierbei Blutkulturflaschen zum Einsatz kommen, die Austauscherharze zur Bindung der Antibiotika enthalten. Problematisch kann die Entscheidung zum Absetzen der Antibiotika sein. Solche Entscheidungen müssen aber **im Einzelfall** abhängig von der klinischen Wirksamkeit der laufenden Antibiotikatherapie getroffen werden, um die Wahrscheinlichkeit eines positiven kulturellen Ergebnisses zu erhöhen.

Die Entscheidung zum Absetzen der Antibiotika muß **im Einzelfall** getroffen werden.

Kreislaufveränderungen beim Sepsissyndrom

Beim Sepsissyndrom kommt es zu charakteristischen Störungen der Makro- und Mikrozirkulation. Meßbar und therapeutisch beeinflußbar sind vor allem die makrohämodynamischen Veränderungen, wiewohl das pathogenetische Substrat des septischen Geschehens auf der Ebene der Mikrozirkulation zu finden ist.

Kreislaufveränderungen beim Sepsissyndrom

Beim Sepsissyndrom kommt es zu charakteristischen Störungen der Makro- und Mikrozirkulation.

Störungen der Makrozirkulation. Die Kreislaufveränderungen werden in ein hyper- und ein hypodynames Stadium eingeteilt, die durch unterschiedliche Ausprägung sympathikotoner Reaktionen gekennzeichnet sind (9.**36**).

Störungen der Makrozirkulation Die Kreislaufveränderungen werden in ein hyper- und ein hypodynames Stadium eingeteilt, die durch unterschiedliche Ausprägung sympathikotoner Reaktionen gekennzeichnet sind (9.**36**).

9.36: Veränderung der Kreislaufparameter beim Sepsissyndrom

	▷ hyperdynam	▷ hypodynam
HF	↑	↑
MAP	↓→	↓
ZVD	↓↑	↓
HZV	↑	↓↓
PCWP	↓↑	↓
SVR	↓↓	↑↑
PVR	↑	↑

HF = Herzfrequenz; MAP = mittlerer arterieller Blutdruck; ZVD = zentralvenöser Druck; HZV = Herz-Zeit-Volumen; PCWP = pulmonal-kapillarer Verschlußdruck; SVR = systemischer Gefäßwiderstand; PVR = pulmonalarterieller Gefäßwiderstand

Im hyperdynamen Initialstadium findet man eine systemarterielle **Hypotension.** Sie wird durch mediatorinduzierte arterielle und venöse Vasodilatation ausgelöst, die zu einem erniedrigten systemischen Gefäßwiderstand (SVR) und aufgrund eines venösen »pooling« zu einem relativen intravasalen Volumenmangel führt. Ein absoluter Volumenmangel tritt in der Regel infolge der erhöhten Gefäßpermeabilität (kapillares-Leck-Syndrom) hinzu.
In dieser Phase wird regelhaft ein gesteigertes Herzzeitvolumen beobachtet, wodurch der deutlich erniedrigte SVR partiell kompensiert werden kann. Es liegt eine **Hyperzirkulation** mit CI-Werten von $> 3{,}5$ l/min·m² vor. Das Blut kommt nach geringer O_2-Ausschöpfung, d.h. mit hohen gemischtvenösen O_2-Sättigungswerten ($SvO_2 > 80\%$) zurück. Die $avDO_2$ ist dementsprechend stark erniedrigt und zeigt Werte von $< 2{,}0$ ml/dl. Der hyperdyname Kreislauf darf nicht ohne weiteres mit septisch-toxischem Schock (s. Kapitel 9.3.2) gleichgesetzt werden; er ist allerdings im Schock am ausgeprägtesten.

Im hyperdynamen Initialstadium findet man eine systemarterielle **Hypotension**. Sie wird vor allem durch mediatorinduzierte arterielle Vasodilatation ausgelöst, die zu einem erniedrigten systemischen Gefäßwiderstand (SVR) führt.
In dieser Phase wird regelhaft ein gesteigertes Herzzeitvolumen beobachtet (**Hyperzirkulation**), wodurch der deutlich erniedrigte SVR partiell kompensiert werden kann.

Bereits in diesem Stadium findet man eine herabgesetzte myokardiale Kontraktilität, erkennbar daran, daß die gemessene HZV-Steigerung nicht dem Ausmaß der SVR-Erniedrigung entspricht.
Die relative Herzinsuffizienz beim septischen Syndrom wird auch als **akute septische Kardiomyopathie** bezeichnet.
Bei einem Teil der Patienten schlägt zu einem späteren Zeitpunkt die Hyperzirkulation in eine hypodyname Schockphase um: das HZV sinkt und der Widerstand steigt wieder an.

Bereits in diesem Stadium findet man eine herabgesetzte myokardiale Kontraktilität, erkennbar daran, daß die gemessene HZV-Steigerung nicht dem Ausmaß der SVR-Erniedrigung entspricht. Bestimmte Mediatoren, vor allem TNF, aber auch Endotoxin, eine verminderte Empfindlichkeit kardialer beta-Rezeptoren als Folge anhaltend erhöhter Plasmakatecholaminspiegel sowie eine gestörte myokardiale Mikrozirkulation werden dafür verantwortlich gemacht. Die relative Herzinsuffizienz beim septischen Syndrom wird auch als **akute septische Kardiomyopathie** bezeichnet.
Bei einem Teil der Patienten schlägt zu einem späteren Zeitpunkt die Hyperzirkulation als Ausdruck einer Dekompensation der körpereigenen, die Homöostase regulierenden Mechanismen in eine hypodyname Schockphase um: das HZV sinkt und der Widerstand steigt wieder an. Unter adäquater Volumensubstitution bzw. -expansion wird jedoch bei den meisten Patienten die hyperdyname Kreislaufkonstellation z.T. auch bis in die Finalphase aufrechterhalten.

Störungen der Mikrozirkulation
Die wesentlichen Veränderungen des septischen Geschehens manifestieren sich im Bereich der Mikrozirkulation.

Hier beobachtet man eine Eröffnung und vermehrte Durchströmung arteriovenöser Shunts mit der Folge einer Gewebehypoxie und nutritiven Störungen.

Störungen der Mikrozirkulation. Die wesentlichen Veränderungen des septischen Geschehens manifestieren sich im Bereich der Mikrozirkulation. Selbst in der Phase relativ erhöhter Herzzeitvolumina können deshalb Funktionseinschränkungen vitaler Organe bis hin zum Organversagen auftreten. Die Durchblutung innerhalb dieser Organe wird als Folge eines Ausfalles der arteriolären Vasomotion, d.h. der rhythmischen Kontraktion und Dilatation der Arteriolen, in typischer Weise um- bzw. fehlverteilt. Hierdurch kommt es zur Eröffnung und vermehrten Durchströmung arteriovenöser Shunts, was experimentell durch Endotoxin ausgelöst werden kann. Gewebehypoxie und nutritive Störungen sind Folge dieser Fehlsteuerung. Zur klinisch praktikablen Erfassung der gestörten Mikrozirkulation könnte zukünftig möglicherweise die Methode der intramukosalen pH-Messung dienen (s. Kapitel 9.1.1).

Metabolische Veränderungen beim Sepsissyndrom
Klinische Studien haben gezeigt, daß der systemische Sauerstoffverbrauch erniedrigt und das Sauerstoffangebot als Folge des septischen Hypermetabolismus generell erhöht sind.
Es bestehen regelhaft eine **Sauerstoffverwertungsstörung** auf mitochondrialer Ebene und eine Steigerung der O_2-Affinität des Hämoglobins.

Metabolische Veränderungen beim Sepsissyndrom

Klinische Studien haben gezeigt, daß der systemische Sauerstoffverbrauch erniedrigt und das Sauerstoffangebot als Folge des septischen Hypermetabolismus generell erhöht sind. Niedrige $avDO_2$-Werte dürfen aber keinesfalls als Ausdruck einer ausreichenden zellulären Oxygenierung gewertet werden. Vielmehr besteht beim septischen Syndrom regelhaft eine **Sauerstoffverwertungsstörung** auf mitochondrialer Ebene. Zusätzlich führt eine Steigerung der O_2-Affinität des Hämoglobins zu einer eingeschränkten O_2-Abgabe an das Gewebe. In diesem Zusammenhang kann eine therapeutische Erhöhung des O_2-Angebotes einen vermehrten O_2-Verbrauch herbeiführen und damit die latente »Sauerstoffschuld« des Organismus aufdecken.

Zusammenfassend läßt sich feststellen, daß das Kernproblem beim **Sepsissyndrom** in der **Störung der Mikrozirkulation** und nicht der Makrozirkulation liegt.

Trotz der erheblichen Kreislaufanpassungen kann die Gewebehypoxie bestehen bleiben, die dann unbehandelt in ein **Einzel-** oder **Multiorganversagen** einmündet, was mit einer Letalität von 50–80% vergesellschaftet ist.

Zusammenfassend läßt sich feststellen, daß das Kernproblem beim **Sepsissyndrom** in der **Störung der Mikrozirkulation** und nicht der Makrozirkulation liegt. Die hyperdyname Kreislaufumstellung kann als Versuch des Organismus interpretiert werden, den zellulären Hypermetabolismus, die gestörte Sauerstoffutilisation und die Fehlverteilung der kapillaren Durchblutung zu kompensieren, um damit eine mangelnde Gewebeoxygenierung zu vermeiden. Trotz der erheblichen Kreislaufanpassungen kann die Gewebehypoxie bestehen bleiben, die dann unbehandelt in ein **Einzel-** oder **Multiorganversagen** einmündet, was mit einer Letalität von 50–80% vergesellschaftet ist. In der zeitlichen Abfolge steht hierbei die Lunge an erster Stelle, gefolgt von Niere und Leber.

Therapie

Um eine Sepsis erfolgreich behandeln zu können, **muß** der Sepsisherd gefunden und entfernt werden.

Therapie

Um eine Sepsis erfolgreich behandeln zu können, **muß** der Sepsisherd gefunden und entfernt werden. Wenn der Patient einen Abszeß hat, muß dieser sofort drainiert und zusätzlich eine Antibiotikatherapie eingeleitet werden. Hierzu müssen möglicherweise alle zur Verfügung stehenden bildgebenden Verfahren eingesetzt werden, wie Ultraschall, Röntgen, CT und evtl. NMR.

1. Die einzuleitende Antibiotikatherapie muß bei bekanntem Sepsisherd an die zu erwartenden Keime angepaßt werden. Jedenfalls muß bei **nicht bekanntem Sepsisherd** die Therapie alle bekannten gramnegativen und -positiven Keime sowie Anaerobier abdecken. Es wird in der Regel eine Kombinationstherapie aus beta-Lactamantibiotika und Aminoglykosiden gewählt. Es kommen in Frage: Breitspektrum-Penicilline (Piperacillin, Mezlocillin, Apalcillin) Carbapenem oder Cephalosporine der 3. Generation (Cefotaxim, Ceftazidim, Cefoperazon etc.), kombiniert mit einem Aminoglykosid (Gentamicin, Tobramycin, Netilmicin, Amikacin) oder Gyrasehemmer (Chinolone: z.B. Ciprafloxacin, Ofloxacin, Levofloxacin).
2. Zur Kreislauftherapie des septisch-toxischen Schocks sollte in der Initialphase neben der unbedingt erforderlichen **Auffüllung des intravasalen Volumens** durch Kolloide bzw. Kristalloide eine **Katecholamintherapie** mit Noradrenalin erfolgen, denn **nur Noradrenalin ist in der Lage, den systemischen Blutdruck in dieser Situation effektiv anzuheben!** Hierzu können Dosierungen von 1 – 10 µg/min und z.T. mehr erforderlich sein.
3. Bei respiratorischer Insuffizienz sollte der Patient endotracheal intubiert und beatmet werden.
4. Überprüfung und ggf. Korrektur der Gerinnung.
5. **Glukokortikoide verbessern die Überlebensrate bei Patienten mit Sepsissyndrom nicht!** Bei Patienten mit Nebenniereninsuffizienz sollten allerdings niedrige Dosen von Hydrocortison verabreicht werden.
6. Eine generelle Immunglobulintherapie – auch mit IgM-angereicherten Präparaten – kann **nicht** empfohlen werden, da gesicherte prospektive Studien hierzu nicht vorliegen.
7. Gegenwärtig werden monoklonale Antikörper in der Therapie der Sepsis eingesetzt, deren Wirkung noch nicht abschließend beurteilbar ist.

Merke. Bei persistierendem »septischen Krankheitsverlauf« unter Antibiotikatherapie sollte daran gedacht werden, daß:
1. Antibiotika nicht ausreichend dosiert bzw. ungeeignete Substanzen eingesetzt werden,
2. noch weitere undrainierte Abszesse,
3. Sekundärinfektionen mit resistenten Keimen,
4. infizierte Katheter oder Fremdkörper vorhanden sein können,
5. eine infizierte tiefe Thrombose, z.B. Beinvenenthrombose,
6. eine Endokarditis mit oder ohne Lungenabszesse dafür verantwortlich sein können,
7. septische Zustände auch vom Darm und Nasennebenhöhlen ausgehen können,
8. ein **»drug fever«** (medikamenteninduziertes Fieber) ausgeschlossen werden muß,
9. eine Pilz- bzw. Virusinfektion oder Tuberkulose vorliegen kann.

S 9.30 zeigt das Vorgehen bei Verdacht auf Sepsissyndrom.

1. Die einzuleitende Antibiotikatherapie muß bei bekanntem Sepsisherd an die zu erwartenden Keime angepaßt werden. Jedenfalls muß bei **nicht bekanntem Sepsisherd** die Therapie alle bekannten gramnegativen und -positiven Keime sowie Anaerobier abdecken.
2. Zur Kreislauftherapie des septisch-toxischen Schocks sollte in der Initialphase neben der unbedingt erforderlichen **Auffüllung des intravasalen Volumens** durch Kolloide bzw. Kristalloide eine **Katecholamintherapie** mit Noradrenalin erfolgen, denn **nur Noradrenalin ist in der Lage, den systemischen Blutdruck in dieser Situation effektiv anzuheben!**
3. Bei respiratorischer Insuffizienz sollte der Patient endotracheal intubiert und beatmet werden.
4. Überprüfung und ggf. Korrektur der Gerinnung.
5. **Glukokortikoide verbessern die Überlebensrate bei Patienten mit Sepsissyndrom nicht!**
6. Eine generelle Immunglobulintherapie kann **nicht** empfohlen werden.

◀ **Merke**

S 9.30 zeigt das Vorgehen bei Verdacht auf Sepsissyndrom.

Synopsis 9.30: Verdacht auf Sepsissyndrom

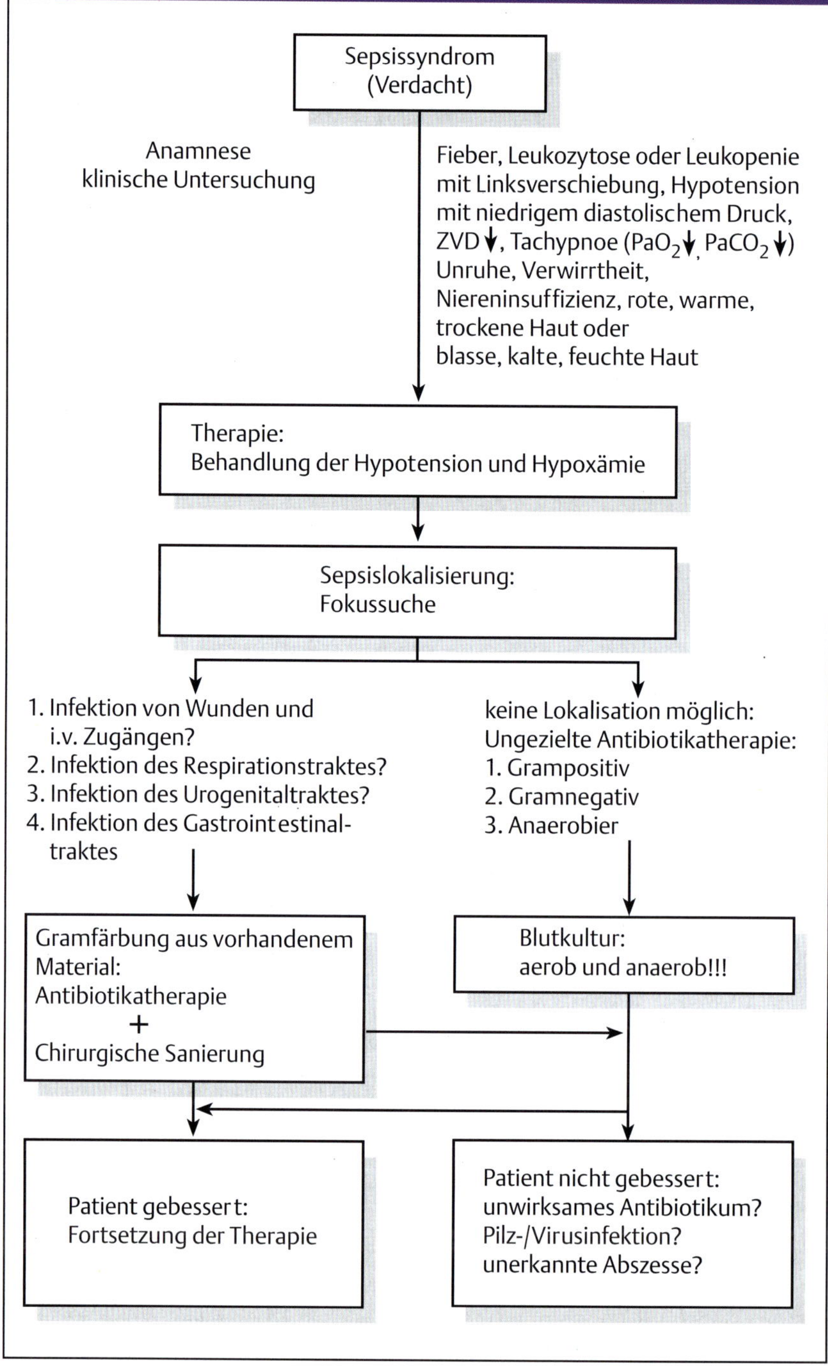

Klinischer Fall

Ein 70jähriger Patient wird stationär aufgenommen, weil er seit längerem rechtsseitige Oberbauchschmerzen hat. Es entwickeln sich eine Peritonitis und ein paralytischer Ileus. Der Patient atmet flach, hochfrequent und hyperventiliert ($PaCO_2 < 32$ mmHg). Der Säure-Basen-Haushalt zeigt eine respiratorische Alkalose mit einem Standardbikarbonat von 28 mval/l, das Serumchlorid ist auf 96 mmol/l erniedrigt. Das Serumkalium sowie das Gesamteiweiß fallen ab. Der Patient hat eine warme, trockene Haut, das Fieber liegt bei 39,1 °C. Im Labor findet sich eine Leukozytose von 23000/µl. Die Pulsfrequenz ist auf 105/min angestiegen, der Blutdruck beträgt 95/45 mmHg. Der ZVD liegt bei +3 cm H_2O. Die Diurese geht auf Werte von 20 ml/h zurück. Dem Pflegepersonal fällt eine zunehmende Unruhe auf.

Es wird die Indikation zur explorativen Laparotomie gestellt und der Patient nach präoperativer Vorbereitung mit Ausgleich des intravasalen Volumens und der Elektrolytdefizite in den Narkoseeinleitungsraum gebracht. Dort wird bei ihm in typischer »Ileustechnik« die Narkose eingeleitet. Intraoperativ kommt es nach Eröffnung des Abdomens zu einer zunehmenden Tachykardie (HF 125/min), der diastolische Druck sinkt auf 30 mmHg ab, und der systolische Blutdruck ist trotz konsequenter Flüssigkeitstherapie nur mühsam bei 75 mmHg zu halten. Der arterielle Mitteldruck (MAP) wird mit 45 mmHg bestimmt. Es sind bis zu diesem Zeitpunkt bereits 2000 ml Kristalloide und Kolloide infundiert worden. Der ZVD liegt jetzt bei +7 cm H_2O, die zentralvenöse Sauerstoffsättigung bei 82%, die $avDO_2$ errechnet sich mit 1,95 ml O_2/dl Blut.

Man entschließt sich unter der Diagnose eines septisch-toxischen Schocks zur Kreislauftherapie mit zunächst 4 µg/min Noradrenalin. Die Kreislaufparameter stabilisieren sich (HF 90/min, MAP 70 mmHg) unter Fortführung dieser Therapie, auch die Diurese wird reaktiviert. Da sich intraoperativ eine perforierte Gallenblase findet, wird eine »breite« antibiotische Kombinationstherapie, bestehend aus einem Cephalosporin der 3. Generation (s.o.), einem Aminoglykosid und der zusätzlichen Gabe von Metronidazol eingeleitet. Nach dem Ergebnis der intraoperativ gewonnenen Abstriche kann die Antibiotikatherapie fortgeführt werden, da alle Keime aufgrund der Empfindlichkeitsbestimmung erfaßt werden. Der Patient wird noch für 3 Tage auf der Intensivstation bis zur völligen hämodynamischen Stabilisierung und Rückgang der klinischen Sepsiszeichen beatmet.

9.9.5 Akute Pankreatitis

Die Therapie insbesondere der akuten hämorrhagisch-nekrotisierenden Pankreatitis ist nach wie vor eine der großen Herausforderungen der Intensivmedizin. Sie bedarf einer engen interdisziplinären Kooperation zwischen dem Intensivmediziner, Chirurgen und Radiologen, um das gesamte therapeutische Repertoire von konservativ-intensivmedizinischen, operativen und interventionellen Maßnahmen sinnvoll ineinandergreifend einsetzen zu können.

Einteilung

Gebräuchlich ist eine Einteilung in Abhängigkeit von den morphologischen Veränderungen in **3 Stadien** (nach *Kümmerle*):

9.37: Einteilung der akuten Pankreatitis

▷ Stadium	▷ Morphologie	▷ Häufigkeit	▷ Letalität
I	ödematös-interstitiell (sog. Speichelödem)	80–90%	0–3%
II	hämorrhagisch-nekrotisierend mit lokalen Nekrosen	10–15%	30%
III	hämorrhagisch-nekrotisierend mit Übergriff auf Nachbarorgane und Retroperitoneum sowie Peritonitis und Schockbeteiligung innerer Organe	5%	70–80%

Die Häufigkeit der akuten Pankreatitis wird in der Literatur mit 10–20 Erkrankungen pro 100000 Einwohner und Jahr angegeben. Betroffen sind in erster Linie adipöse Menschen zwischen dem 20. und 40. Lebensjahr.

9.9.5 Akute Pankreatitis

Einteilung

Gebräuchlich ist eine Einteilung in Abhängigkeit von den morphologischen Veränderungen in **3 Stadien** (nach *Kümmerle*, 9.**37**).

Ätiologie und Pathogenese

Die akute Pankreatitis ist das Ergebnis einer plötzlich einsetzenden **Selbstverdauung der Bauchspeicheldrüse** (Autodigestion).

Ätiologie und Pathogenese

Die akute Pankreatitis ist das Ergebnis einer plötzlich einsetzenden **Selbstverdauung der Bauchspeicheldrüse** (Autodigestion). Die Ursachen hierfür sind multifaktoriell und in 9.**38** zusammengestellt. Unter bestimmten Voraussetzungen kann es zur Freisetzung exokriner, aktivierter Pankreasenzyme, zunächst in das Organ selbst und dann ins umgebende Gewebe kommen, wodurch autolytische Prozesse in Gang gesetzt werden, die zu intra- und extrapankreatischen tryptischen Nekrosen führen können. Eine Resorption toxischer und vasoaktiver Substanzen in die Blutbahn hat systemische Auswirkungen im Sinne eines toxischen Schockgeschehens zur Folge (s. Kapitel 9.3.2: septisch-toxischer Schock), das bei ungünstigen Krankheitsverläufen schließlich in ein Multiorganversagen mündet.

Die **ätiologischen Faktoren** werden in 3 Hauptgruppen unterteilt (9.**38**):
- Gallenwegserkrankungen (40–50 %)
- Alkoholabusus (30–40 %)
- idiopathische und seltene Faktoren (10–30 %)

Die **ätiologischen Faktoren** werden in 3 Hauptgruppen unterteilt:
- Gallenwegserkrankungen (40–50 %)
- Alkoholabusus (30–40 %)
- idiopathische und seltene Faktoren (10–30 %)

9.38: Ursachen der akuten Pankreatitis

- ▷ **Gallenwegserkrankungen** (→ biliäre Obstruktion)
- ▷ **Alkoholabusus**
- ▷ Laparotomie
  - Magenresektion
  - Gallengangsrevision
  - Papillotomie
- ▷ ERCP
- ▷ Bauchtrauma
- ▷ Pankreastumoren
- ▷ Duodenalobstruktion
- ▷ Penetration von Magen- oder Duodenalulzera
- ▷ anatomische Anomalien
- ▷ medikamentös, z. B.
  - Glukokortikoide
  - Östrogene
  - Diuretika
  - beta-Rezeptorenblocker
- ▷ Infektionen (bes. Viren)
- ▷ metabolisch
  - Hyperkalzämie
  - Hyperlipoproteinämie
- ▷ vaskulär
  - Schock
  - autoimmunologische Erkrankungen
- ▷ idiopathisch

Bei der **biliären Genese** liegt eine **Obstruktion** im Bereich der Gallengänge in Verbindung mit einer pankreatischen **Hypersekretion** vor. Durch Gallereflux und Sekretrückstau kommt es zur Enzymaktivierung und zum Enzymübertritt ins Pankreasgewebe sowie Resorption in die Blutbahn.

Bei der Vielzahl unterschiedlichster auslösender Faktoren fehlt bis heute ein einheitliches, schlüssiges, allen Phänomenen gerecht werdendes pathophysiologisches Konzept zur Erklärung der Entstehung der akuten Pankreatitis.
Man geht heutzutage davon aus, daß bei der **biliären Genese** eine **Obstruktion** im Bereich der Gallengänge (z. B. Obstruktion der Papilla Vateri bei Choledocholithiasis) in Verbindung mit einer pankreatischen **Hypersekretion** vorliegt. Aufgrund der Abflußbehinderung kommt es zu einem Gallereflux und Sekretrückstau im Pankreasgangsystem, daran anschließender Enzymaktivierung und Enzymübertritt ins Pankreasgewebe sowie Resorption in die Blutbahn.

Der Mechanismus für die Entwicklung einer akuten, **alkoholinduzierten Pankreatitis** wird in einer direkten Wirkung des Alkohols gesehen, der zu einem **Spasmus des Sphincter Oddi** mit Sekretstau führen soll. Hinzu kommt als indirekter Effekt eine Steigerung der HCl- und Gastrinproduktion durch den Alkohol im Magen mit konsekutiver Stimulierung der exokrinen Pankreassekretion.
Bei **Obstruktionen des Duodenums** wird ein **duodeno-pankreatischer Reflux** angenommen. Voraussetzung hierfür ist eine Insuffizienz des Sphincter Oddi.

Der Mechanismus für die Entwicklung einer akuten, **alkoholinduzierten Pankreatitis** wird in einer direkten Wirkung des Alkohols gesehen, der zu einem **Spasmus des Sphincter Oddi** mit Sekretstau führen soll.

Bei **Obstruktion des Duodenums** wird ein **duodeno-pankreatischer Reflux** bei Insuffizienz des Sphincter Oddi angenommen.

Die Bedeutung bzw. Wertigkeit anderer Faktoren im Rahmen der seltenen Ursachen wie lokale Hypoxie oder Ischämie, metabolische Dysregulationen sowie Imbalancen im System der Aktivierung und Inhibierung der Pankreasenzyme ist heutzutage im einzelnen noch nicht eindeutig abschätzbar.

Durch die ursächlich unterschiedlichen Mechanismen wird eine **Kette gemeinsamer pathophysiologischer Reaktionen** ausgelöst (S 9.**31**). Die Initialreaktion besteht in einer
- **Enzymaktivierung im Pankreasgangsystem.**

Danach kommt es zum
- **Austritt aktivierten Sekretes ins Parenchym,**

wodurch die entzündliche Reaktion in Gang gesetzt wird und zur Ausbildung von tryptischen Parenchymnekrosen führen kann. Bei schweren Verläufen ist zusätzlich eine systemische Resorption von Pankreasproteinen und Entzündungsmediatoren (u.a. Kinine, Histamin) zu verzeichnen. Die charakteristischen Wirkungen der einzelnen Substanzen sind in ▦ 9.**39** wiedergegeben.

Durch die ursächlich unterschiedlichen Mechanismen wird eine Kette **gemeinsamer pathophysiologischer Reaktionen** ausgelöst (S 9.**31**):
- **initiale Enzymaktivierung im Pankreasgangsystem**
- **Austritt aktivierten Sekretes ins Parenchym**
- Entzündung
- Nekrose
- systemische Intoxikation

Die charakteristischen Wirkungen der einzelnen Substanzen sind in ▦ 9.**39** wiedergegeben.

Synopsis 9.**31**: **Pathophysiologie der Pankreatitis**

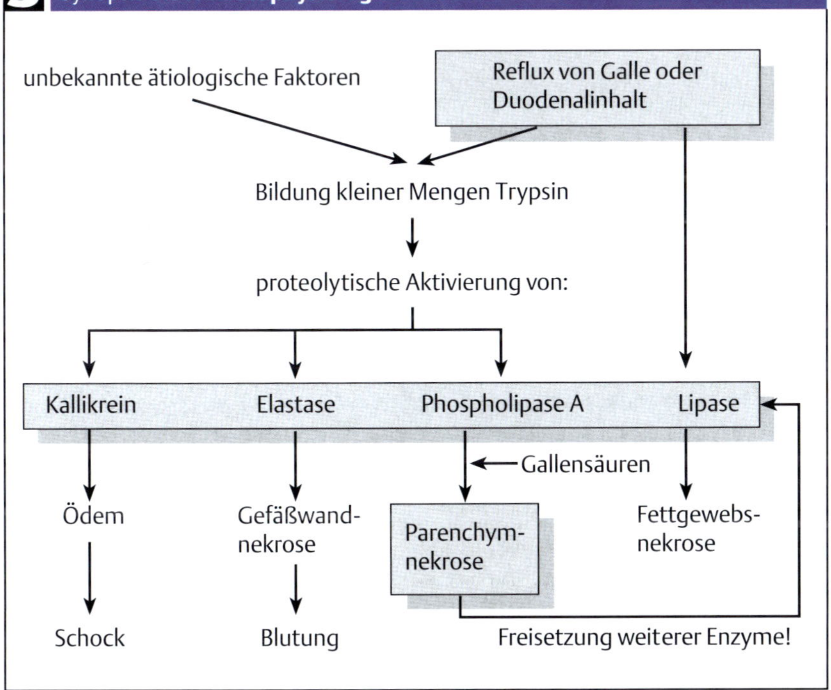

9.39: Lokale und systemische Wirkungen von freigesetzten Substanzen bei akuter Pankreatitis (nach *Nevalainen*)

▷ Substanz	▷ Wirkung
Kallikrein	Kininfreisetzung
Kinine, Histamin	Schmerz, Permeabilitätssteigerung Ödem, Schock, ARDS
»myocardial depressing factor«	Herz-Kreislauf-Depression
Trypsin	Schock, Proteolyse, Koagulopathie
Chymotrypsin	Proteolyse
Elastase	Proteolyse, Elastolyse, Blutungen
Lipase	Fettgewebsnekrose, Hypokalzämie
Phospholipase A	Hydrolyse von Phospholipiden, Bildung von Lysolecithin, ARDS

Klinik

Das klinische Erscheinungsbild der akuten Pankreatitis reicht von milden, unkomplizierten bis hin zu fulminanten, letalen Verlaufsformen.
Als Leitsymptom gilt der im Epigastrium bzw. linken Oberbauch lokalisierte **Schmerz.** Die einzelnen Symptome sind in 9.**40** zusammengefaßt.

Klinik

Das klinische Erscheinungsbild der akuten Pankreatitis reicht von milden, unkomplizierten bis hin zu fulminanten, letalen Verlaufsformen.
Als Leitsymptom gilt der im Epigastrium bzw. linken Oberbauch lokalisierte **Schmerz,** der oft gürtelförmig in den Rücken, bisweilen auch in die linke Schulter ausstrahlt. Die einzelnen Symptome sind in 9.**40** zusammengefaßt.

9.40: Klinische Symptome der akuten Pankreatitis

- ▷ Oberbauchschmerz (90–100%)
- ▷ Übelkeit und Erbrechen (70–90%)
- ▷ Meteorismus (70–80%)
- ▷ Peritonismus (mit prall-elastischer Bauchdeckenspannung)
- ▷ funktionelle Darmparalyse
- ▷ Aszites
- ▷ Fieber
- ▷ Ikterus (Beteiligung des Gallengangsystems) und andere Hautzeichen (Cullen-Zeichen, Grey-Tumor-Zeichen)
- ▷ Pleura- und Perikarderguß (selten)
- ▷ bei schweren Formen
  - Kreislaufinsuffizienz bis hin zum hypovolämisch-toxischen Schock
  - respiratorische Insuffizienz
  - Bewußtseinstrübung (Encephalopathia pancreatica; selten)

Differentialdiagnose

abdominell
- Perforationen abdomineller Hohlorgane
- Mesenterialinfarkt
- Ruptur eines Bauchaortenaneurysmas
- gynäkologische Erkrankungen

extraabdominell
- akuter Myokardhinterwandinfarkt
- akute Lungenembolie
- Nieren- und Harnleiterkoliken

Differentialdiagnostisch müssen alle Erkrankungen in Betracht gezogen werden, die gleichfalls mit dem Erscheinungsbild des **akuten Abdomens** einhergehen können. In erster Linie handelt es sich hierbei um:
- Perforationen abdomineller Hohlorgane
- Mesenterialinfarkt
- Ruptur eines Bauchaortenaneurysmas
- gynäkologische Erkrankungen, z.B.
  - Tubarruptur
  - Extrauteringravidität
  - stielgedrehte Ovarialzyste

Als wichtigste **extraabdominelle** Differentialdiagnosen gelten:
- akuter Myokardhinterwandinfarkt
- akute Lungenembolie
- Nieren- und Harnleiterkoliken

Krankheitsverlauf und Komplikationen

Das **Stadium I** der akuten Pankreatitis ist durch den Austritt von Pankreassekret in das Interstitium mit konsekutiver ödematöser Schwellung der Bauchspeicheldrüse gekennzeichnet. Wird dieses Stadium nicht überschritten, ist der Verlauf zumeist komplikationslos.

Im **Stadium II** finden sich im Drüsengewebe ausgeprägte Parenchym- und Fettgewebsnekrosen sowie Hämorrhagien. Makroskopisch erscheint das Pankreas dunkel bis schwarz verfärbt. Demarkierte Nekrosen können sequestrieren oder sich nach Verflüssigung in Pseudozysten umwandeln. Aufgrund der retroperitonealen Lage des Pankreas bilden sich im **Stadium III** ausgedehnte retroperitoneale Nekrosestraßen, die nach kaudal bis ins kleine Becken und nach kranial bis ins hintere Mediastinum hineinreichen können, noch bevor die freie Bauchhöhle in den entzündlichen Prozeß mit einbezogen wird. Im weiteren Verlauf kommt es zur Infiltration mit anschließender Nekrose der Oberbauchorgane (besonders Magen und Querkolon), Ausbildung von intestinalen Fisteln, zur Infektion des Bauchraumes und letztlich zur diffusen Peritonitis, die entscheidend zur schlechten Prognose beiträgt.
Durch lymphogenen Sekrettransport können Aszites, Pleuraergüsse (besonders links-, aber auch rechts- oder beidseitig) und Perikardergüsse entstehen.
Die Resorption der toxischen und vasoaktiven Substanzen in die Blutbahn kann neben der Auslösung eines aktuen Schockgeschehens zu Funktionsstörungen von Gehirn, Herz, Lunge, Leber, Niere und Gastrointestinum führen. Endpunkt ist das in der Regel letal verlaufende, toxisch bedingte Multiorganversagen.
▤ 9.**41** gibt einen Überblick über die Komplikationen der schweren Verlaufsformen.

Krankheitsverlauf und Komplikationen

Das **Stadium I** der akuten Pankreatitis ist durch den Austritt von Pankreassekret in das Interstitium mit konsekutiver ödematöser Schwellung der Bauchspeicheldrüse gekennzeichnet.

Im **Stadium II** finden sich im Drüsengewebe ausgeprägte Parenchym- und Fettgewebsnekrosen sowie Hämorrhagien.

Aufgrund der retroperitonealen Lage des Pankreas bilden sich im **Stadium III** ausgedehnte retroperitoneale Nekrosestraßen.
Im weiteren Verlauf kommt es zur Infiltration mit anschließender Nekrose der Oberbauchorgane, intestinalen Fisteln, Infektion des Bauchraumes und letztlich zur diffusen Peritonitis.

Es können Aszites, Pleura- und Perikardergüsse entstehen.

Die Resorption der toxischen und vasoaktiven Substanzen in die Blutbahn kann zum akuten Schockgeschehen und zu Organfunktionsstörungen führen. Endpunkt ist das toxisch bedingte Multiorganversagen.
▤ 9.**41** gibt einen Überblick über die Komplikationen der schweren Verlaufsformen.

▤ 9.41: Komplikationen der akuten Pankreatitis

▷ **lokal**
- intrapankreatische Abszesse
- Pseudozysten

▷ **Umgebung**
- extrapankreatische Abszesse
- retroperitoneale Nekrosestraßen
- paralytischer Ileus
- intestinale Fistelungen
- Nekrosen der Oberbauchorgane
- Stenosen benachbarter Hohlorgane (Duodenum, Kolon)
- Peritonitis
- Milzvenenthrombose/Milzinfarkt
- Aszites, Pleura- und Perikardergüsse

▷ **systemisch-toxisch**
- Sepsissyndrom
- septisch-toxischer Schock
- Verbrauchskoagulopathie
- ANV (akutes Nierenversagen)
- ALV (akutes Leberversagen)
- ARDS (adult respiratory distress syndrome)
- Myokardinsuffizienz
- Enzephalopathie
- gastrointestinale Blutungen durch Erosionen und Ulzera

Diagnostik

Neben der **Anamnese** und **Klinik** liegt besonderer Wert auf der **Enzymdiagnostik von alpha-Amylase und Lipase im Serum und Urin.**

Zur Differenzierung der pankreatitischen Verlaufsformen und zur Erfassung bestimmter Komplikationen dienen **bildgebende Verfahren** wie die Sonographie und Computertomographie (CT) sowie in Einzelfällen die Kernspintomographie. Sie ermöglichen eine direkte Parenchymbeurteilung.

Die **endoskopisch-retrograde Cholangio-Pankreatikographie (ERCP)** hat heute ihren festen Stellenwert in der Diagnostik und interventionellen Behandlung der akuten, biliären Pankreatitis.

Intensivmedizinische Therapie

Grundlage der Behandlung der schweren akuten Pankreatitis ist die **intensivmedizinische Überwachung und Basistherapie** (▤ 9.42).

Diagnostik

Für die Wahl des therapeutischen Vorgehens sowie zur Abschätzung der Prognose ist eine frühzeitige Differenzierung der akuten Pankreatitis in ödematös-interstitielle oder hämorrhagisch-nekrotisierende Form wünschenswert, im Einzelfall aber problematisch. Die Verdachtsdiagnose wird aus der **Anamnese** und den **klinischen Symptomen** gestellt (▤ 9.**40**). Zur Absicherung dienen Laboruntersuchungen. Hierbei steht neben der Bestimmung der unspezifischen Entzündungsparameter (u.a. Leukozyten, C-reaktives Protein) die **Enzymdiagnostik** mit der Messung der **Serum- und Urinkonzentrationen der alpha-Amylase und Lipase** im Vordergrund. Beide Enzyme sind bereits zu Beginn der Erkrankung auf ein mehrfaches ihrer Normwerte erhöht. Es besteht jedoch keine hinreichende Korrelation der Enzymspiegel mit der Krankheitsschwere und -dauer.

Zur Differenzierung der pankreatitischen Verlaufsformen und zur Erfassung bestimmter Komplikationen dienen **bildgebende Verfahren** wie die Sonographie und Computertomographie (CT) sowie in Einzelfällen die Kernspintomographie. Sie ermöglichen eine direkte Parenchymbeurteilung. Der Vorteil der Computertomographie gegenüber der Sonographie besteht darin, daß ihre Aussagekraft nicht durch Meteorismus und Adipositas eingeschränkt wird.

Die Verflüssigung von Pankreasgewebe zeigt sich im CT anhand von hypodensen Arealen und Konturauflösungen des Organs. Abszeß und Exsudat können durch Gasnachweis in den Abszedierungen voneinander unterschieden werden. Mittels intravenöser Bolusinjekton von Kontrastmittel gelingt die Differenzierung von gesundem und nekrotischem Pankreasgewebe.

Die **endoskopisch-retrograde Cholangio-Pankreatikographie (ERCP)**, deren Einsatz früher bei akuter Pankreatitis als kontraindiziert galt, weil man annahm, daß die Erkrankung durch den zusätzlichen Sekretstau verschlimmert werden könnte, hat heute ihren festen Stellenwert vor allem in der Diagnostik und interventionellen Behandlung der akuten, biliären Pankreatitis. Die endoskopische Papillotomie und Konkremententfernung bei inkarzeriertem Gallenstein gilt hier mittlerweile als Methode der Wahl.

Intensivmedizinische Therapie

Unzweifelhaft ist der Stellenwert der **intensivmedizinischen Überwachung und Basistherapie** als Grundlage der Behandlung der schweren akuten Pankreatitis (▤ 9.**42**). Die Möglichkeiten der modernen Intensivmedizin haben hier wesentlich zur Senkung der Krankheitsletalität beigetragen.

9.42: Basistherapie der akuten Pankreatitis

- ▷ intensivmedizinische Überwachung im Stadium I und II
- ▷ orale Nahrungskarenz
- ▷ Magensonde zur Sekretableitung
- ▷ parenterale Volumen- und Elektrolytsubstitution
- ▷ parenterale Ernährung
- ▷ Analgesie
- ▷ Streßulkusprophylaxe
- ▷ Antibiotika
  - bei biliärer Genese
  - bei schweren nekrotisierenden Verlaufsformen

Intensivmedizinische Überwachung

Die 9.**43** gibt einen Überblick über die intensivmedizinisch sinnvollen Überwachungsmaßnahmen bei akuter Pankreatitis.

Intensivmedizinische Überwachung

Die 9.**43** gibt einen Überblick über die intensivmedizinisch sinnvollen Überwachungsmaßnahmen bei akuter Pankreatitis.

9.43: Intensivmedizinisches Überwachungsprogramm bei akuter Pankreatitis

▷ **fortlaufend**	EKG-Kontrolle Pulsoxymetrie, zumindest bei drohender oder manifester respiratorischer Insuffizienz
▷ **stündlich**	Blutdruck, bei Schock oder schweren Verläufen kontinuierlich-invasiv Flüssigkeitsbilanzierung Urinausscheidung ZVD-Kontrolle
▷ **mehrmals täglich**	klinische Untersuchung
▷ **täglich**	Laboruntersuchungen – Amylase und Lipase im Serum und Urin – Hb, Hkt, Leukozyten – Elektrolyte inkl. Kalzium – BZ-Tagesprofil – Kreatinin und Harnstoff – Gesamteiweiß, Albumin – Gerinnungsstatus – arterielle BGA – Säure-Basen-Status
▷ **2–3tägig sowie bei Verschlechterung**	Röntgenthorax Oberbauchsonographie oder Abdomen-CT mit i.v. Gabe von KM chirurgisches Konsil

Basistherapie

- **Orale Nahrungskarenz.** Die orale Nahrungskarenz dient wie die Sekretableitung über eine Magensonde der **Ruhigstellung der Pankreassekretion** und ist in ihrem Nutzen unumstritten.
- **Parenterale Volumen- und Elektrolytsubstitution.** Zentrale Bedeutung genießt zur **Sicherstellung einer ausreichenden Durchblutung im Splanchnikusgebiet** und als Schockprophylaxe (Vermeidung sog. ischämischer Pankreasinsulte) die ausreichende, »aggressive« parenterale Volumen- und Elektrolyttherapie. In den ersten Tagen sollte die Zufuhr von Vollelektrolytlösungen 3–4 l/d nicht unterschreiten; bisweilen können in Einzelfällen Tagesmengen von bis über 10 l erforderlich werden. Als Richtschnur gelten der zentrale Venendruck und die »spontane« Urinausscheidung, die zur Verhinderung eines aktuen Nierenversagens ca. 3 l/d betragen sollte. Allerdings läßt sich auch durch adäquate Volumentherapie ein akutes Nierenversagen nicht immer vermeiden. Als Ursache hierfür werden vasoaktive Polypeptide vermutet, die den renovaskulären Widerstand erhöhen und so die Nierenperfusion und konsekutiv die glomeruläre Filtrationsrate absenken.
- **Parenterale Ernährung.** Die parenterale Ernährung erfolgt nach den in Kapitel 9.7 dargelegten Prinzipien. Sie umfaßt die Gabe von Kohlenhydraten, Aminosäuren und Fetten.
- **Analgesie.** Zur Analgesie sollten primär Opioide eher zurückhaltend eingesetzt werden, da sie den Tonus des Sphincter Oddi erhöhen und so möglicherweise zu einer Aggravierung des Krankheitsbildes beitragen. Eine Ausnahme bildet diesbezüglich das Pethidin (Dolantin®), dem die geringste, von einigen Autoren sogar eher eine spasmolytische Wirkung auf die Gallengangs- und Sphinktermuskulatur nachgesagt wird. In erster Linie bieten sich aber **Nicht-Opioid-Analgetika** an, und zwar vor allem das

Basistherapie

- **Orale Nahrungskarenz** zur Ruhigstellung der Pankreassekretion
- **Parenterale Volumen- und Elektrolytsubstitution zur**
  - Sicherstellung einer ausreichenden Durchblutung im Splanchnikusgebiet
  - Schockprophylaxe
  - Verhinderung eines akuten Nierenversagens
- **Parenterale Ernährung** (s. Kap. 9.7)
- **Analgesie** In erster Linie bieten sich **Nicht-Opioid-Analgetika** an, und zwar vor allem das **Metamizol** (Novalgin®), das neben seiner guten analgetischen Wirkung aufgrund tonussenkender, spasmolytischer Effekte auf die Gallengangsmuskulatur und den Sphincter Oddi. Die thorakale

Epiduralanalgesie mit Lokalanästhetika kann eine hervorragende Analgesie erzielen.

Metamizol (Novalgin®), das neben seiner guten analgetischen Wirkung gesicherte tonussenkende, spasmolytische Effekte auf die Gallengangsmuskulatur zeigt. Eine zufriedenstellende Analgesie kann bei diesem Krankheitsbild durch die kontinuierliche thorakale Epiduralanalgesie (TEA) mit niedrigdosierten Lokalanästhetika (z.B. 6–8 ml/h Ropivacain 0,2%) erzielt werden.

- **Streßulkusprophylaxe,** z.B. mit Sucralfat (Ulcogant®), 4–6 g/d über die Magensonde
- **Antibiotika** Eine generelle Antibiotikaprophylaxe kann nicht empfohlen werden.

Bei biliären Pankreatitiden und schweren nekrotisierenden Verlaufsformen ist ein frühzeitiger Antibiotikaeinsatz gerechtfertigt, weil häufig sekundäre bakterielle Infektionen auftreten.

- **Streßulkusprophylaxe.** Zur spezifischen Streßulkusprophylaxe können »mukosaprotekive« Substanzen wie Sucralfat (Ulcogant®) in einer Dosierung von 4–6 g/d über die Magensonde appliziert werden.
- **Antibiotika.** Eine generelle Antibiotikaprophylaxe kann nicht empfohlen werden. Sie ist nachgewiesenermaßen unwirksam bei den primär alkoholinduzierten und idiopathischen Formen.

Sie kommt nur in Betracht bei sekundären bakteriellen Infektionen, die besonders häufig **bei biliären Pankreatitiden und schweren nekrotisierenden Verlaufsformen** beobachtet werden können. Hierbei ist dann ein frühzeitiger Antibiotikaeinsatz gerechtfertigt, weil davon auszugehen ist, daß sich innerhalb von 6–10 Tagen eine bakterielle Besiedelung der Nekrosen entwickelt. Vornehmlich werden gram-negative aerobe und anaerobe Erreger gefunden (in erster Linie E. coli, Klebsiellen, P. aeruginosa, Proteus spp., B. fragilis).

Besonderer Wert sollte dabei neben der Erfassung des typischen Erregerspektrums auf bestmögliche Gallen- bzw. Pankreasgängigkeit der ausgewählten Substanzen gelegt werden, um so möglichst hohe Konzentrationen im Pankreasgewebe zu erreichen. Am besten ist eine **Kombination aus Imipenem** (Zienam®) oder **Ciprofloxacin** (Cipobay®) **mit Metronidazol** (Clont®) geeignet.

Die ultraschall- oder computertomographisch gesteuerte **Feinnadelpunktion** ist die Methode der Wahl zum Erregernachweis.

Bis zum Erregernachweis und Antibiogramm kann eine ungezielte Therapie durchgeführt werden. Besonderer Wert sollte dabei neben der Erfassung des typischen Erregerspektrums auf bestmögliche Gallen- bzw. Pankreasgängigkeit der ausgewählten Substanzen gelegt werden, um so möglichst hohe Konzentrationen im Pankreasgewebe zu erreichen. Diesbezüglich schneidet am besten eine **Kombination aus Imipenem** (Zienam®) **oder Ciprofloxacin** (Ciprobay®) **mit Metronidazol** (Clont®) ab. Initial mag aber durchaus die Gabe von gut gallengängigen Cephalosporinen der 3. Generation wie **Cefoperazon** (Cefobis®) oder **Ceftriaxon** (Rocephin®) gemeinsam mit Metronidazol ausreichend sein.

Zum Erregernachweis sollte bei Verdacht auf Vorliegen einer infizierten Nekrose bzw. eines Abszesses am ehesten eine ultraschall- oder computertomographisch gesteuerte **Feinnadelpunktion** vorgenommen werden. Zusätzlich sollten abgeleitete Sekrete, Aszites- und Pleurapunktate mikrobiologisch untersucht sowie Blutkulturen entnommen werden.

Spezifisch-medikamentöse Therapie

Medikamentöse Therapieansätze, die darauf abzielen, die autodigestiven Enzyme sowohl lokal als auch systemisch zu hemmen, haben allesamt nicht die in sie gesetzten klinischen Erwartungen erfüllen können.

Spezifisch-medikamentöse Therapie

Medikamentöse Therapieansätze, die darauf abzielen, die autodigestiven Enzyme sowohl lokal als auch systemisch zu hemmen, haben allesamt nicht die in sie gesetzten klinischen Erwartungen erfüllen können.

Hierzu gehört u.a. der Einsatz des Proteinaseninhibitors Aprotinin (Trasylol®) und des Trypsin- und Phospholipase-A2-Inhibitors Gabexat-Mesilat (Foy®). Auch die Gabe von Peptidhormonen zur direkten Hemmung der Pankreassekretion, wie z.B. von Somatostatin (Somatofalk®) oder seines synthetischen Analogons Octreotid (Sandostatin®) sowie von Calcitonin oder Glukagon, hat sich als unwirksam herausgestellt. Gleiches gilt für die Anwendung nichtsteroidaler Antiphlogistika zur Supprimierung der Entzündungsreaktionen und von Acetylcystein (Fluimucil®) zur Bindung freier Sauerstoffradikale.

Apparative Intensivtherapie

Zu den apparativen intensivtherapeutischen Maßnahmen gehören der frühzeitige Einsatz der **maschinellen Beatmung** bei respiratorischer Insuffizienz (s. Kap. 9.2.5) und der **Hämofiltration** bei akutem Nierenversagen (s. Kap. 9.4.9).

Apparative Intensivtherapie

Zu den apparativen intensivtherapeutischen Maßnahmen gehören die **maschinelle Beatmung** bei respiratorischer Insuffizienz (s. Kapitel 9.2.5) und die **Hämofiltration** bei akutem Nierenversagen (s. Kapitel 9.4.9). Die Indikationen zu ihrem Einsatz sollen in beiden Fällen großzügig gehandhabt werden.

Die Frage, ob durch Steigerung der Filtrationsmengen (bis auf 50 l/d unter veno-venöser Hämofiltration) eine relevante Mediatoreneliminierung und damit eine günstige Verlaufsbeeinflussung der schweren akuten Pankreatitis erreicht werden kann, ist zur Zeit Gegenstand klinischer Untersuchungen und läßt sich momentan noch nicht abschließend beantworten.

Interventionelle Therapie

Endoskopisch-interventionell

Bei akuter, biliärer Pankreatitis infolge einer Choledocholithiasis sollte eine umgehende **endoskopische Papillotomie und Konkremententfernung** durchgeführt werden (s. 9.9.5). Inwieweit darüber hinaus Patienten mit einer Cholecystolithiasis von einer endoskopischen Gallengangsrevision profitieren, kann gegenwärtig nicht eindeutig abgeschätzt werden. Bei nichtbiliärer Genese hat sich diese Vorgehensweise jedoch mittlerweile als sinnlos erwiesen.

Radiologisch-interventionell

Bei Patienten mit Pankreasabszessen oder infizierten Pseudozysten sollte zunächst eine ultraschall- oder CT-gesteuerte **Punktionsdrainage** mit anschließender Spülbehandlung erfolgen.

Operative Therapie

> ***Merke.*** Der Einsatz operativer Therapiemaßnahmen bei schweren akuten Pankreatitiden soll sinnvollerweise die konservative Therapie ergänzen, nicht ersetzen!

Das Krankheitsbild setzt, wie bereits eingangs erwähnt, eine enge interdisziplinäre Zusammenarbeit von Intensivmediziner, Radiologe und Chirurg voraus. Die Indikationen zur chirurgischen Intervention sind in 9.**44** aufgeführt. Ziel des operativen Vorgehens ist die Beseitigung von Ursachen und Folgen der Erkrankung, d. h. neben der **Entfernung von Nekrosen und Abszessen** grundsätzlich die kontinuierliche **Drainage** der Bakterien, Toxine und vasoaktive Substanzen enthaltenden **peripankreatischen Flüssigkeit.**

9.44: Indikationen zur Operation bei akuter Pankreatitis

- Verschlechterung unter »konservativ«-intensivmedizinischer und interventioneller Therapie
- infizierte Pankreasnekrose, ausgedehnter Abszeß
- massive Pankreashämorrhagien
- ausgedehnte, organübergreifende Nekrosen (bes. retroperitoneal)
- Peritonitis
- Sepsissyndrom u. septisch-toxischer Schock
- progredientes Multiorganversagen

Das Spektrum an operativen Möglichkeiten umfaßt die in 9.**45** aufgeführten Maßnahmen.

9.45: Operative Maßnahmen bei akuter Pankreatitis

- Nekrosektomie
- Abszeßentfernung
- Peritoneallavage
- Plazierung von Drainagekathetern

Interventionelle Therapie

Endoskopisch-interventionell

Bei akuter, biliärer Pankreatitis infolge einer Choledocholithiasis sollte eine umgehende **endoskopische Papillotomie** und **Konkremententfernung** durchgeführt werden.

Radiologisch-interventionell

Pankreasabszesse oder infizierte Pseudozysten sollten ultraschall- oder CT-gesteuert **punktiert und drainiert** werden.

Operative Therapie

◄ **Merke**

Ziel des operativen Vorgehens ist die Beseitigung von Ursachen und Folgen der Erkrankung, d. h. neben der **Entfernung von Nekrosen und Abszessen** grundsätzlich die kontinuierliche **Drainage** der Bakterien, Toxine und vasoaktive Substanzen enthaltenden **peripankreatischen Flüssigkeit. Die Indikationen zur chirurgischen Intervention sind in 9.44** aufgelistet.

Das Spektrum an operativen Möglichkeiten umfaßt die in 9.**45** aufgeführten Maßnahmen.

Nach umfassender **Nekrosektomie** und **Entfernung von Abszeßmaterial** zur Sanierung des Sepsisherdes sollte sich immer eine **Peritoneallavage** anschließen, entweder als **geschlossene, kontinuierliche Bursalavage** oder als **Etappenlavage** in Form von programmierten Reoperationen.

Nach umfassender **Nekrosektomie** und **Entfernung von Abszeßmaterial** zur Sanierung des Sepsisherdes werden anschließend Katheter in der Pankreasloge plaziert, die der adäquaten extraperitonealen Ableitung der Sekrete nach außen dienen. Transperitoneale Drainagesysteme sollten nicht angewendet werden, um eine Kontamination der freien Bauchhöhle mit Pankreasflüssigkeit zu vermeiden bzw. nicht zu verstärken. Zusätzlich kann die Einlage von Drains in den rechten und linken Oberbauch sowie in die Bursa omentalis und ins kleine Becken erforderlich werden.
Daran sollte sich immer eine **Peritoneallavage** anschließen, die entweder als **geschlossene, kontinuierliche Bursalavage** (Saug-Spül-Drainage über die Katheter in der Pankreasloge mit Spülmengen von bis zu 10 l/d) oder als **Etappenlavage** in Form von programmierten Reoperationen durchgeführt wird.
Die früher praktizierte Hemiduodenopankreatektomie nach *Whipple* und die totale Pankreatektomie sind aufgrund der hohen Letalitätsraten als Therapieform wieder verlassen worden.

9.9.6 Verbrennungskrankheit

9.9.6 Verbrennungskrankheit

Definition ▶

Definition. Die Verbrennungskrankheit, die durch ein dritt- oder viertgradiges thermisches Trauma der Haut mit oder ohne Atemwegsbeteiligung ausgelöst wird, ist durch komplexe pathophysiologische Reaktionen gekennzeichnet, die über den Ort der Entstehung weit hinausgehen und die Integrität des Gesamtorganismus in hohem Maße bedrohen.

Man unterscheidet:
- thermisches Trauma
- Störungen der Atmung durch Inhalationstrauma
- Komplikationen wie Verbrauchskoagulopathie, akutes Nierenversagen, Sepsissyndrom

Man unterscheidet in diesem Zusammenhang:
- Störungen, die sich direkt aus der thermischen Schädigung der äußeren Haut ergeben (Schmerzen, Verbrennungsödem und »Verbrennungsschock«)
- Störungen der Atmung durch Inhalationstrauma
- Komplikationen wie Verbrauchskoagulopathie, akutes Nierenversagen, Sepsissyndrom

Pathophysiologie

Thermisches Trauma

Pathophysiologie

Thermisches Trauma

Mit einer Verbrennung gehen **starke Schmerzen** einher (**nur bei Grad I u. II; aufgrund von Zerstörung nervaler Stukturen nicht bei Grad III u. IV**).

Durch Freisetzung von Mediatoren kommt es zur gesteigerten Gefäßpermeabilität mit Verlusten von Proteinen, Wasser und Natrium ins Interstitium (**toxisches Verbrennungsödem**).

Die Hitzeeinwirkung führt in Abhängigkeit von ihrer Intensität nicht nur zu einer Schädigung des direkt exponierten Gewebes, sondern zieht auch eine Reihe sekundärer pathophysiologischer Veränderungen nach sich. Die durch eine Verbrennung entstehenden **starken Schmerzen (nur bei Grad I u. II; aufgrund von Zerstörung nervaler Strukturen nicht bei Grad III u. IV)** führen zur Sympathikusstimulierung mit vermehrter Katecholaminfreisetzung und konsekutiver Vasokonstriktion mit regionaler Minderperfusion. Durch Freisetzung von Mediatoren wie Histamin, Prostaglandinen, Leukotrienen, Bradykinin, Komplement und O_2-Radikalen kommt es zu einer regional, bei dritt- und viertgradiger Verbrennung auch systemisch gesteigerten Gefäßpermeabilität mit Verlusten von Proteinen, Wasser und Natrium ins Interstitium **(toxisches Verbrennungsödem)**. Da in hohem Maße Albumin aus dem Gefäßbett strömt, werden aufgrund des onkotischen Druckes auch große Mengen Flüssigkeit ins Interstitium sequestriert, die das zirkulierende Blutvolumen deutlich übersteigen können. Das Resultat ist eine Verminderung des intravasalen Volumens mit Hämokonzentration und Abfall des Herzminutenvolumens.
Die daraufhin kompensatorisch ausgeschütteten Katecholamine sowie die Hämokonzentration verschlechtern zusätzlich die Mikrozirkulation; die Sauerstoffversorgung der peripheren Gewebe ist bei erhöhtem Bedarf vermindert. Als Konsequenz ergibt sich ein anaerober Stoffwechsel, infolgedessen eine Laktatazidose entsteht.

Setzt die Therapie dieser Störungen nicht rechtzeitig ein, muß mit bleibenden Organschäden gerechnet werden. Klinisch können Patienten mit ausgedehnten Verbrennungen (ab 15–20% dritt- bzw. viertgradig verbrannter Körperoberfläche, bei Kindern und alten Patienten ab 10–15%) die Zeichen eines **hypovolämisch-toxischen Schocks (»Verbrennungsschock«)** mit arterieller Hypotonie, Tachykardie, kalten blassen Extremitäten und einer metabolischen Azidose in der Blutgasanalyse entwickeln.
Wird initial rechtzeitig und ausreichend Flüssigkeit substituiert, stabilisiert sich nach ca. 2–3 Tagen die Gefäßwand, und das interstitielle Ödem strömt in den folgenden 2–3 Wochen nach intravasal zurück. Bei der Bilanzierung müssen auch die Flüssigkeitsmengen berücksichtigt werden, die der Patient über die verbrannten Hautareale nach außen verliert, die aber nicht exakt quantifizierbar sind.

Klinisch können Patienten mit ausgedehnten Verbrennungen (ab 15–20% dritt- bzw. viertgradig verbrannter Körperoberfläche, bei Kindern und alten Patienten ab 10–15%) die Zeichen eines **hypovolämisch-toxischen Schocks (»Verbrennungsschock«)** entwickeln.

Inhalationstrauma

Als Inhalationstrauma werden **direkte oder indirekte thermische Schädigungen des respiratorischen Systems** bezeichnet. Ein Inhalationstrauma ist naheliegend, wenn sich im Kopf-Hals-Bereich Verbrennungen oder Verkohlungen finden lassen. Wurden heiße Gase inspiriert, besteht ein direktes thermisches Trauma des Bronchial- und Alveolarepithels; ebenso können Rußpartikel inspiriert werden, die ihrerseits zu Störungen der Atmung führen können. Entstehen bei einer Verbrennung toxische Gase (z.B. Kohlenmonoxid oder Cyanid), die besonders bei Wohnungs- und Industriebränden freigesetzt werden, können auch hierdurch respiratorische und generalisierte Störungen entstehen (s.u.).

Inhalationstrauma

Als Inhalationstrauma werden **direkte oder indirekte thermische Schädigungen des respiratorischen Systems** bezeichnet. Ein Inhalationstrauma ist naheliegend, wenn sich im Kopf-Hals-Bereich Verbrennungen oder Verkohlungen finden lassen.

Direktes Inhalationstrauma

Ödem des oberen Respirationstraktes. Der pathophysiologische Mechanismus ist der gleiche, der auch zur Entwicklung eines peripheren interstitiellen Ödems führt. Ist die eingeatmete Luft heißer als 150°C, entsteht ein **direkter thermischer Schaden** mit Ausbildung eines mehr oder minder ausgeprägten Ödems der oberen und unteren Atemwege. Diese Veränderungen sind morphologisch sofort nach Exposition präsent, manifestieren sich klinisch jedoch meist nicht unmittelbar, sondern erst innerhalb von 12–18 Stunden nach Trauma. Ist der Patient zu diesem Zeitpunkt noch nicht intubiert und wird er nicht adäquat überwacht, drohen ihm bei weiterer Zunahme des Ödems mechanisch-respiratorische Störungen aufgrund einer Obstruktion der oberen Atemwege und schwere Gasaustauschstörungen infolge eines Lungenödems.
Bestehen direkte Hitzeeinwirkungen im Bereich des Halses und des Gesichtes, ist die Atmung des Patienten durch Entwicklung eines Schleimhautödems mit nachfolgender Kompression vor allem im Bereich des Larynx gefährdet (Zunahme des Atemwegswiderstandes mit nachfolgender Dyspnoe und Hypoventilation). Die Entwicklung eines Ödems im Kopf-Hals-Bereich kann zu ausgeprägten anatomischen Veränderungen führen, so daß bei maximaler Ödemausdehnung eine transglottische endotracheale Intubation unmöglich werden kann. Hier ist dann eine Tracheotomie erforderlich.

Direktes Inhalationstrauma

Ödem des oberen Respirationstraktes Der pathophysiologische Mechanismus ist der gleiche, der auch zur Entwicklung eines peripheren interstitiellen Ödems führt. Ist die eingeatmete Luft heißer als 150°C, entsteht ein **direkter thermischer Schaden** mit Ausbildung eines mehr oder minder ausgeprägten Ödems der oberen und unteren Atemwege.

Bei maximaler Ödemausdehnung kann eine transglottische endotracheale Intubation unmöglich werden. Dann ist eine Tracheotomie erforderlich.

Verminderung der Compliance. Die Compliance als Maß für die Dehnbarkeit von Thorax und Lunge gibt die Volumenänderung der Lunge pro Einheit des Druckanstieges an (s. Kapitel 9.2.1). Bei inhalativer Hitzeeinwirkung kommt es infolge des Lungenödems und bei Verbrennungen der Haut im Bereich des gesamten Thorax durch das äußere Ödem (z.B. auch Verbrennungen II°) zu einer Verminderung der pulmonalen bzw. thorakalen Elastizität und damit zur Einschränkung der Compliance im Sinne einer **restriktiven Ventilationsstörung** (s. Kapitel 9.2.2). Symptome dieser Ventilationsstörung sind eingeschränkte Atemexkursionen, erschwerte Atemarbeit, alveoläre Hypoventilation mit Ausbildung von Atelektasen und eingeschränkter funktioneller Residualkapazität. Hierdurch kann sich eine respiratorische Globalinsuffizienz ausbilden (s. Kapitel 9.2.3).

Verminderung der Compliance Bei inhalativer Hitzeeinwirkung kommt es infolge des Lungenödems und bei Verbrennungen der Haut im Bereich des gesamten Thorax durch das äußere Ödem (z.B. auch Verbrennungen II°) zu einer Verminderung der pulmonalen bzw. thorakalen Elastizität und damit zur Einschränkung der Compliance im Sinne einer **restriktiven Ventilationsstörung**.

Indirektes Inhalationstrauma

Da bei jedem Brand Sauerstoff verbraucht wird, kann vor allem in geschlossenen Räumen die inspiratorische **Sauerstoffkonzentration** auf Werte von 10 % und weniger absinken.

Die Inhalation von toxischen Gasen, z. B. **Kohlenmonoxid** (CO), führt ebenfalls zu indirekten respiratorischen Veränderungen, da Kohlenmonoxid Sauerstoff aus seiner Bindung an das Hämoglobin »verdrängt«.

Komplikationen

Jeder schwerstverbrannte Patient ist aufgrund verminderter Infektabwehr durch bakterielle Besiedlung der verbrannten Hautareale hochgradig infektions- und **sepsis**gefährdet.

Einschätzung der Verbrennungsausdehnung

Zur Erfassung der Verbrennungsausdehnung haben sich die **»Neuner-Regel»** und die **»Handflächenregel«** (S 9.**32**) durchgesetzt.

Indirektes Inhalationstrauma

Da bei jedem Brand Sauerstoff verbraucht wird, kann vor allem in geschlossenen Räumen die inspiratorische **Sauerstoffkonzentration** auf Werte von 10 % und weniger absinken; dies entspricht einem alveolären PO_2 von ca. 50 – 60 mmHg und einem arteriellen PO_2 von ca. 40 mmHg. Die daraus resultierende Hypoxämie kann zu neurologischen Symptomen wie Verwirrtheit und Bewußtlosigkeit und bei Bestehen über längere Zeit zu bleibenden Organschäden führen.
Die Inhalation von toxischen Gasen, z. B. **Kohlenmonoxid** (CO), führt ebenfalls zu indirekten respiratorischen Veränderungen. Kohlenmonoxid »verdrängt« Sauerstoff aus seiner Bindung an das Hämoglobin. Ist die Carboxyhämoglobinkonzentration größer als 15 %, d. h., sind mehr als 15 % des Hämoglobins mit CO besetzt, kommt es zu ersten, meist neurologischen Symptomen. Auch das Myokard kann funktionell geschädigt werden, insbesondere wenn bereits vorher eine eingeschränkte Koronarreserve bestand. Die Diagnose einer CO-Intoxikation ist in der Klinik leicht anhand einer Blutgasanalyse mit Hilfe spezieller Analysegeräte zu stellen, die den prozentualen Anteil des Carboxyhämoglobins bestimmen.

Komplikationen

Jeder schwerstverbrannte Patient ist aufgrund verminderter Infektabwehr durch bakterielle Besiedlung der verbrannten Hautareale hochgradig infektionsgefährdet. Im ungünstigsten Fall kann sich eine generalisierte Infektion (**Sepsissyndrom**, s. Kapitel 9.9.4) mit daraus resultierendem Multiorganversagen ergeben, was in entscheidendem Maße zur Letalität der Verbrennungskrankheit beiträgt. Dies bedeutet, daß Patienten mit erheblicher Brandverletzung isoliert werden müssen und aufgrund der spezifischen Probleme, die sich aus der Therapie ergeben, in speziellen Zentren behandelt werden sollten.

Einschätzung der Verbrennungsausdehnung

Zur Erfassung der Verbrennungsausdehnung hat sich die **»Neuner-Regel«** (S 9.**32**) durchgesetzt, die jedoch nur bei Erwachsenen angewendet wer-

S Synopsis 9.**32: Neuner-Regel und Handflächenregel**

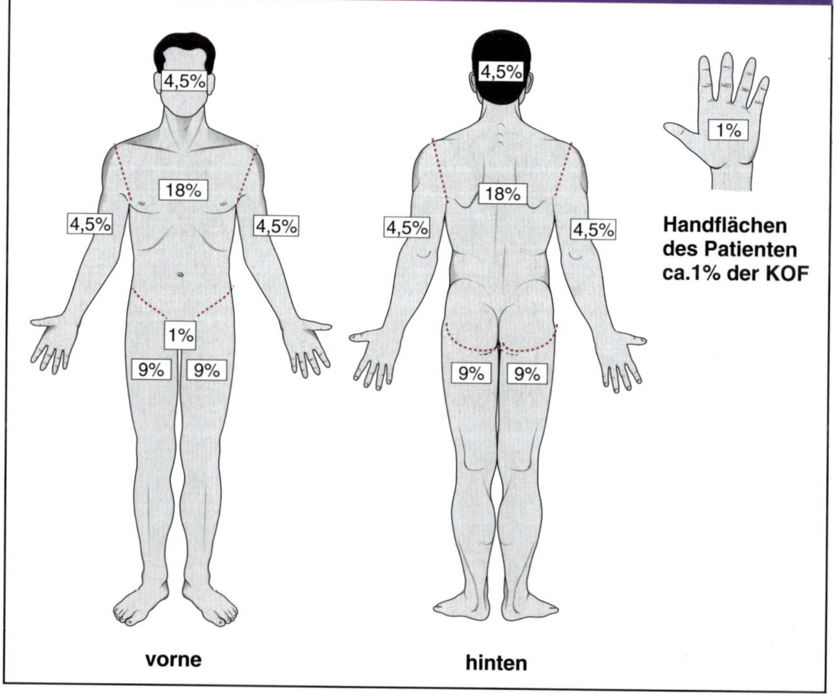

den kann. Eine einfache grobe Abschätzung, die für Patienten aller Altersklassen gilt, legt die Handfläche des Patienten mit einer Größe von 1 % zugrunde. Wird dann die verbrannte Fläche mit der Handfläche des Patienten verglichen, läßt sich das Verbrennungsausmaß ungefähr in % der Gesamtkörperoberfläche abschätzen (S 9.32).

Neben der oberflächlichen Ausdehnung der Verbrennung spielt auch die Intensität der Schädigung eine Rolle (S 9.33):

Neben der oberflächlichen Ausdehnung der Verbrennung spielt auch die Intensität der Schädigung eine Rolle (S 9.33).

Synopsis 9.33: Verbrennungsgrade

- **Verbrennung I°**
  Rötung der Haut mit Schädigung des Stratum corneum
- **Verbrennung II°**
  serös-gefüllte Brandblasen; die gesamte Epidermis und die oberste Coriumschicht sind nekrotisch
- **Verbrennung III°**
  rot-braune oder weiße Haut mit Elastizitätsverlusten; Epidermis und das gesamte Corium sind nekrotisch
- **Verbrennung IV°**
  subkutane und muskuläre Stukturen sind erfaßt; schwarze, verkohlte Areale

Querschnitt durch die Haut mit verschiedenen Verbrennungsgraden

a Verbrennung II°: Der Hautdefekt ist auf die Epidermis beschränkt

b Verbrennung III°: Die Nekrose reicht bis tief in das Korium

c Verbrennung IV°: Die Nekrosezone überschreitet das Korium und erstreckt sich bis in die Subkutis

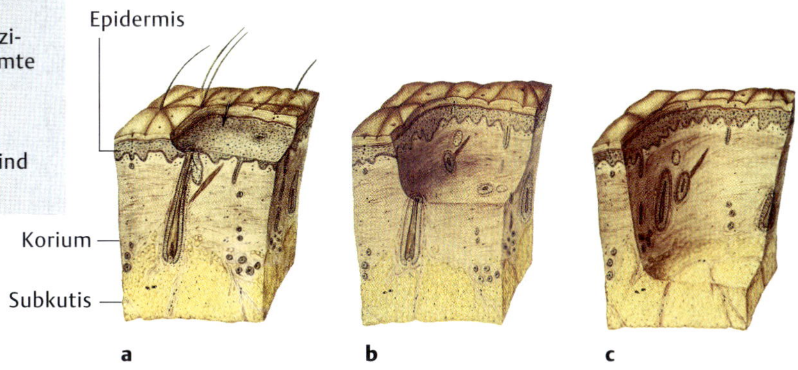

Klinisches Erscheinungsbild verschiedener Verbrennungsgrade

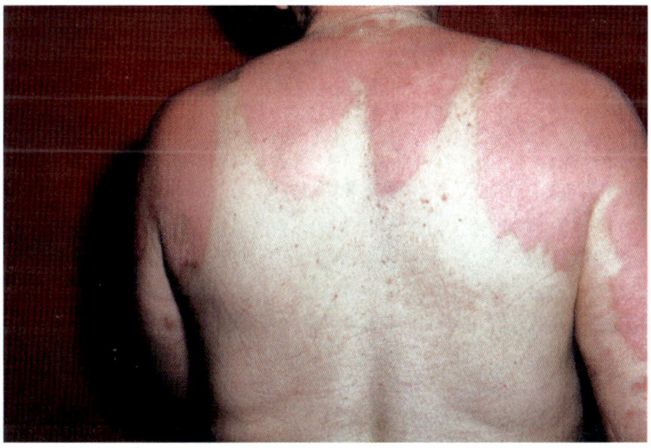

Verbrennung I°: Erythem der unbekleideten Haut nach Sonnenexposition (Sonnenbrand)

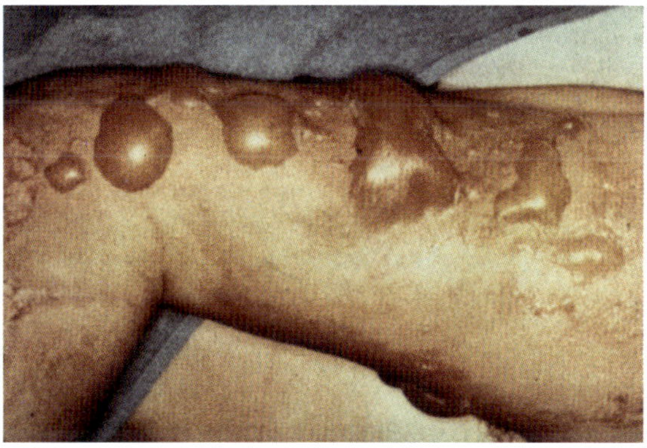

Verbrennung II°: serös-gefüllte epidermale Brandblasen im Bereich des rechten Oberarmes

...es geht noch weiter ►

Synopsis 9.33: Fortsetzung

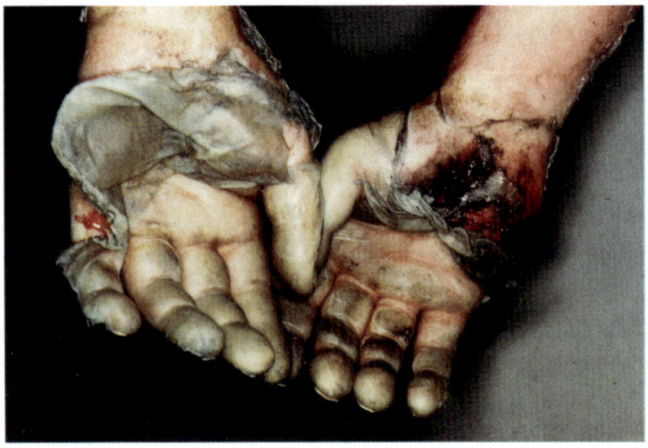

Verbrennung III°:
Betroffen sind die Palmarseiten beider Hände. Neben blasiger Abhebung der Epidermis finden sich tiefergehende koriale Nekrosen an der rechten Hand

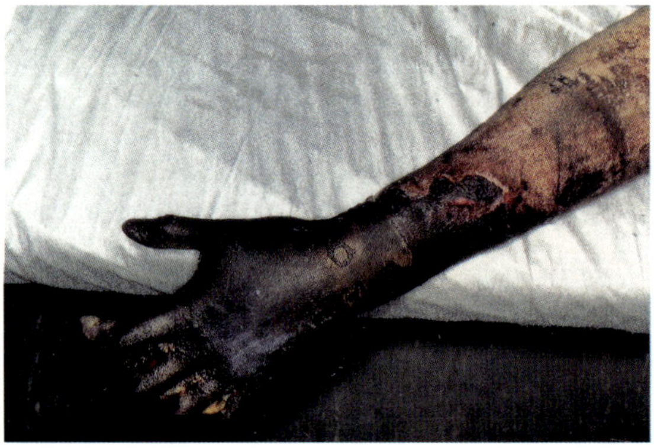

Verbrennung IV°:
Die Haut des linken Unterarmes ist tiefschwarz verkohlt

Entscheidend für die Prognose sind Tiefe und Ausdehnung der Verbrennung sowie das Alter der Patienten.

Entscheidend für die Prognose sind Tiefe und Ausdehnung der Verbrennung sowie das Alter der Patienten, wobei viertgradige Verbrennungen bei älteren Patienten mit der höchsten Letalität einhergehen.

Therapie

Primärversorgung

Zur Primärversorgung gehört die:
- ausreichende Flüssigkeitssubstitution (s. u.)
- Analgesie
- Sicherstellung eines ausreichenden Sauerstoffangebotes, ggf. mit Intubation und Beatmung

Therapie

Primärversorgung

Die Primärversorgung muß darauf ausgerichtet sein, die anfangs beschriebenen pathophysiologischen Veränderungen so schnell wie möglich zu begrenzen. Dazu gehört die:
- ausreichende Flüssigkeitssubstitution (s. u.)
- Analgesie
- Sicherstellung eines ausreichenden Sauerstoffangebotes, ggf. mit Intubation und Beatmung

Die **initiale Flüssigkeitstherapie** läßt sich am einfachsten mit der **Baxter-Formel** berechnen:
% VKOF × 4 × kg KG
= ml Elektrolytlösung/24 h

Die Anlage peripherer Venenverweilkanülen sollte nach Möglichkeit in den nicht brandverletzten Hautarealen erfolgen. Da initial große Flüssigkeitsvolumina substituiert werden müssen, sollten mindestens zwei oder drei großlumige Zugänge plaziert werden, bevor es zur Ausbildung eines Volumenmangelschocks kommt. Die **initiale Flüssigkeitstherapie** läßt sich am einfachsten mit der **Baxter-Formel** berechnen:
Baxter-Formel zur Berechnung der Flüssigkeitssubstitution während der ersten 24 h:
% VKOF × 4 × kg KG = ml Elektrolytlösung/24 h
(VKOF = verbrannte Körperoberfläche)

Die Hälfte dieser Menge sollte in den ersten 8 Stunden nach Trauma gegeben werden, in den weiteren 16 Stunden der Rest.
Die Substitution sollte **nur mit kristalloiden Lösungen** wie Ringerlaktat erfolgen, da Kolloide das Verbrennungsödem verstärken und verlängern.

Bei jeder Verbrennung ist für eine ausreichende **Analgesie** zu sorgen.

Die Hälfte dieser Menge sollte in den ersten 8 Stunden nach Trauma gegeben werden, in den weiteren 16 Stunden der Rest. Die anschließende Flüssigkeitstherapie kann sich dann nach klinischen bzw. apparativen Parametern richten (s. u.). Die Substitution sollte **nur mit kristalloiden Lösungen** wie Ringerlaktat erfolgen, da Kolloide infolge der erhöhten Gefäßwandpermeabilität den Intravasalraum verlassen, das Verbrennungsödem verstärken und in der Regenerationsphase nur deutlich langsamer aus dem Interstitium mobilisierbar sind als Kristalloide.
Je nach Verbrennungsausdehnung ist manchmal bereits zur Schaffung einer ausreichenden **Analgesie** die Induktion einer Allgemeinanästhesie

erforderlich, die dann zwingend zur Intubation und Beatmung führt. Verbrennungen geringeren Ausmaßes können entweder mit Ketamin (Ketanest®) oder Opioiden analgetisch behandelt werden. Auf die Sicherstellung einer ausreichenden Oxygenierung und Ventilation ist bei beiden Verfahren zu achten.
Eine **Intubation und Beatmung** sollte bei allen Patienten mit Inhalationstraumen, Verbrennungen im Hals- und Gesichtsbereich sowie bei zirkulären Thoraxverbrennungen, aber auch mit sehr ausgedehnten Verbrennungen frühzeitig vorgenommen werden (Therapie bei Inhalationstrauma s. Fallbericht).

Eine **Intubation und Beatmung** sollte bei allen Patienten mit Inhalationstraumen, Verbrennungen im Hals- und Gesichtsbereich sowie bei zirkulären Thoraxverbrennungen, aber auch mit sehr ausgedehnten Verbrennungen frühzeitig vorgenommen werden (Therapie bei Inhalationstrauma s. Fallbericht).

Versorgung nach Klinikaufnahme

Jedes Krankenhaus sollte eine adäquate Primärversorgung durchführen können. Neben den beschriebenen Maßnahmen gehören dazu das Festlegen des Verbrennungsausmaßes, die **Reinigung der Verbrennungswunden**, die immer in Allgemeinanästhesie durchgeführt werden sollte, sowie bei Patienten, die ein Inhalationstrauma erlitten haben, die **Bronchoskopie**, mittels derer das Ausmaß der Schädigung des Bronchialsystems abgeschätzt werden kann. Ferner sind zur besseren Flüssigkeitsbilanzierung die Anlage eines zentralvenösen Katheters sowie eines Blasenkatheters erforderlich. Frühzeitig sollte auch an einen arteriellen Zugang zur invasiven Blutdruckmessung und Entnahme arterieller Blutgasproben gedacht werden, da nach Ausbildung des Verbrennungsödems die Punktion peripherer Arterien erschwert sein kann. Laborchemisch sollten folgende Parameter bestimmt werden: Blutgase (arteriell und zentralvenös), Blutbild, Serumelektrolyte, Blutzucker, Leber- und Nierenwerte, Gesamteiweiß und kolloidosmotischer Druck sowie Gerinnungsstatus.

Versorgung nach Klinikaufnahme

Neben den beschriebenen Maßnahmen gehören dazu das Festlegen des Verbrennungsausmaßes, die **Reinigung der Verbrennungswunden**, die immer in Allgemeinanästhesie durchgeführt werden sollte, sowie bei Patienten, die ein Inhalationstrauma erlitten haben, die **Bronchoskopie**, mittels derer das Ausmaß der Schädigung des Bronchialsystems abgeschätzt werden kann.

Intensivtherapie

Alle Patienten mit dritt- bzw. viertgradigen Verbrennungen und mindestens 15–20% VKOF (Schockgefahr!) benötigen eine Intensivtherapie, Kinder und alte Patienten schon bei geringerem Ausmaß. Patienten mit Verbrennungen im Gesicht oder zusätzlichem Inhalationstrauma sollten immer intensivmedizinisch betreut werden.
Ausgedehnte Verbrennungen bewirken neben dem Flüssigkeitsverlust eine erhebliche Katabolie und Störung der Temperaturregulation. Deshalb müssen schwer brandverletzte Patienten bei relativ **hohen Umgebungstemperaturen** (ca. 30 °C) und **hoher Luftfeuchtigkeit** behandelt werden. Weitere spezielle Maßnahmen umfassen die Lagerung in Spezialbetten, die einerseits die Entstehung von Dekubitalgeschwüren verhindern und andererseits gewährleisten sollen, daß die Patienten möglichst trocken liegen und Sekrete und Blut abfließen können.

Intensivtherapie

Patienten mit dritt- bzw. viertgradigen Verbrennungen und mindestens 15–20% VKOF (Schockgefahr!) benötigen eine Intensivtherapie, Kinder und alte Patienten schon bei geringerem Ausmaß, außerdem Patienten mit Verbrennungen im Gesicht oder zusätzlichem Inhalationstrauma. Schwer brandverletzte Patienten müssen bei relativ **hohen Umgebungstemperaturen** (ca. 30 °C) und **hoher Luftfeuchtigkeit** behandelt werden.

Die intensivmedizinische Behandlung wird nach den bereits geschilderten Kriterien weitergeführt.
Die **Flüssigkeitstherapie** sollte sich nach zentralem Venendruck (ZVD), Diurese, Herzfrequenz und arteriellem Blutdruck richten. Läßt sich anhand dieser Parameter keine zufriedenstellende Therapie durchführen, sollte die Anlage eines Pulmonaliskatheters in Betracht gezogen werden.
Da Brandverletzungen mit erheblichen Schmerzen einhergehen, ist eine ausreichende **Analgosedierung** erforderlich, insbesondere zur täglichen Inspektion, Reinigung und zum Verbandswechsel.
Die **Beatmungstherapie** sollte so lange fortgeführt werden, bis auf die Analgosedierung weitestgehend verzichtet werden kann, ein Ödem im Respirationstrakt abgeklungen ist und der Gasaustausch stabilisiert ist. Frühestmöglich sollte hierbei die Spontanatmung des Patienten angestrebt werden (SIMV, CPAP; s. Kapitel 9.2.5).
Die **Infektionsprophylaxe** sollte sich, solange keine generalisierte Infektion besteht, auf lokale Maßnahmen beschränken. Mit der Applikation lokaler antibakterieller Substanzen wird versucht, die Keimzahl in den verbrannten Arealen möglichst gering zu halten und die Besiedlung anderer Areale zu verhindern. Zur Anwendung kommen z. B.: 1%ige Silbernitrat-

Zur Intensivtherapie gehören im einzelnen:

- **Flüssigkeitstherapie**
  Sie sollte sich nach ZVD, Diurese, Herzfrequenz und arteriellem Blutdruck richten. Evtl. Anlage eines Pulmonaliskatheters.
- **Analgosedierung**
- **Beatmungstherapie**
- **Infektionsprophylaxe** mittels lokal antibakteriellen Maßnahmen

lösung, Polyvidon-Jod (Betaisodona®-Salbe), Mafenid (Sulfamylon®-Creme). Eine systemische Antibiotikaprophylaxe sollte nicht durchgeführt werden, da in den bakteriell besiedelten Hautbezirken keine ausreichenden Wirkstoffkonzentrationen erreicht werden können.

- **ausreichende Kalorienzufuhr** wegen des gesteigerten Kalorienbedarfs, wenn möglich per enteraler Ernährungssonde.

Da Patienten mit einem höhergradigen Verbrennungstrauma eine erhebliche Katabolie aufweisen, ist von einem gesteigerten **Kalorienbedarf** auszugehen. Bei Verbrennungen III° von 60% VKOF kann der Stoffwechsel um 100% zunehmen. Wann immer es geht, sollte einer enteralen Sondenernährung der Vorzug gegeben werden.

- **Ulkusprophylaxe**

Um Blutungen und Perforationen eines **Magen- oder Duodenalulkus** (Curling-Ulzera) zu vermeiden, muß zumindest bei nicht enteral ernährten Patienten eine konsequente Ulkusprophylaxe betrieben werden. Hierzu setzt man am besten Sucralfat (Ulcogant®) ein, ein Medikament, das einen Schutzfilm auf der Schleimhaut gegenüber aggressiven Substanzen wie Magensäure und Gallenflüssigkeit bildet.

- **Intensivüberwachung**

Die intensivmedizinischen **Überwachungsmaßnahmen** entsprechen denen kritisch Kranker. Hierzu gehören EKG, arterieller Blutdruck, Pulsoxymetrie und Diurese (stündliche Urinmenge > 1 ml/kg KG) ebenso wie die Messung des ZVD und ggf. des pulmonal-kapillaren Verschlußdruckes und Herzzeitvolumens sowie tägliche Laborkontrollen.

- **chirurgische Therapie**
  - Reinigung der verbrannten Hautregionen und Applikation lokal wirksamer antibakterieller Substanzen
  - frühzeitige Exzision nekrotischer Areale und Deckung mit Hauttransplantaten

Die **chirurgische Therapie** beschränkt sich in der Initialphase auf die Reinigung der verbrannten Hautregionen und auf die Applikation lokal wirksamer antibakterieller Substanzen. Im weiteren Verlauf sollten nekrotische Bezirke abgetragen werden, bevor es zu einer Keimbesiedlung kommt. Bei ausgedehnten Verbrennungen muß die betroffene Haut möglichst rasch entfernt werden. Die erste Exzision sollte nach Beginn der Ödemrückresorption erfolgen, d.h. ca. am dritten bis vierten Tag nach dem Unfall. Da die tangentiale Exzision häufig zu großflächigen Blutungen führt, können je nach Ausdehnung der Verbrennung nicht alle verbrannten Stellen gleichzeitig abgetragen werden. Die Deckung der debridierten Areale erfolgt jeweils in derselben Sitzung mit Hauttransplantaten (vornehmlich »mesh-graft«); häufig schließen sich dann, vor allem im Gesichts- und Handbereich, noch viele funktionsverbessernde und kosmetische Operationen an.

Klinischer Fall

Der Notarzt wird zu einem Zimmerbrand mit mehreren Verletzten gerufen. Bei seinem Eintreffen findet er ein zyanotisches, schwer respiratorisch insuffizientes Kleinkind vor. Es reagiert ungezielt auf Schmerzreize. Um die Nasenlöcher sind deutliche Rußhöfe zu erkennen. Auch der Körper des Kindes ist verrußt. Es finden sich keine Zeichen einer äußeren Verbrennung. Die Pulsoxymetrie zeigt eine O_2-Sättigung von 75%. Die Herzfrequenz beträgt 160/min, der Blutdruck 100/60 mmHg. Nach O_2-Applikation über eine Maske und Anlegen eines venösen Zuganges wird das Kind orotracheal intubiert. Hierbei fallen die enorm verrußte Mundhöhle und reichlich Ruß auf den Stimmbändern und im Larynx auf. Unter Beatmung mit reinem Sauerstoff steigt die O_2-Sättigung auf 85%. Zur Prophylaxe eines toxischen Lungenödems werden mehrere Hübe Budesonid (Pulmicort®) in den Tubus verabreicht. Beim Eintreffen in der Klinik hat die O_2-Sättigung bereits 95% erreicht. Das Kind wird auf die Intensivstation übernommen. Unter volumenkontrollierter Beatmung zeigt sich folgende arterielle Blutgasanalyse:

- pH 7,32
- SB 16 mmol/l
- BE –9 mmol/l
- PCO_2 32 mmHg
- PO_2 205 mmHg
- SO_2 95%

Das CO-Hb beträgt 4%. Das primäre Thoraxröntgen ist unauffällig.

In den folgenden Tagen entwickelt sich jedoch eine linksseitige Bronchopneumonie, so daß das Kind über sieben Tage kontrolliert beatmet werden muß. Nach Entwöhnung vom Respirator kann es am zwölften Tage extubiert werden. Nach insgesamt 20 Tagen Krankenhausaufenthalt wird es in gutem Allgemeinzustand in die häusliche Pflege entlassen.

Anhang A: Wirkungen und Nebenwirkungen anästhesiologisch gebräuchlicher Medikamente

Generikum	Präparat (z. B.)	Empfohlene i.v.-Dosierung, Einleitungsdosis (ED)	Indikation	Wirkung	Nebenwirkungen
▷ **Anästhetika/Hypnotika**					
Etomidat	Hypnomidate, Etomidat-Lipuro	0,2 – 0,3 mg/kg	Narkoseeinleitung	Kurzhypnotikum ohne analgetische Wirkung	Myoklonien
Ketamin	Ketamin-X[1)]	1 – 2 mg/kg i.m.Dosierung: 4 – 8 mg/kg	Analgesie bei Notfallpatienten, Narkoseeinleitung bei bei Schock oder Asthma bronchiale, Status asthmaticus	Analgetikum, dissoziative Anästhesie	Tachykardie, Blutdruckanstieg, Salivation, Kontraindikation: Schädel-Hirn-Trauma ohne Beatmung
S(+)-Ketamin	Ketanest	0,5 – 1 mg/kg	s. Ketamin		
Methohexital	Brevimytal	1 – 2 mg/kg	Narkoseeinleitung	Barbiturat, generalisierte zerebrale Dämpfung	Atemdepression bis Atemstillstand, arterielle Hypotonie, Kontraindikation: akute intermittierende Porphyrie
Propofol	Disoprivan	1 – 2,5 mg/kg Erhaltungsdosis: 6 – 10 mg/kg/h	Narkoseeinleitung und -aufrechterhaltung	Hypnotikum ohne analgetische Eigenschaften	negative Inotropie und periphere Vasodilatation, dosisabhängige Kreislauf- und Atemdepression
Thiopental	Trapanal	3 – 5 mg/kg	Narkoseeinleitung, zerebraler Krampfanfall, Status epilepticus	Barbiturat, generalisierte zerebrale Dämpfung	Atemdepression bis Atemstillstand, arterielle Hypotonie, Kontraindikation: akute intermittierende Porphyrie
▷ **Antiarrhythmika**					
Flecainid	Tambocor	1 – 2 mg/kg	tachykarde, supraventrikuläre Rhythmusstörungen, WPW-Syndrom; paroxysmales Vorhofflimmern	negativ dromotrop, negativ bathmotrop	negativ inotrop
Lidocain	Xylocain	1 – 1,5 mg/kg	Kammerflattern, -flimmern ventrikuläre Extrasystolien	Lokalanästhetikum, Suppression ventrikulärer Ektopien	negativ inotrop
Amiodaron	Cordarex	4 – 5 mg/kg	supraventrikuläre und ventrikuläre Arrhythmien	negativ dromotrop, negativ bathmotrop	negativ inotrop
Ajmalin	Gilurytmal	ED Erwachsener: 25 – 50 mg	symptom. supraventrikuläre Tachykardien, WPW-Syndrom	negativ dromotrop negativ bathmotrop	negativ inotrop
▷ **Antagonisten**					
Biperiden	Akineton	ED Erwachsener: 2,5 – 5 mg	extrapyramidale Symptome, Parkinsonismus	Beseitigung des Tremors	Mundtrockenheit, Tachykardie, Extrasystolie

1)X = Firmenname als Anhängsel an Generikum

Fortsetzung ▶

Anhang A: Wirkungen und Nebenwirkungen anästhesiologisch gebräuchlicher Medikamente

Generikum	Präparat (z. B.)	Empfohlene i.v.-Dosierung, Einleitungsdosis (ED)	Indikation	Wirkung	Nebenwirkungen
Flumazenil	Anexate	ED Erwachsener: 0,2 – 0,25 mg	Benzodiazepinüberdosierung	Benzodiazepinantagonist	Übelkeit, Erbrechen, Krampfanfall
Naloxon	Narcanti	ED Erwachsener: 0,2 – 0,4 mg	Opioid- und Heroinüberdosierung	Opiatantagonist	akutes Entzugssyndrom
Neostigmin	Prostigmin	ED Erwachsener: 0,5 – 1 mg	Antagonisierung von nichtdepolarisierenden Muskelrelaxanzien, Atropinintoxikation	Hemmung der Acetylcholinesterase	Bradykardie, Bronchokonstriktion, Hypersalivation
Physostigmin	Anticholium	ED Erwachsener: 2 mg	zentrales anticholinerges Syndrom (ZAS), akute und chronische Vergiftung mit Atropin, Phenothiazinen, tri- oder tetrazyklischen Antidepressiva	Hemmung der Acetylcholinesterase	Bradykardie, Bronchokonstriktion, Hyper–salivation
▷ **Antiepileptika**					
Phenytoin	Phenhydan	ED Erwachsener: 250 mg	zerebrale Krampfanfälle, Krampfprophylaxe	antikonvulsiv durch Membran–stabilisierung	psychische Beeinträchtigung, Arzneimittelexanthem, Transaminasenanstieg
Phenobarbital	Luminal	ED Erwachsener: 200 mg Erhaltungsdosis: 1 – 3 mg/kg/die	zerebraler Krampfanfall, Prämedikation	Barbiturat, generalisierte zerebrale Dämpfung, antikonvulsiv	exfoliative Dermatitis, Kontraindikation: akute intermittierende Porphyrie
▷ **Antihistaminika**					
Clemastin (-hydrogenfumarat)	Tavegil	ED Erwachsener: 2 – 4 mg	anaphylaktisch-anaphylaktoide Reaktionen	Histaminrezeptorantagonist (H_1-Blocker)	Venenreizung
Ranitidin	Zantic, Sostril	ED Erwachsener: 50 – 100 mg	anaphylaktisch-anaphylaktoide Reaktionen, Ulcera ventriculi et duodeni	Histaminrezeptorantagonist (H_2-Blocker)	bei zügiger i. v. Injektion Blutdruckabfall und Herzrhythmusstörungen
▷ **Antihypotonika**					
Etilefrin	Effortil	ED Erwachsener: 1 – 2 mg, bis 10 mg	bradykarde Hypotonie	alpha- und beta1-Stimulation,	Tachykardie, Extrasystolie
Cafedrin + Theodrenalin	Akrinor	0,25 – 1 Ampulle (1 Amp = 200+10 mg)	normfrequente, arterielle Hypotonie	Tonisierung des Gefäßsystems, positive Inotropie	Bradykardie, Tachykardie, Stenokardien
▷ **Benzodiazepine**					
Diazepam	Valium	0,07 – 0,15 mg/kg	Sedierung, Prämedikation, zerebraler Krampfanfall	lang wirksames Benzodiazepin: Anxiolyse, Sedierung, Amnesie, Antikonvulsion, zentrale Muskelrelaxierung	periphere Atemdepression
Midazolam	Dormicum	0,05 – 0,2 mg/kg	Sedierung, Prämedikation, Narkoseeinleitung und Supplementierung, zerebraler Krampfanfall	rel. kurz wirksames Benzodiazepin: Anxiolyse, Sedierung, Amnesie, Antikonvulsion, zentrale Muskelrelaxierung	periphere Atemdepression, Blutdruckabfall bei zügiger i. v. Injektion

Fortsetzung ▶

Anhang A: Wirkungen und Nebenwirkungen anästhesiologisch gebräuchlicher Medikamente

Generikum	Präparat (z. B.)	Empfohlene i.v.-Dosierung, Einleitungsdosis (ED)	Indikation	Wirkung	Nebenwirkungen
Flunitrazepam	Rohypnol	0,015 – 0,03 mg/kg	Sedierung, Prämedikation, Narkoseeinleitung und -supplementierung, zerebraler Krampfanfall	mittellang bis lang wirksames Benzodiazepin: Anxiolyse, Sedierung, Amnesie, Antikonvulsion, zentrale Muskelrelaxierung	periphere Atemdepression, Blutdruckabfall bei zügiger i. v. Injektion
▷ **Bronchodilatatoren**					
Fenoterol	Berotec Dosieraerosol	0,007 – 0,04 µg/kg/min	Asthma bronchiale, Bronchospasmus, Tokolyse bei Geburtskomplikationen	Beta-Sympathikomimetikum	Tachykardie, Extrasystolie
Terbutalinsulfat	Bricanyl	ED Erwachsener: 0,5 mg/sc	Asthma bronchiale, Bronchospasmus	Beta-Sympathikomimetikum	Tachykardie, Extrasystolie
Theophyllin	Euphylong, Solosin	2 – 3 mg/kg	obstruktive Atemwegserkrankungen, Status asthmaticus	Xanthinderivat, Bronchodilatation	Übelkeit, Erbrechen, Tachykardie, Extrasystolie, Krampfanfall
▷ **Digitalisglykoside**					
Digoxin	Novodigal	ED Erwachsener: 0,4 mg, 2×/die Erhaltungsdosis: 0,25 – 0,375mg	Tachyarrhythmia absoluta, Myokardinsuffizienz	positiv inotrop, negativ dromotrop, negativ bathmotrop	Übelkeit, Farbensehen, Bradykardie, AV-Block, *cave:* Hypokaliämie
Methyldigoxin	Lanitop	ED Erwachsener: 0,3 mg Erhaltungsdosis: 0,1 – 0,2 mg	s. Digoxin		
Digitoxin	Digimerck	ED Erwachsener: 0,25 mg, 2×/die Erhaltungsdosis: 0,07 – 0,1 mg	Herzinsuffizienz bei eingeschränkter Nierenfunktion, Untergewicht		
▷ **Diuretika**					
Acetazolamid	Diamox	ED Erwachsener: 500 mg	Glaukom	Senkung der Kammerwasserproduktion	Hypokaliämie, Azidose, Flüssigkeitsverlust
Furosemid	Lasix	ED Erwachsener: 5 – 20 mg bei Lungenödem 40 – 80 mg	Hyperhydratation, Herzinsuffizienz, Lungenödem	Schleifendiuretikum: Hemmung der Natriumrückresorption	Hypovolämie, Hypokaliämie, Hypomagnesiämie, Hypokalzämie
▷ **Glukokortikoide**					
Dexamethason	Fortecortin	ED Erwachsener: 4 – 8 mg	Allergien, anaphylaktischer Schock, septisch-toxischer Schock, Status asthmaticus	Hemmung der Antigen-Antikörper–reaktion, Hemmung der Mediatorenfreisetzung, Gefäßabdichtung stabilisiert Zellmembranen, betapermissiver Effekt	Hyperglykämie, Ulcera ventriculi et duodeni

Fortsetzung ▶

Anhang A: Wirkungen und Nebenwirkungen anästhesiologisch gebräuchlicher Medikamente

Generikum	Präparat (z. B.)	Empfohlene i.v.-Dosierung, Einleitungsdosis (ED)	Indikation	Wirkung	Nebenwirkungen
Hydrocortison	Hydrocortison	ED Erwachsener: 200 – 500 mg	Substitutionstherapie bei NNR-Insuffizienz	Hemmung der Antigen-Antikörper-reaktion, Hemmung der Mediatorenfreisetzung, Gefäßabdichtung, stabilisiert Zellmembranen, betapermissiver Effekt	Hyperglykämie, Natrium- und Wasserretention, Ulcera ventriculi et duodeni
Prednisolon	Solu-Decortin H	ED Erwachsener: 250 – 1000 mg	Allergien, anaphylaktischer Schock, septisch-toxischer Schock, Status asthmaticus, spinales Trauma	Hemmung der Antigen-Antikörper-reaktion, Hemmung der Mediatorenfreisetzung, Gefäßabdichtung, stabilisiert Zellmembranen, betapermissiver Effekt	Hyperglykämie, Natrium- und Wasserretention, Ulcera ventriculi et duodeni
Methyl-prednisolon	Urbason	ED Erwachsener: 500 – 2000 mg			
▷ **Inhalationsanästhetika** Kurzprofile s. Kap. 3.3.7					
Xenon (neu!)					
Lachgas					
Halothan	Fluothane				
Enfluran	Ethrane				
Isofluran	Forene				
Desfluran	Suprane				
Sevofluran	Sevorane				
▷ **Kalziumantagonisten**					
Verapamil	Isoptin	0,035 – 0,07 mg/kg	supraventrikuläre Tachykardien; Tachyarrhythmia absoluta	Verlängerung der AV-Überleitungszeit, negativ inotrop	Herzinsuffizienz, AV-Block
Nifedipin	Adalat	0,01 – 0,02 mg/kg/h	Angina pectoris, hypertensive Krise	Senkung des koronaren Gefäßwiderstandes, periphere Gefäßerweiterung, negative Inotropie	starker Blutdruckabfall, Flush, Kopfschmerz, Tachykardie
▷ **Katecholamine** (Dosierungen nach Wirkung und Bedarf über Perfusor)					
Adrenalin (Epinephrin)	Suprarenin	0,03 – 0,3 µg/kg/min	anaphylaktischer Schock, kardiogener Schock, Herz-Kreislauf-Stillstand	Erregung der alpha- und beta-Rezeptoren: positiv inotrop, chronotrop, dromotrop, bathmotrop, Tonisierung der peripheren Gefäße	Tachykardie, Extrasystolie, Kammerflimmern, Anstieg des myokardialen O_2-Verbrauchs mit Stenokardien, Anstieg des peripheren Widerstandes, Gangrän
Dopamin	Dopamin	0,5 – 10 µg/kg/min	Herz- und Kreislaufinsuffizienz, Verminderung der Splanchnikusdurchblutung mit der Gefahr des akuten Nierenversagens	dosisabhängige Stimulation von dopaminergen, beta- und alpha-Rezeptoren	Tachykardie, Extrasystolie

Fortsetzung ▶

Anhang A: Wirkungen und Nebenwirkungen anästhesiologisch gebräuchlicher Medikamente

Generikum	Präparat (z. B.)	Empfohlene i.v.-Dosierung, Einleitungsdosis (ED)	Indikation	Wirkung	Nebenwirkungen
Dobutamin	Dobutrex	2 – 10 µg/kg/min	kardiogener Schock, Myokardinsuffizienz	beta-sympathikomimetisch, positiv inotrop, Nachlastsenkung	Tachykardie, Extrasystolie, Kammerflimmern
Noradrenalin (Norepinephrin)	Arterenol	0,03 – 0,3 µg/kg/min	Schock bei Versagen der Gefäßregulation: septischer und spinaler Schock, akuter Querschnitt, Lungenembolie	Erregung der alpha-Rezeptoren, Gefäßtonisierung mit Blutdruckerhöhung, Steigerung der zerebralen und koronaren Perfusion	Herzrhythmusstörungen, Stenokardien, Gangrän
Orciprenalin	Alupent	0,15 – 0,3 µg/kg/min	Bradykardien, AV-Überleitungsstörungen	beta-sympathikomimetisch	Herzrhythmusstörungen
▷ **Muskelrelaxanzien**					
Cisatracurium-besilat	Nimbex	0,1 – 0,15 mg/kg Erhaltungsdosis: 0,05 mg/kg	Muskelrelaxation zur Intubation und für operative Eingriffe	nichtdepolarisierendes mittellang wirkendes Muskelrelaxans	peripherer Atemstillstand, keine Kumulation wegen Hofmann-Elimination
Mivacurium	Mivacron	0,15 – 0,25 mg/kg Erhaltungsdosis: 0,03 – 0,04 mg/kg	Muskelrelaxation zur Intubation und für operative Eingriffe	nichtdepolarisierendes kurz wirkendes Muskelrelaxans	peripherer Atemstillstand, bei schneller Injektion Blutdruckabfall durch Histaminfreisetzung möglich, keine Kumulation wegen Hofmann-Elimination
Pancuronium-bromid	Pancuronium	0,08 – 0,1 mg/kg	Muskelrelaxation zur Intubation und für lange operative Eingriffe	nichtdepolarisierendes lang wirkendes Muskelrelaxans	peripherer Atemstillstand, Tachykardien, Hypertonie
Vecuronium-bromid	Norcuron	0,08 – 0,1 mg/kg Erhaltungsdosis: 0,03 — 0,05 mg/kg	Muskelrelaxation zur Intubation und für operative Eingriffe	nichtdepolarisierendes mittellang wirkendes Muskelrelaxans	peripherer Atemstillstand
Rocuronium-bromid	Esmeron	0,5 – 0,7 mg/kg Erhaltungsdosis: 0,1 – 0,2 mg/kg	Muskelrelaxation zur Intubation und für operative Eingriffe	nichtdepolarisierendes mittellang wirkendes Muskelrelaxans, Wirkeintritt fast so schnell wie bei Succinylcholin	peripherer Atemstillstand, selten Tachykardien
Succinylcholin-chlorid	Pantolax, Lysthenon	1 – 2 mg/kg	Muskelrelaxation zur Intubation und für kurze operative Eingriffe	depolarisierendes kurz wirkendes Muskelrelaxans mit dem schnellsten Wirkeintritt	peripherer Atemstillstand, Kaliumfreisetzung, Bradykardie, Herzrhythmusstörungen, Kontraindikation bei maligner Hyperthermie, neuralen Muskelatrophien, Muskeldystrophien
Atracurium	Tracrium	0,5 mg/kg Erhaltungsdosis: 0,1 mg/kg	Muskelrelaxation zur Intubation und für mittellange OP-Eingriffe	nichtdepolarisierendes, mittellang wirkendes Muskelrelaxans	Histaminfreisetzung, peripherer Atemstillstand, Metabolit Laudanosin kann zerebrale Erregungszustände auslösen

Fortsetzung ▶

Anhang A: Wirkungen und Nebenwirkungen anästhesiologisch gebräuchlicher Medikamente

Generikum	Präparat (z. B.)	Empfohlene i.v.-Dosierung, Einleitungsdosis (ED)	Indikation	Wirkung	Nebenwirkungen
▷ **Neuroleptika**					
Droperidol	Dehydrobenzperidol (DHBP)	0,1 – 0,3 mg/kg (Neuroleptanästhesie) Antiemese: 1,25 — 5 mg	Sedierung, Neuroleptanalgesie und -anästhesie in Kombination mit Opioiden, Übelkeit und Erbrechen	Neuroleptikum, Antiemese, Alpharezeptorenblockade, Antihistaminikum	Blutdruckabfall möglich, extrapyramidale Bewegungsstörungen
Promethazin	Atosil	ED Erwachsener: 25 – 50 mg	Prämedikation	Neuroleptikum Antihistaminikum	extrapyramidale Bewegungsstörungen
▷ **Nicht-Opioid-Analgetika**					
Lysinacetylsalicylat	Aspisol	ED Erwachsener: 500 – 1000 mg	leichte bis mittlere Schmerzzustände, Fieber, Entzündungen	Prostaglandinsynthesehemmung analgetisch, antipyretisch, antiphlogistisch	Blutungen wg. Thrombozytenaggregationshemmung, chronisch: Magen-Darm-Ulzera, Nierenschäden
Metamizol	Novalgin	ED Erwachsener: 1 – 2,5 g	postoperative, posttraumatische Schmerzen, Koliken, hohes Fieber	analgetisch, antipyretisch, Erschlaffung glatter Muskulatur	Blutdruckabfall, selten: anaphylaktischer Schock, Agranulozytose
Paracetamol	ben-u-ron	ED Erwachsener: 500 – 1000 mg p.o./rektal	leichte bis mittlere Schmerzzustände, Fieber	Analgesie, Antipyrese	bei akuter Intoxikation: Leberzerfall
Ibuprofen	Ibu-X[1)]	400 – 1200 mg p.o./rektal	leichte bis mittlere Schmerzen, rheumat. Erkrankungen, Fieber	analgetisch, antipyretisch, antiphlogistisch	weniger Ulzera als unter Acetylsalicylsäure
▷ **Opioide**					
Alfentanil	Rapifen	10 – 40 µg/kg	Analgesie bei Allgemeinanästhesien; Analgetikum zur Analgosedierung	zentrale Analgesie	Atemdepression, Bradykardie, Übelkeit und Erbrechen, Thoraxrigidität, Miosis
Fentanyl	Fentanyl-Janssen	2 – 8 µg/kg	Analgesie bei Allgemeinanästhesien; Analgetikum zur Analgosedierung	zentrale Analgesie	Atemdepression, Bradykardie, Übelkeit und Erbrechen, Thoraxrigidität, Miosis
Pethidin	Dolantin	0,5 – 1 mg/kg	postoperative Analgesie; postoperatives Shivering	zentrale Analgesie	Atemdepression, Übelkeit und Erbrechen
Piritramid	Dipidolor	0,1 – 0,2 mg/kg	postoperative Analgesie	zentrale Analgesie	Atemdepression, Bradykardie, Übelkeit und Erbrechen
Sufentanil	Sufenta (mite)	0,25 – 1 µg/kg	Analgesie bei Allgemein- und Regionalanästhesien	zentrale Analgesie	Atemdepression, Bradykardie, Übelkeit und Erbrechen, Thoraxrigidität, Miosis
Remifentanil	Ultiva	0,6 µg/kg/min Erhaltungsdosis: 0,2 – 0,4 µg/kg/min	Analgesie bei Allgemeinanästhesien	zentrale Analgesie	Atemdepression, Bradykardie, Übelkeit und Erbrechen, Thoraxrigidität, Miosis
Morphin	Morphin-X[1)]	0,1 – 0,15 mg/kg	starke und stärkste Schmerzen, akute und chronische Schmerztherapie	zentrale Analgesie	Atemdepression, Obstipation, Sedierung Pruritus, Toleranz

Fortsetzung ▶

Anhang A: Wirkungen und Nebenwirkungen anästhesiologisch gebräuchlicher Medikamente

Generikum	Präparat (z. B.)	Empfohlene i.v.-Dosierung, Einleitungsdosis (ED)	Indikation	Wirkung	Nebenwirkungen
▷ **Parasympatholytika**					
Atropinsulfat	Atropin	ED Erwachsener: 0,5 – 2 mg	Bradykardie, Alkylphosphatintoxikation	Reduzierung des Parasympathikotonus durch muskarinartige Wirkung	Tachykardie, trockene Schleimhäute, Harnverhalt, Temperaturerhöhung bei Kindern
Glycopyrronium	Robinul	ED Erwachsener: 0,1 – 0,2 mg	Bradykardie, Magen-Darm-Spasmen	Reduzierung des Parasympathikotonus	Tachykardie, trockene Schleimhäute
Butylscopolaminiumbromid	Buscopan	ED Erwachsener: 5 – 20 mg	gastrointestinale Spasmen und Schmerzen, Koliken	Relaxation der glatten Muskulatur	Tachykardie, Mundtrockenheit
▷ **Sympatholytika**					
Clonidin	Catapresan	ED Erwachsener: 0,15 – 0,3 mg	Hypertonie, Zustände gesteigerter sympathischer Aktivität (Narkosesupplementierung, postoperatives Shivering, Opiat- und Alkoholentzug)	Reduktion des Sympathikotonus durch zentralen Alpha 2-Rezeptoragonismus, zusätzlich periphere Alpharezeptorenblockade	Bradykardie, Blutdruckabfall (bei Gabe i. v. initial Blutdruckanstieg durch periphere Alphablockade möglich), Sedierung
Metoprolol	Beloc, Lopresor	ED Erwachsener: 1 – 5 mg	tachykarde Hypertonie, supraventrikuläre Tachyarrhythmien	Betarezeptorenantagonist	Blutdruckabfall, *cave:* Hypovolämie, Blutdruckabfall
Propranolol	Dociton	ED Erwachsener: 1 – 5 mg			
Urapidil	Ebrantil	0,35 mg/kg	normfrequente Hypertonie, hypertensive Krise	peripherer Alpha 1-Rezeptorenblocker, zentraler Serotoninantagonist	selten orthostatische Dysregulation
▷ **Vasodilatatoren**					
Dihydralazin	Nepresol	ED Erwachsener: 6,25 – 12,5 mg	Hypertonie (besonders bei EPH-Gestose)	Erweiterung der Arteriolen	Kopfschmerz, Übelkeit, Tachykardie
Nitroglycerin (Glyceroltrinitrat)	Nitrolingual Trinitrosan	0,01 – 0,1 mg/kg Erhaltungsdosis über Perfusor: 1 — 6 mg/h	Angina pectoris, kardiogenes Lungenödem, hypertensive Krise	venöse und arterielle Vasodilatation, Vorlastsenkung	Kopfschmerz, Übelkeit, Blutdruckabfall, Tachykardie
Nitroprussid-Natrium	nipruss	0,3 – 8 µg/kg/min	hypertensive Krise, kontrollierte Hypotension, Herzinsuffizienz mit »low-output«-Syndrom	Erweiterung der Arteriolen, weniger der Venolen	überschießende Blutdrucksenkung, Zyanidintoxikation
▷ **Varia**					
Calcium	Calciumgluconat Calciumchlorid	15 – 20 mg/kg	Hypokalzämie, Hyperkaliämie, Allergien, elektromechanische Entkopplung bei Reanimation	positiv inotrop, Erhöhung des peripheren Gefäßtonus	Herzmuskelkontraktur bei Überdosierung »stone heart«) *cave:* digitalisierte Patienten
Desmopressin	Minirin	Antidiuretisch: 0,03 – 0,06 µg/kg s.c., i.m. oder intranasal	zentraler Diabetes insipidus, Hämophilie A und von-Willebrand-Jürgens-Syndrom	antidiuretisch wie Vasopressin, erhöht die F-VIII-Aktivität	

Fortsetzung ▶

Anhang A: Wirkungen und Nebenwirkungen anästhesiologisch gebräuchlicher Medikamente

Generikum	Präparat (z. B.)	Empfohlene i.v.-Dosierung, Einleitungsdosis (ED)	Indikation	Wirkung	Nebenwirkungen
Glibenclamid	Euglucon	2–3×3,5 mg p.o.	Diabetes mellitus Typ II	orales Antidiabetikum zur Förderung der Insulinfreisetzung	protrahierte Hypoglykämien, Interaktionen mit anderen Medikamenten
Metoclopramid	Paspertin	ED Erwachsener: 10–30 mg	Übelkeit, Erbrechen, Singultus	zentrale antiemetische Wirkung, Förderung der Magenentleerung	extrapyramidale Bewegungsstörungen
▷ **Lokalanästhetika** (s. a. Kap. 4, Regionalanästhesie)					
		Maximale Einzeldosierung (z. B. PNB)		ohne Adrenalin	mit Adrenalin
Lidocain	Xylocain			400 mg	500 mg
Mepivacain	Scandicain			400 mg	500 mg
Bupivacain	Carbostesin			150 mg	150 mg
Ropivacain	Naropin			300 mg	300 mg
Prilocain	Xylonest			600 mg	600 mg
Etidocain	Dur-Anest			150 mg	150 mg
▷ **Serotoninantagonisten**					
Dolasetron	Anemet	ED Erwachsener: 12,5 mg oral: 50 mg	Übelkeit, Erbrechen perioperativ und bei Chemotherapie	zentrale + periphere anti-emetische Wirkung durch Blockade von Serotoninrezeptoren	Kopfschmerzen, Flush bei rascher i. v. Gabe: vorübergehende Sehstörungen, Obstipation, Diarrhö
Granisetron	Kevatril	ED Erwachsener: 3 mg			
Ondansetron	Zofran	ED Erwachsener: 4–8 mg oral: 5 mg			
Tropisetron	Navoban	ED Erwachsener: 2 mg			

peri med com pliance

DOKUMENTIERTE PATIENTENAUFKLÄRUNG®

A 1-6 D

Basisinformation zum Aufklärungsgespräch

Klinikeindruck/Stempel

Aufklärungs- und Anamnesebogen

zur Anästhesie Erwachsener und Jugendlicher

Das Betäubungsverfahren ist vorgesehen für folgende Operation:____________________

am(Datum/Uhrzeit)______________________________

Patientendaten/Aufkleber

Bitte bald lesen und den Fragebogen ausfüllen!

Liebe Patientin, lieber Patient,

der vorliegende Aufklärungsbogen soll Sie über die verschiedenen Betäubungsverfahren (Anästhesieverfahren) informieren. Das wird Ihnen helfen, sich auf das Gespräch mit der/dem Anästhesistin/en (im folgenden nur Anästhesist) vorzubereiten. Er wird mit Ihnen das für Sie vorteilhafteste Anästhesieverfahren besprechen und Sie über Vor- und Nachteile sowie über Risiken und Nebenwirkungen des geplanten Verfahrens eingehend aufklären.

Welche Verfahren gibt es und wie werden sie eingesetzt?

Untersuchungen und Behandlungen, die mit Schmerzen verbunden sind, werden in aller Regel in Betäubung (**Anästhesie**) durchgeführt. Zur Schmerzausschaltung kommen verschiedene Verfahren in Frage, die in geeigneten Fällen auch miteinander kombiniert werden können:

Die Allgemeinanästhesie (Narkose):

Die **Narkose**, ein tiefschlafähnlicher Zustand, wird in der Regel nach Verabreichen eines Beruhigungsmittels (Prämedikation) und Anlegen einer Infusion mit dem Einspritzen eines schnell wirkenden Einschlafmittels begonnen und durch die Gabe weiterer betäubender Medikamente (Narkotika) fortgeführt. Diesen Zustand erhält der Anästhesist während der gesamten Operation durch Medikamente aufrecht. Dabei ist das Bewußtsein ausgeschaltet und die Schmerzempfindung im ganzen Körper unterdrückt.

Bei kurzen und unkomplizierten Eingriffen genügt oft allein das Einspritzen des Narkosemittels in die Vene für eine ausreichend lange Betäubung **(intravenöse Narkose)**.

Bei längeren und schwierigeren Eingriffen kommen zusätzlich weitere Hilfsmittel zum Einsatz:

- eine Beatmungsmaske, die auf Mund und Nase oder Kehlkopf (**Larynxmaske**) aufgesetzt wird **(Maskennarkose)**, oder
- ein Beatmungsschlauch (**Tubus**), der in die Luftröhre eingeführt wird **(Intubationsnarkose)**.

Über Maske und Tubus werden Sauerstoff und eventuell gasförmige Narkosemittel zugeführt.

Während der Narkose überwacht der Anästhesist ständig alle wichtigen Organfunktionen Ihres Körpers wie z.B. Puls, Blutdruck, Atmung, Herztätigkeit im EKG, Sauerstoffsättigung des Blutes und vieles mehr.

Nach Beendigung des Eingriffes wird die Zufuhr der Narkosemittel gleichfalls unterbrochen und Sie erwachen aus der Narkose wie aus einem tiefen Schlaf. Bis zu Ihrer Rückverlegung auf die Station werden Sie im Aufwachraum von Anästhesie-Fachpersonal solange überwacht, bis Sie völlig wach und alle Organfunktionen unverändert stabil sind.

Gelegentlich kann nach der Operation eine Überwachung und Betreuung auf einer Wach- oder Intensivstation notwendig sein, insbesondere bei schwierigeren und langen Eingriffen. Falls dies bei Ihnen abzusehen ist, werden Sie darüber vor der Operation genauer informiert.

Die Lokal-/Regionalanästhesie (Betäubung des zu operierenden Gebietes):

In manchen Fällen reicht es aus, die Schmerzempfindung im zu operierenden Gebiet auszuschalten, also

Dokumentierte Patientenaufklärung • Herausgeber: Dr. med. D. Straube • Fachgebietshrsg.: Prof. Dr. med. P. M. Osswald • Autoren: Dr. med. W. Wirth, Prof. Dr. jur. G. H. Schlund • **© 1996** by perimed Compliance Verlag, 91058 Erlangen • **Nachdruck – auch auszugsweise – und fotokopieren verboten.**
Bestell-Nr. 602-027 • **Bestell-Adresse:** perimed Compliance Verlag Dr. Straube GmbH, Weinstr. 70, 91058 Erlangen, Tel. 09131/609-202, Fax 609-217

eine örtliche Betäubung (**Lokal- bzw. Regionalanästhesie**) vorzunehmen. Dies geschieht durch die Verabreichung eines Medikamentes (**Lokalanästhetikums**), welches das Operationsgebiet betäubt. Die Schmerzempfindung ist dann für längere Zeit blockiert. Der Patient bleibt, im Unterschied zur Allgemeinanästhesie, wach und ansprechbar, spürt dennoch während der Operation keine Schmerzen. Auf Wunsch kann zusätzlich ein leichtes Beruhigungs- oder Schlafmittel verabreicht werden.

Die **Lokalanästhesie** dient zur Schmerzausschaltung im eigentlichen Operationsgebiet. Die am häufigsten angewandten **Regionalanästhesieverfahren** sind im folgenden genauer erklärt. Das in Ihrem Fall geplante Verfahren wird von Ihrem Anästhesisten im entsprechenden Kästchen angekreuzt und näher erläutert.

❑ **Armplexusanästhesie:** Blockade des Armnervengeflechtes (**Armplexus**) bei Eingriffen am Arm und an der Hand.

Bei diesem Verfahren spritzt der Arzt das Lokalanästhetikum in der Achselhöhle in die Nähe der schmerzleitenden Nervenstämme, nachdem der Arm entsprechend gelagert und die Einstichstelle örtlich betäubt worden ist (Abb. 1). Die Wirkung setzt, je nach verwendetem Medikament und Menge, nach ca. 30 Minuten ein.

Zum sicheren Aufsuchen der Nervenstämme wird in der Regel ein sog. Nervenstimulator verwendet. Er wird mit der Injektionsnadel verbunden und sendet schwache elektrische Impulse aus. Diese Impulse stimulieren die zu betäubenden Nerven und lösen so unwillkürliche Muskelzuckungen aus. An diesen Zuckungen erkennt dann der Anästhesist die richtige Lage der Injektionsnadel am Nerven.

Die Nervenstimulation ist im allgemeinen nicht schmerzhaft. Es können jedoch Druck- und Wärmegefühl sowie unangenehme Empfindungen (Elektrisieren) auftreten. Das sollte Sie nicht beunruhigen; es ist harmlos und gehört zum Anästhesieverfahren dazu. In der Regel kommt es während der Anästhesie zu vorübergehenden Bewegungseinschränkungen des betroffenen Armes.

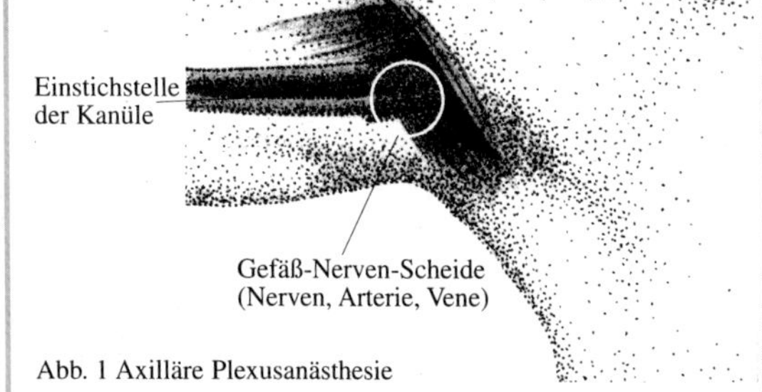

Abb. 1 Axilläre Plexusanästhesie

Zum wiederholten Nachspritzen kann die Injektionsnadel entfernt und durch einen dünnen Kunststoffschlauch (Katheter) ersetzt werden.

Spinal-, Peridural- und Kaudal- (Sakral-) Anästhesie:

Eingriffe an Bauch, Rücken, Unterleib, Becken und Beinen können durch Blockade der Nerven, die vom Rückenmark zum Operationsgebiet führen, durchgeführt werden. Dabei kann das Betäubungsmittel als einmalige Injektion oder mehrfach mittels eines dünnen, flexiblen Kunststoffschlauches verabreicht werden.

Folgende Verfahren können zur Anwendung kommen:

❑ **Spinalanästhesie:**
Die Spinalanästhesie wird im Sitzen oder in Seitenlage vorgenommen. Nach örtlicher Betäubung der Einstichstelle am Rücken -etwa in Höhe der Taille- wird das Lokalanästhetikum in den Spinalraum (Liquorraum) eingespritzt (Abb. 2b). So gelingt es, die dort verlaufenden schmerzleitenden Nervenstämme zu betäuben und damit die Schmerzempfindung im Operationsgebiet zu blockieren. Die Wirkung setzt meist innerhalb weniger Minuten ein. Während der Betäubung kommt es in der Regel durch die Wirkung der Medikamente zu einer vorübergehenden Bewegungseinschränkung der Beine.

❑ **Periduralanästhesie:**
Bei diesem Verfahren wird -ebenfalls nach örtlicher Betäubung der Einstichstelle am Rücken- durch eine Hohlnadel ein dünner Kunststoffschlauch bis in den rückenmarksnahen Raum (sog. Periduralraum) vorgeschoben. Der Anästhesist spritzt dann das Lokalanästhetikum durch diesen Katheter ein (Abb. 2a). Es breitet sich im Periduralraum aus, betäubt die dort verlaufenden, schmerzleitenden Nervenstämme und blockiert somit die Schmerzempfindung im Operationsgebiet. Die Wirkung setzt in der Regel nach 15 Minuten ein.

Meist wird der Kunststoffschlauch nach Zurückziehen der Hohlnadel belassen. So kann er für längere Zeit zu wiederholten Einspritzungen von Lokalanästhetika (zur Fortführung der Anästhesie) oder zur Verabreichung von Schmerzmitteln (Schmerztherapie nach der Operation) verwendet werden, auch mittels Spritzenpumpen.

❑ **Kaudal-(Sakral-)anästhesie:**
In einigen Fällen, insbesondere bei proktologischen Operationen und in der geburtshilflichen Anästhesie, kann das Lokalanästhetikum, nach örtlicher Betäubung der Einstichstelle am Steißbein weit unterhalb des Rückenmarks (Abb. 2c), in den Wirbelkanal (Sakralkanal) eingepritzt und so die Schmerzempfindung im Operationsgebiet unterdrückt werden. Diese Art der Regionalanästhesie ist eine Sonderform der Periduralanästhesie. Auch hier tritt die Wirkung je nach verwendetem Medikament und Menge in einigen Minuten ein.

DOKUMENTIERTE PATIENTENAUFKLÄRUNG®

A 1-6
D

Aufklärungs- und Anamnesebogen zur Anästhesie

Für eine Reihe von Operationen stehen weitere, hier nicht aufgeführte Regionalanästhesieverfahren (z.B. Betäubung im Bereich der Brustwirbelsäule, im Halsbereich oder oberhalb des Schlüsselbeins, der Fußnerven) zur Verfügung, über die Sie Ihr Anästhesist gerne ausführlich informiert, falls diese für Sie in Frage kommen sollten.

Leider gelingt es nicht immer, mit Regionalanästhesieverfahren eine vollständige Schmerzfreiheit zu erzielen, so daß in solchen Fällen dann der Eingriff in Narkose (Allgemeinanästhesie) fortgeführt werden muß. Geben Sie bitte vorsorglich hierzu Ihre Einwilligung.

Was ist vor der Narkose zu beachten?

Bedenken Sie bitte, daß Sie durch Ihr Verhalten sehr viel zum sicheren Ablauf der Anästhesie beitragen können.

- Vor der Narkose müssen Sie **nüchtern** sein, d.h. nichts mehr zu sich genommen haben, damit es nicht zu einem versehentlichen Übertritt von Mageninhalt in die Lunge kommen kann. **Falls nicht anders angeordnet**, dürfen Sie daher ab **Mitternacht** bzw. mindestens **6 Stunden** vor der Operation nicht mehr essen, trinken, Kaugummi kauen, Bonbons lutschen oder rauchen.
  Des weiteren dürfen Sie Medikamente, die Sie ständig einnehmen müssen, nur in Absprache mit dem Anästhesisten zu sich nehmen.
- Zahnersatz, Brille, Kontaktlinsen, Hörgerät, Schmuck, Ringe und Haarteile lassen Sie bitte auf Ihrer Station zurück. Legen Sie bitte kein Make up auf und lackieren Sie sich nicht die Fingernägel.

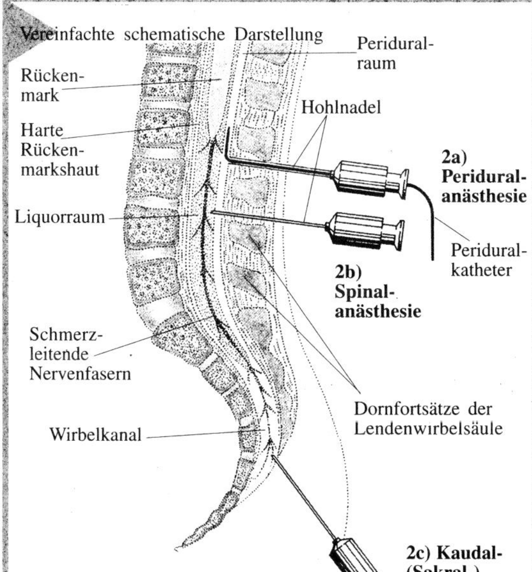

Abb. 2 Spinal-/Peridural-/Kaudalanästhesie

- Geben Sie bitte auf die weiter unten aufgeführten Fragen möglichst genau und ausführlich Auskunft. Durch ihre Beantwortung helfen Sie uns, Ihren derzeitigen Gesundheitszustand noch besser beurteilen zu können und mögliche Risiken zu erkennen. So können Komplikationen vermieden werden.

Beachten Sie bitte, daß diese Hinweise auch dann gelten, wenn mit Ihnen eine Operation in Regional- oder Lokalanästhesie vereinbart worden ist.

Halten Sie sich bitte aber auch zu einem Gespräch mit dem Anästhesisten bereit. Sie können dann auch noch über Fragen sprechen, zu deren Beantwortung Sie Hilfe benötigen.

Wir möchten Sie auch auf die Möglichkeit der Eigenblutspende (bzw. der Hämodilution) vor der Operation hinweisen, die die Gabe von fremdem Blut häufig unnötig macht, leider aber nicht immer möglich ist. Ihr Operateur oder Anästhesist wird Ihnen gerne weitere Auskünfte geben.

Welche Komplikationen und Nebenwirkungen können auftreten?

Kein medizinischer Eingriff ist völlig frei von Risiken! Art und Schwere der Grunderkrankungen sowie eventuelle Begleiterkrankungen, Lebensalter sowie Lebensgewohnheiten und andere Faktoren bestimmen das Risiko mit.

Während einer Narkose bzw. einer Regionalanästhesie treten ernste Komplikationen in der Regel sehr selten auf, selbst bei schwerkranken Patienten und Notoperationen. Durch die ununterbrochene Überwachung der Körperfunktionen kann der Anästhesist etwaige Störungen sofort erkennen und behandeln.

Grundsätzlich muß zwischen **Nebenwirkungen und Komplikationen**, die bei jedem Eingriff auftreten können, und solchen unterschieden werden, die typisch für das spezielle Verfahren sind.

Allgemeine Nebenwirkungen und Komplikationen:

- Blutergüsse und Infektionen im Bereich der Einstichstellen von Kanülen und Kathetern und/oder deren Umgebung;
- Thrombosen/Embolien (Bildung/Verschleppung von Blutgerinnseln) und Entzündungen der punktierten Gefäße;
- Mißempfindungen im Bereich der Einstichstelle durch ungewollte Verletzung von Hautnerven;
- Schluckbeschwerden, Heiserkeit und Stimmbandschäden durch die Einführung des Beatmungsschlauches in die Luftröhre (Intubation);
- Schäden an Zähnen und Zahnersatz, besonders bei lockeren Zähnen und Parodontose, durch die Intubation;
- Übelkeit und Erbrechen mit der Gefahr des Übertrittes von Magensaft in die Lunge und der Entwicklung einer Lungenentzündung, insbesondere

peri med | com pliance

DOKUMENTIERTE PATIENTENAUFKLÄRUNG®

A 1-6 D

Aufklärungs- und Anamnesebogen zur Anästhesie

bei Nichtbeachtung des Nüchternheitsgebotes bzw. durch Schmerzmittel/Opioide;

- Wärme- und Schweregefühl sowie „Kribbeln" oder Ziehen im Arm oder in den Beinen bei Lokal- und Regionalanästhesieverfahren;
- selten allergische Reaktionen mit Hautausschlag, Juckreiz etc. bei Überempfindlichkeit gegen Narkosemittel, Lokalanästhetika und andere verwendete Medikamente;
- selten Schädigung von Nerven mit Gefühlsstörungen und Lähmungen durch Druck oder Zerrung bei der für die Operation erforderlichen Lagerung.

In der Regel sind diese Beschwerden harmlos und verschwinden nach einiger Zeit von selbst bzw. können gut behandelt werden.

Spezielle Nebenwirkungen und ernste Komplikationen einer Narkose:

- sehr selten schwere allergische Reaktion mit Kreislaufschock, Herzversagen und Atemstillstand sowie akutem Temperaturanstieg (maligne Hyperthermie) durch die verwendeten Medikamente;
- äußerst selten Herz- und Kreislauf- sowie Atemversagen mit nachfolgenden Schädigungen wichtiger Organfunktionen, besonders des Gehirns, durch die Wirkung der verwendeten Narkotika und anderer Medikamente;
- sehr selten Infektionen, z.B. mit Hepatitis-Viren (Leberentzündung) und äußerst selten mit HIV (mit der Spätfolge, an AIDS zu erkranken), bedingt durch die möglicherweise notwendige Übertragung von Blut oder Blutbestandteilen (ca. 1 Fall auf 3 Millionen übertragener Blutkonserven bei HIV!).

Spezielle Nebenwirkungen und ernste Komplikationen bei Regionalanästhesie:

- gelegentlich vorübergehender Blutdruckabfall, insbesondere bei der Spinalanästhesie;
- selten Kopfschmerzen, die auch länger anhalten können und eventuell eine erneute Punktion und Einspritzung eines Medikamentes am Punktionsort nötig machen (Spinalanästhesie);
- sehr selten Blasenentleerungsstörungen, die eine vorübergehende Blasenkatheterisierung nötig machen;
- selten Verletzung und Schädigung der Nerven durch Injektionsnadel, Blutergüsse, Infektionen oder Medikamente;
- sehr selten Atemstörungen, besonders bei Verwendung von Opioiden;
- sehr selten Herz- und Kreislaufversagen mit Atemstörungen und Krämpfen bei ungewollter Injektion des Lokalanästhetikums in ein Blutgefäß oder zu starker Ausbreitung des Medikamentes;
- äußerst selten Nervenschäden mit bleibenden Lähmungen durch Verletzung des Rückenmarks (z.B. Querschnittslähmung), vorübergehende Hörminderung, Sehstörung sowie vorübergehende Potenzstörung (Kaudalanästhesie).

Was ist nach der Anästhesie zu beachten?

Nach der **Narkose (Allgemeinanästhesie)** ist es ganz normal, daß Sie noch für einige Zeit müde und schläfrig sind. Dieser Zustand kann, je nach Art der Narkose, auch nach Verlassen des Aufwachraumes noch einige Stunden anhalten und stellt keinen Grund zur Besorgnis dar.

Sofern der operative Eingriff es zuläßt, können Sie einige Zeit nach der Narkose vorsichtig anfangen zu trinken und kleine Mahlzeiten zu sich nehmen. **Informieren Sie sich darüber bitte bei Ihrem zuständigen Arzt.** Rauchen sollten Sie besser erst wieder nach 24 Stunden; das gilt auch für den Alkoholgenuß.

Fragen zur Anamnese:

Alter: __________Jahre / Größe:______________cm /

Gewicht:___________kg

1. Welchen Beruf üben Sie aus?___________________
2. Tragen Sie ein Hörgerät? ❑ nein ❑ ja
3. Tragen Sie Kontaktlinsen? ❑ nein ❑ ja
4. Tragen Sie herausnehmbaren Zahnersatz? ❑ nein ❑ ja

   Haben Sie Zahnkrankheiten? ❑ nein ❑ ja

   Haben Sie lockere Zähne? ❑ nein ❑ ja

   Zahnstatus (wird vom Arzt ausgefüllt)

4 3 2 1	1 2 3 4
4 3 2 1	1 2 3 4

   x = fehlender Zahn, O = lockerer Zahn, - = Prothese, s = sanierter Zahn (Plombe), ns = nicht sanierter Zahn
5. Befanden Sie sich in letzter Zeit in ärztlicher Behandlung? ❑ nein ❑ ja

   Wenn ja, weswegen?______________________

   ____
6. Nehmen Sie regelmäßig Medikamente (z.B. Schmerz-, Schlaf-, Herz-, Kreislauf-, blutgerinnungshemmende Mittel wie Marcumar, Aspirin) ein? ❑ nein ❑ ja

   Wenn ja, welche und wieviele pro Tag?

   ____

   ____

   ____

   ____

peri med | com pliance

DOKUMENTIERTE PATIENTENAUFKLÄRUNG®

A 1-6 D

Aufklärungs- und Anamnesebogen zur Anästhesie

7. Wurden Sie bereits einmal operiert? ❑ nein ❑ ja
Wenn ja, woran und wann?

a) ____________________ im Jahre __________

b) ____________________ im Jahre __________

c) ____________________ im Jahre __________

d) ____________________ im Jahre __________

Ergaben sich bei der Anästhesie (Betäubungsverfahren) Besonderheiten? ❑ nein ❑ ja

Wenn ja,welche? ____________________

____

Kam es bei Blutsverwandten zu Zwischenfällen im Zusammenhang mit einer Anästhesie? ❑ nein ❑ ja

8. Haben Sie schon einmal eine Bluttransfusion bekommen? ❑ nein ❑ ja
Wenn ja, ergaben sich dabei Komplikationen? ❑ nein ❑ ja

9. Haben Sie für die vorgesehene Operation Eigenblut gespendet? ❑ nein ❑ ja

Wenn ja, was und wieviel? ____________________

10. **Frauen im gebärfähigen Alter:**
Könnte zur Zeit eine Schwangerschaft bestehen? ❑ nein ❑ ja

Leiden oder litten Sie an einer der folgenden Krankheiten?

1. **Herzerkrankungen** (z.B. Herzinfarkt, Angina pectoris, Herzfehler, Atemnot beim Treppensteigen, Herzmuskelentzündung, Herzrhythmusstörungen)? ❑ nein ❑ ja

2. **Kreislauf- und Gefäßerkrankungen** (z.B. Durchblutungsstörungen, zu hoher oder zu niedriger Blutdruck, Krampfadern,Thrombose, Embolie)? ❑ nein ❑ ja

3. **Lungen- und Atemwegserkrankungen** (z.B. Tuberkulose, Staublunge, Lungenentzündung, Lungenblähung, Asthma, chronische Bronchitis)? ❑ nein ❑ ja

4. **Lebererkrankungen** (z.B. Gelbsucht, Hepatitis, Leberverfettung, Leberverhärtung)? ❑ nein ❑ ja

5. **Nieren- und Harnwegserkrankungen** (z.B. Nieren-/Nierenbeckenentzündung, Nieren-/Blasensteine)? ❑ nein ❑ ja

6. **Erkrankungen des Verdauungstraktes** (z. B. Magenerkrankungen, chronische Darmerkrankungen)? ❑ nein ❑ ja

7. **Stoffwechselerkrankungen,** (z.B. Zuckerkrankheit (Diabetes))? ❑ nein ❑ ja

8. **Schilddrüsenerkrankungen** (z.B. Kropf, Über-, Unterfunktion)? ❑ nein ❑ ja

9. **Augenerkrankungen** (z.B. grüner Star)? ❑ nein ❑ ja

10. **Nervenleiden** (z.B. Epilepsie, Lähmungen)? ❑ nein ❑ ja

11. Wurden Sie wegen **Gemütsleiden** (z.B. Depressionen) ärztlich behandelt? ❑ nein ❑ ja

12. Erkrankungen des **Skelettsystems** (z.B. Wirbelsäulenschäden, Gelenkserkrankungen)? ❑ nein ❑ ja

13. **Muskelerkrankungen, -schwäche, Veranlagung zur malignen Hyperthermie**? ❑ nein ❑ ja
Gab oder gibt es Muskelerkrankungen bei Ihren Blutsverwandten? ❑ nein ❑ ja

14. **Bluterkrankungen** oder **erhöhte Blutungsneigung** (entstehen blaue Flecken auch ohne besonderen Anlaß, Neigung zum Nasenbluten)? ❑ nein ❑ ja

15. **Allergien/Überempfindlichkeitsreaktionen** (z.B. Heuschnupfen, Überempfindlichkeit gegen Nahrungsmittel, Medikamente, Pflaster, Latexhandschuhe)? ❑ nein ❑ ja
Wenn ja, welche? ____________________

____

16. **Sonstige, nicht aufgeführte Erkrankungen** (z. B. Erkrankungen des Immunsystems, Hauterkrankungen, Hirnhautentzündungen, Tumorerkrankungen, Vergiftungen)? ❑ nein ❑ ja
Wenn ja, bitte nähere Angaben: ____________________

____

Sonstige Besonderheiten (z.B. Unfälle, schwere Verletzungen, besondere berufliche Verhältnisse):

____

____

Lebensgewohnheiten:

1. Rauchen Sie regelmäßig? ❑ nein ❑ ja
Wenn ja, wieviele pro Tag? ____________________

2. Trinken Sie regelmäßig Alkohol? ❑ nein ❑ ja
Wenn ja, was und wieviel pro Tag? __________

____

peri med com pliance

DOKUMENTIERTE PATIENTENAUFKLÄRUNG®

A 1-6 D

Aufklärungs- und Anamnesebogen zur Anästhesie

Ärztliche Anmerkungen zum Auflärungsgespräch

(z.B. individuelle Risiken und damit verbundene mögliche Komplikationen, besondere Fragen seitens des Patienten, Wahrscheinlichkeit einer Bluttransfusion, Möglichkeit einer Eigenblutspende, Möglichkeit der postoperativen Intensivtherapie sowie spezieller Untersuchungsverfahren wie arterieller, zentralvenöser oder Herzkatheter, Beschränkung der Einwilligung z.B. hinsichtlich der Transfusion oder von Nebeneingriffen, Betreuungsfall, sonstige Vermerke.)

Wahl des Betäubungsverfahrens:

- ❑ Allgemeinanästhesie
- ❑ Lokalanästhesie
- ❑ Regionalanästhesie
  - ❑ Armplexus
  - ❑ Spinal
  - ❑ Peridural
  - ❑ Kaudal
  - ❑ Sonstige:__________________

Ort/Datum/Uhrzeit

Unterschrift der Ärztin/des Arztes

Nur für den Fall einer Ablehnung der Anästhesie:

Das vorgeschlagene Betäubungsverfahren wurde nach erfolgter Aufklärung abgelehnt. Über die möglichen Nachteile der Ablehnung wurde informiert. Gründe für die Ablehnung:

Ort/Datum/Uhrzeit

Unterschrift der Ärztin/ des Arztes	Unterschrift der Patientin/ des Patienten/der Eltern*

Einwilligungserklärung

❑ Über das vorgesehene Betäubungsverfahren sowie evtl. erforderliche Erweiterungen der geplanten Maßnahme wurde ich in einem Aufklärungsgespräch mit

Frau/Herrn Dr. __________________

ausführlich informiert. Dabei konnte ich alle mir wichtig erscheinenden Fragen über Art und Bedeutung des vorgeschlagenen Betäubungsverfahrens, über die in meinem Fall vorliegenden speziellen Risiken und damit verbundenen möglichen Komplikationen sowie über Begleitmaßnahmen stellen.

❑ Ich habe **keine weiteren Fragen**, fühle mich **ausreichend aufgeklärt** und **willige** hiermit nach ausreichender Bedenkzeit in das besprochene, erforderliche Betäubungsverfahren für die geplante Operation **ein**. Mit einer eventuell notwendigen Änderung des Verfahrens bin ich ebenfalls einverstanden.

❑ Mein Einverständnis **bezieht sich auch** auf eine medizinisch erforderliche Übertragung von Blut/ Blutbestandteilen.

❑ Ich wünsche **auf keinen Fall** (auch nicht im Notfall) eine Übertragung von Blut/Blutbestandteilen.

Ort/Datum/Uhrzeit

Unterschrift der Patientin/des Patienten/der Eltern*

Zusätzliche Hinweise bei ambulantem Eingriff:

Wenn Sie die Klinik in den ersten 24 Stunden verlassen können, lassen Sie sich bitte von Angehörigen abholen. Stellen Sie auch eine Betreuung zu Hause sicher und versichern Sie sich, ob Sie von Ihrem Hausarzt in kurzer Zeit besucht werden können, falls gesundheitliche Probleme auftreten.

Wegen Nachwirkungen der verabreichten Medikamente bzw. Funktionseinschränkung der von der Regionalanästhesie betroffenen Körperregion, dürfen Sie **erst nach 24 Stunden** wieder aktiv am **Straßenverkehr teilnehmen** bzw. selbst ein Fahrzeug oder Zweirad lenken, Industriemaschinen bedienen oder wichtige Entscheidungen treffen.

Erklärung des Patienten:

❑ Ich bestätige, von diesen Hinweisen Kenntnis genommen zu haben und versichere, sie einhalten zu können. Bei Gesundheitsstörungen werde ich sofort den Arzt verständigen.

Ort/Datum/Uhrzeit

Unterschrift der Patientin/des Patienten/der Eltern*

*Grundsätzlich sollten **beide** Elternteile unterschreiben. Liegt die Unterschrift nur eines-Eltenteils vor, so versichert die/der Unterzeichnete zugleich, daß sie/er im Einverständnis mit dem anderen Elternteil handelt oder daß sie/er das alleinige Sorgerecht für den Jugendlichen hat.

A 2

Anästhesieabteilung

Aufklärungs- und Anamnesebogen

Kinder

(Bitte bald lesen und die Fragen beantworten!)

Patientenadresse

Die Narkose ist vorgesehen für folgenden

Eingriff: ______________________

Operation/Untersuchung

Liebe Eltern!

Schmerzhafte Untersuchungen und Behandlungen werden regelmäßig in Anästhesie (Schmerzausschaltung) durchgeführt.

Für die Schmerzausschaltung, aber auch für die Aufrechterhaltung der lebenswichtigen Funktionen (vor allem Atmung und Kreislauf) während des Eingriffs ist der Arzt für Anästhesiologie (Anästhesist) zuständig. Seine Zusammenarbeit mit dem Arzt, der den Eingriff durchführt, dient der Sicherheit Ihres Kindes.

Vielleicht haben wir keine Gelegenheit mehr, Ihnen im persönlichen Gespräch Fragen nach etwaigen Vor- und Begleiterkrankungen zu stellen. Bitte informieren Sie sich deshalb anhand dieses Bogens, und helfen Sie uns durch die sorgfältige Beantwortung der Fragen, das Beste für die Sicherheit Ihres Kindes zu tun!

Jede Frage bezieht sich auf bestimmte, zum Teil sehr seltene oder verhältnismäßig geringfügige Risiken (z.B. Zahnschäden bei der Intubation, Venenreizungen, Stimmstörungen, Übelkeit und Erbrechen).

Die Narkose (Allgemeinanästhesie)

schaltet das Bewußtsein und das Schmerzempfinden im ganzen Köper aus. Der Patient befindet sich vom Beginn der Narkose bis zu ihrem Ende in einem ruhigen, schlafähnlichen Zustand.

Eingeleitet wird die Narkose nach einem Beruhigungsmittel oder einer Beruhigungsspritze (Prämedikation) in der Regel mit der Einspritzung eines Narkosemittels, die für kurze Eingriffe ausreicht (intravenöse Kurznarkose). Bei länger dauernden Eingriffen wird die Einspritzung wiederholt (intravenöse Narkose) oder die Narkose mit einem gasförmigen Mittel als Masken- oder Intubationsnarkose weitergeführt.

Bei der Maskennarkose werden Sauerstoff und Narkosemittel über eine Maske zugeführt, die auf Mund und Nase aufliegt.

Bei der Intubationsnarkose erhält Ihr Kind Sauerstoff und Narkosemittel über einen Schlauch (= Tubus), der in die Luftröhre eingeführt wird, nachdem es eingeschlafen ist. Die Intubation gibt ein hohes Maß an Sicherheit für die Beatmung und schützt die Lunge vor den Folgen eines Erbrechens. Durch die Beigabe muskelerschlaffender Mittel können die Operationsbedingungen verbessert und die Menge der Narkosemittel verringert werden.

Wir wählen das Verfahren, das sich für die vorgesehene Operation am besten eignet und Ihr Kind am wenigsten belastet.

perimed compliance

Empfohlen vom Berufsverband Deutscher Anästhesisten e.V. im Einvernehmen mit der Deutschen Gesellschaft für Anästhesiologie und Intensivmedizin. Im System der Stufenaufklärung nach WEISSAUER.
Best.-Nr. 602-035 **Best.-Adresse:** perimed Compliance Verlag, Weinstraße 70, 91058 Erlangen, Telefon (0 91 31) 60 92 02

Kein Eingriff ist ohne Risiko

Schwere, lebensbedrohliche Anästhesiezwischenfälle, z.B. Herzstillstand, sind selbst bei gesundheitlichen Vorbelastungen sehr selten.

Die heutige Narkose ermöglicht durch eine genaue Dosierung und die Kombination verschiedener Narkosemittel sowie durch den Einsatz von Beatmungsgeräten eine gute Steuerung der Atmung, des Kreislaufs und anderer lebenswichtiger Körperfunktionen. Um Zwischenfälle zu verhindern, überwachen wir diese Funktionen während der gesamten Narkose. Ebenso überprüfen wir in Zusammenarbeit mit dem Operateur laufend die Lagerung auf dem Operationstisch, um Nervenschäden (Gefühlsstörungen, Lähmungen) durch Druck oder Zerrung möglichst zu vermeiden.

In seltenen Fällen kann es durch die Intubation zur Schädigung der Schleimhaut des Kehlkopfes und zu Stimmstörungen (Heiserkeit) sowie zu Zahnschäden kommen.

Auch die mit der Narkose oder Operation verbundenen Nebeneingriffe und ergänzenden Behandlungs-Maßnahmen (z.B. Infusionen, Bluttransfusionen, zentraler Venenkatheter, anästhesiologische Nachbehandlung) können – wenn auch selten – mit Risiken verbunden sein. So kann die Bluttransfusion z.B. zur Infektion mit Hepatitis-Viren (Leberentzündung) und extrem selten mit HIV (AIDS) führen. Die Eigenblutübertragung vermeidet dieses Infektionsrisiko, sie ist aber nicht immer möglich.

Bitte Anweisungen beachten!

Bitte tragen auch Sie dazu bei, den Risiken vorzubeugen.

Mindestens 6 Stunden vor einer Narkose dürfen unsere kleinen Patienten nichts mehr essen und nichts mehr trinken, um Aspirationszwischenfälle (Einatmung von Erbrochenem) zu vermeiden. Säuglinge dürfen mindestens 4 Stunden vor einer Narkose nicht mehr gefüttert werden. Bringen Sie Ihrem Kind vor der Operation keinesfalls Nahrungsmittel oder Getränke – auch keine Süßigkeiten, Obst oder Kaugummi – mit!

Bitte informieren Sie uns!

Wie bei jedem ärztlichen Eingriff, so hängen auch die Belastungen durch die Anästhesie und ihre Risiken von den Umständen des Einzelfalles ab.

Bitte weisen Sie bei den folgenden Fragen in der Spalte „Sonstige Besonderheiten" auf Umstände hin, die Ihnen wesentlich erscheinen.

Bitte sagen Sie es den Krankenschwestern und -pflegern oder dem Anästhesisten, wenn Sie bei der Beantwortung der Fragen Hilfe brauchen.

A 2

Fragen zur Anamnese

Lebensalter Ihres Kindes: ________ Jahre

Körpergewicht: ______ kg Größe: ________ cm

1. Befand sich Ihr Kind in den letzten 12 Monaten in ärztlicher Behandlung? ❑ nein ❑ ja

a) Wegen welcher Erkrankung (z.B. Masern, Scharlach)?

____

____

b) Ist Ihr Kind z.Z. erkältet? ❑ nein ❑ ja

c) Wurde Ihr Kind innerhalb der letzten 3 Monate geimpft? ❑ nein ❑ ja

d) Wurde Ihr Kind bereits früher in diesem Krankenhaus behandelt? ❑ nein ❑ ja

Wenn ja, wann? ______________________

2. Nahm Ihr Kind vor der Krankenhauseinweisung Medikamente ein? ❑ nein ❑ ja

Wenn ja, welche? ______________________

____

3. Wurde Ihr Kind schon einmal operiert? ❑ nein ❑ ja

Wenn ja, weshalb und wann? ______________________

____

____

____

Ergaben sich jemals bei einer Anästhesie (Betäubungsverfahren) – auch beim Zahnarzt – Besonderheiten? ❑ nein ❑ ja

Wenn ja, welche? ______________________

____

Kam es bei Blutsverwandten des Kindes zu ungeklärten Zwischenfällen im Zusammenhang mit einer Anästhesie? ❑ nein ❑ ja

4. Hat Ihr Kind schon einmal eine Bluttransfusion erhalten? ❑ nein ❑ ja

Ergaben sich dabei Komplikationen? ❑ nein ❑ ja

Wissen Sie oder haben Sie Anhaltspunkte dafür, ob Ihr Kind an einer der folgenden Krankheiten leidet oder litt?

5. Muskelerkrankungen oder Muskelschwäche ❑ nein ❑ ja

Gab oder gibt es eine solche Erkrankung bei Blutsverwandten des Kindes? ❑ nein ❑ ja

6. Herz und Kreislauf

Ist die körperliche Leistungsfähigkeit des Kindes eingeschränkt? ❑ nein ❑ ja

Wird es bei großen Anstrengungen blau? ❑ nein ❑ ja

Hat es starke Atemnot bei Anstrengung? ❑ nein ❑ ja

Ist ein Herzfehler bekannt? ❑ nein ❑ ja

Nähere Angaben:

____

____

7. Lunge

Leidet Ihr Kind häufig an Bronchitis? ❑ nein ❑ ja

Hat es Anfälle von Atemnot (z.B. Kruppsche Erkrankung)? ❑ nein ❑ ja

Hat es Asthma? ❑ nein ❑ ja

Ist eine Tuberkulose bekannt? ❑ nein ❑ ja

Leidet es an anderen Lungenerkrankungen? ❑ nein ❑ ja

Nähere Angaben:

____

____

8. Leber, Niere, Blutungsneigung

Hat Ihr Kind eine Gelbsucht durchgemacht? ❑ nein ❑ ja

Hat es vermehrte Blutungsneigung? ❑ nein ❑ ja

Bekommt es sehr leicht blaue Flecken? ❑ nein ❑ ja

Hat es häufiger Blasenentzündung? ❑ nein ❑ ja

Hat es Infektionen der Harnwege mit hohem Fieber durchgemacht? ❑ nein ❑ ja

Nähere Angaben:

____

____

9. Gehirn und Nervensystem

Leidet Ihr Kind an einer Nervenkrankheit? ❑ nein ❑ ja

Hat Ihr Kind bei Fieber Zuckungen oder Krämpfe gehabt? ❑ nein ❑ ja

Hat es ein Krampfleiden? ❑ nein ❑ ja

Nähere Angaben:

____

____

10. Überempfindlichkeiten

Leidet Ihr Kind an Heuschnupfen? ❑ nein ❑ ja

Hat es Ausschläge auf Medikamente oder andere Substanzen bekommen? ❑ nein ❑ ja

Auf welche? ________________________

____

11. Stoffwechsel

Leidet Ihr Kind an:

a) Zuckerkrankheit? ❑ nein ❑ ja

b) Fruchtzuckerunverträglichkeit (Unverträglichkeit von Obst)? ❑ nein ❑ ja

Hat es eine andere Erkrankung der Hormondrüsen (Schilddrüse, Nebenniere)? ❑ nein ❑ ja

Welche? ________________________

____

12. Hat Ihr Kind eine Augenerkrankung? ❑ nein ❑ ja

Welche? ________________________

____

13. Hat Ihr Kind ein schadhaftes Gebiß (lockere Zähne, Zahnprothesen, Regulierungsspangen)? ❑ nein ❑ ja

14. Leidet Ihr Kind öfters an Mandelentzündung? ❑ nein ❑ ja

Wann zuletzt? ________________________

____

15. Hatte Ihr Kind Ohrenerkrankungen? ❑ nein ❑ ja

16. Sonstige Besonderheiten (z.B. hier nicht aufgeführte Vorerkrankungen und/oder Behinderungen):

____

____

____

____

____

____

Bitte unterrichten Sie

die Stationsschwestern oder den Stationsarzt, wenn Sie ein Aufklärungsgespräch über die Anästhesie mit uns führen wollen. Wir stehen für ein solches Gespräch gerne zur Verfügung und werden Sie auch von uns aus dazu bitten, wenn wir Ihnen noch Fragen stellen oder besondere Probleme mit Ihnen besprechen wollen. Unterschreiben Sie bitte die folgende Erklärung erst dann, wenn Sie keine Fragen mehr haben.

Einwilligungserklärung

Bitte Zutreffendes ankreuzen

❑ Ich habe die vorstehenden Erklärungen zur Anästhesie verstanden. Ich habe keine weiteren Fragen.

Oder

❑ Ich habe noch Fragen und bitte um ein Aufklärungsgespräch.

❑ **Ich bin damit einverstanden, daß der geplante Eingriff in Narkose ausgeführt wird.**

Weiter willige ich in die vorbereitende und begleitende anästhesiologische Behandlung einschließlich der unter Umständen erforderlichen Nebeneingriffe und ergänzenden Behandlungsmaßnahmen (z.B. Infusionen, zentraler Venenkatheter, anästhesiologische Nachbehandlung) und in eine evtl. erforderliche Bluttransfusion ein. Mit medizinisch angezeigten Änderungen und Erweiterungen der Anästhesie bin ich einverstanden.

Vermerk über etwaige Beschränkungen der Einwilligung (z.B. hinsichtlich bestimmter Anästhesieverfahren oder von Nebeneingriffen):

____

____

Datum: ______________

____
Unterschrift des Arztes/der Ärztin — Unterschrift der Eltern* bzw. der Sorgeberechtigten

Ärztlicher Vermerk über das Aufklärungsgespräch

____

____

____

____

Hinweise für ambulante Eingriffe

Bitte sagen Sie es dem Arzt, wenn Ihr Kind in den letzten 6 Stunden vor dem Eingriff etwas gegessen oder getrunken hat.
Bitte beachten Sie, daß Ihr Kind nach der Beendigung der Anästhesie noch nicht straßenfähig ist. Holen Sie es bitte ab und berücksichtigen Sie, daß das Kind unter Umständen noch nicht gehfähig ist. Es sollte am gleichen Tag in der Wohnung bleiben und nicht zum Spielen nach draußen gehen.

Ich bestätige, von diesen Hinweisen Kenntnis genommen zu haben:

Datum: ______________

____
Unterschrift der Eltern* bzw. der Sorgeberechtigten

Einwilligung in weitere Eingriffe

Ich willige ein, daß folgender weiterer Eingriff:

____

in Narkose ausgeführt wird.

Datum: ______________

____
Unterschrift der Eltern* bzw. der Sorgeberechtigten

***Unterschreibt ein Elternteil allein, so erklärt er mit seiner Unterschrift zugleich, daß ihm das Sorgerecht allein zusteht oder daß er im Einverständnis mit dem anderen Elternteil handelt.**

A 2

Inhalte der Weiterbildung in der Anästhesiologie

Präambel

Das Curriculum geht von der Prämisse aus, daß das theoretische und praktische Wissen, das in der Weiterbildungsordnung und den Richtlinien der Bundesärztekammer veröffentlicht wurde, ein Basiswissen für den Erwerb der Facharztbezeichnung darstellt. Deshalb enthält es ausschließlich eine Zusammenstellung des für das Erreichen dieses Zieles unabdingbaren und relevanten Wissens. Besondere spezielle Kenntnisse in einigen Schwerpunkten der anästhesiologischen Tätigkeit gehören nicht zum Inhalt dieses Curriculums.

Ziel der Weiterbildung

Während der fünfjährigen Weiterbildungszeit sollen eingehende Kenntnisse, Erfahrungen und Fertigkeiten in der Durchführung von Narkosen unter Berücksichtigung sämtlicher einschlägiger anästhesiologischer Verfahren bei Eingriffen in allen operativen Gebieten, in den Verfahren der Leitungsanästhesie, den Maßnahmen zur Herz-Lungen-Wiederbelebung und zur Schockbehandlung, der Dauerbeatmung mit Respiratoren, sowie der Transfusions- und Infusionstherapie, der Einleitung weiterer diagnostischer und therapeutischer Maßnahmen und in den theoretischen und medizinischen Grundlagen des Gebietes erworben werden.

Ferner beinhaltet die Weiterbildung in der Anästhesiologie und Intensivtherapie die Vermittlung und den Erwerb von Kenntnissen über Röntgendiagnostik der Thoraxorgane sowie Vergiftungsbehandlung, die Tracheotomie bzw. Koniotomie und notfallmäßige Schrittmacheranwendung.

Die Unterteilung des Stoffes in eingehende Kenntnisse, Erfahrungen und Fertigkeiten ergibt sich aus der Weiterbildungsordnung der zuständigen Landesärztekammer. Die Anzahl der zu erbringenden und nachzuweisenden Leistungen sind in den vom Vorstand der BÄK erlassenen Richtlinien enthalten.

Die Weiterbildungsordnung in der Anästhesiologie enthält keine Richtlinien zur Systematik der Weiterbildung. Das Ziel des Curriculums ist es deshalb, die einzelnen Inhalte der Weiterbildung so einzuordnen und zu systematisieren, daß sie, beginnend mit dem ersten Jahr der Weiterbildung, eine schrittweise Steigerung des theoretischen als auch des praktischen Wissens ermöglichen.

In den ersten zwei Jahren der Weiterbildung sollen von dem/der in der Weiterbildung befindlichen Arzt/Ärztin die Grundlagen der Anästhesie erlernt werden. Sie sind in das theoretische und praktische Wissen unterteilt.

1. Theoretisches Wissen

Die im folgenden aufgeführten theoretischen Kenntnisse sind von dem Weiterbildungsbefugten zu vermitteln sowie durch ein systematisches Selbststudium der in der Weiterbildung Befindlichen zu erwerben. Schwerpunkte liegen dabei in dem Anästhesierelevanten Grundlagenwissen.

1.1 Physiologie, Pathophysiologie, Pharmakologie, Physik

1.1.1 Anatomie und topographische Anatomie der Halsregion, der Wirbelsäule, der Lunge und des Herzens, der großen Venen und Arterien mit den Schwerpunkten intravasale Zugänge und Verfahren der Regionalanästhesie

1.1.2 Physiologie und Pathophysiologie des Herzens, der Lunge, der Niere und der Leber.
Hierzu gehören insbesondere die Hämodynamik, die Physiologie und Pathophysiologie des Reizleitungssystems, einschließlich des EKG, Störungen der Lungenfunktion und des Gasaustausches, Erkrankungen des Filtrationsapparates der Niere und Störungen der Leberfunktion

1.1.3 Physiologie und Pathophysiologie des zentralen und des peripheren Nervensystems, einschließlich der myoneuronalen Endplatte, insbesondere der neuromuskulären Übertragung

1.1.4 Physiologie und Pathophysiologie des Wasser-, Elektrolyt- und Säure-Basen-Haushaltes

1.1.5 Physiologie und Pathophysiologie des Hormonhaushaltes

1.1.6 Physiologie und Pathophysiologie des Gerinnungs- und Blutgruppensystems

1.1.7 Physiologie und Pathophysiologie des Wärmehaushaltes und der Temperaturregulation bei Erwachsenen und Kindern

1.1.8 Theoretische Grundlagen der künstlichen Hypothermie

1.1.9 Physikalische Gesetze, Meßmethoden und ihre Anwendung, soweit diese für die Durchführung und Überwachung einer Anästhesie, der Beatmung, der Defibrillation, Kardioversion, Anwendung des Elektrokauters oder einer Herzschrittmacherbehandlung relevant sind. Dazu zählen: Kenntnisse der Gasgesetze, der Diffusionsgesetze, Osmose, der statisch und dynamisch bedingten Drucke, des Blutflusses, des Gefäßwiderstandes, Temperatur, Konvektion, Strahlung, Prinzipien von Erwärmung und Befeuchtung von Gasen, der elektrischen Ströme und Energien sowie die damit in Zusammenhang stehenden Meßmethoden und ihre Besonderheiten.

1.1.10 Kenntnisse der Pharmakokinetik, der Pharmakodynamik und der Toxikologie, der intravenösen Anästhetika und Anästhesieadjuvantien. Hierzu gehören insbesondere: Barbiturate, Opioide, Benzodiazepine, Etomidat, Propofol, Ketamin, Neuroleptika, Muskelrelaxantien, Antagonisten (Naloxon, Nalbuphin, Pyridostigmin, Physostigmin, Flumazenil), Herzglykoside,

INFORMATIONEN

Kortikoide, Bronchospasmolytika, Insulin, verschiedene Antihypertonika, Katecholamine, beta-Blocker, Antiarrhythmika, Cholinergika, Antiemetika und Kortikoide.
1.1.11 Pharmakokinetik und Toxikologie der Lokalanästhetika
1.1.12 Aufnahme und Ausscheidung von Inhaltionsanästhetika
1.1.13 Interaktionen zwischen Medikamenten, wie Aminoglykosiden, Antidepressiva (trizyklische Antidepressiva, MAO-Hemmer, Lithiumpräparate), Kalziumblockern und Knochenzement.
1.1.14 Bedrohliche Nebenwirkungen von Medikamenten: Maligne Hyperthermie, Porphyrie etc.

1.2 Medikolegale und wirtschaftliche Aspekte in der Anästhesie
1.2.1 Kenntnisse der Besonderheiten und Durchführung einer korrekten anästhesiologischen Aufklärung des Patienten (Aufklärung über typische Narkoserisiken, narkosebedingte Schäden, Bluttransfusion u. a.) sowie der Dokumentation
1.2.2 Kenntnisse anästhesierelevanter Gesetze bzw. Verordnungen, Entschließungen und Empfehlungen der DGAI und des BDA (Arzneimittelgesetz, Betäubungsmittelgesetz, MedGV, Richtlinien zur Bluttransfusion, Vertragsrecht Arzt/ Patient, Parallelnarkosen, Delegation von Aufgaben, Organisations- und Übernahmeverschulden u. a.)
1.2.3 Beurteilung der Kosten/ Nutzenrelation bei Verwendung von anästhesierelevanten Medikamenten
1.2.4 Kenntnisse der Risiken des Arzneimittelmißbrauches, einschließlich der Betäubungsmittel
1.2.5 Kenntnisse der gesetzlichen Auflagen bei der Arznei- und Betäubungsmittelverschreibung sowie Kenntnisse der Auflagen bei der Arzneimittelprüfung und die hierbei zu beachtenden ethischen Grundprinzipien (Ethikkommission)
1.2.6 Kenntnisse der Dokumentation von Befunden im ärztlichen Berichtswesen und der einschlägigen Bestimmungen der Sozialgesetzgebung (Reichsversicherungsordnung, Sozialgesetzbuch, Krankenkassenverträge, Rentenversicherung, Unfallversicherung, Mutterschutzgesetz, Jugend- und Arbeitsschutzgesetz) sowie der DGAI-Empfehlungen zur Qualitätssicherung
1.2.7 Kenntnisse des Datenschutzgesetzes und seine Anwendung in der Anästhesiologie und Intensivmedizin sowie der standes- und gesundheitspolitischen Vorgaben für die Qualitätssicherung in der Anästhesie, Intensiv-, Notfallmedizin und Schmerztherapie

2. Praktische Kenntnisse und Fähigkeiten

2.1 Gerätekunde und Narkosezubehör
Kenntnise und Fähigkeiten sind durch die in der MedGV festgelegten Einweisungen zu erwerben
2.1.1 Funktionsprinzipien und Bedienung von Narkosegeräten und Narkosesystemen (offene, halboffene, geschlossene, halbgeschlossene)
2.1.2 Funktionsprinzipien und Bedienung von Monitoren
2.1.3 Funktionsprinzipien und Bedienung von Narkosegasverdampfern, Atemgasbefeuchtern, sowie verschiedener Infusionspumpen
2.1.4 Funktionsprinzipien und Bedienung von Defibrillatoren, Herzschrittmachern, Nervenstimulatoren
2.1.5 Funktionsprinzipien und Bedienung von EKG-Geräten und Geräten für die Lungenfunktionsprüfung
2.1.6 Funktionsprinzipien und Bedienung von Geräten zur Messung der Sauerstoffsättigung (Pulsoximetrie, der inspiratorischen O_2-Konzentration, der endexspiratorischen CO_2-Konzentration)
2.1.7 Funktionsprinzipien und Bedienung von Geräten zur nichtinvasiven und invasiven Messung des arteriellen und venösen Blutdruckes
2.1.8 Funktionsprinzipien und Bedienung von Geräten zur maschinellen Autotransfusion
2.1.9 Kenntnis und Intubationszubehör (Tuben, einschließlich Doppellumentuben und Kehlkopfmaske, verschiedene Laryngoskope, einschließlich fiberoptische Verfahren der Intubation)
2.1.10 Kenntnis von Anwendung des Zubehörs für die Durchführung der Lokalanästhesie, insbesondere verschiedener Nadeln und Katheter für die Durchführung der Spinal- oder Periduralanästhesie, einschließlich des Einsatzes der speziellen Nervenstimulatoren für periphere Nervenblockaden (Plexusanästhesie)
2.1.11 Kenntnisse über mögliche gerätebedingte Komplikationen

2.2 Vorbereitung des Patienten auf Anästhesie und Operation
Bereits zu Beginn der Weiterbildung sollte der Arzt in der Lage sein, eine ausführliche präoperative Anamnese zu erheben, eine eingehende körperliche Untersuchung durchzuführen, sowie eventuelle Diskrepanzen zwischen anamnestischen Angaben und von ihm erhobenen Befunden zu erkennen. Weiterhin sind Grundkenntnisse in der Interpretation von EKG, Röntgenaufnahme des Thorax und Laborwerten erforderlich. Darauf basierend soll der Arzt erlernen:
2.2.1 Die vorliegenden Befunde hinsichtlich ihrer Relevanz für die Durchführung der Anästhesie zu bewerten
2.2.2 Neben der zur Operation führenden Erkrankung bestehende Begleiterkrankungen, sowie anatomische Besonderheiten zu diagnostizieren und vor allem im Hinblick auf mögliche anästhesiologische Komplikationen zu bewerten (z. B. zu erwartende Intubationsschwierigkeit bei Prognathie oder Morbus Bechterew, erhöhtes Aspirationsrisiko bei Magenausgangsstenose, Ösophagusdivertikel u. a.)
2.2.3 Zu erkennen, ob und wann – im Hinblick auf die geplante Anästhesie – zusätzliche Informationen oder Untersuchungen notwendig sind
2.2.4 Sich über alle präoperativ bestehenden Dauermedikationen zu informieren, sich bezüglich ihm nicht bekannter Medikamente kundig zu machen und die für die Anästhesie daraus resultierenden Konsequenzen abzuwägen
2.2.5 Durch adäquate Therapievorschläge in der präoperativen Phase das Anästhesie- und Operationsrisiko zu minimieren. Dazu gehören z. B.: die medikamentöse Therapie des Diabetes mellitus, der Hypertonie, der Herzinsuffizienz, der koronaren Herzerkrankung, der obstruktiven Ventilationsstörungen, der Niereninsuffizienz, Therapie von Störungen des Wasser- und Elektrolythaushaltes, sowie physiotherapeutische Maßnahmen
2.2.6 Unter Berücksichtigung der o. g. Punkte eine Klassifizierung des Anästhesierisikos vorzunehmen, sowie eine adäquate Prämedikation zu verordnen.
2.2.7 Psychosomatische Aspekte der

Erkrankung zu erkennen und in das Konzept der durchzuführenden Anästhesie einzuordnen

2.3 Anästhesieführung

2.3.1 Unter Berücksichtigung der präoperativ erhobenen Befunde soll der Arzt in der Lage sein, ein für den Patienten bestmögliches Anästhesieverfahren vorzuschlagen.

2.3.2 Der Arzt muß einen Überblick über die gängigen Verfahren in der Allgemein- und Regionalanästhesie haben, die Kontraindikationen und Komplikationsmöglichkeiten kennen und eine fachgerechte Masken-, bzw. Intubationsanästhesie unter Verwendung volatiler, bzw. injektabler Anästhetika, ggf. geeigneter Regionalanästhesieverfahren praktisch durchführen können. Hierzu zählen insbesondere Methoden der Anästhesieein- und ausleitung bei Patienten mit erhöhtem Aspirationsrisiko, bzw. vermuteten Intubationsschwierigkeiten.

2.3.3 Erarbeitung und Durchführung einer angemessenen perioperativen Infusionstherapie, einschließlich Bluttransfusion (hierzu gehören: Berücksichtigung einer Störung des Wasser- und Elektrolythaushaltes, isovolämische Hämodilution, Substitution von Gerinnungsfaktoren u. a.). Verordnung einer ggf. zusätzlich notwendigen medikamentösen Therapie und Überwachung, die sich aus Vorerkrankungen oder dem Verlauf der Anästhesie bzw. der Operation ergeben. Sorgfältige Dokumentation des Verlaufes und schriftlich fixierte Informationen für den weiterbehandelnden Bereich

2.3.4 Erarbeitung eines Konzeptes für eine sinnvolle und sichere postoperative Analgesie

2.3.5 Im Rahmen einer postoperativen Visite das gesamte bisherige anästhesiologische Vorgehen unter Einbeziehung der subjektiven Beurteilung durch den Patienten abschließend zu bewerten, drohende oder bereits eingetretene Komplikationen zu erkennen, abzuschätzen, inwieweit diese Folge der vorangegangenen anästhesiologischen oder operativen Maßnahmen sind und eine entsprechende Therapie einzuleiten, bzw. den Operateur zu verständigen

2.3.6 Kenntnisse der Lagerungstechniken, sofern sie zur Beeinträchtigung der Vitalfunktionen des Patienten oder zu Lagerungsschäden führen können. Hierzu gehören auch Kenntnisse über die sachgerechte Anbringung von Elektroden, bzw. Temperatursonden (EKG, Kauter u. a., hier: cave Verbrennungen)

2.4 Kardiopulmonale Reanimation und Schocktherapie

2.4.1 Beherrschung aller Methoden der kardiopulmonalen Reanimation bei Erwachsenen, einschließlich Schrittmacherbehandlungen

2.4.2 Beherrschung aller wichtigen medikamentösen Behandlungsmethoden, einschließlich der Korrektur eines gestörten Säure-Basen-Haushaltes

2.4.3 Beherrschung und Berücksichtigung der speziellen Methoden der Reanimation bei Neugeborenen und Säuglingen

2.4.4 Beherrschung aller therapeutischen Maßnahmen bei den unterschiedlichen Schockformen

2.4.5 Beherrschung aller Maßnahmen zur Stabilisierung der respiratorischen Funktion

2.4.6 Abbruchkriterien bei Reanimation

2.5 Venöse und arterielle Zugänge

2.5.1 Legen von peripheren venösen Zugängen, einschließlich einer fachgerechten Fixierung der Kanülen

2.5.2 Legen eines arteriellen Zuganges mit vorheriger Prüfung der Durchblutung im Bereich der zu punktierenden Arterie und Eichen der elektrischen Blutdruckmessung

2.5.3 Legen eines zentralvenösen Katheters über die Vena basilica und/oder Vena jugularis interna, bzw. externa, bzw. Vena subclavia. Erlernen der Seldinger-Technik sowohl bei arterieller als auch bei venöser Punktion

2.5.4 Katheterisierung der Pulmonalarterie

2.6 Indikationen, Kontraindikationen, Komplikationen

2.6.1 Kenntnisse über Indikationen und Kontraindikationen aller Anästhesieverfahren sowie über mögliche Komplikationen, deren Vermeidung und Soforttherapie

2.6.2 Kenntnisse über die Vermeidung bzw. Therapie von Komplikationen bei Injektionen und Infusionen

2.6.3 Kenntnisse über die Verhütung von Aspirationen bzw. deren Behandlung

2.6.4 Kenntnisse über das Vorgehen bei Intubationsschwierigkeiten, einschließlich einer Nottracheotomie, Koniotomie

2.6.5 Diagnose, Prävention und Therapie der malignen Hyperthermie

2.6.6 Kenntnisse der Besonderheiten bei der operativen Anwendung der Lasertechnik.

Die hier aufgezeichneten Inhalte der Weiterbildung sollen während der ersten 2 Jahre der Weiterbildung erworben werden. Der Erwerb dieser Kenntnisse soll den in der Weiterbildung befindlichen Arzt befähigen, die gängigen Methoden der Allgemein- und Regionalanästhesie und ihre Überwachung bei Patienten der ASA Klassifikation I und II sowie bei Kindern über 2 Jahren bei Operationen insbesondere im Gebiet der Fächer Allgemeinchirurgie, Urologie, Traumatologie, Orthopädie, Augenheilkunde, Frauenheilkunde und Hals-, Nasen-, Ohrenheilkunde sicher anzuwenden. Er soll in der Lage sein, mögliche anästhesiologische und operative Komplikationen richtig einzuschätzen und zu behandeln, sowie eine angemessene Infusionstherapie, sowie postoperative Schmerzbehandlung weitgehend selbständig durchzuführen. Die erworbenen Kenntnisse sollen es ihm ermöglichen, Komplikationen zu erkennen und den Patienten bis zum Eintreffen eines Facharztes zu stabilisieren.

3. Spezielle Anästhesie (3. und 4. Weiterbildungsjahr)

Im 3. und 4. Weiterbildungsjahr soll der Arzt die Prinzipien der Allgemein- und Regionalanästhesie sowie der postoperativen Schmerzbehandlung bei Patienten in allen Alters- und Risikostufen erlernen und Anästhesien bei Noteingriffen sowie speziellen operativen Eingriffen weitgehend selbständig fachgerecht durchführen. In Ergänzung des 1. Weiterbildungsabschnittes beinhaltet dies die anästhesiologische Versorgung polytraumatisierter Patienten, von Patienten für unaufschiebbare Eingriffe, Durchführung von Anästhesien im Bereich der Geburtshilfe, der Neurochirurgie, Kieferchirurgie, bei Kleinkindern und in der Neonatalchirurgie, sowie Thorax-, Herz- und Gefäßchirurgie. Dies erfordert umfassen-

INFORMATIONEN

de und spezielle Kenntnisse sowie praktische Erfahrungen bezüglich aller, im Sinne der Weiterbildungsordnung gängigen Verfahren der Allgemein- und Regionalanästhesie, einschließlich Prophylaxe und Therapie der prä-, intra- und postoperativen Komplikationen, sowie spezielle Kenntnisse auf dem Gebiet der Röntgendiagnostik, des EKG und bestimmter gebietstypischer Laboruntersuchungen, sachgerechte Erstellung und Bewertung der Befunde und die Einordnung der Befunde in das Krankheitsbild.

3.1 Spezielle Anästhesiekenntnisse in der operativen Medizin

3.1.1 Anästhesieverfahren in der Allgemein-, bzw. Abdominalchirurgie. Hierzu zählen insbesondere folgende Kenntnisse und Fertigkeiten:
- Anästhesie bei Ileus
- bei transmediastinaler und thorakoabdominaler Ösophagusresektion, – größeren Eingriffen am Gastrointestinaltrakt (Gastrektomie, abdominosakrale Rektumexstirpation, Pankreaschirurgie)
- Operation an der Leber (Leberteilresektion)
- Kenntnisse der „crush induction"
- die Aufrechterhaltung der Homöostase von Wasser-, Elektrolyt- und Säurebasenhaushalt, des Blutvolumens und des Plasmaeiweißgehaltes während dieser Eingriffe
- Kenntnisse der Auswirkungen des Capnoperitoneums im Zusammenhang mit der minimal invasiven Chirurgie

3.1.2 Anästhesieverfahren in der Thoraxchirurgie
- seitengetrennte Intubation (mit fiberoptischer Kontrolle der Lage des Tubus)
- Einlungenanästhesie
- bronchoskopisches Absaugen und Kontrolle der Bronchien
- Umgang mit Pleuradrainagen
- Berücksichtigung der Konsequenzen der Seitenlagerung
- Kenntnisse der Beeinflussung der kardialen und pulmonalen Funktionen durch Lagerung und einseitige Beatmung der Lunge
- Kenntnisse der Anwendung spezieller Beatmungstechniken bei Thoraxoperationen

3.1.3 Anästhesieverfahren in der Traumatologie und Orthopädie
- Narkosetechniken bei Schwerstverletzten im Schockzustand
- spezielle Anästhesietechniken bei Operationen an der Wirbelsäule
- Besonderheiten der Anästhesieführung bei Bauchlagerung
- Indikationsstellung für Verfahren der Regionalanästhesie
- Techniken der Eigenblutspende und der isovolämischen sowie der maschinellen Autotransfusion
- hygienische Besonderheiten in der Traumatologie und Orthopädie

3.1.4 Anästhesieverfahren im Rahmen geburtshilflicher und gynäkologischer Eingriffe
- spezielle Kenntnisse der Physiologie und Pathophysiologie der Atmung, der Hämodynamik, des Saure-Basen- und Eiweißhaushaltes, sowie des Gastrointestinaltraktes in der Schwangerschaft.
- Aorto-cavales Syndrom
- Anästhesieführung bei lebensbedrohlichen Komplikationen, wie Placenta-prävia-Blutung, vorzeitige Placentalösung, Uterusruptur, Uterusatonie, Fruchtwasserembolie, schweren Gestosen, HELLP-Syndrom
- Kenntnisse der geburtshilflichen Überwachungsmethoden von Fetus und Wehentätigkeit
- Technik, Methoden und Besonderheiten der rükkenmarksnahen Regionalanästhesieverfahren
- Besonderheiten der Allgemeinanästhesie bei Sectio caesarea
- Besonderheiten der Anästhesieführung in den ersten Schwangerschaftswochen unter Berücksichtigung der Wirkung von Anästhetika auf den Fetus
- Besonderheiten der Anästhesie bei großen gynäkologischen Eingriffen

3.1.5 Besonderheiten der Anästhesie in der Urologie
- Erkennung und Behandlung des TUR-Syndroms; Erkennung einer Blasenperforation
- spezielle Anästhesieprobleme bei langdauernden Eingriffen (Zystektomie, radikale Prostatektomie)
- Methoden der Regionalanästhesie
- Anästhesie bei Niereninsuffizienz
- Erkennung und Behandlung eines Pneumothorax (insbesondere bei Operationen von Nierentumoren)
- Anästhesie im hohen Alter
- Erkennung und Behandlung einer Beeinträchtigung des Kreislaufes und des pulmonalen Gasaustausches durch extreme Lagerungstechnik

3.1.6 Besonderheiten der Anästhesie in der Gefäßchirurgie
- anästhesiologische Probleme bei Eingriffen an der Aorta
- Kombination der Periduralanästhesie mit Allgemeinanästhesie
- Kenntnisse der Auswirkungen der Ischämie der Organe auf Narkoseführung, Homöostase und Hämodynamik
- Grundkenntnisse der Ischämieprotektion
- Postperfusionsschaden und seine Behandlung
- anästhesiologische Probleme bei Operationen an hirnversorgenden Arterien
- Kenntnisse der Methoden einer kontrollierten Hypotension

3.1.7 Besonderheiten der Anästhesie in der Ophthalmologie
- Anästhesiemethoden bei Schieloperationen, Keratoplastik sowie perforierenden Augenverletzungen
- Kenntnisse der Auswirkungen und Vorbeugung des oculo-cardialen Reflexes
- Prophylaxe und Therapie der intraorbitalen und bulbären Druckerhöhung
- Technik und Komplikationen der retrobulbären Anästhesie

3.1.8 Besonderheiten der Anästhesie in der Hals-, Nasen-, Ohrenheilkunde und Kieferchirurgie
- Anästhesieführung bei ausgedehnten Larynxoperationen, verbunden mit einer Tracheostomie
- Kenntnisse der verschiedenen Techniken einer nasalen Intubation, einschließlich der blindnasalen Intubation
- Besonderheiten der Anästhesie bei Anwendung der Lasertechnik
- Anästhesietechnik bei großen Tumoroperationen in der Kieferchirurgie
- Jet-Ventilatilation, Indikation, Durchführung, Gefahren
- Anästhesieführung bei Kieferabszessen
- Besonderheiten der Narkoseführung bei Epiglottitis und subglottischer Stenose
- Besonderheiten der Narkoseführung bei Adenotomien, Tonsillektomien, Eingriffen an Mittelohr, Nase und Nasennebenhöhlen; operative Ver-

sorgung von Gesichts- und Kieferverletzungen

3.1.9 Besonderheiten der Anästhesieführung und der perioperativen Behandlung bei kinderchirurgischen Eingriffen

- Anästhesietechnik bei Kindern unter 2 Jahren, Besonderheiten der Intubationstechnik und des Anästhesiezubehörs (Wahl der Tubusgröße, Prophylaxe und Therapie des Postintubationsstridors, Prophylaxe und Therapie der Aspiration)
- Temperaturregulation
- Verfahren der Regionalanästhesie
- Besonderheiten der Anästhesie bei Früh- und Neugeborenen (mangelnde Ausreifung wesentlicher Organsysteme: Leber, Niere), Besonderheiten der Hämodynamik, der Atmung und der Nierenfunktion
- Dosierung von Pharmaka und Flüssigkeiten
- Technik, sowie Gefahren und Komplikationen venöser und arterieller Punktionen
- Prävention, Diagnostik und Therapie der malignen Hyperthermie

3.1.10 Spezielle Probleme und Gefahren der Anästhesie bei ambulanten Eingriffen

- Einhaltung aller vorgeschriebenen anästhesiologischen Sorgfaltsregeln, Aufklärung des Patienten, Bereitstellung des notwendigen Anästhesiezubehörs
- Organisation der perioperativen Betreuung ambulanter Patienten, insbesondere Sicherstellung der postoperativen Nachsorge
- Kenntnis der Kontraindikationen für die Durchführung von ambulanten Anästhesien

3.1.11 Probleme der Anästhesie bei neurochirurgischen Eingriffen

- Anästhesie bei Trepanation der vorderen und hinteren Schädelgrube zur Entlastung sub- und/ oder epiduraler Hämatome
- Ätiologie und Mechanismen der Entstehung des erhöhten Hirndrukkes
- Anästhesie bei Patienten mit erhöhtem Hirndruck (insbesondere bei raumfordernden Prozessen)
- Diagnose, Messung und Behandlung des erhöhten Hirndruckes
- Prophylaxe und Erkennung einer Luftembolie
- Anästhesieprobleme bei Operationen im Bereich des Rückens
- Kontrollierte Hypotension
- Grundkenntnisse neurophysiologischer Überwachungsmethoden (z.B. EEG, evozierte Potentiale)

3.1.12 Spezielle Probleme in der Anästhesie für Operationen am Herzen

- Koronarchirurgie und Chirurgie der Herzklappen erfordern spezielle Kenntnisse der Physiologie und Pathophysiologie von Herz und Kreislauf, der Erhaltung des Gleichgewichts zwischen myokardialem Sauerstoffangebot und Sauerstoffbedarf, verschiedener Meßgrößen der Hämodynamik, einschließlich der näheren Interpretation und therapeutischen Konsequenz. Die Durchführung einer Anästhesie für Operationen am Herzen mit Anwendung der extrakorporalen Zirkulation gehört nicht zum Inhalt der praktischen Weiterbildung in der Anästhesiologie. Die universitären und außeruniversitären Krankenhäuser, die eine herzchirurgische Abteilung unterhalten, vermitteln dem in der Weiterbildung befindlichen Anästhesisten im Rahmen ihrer 5jährigen Weiterbildungszeit Kenntnisse auf diesem Gebiet der Anästhesie. Dazu gehören u. a. Kenntnisse der Führung der extrakorporalen Zirkulation, der Hämodilution, der Hypothermie, der Prinzipien der Myokardprotektion, Prinzipien der Anwendung von transvenösen und transthorakalen Schrittmachern, Katheterisierung der Pulmonalarterie und Therapie der Myokardischämie.

4. Spezielle Kenntnisse

4.1 Pathophysiologie von obstruktiven und restriktiven Atemstörungen und Techniken ihrer Behandlung mit Hilfe einer Atemtherapie

4.2 Interdisziplinäre Therapie von Schmerzzuständen mit Betonung des Fachgebietes Anästhesiologie – hierzu gehören:

- physiologische und pathophysiologische sowie anatomische und biochemische Grundlagen des Schmerzes
- Anamneseerhebung und Untersuchungstechniken (z.B. körperliche Untersuchung, psychologische Erhebungsmethoden, quantitative Schmerzmessung)
- epidemiologische Grundlagen, Klassifikation des Schmerzes, Nomenklatur, Schmerzanalyse, Dokumentation der Schmerzsyndrome
- pharmakologische Grundlagen: (z. B. Lokalanästhetika, Opioide, nichtopioide Analgetika, nicht-steroidale Antiphlogistika, Antidepressiva, Antikonvulsiva, Corticoide, Adjuvantien
- Behandlungstechniken zur akuten postoperativen Schmerztherapie (rückenmarksnahe Lokalanästhesie und epidurale Opioidapplikation, PCA, Infusionsanalgesie, intrapleurale Analgesie etc.)
- akute postoperative schmerztherapeutische Verfahren bei Kindern (Kaudalanästhesie, Periduralanästhesie, Spinalanästhesie etc.)
- *Behandlungstechniken:*
  Sympatikusblockade, TENS, Akupunktur, rückenmarksnahe Blockaden, neurolytische Blockaden, Gegenirritation, physikalische Therapie, psychosoziale und psychosomatische Behandlungsverfahren, intrathekale und epidurale Opiatapplikation,
  bei z. B. folgenden Schmerzkrankheitsbildern:
  Tumorschmerzen, neuropathischen Schmerzen (Herpes Zoster, Polyneuropathie), sympathischer Reflexdystrophie, Erkrankungen der Wirbelsäule und des Bewegungsapparates, algogene und/oder medikamenteninduzierte psychische Störungen, Kopf- und Gesichtsschmerz, Schmerzen bei Erkrankungen des zentralen Nervensystems, viszerale Schmerzen, Ischämieschmerzen, Arthralgie)
- Grundlagen der interdisziplinären Zusammenarbeit

4.3 Diagnostik von Störungen des Reizbildungs- und Reizleitungssystems, der Myokardischämie, der Hypertrophie

4.4 Kenntnisse in der Röntgendiagnostik der Thoraxorgane

- Erkennen von Pneumothorax, Pleuraergüssen, Atelektasen, Lungenödemen, infiltrativen Lungenveränderungen, Lungentumoren, Rippenfrakturen und Lokalisation von Thoraxdrainagen

- Erkennung von Veränderungen der Herzkonfiguration
- Erkennung von Mediastinaltumoren und Verschiebungen der Trachea
- Erkennung der Lage von intravasalen Kathetern und ihre Beurteilung

4.5 Kenntnisse der Lungenfunktionsdiagnostik

- Durchführung und Interpretation einer Lungenfunktionsprüfung (Vitalkapazität, Sekundentest, Ermittlung der Atemwegswiderstände u. Compliance) einschließlich der Beurteilung einer Blutgasanalyse

4.6 Kenntnisse in der Durchführung von Laboruntersuchungen

- Blutbild, einschließlich Hämoglobin und Hämatokrit
- Vielfachanalyse und ihre Interpretation
- Bestimmung des Blutzuckers und Zuckers im Urin
- Blutgasanalyse
- Bestimmung von Elektrolyten
- Bestimmung wichtiger Blutgerinnungsparameter
- Osmo-, Onkometrie

4.7 Kenntnisse in den Grundlagen des Transfusionswesens

- Blutgruppensysteme, Behandlung mit Blut, Blutbestandteilen und gerinnungsaktiven Produkten
- femdblutsparende Verfahren; deren Indikation, Durchführung und Überwachung
- Eigenblutspende
- Handhabung der intraoperativen Autotransfusion etc.

4.8 Kenntnisse der Behandlung von Vergiftungen

- Magensondierung und Spülung
- Anwendung der extrakorporalen Hämofiltration
- Überwachung der Hämodialyse
- Grundkenntnisse der Toxikologie von Barbituraten, Benzodiazepinen, Digitalis-Präparaten, Pflanzenschutzmitteln u.a.

5. Notfall- und Rettungsmedizin

Hierzu zählen zahlreiche Kenntnisse und Fähigkeiten, die der Anästhesist im Rahmen seiner Weiterbildung erwirbt, die er perioperativ bei vorgeschädigten Patienten, bei Komplikationen oder Zwischenfällen einsetzt, bei denen die Stabilisation gestörter Funktionen aus unterschiedlichen Ursachen notwendig ist (siehe dazu Ziff. 2.1.2, 2.1.4, 2.1.7, 2.1.9, 2.4.1 – 2.4.5, 2.5.3, 2.6.3, 2.6.4, 4.3, 4.8).

Weiter zu nennen sind:

- Innerklinischer Transport von Notfallpatienten
- Prioritäten bei der Erstversorgung polytraumatisierter Patienten
- Triage
- Sofortmaßnahmen bei kardial, zirkulatorisch, respiratorisch ausgelösten Notfällen und Vergiftungen

Zusätzlich Kenntnisse und praktische Erfahrungen als Notarzt, sowie der Erwerb des Fachkundenachweises „Rettungsdienst". Sie gehören jedoch nicht zum Inhalt der Weiterbildung in der Anästhesiologie (nicht obligatorisch).

6. Grundlagen und Techniken der nichtspeziellen Intensivmedizin des Gebietes Anästhesiologie

Im Rahmen des auf 12 Monate erweiterten Anteils der nichtspeziellen Intensivtherapie sollen während der Weiterbildung Kenntnisse der Funktion aller Organsysteme, ihrer gegenseitigen Beeinflussung sowie der Genese der Diagnostik und Therapie ihrer Störungen gleichzeitig mit den zur Diagnostik und Therapie notwendigen praktischen Fähigkeiten erworben werden. Die Weiterbildungsordnung stellt hier „das Erlernen der pathophysiologischen Grundlagen und Techniken der Intensivtherapie mit der Aufrechterhaltung und Wiederherstellung der vitalen Funktionen, einschließlich der pathophysiologischen Grundlagen und Techniken der Infusionsbehandlung" in den Vordergrund. Hierzu gehören:

6.1 Kenntnisse der Konstruktion und Funktion von Beatmungsgeräten sowie aller in der Intensivmedizin benutzten Geräte (Monitore, Infusionspumpen, Geräte zur Hämofiltration und Hämodialyse u. a.), einschließlich der Techniken der Befeuchtung der Beatmungsluft

6.2 Kenntnisse über Indikationen und Anwendung der verschiedenen Methoden der Langzeitbeatmung

6.3 Diagnostische und therapeutische Bronchoskopie

6.4 Kenntnisse und Fertigkeiten in der Durchführung der intravenösen Flüssigkeitstherapie, einschließlich der parenteralen und enteralen künstlichen Ernährung

6.5 Behandlung der Folgen des Postaggressionsstoffwechsels

6.6 Erkennung und Behandlung eines akuten Lungenversagens verschiedener Genese sowie des Versagens anderer vitaler Organe

6.7 Therapie von Blutgerinnungsstörungen mit Blut und Blutkomponenten (akute und chronische Blutgerinnungsstörungen, Verbrauchskoagulopathie, Defektkoagulopathie, Antikoagulationsthrombolyse, therapeutische Fibrinolyse)

6.8 Einsatz und Durchführung von Entwohnungsmethoden nach Langzeitbeatmung

6.9 Analgesie- und Sedierungsmethoden in der Intensivtherapie

6.10 Kenntnisse der Pharmakologie spezieller, auf der Intensivtherapiestation verwendeter Medikamente, insbesondere kreislaufwirksamer Medikamente

6.11 Kenntnisse spezieller Lagerungstechniken von langzeitbeatmeten Patienten

6.12 Kenntnisse in der Mikrobiologie und Antibiotikatherapie der am häufigsten auftretenden Infektionen

6.13 Hygienemaßnahmen auf der Intensivtherapiestation

6.14 Besonderheiten der Behandlung von Polyneuropathien

6.15 Besonderheiten der Behandlung eines Tetanuskranken

6.16 Besonderheiten der Behandlung polytraumatisierter/neurotraumatologischer Patienten

6.17 Pathophysiologie und Besonderheiten der Therapie der Verbrennungskrankheit

6.18 Kenntnisse der Betriebsführung, Organisation und Dokumentation auf einer Intensivtherapiestation

6.19 Hirntoddiagnostik, rechtliche und organisatorische Aspekte der Organspende Δ

INFORMATIONEN

(Muster-)Richtlinien für den Inhalt der Weiterbildung

(Beschluß des Vorstandes der Bundesärztekammer vom 7.4.1994)

Im April 1994 hat der Vorstand der Bundesärztekammer die bisher noch fehlenden Richtlinien als Ergänzung der neuen Weiterbildungsordnung erlassen.

Neben den für alle Weiterbildungsvorhaben gültigen Hinweisen sind für unser Fachgebiet drei Teilbereiche aufgeführt:

1) Anästhesiologie mit Leistungskatalog.
   Hier ist alles enthalten, was die fünfjährige Weiterbildung, einschließlich der einjährigen Intensivmedizin betrifft.
2) Fachkunde in Laboruntersuchungen in der Anästhesiologie und
3) die fakultative Weiterbildung in der Speziellen Anästhesiologischen Intensivmedizin

Zusammen mit der Weiterbildungsordnung und dem als Empfehlung der DGAI publizierten Curriculum ergibt sich der Gesamtumfang an Kenntnissen und Fähigkeiten bzw. Leistungen, die im Rahmen der Weiterbildung erbracht werden müssen. Die verlangten Nachweise erfordern eine sehr umfangreiche Dokumentation, die diejenigen, die die Weiterbildung absolvieren, zu erstellen, die Weiterbildungsbefugten zu bescheinigen haben. Absprachen mit den jeweils zuständigen Landesärztekammern sind zu empfehlen.

In den Richtlinien sind trotz umfangreicher Begründungen und Verhandlungen nicht alle Forderungen unserer Fachgesellschaft erfüllt worden. So bleibt es, nur beispielhaft genannt, unverständlich, warum fünf selbständig durchgeführte und dokumentierte Fälle der Diagnostik und Differentialdiagnostik psychosomatischer Krankheitsbilder aus der Anästhesiologie verlangt werden und die Blutgruppenbestimmung der Fachkunde zugeordnet wurde. Die DGAI wird sich weiterhin bemühen, die als notwendig erachteten Korrekturen zu erreichen.

F. W. Ahnefeld

2. Anästhesiologie

1. Erwerb der in der Weiterbildungsordnung aufgeführten Weiterbildungsinhalte. Hierzu sind nachfolgende Richtzahlen oder Weiterbildungsinhalte nachzuweisen:

1.1 Untersuchungsverfahren und Behandlungsverfahren
- 30 selbständig geleitete Maßnahmen zur Behandlung akut gestörter Vitalfunktionen
- Selbständige Anwendung einfacher Beatmungstechniken einschließlich der Beatmungsentwöhnung bei 50 Patienten einschließlich der Adaptierung maschineller Respiration unter Interpretation von Analysen der Blutgase und des Säure-Basen-Haushaltes bei unkomplizierten Krankheitsverläufen
- 50 zentralvenöse Katheterisierungen
- 50 arterielle Kanülierungen/Punktionen
- 40 selbständig erstellte, dokumentierte Therapieregime zur parenteralen und 40 zur enteralen Ernährung
- Selbständige Bewertung von 250 Elektrokardiogrammen unter dem Aspekt der Festlegung des Anästhesieverfahrens und der Patientenüberwachung während der Anästhesie oder im Rahmen der Intensivmedizin
- 5 selbständig durchgeführte und dokumentierte Fälle der Diagnostik und Differentialdiagnostik psychosomatischer Krankheitsbilder aus der Anästhesiologie mit den Schwerpunkten psychogene Symptombildungen, somatopsychische Reaktionen
- der Methodik und Durchführung des Grundleistungslabors des Gebietes sowie der Bewertung der Befunde, hierzu gehören
  1. Orientierende Untersuchung in einem Körpermaterial durch visuellen Farbvergleich mittels vorgefertigter Reagenzträger oder Reagenzzubereitungen, auch bei apparativer Auswertung oder Verwendung von Mehrfachreagenzträgern
  2. Bestimmung in einem Körpermaterial mit quantitativer physikalischer oder chemischer Messung oder Zellzählung
     2.1 Erythrozytenzählung
     2.2 Leukozytenzählung
     2.3 Thrombozytenzählung
     2.4 Hämoglobin
     2.5 Hämatokrit
- Indikationsstellung, Probenentnahme, sachgerechte Probenbehandlung und Einordnung der Befunde in das Krankheitsbild für die der Fachkunde in Laboruntersuchungen des Gebietes zugeordneten Laboratoriumsuntersuchungen (allgemeines Labor des Gebietes)
- der Methodik und Durchführung des speziellen Labors des Gebietes sowie der Bewertung der Befunde, hierzu gehören:

1. Bestimmung des Säure-Basen-Haushalts und des Gasdrucks im Blut (Blutgasanalyse)
2. Bestimmung in einem Körpermaterial
   • Osmolalität
3. Einfache quantitative chemische oder physikalische Bestimmung in einem Körpermaterial
   • Lactat
4. Kreuzprobe (Identitätsnachweis im A-B-0-System, serologische Verträglichkeitsuntersuchung)
5. Qualitativer direkter und indirekter Coombstest
6. Quantitative Untersuchung von Elektrolyten oder Substraten in einem Körpermaterial
   • Chlorid
   • Glukose
   • Kalium
   • Kalzium
   • Natrium
- 5 ausführlich begründete Gutachten

2. Leistungskatalog
   2.1 Selbständig durchgeführte Anästhesieverfahren
   1800 Anästhesien, davon
   800 Anästhesien in den chirurgischen Gebieten und deren Schwerpunkten (darauf sind bis zu 200 Anästhesien bei abdominellen Eingriffen in anderen Gebieten anrechenbar)
   100 Anästhesien in der Frauenheilkunde und Geburtshilfe, davon 20 bei Kaiserschnitten
   50 Anästhesien bei Säuglingen und Kleinkindern bis zum vollendeten 5. Lebensjahr
   400 Anästhesien in wenigstens zwei weiteren operativen Gebieten unter Einbeziehung von 50 Eingriffen im Kopf-Hals-Bereich
   100 rückenmarksnahe Regionalanästhesien (Spinal- und Periduralanästhesien)
   75 periphere Regionalanästhesien und Nervenblockaden
   2.2 Mitwirkung bei Anästhesien höherer Schwierigkeitsgrade
   - je 25 Anästhesien für intrathorakale und intrakranielle Eingriffe
   Bei den Anästhesieverfahren sind orale, nasale und fiberoptische Intubationen nachzuweisen.
   2.3 100 dokumentierte interdisziplinäre Behandlungsfälle akuter und chronischer Schmerzzustände, davon
   - 50 systemische Analgesieverfahren
   - 50 regionale Analgesieverfahren

2.A. Fachkunde

2.A.1 Fachkunde in Laboruntersuchungen in der Anästhesiologie

Vermittlung, Erwerb und Nachweis eingehender Kenntnisse und Erfahrungen und Fertigkeiten, welche über die im Gebiet aufgeführten Inhalte hinausgehen, in Betrieb, Anwendung und Funktion manuell betriebener und automatischer Analysegeräte einschließlich der Beurteilung von Analysefehlern, der Fehlersuche und Fehlerbehebung sowie in der Durchführung der allgemeinen Labors des Gebietes, hierzu gehören:
- Blutgruppenbestimmung A, B, 0. Rh-Faktor D einschließlich der Beobachtung von Hämolysinen
- Bestimmung der Blutgruppenmerkmale C, c und E
- Quantitative Untersuchung von Enzymaktivitäten oder Substraten in einem Körpermaterial
- Gesamteiweiß
- Harnstoff
- Kreatinin
- GOT
- GPT
- Gamma GT
- Antikörperdifferenzierung mittels indirekter Antiglobulintests
- Untersuchung zur Abklärung einer plasmatischen Gerinnungsstörung und zur Verlaufskontrolle bei Antikoagulantientherapie
• partielle Thromboplastinzeit
• Thromboplastinzeit nach Quick
• Thromboplastinzeit im Kapillarblut
- Antikörpernachweis mittels indirekter Antiglobulintests
- Kälteagglutinine

2.B. Fakultative Weiterbildung

2.B.1 Fakultative Weiterbildung in der Speziellen Anästhesiologischen Intensivmedizin

1. Erwerb der in der Weiterbildungsordnung aufgeführten Weiterbildungsinhalte. Hierzu sind nachfolgende Richtzahlen oder Weiterbildungsinhalte nachzuweisen:
- 75 dokumentierte abgeschlosse Behandlungsfälle bei komplizierten intensivmedizinischen Krankheitsverläufen bei
• akutem Lungenversagen auch mit aerober und anaerober Infektion
• Schockzuständen unterschiedlicher Art
• akutem Nierenversagen sowie chronischer Niereninsuffizienz in der perioperativen Phase
• akutem Abdomen
• Sepsis und Sepsissyndrom, Multiorganversagen
• akuten Störungen des ZNS
• akuten Stoffwechselstörungen
- Anwendung differenzierter Beatmungstechniken und Beatmungsentwöhnung bei 50 langzeitbeatmeten Patienten
- atemunterstützende Methoden bei 30 nichtintubierten Patienten
- bettseitige Lungenfunktionsprüfung in 20 Fällen
- 25 diagnostische oder therapeutische Bronchoskopien im Rahmen der Intensivüberwachung oder Intensivbehandlung
- Anwendung extrakorporaler Ersatzverfahren bei akutem Organversagen wie kontinuierliche Hämofiltration, kontinuierliche Hämodialyse, extrakorporale Lungenunterstützung bei 5 Patienten
- 10 Pulmonalis-Katheterisierungen einschließlich hierbei durchführbarer Meßverfahren
- 10 Pleuradrainagen im Rahmen der Intensivüberwachung und Intensivbehandlung
- Messung und Berechung von kardiozirkulatorischen, respiratorischen und metabolischen Parametern, wie PVR, SVR, Aa DO_2, QS/QT, VO_2, RQ bei 50 Patienten
- differenzierte Therapie mit Blut und Blutkomponenten bei 50 Patienten
- differenzierte Therapie mit vasoaktiven Substanzen bei 50 Patienten
- Anlage eines transvenösen Schrittmachers bei 5 kardialen Notfällen
- Kardioversion bei 3 Patienten
- Messung, Überwachung und Behandlung des erhöhten intrakraniellen Druckes bei 10 Patienten
- Evaluation und Verlaufsbeurteilung des Krankheitsschweregrades (Scores) bei 50 Patienten
- 80 selbständig erstellte, dokumentierte Therapieprogramme und Verlaufsprotokolle zur parenteralen und 80 zur enteralen Ernährung

Quelle: Bundesärztekammer

Sachverzeichnis

A

C

D

E

F

G

H

I

J

K

L

M

Q

R

S

T

U

V

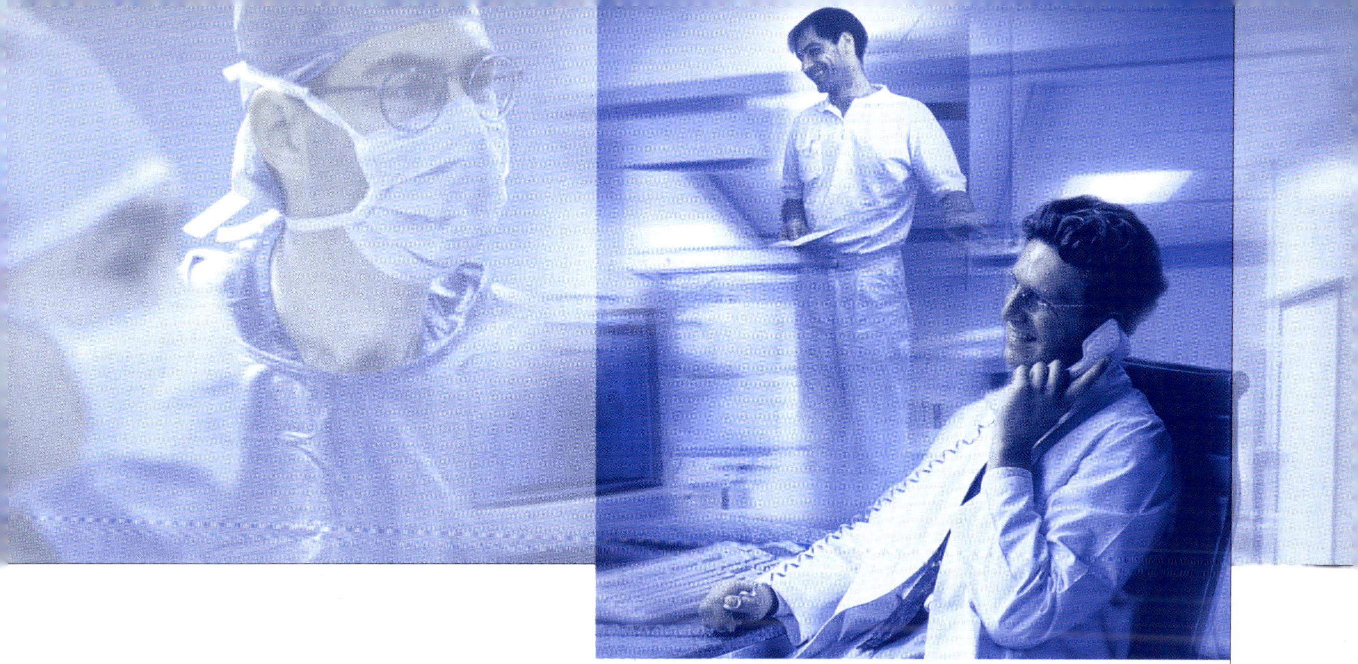

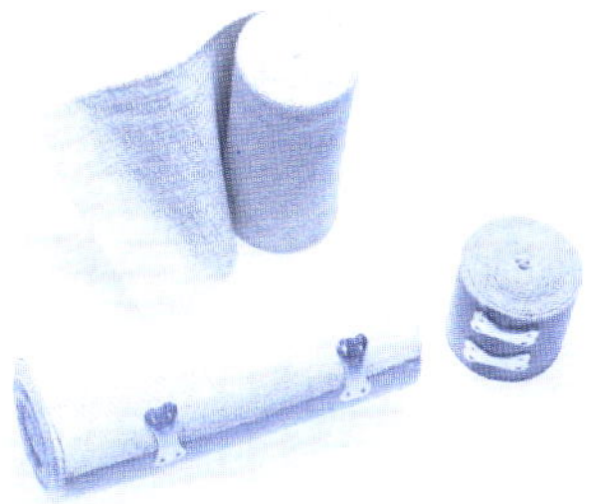